国家"十二五"粮食丰产科技工程项目（2011BAD16B07，2012BAD04B07）
农业部公益性行业（农业）科研专项项目（201303033－09）

中国南北过渡带主要作物栽培

◎ 刘京宝　刘祥臣　王晨阳　冯志峰　主编

U0306338

中国农业科学技术出版社

图书在版编目（CIP）数据

中国南北过渡带主要作物栽培/刘京宝，刘祥臣，王晨阳等主编．—北京：
中国农业科学技术出版社，2014.1
ISBN 978 - 7 - 5116 - 1427 - 8

Ⅰ．①中…　Ⅱ．①刘…②刘…③王…　Ⅲ．①作物 - 栽培技术 - 中国　Ⅳ．①S31

中国版本图书馆 CIP 数据核字（2013）第 262102 号

责任编辑　鱼汲胜　褚　怡
责任校对　贾晓红

出版发行　中国农业科学技术出版社
　　　　　北京市中关村南大街 12 号　邮编：100081
电　　话　(0) 13671154890（编辑室）
　　　　　(010) 82109704（发行部）
　　　　　(010) 82109709（读者服务部）
传　　真　(010) 82106624
社 网 址　http://www.castp.cn
印　　刷　北京富泰印刷有限责任公司
开　　本　787mm ×1 092mm　1/16
印　　张　43.375
字　　数　1 020 千字
版　　次　2014 年 1 月第一版　2014 年 1 月第一次印刷
定　　价　99.00 元

◀━━━━ 版权所有·翻印必究 ━━━━▶

内容简介

　　以中国南北过渡带为覆盖面，较全面地从理论和实践上阐述了所在省份主要作物的栽培技术体系。全书由 9 章组成。首先介绍了过渡带的定义，划分标准，环境特征和生态条件特点，作物布局，生产地位等内容。然后分章论述了水稻、小麦、玉米、油菜、紫云英、食用豆、马铃薯等的栽培技术。对于每种作物，都从其所在省份和区域的生产布局，茬口衔接，生长发育，品种类型和沿革，常规栽培技术，简化和机械化栽培技术等方面进行系统介绍。最后对主要作物病害、虫害、草害、灾害性天气对作物生产的影响作了较为系统的归纳，并且提出应对措施。本书可供有关农业院校、科研单位、农技推广单位及生产者和有关人员参考。

《中国南北过渡带主要作物栽培》

编委会

策　　划　曹广才（中国农业科学院作物科学研究所）

顾　　问　侯立白（沈阳农业大学）

　　　　　魏　湜（东北农业大学）

主　　编　刘京宝（河南省农业科学院粮食作物研究所）

　　　　　刘祥臣（河南省信阳市农业科学院）

　　　　　王晨阳（河南农业大学）

　　　　　冯志峰（陕西省汉中市农业科学研究所）

副 主 编　（按姓名的汉语拼音排序）

　　　　　陈金平（河南省信阳市农业科学院）

　　　　　邓根生（陕西省汉中市农业科学研究所）

　　　　　高小丽（西北农林科技大学）

　　　　　潘兹亮（河南省信阳市农业科学院）

　　　　　王伟中（江苏省淮安市农业科学院）

　　　　　吴传万（江苏省淮安市农业科学院）

　　　　　夏来坤（河南省农业科学院粮食作物研究所）

　　　　　尹海庆（河南省农业科学院粮食作物研究所）

　　　　　朱卫红（河南省农业科学院粮食作物研究所）

编　　委　（按姓名的汉语拼音排序）

　　　　　陈金平（河南省信阳市农业科学院）

　　　　　陈　进（陕西省汉中市农业科学研究所）

程　辉（河南省信阳市农业科学院）

邓根生（陕西省汉中市农业科学研究所）

丰大清（河南省信阳市农业科学院）

冯佰利（西北农林科技大学）

冯志峰（陕西省汉中市农业科学研究所）

扶　定（河南省信阳市农业科学院）

付　景（河南省农业科学院粮食作物研究所）

付伟伟（陕西省汉中市农业科学研究所）

高金锋（西北农林科技大学）

高小丽（西北农林科技大学）

郭晓彦（河南省信阳市农业科学院）

郝启祥（陕西省汉中市汉台区蔬菜站）

何世界（河南省信阳市农业科学院）

黄　璐（河南省农业科学院粮食作物研究所）

李　川（河南省农业科学院粮食作物研究所）

李　平（河南省信阳市农业科学院）

刘京宝（河南省农业科学院粮食作物研究所）

刘祥臣（河南省信阳市农业科学院）

刘新宇（河南省信阳市农业科学院）

刘　勇（陕西省汉中市农业科学研究所）

柳世君（河南省信阳市农业科学院）

卢红芳（河南农业大学）

卢兆成（河南省信阳市农业科学院）

吕玉虎（河南省信阳市农业科学院）

潘兹亮（河南省信阳市农业科学院）

乔　利（河南省信阳市农业科学院）

乔江方（河南省农业科学院粮食作物研究所）

石守设（河南省信阳市农业科学院）

王晨阳（河南农业大学）

王成雨（安徽农业大学）

王　琴（河南省信阳市农业科学院）

王伟中（江苏省淮安市农业科学院）

文廷刚（江苏省淮安市农业科学院）

吴传万（江苏省淮安市农业科学院）

夏来坤（河南省农业科学院粮食作物研究所）

尹海庆（河南省农业科学院粮食作物研究所）

张春辉（陕西省汉中市农业科学研究所）

张丽霞（河南省信阳市农业科学院）

张先平（陕西省汉中市农业科学研究所）

周可金（安徽农业大学农学院）

周国勤（河南省信阳市农业科学院）

朱卫红（河南省农业科学院粮食作物研究所）

朱宗河（安徽农业大学）

邹　奎（河南省信阳市农业科学院）

作者分工

前　言

　　中国是一个农业大国，同时也是世界上农业发展历史最悠久的国家之一，水稻、大豆、粟、稷（黍子）、荞麦等主要农作物都起源于中国。2010 年全国农作物播种面积 16 067.5 万 hm^2，其中，粮食种植面积 10 987.6 万 hm^2，占全国农作物播种面积的 68.38%；油料作物种植面积为 1 389.0 万 hm^2，棉花 484.9 万 hm^2，麻类 13.3 万 hm^2，糖料 190.5 万 hm^2，烟叶 134.5 万 hm^2，药材类 124.2 万 hm^2，蔬菜瓜果类 2 138.9 万 hm^2，其他农作物 604.7 万 hm^2。中国南北过渡带是中国农业众多作物广为种植且较集中的特殊区域，共涉及河南、四川、甘肃、陕西、湖北、安徽、江苏 7 个省。中国南北过渡带在全国农业生产中也具有举足轻重的作用，过渡带内 7 省的总农作物播种面积 5 657.9 万 hm^2，占全国农作物总播种面积的 35.21%。7 省粮食总产为 54 647.7 万 t，占全国粮食总产的 35.52%。7 省水稻、小麦、玉米、谷子、大豆、绿豆、油菜、红小豆的种植面积分别为：927.8（占全国水稻种植面积的 31.05%）万 hm^2、1 403.3（57.85%）万 hm^2、801.6（24.66%）万 hm^2、12.4（15.3%）万 hm^2、221.1（25.96%）万 hm^2、19.5（26.24%）万 hm^2、403.6（64.46%）万 hm^2、3.4（21.16%）万 hm^2；产量分别为 6 817.5（占全国水稻总产的 34.82%）万 t、6 722.5（58.36%）万 t、4 018.6（22.67%）万 t、24.3（15.44%）万 t、400.4（26.54%）万 t、20.2（21.17%）万 t、843.31（64.46%）万 t、25（20.4%）万 t（数据来源于 2011 年《中国农业年鉴》）。

　　中国幅员辽阔，气候类型复杂多样，自古就有"橘生淮南则为橘，生于淮北则为枳"的说法。从气候特点看，秦岭-淮河一线以北是典型的温带季风气候，而秦岭-淮河一线以南则是典型的亚热带季风气候；从农业生产及生活习俗来看，秦淮南北的差异就更明显。北方耕地为旱地，主要作物为小麦、玉米和杂粮，一年两熟或两年三熟；南方则主要是水田，农作物主要是水稻、油菜等亚热带作物，一年两熟或三熟。过渡带内则属水旱轮作，农作物以水稻、小麦、玉米、油菜等为主，一年两熟。人们平常所说的"北麦南稻，南船北马"是这种差异的真实写照。秦岭-淮河一线经过甘、陕、豫、皖、苏等省，是中国中东部地区一条重要的地理分界线，其南方北方在气候、河流、

1

植被、土壤、农业生产等方面都有显著差异。

1908 年，中国地理学会发起人张相文先生第一次提出以"秦岭-淮河线"划分中国南北的想法。然而，地表上的地带景观是连续的、稳定的，很难找到一条线判断截然不同的两边地理、气候、植被、土壤等自然景观。"秦岭一淮河"不单纯是"中国南北地理分界线"，而且还是"中国南北地理气候分界带"。陈全功、谭忠厚等（2012）利用多年平均温度、平均降水量、≥10℃年积温、平均地表湿润度指数、1 月平均温度、平均无霜期、平均相对湿度和水旱田面积比例 8 个评定指标，按照一定的权重相乘加和，即得到中国南北分界带的分布图。中国南北分界带具有自然（气候、地理）和人文的综合属性，涉及四川、甘肃、陕西、湖北、河南、安徽、江苏 7 个省的 130 个县（市），最窄处约 26.42km，最宽处约 195.41km，总面积约 145 500.74km^2。

中国南北分界及南北过渡带的确立，可以帮助人们根据南北气候、水分的差异来规划作物种植，根据各作物不同品种的特征特性，采取相应的种植栽培技术，达到优质、高产的目的；促进南北各种作物的引种和驯化；同时会对政府决策有很大帮助，便于政府在涉及"南北"的决策时能作出准确判断，有利于南北资源的配置。

作物栽培学科是农业科学最前沿学科之一，是研究农作物生产系统及其与环境、措施关系理论的一门学科。其基本任务是围绕高产，不断地查明农作物生长发育规律、产量构成及其与生态环境、人为措施相互依存、相互促进、相互制约的关系，研究作物与措施，环境与措施，措施与措施之间的关系，揭示和调控作物产量的形成过程、品质的变化过程及挖掘土地潜力，以获取最大的社会效益、经济效益和生态效益。同时密切联系生产实际，是把科学技术转化为生产力的最直接的实用技术。随着时代的变迁，科技的进步及社会的发展，中国的作物栽培技术也不断地发展与变革。近年来，中国农业科研与生产发生了巨大变化，出现了许多新技术、新品种、新成果、新经验、新问题。生产上已由长期以来的精耕细作的传统农业迅速发展为具有较高科技含量的现代农业，如精量播种技术、轻（简）型栽培、水肥耦合管理、病虫害时效防治、不同年型防灾减灾应变栽培、配方施肥技术、全程机械化、全年一体化、间（套）复种技术、土壤耕作技术和生长发育调控技术的应用以及各种技术的集成。中国南北过渡带由于其独特的地理位置、气候环境、人文环境和农作物种植制度等，在中国农业生产和科研中具有十分重要的意义和作用。因此，全面、系统、认真地总结过渡带区域农业生产和科研的经验，编写一部能反映南北过渡带农作物栽培科学研究成果和生产实践经验的科学理论著作，是农业科学技术工作和农业生产的迫切需求，对于促进作物引种和育种，培养、提高科技人员水平，促进过渡带农业生产的发展，加速实现农业现代化都具有重要意义。据此，由河南省信阳市农业科学院和河南省农业科学院粮食作物研究所动议，经中国农业科学院作物科学研究所有关专家策划，联合一些院校和科研单位共同撰写《中国南北过渡带主要作物栽培》一书，是同行的共识。

本书是以主要农作物为研究对象，分析研究中国南北过渡带地区农作物生长发育规律、生理过程、种植栽培技术及逆境胁迫与对策。本书共分9章，对中国南北过渡带在农业生产中的概念、地位、过渡带的范围、特点以及过渡带主要农作物生产布局进行了论述。其他各章分别阐述了水稻、小麦、玉米、油菜、紫云英、绿豆和红小豆、马铃薯在生产中的地位、茬口衔接、生长发育、品种类型和品种沿革、品质、常规栽培等。最后一章则从逆境胁迫对策方面介绍了各作物的主要病虫害及其防治、杂草防除、灾害性天气防御。

此书在内容上注重有关基本知识、基本理论和基本方法与实用技术，同时，也力求反映本领域现代科技发展水平。

此书是集体编著的科技专著，在统稿过程中尽量做到全书体例的统一。编写上强调理论联系实际，注重信息量丰富，文字表达力求简练，内容上深入浅出，循序渐进，结构上力求系统完整。希望此书的出版能对推动中国南北过渡带农业生产发展起到积极作用。

参考文献按章节编排，以作者姓名的汉语拼音字母顺序和国外作者的字母顺序排列，同一作者的文献则按发表或出版年代先后为序。

本书编写过程中参考了相关文献和资料，在此谨对相关作者和编者表示感谢。本书的编写出版是全体编写者和中国农业科学技术出版社编辑人员共同努力、协作的成果，参编人员所在单位给予了积极支持，在此表示衷心感谢。

此书面向广大农业科技工作者、农业管理干部和技术员，也可作为农业院校相关专业师生的教学参考书。

在编写过程中受编写者专业和编写水平所限，加之编写时间仓促，书中错误和疏漏之处在所难免，敬请同行专家和读者批评指正。

刘京宝

2013.12.28

目　录

第一章　中国南北过渡带

第一节　中国南北过渡带在农业生产中的地位

一、南北过渡带的概念

(一) 南北过渡带的位置及地形地貌

秦岭位于中国中部，是一条东西走向、引人瞩目的山脉，跨越陕西、甘肃、河南、湖北等省，主峰太白山位于陕西省境内，海拔3 767.7m，是中国青藏高原以东大陆东部的最高山地。秦岭是黄河与长江的分水岭，历来被认为是中国南北自然分界线，在水平方向，秦岭具有从一种自然地理条件向另一种自然地理条件、由一种地质构造单元向另一种演变的过渡性质。

淮河发源于桐柏山，贯穿河南南部与安徽北部而流入江苏洪泽湖，然后分流入海，所以在苏北不再有淮河的主流。在自然地理上，仍将淮河划分为上中下游三段，分别指它在河南、安徽与江苏境内的各部分。淮河是中国东部的主要河流之一，在自然区划上和秦岭一起被认为是南方和北方的分界线。淮河南北的自然景观和经济特点都有显著的区别，人们常用"南方人吃米、北方人吃麦"和"南船北马"来表示它们的差异性。在植物分布上，淮河也被认为是一条重要的界线，"杉木不过淮水"、"桔子过淮便成枳"就是这种特点的反映。在中国植被区划上，淮河常被作为华中区与华北区、落叶阔叶和常绿阔叶混交林区以及亚热带与暖温带的分界线，这就说明了淮河流域在植被组成上具有过渡性的特点。

秦岭—淮河一线，是区分暖温带与亚热带的一条最重要的地理界线。线的南北，水热条件、农作物分布和耕作制度都有明显的不同。因此，秦岭—淮河线不仅是一条重要的自然地带界线，也是一条重要的农业地带界线。秦岭—淮河线的具体部位和通过地区，大致西起甘肃南部的武都，沿秦岭的山脊，到河南伏牛山，向东南延伸约2 000km，大致以南阳、信阳一线为界，分成东西两段。东段属淮河流域谷地，以平原为主，海拔多在200m以下。西段属秦巴山地，海拔在4 000m以下。西高东低。秦岭—淮河线的东西两段，地形特征显著不同，是自然地带和农业地带的分界线。

西段的秦岭是一个东西走向、海拔 2 000~4 000m 的山地，全长 1 000km 多，宽自几十千米到一二百千米不等。巍巍秦岭凸起于中国中部，不仅在地形上是南北之间的障壁，更是气候上冬夏季风的巨大屏障。特别是冬季，自北方南下的冷空气，受高大秦岭的阻挡，中下层冷空气难以越过，使得冬季秦岭南北气温有较大的差异，日平均气温可相差 5~7℃。秦岭北坡年平均气温 13~14℃，7 月平均气温 25~27℃，1 月平均气温 -2~ -1℃。秦岭南坡年平均气温 14~16℃，7 月平均气温 26~28℃，1 月平均气温 2~3℃。秦岭对于夏季北上湿润气流也有阻滞作用，影响南北降水量。从东南吹来的太平洋暖湿气流，在爬越秦岭时，给南坡带来丰富的降水。气流翻越山脊后，北坡降水大大减少，有时形成干热风，使渭河平原出现干旱。秦岭南坡，年降水量 750~900mm，秦岭北坡为 600~700mm。南坡属于亚热带湿润气候，北坡属于暖温带半湿润气候。秦岭山地南北热量与水文状况的差异，对农作物的种类、分布和耕作制度有明显的影响。秦岭南坡，作物几乎全年可以生长，农业生产特点与华中类似，水热条件适合水稻生长。秦岭北坡，作物不能全年生长，仅冬小麦可以越冬，农业生产特点与华北相同。主要作物是小麦、杂粮、棉花等。

东段的淮河一线，地势坦荡，冬夏气流畅通无阻，虽然没有秦岭南北坡的突然变化，但恰好是一个水热分布变化的过渡地带，是一条重要的农业地带界线。淮河一线，在气候上大致是区分亚热带与暖温带的主要气候指针。高于 10℃的日数是 215d，最热的 7 月平均气温为 25℃，最冷的 1 月平均气温 0℃，年降水量 800 mm 左右。虽然，在淮河的两岸看不出有多大不同，但是作为一个自然的与农业生产的过渡带，仍是相当明显的。水田的多少是南北差异的主要标志。淮河以南，水源充足，水稻分布连片，产量占粮食总产量的一半以上，是当地的优势作物。淮河以北，水源不足，水田面积明显减少，分布零散。

（二）秦岭—淮河一线南北气候差异

1. 秦岭南北差异的成因　秦岭是横贯中国中部的东西走向山脉，位于北纬 32°30′~ 35°，东经 103°~113°。北侧为黄土高原和华北平原，南侧为低山丘陵和江汉平原。东西走向的秦岭山脉，是黄河和长江两大水系的分水岭。秦岭东西长约 1 600 多 km，平均海拔 2 000~3 000m，对冬夏季风有巨大的屏障作用，它就像一堵"挡风墙"既阻止了冬季风的南下，又拦截夏季东南季风的北上，使秦岭两侧的气候产生了显著差异。冬季，关中的宝鸡气温比陕南的汉中低 3~6℃，西安比安康低 4~7℃，冷空气过境时，南北之间温差达 6~7℃；同时秦岭对水汽也起阻滞作用，南坡年平均降水量在 800mm 以上，北坡年平均降水量多在 800mm 以下。秦岭山地具有北仰南倾，北坡发育大断层，南坡缓的不对称特点。在水平距离将近 10km 的 100m 海拔高度的南北坡自然地理特征有很大的差异。

2. 淮河南北差异的成因　淮河是中国东部的主要河流之一，地理位置介于 31°~36° N，112°~121°E。发源于河南省桐柏山北麓，流经豫、皖至江苏扬州三江营注入长江，全长 1 000km。淮河地区主要是平原地区，南北冷暖气流畅通无阻，不可能产生一条截然分明的南北分界线。但由于副热带高压的影响，产生了江淮准静止锋，致使淮河南北气候，特别是降水量出现显著差异。副热带高压在 5~6 月的影响北移到达长江和南岭之间，6 月中旬前后抵达长江两岸，这时控制江淮流域的冷空气势力还较强，不易迅速向北撤退。因此，冷暖空气在长江下游地区相遇，相持不下，形成江淮准静止锋，造成了连绵阴雨天气，降水最大，降水次数多。这时正值江南梅子黄熟季节，也称为"梅雨"。

3. 秦岭—淮河一线南北的气温差异　秦岭—淮河一线南北差异主要表现在气候上，是温带季风气候和亚热带季风气候的分界线。秦岭—淮河一线以北是典型的温带季风气候，而秦岭—淮河一线以南却是典型的亚热带季风气候。秦岭—淮河一线是中国 1 月 0℃等温线。温带季风气候的气温年较差大于亚热带季风气候的气温年较差，并且温带季风气候最冷月气温低于 0℃；而亚热带季风气候最冷月气温高于 0℃。如冬季，关中的宝鸡气温比陕西的汉中低 3~16℃，西安比安康低 4~7℃，冷空气过境时南北之间温差达 6~7℃。由于秦岭—淮河一线是温带季风气候和亚热带季风气候的分界线，所以，秦岭—淮河一线也必然是 1 月 0℃等温线。同时秦岭—淮河一线也是中国日均温 ≥10℃ 积温4 500℃ 等值线。

4. 秦岭—淮河一线南北的降水差异　秦岭—淮河一线是年降水量 800mm 等降水量线。温带季风气候年降水量不均匀，夏季降水多，冬季降水少，雨季短，降水少，且年总降水量在 400~800mm；亚热带季风气候年降水量较均匀，夏季降水偏多，冬季降水也不少，雨季长，降水多，且年总降水量高于 800mm。所以，把秦岭—淮河一线作为年降水量 800mm 等降水量线的分界线。由于年总降水量的不同及降水量的季节状况，又可将秦岭—淮河一线作为湿润地区与半湿润地区的分界线。秦岭—淮河一线以南年降水总量多，称为湿润地区；秦岭—淮河一线以北年降水总量比秦岭—淮河一线以南偏少，但比中国其他地区偏多，称为半湿润地区。所以，秦岭—淮河一线也是湿润地区与半湿润地区的分界线。

（三）秦岭—淮河一线南北气候引起的其他差异

1. 季风区内两种情况不同的外流河分界线　由于中国大部分地区的河流水由降水补给，所以河川径流受气候影响较明显。秦岭—淮河一线以北为暖温带、半湿润地区的河流，流量小，汛期短，水位季节变化大，含沙量大，冬季有结冰期，且越靠北冰期越长，航运灌溉条件较差；秦岭—淮河一线以南为亚热带、湿润地区的河流，流量大，汛期长，水位季节变化小，含沙量小，冬季不结冰，航运条件好。

2. 不同土壤的分界线　秦岭—淮河一线以北的土壤是在温带季风气候条件下发育的，以钙质土、黑土为主；秦岭—淮河一线以南的土壤是在亚热带季风气候条件下发育的，以红壤、水稻土为主。北方的华北平原，黄土高原多为棕壤，褐土，而南方长江中下游为水稻土，东南丘陵为红壤，四川盆地为紫色土，平原地区为肥沃的水稻土。北方的温带和暖温带地区，自东向西干燥度逐渐增加。暖温带土壤分布由棕壤向西北依次为褐、黑垆土、灰钙土。在温带，土壤从暗棕壤经东北草原的黑土，向西北出现黑钙土，栗钙土以及棕钙土、灰漠土、灰棕漠土。南方地区温度普遍较高，所以，分布铁硅铝土、铁铝土，由北到南，随着纬度的降低，温度的升高，依次出现黄棕壤、黄壤（红壤）、赤红壤、砖红壤。

3. 不同植被类型的分界线 秦岭—淮河一线以北的植被是在温带季风气候条件下形成的温带落叶阔叶林、针阔叶混交林为主的植被类型，秦岭—淮河一线以南的植被是在亚热带季风气候条件下形成的，是以亚热带常绿阔叶林为主的植被类型。

4. 农业生产特点的分界线 秦岭—淮河一线以北属温带季风气候，无霜期3个月至8个月，耕作制度为一年一熟到两熟。耕地以旱地为主。粮食作物以小麦、玉米、杂粮为主，经济作物以花生、大豆、棉花为主；秦岭—淮河一线以南属亚热带季风气候，无霜期8个月以上，耕作制度为一年两熟到三熟。耕地以水田为主。粮食作物以水稻、小麦为主，经济作物以甘蔗、棉花、油菜、茶叶及热带、亚热带水果为主。

5. 人文方面的差异 秦岭—淮河一线南北存在诸多方面的差异，如性格体质差异：秦岭—淮河以南人体平均身高较矮，男子聪明智慧，善于经商，女子婀娜多姿，心灵手巧。秦岭—淮河以北人体平均身高较高，男子粗犷豪放，女子英姿飒爽；语言差异：北方多地势平坦的高原和平原，交通联系方便，人们交流、交往机会多，彼此融合，因而语言差异不大，方言少。南方交通不便，相互间的沟通受阻，地域型的方言较多；服饰差异：秦岭—淮河以南民族服饰以蓝、青等素淡颜色为主，夏天的炎热使得南方人更偏向白色和杏色。秦岭—淮河以北民族服饰以红、白、黑、绿等颜色居多；交通差异：秦岭—淮河以南水路运输占很大比重，秦岭—淮河以北以陆路运输为主；建筑差异：南方聚落分散，沿河带状分布居多，房屋墙体较薄，屋顶坡度较陡，以通风散热为主，私家园林建筑规模小，布局精巧，以黑白为主色调，色彩素淡，包括傣族竹楼、侗族鼓楼，与水乡风光、湿润的气候特点融为一体；北方聚落集中，房屋墙体较厚，有院落，防风保暖，皇家园林建筑以红黄为主色调，既显示出皇权的尊贵富贵，又与宽阔整齐的地形、多蓝天白云的气候特点相互辉映。但最大的差异表现在：北方政治与军事比较活跃，南方经济与文化比较发达。

（四）过渡带的气候资源条件

1. 初、终霜期与无霜期 淮河流域平均初霜出现在10月下旬到11月下旬，有南迟北早、山地早于平原的特点。豫东及淮北平原大部和鲁西南山地，为10月下旬；苏北北部及沿淮河中游到蚌埠—阜阳—驻马店一线以南地区，为11月上旬；滨海及扬州一带，为11月下旬；淮河流域最早初霜出现时间比平均初霜时日提前20d左右。淮河流域平均终霜期在3月中旬到4月中旬，最晚终霜期较平均终霜期推迟15～25d。全流域无霜期为200～250d，南长北短，南部为220～250d，中部为220～240d，北部在200d左右，无霜期的年际变化较大，其变率为40～60d（如罗山、驻马店等）。

秦岭地区无霜期以太白山高山地区最短，只有120d。平均初霜始于9月中旬，终霜止于5月下旬。南麓安康的无霜期最长，平均初霜期为11月下旬，终霜期为3月中旬，无霜期长达250d以上。秦岭山地的无霜期较短，平均每升高1 000m，无霜期减少60～70d。北麓无霜期210d左右。

2. 温度　淮河流域多年平均气温为 11.8 ~ 16℃，南高于北，西高于东，平原高于山区。气温的年内变化是 1 月最低，7 月最高，年较差为 26.1 ~ 28.8℃，由南向北递减。1 月平均气温为 - 3.6 ~ 2℃，南北差 5.6℃。0℃等温线东端自苏北总干渠以北 30km 一线经泗县、亳州到许昌。此线以北为 0.1 ~ 3.6℃，沂蒙山区及菏泽—济宁一线以北最冷，可达 - 1.7 ~ 3.6℃，此线以南由 0℃向南递增到 2℃，为北亚热带冬季的边缘气温。7 月为全年气温最高月，介于 25.3 ~ 28℃，平原地区南北差异极微小，仅 1.5℃，东部沿海平原较中部同纬度的淮北—蚌埠低 0.6 ~ 2.7℃。

秦岭地区的特点是冷热和干湿季节变化明显。本区虽然下半年温度较高，积温充足，但是冬季的低温却限制了喜温作物的生长，降低了积温的有效程度。冬季的低温和霜冻是作物能否安全越冬和适否栽培喜温作物的重要条件。汉中、安康是冬季最暖的地区，1 月平均气温在 2℃左右，平均最低温度也高于 0℃。1 000m 左右的山地 1 月气温在 - 2 ~ - 1℃，平均最低温度在 - 5 ~ - 4℃。2 000m 山区，1 月平均温度只有 - 5℃，平均最低温度在 - 9℃。

3. 农业界限温度　农业界限温度是评价一个地区的热量条件和衡量自然生产力高低的重要指标。农作物的生长发育要求一定的温度条件，不同作物或同一作物不同的生长发育期对温度的要求也有明显的差异。在农业气候上通用的界限温度（0，5，10，15，20℃）的出现日期、终日期、持续日数及相应时段的积温对农业生产有重要的意义。如≥0℃的初日，大致是土壤解冻、越冬作物萌动和入田农耕开始时期；其终日则为土壤始冻、秋播作物进入越冬期的日子。初霜期与终霜期之间的日数则为农耕期。又如日平均气温≥5℃的初日或终日与农作物及大多数果树恢复或停止生长的日期相符，统称为作物生长期。日平均气温≥10℃的日期则为中温作物生长期，也是喜凉作物生长活跃期。日平均气温大于 15℃初日为棉花播种和水稻移栽的适宜日期，其终日为秋播作物播种的下限日期。

秦岭地区以安康、汉中最温暖，几乎全年各月的日平均温度都在 0℃以上。10℃始现于 3 月下旬，终现于 11 月上旬，日平均气温大于或等于 10℃的持续日数 220d 以上。1 000m 高处的南坡，10℃的始现日期落后 30 ~ 40d，终现日期也提早 15 ~ 30d。更高的山区，10℃的持续日数只有 125 ~ 140d。秦岭北麓虽然 0 ~ 5℃的持续日数比南麓少 40d 左右，但是 10 ~ 15℃的持续日数却仅仅少 10d 以上。可见北麓虽然冬季较长，但春季升温迅速，作物生长活跃期比南麓短不了多少，并不因冬季较长使作物生长大受限制。

淮河地区几乎全年各月的日平均温度都在 0℃以上。日平均气温大于或等于 5℃的持续日数为 250d 以上，日平均气温大于或等于 10℃的持续日数为 200d 以上。淮河流域升温速度较快，特别是平原地区，从≥0℃、≥5℃、≥10℃初日的南北相差 2 ~ 3d，而≥20℃初日南北几乎没有什么差异。说明黄淮平原升温快，如梁山从 0℃到 20℃相隔 98 d，平均每天上升 0.20℃，南部蚌埠从 0℃到 20℃相隔 105d，平均每日上升 0.19℃。升温快的特点对黄淮平原春播作物出苗与苗期生长极为有利。淮河流域降温快，从≥20℃终日（9 月 13 ~ 25 日）降到≥0℃终止（12 月 9 ~ 30 日），两者相距 88 ~ 97d，气温从 20℃下降到 0℃，平均每天下降 0. 21 ~ 0. 23℃，秋季降温速度较春季升温速度还要快，因此，在农业上就应注意秋季降温和初霜对粮食作物生产的影响，特别是寒潮到来较早的年份，对淮河以南秋季作物有一定的危害。

4. 降水　淮河流域水量的空间分布有明显的南多北少、山区多于平原的特点。降水量 800mm 等值线西起伏牛山北部，经叶县—周口—亳州—徐州到沂蒙山地北坡，此线以南地区降水量大于 800mm，属湿润带。以北地区降水量小于 800mm，属半干旱半湿润带。在地区分布上，流域南部为 1 000 ~ 1 200mm，北部为 600 ~ 700mm，东部为 800 ~ 1 000mm，西部为 600 ~ 700mm。流域内周边山地丘陵地区利于降水的形成，河谷及平原地区则不利于降水的形成，从而导致流域内降水高值区均位于山丘区，而广大的平原及河谷地带为降水的低值区。其中，降水高值区以大别山区为最高，年降水量达 1 400mm 以上，佛子岭和响洪甸水库上游可达 1 500mm，西部伏牛山 - 桐山区次之，降水量在 1 000 ~ 1 200mm。淮南天长低山丘陵区为略大于 1 000mm 的相对高值区。低值区以淮北平原降水量最少，为 600 ~ 700mm。安徽池河、洛河上游河谷地带为 900mm 的相对低值区。

秦岭地区农业用水主要源于大气降水，年降水量自西向东递减，自低向高递增。汉中、安康低平地区 780 ~ 800mm，东部最少，不足 750mm。气流爬上秦岭南坡，降水量有所增加，佛坪、柞水等地成为南坡多雨中心，达 900mm 以上；西部高山地区较少，仅约 800mm。北坡山脚为 600 ~ 700mm，华山是北坡多雨之地，年降水量达 960mm。夏季 6 ~ 8 月降水量占全年的 50% 左右，对作物生长有利，但由于夏季辐射平衡很大（87. 9 ~ 92. 1kj），蒸发力很强（350 ~ 400mm），短期无雨就可造成干旱减产，这是本区春播、夏播作物产量不稳定的主要原因。本区秋季的降水也较多（占全年降水量的 25% ~ 30%），所以，在冬季普遍少雨雪（一般不足 30 mm）的条件下，作物利用土壤中贮存的水分不会遭到重大旱害。春季的降水只及全年的 20%，从降水量来说，春季是比较干燥的，但是旱而成灾的机会不如夏季多。

5. 农作制特点及主要作物种类　淮河流域及秦岭地区属暖温带季风气候，长期以来形成了两年三熟的基本熟制，复种指数平均为 150%，愈北愈接近 100%，愈南愈接近 200%。这样，把喜凉与喜温作物的秋播、春播和夏播分配在两年不同季节中，不但能充分地利用气候资源，而且也能有效地防避气象灾害。就淮河流域的气候条件来说，一年两熟不但降水量不够，生长季也嫌过紧。一年两熟需水 800 ~ 1 000mm，而本地区的年降水量只有 600 ~ 900mm。冬小麦的生育期约为 8 个月，即使把农耗时间缩至最短，剩下给夏播作物的时间也只有 4 个月。如果实行一年一熟，则会大量浪费光水等资源。因此，应该因地制宜，量力而行。在本地区内应以两年三熟为主，适当搭配一年两熟和一年一熟，及多种熟制并行，使各地块得以不同熟制轮换。

小麦、水稻、玉米、高粱、谷子、棉花、大豆、花生、芝麻等都是淮河流域和秦岭地区的适生作物。从气候条件来看，不但这些作物能获得较高的产量，而且有可能获得较优的质量。落叶果树是淮河流域的适生果树，砀山酥梨、怀远石榴等都中外驰名。淮河流域及秦岭地区属半湿润气候，全年降水不敷蒸发，又过分集中于夏季，有一部分不能利用的雨水。因此，要大力发展流域的节水农业，以减轻农业对水资源的过分依赖。

对于一些不能灌溉的地区，要发展抗旱作物，如谷子、棉花。还要调整熟制，减少水田面积，改为水旱轮作或是改变种植方法，如改水稻水播为旱种，可节约用水 1/3 到 1/2。同时通过改进灌溉技术和管水方法来节约用水，降低农业生产成本，降低社会发展对水资源的压力。

随着科技的进步以及科学技术在农业生产上的广泛应用，农业生产可以在科学技术的指导下允分利用有利的资源条件发展生产。在淮河流域科学技术对农业发展的贡献率只有 35%，这不但与沿海地区的 50% 有较大差距，与西方发达国家的 70% 以上的贡献率更是差距明显。因此，在掌握本地资源特点的前提下，采用先进的农业科学技术指导生产必须成为今后本地区发展的一项重要指导性原则。例如，在淮河流域进行温室栽培，不但可以利用越冬期间的光热资源，在不生火增温的情况下，可种植喜凉作物，如果升火增温，还可种植喜温作物。利用温室还可以育苗移栽，可以争取更长的生长季节。大型的温室还可以进行多层无土栽培，有助于实现农业工厂化生产。

二、南北过渡带的范围

1908 年，中国地理学会发起人张相文第一次提出以"秦岭—淮河一线"划分中国南北的想法。然而，人们逐渐发现，这一想法在实际中很难实现：秦岭不是东西向一字排列的山脉，而是南北纵横数十、数百千米的庞大山系；淮河，尤其是下游，已经很难找到主流，现在能见到的只有南北数十千米的水网。

之后又有不少学者对秦岭—淮河一线作为中国南北分界线进行了研究和讨论，马成超在《浅谈秦岭的地理分界意义》中，从气候界限、地质地貌界限、水文界限、土壤、野生动物分界线、植被界限和人文分界线等方面定性的论述了秦岭作为中国南北分界线的重要意义。蒋寿康在《秦岭—淮河一线与古代政治分野论述》中论述了秦岭—淮河一线的自然条件和地理特点，指出秦岭山脉是一道难以逾越的屏障，淮河对南北地理环境及其政权军事的南北分野有着重要的影响。龚胜生在《〈禹贡〉中的秦岭淮河地理界线》中，描述了《尚书·禹贡》对秦岭淮河较为详细的描述，而且利用秦岭—淮河一线进行了地理区划。《禹贡》还对秦岭淮河两侧的地理环境的差异做了客观的描述，指出竹、橘等亚热带典型植被主要生长在此线以南，在田赋等级、产业结构方面也存在差异，最后指出秦岭—淮河自战国以来就是中国的亚热带北界。不管是张相文先生还是后来的学者对南北分界线的研究都只是对秦岭—淮河一线的定性描述，而且都存在一定的局限性，张相文先生以"秦岭—淮河"划线分南北的想法，在现实中很难实现。因为秦岭不只是东西向一字排列的。

刘胤汉（1980，2000）认为，由于山地海拔逐渐升高，气温逐渐下降，在海拔 800m 等高线的位置，亚热带就已经结束了，像橘、竹、柚等亚热带的指示性植物已经不见了，他主张南北分界线应该划在秦岭南坡 800m 等高线处。另外一位地理系的权威人士任美锷（1961）认为，从秦岭北坡看，随着山地的上升，气温逐渐降低，在 700m 等高线处，气候已经不是暖温带了，而是山地气候，因此，他主张南北分界线划在秦岭北坡 700m 等高线处。著名地理学家黄秉维、郑度（1980，1960）却主张南北分界线应该划在秦岭的主脊线上，理由是这样可以保持山两边垂直自然带的完整性。另外，有一些学者从植被的角度对中国南北分界线进行了研究。1961年邝生舜等提出，河南北亚热带植被界线是在北纬34°25′伏牛山北坡海拔700m以上，主张将中国南北分界线划在秦岭北坡上。1934年刘慎愕指出，华北植物之西南，以秦岭山脉为界，秦岭以南已进入南方植物境内，主张南北分界线应该在秦岭主脊上。1964年韩宪纲教授由于较多地重视了栽培的常绿阔叶木本植物的出现，划定汉中地区亚热带北界是在秦岭南坡下部，大致在海拔800m等高线附近。

地表上的地带景观是连续的、稳定的，很难找到一条线，两边的地理、气候、植被、土壤等自然景观截然不同。但当代学者多认为，"秦岭—淮河"不单纯是"中国南北地理分界线"而是"中国南北地理气候分界带"（简称"中国南北分界带"）。中国南北自然分界以秦岭—淮河一线为界，但中国南北自然分界是"带"而不是"线"。中国南北自然分界线，实际上首先是气候分界线。就热量带说是北方暖温带和南方亚热带的分界；在水分区划中则是北方干旱、半湿润气候和南方湿润气候的分界；在雨旱季节类型区划中则是北方春旱、夏雨气候和南方春雨、梅雨及伏旱气候的分界。然而，这个过渡和变化是通过相当宽的一个带来完成的。在淮河两岸，相隔一二十千米甚至更宽，并看不出气候、农业、自然景观等方面有什么变化。实际上，由于淮河地区主要是平原地区，南北冷暖气流畅通无阻，确实也不可能产生一条截然分明的南北分界线来。南北分界带的西段秦岭，冬季阻挡了北方冷空气，因而在岭北形成典型暖温带气候而在岭南形成为典型亚热带气候。但是，秦岭分界也并非一条线。因为秦岭南坡约千米海拔以下才是亚热带，而秦岭山脉两坡千米等高线间的宽度，也就是分界带的宽度也有90～110km。而且，在历史上南北分界带是随气候变化而南北移动的。如果全球持续变暖，亚热带北界将来甚至有可能要北推到黄河的中下游地区。

陈全功等（2012）利用多年平均温度、平均降水量、≥10℃年积温、平均地表湿润度指数、1月平均温度、平均无霜期、平均相对湿度和水旱田面积比例等8个评定指标，按照一定的权重相乘加和，即得到中国南北分界带的分布图。中国南北分界带具有自然（气候、地理）和人文的综合属性，涉及四川、甘肃、陕西、湖北、河南、安徽、江苏7个省的130个县（市），最窄处约26.42km，最宽处约195.41km，总面积约145 500.74km^2。在南北分界带的基础上，顺其经度各段中点的连线，可称为南北分界线。此线的走向大致为：西起与青藏高原相接的西秦岭余脉（104°15′E、32°18′N），经四川省的平武县、青川县，甘肃省的文县、康县，陕西省的宁强县、略阳县、勉县、留坝县、城固县、洋县、佛坪县、宁陕县、镇安县、旬阳县、商南县，湖北省的郧西县，河南省的淅川县、西峡县、内乡县、邓州市、新野县、唐河县、桐柏县、泌阳县、确山县、驻马店市、汝南县、平舆县、新蔡县，安徽省的临泉县、界首市、阜阳市、利辛县、凤台县、淮南市、怀远县、蚌埠市（北距蚌埠市区约4.67km）、固镇市、五河县，江苏省的泗洪县、洪泽县、泗阳县、淮安市（北距淮安市区约5.68km）、涟水县、阜宁县、滨海县、射阳县等47个县（市）蜿蜒而下，止于东海海滨（120°21′E、34°05′N），总长度约1 666.28km。

三、南北过渡带在中国农业生产中的地位

中国南北分界以及南北过渡带的确立有利农作物种植，人们可以根据南北气候、水分的差异来规划作物种植。同时，南北分界过渡带也是南北物种交叉繁衍生息的最佳场所。简单地说，一些习惯生活于北方的动物，如果到了南方会水土不服，但是在南北过渡带区域就会很快适应并生存下来。同样，南方物种同样也可以在南北过渡带安营扎寨。中国政府十分重视农业生产，不断加大农业投入，积极进行农田水利基本建设，从而提高了农业生产的现代化水平，使农业取得了辉煌的成就。理清楚南北分界对政府决策也会有帮助。此前，国家曾为了支援西部项目的推进，专门划分西部区域，南北分界的划分也会有类似的作用，便于官方在涉及"南北"的决策时能做出准确判断。华中师范大学城市与环境科学学院教授喻光明（2004）表示，目前，耕作制度、农业供应等事关国家经济和统计，南北上交"国家粮仓"的供应量，南北有别、指标不一。若能划分南北，部分指标会有调整，有利于南北资源配置。

陈全功等（2012）利用 8 个评定指标，按照一定的权重相乘加和，即得到中国南北分界带涉及四川、甘肃、陕西、湖北、河南、安徽、江苏 7 个省的 130 个县（市）。7 省的总的农作物播种面积 5 657.9 万 hm^2，占全国农作物总播种面积的 35.21%，7 省粮食总产为 54 647.7 万 t，占全国粮食总产的 35.52%。

第二节　中国南北过渡带的特点

一、中国南北过渡带的地形特征

（一）秦岭山地的地形特征

秦岭是中国中部著名的山脉，雄伟壮丽，其主体呈东西走向，横亘于中国中部多个省份。秦岭山脉西起甘肃省东南部，东至河南省南部，并与伏牛山相连，东西跨越 8 个经度，位于陕西省宝鸡市内的秦岭主峰太白山海拔 3 767.2m。秦岭主体北临渭河，南界汉水。秦岭北侧坡谷陡峻（至岭脊的水平距离平均约 50km），南侧坡面相对缓长（至岭脊的水平距离平均 100～150km），南北跨度宽达近 200km。正是由于秦岭山脉的高大巍峨及其东西横亘的走向，给秦岭山地本身和其临近平原地区的地理景观都带来了巨大的影响，即秦岭南北坡包括气候、水文状况、土壤、植被等等在内的自然地理要素都非常不同（康慕谊等，2007）。所以，长期以来秦岭山地都被认为是中国东部重要的南北天然的地质、地理、生态、气候、环境乃至人文的分界线，即亚热带和暖温带等的分界线。如上所述，秦岭山地中不仅南北坡表现出很大的地区差异，其垂直方向的气候、土壤植被差异更加显著，尤其是主峰太白山山峰。

从地质构造上讲，秦岭山脉在古生代时就已经形成了，经历了随后的多项造山运动

后，其山脉规模才逐渐扩大增高。具体来讲其山地北部属于地盾构造，南部属于秦岭褶皱构造带，它们的分界大致是太白山至柞水县一线。常隆庆等（1954）研究报道，秦岭地质在吕梁运动之后即隆起成为条带状山脉。在燕山运动中形成了太白山及华山等巨大山体。后来又受到喜马拉雅运动影响再次升高并发生巨大的断层。所以，秦岭北部山脉骨干都有古老坚硬的结晶变质岩和花岗岩构成。而秦岭南部褶皱带介于华北陆台和扬子陆台的过渡带。在海西宁运动中秦岭地槽才褶皱呈山。在之后的阿尔卑斯运动中，秦岭褶皱带仍以上升运动为主。因此，秦岭南部的岩层大多数是年代较新的沉积岩和变质岩组成。

秦岭山地由一系列东西走向为主的山脉组成，其主体轮廓呈由西向东降低，由北向南倾斜的趋势。自山顶而下可以观察到以下几种地形：最上部是严寒的高山地形、其次为强烈切割的中山地形、南部逐渐转变为低缓的丘陵地形、山地南北麓则转折为低平的盆地和平原，即汉中盆地和渭河平原。以下将具体阐述不同垂直高度上的地形分布：秦岭主体3 200m以上呈现为高山地形，最高峰太白峰为3 767.2m。山体以花岗岩和片麻岩为主。由于山势雄峻，3 200m以上的秦岭高山地形表现出了较为强烈的冻裂作用和古冰川作用，以及由这些地质作用所造成的多种高山类型地形。首先是分布在太白山周围，由剥落出来的巨大石块（长超过1m×宽超过0.5m）所构成的乱石滩和石流地形。据余显芳（1956）对秦岭山地自然地理的研究报告可知，乱石滩地形一般分布在太白山峰顶比较平坦的部分或者凹下的部分。这是因为组成乱石滩地形的巨大石块多数是从山顶滚下来的。而秦岭山地的石流地形通常分布在太白山山坡或山谷。而且石流地形能够沿着山坡向下移动，但是它的移动速度非常缓慢，以至于在短时间并不能够观察到。仅观察到的石流长度达到400～500m，宽也达到了40～50m。其次在太白山3 200～3 500m还可以观察到第四纪冰川侵蚀地形，如冰斗、冰斗湖和冰川槽谷等。在太白山大爷海附近的冰斗自上而下相互连贯形成了冰斗阶地。

在秦岭山地两侧海拔1 000～3 000m呈现中山地形。其中，大部分被深林所覆盖，另外还有一些尖顶的岩石高地和石林地形。其中，在太白山北坡、华山和佛坪县境内的秦岭南坡的石林地形通常比较陡峭。这种石林地形是发育在垂直节理的花岗岩或片麻岩上的，所以一般呈现为相对高度在500～2 000m的险峻石峰或者锯齿状的石峰带。如著名的华山天险就是由花岗岩石林地形组成的。另一种秦岭石林地形发育在石灰岩地区，以徽县大河店和凤县庙台子都有这种石灰岩石林地形，但是规模不大。中山地带的第二种地形为峡谷地形，这是由于中山地带一般流水侵蚀都比较显著，最近的构造运动更加加深了流水切割的强度。如秦岭北部向北流入渭河的河流黑河、斜峡水等流经秦岭大断层崖，最终造成了深1 000～2 000m的秦岭大峡谷。在秦岭南部流入汉水的河流褒河、湑河、蒲河等等流经秦岭背斜层和向斜层，也形成了一些峡谷，但是与陡峭的秦岭北部相比，秦岭南部的峡谷规模比较小，也主要发生在河流的中上游一带。秦岭中山地带的第三重地形为断崖地形，它分布在秦岭北坡。如蓝田至郿县，华阴至临潼的断层崖。断层崖的垂直变位很大，最高超过了2 000m，华山壁立的状况也与断层崖有关。秦岭南部的山岭高度次第递减，随着高度的降低，秦岭南部边缘地带也由中山地形向丘陵地形过渡。

秦岭南北山麓以下则是较为平坦的盆地或平原，南北坡变化表现不一致。在北坡由于巨大的断层崖和平原突然接触，就形成了崇高险峻的山势，如高耸的天然城墙。而秦岭南坡则由低缓的丘陵逐渐转入平原地区，地形变化对比不强烈。总之，秦岭山地地形因受到地质构造的复杂影响，表现出了复杂的垂直分带现象。

（二）淮河流域的地形特征

在中国人类发展史上，淮河与闻名中外的黄河、长江一样，都是远古人类的重要发祥地。淮河源头位于河南省南部桐柏县，干流全长 1 252km，也是中国最终流入太平洋的不多的几条江河之一。淮河流域是指淮河流经的广大地区，它位于中国东部，介于长江流域和黄河流域之间。淮河流域西起伏牛山、桐柏山，东临黄海，南依大别山、江淮丘陵。通扬运河及如泰运河南岸与长江分界，北以黄河南岸、沂蒙山与黄河流域接壤。淮河流域主要位于中国东经 112°～121°，北纬 31°～36°，流域总面积约 30 万 km²，跨越河南、湖北、安徽、江苏、山东 5 省的 180 多个县市，人口稠密。淮河流域地处中国南北气候过渡带上，总体来说淮河流域以北属于暖温带区，而淮河流域以南属于亚热带区。从地形图上可以看出淮河流域西部、西南部和东北部主要为山区、丘陵地带，其余广阔的流域为平原。具体的可以把淮河流域土山石区分为伏牛山区、大别山-桐柏山区、沂蒙山区、江淮丘陵和淮河丘陵五大区域，主要位于淮河流域的中上游，占淮河流域总面积的 1/3。淮河流域 2/3 的广大面积为冲积平原、洪积平原和黄泛平原。淮河流域除了山地、丘陵和平原外，还有众多由湖泊和洼地组成的湿地。以下将具体阐述淮河流域的不同地质地形特征。

淮河流域土石山区主要位于淮河流域的中上游地区，占地面积约为 12.8 万 km²。淮河流域西部可以划分为两大土山区：伏牛山山区和大别山-桐柏山山区，一般高 200～500m。淮河最大支流——沙颍河上游的石人山高达 2 153m，为淮河流域境内的最高峰；伏牛山、大别山-桐柏山山体主要由花岗岩、变质岩、砂岩构成（宋轩等，2008）。淮河流域南部主要为大别山土山区，高达 300～1 774m；淮河流域东北部位于沂蒙山土山区，高度为 200～1 155m。

淮河流域丘陵区主要是江淮丘陵和淮河丘陵，主要分布在淮河流域土山区的延伸部位，淮河流域丘陵区西部一般高程为 100～200m，南部丘陵高程为 50～100m，东北部丘陵高程在 100m 左右。淮河流域秦岭主要由抬升地块遭受流水侵蚀切割而成。其中，江淮丘陵主要位于淮北平原和长江沿岸平原之间，东到洪泽湖和高邮湖，西至大别山北麓，南至江淮分水岭，北达淮河，占淮河流域总面积的 10.5%（马建华等，2004）。而淮河丘陵东起连云港市，西至萧县，北起山东，南达淮河以北的广阔地区，占淮河流域总面积的 8%。

另外淮河流域拥有众多的水体，自然湿地类型就比较复杂多样，主要可以分为两类：海洋-海岸湿地，由湖泊、沼泽、河流和人工河流组成的内陆湿地；由水库、池塘、稻田组成的人工湿地。淮河水系湖泊湿地中较大的湖泊主要有洪泽湖、高邮湖、邵伯湖、成西湖、成东湖等。泗水系主要有南四湖、骆马湖和东平湖等。自 1985 年起，淮河流域湿地已经建立了一批保护湿地水土环境及珍禽、珍稀动物为目标的各级别湿地保护区。

二、中国南北过渡带的气候特征

（一）秦岭山地南北的气候特征

秦岭横贯于中国中部，东西绵延约 1 500km，南北宽 100～150km，海拔一般在 1 500～2 500m，秦岭主峰太白山海拔则为 3 767.2km，为中国中部少数的几座高于 3 000m 的山峰之一。秦岭北坡比较短险、南坡则缓长，是我国黄河水系和长江水系的重要分水岭。从气候上来看，秦岭对气流南北运行有比较明显的阻滞影响，具体表现为：夏季秦岭山脉可以阻挡南方湿润海洋气流北上，造成秦岭以北地区比较干燥；冬季秦岭山脉可以阻挡北方寒潮南下，从而使得秦岭南侧的汉中盆地和四川盆地气候常年都比较温暖。因此，秦岭就成为中国北方暖温带气候与南方亚热带气候的重要分界线。另外秦岭还是中国 1 月 0℃等温线和 800mm 等降水线的通过地，所有秦岭南北在气候、河流、植被、土壤、农业等等很多方面都存在差异。在气候方面具体来讲，秦岭北侧为暖温带气候，1 月平均气温低于 0℃、年降水量在 400～800mm，雨季比较短，降水多集中在夏季，总体上属于半湿润地区。在霜期长短上，秦岭北侧较南侧短，例如位于秦岭北侧的西安从 10 月下旬就开始下霜，直至 3 月末才结束。无霜期约有 210d。而位于秦岭南侧的南郑的初霜期于 11 月中旬开始，到 3 月初就结束了。无霜期长约 260d。总之秦岭北坡大陆性气候更明显些，也就更加干燥。秦岭南侧比较缓陡，以丘陵地形为主。气候上属于亚热带气候，1 月平均气温高于 0℃、年降水量在 800mm 之上，雨季比较长，降水多，降水季节变化比较小，总体上属于湿润地区（张养才等，1991）。

另外，由于秦岭主峰太白山位于秦岭北侧，为中国最高耸的少数山峰之一，因此，随着秦岭海拔的升高，可以明显观察到气候、土壤、植被等的垂直分布情况。根据文献资料可知，2001 年 7 月至 2002 年 7 月唐志尧和方精云对秦岭太白山不同海拔高度的气温进行了连续测定，结果表明：在太白山区，气温直减率季节变化明显，在南北坡分别变动于 0.17～0.46℃/100m（南坡）和 0.21～0.58℃/100m（北坡）；夏季比冬季大，北坡比南坡大。在海拔 2 750m 以下，年平均气温南坡气温比北坡高，而夏季则相反。极端高温在南北坡分布规律差异较大。在北坡极端高温随着海拔的升高下降明显；而在南坡变化不显著。极端低温在南北坡随海拔的升高而降低，但直减率北坡比南坡大，分别为 0.49℃/100m 和 0.37℃/100m。气温的平均日较差沿海拔梯度的变化不明确；而年较差随着海拔的升高而减少，其直减率在南北坡分别为 0.18℃/100m 和 0.32℃/100m。活动积温和温暖指数随海拔的变化与平均气温具有相似的变化规律。

总体上来讲气温随着秦岭海拔高度的增加而降低，因此气候类型由山下至山顶呈过渡带状分布，形成垂直气候带带谱，俗称"一山有四季，十里不同天"。这种气候分带现象以秦岭主峰太白山最为典型。山体由下而上依次可分为：暖温带、温带、寒温带、亚寒带 4 个气候带。其中，秦岭山地暖温带主要分布在秦岭北坡 1 300m 和南坡 1 400m 以下。主要气候特征为：年均温 8.7～12.7℃、最冷月均温 -7～2℃、最热月均温20～

23℃、霜期为 10 月上旬至翌年 3 月下旬，生长期 150 ~ 180d，土壤冻结期 1 ~ 2 个月，年降水量 650 ~ 800mm。总之，此山地暖温带气候温和湿润，干湿季分明，蒸发量 < 降水量。热量充足、降水集中、冬季寒冷、夏季炎热、四季分明。秦岭山地温带主要分布在秦岭北坡 1 300 ~ 2 600m 和南坡 1 400 ~ 2 700m。主要气候特征为：年均温 1.7 ~ 8.7℃，0℃ 低温日数为 140 ~ 150d，绝对低温约 – 12 ~ 25℃，霜期为 9 月下旬至翌年 5 月上旬，生长期 130 ~ 140d，年降水量 900 ~ 1 000mm。总之此山地温带气候温凉湿润，冬长夏短，晚霜频繁，蒸发量 < 降水量，降水主要集中在夏季，冬季较易发生雪灾霜冻。秦岭山地寒温带主要分布在秦岭北坡 2 600 ~ 3 350m 和南坡 2 700 ~ 3 350m。主要气候特征为：年均温 1.8 ~ 2.1℃、0℃ 低温日数为 150 ~ 200d、绝对低温 – 25 ~ – 20℃、霜期为 9 月中旬至翌年 5 月下旬、生长期 100d 左右、年降水量 800 ~ 900mm。总之此山地寒温带气候寒冷湿润，风大雾多，日温差大，蒸发量 < 降水量，冬季漫长，长达 9 个多月。秦岭山地亚寒带主要分布在秦岭 3 350m 以上的地区。主要气候特征为：年均温 – 2.1 ~ 4.4℃、土壤冻结期为 9 ~ 10 个月、绝对低温约 – 30℃、霜期为 8 月下旬至翌年 6 月下旬、年降水量 750 ~ 800mm。总之此山地亚寒带气候，寒冷半湿润，冬长而无夏，风大雾雪多，蒸发量 < 降水量，降雪从 9 月开始一直持续到翌年 5 月份。

（二）淮河流域南北的气候特征

淮河一线自古就是中国南北分界线。淮河流域的气候特点明显带有暖温带和北亚热带过渡带的特色，属于湿润和半湿润季风气候区。总体来讲淮河流域气候温和、四季分明、雨量充沛、光照充足、无霜期长、光热水资源都比较丰富，非常适宜农作物的生长。淮河流域年平均温度为 11 ~ 16℃，极端最高气温达到 44.5℃，极端最低气温低至 – 24.1℃，气温变化趋势由淮河流域南部向北部、由内陆向沿海递减；年平均蒸发量为 900 ~ 1 500mm，淮河流域南岸的蒸发量一般小于北岸的蒸发量；无霜期为 200 ~ 240d；年平均日照时数为 1 990 ~ 2 650h。地形特点对淮河流域的气候有着非常重要的影响。首先淮河流域西面耸立着太行山、伏牛山和桐柏山等山脉，东面受到山东半岛丘陵地形影响，南面又存在宁镇丘陵，这些地形都对气流有着较强的障碍作用，约束了气流的顺畅通行，从而使得南下的冷气流和北上的暖气流在这些山脉和丘陵包围的广阔淮河流域平原间加强冲突，风力加大，天气变化激烈（苏坤慧等，2010）。其次，当掠过长江的台风北上，往往在大别山、伏牛山前缘转向，同时淮河流域西部高原上冷空气加速侵入，从而造成台风填塞，形成暴雨天气。淮河流域的气候变化除受纬度和地形影响外，还受季风环流的影响，因为淮河流域刚好处于冷暖气团的相互交接地带上。冬季淮河流域上空受到蒙古冷高压的影响，冷气团呈主要控制力量，气候寒冷干燥、雨雪稀少，降水量在全年中的比例最少；夏季淮河流域受太平洋、印度洋热低压影响，冷暖气团往返运行，气候湿热，降水丰沛，出现夏汛；春秋两季为过渡季节，春季偏南风增多，温度上升，降水逐渐增加。秋季偏北风增多，天气晴朗，降水明显减少。

以下将根据王又丰等（2001）的研究报告具体阐述淮河流域农业气候资源的分布特点：淮河流域的年日照时数平均在 2 000 ~ 2 650h，其分布规律是淮河流域北部比南部多，平原比山地多，其中，山东菏泽-济宁一带的全年日照时数达到 2 500~2 600h，为最多日照时数地区；而伏牛山、大别山等山区的全年日照时数仅为 2 000~2 100h，较平原地区一般减少 100~500h。并且全年平均日照时数年内分布情况是夏季最多，春秋季次之，冬季最少。另外平均日照时数还与雨带的南北推进相关，在淮河流域东南部扬州-淮安-射阳一带，因为雨季到来比较早，降水主要集中在 5 月和 6 月，因此，平均日照时数最多的月份则是雨季过后的 8 月。而在淮河流域北部平原一带 6 月就是平均日照时数最多的月份。太阳辐射是植物光合作用的能量来源。淮河流域全年太阳总辐射为 $4.6 \times 10^5 \sim 5.4 \times 10^5 J/cm^2$，其分布特点与淮河流域的年平均日照时数分布规律基本一致，即由南而北增加，平原多于山地。年内分布为夏季最多，为 $1.6 \times 10^5 \sim 1.8 \times 10^5 J/cm^2$，占全年总辐射量的 33%~34%；冬季总辐射量最小，为 $8.0 \times 10^4 \sim 8.4 \times 10^4 J/cm^2$，占年总辐射的 16.0%~16.5%；春秋两季介于夏冬季之间。淮河流域多年平均气温为 11.8~16℃，其分布规律是淮河流域南侧高于北侧，淮河流域西部高于东部，平原高于山区。气温的年内变化规律是 1 月最低，7 月最高，年较差为 26.1~28.8℃，并由淮河流域南部向北部递减。1 月平均气温为 -3.6~2℃，并由淮河流域南部向北部递减。0℃等温线东端自苏北总干渠以北 30km 一线经泗县、亳州到许昌。0℃等温线以北为 0.1~3.6℃，沂蒙山区及菏泽-济宁一线以北最冷；0℃等温线以南由 0℃向南递增到 2℃，为北亚热带冬季的边缘气温。7 月为全年气温最高月，介于 25.3~28℃，平原地区南北差异甚微，仅 1.5℃。

淮河流域内气温度化的特点是春、秋两季气温升降变化较大，冬、夏季较小。在春秋两者之间，秋温略高于春温，分别以 10 月及 4 月为代表。淮河流域平均初霜出现在 10 月下旬到 11 月下旬，有南迟北早、山地早于平原的特点。豫东及淮北平原大部和鲁西南山地，为 10 月下旬；苏北北部及沿淮河中游到蚌埠-阜阳-驻马店一线以南地区，为 11 月上旬；滨海及扬州一带，为 11 月下旬；淮河流域最早初霜出现时间比平均初霜时日提前 20d 左右。淮河流域平均终霜期在 3 月中旬到 4 月中旬，有南早北迟、平原早于山地的特点，最晚终霜期较平均终霜期推迟 15~25d。全流域无霜期为 200~250d，南长北短，南部为 220~250d，中部为 220~240d，北部在 200d 左右，无霜期的年际变化较大。淮河流域位于中国中纬度季风气候区域内，降水呈明显的季节性变化（黄润等，2005）。春末和夏初，西太平洋副亚热带高压及南海高压移近淮河流域，水气随季风源源不断地输入，这是一年中降水最多的时段。冬季由于西风带南移，西太平洋副热带高压、南海高压等也随之南迁并减弱，本地区为蒙古高压所控制，形成干冷的气候，这是一年中降水最少的季节。从降水的成因上分有锋面雨、对流面、地形雨和暴雨等几种类型。淮河流域水量的空间分布有明显的南多北少，山区多于平原的特点。降水量 800mm 等值线西起伏牛山北部，经叶县-周口-亳州-徐州到沂蒙山地北坡，此线以南地区降水量大于 800mm，属湿润带。以北地区降水量小于 800mm，属半干旱半湿润带。

总体而言淮河流域南部年均降水量为 1 000~1 200mm，北部为 600~700mm，东部为 800~1 000mm，西部为 600~700mm。流域内周边山地丘陵地区利于降水的形成，河谷及平原地区则不利于降水的形成，从而导致流域内降水高值区均位于山丘区，而广大的平原及河谷地带为降水的低值区。降水量的年内分配呈现汛期集中,汛期与雨季同步的特点。淮河上游及淮南的雨季为5~8月,其余地区为6~9月。雨季4个月,年平均降水量在430~830mm,占年降水量的52%~75%。北部鲁西南山地及平原(即济宁、菏泽)区集中程度最高,占年降水量的70%~75%。南部桐柏-大别山丘陵区集中程度最低,为年降水量的52%~60%。伏牛山丘区及豫东、淮北、苏北平原区,为年降水量的60%~70%。淮河流域年降水量的季节分配极不均匀,夏季降水充沛,各地降水量大都在360~670mm,集中了年降水量的42%~66%。降水的集中程度由北向南递减,鲁西南山地及平原区集中程度最高,在60%以上,桐柏-大别山地丘陵区则小于50%,其余地区在50%~60%。冬季降水稀少,降水量在22~110mm,占年降水量的3.5%~10%,是年内降水量最少的季节。春季降水量为90~300mm,占年降水量的13%~30%。秋季降水量在125~240mm,占全年降水量的16%~23%。另外淮河流域降水量的年际变化较为强烈,这是由于季风活动强弱差异和进退早迟而造成的。一般多雨年与少雨年的降水量比值为2~5倍,少数在6倍以上,如1954年涡阳县降水量达1 342.9mm,而1932年只有221.5mm,两者比值为6.06倍。

三、中国南北过渡带的土壤特征

(一)秦岭山地南北的土壤特征

秦岭山区的土壤特征首先呈现南北土壤过渡的特性。在秦岭南坡主要分布的是黄褐土(党坤良等,2006),其表层土壤为黄棕色,表现为中性至微碱性反应,几乎没有石灰反应。如佘先芳(1964)报道的在秦岭南侧汉中平原冲击台地及其山麓垦殖带观察到的土壤就为黄褐土,其土壤表层为核状结构的壤黏土,呈暗黄棕色,多铁质,因此,干燥后土壤剖面呈龟裂状。在20cm以下可以检测到黏化的棕色土层,土壤比表层要坚实,为弱碱性,pH值约为7.5,但没有石灰反应。而在秦岭北坡主要分布的是褐色土,其表层土壤为暗褐色,石灰反应强烈(常庆瑞等,2002)。在秦岭北侧太白山山麓垦殖带所观察到的就为褐色土。其表层(45cm以上)土层中存在植物根系和坡积小砾石,为团粒结构,呈暗褐色。中层(45~85cm)土层中有白色粉末状石灰斑点和水分循环的痕迹,为柱状结构,呈深棕色。底层(80cm以下)结构较紧,为钙质层,颜色较淡,石灰反应最为强烈。其次秦岭山地土壤最主要的特色是垂直分布特性,以下将具体阐述秦岭南北代表地点伏牛山区和太白山区的土壤垂直分布类型及其特点。

伏牛山位于河南省西南部,是秦岭山脉的向东延伸的南侧余脉之一。伏牛山主峰老君山的海拔高度达到2 192m,相对高度一般在1 500m左右。如此大的地势差异造成了伏牛山在气候、植被、土壤等自然地理要素出现了明显的垂直地带分布特征。伏牛山南坡气候具有典型的亚热带季风气候向温度季风气候过渡和随海拔垂直分布的特点,且土壤在不同海拔高度分布上也具有明显的垂直分布特征。在海拔550m以下的山麓地区主要为黄褐土,其属于中国土壤系统分类类型标准中的淋溶土。土壤湿润黏磐铁质含量饱和,土壤表层淡薄,黄土岩性,淀积层盐基饱和,土壤温度为温性;海拔550~950m主要是黄棕壤，其也属于中国土壤系统分类类型标准中的淋溶土。土壤湿润铁质含量一般，土壤表层为黏化层，准石质接触面，淀积层盐基饱和，土壤温度为温性；海拔950～1 900m分布的主要是棕壤，其属于中国土壤系统分类类型标准中的润淋溶土和润雏形土中间类型。土壤湿润简单育化，土壤表层为黏化层到雏化层过渡态，准石质接触面，淀积层盐基不饱和，土壤温度为温性；1 900m以上的山顶地区土壤主要是暗棕壤或者山地草甸土，其属于中国土壤系统分类类型标准中的润雏形土，土壤凉湿，土壤表层为暗沃表层，准石质接触面，淀积层盐基不饱和，土壤温度为冷性。

太白山是秦岭山脉北坡的主峰，海拔为3 676m，其土壤形成过程和发生特性具有明显的垂直变化规律，主体趋势是随着海拔的升高，太白山北坡土壤的黏化作用逐渐减弱，黏粒含量也逐渐减少，土壤质地也由壤质黏土变为沙质壤土。pH值也随着海拔的升高逐渐减少。盐基饱和度也逐渐下降，土壤溶液从微碱性转变为酸性。淋溶作用逐渐加强，盐基离子淋失较多。游离铁含量较低，活化程度比较高，铁铝富集不明显，土壤风化发育程度比较差，依旧处于脱盐基的硅铝化发育阶段。具体的太白山北坡土壤类型垂直分布带谱结构如下：海拔小于850m土壤类型为旱耕人为土；海拔850m～1 300m的土壤为褐土，在中国土壤系统分类划分标准中属于简育干润淋溶土；海拔1 300～2 400m的土壤为棕壤，按照中国土壤系统分类划分标准中属于简育湿润淋溶土；海拔2 400～3 100m的土壤为暗棕壤，在中国土壤系统分类划分标准中属于暗沃寒冻雏形土。海拔3 100m以上的土壤为亚高山草甸土，按照中国土壤系统分类划分标准属于暗瘠寒冻雏形土。

（二）淮河流域南北的土壤特征

淮河流域广阔，跨越湖北、河南、安徽、江苏和山东5个省，40多个地级市，180多个县，人口稠密，耕地面积约为1 333万hm^2，是中国优质粮食、经济作物等的重要生产基地，是中国经济发展和社会进步中占有重大意义的地区之一。淮河流域西起秦岭余脉桐柏山和伏牛山；东临黄海；南以大别山、江淮丘陵、通扬运河及如泰运河南堤与长江分界；北以黄河南岸和泰山与黄河流域毗邻，人口平均密度为611人/km^2，为中国人口最稠密的流域地区。淮河流域正好处于中国南北气候分界带上，淮河流域以北属于暖温带区，土壤类型主要以棕壤和褐土为主；淮河流域以南属于亚热带地区，土壤类型主要以黄棕壤和黄褐土为主（谢勇等，2007）。淮河流域耕地面积大于山区，平原地区土壤类型为潮土、砂姜黑土和水稻土。其中，潮土可以分为石灰性淡潮土和淡潮土。淮北平原北部和淮河两岸黄泛区土壤类型主要是石灰性淡潮土，这一类型的土壤有盐化和碱化现象；沂沭平原等平原的土壤类型主要为淡潮土。淮北平原南部的河间地带多为砂姜黑土（李录久等，2006）。淮河南岸平原和丘陵主要分布的土壤为水稻土。淮河流域伏牛山山地主要以火成岩、变质岩和沉积岩为主，土壤类型为黄棕壤和黄褐土。在1 300m主峰上有棕壤分布。大别山-桐柏山山地主要为火成岩和变质岩，土壤类型为黄棕壤，河谷地区为水稻土。土壤母质多为花岗岩和片麻岩，易于风化，土壤抗侵蚀性较差。在淮河流域山地坡度较陡，风化较难以停积的山地土壤类型主要是石质土和粗骨土组成的石质初育土壤。江苏里下河湖荡平原主要为沼泽土。滨河平原前缘、黄河背河洼地主要是盐土。

河南南部、山东西部和安徽北部主要是风沙土。

淮河流域的地形地貌比较复杂，土壤岩性较为复杂。且由于人口密度非常大，而耕地资源相对较少，陡坡开荒和乱砍滥伐现象比较严重，最终导致了土壤侵蚀加剧，水土流失严重。总体来讲淮河流域山地粗骨土和棕壤的侵蚀程度最为严重，侵蚀类型主要以水力侵蚀为主，兼有风力侵蚀和工程侵蚀（张文才等，2004）。其中，土壤侵蚀程度最严重的地区为沂沭平原，尤其是山东沂蒙山区，次之为淮河干流水系上游山区，尤其是大别山和桐柏伏牛山山区。应该加强淮河流域土壤的保育工作，坡地采取退耕还田，多施有机肥，培肥保土以提高土壤抗侵蚀的内在能力。

四、中国南北过渡带的植被及植物区系特征

（一）秦岭山地南北的植被类型和特征及植物区系分布

秦岭历来被看作中国南方亚热带和北方暖温带气候的分界线，气候对植被分布有着决定性的作用。通过大量考察数据得知秦岭大部分山区植被为暖温带落叶常绿阔叶混交林，秦岭南坡存在较少的亚热带常绿阔叶林（曾菊新等，1990）。由于秦岭山地环境和气候条件复杂多样，秦岭山地的植物种类也就异常丰富，被誉为天然的植物宝库（唐志尧等，2004）。秦岭北坡落叶阔叶林中常见的植物种类为落叶栎、榆树、槐树、侧柏、华山松、黄连木、香椿等等。秦岭南坡植被为常绿阔叶林和落叶阔叶林混交林，常见的植物种类有栎树、枫树、乌桕、油桐、棕榈、女贞、马尾松、毛竹、枫香等。由于南北坡气候的差异，南北坡共同分布的植物种类在海拔高度分布上存在差异。

随着秦岭山区气候和土壤类型随着海拔升高的变化，秦岭山地植被也随着海拔的升高而呈现出不同的带状分布。总体上可以分为山麓带、山地森林带和高山无林带。在海拔 1 000m 以下的植被可以划分为山麓带。秦岭山地北坡山麓带植被主要由落叶阔叶林组成；南坡山麓带植被主要由常绿阔叶林和落叶阔叶林混交林组成。山地森林带主要分布在海拔 1 000～3 200m，主要由针阔叶混交林和亚高山斜叶林组成。3 200m 以上的是由高山草地组成的高山无林带。由于较高的海拔造成温度常年较低不适宜树木生长，且高海拔地区一般风速较大和土壤常为石质较为贫瘠，高山无林带内没有树木生长，只有较低矮的灌木林和草类生存。秦岭主峰太白山海拔最高，植被的垂直分布特性最为显著。

以下将以海拔的高低顺序详细阐述太白山区植物带的垂直分布。在 1 000m 高度以下植被类型为山麓旱性阔叶林，主要有半旱生的温带落叶阔叶林构成，如椿树、榆树、梓树、洋槐、皂角和侧柏。具有代表性的旱生草本植物有飞蓬属（*Erigeren* sp.）、黄花篙（*Artemisia anethifolia*）、匙叶草肠（*Statice bieolor*）、刺角菜（*Cjrcium segetum*）和首稽（*Medieago sativo*）等。在这一带还普通分布着一种有刺的灌木酸枣树（*Zizyphus jujiba*）。河岸分布的有胡桃、毛白杨和旱柳。在 1 000～1 600m 地区的植被类型为落叶阔叶林带，由于落叶栎分布尤其广泛，又称为栎林带。其他植物有：税齿栎（*Quorcusu aliena*）、栓皮栎（*Q. variabilis*）、铁橡树（*Q. Spinnosa*）、辽东栎钳（*Liaodungenisis*）、漆树、板栗树、茶条（*Acer ginnala*）、四照花（*Ooruns kousa*）等。灌木层多为榆属、卫矛属、胡枝子、

蔷薇科和樟科植物等。草本层植物多为禾本科、菊科和蕨类植物。活地被层植物藤本植物较少，有野葡萄、葛藤、五味子和青风藤（张秦伟等，1992）。海拔1 600～2 700m 的植被类型为针阔叶林混交林。阔叶林主要为耐寒的植物种类，主要有栎属，槭属，椴属。金背杜鹃（*Rhododendron prrenalskii*）也通常形成小的丛林。针叶林树种类主要有华山松（*Pinus armandi*）、太白冷杉（*Abies chuensis*）。灌木层植物植株比较稀疏，种类以花楸（*Sorbus koshneana*）、六道木（*Abelia* spp.）、忍冬（*Lonisera* spp.）、小檗（*Berberis* sp.）为主。林下草本植物主要是委陵菜。海拔2 700～3 200m 太白山北坡的植被类型是亚高山针叶林带。此亚高山针叶林带由冷杉和落叶松（*Larix potandnii*）各自形成的纯林组成。灌木层和草本层植物都比较稀少，主要有矮杜鹃（*Rhododendron purdomii*）、密枝杜鹃（*R. fastigiotum*）、高山绣线菊（*Spiraea alpine*）、委陵菜（*Potentilla fruticosa*）和矮翠柏（*Juniperus squsmata*）等。海拔3 200m 以上的植被类型为高山草地带。由于海拔较高，常年低温，风大土贫，高山草地带没有树木，只能生长较矮小且耐寒的灌木和草类。耐寒灌木只有木不柳（*Ralix cupularis*）和密枝杜鹃。草本植物种类比较丰富：菊科、禾本科、莎草科、龙胆科、百合科、罂粟科、毛茛科、虎耳科等。

植物区系是指特定的一个地区在一定时期内所有植物分类单位的总和，它是植物界在特定的自然地理环境条件下，尤其是自然历史条件综合作用下长期发展演化的结果（冯建孟等，2009）。所有植物区系是反应特定地区的植被特征的重要因子之一。通过野外调查和深入分析的植物区系组成中，热带植物成分与温带植物成分的比率可以作为划分具体秦岭地区亚热带和暖温带分界线的标准。整个秦岭地区植物区系中温带属与热带属的比值由南向北递增。这说明了秦岭越靠北的地区，植物区系中温带成分越占优势地位。这无疑与前文表述的秦岭北坡为暖温带气候，植被多为落叶阔叶林，而秦岭南坡为亚热带气候，植被以落叶阔叶林和常绿阔叶林混交林的结果相一致。应俊生（1994）通过调查发现整个秦岭地区植物区系中属于温带属的植物种类有563 种，属于热带属的植物种类有220 种。整个秦岭地区植物区系中温带属与热带属的比值为2.56。这反映了在整个秦岭地区植被中温带落叶阔叶林有着较为优势的分布。

（二）淮河流域南北的植被类型和特征及植物区系分布

淮河流域介于中国南北气候分界带上，在植被类型上属于落叶阔叶林、常绿阔叶林和针叶混交林植被带（夏爱梅等，2004）。由于淮河流域人口稠密，开垦耕种过度，原始森林植被已消失殆尽，目前除野生草丛植被外，都是人工栽培的植被（王映明等，1985）。正因为淮河流域的气候条件和地理环境的过渡性，在植物区系上本区为中国南方植物区系的北界，又是某些北方植物区系的南界，反映了南北植物区系交汇的特点（周光裕等，1965）。以下将重点介绍淮河流域土石山区的植被类型及植物区系组成。桐柏山-大别山区北坡的植物区系构成主要为温带落叶阔叶林成分，南坡的亚热带常绿林成分有所增加。植被类型主要是以落叶栎类为主的常绿落叶阔叶混交林。淮河流域土石山区天然植被的组成及类型分布具有明显的地带性特点。沂蒙山及伏牛山区主要为落叶阔叶-针叶松混交林；中部低山丘陵区一般为落叶阔叶-常绿阔叶混交林（丁圣彦等，2006）；大别山区主要为常绿阔叶-落叶松混交林，并夹有竹林（王健等，1987）；山区腹部有部分原始森林（陶光复等，1983）。平原地区除苹果、梨、桃、等果树林外，主要为刺槐、泡桐、白杨等树木。滨海沼泽地有芦苇、蒲草等植物。栽培作物的地带性更为明显，淮河以南及下游水网地区以稻、麦（油菜）两熟为主；淮河以北以旱作为主，沿河流两岸有少量水稻（阎传海等，2005）。

（三）河南南部地区的植被类型和特征及植物区系分布

陈全功（2012）研究中表述，在中国南北分界带上顺经度各段中点的连线，可称为南北分界线。此线的走向大致为：西起与青藏高原相接的西秦岭余脉，经四川省的平武县、青川县；甘肃省的文县、康县；陕西省的宁强县、略阳县、勉县、留坝县、城固县、洋县、佛坪县、宁陕县、镇安县、旬阳县、商南县；湖北省的郧西县；河南省的淅川县、西峡县、内乡县、邓州市、新野县、唐河县、桐柏县、泌阳县、确山县、驻马店市、汝南县、平舆县、新蔡县；安徽省的临泉县、界首市、阜阳市、利辛县、凤台县、淮南市、怀远县、蚌埠市（北距蚌埠市区约4.67km）、固镇县、五河县；江苏省的泗洪县、洪泽县、泗阳县、淮安市（北距淮安市区约5.68km）、涟水县、阜宁县、滨海县、射阳县等47个县（市）蜿蜒而下，止于东海海滨，总长度约1 666.28km。由此可以看出，包括13个不同县市的河南南部都被划分到了中国南北分界线上（张剑等，2012），因此，弄清河南南部植被类型和植物区系意义重大。河南省植被在中国植被区划中大体以伏牛山—淮河一线为界，此线以北属暖温带落叶阔叶林区域，此线以南属亚热带常绿阔叶林区域中的北亚热带常绿、落叶阔叶混交林地带，植被类型复杂多样。根据河南种子植物检索表统计（张桂宾等，2005），河南省野生种子植物有152科，896属，2 953种（含变种，按恩格勒系统，下同），其中，裸子植物6科，14属，24种，被子植物146科，882属，2 929种。种子植物科、属、种数量分别占全国同类植物数量的45%、29%和10%。种子植物中草本有1 830种，占种子植物总种数的62%。其中，河南有6个热带分布型，共含245种，占全国总种数8.45%。反映了河南植物区系与热带植物区系有一定的联系（张桂宾，2003）。泛热带分布种河南有22种，包括18种陆生草本、3种水生或沼生草本和1种灌木。它们分布也较广泛，但大约有一半的种主要分布于该省南部。如黄荆（*Vitex negundo*）、鳢肠（*Eclipta prostra*）、升马唐（*Digitaria ciliaris*）等。它们隶属8个科，其中，5个属于世界科，3个属于泛热带科。最大的是禾本科，含10种，其次是莎草科和菊科，均含3种。泛热带科中马鞭草科的黄荆是该分布型中唯一的木本植物。热带亚洲至热带美洲间断分布型在河南仅有3种，均为陆生草本，如刺苋（*Amaranthus spinosus*）、紫马唐（*Digitaria violascens*）等，说明本省与美洲热带植物区系的联系极为微弱。旧大陆热带分布种在河南有16种，包括10种陆生草本和6种水生或沼生草本。多数在全省分布较广，少数仅分布于南部地区。如习见蓼（*Polygonum plebeitan*）、水苋（*Ammannia baccifera*）、白茅（*mperata cylindrica var Major*）等广泛分布于各地，而细柄草（*Capillipedium parviflorum*）等少数仅限于本省南部。这些种归入9科，它们仍以世界科为主，如莎草科（4种）、禾本科（2）、水鳖科（2）等7个世界科共含13种。热带亚洲

19

至热带大洋洲间断分布型在河南境内有 19 种，包括 15 种陆生草本、3 种水生或沼生草本、1 种灌木。有一半主要分布于本省南部，如爵床（*Rostellularia procumbens*）、粗糠柴（*Mallotus phipinensis*）、虻眼（*Dopatricum ceum*）、亚大苔草（*Carex brownii*）等主要分布于伏牛山以南地区。而菟丝子（*Cuscuta chinensis*）、石胡荽（*Centipeda minima*）等分布于全省各地。它们隶属于 15 科，没有明显的优势科，种数稍多的科是莎草科、菊科、旋花科和唇形科。亚洲至热带非洲间断分布型河南有 10 种，包括 5 种陆生草本、3 种水生或沼生草本和乔灌木各一种。如畦畔莎草（*Cyperus haspan*）、复序飘拂草（*Firistylis bisumbellata*）、铁仔（*Myrsine africana*）、茅叶荩草（*Arthraxon prionodes*）、八角枫（*Alangium chinense*）等。它们隶属于 5 科，最多的是莎草科，有 4 种，世界科仍占多数。热带亚洲分布型河南有 175 种，占全区热带分布种数的 2/3，是本区热带分布类型中最重要的成分。包括 17 种乔木、22 种灌木和 7 种木质藤本、111 种陆生草本、18 种水生或沼生草本，其中，常绿木本有 11 种。是河南省热带木本植物集中的类型，并包括许多热带残遗成分，如鸡矢藤（*Paederia scandens*）、黄连木（*Pistacia chinensis*）、山胡椒（*Lindera glauca*）、楝（*Melia azedarach*）、珂楠树（*Meliosma alba*）等。还有一些常绿阔叶乔木和灌木，如椤木石楠（*Photinia davidiana*）、石楠（*P. serrulata*）、细齿叶柃（*Eurya nitida*）、茶（*Camellia sinensis*）、乌饭树（*Vaccinitan braeteatum*）等，主要分布于河南省南部。本类型归 58 科，比较大的科为菊科（15 种）、禾本科（15）、莎草科（11）、百合科（7）、唇形科（7）、兰科（7）、报春花科（5）、虎耳草科（5）、大戟科（5）、蔷薇科（4）、豆科（4）。在 58 科中热带科数占有 1/2，如樟科、山茶科、桑科、楝科、芸香科、山矾科、八角风科、茜草科、爵床科、天南星科等。本类型的木本种类除上述的以外，常见的还有乌桕（*Sapium sebiferum*）、无患子（*Sapindus mukorossi*）、油桐（*Aleudtes fordii*）、毛八角枫（*Alangium kurzii*）、雀梅藤（*Sageretia thea*）、大血藤（*Sargentodoxa cuneata*）等。

河南有 4 个温带种分布型，共含 584 种，占总种数的 20.14%，是河南植物区系的重要组成成分之一，反映着河南植物区系的基本属性（张桂宾等，2004）。北温带分布类型在河南有 106 种，除 1 种为灌木外，其余均为草本，其中，陆生草本 86 种，水生或沼生草本 19 种，是本区草本植物较集中的种型，它们是构成河南草本植被的重要成分之一。如朝天委陵菜（*Potentilla supina*）、丝毛飞廉（*Carduus crispus*）、看麦娘（*Alopecurus aequalis*）、早熟禾（*Poa anntta*）、荠（*Capsella bursapastoris*）、酸模（*Rumex acerosa*）、狸藻（*Utricularia vulgaris*）等是分布较广的种类。它们归入 40 个科，多数是世界分布科。最多的科是禾本科（13）、十字花科（11）、菊科（8），其次是蓼科（6）、蔷薇科（5）、伞形科（4）、唇形科（4）、兰科（4）。东亚至北美洲际间断分布在河南有 14 种，全为陆生草本，隶属于 12 科，是温带分布中最少的一类。常见的有鸭跖草（*Commelina communis*）、珠光香青（*Anaphalis margaritacea*）、透茎冷水花（*Pilea phyon*）等。旧大陆温带种分布型河南有 131 种，包括 111 种陆生草本、9 种水生或沼生草本、9 种灌木和 2 种乔木。在温带分布类型中居第二位。多数在河南分布普遍，是构成河南草本植被和灌丛的比较重要的成分。如牛蒡（*Arctium lappa*）、婆婆纳（*Veronica didima*）、狗尾草（*Setaria viridis*）、雀麦（*Bromus japonicus*）、天蓝苜蓿（*Medicago lupulina*）、小苜蓿鍗（*minima*）、鸦葱（*Scorzonera austriaca*）、地榆（*Sanguisorba officinalis*）、宝盖草（*Lamilun amplexlcaule*）等是河南草地中常见种类，而毛黄栌（*Cotinus coggygria* var. *pubescens*）等则是灌丛中的重要种类。该类归入 40 科，以世界分布科占优势，其中，以禾本科最多（18种），其次是菊科（10）、藜科（8）、豆科（8）、莎草科（7），再次是玄参科（5）、蓼科（5）、石竹科（5）、百合科（4）、兰科（4）。温带亚洲种分布型在河南有 333 种，占温带分布种数的 57.02%，是本省温带成分的主要代表，也是本区的最主要成分之一。包括 252 种陆生草本、10 种水生或沼生草本、42 种灌木、25 种乔木和 4 种木质藤本，木本种类明显比前几个温带类型丰富。在 333 种中，有 165 种主要分布于伏牛山以北地区，如糖芥（*Erysirman bungei*）、二色棘豆（*Oxytropis bico1or*）、沙引草（*Messerschmidia sibirica*）、麻花头（*Serratula centauroides*）、蒙山莴苣（*Lactuca tatarlca*）、阿尔泰狗娃花（*Heteropappus altaicus*）、时萝蒿（*Artemisia anethoides*）、野艾蒿（*A. 1avandulaefolia*）、蒙古蒿（*A. mongolica*）、龙常草（*Diarrhena manshurica*）、披碱草（*Elymus dahurlcus*）、黄精（*Polygonatum sibiricurn*）、漏芦（*Stemmacantha deltoids*）等。有 113 种广布于全省各地，如各地常见的杂草苍耳（*Xanthium sibiricum*）、蒲公英（*Taraxacurn mongolicum*）等；分布于山地的女娄菜（*Melandrium apricum*）、荩草（*Arthraxon*）、黄芩（*Scutellaria baicalensis*）、堇菜（*Viola verecttlnda*）等草本种类。本类型中的木本种类常见的有刺楸（*Kalopanax septerrdobus*）、榛（*Corylus heterophylla*）、白桦（*Betula platyphylla*）、青楷槭（*Acer tegmentosum*）等，而水曲柳（*Fraxinus mandshurica*）仅分布于伏牛山地的杂木林中。分属 55 个科，含 10 种及其以上的科依次是菊科（37）、蔷薇科（28）、豆科（22）、禾本科（18）、毛茛科（14）、莎草科（11）、虎耳草科（11）、十字花科（10）、石竹科（10）。另外河南植被类型中，还包括世界分布种 54 种，地中海分布种 13 种，东亚分布种 543 种，中国特有分布种，包括变种在内共计 1 514 种。

总之，河南省非中国特有种典型的温带成分种数最多，其中，温带亚洲分布种最多，而具有过渡性质的东亚分布种次之，它们是本省区系最重要的成分。热带成分种数也占有相当大的比例，而且大部分种集中在亚洲热带分布型中，古地中海成分种数极少。温带成分和东亚成分包括了本省植被中大部分主要种类，中国—日本种分布亚型是本区森林植被的主要成分，温带亚洲和北温带则包括了较多的草本成分和灌木成分，东亚种还包括了较多的古老成分。热带成分有较多的残遗种。温带和东亚成分所归科中以世界科为主，多数种型温带科多于热带科，大科顺序在各类型中多有变化。热带分布种归科中以世界分布科和热带分布科为主，禾本科和莎草科在各热带类型中都占主导地位。河南境内的中国特有种数量丰富，比例高，居北方各植物区之首；亚热带分布种和亚热带向温带延伸分布种比例较高，分别为 621、503 种，分别占特有种数的 41%、33.2%；而温带分布种比例较低，为 264 种，占中国特有种的 17.5%；河南境内的中国特有种华中区共有种数最多，华北区次之，西南区居第三，华东区居第四；中国特有种包括河南本地特有种在全省分布比较普遍，但在伏牛山区最为丰富，尤其是河南特有种在该山区最为集中（余国忠等，2007）。综合上述非中国特有种和中国特有种的分析，在河南境内的 2 953 种种子植物中，约有 910 种在性质上属于热带亚热带分布种（多数为亚热带分布种），949 种属于温带分布种，920 种属于跨亚热带和温带分布的种，此三者各占 1/3 左右，其余少数为广布种。这充分显示了本省植物区系的南北过渡性特点。

五、中国南北过渡带的农作物种类及种植制度

（一）中国南北过渡带的农作物种类分布

秦岭—淮河中国南北分界线不仅在气候、地形、土壤和植被上各自不同，而且在农作物种类上也存在着差别。总体来讲在秦岭—淮河以北，中国北方主要以旱地为主，粮食作物以小麦和玉米为主（赖纯佳等，2011）；油料作物以花生为主；糖料作物以甜菜为主。耕作制度多是两年三熟至一年两熟。秦岭—淮河以南，中国南方主要以水田为主，粮食作物以水稻为主；油料作物以油菜为主；糖料作物以甘蔗为主。耕作制度多是一年两熟至一年三熟。另外还有各种杂粮和药用植物。具体不同地区的重要农作物栽培情况见第三节。

（二）中国南北过渡带的种植制度特征

种植制度（Cropping systems）是指一个地区的作物组成、配置、熟制与种植方式的综合。它与当地农业资源和生产条件相适应，与养殖业和加工业生产相联系，是耕作制度的主体以及农业生产的核心。种植制度发展与变革是与自然资源，技术条件，社会需求和经济状况分不开的。在农业发展的起始阶段，种植制度明显地表现出对自然环境的适应性特征。随着生产技术的提高，种植制度更多地体现出利用自然与改造自然能力的提高，突出表现在集约化的"高投入与高产出"特征。多熟种植是中国作物种植制度的重要特征和提高粮食产量、进行多种经营的一个重要途经（何守法等，2009）。由于中国人口众多，中国耕地复种率也较高，大约有50%的耕地实行多熟种植。通过多熟种植，一方面有利于提高土地和光、热等自然资源和人力资源的利用率，增加粮食产量；另一方面也在一定程度上缓解了粮食与经济作物、绿肥等争地的矛盾，促进农业发展。多熟制是依据自然（光、热、水、土）、社会经济条件形成和发展的。中国从北到南热量条件和生长期不同，因此农作物的种类和熟制在地区间存在明显差异，耕作制度也复杂多样，从一年一熟到一年三熟，并有间作、套种等多种方式。复种指数也受自然条件和农村社会状况的影响，处于不断变化之中。总体上来讲，中国农田多熟种植空间分布格局从北到南种植制度由单一到复杂，长城以北地区几乎都是一年一熟，淮河以南地区两熟、三熟的种植方式都有分布。从地形条件来看，平原区种植制度较山地和丘陵区均一，黄淮海平原有大面积连片的耕地实行一年两熟，两湖平原三熟制也相当集中连片。全国一年三熟的耕地约占耕地总面积的3%，集中分布在华南和长江中下游地区，西南区也有部分耕地一年三熟；黄淮海区是两熟制的集中分布区，华南地区、长江中下游地区、西南区都有较多耕地实行一年两熟，汾渭谷地也以两熟制为主，全国一年两熟的占37%；实行一年一熟的耕地占总耕地面积的59%。秦岭—淮河流域沿线以北多为一年两熟制，秦岭—淮河流域沿线以南多为一年三熟制。秦岭—淮河流域地区在种植制度上既有南方

的一年三熟制也有北方的一年两熟制，但以一年两熟制为主，并结合多熟制种植经济作物和饲用植物等（张义峰等1999）。以下将具体阐述在秦岭—淮河流域分界线分布较为普遍的几种种植制度（两熟制、轮作制和连作制）的特点和分布。

1. 两熟制特点及分布状况 河南省南部农作物以粮食为主，兼顾其他作物，其中，夏粮以小麦为主，秋粮以玉米为主，经济作物以棉花、花生为主。种植制度上以一年两熟制和两年三熟为主。一年两熟制模式主要以小麦-夏玉米为主，另外还有小麦-豆类、水稻-小麦、小麦-棉花、小麦-谷子、小麦-甘薯、小麦-花生和小麦-高粱等种植模式。两年三熟为小麦-夏大豆（夏甘薯或谷子）-冬闲-春玉米（春甘薯或高粱）；小麦-夏季休闲-小麦-夏谷（或玉米、甘薯、大豆）；小麦-夏玉米（谷子、甘薯）-冬闲-春烟等。其中，冬小麦-夏玉米是该地区主要的种植制度（李向东等，2006）。黄河流域的豫东和皖北广泛发展麦-棉两熟种植，如湖北江汉平原小麦套作棉花已占70％以上，鄂东到90％以上；四川麦套棉也在60％以上，江苏推广麦后移栽棉达到40％。

江苏北部种植制度有小麦-稻，玉米-晚稻，小麦-棉花。各农区在巩固以麦稻、麦棉、油稻等主干种植方式的同时，充分利用间套复种，发展小宗经济作物，形成多形式多作物的多熟种植（唐浩等，2010），如麦/瓜 – 稻，麦/瓜 – 菜、麦 – 稻＋鱼，麦/玉米（间套蔬菜）– 稻及小宗经济作物的纯作间套复种的庭院立体农业，大大丰富了种植制度类型，粮经作物协调发展。农业内部结构渐趋合理，实现了增产与增收同步增长。

陕西汉中主要以水稻为主，形成了以小麦-水稻、油菜-水稻为主体的一年两熟制（张洪艳等，2007）。种植业结构中，水稻、小麦、油菜三者占农作物总播种面积的75％，而主要向畜牧业提供饲料的玉米、甘薯，秋杂等农作物仅占10.48％。从产量结构看，水稻和小麦占粮食总产的91％，而玉米，甘薯秋杂等农作物仅占粮食总产的5.67％。

2. 轮作制特点及分布状况 轮作（crop rotation）指在同一田块上有顺序地在季节间和年度间轮换种植不同作物或复种组合的种植方式。在现代农业中，由于人地矛盾的加剧，商品化，集约化经营水平的提高，作物种植不断向生态经济最适宜的区域集中，这使特定的区域作物多样性不断下降，连作的比例越来越大。农业生态系统作物多样性下降可能导致的脆弱性及可持续性下降（陈福兴等，1996）。气候的变化或某种害虫或病害入侵对作物种类单一、生态格局简单的农田生态系统可能造成严重甚至毁灭性的打击。例如：重茬种植某一作物常使土壤某些元素失调，病虫害及田间杂草增多。另外大量施用化肥，导致了土壤板结、环境恶化，降低土壤微生物活力等一系列问题，严重影响了农业可持续发展。研究与生产实践表明，轮作有调养地力、防除病虫害、消除抗生物质等作用。常见的有禾谷类轮作、禾豆轮作、粮食和经济作物轮作，水旱轮作、草田轮作等（陈义等，2010）。如一年一熟的年间进行的单一作物的轮作：大豆→小麦→玉米三年轮作；在一年多熟条件下既有年间的轮作，也有年内的换茬，如南方的绿肥—水稻—水稻→油菜—水稻→小麦—水稻—水稻轮作（黄国勤等，2006），这种轮作由不同的复种方式组成，也称为复种轮作。在河南省南部小麦-玉米周年轮作是主要的耕作方式，张翔（2009）研究表明，河南南部驻马店地区的砂姜黑土区和潮土区土壤速效 K 含量中等地块玉米、小麦周年轮作制下，施 K 能明显提高玉米、小麦产量。在 N、P 肥施用充足时，K 肥不同用量玉米季增产 6.4% ~ 17.5%，小麦季增产 5.8% ~ 13.8%，采取 N、P、K 合理配施的方法是夺取周年轮作农田上粮食作物高产的关键措施（孙克刚等，2008）。

随着农业生产的发展，江苏省种植制度逐步形成麦稻、麦玉、麦棉、油稻等为主体的一年两熟种植制度。淮北地区长期以麦-稻复种连作为主，其中，在淮阴的淮北，麦稻复种连作占该地区麦一稻种植方式的 95%。由于少免耕技术的推行与过度连作导致水田麦稻病虫草害，特别是麦田草害的严重发生（张岳芳等，2010）。而小麦、油菜轮作能明显减少草害和菌核病为害且增产显著。淮阴农科所的定位试验表明，实行麦—稻—麦/玉米或麦—稻—麦/棉水旱轮作，大大降低了麦田草害，以及棉花枯萎病的为害（王国半等，2012）。对于淮北盐渍地低产稻麦田轮种绿肥，不仅使土壤有机质、全 N、速效 K 明显提高，并且直接为水稻提供了大量的有机肥料，稻麦增产显著（崔盛本等，1995）。水旱轮作中棉花-水稻轮作也能较好地平衡土壤养分。棉花为直根系作物，可以利用土壤深层 30 ~ 60cm 的养分，水稻为须根系作物，主要吸收土壤表层养分。生产上旱改水后，尽管少施了化肥，水稻同样可实现高产。根据调查，轮作 3 年内，无论旱改水，还是水改旱，节本增产效果均明显（郝建华等，2010）。棉花-水稻轮作可以大幅度地提高土地产出率，减少农药使用，减轻农业水源污染，具有明显生态效益；可以抑制脱盐土返盐，耕作层土壤理化性状比连作水田的优，较好地平衡土壤表层和深层的养分，保持农田的可持续产出（陈志凡等，2008）。

随着人民生活水平的提高，食物结构亦从传统的数量型向现代的质量型过渡。养殖业尤其是食草畜禽发展很快，种草养畜（禽）已经成为弥补天然饲草资源不足的一种主要手段。因此，为了经济有效地利用土地种植牧草，以提高复种指数，增加饲草产量，真正达到农业增效、农民增收的目的，提出了几种牧草轮作复种模式，适宜秋播冷季型越年生牧草或牧草绿肥兼用品种，变稻-麦为稻-草或稻-草（肥）复种。可用品种为黑麦草、冬牧黑麦、紫云英、苕子、金花草、箭筈豌豆等。也可采用饲料作物与牧草轮作的方式，变稻-麦为饲-麦、草-饲或草一草复种。可用品种有春播的饲用墨西哥玉米、狼尾草、苏丹草、苦荬菜、籽粒苋；秋播的黑麦草、饲用苞菜、胡萝卜、甘蓝等。湖北省水田轮作制度主要为油菜-稻，旱地轮作制度主要为油菜-棉花。所以，在不同轮作制度系统上施肥模式也应根据种植制度的差异而不同，如水稻-油菜水旱轮作系统，干湿交替能促进土壤中 P 的固定与释放，生产上应采取重旱轻水的管理策略使水稻充分利用土壤中溶解的 P 而满足旱季作物与土壤对 P 素的吸收与固定。花生（豆）-油菜等豆科非豆科轮作系统，豆科作物通过生物固 N 和根系释放有机酸活化土壤难溶性 P，能为后茬作物提供更多的 N、P 营养（王星光等，2003）。轮作系统养分统筹应该加强土壤，作物系统内养分调控的内在规律，使土壤养分循环向有利于生产的方向发展，实现肥料施用的资源最大化。安徽北部和陕西南部主要以麦-豆轮作为主。

3. 连作制特点及分布状况　连作制是指在一块田地上连续栽种同一种作物。在一定条件下采用连作，有利于充分利用一地的气候、自然资源。但连作往往会加重对作物有专一性为害的病原微生物、害虫和寄生虫的滋生繁殖；还会影响土壤的理化性状，使肥效降低；另外可以加速消耗某些营养元素，形成土壤养分偏失；最后土壤中不断累积某些有毒的根系分泌物，引起连作作物自身"中毒"等（龙岛康夫，1965）。不同作物连作后的反应各不相同。一般是禾本科、十字花科、百合科的作物较耐连作；豆科、菊科、葫芦科作物不耐连作。连作对深根作物的危害大于浅根作物；对夏季作物的危害大于冬季作物，在同一块田地上重复种植同一种作物时，按需间隔的年限长短可分为3类：忌连作的作物，即在同一田地上种1年后需间隔2年以上才可再种，如青椒需隔3年以上，西瓜需隔5年。耐短期连作的作物，即连作1~2年后需隔1~2年再种的，如豆类、薯类作物。较耐连作的作物，即可连作3~4年甚至更长时间。如水稻、棉花、花椰菜等，在采取合理的耕种措施，增施和加强病虫防治的情况下，连作的为害一般表现甚轻或不明显。

在一年多熟地区，同一田地上连年采用同一方式的复种连作时，一年中虽有不同类型的作物更替栽种，但仍会产生连作的种种害处，如排水不良、土壤理化性状恶化、病虫害日趋严重等。为克服连作引起的弊害，可实行水旱轮作或在复种轮作中轮换不耐连作的作物，扩大耐连作的作物在轮作中的比重或适当延长其在轮作周期中的连作年数，增施化肥等。豫南麻区夏播红麻种植制度应以油菜-红麻轮作为主；在适宜条播地区采用麦麻套种。土质黏重不宜条播地区也可采用育苗移栽、铁茬免耕直播等形式。通过采用合理的种植制度，可有效提早夏麻播期，提高夏播红麻的产量和品质。在江苏稻麦连作区，紫稃野燕麦群体是能适应于水湿条件较好、具碱性或盐碱土壤环境的一种新的群体，且其特征相对稳定。湖北省麦套棉两熟耕作面积占70%，麦棉连作能大幅度增加小麦播种面积，充分有效地利用土地，可使小麦产量翻一番。麦后棉连作实质上是一种简化栽培技术，可以减少生产用工，提高劳动生产率，降低成本而提高综合经济效益。油菜-棉花连作是安徽省棉区的主要种植方式。长期连作下的土壤养分往往发生较大的改变。对连作的大豆、玉米、小麦土壤P组分试验结果表明，供试土壤在不施肥情况下，土壤全P以轮作区降幅最大，而土壤有效P以小麦连作区降幅最大，土壤P组分以大豆连作区土壤中的Ca^2-P降幅最大（王兆荣等，1999）；在施有机肥的情况下，土壤全P以大豆连作区增幅最大，而土壤有效P以轮作区增幅最小，土壤P组分以轮作土壤中的Ca^2-P增幅最大。不同作物茬口下连作大豆产量和农艺性状表现有显著差异（郑桂萍等，1995）。苜蓿茬-大豆连作的产量都显著高于玉米茬和大豆茬的大豆产量，而玉米茬的大豆产量又极显著高于大豆茬的大豆产量。

总之，作物茬口对连作大豆的产量、农艺性状有显著影响，不同茬口对缓解大豆连作危害的效果不同（阮维斌等，2000）。苜蓿茬对缓解连作大豆的危害效果优于玉米茬。分析其原因，主要是不同作物根系活动对土壤环境影响不同，并能持续的影响土壤理化环境，从而影响连作大豆地上部植株农艺性状的表现，最终影响到大豆产量（陈申宽等，1999）。

长期在同一土壤上种植相同作物，作物对土壤营养元素的片面吸收，以及施肥等农艺措施的不当，连续大量施用性质相同或相似的肥料，由于特定作物对肥料的选择性吸收，使一些养分急剧减少，而另一些养分日益积聚，造成土壤养分不均衡，特别是微量元素的缺乏而引起作物的生育障碍，常常使后作生长不良。研究发现，土壤养分亏缺 N、P 肥过多降低了 Ca、B、Zn 等养分的有效性。连作蔬菜地易因缺 Ca 而引起大白菜的干烧心，番茄、甜椒的脐腐病等；缺 B 引起的萝卜、莴苣褐心，芹菜茎裂病、叶片扭曲变厚变脆；黄瓜高湿缺 K 引起真菌性霜霉病；番茄 P 多、缺 B 易出现裂果病等。对重茬大豆影响较大的是真菌，其中，一些是大豆致病菌，一些对大豆有毒害作用。近年来，许多研究证明，重茬使土壤微生物区系发生变化，即在大豆生育期间，重茬区微生物总数和细菌总数明显低于正茬区，而真菌总数则高于正茬区，细菌/真菌比值减小，放线菌数量变化不大。这使重茬大豆土壤由高肥力土壤变成了低肥力土壤，打乱了正茬条件下土壤微生物区系平衡（邹永久等，1996）。随着花生连作年限的增加，土壤及花生根际土壤中的真菌数量明显增加，细菌数量明显减少，土壤及根际的放线菌显著减少（徐凤花等，1998）。玉米生长期间在高肥力条件下，非连作与连作相比，土壤中细菌数量增加了 24.6%~32.8%，放线菌数量增加不明显，真菌数量在成熟期有明显提高，低肥力土壤和高肥力土壤分别增加 29.6% 和 38.4%。说明非连作土壤中微生物类群以细菌占优势，放线菌次之，真菌较少；N 素生理群中氨化细菌数量最多，反硝化细菌次之，固 N 菌和硝化细菌最少；玉米生长期间非连作和连作相比较，高肥力土壤中氨化细菌、硝化细菌和反硝化细菌数量都有明显增加，固 N 菌数量差异不显著。

另外，连作可使土壤中磷酸酶和脲酶活性降低，使蔗糖酶活性增强，而转化酶活性只有连作年限超过 5 年后才表现出减少趋势。土壤多酚氧化酶与土壤有机质的形成有关，是腐殖化的一种媒介，连作土壤的多酚氧化酶活性的变化则直接影响了土壤中酚的含量，从而妨碍了植株的正常生长发育。重茬使土壤多糖含量明显下降，并且土壤中多糖含量与蔗糖酶活性呈显著正相关，从而影响土壤肥力。花生连作土壤中碱性磷酸酶、蔗糖酶、脲酶等水解酶的活性均随之降低（徐瑞富等，2003）。随着连作与秸秆还田年限的延长，棉田土壤脲酶活性略微下降。蔗糖酶和过氧化氢酶活性随着连作与秸秆还田年限的延长呈先降低后升高的趋势，连作 5 年和 10 年有所降低，连作 10 年以后逐渐升高。随着种植年限的增加，西瓜根际土壤的蛋白酶、多酚氧化酶也同样呈现先升后降趋势，脲酶呈下降趋势，蔗糖酶呈上升趋势（赵萌等，2008）。总之，连作可能造成土壤养分不平衡、土壤微生物区系发生变化、土壤物理性状和土壤酶活性朝着不利于作物生长的方向改变，进而对作物生长发育、品质和产量产生了影响。因此，应采取相应的措施对连作土壤进行改良以减小或消除连作障碍。

第三节　中国南北过渡带的主要农作物生产布局

一、中国南北过渡带各个省市的主要农作物种类

据陈全功（2011）分析，中国南北过渡带主要包括陕西省南部、河南省南部、湖北省北部、安徽省北部和江苏省北部一带。综合看来，中国南北过渡带地区的农作物主要

有小麦、水稻、玉米、马铃薯、油菜、绿豆、红小豆、棉花、芝麻、紫云英等。以下将分别阐述中国南北过渡带主要农作物的具体生产状况。

小麦在中国南北过渡带的生产情况

小麦是世界性的重要粮食作物，中国小麦产量和消费量多年来一直在 1 亿 t（1t = 1 000kg，1kg = 1 000g = 1 千克，全书同）左右，位居世界第一，小麦在中国的口粮消费总量中占 43% 左右，其面积与产量仅次于水稻。陕西小麦播种面积在 113.3 万 hm² 以上，总产量约 40 亿 kg，每年平均需外调 7.5 亿 kg 满足需求，是陕西第二大粮食作物（王新中等，2004）。陕西小麦总产约占全国小麦的 3.5%，单产 3 400kg/hm²，比全国冬小麦平均单产约低 1 400kg/hm²。陕西小麦种植面积，约占全省种植面积的 15%，其中，汉中种植面积约为 4.7 万 hm²，平均单产不足 3 000kg/hm²。汉中小麦区属西南冬麦区四川盆地副区，本区小麦相对低产原因除病害影响外，主要受气候影响，在小麦生长期内光照不足温度不适，没有适合的高产品种也是重要原因之一（李振声等，2010）。

河南省常年小麦种植面积 466.67 万 hm² 以上，约占全国小麦种植面积的 20%，总产量约占全国小麦总产量的 28%。河南小麦的种植面积、总产量和每年对国家的贡献均居全国各省前列，而且，农民收入的 30% 来自小麦产业。目前，河南小麦种植面积占全省粮食作物种植面积的 50% 左右，总产量占到粮食产量的 55% 左右。因此，河南小麦产量的高低不仅关系到全省社会经济的发展和人民生活水平的提高，而且也关系全国粮食的供需平衡和安全（张其鲁等，2007）。河南全省小麦总产由 1949 年的 254 万 t 增加到 2006 年的 2 840 万 t。平均单产由 1949 年的 645kg/hm² 增加到 2006 年的 5 610kg/hm²。1997 年河南省加大了农业结构调整的力度，优质粮食发展迅速，优质小麦从 1999 年的 18.93 万 hm²，发展到 2005 年 306.67 万 hm²，占麦播面积的 60.7%，优质小麦的生产已基本上实现了区域化种植，规模化、标准化生产，产业化经营的格局。

湖北省小麦种植面积和总产量均居全国第八位。小麦种植面积自 2005 年以来连续增加，近年来稳定在 100 万 hm² 左右，总产 300 万 t 以上，无论面积或总产，小麦均为仅次于水稻的第二大粮食作物。2009 年夏收湖北省小麦种植面积 99.3 万 hm²，小麦每公顷产量 3 335kg，总产 329.69 万 t。湖北省不同小麦生产域间、县市间小麦单产水平差异很大。2007 年北部麦区小麦每公顷产量达到 4 515kg，南部麦区仅为 3 225kg；高产县市超过 6 000kg（如宜城为 6 015kg），低产县市不足 1 500kg（如通城为 984kg）。

冬小麦是安徽省主要粮食作物之一，安徽省耕地面积 414.5 万 hm²，冬小麦种植面积常年在 200 万 hm² 以上。2009 年种植面积达到 235.5 万 hm²，总产量 1 177 万 t，均居全国第四位。按中国小麦种植区划分，淮河以北地区属于北方冬麦区的黄淮麦区，冬小麦播种面积占全省冬小麦播种面积的 2/3；淮河以南属于南方冬麦区的长江中下游麦区，冬小麦播种面积占全省冬小麦播种面积的 1/3。2009 年亳州市出现了单产水平达 10 773kg/hm² 示范田块，到 2010 年，全省小麦面积达 236.57 万 hm²，平均单产达 5 100.75kg/hm²，小麦总产达 1 206.5 万 t。2012 年亳州市出现单产水平达 10 797kg/hm² 示范田块，全市平均单产达 7 623kg/hm²，实现了单产超 7 500kg/hm² 的突破。

小麦是江苏省第二大粮食作物，近年来种植面积稳定在 220 万 hm^2 以上（常海滨等，2008），约占全国麦田总面积的 6.8%，总产约 1 000 万 t，约占全国的 7.5%。而江苏淮北地区为江苏省小麦主产区和高产区（黄少先等，1997），近年小麦种植面积达 130 万 hm^2 以上，约占粮食总种植面积的 40%。新中国成立以来，江苏省已经历了 6 次大的品种更新，小麦产量和抗逆性等得到不断改善，特别是进入 20 世纪 80 年代以后，江苏淮北地区小麦单产从 3 000kg/hm^2 提高到 21 世纪初的 5 250kg/hm^2。

二、玉米在中国南北过渡带的生产情况

陕西地处内陆腹地，南北狭长。属大陆季风性气候，年平均温度 7~16℃，其中，陕南 14~15℃；年降水量 700~900mm，降雨主要集中在 7~9 月；光照充足，是玉米生长的适宜地区。自 20 世纪 80 年代以来，陕西就开始了玉米超高产的研究和实践，进一步推动了陕西玉米超产高产的研究和推广。其中，汉中盆地地处南北气候交接带，光热充足，雨量充沛，降水量 700~1 800mm，年日照时数 1 300~1 800h。玉米是汉中主要粮食作物之一，也是主要的饲料来源，还是重要的工业原料，汉中市玉米种植面积仅次于水稻和油菜，位居第三，常年种植面积 7.4 万 hm^2，产量 24 万 t，种植面积和总产约占全市粮食作物播种面积和总产的 26% 和 21%（刘秋芳等，2008）。玉米种植垂直分布区域广，在海拔 400~1 800m 都有种植，主要种植在浅山和高寒山区，土壤地力差，灌溉条件落后，基本是靠雨水浇灌，受天气因素影响较大，春旱和伏旱影响春玉米的出苗和夏玉米的授粉结实，为此玉米产量极不稳定。近几年，全市通过推广高产杂交玉米新品种、地膜覆盖栽培技术和营养钵育苗移栽技术等高产栽培措施，玉米产量有较大提高，部分县夏玉米平均单产达到 4 554kg/hm^2，个别地方春玉米最高产量达 9 000kg/hm^2，总体平均产量在 3750kg/hm^2 左右。

河南省是中国粮食生产大省，也是玉米生产和消费大省。近年来，河南省玉米生产快速稳步发展，玉米种植面积不断增加，单产稳步提高（杨洁等，2008）。目前，全省玉米种植面积由 220 万 hm^2 迅速上升到 278 万 hm^2，玉米面积占全省农作物总面积的 29%。全省玉米平均单产由 4 883.3kg/hm^2 提高到 5 692.5kg/hm^2，8 年间提高了 809.2kg/hm^2，增幅达 16.6%。随着玉米产品价值的挖掘和提升以及高产稳产新玉米品种的培育、应用和配套栽培技术的普及推广，使河南玉米种植面积迅速扩大，生产管理水平显著提高。

湖北玉米种植面积常年 4.3 万 hm^2 以上，约占全国种植面积的 2%，总产占全国的 2% 左右（方遵超等，2009）。湖北玉米总产 2008 年达到 46.36 万 hm^2，总产量达到 4.068 亿 kg，单产 5 191.5 kg/hm^2，面积和总产占粮食的比重分别为 10.82% 和 9.38%。

安徽省的玉米种植情况近年来也有着快速的发展，安徽省玉米播种面积由 1978 年的 23.26 万 hm^2（1 亩≈667m^2，15 亩 = 1 公顷，全书同）增加到 73.06 万 hm^2，尤其是实施玉米振兴计划以来，每年增量都在 6.7 万 hm^2 以上；产量由 3.8 亿 kg 提高到 30.5 亿 kg，年均增长达 6.9%。2010 年全省玉米面积扩大到 77.8 万 hm^2，生产布局趋于集中，沿淮淮北、江淮之间和沿江江南面积分别占 85%、12.5%、2.5%。但从全省玉米产量来看：单产总体水平不高，且单产年度间波动大。区域间发展不平衡，增产空间巨大（孔

令娟等，2002）。淮河以北地区占全省玉米播种面积的 85.0%，产量 300 ~ 350kg/亩 （1 亩 ≈ 667m², 15 亩 = 1 公顷，全书同）；江淮之间占全省面积的 12.5%，产量 300kg/亩；长江以南只占全省面积的 2.5%，单产只有 200 ~ 250kg/亩。安徽省江淮丘陵和淮北地区自然条件适于发展玉米生产，在积温和降水两方面的条件比北方玉米主产省份优越得多，总体情况是降水丰沛，雨热同步，降水与玉米的需求相适应，但也存在降水时空分布不均、旱涝频繁等问题制约玉米单产的稳步提高。因此，必须加大玉米科技创新的力度，针对夏玉米生产中存在的突出问题，开展科技攻关，有针对性地推广关键性技术措施，挖掘玉米生产潜力。首先要推广高产抗锈、耐渍易栽培品种，扩大耐密型新品种比例，遏制南方型锈病的流行。其次要推广垄台种植和化控技术，增强防灾减灾能力。安徽省玉米生育期间正处在梅雨季节，常常因雨成灾，成为限制安徽省玉米高产的关键因素。玉米前期怕涝，苗期对涝渍危害反应非常敏感，垄台种植涝易沥水排渍，旱易顺垄灌溉，是玉米生产防灾减灾不可或缺的农艺措施。拔节期施用玉黄金、玉米矮丰等含有矮壮成分高活性物质的化控剂，能健壮植株，加速根系生长，气根层数增加，节间缩短，穗位降低，植株矮壮；增强抗旱、抗涝、抗倒伏力，提高防灾减灾能力。还要推广合理密植技术因地制宜增加玉米种植密度，力争玉米种植密度沿淮、淮南地区在 5.25 万 ~ 6 万株/hm²，淮北地区在 6 万 ~ 6.75 万株/hm²。推广测土配方施肥技术，在测土的基础上，关注秸秆还田的争 N 效应，增加 N 肥施用量和注重 N 肥前移，平衡 C/N 比例，提高玉米苗期素质，增强抗涝渍能力；注重平衡施肥，施好配方肥和专用肥，提高施肥效益。最后要推广病虫害综合防治技术，建立健全玉米病虫测报和科学用药监管机制，全面推广玉米病虫害综合防治技术新技术，提升综合防治水平和效果。随着秸秆还田的推广和施肥水平的提高，玉米病虫害的流行发生了新的变化，并有逐年加重之势，因此，应尽快加大玉米病虫害的研究力度，推广玉米病虫害防治新技术。

玉米是江苏省的主要粮饲作物，集中分布在长江以北的广大地区，常年种植面积 43 万 hm² 左右，占全省粮食种植面积的 8% 左右。淮北玉米生产主要以夏播为主，夏玉米生长期内，旱、涝、病、虫、风等多种自然灾害易发、频发，对利用品种的适应性、抗倒伏、抗病性、抗虫性有严格的要求（杜永林等，2001）。郑单 958 其父本为黄改系血缘，具有早熟、抗逆和耐密稳产诸多优点，能有效抵御本地区自然灾害易发、频发对玉米生产造成的严重影响，加之其母本郑 58 具有穗位低、抗倒、吐丝早、易制种和制种产量高等优点，进一步巩固了郑单 958 在夏玉米区的主导地位。江苏玉米在秋粮作物中的面积和总产分别占 14% 左右和 11% 以上。玉米利用也从以食用为主转变为以饲用为主，近两年来，全省玉米饲用量约占 75%，食用量仅占 15% 左右。玉米作为饲料之王，支撑了江苏发达的养殖业，为保证全省城乡肉、禽、蛋、奶的供应起到了功不可没的作用。玉米作为淮安的第三大粮食作物，曾经为解决百姓的温饱问题作出过重要贡献。人们的生活水平提高后，营养丰富的玉米已成为普通百姓必备的日常保健食品，特别是近年引进的甜玉米、糯玉米、笋玉米等特用玉米，已渐渐成为人们餐桌必备的花色食品。

（一）水稻在中国南北过渡带的生产情况

汉中地区是中国为数不多的 1 级优质籼米气候生态区之一，水稻常年播种面积在 11

万 hm^2 左右，占陕西省水稻种植面积的 70%。

近年来河南省优质稻的栽培比重加大，全河南省累计水稻面积 134.5 万 hm^2，总产 858 万 t，年均面积 47 万 hm^2。优质稻种植面积逐年增加，2003 年达 20 万 hm^2，所占比重接近 70%。水稻栽培新技术在生产中的应用率占 75% 以上，增产率在 12.7% 以上，在连年出现的严重干旱和洪涝灾害面前，新技术发挥了抗逆性和适应性栽培的优势，保证了水稻的稳定增产；注重水稻品质和效益，品种结构优化。进行优质稻米的生产和开发，优质品种是根本保证。2002 年全省优质稻种植面积 34.2 万 hm^2，其中，黄金晴、水晶 3 号、豫粳 6 号、9916、白香粳等品种达国标一级，面积达 4.5 万 hm^2，占优质稻面积的 13.2%；香宝 3 号、香优 63、华育 13、粤优 63、两优培九等品种达国标二级，面积 10.8 万 hm^2，占优质稻面积的 31.6%；D 优 68、D 优 527、9 优 138、D 优 10 号、冈优 527、冈优 725、粤优 938 等国标三级品种面积 18.88 万 hm^2，占优质稻面积的 55.2%。2003 年优质品种种植面积上升到 40 万 hm^2，国标一级、二级、三级所占比重分别为 14.3%、35.7% 和 50%。优质水稻品种更新速度加快，以两优培九、香优 63、D 优 68、9 优 138、9916、华育 13、粤优 63、D 优 527、香宝 3 号、黄金晴、水晶 3 号、豫粳 6 号等为主的优质水稻品种的种植面积在 40 万 hm^2 以上，品种的优质化，提高了水稻的种植效益；无公害优质稻米生产及稻米的产业化开发有较快的发展。制定了无公害大米标准和生产技术规程，初步建成沿黄优质粳米无公害生产基地和淮南优质籼米无公害生产开发基地，建成国家绿色大米生产基地多个。

湖北省近几年杂交水稻的年种植面积已达到 1 500 万 hm^2，大田单产比常规稻增产 15% ~20%，种植面积占水稻面积的 50%，总产量占水稻总产量的 60% 以上。每年因杂交水稻技术增产的粮食可养活 7 000 多万人口，相当于一个人口较多的省份。由此可见，发展杂交水稻为保障中国的粮食安全做出了巨大的贡献。超级稻育种研究取得第三次飞跃，并形成超级稻良种配套栽培技术体系。根据袁隆平院士提出的分子技术与常规育种技术相结合，理想株型塑造与强杂种优势相结合的超级稻育种技术路线。2000 年和 2004 年分别实现了中国超级稻计划 10.5t/hm^2 和 12t/hm^2 的中稻第一期和第二期目标。2011 年 9 月 18 日农业部超级稻专家组在湖南隆回县羊古坳乡雷锋村验收连片种植 7.2 hm^2，单产 13.9 万 t/hm^2，提前 4 年实现了超级稻第三期目标。2010 年全国认定超级稻品种 33 个，种植面积达到 670 多万 hm^2。

安徽地处暖温带与亚热带过渡地区，气候温暖湿润，四季分明。淮河以北属暖温带半湿润季风气候，淮河以南为亚热带湿润季风气候。全省年平均气温在 14 ~17℃，平均日照 1 800 ~2 500h，平均无霜期 200 ~250d，平均降水量 800 ~1 800mm。安徽省地形地貌呈现多样性，长江和淮河自西向东横贯全境，全省大致可分为 5 个自然区域：淮北平原、江淮丘陵、皖西大别山区、沿江平原和皖南山区。水稻的实际分布则受自然降水、水利灌溉条件和土壤结构的制约，主要分布在淮河以南地区。将 ≥10℃ 积温小于 4 650℃ 的淮北地区划为单季稻区；将 ≥10℃ 积温大于 5 000℃ 的沿江地带划为双季稻区；单季稻和双季稻之间地带划为单双季稻过渡区；皖南和大别山区受垂直高度和地形的影响，为单双季稻混栽区。据 2010 年安徽省统计年鉴显示，2009 年安徽省稻谷播种面积 224.685 万 hm^2，稻谷产量 1 405.1 万 t，分别占粮食作物播种总面积34%和粮食总产量的45.8%。水稻在安徽省种植面积最大（占全省粮食播面的26%），单产最高（高于世界平均水平的60%），总产量最多（占全粮食的50%），有60%以上的人口以稻米为主食，85%以上的稻米是作为口粮消费。近年来安徽水稻常年种植面积 220 万 hm² 左右，居全国第五位，占全省农作物种植面积的 20%～30%；总产 1 300 万 t，稻谷产量占全省粮食总产近50%，占全国稻谷总产的 7% 左右，居全国第六位。单产逐年有升，2007 年突破 6 000 万 kg/hm²，2008 年达 6 235.5kg/hm²。常年稻谷商品率50%～60%，净外调25%～30%，稻米产销大省的地位突出。

水稻是江苏省第一大粮食作物，种植面积和总产量分别占全省粮食作物种植面积和总产的40%和60%左右，全省有 2/3 以上的人口以稻米为主食，水稻生产对保障全省粮食安全具有至关重要的战略意义。江苏省水稻单产已由新中国成立初期的 1 896.15kg/hm² 提高到 2011 年的 8 290.05kg/hm²，稻作科技进步发挥了巨大的作用。当前，随着经济的快速发展及工业化、城镇化进程的加快，耕地面积不断减少，水稻生产水土资源限制愈加突出，要稳定发展水稻生产，保障总产有效供给，必须依靠稻作科技进步，不断提高土地产出率、资源利用率，持续提高水稻单产。2012 年中央一号文件更是锁定农业科技，突出强调科技进步在增产、提质、节本中的重要作用。据研究，2011 年全国农业科技进步对粮食增产的贡献率为53.5%，江苏省为61.2%，高出全国近 8 个百分点，但仍远低于世界发达国家75.0%以上的水平。稻作科技内容广泛，包括耕作制度改革、品种改良、栽培管理技术以及优质肥料的应用、施肥方法的改进、农田水利建设、农机具的发展等等。随着优良品种的培育与推广、栽培管理技术的进步与完善、耕作制度的改革以及农田水利建设等的不断发展，江苏省水稻单产从 20 世纪 50 年代初期的 1 950kg/hm² 左右提高到现在的 8 250kg/hm² 左右，1998 年达到历史最高水平 8 820kg/hm²，至 2011 年已连续 18 年单产超过 7 500kg/hm²，在全国水稻主产省中单产稳居第一，稻作科技进步的贡献作用巨大。

（二）油菜在中国南北过渡带的生产情况

油菜是中国的主要油料作物之一，是继水稻、小麦、玉米、大豆之后的第五大优势作物，常年种植面积在 667 万 hm² 左右，产量 1 200 万 t，种植面积和产量均占世界的30%。长江流域冬油菜区是中国最集中的双低油菜优势产区，播种面积、产量均占全国的85%以上（李娜等，2009）。

汉中市地处长江流域上游，年平均气温 12.1～14.5℃，1 月（最冷月）平均气温 0.7～2.1℃，4 月（油菜开花期）平均气温 13.2～14.9℃，5 月中下旬（油菜成熟期）日平均气温 19.8～20.9℃、油菜生长期（9 月至翌年 5 月）降水量 470～550mm，生态条件十分适宜油菜生长发育。油菜种植面积约 8 万 hm²，占全省油菜种植面积的40%～50%。

陕西省是油菜的主要产区。研究推广适宜本地区生态条件的双低油菜高产栽培技术对提高油菜单产、增加农民收入、保障食用油供给具有重要意义。其中，汉中市的种植面积和总产分别占全省的 40% 和 45% 。近年来种植面积稳定在 6.7 万 ~ 7.3 万 hm² 。其中，优质的双低油菜（油菜籽芥酸含量不高于 5% ，饼粕中硫代葡萄糖苷含量不高于 45μmol/g ）已达 6 万 hm² ，占油菜总种植面积的 80% 以上，达到 150 ~ 200kg/亩的产量。汉中市汉台区油菜高产创建工作全面实现了总产增加的目标，特别着力于品种、育苗、移栽、施肥、防病 5 大生产环节上下硬功夫抓技术措施的落实，取得了比较优异的成绩，创造了陕西省百亩连片油菜产量最高纪录，平均产量达 4 012.5kg/hm² ，比全区平均增产 1 623kg/hm² 。

河南省地处中原，气候条件非常适合油菜的生长，是全国油菜的主产和高产省份之一。近 10 年来，河南省油菜面积和总产在黄淮流域、华北地区和春油菜区中均居第一位，均占 1/3 左右，是最大的油菜生产省份。2005 年河南省油菜播种面积 40.78 万 hm² ，达到历史最高水平。在全国种植面积位居第八位。2001—2008 年，河南省油菜总产 31.4 万 ~ 97.07 万 t ，在黄淮、华北和春油菜区 15 个省区中位居第一位，占黄淮和华北油菜产区的 30.3% ~ 41.9% 。总产居全国第六位。总体来看，近年来河南省油菜总产水平在逐年增加。2008 年总产达到历史最高水平，为 97.07 万 t 。在黄淮和华北油菜产区的 10 个省区中，河南省为单产水平比较高的省份。1994 年之前河南省单产水平较全国平均产量低，1995 年后单产水平均比全国平均产量高，一般高 10% 以上（张书芬等，2005）。2004 年以后河南省油菜单产水平有较大提高，比全国平均高出 20% 以上。2008 年河南省单产水平达到历史最高，为 2 565kg/hm² 。2007 年平均产量 2 409kg/hm² ，居全国第三位，略低于山东和江苏，比全国平均产量 1 874kg 高 28.6% 。

油菜是湖北省大宗农产品中最具优势、最具竞争力的作物，2009 年全省夏收面积 116.58 万 hm² ，总产 236.5 万 t ，产值近 90 亿元，种植面积、总产量和优质率连续 14 年位居全国第一。近 5 年来湖北省油菜产量继续保持增长，平均产量超过 3 100kg/hm² ，最高年份达到 3 444.06kg/hm² 。

安徽省油菜种植面积常年稳定在 100 万 hm² ，总产 180 万 t 左右，面积和产量均居全国第二位。油菜种植方式以育苗移栽和直播为主。全省油菜种植面积占油料种植面积的 75% 左右，油菜籽产量占油料总产 70% 左右。油菜单产在国内的八大主产省份中，仅次于江苏和四川两省，高于全国水平。近些年油菜产业已成为安徽省农业中一个重要的支柱产业。油菜平均面积为 99.5 万 hm² ，平均单产为 1 747.5kg/hm² ，总产达 172.7 万 t ，面积占全国的 13.5% ，单产比全国平均单产高 10.3% ，总产占全国的 15.1% 。年产量比较优势指数和规模比较优势指数分别在全国排名第九位和第二位，综合优势指数排名第三位，是安徽省最具有产量比较优势的农作物。油菜年产值 30 多亿元，仅次于粮食和蔬菜，居第三位，在全省农作物中的地位十分突出。安徽省双低杂交油菜新品种选育速度加快，一批杂交双低品种先后通过安徽省和国家审定。生产上优质油菜品种实现了"双低化"。同时，推广了一批油菜高产栽培技术，如育苗移栽技术、免耕机开沟直播技术、油菜田化学除草技术、化学调控技术、合理密植技术、平衡施肥技术、病虫害综合防治技术以及其他轻型简化栽培技术等；示范推广了油菜机播机收技术，简化了种植环节，降低了生产成本，提高了劳动生产率，增加了农民收入。油菜产业的发展，对推动安徽省油菜主产区的区域经济发展具有重要作用。

油菜是江苏最主要的油料作物，面积仅次于水稻、小麦。在南通、南京等地油菜种植面积占越冬作物将近一半的比重。目前，江苏食用油自给率力争稳定在40%、油菜面积稳定在66.7万 hm² 以上。2004年江苏油菜种植面积达68.9万 hm²，创历史最高纪录。随后受比较效益低和大量进口油脂油料的冲击，油菜面积迅速下滑。2011年油菜夏收面积仅为44.1万 hm²，是近年来最低点。油菜面积减少的多为稻茬和棉茬油菜，而十边地油菜面积稳定，比重增加。2011年江苏十边地油菜所占比重上升至25%（朱家成等，2009）。在产量方面，"十五"以前江苏省油菜生产以常规品种为主体，油菜单产一直稳定在2 100kg/hm² 左右；杂交油菜推广应用后，油菜产量不断提高，从2003年的2 130kg/hm² 提高到2009年的2 550kg/hm²，增加了19.7%，单产水平位于各省市之首，比全国油菜平均单产高1/3以上。但近2年受生产、气候条件影响，油菜产量明显下降。2011年全省油菜平均单产为2 385kg/hm²，同比减少60kg/hm²，减产2.5%。油菜籽总产同比减少7.20万 t，减产6.4%。全省油菜生产呈现面积、单产、总产"三减"。

（三）小杂粮在中国南北过渡带的生产情况

陕西小杂粮品种种类多样，遍布全省各地，主要有谷子、糜子、荞麦、高粱、大麦、绿豆、豌豆、扁豆、芸豆、蚕豆、黑豆等，集中分布在陕北、渭北和陕南秦巴山区，关中平原仅有少量种植。近些年，陕西小杂粮种植面积保持在2.7万 hm² 左右，总产约4万 t。随着人们生活水平的提高和健康需要，市场对小杂粮的需求越来越大，小杂粮产业已成为中国最具有发展前景的农业产业。发展小杂粮对陕西农业发展和农民增收有着双重战略意义，对促进社会主义新农村建设和构建社会主义和谐社会也将起到巨大的贡献作用。随着人们的膳食结构改变，因小杂粮富含多种维生素，营养价值高，越来越受到人们的欢迎，需求量日益增加。

河南近几年，小杂粮种植面积呈上升趋势，有的已形成规模化。如绿豆品种在河南省南阳、平顶山种植，成为其区域性支柱产业；红小豆在洛阳、啤酒大麦在驻马店地区都形成地区特色种植。

安徽是粮食生产大省，其中，大麦、高粱、谷子、荞麦、蚕豆、豌豆、绿豆、赤豆、豇豆等小宗粮豆播种面积约17.3万 hm²，占2.9%，产量45万 t左右，占1.64%。小宗粮豆具有适应性强、分布广、耐病、耐旱、用途广、生育期短、保健营养等特点，是人们喜爱的搭配食品，有的还是畅销的外贸创汇物资，因此，虽然在该省所占比重不大，但具有较重要的生产地位。小宗粮豆在该省种植历史悠久，分布范围较广，南北均有种植。安徽豆类杂粮的常年种植面积8.67万 hm²，总产15万 t。从南到北均有种植，且北多南少。淮北主产区种植面积占全省60%左右，总产占全省的56%左右。

皖南零星种植区面积和产量均占全省的5%左右。小杂豆适应性强、播种期限长、生长期短，生产方式多样。主要有间作套种，如芝麻、豆类、小麦套种豌豆，瓜类、花生套种绿豆、豇豆和红豆；接茬种植，前茬主要有籽瓜、西瓜、小烟、早玉米等；救灾补种，在洪涝灾害年份，小宗粮豆具有速生、适应性强、适宜播种期长和粮、肥、饲多用等特点，是一种重要的抗灾补救作物；单作清种，春播夏收、夏播秋收可两季单作；零星种植，利用荒坡、岗地、田埂地头、河沟渠边、村边田零星种植。

绿豆是江苏省的重要经济作物之一，常年种植面积在 3.3 万 hm² 左右，一般亩产量在 150 ~ 180kg。近几年，随着种植业结构的调整和灾害天气的增多，绿豆由于生育期短、耐瘠薄、用地与养地相结合等原因在生产上有种植面积逐年扩大的趋势。

三、主要农作物在中国南北过渡带地区的种植区域

（一）小麦

陕西省气候条件适宜小麦的生长，是陕西省第二大粮食作物。河南省是全国小麦主产区和商品粮产区之一，小麦生产是河南的一大优势。湖北省位于中国小麦优势生产区域之内，是全国小麦主产省份之一。安徽省也是全国主产麦地区和商品麦主要调出省份之一。安徽省冬小麦主要集中在淮北和江淮地区。小麦是江苏省第二大粮食作物，其中，江苏淮北地区为江苏省小麦主产区和高产区。

（二）玉米

玉米是陕西省的优势作物，陕西省已经成为中国玉米超高产研究和实践重要省份。

玉米是河南省仅次于小麦的第二大粮食作物。玉米是湖北省第三大粮食作物，其在稳定粮食生产中占有重要地位。

安徽省玉米的种植地区主要集中于沿淮淮北、江淮之间、沿江江南。江苏常年玉米播种面积 43 万 hm² 左右，是江苏省最重要的秋粮作物。

（三）水稻

陕西省是主要的商品稻生产基地。

河南省在优质稻米开发、节本轻简栽培、优质化栽培技术应用以及水稻生产的专业化、产业化开发等方面成效显著。

湖北省是中国水稻主产区之一，2011 年该省粮食播种面积占农作物播种面积的51.46%，水稻产量占谷物产量的 71.89%。

安徽省水稻主要分布在淮河以南地区，水稻生产在安徽省农业生产中占有重要地位，为秋粮的主元素，在安徽省粮食生产中起重中之重作用。

江苏省水稻生产在全国水稻主产省中单产稳居第一，稻作科技进步的贡献作用巨大。

（四）油菜

中国油菜的生产区域主要集中在长江流域冬油菜区和北方的春油菜区，其中，陕西省汉中市是中国优质品种双低油菜的重要播种地区。

河南省的油菜种植主要集中在豫南的信阳、驻马店、南阳。2008 年，河南省单产水平居全国第三位。

目前，湖北省是长江流域最大的"双低"油菜产区，2003 年以来随着参试品种中杂交种的比例逐步增加，油菜产量上升趋势非常明显。安徽省地处长江流域，是油菜生产大省之一。油菜面积主要分布在沿淮和淮河以南地区，其中，巢湖、六安、安庆、合肥、宣城和滁州 6 市面积较大，均超过 7 万 hm^2。

江苏省地处长江中下游地区，油菜种植面积、总产、单产分别位于全国的第五、第三、第一位。

（五）小杂粮

小杂粮生育期短、绿色保健，包括甜荞、苦荞、燕麦、糜子、薏苡、青稞、绿豆、小豆、豌豆、蚕豆、芸豆、豇豆、小扁豆、黑豆、草豌豆、鹰嘴豆等作物。陕西南北狭长，地形地貌复杂，气候生态条件多样。小杂粮以其独有的抗旱、耐瘠、稳产、适应性广、抗逆性强、种植方式灵活多样等特点，在粮食生产中占有不可替代的重要地位。

河南省的豫东、豫西、豫北旱薄地多，且自然降水少，时空分布不均，很多年份不能满足需水量大的水稻、玉米等作物的需要，加上水利设施控制蓄水能力差，常年出现季节性干旱和洪涝，造成大宗作物的产量低而不稳。小杂粮适应性广，抗性强、耐旱、耐瘠薄，对土壤要求不严，可在好地种植，也可在山坡、岗地、沙荒薄地种植，生育期短，耐阴性强，有利于两茬复种和间、套种，可早春播种，也可麦前、麦后播种。因此，河南省的大部分地区都适合小杂粮的种植与生产。

湖北省地形复杂多样。因此湖北省小杂粮生产有很强的地域优势。尤其在西北地区由于受山多土瘠、干旱冷凉、海拔高等被动原因影响只能种植小杂粮作物，作为口粮的补充和土地利用；另一方面因光照充足、昼夜温差大、降水量少和气候干燥等特殊的生态环境适宜小杂粮生产，小杂粮种植相对集中，形成了小杂粮主产带。

安徽是全国杂豆的主产区之一，蚕（豌）豆、绿豆、赤豆（红豆、红小豆、赤小豆）为大宗。

绿豆等杂粮主要集中在江苏省的沿江、沿海和苏北一些农场种植。

本章参考文献

1. 敖立万，朱旭彤，高广金. 湖北小麦. 武汉：湖北科学技术出版社，2002，221～222

2. 常海滨，黄少先，唐道廷. 湖北省小麦品质现状分析. 安徽农业科学，2008
（32）：14 016～14 017

3. 常庆瑞，雷梅，冯立孝等. 秦岭北坡土壤发生特性与系统分类. 土壤学报，2002，
39（2）：227～235

4. 陈福兴，张马样. 不同轮作方式对培肥地力的作用. 土壤通报，1996，27
（2）：70～72

5. 陈明荣. 陕西秦岭地区农业气候的初步分析. 地理学报，1964，3（3）：248～258

6. 陈申宽，齐广，武迎红等. 大豆连作对土壤养分及其产量的影响. 哲里木畜牧学院
学报，1999，9（3）：31～34

7. 陈义，吴春艳，唐旭等．稻-麦轮作体系中有机氮与无机氮的去向研究．中国农业科学，2010，43（4）：744~752

8. 陈志凡，段海静，张义东．稻麦轮作模式对引黄灌区盐渍化潮土脱盐效果析．气象与环境科学，2008，31（4）：29~31

9. 崔盛本，钱晓晴，王祝余等，淮北盐渍低产稻麦田轮种绿肥的综合效应．土壤通报，1995，26（21）：78~81

10. 党坤良，张长录，陈海滨等．秦岭南坡不同海拔土壤肥力的空间分异规律．林业科学，2006，42（1）：16~21

11. 丁圣彦，卢训令．伏牛山和鸡公山自然保护区植物区系比较．地理研究，2006，25（1）：62~70

12. 杜永林．江苏玉米生产现状与发展对策的研究．耕作与栽培，2001（6）：54~55

13. 范永胜，赵宗武，马华平．超级小麦品种穗部性状间相关性分析及穗粒数改良途径的研究．中国种业，2007（7）：38~40

14. 方遵超，季有明．鄂北岗地玉米生产潜力及配套增产措施．现代农业科技，2009（20）：96~97

15. 冯建孟，徐成东．植物区系过渡性及其生物地理意义．生态学杂志，2009，28（1）：108~112

16. 傅慧兰，杨振明，邹永久．大豆连作对土壤酶活性的影响．植物营养与肥料学报，1996，2（4）：374~377

17. 龚胜生．《禹贡》中的秦岭淮河地理界线．湖北大学学报（哲学社会科学版），1994（6）：93~97

18. 韩茂莉．近300年来玉米种植制度的形成与地域差异．地理研究，2006，25（6）：1 083~1 095

19. 郝建华，丁艳锋，王强盛等．麦秸还田对水稻群体质量和土壤特性的影响．南京农业大学学报，2010（3）：13~18

20. 何守法，董中东，詹克慧等．河南小麦和夏玉米两熟制种植区的划分研究．自然资源学报，2009，24（6）：1 115~1 123

21. 黄国勤，熊云明，钱海燕等．稻田轮作系统的生态学分析．土壤学报，2006，43（1）：69~77

22. 黄国勤．中国南方稻田耕作制度的发展．耕作与栽培，2006（3）：1~6

23. 黄润，朱诚，郑朝贵．安徽淮河流域全新世环境演变对新石器遗址分布的影响．地理学报，2005，60（5）：742~749

24. 黄少先，李蔚，张水生．麦薪品系"87174"丰产稳产性及适应性分析．湖北农业科学，1997（1）：10~12，30

25. 蒋寿康．秦岭—淮河线与古代政治分野论述．浙江学刊（双月刊），1997（1）：87~92

26. 康慕谊，朱源．秦岭山地生态分界线的论证．生态学报，2007，27（7）：2 774~

2 784

27. 孔令娟, 李冰. 安徽省玉米生产现状及发展趋势的探讨. 安徽农学通报, 2002 (6): 8~12

28. 赖纯佳, 千怀遂, 段海来等. 淮河流域小麦-水稻种植制度的气候适宜性. 中国农业科学, 2011, 44 (14): 2 868~2 875

29. 李录久, 郭熙盛, 王道中等. 淮北平原砂姜黑土养分状况及其空间变异. 安徽农业科学, 2006, 34 (4): 722~723

30. 李娜, 杨涛. 我国油菜籽产业发展现状与策略. 粮油食品科技, 2009, 17 (2): 34~36

31. 李向东, 郭天财, 高旺盛等. 河南传统农业作物起源与耕作制度演变. 中国农学通报, 2006, 22 (8): 574~579

32. 刘秋芳, 吴峥嵘等. 黄淮海夏玉米高产栽培技术. 种业导刊, 2008 (6): 18~19

33. 龙岛康夫. 连作障碍自毒作用的研究进展. 化学与生物, 1965 (3): 530~535

34. 马成超. 浅谈秦岭的地理分界意义. 宿州学院学报, 2007, 22 (4): 109~111

35. 马建华, 千怀遂, 管华等. 秦岭—黄淮平原交界带自然地理若干特征分析. 地理科学, 2004, 24 (6): 666~673

36. 阮维斌. 大豆连作障碍机理及调控措施的研究. 北京: 中国农业大学出版社, 2000

37. 胜险峰. 论淮河在中国古代南北方的分界地位. 古代文明, 2008, 2 (1): 55~64

38. 宋轩, 杜丽平. 基于 GIS 的淮河流域伏牛山区土壤侵蚀动态变化研究. 中国水土保持 SWCC, 2008 (2): 44~45, 56

39. 苏坤慧, 延军平, 李建山. 河南省境内以淮河为界的南北气候变化差异分析. 中国农业气象, 2010, 31 (3): 333~337

40. 孙克刚, 李丙奇, 杨占平等. 河南省三大土壤类型区玉米氮磷钾平衡施肥研究. 高效施肥, 2008 (1): 54~58

41. 唐浩, 丘卫国, 周翾等. 稻麦轮作条件下氮素流失特性及控制对策研究. 人民黄河, 2010, 32 (6): 64~66, 68

42. 唐志尧, 柯金虎. 秦岭牛背梁植物物种多样性垂直分布格局. 生物多样性, 2004, 12 (1): 108~114

43. 陶光复. 湖北省大别山植物区系的初步分析. 武汉植物学研究, 1983, 1 (1): 91~100

44. 王健. 河南大别山药用植物植物区系分析. 河南农业大学学报, 1987, 21 (4): 490~501

45. 王国平, 毛树春, 韩迎春等. 中国麦棉两熟种植制度的研究. 中国农学通报, 2012, 28 (6): 14~18

46. 王新中, 欧阳韶辉, 于新智等. 陕西关中优质小麦产业化发展之思考. 粮食加工, 2004, 6: 14~19

47. 王星光，徐栩．新石器时代粟稻混作区初探．中国农史，2003（3）：3～7

48. 王映明．湖北植被区划（下）．武汉植物学研究，1985，3（2）：165～174

49. 王又丰，张义丰，刘录祥．淮河流域农业气候资源条件分析．安徽农业科学，2001，29（3）：399～403

50. 王兆荣，刘世英，谷思玉等．重迎茬大豆对土壤有机-无机复合胶体及土壤结构的影响．大豆科学，1999，18（1）：10～16

51. 夏爱梅，聂乐群．安徽植被带的划分．武汉植物学研究，2004，22（6）：523～528

52. 谢勇，土世航，程先富．基于GIS的安徽省土壤空间分布的分形特征研究．资源开发与市场，2007，23（12）：1 077～1 080，1 088

53. 徐凤花，汤树德，孙冬梅等．重迎茬对大豆根际微生物的影响．黑龙江八一农垦大学学报，1998，10（1）：5～8

54. 徐瑞富，王小龙．花生连作田土壤微生物群落动态与土壤养分关系研究．花生学报，2003，32（3）：19～24

55. 阎传海，徐科峰．徐连过渡带低山丘陵森林植被次生演替模式与生态恢复重建策略．地理科学，2005，25（1）：94～101

56. 杨洁．豫东平原夏玉米高产栽培技术．种业导刊，2008（6）：20～23

57. 应俊生．秦岭植物区系的性质、特点和起源．植物分类学报，1994，32（5）：389～410

58. 余国忠，郜慧，赵承美．信阳文化资源特征与旅游开发．地域研究与开发，2007，26（4）：71～74

59. 曾菊新．河北主要粮食作物生态适宜种植区限研究．华中师范大学学报（自然科学版），1990，24（1）：98～107

60. 张桂宾．河南省植物区系地理分异研究．地理科学，2003，23（6）：734～739

61. 张桂宾．河南种子植物区系地理研究．广西植物，2004，24（3）：199～205

62. 张桂宾．河南省植物多样性研究．河南大学学报（自然科学版），2005，35（3）：60～63

63. 张洪艳，陶光灿，余珺等．淮河平原旱稻—小麦两熟制的土壤氮磷钾供应、养分吸收利用效率及肥料需求．中国农业大学学报，2007，12（6）：31～38

64. 张剑，柳小妮，谭忠厚等．基于GIS的中国南北地理气候分界带模拟．兰州大学学报：自然科学版，2012，48（3）：28～33

65. 张其鲁，张立全，张连晓等，小麦的高产育种途径及其发展趋势．麦类作物学报，2007，27（1）：176～178

66. 张秦伟．秦岭种子植物区系的地理成分研究．地理科学，1992，12（1）：54～63

67. 张书芬，傅廷栋，马朝芝等．3种分子标记分析油菜品种间的多态性效率比较．中国油料作物学报，2005（2）：19～23

68. 张文才，张自立．灵璧县3种主要土壤养分变化动态及其分析．安徽农学通报，2004，10（4）：72，84

69. 张养才，谭凯炎．中国亚热带北界及其过渡带．地理研究，1991，10 (2)：85~91

70. 张义丰．淮河中游行蓄洪区种植制度调整研究．地理学报，1999，54 (1)：51~58

71. 张岳芳，郑建初，陈留根等．稻麦两熟制农田不同土壤耕作方式对稻季 CH_4 排放的影响．中国农业科学，2010，43 (16)：3 357~3 366

72. 赵萌，李敏，王淼焱等．西瓜连作对土壤主要微生物类群和土壤酶活性的影响．微生物通报，2008，35 (8)：1 251~1 254

73. 周光裕．淮河流域植被的过渡性特点及南北分界线的探讨．植物生态学与地植物学丛刊，1965，3 (1)：131~137

74. 朱家成，张书芬，文雁成等．甘蓝型油菜杂交种杂双 1 号的选育及高产保优栽培技术．种子，2009 (7)：107~109

75. 邹永久，韩丽梅，傅慧兰等．大豆连作土壤障碍因素研究—连作对土壤腐殖质组分性质的影响．大豆科学，1996，15 (3)：235~242

第二章　中国南北过渡带水稻栽培

第一节　生产地位和茬口衔接

一、生产地位

水稻是世界上最重要的粮食作物之一。全球一半以上人口以稻米为主要食物来源。据统计，全球有 122 个国家种植水稻，栽培面积常年在（1.4 ~ 1.57）×10^{8}hm^2，占谷物面积的 23%，稻谷单产约 3 863kg/hm^2，总产占谷物总产的 28.8%。世界各大洲都有水稻栽培。亚洲水稻种植面积占世界总种植面积的 90% 以上，美洲约占 4%，非洲约占 3%，欧洲和大洋洲各占 1% 以下。中国是世界上最大的稻米生产国和消费国。水稻播种面积和总产分别占世界总面积和总产量的 19.6% 和 33.3%。种植面积位居第二，仅次于印度。总产量居世界之首。在近半个世纪中，全国水稻种植面积平均约占谷物播种面积的 27%，而年稻谷总产量占粮食总产量的 43% 左右，占全国商品粮的一半以上。大米是中国 60% 以上人口的主食。稻米是中国人热量和各种营养的主要来源之一。由于水稻适应性强，产量高而稳，在中国粮食生产中有举足轻重的地位。中国能用不足世界 1/10 的耕地，养活占世界 1/5 的人口，解决国人的温饱问题，水稻功不可没。

中国稻作分布区域辽阔，南至热带的海南省三亚市，北至黑龙江省漠河，东起台湾省，西抵新疆维吾尔自治区（全书简称新疆）的塔里木盆地西缘，低至东南沿海的潮田，高至西南云贵高原海拔 2 700m 以上的山区，凡有水源的地方，都有水（旱）稻栽培。除青海省外，中国其他各省、自治区、直辖市均有水稻种植。随着对生态环境恶化担忧的不断增加，对种植水稻的生态效应也越来越受到重视。凌启鸿曾总结出水稻具有五大生态功能：储水抗洪的功能、清新空气的功能、调节气候的功能、人工湿地的功能和改良土壤的功能。

中国南北过渡带具有自然（气候、地理）和人文的综合属性。从自然属性来说它既是亚热带与暖温带的分界线，又是湿润与半湿润气候的分界线，是中国旱作区和水作区的分界线，也是籼、粳稻种植的过渡地带。按水稻种植区划，包括有华中稻区的川陕盆地单季稻两熟亚区和长江中下游平原双单季稻亚区的北部、华北稻区的黄淮丘陵中晚熟亚区的南部。水稻种植面积 1 500 万亩左右，由西向东种植面积逐渐增多。

水稻品种类型丰富，籼稻、粳稻均有种植，以稻麦（油）水旱轮作一年两熟或一季春稻为主要种植制度，稻麦两熟种植模式就发源于南北过渡带上的河南省桐柏县。水稻是南北过渡带的主要粮食作物，也是该地区人们的主要口粮作物，水稻在该区农业生产中具有重要地位。

四川省东北部的平武县、青川县，是中国南北过渡地带的最西端，加上甘肃省南部的文县、康县，属山区地形，水资源丰富，大小河流、山溪分布充分，川坝、河谷地带是水稻的适宜区和种植区，总计水稻种植面积 20 万亩左右。传统的种植模式有小麦复种水稻（稻麦两熟）、油菜复种水稻（稻油两熟）。近年来，冬播马铃薯在该区种植成功，稻薯两熟的种植模式作为一项成功的农业技术，在该地区得到推广应用。

陕西省的南秦巴山地包括秦岭、巴山和汉江谷地，约占全省土地面积 36%。汉中位于秦岭与巴山之间，水稻是汉中的主要粮食作物，在全国稻作区划汉中属川陕南盆地单季稻两熟亚区，在陕西省水稻区划中属陕南盆地、川道、丘陵晚籼两熟区，常年种植面积约 130 余万亩，土地平坦肥沃，是全省水稻最集中的产区。种植面积和总产约占全省水稻种植面积和总产的 70% 以上。水稻的增减产不仅直接关系到全市粮食的丰欠和农民的收入，还影响到陕西省以及周边省市稻米市场的供应。该区是稻、麦两熟的老稻区，晚熟高产的籼型杂交稻可以安全抽穗、成熟。该区分两个亚区：西部亚区和东部亚区。西部亚区生长季较短，今后要稳定或适当压缩水稻晚熟品种面积，以防避秋风危害。稻田冬作主要是小麦和油菜，油菜茬口早，茬口肥，经济效益高，可以适当扩大油菜-稻种植比例。

湖北省的勋西县属于山区地形，地形复杂，气候特殊。稻田主要分布在海拔 800m 以下的丘陵、河谷或小盆地，≥10℃积温低至 3 600～4 700℃，种植一季中稻热量有余，双季稻不够，以稻麦两熟为主，水稻种植面积数万亩，小部分水稻种植在海拔 800m 以上，只能种植一季较耐寒的水稻品种。

河南省淮河流域具有典型的过渡地带气候特点，是本省水稻的主产区，水稻种植面积 700 万亩左右，占全省水稻种植面积的 80% 以上。种植制度以稻麦两熟为主，部分有稻油两熟、稻肥（紫云英）两熟和一季春稻种植等，以种植籼稻为主，近年来，该区的"籼改粳"发展较快。稳步推进"籼改粳"，进一步扩大粳稻种植面积，是河南省水稻生产结构优化调整的方向，对增加粳米供给，提高种稻效益具有重要的积极意义。

安徽省的沿淮淮北平原及部分淮南丘岗地区属于过渡地带。本区水田面积约占本区耕地面积的 7.1%，占全省水田面积的 9.5%，本区由于自然降水不足，土壤漏水严重，水稻主要分布在沿河两岸和井灌区，分布特点呈现出"沿河一条线，沿井一小片"，实行麦稻连作或是稻油连作，一年两熟。随着水利条件的改善，预计本区水稻生产将进一步发展，成为安徽省重要麦稻商品粮生产基地。

江苏省的徐淮稻作区以及里下河稻作区和沿江稻作区的北部属于过渡地带。徐淮稻作区是江苏省面积最大、人口最多的一个农业区，也是过渡地带重要的稻作区，以麦茬粳稻种植为主。兼有稻-麦-甘薯轮作和少部分稻肥轮作。随着水利等生产条件的改善，水稻发展速度较快，水稻单产提高较快，已成为江苏省新的商品粮基地。

二、茬口衔接

（一）种植制度

中国南北过渡带的典型特点是：亚热带气候向暖温带气候过渡地带，1月0℃等温线通过的地方，800mm等降水量线通过的地方，湿润区与半湿润区的界线，亚热带季风与温带季风的分界线，≥10℃积温4 500℃等值线经过的地带。因此，也是中国双季稻和一季中稻的过渡地带。近年该区双季稻不断减少，主要以麦茬稻、油菜茬稻和一季春稻种植方式为主。其中，麦茬稻种植面积占该区水稻面积的绝大多数。

稻麦两熟也是典型的水旱轮作种植方式。水旱轮作可以改善土壤结构，不同作物根系下扎深度的不一样，利于作物吸取不同深度的养分，抗重茬效果明显。水稻种植中的轮作主要是水旱轮作。通过对稻田水旱轮作和水水连作的试验研究表明，稻田长期水旱轮作0~10cm土层的土壤容重比1季中稻处理高23.4%，土壤收缩量小38.2%，水旱轮作有利于土壤水稳团聚体的形成，<0.01 mm的土粒团聚度增大，水旱轮作消除了因长期淹水对土壤结构的不良影响；随着种植年限增加，不论哪一种耕作方式均可使土壤有机质、全氮（N）、全磷（P）含量增加，土壤速效N、P、K养分差异不大；长期水旱轮作稻田土壤呼吸强度和酶活性比1季中稻处理高，试验结果还表明长期水旱轮作稻田土壤pH值有降低的趋势。水旱轮作对于长期旱作的作物具有减轻连作障碍的作用，减少了土传病害等的发生，具有很高的生态效益和经济效益。水旱轮作还可以改变土壤的生态环境，增加水田土壤的非毛管孔隙，提高氧化还原电位，有利于土壤通气和有机质分解，消除土壤中的有毒物质，防止土壤耕层浅和次生潜育化过程，并可促进土壤有益微生物的繁殖。

（二）接茬关系

中国南北过渡带内水稻的种植，一般有麦茬稻，油菜茬稻，紫云英茬稻，牧草茬稻，蔬菜茬稻等，而以麦茬稻、油菜茬稻种植面积较广。中国南北过渡带所涉及的7个省在南北过渡带内均有麦茬稻、油菜茬稻的种植，紫云英茬稻在河南信阳种植较多，牧草茬稻在甘肃种植较多，蔬菜茬稻在陕西种植较多。

中国南北过渡带内麦茬稻的种植，一般有麦茬移栽稻种植和麦茬直播稻种植等。麦茬移栽稻栽插秧苗的方法有：手工拔秧插秧、人工铲秧栽插、机插秧和抛秧等。水稻直播根据土壤水分状况以及播种前后的灌溉方法，可将直播稻分为水直播、湿直播、旱直播和旱种稻；按播种方法又可分为撒直播、点直播和条直播；按播种动力可分为手工直播和机械直播等。

麦茬移栽稻在过渡地带种植最为广泛，历史悠久，是该区域重要的种植制度。中国南北过渡带热量资源，年≥10℃积温为4 500~5 500℃，大部分地区种一季稻有余，两季稻不足，稻田以麦稻两熟为主。籼稻安全生育期159~170d，粳稻170~185d。生长季降水量700~1 300mm，日照1 300~1 500h。春季低温少雨，昼夜温差大，有利于小麦高产稳产。小麦收后，6～9月雨量较多，水热同季，秋季昼夜温差大，此时正值稻作出穗成熟期间，有利于营养物质积累，利于稻作增产。稻田实行复种，以提高单位土地面积产量，小麦收割后种植水稻称麦茬稻，稻—麦一年两熟。水稻安全齐穗期的气温指标为日平均气温不低于20℃，日最高气温不低于23℃，结合本地后熟期10月下旬≥10℃的积温总量和劳动生产条件，选择高产而适宜生育期的品种，确保麦茬稻安全成熟和小麦的适期播种。

稻麦两熟既要考虑水稻的高产稳产，又要兼顾小麦的高产稳产，育苗移栽和选用适宜生育期的水稻品种，是麦茬移栽稻种植基本措施。麦茬移栽稻要适当早播，延长秧龄期，否则移栽后延迟抽穗，不能正常成熟；生育期短的品种秧龄不宜过长，否则会在秧田拔节、开始穗分化，移栽到大田已错过个体适宜发展环境条件，出现早穗现象，不能高产。早育或湿润育秧，稀播，秧苗壮而又有较强的抗逆性，是麦茬稻高产的重要措施。本田返苗期短，麦茬稻的本田营养生长期25～40d，过渡地区水稻安全齐穗期为8月下旬至9月上旬。过渡带内4月15日至6月25日均可作为水稻的安全移栽期，不宜插7月秧。过渡带内应以生育期在130～150d的中熟水稻品种为主，籼稻播期在4月中下旬（保护地育秧可提前至4月上旬），熟期在9月中下旬；粳稻播期在5月中下旬，熟期在10月上中旬为宜。

直播稻作为一种原始的稻作技术，从古至今在过渡地带一直存在，但由于其生育期短、易倒伏、产量低、抗灾能力差等特点，并未大面积推广。随着高效除草剂的成功推广、早熟高产新品种的育成以及农业劳力成本的升高，尤其是近年来工业化和城镇化的发展，农村劳动力大量向非农产业转移，直播稻栽培面积呈缓慢增长趋势。

水稻直播栽培是将稻种直接播入大田的一种稻作方式，无需育秧、拔秧、移栽等工序，具有省工、节本、省秧田、便于机械化等优点，是轻型、简化的低成本稻作方式。水稻直播栽培深受人们欢迎，面积逐年扩大。但是，麦茬直播稻的全生育期缩短，植株变矮，主茎叶片数减少，分蘖早而多，有效穗数高，成穗率低，根系集中分布于表土层，前期物质积累少，不同年份、不同田块之间单产水平悬殊，生产上应针对直播稻的风险，采取相应的栽培措施，实现直播稻高产稳产。小麦收割后，应抢时整地，尽早播种，一般在6月15日前播种，不得迟于6月20日。目前，适宜麦茬直播的高产稳产优质多抗的水稻品种较少，需进一步加大研究力度。在栽培方面，直播高产的关键环节是，一播全苗、封闭除草、合理节水灌溉以及科学施肥技术等。生产上容易出现的问题主要有苗期草荒、群体不足或过大、倒伏、后期脱肥等问题。直播稻便于机械化生产，但对整地质量、合理密植、肥水科学管理等均有较高要求。另外，直播稻不是旱稻，准确地说叫直播水稻，有些水源不足的地方误把直播稻做旱稻种植，由于水管不到位造成严重减产，值得有关地方的注意。

（三）中国麦茬稻发展概况

麦茬稻在中国分布广泛，向北推向北京、河北的承德、宁夏回族自治区（全书称宁夏）的引黄灌区以及甘肃的河西走廊一线，江淮丘陵、江苏里下河平原、四川盆地、陕南川道和云贵高原等地种植面积较大,长江以南丘陵海拔较高地带也有分布。随着中国农村经济的发展、农业经济规模的扩大以及现代化进程的加快,麦茬稻的机插秧技术及其直播技术迅速发展起来。

传统稻作方式是育秧移栽,由于移栽稻能集中育秧、充分利用土地和季节,增加复种指数,因此,在水稻生产上做出了重要贡献。但因其劳动强度大,费工费力,已成为发展农业和提高农业劳动生产率的重要制约因素之一。机插秧是现代稻作的发展方向之一,它不仅能解放农村劳动生产力,提高农业生产效率,而且还能提高农业生产机械化、现代化水平,满足农业生产组织形态变化的需要。近些年,中国机插秧有了较快的发展,农机农艺水平也得到了提升,但与发达国家相比还有较大的差异,韩国和日本的机插秧面积基本达到100%。中国水稻机插秧存在以下问题。

1. 传统育秧方式效率不高   无论塑盘育秧还是双膜育秧,每亩大田都需要随秧苗的搬运从秧田运出大约250kg泥土(不包括水分),不仅导致劳动强度大,还导致运输的成本加大,降低了效率。

2. 秧苗培育的达标率不高   容易出现苗质量差、苗不足、苗超龄,以及苗和机械的配合不好导致的移栽质量差、"断垄"、"缺棵"比例高等问题。

3. 机插效率有待于进一步提高   无论是步行式或者是乘坐式插秧机,机上一次装载秧苗数量有限,这就需要每隔一定时间停机装苗,一方面降低了插秧机的效率,另一方面也使得装秧人员疲于奔命,容易出现苗机脱节的问题,使得每台机械必须配备3~4人,每台插秧机的实际工作效率大为降低,人工大为增加。

4. 肥料利用率不高   床土培肥工作量大,投肥多,秧田肥力利用率低;大田插秧缓苗时间长,前期大量用肥,大量增加移栽后分蘖肥施用量、导致肥料利用率较低。

5. 适合籼稻的机插机械少   日、韩的机插秧都是以粳稻为对象,而中国杂交稻的种植面积大,适合机插的杂交稻育秧方式一直难以形成;杂交籼稻亩用量少,导致秧田播种量相应减少,秧块盘根差,漏插,断垄等现象更加普遍。

随着工业化进程的推进,农村劳动力的大量转移、农业机械化程度的提高、农业投入品的发展以及早熟高产品种的选育成功,为水稻直播栽培提供了时代背景和技术基础。水稻直播栽培是将稻种直接播入大田的一种稻作方式,无需育秧、拔秧、移栽等工序,具有省工、省力、省秧田、省成本等优点,是轻型、简化的低成本稻作方式。水稻直播栽培深受人们欢迎,面积逐年扩大。20世纪50~60年代,中国北方曾种植直播稻;70年代,面积达10万hm²,90年代以后,水稻直播作为简化栽培方式再次兴起。江苏从60年代开始水稻直播种植研究和试种。进入21世纪以来,发展势头迅猛。2005年、2006年、2007年直播稻种植面积分别为25.3万hm²、29.8万hm²、52.4万hm²,2008年则突破66.7万hm²,占全省水稻种植面积的30%以上。但直播稻在生产上也存在问题:直播稻生育期短,对水稻高产再高产增加了难度;苗期高温高湿,容易形成草荒,管理不善,会严重影响产量;直播稻播种对整地质量要求高,往往夏收夏种期间,季节紧张,如果整地质量不好,播种出苗率低,墒情不好,保苗较为困难;直播稻播种较浅,密度过大时,难以形成健壮群体,容易发生倒伏。

然而，随着现代农业的发展，规模化、机械化生产方式势在必行，水稻直播栽培将是未来稻作生产的主要发展方向。针对直播稻的风险，采取相应的栽培措施，实现直播稻的高产稳产。首先选用适宜品种是关键，如果品种选用不当或播种不及时，水稻抽穗期会严重推迟，后期易遇低温而导致不能正常灌浆结实，空秕粒增加，千粒重减少，严重影响水稻产量和品质。生产上要合理安排直播稻的茬口、选用适宜的品种、把握适宜的播种期，争取早腾茬、抢播种，确保安全齐穗。对于解决麦茬直播稻倒伏问题，要严格控制播种量，分蘖后期加强肥水控制，构建健康的高产群体，搞好生化调节，注意防治病虫，增强直播稻的抗倒能力。关于麦茬直播稻的草害问题，直播稻播后采用浅湿灌溉，前期田间小环境十分有利于杂草生长。与移栽田比，直播稻田除了水生杂草外，还有湿生杂草和旱田杂草，其中，恶性杂草以稗草和千金子为主，发生量大。播种 5 ~ 7d，杂草种子开始大量萌发；播种后 10 ~ 15d，杂草进入萌发高峰期；播种后 20 ~ 25d，残留在土壤深层的杂草种子萌发出土，但发生量很少，直播稻杂草种类多，出草时间长，生长旺盛，严重影响直播稻的生长发育。生产上要认真搞好化学除草、控制田间杂草，促进直播稻高产稳产。直播稻田化除分为播后苗前土壤封闭处理和苗后茎叶处理，其中，关键是搞好播后苗前的土壤封闭处理。

第二节　水稻的生长发育

一、生育期和生育阶段

（一）生育期

作物从播种到收获的整个生长发育所需时间为作物的生育期，一般以天数（d）为计算单位。就直播水稻而言，生育期的准确计算方法是从种子出苗到水稻成熟的天数。因为从播种到出苗、从成熟到收获都可能持续相当长的时间，这段时间不能计算在生育期之内。对育秧移栽水稻而言，生育期又分为秧田生育期和本田生育期两个阶段。水稻生育期的长短，因品种类型、种植地区而不同，短的不足 100d，长的超过 180d。

每个水稻品种不论其生育期长短，一生都经历营养生长和生殖生长两个时期。从发育的角度来看，营养生长是水稻营养器官形成和营养体积增大为主要特征的生长时期，从种子萌发到幼穗开始分化为止，表现为发芽、生根、出叶和分蘖形成；生殖生长是水稻繁殖后代而进行生殖器官的形成和发育为主要特征的生长时期，从幼穗分化到种子成熟为止，表现为幼穗分化、抽穗、开花和成熟。

由于过渡带内水稻的安全齐穗期在 9 月 20 日以前，故要求水稻在 8 月 20 日以前要开始进行幼穗分化（即进入生殖生长阶段），在此之前可作为营养生长阶段。对育秧移栽水稻而言，从 4 月上旬（薄膜育秧）至 5 月中旬（露天育秧）均可播种育秧，4 月下旬（对冬闲田而言）至 6 月中旬（对麦茬稻而言）均可进行秧苗移栽。此阶段气温上升、紫云英、油菜、小麦等前茬作物陆续开花、结实、成熟、收获，腾茬后要及时整田移栽。对直播水稻而言，由于出苗时要求日平均气温不宜低于12℃，故播期应安排在4月下旬至6月中旬。此阶段留种紫云英、油菜、小麦等陆续收获，要按照生育期要求选择好水稻品种，精细整田进行直播。6月下旬至8月中旬，过渡带内气温渐高，降水集中，适合水稻返青分蘖及幼穗分化。进入8月下旬至10月中旬，过渡带内气温转凉，秋高气爽，光照充足，适合水稻幼穗分化及灌浆成熟。10月下旬以后，过渡带内日平均气温已降至15℃以下，加之冷空气经常南下，气温转寒，已不适合水稻生长，但正是小麦播种的好时节。

（二）生育时期

水稻生产中的生育时期也称物候期。因为在适期播种条件下，水稻某一新器官的出现，植株形态及特征特性会发生相应的变化，这些时期对应着一定的物候现象，故也称水稻的物候期。在水稻整个生长过程中，根据水稻的形态特征变化（根、茎、叶、穗、籽粒等器官的出现），主要分为以下几个生育时期：播种期、苗期、分蘖期、拔节期、孕穗期、开花结实期等时期。

1. 生育期划分

（1）播种期　即播种的日期。对于采用保护地（即覆盖薄膜）育秧的，播种期可选择在4月5~15日。此时正值紫云英、油菜开花时间，但过渡带内仍会有冷空气过境，气温不稳，故要采取保护措施。对于露天育秧的，播种期可选择在4月15日至5月20日，此时过渡带内气温渐高、渐稳，小麦花开，春意盎然，正是水稻播种的好时节。

（2）出苗期　第一片叶抽出，秧田里50%以上秧苗高度达到2cm，这时，第一对胚芽鞘节根出现。

（3）分蘖期　一般秧田在出苗后约15d，当主茎长出3片叶后，第4片叶刚出现时，在主茎第一片叶的叶腋处长出主茎的第一个分蘖，标志分蘖开始。当田间有50%秧苗第一个分蘖露出叶鞘时，即为分蘖期。

（4）拔节期　水稻开始分蘖时其基部节间并不伸长，只形成分蘖节。但经过一定时间后，其新生的节间开始伸长，称为伸长节。几个伸长节构成茎秆。当茎秆基部第一个伸长节间达1.5~2.0cm，外形由扁变圆，便叫做"拔节"，亦称"圆秆"。全田有50%稻株拔节时，称为拔节期。

（5）孕穗期　穗分化期也是节间伸长期，所以又称拔节长穗期或拔节孕穗期。但是，拔节起始与孕穗分化起始并不完全一致，早稻一般幼穗分化在拔节之前，称重叠生育型；中稻一般幼穗分化与拔节同时进行，称衔接生育型；晚稻一般幼穗分化在拔节之后，称分离生育型。

（6）开花结实期　本期又可分为抽穗开花、传粉与受精和灌浆结实3个时期。

① 抽穗开花　穗上部的颖花胚囊成熟后的1~2d，穗顶即露出顶叶鞘，即为抽穗。穗顶端的颖花露出顶叶鞘的当天或后1~2d即开始开花，全穗开花过程需经过5~7d。

② 传粉与受精　花药开颖同时散粉，花粉散落于自身的柱头上，即传粉。

花粉散落在柱头上 2～3min 即受精萌发。

③ 灌浆结实期（乳熟期、蜡熟期、完熟期）

乳熟期：米粒内开始有淀粉积累，呈现白色乳液，直至内容物逐渐浓缩，胚乳结成硬块，米粒大致形成，背部仍为绿色。

蜡熟期：米粒逐渐硬结，与蜡质相似，手压仍可变形，米粒背部绿色逐渐消失，谷壳逐渐转黄色。

完熟期：谷壳已成黄色，米粒硬实，不易破碎，并具固有的色泽。

2. 生育时期与田间管理　以上生育时期划分虽然比较科学，但在生产实践中不易严格把握。

在实际生产中，人们往往把水稻的生育过程划分 4 个时段，即把水稻的一生分为幼苗（秧田）期、返青分蘖期、拔节孕穗期和抽穗结实期。现根据这四个时段特点，具体介绍水稻的各生育期间生长发育特征及栽培管理要点。

（1）幼苗（秧田）期的生长发育　移栽水稻在秧田生长的时期称幼苗期，直播水稻则指秧苗开始分蘖以前。

① 种子的萌发　种子萌发一般分为吸胀、萌发及发芽。发育健全的种子吸水膨胀后，在适宜的环境条件下，呼吸作用和酶活性加强，胚乳内的物质转化为可利用的养分并运送到种胚，种胚在得到足够的营养后，细胞迅速分裂和伸长，胚体不断增大，胚根首先顶破谷壳，即为萌发（或称露白、破胸）；当胚根继续伸长达到种子长度，胚芽伸长达到种子长度 50% 时，即为发芽。

在种子萌发和发芽过程中，需要适宜的环境条件，才能发芽齐壮。

水分：当种子吸收本身干重 25% 左右的水分时开始萌发，但很缓慢；吸水达到 40% 时萌发快而齐。

温度：稻种发芽的最低温度，粳稻为 10℃，籼稻为 12℃，但发芽很慢，时间一长，就会引起烂种、烂芽；发芽最适温度为 20～25℃，在适温内发芽整齐而壮；发芽最快温度为 30～35℃，这时发芽虽快，但芽较弱；发芽最高温度为 40℃，高于这个温度，会抑制芽根生长或烧坏。

氧气：种子萌动后，代谢作用增强，需要有旺盛的呼吸作用来保证能量和物质的供应，对氧气的需求也显著增加。缺氧时胚芽鞘能正常生长，但根、叶不能正常生长。因此"有氧长根，无氧长芽"的经验是有道理的。

② 秧苗的成长

A. 秧苗生长过程　秧苗的生长过程，根据器官形成的特点，可以分为 3 个时期。

芽苗期：发芽后不久，在氧气充足和光照条件下，胚芽鞘迅速破口，不完全叶抽出，当长到 1cm 左右、秧田呈现一片绿色时，即为出苗，生产上称"现青"。

幼苗期：从现青到第三片叶完全展开以前，为幼苗期。出苗后 2～3d，从不完全叶内抽出第一片完全叶为 1 叶期。相应的在芽鞘节上长出第一盘根，有 5 条，呈鸡爪状，故称"鸡爪根"，有吸收养分和稳定秧脚的作用。所以，1 叶期又称"扎根期"。这时秧田不宜上水，以利扎根立苗。

第一片叶完全展开呈"猫耳"状后，再经 2～3d 天长出第二片完全叶，称二叶期。相应在不完全叶茎节上长出第二盘根（约 10 多条），对吸收养分和促进地上部分生长有重要作用。但在幼苗期以前，秧苗生长所需营养主要靠胚乳内的物质转化来供给。

成苗期：第三片叶抽出并展开时，为 3 叶期。从 3 叶期到拔秧为成苗期。第三片叶展开时，胚乳内的养分已消耗完，秧苗开始独立生活，故称"离乳期"。这时地上的出叶速度开始减慢，地下开始长出第三盘根，直到插秧，还可长出第四、第五……盘根。此期秧苗的不定根和体内的通气组织逐渐形成，秧田可以保持适当水层。

B. 秧苗期对环境条件的要求　在水稻幼苗期，由于生理、生态上的变化，秧苗对环境条件的要求，包括温度、水分、氧气、光照、营养和 pH 值等，都有了很大的变化。

温度：温度对秧苗生长的关系很大。籼、粳稻种出苗的最低温度，籼稻为 14℃，粳稻为 12℃。但在此温度下，出苗率很低，也难以齐苗，15℃ 以上可顺利出苗。在日平均气温 20℃ 左右时，秧苗生长和扎根良好，有利于培育壮秧。幼苗生长最快时的温度是 26～32℃，但苗体软弱；超过 40～42℃，则秧苗生长停滞，甚至死亡。

秧苗耐受低温能力，粳稻高于籼稻。但在不同的生长时期、同一类型不同品种之间也有很大的差异。一般的讲，秧苗在芽苗期的耐寒力较强，以后随叶龄增加，其耐寒能力迅速降低。籼稻短时间耐低温指标：一叶前可耐 -2～0℃，2～3 叶时耐 0～5℃，三叶后耐 4～7℃。粳稻短时间耐低温指标：第一叶前可耐 -4～-2℃，2～3 叶时耐 -2～0℃，三叶后耐 1～3℃。长期处于 15℃ 以下温度时，秧苗叶片易黄化。

水分：幼苗对水层的深浅反应很敏感。这不仅是秧苗生长需要水分，而且也由于水层的状况能直接影响到秧田通气及温度的高低。据中国农业学院原江苏分院测定，秧田灌水 10cm，比不灌水的土温白天低 1.1℃，夜间高 2.8℃。所以，遇到寒潮低温，灌水护苗有保温防冻的作用。

秧苗对水分的需要，随秧苗的生长而增加。在出苗前保持田间最大持水量的 40%～50%，就可满足发芽出苗的需要；在三叶以前也不需要水层，田间适宜的含水量为 70% 左右，灌水反而不利于通气，影响扎根；三叶以后，气温增高，叶面积增大，如土壤水分小于 80%，就会使秧苗生长受阻。

氧气：秧田里必须有充足的氧气，幼苗才能正常生长。因为水稻幼苗生长所需要的养分主要靠胚乳供应，而这些养分只有在有氧呼吸的条件下才能分解、转化，为幼苗器官建成提供充足的营养和能量，使根、叶顺利长出。而在淹水缺氧情况下进行无氧呼吸时，苗体消耗的物质多，释放的能量少，使秧苗发根、出叶受到抑制，生长不壮，甚至产生酒精中毒。到了三叶期后，秧苗根部通气组织形成，对土壤缺氧环境逐渐适应，可保持适当水层。中国在 20 世纪 60 年代以前以水育秧为主，易发生烂秧，特别是温度低时更严重。有人认为，低温是烂秧的主导因素。大量研究证明，烂秧的主导因素是缺氧，低温是诱导因素。据此理论改进育秧方式为湿润（半旱）育秧、保温湿润育秧或旱育秧，取得了较好效果。

光照：光照是秧苗健壮的重要条件之一。只有光照条件充足的条件下，秧苗才能进行光合作用，利用空气中的 CO_2 和根系吸收的 H_2O、养料合成有机养分，供秧苗生长发育。因而掌握秧田稀播，保持秧苗较好的光照条件，是培养壮秧的重要环节之一。

营养：三叶期为离乳期，以后进入自养生长期。研究证明在离乳期土壤中的养分和光合物质已积极参与幼苗生长，P、K 在低温下吸收弱，苗体含 P、K 高抗寒能力强，而且其在体内再利用率高，所以 P、K 肥均要早施。

pH 值（酸碱度）：微酸性有利于幼苗生长（与起源有关），工厂化盘土育秧和旱育秧土壤 pH 值应调至 4.5~5.5，可抑制立枯病，易于培育壮秧。

根据上述幼苗生长对环境条件的要求，可见，随着秧苗由小到大，耐寒力逐渐减弱，需氧由多变少（转变为苗体自己吸收），需水由少到多。从播种到出苗，耐寒力较强，需水不多，需氧是主要矛盾；出苗以后，随着秧苗耐寒力下降，温度逐渐成为主要矛盾；三叶以后，耐寒力更弱，但气温已高，需水就上升为主要矛盾。掌握这项矛盾转化规律，协调好秧田温度、水分、空气、光照、养分、pH 值等之间的关系，是培育壮秧的关键。

（2）返青分蘖期的生长发育　水稻从移栽到幼穗开始分化，称为返青分蘖期。插秧后由于秧苗受伤，上下水分平衡失调，叶片枯萎变黄，待新根长出并恢复生机时这一过程称为"返青"。返青后才开始分蘖。此期的特点是长根、长叶、长分蘖，是决定穗数的关键时期，也是为长茎、长穗奠定基础的时期。

① 根的生长　水稻移栽后，其恢复生长一般是从长根开始的。当根系长到一定程度后，地上部才开始长叶和分蘖。随着叶、蘖的不断发展，根系又不断增加和扩大。

返青分蘖期是稻根发生的旺盛时期。根据其发生先后及增长速度，大致可分为发根期和增根期。

发根期：在返青过程中，水稻地上部生长较为缓慢，一般不长新叶，只有原有心叶的生长和展开；而栽秧后 1~2d 就可见到 1~2 条短白的新根，以后逐日增多。所以返青期又可称为"发根期"。发根快慢对返青活棵以及叶、蘖的生长都有很大的影响。

增根期：秧苗返青以后，随着上位茎节的形成和分蘖的发生，单株发根节数逐渐增多，发根能力逐渐增强，单株总根数也愈来愈多。一般从分蘖开始到最高分蘖期，单株总根数增加最为显著。所以，分蘖期又称"增根期"。

秧根生长与秧苗素质、移栽质量以及环境条件等都有密切关系。一般壮秧和适龄秧的发根数和发根长度均显著大于瘦秧和嫩秧。秧根生长的最适温度为 25~30℃；低于 15℃，根的生长和活力就很弱；超过 37℃，对根的生长开始有不利影响；超过 40℃，根的生长受到抑制。土壤营养条件和土壤通气状况好的，对根的生长发育有利。

② 叶的生长　叶片是制造养分的主要器官，对水稻的生长发育影响很大，往往是丰产长相的重要标志。了解叶片的生长动态和规律，对科学管理、争取高产很重要。

水稻每一片叶的生长，都经过叶原基突起形成、组织分化、叶片伸长和叶鞘伸长四个时期。每完成这四个时期，即长出一片新叶。上一片叶和下一片叶出生所相距的时间，称"出叶间隔"。水稻分蘖期出叶间隔为 5~6d。不同叶位上的叶片长短不同。从植株的第一片完全叶起，随着叶位的上升，叶的长度逐渐增加，到分蘖末期出生的叶片长度最长；自此往上又依次变短。各叶的寿命则随叶位上升而逐渐延长，1~3 叶一般存活 10d

左右，顶叶（剑叶）可存活 50d 左右。

水稻的出叶速度与功能期，除受自身出叶规律的支配外，与环境条件的关系也很密切，如温度、水肥、光照等。在 32℃ 以下时，出叶速度和叶片功能随温度的升高而加强；N 素供应充足，则植株前期的出叶速度快，叶片长而肥厚，功能期也长；但后期 N 素水平过高，则反而有推迟出叶的现象。干旱或光照弱时，新叶的出叶速度减慢，严重时会使下部叶片提前衰老，出现大量黄叶。所以，生产上要合理密植，调节光照条件，通过协调水肥与养分的供应，调控叶片的生长速度和延长叶片的功能期，增强其光合能力。朱德峰等（2006）研究认为：如果根部吸收的 N、P_2O_5、K_2O、SO_3、Mg、CaO 不能满足生长点的需要，下位叶片的营养就会向生长点转移，被转移叶片的光合能力就会下降。稻叶光补偿点在 600~1 000lx，旺长田群体下部叶片的光照强度如在光补偿点之下，制造的养料不足以自身呼吸作用消耗就会枯黄而死。

③ 分蘖的生长　水稻主茎或分蘖茎腋芽发育成侧茎，成为"分蘖"。分蘖的发生和生长有一定的规律，并需要适宜的环境条件。

A. 分蘖发生的规律　水稻茎每节叶腋的腋芽，在条件适宜时都能发生分蘖，但在移栽的情况下，主茎最下部 1~3 节，因返青恢复生长消耗养分过多，而只长根不分蘖；露出地面 3~5 个伸长节上的腋芽呈休眠状，也极少分蘖；只有靠近地表若干密集的分蘖节上才能发生分蘖。凡从主茎上发生的分蘖，称为第一次分蘖；由第一次分蘖上还可长出第二次分蘖以至第三次分蘖。

水稻植株的分蘖，从分蘖节上自下而上依次发生。着生分蘖的节位，称为"蘖位"。不同蘖位上分蘖发生的时间，与主茎各节位叶片出生的时期有密切的同伸关系。即主茎新出叶的叶位，与分蘖发生的节位，总是相差 3 个叶位，即"n-3"。此现象称为"叶、蘖同伸规律"。

根据叶、蘖同伸规律，蘖位低的分蘖，出生的时期早，其上的叶片数也多，将来发育成穗的可能性就大。这种分蘖称为"有效分蘖"。蘖位越高，则出生的越迟，成穗的可能性越小，称为"无效分蘖"。一般在主茎幼穗开始分化时，分蘖至少要有三张叶片和一定数量的根系，能独立生活，才有可能成穗。因此，必须在有效分蘖期内，促使低位蘖早生快发，才能达到增蘖、增穗的目的。

B. 影响分蘖的因素　水稻分蘖的发生，不仅受叶、蘖同伸规律的支配，还受到各种内在与外在条件的影响。

品种：品种的生育期、主茎叶片数是决定分蘖力强弱的重要因素。生育期或叶片接近，分蘖力则受品种对限制分蘖的环境因素抗性大小的制约。大穗或高秆＜中小穗或矮秆，杂交稻＞常规稻，同一品种早播、插＞晚播、插。

温度：最低气温 15~16℃，水温 16~17℃；最适气温 30~32℃，水温 32~34℃；最高气温 38~40℃，水温 40~42℃。

光照：壮秧稀插，改善光照与营养条件有利分蘖发生。

水分：在缺水受旱时，不仅母茎、母蘖生理机能减退，削弱了对分蘖供应养分的能力，而且初生的分蘖组织幼弱，常会干枯致死。

营养：当叶片含 N≥3.5%、P≥0.2%、K≥1.5%时分蘖旺盛。含 N 2.5%分蘖停止，1.5%以下小蘖死亡。

其他：浅插、浅水灌溉有利分蘖发生，深水或落干则抑止分蘖发生，苗期施用生长延缓制（如多效挫）可使株矮、蘖多蘖壮。

（3）拔节孕穗期的生长发育　水稻在完成一定的营养生长后，茎的生长锥开始幼穗分化，植株表现为圆秆拔节。从幼穗分化到抽穗前，为水稻的长穗期，也称拔节孕穗期。本期的生长特点是营养生长和生殖生长并进，是穗粒数的定型期，也是为灌浆结实奠定基础的时期。

① 稻茎的生长　水稻分蘖末期，由于节间积累了相当数量的生理活性物质，使细胞呼吸作用增强，并增强了透水性，节间下部分生组织的细胞迅速伸长。因此，地上部的几个节间伸长，构成茎秆。当茎秆基部第 1 个节间伸长达 1.5～2.0cm，外形由扁变圆，便叫做"拔节"，亦称"圆秆"。全田有 50% 稻株拔节时，称为拔节期。茎秆拔节以后的生长，可分为伸长、长粗、充实和物质输出 4 个时期。

A. 组织分化期　这时茎顶端生长锥向下分化出各种组织，尔后形成茎秆的输导组织、机械组织和薄壁组织，是为茎秆打基础的时期。该期是在水稻分蘖后期完成的。

B. 伸长长粗期　此期是决定节间长度的关键时期。茎秆一方面由节间基部居间分生组织旺盛分裂，进行纵向伸长；另一方面由皮层分生组织和小维管束附属分生组织分裂，进行横向长粗。一般基部节间生长期为 7d 左右，但因温度和品种不同而异。本期内适当控制水、肥对形成壮秆有重要作用。

C. 组织充实期　在伸长长粗期以后约 7d，节间内的机械组织厚壁细胞被纤维素、木质素等物质所充实，其表皮细胞开始沉淀硅酸等矿物质，薄壁细胞中积累大量淀粉，节间的干物质相应增加，从外形看，节间变粗、变硬。本期是决定茎秆抗折能力的关键时期，也对籽粒灌浆有重大影响。组织充实物质的主要来源是叶片的光合作用，与抗倒关系最大的基部节间的充实，主要依靠茎秆下部叶片的光合作用。所以，下部叶片早黄，对壮秆抗倒不利。

D. 物质输出期　抽穗以后，茎秆内的贮藏物质开始向籽粒内输送，茎秆内干物质逐渐减轻。茎秆内有机物输送是否顺利，对水稻结实率和千粒重影响很大。故要求后期茎秆"青秀老健"。

一株上各节的节间伸长，是自下而上顺序进行的。大致情况是：当下一节节间伸长完毕，上一节间正处于伸长盛期至末期之间，再上一个节间则正开始伸长，节间伸长和出叶的关系是：当 n 叶的叶片伸长时，"n-2"叶位的节间正在分化，"n-3"叶的节间正在急速伸长，"n-4"叶的节间伸长完毕，节内的组织开始充实。生产上根据这些关系，掌握在基部几个节间伸长时加强管理，促使其粗短健壮，以增强抗倒伏能力。

水稻主茎伸长节一般早熟种 3～4 个，中熟种 5～6 个，晚熟种 6～7 个。

② 叶的转换和根的发展　水稻进入拔节孕穗期，在营养生长和生殖生长同时并进的情况下，出叶、发根也相应的发生变化。

A. 叶的转换和叶层分工　随着水稻生长发育的进展，叶片的生长也发生相应的变化，明显地出现"叶层分工"。这时上层叶片制造的养料主要向当时的生长中心幼穗输送，下层叶片制造的养料则主要供应基部节间和根系的生长。因此，如果群体叶面积过大，封行过早，使下层叶片过早衰老枯黄，便会影响基部节间粗壮和根系的发育。而根系活力的早衰，不仅影响当时的幼穗发育，亦是后期植株早衰、结实不好的一个主导因素。反之，封行过晚，叶面积不足，养分的制造和积累少，亦会影响壮秆大穗。一般以掌握剑叶露尖时封行比较合适，这时茎秆基部节间已基本定型，而幼穗分化则正是需要有较大的叶面积提供大量养料的时候。

B. 根的发展　本期根系发展的主要特点是发根的茎节减少，不定根的分支根大量发生，并向下深扎。因此，根形由分蘖期的扁圆形，发展为倒卵圆形。到抽穗期，根的总量达到一生的最高峰，以适应地上生长的需要。

本期发根的另一个特点是靠近伸长节较上的节位长出粗壮的不定根，并呈90°的仰角向上生长，故称"浮根"。浮根发生在土表2~3cm的氧化层中，生理活动及吸氧力很强。因此，长穗期一般不下田作业，以免伤根。

影响稻根活力的因素有土壤的通透性、土壤营养、土壤温度、土壤水分和绿叶面积。

土壤的通透性：稻根有泌氧能力，这就保证了水稻能在水层下栽培且不被有毒物质毒害。一般新生根的泌氧能力强，能形成较为宽大的根际氧化区。这种根呈白色，具有强大的吸肥、吸水能力。当土壤通透性差或稻根衰老，泌氧能力减弱时，根成黄褐色→黑色→浅灰色而腐烂。俗话说："白根有劲、黄根保命、黑根生病、灰根要命。"所以，必须不断改善土壤的通透性，帮助稻根提高活力，健壮生长。尤其到生育后期，由于拔节后，伸长部分通气组织的相互连贯不畅通，使得保持土壤的通透性显得更为重要。

土壤营养：水稻根是茎节上的根原基发育而成的。其发育与苗体内的含N量有关，只有含N量大于1%，根原基才能迅速发育成为新根。土壤中N素营养丰实，苗体内含N水平高，则根数多且根短，反之亦然。

土壤温度：杨秀峰（2006）研究表明，稻根生长活动最适宜的温度为28~30℃。>35℃生长受阻，加速衰老，<15℃生长活动减弱，<10℃则生长停顿。由于本期处在过渡带内的夏季，气温比较适宜水稻根系的生长。如无特殊情况，水稻的根系一般发育比较良好。

土壤水分：土壤含水量低时发根力强、支根多、根毛多、根向地下伸展分布广。所以落干晒田可以促进稻根发育。

绿叶面积：根的生长靠叶片供应养分。因为出叶和发根相差3个节位，第四叶伸出时，正是第一叶节发根的时候，其所需养料，便是由第四叶所供应，所以，在穗分化期无论主茎或分蘖，都必须保持4片绿叶和较好的通风透光条件，才能促进根系发育并保持和提高其活力。

③ 幼穗的分化　水稻拔节孕穗期的一个重要特点，就是幼穗开始分化并逐步发育成稻穗，这是水稻一生中一个极为重要的时期。每穗粒数的多少，在此期内基本定型。

A. 幼穗分化的过程　稻穗分化是一个连续的过程。根据穗部形态将穗分化过程分为若干个时期，使各时期和形态联系起来，以便加强田间管理，非常有必要。不同学者对稻穗分化的时期划分各有差异。松岛省三（1966）将穗部分化过程分为 7 期，丁颖（1959）把这一过程分为 8 期，凌启鸿（1994）将这一过程分为 5 期。其中，以丁颖的 8 期划分影响较大，现简介如下。

Ⅰ.第一苞分化期：稻株完成光照阶段后，茎顶生长点停止叶原基分化，转为稻穗的分化。稻顶生长锥膨大并出现横纹时，为第一苞分化期的终止。此期外观上倒 4 叶露出一半。

Ⅱ.第一次枝梗原基分化期：从生长锥膨大并出现横纹开始，到生长锥基部分化出第一枝梗原基，并长出白色苞毛为止。此期经历 2 ~ 3d，外观上倒 3 叶约露出 0.2 叶。

Ⅲ.第二次枝梗原基及小穗分化期：在第一次枝梗原基基部苞叶叶腋内，开始出现第二次枝梗原基，同时，着生在第一次枝梗上的颖花原基分化完成。此期经历 5 ~ 6d，幼穗长度已达 0.5 ~ 1mm，外观上倒 3 叶约露出一半。

Ⅳ.雌雄蕊形成期：第一次枝梗上原基的颖花已出现雌雄蕊原基，但花药内尚无花粉母细胞，同时，穗轴、枝梗和小穗轴已明显伸长。这时第二次枝梗上的颖花原基已陆续分化完毕。此期约经历 5d，幼穗长度 0.5 ~ 1cm，外观上倒 3 叶全出，倒 2 叶刚露头。

前四期是根据器官外部形态建成划分的，共需经历 15 ~ 17d；以后四期则根据花药的发育程度来划分。

Ⅴ.花粉母细胞形成期：在雌雄蕊原基出现后，柱头突出，雄蕊已明显的分化成四室的花药，镜检可见花粉母细胞。此期约经历 3d，小穗长 1 ~ 3mm，幼穗长度 1.5 ~ 5cm，外观上倒 3 叶全出，倒 2 叶刚露出一半。

Ⅵ.花粉母细胞减数分裂期：花粉母细胞形成后，即进行减数分裂，形成四个分体。此期经历 5 ~ 7d，小穗长 3 ~ 5mm，幼穗长 5 ~ 10cm，外观上剑叶露出一半。

Ⅶ.花粉内容物充实期：四分体分散后，即变成小球形的花粉粒。在花粉壳体积继续增大的同时，花粉内容物逐渐充实。此期约经历 7d，小穗已达全长的 85%，幼穗接近全长，外观上剑叶全出。

Ⅷ.花粉完成期：在一穗顶端颖花抽出顶叶鞘前 1 ~ 2d，花粉内容物开始充满于花粉壳内。此期小穗和幼穗长度长足，幼穗分化完成。

幼穗分化全过程所经历的时间，因品种、播期、温度和营养状况而不同，其变动范围一般为 25 ~ 35d。

B. 幼穗分化与环境的关系　水稻幼穗分化期，生理变化复杂，对环境条件的反应非常敏感。

温度：幼穗发育的适宜温度为 25 ~ 30℃，在此温度内，温度越高，发育越快。若平均气温高于 40℃ 或低于 20℃，均不利于幼穗发育。尤其在减数分裂期前后对温度反应最为敏感，如遇 15 ~ 17℃ 以下低温，会引起颖花大量退化。

光照：光照强度是影响幼穗发育的一个重要因素。光强不足会推迟性细胞的形成。穗分化过程中如光强减弱到只有晴天光照的 12% ~ 16% 时，每穗颖花数即减少 30%。因此，群体过大、株间隐蔽或长期阴雨、日照不足，都不利于幼穗形成。

水分：水稻在长穗期内对干旱耐受能力弱，要求有充足水分的供应。此期内应经常保持一定的水层。

养分：此期内养分供应不足会造成穗小粒少，不实粒增多，其中，N 素的影响最为明显。因此，在幼穗分化初期施用适量 N 素作促花肥，可使每穗枝梗数和颖花数显著增加。但若 N 素过多，会使抽穗延迟，贪青晚熟，空秕率增加。增施 P、K 肥对增加每穗颖花数和降低不实率，有明显的效果。

（4）抽穗结实期的生长发育　从抽穗到成熟，为水稻的抽穗结实期。此期早稻 20～25d，中稻 30～35d，晚稻 40～45d。本期生长特点是开花受精和灌浆结实，也是最后决定粒数、粒重，最终形成产量的重要时期。

① 抽穗开花　幼穗自剑叶的叶鞘中伸出，叫抽穗。大田中开始有稻穗出现时，叫见穗期，全田有 10% 的稻株穗抽出叶鞘一半时为始穗期；有 50% 时为抽穗期；有 80% 时为齐穗期，始穗到齐穗需 3～5d 时间。

开花顺序：幼穗当天或稍后即开花。开花的顺序和小穗发育的顺序相同，即主茎首先开花，然后各个分蘖依次开花。一个穗上，自上部枝梗依次向下开放，在一个枝梗上，顶端第一个颖花先开，然后由基部向上顺序开花，而以顶端第二个颖花开花最迟。先开的花叫强势花，后开的花叫弱势花。如营养条件不足时，穗下部的弱势花容易灌浆不足造成秕粒。每个颖花开花经过开颖、抽丝、散粉、闭颖过程，全过程需 1～2h。每穗开花经历 5～7d。

② 成熟过程　包括胚与胚乳的发育，米粒外部形态的建成，物质的转运与积累（灌浆），经历乳熟期、蜡熟期、黄熟期、完熟期和枯熟期，最终完成水稻的一生。一个穗上各粒的成熟过程与开花顺序一致，早开花的灌浆快、成熟早、粒重大。一个穗子的谷粒包括饱满粒以及空壳和秕粒。空壳秕粒或在收获脱粒中除去或在加工中除去成为米糠和碎米。正常成熟饱满粒，米粒呈该品种的粒形特征，表面有光泽、纵沟浅、玻璃质透明。但正常米中也有不少局部呈白色不透明的腹白米和心白米，称为垩白。北方粳稻腹白米比心白米多。其形成原因和淀粉积累有关。

灌浆至成熟期，米粒增重很快。稻谷灌浆物质的来源，只有 15%～18% 来自出穗前叶鞘、茎秆中贮藏的物质，其余大部分则为抽穗后光合作物的产物。因此，改善后期的栽培环境，保持植株青秀老健，提高后期的光合效率，防止根、叶早衰，对水稻产量的增加作用很大。

③ 影响因素

A. 温度　杨秀峰（2006）研究表明，开花的最适温度为 30～35℃，最低 15℃，最高 50℃。灌浆的最适温度为 21～22℃，昼夜温差大有利灌浆，差值 7～8℃合适。<20℃灌浆速度慢且持续时间长，<17℃出现延迟性冷害。一般把 23℃、22℃、20℃分别作为杂交籼稻、常规籼稻和粳稻安全齐穗期的低温指标。

B. 湿度和水分　空气相对湿度 70%～80% 有利开花，低于 60% 空壳率大量增加，花期多雨影响落在柱头上花粉粒的数量与花粉萌发能力，增加空壳率。但水稻雨天可进行闭花授粉，短期降雨影响较小。灌浆期应避免土壤缺水，尤其是大穗品种其弱势粒比例较大，灌浆起步慢，为争取此部分粒重，应晚排水。

C. 光照　光照充足，光合产物多，结实率与千粒重均高，温度与光照有互补作用。

（三）生育阶段

1. 生育阶段划分　从水稻器官的生长发育角度，可以分为营养生长阶段、营养生长生殖生长并进阶段、生殖生长阶段。各以穗原始体开始分化和抽穗开花期为界。

不同的生育阶段既有各自特征特点，又有密切的联系。营养生长阶段主要形成供给器官，吸收器官根和光合器官（源器官）叶；生殖生长阶段主要形成收容器官（库）颖花和支持器官（流）茎；结实期主要是光合物质和矿质物质通过茎流向收容器官库被贮藏起来。

2. 生育阶段特征　由于水稻不同品种是在不同的生态条件下，经自然选择和人工选择的结果。因此，不同品种之间虽然有相对稳定的种性，但在生长发育和生育期等方面也有明显的差异。吴东兵，曹广才（1995）在研究玉米生育阶段时，依各阶段天数与生育期天数的比例，衡量其"长"或"短"，把阶段天数/生育天数≥1/3 视为"长"，把阶段天数/生育天数≤1/3 视为"短"，则三段生长在不同品种、地域、播季和播期中有不同的长短变化，对玉米品种进行分类管理，收到了很好的效果。借鉴此方法，研究水稻各个生育阶段，发现不同品种的生殖生长期（从幼穗分化到成熟的时间）差别不大，而营养生长期变化较大。再观察各个阶段及时期的特点，可以发现水稻营养生长期的主要标志是分蘖，生殖生长期的主要标志是穗分化。但水稻的分蘖终止期（拔节始期）与穗分化始期并不总是衔接的，它依品种、播插期及其他栽培条件而变化，这种变化的类型称生育类型，有 3 种生育型，即重叠型、衔接型、分离型。

（1）重叠型　营养生长和生殖生长有一部分重叠，长穗先于拔节，幼穗开始分化，分蘖还在继续发生，凡地上部仅有 4～5 个伸长节间的早熟品种均属于这一类型。

（2）衔接型　圆秆拔节即开始幼穗分化，营养生长与生殖生长基本衔接，具有 6 个伸长节间的中熟品种属于这一类型。

（3）分离型　营养生长和生殖生长分离，在圆秆拔节之后，经 10～15d 幼穗才开始分化，具有 7 个或 7 个以上伸长节间的晚熟品种属于这一类型。

在栽培管理上，重迭型的早熟品种幼穗分化早，营养期短，应以促为主，促早生快发。衔接型的中熟品种，也是过渡带内选用最多的品种类型，由于营养生长与生殖生长矛盾小，要求促控结合，在促的基础上适当短控。分离型的晚熟品种，营养生长期偏长，要在适当控的基础上积极促进。

二、短日光周期效应及光温特性

从遗传性上看，水稻原产热带，在系统发育上形成了要求短日照和高温的遗传特性；从环境条件看，不同地区的水稻，长期栽培于某地，而产生了对当地条件（光、温）的适应性和较强的同化能力，在长期自然选择和人工选择作用下，这些特性有参与遗传性被固定下来。因此，水稻品种生育期的长短，是由品种的遗传性和栽培地区的日照、温度等环境条件以及耕作制度、栽培技术等因素相互影响、综合作用所表现的结果。但是更本质的差异在于品种的感光性和其他两项特性——感温性、基本营养生长性，也称水稻的"三性"或"温光效应"。

1. 水稻的"三性" 水稻的全生育期，包括营养生长和生殖生长。

不同品种的生殖生长期即从幼穗分化到成熟的日数差别是不大的。品种间生育期长短的不同，主要是由于营养生长期的差异。营养生长期又可分为基本营养生长期和可变营养生长期。不同品种可变营养生长期因品种感光性和感温性的不同而呈现出明显的差异。感光性、感温性、基本营养生长性合称为水稻三性。不同品种三性的强弱不一样，三性的强弱决定了品种生育期的长短。

（1）水稻品种的感光性 水稻是短日照作物，缩短日照可以提早幼穗分化，缩短营养生长期；长日照则能延迟幼穗分化，延长营养生长期。这种特性，称为水稻的感光性。

总的趋势是：晚稻的感光性均强，中稻的感光性则有中有弱，早稻的感光性均弱。以籼、粳来说，早中粳稻的感光性强于早、中籼稻，但晚籼稻的感光性则强于晚粳稻。

（2）水稻品种的感温性 水稻是喜温作物，一定的高温可以提早幼穗分化，缩短营养生长期；低温则可延迟幼穗分化，延长营养生长期。这种特性，称为水稻的感温性。

通常粳稻感温比籼稻强，北方早粳稻品种比南方的早籼稻品种的感温性强一些。

（3）水稻的基本营养生长性 在最适于水稻发育的短日照、高温条件下，水稻品种也要经过一个必不可少的最低限度的营养生长期，才能进入生殖生长，开始幼穗分化，这个不再受短日、高温影响而缩短的营养生长期，称为基本营养生长期。实际营养生长期中可受光周期和温度影响而变化的部分生育期，则称为可变营养生长期。

总之，水稻是喜高温的作物，短日照、高温能促其早熟，长日照、低温会延迟它的成熟。水稻生长发育受光照、温度等综合生态因子共同作用，相互影响。其中，以光照长度和温度相互作用，即光温生态效应互作对水稻发育的影响尤为明显（严斧等，2009）。如粳稻品种郑稻18，在过渡带内豫南地区4月下旬播种，10月上旬成熟，全生育期可达158d，如在6月中上旬作为麦茬稻播种，亦在10月中旬成熟，全生育期只有130d左右。杂交籼稻品种Ⅱ优838在过渡带内豫南地区作为春稻，4月20日前后栽插，9月下旬成熟，全生育期155d左右；当用作麦茬直播稻时，6月上旬播种，10月中旬即成熟，全生育期只有130d。可见，水稻品种的营养生长期变化较大，短日照、高温可促进郑稻18、Ⅱ优838提早成熟。

2. 水稻"三性"在生产上的应用

（1）在栽培方面应用 感光性强的早熟品种，迟播时温度高，生育期会大大缩短，营养生长量不足，容易出现早穗和小穗。为了夺取高产，应适当早播、早插、早施肥、早管理，促使早生快长，延长营养生长期，增加穗粒数，从而提高产量。基本营养生长性强的中籼品种，早播早熟，晚播晚熟，生育期比较固定，在保证安全齐穗的前提下，早播晚播均能满足正常生长发育，在茬口安排上适应性较大。感光性强的晚熟品种，在热量达到满足的条件下，出穗期比较稳定，过早播种不早熟，所以对这类品种栽培上要注意培育长秧龄壮秧，以及安全齐穗、正常灌浆、及时腾茬等问题。

（2）在育种上的应用　中国水稻育种工作者，为了缩短育种年限，加快种子繁殖速度，利用海南岛秋冬季节的短日高温条件进行"南繁"，可以缩短水稻新品种选育时间。

（3）在引种上的应用　从不同生态地区引种，必须考虑水稻品种的光温反应特性。由于不同纬度南北之间的光温生态条件差异明显，相互引种应掌握其生育期及产量变化的规律。北种南引，因原产地在水稻生长季节的日照长，气温低，引种到日照较短，气温较高的南方地区种植，其生育期缩短，营养生长不足致使减产。相反，南种北引，一般生育期会延长，产量也会相应增加。由于过渡带内日照长短、光温资源等自然条件比较接近，相互引种变化不大，成功率较高。

本节参考文献

1. 丁颖. 中国水稻栽培学. 北京：农业出版社，1961

2. 胡立勇，丁艳峰. 作物栽培学. 北京：高等教育出版社，2008：119~132

3. 凌启鸿，苏祖芳，张洪程等. 水稻品种不同类型的叶龄模式. 中国农业科学，1983（1）：9~18

4. 凌启鸿. 作物群体质量. 上海：上海科学技术出版社，2000：44~57

5. 凌启鸿. 水稻精确定量栽培理论与技术. 北京：中国农业出版社，2006：30~32

6. 王生轩，陈献功等. 水稻良种选择与丰产栽培技术. 北京：化学工业出版社，2013：23~35

7. 吴东兵，曹广才. 我国北方高寒旱地玉米的三段生长特征及其变化. 中国农业气象，1995，26（12）：7~10

8. 严斧. 作物光温生态. 北京：中国农业科学技术出版社，2009：26~57

9. 杨秀峰. 高纬寒地稻作环境及其优质高产栽培技术要点. 作物杂志，2006（2）：51~52

10. 朱德峰，林贤青，金学泳等. 水稻强化栽培技术. 北京：中国农业科学技术出版社，2006：24~36

第三节　水稻的品种资源和品种沿革

稻属（*Oryza*），隶属于稻族（Oryzeae Dumort.），目前公认，由2个栽培种（亚洲栽培稻种. *sativa* L.；非洲栽培稻种，*O. glaberrima* Steud.）和20个野生稻种组成。据估计，全球仅亚洲栽培稻资源就有14万份不重复的种质。中国分布有稻属的1个栽培稻种（亚洲栽培稻种，*O. sativa* L.）和3个野生稻种（普通野生稻，*O. rufipogon* Griff.；药用野生稻，*O. officinalis* Wall.；疣粒野生稻，*O. meyeriana* Baill.），是亚洲栽培稻的起源地之一，稻种资源极其丰富。目前，中国稻种资源编目数已超过7.5万份。应用于水稻育种程序中的水稻资源不到全部资源的5%。优异种质的发掘和利用是水稻育种取得突破性进展的关键。

一、品种资源

中国南北过渡带拥有东西相似的生态条件，汉江淮河的肥沃土地、南北交错的种质资源、一脉相通的农耕文化。境内有山岭、有岗地、有平原，有水田、有旱地、有林地，是一个最能代表中国农业自然条件、农业作物种类的典型区域。耕地类型以水田为主，粮食作物以水稻为主，油料作物以油菜为主，耕作制度以稻麦或者稻油一年两熟为主。

（一）苏北稻区

1. 稻作区划 苏北稻区包括里下河稻区和淮北稻区。

（1）里下河稻区 里下河稻区地处淮河下游，江苏中部，为介于江淮之间的一个碟形盆地，气候温和湿润，春季回升迟，秋季降温缓慢，夏季不甚炎热，雨量充沛，热量资源好于淮北，光能资源优于太湖稻区，常年水稻种植面积66.7万 hm^2。新中国成立以来，随着农田水利的建设，沉睡数千年的沤田得到了治理，使稻田耕作制度发生重大变化，变一年一熟稻为一年麦稻和油稻两熟，发展了部分一肥两稻、一麦两稻三熟制，改变了单一水稻作物种植，扩大了三麦、绿肥、油菜、棉花和玉米等多种作物；改变了稻类结构，由早中熟中稻和中熟中稻发展为迟熟中稻和早熟晚粳，由籼稻发展到部分粳稻和糯稻。水稻品种主要是迟熟中籼，局部种植中粳和中糯。

（2）淮北稻区 淮北稻区位于淮河、灌溉总渠以北的地区，自然资源优越，属湿润、半湿润季风气候，春温上升快，夏季暖热多雨，秋高气爽，降温较早。1950年基本以旱谷为主，稻作面积极小，且以一年一熟和两年三熟为主。从1965年起，开始大面积发展旱地改水田，促使农作物结构发生根本性的变化，由于冬种油菜和绿肥的扩大，形成肥稻、麦稻、油稻的一年两熟或两年三熟的种植制度。水稻种植面积达到47万 hm^2。

2. 稻作历史 苏北稻作历史悠久。据资料考证，可追溯到距今6 000年以前。1973年南京博物院在江苏东海县焦庄的遗址中，发现西周时期的炭化米粒，粒形近粳型。蒋荷等（1984）在连云港云台山地区发现一种被称为穞稻的粳型稻谷，株型和茎叶生长与栽培稻基本相同，但又和一般野生稻有明显差异，可见种植粳稻之久。《周礼·职方氏》："正东曰青州，其谷宜稻麦……东南曰扬州，其谷宜稻"。当时的青州包括江苏淮河以北和山东的南部，扬州包括淮河以南浙江、江西等地，说明远在3 000年前，江苏就形成了广大的稻区。江苏远古稻作以粳型稻为主。据历史记载，自宋代开始从闽引进籼稻种植，由于籼稻早熟、适应性强、易脱粒等优点，籼稻的种植逐渐扩大。目前保存的地方稻种资源，苏北中部多为籼稻，苏北北部则为早中熟粳稻。

3. 稻种资源 江苏地方稻种资源，截至1986年，编入全国稻种资源目录的品种为2 320份，其中，水稻2 235份，占总数的96.3%（粳稻1 130份，占50.6%；籼稻698份，占31.2%；糯稻407份，占18.2%）；陆稻85份，占总数的3.7%。水稻品种类型丰富，籼粳并存。淮北稻区多为中粳，里下河稻区多为中籼。

（1）粳型稻种资源 根据品种的特征、特性，分为4大类型，即黄稻、青稻、红稻和黑稻，各类型中又有很多品种。从熟期看，以晚熟为主。

①黄稻　该类品种茎秆及谷粒均呈黄色，因而得名黄稻；又因其谷粒较大呈阔卵形，饱满而厚，故又称之为厚稻；再因其成熟时正值农历中秋节，故又称中秋稻。该类品种属中粳稻，茎秆粗壮，穗型大，着粒密，穗颈短，大部分品种有芒，米质中等。该类品种的特点是早熟、高产、耐肥。

②青稻　该类品种成熟时秆青籽黄，熟色好，故名青稻；又由于米粒大而扁平，故又称之为薄稻。该类品种属晚熟类型，迟熟，生长期长，茎秆坚韧，分蘖力强，叶茂而软，穗颈较长，穗子大，着粒稀，成熟时穗下垂，谷粒呈椭圆形。该类的品种的特点是晚熟、高产、米质优。

③红稻　该类品种颖壳呈赤褐色，有些品种在茎秆和叶片上也有部分呈紫红色，故得名红稻。属于迟熟晚稻类型，茎秆细弱，不耐肥，易倒伏，分蘖力和穗型均属中等。着粒稀，谷粒较大，易脱粒，米质较差。特点是抗逆性较强，适于低洼圩田种植。

④黑稻　该类品种颖壳呈紫褐色，故名黑稻。属早熟晚稻或迟熟中稻类型，一般穗型小，着粒稀，大多数品种有长芒，糙米为淡红或棕黄色，少数品种的米有香味。由于稻谷为黑色且有芒，群众用其防鸟、禽为害。

（2）籼型稻种资源　江苏地方籼稻主要是早中熟类型，一般在4月中下旬播种，早的7月底抽穗，大部分在8月上中旬抽穗，9月上中旬成熟，全生育期90～130d。该类品种对光、温度反应不敏感，只要有一定的有效积温即可盛穗，对夏、秋的涝和旱均有避和耐的优点。江苏现存的地方籼稻有679份，其中，早熟种占7.4%，中熟种占92.3%，晚熟种极少，占0.3%。由于这类品种由于适应性强，种植范围广，早熟，米的出饭率高，曾为广大农民所喜爱。当时籼稻主要分布于宁镇丘陵及里下河地区。

（3）糯型稻种资源　该类品种数量不多，但类型较丰富。目前，保存的品种有290个。糯稻中以粳型为主，占99.3%。这类品种一般植株较高，不耐肥，易倒伏，大部分品种有芒，颖壳有色，因此，形成壳色斑烂多彩的糯稻群。糯型品种分为香米型、紫糯米及酿酒、制糕点特用品种3种。香米型品种，在生长和蒸煮过程中都能放出一种香味，可增进食欲。紫糯米是米皮呈紫血色，煮饭也呈紫红色。据测试，含铁量较一般品种高，故可补血养身，作为儿童、老年健康营养食品。再一种糯稻是用于食品加工用的，如金坛糯、桂花糯，据传此类品种酿酒率高、酒质好。又如，槐花糯，稻米洁白，黏性大，宜作糕点，如稀柴糯，米粒细长，质软，宜作糙饭。而麻筋糯除米质优良外，其茎秆柔软，有韧性，适于加工草绳、编织草包、草鞋等。

（4）旱型稻种资源　现保存83个，其中，籼粘型35个，粳粘型14个，糯型34个。江苏陆稻一般在麦茬后直播或与棉花、玉米套种，所以，大部分为早中熟，晚熟品种极少。历史上种陆稻多无灌溉条件，雨水不均匀，生长期又正值高温，因此，江苏的陆稻耐旱性强。这类品种因耐肥力差、植株高、易倒伏、产量低而被淘汰。江苏地方陆稻中属早熟的一般在7月中下旬齐穗，全生育期100d左右，如连云港的旱红莲子、沭阳的小白壳、盐城市的旱板籼等。中熟的品种最多，全生育期为120～130d，籼、粳、糯均有。其中，南通陆稻，穗大粒多，耐旱性极强，唯植株太高，易倒，现已作为耐旱资源用于陆稻育种。晚熟种一般在 9 月上旬齐穗，全生育期 150d，如扬州的黑壳旱糯等。

（5）稻种资源抗病虫性　江苏省农科院于 1976—1979 年对江苏粳稻资源（粳稻 455 个、粳糯 130 个）进行抗稻瘟鉴定，结果粳粘稻属高抗的有罗汉黄、白壳糯、杭州糯、葵花糯。1975—1978 年对 7 052 份稻种资源进行白叶枯病抗性鉴定，未发现免疫品种，抗性 1～2 级的有 3 113 个，其中，连续二年、连续三年、连续四年抗性在 1～2 级的品种分别有 50 个、25 个、6 个。抗虫性鉴定，1979—1986 年对 8 222 份稻种资源用人工接虫法进行褐稻虱抗性鉴定，筛选出高抗到抗的品种 48 个；中抗到耐虫的品种 15 个。

（二）皖北稻区

1. 稻作区划　皖北稻区包括沿淮淮北平原单季稻区和淮南丘陵单、双季稻过渡区。

（1）沿淮淮北平原单季稻区　沿淮淮北平原单季稻区有水田面积 16.5 万 hm^2，占耕地面积的 7.1%，占全省水田面积的 9.5%。分淮北平原亚区和沿淮亚区。由于光照充足，昼夜温差大，有利于水稻生长和干物质积累，水稻单产较高，品质较优，安徽省历史上单产最高田块也出现在这个地区。因此，随着灌溉条件的改善，水稻种植面积正在扩展，全区水稻种植面积已超过 26 万 hm^2，稻谷单产在 6.0～7.5t/hm^2。

（2）淮南丘岗单、双季稻区　淮南丘岗单、双季稻区有水田面积 64.3 万 hm^2，占全省耕地面积的 68.1%，占全省水田面积的 37%。划分为六肥（六安市、合肥市）、天来滁全（天长市、来安市、全椒县、滁州市南谯区）皖东丘陵、霍寿长（霍邱县、寿县、长丰县）和定凤明（定远县、凤阳县、明光市）4 个亚区。种植双季稻积温不足，种植一季稻积温有余，是单、双季稻过渡地区。干旱是本区的主要灾害。在水利条件改善后，其主要矛盾是土质较差，自然肥力不足。实行冬作的小（大）麦、油菜和绿肥轮作，增加土壤有机质含量，是本区建设高产、稳产农田的治本措施。早稻高产、稳产，中稻易受秋旱和病虫为害。耕地多、潜力大，目前，以麦—稻、油—稻一年两熟为主。

2. 稻作历史　皖北种植水稻历史悠久，早在 5 000 年前的新石器时代，已种植水稻。1955 年和 1957 年先后在肥东县大城碾和固镇县濠城镇新石器时代遗址中，发现炭化稻谷凝块和烧焦的稻粒。公元前 613—591 年，楚国令尹孙叔敖在寿县芍陂（今安丰塘）开稻田，这是皖北种稻的最早记录。汉代，庐江太守王景领导吏民，在境内垦荒，重开芍陂，推广用犁耕田，稻的生产前进了一步。据《三国志》记载，建安五年，曹操派刘馥到合肥，广开屯田，兴治芍陂、茹陂、七门（舒城）、吴塘（潜山）以溉稻田，收效甚大。《文献通考》·卷二九九载：太平兴国四年（公元 979 年）"宿州符离县淠湖稽生稻，民采食之，味如面，谓之圣米"。宋真宗时（公元 1012 年），江淮地区人民种植成功耐旱的占城稻，并且在滁县培育出一茎（株）三穗到十穗的"嘉禾"。宋仁宗庆历八年（公元 1048 年），合肥地区开始种植双季稻，成为安徽水稻生产史上的创举。此外，在安徽巢湖流域淹水地方也发现过野生稻，形如粳稻，因而有人认为是粳稻祖先。

近代（1840—1949 年），皖北稻作以避灾和适应自然的一季稻种植制度为主，大部分为一年一熟早、中籼或晚籼稻的沤田制度。水稻收割时约 30cm 左右高茬，及时耕翻入泥，谓这犁"血茬"，冬季蓄水沤烂供翌年种稻之肥。地势较高的岗、坂田，多雨年份实行水旱两熟，种一季早稻、中稻，无雨则改种旱粮，秋种麦类、油菜和紫云英，或紫云英套种泥豆。这一时期种植的水稻品种为农家品种。中籼稻以杵头粘、大叶天生稻、三粒寸为主。岗坂的望天田局部种植耐旱的凤阳旱稻、紫皮旱稻等。居民村落四周还有少量粳糯稻品种乌嘴糯、雪花糯、卡鸡糯等种植，其稻草可供搓牛绳及扎秧把之用。这些品种高秆易倒伏，品质优而产量低，已陆续淘汰。稻田用肥均以农家肥为主，除耕翻稻茬或稻草还田外，多用塘泥，田头沤粪窖及草皮粪肥堆积的厩肥等。一般用量很少，地力瘠薄，耕作粗放，产量低，加之旧中国天灾人祸连绵不断，至 1949 年安徽全省水稻平均单产已降至 997.5kg/hm^2。

3. 稻种资源 早在 20 世纪 50 年代初，安徽就开始稻种资源研究工作。

当时，只是对省内地方稻种资源进行小规模的调查征集，从 1956 年开始，才由省农业厅统一领导并派出稻种资源调查工作组，分赴各地区进行大规模调查征集，征集的主要对象仍是以地方稻种资源为主，征得的稻种资源分片保存。江淮丘陵及沿淮地区（包括六安、滁县、宿县、阜阳 4 专区）的地方稻种资源由原安徽省农科院作物研究所保存。1960 年，原安庆专区农业科学研究所对本省若干中籼稻地方品种发生不同程度的混杂退化现象进行了提纯，对本省当时的水稻生产起了一定的作用。到 1965 年，安徽重点研究了 4 700 个农家品种，对同名异种、同种异名的品种进行了归并和整理，并根据水稻不同生态型进行了分类，主要分为川稻类、粘稻类、白稻类、红稻类、塘稻类 5 种类型。

（1）川稻类稻种资源 品种名称中有"川"字或"籼"字，株高 130cm 左右，全生育期 120～130d，茎秆细软，谷粒细长，米质较好，耐旱力强，耐瘠薄，适应性广，代表品种有川稻、洋稻等。

（2）粘稻类稻种资源 品种名称中有"占"字，株高 160～180cm，全生育期 135～140d，茎秆粗壮，谷粒椭圆，米质较差，耐寒，耐阴性强，适于山区冷浸田种植。代表品种有马尾占、白秆占等。

（3）白稻类稻种资源 品种名称中有"白"字，全生育期 130～140d，穗短，着粒较密，米质较好，分蘖力强，根系发达，耐旱性强，适宜岗田种植。代表品种有齐头白、小白稻等。

（4）红稻类稻种资源 品种名称中有"红"字，全生育期 130～140d，株型较紧凑，分蘖力强，米红色，米质中等，饭味香，抗病虫较好，产量稳定，适宜山岗田及淮北旱稻区种植。代表品种有小红稻、红旱船等。

（5）塘稻类稻种资源 品种名称中有"塘"字或"洪"字，谷粒团形，有中芒，属粳稻型，成熟时，壳色有"栗灰"、"褐"、"黄"、"红"4 种颜色，耐涝性强，节节生根，赶水长，适宜湖洼地区及沿淮洼地栽培。代表品种有塘稻、籴水稻等。

截至 1990 年，安徽参加全国统一编目的稻种资源共 812 个。其中，皖北名特优稻种资源有宿县的夹沟香稻、滁县的卡鸡糯、分布在沿淮和江淮的塘稻等。

（三）豫南稻区

1. 稻作区划 豫南稻区包括淮河流域、淮南山地和南阳盆地，是河南水稻的主产区，常年种植面积60万 hm^2，占全省水稻种植总面积的90%。本区位于北亚热带和暖温带的过渡地带，全年四季分明，雨热同季，光热水资源丰富，自然条件优越，主要实行稻麦、稻油、稻肥一年两熟轮作制，部分水田则为一年一季稻作。豫南稻区既属于"华南、华中中籼型"，又属于"华北、华中中粳型"，是典型的籼粳交叉地带。按产地集中情况，地理位置、自然条件、稻田熟制等因素，划分为4个稻作区。

（1）淮南稻作区 本区地处淮河以南，大别山北麓，包括桐柏、浉河、平桥、罗山、光山、潢川、固始、商城、新县9县区和息县、淮滨两县的淮河以南部分，水稻面积44万 hm^2，是河南最大的稻区。本区属亚热带季风气候，水、热资源丰富，栽培品种以中籼稻为主，主要实行稻麦、稻油、稻肥（紫云英）一年两熟制度。

（2）淮北稻作区 本区地处淮河以北，汝河以南，包括息县、淮滨、正阳、确山、汝南、泌阳6个县。水稻面积10万 hm^2。本区水稻品种与淮南类同，多迟熟中籼稻类型。稻麦两熟比例占70%。

（3）南阳稻作区 本区位于河南省西部的南阳盆地，包括宛城、卧龙、唐河、西峡、内乡5个县区。四面环山，汉水水系的唐河、白河贯穿本区，水稻面积4万 hm^2，实行稻麦两熟制，水稻品种基本上与淮南稻作区类同。随着水利条件的改善，发展水稻潜力很大。上述3个稻区是豫南稻区的水稻集中种植区域。

（4）颍（河）沙河稻作区 本区地处汝河以北，颍河沙河以西的中部地区，包括郾城、禹县、鲁山、叶县、襄城、宝丰、许昌、扶沟、郏县、平顶山10个县、市。由于水利条件所限，仅有零散种植，多为一季水稻或旱稻。面积2万 hm^2。

2. 稻作历史 豫南稻作历史悠久。稻作遗存在淮河上游的舞阳贾湖裴李岗文化遗址中发现有稻作遗存；在淅川下王岗、内乡小河、社旗潭岗等仰韶文化遗址以及淅川黄楝树屈家岭文化遗址均发现有稻作遗存；在邓州八里岗发现有从仰韶文化至石家河文化稻作农业的植硅石证据；在驻马店杨庄、禹州严寒、汝州李楼、登封王城岗等龙山文化遗址也发现有稻作遗存。赵志军（2009）认为，距今8 000年前后的贾湖遗址，是中国稻作农业形成过程中初期阶段的一个代表。

中国古籍和地方志的史料中也很早就有豫南稻作的记载。清乾隆三十五年《光州志》载：春秋战国时期，楚相孙叔敖决期思（今淮滨县）之水，建期思陂，以灌雩娄（今固始县东南部）之野，后又建芍陂（今固始县黎集总干渠）约灌稻田千倾。西汉武帝时代，兴建"鸿隙陂"（今息县以北正阳县以东的淮汝二水之间）浇田数千倾。《汉书·沟洫志》记载："晨兴鸿隙陂改千倾田，汝土以殷鱼稻子浇流引衍它郡"。早在两千多年前的西汉，河南省的唐河、白河、湍河沿岸水利建设就和郑国渠、都江堰并驾齐驱，合称中国三大水利区。从张衡《南都赋》（公元78—139年）中所反映的情况，在当时南阳一带，不仅创始了水旱轮作的先进技术，而且已经出现了稻麦轮作复种一年两熟制。这种轮作制度的形成，和当时南阳地区较为完善的水利设施密切相关。

有关粳、籼稻特性区别的最早记载见诸东汉许慎的《说文解字》（公元 121 年），张衡《南都赋》中曾有关于香米的记载。三国时代魏·张辑《广雅》（公元 227—332 年）中有糯稻的记载。中国记载水稻品种的专书，首见于西晋郭义恭（公元 3 世纪）的《广志》，该书已佚。从《齐民要术》的摘引中，共记载了 13 个水稻品种的名称，内 4 个粳稻，其余 9 个可能是籼稻。《齐民要术》本身又补充了当时（北魏，公元 6 世纪）栽培的水稻品种 24 个，内 13 个为粳稻，11 个为糯稻（粳糯），没有籼稻。从隋至宋，豫南水稻主要以粳型为主。北宋时期，连年兴修淮河等流域的农田水利，大力垦荒，"就水广种秔稻，并免其租"。南宋时期，由于宋真宗推行南北谷物交流，籼稻由江苏、浙江、福建等地传入豫南。自占城稻由福建传入后，籼稻在豫南地区逐渐居首。到了明、清时期，方志大增，记载水稻品种的方志也相应增加。据游修龄（1981）考证，清乾隆七年（1742 年）所修《授时通考》卷 22 谷种篇转录的直省志书，栽有河南 7 个州县的 15 个品种。清乾隆三十五年《光州志》载："光州及光山、固始、商城食以稻为主。稻有粳、有糯、有籼……香禾晶、箭子白、臘子赤、六旬稻、香秔、关西风、一丈红、芦黄糯、珠沙糯、羊脂糯、秋风糯……"等，共记述了 29 个品种。这些史料说明，自汉代始，豫南稻区就十分重视品种在稻作生产中的作用。

3. 稻种资源　河南省稻种资源截至 1986 年，编入全国稻种资源目录的品种为 405份，其中，地方稻种资源 365 份，育成品种 31 份，国外资源 9 份，稻种资源的数量较少，但籼粳、粘糯齐全，早中晚兼有，水旱资源并存，类型较为丰富。

（1）稻种资源分布　在 405 份稻种资源中，属于豫南稻区的有 362 份，占资源总数的 77.77%。其中，籼稻 287 份，粳稻 28 份（多为糯稻），旱稻 21 份，分布在信阳、新县、商城、光山、潢川、固始、罗山、息县、淮滨、南阳、桐柏、唐河、内乡、淅川、西峡、南召、方城、正阳、泌阳、确山 20 个县。地方稻种资源的代表品种有六月林子、六月爆、青秆占、白秆占、等苞齐、银条占、盖草占、洋溪稻、九月寒、黑壳糯、猴儿背、桃花米、火旱稻、离壳白及名贵稻种息县香稻丸。选育品种有青胜籼、召矮 1 号、光矮 6 号、73—1、77 选—7 等 11 个品种。在河南中南部的零星种植地带，平舆、汝南、新蔡、遂平、漯河、临汝、鲁山、宝丰等县市有 47 份，占全省总数的 11.60%。地方品种有遂平旱稻、平舆县的脱壳折、新蔡县的乌根早、汝南县的离壳白、宝丰毛稻谷等。1993 年全国稻种资源目录又编入河南省育成品种 76 份，其中，属于豫南稻区的有69 份。

（2）资源农艺性状　1986—1988 年，对河南省稻种资源做了 43 项农艺性状的系统鉴定，共鉴定品种 392 份，其中，地方品种 365 份，选育品种 18 份，国外品种（赞比亚）9 份；基本类型分为籼、粳两个亚种，以籼稻为主；按生育期分类，分为早、中、晚稻 3 种类型，以中稻居多。地方品种大多为高秆品种，选育品种主要是矮秆类型。在365 份地方品种中，株高在 110cm 以下的有 7 份，其中，桃花米为 81.5cm。鉴定的 392份资源，穗长多为中等偏长类型，其中，垫仓底、叶儿长等 4 个品种超过 30cm。鉴定的392 份资源中，穗平均粒数多于 150 的有 28 份；千粒重高于 28g 的有 45 份，其中，阴米稻和老龙须分别高达 36.0g 和 35.8g；单株有效麦穗数超过 20 的有 4 个国外品种，DT-

6840、CICA-7、TNA 和 CICA-4。

（3）抗病虫鉴定 1987—1989 年中国水稻研究所对河南省 215 份地方稻种资源抗苗稻瘟性鉴定结果，抗性资源有 83 份，其中，抗性 0 级的有小猴儿背、桃花米、小白糙，1 级的有薄田长、白秆占、献子稻；215 份地方稻种资源抗苗白叶枯病鉴定结果，抗性材料 74 份，其中，3 级抗性的有 15 份，如晒白早、六月爆、叶里藏、老龙须、六月林子等；对 337 份地方稻种资源的抗稻褐飞虱鉴定结果，抗性较好的品种有大个洋西稻、小慢稻、垫仓底、大白糙、毛稻谷、七月镰、正阳香稻、红长籼、叶县稻谷、秆粒黄等；对 207 份地方稻种资源抗白背虱鉴定结果，抗性较好的品种有湖南水稻、遂平旱稻、金谷捞、高丽旱稻、黄庄旱稻、伊阳旱稻、草毛蛋等品种，抗性强的多为旱稻。

（4）抗逆性鉴定 "七五"期间，中国水稻研究所对河南省地方稻种资源的耐寒性、抗旱性、耐盐性做了鉴定。223 份材料芽期耐寒性鉴定结果，耐寒性好的有等苞齐、老龙须、红芒水稻、叶里藏、叶儿藏、白秆占、火旱稻、旱麻稻、毛稻谷、高丽旱稻等 21 份品种；207 份材料的苗期抗旱性鉴定结果，抗性好的品种，有罗山的叶里藏、唐河县的雁壳红糯、正阳县的红米旱稻、宝丰县的毛稻谷等；322 份地方稻种资源的耐盐性鉴定结果，抗性较好的有鸡鳖子、盖草占。

（5）米质测定 根据中国水稻研究所 1987—1989 年的测定，217 份河南籼稻地方资源和 25 份改良品种中，籼稻地方品种的平均糙米率、精米率分别为 78.4% 和 70.5%，最高值为 80.9% 和 73.9%，籼稻选育品种较之高 0.7% 和 0.9%；14 份粳稻选育品种的平均糙米率、精米率分别为 80.3% 和 72.4%；粳糯则为 77.7% 和 70.2%。280 份材料测定结果，平均蛋白质含量为 10.48%，其中，最高的红米旱稻，蛋白质含量高达 14.65%；平均赖氨酸含量为 0.3563%，其中，最高的红米旱稻，赖氨酸含量为 0.522%。211 份粘籼地方品种测定结果，直链淀粉含量、糊化温度、胶稠度的平均值为 23.83%（中直链淀粉含量）+6.67 级（中等糊化温度）+52.19mm（中等胶稠度）；7 份籼稻选育品种为 23.93%（中直链淀粉含量）+5.79 级（中等糊化温度）+45.43mm（中等胶稠度）；15 份粘粳地方品种为 16.94%（直链淀粉含量低）+5.65 级（糊化温度中）+58.00mm（胶稠度中）；14 份粘粳选育品种为 15.91%+（糊化温度低）+74mm（胶稠度软）。

（6）优异稻种资源 中国水稻研究所的鉴定表明，河南地方品种中存在大量多抗性资源，如垫仓底、正阳香稻、晒白早、银条占、红秆稻、叶搭稻等 13 份材料抗 3 种病。中籼品种毛稻谷，对稻褐飞虱、芽期低温、苗期干旱均表现抗性较好。豫南稻区名优稻种资源有息县香稻丸、豫籼 3 号、特糯 2072、珍珠糯、特优 2025 等。

（四）鄂北稻区

1. 稻作区划 鄂北稻区在全国稻作区划中，划分为华中湿润单、双季稻作带，可划为鄂北半旱稻作区、鄂西北多旱稻作区。包括十堰市、神农架林区、襄阳市、随州市、荆门市、麻城市、罗田县、英山县、红安县、广水市。

（1）鄂北半旱稻作区 本稻作区以鄂北岗地为主，适宜发展中稻，是湖北省稻麦两熟的主要稻区。

（2）鄂西北半旱稻作区　本稻作区主要分布在鄂西、鄂北山区，跨越的地域较大，本稻区的水稻主要分布在海拔 500 ~ 1 200m，以种植中稻为主。

2. 稻作历史　栽培稻历史悠久，已有 5 500 年的历史。在随州三里岗冷皮垭遗址中，出土了稻壳、谷壳等堆积物。在京山屈家岭文化遗址中所发现的水稻品种，经专家鉴定，属于粳稻品种。入唐后，稻作农业又取得了超迈前代的发展。据唐人李吉甫《元和郡县志》记载，郢州京山县有温汤水，"拥以溉田，其收数倍。"唐敬宗宝历年间，金州刺史裴瑾"绝高弛隙去水祸，辟地皆成稻粱。"襄阳召堰在唐武宗会昌年间重修，使"数百里间，野无隙田，旱无枯田"，"八州之民，咸忘其饥。"在唐朝诗人的笔下，歌咏和赞美本区稻作农业兴盛的诗句为数不少，王维在《送友人南归》中写道："连天汉水广，孤客郢城归。郧国稻苗秀，楚人菰米肥。"把本区郧县一带稻作农业的繁胜景象展现得淋漓尽致。

3. 稻种资源　鄂北作为南北过渡地区，早、中、晚稻兼有，籼、粳稻并存，稻种资源非常丰富。

（1）神农架、三峡地区稻种资源的普查、考察、征集　在国家有关部委重大科技项目的支持下，湖北省农科院作物所全面完成了对湖北省神农架、三峡地区的稻种资源统一编目、计划繁种、全部更新、密封包装入库和妥善保存，对种质资源的农艺性状、植物学性状进行了鉴定比较，进行了各种逆境环境（旱、寒、盐碱）的抗、耐性鉴定，并对稻米品质进行了分析。获得鉴定性状数据 50 万个以上，在此基础上建成了湖北省水稻种质资源信息平台。

（2）水稻种质资源的编目入册、入库　《湖北省农作物品种资源目录》第一册（稻类），编写入目湖北地方稻种 1 196 份；《中国稻种资源目录》编写入目湖北稻种 1 774 份，并送国家长期库永久保存；《中国优异稻种资源》编写入目湖北各类优异稻种 270 份，完成与编目一致的优异稻种资源 300 份，包括地方稻种矮秆型，大穗大粒型，单抗、双抗及多抗病虫型，单抗、双抗及多抗逆型，优质米，特种米，和综合性状优良的各类优异稻种资源，送北京国家优异稻种中期库保存与利用。

（3）"两病三虫"抗性鉴定　对湖北省水稻种质的两病（稻瘟病、白叶枯病）、三虫（三化螟、褐飞虱、白背飞虱）抗性鉴定共计完成 20 737 份次，鉴定品种数达 1 万份，鉴定出单抗病或抗虫资源 2 291 份（三化螟为中抗以上），得到抗稻瘟病资源 428 份，抗白叶枯病资源 1 537 份，中抗三化螟资源 96 份，抗褐飞虱资源 144 份，抗白背飞虱资源 86 份。尤其重要的是，鉴定出免疫级珍贵资源 38 份，高抗资源 134 份。

（五）陕南稻区

1. 稻作区划　陕南属于华中双单季稻稻作区川陕盆地单季稻两熟亚区，包括陕南盆地、川道、丘陵籼稻迟熟中稻两熟区，陕南浅山中籼两熟区、陕南秦巴山区早、中粳一熟区。在行政区划上，陕南稻区包括陕西汉中、安康、商洛市。

（1）陕南盆地、川道、丘陵籼稻迟熟中稻两熟区　本区位于陕西秦岭与巴山之间，是陕西省稻区垂直分布最低层的区域，包括沿河平坝和丘陵地带的汉中、洋县、安康等

9个县、市，历来是麦稻两熟的老稻区。其中，汉中稻田面积约11万 hm^2，占全省水稻种植面积的70%，是陕西省主要的商品稻生产基地，是中国为数不多的1级优质籼米气候生态区之一。汉中稻区属于华中单双季稻作带稻麦两熟制，以籼稻为主，还有粳稻和籼、粳亚种的过渡类型。

（2）陕南浅山中籼两熟区 沿秦巴山区海拔上升到第二区域为浅山中籼两熟区，即秦岭在海拔800m以下，巴山900m以下的浅山丘陵地带。分为西两片，包括盆地川坝丘陵区各县的浅山带和宁强、略阳、佛坪、紫阳、岚皋、平利、白河、旬阳和宁狭9个县的大部。稻田主要分布在河溪沿岸的山间沟坝，部分是低山梯田，雨量较平川多，湿度偏大，病虫为害较重，但水源、肥源足，土壤肥力较高，种植一季稻绰绰有余，大部分实行一年两熟制。

（3）陕南秦巴山区早、中粳一熟区 本区处于稻区垂直分布最高层区域，大致在秦岭海拔800m、巴山900m以上至海拔1 300m的中山区。稻区分布在3个行政区27个县，多处在山涧谷底、小盆地或山顶台地。山高、水冷、土凉、云雾重，多为冬水田，一年一熟，为陕西省多雨中心。年平均气温12℃左右，≥10℃积温3 500℃以上，生长季170d（按粳稻计），但秋季降温早，波动大，多阴雨，少日照，秋封现象常较严重，轻者降低结实率，重者颗粒无收，选用抗逆性强的早中熟粳稻耐稻瘟良种，采用保温育秧，仍有增产潜力。

2. 稻作历史 汉中西乡县李家村与何家湾两处远古部落遗址中发现在老官台文化时期的红烧土中有稻壳印痕，经 C^{14} 测定，距今有7 000多年历史。证明在新石器时代，陕南已有先民种植水稻的活动。秦末，刘邦屯兵汉中，兴修水利，修建了著名的"山河堰"水利工程，后人称为"萧何堰"，对汉中的水稻生产有推动作用。《资治通鉴》载："高帝三年（公元前205年）关中大饥，米斛万钱，人相食，令民就食蜀汉。"斯时，汉中已大量生产稻米。在汉中的勉县老道寺东汉中期的古墓内出土过一个稻田养鱼的两季田红陶模型，表明此时汉中盆地已形成稻麦两熟的耕作制度，并在两熟田中进行人工稻田养鱼。《隋书·地理志》在《十道记》记载："黄牛川有再熟之稻，土人爱之。"黄牛川位于南郑县黄家山下，说明隋代南郑已有再生双季稻的栽培。嗣后，经过隋、唐、五代到宋代三百多年，关中气温下降，继之元代以后，大量湖泊又逐渐消失，关中水稻发展受到了限制，而陕南气温仍较暖，雨量较多，有利于水稻生产的发展，因而陕南水稻生产发展是比较快的，特别是汉中盆地形成了全省水稻的主要产区。

3. 稻种资源 陕南水稻面积大，地方品种占全省地方品种80.2%，都是中稻，籼、粳、糯、早、中、晚、水、陆稻都有。

（1）地方稻种资源的收集、整理与保存 1940年汉中地区对水稻地方品种进行过局部调查收集，并写过品种名录。1950年以后，在1952—1954年、1958—1959年、1978—1979年，对陕西省地方品种进行过3次广泛调查、收集工作。1960年经初步整理的陕西省水稻地方品种有275个，1977年参加全国统一编目的水稻地方品种有296个。1978年全省进行全面补充征集，共收集到1 870份材料，按标准整理，交国家统一编目品种682个，入国家种质库品种574个。其中，本省选育推广应用于生产的品种，籼稻9

个，粳稻 4 个，共 13 个。

（2）地方品种的生态特性　陕南多秋雨，历来实行稻麦两熟制，地方品种的经济性状具有鲜明的地方生态特点，一是多蘖、中穗。75% 的品种分蘖力强，而且成穗率高，中穗品种占 70%，少蘖大穗品种不到 10%。二是结实率高。地方品种结实率一般都在 85% 以上。大面积种植的品种，有的结实率高到 92%。三是中熟。有 60% 的品种属中熟特性，晚熟的很少，占 4%，早熟品种都来源于陕北和高海拔山区。四是出苗快、烂秧少。原产海拔 900m 以上山区的品种，一般都有种子休眠期，成熟期雨中不发芽，有的品种即便倒伏，稻穗浸泡水中也不发芽。

（3）抗性鉴定　提供给中国水稻研究所进行抗性鉴定的陕西省地方品种有 455 个，高抗苗稻瘟的品种 10 个，高抗白叶枯病的品种 5 个，较抗褐飞虱的品种 8 个，幼芽耐寒力强的品种有 36 个，苗期耐旱性强的品种有 31 个。

（4）优异稻种资源　特种稻约占陕西已入库稻种资源 25%，大多数分布在汉中地区，不少品种为汉中所特有。据张羽等调查，汉中地方稻种有 350 种左右，选育种 16 个，引进稻种 17 个。汉中地区以丰富的特种稻资源享誉国内。陕西省已入库的稻种资源近 600 份，特种稻米约占 25%。其中，大多数分布在汉中地区，不少品种为汉中地区所特有。特种稻米通常包括色稻米、香稻米和加工稻米 3 类，有色稻米又包括黑米、红米、绿米、黄米，而黑米以汉中洋县黑米为代表，种植时间过千年以上，民间自古传有补血功效。主要产地为固城县、洋县和湑水河沿岸。代表品种有汉中黑谷子、褒城黑谷等 10 多个。红米以平利三寸粒为代表，在汉台区、洋县、西乡县等地有种植。绿米和黄米属陕南特有。绿米以白秆子、冷水谷为代表，米色成熟后为浅绿色，米粒半透明，粘性、米质优良。黄米以洋县香米为代表，米色浅黄、鲜亮、无垩白、有香气、米质优良，为汉中所独有。在香米中，有爆玉米花香型和茉莉花香型等。在爆玉米花香型中，以汉中香糯、洋县香米、宁强黄坝驿香米为代表，有粘有糯，香气浓郁；在茉莉花香型中，以雪糯为代表，属籼型糯米，香味不浓，为纯正的茉莉花香型。在药用型米中，有滋补类、疗效类。其中，滋补类以汉中黑糯为代表，具有补血、增进代谢等功效。疗效型中红毛粘、红花稻、红须粘等品种，据民间验方，具有治疗肝炎等作用。

二、品种沿革

（一）苏北稻区

苏北稻区是指江苏省淮北的淮安，盐城，连云港，宿迁，徐州地区和苏中的里下河地区。水稻是苏北粮食中的主体作物。各种稻类在苏北均能获得高产。以麦稻两熟为主要特征，常年麦茬单季稻占稻作面积 80% 以上。稻种资源苏北中部多籼稻、苏北北部则为早中熟粳稻。

1. 品种利用　新中国成立以来，苏北水稻品种历经 6 次大的变革，其中，较为突出的有土种改良种、籼稻改粳稻、高秆改矮秆、常规稻改杂交稻、发展高产粳稻品种 5 次。

（1）土种改良种（1949—1955 年）　1950 年前后生产上应用的品种，以中熟品种为主,多为近代遗留下来的农家地方品种,如吓一跳、三十子、帽子头等。这些品种具有耐瘠、耐旱、耐碱、早熟等特性,但产量很低。1953 年后推广南特号、胜利籼、中农 4 号、399 等等良种。到 1955 年,地方土种基本被良种所取代。

(2) 籼稻改粳稻(1955—1958 年) 1955 年江苏提出籼稻改粳稻,中粳改晚粳的措施。里下河和丘陵稻区推广早沙粳、黄壳早廿日、老来青等品种。1958 年,从国外引进农垦 44、农垦 46、农垦 57 和晚粳农垦 58 等品种,并逐渐取代黄壳早、老来青等品种。粳稻,尤其是晚粳稻的发展,在当时对促进江苏稻谷总产大幅度增长起到了重大作用。

(3) 高秆改矮秆(1959—1977 年) 1963 年后,大面积应用农垦 57、桂花黄等半矮秆粳稻品种;1964 年育成南京 11、引进广场矮、珍珠矮等矮秆中籼稻;1969 年后又引进矮南早 1 号、二九青、原丰早、广陆矮 4 号等矮秆早籼稻,1970 年后苏北应用的水稻品种基本属于矮秆、半矮秆类型。矮秆品种的利用,使水稻单产提高了 30%。

(4) 常规水稻改杂交水稻(1978—1993 年) 1975 年江苏引进杂交籼稻种植,是水稻品种史上一次重大改革。1976—1978 年以南优系统为主;1978—1985 年以汕优 2、3 号为主;1985 年以后以汕优 63 为主。汕优 63 等杂交籼稻组合及配套技术的推广,使水稻单产又提高了 20%。

(5) 发展高产粳稻品种、超级稻品种(1994 年以后) 进入 20 世纪 90 年代,江苏水稻育种取得飞跃发展。武育粳、武运粳系列品种的育成,实现了江苏粳稻品种的自给,并将粳稻产量提高到新的水平。中籼稻品种扬稻 6 号的育成,使两系杂交稻和红莲型杂交籼稻的选育跨上了新台阶,被用作水稻基因组的测序亲本,成为籼稻标志性品种。特优 559 的育成,取得江苏杂交籼稻育种零的突破。超级杂交稻的先锋组合两优培九的育成,取得了两系杂交籼稻育种全国性的突破。武运粳 7 号、武育粳 3 号、早丰 9 号、两优培九等品种(组合)的推广,使水稻单产又提高 20%。21 世纪以来,育成抗水稻条纹叶枯病品种镇稻 99、徐稻 3 号、徐稻 4 号、盐稻 8 号、扬稻 9538、宁粳 1 号、华粳 6 号、淮稻 9 号、扬辐粳 8 号、南粳 44、扬粳 4038、宁粳 3 号、连粳 4 号等,对稳定江苏水稻生产发挥了重大作用。稻米品质得到了明显改善,2004—2008 年,共育成水稻新品种 71 个,其中,品质达国标一级优质稻谷标准的品种 7 个,二级 12 个,三级 34 个,优质糯稻 6 个。食味品质改良也取得可喜进展,育成了可与日本“越光”米媲美的优良食味新品种南粳 46,开创了江苏优质稻生产新局面。武粳 15、宁粳 1 号、淮稻 9 号等超级稻品种,加上徐稻 3 号、南粳 44、扬粳 4038 等品种的推广,使江苏水稻产量稳定在 8 250kg/hm^2 左右。

2. 稻作改制 苏北从古到今,就有一熟制、两熟制及三熟制等种植制度,目前主要是两熟制。

(1) 一熟制 其形式有 3 种:一是水稻—冬沤田,全年沤水,不宜冬种,水稻多为早熟和中熟品种;二是水稻—冬水田,多在丘陵的塝田和冲田,冬季蓄水,供翌年栽稻;三是水稻—冬闲,主要是在土壤瘠薄田块及盐碱土,地力不足,冬春土壤返盐无法冬种作物,水稻为中熟耐瘠品种。这 3 种类型在古代和近代占主要比重,新中国成立后经过沤改旱和旱改水,已基本消失。

（2）两熟制 这是苏北现代最主要的种植制度。其形式是水稻与冬作物（三麦、油菜、蚕豌豆、绿肥等）换茬连作。1980 年以来，三麦和油菜不断扩大，绿肥和蚕豌豆等则不断缩减。

（3）三熟制 苏北稻田三熟制经历 3 次变化。第一次，1956 年，开始多点试种冬绿肥—稻—稻复种制；第二次，1969—1979 年，大面积实行麦—稻—稻、油—稻—稻等两水一旱制和麦/豆—稻、麦/玉米—稻等两旱一水制；第三次，1982 年，因发展商品生产的需要，缩小麦（油）—稻—稻，发展麦/瓜—稻和油菜/薄荷—稻三熟制，同时也探索了水稻与蔬菜、豆类、饲料，粮食与鱼、食用菌结合的稻田新型三熟制。

（二）皖北稻区

皖北稻区包括沿淮淮北平原单季稻区和淮南丘岗单、双季稻过渡区。主要是稻麦、稻油两熟制和山区一季稻种植。以籼稻为主。

1. 品种利用 新中国成立以来皖北水稻品种进行了 4 次更换。1950 年，以鉴定应用地方品种为主，单产只有 1 500 ~ 3 000kg/hm² 水平；20 世纪 60 年代中期，推广高秆改良品种，单产提高到 4 500kg/hm² 水平；60 年代后期至 70 年代中期，矮秆品种和中晚粳品种的育成及引种推广，使单产上升到 6 000kg/hm² 水平，并实现了早、中、晚熟配套；70 年代中期开始，杂交水稻新组合从引进、育成推广到更新，使水稻单产提高到 7 500kg/hm² 以上。继三系杂交水稻之后，两系杂交水稻研究取得新突破，选育了一批强优组合，使单产又提高 15% ~ 20%。根据安徽稻米品质区划及市场取向，皖北稻区目前正在发展高档优质中籼稻和高档优质中粳稻，加快优质稻商品基地建设，形成籼粳稻并重的品种格局。

2. 稻作改制 新中国成立以来，皖北水稻种植经历 7 个发展历程：1949—1955 年，为单季稻种植阶段；1956—1965 年，以单季稻为主，扩种双季稻；1966—1970 年，以单季稻为主，双季稻稳步发展；1971—1977 年，双季稻大发展；1978—1994 年，调减双季稻，单双季并重，杂交稻稳步发展；1994—2003 年，单季稻基本稳定，双季稻锐减；2004 年以后，进入单季稻稳定发展时期。

（三）豫南稻区

1. 品种利用 新中国成立以来，豫南稻区以解决技术瓶颈为主题，以推动良种更新为主线，稻作生产走过了 4 大发展阶段。

（1）高秆、中籼、中熟稻种资源应用时期（1949—1964 年） 新中国成立前，豫南稻区稻谷单产仅 1 125kg/hm² 左右。新中国成立后，为了充分发挥优良农家品种的增产作用，信阳农科所从收集到的 365 份材料中评选推广了青秆占、盖草占、洋溪稻、等苞齐、银条占、九月寒、黑壳糯、旱麻稻、火旱稻等 10 多个良种，单产水平提高到 1 875kg/hm² 左右。1953—1964 年，又相继普及了中农 4 号、胜利籼、马尾占、南京 1 号等引进改良品种及育成品种青胜籼，单产水平提高到 3 000kg/hm² 左右。这一阶段水稻品种的主要特点是：秆高易倒、分蘖力较差；叶片宽长披垂，开张角度较大；特适性强，稳产性好，产量水平不高；适口性佳，外观品质中上多属中籼中熟类型。

（2）矮秆、高产、抗病稻种资源兴盛时期（1965—1980 年） 随着生产条件的改善，稻田施肥数量有了较多的增加，使增肥增产与水稻品种不耐肥、不抗倒伏的矛盾日益突出，引进选育筛选耐肥抗倒的水稻高产品种，成为生产上迫切要求解决的问题。在当时全国"高改矮"和杂交稻兴起的背景下，先后引进了 418 份国内稻种资源。鉴定推广了矮子占、珍珠矮 11、广选 3 号、南京 11、红早糯、84 矮 63、泸选 19、广陆矮 4 号、南优 2 号、汕优 6 号等 20 多个品种和组合。同时，育种工作也取得进展，育成推广了信矮 1 号、信矮 3 号、光矮 6 号、召矮 1 号、73-1 等 7 个品种。这些推广品种的共同之处是：矮秆抗倒、叶片直立；单产水平 6 000kg/hm² 左右；适应性广，抗病性较强，稳产性好；米质一般，甚至较差；多穗型品种居多；中籼中熟为主。

（3）高产、优质、多抗常规品种主导时期（1981—1990 年） 随着群众生活水平不断提高，高产、优质、多抗、稳产品种日益为人们所重视。这期间，先后引进国内各地的稻种资源 1 017 份，筛选应用了桂朝 2 号、广二矮 104、红南、密阳 23、扬稻 1 号、四喜粘、扬稻 4 号、南农 2159（糯稻）、荆糯 6 号及汕优 63、D 优 63 等 18 个品种，育成了豫籼 1 号、豫籼 2 号。这些品种的主要特征是：茎叶形态较好，穗数、粒数、粒重协调兼顾；多抗性品种居多，稳产性好；单产水平 6 750～7 500kg/hm²；多数外观品质优良，适口性好；以中迟熟籼稻为主。这些品种的应用，推动了豫南稻区水稻产量的增长和稻米品质的改善。

（4）优质、高产、籼型杂交组合主宰时期（1991 年以后） "八五"以来引进鉴定推广了冈优 22、冈优 151、Ⅱ 优 838、D 优 68、两优培九等优势杂交稻组合及特青 2 号、浙 1500、CO12 等高产多抗品种。"八五"期间育成推广了省审品种豫籼 3 号、豫糯 1 号。"九五"以来先后育成省审品种豫籼 4～9 号、香宝 3 号、青二籼、特糯 2072、特优 2035、信杂粳 1 号、Ⅱ 优 550、冈优 5330、D 优 2035、6 优 53、珍珠糯、青两优 916、嘉糯Ⅰ优 721 和国审品种两优培粳、信旱优 26。豫糯 1 号、豫籼 3 号、香宝 3 号、特糯 2072 获河南省科技进步三等奖，豫籼 5 号、豫籼 9 号获二等奖。特糯 2072 曾获国家农转资金支持，并被全国农技推广服务中心列为国家级丰产示范品种。两优培粳、信杂粳 1 号分别是河南省第一个通过国审和省审的自育两系杂交稻组合，信杂粳 1 号被科技部、农业部列入第一批优质专用农作物新品种选育及繁育技术研究项目。这一时期水稻品种呈现以下特点：杂交稻占主导地位，且比例不断扩大；常规主栽品种实现优质化，并初步在产量上与杂交稻形成相互赶超的格局；基本上是中籼迟熟品种，单产水平 8 250～9 000kg/hm²；品种利用数目不断增多，单个品种播种面积减少。在长期的稻种资源研究中，信阳市农科所还搜集鉴定整理保存了一大批河南省特有的种质资源，有 405 份入选国家种质资源库长期保存。

2. 稻作改制 新中国成立以来，豫南稻作经历了"高改矮""单改双""常改杂""籼改粳"等几个大的发展历程，形成了一整套以良种为中心的配套技术群，带来耕作栽培制度的深刻变化。

（1）高秆稻改矮秆稻 20 世纪 60 年代水稻品种由高秆品种改为矮秆品种，使增加密度和施肥量成为可能，加之育秧方式和水分管理模式的更新，大幅度地提高了水稻单产。20 世纪 50 年代，豫南水稻育秧都是以水播水育为主，在春季气温不稳定的情况下，常发生严重烂秧和死苗现象，成为水稻生产的一大障碍。从 1960 年开始，经过试验示范，改大块秧田为合式秧田，改密播牛毛秧为稀播壮秧，改水育秧为湿润育秧，有效地防止了烂秧，提高了秧苗素质，使水稻增产 10% 以上。水稻生产过去长期采用深水淹灌栽培方法，产量不高，60 年代以后开始研究推广湿润灌溉和水层、湿润、晒田相结合的灌溉方式，使耗水量减少了 30%～40%，增产达 10%，显著地提高了水的利用效率。进入 70 年代，又把发展绿肥纳入水稻耕作制度之中，增加了水稻的肥源，对提高稻谷产量起了重要作用。1978 年以后，通过筛选适宜的轮作品种组合和采取相应的栽培技术措施，又相继扩大了稻—麦、稻—油两熟制面积。与此同时，在栽培上，由过去只注重单一栽培技术的研究，发展成为利用器官之间的相关生长规律，创建了符合豫南生态特点的壮秧、足肥、早发、密植、多穗的高产技术模式和稻作诊断技术。

（2）单季稻改双季稻 豫南从 1956 年开始进行双季早晚稻不同类型品种搭配试验，筛选推广了早籼搭配中迟熟中粳的双季稻栽培模式，把中国双季稻区由长江流域向北推移到淮河流域。全市双季稻最大面积达到 3.8 万 hm^2，双季单产达到 9 000kg/hm^2，比单季稻增产 3 000kg/hm^2，当时对解决新县、商城人多田少地区农民的温饱发挥了重要作用。70 年代以后随着小麦生产水平的提高，双季稻被稻麦两熟逐步代替。

（3）常规稻改杂交稻 豫南从 1975 年开始进行杂交稻的引种鉴定和制繁种技术研究，1977 年开始进行杂交稻生产示范。在杂交稻制种技术攻关中，提出了"提早花期，避开立秋后连阴雨危害"的技术路线和提早播种、保温育秧、改变茬口、扩大行比、喷施"九二〇"等配套高产制种技术。到 1989 年，杂交稻制种单产跃居全国先进水平，推动信阳在 90 年代初实现了杂交水稻化，稻谷增产 1 500kg/hm^2，被原国家科委和河南省政府誉为大别山北麓的"绿色革命"，该项研究获得河南省科技进步二等奖。在进行杂交稻生产试验、示范推广的同时，对杂交稻的育秧技术、移栽时期、大田用种量、种植密度、施肥技术等进行了研究。形成了稀播匀播培育多蘖壮秧的整套育秧技术，杂交稻秧田播种量由常规稻的 750～1 500kg/hm^2 改为 225kg/hm^2 左右，秧苗生长粗壮，分蘖早而多，解决了常规密播秧田秧苗分蘖率低的问题。构建了以稀播壮秧、少本大穗为核心的高产栽培技术模式。随着稻麦、稻油耕作制度的确立，研究推广了一季杂交中稻温室两段育秧方法，克服了普通育秧播种较早，前作收割迟，种苗老化；播种较迟则营养生长期短，不利高产的矛盾。温室两段育秧，对培育多蘖壮秧，克服早春不利气候的影响，避免烂种、烂秧，提高成秧率，躲过后期高温伏旱或低温影响，提高产量起到了积极作用。"八五"期间，又推广了旱育稀植和旱育抛秧技术，不仅更好地防止了烂秧，保证了适时栽插，而且提高了水稻产量。"九五"期间，水稻栽培进一步向规范化发展，通过计算机对水稻多因素试验结果进行运算和模拟，筛选高产稳产低耗综合栽培技术方案，使水稻栽培研究发展到一个新阶段。

（4）籼稻种改粳稻种 1956 年信阳开始进行"籼改粳"研究，当时主要是把粳稻用作"双季稻"早籼稻的接茬，到 1974 年全区推广粳稻面积达 3.13 万 hm^2，但到 20 世

80 年代初，因"双季稻"改为稻麦两熟，粳稻日渐萎缩；80 年代中后期，又先后示范推广秀优 57、黄金晴、花粳 2 号等中粳品种，面积达 1 万 hm^2，后终因这些品种南引后适应性差、抗病性减弱、产量低、且难脱粒而不被农民接受。再后来豫南稻作基本上是杂交籼稻一统天下，零星分布的 CO12、豫粳 6 号等粳稻品种虽米质较好，但因产量无法与杂交籼稻抗衡而发展迟缓。近年来通过努力，筛选出了适合豫南生产的优质高产品种，其中，杂交粳稻有信杂粳 1 号、两优培粳、Ⅲ优 98，常规粳稻有豫粳 6 号、皖稻 54、郑稻 18 等；常规特种稻有香粳 2369、粳糯镇稻 2 号，这些品种已进入示范阶段。栽培试验证明，若把粳稻按籼稻方法种植，抽穗灌浆期的高温高湿会使粳稻结实率、千粒重低，纹枯病、稻瘟病加重，品质下降，而且籼稻和粳稻同期抽穗，由于粳稻比籼稻的叶色浓绿，还容易招致三化螟第三代的集中为害。把信阳粳稻生产播期由籼稻生产播期的 4 月下旬推迟到 5 月下旬，灌浆成熟期由 8 月底至 9 月上中旬后延 1 个月左右，使灌浆期处于温度较低、昼夜温差较大的条件下，有利于营养物质的积累，可提高结实率和千粒重，从而改善了品质，增加了产量，也减轻了病虫为害。

（四）鄂北稻区

1. 品种利用　鄂北稻区适宜发展中稻，是湖北省稻麦两熟的主要稻区。新中国成立以来，鄂北稻区以推动良种更新为主线，稻作生产走过了 4 大发展阶段。

（1）高秆、中籼、中熟稻种资源应用时期（1949—1964 年）　1950 年前后生产上应用的品种，多为近代遗留下来的农家地方品种，1953 年后推广南特号、胜利籼、中农 4 号等籼稻品种。到 1955 年，地方土种基本被良种所取代。

（2）矮秆、高产、抗病稻种资源兴盛时期（1965—1980 年）　在水稻矮秆化的背景下推广利用了矮脚南特、广陆矮 4 号、鄂中 1 号、鄂中 2 号等，株高由原来的 140cm 矮化到 75~85cm，收获指数提高到 50% 以上，栽培上采取了增加栽插密度和增施肥料的增产栽培技术。

（3）高产、优质、多抗常规品种主导时期（1981—1990 年）　筛选应用了桂朝 2 号、广二矮 104、红南、密阳 23、扬稻 1 号、四喜粘、扬稻 4 号、南农 2159（糯稻）、荆糯 6 号及汕优 63、D 优 63 等品种。这些品种的应用，推动了鄂北稻区水稻产量的增长和稻米品质的改善。

（4）优质、高产、籼型杂交组合主宰时期（1991 年以后）　"八五"以来鉴定推广了冈优 22、冈优 151、Ⅱ优 838、D 优 68、两优培九等优势杂交组合及特青 2 号高产多抗品种。栽培上采取了稀播壮秧、少本匀植、结构性施肥等措施，通过兼顾穗数和穗粒数，水稻产量上了新台阶。

2. 稻作改制　新中国成立以来，鄂北稻区水稻生产大体经历了以下几个发展阶段。

（1）生产恢复发展阶段（1949—1957 年）　1956 年以前，受生产条件限制，鄂北以种植一季中稻为主。这一阶段以推广优良品种和改善生产条件为中心，为耕作制度改革做了必要的准备。1957 年，开始试种双季稻、引进粳稻品种等。

（2）生产发展阶段（1958—1963 年）　这一阶段以推广双季稻、扩大稻田复种指数为中心，推广新的优良品种，推广高产栽培技术，改善生产条件，把水稻生产向前推进了一步。

（3）双季稻大发展阶段（1964—1975 年）　在发展双季稻的基础上，大力推广矮秆优良品种，使水稻单产、总产都有较大幅度的提高。

（4）调整发展阶段（1976—1982 年）　主要是调减双季稻，扩大中稻种植面积，并试种推广杂交中稻。

（5）稳步发展阶段（1983 年至今）　推广杂交稻是这一阶段的主要特点，稻—麦、稻—油两熟制趋于稳定。

（五）陕南稻区

1. 品种利用　新中国成立以来，陕南地区水稻发展大致经历了 3 个阶段，6 次品种更新。

（1）常规高秆品种时期（1949—1967 年）　经 1949—1952 年试验，确定云南白、胜利籼代替农家品种，1956 年普及陕南，比农家种一般增产 10% ~ 20%。以后又确定桂花球（粳）、华东 399 代替云南白、胜利籼，1967 年普及陕南，一般比云南白、胜利籼增产一成左右。1958 年在山区推广沙蛮 1 号、稗 09，1967 年又在陕南推广高秆 64。这是陕南最后推广的一个高秆改良品种，20 世纪 60 年代后期农家品种停止种植，改良品种基本代替了农家品种。

（2）常规矮秆品种时期（1968—1977 年）　随着化肥的增多，产量更进一步的提高。为适应抗倒耐肥的要求，1965 年引进珍珠矮 11 号、二九矮 4 号、广矮 3784 等矮秆品种，经 1965—1967 年试验，1968 年大面积推广，1972 年普及陕南，1974 年因感稻瘟病，更换为南京 11、早金风 5 号。1977 年又因感病更换为广二矮 104、桂朝 2 号。与此同时，搭配有本省品种三珍 96、西粳 2 号和商辐 1 号。一般比高秆稻增产 15% ~ 22%。

（3）杂交水稻推广时期（1978—1985 年）　1976 年引进南优 2 号、南优 3 号等晚熟品种进行试验观察，1977 年种植 437.1 亩，在上级重视下，汉中地区成立杂交稻办公室，大力组织推广，1978 年扩大到 4 万多亩，1979 年全省为 40 万亩，1980 年全省为 60 万亩，扩大速度很快，以后稍缓，至 1982 年，全省 70 万亩。最早推广的杂交稻成熟期很晚，根据"秋封"研究和以往水稻秋封教训，汉中地区农科所提出当时杂交稻推广以陕南平川早茬田为主，山区不能超过海拔 700m，播种期不宜迟于 6 月 1 日以后。并建议，全省当时最大推广面积只能有 60 多万亩。至 1982 年以前，陕西杂交稻基本在这一范围内稳步推广，没有发生大的波折。为提高杂交稻增产效果，并使杂交稻向山区和麦茬田推进，1978 年后在品种演变上着重进行了两方面的工作。一是加紧引起中熟品种，二是改进株叶型。1981 年引进了中熟杂交稻汕优激、威优激，1982—1984 年在山区推广，使杂交稻这一时期在山区推广的高度上升到海拔 900m。1985 年后从"汕优激、威优激"品种换为威优 64、汕优 64 和汕优窄 8，晚熟组合中最初推广的南优 2 号、3 号宽叶、大穗、株叶披散，不适合陕南秋季多雨生态条件，1981 年开始示范株型半起立、多穗为主，兼顾穗重的威优圭、汕优圭，1982 年推广，当时"两圭、两激"表现高产稳产，在陕西水稻生产上起了很大支撑作用。

（4）杂交稻时期（1986—2000年）　1985年稻瘟病大流行，1986年以后对威优63、汕优63、威优64、汕优64进行第三次品种大更换。杂交稻在陕南种植面积自1986年后超过水稻面积的80%以上。

（5）杂交稻时期（2001—2005年）　栽培的主要品种有：金优527、丰优香占、I优级86、金优晚三、汕优窄8号等。

（6）杂交稻时期（2006年以后）　目前，栽培的主要品种有宜香优系列、金优725、丰优香秥、丰优28、协优527、D优系列等。

2. 稻作改制　陕南主要种植是稻麦两熟、稻油两熟一季中稻品种。新中国成立以来，陕南稻作经历了"高改矮"、"常改杂"等发展历程，带来耕作栽培制度的深刻变化。

（1）高秆稻改矮秆稻　新中国成立初，在高秆品种前期，对传统技术进行改良，推广26.4 cm×26.4cm密植，二寸（6.6 cm）以内勤浇浅灌和改良铺盖秧等技术，1957年普及陕南，这些措施配合良种的推广，使产量由2 250kg/hm²多提高到3 000kg/hm²起到了一定作用。1958年全国推广江苏一季晚粳"三黄三黑"经验，汉中农科所经过1959—1962年研究，明确陕西省为中稻，只有"二黄二黑"，提出"重攻头轻保尾严控中间"的肥水促控技术和针对麦茬田"迟、稀、瘦"采取"早、密、肥、保"均衡增产措施，1963—1965年推广，结合桂花球、三九九品种更换，使全省水稻产量长期停留在3 000kg/hm²的徘徊局面被打破，于1965年跨过了3 750kg/hm²大关。1965年引进矮秆品种后，为改变用高秆稻技术栽培矮秆稻的做法，经试验，1968年提出20 cm×13.3cm插植密度，亩施N肥9～10kg（高秆稻只5～7kg）的肥密改革措施，首先在汉中地区推广，以后扩大至全省，使增产潜力得到很大发挥。

（2）常规稻改杂交稻　杂交稻的推广和杂交稻配套技术的扩大应用，对水稻的稳定增产起到了重要作用。杂交稻栽培技术的发展可分为4个阶段。第一阶段，是在以往秋封研究的基础上，1979年对杂交稻推广初期提出一个海拔700m，6月1日以前插植的时空范围，争取晚熟而不秋封。第二阶段，是1979—1981年通过试验，提出8月上旬是本省水稻有利高产的最佳出穗期。陕南、关中8月上旬平均气温正处在最有利水稻灌浆结实的24～28℃，日照时数达7h，是全年日照最多的时段之一，早中晚熟品种都以这时出穗结实最好，产量最高。这一结论为下一步栽培技术的改进提供了基础。为使生育期长达160d的晚熟杂交稻能在8月10日前齐穗，进行了第三阶段的工作，这就是引进温室两段秧。它的优点在陕南体现在：增加了80～120℃有效积温，提早7d以上的出穗期，保证晚茬杂交稻在8月10日前齐穗；解决麦茬田杂交稻早播迟插，秧龄太长难以高产问题，使老秧龄指标由原来45～50d提高到60d，使麦茬田晚熟杂交稻品种在芒种过后产量仍可过7 500kg/hm²，大大拓展了晚熟杂交稻推广的时空范围，两段育秧1985年普及陕南山区平川。1984—1986年进行大规模多点多年水稻模式化栽培试验，优化提出了适宜汉中盆地、丘陵种植的四个高产模式在陕南进行水稻技术规范化栽培试验，1987年后又配合秧田双株稀寄插为主的"三两"栽培推广，使杂交稻的配套技术更趋合理。围绕杂交稻开展的这一系列技术变革，使杂交稻的高产潜力在陕南粮食生产上发挥了重大作用。

本节参考文献

1. 杜永林．江苏水稻品种选育利用现状与发展对策．江苏农业科学，2010（1）：9～13

2. 段仁周，柳世君．豫南稻区南繁工作的回顾与展望．中国种业，2013（1）：12～13

3. 蒋荷等．江苏稻种资源．南京：江苏科学技术出版社，1991：111～133

4. 蒋葆，蒋国龙．江苏稻种资源．北京：中国农业科技出版社，1993：384～396

5. 柳世君，郭祯，马铮等．豫南稻区稻作技术的历史变迁与发展趋势．中国农业科技导报，2006（6）：42～46

6. 杨金松，张再君，邱东峰．湖北省水稻种质资源研究成就、现状与近期工作设想．湖北农业科学，2011（24）：5 024～5 027

7. 张羽，冯志峰，吴升华等．陕西汉中地区主要种植资源的调查及利用．安徽农业科学，2008（1）：159～161

8. 赵志杰．陕西的水稻．北京：中国农业科技出版社，1990：462～475

第四节　水稻品质

一、稻米品质的构成

稻米品质是对稻米在流通与消费过程中的一种综合评价，它是稻米本身物理及化学特性的综合反映。稻米品质通常分为外观品质、加工品质、蒸煮食味品质和营养品质四个方面，计12项指标，即糙米率、精米率、整精米率、粒长、长宽比、垩白粒率、垩白度、透明度、糊化温度、胶稠度、直链淀粉含量和蛋白质含量。另外还有稻米作为商品品质（农药残留量、霉变米粒等）。国内外评价食用稻米品质性状的指标基本相同。

（一）营养品质

1. 稻米营养成分　稻米中含有多种营养成分，包括淀粉、脂肪、蛋白质、必需氨基酸、维生素及矿质元素等，营养价值较高。稻米营养品质是指稻米中各种营养成分的含量，稻米一般含碳水化合物75%～79%，蛋白质6.5%～9%（少数品种可达12%～15%），脂肪占0.2%～2%，粗纤维0.2%～1%，灰分占0.4%～1.5%。稻米的营养成分主要是指精米的蛋白质含量和赖氨酸含量。不同品种稻米的蛋白质含量变幅在5%～16%，籼米比粳米平均高2～3个百分点。国外优质籼米的蛋白质含量一般在8%左右，粳米在6%左右。优质米育种是追求蛋白质的高质量，而不是高含量，如国际水稻研究所育成蛋白质含量只有7%而赖氨酸为4%的品系，品质非常好。淀粉以淀粉体的形态贮藏于胚乳细胞中，淀粉由直链淀粉和支链淀粉组成，两者的基本成分都是葡萄糖。通常籼米的直链淀粉含量比粳米高，糯米中的淀粉几乎都是支链淀粉。蛋白质含量是营养品质的一个重要指标，一般认为高蛋白质含量的稻米较硬，米饭呈黄褐色或浅黄色，贮藏时易变质（蛋白质的-S-H基氧化形成-S-S），有时还有令人不快的气味，使外观品质和食用品质降低。

黑米、紫米和红米通常称为有色米。有色米是糙米，外部的种皮和糊粉层含有不同量的色素而呈现不同的颜色。与白米比较，有色米含有较多的蛋白质和氨基酸，较多的微量元素（Cu、Fe、Mn、Se、Zn、P等）和维生素 B_1、B_{12}、胡萝卜素等，因而具有较高的营养价值和经济价值。江西的奉新红米品种，米皮红、含铁量高、米质优，产量高。广西的乌贡1号品种，糙米乌黑，赖氨酸含量0.57%，直链淀粉含量17%，产量高。浙江的黑珍米品种，黑色素含量高，色浓黑，硒含量为普通大米的3.2倍。

2. 稻米营养品质评价的主要指标　蛋白质含量是评价稻米营养品质的重要指标，包括蛋白质数量与质量两个方面，前者以精米（或糙米）的蛋白质含量表示，后者以精米（糙米）中的必需氨基酸含量表示。蛋白质根据其溶解性的不同分为水溶性清蛋白、盐溶性球蛋白、碱溶性谷蛋白和醇溶性蛋白，清蛋白（2%～5%）和球蛋白（2%～10%）主要位于果皮、糊粉层和胚等组织中，在糙米的最外层比例较高，越靠中心越低；醇溶谷蛋白（1%～5%）和谷蛋白（75%～90%）是贮藏蛋白，分别位于精米的外层和内部。稻米加工过程中，清蛋白和球蛋白容易被除去，因此，精米中的蛋白主要以谷蛋白和醇溶蛋白为主。稻米蛋白中的清蛋白、球蛋白和谷蛋白等都是由一些优良氨基酸组成，其营养丰富而不影响食味，只有阻碍淀粉网眼状结构发展的醇溶蛋白，才是导致食味降低而又几乎不为肠胃所吸收的蛋白质（Baxter等，2004）；此外，稻米中游离氨基酸是提高食味的成分，但其前体物质酰胺以及铵离子则是降低食味的因素（Martin等，2002）。

稻米中的蛋白质含量为6%～8%，仅次于淀粉，在谷类作物中属于低值，但其营养价值同其他谷物蛋白质相比是最高的，这是因为其含有较高的谷蛋白。任顺成等（2002）对稻米蛋白质中的氨基酸组成及其营养进行了分析，发现同其他谷类相比，谷蛋白中含有较丰富的赖氨酸，且稻米蛋白质比其他谷物蛋白质具有较好的氨基酸平衡，不含任何抑制动物生长的成分。赖氨酸是稻米的"第一限制性氨基酸"，它是合成大脑神经再生性细胞、核蛋白、血红蛋白等重要蛋白质所必需的。因此，一般仅以稻米中赖氨酸来衡量稻米的蛋白质质量，每百克稻米中所含必需氨基酸（包括赖氨酸）的毫克数称为稻米必需氨基酸的绝对含量，每百克稻米蛋白质中必需氨基酸（包括赖氨酸）克数称为稻米必需氨基酸的相对含量。

稻米蛋白质含量由氨基酸的含量决定，由于不同部位的赖氨酸含量不同，故稻米的不同部位其营养价值也不同。外层蛋白质的营养价值最高，中层次之，粒心又略有增高。水稻蛋白质的营养价值高低主要取决于氨基酸的组成比例，尤其是必需氨基酸的比例。Likitwattanasade 和 Hongsprabhas（2010）以及吴洪恺等（2009）研究发现蛋白质含量对食味品质的影响因谷蛋白相对于醇溶蛋白的含量不同而异，不能仅根据总蛋白质的含量来判断稻米食味品质的优劣，应把谷蛋白相对于醇溶蛋白的含量以及总蛋白含量同时作为选择指标。

3. 南北过渡带稻米营养品质特点　稻米营养品质主要受粗蛋白质含量的影响，稻米蛋白质的品质是谷类作物中最好的，氨基酸配比合理，易为人所消化吸收，因此，大米是人们（尤其是亚洲人）蛋白质的基本来源之一。据统计，日本人消费的蛋白质近 19% 来自大米。通常情况下蛋白质含量：米糠为 13% ~ 14%，糙米为 7% ~ 9%，精米为 6% ~ 7%，米饭为 2%。稻米蛋白质含量愈高，其营养价值也愈高。从营养价值来看，蛋白质含量应在 7% 以上，但一般认为，其含量在 7% 以下食味较佳。而蛋白质含量过高时，醇溶谷蛋白含量升高，导致食味品质下降。另外，稻米中氨基酸的含量、粗脂肪含量也是评价其营养品质的重要指标。稻米与其他粮食相比，其所含粗纤维少，淀粉粒特小，易于消化，各种营养成分的可消化率和吸收率都高，适于人体需要。

早中熟中粳稻在苏北里下河稻区种植具有较低直链淀粉含量，随着播期推迟有增加趋势，而粳米蛋白质含量随播期推迟有增加趋势。同时，不同稻区的播期对不同品种类型的稻米蛋白质含量调节强度有差异，里下河稻区蛋白质含量受播期影响较大，淮北稻区影响较小，因此，在提高稻米蛋白质含量的播期选择上，要依据品种及其纬度特性进行（沈新平，2007）。

不同类型品种稻米直链淀粉含量在地域间的差异达极显著水平，其中，早、中熟中粳稻两品种（盐粳 204、镇稻 88）均以里下河稻区最低，且淮北稻区要高于其他纬度稻作区，如早熟中粳盐粳 204 的变幅为 11.0%，中熟中粳镇稻 88 在淮北稻区的沛县比里下河稻区的建湖平均高 7.5% ~ 8.2%。迟熟中粳武运粳 8 号和杂交中籼两优培九在淮北稻区的直链淀粉含量较低。稻米蛋白质含量的差异性在地点间达极显著水平，表明其具有强烈的地域性特征。早熟中粳盐粳 204 的蛋白质含量以淮北稻区沛县点最高。

（二）加工品质

1. 加工品质的含义和内容　稻米加工品质是稻谷在加工过程中所表现的特性，反映稻米对加工的适应性，又称碾磨品质。主要取决于籽粒的灌浆特性、胚乳结构及糠层厚度等，如籽粒充实、胚乳结构致密、硬性好的谷粒，加工适应性好。其评价指标主要有糙米率、精米率和整精米率，依次指稻谷脱壳后糙米占试样稻谷的百分率、去掉糠皮和胚后精米占试样稻谷的百分率、米长度达到完整精米粒平均长度 4/5 以上的米粒占试样稻谷的百分率。一般稻米的糙米率、精米率分别在 77% ~ 84% 和 67% ~ 74%，具有良好加工品质的品种，要求精米率达 70% 以上（李天真，2005）。整精米率的高低因品种不同而差异较大，可从 20% ~ 70% 不等。国内推广品种的整精米率普遍低于国外良种。糙米率是个较稳定的性状，主要受遗传因子控制，而精米率受环境影响较大。优质米品种要求糙米率和整精米率高，其中，整精米率是稻米品质中较重要的指标。糙米率和精米率一般较为稳定，品种间差异最大的是整精米率，粳稻的上述 3 种米率平均高籼稻 2 ~ 3 个百分点。品质育种要求上述 3 项指标分别高于 80%、70% 和 60%，重点是提高整精米率。

2. 南北过渡带稻米加工品质特点　加工品质的好坏影响稻米的商品价值，通常用糙米率、精米率、整精米率 3 项指标表示，其中，整精米率是加工品质的核心，是最具有商业价值的部分，因而国标将其列为有"一票表决权"的4项指标之一。

在不同生态环境下，稻米的加工品质，以整精米率的差异最大，精米率其次，糙米率差异最小。不同水稻品种对不同生态环境的适应性存在着差异，且有强弱之分。南北过渡带中的苏北稻区，粳稻品种种植在苏中北部里下河稻区的外观品质较优，籼稻种植在苏中北部的加工品质较好（吉志军等，2005）。

不同类型品种在江苏不同纬度稻作区种植，因纬度协同效应导致稻米加工品质在品种间的差异性有明显的变化，早、中熟中粳稻（盐粳204、镇稻88）在淮北稻区种植时加工品质较优，特别是整精米率。中粳稻（盐粳204、镇稻88和武运粳8号）整精米率在南北过渡带淮北稻区的东海点最高，分别比沿江稻区平均高7.1%、10.2%和8.3%（沈新平，2007）。

二、籼稻和粳稻

（一）籼稻和粳稻的区别

关于亚洲栽培稻分类，学者们分别从形态学、生理学、生态学、血清学、杂种亲和性、同工酶和DNA分析方面展开研究，形成各自的分类系统。由日本学者加藤茂苞（1928）以杂交亲和力为主要依据，并以血清学和形态特征为辅助手段，最早将亚洲栽培稻分为两个亚种，籼稻和粳稻。以后有许多学者提出了不同的分类体系，但国内外学者普遍认为，亚洲栽培稻分化的主要方向就是籼粳两亚种间的分化。存在的分歧主要在于籼粳之外是否还应划分出 javanica 和 aus 这两个亚种。从栽培学上讲，中国栽培稻有籼稻和粳稻两个亚种，籼稻和粳稻是在不同温度条件下演变来的两种气候生态型，它们的米粒分别称为籼米和粳米。

籼稻和粳稻在长期的栽培分化过程中，在多个方面产生了极明显的差异。

1. 生理特征　籼稻分蘖力强，易脱粒，垩白度高，直链淀粉含量高，米粒细长，黏性小，胀性大，米质较差；粳稻分蘖力弱，对光周期敏感，基本营养生长期稳定，生态适应范围广，叶片叶绿素含量较多、色较深，耐密植，耐低温弱光，抗倒伏能力强，不易落粒，出米率高，垩白度低，胀性小，米粒短圆、米质较黏、食用品质好、稳产性好等。

2. 地理分布　在世界各国大体上纬度偏低的地区以种植籼稻为主，纬度较高的地区则以粳稻为主，在热带、亚热带国家也常有少量粳稻栽培，往往分布于山区或旱地。在中国，一般是南籼北粳，低海拔地区为籼稻，高海拔地区为粳稻。也就是说，籼稻适宜于热带和亚热带，而粳稻则适宜于气候冷凉的温带和热带高地（丁颖，1964）。

3. 营养成分含量　粳稻具有直链淀粉和胶稠度低、适口性好、营养价值高等特点。

4. 产量水平　粳稻一季产量水平高于籼稻单季产量。粳稻生产的地缘优势和具有的高产性、高品质、高经济效益等优势也是籼稻所不及的。

5. 栽培利用　粳稻一般比较抗寒、耐肥、要求密植、易感叶瘟病而较抗白叶枯病；籼稻则抗寒力弱，适应较粗放的栽培，在适宜气候下比粳稻高产，早中熟种米质较差，较抗叶瘟病而易感穗颈瘟病和白叶枯病，抗虫性弱。

（二）南北过渡带籼稻和粳稻的生产比重和发展趋势

中国水稻在生产上大体上可划分为南北两大稻区。按秦岭—淮河一线分界，南方稻区包括：上海、江苏、浙江、安徽、湖南、湖北、江西、四川、云南、贵州、广东、广西壮族自治区（全书称广西）、福建等省市自治区，以及陕西和河南南部，以种植籼稻为主，籼稻和粳稻并存；北方稻区包括：北京、天津、黑龙江、吉林、辽宁、山西、内蒙古自治区（全书称内蒙古）、山东、宁夏、甘肃、新疆等省市自治区，以及陕西和河南中部和北部，基本上种植粳稻。

籼稻和粳稻是世界上两个主要的栽培稻亚种，也是中国两个主要的栽培稻亚种。长期以来，中国水稻种植一直以籼稻为主，粳稻为辅，粳稻种植面积占水稻总面积的比重较小。20 世纪 80 年代中国水稻种植基本上是籼稻，粳稻种植面积只占水稻种植面积的 11%，粳稻产量也仅为稻谷产量的 10.76%。随着居民生活水平的提高和消费习惯的改变，人们对粳米的消费偏好增加，籼米口粮消费在稻米口粮消费中的比重逐年下降。特别是进入 90 年代后，粳稻的种植区域进一步扩大，面积和产量不断增加。1980—2005 年，中国粳米产量在稻米总产量中所占比例由 10.8% 增至 28.7%，籼米产量所占比例由 89.2% 降至 71.3%。1990—2004 年，中国居民人均籼米食用消费量从 75.5kg 降为约 55.8kg，籼米食用消费总量从 8 632 万 t 降至约 7 253 万 t；粳米人均食用消费从 18.4kg 增至约 24.7kg；粳米食用消费总量从 2 104 万 t 增至 3 211 万 t。

粳稻种植面积虽然不及籼稻，但是，由于其生物学特性具有超越籼稻的高度耐寒性，它既可以在籼稻区种植，更可以在籼稻难以种植的高纬度高寒地带或低纬度高海拔地带种植，种植范围比籼稻更广。北至高寒的黑龙江，南到云、贵、藏高原，西至新疆，东到台湾省、浙江及上海。其栽培范围之广，经纬度和海拔高度跨幅之大，是籼稻无可比拟的。

中国水稻种植面积 2 784.1 万 hm^2，其中，粳稻面积 701.1 万 hm^2，占水稻总面积的 25.2%；总产 4 774.6 万 t，占水稻总产的 27.9%，单产 6.81t/hm^2，较水稻平均单产高 10.9%。中国粳稻面积约占世界粳稻面积的 56.1%，总产量占世界粳稻总产的 58.5%，单产水平较世界平均高 4.1%。粳稻面积仅次于中国且种植面积超过 66.67 万 hm^2 的还有日本和韩国，产量较高的还有美国、澳大利亚和埃及。未来优质粳米的进口国家和地区将是日本、韩国，而中国、美国和澳大利亚则有可能成为优质粳米出口市场的 3 个主要竞争国。在国际稻米贸易中，优质粳米占 12%~15%。从国际稻米市场的发展趋势看，优质粳米的发展潜力大于优质籼米。

粳米质佳、口感好，在国内外市场深受消费者欢迎，国内销售价格每千克比籼稻高 0.4 元左右，按平均亩产 500kg 计算，农户种植一亩粳稻可增加纯收入 100~150 元。此外，粳稻整精米率一般比籼稻高 5~8 个百分点。据研究，农村居民人均收入每提高 1%，粳米消费量增加 0.14%。2009 年全国粳稻种植面积 1.27 亿亩，占水稻种植面积的 29%，平均亩产 487kg 左右，比籼稻平均亩产高 15.4% 以上。中国粳稻种植面积虽只有水稻总种植面积的 1/4 多一些，但粳米几乎 100% 是直接作为口粮消费，而且随着国民经济发展和人民生活水平的提高，国内外稻米市场对粳米的需求日益增长。

中国加入 WTO 后，水稻是唯一受冲击最小并具有一定竞争力的粮食作物。在水稻经济中，粳稻发展潜力十分巨大。从国内外籼米和粳米的历史演变看，中国台湾、江苏历史上都以种植籼稻为主，吃籼米为主，近年来都改种粳稻以吃粳米为主，韩国由粳改籼近年又由籼改粳，日本则一直以优质粳稻著称。国际市场上，中国粳米向日本、韩国等国家出口也不断增加。近几年中国粳稻生产快速发展，城乡居民对粳米需求也快速增加，粳米生产量满足不了消费的需求。从水稻生产内部看，粳稻的比较效益最高，中晚籼次之，早籼最差。据调查，中国 1995 年粳稻生产税后纯收益分别是早、中、晚稻的 2.25 倍、1.49 倍、1.64 倍，到 2001 年又分别是早、中、晚籼稻的 9.13 倍、1.65 倍、2 倍，粳米价格一般比籼米高 0.4 元/kg，因此，南北过渡地带实施"籼改粳"工程，是顺应稻米市场形势变化，结合地域特点而做出的明智而正确的选择。

从区位优势上看，华北和西北因水资源限制，不可能再大幅度扩大粳稻种植面积，江苏的粳稻发展也已接近极限，有扩展潜力的只有东北稻区、江淮流域和华南的籼稻改粳稻地区。从杂种优势利用上看，到目前为止，杂交籼稻占籼稻种植面积的 70% 左右，而杂交粳稻仅占粳稻种植面积的 3% 左右。2010 年 5 月 6 日农业部专题研究落实国务院领导关于扩大粳稻生产的重要批示精神，明确指出：确保粮食安全的核心是口粮，口粮供给的重点是稻米，稻米供给的关键是粳稻。

不同品种稻米的消费呈现明显的区域性特征。中国籼稻主产区为籼米的主要消费区，长江流域以南地区稻米消费多以籼米为主。长江流域以北地区稻米消费以粳米为主，东北、华北、西北是粳米消费的主要地区，南方省份中江苏、浙江、湖北和四川是粳米产量和消费量都较高的地区，上海也是南方粳米的主要消费地。近年来，随着区域间人员的交流以及物流、信息流的传播，各地间的饮食文化得以互相交流，消费习惯发生变化，加上全国市场的形成，稻米的消费区域不断发生变化，主要表现在北方居民人均消费稻米数量在逐渐增加，也逐渐扩大了对粳米的消费。与此同时，粳米消费也逐渐向长江流域以南地区渗透，这导致上海、江苏和浙江的稻米消费从籼米向粳米转变，广东、广西等地的粳米消费也不断扩大。

从稻米国内贸易来看，随着人们生活水平的提高，大中城市流动人口增多，全国各地稻米消费区域不断增加。北方居民人均稻米消费量逐渐提高，而南方居民消费粳米的数量也不断增加，国内稻米市场将逐步形成一体化格局。从稻米国际贸易来看，中国籼米缺乏价格优势，而粳米较具竞争力，所以中国进口以籼米为主，出口以粳米为主，进口以南方为主，出口以东北为主。

改革开放后，大量耕地被占用，中国水稻种植面积的变化趋势是逐年减少的。与水稻种植面积相比，中国粳稻种植面积总体上是逐步增加的。2000 年以来，中国粳稻种植面积超过水稻种植面积的 20% 以上，且比例逐年增加。依据粳稻分布地区的自然禀赋和地理区位，中国粳稻生产地区主要分为东北粳稻生产区、华北粳稻生产区、西北粳稻生产区、长江中下游粳稻生产区和西南云贵高纬度粳稻生产区。历经 2001—2003 年的减产后，2004 年以来，东北地区的粳稻生产发展很快，并且呈不断增长趋势，东北粳稻产量占全国粳稻总产量的比重不断增加，2010 年已经提高到 45.60%；长江中下游粳稻生产区粳稻产量基本保持稳定，2000—2010 年，长江中下游 5 省粳稻产量占全国粳稻总产量的比重逐渐下滑，2010 年下降到 39.95%，长江中下游地区粳稻增长潜力有限。

江苏省是中国粳稻主要种植区域之一。该省南北横跨 5 个纬度（30°~35°N），地处亚热带与暖温带过渡区，气候复杂多样。2007 年之后，东北地区的粳稻产量超过长江中下游，取代后者成为中国粳稻产量最多的地区。2010 年，东北地区粳稻产量占全国粳稻总产量的比重达到 45.6%，长江中下游为 39.95%，两者占到全国总产量的 85.55%。长江中下游地区粳稻增长潜力有限，东北地区依然具备增产增收的潜力。因此，中国粳稻主产区集中在东北地区和长江中下游，并且粳稻生产中心已经从长江中下游移至东北地区，东北地区的粳稻生产在全国具有举足轻重的地位。在各省中，粳稻产量最大的省是黑龙江和江苏。

在其他稻米的人均消费量下降的情况下，中国粳米的消费需求不断增加，主要原因有：首先，随着生活水平的提高，市场上高端、优质粳米的需求不断提高；其次，中国北方居民喜食粳米是历来的习惯；第三，随着城镇化的推进，越来越多农民来到城市打工甚至安家，增加了粳米的消费。北方居民习惯消费粳稻米，因此，北方的城市化发展将促进粳米消费的进一步增加。第四，国内市场流通渠道的改进以及南北人口流动，让更多南方人吃上了粳米，并喜欢上了粳米的口感，从而增加了中国南方粳米的需求。未来随着人民生活水平的继续提高，对粳米的需求量必然越来越大。

三、环境条件对水稻品质的影响

稻米品质主要受品种自身遗传基因所控制，但是，环境因素对稻米品质的形成也有着很大影响。环境因子包括水稻生长期间的气候条件、栽培措施及土壤水分与肥力状况等多方面。而从稻米品质性状的环境影响角度来看，目前，多数品种的品质性状在不同环境生态条件下表现有相当大的变幅，直链淀粉含量差异可达 10 个百分点，蛋白质可达 6 个百分点，垩白粒率和垩白度可有更大的相差。从前人的研究结果来看，在诸多的环境因子中，水稻灌浆结实期间的气温是影响稻米品质的首要环境因子。其次是栽培条件，而栽培条件中，对稻米品质影响最大的是施肥，各种肥料成分中，N 素肥料又显得尤为突出。

（一）水稻品质的地域差异

水稻品质形成不仅受基因型控制，而且还受不同地域自然资源和生态气候环境的影响，两者相比，基因型差异只起一定的作用，地域差异即环境和生态条件的变化对品质性状的作用更重要、更敏感。研究结果得出，不同水稻品种在同一生态稻作区种植和同一水稻品种在不同生态稻作区种植，其稻米品质会发生一定的变化，说明稻米品质是品种基因型与环境互作的结果，受生态条件的影响较大。其中，整精米率、垩白粒率、直链淀粉含量和蛋白质含量差异达极显著水平，整精米率在不同试点的变化最大，最大差值可达到 28.8%，所以，在稻米品质中，整精米率的高低对其综合品质影响较大。

不同类型的水稻品种有其自身的对地域生态环境的不同要求。一般籼稻比较适宜在高温、强光和多湿的热带及亚热带生长；粳稻比较适宜于气候温和的温带和热带与亚热带高海拔高地、华东太湖流域、华北、西北及东北等温度较低的地区。因此，地域生态环境决定了水稻类型的分布，同时也在一定程度是决定了中国稻米品质的地域差异性分布。

地理区域不仅与稻种起源、形成和分化有关，也表现在稻米的垩白率、整精米率有明显的地域差异，这可能与不同地域具有特定的光温条件、土壤类型、肥力水平及相配套栽培技术有关。异地栽培研究发现，直链淀粉含量和胶稠度与地理环境有明显相关。另外，海拔的高低对籼粳稻的食用和蒸煮品质影响有显著的差异。籼稻随海拔高度的升高，糊化温度、直链淀粉含量和胶稠度依次下降、降低和变软，但粳稻则随海拔的升高上述 3 个品质性状相应地升高、增加和基本无影响。进一步研究发现，海拔高度对外观品质和加工品质也有一定影响，具体表现在高海拔地带上种植的水稻加工品质明显要好，垩白粒率明显较低；该点对籼稻影响尤为显著，因而在籼稻优质米生产上常有所谓"黄金海拔带"。

根据前人有关水稻种植区划方面的研究成果，在全国不同稻作区分别选若干分布较为均匀、水稻种植面积较大、气候生态条件有代表性的县（市），然后分双季早籼、双季晚籼、单季粳稻与双季早粳、双季晚粳四大类型描绘出中国不同气候生态条件下的稻米品质地域分布图。研究表明，中国稻米品质气候条件的地域分布特征较复杂。但从总体上看，北方稻区的品质气候条件普遍要优于南方，晚稻要优于早稻。对双季早籼而言，中国各地利于优质形成的气候条件均不甚理想，其中，以江南丘陵平原双季稻区与海南南部最差，稻米品质评价值在 80 以下，即使黔东湘西等相对较好气候生态区的稻米品质评价值也不超过 88。不利于生产出优质的早籼稻米。与之相反，双季晚籼及晚粳稻米品质形成的气候生态条件则有明显的改观，除海南岛、雷州半岛南端及四川东南盆地等部分地区的稻米品质评价值低于 92 外，其余各地的稻米品质评价值普遍在 95 以上，说明其气候生态条件较有利于优质晚籼或晚粳稻米的生产。从中国单季粳稻与双季早粳的地域分布可见，中国北方稻区的稻米品质，除东北部的漠河、海拉尔、额尔古纳和西北部的阿勒泰等地略低以外，绝大多数地区的稻米品质评价值均在 90 以上，其中，以东北大平原与西北高原盆地的评价值最高，华北北部平原次之，黄淮平原丘陵稍低。值得一提的是自东北大平原到西北高原盆地的大范围地区，其稻米品质形成的气候评价值清一色大于 98，优质粳稻形成的气候生态条件非常适宜，这一地域的东北粳米素以品质优良而著称，看来明显得益于其优越的温光气候条件。与北方稻区相比，中国南方稻区双季早粳品质形成的气候条件普遍不佳，稻米品质的气候评价值均在 85 以下，其中，部分地区的稻米品质气候评价值低于 75，气候生态条件非常不利于优质米的生产（程方民等，2002）。

有研究表明，不同类型水稻品种稻米加工品质因地域的变化而变化，且对地域差异的敏感性有强弱之分，中熟中粳稻和迟熟中粳稻的加工品质在苏中地区表现较优，而杂交中籼稻加工品质呈现南低北高的趋势（沈新平等，2002）。另有研究分析指出，不同基因型水稻稻米加工品质和外观品质在不同生态地区的差异及变化，表明不同的水稻品种对不同生态环境的适应性存在着差异，粳稻的加工品质与品种生态类型相关，籼稻的加工品质在苏中北部地区表现较好，粳稻品种的外观品质在苏中里下河稻区较优，籼稻品种的外观品质则以纬度较高的地区较优（吉志军等，2005）。

不同稻米品质随纬度的变化趋势不同，加工品质随纬度的升高呈增加趋势，外观品质中粒长、粒宽和长宽比随纬度的变化较小，说明其受地点的影响较小。垩白度和垩白率呈南高北低的趋势，食味品质随纬度的升高呈提高趋势，营养品质的蛋白质含量则呈现南高北低的趋势。其中，南粳46品质性状受地点的影响最大（赵庆勇等，2013）。

稻米的米饭质地和淀粉RVA谱的特性是评价稻米品质的重要指标，均与蒸煮食味品质密切相关，两者特征值的变化直接影响稻米的蒸煮食味品质（舒庆尧等，1998；陈能等，1999）。淀粉RVA的特征值主要由遗传控制，其遗传可能是由1对主效基因和若干微效基因共同控制，但也受环境的影响。籼稻异地间消减值、崩解值、硬度和黏度等主要影响稻米食味品质指标的变异大，说明品种食味品质的改良有潜力，应以上述品质特性作为主要的目标改善稻米蒸煮食味品质，同时重视品种和环境对米质的影响，既选择优质品种，又注意优质生态环境的选择（谢黎虹等，2006）。

在异地栽培条件下，稻米的加工品质、外观品质和蒸煮品质均有极显著的差异，太子稻从主产区移植到对照区栽培，导致品质下降，表现为糙米率、精米率、整精米率、长宽比和胶稠度下降，垩白粒率和垩白度增大。相反，对照品种鄂早9号移到主产区种植，糙米率、精米率、整精米率、垩白度和胶稠度等稻米品质指标都得到不同程度的改善，米质提高（表2-1）。说明太子稻在其主产区表现出优良品质，异地栽培会使稻米品质变劣（周竹青等，2008）。

表2-1　稻米品质指标和多重比较结果

处理	品种	糙米率（%）	精米率（%）	整精米率（%）	垩白粒率（%）	垩白度（%）	长/宽	糊化温度（℃）	延伸率（%）	出饭率（%）	GC（%）	AC（%）
冲口湾	玉晶	79.56a	68.17a	61.74A	25.33B	1.64B	3.40A	3B	142.14B	337.91a	68.33A	21.09C
	香早	80.57a	70.64a	66.89A	91.33A	26.04B	3.11B	5.5A	144.09B	345.20a	52.00B	30.02A
	鄂早9号	81.38a	70.95a	54.53B	100A	62.67A	2.32C	2C	169.79A	380.13a	48.00B	27.02B
山下湾	玉晶	80.26a	68.85a	62.33A	50.67B	3.65B	3.33A	3B	138.09B	387.45a	70.00A	21.29C
	香早	80.12a	70.01a	66.59A	93A	23.93B	3.10B	5.5A	146.34B	357.73a	49.00B	30.35A
	鄂早9号	80.68a	69.25a	48.53B	100A	86A	2.34C	2C	163.78A	388.49a	48.33B	26.74B
开发区	玉晶	79.14a	68.49a	59.64A	53.67B	5.33B	3.27A	3B	145.03B	405.01a	66.00A	21.00C
	香早	79.58a	69.58a	64.03A	91.33A	26.55B	3.05B	5.5A	145.13B	379.59a	47.33B	30.00A
	鄂早9号	80.34a	69.08a	48.05B	97.67A	94.85A	2.32C	2C	164.06A	415.28a	45.33B	26.99B

注：引自周竹青等．异地栽培对湖北地方优质稻光合生理和稻米品质影响．华中农业大学学报

（二）气候条件对水稻品质的影响

水稻生长期间每个生育时期的气候条件都与品质的形成有关，特别是抽穗成熟期的气候条件最为重要。影响稻米品质的气候因子主要有温度、光照、湿度和风等。

1. 温度的影响　稻米的加工品质受遗传因素的影响较少，受环境因素影响较大。

在各种气候环境因子中，温度被普遍认为是对稻米品质的影响最为显著的因子，特别是灌浆结实期的温度。有研究认为，这段时期温度影响品质的贡献率达88.51%。通常情况下，水稻灌浆结实期气温以21~26℃为宜，过高或过低均不利于米质的形成。

在生产实践中，经常发现晚季栽培的品质要优于早季栽培，在高海拔地区种植的品质要优于低海拔地区，中稻收割后蓄留的再生稻米质较好（特别是生长期为8月中旬至10月上中旬的再生稻），其主要特点是垩白粒率和垩白大小明显偏低，糊化温度低，整精米率中上，米饭适口性好。主要原因就在于抽穗后气温差异所致。在水稻结实期不同时段的温度与稻米品质的关系方面，周德翼等（1994）研究认为，结实期日平均气温与稻米综合品质呈二次曲线关系，结实前中期为决定稻米综合品质优劣的温度敏感时期。孟亚利等（1994）研究认为，结实期不同时段日平均气温对稻米品质的影响不同，结实中期对品质的影响最大，是影响稻米品质的关键时期。在水稻灌浆结实期，温度的高低及变化，是维持稻米品质的关键因素之一。研究结果表明，在水稻灌浆期，影响稻米品质的主要气象因子是日平均温度，且形成最佳稻米品质的温度是21.1~24.5℃。日平均温度对稻米品质影响的顺序为：垩白度＞垩白粒率＞整精米率＞精米率＞蛋白质含量＞直链淀粉含量。其中，垩白度、垩白粒率和直链淀粉含量随日平均温度的升高而增加；整精米率、精米率、蛋白质含量随日平均温度的降低而升高。

（1）对加工品质和外观品质的影响 灌浆结实期的高温会使灌浆速率加快，持续期缩短，稻谷淀粉颗粒灌浆不紧密，从而影响米粒的充实，导致稻米的垩白面积增大，垩白粒率提高，透明度降低，高温不利于良好加工品质的形成，特别是整精米率下降，碎米增多。抽穗期低温常导致水稻不能安全齐穗或不能正常灌浆充实，影响同化产物的积累和运转，使稻米的"青米率"增加，垩白增大。在温度与整精米率关系的研究方面，不少研究指出整精米率与灌浆结实期的气温呈负相关的趋势。张嵩午等（1993）利用早籼、中籼、晚籼、早粳和晚粳5种类型的19个品种在全国不同地区13个试点进行分期播种试验结果发现，不同水稻品种的整精米率随结实期平均温度不同而变化，呈现出直线型和抛物线型两种类型，对温度反应的灵敏程度因品种而异并可分为多种类群，所要求灌浆结实期的最适温度与品种类型、熟期有关，在籼稻类型的品种中，最适温度大多在21.0~23.0℃，倾向于温凉，并呈现出早熟种＞中熟种＞晚熟种的趋势；在粳稻类型的品种中，最适温度除晚粳青林9号外都在20℃以下，低于籼稻类型品种，但当降至一定的低温范围时整精米率不再升高反而下降。米粒的垩白面积直接影响其商品性，是一个重要的外观品质。

李欣等（1989）对垩白面积的变异与灌浆成熟期气象因素的相关关系进行分析后，认为垩白面积的变异在品种间存在显著差异，凡垩白面积大的品种（如广陆矮4号和南京11号）对环境变化较为敏感，垩白面积小或无的品种（如Bellmont、农垦57等）受环境影响产生的变异较小。他同时分析认为，灌浆成熟期间的气候条件影响垩白的大小可能与光合和输导系统在这一段时间内的功能强弱有关，在灌浆成熟期的平均气温偏低（在20℃以下）时垩白面积显著增加，在正常成熟条件下垩白面积是随着这一期间温度的增加而增加。关于高温促使垩白增多的发生机理，伏军（1987）的研究表明，主要是由于高温在加速稻株成熟、促进植株衰老时，造成米粒背部、基部或横断面中部的细胞生长和淀粉细胞累积显著不足，而成白色不透明状所致。

（2）对蒸煮品质和食用品质的影响　高温会导致蒸煮品质和食用品质变差，主要表现在对糊化温度、胶稠度、直链淀粉含量等方面的影响。在温度影响稻米的糊化温度方面，高温会使稻米的糊化温度升高，低温则会使糊化温度降低。高铸九等（1983）的研究提出了日均温与品种的糊化温度级别（碱解值）呈极显著负相关（$r = 0.927\ 1^{**}$）。王守海（1987）研究指出，日均最低温对稻米糊化温度的影响较大。朱碧岩等（1994）认为，抽穗后 20d 内的环境温度对稻米糊化温度的影响较大，抽穗之前 10d 和抽穗 20d 以后的影响较小。在温度影响稻米的胶稠度方面，唐湘如等（1991）认为，灌浆成熟期温度提高，稻米的胶稠度变硬，而李欣等（1989）则认为，胶稠度随着灌浆成熟期温度的升高呈变软的趋势。温度对淀粉合成的影响很大程度上反映在籽粒的生理活性上，与淀粉沉积过程中的 ADPG 焦磷酸化酶、UDPG 焦磷酸化酶、蔗糖合成酶、R 酶、淀粉分枝酶、Q 酶等的活性相关。水稻结实期的温度与稻米的直链淀粉含量关系密切，温度对直链淀粉含量的影响因品种而异，周德翼等（1994）研究提出，多数品种的直链淀粉含量与结实期温度间存在二次曲线关系，高直链淀粉含量品种在较高温度下的直链淀粉含量最大，而中低直链淀粉含量品种在较低温度下达到品种的最大直链淀粉含量值。贾志宽等（1990）认为，灌浆成熟期气温对直链淀粉含量的影响还与温度的时段分布有关，灌浆期前 18d 温度较高时不利于直链淀粉的累积（呈负效应），18d 后温度较高时有利于直链淀粉的累积（呈正效应），各品种类型要求的直链淀粉累积的适宜温度不同，大致上是籼稻高于粳稻。Russurection 和赵式英（1983）认为，气温对稻米直链淀粉含量的影响主要看其是否有利于淀粉的形成和积累，只有在最适温度条件下直链淀粉累积量最大，温度太高或太低都不利于淀粉累积。

（3）对营养品质的影响　抽穗后遇到高温会使稻米的营养品质发生变化，主要表现在对蛋白质含量的影响。唐湘如等（1991）研究认为，在高温条件下，水稻灌浆成熟期间的茎、鞘、叶的蛋白质酶浓度保持较高水平，且高温对其活性增加有利，从而使蛋白质很快转化为氨基酸等可溶性氮化物向籽粒运输，可促使籽粒氨基酸增多，进而促进蛋白质合成，最终导致籽粒蛋白质含量升高，而灌浆成熟期温度降低则有利于优质稻米的形成。灌浆期日平均温度显著影响稻米品质中的整精米率、垩白粒率和垩白度的变化。由于灌浆期的高温会使灌浆速率加快，持续时间短，稻谷淀粉粒排列不紧密，从而影响米粒的充实，导致稻米垩白面积增大，垩白粒率提高，透明度降低。

2. 光照的影响　光照是另一个显著影响稻米食用品质的气象因素。

一般认为，水稻灌浆期的光照不足，光合作用能力下降，导致因糖源的不足而引起稻米直链淀粉和淀粉总量的减少，糊化温度降低，胶稠度变硬（屠曾平，1996）。此外，卢荣禾等（1997）发现不同类型水稻如籼稻和爪哇稻因本身对光的适应性差异，在强光下出现的光抑制和光氧化现象常会直接影响稻米的食用品质。

光照对稻米品质的影响是多方面的。韦朝领等（2001）则研究认为，在水稻抽穗后

15～30d 的日平均太阳辐照度对稻米品质影响最大。水稻生育后期光照不足，光合作用减弱，尤其是稻株的营养生长过旺，导致田间郁闭，通气透光不良，碳水化合物合成受阻，易造成籽粒充实不良，青米增多，并使垩白米粒增多。但是光照太强，温度会相应升高，诱导高温逼熟，同样会导致稻米的垩白面积增大，增加垩白率。长户一雄、李欣等（1989）研究发现，通过遮光处理，部分限制光合作用能减少垩白米粒的发生。李林等和 TsuneoKato（1986）试验表明，弱光导致整精米率下降。有文献报道，日照时间与稻米的糊化温度、胶稠度一般呈正相关，与直链淀粉含量呈负相关，在谷粒发育期中太阳辐射强时稻米的蛋白质含量较低，光照弱时也会降低蛋白质含量。

日照时数对稻米品质变化的影响不显著，日照时数对稻米品质影响的顺序为：垩白度 > 精米率 > 整精米率 > 蛋白质含量 > 直链淀粉含量 > 垩白粒率。随日照时数的增多，垩白度、垩白粒率和直链淀粉含量升高，整精米率、精米率和蛋白质含量降低。

3. 湿度的影响 相对湿度和降水量对稻米品质也有一定的影响。

降水量对稻米品质变化的影响不显著，相对湿度与糊化温度、胶稠度和垩白面积一般呈正相关，而与直链淀粉含量呈负相关，但品种间不一致。不同雨量环境对米粒延伸性、直链淀粉含量及糙米蛋白质含量有显著影响，且环境与品种之间存在显著互作。随降水量的增多，精米率、垩白度、垩白粒率和蛋白质含量增加，精米率和直链淀粉含量降低，其对稻米品质的影响顺序：蛋白质含量 > 垩白粒率 > 垩白度 > 精米率 > 直链淀粉含量 > 整精米率。

4. 风的影响 大风可使水稻倒伏、落粒、茎秆折断及叶片损伤，还间接地引起病菌侵入和蔓延，如白叶病、细菌性褐斑病和稻瘟病的病菌就很容易从茎叶伤口侵入，加重病害的发生。

风害程度与风力大小、持续时间、水稻品种的抗风能力及生育时期都有密切关系。在大风危害时，高秆品种比矮秆品种受害重，籼稻比粳稻受害重；抽穗开花期、灌浆成熟期比幼穗期、分蘖期受害重。水稻在抽穗前受风的影响比较小，主要是叶片擦伤，叶尖产生纵裂，最后呈灰白色干枯，病健部分界限混杂不清，但病部不会扩展。如果大风吹断剑叶就会影响抽穗。抽穗开花期至灌浆乳期最忌大风，风害使水稻开花授粉不正常，结实不良，秕谷增多。而且谷粒受风损伤，常常发生黑色的斑点，严重时还会出现白穗。抽穗期如果遇风发生倒伏，减产更严重。成熟期遇大风，稻秆倒伏，造成落粒、谷粒发芽、霉烂，既损失产量，又会降低品质。抽穗期进行吹风处理会使稻米外观品质变劣。

（三）施肥对水稻品质的影响

水稻栽培生产过程中，主要是通过肥料的施用来调节稻株生长的营养环境，以满足其高产与优质的要求。不同种类的肥料，同一种肥料不同施用时期与施用方法，对水稻品质形成的影响不同。

1. 施氮对水稻品质的影响 国内外研究结论一致认为，稻米蛋白质含量随着施 N 量的增加而增加，施 N 时期后移，蛋白质含量也增加。刘宜柏等（1982）分别在穗分化期、孕穗期、齐穗期施 N 肥，3 个品种的平均蛋白质含量随着施肥期的推迟而增加，与对照相比，穗分化期、孕穗期增加显著。大多研究表明，在施肥量相同的情况下，适当降低前期用量，增加中后期 N 素的施用，具有提高整精米的作用，有利于改善稻米的碾磨品质（万靓军等，2006；刘立军等，2007；马群等，2009）。对 N 素能提高稻米碾磨品质的原因，许多研究结果表明（Xiong 等，2008；Yang 等，2007），灌浆期间（或齐穗前）追施 N 素能防止早衰，维持根系活力和叶片光合能力，提高叶片光合速率，促进物质运转，增加粒重和籽粒充实度，同时体内含 N 量增加，向穗部运转的 N 素化合物增加，谷粒硬度也随之增大，耐磨品质得到改良，整精米率、精米率显著提高。但也有施 N 素用量与碾磨品质性状关系不大的研究结论，如周培南等（2001）和徐大勇等（2005）研究认为，施 N 量对稻米碾磨品质影响较小，且稻米碾磨品质有随施 N 量的增加而降低的趋势。关于肥料运筹对稻米碾磨品质的影响，刘立军等（2002）认为，基肥：分蘖肥：保花肥按 4∶2∶4 施用，有助于提高稻米碾米品质。

关于 N 素对外观品质的影响，目前尚有争议。一种认为，后期增施 N 量有利于外观品质的提高。金军等（2004）研究表明，施 N 量增加可降低垩白粒率 5%～10%；金正勋等（2001）试验结果表明，随着 N 素施用量增加，各品种稻米垩白粒率均逐渐降低，而且水稻全生育期施用量相同时，抽穗期追 N 素与生育前期追 N 素相比，能明显降低稻米垩白粒率，其降低幅度达 0.3%～13.9%。Zhang 等（2009）研究认为，水稻后期施用 N 素，可以改变垩白的大小，降低垩白度，提高透明度。另一种认为，增施 N 素不利于对外观品质的提高，如张洪程等（2003）研究发现，垩白率、垩白大小、垩白度均随施 N 量的增加呈上升趋势。关于 N 素对外观品质影响的研究结果存在差异，主要原因，一是供试品种不同，如籼、粳两种类型对肥料的反应不同，同一类型不同品种的外观品质性状对 N 素敏感性也不一样；二是各试验所处温光环境不同。

诸多研究表明，增施 N 素不利于蒸煮食味品质的提高。金正勋等（2001）试验结果表明，随着 N 素施用量增加，稻米直链淀粉含量逐渐降低，胶稠度变短；水稻全生育期施用量相同时，与生育前期追 N 素相比，抽穗期追 N 素，稻米直链淀粉含量降低，胶稠度变短。金军等（2004）研究表明，在一定的施 N 水平范围内，随施 N 量的增加，胶稠度显著变软；直链淀粉含量、糊化温度对 N 素反应不敏感。Zhang 等（2009）研究表明，在低 N 水平下米饭有变软和变黏的趋势。

施 N 量对黏土和沙土两种类型土壤的稻米品质影响一致，随着 N 肥用量的增加，加工品质得到改善，蛋白质含量增加。虽然稻米中的蛋白质含量在谷类作物中属于低值，但米蛋白的赖氨酸含量比其他一些粮食种子高，氨基酸组成配比也比较合理，在生物体中的利用率比其他谷类要优越，因此质量最好。关于 N 素对蛋白质含量的影响，国内外研究结论较为一致，即稻米蛋白质含量随着施 N 量的增加而增加，施 N 时期后移，蛋白质含量也增加（Islam 等，1996；Leesawatwong 等，2005；Perez 等，1996；吴洪恺等，2009）。徐大勇等（2003）和 Chang 等（2008）研究表明，增施 N 素能提高苏氨酸、蛋氨酸、异亮氨酸、缬氨酸、亮氨酸、苯丙氨酸和赖氨酸 7 种必需氨基酸含量，尤其在抽穗期追 N，能大大提高赖氨酸含量。湖南省优质稻米生产体系及其应用理论研究协作组研究表明，增加 N 肥可以改善稻米营养价值，尤其是稻米蛋白质含量随 N 量的增加，呈直线相关，$r = 0.958\,8^{**}$，还能显著提高苏氨酸、蛋氨酸、异亮氨酸、缬氨酸、亮氨酸、苯丙氨酸和赖氨酸7种必需氨基酸含量，尤其是抽穗期追N，能大大提高赖氨酸。

研究普遍认为，适当增施N肥可改善稻米加工品质，糙米率、精米率、整精米率均随施N量的增加呈上升趋势。杨泽敏等（2002）研究表明，齐穗期喷施尿素溶液能改善稻米加工品质，N素主要促进米粒横向发展，因N肥用量增加而导致粒宽增加的效应大于粒长增加的效应。结实期追施N肥能提高籽粒蛋白质含量，谷粒硬度增大，碾磨品质得到改良，显著提高精米率和整精米率。傅木英（1982）指出，早稻齐穗期追N肥，晚稻孕穗期追N，特别采用根外追肥，能显著地提高糙米蛋白质含量。

周瑞庆（1989）研究表明，不同生育期追N对稻米蛋白质含量的影响大小依次为：抽穗期＞减数分裂期＞枝梗分化期＞分蘖期，以减数分裂期和抽穗期追N肥对籽粒中蛋白质影响最大。不同生育时期追N，对稻米直链淀粉含量的影响与对蛋白质含量的结果正好相反，分蘖期、枝梗分化期、减数分裂期、抽穗期追施N肥使米粒中直链淀粉含量分别较对照降低6.1%、26.3%、23.7%、27.2%。诸多试验结果中，N肥对米质指标影响比较一致的有：增加N肥可以提高整精米率，施N量增加胶稠度变硬、糊化温度增大。N肥用量越大、施用期越迟稻米中粗蛋白含量越高。化肥N素过多、过迟施用会影响稻米的外观及食味，蛋白质含量过高的稻米色泽差、食味不佳。施标等（2001）在日本以优质稻米品种"越光"为材料研究认为，稻米品质优良与否主要与其粗蛋白、直链淀粉含量及Ca、Mg等含量密切相关，通常将精米中粗蛋白含量在6.9%以下、直链淀粉在20%以下、无机盐含量在0.6%左右的稻米划分为优质稻米。N肥用量过多容易使精米中粗蛋白含量增加而影响米质，同时穗肥N肥施用时期过晚、用量过多，不仅引起精米中的粗蛋白含量增加，而且会使植株贪青、倒伏，影响产量与品质。

2. 磷钾肥对水稻品质的影响　P素是水稻生长发育所需的大量营养元素之一，是构成大分子物质及多种重要化合物的组分，并参与植物体内的代谢。一般来说，N、P、K配合施用或叶面喷施P肥，可提高整精米率和蛋白质含量；P肥少量施用，垩白面积有降低的趋势，而过量施用P肥，垩白率随P肥用量增加而增加。增施K肥能明显提高整精米率，增加蛋白质和氨基酸含量，降低直链淀粉含量，提高米质和口感，但不利于降低垩白率；此外，施K可以预防纹枯病、胡麻叶斑病，防止病虫害导致的稻米品质下降。

长期N、P、K配施与单一施N、不施肥处理的稻米品质比较，长期N、P、K配施能显著提高稻米的加工品质，降低稻米的直链淀粉含量，增加蛋白质含量。但未能改善稻米的外观品质。N、P、K不同组合研究表明，以N-P-K、N-P、N-K3种组合方式对优质有利，能减少垩白，降低垩白率，显著提高整精米率，同时也能提高蛋白质含量。其中，以N-K组合对优质效果更好。而P、K组合稻米的垩白面积和垩白率显著增加，外观品质明显变劣，蛋白质含量降低。

3. 微量元素对水稻品质的影响　微量元素施用方面，郝虎林等（2007）研究表明，随着N素施用量的增加，在一定程度上改善了水稻根系吸收微量元素并向地上部转运的能力，籽粒中Fe、Mn、Cu和Zn含量增加，稻米营养品质有所改善，但品种的特性表达不受影响。张睿等（2004）、俄胜哲等（2005）和袁继超等（2006）研究表明，稻米中

Fe、Zn、Cu、Mn、Mg 和 Ca 的含量与施 N 量之间呈近似二次凸函数关系，即适当的增施 N 素可以提高这些矿质元素在籽粒中的积累。微量元素对稻米品质也有明显影响。Agrawal（1983）研究表明，在应用 Zn、Mn、Mo、Cu 4 种微量元素单施及其多组分不同的微量元素组合中，Mn-Zn、Zn-Mo、Mn-Zn-Mo、Cu-Zn-Mo、Cu-Mn-Zn-Mo 的组合对碳水化合物含量的影响显著，以 Cu-Zn-Mo 组合的碳水化合物含量最高（75.25%）；Mn、Mo、Mn-Mo、Mn-Zn-Mo 对蛋白质含量的影响显著，以 Mn-Mo 处理的蛋白质含量最高（13.9%），Zn 和 Cu 单施或配合施用都降低了稻谷中蛋白质含量。湖南省优质稻生产技术体系及其应用理论研究协作组在以 Zn、B、Mo、稀土、Mg 等微量元素叶面喷施试验中，以孕穗和始穗期喷施 0.03% 的稀土溶液或 0.05% 的钼酸铵溶液对稻米品质的作用较显著，能提高整精米率，降低垩白度。尤其以稀土、Mo、B 配合喷施效果更好，早稻喷施稀土微肥效果优于晚稻。

4. 有机肥对水稻品质的影响　土壤质地对稻米品质的影响主要与土壤有机质含量有关，施用有机肥料能够改善稻米品质，这一观点已经得到广泛支持。通过长期施用有机肥和生物性肥料培肥土壤，培育理想的土壤结构，使土壤耕作层深厚、有机质含量高、质地疏松、微生物活动强、透水透气性好，将有利于保持优质稻的品质特性。李宗铁等（1991）研究表明，施用有机肥和施用有机肥加化肥处理后，稻谷糙米率、粗蛋白、脂肪和氨基酸含量等都比化肥或不施肥处理高，且得出连续多年单施化肥会明显降低稻谷品质的结论。戴平安等（1999）研究指出，有机肥占总施 N 量的 30% 左右稻米品质最优。贺阳东等（2004）研究表明，施用有机肥可提高稻米的加工品质和降低垩白粒率、垩白度，有机肥与化肥配施能降低稻米的直链淀粉含量。

（四）土壤环境对水稻品质的影响

土壤类型对米质的影响十分明显。土壤质地影响米饭的食味，冲积层土壤和第三层土壤上生产的稻米食味较好，而火山灰土壤及泥炭土壤上生产的稻米食味较差。在日本关东地区的各类土壤中，生长在多湿黏土上的稻米其品质优于泥炭土上的。湖南省江水县的香稻，只能用特定的品种、在特定的土丘块中栽培才具有香味，品种和土丘块不对号，均不能生产香米。对南方具有代表性的江黄泥、灰泥、黄泥和紫潮泥 4 种类型土壤研究结果表明：同一类型土壤对不同品种、不同季别的稻米品质影响不一致，早籼米质明显劣于晚稻米；早稻以紫潮泥种植生产的米质较优，表现在整精米率提高，垩白小而少，胶稠度提高和直链淀粉较高，晚稻则以黄泥生产的米质较优。进一步研究发现，土壤肥力水平、泥温和水温的高低以及耕层深浅均对米质有明显影响：速效 P 的增加有利于降低垩白度，提高整精米率；泥温和水温的降低虽有利于提高优质早稻整精米率、胶稠度和明显降低垩白率；较浅的耕层虽有利于提高早稻整精米率和改善蒸煮品质，但米质和产量呈明显负相关。

土壤水分状况对稻米品质的影响是显著的。据测定，陆稻较水稻蛋白质含量高 30% 左右。同样是陆稻，栽培在旱地比栽培在水田蛋白质含量高 39%；同样是水稻，旱地比水田蛋白质含量高 25%。随着土壤水分的减少，糙米中蛋白质含量增加。全国劳模陈永康曾指出，利用河水灌溉其稻米品质优于用塘水灌溉。上海青浦的香稻是用淀山湖的湖水灌溉的，其香味和品质比在其他地方种植的同一品种更香更好；晋祠香米是由于适宜的低温山泉水灌溉稻田而使稻米香味较浓的；京西香稻只有采用玉泉山和西山的泉水灌溉才能产香；天津小站稻灌溉水是来自黄河的南运河水源上游，含淤泥和腐殖质较多，水质很好；涿州贡米的灌溉水含有丰富的矿物质；青浦香粳米只有用姑山泉水灌溉才香；颗砂香米、乌山米是用山上泉水灌溉所致，所有这些均与土壤水分有关。

（五）轮作或不同前茬对水稻品质的影响

轮作是指在同一块土地上前后种植两季不同作物的种植方式。轮作是世界各国普遍采用的农田用养结合、增加作物产量的一项重要措施。稻田水旱轮作可促进作物生长，提高作物产量，改善稻米品质。研究表明，水稻与紫云英和玉米轮作，轮作稻米的蛋白质含量比连作高，说明轮作对稻米蛋白质含量的提高有一定作用（王淑彬等，2002）。

轮作可以改善土壤结构，利于作物吸取不同深度的养分，抗重茬效果明显，减少了土传病害等的发生。对于有连作障碍的作物而言，轮作是不错的选择。选择合理轮作作物可以带来一定的经济效益，有的轮作模式可以节水、增产、改善环境。研究轮作条件下稻米品质的变化，对于目前人们在解决温饱问题后，注重食物的不仅仅是量方面的问题，而是对食物质方面的要求有重大意义。有关轮作对稻米品质的影响，目前在国外的相关研究较少，国内相关研究也很少见。王淑彬（2002）在研究水旱轮作与连作效益时发现：早稻米的蛋白质含量轮作比连作高4.1%，晚稻米的蛋白质含量轮作比连作高0.6%。这表明轮作稻米的蛋白质含量比连作高，即轮作对稻米的营养品质有所改善。

从外观品质上看，轮作与连作的早晚稻粒长、粒型无明显差异，轮作普遍增加了早稻的垩白粒率和垩白度。可能由于轮作处理能提供比连作更多的N、P、K素，因为有研究表明N肥丰富能增加垩白度。轮作对早稻米的加工品质有一定改善作用，但晚稻米加工品质则是连作普遍优于轮作。这表明轮作可以改善早稻的加工品质，但对晚稻则相反。不同轮作方式对透明度级没有影响。连作处理的早稻直链淀粉含量低于轮作，胶稠度高于轮作。连作处理的晚稻直链淀粉含量亦低于轮作。影响稻米品质的主要因素是直链淀粉含量，直链淀粉含量高，米饭硬、黏性小、光泽差。轮作对水稻的蒸煮品质并没有改善作用，而连作的蒸煮品质反而好于轮作（王淑彬等，2011）。

表2-2 不同复种方式下水稻品质特征

复种方式	粗蛋白（%）	糙米率（%）	精米率（%）	整精米率（%）	长/宽	垩白率（%）	垩白度（%）	直链淀粉含量（%）	碱消值	胶稠度（mm）
小麦-水稻	10.38	86.32	78.01	64.5	2.53	27.7	15.4	17.2	5.37	65.47
黑麦-水稻	10.68	86.33	80.13	65.6	2.51	26.2	15.8	16.8	5.68	66.87
多花黑麦草-水稻	10.43	86.69	80.68	65.1	2.56	26.8	14.3	17.7	5.43	66.3

注：引自朱练峰等. 不同粮食和牧草前作对水稻生长、产量和品质的影响. 草业科学，2007

不同粮食和牧草前作对水稻生长、产量和品质的影响，结果表明，不同前作对后作水稻品质的影响较小，黑麦茬和多花黑麦草茬水稻粗蛋白含量比小麦茬水稻稍有提高，但差异不明显。3 种复种方式下水稻碾米品质差异不大，多花黑麦草茬和黑麦茬水稻的出糙率、精米率和整精米率比小麦茬水稻稍高（表 2 - 2）。不同前作对后作水稻外观品质的影响，主要表现在多花黑麦草和黑麦茬水稻垩白率比小麦茬稍低。不同前作对后作水稻蒸煮品质的影响不明显，黑麦茬水稻直链淀粉含量比小麦茬和多花黑麦草茬的稍有降低，黑麦和多花黑麦草茬的胶稠度比小麦茬略有提高（朱练峰等，2007）。

本节参考文献

1. 蔡一霞，王维，朱智伟等．不同类型水稻支链淀粉理化特性及其与米粉糊化特征的关系．中国农业科学，2006，39（6）：1 122～1 129

2. 曹黎明，袁勤，倪林娟等．优质稻保优栽培技术的研究进展．上海农业学报，2001，17（2）：45～48

3. 长户一雄．米粒の蛋白含量に すろ研究．日本作物学会事，1972（41）：472～479

4. 陈能，谢黎虹，段彬伍．稻米中含二硫键蛋白对其米饭质地的影响．作物学报，2007，33（1）：167～170

5. 程方民，胡东维，丁元树．人工控温条件下稻米垩白形成变化及胚乳扫描结构观察．中国水稻科学，2000，14（2）：83～87

6. 程方民，刘正辉，张嵩午．稻米品质形成的气候生态条件评价及我国地域分布规律．生态学报，2002，22（5）：636～642

7. 程飞虎，周培建．江西适度发展粳稻的探索与思考．中国农技推广，2012，28（1）：7～9

8. 戴平安，刘向华，易国英．氮、磷、钾及有机肥不同配施量对水稻品质和产量效应的研究．作物研究，1999（3）：26～30

9. 丁涛，张洪程，袁秋勇．施氮量与每穴本数对丰优香占产量、品质及吸氮特性的影响．江苏农业科学，2005（1）：23～27

10. 丁艳锋，刘胜环，王绍华等．氮素基、蘖肥用量对水稻氮素吸收与利用的影响．作物学报，2004，30（8）：739～744

11. 俄胜哲，袁继超，丁志勇等．氮磷钾肥对稻米铁、锌、铜、锰、镁、钙含量和产量的影响．中国水稻科学，2005，19（5）：434～440

12. 伏军．稻米垩白的发生机理及其改良．湖南农业科学，1987（2）：15～18

13. 傅木英．关于施肥提高糙米蛋白质含量的研究．江西农业大学学报，1982（3）：87～93

14. 高如嵩，张嵩午．稻米品质气候生态基础研究．西安：陕西科学技术出版社，1994

15. 高铸九，顾佳青，杨祥玉．上海水稻地方品种蒸煮及食味品质的研究——糊化温度的测定分析．上海农业科技，1983（1）：6～8

16. Gomez K A．环境对水稻蛋白质和直链淀粉含量的影响．国外农学——水稻，1981

（3）：146～148

17. 贺阳东，马均，魏万蓉. 不同肥料种类对水稻强化栽培产量及稻米品质的影响. 中国农学通报. 2004，20（6）：177～181

18. 黄发松，胡培松. 优质稻米的研究与利用. 北京：中国农业科技出版社，1994

19. 黄发松，孙宗修，胡培松等. 食用稻米品质形成的现状与展望. 中国水稻科学，1998，12（3）：172～176

20. 胡培松，翟虎渠，唐绍清等. 利用 RVA 快速鉴定稻米蒸煮及食味品质的研究. 作物学报，2004，30（6）：519～524

21. 胡曙军，陈云明，方兆伟等. 氮磷钾肥施用量和运筹对加工品质和外观品质的影响. 江苏农业科学，2005（3）：26～29

22. 吉志军，尤娟，王龙俊等. 不同基因型水稻稻米加工品质和外观品质的生态型差异. 南京农业大学学报，2005，28（4）：16～20

23. 贾志宽，朱碧岩. 灌浆期气温的分布对稻米直链淀粉累积效应的研究. 陕西农业科学，1990（4）：9～11

24. 金军，徐大勇，蔡一霞等. 施氮量对水稻主要米质性状及 RVA 谱特征参数的影响. 作物学报，2004，30（2）：154～158

25. 金正勋，秋太权，孙艳丽等. 氮素对稻米垩白及蒸煮食味品质特性的影响. 植物营养与肥料学报，2001，7（1）：31～35

26. 李成荃. 杂交水稻生产面临的挑战及其对策. 安徽农业科学，1992，20（2）：97～102

27. 李军，顾德法，李林峰. 环境和栽培因子对稻米品质影响的研究进展. 上海农业学报，1997，13（1）：94～97

28. 李林，沙国栋，陆准准. 灌浆结实期温光因子对稻米品质的影响. 中国农业气象，1996，5（2）：33～38

29. 李欣，顾铭洪，潘学彪. 稻米品质研究Ⅱ. 灌浆期间环境条件对稻米品质的影响. 江苏农学院学报，1989，10（1）：7～12

30. 李宗铁，韩京龙. 连续施用有机肥对水稻生育和品质的影响. 吉林农业科学，1991（4）：66～69，61

31. 刘建. 环境因子对稻米品质影响研究进展. 湖北农学院学报，2002，22（6）：550～554

32. 刘立军，王志琴，桑大志等. 氮素运筹对水稻产量及稻米品质的影响. 扬州大学学报（生命与科学版），2002，23（3）：46～50

33. 刘立军，吴长付，张耗等. 实地氮素管理对稻米品质的影响. 中国水稻科学，2007，21（6）：625～630

34. 刘宜柏等. 稻米蛋白质含量的初步研究. 江西农业大学学报，1982（2）：94～101

35. 凌启鸿. 论水稻生产在我国南方经济发达地区可持续发展中的不可替代作用. 科技导报，2004（3）：42～45

36. 凌启鸿. 水稻精确定量栽培理论与技术. 北京：中国农业出版社，2007

37. 罗明，张洪程，戴其根等. 施氮对稻米品质形成的影响研究进展. 陕西农业科学，2004（5）：49～51

38. 马群，张洪程，戴其根等. 生育类型与施氮水平对粳稻碾磨品质的影响. 作物学报，2009，35（7）：1 282～1 289

39. 孟亚利，高如嵩，张嵩午. 影响稻米品质的主要气候生态因子研究. 西北农业大学学报，1994，22（1）：40～43

40. 莫惠栋. 我国稻米品质的改良. 中国农业科学，1993，26（4）：8～14

41. 屈宝香，刘丽军，张华. 我国粳稻优势区域布局与产业发展. 作物杂志，2006（6）：11～13

42. 任顺成，王素维. 稻米中的蛋白质分布与营养分析. 中国粮油学报，2002，7（6）：35～38

43. 沈明星，沈新平，吴彤东等. 长期氮磷钾配施对稻米品质的影响. 上海农业学报. 2004，20（2）：60～62

44. 孙业盈，吕彦，董春林等. 水稻 Wx 基因与稻米 AAC、GC 和 GT 的遗传关系. 作物学报，2005，31（5）：535～539

45. 孙义伟. 水稻成熟期气温对稻米品质的影响. 水稻文摘，1993，2（2）：6～8

46. 唐建军，陈欣. 环境条件和稻米品质综述. 耕作与栽培，1985（5）：39～44

47. 唐湘如，余铁桥. 灌浆成熟期温度对稻米品质及有关生理生化特性的影响. 湖南农学院学报，1991，17（1）：1～8

48. 王金英，江川，郑金贵. 不同色稻精米与米糠中矿质元素的含量. 福建农林大学学报（自然科学版），2002，31（4）：409～413

49. Zhou Z, Blanchard C, Helliwell S, et al. Fatty acid composition of three rice varieties following storage. Journal of Cereal Science, 2003, 37：327～335

50. 王守海. 灌浆期气候条件对稻米糊化温度的影响. 安徽农业科学，1987（1）：1～8

51. 王淑彬，黄国勤，黄海泉等. 稻田水旱轮作的生态经济效应研究，江西农业大学学报，2002，24（6）：757～761

52. 王淑彬，林青，黄国勤. 轮作对稻米品质的影响. 中国农学通报，2011，27（33）：137～141

53. 王熹，陶龙兴，谈惠娟等. 革新稻作技术，维护粮食安全与生态安全. 中国农业科学，2006，39（10）：1 984～1 991

54. 王一凡，随国民，王友芳等. 粳稻持续快速发展的思考与对策. 北方水稻，2008，38（6）：8～10

55. 王忠. 植物生理学. 北京：中国农业出版社，2000：81～87

56. 王忠，顾蕴洁，陈刚等. 稻米的品质和影响因素. 分子植物育种，2003（1）：231～241

57. 万建民．中国水稻遗传育种与品种系谱．北京：中国农业出版社，2010：211~216

58. 万靓军，霍中洋，龚振恺等．氮素运筹对杂交稻主要品质性状及淀粉RVA谱特征的影响．作物学报，2006，32（10）：1 491~1 493

59. 万向元，胡培松，王海莲等．水稻品种直链淀粉含量、糊化温度和蛋白质含量的稳定性分析．中国农业科学，2005，38（1）：1~6

60. 韦朝领，刘敏华，陈多璞等．江淮地区性稻米品质性状典型相关分析及其与气象因子关系的研究．安徽农业大学学报，2001，28（4）：345~349

61. 吴关庭，夏英武．环境与栽培对稻米品质的影响．中国稻米，1994（4）：37~39

62. 吴洪恺，刘世家，江玲等．稻米蛋白质组分及总蛋白质含量与淀粉RVA谱特征值的关系．中国水稻科学，2009，23（4）：421~426

63. 谢黎虹，陈能，段彬伍等．稻米中蛋白质对淀粉RVA特征谱的影响．中国水稻科学，2006，20（5）：524~528

64. 谢黎虹，杨仕华，陈能等．不同生态条件下籼稻米饭质地和淀粉RVA谱的特性．作物学报，2006，32（10）：1 479~1 484

65. 谢新华，李晓方，肖昕等．稻米淀粉黏滞性和质构性研究．中国粮油学报，2007，22（3）：9~12

66. 徐大勇，金军，杜永等．氮磷钾肥运筹对水稻子粒蛋白质和氨基酸含量的影响．植物营养与肥料学报，2003，9（4）：506~508

67. 徐大勇，金军，胡曙鋆等．氮磷钾肥运筹对稻米直链淀粉含量和淀粉黏滞谱特征参数的影响．作物学报，2005，31（7）：921~925

68. 徐正进，陈温福，张龙步等．水稻品质性状的品种间差异及其与产量关系的研究．沈阳农业大学学报，1993，2（43）：217~223

69. 许仁良，戴其根，王秀琴等．氮素施用量、施用时期及运筹对水稻氮素利用率影响研究．江苏农业科学，2005（2）：19~22

70. 颜龙安，李季能，钟海明等．优质稻米生产技术．北京：中国农业出版社，1999：30~37

71. 杨振华，庄淑英，刘玉环等．有机肥与无机肥配施对水稻产量及品质效应的研究．福建农业科技，1993（1）：17~18

72. 杨泽敏，王维金，蔡明历等．氮肥施用期及施用量对稻米品质的影响．华中农业大学学报，2002（5）：429~434

73. 叶全宝，张洪程，李华等．施氮水平和栽插密度对粳稻淀粉RVA谱特性的影响．作物学报，2005，31（1）：124~130

74. 游晴如，黄庭旭，马宏敏．环境因素对稻米品质的影响及保优高产栽培技术．江西农业学报，2006，18（3）：155~158

75. 袁继超，刘丛军，俄胜哲等．施氮量和穗粒肥比例对稻米营养品质及中微量元素含量的影响．植物营养与肥料学报，2006，12（2）：183~187

76. 曾亚文，刘家富，汪禄祥等．云南稻核心种质矿质元索含量及其变种类型．中国

水稻科学，2003，17（1）：25～30

77．曾亚文，申时全，汪禄祥等．云南稻种矿质元素含量与形态及品质性状的关系．中国水稻科学，2005，19（2）：127～131

78．张彩虹．南阳籼稻改粳稻还能走多远．河南农业，2006（11）：46

79．张洪程，王秀芹，戴其根等．施氮量对杂交稻两优培九产量、品质及吸氮特性的影响．中国农业科学，2003，36（7）：800～806

80．张睿，郭月霞，南春芹．不同施氮水平下小麦籽粒中部分微量元素含量的研究．西北植物学报，2004，24（1）：125～129

81．张嵩午，周德翼．温度对水稻整精米率的影响．中国水稻科学，1993，7（4）：211～216

82．张小明，石春海，富田桂．粳稻米淀粉特性与食味间的相关性分析．中国水稻科学，2002，16（2）：157～161

83．张艳霞，丁艳锋，李刚华等．直链淀粉含量不同的稻米淀粉结构、糊化特性研究．作物学报，2007，33（7）：1 201～1 205

84．张艳霞，丁艳锋，王强胜等．氮素穗肥对不同品种稻米品质性状的影响．植物营养与肥料学报，2007，13（6）：1 080～1 085

85．赵庆勇，朱镇，张亚东等．播期和地点对不同生态类型粳稻稻米品质性状的影响．中国水稻科学，2013，27（3）：297～304

86．赵式英．灌浆期气温对稻米食用品质的影响．浙江农业科学，1983（4）：178～181

87．赵思明，熊善柏，张声华．稻米淀粉的理化特性研究 I：不同类型稻米淀粉的理化特性．中国粮油学报，2002，17（6）：39～43

88．甄海，黄慧君、吴东辉等．不同造别栽培对稻米碾磨和蒸煮品质的影响．广东农业科学，1999（4）：8～10

89．周崇松，刘文宏，范必威等．川稻中铜铁锌锰 4 种微量元素的研究．广东微量元素科学，2003，10（10）：56～59

90．周德翼，张嵩午，高如嵩等．稻米综合品质与结实期气象因子的关系研究．西北农业大学学报，1994，22（2）：6～10

91．周广洽，谭周鎡．关于稻米直链淀粉含量的研究．湖南农业科学，1987（6）：12～16

92．周培南，冯惟珠，许力霞等．施氮量和移栽密度对水稻产量及稻米品质的影响．江苏农业研究，2001，22（1）：27～31

93．周瑞庆．施肥对稻米品质的影响研究．湖南农学院学报，1989，15（3）：1～5

94．周小丰，石文贞，侯彩云．稻米糊化温度和直链淀粉含量协同测定方法的研究．中国粮油学报，2006，21（6）：1～4

95．周竹青，徐运清，黄天芳等．异地栽培对湖北地方优质稻光合生理和稻米品质的影响．华中农业大学学报，2008，27（1）：32～37

96. 朱碧岩，吴永常，杨宝平．结实期环境温度对稻米糊化温度的影响．西北农业大学学报，1994，10（4）：23～27

97. 朱练峰，江海东，金千瑜等．不同粮食和牧草前作对水稻生长、产量和品质的影响．草业科学，2007，24（1）：63～68

98. Agrawl H P. 微量元素对水稻（IR8）品质的影响．国外农学—水稻，1983（4）：21～22

99. Abilgos R G, Manaois R V, Corpuz E Z, et al. Breeding for iron-dense rice in the Philippines. The Philippines Journal of Crop Science, 2002, 27：79～83

100. Babik I, Rumpel J, Elkner K, et al. The influence of nitrogen fertilization on yield, quality and senescence of Brussels sprouts. Acta Horticulture, 1996, 407：353～359

101. Baxter G, Blanchard C and Zhao J. Effects of prolamin on the textural and pasting properties of rice flour and starch. Journal of Cereal Science, 2004, 40：205～211

102. Bhattacharta K R, Sowbhaya C M and Swamy Y M I. Importance of water in soluble amylose as a determinant of rice quality. Journal of the Science of Food and Agriculture, 1978, 29：359～364

103. Cakmak I, Kalayci M, Ekiz H, et al. Zinc deflciency as a practical problem in plant and human. Field Crops Research, 1999, 60：175～188

104. Camara F, Barbera R, Amaro M A, et al. Calcium, iron, zinc and copper transport and uptake by Caco-2 cells in school meals：In fluence of protein and mineral interactions. Food Chemistry, 2006, 100：1 085～1 092

105. Champagn E T, Wood D F, Juliano B O, et al. The rice grain and its gross composition. In：Champagne, E. T. (Ed.), Rice Chemistry and Technology, third ed. American Association of Cereal Chemists, Inc., St. Paul, Minnesota, USA, 2004：77～95

106. Chang E H, Zhang S F, Wang Z Q, et al. Effect of nitrogen and phosphorus on the amino acids in root exudates and grains of rice during grain fllling. Acta Agronomica Sinica, 2008, 34：612～618

107. Cook J D, Skikne B S, Baynes R D, et al. Iron deficiency：the global perspective. Advances in Experimental Medicine and Biology, 1994, 356：219～228

108. David E S, Baxter I and Lahner B. Ionomics and the study of the plant ionome. The Annual Review of Plant Biology, 2008, 59：709～833

109. Faferia N K, Baligar V C and Jones C A. Growth and mineral nutrition of field crops. Marcel Dekker, Inc., New York, 1991：159～197

110. Frossard E, Bucher M, Machler F, et al. Potential for increasing the concentration and bioavailability of Fe, Zn and Ca in plants for human nutrition. Journal of the Science of Food and Agriculture, 2000, 80：861～879

111. Fu Q L, Yu J Y and Chen Y X. Effect of nitrogen on dry matter and nitrogen partitioning in rice and nitrogen fertilizer requirements for rice production. Journal of Zhejiang University

（Agriculture and Life Science Edition），2000，26（4）：399~403

112. Ghandilyan A, Vreugdenhil D and Aarts M. Progress in the genetic understanding of plant iron and zinc nutrition. Physiologia Plantarum, 2006, 126：407~417

113. Graham R D, Welch R M and Bouis H E. Addressing micronutrient malnutrition through enhancing the nutritional quality of staple foods：principles, perspectives and knowledge gaps. Advances in Agronomy, 2001, 70：77~142

114. Gregorio G B, Senadhira D, Htut H, et al. Breeding for trace mineral density in rice. Food and Nutrition Bulletin, 2000, 21：382~386

115. Grotz N and Guerinot M L. Molecular aspects of Cu, Fe and Zn homeostasis in plants. Biochemica et Biophysica Acta-Molecular Cell Research, 2006, 1 763：595~608

116. Hanashiro I, Tagawa M, Shibahara S, et al. Examination of molar-based distribution of A, B and C chains of amylopectin by fluorescent labeling with 2-aminopyridine. Carbohydrate Research, 2002, 337：1 211~1 215

117. Hao H L, Feng Y, Huang Y Y, et al. Situ analysis of cellular distribution of iron and zinc in rice grain using SRXRF method. High Energy Physics and Nuclear Physics-Chinese Edition, 2005, 29：55~60

118. Hizukuri S. Recent advances in molecular structure of starch. Starch Science, 1988, 31：185~187

119. Hussain A A, Maurya D M and Vaish C P. Studies in quality status of indigenous upland rice（Oryza sativa L.）. Indian Journal of Genetics, 1987, 47（2）：145~152

120. Ishimaru Y, Suzuki M, Kobayashi T, et al. OsZIP4, a novel zinc-regulated zinc transporter in rice. Journal of Experimental Botany, 2005, 56：3 207~3 214

121. Islam N, Inanaga S, Chishaki N, et al. Effect of N top-dressing on protein concentration in japonica and indica rice grains. Cereal Chemistry, 1996, 73：571~573

122. Iturriaga L B, Mishima B L and Añon M C. Effect of amylose on starch pastes viscosity and cooked grains stickiness in rice from seven argentine genotypes. Food Research International, 2006, 39：660~666

123. Jane J, Chen Y Y, Lee L F, et al. Effects of amylopectin branch chain length and amylase concentration on the gelatinization and pasting properties of starch. Cereal Chemistry, 1999, 6：629~637

124. Jiang S L, Wu J G, Nguyen B T, et al. Genotypic variation of mineral elements concentrations in rice（Oryza sativa L.）. European Food Research and Technology, 2008, 228：115~122

125. Jing Q, Bouman B A M, Hengsdijk H, et al. Exploring options to combine high yields with high nitrogen use efficiencies in irrigated rice in China. European Journal of Agronomy, 2007, 26：166~177

126. Juliano B O, Onate L U, Mundo A M. Relation of starch composition, protein concen-

tration, and gelatinization temperature to cooking and eating qualities of milled rice. Food Technology, 1990, 165 (19): 116 ~ 121

127. Juliano B O, Bautisa G M, Lugay J C, et al. Studies on the physicochemical properties of rice. Agriculture and Food Chemistry, 1985, 12 (2): 131 ~ 138

128. Kainuma K and French D. Naegeli amylodextrin and its relationship to starch granule structure Ⅱ: Role of water in crystallization of B-starch. Biopolymers, 1972, 11: 2 241 ~ 2 250

129. Kittaa K, Ebiharaa M, Iizuka T, et al. Variations in lipid concentration and fatty acid composition of major non-glutinous rice cultivars in Japan. Journal of Food Composition and Analysis, 2005 18: 269 ~ 278

130. Leesawatwong M, Jamjod S, Kuo J, et al. Nitrogen fertilizer increases seed protein and milling quality of rice. Cereal Chemistry, 2005, 82: 588 ~ 593

131. Likitwattanasade T and Hongsprabhas P. Effect of storage proteins on pasting properties and microstructure of Thai rice. Food Research International, 2010, 43: 1 402 ~ 1 409

132. Lim H S, Lee J H and Shin D H. Comparison of protein extraction solutions for rice starch isolation and effects of residual protein concentration on starch pasting properties. Starch/Stärke, 1999, 51 (6): 120 ~ 125

133. Lyon B G, Champagne E T, Vinyard B T, et al. Sensory and instrumental relationships of texture of cooked rice from selected cultivars and postharvest handing practices. Cereal Chemistry, 2000, 77 (8): 64 ~ 69

134. Martin M and Fitzgerald M A. Proteins in rice grains influence cooking properties. Journal of Cereal Science, 2002, 36: 285 ~ 294

135. Matthews R B, Horie T and Kroff M J. A regional evaluation of the effect of future climate change on rice production in Asia. In: R. B. Matthews et al. (ed.) Modeling the impact of climate change on rice production in Asia. CAB International, Wallingford, UK. 1999: 95 ~ 139

136. Maathuis F J M. Physiological functions of mineral macronutrients. Current Opinion in Plant Biology, 2009, 12: 1 ~ 9

137. Marschner V H and Marschner P. Mineral nutrition of higher plants. Second edtion. London, Academic Press, 1995

138. McPerson A E and Jane J. Comparison of waxy potato with other root and tuber starches. Carbohydrate Polymer, 1999, 40: 57 ~ 70

139. Morrison W R. Lipids in cereal starches: a review [J]. Journal of Cereal Science, 1988, 8: 1 ~ 15

140. Nakamura Y, Sakurai A, Inaba Y, et al. The fine structure of amylopectin in endosperm from Asian cultivated rice can be largely classified into two classes. Starch/Stärke, 2002, 54: 117 ~ 131

141. Okamoto M. Studies on effect of chemical components on stickiness of cooked rice and

their selection methods for breeding. Bulletin of the Chugoku National Agricultural Experiment Station, 1994, 14: 61~68

142. Ong M H and Blanshard J M V. Texture determinants in cooked, parboiled rice I: Rice starch amylose and the fine structure of amylopectin. Journal of Cereal Science, 1995, 21: 251~260

143. Peng S B, Cassman K G, Virmani S S, et al. Yield potential trends of tropical rice since the release of IR8 and the challenge of increasing rice yield potential. Crop Science, 1999, 39: 1 552~1 559

144. Perez C M, Juliano B O, Liboon S P, et al. Effects of late nitrogen fertilizer application on head rice yield, protein concentration, and grain quality of rice. Cereal Chemistry, 1996, 73: 556~560

145. Peyman S, Hamid D, Ali M, et al. Genetic and Genotype × Environment interaction effects for appearance quality of rice. Agricultural Sciences in China, 2009, 8 (8): 891~901

146. Poletti S, Gruissen W and Sautter C. The nutritional fortifcation of cereals. Current Opinion in Biotechnology, 2004, 15: 162~165

147. Qi X, Tester R F, Snape C E, et al. Molecular basis of the gelatinization and swelling characteristics of waxy rice starches grown in the same location during the same season. Journal of Cereal Science, 2003, 37: 363~376

148. Raboy V. Progress in breeding low phytate crops. Journal of Nutrition, 2002, 132: 503~505

149. Ramesh M, Zakiuddin A, Bhattacharya K R. Structure of rice starch and its relation to cooked-rice texture. Carbohydrate Polymers, 1999, 38: 337~347

150. Reddy K R, Ali, S Z and Bhattacharya K R. The structures of rice-starch amylopectin and its relation to the texture of cooked rice. Carbohydrate Polymer, 1993, 22: 267~275

151. Rivera J A, Ruel M T, Santizo M C, et al. Zinc supplementation improves growth of stunted rural Guatemalan infants. Journal of Nutrition, 1998, 128: 556~562

152. Robin J P, Mercier C and Charbonniere R. Lintnerized starches: Gel filtration and enzymatic studies of insoluble residues from prolonged acid treatment of potato starch. Cereal chemistry, 1974, 51: 389~401

153. Russurrection A P. Effect of environment on rice amylose content. Soil Science and Plant Nutrition, 1977, 23 (1), 109~112

154. Salunkhe D K and DeshPande S S. Foods of Plant Origin: Production, Technology and Human nutrition. AVI Book, Van Nostran Reinhold, New York, 1991: 501

155. Samonte S O P B, Wilson L T, Medley J C, et al. Nitrogen utilization effciency: relationships with grain yield, grain protein, and yield-related traits in rice. Agronomy Journal 2006, 98: 168~176

156. Sood B C C, Siddiq E A. Possible physicl-chemical attributes of kernel influencing

kernel elongation in rice. Indian Journal of Genetics, 1986, 46 (3): 456~460

157. Sowbhagya C M, Ramesh B S and Bhattacharya K R. The relationship between cooked rice texture and the physicochemical characteristics of rice. Journal of Cereal Science, 1987, 5 (3): 287~297

158. Takeda Y and Hizukuri S. Structures of rice amylopecins with low and high affinities for iodine. Carbohydrate Research, 1987, 168: 79~88

159. Tester R F and Morrison W R. Swelling and gelatinization of cereal starches I: Effects of amylopectin, amylose, and lipids. Cereal Chemistry, 1990, 67: 551~557

160. Tsuneo Kato. Effect of the shading and rachis branch clipping on the grain filling process of rice cultivars differing in the grain. Japan J Crop Sci, 1986, 55 (2): 252~260

161. Tomio I, Masahiko T, Eiko A, et al. Distribution of amylase, nitrogen, and minerals in rice kernels with various characters. Journal of Agricultural and Food Chemistry, 2002, 50 (19): 5 236~5 332

162. Toshio TALRA. Relation between mean air temperature during ripening period of rice and amylographic characteristics or cookingquality. Jpn J Crop Sci, 1999, 68 (1): 45~49

163. Vandeputte G E, Vermeylen R, Geeroms J, et al. Rice starch I: Structural aspects provide insight to crystalinity characteristics and gelatinization behavior of granular starch. Journal of Cereal Science, 2003, 38: 43~52

164. Vandeputte G E and Delcour J A. From sucrose to starch physical behavior: a focus on rice starch. Carbohydrate Polymers, 2004, 58: 245~266

165. Varavint S, Shibsngob S, Varanyanond W, et al. Effect of amylase concentration on gelatinization, retrogradation and pasting properties of flours from different cultivars of Thai rice. Starch/Stärke, 2003, 55 (9): 410~415

166. Vasconceios M, Datta K, Khalekuzzaman M, et al. Enhanced iron and zinc accumulation with transgenic rice with the ferritin gene. Plant Science, 2003, 164: 371~378

167. Wang X Q, Yin L Q, Shen G Z, et al. Determination of amylose concentration and its relationship with RVA profile within genetically similar cultivars of rice (Oryza sativa L. ssp. japonica). Agricultural Sciences in China, 2010, 9 (8): 1 101~1 107

168. Wang Y J and Wang L. Structures of four waxy rice starches in relations to thermal, paste and textural properties. Cereal Chemistry, 2002, 19 (2): 252~256

169. Welch R M and Graham R D. A new paradigm for world agriculture: meeting human need: productive, sustainable, nutritious. Field Crops Research, 1999, 60: 1~10

170. Welch R M and Graham R D. Breeding for micronutrients in staple food crops from a human nutrition perspective. Journal of Experimental Botany, 2004, 55: 353~364

171. Welch R M, Mori S and Singh K. Perspectives on the micronutrient nutrition ofcrops. In: Welch R M. Chapter-11: Micronutrients, agriculture and nutrition: linkages for improved health and well being. Scientific Publishers (India), Pawan Kumar, 2000, 247~282

172. Wong K S, Kubo A, Jane J L, et al. Structures and properties of amylopectin and phytoglycogen in the endosperm of sugary-1 mutants of rice. Journal of Cereal Science, 2003, 37: 139 ~ 149

173. Xiong F, Wang Z, Gu Y J, et al. Effects of nitrogen application time on caryopsis development and grain quality of rice variety Yangdao 6. Rice Science, 2008, 15 (1): 57 ~ 62

174. Yang L X, Wang Y L, Dong G C, et al. The impact of free-air CO2 enrichment (FACE) and nitrogen supply on grain quality of rice. Field Crops Research, 2007, 102: 128 ~ 140

175. Yang X E, Chen W R and Feng Y. Improving human micronutrient nutrition through biofortiflcation in the soil-plant system: China as a case study. Environmental Geochemistry and Health, 2007, 29: 413 ~ 428

176. Yang X E and Römheld V. Physiological and genetic aspects of micronutrient uptake by higher plants. In Nielsen (Ed.), Genetics and molecular biology of plant nutrition. 1999: 151 ~ 186

177. Yang X E, Ye Z Q, Shi C H et al. Genotypic differences in concentration of iron, manganese, copper, and zinc in rice grain. Journal of Plant Nutrition, 1998, 21: 1 453 ~ 1 463

178. Zhang Y J, Chen Y Y, Yan G J, et al. Effects of nitrogen nutrition on grain quality in upland rice Zhonghan 3 and paddy rice Yangjing 9538 under different cultivation methods. Acta Agronomica Sinica, 2009, 35 (10): 1 866 ~ 1 874

第五节　麦茬稻常规栽培

过渡带内水稻前茬比较丰富,有冬闲田、紫云英翻沤田、油菜茬田(包括紫云英留种茬田、大麦茬田,因为三者在收获时间上相近)和小麦茬田等,但以油菜茬、小麦茬为主,本文尊重农民把栽插稍晚的稻统称为"麦茬稻"习惯,以介绍麦茬稻栽培技术为主,兼顾其他茬口水稻栽培技术。

一、选用品种

(一)水稻良种的基本特点及选用品种的原则

1. 基本特点

(1)农艺性状比较稳定　水稻品种在选育和繁育过程当中,都有去杂保纯的过程。对推广到生产大田种植的水稻种子,无论是常规种还是杂交种,都必须是各种农艺性状稳定、生长整齐一致的种子。为保护种植户利益,国家统一制定了纯度质量标准(GB4401.1—2008),规定常规水稻大田用种的纯度不低于99.0%;杂交水稻大田用种的纯度不低于96.0%。低于国家标准的,则可认定为不合格种子。

（2）高产稳产　在同等栽培条件下良种应该比一般品种更高产，或更具有增产潜力。由于水稻是在自然环境下生长的，光照、气温、降水等自然因素年际间变化较大，对于好的水稻品种，要有较好的综合性状，必须能在适宜的范围内能抵御一定的自然灾害，获得稳定的产量。

（3）品种优良　随着市场经济的发展，市场对专用米等商品品种的要求越来越高，如口感好的香米，用于包裹食品的糯米，用于制作米线的专用米等。好的品种应适应这些市场化的要求。

（4）抗逆性强　能对水稻正常生长造成危害的逆境因素有很多，如土壤不良，病、虫、草害，高温、低温、寡照、大风自然灾害等，如果水稻品种不具备起码的抗逆性或耐性，就无法在逆境出现时正常生长。

2. 选用原则

（1）生态类型相适应原则　任何一个水稻品种，只有在适宜的生态环境下生长才能获得好收成。由此可以推断：由于中国南北过渡带内生态类型比较相似，相互引种风险比较小。但大多数水稻品种不是在过渡带内选育而成的，不一定适合过渡带种植。远距离引种，一定要了解品种是否具有感光性、感温性，防止环境变化引起生育期变化，这些变化能否适应过渡带内安全播种期和安全齐穗期，以及前后茬衔接的要求。总体来讲，中国栽培稻有两个亚种：籼稻和粳稻，它们对温度、光照和水分要求有一定的差异。籼稻较耐高温和强光照，而粳稻则相反。在恒温条件下，粳稻出苗最低温度为10℃，籼稻为12℃。中国水稻研究所主编的《中国水稻种植区划》（浙江科学出版社，1989）中，在研究全国各地域的自然生态条件、社会经济条件和水稻生产状况的相对差异性和相对一致性的基础上，把中国水稻划成6个稻作区和16个亚区。南北过渡带内西部属于华中双季稻稻作区川陕盆地单季稻两熟亚区（对应指标：≥10℃年积温4 000 ~ 5 000℃，历时170 ~ 210d；10 ~ 20℃年积温3 400 ~ 3 800℃，历时152 ~ 167d；年降水量600 ~ 1 000mm，年太阳辐射量110 ~ 125kcal/mm² （1kcal = 4.186 8KJ，全书同），年日照1 200 ~ 2 300h），中东部属于华中双季稻区长江中下游平原双季稻亚区与华北单季稻稻作区黄淮平原中晚熟亚区交汇地带（对应指标：≥10℃年积温4 000 ~ 5 000℃，历时170 ~ 210d；10 ~ 20℃年积温3 400 ~ 3 800℃，历时152 ~ 167d；年降水量600 ~ 1 000mm，年太阳辐射量110 ~ 125kcal/mm²，年日照2 000 ~ 2 600h）。简红忠等（2006）研究认为，汉中盆地晚熟组合应在4月10日前播种，中熟组合应在4月20日前播种，7月下旬抽穗扬花才能获得水稻最高产量。宋世枝等（2004）研究认为，豫南稻区粳稻播期推迟到5月中下旬，成熟期推迟到10月中下旬产量及品质最佳。总体看来，过渡带内应以生育期在130 ~ 150d的中熟水稻品种为主，籼稻播期在4月中下旬（保护地育秧可提前至4月上旬），熟期在9月中下旬；粳稻播期在5月中下旬，熟期在9月中下旬为宜。

（2）品种特征特性熟悉原则　水稻品种的主要特性包括丰产性、早熟型、抗逆性、品质以及品种的栽培技术要求等。

育种单位培育出水稻新品种之后，都要经过严格的品种比较试验和区域试验。通过区试、专家评议、种子管理机关审定，对可以在生产上种植的品种予以发放推广许可证，并对相应的品种在产量、抗性、品质和熟期等方面作出评价,确定适宜的种植范围和地区。

一般来说,水稻品种迟熟类型比中早熟类型产量要高,中熟类型要比早熟类型产量要高。但产量不能作为选用品种的唯一依据,要结合自己的茬口、种植方式、市场定位等通盘考虑,如麦茬稻在选用两段育秧、提早播种时,可选择生育期稍长一点的品种;而采取机械化育插秧和直播方式的,则要选择生育期稍短一点的品种。

品种的抗病虫性,也是在选择品种时必须考虑的因素。特别是在稻瘟病、稻粒黑粉病、稻曲病等病害重发区,一定要选择抗病或耐病品种。

同时,随着生活水平的提高,人们对稻米的品质要求也越来越高。由于丰产性与食用品质呈一定程度的负相关,选择哪一个品种最能满足自己两方面的要求,则要综合考虑。

(3)效益最大化原则 对种粮专业合作社、种粮大户及家庭农场来说,则要研究市场需求,选择种植方式,追求效益最大化。由于过渡带内中东部地区正在推行"籼"改"粳",逐步发展成籼、粳稻混栽区,选择品种则更要了解市场需求,从近年的稻米生产和销售情况看,籼米和粳米积压的现象都有发生。

近年来,水稻生产劳动成本上升较快,为降低成本和劳动强度,包括直播、抛秧、机械化育插秧等在内的轻简化栽培技术发展较快,从品种特性来看,有的耐密植,有的不耐密植;有的抗倒伏,有的不抗倒伏;有的耐迟播,有的不能迟播,等等,水稻品种这些特性都要在选择时综合考虑。

(4)合法性原则 为保护种子使用者的合法权益,《中华人民共和国种子法》《中华人民共和国种子管理条例》等法律、法规和规定对市场上销售种子的合法性进行了明确规范和要求,包括经营的种子必须是经过审定的品种,应当经过精选加工、分级包装;应当注明《种子经营许可证》《种子生产许可证》《种子检疫证》《营业执照》《品种审定证书》等编号,还要标明种子类别、质量标准、产地、生产日期等。选择合法的种子,为取得预期的效益增加了保险系数。

异地水稻良种引进,一定要经过检疫。一旦带入寄生或寄生在种子上的新病菌、病毒和害虫,将会后患无穷。为此,国家专门建立了省、地(市)、县三级动植物病虫草害检疫机构。引进良种时一定要经县级植物检验部门申请检疫。就水稻而言,我国确定的重点检疫对象为细菌性条斑病、白叶枯病(部分省、市、县)、稻水象甲、干尖线虫(部分省、市、县)等。

(二)目前应用的优良水稻品种简介

1. 适合过渡带西段(陕南)种植的籼稻品种

据汉中市农业科学研究所冯志峰介绍,简介如下。

(1)隆优305 系四川隆平高科种业有限公司用"宜香1A×FUR305"配组而成的三系杂交籼稻晚熟品种,2008年通过陕西省审定(审定编号:陕审稻2008002号)。该品种株高117.9cm,穗长26.6cm,穗平均着粒数158.9粒,实粒数128.7粒,结实率81.0%,千粒重30.3g;叶鞘、叶缘无色,茎秆粗壮;分蘖力较强,成穗率较高,落粒性中等,成熟转色好。陕南种植全生育期152.8d,较对照汕优63长0.8d。抗性:中感稻瘟病，感纹枯病、白叶枯病。米质：稻米品质符合《食用稻品种品质》三级标准。

（2）明优 6 号（明优 06） 系福建六三种业有限公司用"T98A/明恢 2155"配组而成的三系杂交籼稻品种，2007 年通过陕西省审定（审定编号：陕审稻 2007001）。陕南种植全生育期 136.1d，属中早熟籼稻品种。该品种株高 108.3cm；叶色浓绿，剑叶长，直立；分蘖力中等，不早衰；成穗率 69.1%。颖壳、颖尖均淡黄色；多数籽粒无芒，个别籽粒有短芒。穗长 23.85cm，穗粒数 151.6 粒，结实率 74.7%，千粒重 26.9g，综合性状好。经陕西省水稻研究所鉴定：中抗穗颈稻瘟病，中感纹枯病，中感白叶枯病。经农业部稻米及制品质量监督检验测试中心检测：糙米率 80.7%，精米率 72.8%，整精米率 59.2%，粒长 6.6mm，长宽比 3.0，垩白粒率 11%，垩白度 1.7%，透明度 2 级，碱消值 4.2 级，胶稠度 82mm，直链淀粉 11.8%，蛋白质 11.2%。适宜陕南海拔 700～850m 以下稻区种植。

（3）丰优 28 系陕西汉中市农科所吴升华等用粤丰"A×R288"配组而成的三系杂交籼稻品种，2004 年通过陕西省审定（审定编号：陕审稻 2004004）。陕南种植全生育期 157d 左右，属晚熟杂交种。叶鞘无色，叶片半直，株型适中，株高 118.7cm，主茎叶 17 片，弯垂穗型，穗长 25.3cm，平均每穗总粒数 171.2 粒，实粒数 129.8 粒，结实率 76.0%，千粒重 26.5g，谷粒间有顶芒，稻谷颖色秆黄，亩有效穗数 20.6 万穗。抗稻瘟病，中抗白叶枯病，中感纹枯病。据农业部稻米及制品检测中心检测，糙米率 81.5%，精米率 72.9%，整精米率 37.9%。粒长 6.8mm，长宽比 3.1，垩白米率 20%，垩白度 6.2%，透明度 1 级，碱消值 6.2 级，胶稠度 94mm，直链淀粉含量 16.6%，蛋白质含量 9.3%，稻米有香味。适宜在陕南海拔 600m 以下的平坝丘陵及同类生态区种植。

（4）内 5 优 39 系内江杂交水稻科技开发中心用"内香 5A×内恢 2539"配组而成的三系杂交籼稻品种，2011 年通过国家审定（审定编号：国审稻 2011009）。

该品种属籼型三系杂交水稻，株高 112.2cm，穗长 25.6cm，每亩有效穗数 15.3 万穗，每穗总粒数 168.6 粒，结实率 82.1%，千粒重 29.2g。株型紧凑，叶片较宽，叶鞘、叶缘、颖尖、茎节紫色，熟期转色好。抗性：稻瘟病综合指数 4.0 级，穗瘟损失率最高级 5 级；褐飞虱 9 级；耐热性弱。中感稻瘟病，高感褐飞虱。米质：整精米率 67.0%，长宽比 2.9，垩白粒率 13.5%，垩白度 1.9%，胶稠度 71mm，直链淀粉含量 16.7%，达到国家《优质稻谷》标准 2 级。

2. 适合过渡带中段（豫南）种植的籼稻品种

据信阳市农业科学院李启干介绍，简介如下。

（1）扬两优 6 号 系江苏里下河地区农业科学研究所张洪熙等用"广占 63－4S×扬稻 6 号"配制而成的两系杂交籼稻品种，2005 年通过国家审定（审定编号：国审稻 2005024）。该品种在豫南地区作一季中稻种植全生育期平均 134.1d。株型适中，茎秆粗壮，长势繁茂，稃尖带芒，后期转色好，株高 120.6cm，每亩有效穗数 16.6 万穗，穗长 24.6cm，每穗总粒数 167.5 粒，结实率 78.3%，千粒重 28.1g。抗性：稻瘟病平均 4.8 级，最高 7 级；白叶枯病 3 级；褐飞虱 5 级。米质：整精米率 58.0%，长宽比 3.0，垩白粒率 14%，垩白度 1.9%，胶稠度 65mm，直链淀粉含量 14.7%。适宜在豫南稻区稻瘟病轻发区作一季中稻种植。

（2）Y两优1号 系湖南杂交水稻研究中心邓启云等用"Y58S×9311"配制而成的两系杂交籼稻品种，2008年通过国家审定（审定编号：国审稻2008001）。该品种在长江中下游作一季中稻种植，全生育期平均133.5d。株型紧凑，叶片直挺稍内卷，熟期转色好，每亩有效穗数16.7万穗，株高120.7cm，穗长26.3cm，每穗总粒数163.9粒，结实率81.0%，千粒重26.6g。抗性：稻瘟病综合指数5.0级，穗瘟损失率最高9级，抗性频率90%；白叶枯病平均6级，最高7级。米质：整精米率66.9%，长宽比3.2，垩白粒率33%，垩白度4.7%，胶稠度54mm，直链淀粉含量16.0%。适宜在豫南稻区的稻瘟病、白叶枯病轻发区作一季中稻种植。

（3）Ⅱ优1511 系信阳市农业科学院马铮等由"Ⅱ-32A×信恢1511（93-11//明恢63/利亚稻）"配制而成的三系杂交籼稻品种，2007年通过河南省审定（审定编号：豫审稻2007005）。该品种在豫南稻区种植全生育期147d。株高130.4cm，株型适中，茎秆粗壮，剑叶狭长上举，根系发达，后期落色好；穗长24.0cm，谷粒椭圆形，穗粒数136.5粒，结实率83.3%，千粒重29.2g。抗性：对稻瘟病菌代表小种菌株表现为抗病，对水稻穗颈瘟表现为抗病（1级）；对水稻白叶枯病菌株KS-6-6表现为中感（5级）；对水稻纹枯病表现为抗病（R）。米质：糙米率79.9%，整精米率47.2%，垩白粒率44%，垩白度6.6%，长宽比2.6，直链淀粉20.3%，胶稠度55mm，透明度1级。适合在豫南稻区作一季中稻种植。

3. 适合过渡带中段（豫南）种植的粳稻品种

据信阳市农业科学院李启干介绍，简介如下。

（1）宁粳4号 系南京农业大学农学院万建民等用"越光×镇稻99"杂交系统选育而成的常规粳稻品种，2009年通过国家审定（审定编号：国审稻2009040）。该品种在豫南稻区种植全生育期平均155.6d。株高99.1cm，穗长16.6cm，每穗总粒数144.5粒，结实率82.8%，千粒重25g。抗性：中抗稻瘟病。米质：出糙率85.0%，整精米率67.7%，垩白米率33%，精米率72.8%，垩白度4%，透明度1级，碱消值7级，直链淀粉含量16.7%，胶稠度83mm，米质较优，适宜在豫南、安徽沿淮及淮北稻区种植。

（2）9优418（天协1号） 系北方杂交粳稻工程技术中心、江苏徐淮地区徐州农科所刘超等用9201A×C418配组而成的三系杂交选育而成的粳稻品种，2000年通过国家审定（审定编号：国审稻20000009）。该品种在豫南稻区种植全生育150~155d。株高120~125cm，主茎总叶片数18张，地上部伸长节间6个，植株清秀挺拔，叶片上举，叶色较深，分蘖力中上等，成穗率70%左右，抽穗后剑叶与茎秆夹角10.4度，单株成穗8~10个，穗长25cm，每穗170~190粒，结实率80%~85%，千粒重26~27g，易脱粒。穗层整齐，呈叶下禾，茎秆弹性强，谷粒黄色，茸毛中等。抗性：中抗稻瘟病。米质：整精米率61.4%，垩白度21.7%，直链淀粉含量16.5%。适宜在江苏苏中、沿淮，安徽淮北，河南南部等稻区种植。

（3）郑稻18 系河南省农科院粮作所尹海庆等用"郑稻2号×郑稻5号"杂交系统选育而成的常规粳稻品种，2007年通过国家审定（审定编号：国审稻2007033）。该品种在豫南地区种植全生育期 159.4d。株高 107.1cm，穗长 15.7cm，每穗总粒数 128.1 粒，结实率 86.5%，千粒重 25.1g。抗性：苗瘟 4 级，叶瘟 4 级，穗颈瘟 3 级，综合抗性指数 3.3。米质：整精米率 70.3%，垩白米率 23.5%，垩白度 3%，胶稠度 82mm，直链淀粉含量 16.7%，达到国家《优质稻谷》标准 3 级。适宜在豫南稻区、山东南部、江苏淮北、安徽沿淮及淮北地区种植。

4. 适合过渡带中东段（安徽省中北部）种植的水稻品种

据安徽农业大学黄正来介绍，简介如下。

（1）新两优 343 系安徽荃银高科种业股份有限公司用"新杂交系安 S×YR343"配制而成的两系杂交籼稻品种，2010 年通过国家审定（审定编号：国审稻 2010021）。该品种在长江中下游作一季中稻种植，全生育期平均 134.2d。株型适中，长势繁茂，熟期转色好，叶鞘无色，护颖白色，颖壳及颖尖褐色，穗顶部有短芒，株高 128.5cm，穗长 24.2cm，每穗总粒数 187.8 粒，结实率 80.5%，千粒重 28.5g。抗性：稻瘟病综合指数 6.0 级，穗瘟损失率最高级 9 级；白叶枯病 5 级；褐飞虱 9 级。米质主要指标：整精米率 61.6%，长宽比 2.8，垩白粒率 22%，垩白度 2.8%，胶稠度 78mm，直链淀粉含量 15.7%，达到国家《优质稻谷》标准 3 级。适宜在江西、湖南、湖北、安徽、浙江、江苏的长江流域稻区（武陵山区除外）以及福建北部、河南南部稻区的稻瘟病轻发区作一季中稻种植。

（2）丰两优 9 号 系合肥丰乐种业股份有限公司用"丰 39S（来源于用离子束处理广占 63S 而育成）×R5000（来源于 9311 和 933 杂交选育而成）"配制而成的两系杂交籼稻品种，2011 年通过安徽省审定（审定编号：皖稻 2011010）。该品种叶片内卷明显，稃尖无色，叶鞘、叶舌、叶耳均无色。2008 年、2009 年两年区试结果表明，株高 126cm，每穗总粒数 195 粒，结实率 83%，千粒重 28g，全生育期 134d 左右。经安徽省农业科学院植保所抗性鉴定，2008 年抗白叶枯病（抗性 3 级）和稻瘟病（抗性 3 级），高抗稻曲病（抗性 1 级），中抗纹枯病（抗性 5 级）；2009 年中抗白叶枯病（抗性 5 级）、稻瘟病（抗性 5 级）和稻曲病（抗性 5 级），感纹枯病（抗性 7 级）。适宜安徽省全省范围内种植。

5. 适合过渡带东段（江苏省中北部）种植的粳稻品种

据淮安市农业科学院王伟中介绍，简介如下。

（1）淮稻 5 号 系江苏徐淮地区淮阴农业科学研究所袁彩勇等杂交选育而成的迟熟中粳品种，2000 年通过江苏省审定（审定编号：苏种审字第 358 号）。该品种株高 93cm，茎秆粗壮抗倒。株型较紧凑，叶片挺立。分蘖性中上等，最高每亩茎蘖数 28 万个。茎蘖生长整齐，成穗率 80% 以上。穗粒协调，一般每亩成穗数 22 万穗，每穗总粒数为 110 粒，结实率 92.5%，千粒重 28g。抗性：抗白叶枯病、稻瘟病、纹枯病，轻抗稻曲病。全生育期 150d 左右，与武育粳 3 号相仿。后期转色好，熟色熟相俱佳，较难脱粒。米质优，适口性好，米饭洁白有光泽，口感好。适宜在江苏省苏中及宁镇扬丘陵地区中上等肥力条件下种植。

（2）淮稻 13 系江苏徐淮地区淮阴农业科学研究所袁彩勇等由淮 6222（泗阳 83486/中国 91//连粳 1 号）系统选育的迟熟中粳稻品种。2009 年通过江苏省审定（审定编号：苏审稻200907）。该品种为国家超级稻品种，株型集散适中，长势较旺，穗型中等，分蘖力中等，叶色深绿，群体整齐度较好，后期熟色较好，抗倒性较强。亩有效穗19.2万，穗实粒数120.0粒，结实率87.9%，千粒重28.5g。株高105cm，全生育期154d，较武育粳3号迟熟1d。抗性：中感白叶枯病，感穗颈瘟，高感纹枯病；条纹叶枯病。米质：整精米率73.3%，垩白粒率12.0%，垩白度1.3%，胶稠度82.0mm，直链淀粉含量17.5%，达到国标二级优质稻谷标准。适宜在江苏省苏中及宁镇扬丘陵地区中上等肥力条件下种植。

（3）徐稻3号　系江苏徐州农科所刘超等育成的优质高产粳稻新品种，2009年通过江苏省审定（审定编号：苏审稻200907）。该品种株型集散适中，株高96cm，全生育期152d左右，长势旺盛，茎秆粗壮，抗倒性强，叶色深，剑叶挺举，穗半直立，分蘖性较好。抗性：中抗白叶枯病、中感叶稻瘟，感穗茎瘟、纹枯病。米质：糙米率83.2%，整精米率68.7%，垩白粒率18%，垩白度1.9%，胶稠度60mm，直链淀粉含量18.4%，米质达到国标三级优质稻谷标准。适宜在江苏淮北和安徽沿淮地区中上等肥力条件下种植。

二、稻田整地

（一）整地时期

整地时期和水稻的前茬密切相关。从过渡带内水稻的前作接茬关系看，有冬闲田（包括久水田）、紫云英翻沤田、油菜茬田（包括紫云英留种茬田、大麦茬田，因为三者在收获时间上相近）和小麦茬田等。一般地讲，冬闲田（包括育秧田）可在前一年水稻收获后、越冬前翻耕，经越冬时冻融交替，土壤熟化，于翌年3月中下旬上水泡田、整田，准备育秧；或于4月中下旬上水泡田、整田，准备插秧。紫云英翻沤田可在4月中旬紫云英盛花期时翻压，上水沤制7d以上，再耙碎、耖平，准备插秧。油菜茬田可在5月中下旬油菜收获后立即翻耕、上水整田，及时插秧。麦茬田要在6月上中旬小麦收获后迅速翻压秸秆、上水整田，抢时插秧。

（二）整地方法

稻田整地包括耕、耙、耖、旋等基本作业，分别达到深、松、平等要求。

1. 耕地　耕指以犁为主的耕翻土壤方式，以达到耕层深度。稻田深耕可以改良土壤理化性质，翻压前茬秸秆，减少杂草病虫，促进水稻须根深扎，降低犁底层，增强稻田蓄水和保肥能力。稻田耕地有干耕、水耕之分。干耕利于耕深、耕透，耕后晒垡可促进土壤熟化，改善土粒结构，增加土壤有效养分。对紫云英翻压沤制田而言，干耕晒垡5～7d后再上水沤田，可以促进养分均匀释放，减轻大田管理难度。对机械收割的小麦、油菜、大麦田而言，由于机械切碎的秸秆铺撒在田里，如水耕则易漂浮，给耙田和插秧带来难度，可采用干耕深翻后再上水整田，从而使土壤碎软，肥水混合，田平土碎。

2. 耙地　耙指耙碎土垡，达到土壤松软，使稻田既有一个深厚疏松的耕作层，又有一个紧密适当的犁底层。

　　耙田有干耙、水耙之分。干耙结合干耕进行，主要作用是碎土；水耙的主要作用是起浆。同时，稻田经过精犁细耙，还可使土壤充分松碎，微小颗粒下沉形成犁底层，减少渗漏，达到保水、保肥目的。对渗漏量大、保水性差、氧化过程旺盛的新开稻田，则要采取多次水耕水耙，使耕层土壤起浆下沉，促使犁底层的形成，提高水、肥保持能力。

　　3. 耖田　耖田指耖平田面，保证排灌均匀，以利于田间管理。如果田面不平，灌水深浅不一，插秧时便难以做到浅插匀插，在水稻生长期间会引起土壤湿度、养分等一系列差异，造成稻株生长不齐，田间管理难度增大。

　　4. 旋耕　旋耕是用旋耕机械将土壤切碎、抛掷，能一次完成犁、耙、平等作业程序，是目前通行的一种整田方式。朱兴国（1999）认为，水田旋耕具有"三省一好"优点："三省"即省水、省费用和省人工；"一好"是地表平整，深度均匀适度，土壤疏松，适宜于秧苗的根系发育。

（三）整田标准

　　整田的关键在于给水稻生长一个有利的环境，从而达到增产、增收的目的。

　　1. 灌排方便　高产稻田要求土地平整，田块成方，大小提水设备配套，灌水渠、排水沟分开，以便于科学用水。对地下水位高，土壤还原性强的稻田，更要加强排水，增加土壤含气量，改善土壤环境。

　　2. 土层深厚　由于稻根主要分布在 20cm 左右的土壤内，故耕深一般以 20～25cm 为宜。

　　3. 渗漏适度　渗漏量适宜的肥沃水稻土，耕层中有机质适量，有利于有机和无机胶体复合，形成疏松的土壤结构，既能爽水，又便于耕作管理。

　　4. 田面平整　通过耖田、平田，使每块田里高低相差不超过 3～5cm。

　　5. 没有明茬　特别是秸秆还田的稻田，如果田面秸秆或残茬过多，既影响插秧质量，也不利于秸秆腐熟。

三、育秧插秧

（一）育秧的基本要求

1. 培育壮秧

　　（1）壮秧的生理特点　培育壮秧是水稻高产的基础。壮秧在生理上的特点是发根力强，植伤率低，插后返青快，分蘖早。

　　秧苗发根力的强弱决定于已形成的根原基状况和苗体内的 C、N 水平，尤其是和含 N 量的多少有密切关系。秧苗体内含 C、N 化合物的绝对量越大，秧苗的发根力越强。秧苗的发根力和植伤率又受苗体内 C、N 的比率即 C/N 有影响。一般地说，当 C/N 较小（即俗称的嫩秧），即含 N 化合物相对地多时，有利于新细胞的增殖，则发根快、发根多；C/N 较大时（即俗称的老秧），即含 C 化合物相对地多时，则细胞渗透压高，束缚水含量大，移栽后不易失水，植伤率便小。

秧苗体内 C、N 的绝对含量及 C/N 的大小又和秧龄有关。所谓"秧龄"，就是插秧时秧苗"年龄"的大小，常以秧苗在秧田里生长的日数或叶片数来衡量。一般把秧龄在 20d 左右，仅有 3~4 片叶的秧苗叫做"嫩秧"，由于苗体较小，也叫"小苗"。这种秧苗叶面积小，光合作用制造的碳水化合物不多，根系吸收 N 的能力却相对较强，体内 C/N 小，C、N 的绝对量低，同时根原基形成少。虽然发根快，但根数较少，植伤率较大。随着秧苗生长，根系增加，吸 N 量增多，发根力逐渐加强。同时，由于叶面积的增大，C 素代谢作用增强，C/N 逐渐增大，植伤率随之下降。当秧苗长有 6 片叶左右，C/N 达到 14 时，是发根力最强，植伤率最低的时期。这种秧苗，秧龄一般在 1 个月左右，称为"适龄秧"，由于苗体较大，也叫"大苗"。

随着秧龄的增大，叶片增多，光合作用制造的含 C 化合物大量增加，加之秧田期长，群体大，个体 N 素营养状况变劣，C/N 迅速升高。当秧苗龄超过 40d，秧苗长有 8 片左右叶子，C/N 超过 20 时，便成为"老秧"。这种秧苗，由于 C/N 大，发根力已大大降低，植伤率也因叶面积大，移栽后失水多而迅速增大。所以，一般情况下都要争取插适龄秧，不插老秧。

（2）壮秧的标准　秧苗壮弱固然和秧龄大小有密切关系，但并不意味着只要是适龄秧便是壮秧，也不是说嫩秧、老秧便全都不壮。只要采取适宜的育秧方式和育秧技术，适龄秧、嫩秧、老秧都可以达到壮秧的要求。

① 适龄壮秧　在生产上，一般采用湿润育秧或两段育秧方法培育适龄壮秧。这种秧苗要求苗高 18~20cm，有 5~6 片叶，叶片短、宽、厚，苗体挺直有劲，绿中带黄，清秀无病虫害；根系发达，单株总根数 15~20 条，其中，新白根 5~7 条，没有黑根；百株干重 5~7g。特别是要求育成秧苗基部扁而粗壮的"扁蒲秧"：基部粗，表示积累的营养物质多，生活力强；基部扁，表示分蘖芽已开始发育，有部分秧苗已长出 1~2 个分蘖。

② 嫩壮秧　对于生育期短的品种，或根据栽培技术需要进行小苗移栽，为了保证插后在本田有足够的营养生长期，需要培育短身龄的嫩壮秧。这种秧苗要求苗高 10~15cm，4~5 片叶，叶色浓绿，茎粗而有弹性，单株根数 6~10 条，无病虫为害。生产上可采取小苗稀育或旱育秧的办法，培育嫩壮秧。由于嫩秧植伤重，所以，一般常要求带土移栽。

③ 老壮秧　对于麦茬稻而言，为了解决生育期长和栽插晚的矛盾，生产上常采用稀播育秧或两段育秧等方法培育长秧龄的"老壮秧"。其标准是：株高不超过 25cm，7~8 片左右叶子，叶色浓绿，叶片挺硬，基部粗壮不拔节，较多秧苗带分蘖，根部粗短白根较多，没有枯黄叶及病虫害。

2. 防止烂秧　由于过渡带内春季气候多变，烂秧情况时有发生。所谓烂秧，是秧苗在秧田里死亡的总称。根据发生的时期不同，可分为以下几种。

（1）烂种　谷种在播种后出苗前死亡叫烂种。其原因较多：有的是由于种子质量差或贮藏不当，丧失了发芽力造成的；有的是由于浸种催芽过程中发生了烧种、烧芽现象造成的；有的则由于秧板过硬或过软，发生了干芽或淤种现象造成的；也有的是由于播后长期低温、闷水，种芽腐烂造成的。

（2）烂芽　秧苗出苗后腐烂死亡叫烂芽，大都是由于秧田长期闷水缺氧所造成。例如，有的是大量施用未腐的有机肥，在淹水下产生了硫化氢，毒害了种芽；有的是由于阴雨连绵，长期淹水，秧苗生理机能衰弱，遭到绵腐等病菌为害。而经常容易发生的是播种后长期闷水缺氧，芽鞘徒长，根不入泥，头重脚轻，发生浮秧、倒苗、翻根而死。

播种后持续低温是引起烂芽的另一重要原因。据试验，当稻谷出芽后，将它置在昼14℃、夜 2 ~ 4℃的低温湿润不缺氧的条件下处理 7 d，发现土壤及稻谷经过灭菌处理的种芽均不发生烂芽，而土壤稻谷均未经过灭菌处理的烂芽率高达 75%。可见，导致这种烂芽是由于低温造成种芽生活力下降，引起病菌侵染所致。这种病害是弱寄生的，如种芽能及早扎根立苗，就可免受其害。

水稻发芽时的最高温度为 40℃，高于这个温度就会抑制根芽生长，时间一长，会使根芽烧坏。近年来，随着地池两段和薄膜弓棚育秧技术的普及，由于疏于管理，在晴天高温时没有及时揭膜散热，造成高温烧苗。

（3）死苗　三叶期前后的秧苗死亡叫死苗。主要有青枯、黄枯和立枯之分。

青枯病是一种生理性病害，先是叶片卷成筒状，继而发黄，但根部未死，最后全株枯死变红，状如落叶的松针，成团成片死亡。黄枯病则是缓慢变黄而死，一般从叶尖向叶基、由外到内、从老叶到嫩叶，逐渐变黄而死，也叫"剥皮死"。立枯病是一种寄生性病害，在谷壳或秧苗基部，出现赤色绒毛状物，秧苗枯萎，基部腐烂，一拔就断。这些病害，都是由于低温寒潮或阴雨连绵，加之秧田水层管理不当，造成秧苗生机衰弱，根部吸收能力虚弱导致病害侵入从而受害。特别是两段育秧，由于在苗床期间揭膜炼苗时间不够，小苗寄栽后适应能力差，遭遇高温或连续低温，便容易发生死苗。

根据上面介绍，可见烂秧主要是由于种子处理、苗床管理（特别是水层管理）不当，造成秧苗生长衰弱所引起的。所以，只要加强培育壮秧措施，就可以有效地防止烂秧。

（二）育秧的基本环节

1. 实行计划育秧　育秧之前，先要根据前茬作物收获时间早晚、面积大小、品种要求、育秧方式等安排适宜的播期和育秧密度，使茬口、面积、品种、播期、秧龄、插期互相对口，实行计划育秧。

2. 做好种子处理

（1）晒种　晒种 2 ~ 3 d 能促进种子内部酶的活化，加强新陈代谢，增强种子吸水能力，提高种子发芽势。

（2）浸种、消毒　浸种就是使谷种预先吸足发芽所需的水分，从而保证发芽整齐。若浸种不透，则出芽不齐；若浸种过度，则易造成养分外溢，播后容易烂秧。

水稻稻瘟病、白叶叶枯病、恶苗病、干尖线虫病等多种病害易通过种子带菌而传播，所以浸种时要进行消毒。目前主要用强氯精浸种，也可用 1% 石灰水浸种。浸种时水温不宜过高，在 20℃ 左右水温时浸种 2~3d 为宜。要实行间歇浸种，保证种子对 O_2 需求，破胸长芽。

（3）催芽　催芽是人工控制温度和水分，促使种子发芽后再进行播种。这样播后能迅速扎根，出苗整齐，减少烂秧，提高成秧率。

催芽技术：在谷种露白之前，温度是发芽的主要矛盾，应以增温、保温为主，经常保持谷堆内温度在 35~40℃，促使迅速破胸露白。其增温热源有两个：一是种子上堆前，用 45℃ 左右温水淘拌 2~3min，然后趁热上堆；二是种子上堆后由于呼吸作用自然增温，并在催芽过程中适当浇洒温水以调节和控制温度的高低。这样经过 1~1.5d，谷种就可以破胸露白。在谷种露白后，水分与空气之间的矛盾是主要矛盾，应经常翻动谷堆调节水分和控制温度为主，达到既有充足水分，又有充足 O_2，使温度保持在 25~30℃，催成"根长一谷，芽长半谷"的壮芽。根芽出齐后，要摊种晾芽，使其逐渐适应季低温条件，待接近自然温度后即可播种。综上所述，催芽可分为 3 个阶段，即"高温破胸，适温催芽，低温炼芽"。

3. 整好通气秧田　所谓通气秧田，就是要求秧田既要透水，以利种子发芽出苗，又要通气，便于秧苗扎根生长，从而可以有效地防止烂秧、培育壮秧。

整好通气秧田的关键是改水耕水做为干耕干做。所谓水耕水做，就是先放水泡田，耕细耙平，然后开沟做畦。这样做成的秧田，透水不利，通气性差，晴天畦面容易干裂，雨天容易积水，不利秧苗生长。干耕干做是先把秧田耕耙整细，施用底肥，起沟做畦，畦面耙平，接着放水浸泡，再把畦面抹平待播，达到"下松上糊、沟深面平、土肥草净"的要求。

秧田还要选择地势平坦、背风向阳、灌排方便、土质肥沃、邻近大田之处。并要结合整地，施足底肥。根据秧苗生育期短，春季气温低的特点，秧低肥施用要掌握"腐熟、速效、适量、浅施"的原则。

4. 坚持稀播匀播　播秧田播种要稀要匀，使每株秧苗都能得到足够的阳光、空气和养料，达到生长健壮。如果播种过密，秧苗生长中后期互相荫蔽，单株受光减少，影响 C 素同化作用的进行，加之土壤营养跟不上，秧苗细、弱，形成"牛毛秧"。所以，群众有"壮不壮，落谷量；嫩和老，肥水保"的说法。

由于油菜茬、麦茬稻秧田时间长（40d 以上），气温高，秧苗生长快，应适当扩大秧田面积，降低密度。秧田和本田的比例不能小于 1∶8，秧田播种量不能大于 240kg/hm^2。

秧田播种必须做到按畦定量，撒籽均匀。播后必须压籽入土，以利谷种吸水，发芽，扎根。

（三）育秧的主要方式

1. 湿润育秧　湿润育秧是最基本的育秧方式。其主要特点是在全面贯彻育秧的几个基本环节基础上，采取湿润管理办法，满足秧苗对水、气、肥的要求，达到生长健壮的目的。根据秧苗生育特点和栽培管理特点，秧田管理可分为以下 3 个时期。

（1）立苗期　从播种到 1 叶 1 心期。要求出苗齐、立好苗、稳住苗，防止烂种、烂芽。本时期秧苗耐低温能力较强，但对 O_2 反应敏感。一般只在沟中灌水，保持畦面湿润通气，促使种苗迅速伸根立苗。若遇暴雨袭击，则应在畦面上保持 3 ~ 5cm 水层，防止暴雨冲乱谷粒。雨停要立即排水。

（2）扎根期　从 1 叶 1 心到 3 叶期。要求扎好根、保住苗，防止烂秧、死苗。本时期秧苗耐低温能力已大大降低，既怕夜晚霜冻，也怕烈日高温。所以，要灵活掌握水层，防冻防晒。一般原则是："天寒日排夜灌，天暖日灌夜排"，保持秧田里既有水、又通气，以利扎根保苗。遇到寒潮袭击或狂风暴雨，应灌深水护苗。寒潮过后或暴雨停止，要及时排水通气。若遇到阴雨连绵，要打开缺口排水，勿使秧田积水。

由于谷种中的养料将在在 3 叶离乳期耗尽，故在秧苗扎根期要及时施用"离乳肥"。一般于 2 叶 1 心期畦面带水施尿素 75 ~ 120kg/hm^2。

（3）成秧期　3 叶期以后为成秧期。要求"控下促上"，防止秧根深扎，不利拔秧。积极促进地上部分生长，使秧苗向壮的方向发展。本阶段秧苗体内通气组织已经形成，光合作用加强，生理需水增多，所以秧畦上就要经常保持 3cm 左右的浅水，以利长苗。如果看到秧苗有缺肥现象，可酌施提苗肥；若有披针现象，可适当排水晒田。在拔秧前 4 ~ 5d 施尿素 75 ~ 105kg/hm^2 作"送嫁肥"，可以提高叶片内含 N 量，增强秧苗发根力，以利插秧后迅速返青分蘖。

此外，秧田管理还要及时做好病虫害防治及除草工作。尤其是稗草，必须在秧田除净，方法是于 3 叶期前后用二氯喹啉酸对水喷施，并注意施药前 2d 排干田水，施药后 2 ~ 3d 放水回田，保持 3 ~ 5cm 水层 5 ~ 7d。

2. 薄膜覆盖育秧

（1）薄膜覆盖育秧方式　薄膜育秧是在湿润育秧的基础上，加盖塑料薄膜进行保温，是过渡带内抗御春寒、提早育秧的一种主要育秧方法。目前，在生产上主要有以下 4 种方式。

① 薄膜覆盖湿润育秧　秧田整地、播种同湿润育秧，但播种密度稍小，播种后覆盖薄膜，3 叶期前后揭膜进行正常秧田管理。

② 薄膜覆盖旱育秧　秧田整地、播种、管理均在旱地进行。播种后覆盖薄膜，3 叶期揭膜进行正常秧田管理。

③ 薄膜覆盖两段育秧　第一段为小苗阶段，薄膜覆盖，早育早管。第二段为寄秧阶段，2 叶 1 心时寄栽到秧田，加强肥水管理，培育壮秧。

④ 薄膜覆盖软盘育秧　整个秧苗期都在软盘内生长，前期薄膜覆盖，3 叶期后揭膜自然生长。分为两种情况，一是盘抛秧，播种较两段育秧稀，1 ~ 1.5kg 稻种播 45 ~ 50 个软盘。二是盘育机插，播种量较大。每个软盘播芽谷 100g。

（2）薄膜育秧管理　薄膜育秧如膜内温度偏高，容易引起秧苗徒长，甚至发生烧苗；遇到连续低温，则又易萎缩不长，甚至发生青枯死苗。因此，加强秧田管理，及时通风，灵活炼苗，是薄膜育秧成败的关键。一般把管理分为以下 3 个阶段。

① 密封期　从播种到 1 叶 1 心为密封期，薄膜要严密封闭，创造高温、高湿条件，

促使迅速伸根立苗。这一时期膜内适宜温度为 $30 \sim 35℃$。如果发现膜内温度上到 $35℃$ 以上，要打开薄膜两头，通风降温，防止烧芽；待温度下降到 $30℃$，再行封闭。在密封期间，一般不灌水或只在沟中灌水，不上秧畦。

② 炼苗期　从 1 叶 1 心到 2 叶 1 心为炼苗期，根据天气寒暖，可适当提前或推后。这一时期膜内适宜温度为 $25 \sim 30℃$，当晴天上午膜内温度接近适温时要进行炼苗，应采取"两头开门，侧背开窗，一面打开，日揭夜盖，逐步扩大，最后全揭"的办法，使秧苗逐步适应外界重要条件。通风时应浇水，或在畦面上灌浅水，盖膜时再退掉。

③ 揭膜期　从 2 叶 1 心到 3 叶 1 心为揭膜期。当秧苗已经过 5d 以上炼苗，气温已稳定上升到 $13℃$，基本上没有 $7℃$ 以下最低气温出现时，便可择晴天 15：00 ~ 16：00 把薄膜完全揭掉，并浇透水。以后经常浇水保持湿润，并结合浇水可施稀薄粪水。薄膜覆盖湿润育秧，在揭膜前一定要在畦面上先上深水护苗，然后揭膜，以防温度、湿度变幅过大，造成青枯死苗。揭膜后，便可按一般湿润秧管理。

3. 常用的育秧方法

（1）合式秧田湿润育秧　主要特点是秧田实现湿润管理，以协调水、气、温、肥等矛盾，达到培育壮秧的目的。

① 秧田选择　一般选择地势平坦、被风向阳、土壤肥沃、排灌方便、杂草少、无病虫害、离大田较近的地方作秧田。

② 苗床整理　可旱整地，旱做床，耕深 $8 \sim 10cm$，将土块弄碎整平。做到秧田平坦，土壤疏松。也可带水整田，再起沟做畦，但效果不如旱整地好。秧田要施足底肥，注重增施腐熟农家肥或 P、K 肥。一般施 N、P、K 含量 15% 的水稻复合肥 $600 \sim 750kg/hm^2$ 或施尿素 $120 \sim 150kg/hm^2$、钙镁磷肥 $450\ kg/hm^2$、氯化钾 $75 \sim 150\ kg/hm^2$。施足基肥的秧田经浅耕平整后开沟做畦，要求畦宽 $1.4 \sim 1.7m$（覆盖塑料薄膜的视膜幅宽而定），沟宽 $30 \sim 35cm$，深 $15 \sim 20cm$，秧田四周挖环田沟渠。灌水上厢面，根据水平面将秧厢面初步摊平。然后把沟中的稀泥浇上厢面，再次按水平面将厢面摊平后即可播种。

③ 播种　播量 $150 \sim 225kg/hm^2$，播种要均匀，播后蹋谷至种子 1/2 入泥为宜。

④ 秧田管理　秧苗 3 叶以前以旱长为主，沟内有水即可；3 叶以后可上水施肥。秧苗 2 叶 1 心期，灌水上畦追尿素 $75 \sim 120kg/hm^2$ 促进秧苗分蘖。秧田谨防大水漫灌，只要叶片不打卷，就可畦面不灌水。插秧前 5 ~ 7d 施尿素 $75 \sim 105\ kg/hm^2$ 作送嫁肥。插秧前几天不能断水，以免拔秧困难。秧田期应及时防治病虫草害。

（2）两段育秧　两段育秧是秧田期分为旱育小苗阶段和秧田水育大苗阶段两个阶段。第一阶段在温室或地池中保温旱育至 2 叶 1 心，第二阶段把小苗寄栽到秧田生长直到移栽。其特点是前期旱育胁迫，保护地栽培，即防止"倒春寒"引起烂秧，又能提早播种，提高成秧率；后期秧苗分布均匀，单株营养条件好，根系发达，抗逆性强，分蘖早，成穗率高，穗形大，产量高，且能提早成熟。两段育秧在寄栽条件下秧龄可延长到 40d，十分有利于解决麦茬稻的季节冲突。

① 播期安排　采用保温旱育育小苗，播期可安排在 4 月上旬。

② 整地播种　选择被风向阳、地势平坦、土壤肥沃、管理方便的地方，如房前空

地、菜园等向阳处做地池，宽度以塑料薄膜定，长度依种子量而定，但最多不超过 20m，以利后期通风降温。苗床整平后，上铺 3 ~ 4 cm 塘泥，也可用肥土（腐熟的土杂肥与细土混匀做成，或用肥土与河沙按 1：1 的比例拌匀）。将催好芽的种子均匀撒入，一般 1m^2 播种子 0.5kg 左右，盖上过筛土或细沙，用喷雾器或喷壶浇透水（水不再下渗，表面有积水为宜）。然后用竹、木做弓架，再盖上薄膜，四周压实，薄膜面上用绳子固定牢，膜内挂温度计。

③ 苗床管理　重点是防高温"烧苗"。播种后要注意苗床膜内温度的变化，现青前膜内温度以 35 ~ 38℃ 为宜，不能超过 40℃；现青后控制在 25 ~ 30℃ 为宜，不要超过 35℃。如晴天中午前后温度过高时，要及时揭开地池两端小口通风，16：00 气温开始下降时把薄膜盖好以保温。播后 7 ~ 10d，小苗 1 叶 1 心到 2 叶期时寄栽，寄栽前 2d 要揭膜炼苗。

④ 寄秧田管理　重点是培养壮苗。寄秧田一般要选择土壤肥沃、排灌方便的田块，离大田近或直接在大田的一角。提前 15d 翻耕晒垡，犁透耙细，最后一次整地时施尿素 150kg/hm^2，钙镁磷肥 150kg/hm^2，或施 N、P、K 总含量为 15% 的复合肥 600kg/hm^2 左右，寄栽前 2 ~ 3d 将田耕碎整平，做到泥烂地平，"高低不差寸，寸水不露泥"。小苗寄栽时，由于麦茬稻一般秧龄较长，寄栽的密度要稍稀一些，一般 6cm × 10cm，以达到单株秧苗在秧田里带 7 ~ 8 个分蘖，本田内分蘖直接成穗，实现高产。目前，有一部分农民在寄秧时采用带土掰块抛寄，效果虽然不如单株寄栽好，但省工省时，也值得肯定。寄秧田的管理比较简单，寄秧时以秧苗站稳为宜，栽后 1 ~ 2d 厢面不上水以促进扎根，活棵后灌浅水（约 1cm），缺水时可以细流灌溉。前期可施尿素 60 ~ 75kg/hm^2 促进秧苗分蘖，插秧前 5 ~ 7d 施尿素 75 ~ 105kg/km^2 作送嫁肥。注意不要断水，以防扎根过深，不易拔秧。

（3）肥床旱育秧　肥床是指培肥苗床，旱育秧是在接近旱地状态土壤环境中培育秧苗。费槐林，胡国文等（1995）认为，旱育秧具有根系发达，支根和根毛多，苗矮壮，组织致密，植株含 N、糖量高，耐寒、耐旱等抗逆性强，移栽后发根和返青快，分蘖发得早，发得多，有效穗足、穗大、粒多、粒重等良好表现。

① 苗床整理　要求苗床肥沃、疏松、深厚、土壤偏酸，床土厚度在 15 ~ 20cm，地下水位在 50cm 以下。

苗床规划与培育：秧龄在 30 ~ 40d（主茎叶片 7 ~ 8 叶），每亩大田准备 35 ~ 40m^2 苗床。苗床培育方法有两种：一是于入冬前进行干耕干整，第一次全层施肥（碎稻草），第二次在播种前施土杂肥和化肥后整地，使碎稻草、杂肥、化肥和土壤充分拌均。总用肥量控制在碎稻草 3 ~ 5kg/m^2，家畜粪肥 2 ~ 3kg/m^2，过磷酸钙 1.25kg/m^2。二是选择肥沃旱地或菜园地，于播种前 15 ~ 20d 一次性施入腐熟有机粪肥 3 ~ 5kg/m^2，并与 15 ~ 20cm 土层充分混合，整细整平。

苗床要求：床土有机质在 2.5% 以上，养分充足全面，微生物种类多、数量大，无病原菌，透水性良好，床土含水量以手捏成团，泥不沾掌，落地即散为准。

苗床调酸：先用 pH 试纸测定酸碱度（pH 值），方法是取床土 4 ~ 5 个小块 0.5 ~

0.75kg，加水调匀成浆放试纸上比色即可。一般红黄壤、青紫泥酸碱度在 pH 值 6.5 以下可以不调酸，若大于 6.5 应进行土壤调酸。方法是播前 10～20d，用工业硫酸 3ml/m² 加水 5 000ml 混合施喷匀；或用 100g 硫黄粉与 5kg 熟土拌和，再均匀拌入 10cm 床土层中，并保持土壤湿润；用壮秧剂或调酸肥可以起到调酸、施肥、化控等多重效果，操作也更为简便。

苗床施肥：播前 5～7d 施入尿素 30～50g/m²、过磷酸钙 150g/m²，氯化钾 40g/m²，耙耖耕 3 次以上，使肥料均匀拌合在 10～15cm 土层中。

苗床规格：田畦随田块而定，一般长 8～10m，宽 1.5m，畦沟宽 20～30cm，深 20cm，外围沟深 30cm，深 50cm。畦面要求平整土碎，5cm 土层无直径大于或等于 1cm 的土块。

化学除草：畦做好后，如杂草较多，在播前 5～7d，用丁草胺除草剂先行封杀，以降低杂草基数。播种至立苗期用杀草丹、幼禾葆等除草剂再次喷施，并保持土壤湿润。

防治害虫：地下害虫或蚯蚓多的土壤，每平方米用 3% 护地净颗粒剂或吡虫啉等处理土壤。

② 浸种播种　催芽前可先用多菌灵 700 倍液，或强氯精 300 倍液，或浸种灵 1 000 倍液等进行浸种消毒，浸种 1～2d，每天上下翻动 2～3 次，然后用清水漂洗，再催芽，待 90% 破胸露白即可播种。

苗床浇水：苗床畦面整细整匀整平，再喷洒清水，使 5cm 土层处于水分饱和状态。

播种量：根据移栽叶龄的不同，播种量亦有差别。叶龄长，宜稀，叶龄短，宜密。

播种：将芽谷均匀播在苗床上，用木板或滚筒轻压入土，再均匀用覆盖物 1～2cm 盖没种子，而后喷洒 1 次透水。

覆盖：为了保温保墒促齐苗，早春用薄膜搭拱形架覆盖，5 月 1 日以后可采用普通膜或打孔膜平铺或搭拱形架。注意防鼠雀为害。

③ 苗床管理　在覆膜期间一般不要洒水，如土壤干燥，也应及时洒水。揭膜后至起秧前，即使床面干裂，只要中午叶面不打卷，都不宜补水；遇雨要及时排水降渍。若遇特殊天气，叶面卷筒，要在傍晚补水，使表土湿润即可。起秧前 1～2d 傍晚，结合施起身肥，浇一次透水。

及时揭膜：一般播后 5～10d 齐苗，早春防止寒潮伤苗，可在 3 叶后揭膜。揭膜后立即喷洒 1 次透水，以弥补土壤水分的不足。

喷洒多效唑或烯效唑：为了控制秧苗高度，促进分蘖，可在 1 叶 1 心均匀喷施 15% 多效唑 0.2～0.3g/m²，或用 30～50mg/kg 烯效唑浸种 48h，效果很好。

追肥：只要苗床培肥达标，小苗一般不需要追肥，培育中大苗可视苗情适当喷施 1% 尿素溶液或适量带水撒施。

（四）适期栽植

1. 适龄栽植　在过渡带内一年两熟情况下，水稻插秧往往受前茬作物熟期的限制。和水稻直播相比，采取人工育秧、插秧，是延长水稻营养生长时间、节省土地资源、缓解季节矛盾、提高水稻产量的好方法。水稻从秧田移到本田，标志着秧苗期的结束，将进入返青分蘖期。这在水稻生长发育上是个转折点，在生产上是个重要环节。对插秧的总要求是适期移栽和保证质量。

促进和控制营养生长，协调它和生殖生长的关系，是水稻高产栽培的重要的原则之一。在育秧移栽情况下，水稻的营养生长期又可分为秧田期、返青期和分蘖期3个时期。秧田期秧苗因密度较大生长量不足，返青期秧苗基本停止生长，分蘖期是水稻营养生长的主要时期。因此，要取得水稻高产，必须努力缩短返青期，提早分蘖期，保证本田有足够的营养生长期，其关键就在于掌握适期移栽。

（1）提早分蘖期　水稻同一品种在同一地区的全生育期以及总的营养生长期的长短，主要决定于播种期；而分蘖期的长短，则主要决定于插秧期。插得早，分蘖早，分蘖期就长，并能适当早熟。因为在一般情况下，分蘖基本上是从插秧返青后开始的，所以插得早，分蘖期就长；插得晚，分蘖期就短。由此可见，在已经育成适期、适龄的健壮秧苗之后，就要力争早插和提高移栽质量，使分蘖期提前。凌启鸿（2007）认为，5叶期的秧苗有较强的发根力，可作为各类品种拔秧移栽的起始叶龄期。移栽后至有效分蘖临界期，应有5个以上叶龄差。如移栽时秧龄过大，移栽后至有效分蘖叶龄期少于3个叶龄差，往往不利于高产。

（2）缩短返青期　缩短返青期是提早分蘖的另一方面。因为返青愈早，返青期愈短，分蘖的开始也就愈早。秧苗返青快慢主要决定于秧苗插栽后的发根力和植伤率，和苗体内 C、N 水平有关。缩短返青期，就要掌握苗体内 C、N 变化规律，适期栽插，达到既有较强发根力，又有较小植伤率的要求。

秧苗返青快慢还和插秧时的外界环境密切关系，其中，温度影响最大。温度低，秧苗发根力弱，返青慢；温度过高，烈日暴晒，失水快，植伤重，也不利于返青。一般说来，13℃是秧苗返青所需要的最低温度。若要返青正常，平均气温需在15℃以上。

2. 提高插秧质量

（1）坚持浅插匀插　浅插是促进早返青、早分蘖的关键措施之一。由于秧苗发根分蘖需要较高温度和 O_2，故插深一般不宜超过2cm。据研究，表土以下2cm处比5cm以下土温高2℃左右，插秧过深，低蘖位的分蘖芽处于土温低、通气不好的土层中，便不能萌发而休眠，分蘖节的节间便伸长，形成"地中茎"，出现"二段根"、"三段根"的现象。只有接近地面、土温较高、通气较好的节位才长出分蘖来。栽插过深，分蘖位便上移，分蘖发生晚，营养消耗于地中茎生长，发根力差，常导致僵苗不发。

（2）插直、插匀　插直就是要插得挺，勿插风吹就倒的"顺风秧苗"，不要横着插"烟斗秧"，更不要执秧向前推插"拳头秧"，以免秧眼过大，灌水后漂秧。匀插就是行列要端正，秧兜大小要一致，使各个秧苗都能生长均匀，分蘖整齐。小苗带土移栽则要把泥块按到泥里，齐平田面为好。

四、合理密植

（一）合理密植的生理基础

协调好个体生长和群体发展，是水稻高产栽培的又一重要原则。水稻产量是由群体表现的，而群体是由个体构成的。个体生长衰弱，群体难以发展；个体生长过旺，也会影响群体发展。要取得水稻高产，必须保持个体健壮生长，促进群体最大发展，其关键就在于合理密植。

水稻个体和群体的关系，主要体现在以下几个方面。

1. 叶面积和光能利用的关系　个体和群体的矛盾，本质上是绿色叶面积和太阳光照强度之间的矛盾。水稻产量90%~95%是绿色叶片光合作用的产物。据研究，水稻单位叶面积的光合生产率，随着光照强度而增加。但光照强度达到4~5klx时，光照强度再增加，光合生产率也不再提高，即达到所谓"光饱和点"。一般夏季晴天，自然光照强度达10klx左右，所以对水稻只要株间有50%的自然光照，就可以保证光合作用正常进行。而据中国农业科学院测定：插秧密度为144 000穴/hm^{2}时，分蘖盛期2/3株高的所谓"作用面"上，株间光照仍达自然光的100%，基部亦达76%。可见，在一般稀植情况下，有许多光能被白白地浪费了。如果适当密植，扩大绿叶面积，就可以充分利用日光能，增多水稻的物质积累，这就是密植的基本道理。

在一定范围内，叶面积随着植株密度的提高而增加，单位叶面积的物质积累即净同化率几乎没有下降或下降很少，在这个范围内，密度越高，叶面积越大，产量越高。但叶面积增加到一定限度，就会出现互相遮光现象。据研究，每经过叶面积指数5的群体叶片，则群体下层的平均光强仅约为上方空间光强的1/25。这样，就出现了个体和群体的矛盾。一方面，随着密度的增加，群体叶面积不断扩大；另一方面，个体通风透光不好，生长衰弱，下层叶片因缺少阳光，净同化度下降，导致产量降低。

由此可见，叶面积小，光照强，个体生长好，但光能不能充分利用，群体产量不高；叶面积过大，光照弱，个体生长不好，群体也难以发展。既要扩大绿叶面积，使群体能充分利用光能，又要保持良好的通风透光条件，使个体生长健壮，这便是水稻合理密植的一条基本原则。也就是说，要掌握合理的插植密度和加强田间管理，控制水稻主产的适宜的群体叶面积。水稻群体最大的叶面积出现在孕穗末期，这时期叶面积指数5~8为宜。8以上会造成稻田过郁闭，5以下则光能利用率不高，达不到高产目的。凌启峰（2007）研究证明，江苏地区高产田适宜叶面积指数为7~7.5（籼稻）或7~8（粳稻）。

2. 穗多和穗大的关系　水稻产量是由穗数、穗粒数和粒重三者构成的。其中，穗数是群体性状，穗粒数和粒重是个体性状。那么，增产应从群体着眼，争取穗多，还是从个体着眼，争取穗大，一般说来，水稻的粒重的可塑性较小，穗粒数变化的影响因素较多，而穗数则比较容易通过插植密度来加以控制。因此，水稻密植的实质就增株、增穗。可是，个体和群体之间存在着相互制约的关系，穗数增多，穗粒数和粒重便有变少、变小的倾向。在穗数较少的时候，穗粒数和粒重变少、变小的程度还比较小，增穗能够增产。当穗数增加到一定程度，穗子变小的程度越来越大，以至超过了穗数增加的程度，这样穗多后就反而减产。因此，掌握适宜的穗数，是水稻合理密植的一个中心问题。

3. 苗数和穗数的关系　水稻密植主要是通过增加栽插苗数，增多穗数。但是，穗数并非随着苗数的增加而一直增多，当苗数增加到一定程度，个体生长就会逐渐受到限制，分蘖减少，甚至发生死蘖、死株，以致出现穗数比插的基本苗还少的极端状况，这种现象称之为"群体的自动调节"。可见，在过密的情况下，由于个体生长受到极大限制，穗粒变少，产量下降。所以，合理密植应当寻求低限，不要追求高限。在不同插植密度最后达到相近穗数的情况下，宁可偏稀，不可偏密。掌握适宜插植的基本苗数，是水稻合理密植的一个实质问题。

4. 主茎与分蘖的关系　水稻具有分蘖的特性，因而增加穗数有两种办法：一是密植，限制个体生长，增多主茎穗，依靠主穗增产；另一种是稀植，放任个体生长，促进分蘖，增多分蘖穗，依靠分蘖穗增产。

据湖南省农业科学研究院用放射性同位素研究结果，水稻主茎和分蘖间的养分有互相交流现象。在分蘖期，主茎流入分蘖的光合产物比分蘖流入主茎多16.47%，促进分蘖的生长；到出穗期，各自保持相对的独立性，很少交流；但到乳熟期，分蘖中的光合产物却有一部分转向主茎穗部。因此，在一般情况下，主穗总是比分蘖穗大，应当主要靠主穗增产。但分蘖是主茎健壮的标志，所以，一般带分蘖的主穗，总是比不带分蘖的穗大。

由此可见，要取得水稻高产，既要适当控制分蘖，主要依靠主穗增产；又要积极促进分蘖，保证一定数量的早期分蘖成穗。究竟应当掌握多少总茎、蘖数和利用多少分蘖成穗，是合理密植所要解决的一个关键问题。

（二）合理密植的主要内容

1. 合理密植的群体结构　根据上述个体和群体的关系，水稻合理密植的实质是单位面积内插多少基本苗、利用多少分蘖成穗以及达到多少有效穗。

（1）适宜穗数问题　水稻个体和群体的矛盾，本质上是绿色叶面积和光能利用的矛盾。因此，水稻的适宜穗数和单茎、单蘖叶面积及群体适宜的叶面积指数之间有着紧密的联系。当单茎、蘖的叶面积一定时，则群体适宜的叶面积指数愈高，适宜的穗数也愈多；当适宜的叶面积指数一定时，则单茎、单蘖的叶面积愈大，适宜的穗数愈低。

水稻不同品种单茎、蘖叶面积及群体适宜的叶面积指数都有不同，所以，适宜的穗数也有差别。一般情况下，株型紧凑、叶片挺立、开度小、茎秆粗壮的品种，较之株型松散、叶片披散、茎秆细弱的品种适宜的群体叶面积指数高。因此，粳稻比籼稻、矮秆品种比高秆品种、多穗型品种比大穗型品种，适宜的穗数都要高一些。

另外，由于土壤肥力不同，对单茎、蘖的叶面积及群体的叶面积指数都有很大影响，不同肥力田块水稻高产适宜的穗数有很大差别，肥田穗数宜少，薄田穗数宜多。

（2）适宜苗数问题　根据上述穗数的要求，到底单位面积内插多少基本苗、利用多少分蘖成穗合适，从多年生产实践看来，中等肥力田块栽插时的基本苗数相当于适宜穗数的80%左右，丰产田块60%左右，高产田块40%～50%比较合适。这样就分别利用了20%、40%及50%～60%的分蘖成穗。同时，品种的分蘖特征和适宜苗数有很大关系。一般说来，生育期长和多穗型品种，或分蘖期长、或分蘖优势强，成穗比例高，都应少插一些基本苗，多争取一些分蘖穗。反之，生育期短和大穗品种，就应当多插一些基本苗，依靠主茎穗夺取产量。适期早插，有效分蘖期长，基本苗应适当减少；栽插较迟，有效分蘖期短，则应当多插一些基本苗。土壤肥力较高，能争取较多分蘖成穗的田块，应比肥力低的少插些基本苗。所谓"肥田靠发，瘦田靠插"。但不论何种情况，均应掌握两条基本原则：一是栽插的苗数都不宜超过适宜的穗数；二是栽插的苗数要保证在拔节前15d左右，全田总茎、蘖数达到适宜穗数的要求。

2. 适宜的栽插方式　水稻的栽插密度，实际上是通过单位面积内栽插穴数和每穴内栽插苗数来掌握的。在秧苗个体发育比较均匀的情况下，采取适宜的穴、行距及每穴苗数，可以进一步协调个体和群体的关系。

（1）排列方法　水稻按栽插穴数及穴、行距不同，一般有以下3种基本栽插方式。

第一种叫方行栽插法。凡穴、行距相等或者接近相等的方式叫方行栽插法。这样栽插法在密度较低，穴、行距能保持一定宽度的情况下，有利于稻株向四周均衡发展，对于分蘖及穗发育都比较有利。常用的插植规则有：20cm×20cm，23cm×23cm。但在密度较高时，方行插植法封行过早，不利于稻株健壮成长。

第二种叫长方行插植法。就是缩小方行插植法的穴距而保持一定宽度的行距，这是比较常用的插植方法，有13.3cm×30.0cm，11.6cm×29.7cm，10cm×33.0cm等多种方式。这样，即使在密度较高情况下，仍能保持一定的通风透光条件，而且可以通过缩小穴距来增加插植密度。穴距也不宜过小，一般以10～16.5cm为好，使每穴仍有一定的发展空间。尹海庆等（2008）认为，豫南稻区一季杂交中稻，穴、行距以20.0cm×26.0cm，17.5万～30万穴/hm^2，1～2株/穴，每穴5个茎蘖为宜。朱德峰等（2006）认为，在强化栽培条件下，单季杂交稻移栽密度以穴距18.3～26.5cm，行距为28.0cm为宜，籼稻13.5万～16.5万穴/hm^2，粳稻和常规稻15.0万～19.5万穴/hm^2。

第三种叫宽窄行插植法。就是把行距分为宽、窄两种，既可以通过窄行增加插植密度，又可以借宽行保持适当的通风透光条件，是目前水稻高产创建常采用的方法。从生产实践看，密度以40cm（或20）cm×13.3cm较为合适。

（2）每穴插植苗数　凡每穴插植的苗数少，叫作"小株"；插植苗数多的，叫作"大株"。在单位面积内基本苗数相同的情况下，小株插植的有利于个体生长，大株插植则群体的通风透光条件较好。由于个体健壮生长是群体良好发展的基础，所以水稻一般宜采用"小株密植"。特别是杂交水稻，分蘖力强，生长茂盛，一般以插带蘖单株较多。朱德峰等（2006）认为，在强化栽培条件下，一般每穴1株，如单株带蘖少的可插2株，确保每穴5个茎蘖。

五、科学施肥

（一）丰产稻田的肥力特征

充分发挥水稻的增产潜力，必须良种、良法配套，改良、培育土壤，以满足水稻生长的要求。好的稻田土壤应具有以下特性。

1. 适度的土壤渗 漏稻田水分状况是影响土壤还原化程度及养分转化的重要因素。一般常把稻田的水分状况分"爽水"、"漏水"和"囊水"3 种，以区别土壤的好坏。多数肥沃的水稻土为爽水田，这种田具有适中的渗漏量，适度的还原化程度，通气爽水、保水、保肥。既可更新土壤环境，改善土壤营养条件，又可为土壤补充 O_2 和将施入的肥料带入根际。漏水田的渗漏量过大，土壤还原程度低，既不保水，也不保肥；囊水土壤漏性极差，还原性过强，水多气少，有毒物质积累多。后两种田均不利水稻生长。

2. 良好的土体构造 肥沃的水稻土具有深厚的耕作层，发育良好的犁底层。适合水稻生长的土壤要求耕作层养分充足，耕性良好，软而不烂，深而不陷，干耕时土垡易松散；犁底层紧密坚实，干时能开裂细缝，湿时能闭合，既滞水，又透水；心土层透水性良好，水气协调；底土层保水性强，地下水位适中。这种协调环境的土体构造，既有利于水稻根系活动，也有利于养分的释放和供应，易于调节管理，以利高产稳产。

3. 协调的土壤养分 稻田中的有机质及其他养分的含量并不是越多越好，而是要适量和协调。一般认为，肥沃水稻土的适量有机质含量为 2% ~4%，全 N 量为 0.13% ~0.23%，全 P 和全 K 量分别在 0.1% 和 1.5% 以上。除了适量的养分储量外，肥沃的水稻土还应具有良好的养分供应能力，即较高的养分供应程度。为了获得高产，还要求土壤在作物整个生长期间能协调地供应养分，这主要指养分之间能互相配合，供求和谐，肥效稳而长，能充分满足水稻各生育阶段对养分的需求。

（二）提高麦茬稻田肥力的途径

1. 建立和完善排灌渠系 肥沃的水稻土首先要有一个良好的土壤水分状况，因此在改善区域水利条件的基础上，加强农田基本建设，建立完善的排灌渠系，防止水稻土的明涝暗渍十分重要。

2. 活化土壤有机质 土壤有机质对改善土壤物理性质有很大作用。因为稻田经常渍水耕耙，虽然土壤团聚体破坏较多，有利于犁底层的形成，插秧时容易插稳，但一些黏重土壤，如土粒过于分散，则湿时形成浮泥，干时收缩成硬块，既不利于耕作，也不利于作物生长。有机质可以促使土壤团聚体的形成，改良土质，改善耕性，减少土壤总氮（TN）流失。唐浩等（2010）研究认为，整个稻麦轮作期间大田作物对 N 肥的利用率很少超过 50%，稻作期间 N 素径流流失以 $NH_4^+ - N$ 为主，占 TN 的 90% 以上；渗漏流失以 $NO_3^- - N$ 为主，占 TN 的 85% 以上。麦作期间 N 素渗漏流失以 $NO_3^- - N$ 为主，占 TN 的 90% 以上；TN 的流失量可达 78.96kg/hm^2。在减少化肥用量 20% ~30%、补施有机肥料的情况下，TN 的流失量可以减少 23.66% ~28.53%，可见活化土壤有机质对控制农业面源污染、提高肥料利用率具有积极意义。

3. 合理耕作改土 合理耕作可以调节土壤固、液、气三相比例，改善土体构造，使它既有高度保水性，又有适度透水性；既有高度的保肥力，又有及时释放肥料的能力；干时疏松，湿时柔软，符合丰产稻田的要求。对土壤耕层浅，犁底层黏重，透水性差，还原性强的稻田，要采用深耕晒垡等办法，加深耕作层，打破犁底层，增加土壤通气性，促使团粒结构的形成和养分的释放。

4. 秸秆还田 秸秆还田是当今世界范围内改善农田生态环境、发展持续农业的重大措施，是节本增效、发展质量效益型农业的重要环节，也是促进绿色食品发展的有效手段。据研究，如果在同一块地中连续 3 年秸秆还田，可增加土壤有机质 0.2% ~ 0.4%，增产 5% ~ 15%。秸秆还田有以下好处：第一，秸秆还田可增加土壤新鲜有机质，提高土壤肥力。作物秸秆的成分主要是纤维素、半纤维素和一定数量的木质素、蛋白质和糖。这些物质经过发酵、腐解、分解转化为土壤重要组成成分——有机质。有机质是衡量土壤肥力的重要指标，因为土壤有机质不仅是植物主要和次要营养元素的来源，还决定着土壤结构性、土壤耕性、土壤代换性和土壤缓冲性，以及在防治土壤侵蚀、增加透水性和提高水分利用率等方面皆具有重要的作用。一般地讲，土壤有机质含量越高，土壤越肥沃，耕性越好，丰产性能越持久。实施秸秆还田是增加土壤有机质最有效的措施。资料表明，不少地方由于长期连续秸秆还田，有效地遏制了土壤有机质持续下降，并有逐渐回升趋势，平均年增加量达 0.02% ~ 0.04%。特别是麦秸还田后土壤中的细菌数量增加了 16 倍，纤维分解菌提高 8.5 倍，放线菌提高 3.6 倍，真菌提高 2.7 倍。微生物数量增加，活动增强，加速了土壤有机质的分解和转化，使土壤肥力得到加强。第二，改善土壤的物理性质，使土壤耕性变好。秸秆还田后土壤孔隙度一般增加 4% 左右，容重降低 0.04 ~ 0.11g/cm³，1 ~ 3mm 团粒结构增加 5.8%；土壤水分增加 1.1% ~ 3.9%。由于土壤物理性质得到改善，土壤水、肥、气、热四性得以很好的协调，渗水能力增强，保墒性能增加，抗旱抗涝能力都得到很大提高。第三，增加产量，降低成本。据调查，秸秆还田后第一季作物平均增产 5% ~ 10%，第二季后作物增产 5%。据试验，在秸秆还田的地块上施用化肥，可较好地发挥化肥的肥效，可提高 N 肥利用率 15% ~ 20%，磷肥利用率可提高 30% 左右。

对水稻田在淹水状态下作物秸秆还田后难以沤烂问题，可以在小麦、油菜等前茬收割时铡碎秸秆，深翻压沤。如果秸秆还田后不久就插秧，则要调整 C/N 比。据研究，秸秆直接还田后，适宜秸秆腐烂的 C：N 为（20 ~ 25）：1。而秸秆本身的 C、N 比值都较高，如小麦秸秆的 C、N 比为 87：1。这样高的 C、N 比在秸秆腐烂过程中就会出现反硝化作用，微生物吸收土壤中的速效 N 素，把农作物所需要的速效 N 夺走，使幼苗发黄，生长缓慢，不利于培育壮苗。因此，在秸秆还田的同时，要配合施入 N 素化肥，保持秸秆合理的 C、N 比。一般每 100kg 风干的秸秆掺入 1kg 纯 N 比较合适。

5. 实行轮作倒茬，用地养地相结合 水旱轮作是过渡带耕作制度的一大特征。同时，实行合理的水旱轮作倒茬，也是提高稻田肥力、改善土性的有效措施。高菊生等（2008）研究认为，在湖南一年三熟轮作条件下，长期稻-稻-紫云英轮作能够提高水稻产量尤其是生物产量，稻谷总产比稻-稻-冬闲农作制增产 54 081.1kg/hm²，增幅达 26.4%。

（三）麦茬稻本田施肥技术

1. 肥料种类 肥料种类划分方法很多，本文按常用的方法分为有机肥料、无机肥料和新型肥料。

（1）有机肥料种类　有机肥通常也叫农家肥，含有 N、K、K、Ca、Mg、S、B、Fe、Mn、Zn 等农作物必需的无机营养元素，还含有能被作物吸收利用的各种氨基酸，及促进植物生长的维生素和生物活性物质（活性酶、糖类等）等有机营养元素，另外，还含有多种有益微生物（固氮菌、氨化菌、纤维素分解菌、硝化菌等），是养分最全的天然复合肥料。施用有机肥不仅可以供给作物所需要的各种营养物质，还可以改善土壤结构，增强土壤保水保肥能力，改善作物根系的营养环境，熟化土壤、培肥地力等。

有机肥按照相同或相似的产生环境或施用条件，类似的性质功能和积制方法，还可分为粪尿肥、堆沤肥、秸秆肥、绿肥、土杂肥、饼肥、海肥、泥炭、农用城镇废弃物、沼气肥等类别。

① 粪尿肥　粪尿指人和动物的排泄物，含有丰富的有机质、N、P、K、Ca、Mg、S、Fe 等作物需要的营养元素，及有机酸、脂肪、蛋白质及其分解物，包括人粪尿、家畜粪尿、家禽粪、其他动物粪肥等。

② 堆沤肥　一般包括厩肥、堆肥和沤肥。由有机质在嫌气条件下分解，形成的速效养分多被泥土吸附而形成。

③ 秸秆肥　秸秆是农作物的副产品，其中，含有相当数量的营养元素。当作物收获后，将秸秆直接归还于土壤，有改善土壤物理、化学和生物学性状，提高土壤肥力、增加作物产量的作用。水稻前茬秸秆肥主要有稻草、麦秆、油菜秆等。还田方式主要为翻压还田和覆盖还田。

④ 绿肥　以植物的绿色部分翻入土壤当作肥料的均称绿肥。绿肥在提供农作物所需养分，改良土壤，改善农田生态环境和防止土壤侵蚀及污染等方面具有良好作用。稻田常用绿肥有紫云英、苕子、豌豆、草木樨、黄花苜蓿、油菜、蚕豆等。

⑤ 饼肥　饼肥是油料作物籽实榨油后剩下的残渣，也叫油枯，是中国传统的优质农家肥。饼肥的种类很多，主要有大豆饼、油菜籽饼、芝麻饼、花生饼、棉籽饼和葵花籽饼等。各种类型的饼肥一般富含有机质、N 和相当数量的 P、K 与中量或微量元素，其中，K 素可被作物直接利用，而 N、P 则分别存在于蛋白质和卵磷脂中，不能直接被农作物吸收利用。虽然饼肥中 N、P 不能直接被利用，但由于饼肥的 N 素比较小，易分解，肥效反较其他有机肥易发挥。

（2）无机肥料类

① 氮素化肥　常用的有尿素、碳酸氢铵等。尿素［分子式 $CO(NH_2)_2$，含 N46%］是一种化学合成的有机酰铵态 N 肥，也是 N 肥中含 N 量最高，浓度最大的优质 N 肥。为白色针状或颗粒状结晶，易溶于水，不易结块，可用作种肥、基肥、追肥和叶面喷洒。作种肥时不要与种子直接接触。碳酸氢铵（分子式 NH_4HCO_3，含 N 量 17% 左右）中 N 呈铵离子状态存在，易被土壤胶体吸附和作物吸收，不易流失，遇碱性物质极易引起 N 的挥发损失；在偏碱性土壤中及通气条件下，则易被微生物转化为硝态氮。

② 磷素化肥　常用的有过磷酸钙、重过磷酸钙、钙镁磷肥等。过磷酸钙［分子式 $3C_a(H_2PO_4 \cdot H_2O + 7C_aSO_4)$］简称普钙。呈灰白色或浅灰色粉末。易吸湿结块。普钙极易被土壤固定，移动性很小，可以作基肥和追肥。可集中施用、分层施用和根外追肥。

重过磷酸钙［分子式 $5C_a(H_2PO_4)_2 \cdot H_2O$，含（$P_2O_5$）40% ~ 52%］含 P 量是普钙的 2 ~ 3 倍，是一种水溶性的高浓度的 P 肥。一般呈颗粒状或粉末状，水溶液呈酸性。重过磷酸钙可以作追肥、基肥，用法与普钙相同。钙镁磷肥［分子式 a-$C_{a3}(PO_4)_2 \cdot H_2O$，含（$P_2O_5$）14% ~ 19%］黑绿色或棕色粉末，呈碱性，不溶于水，不结块。宜作基肥施用，若用作追肥，要在苗期早追。

③ 钾素肥料 常用的品种有硫酸钾、氯化钾等。硫酸钾（分子式 K_2SO_4，含 K_2O 量 50% ~ 52%）白色或淡黄色结晶，也有少量的红色硫酸钾。易溶于水，不结块，是化学中性、生理酸性肥料，可作种肥、基肥、追肥和叶面追肥。氯化钾（分子式 KCl，含 K_2O 量 60% 左右）白色或淡黄色，也有略带红色的。溶于水，属化学中性、生理酸性的速效钾肥。可作基肥、追肥施用，作基肥应与有机肥配合施用，不宜作种肥。

其他大量元素的化学肥料还包括钙肥、硫肥、镁肥等，微量元素的化学肥料还包括锌肥、硼肥、锰肥、钼肥、铁肥、铜肥等，由于在水稻上不常用，在此不再一一介绍。

除微量元素外，还有一类叫有益元素，是指对植物生长有促进作用，但并非为植物所必需的，或者只是某些植物所必需的，不是所有植物所必需，如 Na、Si、Co、Ni、Se 等。生产上以 Si 肥应用较多。

此外，用化学方法或物理方法加工制成的无机肥料还包括复合肥和混合肥，目前，在生产上应用较多，发挥着重要作用。如复合肥中有二元复合肥、三元复合肥等。

（3）新型肥料 新型肥料是与传统肥料、常规肥料相比而提出来的新概念，目前，尚未有统一解释，但其代表着肥料发展的一个方向，主要特点表现为：能够直接或间接地为作物提供必需的营养成分；调节土壤酸碱度、改良土壤结构、改善土壤理化性质和生物学性质；调节或改善作物的生长机制；改善肥料品质和性质或能提高肥料的利用率。

据目前生产应用情况，介绍以下几种。

① 微生物肥料 由一种或数种有益微生物、培养基质和添加剂制作而成的生物性肥料，通常也叫菌肥或菌剂，包括固氮菌类、磷细菌、钾细菌、抗生菌类，还有具有加速有机肥堆腐速度、除臭等功能的微生物菌剂。微生物肥料除含有生物活性的微生物以外，还含有调节植物生长的多种调节剂、氨基酸等。市场上主要的肥料品种有：硅酸盐菌剂、复合菌剂和复合微生物肥料。

② 调节剂类 用于改善土壤的物理、化学和生物学性质和植物生长机制的物质。主要类型有土壤调理剂、植物生长调节剂类。市场上主要土壤调理剂的品种有水稻床土调制剂、土壤保水剂等，植物生长调节剂的品种有油菜素内脂、植物生长刺激素以及衍生物等。

③ 氨基酸肥料 能够提供各种氨基酸类营养物质的物料统称为氨基酸类肥料。目前，主要是利用动物毛皮和下脚料经水解后加工而成，也有利用微生物转化生产的氨基酸肥料。市场上氨基酸肥料多为氨基酸和微量元素复合（综合）而成的复合氨基酸肥料。

④ 腐殖酸肥料　富含腐殖酸和一定标量无机养分的肥料。以泥炭（草炭）、褐煤、风化煤、秸秆和木屑等为主要原料，经过化学处理或再掺入无机肥料制成，有刺激植物生长、改善土壤性质和提供少量养分的作用。主要肥料品种有腐殖酸铵、生化黄腐酸和腐殖酸复合肥等。

⑤ 精制有机肥　一般由农作物秸秆或禽畜粪便经腐熟、发酵、灭菌、混拌、粉碎等工艺加工而成，原料多来自于农业废弃物。其主要作用一是通过有机物矿化，为作物提供养分；二是通过有机物本身的施入，改善根系生长和土壤微生物繁殖的土壤环境，协调土壤养分供给，肥沃土壤，保障作物健壮成长，有利于改进产品品质，多用于有机食品、绿色食品生产。

⑥ 有机-无机复合肥　是在充分腐熟、发酵好的有机物中加入一定比例的化肥，充分混匀并经工艺造粒而成的复混肥料，一般有机物含量20%以上，N、P、K总养分20%以上，能同时提供有机养分和无机养分，肥效速缓相济，优势互补，能减少无机养分的固定和淋失，提高化肥利用率，减轻环境污染。

⑦ 控释肥　控释肥指施入土壤中养分释放速度较常规化肥大大减慢、肥效期延长的一类肥料，是化肥经包膜或加入生物、化学抑制剂变性而形成的新型肥料。如包膜尿素，长效碳酸氢铵等，一般被认为是控释肥。由于它具有长效性和缓效性，养分释放速度与作物吸收规律相近或一致，养分利用率可提高6～15个百分点，施肥对环境的污染被控制到最低水平，是当前施肥技术创新的主攻方向。

2. 基肥和追肥

（1）基肥　也叫底肥，是在播种或移栽前施用的肥料。它主要是供给水稻整个生长期间所需要的养分。作基肥施用的肥料大多是迟效性肥料，厩肥、堆肥、家畜粪等是最常用的基肥，碳酸氢铵、过磷酸钙、钙镁磷肥、氯化钾以及复合肥、复混肥等化学肥料均适合作基肥。

基肥的深度通常在耕作层，可以整田时一次性撒施，也可分层施用。

（2）追肥　是在水稻本田生长期间追施的肥料，主要是为了供应水稻某个时期对养分的大量需要，或者补充基肥的不足。

追肥施用的特点是比较灵活，要根据作物生长的不同时期所表现出来的元素缺乏症，对症追肥。

3. 施用时期

（1）有机肥料　有机肥料分解慢，利用率低，但肥效期长，营养全面，所以，一般都作基肥施用，使之能源源不断地供水稻生长需要。

（2）氮素肥料　各种N素化肥的肥效快，肥效期短，故一般宜用作追肥并分次施用。但插秧前结合耖田施用一些速效性N素化肥作为"面肥"，可以提高秧苗体内含N量，增加发根力，对提早返青，促使早生快发有显著作用。N素化肥作追肥施用时，主要施在分蘖期。因为水稻需N比P、K为早，体内N高峰期出现在分蘖期，加之分蘖期N肥利用率低而肥效期长，相对地需要施用较多N肥。水稻吸N量最多的时期虽在长穗期，但该期对N肥利用率高，土壤中养分释放量也大，故施用量宜少于分蘖肥。

（3）磷素肥料　水稻大量需 P 的时期比 N 晚，前期吸收的 P 能贮藏在稻体内，后期可以再利用，加之土壤的 P 保存能力强，因此，P 肥一般都作为基肥一次施用。

（4）钾素肥料　水稻在拔节后才大量吸收 K 肥，到生育后期仍需要较多，可分基肥和追肥两次施用，由于土壤对 K 的吸收能力强，一次施用后可较长时期供水稻利用，所以，K 肥一般也可作基肥施用。

4. 施用方法　尹海庆（2008）研究认为，水稻施肥的一般原则是：有机肥与化肥结合；N、P、K 肥结合；施足基肥，早施穗肥，巧施穗粒肥，瞻前顾后，平稳促进。根据生育期不同，大致可分为以下 3 种施肥方式。

（1）攻前保后施肥法　即重施基肥，基肥用量占总施肥量的 80%，追肥占 20%，早施重施分蘖肥，酌情施用穗肥，达到"前期轰得起，中期稳得住，后期健而壮"的要求。这种施肥方法主攻穗数，适当争取粒数和千粒重。凡生育期 100～120d 的早熟品种，大都采用这种方法。

（2）前促中控施肥法　即重施基肥，一般占总施肥量的 70%～75%，追肥占 25%～30%。重施分蘖肥和穗肥，在分蘖末、穗分化始控制施肥，所谓"攻头、保尾、控中间"。这种施肥法穗、粒并重，既要争取穗多，又要增多粒数，一般 120～150d 的中熟品种常用这种施肥法。

（3）前保中促施肥法　即适量施用基肥和分蘖肥，合理施穗肥，酌情施粒肥。基肥一般占总施肥量的 60%，追肥占 40%，所谓"前轻、中重、后实足"，达到"前期不疯长，后期不早衰"的要求。这种施肥法，在保证足够穗数的基础上，主攻穗大、粒饱。生育期在 150d 以上的晚熟品种常用这种施肥法。

凌启鸿（2007）用粳稻研究证明，在小苗（3.5 叶龄）移栽时，以基蘖肥与穗肥 6：4 时产量最高；中苗（6.5 叶龄）移栽时，以基蘖肥与穗肥 5：5 时产量最高；大苗（9 叶龄）移栽时，以基蘖肥与穗肥 4：6 时产量最高。

5. 施用技术

（1）结合整田施用底肥　可在最后面一次水耕田前施底肥，一般施 N、P、K 总含量为 15% 的水稻专用肥 750kg/km^2，或碳酸氢铵 600～750kg/hm^2（也可以施用尿素 255～300kg/hm^2），加钙镁磷肥 750kg/hm^2，加氯化钾 75kg/hm^2。施下的肥料要随整田机械翻动，以做到全层施肥。

（2）早施促蘖肥、酌施保蘖肥　在插秧后 7～10d 一次施尿素 75～105kg/hm^2。到了有效分蘖末期，全田总茎、蘖数和预期的适宜穗数相比，如少于 5 万苗/亩以上时，宜酌量施用保蘖肥，促进分蘖平稳生长，一般施尿素 30～45kg/hm^2。

（3）酌施穗肥　晒田复水后，根据禾苗的长势要酌情补施一定的肥料。对土壤肥力较差、叶色偏淡、长势一般或差的田块，可施尿素 37.5～45kg/hm^2、氯化钾 60～75kg/hm^2。

（4）补施粒肥　可在水稻破口至灌浆期，用磷酸二氢钾 100g、尿素 0.1～1kg 混合对水进行叶面施肥，连喷 2～3 次。

六、合理灌溉

（一）麦茬稻需水特点

1. 水稻的生理需水　水是植物生命活动所必需的物质。水稻原产沼泽地带，在系统发育过程中，形成了适应于水层下生长的特性，对土壤水分的要求比较严格。水分供应不足，就会影响各种生理作用的正常进行。

（1）水分与光合作用　据耶雷琴（1956）在水稻开花期测定，生长在田间最大持水量 90% 土壤温湿度下的稻株，较之淹水下栽培的光合作用显著减弱。又据中国科学院植物生理研究所测定，水稻在落干晒田初期，当表层土壤水分保持最大持水量的 80% 以上时，光合作用的强度未见减弱；当土壤水分下降到 80% 以下时，光合作用强度较对照降低 26.7%。

以上试验结果表明，土壤水分不足，就会影响水稻光合作用的正常进行。据耶雷琴（1956）的试验，可以认为水稻的光合作用的正常进行需要水层条件，而中国科学院植物生理研究所测定结果似乎只要 80% 的水分就可以了。这可能是和水稻的生育时期有关，可见土壤水分对水稻光合作用的影响，在不同时期的敏感度不完全相同，并不是全生育期都要有水层条件。

（2）水分与蒸腾作用　蒸腾作用是植物重要的生理活动，它能促进水分在植物体内的循环和根部吸收养分。土壤水分供应不足，则蒸腾强度降低。据中国科学院植物研究所试验结果表明：在各种供 N 水平下，水层灌溉的蒸腾强度，均高于湿润灌溉处理，尤以低 N 水平下其差异更为显著，并随着生育进程而差异加大。例如，在分蘖期低 N 水平湿润灌溉的蒸腾强度反而高于水层灌溉，而到开花期则水层处理的大大高于湿润处理。耶雷琴（1956）也得到类似结果，他认为分蘖期和成熟期 90% 田间持水量的处理比淹水处理的蒸腾强度大，而开花期则相反。由此可见，水分对水稻蒸腾作用强度的影响和上述光合作用于的影响相似，既对土壤水分有严格要求，但也并非全生育期都需要水层，较为敏感的时期是孕穗开花期。

2. 水稻的生态需水　水稻一般实行水层灌溉，不仅是为了保证水稻生理需水，更重要的是创造适宜水稻生长发育的生态环境。

（1）水层和土壤肥力关系　在水层下，土壤呈还原状态，有机物分解慢，积累多；N 素呈铵态存在，有利于土壤保存和稻根吸收，难溶性的无机养分如 P、K、Si 等在水层下也容易释放。这些都有利于土壤肥力的保持和提高，使之能稳定地不断供应水稻生长所需要的养分和水分。

（2）水层和田间小气候关系　水层对稻田的温度和湿度有一定调节作用。例如，低温时灌水保温，高温时串水降温，遇冷风或干热风时灌深水以调节田间温度、湿度等，对于防止水稻由于气候异常所引起不良影响有重要作用。

（3）水层与促进控制水稻生长发育的关系　通过水层深浅及落干可以直接起到促进或控制水稻生长发育的作用。如分蘖时浅灌促进分蘖，分蘖末期落干晒田控制无效分蘖，促进生长中心正常转换，以及灌浆结实期干干湿湿，养根保叶等，都是取得高产的重要措施。

（4）水层与杂草防治关系　在水层下，很多杂草种子不能发芽繁殖，特别是灌水除稗是直播田除草的一种重要措施。一些化学除草剂也需水层配合，才能发挥较好的除草效果。

（二）灌溉技术

稻田排灌方式根据水源、土壤肥力及水稻品种的不同大体上可以分为以下几种基本方式。

1. 深、浅-深、浅全期限水层灌溉法　即返青期深水，分蘖期浅水，穗分化到抽穗期逐渐加深，成熟期又逐渐放浅。在水源充足，土壤肥力不高，水稻生长不旺，无病虫倒伏现象的稻田宜采用此法。

2. 水层为主、水层与晒田相结合的灌溉法　根据水稻长势和水稻生育转换期，配合施肥措施有计划地变动水层深浅和落干晒田。一般地力高、地下水位浅、丰产潜力大的稻田可采用这种灌溉方法。

3. 前期旱长、中后期保水的灌溉法　这是在水源不足的情况下的一种灌溉办法。即只在对水层敏感的小穗分化至乳熟期保持水层，中后期只保持土壤湿润。

4. 湿润灌溉法　也叫间歇灌溉法，即在水稻生长期间，田面不留水层，只保持湿润状态。这是一种节水灌溉的方法。

5. 精确定量灌溉法　凌启鸿等（2007）提出，以土壤水势指标（用土壤水分张力计插入稻田测量）作为水稻灌溉依据，并提出全生育期精确灌溉技术。通过研究表明，水稻各生育期对低土壤水分反应的敏感顺序为：分蘖盛期＞生殖细胞形成期＞枝梗分化期＞分蘖末期＞花粉形成期，结实前期＞结实后期，即在水稻的一生当中，对水分胁迫最敏感的时期为分蘖盛期和减数分裂期前后。说明高产水稻并非要长时间地进行水层灌溉，全生育期进行干湿交替灌溉，更有利于产量的形成。因此，活棵分蘖阶段以潜水层（2~3cm）灌溉为主，在拔节前一片叶开始晒田（例如，主茎总叶数为17叶、伸长节间数5的品种，12叶开始拔节，可在11叶开始晒田）。长穗期采用浅水层（3~5cm）和湿润交替的灌溉方式。结实期（抽穗至成熟）仍宜采取浅湿交替的灌溉方式。

6. 强化栽培灌溉法实行计划育秧　朱德峰等提出，水稻在强化栽培条件下，移栽期和分蘖期保持浅水，一般灌水3cm左右。当苗数达到计划穗数苗数80%时开始晒田，多次轻晒，控制最高分蘖数为穗数苗的1.3~1.4倍。晒田结束开始复水，实行湿润管理。孕穗开花期田间保持3cm左右水层，灌浆结实期仍以湿润管理为主。

七、田间管理

水稻从插秧到成熟的生长发育阶段为本田生育期，可划分为前、中、后3个阶段。从插秧到幼穗分化始期为前期（又叫返青分蘖期），幼穗分化始期到抽穗为中期（又叫拔节孕穗期），抽穗到成熟为后期（又抽穗结实期）。前、中、后3个阶段生育特点各不相同，高产栽培主攻方向也不同。

（一）返青分蘖期管理

1. 返青分蘖期管理要求

（1）积极促进前期分蘖　分蘖期生长的主要特点是分蘖的发生和成长，分蘖期是每亩穗数的定型期。在合理密植的基础上，每亩穗数多少，便取决于分蘖多少。因此，促使分蘖早生快发，提高分蘖的成穗率，增多穗数，是分蘖期管理的主攻方向。要求到有效分蘖终止期，全田总茎数大体上和预期适宜穗数相近，上下不超过 5 万苗/亩。

① 促进前期分蘖的作用　因为分蘖是成穗的基础，但并非所有的分蘖都能成穗。什么样的分蘖才能成穗，主要决定于分蘖的出生早晚，决定于分蘖的独立生活能力。分蘖在长出第 3 叶时才开始发根，到 4 叶时才形成自己独立的根系。具有自己根系的分蘖，才具有独立生活能力。而分蘖每长出 1 叶约需 5d 时间，所以，在拔节期 15d 前出现的分蘖才能长出 3 片叶子，才有成穗的可能。这就是通常把拔节前 15d 作为有效分蘖终止期的生物学依据。一切增穗的措施必须在拔节前 15d 以前发挥作用才能有效，所以要促进前期分蘖。

② 促进前期分蘖的措施　水稻在分蘖期，从生理功能上看，是以 N 代谢为主的时期，叶部的 N 素代谢作用非常旺盛，形成大量含 N 化合物。叶片光合作用制造的碳水化合物，很少积累，大部分和含 N 化合物合成蛋白质，构成细胞组织。蛋白质的增加，细胞增殖的结果，促使分蘖和叶片不断地生和成长。因此，这一时期叶片中的含 N 量是水稻一生中最高的时期。凡叶片中的含 N 量高的，分蘖及叶片的发生便快而多。可见，N 素营养对水稻分蘖的产生起着主导作用。如果这一时期 N 素充足，一般水稻到分蘖盛期，叶色就会出现一次"黑"，叶色深绿，叶尖稍软，像水仙花。如果叶色发黄，秧苗细长直立，便是 N 素不足的象征，应及早施足 N 肥，满足水稻对 N 素营养的需求，就能促进前期分蘖。

（2）适当控制后期分蘖　控制后期分蘖是分蘖期管理的另一个重要方面，就是要防止分蘖发得过头。一般要掌握到最高分蘖期，总茎数控制在适宜穗数的 1.5 倍左右为宜。

① 要控制后期分蘖的作用　因为后期分蘖成穗的可能性不大，后生分蘖过多，不但减少母茎、母蘖体内养分积累，影响将来长成壮秆大穗，而且会造成过早封行，群体严重郁闭，下部叶片早死，根系发育不良，带来早期倒伏和招致病虫害等一系列恶果，所以必须加以适当控制。但是控制后期分蘖并不意味着不要后期分蘖。后期分蘖虽然不易成穗，但它是母茎、母蘖健壮生长的标志。如果缺少，有效分蘖也可能转化为无效。所以，为了巩固有效分蘖，适当地有一部分后期分蘖还是必要的。

因此，水稻在进入无效分蘖期后，要求长势平稳，分蘖速度逐渐减慢，能有适当的后期分蘖而又不可过多。一般要求，掌握在有效分蘖终止期后，再产生相当于适宜穗数 30%～50% 的后期分蘖，保证最后成穗率在 70% 以上，比较合适。

② 怎样控制后期分蘖　关键在于苗体内的 N 素营养。一般正常生长的稻株，到分蘖后期叶片中的含 N 量下降，光合作用制造的碳水化合物积累增多，并运输到叶鞘中贮存

起来，供拔节时茎秆长粗。叶片中的含 N 量下降，碳水化合物积累增多，对新生器官的产生有抑制作用，因此分蘖便逐渐停止。到分蘖末期，叶色就出现一次"黄"，标志着生长中心正在由长分蘖转向长茎秆和幼穗，叶的生理功能已经由 N 代谢为主转向 N、C 并盛阶段。如果这时叶色继续发黑，那就说明 N 素过剩，就会长出许多后期分蘖。同时碳水化合物继续用于分蘖生长，积累不够，也不利于下一阶茎秆长粗。所以 N 肥在施用上，既要满足水稻分蘖期对 N 素营养的需求，又不能使 N 肥过剩。

2. 返青分蘖管理措施

（1）早施促蘖肥、酌施保蘖肥　由于 N 素营养对水稻分蘖起着主导作用，所以早施速效性 N 素促蘖肥，使叶色迅速转黑，是促进前期分蘖的主要措施。

促蘖肥适宜施用时间，原则上应在分蘖前期就能发挥肥效，即在插秧后 7~10d 一次施尿素 75~105kg/hm^2。

到了有效分蘖末期，全田总茎、蘖数和预期的适宜穗数相比，如少于 5 万苗/亩以上时，宜酌量施用保蘖肥，促进分蘖平稳生长，一般施尿素 30~45kg/hm^2。

（2）寸水活棵，浅水攻苗　水稻插秧时为了便于浅插，一般实行薄水插秧。插秧后便适当加深水层，减少叶面蒸发，减轻植伤，以利返青成活。但也不宜过深，以免淹死下部叶片，降低土温，影响发根。一般以 3~4cm 为宜，即所谓"寸水活棵"。

在秧苗返青后，要立即把水层放浅到 2~3cm，以利分蘖和发根。因为分蘖发生和根系的生长，和温度有密切关系。在一定范围内，分蘖的快慢和发根的多少，几乎和温度的升降呈平行关系（正相关）。浅水灌溉有利于提高水温、土温，增加土壤中有效养分，并使分蘖节周围的 O$_2$ 和光照较为充足，因而可以显著促进分蘖、发根。

分蘖期是水稻水分敏感期，一面要求浅灌，但绝不可断水受旱，群众有"黄秧搁一搁，到老不发作"的经验，必须做到浅水勤灌。

在移栽后 5~7d 要及时施用稻田除草剂，并保持浅水层 5~7d 进行除草。

（3）够苗晒田，适时控制　在分蘖末期，幼穗分化之前进行排水晒田，限制秧苗对肥水的吸收，达到"一黄"的要求，好处是：① 促使后生分蘖迅速消亡，使养分集中向有效分蘖积累，提高分蘖成穗率；② 适当抑制地上部分生长，控制基部节间长度，使碳水化合物在茎秆和叶鞘中积累，增加茎秆和叶鞘中纤维素含量，增加抗倒伏能力；③ 促进根部发育，提高根系活力，表现为经过晒田后，根数增多，黑根减少；④ 疏通土壤空气，排除土壤中有毒物质，改善土性。据测定，晒田后土壤中还原性物质大大减少，土壤中的铵态氮和有效磷亦均表现下降，但复水后急剧提高，对水稻生长能起到"中控后保"的作用。

晒田的时机很重要，一要看发苗情况，实行"够苗晒田"。当全田总茎数达到适宜穗数的 80% 时，就要开始晒田控制。早熟品种到幼穗开始分化时，中晚熟品种到分蘖终止期，即使没有"够苗"，也要进行晒田。二要看秧苗长势。如生长旺，来势猛，叶色浓，有徒长现象，宜早晒、重晒；如生长慢，叶色较淡，可适当迟晒、轻晒。三要看稻根发育情况。如新生白根多，杂有一些黄根，晒的可迟些、轻些；如果黑根很多，就要早晒、重晒。四要看土壤情况。土质烂，泥深的田，应早晒、重晒；低洼田、冷浸田即使秧苗长势不旺、发苗不够，也应及早排水、落干或轻度晒田。对于一些通气性好的沙土田、新开稻田则应轻晒或不晒。

（二）拔节孕穗期管理

1. 拔节孕穗期管理要求

（1）培育壮秆大穗　孕穗期是基本上决定每穗粒数时期，促使穗大粒多，是孕穗期管理的主攻方向。壮秆是大穗的基础，凡茎秆粗壮的贮藏的养分多，结穗就大。

要培育壮秆大穗，就需进一步了解这一时期的生理特点。一般分离型的晚熟品种，在穗分化前有一个单独的拔节期，这时生长中心由分蘖期的长分蘖转移到长茎秆，生理功能也由上一阶段的 N 代谢为主，转向 C、N 并盛阶段。一方面是光合作用显著加强，大量制造碳水化合物，充实茎秆使它长粗长壮；另一方面，稻株吸收的 N 素数量也比分蘖期显著增多，大量合成含 N 化合物，为幼穗分化准备充足的营养条件，并使叶面积发展和增强光合作用。叶片中的可溶性含 N 物显著增多，准备向幼穗输送。因此，正常生长的稻株，在分蘖末期"一黄"的基础上，到拔节期，又出现一次黑。到幼穗分化前后，叶片中可溶性含 N 物大量转入幼穗，叶色又出现一次黄。如果拔节期黑得不足，N 素含量水平低，既不利于幼穗分化，也不能发展足够的叶面积，光合作用强度低，碳水化合物积累少，结果就茎细穗小。反之，如果黑得过头，到分化前不能转黄，叶片旺长，茎秆节间徒长，碳水化合物消耗多，也不利于形成壮秆。

晚熟品种进入穗分化期后，生长中心由长茎秆转向长幼穗，光合作用旺盛，C 代谢逐渐占主导优势，碳水化合物积累增多，准备向穗部输送，以供灌浆结实。但仍保持一定的 N 素代谢水平，以供幼穗分化及最后 3 片叶的生长需要，并加强绿色体的光合作用。因此，在穗分化前"二黄"的基础上，到穗分化期，叶片再一次变黑。如果黑得不够，N 素营养不足，幼穗便分化不好，出穗后容易早衰，光合作用强度弱，不仅穗小粒少，而且结粒不饱。黑得正常的稻株，随着幼穗的发育，含 N 物不断向穗部输送，叶片中含 N 量逐渐减少，所以到出穗前又一次变黄。如果不转黄，N 素过剩，则剑叶过大，茎叶徒长，软弱易倒，同时碳水化合物积累少，减少初期灌浆的物质来源，就会造成籽粒秕小，导致贪青晚熟。

上述晚熟品种拔节和穗分化是两个时期，所以，这一时期发生二次黑二次黄，连前共"三黑三黄"。早中熟品种拔节和穗分化同时进行，所以，这一时期只发生一次黑一次黄，连前共"二黑二黄"。早中熟品种在孕穗期才出现第二次黑，比晚熟种的第三次黑还要晚些，到出穗前也出现一次黄。黑和黄的程度都要比晚熟种轻些，要求达到所谓"黑不黑"（青绿）、"黄不黄"（黄绿）就可以了。

为什么早中熟品种穗分化期的黑比晚熟品种出现得晚些、程度轻些，可能是因为晚熟品种拔节和穗分化是两个时期，可以通过拔节期的黑和黄来促进茎秆健壮，控制节间徒长；并通过第三次黑和黄，促使穗大粒多，防止贪青徒长。所以，对晚熟种来说，壮秆和大穗的矛盾是比较小的。

可是早中熟品种拔节和穗分化是在同一时期，如果控制茎秆徒长，就会影响幼穗发育，而要促进幼穗发育，又会引起茎秆徒长。所以，黑得晚些，黑和黄的程度轻些，这样，既可适当控制茎秆徒长，又能较好地促进幼穗分化，使壮秆和大穗的矛盾得到一定解决。因此，根据不同品种特点，掌握黑黄变化的规律，积极促进，适当控制，是培育壮秆大穗的关键所在。

（2）防止小穗败育　在稻穗分化前期，分化形成各个穗部器官，栽培目标主要是增多小穗，促使大穗。到了穗分化后期，在花粉发育过程中，则要防止小穗败育，巩固有效分蘖，才能确保穗多穗大。

水稻在幼穗分化过程中，已经分化形成的小穗，常会突然停止发育，成为败育小穗，出现退化枝梗，并有一部分有效分蘖又转化成为无效分蘖。此种现象，在雌雄蕊形成到花粉母细胞减数分裂期，幼穗体积迅速膨大，需要大量养料，那些先发育的小穗和枝梗以及出生早的强势蘖优先取得养料，便有一些发育迟的弱势小穗及弱势蘖因缺乏养料而发生退化。

因此，减少小穗败育、巩固有效分蘖的关键在于提高稻株在这一时期的光合生产能力。一方面要严格控制群体封行日期，一般以剑叶露尖时达到封行为合适。封行过早，田间郁闭；封行过迟，群体叶面积不足，均会降低光合量，增加小穗败育。另一方面，保持这一时期适宜的 N 素代谢水平，以促使光合作用的旺盛进行。此外，在穗分化前期促进增多小穗过程中，小穗数目必须适宜。小穗数目少，穗小粒小，固然达不到高产；小穗过多，超过了光合产物所能负担的程度，引起小穗败育，也难高产。

2. 拔节孕穗期管理措施

（1）巧施拔节长穗肥　凡拔节期施用的追肥，叫作茎肥，目的是促使茎秆粗壮，所以也叫拔节长粗肥。穗分化期施用的肥料，则叫穗肥。由于早中稻拔节又长穗，所以茎肥、穗肥不宜划分，茎肥、穗肥进行划分主要就晚熟品种而言。

穗肥的目的，一是增多小穗数，争取大穗；二是防止小穗败育，确保粒多。前者称为"促花肥"，后者则称"保花肥"。据研究，促花肥的有效施肥期为第一苞分化期至第二次枝梗分化期，其次为分蘖终止至第一苞分化期之间；保花肥的有效施肥期为雌雄蕊形成期至花粉母细胞减数分裂期。如迟至花粉充实期施用，便无保花效果。

拔节长穗肥的施用，应根据品种而不同。晚熟品种根据"前轻、中重、后补"的原则。分蘖末期晒田复水后，普施一次拔节长粗肥，使施肥后在拔节期出现"二黑"。这次肥料，主要用于长茎，还要通过晒田控制，留一部分长穗，所以，要适当重施，并以施用肥效稳长的有机肥料为好。如用化肥，则宜在拔节前及穗分化开始时分两次施用。到孕穗初期，即在穗分化开始后10~15d，再适量施用一次保花穗肥，使叶色能保持到出穗前才褪淡转黄。但对插植较晚，发育进程慢的稻田，宜在穗分化始期重施促花肥，孕穗期适当少施。早熟品种要求"一哄而起"，在重施促蘖肥、酌施保蘖后，一般不再施穗肥。中熟品种掌握"攻头、保尾、控中间"的原则在拔节前10多天的时间内，一般控制肥料施用，要求在拔节时出现一次"拔节黄"，所以一般不施促花肥，适当施用保花肥，在孕穗期达到"黑不黑"的程度就可以了。

中熟品种穗肥的施用还要根据前期营养水平而定。据研究，在前期不施肥，植株长势弱，穗数不足是低产的主导因素时，宜在穗分化前 10d 左右施肥，既能保蘖增穗，又能促花增粒数，施肥效果最大；如果前期施用了少量肥料（如尿素 45~60kg/hm²），穗数达到了一定水平，则在穗分化开始时施肥，具有促花为主，兼有增穗作用。如果前期施肥稍多（尿素 90~120kg/hm²），穗数基本够数，则以穗分化后 10d 施用穗肥效果最大。如果穗肥施用量较多（超过 120kg/hm² 尿素），不宜一次施用，应考虑"一促一保"的肥料运筹，既施促花肥，又施保花肥。

（2）灌好孕穗保胎水 水稻孕穗期是水稻一生中需水最多的时期，也是对水分反应最敏感的时期，应经常保持 3~5cm 的水层，决不可断水。如在雌雄蕊形成期受旱，就会产生畸型小穗；在花粉母细胞减数分裂期受旱，花粉粒及卵胞发育受阻，造成小穗败育；在花粉充实期受旱，则使花粉粒发育不完全，增多不孕花。水层灌溉还可以调节温度变化，减少因高温或低温引起的小穗败育。

对于晚熟品种，为了控制叶色规律性变化，调节稻株生理功能，在施用了拔节长粗肥，拔节期叶色变黑后，到幼穗分化前，需要进行一次落干晒田，并要适当重晒，促使茎秆基部节间变短变粗，秆壁变厚，组织紧密，增强抗倒能力，并控制稻株对肥水的吸收，把肥料调到后期使用，所谓"以水调肥"，从而使叶色褪淡，达到第二次黄的要求。

无论早、中、晚稻，到出穗前 3~5d，稻穗各部已育完成，对一些地下水位高，保水力强，稻株生长旺的稻田，都要再进行一次落干晒田。这次只宜轻晒，以晒到新土不开裂，稻叶退黑转黄为度，以利下一阶段出穗灌浆的正常进行。

（3）及时防治病虫害 拔节长穗期正值高温多雨季节，利于病虫害的流行，纹枯病、白叶枯病、稻瘟病、稻曲病以及二代二化螟、二代三化螟、稻纵卷叶螟、稻飞虱、稻苞虫等常在这一时期严重为害。这些病虫的发生和发展与栽培管理有着密切关系。特别是 N 素肥料施用偏多、偏迟，以及长期深水灌溉和排水不良，造成稻株生长嫩弱、茎叶茂密，田间郁闭，通风透光不好，株间湿度大，是导致病虫流行的重要因素。因此，除要选用抗病虫品种，并针对病菌侵染途径，因病制宜地用种子消毒、处理带菌稻草，以及打捞菌核等办法减少病源外，关键在于加强肥水管理，合理施肥灌水，适时落干晒田，促使稻株生长健壮，增强其抗病虫能力。在发病和虫害发生季节，要加强田间检查，一经发现，应抓紧时机及时防治，勿使病害蔓延，加重为害。

（三）抽穗结实期管理

1. 抽穗结实期管理要求 结实期是最后决定每穗粒数和粒重，最终形成产量的时期，栽培管理的主攻方向是：促使粒大粒饱，防止空壳秕粒，确保穗多、穗大、粒又饱。

（1）促进粒大粒饱 谷粒的大小轻重，是谷壳的贮藏能力，即"库"的大小，和灌浆物质的供应能力，即"源"的大小两个因素决定的。因此，促进粒大粒饱的主要途径是：

①增大谷壳库容体积 谷壳是米粒灌浆的容器，谷壳越大，米粒越大。谷壳的长度和糙米的千粒重有高度的正相关（r = +0.91），所以要增大谷粒，首先要增大谷壳。谷壳的大小除品种因素外，主要决定于小穗分化期的营养条件，特别是在减数分裂期，小

穗急剧伸长的营养条件，对谷壳大小有决定性影响。因此，单位面积上的小穗数要适当，穗小粒少固然达不到高产，如果小穗数目过多，在减数分裂期小穗急剧伸长时营养供应不足，不仅造成小穗败育，成长的小穗也发育不良，谷壳变小，能使结实率和千粒重都显著下降。

② 增多灌浆物质来源　谷壳大小只是决定谷粒大小的容器，要确保粒饱还必须有充足的灌浆物质来源使其内容充实。米粒中的灌浆物质，大部来自出穗后光合作用的产物。水稻在出穗后，叶面积不会再增加，只会因衰老而减少。叶面积减少过快，光合量下降，就减少了灌浆物质的来源。所以，保护叶片，延长其寿命，提高其光合效率，是促进粒大粒饱的关键。据研究，在整个灌浆结实过程中，茎、叶输送给米粒的 N 素和糖几乎是平行的，即 N 素和糖始终按一定比率进入谷粒。但是，由于孕穗前后稻株在土壤中吸收了大量的 N 素，灌排也造成了一定的 N 素损失，加之到了结实期，稻株 N 源不足。在这种情况下，进入谷粒中的大部分 N 素，都将由叶片及叶鞘中积存的 N 素供应。这样就造成了叶片中含 N 量的迅速下降，过早发黄枯死，使叶面积不断减少，削弱稻株光合能力。因此，补充 N 源，延长叶片寿命，提高叶片光合能力，是促进粒多粒饱的重要措施之一。要保证在抽穗后的 15～20d，每单茎、蘖早稻有 3 片绿叶，中晚稻有 4 片绿叶，才能确保高产。增加灌浆物质来源的另一个重要方面是保持根系活力，防止早衰，所谓"养根保叶"。结实期根系活力下降，根量增加很少，死一根就少一根。"根死叶枯"，根系活力衰退，就必然会影响叶的寿命和叶的光合作用能力。另一方面，到了结实期，供应根系养料的稻株下位叶陆续死亡，地上部分供应根系养分和 O_2 的能力明显地下降，"叶死根枯"必然会导致根系早衰，从而又使叶片的功能也迅速衰退。所以，保持根系活力的关键，也就在于防止下位叶片的过早死亡，并创造良好的土壤环境，使之能供应和维持稻根活力所需要的 O_2。

（2）防止空壳秕粒

① 空壳的形成原因及防止　空壳是稻花的生殖器官发育不正常或在受精过程中遇到障碍而没有受精的谷粒。空壳的谷壳即内外颖发育完整，但一般子房不膨大，剥开谷壳，其中没有米粒，所以，也叫不实粒。

水稻在正常情况下，也常有一些空壳，但一般不超过 5%。大量空壳出现的原因之一是在幼穗分化的花粉母细胞减数分裂期间，对温度的反应非常敏感。这时适宜的温度为 25～32℃。据研究，在水稻幼穗分化的雌雄蕊分化至花粉母细胞减数分裂终期，如果遇上 5～6d 以上最低气温在 17℃ 以下，就会影响花粒的正常发育，导致大量空壳。

大量空壳出现的最主要原因是在出穗扬花期间遇到了低温，影响安全齐穗。水稻开花授粉的最适温度为 30～32℃，最低温度为 15℃。如果日平均气温低于 20℃，日最高气温低于 23℃，开花就减少，或虽开花而不授粉，形成空壳。水分对出穗开花影响也很大，一般空气相对湿度 70%～80% 对出穗开花最为适宜。如低于 50%，花药就会干枯，花丝不能伸长，甚到穗子也不抽不出来。但如湿度过大，花药不能开裂，也会形成空壳。

② 秕粒的形成原因及防止　秕粒的内外颖完整。子房或胚乳已适当膨大，但中途停止发育，或在灌浆过程中胚乳停止生长，以及米粒未成熟而死亡，造成全秕、半秕或死

米。一般凡米粒充实程度不到2/3的，都算作秕粒。

温度是形成秕粒的重要原因之一。水稻灌浆最适宜的温度为25～30℃，低于这个温度，灌浆应变慢，每降低1℃，成熟过程就会推迟0.5～1d。日平均气温降到15℃以下，灌浆就很困难，籽粒就不能充实，形成秕粒或青米。所以，一般常把年日均温下降到15℃的日期，叫做安全灌浆期。但高温对灌浆也不利。据试验：在水稻灌浆期用35℃高温分别处理5d、10d和15d，千粒重分别下降0.42～1.85g、1.23～1.99g及3.24g，结实率分别下降10.5%～14.25%，33.6%～65.1%及72.6%。一般夜间温度高，昼夜温差小，最不利于灌浆结实。在高温下，灌浆速度虽然加快，但同时也增加了呼吸作用的消耗，并使磷酸化酶、淀粉酶的活力因高温及早消失，谷粒组织提早老化，妨碍养分的继续输送。所谓"高温逼熟，低温催老"，都不利于结粒饱满。

造成秕粒的根本原因还在于养分制造积累能力。如叶片早衰，或贪青晚熟，以及倒伏和病虫为害等影响了养分的制造和积累，都能造成结籽粒不饱。所以，加强结实期管理，减少空壳秕粒，是夺取水稻高产不可忽视的一环。

2. 抽穗结实期管理措施

（1）*活水养稻*　在出穗扬花期间，田间仍需保持一定水层，主要是调节水温，提高空气湿度，以利开花授粉。到灌浆期，要采取干干湿湿、以湿为主的灌水办法，就是灌一次水后，自然落干1～2d，再灌下一次水。这样水气交替，可以达到以气养根、以水保叶的目的，有利于促进灌浆，防止早衰。等到进入蜡熟期，要采取干干湿湿、以干为主的灌水方法，就是在灌一次水后，自然落干3～4d，再行灌水。这样可以增加土壤通气性，提高根部生活力，有利于结粒饱满。后期不宜断水过早，以免发生早衰青枯，一般根据土壤情况，到收割前7～10d，才把水放干。

（2）*酌施粒肥*　在出穗后，如果叶色过早落黄，表现营养不足，可以施用极少量速效性N肥，缓和叶片衰老，提高叶片功能，对籽粒充实有利，故称粒肥。但数量不宜过多，施尿素15～22.5kg/hm²即可。一般生长正常的可不施，以免引起贪青晚熟。

（3）*防病治虫*　水稻到出穗灌浆期，仍有多种病虫为害，如三化螟三代、稻飞虱、稻纵卷叶螟、白叶枯病、稻瘟病、稻飞虱等，要注意检查，抓紧防治。

八、水稻栽培诊断

根据水稻田间叶色、长势、长相诊断技术，在生产实践中比较实用，在此加以介绍。

（一）叶色、长势、长相诊断

在水稻生育过程中，由于自然条件影响或栽培措施失当，常会使稻株的生长发育偏离了高产方向。为了夺取水稻高产，必须不断开展田头会诊，进行看苗诊断，做到因苗管理。叶色、长势、长相，是水稻看苗诊断的主要指标。叶色是指水稻叶片颜色的深浅，即所谓"黑"和"黄"的变化；长势是指稻苗生长的速度，如分蘖迟早、分蘖多少、出叶快慢、发根强弱等；长相是指稻株生长的样子，如叶的披挺、根群的形状、株型及群体结构等。在水稻生育前期，应着重根据叶色、长势来制定措施，争取一定的高产长相；

到后期，则根据长相来调正叶色，保持一定的长势。

1. 叶色诊断　叶色的深浅反映了稻株的代谢类型。叶色深，标志着叶片含 N 率高，光合产物主要用于新生器官的生长，稻株正在进行扩大型代谢；叶色褪淡，标志着叶片含 N 率下降，光合产物运往贮存器官，新生器官生长速度减慢，稻株转向积累型代谢；叶色变黄，标志着稻株代谢功能减弱，生长缓慢，积累亦少。判断叶色变化及代谢类型有以下一些办法。

（1）叶色、叶鞘色差异　同一叶的叶片和叶鞘互相比较，当稻株处于扩大型代谢时，叶片色深于叶鞘色；稻株开始转向积累型代谢时，两者颜色相仿；稻株转入积累型代谢时，叶鞘色深于叶片色。

（2）叶鞘剖面碘反应　叶鞘中的淀粉由下向上积累的。纵切功能叶的叶鞘，在切口上涂以碘化钾溶液，当稻株处于扩大型代谢时，叶鞘为碘液着成蓝黑色部分通常不到叶鞘长的 1/2；而当稻株转向积累型代谢时，则着成蓝黑色的部分超过叶鞘长的 1/2。

（3）同株上下叶色比　在正常的情况下，心叶颜色总是较淡，向下依次变深，心叶下 3 叶正处于功能旺盛期，颜色最深。在缺 N 时，下部叶的 N 素转向上部叶转移，造成下部叶片早褪淡、早落黄，往往心叶下 3 叶颜色就比下 2 叶淡，以下各叶枯黄也加速。

2. 长势诊断

（1）叶耳距　在正常情况下，叶片和叶鞘的长度都随叶位而增高。在拔节前，由于各个叶鞘都着生在密集的分蘗节上，起点基本相同，因此叶鞘长度的递增明显地反映在上下俩叶的叶耳距上。随着新生叶片的不断定型。叶耳距一个比一个大。要是某一时期生长受阻，叶耳距便要缩短，受阻程度越大，缩短越多。

（2）叶尖距　稻苗顶部相邻叶片尖端的距离，称为叶间距。凡是上部叶间距离小的，叫做"平头叶"，凡是新生叶出生参差不齐，叶尖距离大的，称做"枪头叶"。水稻在一定基础上施肥后，新叶生长快而有劲，第一张枪头叶以高出底一叶 10～14cm 为好，如不到 10cm，说明肥力不足，应即补肥；高出 15cm 以上，则是肥力太多，应即晒田控制。

（3）定型叶叶长　定型叶是指生长已经固定的叶片，它的长度反映了稻株在该叶伸长期间的营养水平，也可以预估以后营养状况。特别是最后 3 叶是结实期的主要功能叶片，它们的长势是诊断后期营养状况的重要指标。如倒 3 叶的长与宽小于该叶的正常长宽，出穗前达不到封行状态，后期就秆短穗小；若超过其正常的叶长和宽，叶片披长下垂，后期就容易倒伏。

定型叶的长度反映了该叶同伸器官的生长状况，可以据此作出很多相关诊断。例如，倒 2 叶和倒 5 节间同伸，如倒 2 叶过长，则倒 5 节间也必然过分伸长，因而倒伏的威胁增加。又由于倒 2 叶在相当程度上受倒 4 叶功能的控制，所以在一定条件下，倒 4 叶又往往和后期倒伏有密切关系。

3. 长相诊断

（1）叶相　叶的长相叫叶相，大体上可以分为 5 种类型：凡叶片直立者，谓之"直"；叶片上部稍弯，但叶尖仍在最高点者谓之"挺"；叶尖降之最高点以下，但仍在该叶叶枕至最高点的 1/2 以上者，谓之"弯"；叶尖降至叶枕至最高点 1/2 以下，但不低于叶枕者，谓之"披"；叶尖降至该叶叶枕以下者，谓之"垂"。

叶相也反映了稻株代谢状况。稻株 N 代谢越旺盛，生长越迅速，叶片组织越嫩，则披、垂越严重；反之，稻株逐渐向积累类型代谢转移时，生长减慢，叶片伸长受到抑制，叶相便逐渐挺、直。披、垂叶在叶面积指数较小时，可以扩大受光面，有利于提高光能利用；但当叶面积指数较大时，叶相必须挺、直，才能减少互相遮阴，增加单位面积光合量。因此，在扩大型代谢旺盛而叶面积指数又不大的分蘖盛期，叶相"弯"较为有利，披、垂叶在当时也影响不大。但到稻株进入长穗期，叶相必须挺直，才能向高产方向发展。叶相诊断通常以倒二、倒三的功能盛期叶为准。

（2）株型、丛型　单株的长相叫株型；一穴稻株的长相则叫丛型。株型、丛型也是看苗诊断的重要指标。水稻一生先后出现 5 种丛型：一叫"喇叭筒"，就是在有效分蘖期株丛要像喇叭筒那样上大下小，如果丛型"拢起来"，就要及时补肥。二叫"大胡子"，到拔节期丛型要下大上小，叶片、分蘖很多，大小不一，像大胡子状。三叫"打鼓棒"，到了孕穗期，一穴丛型有要变成上大下小，像打鼓棒的样子，就是壮秆大穗的象征。四叫"竹林子"，到出穗前后，要求苗脚清爽，死叶和黄叶少，像竹林子一样。五叫"哈腰状"，收获前稻株中下部垂直，上部倾斜，像人们哈腰干活一样。这样才能取得高产。

4. 看苗综合诊断　水稻的叶色、长势、长相因生育阶段及生育状况（健壮苗、徒长苗、瘦弱苗）而不同表现：

（1）分蘖期综合诊断

① 健壮苗　这样的秧苗在返青后，叶色迅速上升，叶片色深于叶鞘色。叶耳距只有一个移栽植伤的烙印，以后即恢复正常递增。分蘖在第二片新叶露尖时普遍发生。生长蓬勃，长相清秀。早晨看苗，弯而不披；中午看苗，挺拔有劲。进入无效分蘖期后，叶色有所褪淡，达到逐步近于叶鞘色。晒田后叶色淡落黄，总茎数适宜，全田封行不封顶。

② 徒长苗　出叶快而多，叶色黑过头。在进入无效分蘖期后，叶色墨绿，叶鞘细长，叶耳距仍急剧递增。叶片柔弱，株型松散。早晨看苗，叶片披垂；中午看苗，下弯带披；傍晚看苗，叶尖吐水迟而少。分蘖末期，叶色"一路青"，总茎数过多，全田封行又封顶。对这类稻苗，必须严格控制 N 肥施用，并及时早晒田控制。

③ 瘦弱苗　叶色黄绿，叶片和株型直立，像"刷锅签"。出叶慢，分蘖少，叶耳距迟迟不恢复正常递增。分蘖末期，叶色出现"脱力黄"，总茎数不足，全田不封行。对于这类稻苗，应从温度、栽插深度、土壤环境和肥力等多方面找原因，及时补救，积极促进。

（2）长穗期综合诊断

① 健壮苗　晒田复水后，叶色由黄转绿，到孕穗前保持青绿色，直到抽穗。这时稻株生长稳健，基部显著增粗，叶片挺立清秀，最上叶片长度适中，全田封行不封顶。

② 徒长苗　叶色"一路青"，后生分蘖多，稻脚不清秀，下部叶缠脚，叶片软弱搭蓬，最上两片过长，稻苗多病。

③ 瘦弱苗　叶色落黄不转青，稻苗未老先衰，最上 2～3 叶和下叶长度差异小，全田迟迟不封行。

（3）结实期综合诊断

① 健壮苗　青枝蜡秆，叶青穗黄。黄熟时剑叶坚挺，有绿叶两片以上。

② 徒长苗　叶色乌绿，贪青迟熟，秕谷多。

③ 瘦弱苗　叶色青黄，剑叶叶尖早枯，显出早衰现象，秕谷多。

以上仅为一般品种的表现，诊断时应结合具体品种的特征特性，灵活掌握。

（二）生长反常诊断

生长反常是由于品种选用不当及不合理的栽培措施所造成的不符合栽培目标的生长不正常现象。

1. 倒伏　倒伏是夺取水稻高产的一大障碍，倒伏越早，对产量影响越大。水稻倒伏减产和倒伏程度有很大关系，倾倒程度越大，对产量影响越大。

（1）倒伏的类型及症状　水稻倒伏有两种类型：一种是"根倒"，是由于田土糊烂，根部发育不良，扎根浅而不稳，缺乏支持力，稍受风雨侵袭，就发生平地倒伏。水稻抛秧、直播水稻由于根浅，比较易倒也是这个原因。

另一种叫"茎倒"，是由于茎秆不壮，基部节间过长，担负不起上面的重量，而发生不同程度的倒伏。

（2）倒伏的原因及防止　水稻倒伏的原因很多，除去强风暴雨等一些客观因素外，在栽培管理上主要是由于：

① 品种不抗倒　凡植株较矮、茎秆粗壮、叶片直立、剑叶短以及根系发达的品种不易倒伏，一般矮稻要比高稻的抗倒能力强，所以高改矮秆对防止倒伏夺取高产有重要作用。

② 耕层浅、插植密度不合理　造成根系生长不良，群体通风透光条件不好，也易招致倒伏。所以深耕和合理密植是防止倒伏夺取水稻高产的另一重要方面。

③ 肥水管理不当　N 肥过重，分蘖期发苗过旺，拔节长穗期叶面积过大，封行过早，造成茎秆基部节间徒长，下部叶片早死，带来根系发育不良，是引起倒伏的主要原因。所以，加强肥水管理，促使茎秆粗壮，根系发达，不仅是防止倒伏的根本措施，还是达到穗大粒多，夺取高产的重要环节。

2. 早衰　在水稻抽穗到成熟期，叶片未老先衰的现象叫早衰。早衰削弱了功能叶片的光合量，减少灌浆物质来源，是造成秕粒的重要原因之一。

（1）早衰的原因　水稻生理早衰的原因很复杂，一般认为是热风、寒潮等不良气候条件直接引起早衰。例如，早熟品种后期温度高，如断水过早，叶片 N 素下降，生长衰弱，遇到高温热风，叶片提前衰老枯黄，发生早衰。晚熟品种生育后期温度低，遇到低温寒潮来临，如不及时灌溉保温，根、叶生理活动受阻碍，就容易发生早衰。

（2）早衰的防止　防止早衰的关键在于加强水稻中后期肥水管理，看苗施用穗肥和粒肥，防止中后期脱肥，后期早衰。同时，在后期要采取干干湿湿的灌溉办法，解决好

土壤中水分和 O_2 的平衡，保证根系活跃，增强吸收能力，也是防止早衰的重要一环。

九、病、虫、草害防治与防除

本文只对常见的水稻病、虫、草害种类、为害时期、防治与防除原则作简要介绍。详情见本书第九章。

（一）水稻主要病害及防治

1. 稻瘟病

（1）症状　稻瘟病是一种真菌半知菌中的梨孢菌。由于发病时期和受害部位不同，稻瘟病的症状可分为苗瘟、节瘟、穗颈瘟和谷粒瘟。

苗瘟发生在幼苗 2~3 叶期，秧苗变黄枯死，基部黑褐，温度大时病部长灰色霉层。近年随薄膜育秧法的普及，苗瘟有加重的趋势。

节瘟发生在本田期，叶片上产生病斑常因气候条件的影响和品种抗病性的差异，在形状、大小和色泽上都有所不同，分为慢性型、白点型和褐点型。典型慢性型病斑为梭型，中央灰白，边缘褐色，其外围常有淡黄色晕圈，多湿时病斑背面有灰色霉层，上着生病菌孢子。稻节受害变黑褐色，凹馅，病部易折断，造成白穗为节瘟。

穗颈瘟和谷粒瘟发生在穗颈部及枝梗受害，发病早而重的可造成白穗，发病晚的秕粒增多。粳稻稻瘟病较重，籼稻稻瘟病较轻。感病品种稻瘟病较重，抗病品种稻瘟病较轻。

（2）防治措施　稻瘟病的防治应以选用抗病品种为基础，切实抓好肥水管理为主的栽培措施，尽可能消灭越冬菌源，并适期喷药防治。

2. 水稻白叶枯病

（1）症状　白叶枯病是一种细菌性病害，是由一种黄单胞杆菌浸染引起的。由于水稻品种抗病性及环境条件的影响，可引起多种病状类型。

① 典型病状　白叶枯病主要为害叶片，病菌大多从叶尖或叶缘开始侵入，最初形成黄绿色或暗绿色斑点，随即扩展为水渍状短条斑，严重时可达叶基至整个叶片。发展中病斑黄色或略带红褐色，最后变成灰白色或黄绿色，病部与健部界限明显。病菌从中脉伤口浸入形成中脉型病斑。空气湿度高时，病叶上有蜜黄色的珠状菌浓溢出，干燥后变硬，容易脱落。

② 凋萎型症状　多出现于秧田后期至本田拔节期，尤其是栽培后 15~20d 出现最多。分蘖期间最明显的症状是心叶或心叶下第 1~2 片失水，并且以主脉为中心，从叶缘向内紧卷，不能展开，最后枯死。继续发展可使主茎及分蘖下的茎叶继续凋萎，常引起死丛现象。拨开刚紧卷的枯心叶，常见叶面有黄色的珠状菌浓，枯心叶鞘下部有水渍状条斑，多充满菌浓而呈黄色。

③ 黄叶型症状　病株新出叶均匀褪黄或呈黄色或黄绿色宽条斑，较老叶仍呈绿色，以后病株生长受抑制。在显症后的病叶上查不到病原菌，在病株茎部以及紧接下面的节间有大量病死的细胞存在。

（2）防治方法

① 加强检疫工作，控制病害传播和蔓延。

② 选用抗病品种。

③ 培育无病壮秧。一要进行种子处理，二要培育壮秧。

④ 合理施肥管水。施足基肥、早施追肥及巧施穗肥，注重 N、P、K 肥综合施用。做好渠系配套，排灌分家，浅水勤灌，适期晒田，严防漫灌、串灌。

⑤ 药剂防治。施药应根据田间病情调查及预测趋势，重点在于秧苗期喷药保护和大田期封锁发病中心。暴风雨、洪涝之后应立即喷药。老病区感病品种，在预测到可能具备发病条件的情况下，要提前喷施叶枯净预防。

3. 水稻纹枯病

（1）症状　纹枯病从苗期到抽穗期都可以发生。一般分蘖盛、末期至抽穗期发病，以抽穗期前后发病最盛，主要侵害叶鞘和叶片，严重时可为害穗部和伸入茎秆内部。对水稻产量的影响主要表现为秕粒的增加和千粒重的降低。

初期先在近水面的叶鞘上有暗绿色的水渍状、边缘不规则的小斑，逐渐扩大成圆形，病斑边缘褐色或深褐色，中部草黄色至灰白色，潮湿时则呈灰绿色至墨绿色，相互扩展成云纹状大病斑。叶片上，病斑的形状和色泽与叶鞘基本相似。天气潮湿，病部出现白色丝状菌丝体。菌丝体匍匐于组织表面，在植株间互相攀缘，可结成白色输送的绒球状菌丝团，最后变成黑褐色菌核，扁球状，1.5~3.5mm，成熟菌核易从病组织上脱落，掉入土中或浮于水面。在潮湿条件下，病斑表面还可以看到一层白色粉状物（担子及担孢子）。田间发病严重时，植株茎秆易折断或造成叶片干枯，提早枯死。

（2）防治方法

① 打捞菌核，减少菌源　一般应在灌水耕田和平地时打捞菌核，尽可能大面积连片打捞，并坚持每年打捞，并将打捞的菌核携出田外烧毁。

② 抓好以肥水管理为中心的栽培防病措施　在用水上要坚持"前浅、中晒、后湿润"的原则，避免长期深灌或晒田过度，做到"浅水分蘖、够苗露田、晒田促根、肥田重晒、瘦田轻晒、浅水养胎、湿润长穗、不过早断水、防止早衰"。在用肥上应施足基肥，及时追肥，N 肥和 P、K 肥结合。在栽培上要做到合理密植，在保证基本苗数的情况下，因地制宜地放宽行距，改善群体通风条件，降低田间湿度，减轻发病。

③ 及时喷药，控制病情　根据病情调查，决定施药时期。药剂保护的重点在于上部 3 片功能叶。使用的药剂有：井冈霉素、退菌特、多菌灵、甲基托布津、纹枯利、三唑酮等。

4. 稻曲病

（1）症状　稻曲病又名绿黑穗病、谷花病，也称"丰收病"。稻曲病在开花后至乳熟期发生，只为害个别谷粒。病菌在颖壳内生长，初时受侵害谷粒颖壳稍张开，露出黄绿色的小型块状凸起，后逐渐膨大，将颖壳包裹起来，形成"稻曲"。稻曲比谷粒大数倍，近球形，表面平滑、黄色并有薄膜包被。随稻曲长大，薄膜破裂，表面因厚垣孢子形成，颜色转为黄绿色或墨绿色，表面龟裂。厚垣孢子粉状，略带黏性，不易飞散，但可因风雨而脱落。

（2）防治方法

① 农业防治　水稻品种间抗性差异明显，选用抗病良种为防治稻曲病经济有效的措施。发病的稻田在水稻收割后要深翻，以便将菌核埋入土中。水稻播种前注意清除病残体及田间病源物。合理施肥，N、P、K 要配合使用，不要偏施 N 肥。

② 药剂防治　用药适宜期在水稻孕穗后期、破口前 5d 左右。如需防治第二次，则在水稻破口期施药。防治药剂以多菌酮和井冈霉素效果较好。

（二）水稻主要虫害及防治

1. 二化螟

（1）形态特征　二化螟属鳞翅目螟蛾科。成虫体长 10 ~ 15mm，灰黄褐色。前翅近长方形，外缘有 7 个小黑点。雄蛾较雌蛾小、体色和翅色深。卵块有多个椭圆形扁平的卵粒排列成鱼鳞状、外覆胶质。幼虫淡褐色，背面有 5 条深褐色纵线，后足末端与翅芽等长。

（2）为害症状　以幼虫蛀食水稻。在苗期和分蘖期造成枯梢枯心；在孕穗期造成死孕穗；在孕穗末期和抽穗期造成白穗；成熟期造成虫伤株。

（3）防治技术

① 压低越冬虫源　清除田边杂草，对冬闲稻茬田在冬前进行翻犁，春季雨水多时，可蓄水淹没稻桩，淹死越冬螟虫。

② 生物防治　水稻移栽成活后至抽穗期可以养鸭灭虫。

③ 药剂防治　要适时对症下药，即在螟虫盛孵期选用杀螟效果较好的农药施药防治。

2. 三化螟

（1）形态特征　三化螟属鳞翅目螟蛾科。成虫体长 8 ~ 13mm，前翅长三角形。雌虫体较大，淡黄色，前翅中央有一明显的小黑点，腹部末端有一束黄褐色绒毛；雄虫体较小，淡灰褐色，除有上述黑色外，翅尖至翅中央还有一条黑褐色斜纹。卵块椭圆形，表面被有黄褐色绒毛，像半粒发霉的黄豆，里面有几十粒至几百粒分层排列的卵粒。幼虫刚从卵中孵出时灰黑色，称蚁螟。以后各龄乳白色或淡黄绿色，背面中央有一条透明纵线。蛹长圆筒形，褐色，长 12 ~ 13mm。后足特长，雌的伸展达腹部第五节至第六腹节，雄的伸展达第八腹节处。

（2）为害症状　以幼虫蛀食水稻稻株，在苗期、分蘖期和圆秆期造成枯心苗；在孕穗期造成枯孕穗；在抽穗期及出穗后期造成白穗、半白穗和虫伤株。

（3）防治技术

① 减少越冬虫源　稻茬田用作绿肥或冬作的，应选用螟害少的田块，冬闲稻茬田在冬前要翻犁，春季雨水多时，可蓄水淹没稻桩淹死越冬螟虫。

② 栽培治螟　合理布局品种，尽量减少混栽程度，实行连片种植；调整播植期，尽

可能使一些易受螟害的危险生育期与螟虫盛孵期错开，从而避免或减轻螟害。如提早播植期可以避免三代三化螟的危害。

③ 生物防治　稻田养鸭。水稻移栽成活后至抽穗前可以养鸭灭虫。

④ 药剂防治　要适时对症下药，即在螟虫盛孵期选用杀螟效果好的农药施药防治，重点防治生长浓绿茂密的田块。

3. 大螟

（1）形态特征　大螟属鳞翅目夜蛾科。成虫体较肥大，长 11～15mm。雄蛾较瘦小，灰褐色，前翅宽短，中央有暗褐色纵纹。卵块扁球形，顶端稍凹，表面有放射状细隆线，多产在稻株叶鞘内侧，排列成 2～3 行。幼虫体肥壮，背面带紫红色。蛹较肥大，黄褐色，头胸部分有白色粉末状物。

（2）为害症状　初孵幼虫在苗期常聚集在原叶鞘内侧蛀食，两天后叶鞘变黄，幼虫第一次分散到同丛其他稻株上为害，造成枯梢，并零星出现枯心苗，5～6d 后，幼虫已成 2 龄，第二次分散到同丛及附近稻株上，造成枯心增多；再经 4～5d，幼虫已成 3～4 龄，第三次转移为害，造成大量枯心苗。在孕穗期，产在剑叶鞘内卵块所孵幼虫可直接为害幼穗，取食颖壳和花粉。抽穗后，幼虫从剑叶鞘向里钻蛀，造成白穗。产在剑叶下叶鞘内的卵块所孵幼虫，先在原叶鞘内取食 2～3d，然后向上转移，从穗苞破口处侵入，未抽穗的造成枯孕穗，已抽穗的直接从剑叶鞘钻孔侵入稻茎，造成白穗，3 龄以上幼虫大量分散，白穗大量出现。大螟为害的突出特点是转株次数多，虫孔大，有大量粪便排出孔外，易于与二化螟和三化螟相区别。

（3）防治技术

① 压低越冬虫源　处理稻根及其他寄主残株，清除田边杂草。

② 药剂防治　以挑治田边 6～7 行水稻为主，选择治螟效果较好的农施用药防治。

4. 稻纵卷叶螟

（1）形态特征　稻纵卷叶螟属鳞翅目螟蛾科。成虫体长 8～9mm，翅展 18mm，体黄褐色，前后翅外缘均有黑褐色宽边，前缘褐色，前翅有 3 条黑褐色条纹，中间一条较短，后翅具 2 条黑褐色条纹。雄虫体较小，前翅前缘中央有一个略为凹下的黑点，着生一丛暗褐色毛，前足胫节膨大，其上有一丛黑毛，静时前后翅斜展在背部两侧，腹部末端常举起。

（2）为害症状　稻纵卷叶螟幼虫吐丝缀叶纵卷做巢，取食叶肉，仅剩表皮。因此稻纵卷叶螟又叫刮青虫、白叶虫、小苞虫。分蘖期被害，影响光合作用；穗期被害，功能叶受损，千粒重降低，空瘪率增加，生育期推迟，产量损失大。

（3）防治技术

① 农业防治　改革耕作制度，品种合理布局，避免早、中、晚熟品种混作，优化水稻栽培技术，选用抗虫品种。

② 生物防治　天敌对稻纵卷叶螟有强烈的控制作用。采用人工繁殖赤眼蜂防治稻纵卷叶螟效果较好。生物源农药 Bt 乳剂防治效果也较好。

③ 药剂防治　在发蛾高峰日后 10d 或幼虫二龄至三龄高峰期，施药防治效果好。

5. 稻飞虱

（1）形态特征　稻飞虱有褐飞虱、白背飞虱和灰飞虱 3 种。虫体较小，一般体长4～

5mm，成、若虫喜阴湿环境，往往栖息在离水面 10cm 以内的稻丛基部。

（2）为害症状 主要在稻株基部吸食茎秆、叶鞘汁液，造成稻株枯萎、倒伏枯死。

（3）防治技术

① 农业防治 同熟期品种连片种植；浅水勤灌，适时晒田；避免氮肥过重。

② 药剂防治 以吡虫啉防效好。

6. 稻叶蝉

（1）形态特征 有黑尾叶蝉和白翅叶蝉两种。形态像小蝗虫。成虫体长 4.5 ~ 5.5mm，绿色。

（2）为害症状 以取食和产卵的方式刺伤茎叶，破坏疏导组织，取食稻株汁液，被害株外表呈现棕褐色条斑，苗期和分蘖期可致全株发黄枯死；抽穗期、乳熟期可致茎秆基部变黑、烂秆而倒伏。还能传播水稻矮缩病、黄萎病和黄矮病。

（3）防治技术 防治措施同稻飞虱。

7. 稻蓟马

（1）形态特征 有稻蓟马、稻管蓟马、花蓟马 3 种，成虫体长 1 ~ 1.5mm，黑褐色，似蚁。

（2）为害症状 成虫和若虫以锉吸式口器破叶面取食汁液，造成微细黄白色伤斑。稻叶自叶尖始，渐至全叶卷曲枯黄。受害秧苗返青慢，发育不良。

（3）防治措施 可在卷叶率 10% ~ 15% 时用吡虫啉防治。

（三）水稻主要草害防治

移栽稻田的主要杂草稗草、碎米莎草、球花碱草、扁担蘸草、瓜皮草、牛毛草、节节草、鸭舌草、野荸荠、眼子菜、丁香蓼等。

1. 发生规律 秧田期杂草主要是稗草，其次是碎米莎草、球花碱草、牛毛草、节节草、鸭舌草等。这些杂草发生时间略有差异：稗草、球花碱草、碎米莎草、牛毛草等一般在播种后 7d 左右发生；扁担蘸草、眼子菜等在播种后 10d 才萌发。

移栽稻田杂草有两次发生高峰：第一次是插秧后 7 ~ 10d，稗草和莎草科杂草相继发生；插秧后 15 ~ 20d 阔叶杂草如鸭舌草、瓜皮草、球花碱草、牛毛草、节节草、眼子菜、丁香蓼等，陆续破土萌发。第一次发生高峰，杂草萌发比较同步，为化学除草提供了施药良机。第二次高峰在稻苗分蘖末期，是搁田之后的复水期。如果在前期化学除草效果较好，稻苗封行早，则第二次高峰就不明显。

2. 化学除草 目前秧田和本田期使用的除草剂种类很多。秧田期可在秧苗 1.5 ~ 2 叶期喷雾。本田期在秧苗移栽后 3 ~ 5d 可结合追分蘖肥撒施除草剂，保持浅水层 5 ~ 7d 即可。

十、适时收获

水稻适期收获，是丰产丰收的最后一个环节。若收割过早，青米、碎米多，粒重减轻，产量低，米质差，出米率不高。水稻适宜收获的时间，一般为蜡熟末期至完熟初期。这时谷粒大部变黄色，稻穗上部1/3的枝梗变干枯，穗基部变黄色，全穗外观失去绿色，茎叶颜色变黄，全田85%～90%的谷穗变黄色时，即为最佳收获时间。需要注意的是，目前推广的超级稻强势花和弱势花灌浆的时间差异明显，有两段灌浆现象，为了保证弱势花籽粒饱满，适当推迟收割，对提高结实率、粒重和产量有重要作用。

随着农村劳动力减少和机械化的普及，水稻机收面积越来越大。对准备机械收获的稻田，要提前7～10d排水，晒干田底，同时平整道路，以利机收。收获后要及时扬净、晒干入库。

本节参考文献

1. 陈长红，汪洪洋，孙克存等．苏北麦茬直播水稻栽培技术．现代农业科技，2007（13）：151，154

2. 陈冬林，屠乃美，关广晟等．水稻免耕栽培技术的研究及应用．湖南农业大学学报（自然科学版），2006，32（5）：567～574

3. 陈兆良，姚金和．麦茬直播稻的风险及其应对措施．大麦与谷类科学，2008（3）：33～34

4. 程方民，刘正辉，张嵩午．稻米品质形成的气候生态条件评价及我国地域分布规律．生态学报，2002，22（5）：636～642

5. 丁存英，郜微微，李进等．直播水稻不同茬口品种选用的研究．现代农业科技，2008（9）：116～117，119

6. 房志勇，唐保军，尹海庆等．水稻穗型模式化栽培技术体系构建与应用研究．中国农学通报，2002，18（5）：20～22

7. 费槐林，胡国文．杂交稻高产高效益栽培．北京：金盾出版社，1995：107～109

8. 费槐林，王德仁，朱旭东等．水稻良种高产高效栽培．北京：金盾出版社，2000：99～101

9. 高鸿宾，张玉香，刘增胜等．无公害水稻安全生产手册．北京：中国农业出版社，2008：124～126

10. 高菊生，徐明岗，秦道珠．长期稻-稻-紫云英轮作对水稻生长发育及产量的影响．湖南农业科学，2008（6）：25～27

11. 贺帆，黄见良，崔克辉等．实时实地氮肥管理对水稻产量和稻米品质的影响．中国农业科学，2007，40（1）：123～132

12. 胡日辉．油菜茬免耕抛秧栽培水稻高产高效技术措施．安徽农学通报，2007，13（14）：99～100

13. 简红忠，张万春，刘红梅等．汉中盆地水稻最佳抽穗扬花期及播期探讨．陕西气象，2006（1）：30～31

14. 李建新，万开军，谢英等．豫南稻区水稻新品种适应性研究．信阳农业高等专科

学校学报，2006，16（4）：104～107

15. 李世峰，刘蓉蓉，吴九林. 不同播量与移栽密度对机插水稻产量形成的影响. 作物杂志，2008（1）：71～74

16. 李娓，周桂清，贺勇. 油菜茬田免耕直播水稻施肥量的研究. 作物研究，2005，19（1）：9～10

17. 李新生，邓文辉，吴三桥等. 陕西三种特种稻米氨基酸及品质分析. 氨基酸和生物资源，2001，23（4）：1～3

18. 凌启鸿，张洪程，丁燕峰等. 水稻精确定量栽培理论与技术. 北京：中国农业出版社，2007：125～135

19. 刘建，魏亚凤，吴魁等. 有机无机 N 不同配比与中粳稻稻米品质关系的研究. 上海交通大学学报（农业科学版），2004，22（3）：246～250

20. 刘冬生，汪莲爱，徐若瑛. 湖北省部分稻种资源品质分析. 湖北农业科学，1992（4）：14～16

21. 刘文霞，冯尚宗等. 多效唑对麦茬旱稻农艺性状影响及生理作用的研究. 作物研究，2003，17（2）：75～77

22. 卢碧林，王维金，吴和明等. 生态环境对稻米品质影响的灰色分析. 河北农业科学，2004（5）：21～23

23. 毛国娟，赵伟明，温怀楠等. 麦茬单季稻高产群体特征及栽培技术. 浙江农业学报，2001，13（4）：184～189

24. 毛永兴. 直播水稻生长发育特性及其配套栽培技术研究. 耕作与栽培，2003（1）：30～31

25. 屈发科，赵强，史莉娜等. 汉中盆地水稻优质高产综合配套技术. 陕西农业科学，2008（4）：191～192

26. 任满丽，王虎军. 汉中市水稻生产现状、问题及对策. 陕西农业科学，2011（2）：90～91

27. 石纪成，王庆章，李超高等. 油菜茬单季稻轻松栽培法. 现代农业科技，2006（5）：59

28. 宋世枝，段斌，何世界. 豫南水稻延后栽培的效果及应用评价. 耕作与栽培，2004（1）：33，62

29. 宋世枝，祁玉良，段斌等. 籼改粳对豫南水稻耕作制的影响及对策. 河南农业科学，2007（4）：49

30. 孙广朝，李金岐，董县中等. 伏牛山区籼改粳高产栽培技术研究. 现代农业科技，2011（5）：57～58

31. 田小海，杨前玉，刘威. 不同脱粒与干燥方式对稻米品质的影响. 中国农学通报，2003，19（2）：46～49

32. 汪莲爱，周勇，居超明等. 水稻直链淀粉含量与垩白度相关性分析. 湖北农业科

学，2002（6）：28～29

33. 王鹤云，孙东生. 麦茬机播水直播稻的生育特点及其高产配套技术. 江西农业大学学报，1990，12（3）：34～39

34. 王淑彬，林青，黄国勤. 轮作对稻米品质的影响. 中国农学通报，2011，27（33）：137～141

35. 许凤英，马均，王贺正等. 水稻强化栽培下的稻米品质. 作物学报，2005，31（5）：577～582

36. 杨泽敏，胡孔峰，雷振山等. 晚粳稻米品质性状的综合分析. 吉林农业大学学报，2002，24（4）：30～34，39

37. 尹海庆，王生轩，王付华. 优质高产水稻生产新技术. 郑州：中原农民出版社，2008：73～76

38. 余显权. 环境因素对稻米品质的影响及保优高产栽培技术. 耕作与栽培，2003（4）：45～48

39. 张丽霞，潘兹亮，鲁鑫等. 紫云英与化肥配施对水稻植株生长及产量的影响. 安徽农业科学，2010，38（25）：13 767～13 769

40. 张嵩午. 我国秦岭—淮河过渡区稻米品质的气候分析. 自然资源学报，1991，6（3）：211～219

41. 张文，罗斌，马爱国等. 绿色食品基础培训教程——种植业. 北京：化学工业出版社，2005：150～162

42. 张羽，冯志峰，吴升华等. 陕西汉中地区水稻主要种质资源的调查及利用. 安徽农业科学，2008，36（1）：159～161

43. 张羽，陈雪燕，王胜宝等. 陕西汉中地区主栽水稻品种的 SSR 多态性分析. 中国农学通报，2011，27（7）：34～37

44. 周竹青，徐运清，黄天芳等. 异地栽培对湖北地方优质稻光合生理和稻米品质的影响. 华中农业大学学报，2008，27（1）：32～37

45. 朱德峰，金学泳，熊洪等. 水稻强化栽培技术. 北京：中国农业科学技术出版社，2006：95～135

46. 朱练峰，江海东，金千瑜等. 不同粮食和牧草前作对水稻生长、产量和品质的影响. 草业学报，2007，24（1）：63～67

47. 朱兴国. 应大力提倡水田旋耕：农机科研与推广. 农业机械化与电气化，1999（13）：39

第六节　麦茬水稻轻简化栽培

一、水稻直播栽培

水稻直播就是不进行育秧、移栽而直接将稻种播于大田的一种栽培方式。与育苗移栽水稻栽培模式相比，水稻直播栽培管理环节少，成本低，是一种高效栽培模式。中国水稻种植历史上最先采用的栽培方式就是直播，在一些机械化水平高的发达国家，水稻直播目前被广泛采用，如美国水稻主要是采用直播生产，用机械或飞机播种，工效高，成本低。尤其是在当今水资源日渐匮乏的情势下，相信会越来越凸显出水稻直播栽培的优势。

南北过渡地带为典型的一季中稻区，冬闲田一般采用水稻移栽种植，水稻直播的前茬多为小麦茬、油菜茬、大麦茬和草籽茬。而近年来，随着土地流转规模的迅速扩大，种田大户为了解决用工困难或缓解插秧机紧张的矛盾，冬闲田直播水稻的面积呈逐年增加的趋势。

（一）水稻直播的优点与不足

1. 优点　水稻直播具有四大优势。

（1）穗多、穗大　直播稻一般分蘖早而快，分蘖节位低，有效穗多，易达到足穗高产的目的。水稻直播与移栽稻相比，各个生育阶段相对都有一个良好的环境条件，个体空间条件充足，利用分蘖早生快发的优势，直播水稻一般比移栽水稻有效穗多20%左右；同时以利用低节位分蘖成穗为主，又为攻大穗奠定了基础。

（2）个体生长发育良好　水稻直播个体营养空间大，叶片功能期长，有利于光合产物的形成，促进分蘖成穗和形成大穗。

（3）根系活力强　水稻直播从幼苗开始就在大田环境中生长，因播种较浅，没有移栽植伤过程，各节位所发生的次生根系能较好地保存下来，因而根群发达，根系活力强，有利于养分吸收，根叶共济，使地上部健壮生长，促进光合产物的生产和积累。

（4）生物学产量高　直播稻一般光合产物累积速度快，日生产量和谷草比高。

2. 不足　但与移栽稻相比，也存在四点不足。

（1）全苗难　水稻直播出苗易受气候条件和整地质量的影响，往往造成出苗不齐，基本苗不足，影响足穗高产。

（2）成穗率偏低　水稻直播由于营养生长期短，前期要求早发，在肥水管理上要求以促为主，但由于前期发得快，中期往往控不住，造成无效分蘖多导致群体过大，个体和群体的关系恶化，成穗率偏低，一般只有50%左右。

（3）易倒伏　水稻直播虽然根群发达，但根系分布较浅，加上群体过大或遇强风暴雨，容易引起倒伏。

（4）草害重　由于水稻直播落谷稀，田间空隙度大，苗草在同一起跑线上相竞争，杂草与水稻共生期长，且生长势往往强于稻苗，因此，水稻直播田杂草表现为种类多、发生量大、生长快、为害重。

（二）水稻直播的方式

水稻直播可有多种分类方式，根据播种前稻田是否耕翻可分为翻耕直播和免耕直播；根据整地时田面是否有水可分为水直播和旱直播；根据播种时是否使用动力可分为机械直播和人工直播；根据稻种在田间的分布形式可分为条播、穴播、垄播和撒播。按照农事习惯，当前水稻直播有以下两种主要方式。

1. 水直播　水直播是目前中国应用最广泛的一种直播方式，多在水源条件较好的地区应用。水直播与水育秧类似，土壤经过旱耕、水整平后，在湿润状态下直接播下破胸芽谷。可采用水稻直播机械进行条播或穴播，也可以采用机械喷直播和人工撒播。水直播的优点是整地省工，稻田容易整平，有利于一播全苗，封闭型除草剂容易发挥除草效果。缺点是田面局部积水、播后遇大雨容易造成闷种和除草剂在低洼处会出现严重药害。而人工播种常常导致水稻疏密不均，无序生长，易倒伏、通风透光性差、易感病虫害，进而导致产量下降。

2. 旱直播　水稻旱直播与种麦类似，是在旱田状态下整地和播种，稻种播入 1 ~ 2cm 土层内，旱直播可以使用干稻种，播后上水，建立稳定的水层，待种子吸足水分后立即排水落干。如果在播种后能及时上水的，最好使用经浸种催芽至露白的稻种，播后灌跑马水，但是田面不能有明水，这样有利于稻种及早出苗，形成苗期稻株大，草苗小，有利于化学除草。麦（油菜）茬旱直播，如果田面比较干净、平整，沟系配套，可以免耕撒播稻种，然后浅旋盖籽；或者用稻麦播种机械，一次性完成旋耕、播种、施肥、盖籽等工作，播种后及时清理畦沟，灌水。旱直播的优点是便于机械化作业，提高劳动效率。缺点是若田面墒情差，土壤坷垃大，会严重影响出苗和封闭性除草剂的效果，尤其是靠天等雨的田块，旱直播风险极大。

（三）水稻直播品种选择

选用高产、优质、熟期适宜的品种（组合）是获取水稻直播高产的基础。水稻直播因其直播类型、生育特点和稻田环境与移栽稻有很大的不同，所以对品种（组合）的要求也不尽相同。目前专门用于水稻直播生产的品种（组合）尚未形成气候，生产上用的品种或杂交组合基本上是以移栽稻为对象而选育的，在生育特性、熟期方面还不能完全适应水稻直播的要求，只能从现有的高产优质的品种（组合）中筛选出适宜当地生态条件的水稻直播品种（组合）。选用品种（组合）应尽可能达到如下要求。

1. 高产优质　要求选用的品种（组合）首先应具备高产优质条件。产量潜力必须接近或超过现有移栽稻水平，米质要优，这样才会有市场和获得更高的效益。

2. 生育期适宜　一般选用早熟或中熟品种及杂交组合。因为水稻直播的播种期受前茬让茬或早春寒流的影响，都要比移栽稻晚，成熟期相对要延后。若不选用生育期相对短一些的品种或杂交组合，就不能保证安全成熟或及时让茬。在南北过渡地带，大（小）麦、油菜、蚕豆、草籽种及部分瓜菜田直播期以 6 月 15 日以前为宜，最迟不超过 6 月 20 日，品种生育期应在 130 ~ 140d。籼稻品种必须在 8 月底以前齐穗，粳稻品种必须在 9 月 10 日以前齐穗。

3. 株型理想　要求分蘖力较强，株型紧，穗形大，成穗率高。

4. 抗性好　根系发达，茎秆粗壮，抗倒伏能力强；对旱种的品种（组合），还要求出苗顶土力强，出苗快，耐旱力强，苗期生长繁茂，灌溉开始后长势恢复快。

（四）水稻直播技术

1. 提高大田整地质量 大田整地质量做到"四要"：一要早翻耕。前茬收获后结合施基面肥及时翻耕，耕翻不宜过深，一般采用旋耕为好。二要田面平。整地时一定要在"平"字上下功夫，做到全田高低落差不超过3cm，田面不平，易造成播种深度和播种后田间水浆层不均衡，从而影响出苗，三要畦面软硬适中。为了防止畦面过软，泥头过烂，播种过深，宜在翻耕做畦后次日播种。四要沟渠配套。开好横沟、竖沟和围沟，严防田面积水，畦宽2～3m，也可适当加宽，但以不影响播种和田间管理为度。

2. 提高播种质量，力争全苗齐苗 用"旱育保姆"拌种或浸种催芽。水稻直播一般要求用旱育秧型"旱育保姆"进行种子包衣。用旱育秧型"旱育保姆"进行种子包衣的种子不需催芽，只要将精选后的稻种在清水中浸泡至吸足水后拌种。春季气温低，早稻种应浸24h左右；晚稻浸12h左右就可以了；中稻浸种时间介于早、晚稻之间。浸种时间过短，出苗较慢，发芽率较低。浸种时间过长，易发生烂种。将浸好的稻种捞出，用清水冲洗后，沥至稻种不滴水即可包衣。按每千克"旱育保姆"包衣稻种3～4kg的比例，将种衣剂置于圆底容器中，然后将浸湿的稻种慢慢地加入容器内进行滚动包衣，边加边搅拌，直至将种衣剂全部包裹在种子上为止。拌种后稍晾干，即可播种。若不用"旱育保姆"进行种子包衣，早稻常规稻需浸种3d，杂交稻需浸种2d，浸种后即可保温催芽。手工撒播种子要求芽长有半粒谷长、根长有1粒谷长为宜；机械播种只要求种子催芽至"露白"即可。杂交稻直播每亩用种量1.5～2kg，常规稻直播每亩用种量5～8kg。如播种时遇不利气候条件影响或种子发芽率较低，应适当增加播种量。要求带秤下田，分畦定量播种，播后塌谷，要求不露谷粒。

3. 加强肥水管理，协调群体结构 水稻直播的施肥规律与移栽稻有所不同，水稻直播群体大，本田生育期长，总施肥量要比移栽稻稍多，一般以移栽稻秧田加大田肥料总量为宜。在施肥技术上，要掌握"前促、中控、后补"的原则，即前期要多施肥，促进稻苗早发，多分蘖，长大蘖；中期要少施肥，控制群体生长，防止无效分蘖发生，提高成穗率；后期要补施肥，由于水稻直播根系分布浅，宜根据苗情和天气情况补施穗肥和根外追肥，早稻特别要重视穗肥的施用。此外，还要增施有机肥和P、K肥。施肥方法：将复合肥300kg/hm²作基肥，有条件的可增施有机肥15.0～22.5t/hm²，然后翻耕或旋耕。2叶1心时追施尿素112.5kg/hm²，圆秆期追施尿素75.0～112.5kg/hm²，复合肥75kg/hm²。孕穗期因苗长势追施尿素45～75kg/hm²，作促花保花肥。抽穗灌浆期叶面喷施磷酸二氢钾，若有脱肥趋势再酌量加喷少量尿素。前期如长势不匀，还要注意施好平衡肥。免耕田块因播种时未施底肥，因此要早施断奶肥，重施分蘖肥和稳施穗粒肥，采取"少吃多餐"满足全生育期水稻对养分的需求。1叶1心时追施尿素和复合肥各112.5kg/hm²，4～5叶时追施复合肥150kg/hm²、尿素112.5 kg/hm²，拔节孕穗期再看苗酌情追肥，后期注意叶面喷肥。

水稻直播种子一般撒在土壤表层，根系较浅，易倒伏，因此水稻直播水分管理要控水多次搁田，培育健壮根系，防止倒伏。播后及时顺畦墒沟洇透整个畦面，使畦面土壤保持湿润状态,有利于发芽扎根立苗,直至出苗。若遇降雨导致田间积水,要及时排水,以防烂种。2叶前保持田间湿润,促根系下扎,形成壮苗。2叶1心后可保持浅水层促进分蘖发棵。当田间总茎蘖数达到375万苗/hm²时,开始放水烤田,以控制无效分蘖,降低群体,增加田间通风透光,减轻病虫害的发生,促根下扎,防止倒伏。晒田时要采取多次轻晒。后期以干湿交替灌溉为主,即灌1次水自然干后再灌。孕穗、扬花期保持浅水层,灌浆结实期以湿润为主,养根保叶,保持根系和叶片较强的活力。免耕播种出苗后保持田间湿润,土白头时灌水,2~3叶时灌浆水,后期管理同上。

(五)化学除草

直播田杂草种类多,发生重。水稻直播田化除,一般采取"一封、二杀、三补"的策略。在播种后1~3 d及早施药进行土壤封闭处理。水稻直播田常用丙草胺、丁草胺、异丙隆与苄嘧磺隆、吡嘧磺隆的混配剂。旱水稻直播田常用丁草胺与恶草酮的混配剂,或者丁草胺、丙草胺、二甲戊灵与苄嘧磺隆、吡嘧磺隆的混配剂。异恶草松等药也较常用。注意在畦面土壤湿润时施药,施药后保持土壤湿润7d左右,畦面不能有积水,以免产生药害。具体方案如下。

1. 旱直播化学除草方法 播后上水洇透畦田1d后,立即排干田水,用36%丁恶乳油2 250~2 700ml/hm²加水450kg均匀喷于畦面,不漏喷,不重喷,对杂草进行芽前封闭处理。若封闭处理未除尽,田间又长出以阔叶草兼稗草为主的杂草,可于稗草2~3叶时用32%的野老秧葆900~1 050g/hm²或稻杰进行除草;若稻田杂草是以禾本科的稗草和千金子为主的,待稗草2~3叶时,可用10%千金乳油900~1 350g/hm²进行除草。

2. 水直播化学除草方法 播后对杂草进行芽前封闭处理,可用40%直播净除草剂750g/hm²或30%扫弗特除草剂1 125ml/hm²加水450~600kg喷雾防除杂草。若杂草未除尽,可于杂草3叶时用千金乳油或野老秧葆进行第二次防除。

3. 免耕直播化学除草方法 除草前排干水,用32%的野老秧葆750g/hm²加水450~600kg喷雾防除杂草,施药后第3d灌水,保持浅水层4~5d。若杂草防除不彻底,可于杂草3叶时用10%千金乳油和32%野老秧葆再次防除。

(六)水稻直播有害生物发生为害特点与防治

1. 水稻直播病虫害的发生特点 水稻直播田有害生物与常规移栽稻田相比发生种类增多,主要有稻蓟马、螟虫(大螟、二化螟和三化螟)、稻纵卷叶螟、稻飞虱(灰飞虱、褐飞虱和白背飞虱)、水稻纹枯病、稻瘟病、条纹叶枯病、黑条矮缩病、稻曲病等常发性病虫害。此外,由于直播大多数还处于粗放种植,播种质量差异很大,露籽、浅籽比例较高,雀灾、鼠害等常常导致种植失败。

水稻直播田幼苗容易发生稻蓟马、立枯病、青枯病。水稻直播习惯性的干籽播种,不采取药剂浸种预防干尖线虫病、恶苗病等种传病害,还导致了部分感病品种种传病害重发。

过渡带内物候相似,虫害发生的时间略有不同。本文以豫南稻区直播稻虫害发生时间及防治方法为例,其他地方可参照施行。豫南稻区早期(4 月 15 日至 5 月 25 日)直播的白茬田、大麦茬、油菜茬水稻出苗后正好与一代灰飞虱成虫迁移高峰相吻合,部分小麦茬水稻直播苗仍然可以承受到一代灰飞虱成虫迁移尾峰,因此水稻条纹叶枯病、黑条矮缩病重发流行的风险仍然很大。灰飞虱在水稻全生育期都是重点控防对象之一。

与同期生长的移栽稻相比,水稻直播前期生长量小,茎秆细小,不利于蛀茎性螟虫的生存与为害,二化螟、三化螟等内源性害虫一代羽化高峰常年在 5 月下旬 6 月初,水稻直播此阶段大部分尚未播种,因此,水稻直播能完全避开一代螟虫的为害。近年来,仅二代、三代螟虫在水稻直播有零星为害,大螟在水稻直播上发生为害较重。第一代大螟主要为害田外寄主春玉米、野茭白和草蒲等;第二代大螟常年发蛾高峰期在 7 月中旬初,此时水稻直播苗小,不适宜大螟产卵为害;而移栽稻处于分蘖高峰期,长势嫩绿、植株粗大,有利于大螟产卵为害;第三代大螟蛾盛期在 8 月下旬,尾峰拖到 9 月初,此时移栽稻扬花已结束;而水稻直播正处于破口抽穗期,有利于尾峰蛾子的产卵为害,故第三代在水稻直播田里为害时间相对较长,为害程度相对较重,因此对蛀茎性螟虫的防治要主抓三代大螟为害的控制。

水稻迁飞性害虫有稻纵卷叶螟、褐飞虱,白背飞虱等。稻纵卷叶螟年发生 4~5 代,稻纵卷叶螟生长、发育和繁殖的适宜温度为 22~28℃,适宜相对湿度 80% 以上,发生轻重与气候条件、寄主生长状况密切相关,多雨日及多露水的高湿天气,有利于猖獗发生。水稻直播前期生长势和个体发育都较移栽稻差,不利于 4 代稻纵卷叶螟发生为害;8 月底至 9 月上旬水稻直播处于孕穗至破口抽穗期,长势嫩绿,生育期适宜,6 代稻纵卷叶螟极易重发成为主害代。褐飞虱在豫南稻区一年发生 4~5 代,一般在水稻圆秆拔节以后,丛间郁闭,通风透光差,湿度大,阴凉的环境条件,适于褐飞虱的生长发育,栽培技术改变会影响直播水稻的生长状况,变动了褐飞虱的食料和田间小气候,影响褐飞虱的生长发育和繁殖能力。施肥不当,水稻生长嫩绿、徒长、田间郁闭及贪青晚熟,则有利于飞虱的存活为害。一般初夏多雨,盛夏突然长期干旱是白背飞虱大发生的预兆,白背飞虱在水稻各个生育期都能取食,但以分蘖盛期至孕穗抽穗期最为适宜,此时增殖快,虫口密度高。水稻直播大肥促控,成熟期推迟,存在利于稻飞虱发生为害的条件,因此前期控制效果与后期稻飞虱为害状况的关系明显。对稻纵卷叶螟、稻飞虱,在中后期防治上,要比其他类型稻作田块增加 1~2 次。

水稻直播比移栽稻推迟种植 20d 以上,生长前期群体偏小,田间荫蔽性能差,苗株之间通风透光性能高,与移栽稻相比,纹枯病前期发生轻而迟,但随着水稻直播栽培技术中高肥大水等促分蘖出苗等措施的实现,水稻直播后期群体旺盛、田间荫蔽度提高,高温高湿小气候的存在,极大有利于纹枯病的快速扩展,在 8 月底至 9 月初出现 1 个发病高峰,而移栽稻常年有 8 月上旬水平扩展高峰期和 8 月末垂直扩展高峰期 2 个发病高峰,后期纹枯病控制不力同样可以造成水稻直播产量损失。

稻瘟病的发生与品种抗性、雨水多少以及温度密切相关,水稻稻瘟病的最适合的温度为 25~28℃,空气湿度为 80% 以上,水稻直播秧苗 4 叶期、分蘖期适遇梅雨,后期破口抽穗期又易遇上秋季的低温连阴雨,这些因素都有利稻瘟病菌侵入而导致穗瘟重发。

水稻直播后期生长,由于抽穗扬花期偏迟、易逢秋雨绵绵,水稻稻曲病发生严重,连作地块更为明显。

2. 水稻直播主要病虫害的药剂防治 防治稻飞虱的药剂有噻嗪酮、噻嗪酮+异丙威、吡虫啉(或者混用异丙威、仲丁威),在水层落干的田块可以用敌敌畏毒土熏蒸;防治螟虫的药剂有阿维菌素、毒死蜱、杀虫单及其他的复混制剂。防治纹枯病主要是井冈霉素、井冈霉素+蜡质芽孢杆菌、井冈霉素+己唑醇、井冈霉素+枯草芽孢杆菌、苯醚甲环唑+丙环唑等喷雾,防治稻瘟病主要用三环唑、稻瘟灵等。用抗病毒药剂如盐酸吗啉胍铜(锌)、宁南霉素等增强抵抗条纹叶枯病毒,培育健壮群体。对稻曲病的防治可以采用井冈霉素及其与蜡质芽孢杆菌、枯草芽孢杆菌的复混剂、苯醚甲环唑及其与丙环唑的复混剂在破口前5~7d喷雾。在多病虫防治上要用足喷雾水量,可配伍的药剂可以桶混喷用。

二、免耕栽培

稻田免耕属于保护性耕作,是一种轻型化的新型耕作方法,目前已在中国稻区得到了推广和应用。它改变了传统的耕、耙、松土耕作方法所带来的费工耗时、劳动投入多和强度大、生产成本高经济效益低、破坏生态环境等弊端,解放了生产力,提高了种田效益,而且有利于保护生态环境,促进水稻可持续发展,具有广阔的发展前景。

免耕法是指生产上不翻耕土地直接播种或者栽种作物的方法。所谓免耕法不是完全不耕地而是免除传统耕作制中的初耕及一些后续耕作程序。这种新的耕作方法的具体步骤各国都不尽相同,称呼也不一样,有的叫免耕法(no-tillage),有的叫最少耕作法(reduced tillage)、零耕法(zero tillage),也有的叫直接播种法(direct drilling)、保护耕作法(reserved tillage)、留茬播种法(stubble mulching)等。现在国外按作业量的减少程度分为少耕法和免耕法两大类。少耕法是指将连年翻耕改为隔年翻耕或2~3年再翻耕以减少耕作次数。免耕法则是少耕法的进一步发展,在中国实际采用较多的则是少耕法。

美国是世界上较早开展免耕栽培研究的国家,这可能与其在20世纪30年代遭遇黑风暴对耕地的袭击有关。其后,英国、加拿大、法国、马来西亚、印度等相继进行了免耕试验和推广。到目前为止,已有近30个国家和地区开展免耕技术的研究和推广,面积达$5 \times 10^8 hm^2$,但绝大多数为旱地作物覆盖免耕。如英国比较成功的免耕栽培作物是冬小麦和油菜,加拿大、澳大利亚、德国、俄罗斯等国家在旱地进行了秸秆覆盖的少耕和免耕,日本、伊朗、马来西亚、印度尼西亚、印度等国家开始在水田推广少免耕栽培。

稻田免耕的研究落后于旱作,最早是日本将水稻直播作为耕作制度及栽培措施来研究。国内水稻免耕研究始于20世纪70年代,其中,以侯光炯的"自然免耕"理论和杜金泉开展的"免耕稻作高产的技术与应用"研究最为系统、完善,并于80年代在南方稻区大面积推广自然免耕法(又称半旱式免耕法或垄作免耕法)。侯光炯等为解决中国南方冷浸低产稻田的产量问题,研究并提出了自然免耕即半旱式免耕和垄作式免耕理论。这种水田垄作(畦作)连续免耕的特点是:对长期淹水的冬水田、冷浸田、烂泥田等排水不良的稻田,在少免耕情况下田间开沟起垄或做畦,垄上种水稻,水稻收割后留再生稻或种大小麦、油菜等。长年保持沟内一定的水层，用以浸润灌溉，保持土壤自然结构，造成深厚的水、肥、光、热协调的耕作层，保证水旱作物的正常生长。对减少水土流失、提高土壤肥力、改善稻田生态环境、促进农业持续发展起到了重要作用。

自 20 世纪 70 年代以来，水稻少免耕耕作法在中国得到不断实践和推广应用，各种轻型化栽培技术的不断涌现，促进了水稻免耕研究的进一步发展，并演化出不同的免耕方式，如北方的少免耕直播栽培、南方的旋耕直播栽培、板田直播撬穴免耕栽培、直播栽培、板田直播、秸秆覆盖免耕、免耕移栽、免耕抛秧等。由于免耕能减少用工和劳动强度，降低生产成本，改善土壤结构，缓和季节矛盾，提高种稻效益，促进农业持续稳产高产，目前，在全国尤其是在南方稻区掀起一股研究推广热潮，广东、广西、四川、江西、湖南等省自治区更是走在全国前列，水稻免耕栽培应用面积不断扩大。

（一）应用范围和条件

在南北过渡带的麦茬稻区都可应用，免耕稻田宜选择排灌方便、田面平整、耕层深厚、保水保肥能力强的田块等。不适合免耕的田块则有：有机质含量低、沙质土、漏水田、常年积水田、冬春季都抛荒的田块、水花生等恶性杂草发生重的田块。

（二）整地标准

前茬作物小麦整地时要多施有机肥和磷肥，并进行深耕，耕深在 25 ~ 33cm，精细整地，使土壤细碎，田面平整，协调土壤水、肥、气、热，增强土壤微生物活性。

（三）栽植方式

根据南北过渡带麦茬稻的稻作实际，免耕栽培的模式主要有直播、抛秧和插秧 3 种。

1. 水稻免耕直播栽培技术　水稻免耕直播是保护性耕作栽培技术之一，它不仅可以降低节本增效、节能低耗，而且可以提高土壤有机质含量，减少雨季的地表径流，提高土壤抗水蚀及风蚀的能力，增加土壤的蓄水量，提高土壤的生产能力，从而有效地实现高产稳产。随着水稻免耕直播技术的推广应用，在生产过程中重点要抓好杂草防除、品种选择、适期播种、肥水管理、病虫防治等技术环节，以实现高产稳产的目的。

（1）田块选择　选择水源充足、排灌方便、田面平整、耕层深厚，保水保肥能力强的稻田。低洼田、山坞田、冷浸田在化学除草前要开好围沟壁十字沟，及时排干田水。易受旱的田和浅瘦漏的沙质田一般不宜免耕栽培。

（2）品种的选择　直播水稻具有栽培根群大而分布较浅，且有效分蘖叶位较多，穗数足而穗型较小等特点，品种除了要求高产、优质、耐肥、抗倒伏及抗病虫害外，还要求生育期适宜，株型紧凑，早发型好，分蘖力中等，穗粒并重的品种。

（3）种子处理　为了确保较高的成苗率，首先应提高种子质量，对种子处理要做好以下几点：一是选种。用传统的方法选种，去除瘪粒及杂物，提高种子质量，有利于争得一播全苗。二是晒种。将选好的种子于播种前在太阳下晒种 1 ~ 2d，提高种子的发芽势和发芽率。三是药剂浸种。为了预防秧苗病害的发生，在播前用浸种剂浸种 2 ~ 3d，最好不用未经防病处理的干谷直播，否则病害较重，并产生漂谷现象，影响播种质量。

（4）化学灭茬（草） 选用灭生性的草甘膦或广谱灭生性的百草枯类除草剂。在直播前10～15d施药。喷药前一周内，保持田间有薄水层，在晴天排干田水施药，小麦的留茬高度不超过15cm。一般亩用250～300g和20%克无踪或10%草甘膦水剂500ml加水25～30kg，均匀喷雾，喷药后4h内下雨需重喷。

（5）泡田松土施肥 施用化学灭茬除草剂后2～5d，麦茬田灌深水，最好浸过禾头和杂草。浸泡稻田7d以上。排干水后播种。如杂草过多可在播前3～4d排干田水再进行一次化除，每亩用20%克无踪100～150g加水20～25kg喷施。将腐熟的有机肥、40%～50%的N肥、100%的P肥、50%～60%的K肥作基肥在泡田时一次性施入。

（6）播种

① 适期播种 直播稻未经移栽返青期，前期生长快，全生育期缩短7～10d，播种比常规移栽稻可适当推迟，各地可根据当地的气候特点，合理安排好播种期。

② 定量播种 播种量：杂交稻1～1.5kg/亩，常规稻2～2.5kg/亩（根据籽粒大小而定），播种时带秤下田，按畦定量，重复匀播，播后塌谷。

③ 确保全苗 播前灌水泡田，等水自然落干，平板后直接播种。播法有撒播、点播、条播，大面积可机条播。播后轻塌谷入泥。在3～4叶期进行带土移密补稀，确保全苗。

（7）播后除草 直播田除草是决定直播水稻高产稳产的关键环节，要除早、除小、除了。采取化学除草和人工除草相结合。化学除草采取一封二杀三补，播后用广谱性除草剂如30%丁苄可湿粉剂在前期除草；播后防草，经催芽播种后2～3d（立针期）每亩用40%直播净60g加水25～30kg喷雾，或者用扫弗特100ml加苄黄隆15～20g加水40kg喷雾，药后3～4d，田面保持湿润。对杂草较多田块补治一次，在稻苗3叶期每亩用禾大壮120ml加苄黄隆15～20g拌尿素结合施断奶肥灌水撒施，保持浅水7～8d。最后进行人工辅助除杂拔秤1～2次。

（8）苗期管理 3叶以前称为苗期。一般掌握播种时田面湿润，若有畦面晒白，傍晚灌"跑马水"，促齐苗。播后至3叶期的水肥管理是保证全苗的关键，稻苗2叶期前尽量排干水，促使幼苗扎根，应保持田面湿润、不开裂。发芽后1叶1心期，早施"断奶肥"灌水，建立浅水层，随秧苗长高后，保持5cm左右水层。

（9）大田管理 4叶期追施一次N肥，余下20%～30%的N肥和40%～50%的K肥作穗粒肥施用。水分管理采取3叶期后灌水上畦，保持浅水层有利分蘖，此后干干湿湿，好气灌溉，当每亩茎蘖数达到16万～17万苗重烤田，以利促根壮秆控制无效分蘖的发生，齐穗后灌浆期间到乳熟期干湿交替，活熟到老。

（10）病虫防治 根据测报结果，确立重点病虫防治对象和防治时间。

① 秧苗期 秧苗期主要防治稻蓟马、稻象甲，做好苗稻瘟和白叶枯病的苗期防治，控制苗期病虫的为害。

② 分蘖期 要充分发挥水稻的补偿能力，适当放宽虫害的防治指标，减少用药次数，提高防治效果。

③ 分蘖末期　当水稻进入分蘖末期到穗期时，严密关注穗期病虫害的发生发展，根据此时多病虫复合为害的特点，选用复合防治指标进行总体防治，以收到一次施药兼治多种病虫害的效果。直播田相对于移栽田的通风条件差，一般纹枯病发生较重，此时主要以防治稻飞虱、稻纵卷叶螟以及纹枯病、穗颈瘟为重点，根据测报结果采取"压前控后"防治策略，降低虫口基数，统一集中进行药剂防治。

（11）免耕直播的注意事项

① 防动物为害　老鼠、麻雀等对直播稻为害比较严重，影响直播的全苗，免耕直播也不例外，必须引起高度重视。

② 注意排水　免耕直播稻播种时，田间要保持湿润，不能积水，否则会引起烂种或烧芽，造成缺苗。

③ 及时防病治虫　免耕直播稻苗数较多，在栽培上要注意控苗和防治纹枯病、稻飞虱等病虫害。

④ 注意灭茬　前茬麦桩过长，如 30cm 以上，要适当加大除草剂用量，播种后麦桩如未完全腐烂倒地，也不会影响水稻正常生长。

2. 水稻免耕抛秧栽培技术　水稻免耕抛秧技术是指在上一季作物收获后，不耕翻田面，而是将前茬作物的秸秆覆盖于地表，先用除草剂杀除杂草、前茬作物的落粒种子和幼苗等，然后灌水沤田，待水层自然落干或保留浅水层，将带土块的水稻秧苗抛栽到大田中的一项水稻耕作栽培技术。

（1）大田的选择与处理

① 大田选择　应选择水源充足、排灌方便、田面平整、耕层深厚及保水保肥能力好的田块作为水稻免耕抛秧的大田，不宜选择易旱田和沙质田；低洼田、山坑田、冷浸田、烂泥田需开好环田沟和十字沟，并具备较好的排水设施，才能作为水稻免耕抛秧田。

② 秸秆覆盖　小麦收割时要留低桩，桩高不得超过 15cm。收割后将麦秸秆均匀平铺于田面，一般每亩秸秆还田量为 200~300kg。

③ 化学除草　水稻抛秧前，要选用安全、高效、无残留的除草剂进行化学除草。既可选用触杀型化学除草剂，如"农民乐 747"、"克无踪"等，也可选用内吸型化学除草剂，如"飞达红"等。具体方法：在抛秧前 7~15d，每亩用"农民乐 747"或"克无踪"150~200g，加水 25~30kg，均匀喷洒在田间和田埂。注意事项：施药要选择在晴天进行；喷药要均匀，不能漏喷；施药前要保持田面有薄水层，然后排干水进行喷药。

④ 田块处理　施除草剂 3~5d 后，灌水泡田 3~10d，待水层自然落干或保留浅水层，以备抛秧。抛秧前，如果田间杂草、前季稻落粒谷萌发出的秧苗较多，可在抛秧前 3~4d 排干水，每亩用"农民乐 747"50~100g，加水 20~25kg 喷施；如果发现田块脚印太多太深，应用铁耙推平。

（2）培育秧苗

① 选用品种　要选用优质、高产、生育期适宜、抗病性强的常规稻或杂交稻。每亩大田常规稻用种量为 2~2.5kg，杂交稻为 1.2~1.5kg。

② 育秧

A. 钵体软盘育秧

钵体软盘的选择：根据培育水稻秧龄的大小选择适宜规格的钵体软盘。培育 3 ~ 4.5 叶的小苗，宜选择 561 孔的钵体软盘；培育 4.5 ~ 5.5 叶的中苗，宜选择 451 孔或 434 孔的钵体软盘；培育 5.5 ~ 6.5 叶的大苗，宜选择 353 孔的钵体软盘。要选择质量合格的钵体软盘，即每盘重 50g 以上，破孔率小于 1.5%。按大田基本苗和每盘成苗数确定钵体软盘的数量，一般北方稻区为 30 ~ 35 盘，南方稻区为 40 ~ 50 盘。

配制营养土：营养土需要的重量是根据每个钵体盘的容量和数量来确定的。一般每个钵体软盘装土量为 1.2 ~ 1.4kg。用田土和壮秧剂配制营养土：采集土质肥沃、无杂草籽的黏土和腐熟的农家肥，分别晒干捣碎，过孔径 5 ~ 7ml 的筛子，按黏土与农家肥 4：1 的比例配成床土。再按每 210kg 床土加入 2.5kg 壮秧剂的比例，拌匀制成营养土备用。用泥浆和肥料配制营养土：这种方法适合于湿润秧田育秧。方法是：先将钵体软盘摆在秧床上，播种前在秧床的工作沟里灌入少量的水，加入适量的肥料，用铁耙来回拖拉形成泥浆，用勺将泥浆泼入钵体盘上，刮平泥浆后播种。

做秧床：选择背风向阳、土质肥沃、排灌方便的田块作秧田。秧田的面积，南方每亩大田需 8 ~ 12m²，北方为 6 ~ 8m²。每亩秧田施 2 000kg 有机肥作底肥，耕翻耙平后做苗床。苗床宽度为 130cm 左右，苗床间留 30cm 宽、10cm 深的作业沟。苗床要在播种前一天做好。苗床长度可按以下公式计算：苗床长度（m）＝钵体软盘的宽度（m）×钵体软盘数量÷2。

种子处理：播种前晒种 2 d，风选剔除空瘪粒。再用 35% 恶苗灵 200 倍液浸种消毒 2 ~ 3d，捞起在清水洗干净，装入筐里覆盖薄膜催芽，种芽露白可播种。

摆盘：在秧床上平放钵体软盘，要求逐个紧挨、对齐有序地摆放。秧床边缘 5cm 范围内留出，不摆放钵体软盘。

播种：播种期要根据茬口、秧龄和气温确定。钵体软盘育秧秧龄一般为 15 ~ 20d。钵体软盘播种要均匀，每个钵体播种量：杂交稻 1 ~ 2 粒，每盘播种量 25 ~ 30g；常规稻每个钵体播种 3 ~ 4 粒，每盘播种约 50g。

播种方法：播种器播种：要选用与钵体软盘型号相配套的播种器。播种前先摆好钵体软盘，往钵体软盘内撒入占其高度 2/3 的营养土，用板刮掉盘面的土，然后将播种器播种孔对准钵体播种。每个钵体的播种量，杂交稻为 1 ~ 2 粒，常规稻为 3 ~ 4 粒。播种机播种：可选用气吸式播种机、电磁振荡播种机、滚筒撒播播种机等。播种时将营养土、种子、水分别装入机械的不同容器里，开动机器，把钵体软盘放入输送带，自动完成装土、播种、盖土、刮平、洒水的作业。播种后将盘叠放，搬到温室催芽，然后放到秧架或搬到到田里育苗。手工撒播种：用营养土育苗，播种前先在钵体软盘中撒入占其 2/3 高度的营养土，用木板刮净盘面的土。根据播种的盘数称量种子，反复多次均匀撒在所有的盘中，然后撒营养土盖种，并将盘面泥土清扫干净，防止秧苗串根。如果用泥浆作营养土育苗播种，先将泥浆泼入钵体盘，用木板刮平使每个钵孔填满泥浆，待泥浆稍沉实后称适量种子反复多次均匀撒播在所有的钵体盘内，再用扫把蘸泥浆将种子扫入钵体中，用木板刮平。

压盘：播种后用大木板压盘，用力要均匀，使秧盘嵌入土中并与土壤充分接触。要做到盘面平整。

秧龄：钵体软盘育秧一般用于培育 3~5.5 叶的秧苗。

秧田管理：水肥管理：田面要保持湿润。土面发白或秧苗叶片卷曲时喷水；或将水灌入沟中，让水渗入秧盘中，注意不能漫灌。秧苗 2 叶期和 4 叶期，每盘秧苗用 8~10g 硫酸铵，加 0.4kg 水喷施，然后洒清水洗苗，防止烧苗。抛秧前 2~3 d 不再灌水，以利于起秧。化学调控：秧苗 2 叶 1 心时每 10m² 用 15% 多效唑 1.5~2g 加水 700~1 000ml 喷施。培育大苗的秧田，可在 4 叶期再喷施一次，防止秧苗徒长，促进分蘖和矮壮。

防治病虫草害：要防治好立枯病。主要做法：播种 7~10 d 后，每个钵体软盘用 70% 敌克松 0.3g，加水 1 000 倍喷施。在 1 叶 1 心进行化学除草或拔草。发现秧苗青枯、黄苗或烂根时，用移栽灵 1.5ml/m²，加水 1.5kg 喷洒苗床。

B. 旱育保姆育秧

做好苗床：选择背风向阳、土质肥沃、排灌方便、土质较黏的田块作秧田。每亩施 2 000kg 有机肥作底肥，耕耙平整后整苗床。苗床的宽度 130cm，苗床间留宽 30cm、深 10cm 的作业沟。每亩苗床撒施硫酸铵、磷酸二铵、硫酸钾各 5kg 作面肥，用铁耙轻松土拌匀，刮平。苗床在播种前用喷壶浇透水。

选择药剂：选用旱育抛秧专用型旱育保姆作为种子包衣剂，每 3kg 种子需 1kg 旱育保姆。

药剂拌种：将种子浸泡在清水中 12 个 h，然后捞起放在筐中，待种子保持湿润但不滴水时，将种子放进塑料盆里，再加入旱育保姆，筛动塑料盆，使盆中的种子充分包裹上旱育保姆，形成颗粒状。

播种：将包衣的种子均匀撒播在秧床上。每平方米播种量，常规稻为 140g 左右，杂交稻为 50g 左右。播种后覆上一层薄土盖种，然后用喷壶浇水。

播后管理：播种后喷施化学除草剂。秧苗水分管理按旱育秧的方法管理，育秧期间温度较低时需要盖地膜保温。保持土壤湿润。旱育保姆含有多效唑成分，秧苗一般不用化控。

秧龄：旱育保姆育秧培育大龄秧苗效果比较好，一般秧龄在 4~8 叶。

（3）起秧　用钵体软盘育秧的苗床，在起秧前的第三天浇水，起秧时，苗床要保持干爽，避免水分过大造成秧苗难起。起秧时用双手抓住秧盘相邻的两个角，用力向上提起。可将钵体软盘与秧苗裹成团，叠放在一起，搬到田边；或将秧苗从钵体软盘中拔起，装在容器内搬到田边。用旱育保姆育秧的苗床，在拔秧的前一天浇水，拔秧时应尽可能使秧根部带有土块，拔好后运到田里。

（4）抛栽

① 抛栽密度　根据品种特性、秧苗素质、土壤肥力、施肥水平、抛秧时期及产量水平等因素综合确定抛植密度。免耕抛秧的抛植密度要比常耕抛秧的抛植密度增加 10% 左右。一般每亩抛栽蔸数：高肥力田块，中稻 1.5 万~1.8 万蔸（穴），晚稻 2.0 万~2.2

万蔸（穴）；中等肥力田块，中稻 1.6 万～1.8 万蔸（穴），晚稻 2.2 万～2.4 万蔸（穴）；低肥力田块，中稻 2.0 万～2.2 万蔸（穴），晚稻 2.4 万～2.5 万蔸（穴）。一般是早抛田适当少抛，晚抛田适当多抛。

② 抛秧要求　要选择无大风的天气抛秧。在大雨或风力 4 级以上天气时不宜抛秧。抛秧时，田面要保持湿润或水层 2cm 以下。

③ 抛栽方法

手工撒抛：抛秧前，先在田面拉绳划畦，畦宽 3～5m，相邻两畦中间留一条 30cm 宽的工作行。抛秧时，人站在田埂或工作行中，用手抓住秧苗的叶子，向上 45°角撒秧苗，抛撒高度不低 2～3m，使秧苗均匀落入田中。按大田面积计算抛栽苗数，先抛秧苗总量的 2/3，留 1/3 的秧苗补抛，使全田抛秧均匀。

手工点抛：手工点抛均匀度和直立度较好，但抛栽速度较慢，在对抛秧质量要求较高或风力较大天气时采用。抛秧时用手抓住秧苗，一个一个地投到田面，使秧苗均匀分布或成行。

机械抛栽：用背负式抛秧机实施机械抛秧，每小时可抛 3～4 亩，速度较快，均匀度高。背负式抛秧机抛只适合于用钵体软盘培育的秧苗。抛秧时由 2 人为一组操作，一人背抛秧机，右手控制喷筒，左手将秧盘中的秧苗拨入喷风口，摆动喷筒使秧苗抛均匀，另一人不停往秧盘内加入秧苗。

④ 清理工作行　抛完后，人站在工作行中，将工作行上的秧苗捡起，抛在稀的地方，同时将抛得密的地方的秧苗移抛到稀的地方，使全田秧苗分布均匀。

（5）田间管理

① 化学杂草　在抛秧 4～5d 后，待全田秧苗基本直立，结合施肥使用除草剂。每亩可选用以下药品之一，拌细土或化肥后撒施：1% 草克星可湿性粉剂 7～10g、10% 农得时可湿性粉剂 13～15g、1% 灭草王可湿性粉剂 10～15g、12% 恶草乳油 100～120ml、50% 杀草丹乳油 200～250ml、96% 禾大壮 100～125ml、50% 瑞飞特乳油 35～50ml。

② 水分管理　抛秧后，大部分秧苗倾斜或平躺在田面，根系分布于土表，对水分较敏感，因此，灌水要浅，避免深水影响扎根。抛完秧 7d 后，放干水，喷除草剂、施化肥，第二天灌 3cm 水层，保持 3～4d 内不排水，缺水时及时补水。分蘖期灌 2cm 薄水层促分蘖。免耕抛秧分蘖够苗期比常耕抛秧稻迟 2～3d，当每亩苗数达到计划穗数 80% 时（25 万～28 万穗），开始露田晒田，控制无效分蘖，促进根系下扎和壮秆健株，提高分蘖成穗率。幼穗分化至扬花期保持浅水层，灌浆期间歇灌溉，干湿交替，保持田面湿润。收获前 7d 左右断水。

③ 施肥管理　本田期施肥应实行测土配方施肥，做到有机肥、无机肥相结合，N、P、K 肥相配合。一般有机肥占总施肥量的 30% 以上，N∶P_2O_5∶K_2O 的比例一般为 1∶0.5∶1。每亩产 600kg 产量，一般施纯 N 8～12kg、P_2O_5 4～12kg、K_2O 8～12kg、硫酸锌 1～2kg。施肥方法：底肥施用总 N 量的 40%（3.2～4.8kg 纯 N），施 K 肥总量的 40%（3.2～4.8kg），P 肥全部用量作底肥（4～12kg 纯 P）。免耕抛秧秧苗前期扎根立苗和分蘖生长慢，前期施肥量适当增加。抛秧后 4～5d 施促蘖肥，施 N 肥和 K 肥总量的 30%，

约纯 N 和纯 K 各 2.4 ~ 3.6kg。在叶龄余数 1.5 左右施穗粒肥，用占 N 肥 30% 和 K 肥总量的 30%，约纯 N 和纯 K 各 2.4 ~ 3.6kg。齐穗期后禾苗叶色偏淡要喷施叶面肥，每次每亩用磷酸二氢钾 150g、尿素 500g 加水 50kg 喷施，延长功能叶和光合作用能力，提高结实率。

④ 防治病虫害

农业防治：通过选用抗性病虫害强的品种，采用健身栽培等农艺措施，增强抗病虫害能力。

生物防治：稻田养鸭、养鱼可控制田间害虫、防治杂草。养鸭要在稻田四周用网围起 50cm 高的围栏。抛秧 10d 后，每亩放养野性较强、好动的鸭苗 12 只。至水稻灌浆、米粒形成时将鸭子回收。稻田养鱼需要在抛秧前挖好环田沟，田中间挖好鱼池，抛秧 10d 后放入鱼苗，施农药时把鱼赶到鱼池。

物理防治：每 50 亩稻田安装一盏频谱式杀虫灯，诱杀成虫，减少喷农药。

药剂防治：播种前每千克种子用抗菌剂 402 或咪鲜胺 8 ~ 12mg 溶液浸种消毒，防治恶苗病；当稻田中发现稻瘟病的中心病团时，每亩用三环唑 20 ~ 25g 或稻瘟灵 28 ~ 40g 喷雾防治稻瘟病；在分蘖期丛发病率在 15% ~ 20%、孕穗期在 30% 以上时，每亩用井冈霉素 10 ~ 12.5g 加水 50kg 喷雾 1 ~ 2 次，防治纹枯病；在发病初期，每亩用叶枯唑 30 ~ 40g 或噻菌酮 16 ~ 20g 加水 50kg 喷雾防治白粉病；在孕穗中后期每亩用井冈霉素 10 ~ 12.5g 或多菌灵 50g 或三唑酮 8 ~ 10g 加水 50kg 对穗部进行喷雾防治稻曲病。

在二化螟为害高峰期，每亩选用杀虫双 36 ~ 45g 或杀虫单 45 ~ 55g 呀三唑磷 20g，加水 50kg 喷雾；当每亩稻田三化螟有卵 50 块以上需药剂防治，方法同二化螟的防治；当百丛稻飞虱虫量达 1 500 ~ 2 000 头时，每亩用噻嗪酮 7 ~ 10g 或吡虫啉 1.5 ~ 2g 加水 50kg，针对稻株中下部喷雾；受稻蓟马为害的稻苗叶尖卷曲率在 10% 以上、百株虫量 300 ~ 500 头以上时，用杀虫双 27 ~ 36g 或三唑磷 20g 或吡虫啉 1.5 ~ 2g 加水 50kg 喷雾。

（6）收获贮藏　当水稻籽粒灌浆完熟期及时收获。同一品种单独收获。可采用机械收获，也可采用人工收割，手打或机械脱粒。稻谷收获及时晒干，在含水量低于 14% 时贮存。同一品种要单贮。水稻收获时脱粒后的秸秆最好还田，不要焚烧、乱堆乱放或丢弃，以免污染环境。

（四）管理特点

水稻免耕栽培管理措施不同于耕后栽培，其管理特点主要有以下几点。

1. 防止漏水漏肥　小麦收割后直接灌水浸泡田块，田埂变裂缝和鼠洞较多，前期漏水漏肥现象严重，一般在 10 ~ 15d 才能保住水层。采取措施是在施药前一周灌水后或是在施药后让杂草、绿肥变黄逐步枯死期间，用牛犁或人工将田坎边的土翻一次，用脚压实，堵塞老鼠洞和裂缝，在回水沤田期，经常查看渗漏处并压实泥土。采用此方法，免耕田与常耕田块的保水保肥能力没有明显差异，明显地解决了免耕田漏水漏肥严重的问题。

2. 除草剂类型的选择及喷药处理　除草剂有内吸型和触杀型两种。内吸型除草剂如农民乐"747"，免耕乐、农达等，除草效果慢，但除草效果好。该类型除草剂施药后根部先中毒枯死，3~7d后地上部分叶片才开始变黄色，15d左右，杂草植株的根、茎、叶才全部枯死。触杀型灭生性除草剂如百草枯、克无踪、野火等，灭除地上部杂草植株速度快，晴天喷药后2h杂草茎叶开始枯萎，2~3d后杂草和稻桩地上部分大部分枯死，但杀杂草不除根不彻底。根据两种类型除草剂进行搭配，以内吸传导型灭生性除草剂为主，触杀型灭生性除草剂为辅的原则。喷药应选择晴天或阴天，遇雨要重喷。使用两种不同类型除草剂应充分搅拌均匀，并且选用干净的清水，使用喷雾器喷雾，要求雾化效果好，喷药时均匀喷雾，不能漏喷。使用清水兑药，千万不能用污水、脏水，泥浆水来兑除草剂，否则药效降低。

3. 防止僵苗　麦茬稻秧苗分蘖初期常常出现僵苗，秧苗表现烂根、叶片萎缩内卷，发黄或枯死，分蘖停止，严重的甚至出现整苑枯死。出现僵苗将严重影响秧苗的正常生长发育，可导致群体数量不足，低位分蘖比例减少，生育期延长，产量下降。出现这种现象的原因大致有以下几个方面：一是麦秆还田产生的甲烷等有害气体为害。麦秆还田后在高温缺氧情况下易产生大量甲烷等有害气体，这些气体如不能及时从土壤中排出，就会直接影响秧苗根系生长，以致发生烂根，最终导致地上部枯萎；二是前茬小麦除草剂选择不当，用量过大。有些小麦除草剂如绿磺隆残效期长，对水稻秧苗正常生长也会产生严重影响，致使秧苗烂根，叶片枯黄，不发棵；三是稻蓟马为害。麦茬稻稻苗期气温较高，稻蓟马繁殖快，如防治不及时极易出现突发性为害，致使新叶萎缩内卷，分蘖停止。

对于已经发生为害的秧苗，应查明原因，立即采取相应措施：① 排毒解毒。采用反复排水搁田的办法排除土壤有害物质；② 选用阿维菌素50ml加25g加70%的吡虫啉防治稻蓟马，同时加入叶片营养液一起喷雾；③ 待秧苗生长基本正常后浅水灌溉，每亩补施尿素5kg促分蘖。今后为避免麦茬稻本田发生僵苗应从以下几个方面入手：一是麦田除草应选择高效低毒易降解农药。用量不宜过大，应采用喷雾除草，尽量减少除草剂残留；二是减少麦秆还田数量。麦秆应采取集中堆放沤制腐熟后还田；三是对稻蓟马实行程序性防治。直播稻在2叶1心、抛秧在抛后的5~7d即返青、长新叶时立即防治一次稻蓟马，过7~10d再防治一次。

三、抛秧栽培

水稻抛秧栽培技术（rice shoot culture）是20世纪60年代在国外发展起来的一项新的水稻育苗移栽技术；它是采用塑料软盘或旱育苗床，育出根部带有营养土块的、相互易于分散的水稻秧苗，移栽时利用带土秧苗自身重力，采用人工或机械均匀地将秧苗抛撒到大田的一种栽培法。它改变了沿袭几千年的农民"脸朝黄土背朝天"的拔秧、插秧传统习惯，具有省工、省力、省种子和秧田、操作简单、高产、稳产、高效的优点，是水稻栽培技术的一项重大改革。

（一）应用范围和条件

抛秧适应范围广泛，在南北过渡地带适用于各稻作区及稻作季节，不受地形、土壤、茬口、品种的诸因素的影响，对劳动力短缺，山区丘陵地带不适于机械化的地方最为适宜。

（二）抛秧栽培的优越性

1. 节省劳力，减轻劳动强度　抛秧稻采用软盘育苗，整地方便，抛秧容易，与常规栽插方式相比，一般抛秧稻每公顷可省工 22.5～37.5 个，工效提高 5～8 倍，提早插秧季节。一般软盘旱育抛栽每个劳力 1 天可抛栽 0.4～0.47hm^2，缩短了栽秧时间，抢住了插秧季节。

2. 有利于稳产、高产　抛秧栽培水稻可缩短返青期，促早生快发，尤其是低位分蘖增多，提早成熟，有利于高产、稳产。据湖南湘乡市农技中心测产，早稻抛植栽培产量 7 605kg/hm^2，比手工插植增加稻谷 301.5kg/hm^2，晚稻抛植产量 7 980kg/hm^2，比手工插植增加稻谷 495kg/hm^2。

3、省种、省秧田，且有利于集约化育秧　抛秧栽培的秧田与本田比一般为 1：30～50，且秧苗成秧率高，晚稻大田可省杂交稻种 7.5～11.25kg/hm^2，晚稻省杂交稻种 7.5kg/hm^2，早、晚稻各省 90% 的秧田。

4. 节省成本，提高经济效益　据湖南湘乡农技中心 1991—1993 年双季稻试验，每公顷大田省地膜、拱架等成本 150 元，省早晚稻种子 60 元、育秧肥料 45 元，扣除育秧盘折旧费 105 元、双季稻可省成本 150 元，加上增产的效益、节省秧田的费用 810 元。推广一公顷双季稻抛植栽培可净增值 960 元左右。

（三）抛秧稻的生育特点

水稻抛秧栽培，由于育秧、栽植的方式不同于水稻常规移栽，秧苗带土抛栽于大田，植伤轻，分蘖节及秧根入土浅；秧苗在田间呈满天星式的无规律分布，秧苗姿态各异。因此，抛秧稻与常规移栽稻在生长发育及产量形成等方面有明显的区别。据江苏农学院等研究，抛秧稻具有以下几个生育特点。

1. 返青快，成穗率稍低　据观察，抛秧返青快，分蘖发生早，节位低，数量多，秧苗抛后一般 3～5d 扎根出新叶，始蘖期比手插秧早 2～4d 始蘖，节位约低一个节位，分蘖数增加，最高茎蘖数明显高于手插秧，但分蘖成穗率有所降低。

2. 出叶快，开张角度大　主茎总叶数与后期单株绿叶数多，茎基部节间短，植株多呈半辐射状。对比试验表明，抛秧苗在返青至分蘖初期的出叶速度较手插秧快，主茎总叶数多 0.3～0.5 叶，返青至拔节前伸出的叶鞘与叶身的长度均较手插秧苗短 2.0%～5.3%，开张角度大 10%～20%，这种半辐射状株型，有利于截获较多的太阳能；抛秧稻的茎基部第一、第二节间长度较手栽稻短 0.3～0.5cm，基部 10cm 的抗折断力高 8.1%～14.2%，植株抗倒能力增强。

3. 根系发达　抛秧稻由于秧苗植伤轻、扎根早，根系生长与扩展好，因而根数多、根量大，且横向分布均匀，有利于利用表土肥力。但根系纵向分布较多地集中在表层 0～5cm，根量近 70%。因此，抛秧稻在中后期，如果田间管水不当造成土壤软烂不实，容易发生根倒而影响产量。

4. 群体生长快，物质生产能力强　试验表明，抛秧稻群体生长起步快，叶面积指数大，叶层垂直分布匀称，株间受光均匀，群体具有旺盛的物质生产能力。在各生育期的叶面指数均较大，最大叶面积指数比一般移栽稻高10%，成熟期的干物质产量较同等条件下的移栽稻高5.8%。

5. 穗数多，穗粒数偏少　从田间考察看，抛秧稻单位面积穗数多，但下层穗比重较大，穗型不够整齐，平均每穗粒数偏少。单位面积内穗数比手栽稻一般多10%以上，下层穗比例大3%~7%，穗粒数减少3粒左右。

（四）培育秧苗

育秧对抛秧稻尤为重要，培育出苗高适中、带土适量、均匀整齐、易于分散的适龄壮秧，是抛秧稻能否获得高产的基础。水稻抛秧的育秧方式一般有塑盘旱育秧、泥质法育秧和无盘旱育秧3种育秧方式，现常用的育秧方式是塑盘旱育秧和泥质法育秧。

1. 塑盘旱育秧

（1）苗床地的选择及前期准备　苗床地选择背风向阳，地下水位低而且靠近水源，方便浇水的地块。每亩大田需苗床地11m²，畦宽1.3m，沟宽0.4m。每亩大田需准备561孔塑料秧盘40个，每亩大田用种量杂交种1~1.5kg，常规种2~2.5kg（种子消毒处理浸泡按常规进行）。若地下害虫多的苗床则要用呋喃丹5g/m²结合整地撒施杀虫。

（2）播种前的准备及播种

① 营养土配制　用于秧盘育秧的营养土，颗粒不能超过种子大小，土质以腐熟鸡粪土、秧田泥为好，不要用沙土，碱性土或火土。土壤要细碎过筛，移栽每亩大田秧盘营养土用量为120~130kg，加入干细粪20kg，粉碎复合肥0.5kg，敌克松20g，充分拌匀，堆捂10~15d待装盘。或用黏度适中无草籽的肥沃土壤过筛后与壮秧剂充分混拌均匀堆捂1~2d留装底盘（一般50个盘需0.5kg壮秧剂拌50kg细土作底土），留一部分未拌壮秧剂的细土作盖土。

② 播种　播种前要整平放置秧盘的畦面，并浇透水，把秧盘放上压实，营养土装至半孔即可播种，每个孔穴播种2~3粒，注意不漏播或多播，播种后用营养土盖至平口处即可浇透水，每10m²用丁草胺3ml加水1.8kg用喷雾器喷施防除杂草，然后铺上育秧布或适量稻草，春播的盖上薄膜，夏播的无须盖薄膜。播种期根据当地气候情况而定，一般春播秧龄20d，夏播秧龄在15d，也就是秧苗在4叶1心时抛栽。

（3）苗床管理　播种至立针见绿前，以保温保湿为主。一般播种时浇足水的原则上7d之内可不浇水。若畦面干燥，膜上不起露水的可每隔3d浇一次透水，浇水次数不宜过多过勤，以免造成膜内温度过低出苗缓慢。立针见绿后，早上打开膜两端，傍晚盖好，进行通风炼苗3~7d（低温天不宜进行）。2叶期揭膜，一般晴天下午揭，阴天上午揭，雨天雨后揭，若遇低温寒潮则待低温过后再揭膜。揭膜后，每平方米用50g壮秧剂在叶面无水珠时均匀撒施，然后浇水。或每平方米用1g敌克松对10%的水溶液喷施并用清水洗苗防治立枯病。苗期原则上不需任何肥料，如出现脱肥情况，每平方米可用磷酸二氢钾 2g 对成 10% 的水溶液进行叶面喷施，并用清水选苗；如出现稻瘟病病斑则每 $10m^2$ 用 40% 硫环唑 3ml 加水 1kg 进行喷雾。揭膜至摆秧前的水分管理：一般在秧苗叶片早晚无水珠或床土干燥，中午叶片打卷时选择晴天上午或傍晚浇一次透水。遇低温、下雨要及时盖膜护苗、防水，以免土壤湿度过大，秧苗徒长，降低秧苗素质。

2. 泥质法育秧　泥质法育秧是信阳市农业科学院科研人员在消化吸收传统抛栽育秧方法的基础上的再创新成果，是对传统方法的重大改进，在 2009 年获得国家发明专利。主要操作规程如下。

（1）确定播种量　备足塑料软盘。按当地大田育秧期确定播种期，选 561 孔钵体软盘，每亩大田备软盘 40 个，用种量杂交种 1 ~ 1.5kg，常规种 2 ~ 2.5kg。

（2）秧床整理　选用原育秧田按水育秧法整地，秧底不施肥，要求达到田平泥烂，然后排水做畦，畦宽 1.4m，每亩大田需备畦长 6.6m。畦面整平后，将表面泥浆刮至畦沟内。

（3）摆盘填浆　将软盘锥孔朝下，横排两排铺在畦面上，软盘间不留缝隙，用木板轻压至盘孔入泥 2/3，取畦沟泥浆填充盘孔，要求泥浆含水量 50% 左右，手抓不起，堆不成形。填满后用笤帚清扫使泥浆不超过锥孔深度的 4/5。

（4）播种　按常规法（注意浸种消毒）将种芽催至 1 ~ 2mm，分 2 ~ 3 次将种芽均匀撒入秧盘上，保证 90% 以上的孔内有种芽，然后用笤帚轻抹塌谷。

（5）苗床管理　播后用育秧布覆盖，防止晒芽，并持续晾田。如出现干裂可灌浅水保湿，出苗后清除育秧布。2 叶时灌浅水亩施尿素 10kg 作断乳肥，48h 后排水，保持半干旱状态，春播秧龄 20d，夏播秧龄 15d，秧苗 4 叶 1 心即可抛栽。

（五）水稻抛秧的技术要点

1. 选用良种　根据不同稻区、熟制、季节及茬口选择生育期适宜、耐肥抗倒、分蘖力较强、穗型中等或大穗型的优质高产品种。双季早、晚稻抛栽的品种较难选择，可通过试种确定。

2. 培育壮秧　选择育秧方法，主要依据抛栽秧龄，一般来说，5 叶 1 心的中小苗采用软盘育秧或旱育秧，5 叶 1 心以上的大苗采用湿润育秧。目前的水稻抛秧栽培以软盘育秧抛栽为主。软盘育秧，须着重注意以下几点：一是软盘的选择。小苗抛栽选用 561 孔的软盘，中大苗抛栽选用 434 孔的软盘，这样使土坨重量大，易入土、易立苗。二是铺盘与床土。在秧床上铺盘时要铺平、摆齐。上床土与泥浆时要求无石子、无杂草，切忌上得过多和盘面留有泥土，以防止秧苗串根。三是播种质量。一般每个盘孔播芽谷 2 ~ 3 粒，要求播种均匀，播深适当。四是苗床管理。围绕培育健壮整齐的秧苗，实行干干湿湿，以湿润为主，并视苗情追肥，控制苗的高度。

3. 整地要求　整地质量对抛秧质量有直接的影响，翻地时耕深以 15 ~ 20cm 为宜，耙地时垡块要耙碎、耙细，地表要整平，达到高低不过寸，地表要干净，草、根茬、杂物要捞净，抛秧时水深以寸水不露泥（俗称瓜皮水或花达水）为宜。

4. 时间确定　准确把握抛秧时机，适时抛秧。大风天不能抛秧，3 级以上风时应停止抛秧；下雨天不能抛秧，防止秧苗土坨粘连在一起或土坨被雨水淋碎；水层过深不能抛秧，寸水为宜，若水层过深应及时放水；秧苗过高不能抛秧，若过高应将苗尖部分削去。土壤及耕深不同，耙后泥浆沉淀的时间均不同，要使田面软硬适中，秧苗土坨入泥深度以 1.5cm 为宜，一般在 3 叶 1 心至 4 叶 1 心最为合适。快速确定抛秧时机的方法：站在将要抛秧的地块边，用手捏住苗尖，手臂伸直将秧苗举过头顶斜上方，松手后秧苗自由落入田中，以秧苗土坨入土 2/3 为最佳抛秧时机。

5. 密度确定　根据土壤条件、作物品种、生长习性、往年的栽植经验和栽植密度来确定抛入单位面积的秧苗株数和盘数。计算方法是：单位面积÷单株面积＝单位面积株数÷每盘的株数＝单位面积盘数×实际面积＝实际面积盘数。抛秧时将计算出的一定盘数的秧苗均匀地抛入相应面积的地块中，另准备秧苗 30 ~ 50 盘/hm^2 用于补边即可，上浮量不得超过 10%。

6. 机械抛秧　使用抛秧机抛秧的购机后使用前，要认真阅读使用说明书，充分了解和掌握机械的性能和操作方法，以便能正确使用；抛秧机安装的发动机是二行程汽油发动机，使用的燃料是汽油和机油的混合油，各运转部件间是靠混合油中的机油来润滑的。汽油应选择优质的90$^\#$或93$^\#$汽油，机油则必须选择优质的二行程汽油机专用汽机油，因为该机油具有良好的润滑性能和燃烧性能，燃烧后不易产生积炭，绝不可使用柴机油和其他机油，否则会因燃烧不完全而产生大量的积炭等。混合油应严格按照使用说明书规定的混合比配制。加注燃油时，发动机要熄火，远离火源。饮酒的人、未成年人、老年人、精神异常的人、孕妇等不能操作使用抛秧机；发动机工作（俗称着火）时，不得触摸启动轮，以免伤人；不得触摸消音器和缸体表面，以免烫伤；要随时注意发动机的运转情况，如有异常声音要立即停机检查，查找原因，排查故障；不得自行随意调整发动机转速，抛秧机出厂时，是经过严格的技术检验和转速测定的，转速调整处已用红油涂封，如确有需要，必须请专业人员来调整；随时清除机器表面及导风罩、缸盖叶片、缸体叶片内的油污和尘土，保持机器能良好地散热；植保作业喷洒完各种农药后，药箱内不得遗留残存药物，要用碱水或肥皂水及时将药箱清洗干净，以免以后使用时作物发生药害；当季使用结束后，放净油箱内的燃油，并启动发动机，待浮子室等油路内的燃油燃尽、发动机自动熄火为止；将机器清洗干净，装入包装物，放入库房内阴凉干燥处保管；决不可将机器放在阳光下暴晒，否则易使塑料部件快速老化，大大缩短机器的使用寿命。

7. 大田管理　抛秧稻的大田管理应根据其自身特点，通过以肥水调控为主的管理措施，促进个体与群体的协调增长，最后夺取稳产高产。

（1）水浆管理　抛秧 2 ~ 3d 后灌薄水层，促进发根活棵分蘖；在够苗前提早适度搁田控苗；抽穗期田间后长期保持湿润状态，防止后期倒伏。

（2）施肥管理　立苗活棵后早施、施足分蘖肥，促进早发；适当重施穗粒肥，发挥后期生理功能旺盛、活力强的优势，挖掘高产潜力。

（3）病虫草害管理　抛秧稻群体大，要特别注意防治纹枯病、稻飞虱、稻蓟马等为害；抛秧稻田间植株分布无规律，应十分重视前期的化学除草。

（六）水稻抛秧的栽培模式

1. 水稻人工抛秧

（1）大田整地

① 施好基肥　结合整田全层施肥，籼稻田每亩施 45%（$N：P_2O_5：K_2O=15：15：15$）的复合肥 20~25kg，粳稻田每亩施 45% 复合肥 30~35kg。有绿肥的大田可适当减少复合肥数量。

② 一犁多耙，整平整细　大田整地质量好坏是决定水稻抛秧能否成功的关键。抛秧前大田必须经过 1 次深翻、多次耙压，整平整细，严禁稻茬裸露。绿肥田麦茬田应在抛秧前 15d 翻耕，防止绿肥和麦秸秆腐烂时产生硫化物造成水稻僵苗。对土质黏重的田块，待泥浆下沉后再行抛秧，以免因泥浆过稀而使秧苗入泥太深。对土质过沙的田，必须随整地随抛秧以免土壤板结，秧根不易入土。田面要做到平如镜，三分水饱满田。

③ 管水　抛秧大田平整后水要浅，一般为 1~2cm 深水层。如水层过深，可适当排放田水，以利秧苗根系直接接触泥层。

（2）抛秧操作

① 抛秧时期　春抛和早稻以气温稳定在 15℃ 以上、秧龄 20~25d；夏抛秧龄 15d、叶龄 2 叶 1 心至 3 叶 1 心、苗高 10~15cm 为最佳抛秧时期。选择晴暖无雨天气抛秧，要避开大风大雨天气。

② 抛秧密度　以常规稻密度 33 万~36 万兜/hm^2，杂交稻密度 27.0 万~28.5 万兜/hm^2 为宜。

③ 抛秧方法　抛栽前一天检查秧苗，如秧床有水应立即排干；如营养土过干应适当浇水，保持土壤不干不湿，保证抛秧时带泥不散。取秧时，用双手提取秧盘，两角顺一个方向向上提取，用秧盘架或筲箕挑运大田，随起随运随抛。抛栽大田一般按 3m 宽分厢，厢间留 30cm 的走道。抛秧时一手托秧盘，一手扯秧苗轻轻抖动，使秧盘株与株不粘连。一般分 2 次抛。第一次抛总量的 70%，抛秧时向上方抛，角度以 45° 为好，先站在田埂上抛 1 圈，然后下田抛中间，剩余的 30% 秧苗，主要用于补稀、补缺、补边角。抛秧完毕后，拣出工作行中的秧苗，一厢厢进行清理，稀的加兜，密的移开，直至稀密适当。

（3）本田管理　水稻本田期的生育时间长，变化大。为了便于科学管理，促使水稻向稳产高产方向发展，一般将水稻本田期的管理分为前期、中期和后期管理。

① 前期　从移植到有效分蘖末或穗轴分化始，要搞好以下的管理：一是灌好水。在田面汪泥汪水抛栽的基础上，抛栽后 2~3d 内一般不灌水，保持田面湿润，以利提早立苗。如果土壤渗透快，或因高温日晒蒸发量大，田面显干时，应及时灌一层浅水。抛秧后如遇大雨，要及时打开排水口，排除积水，防止漂秧。分蘖期不能灌深水，要保持 3cm 左右的浅水层，有利于提高水温和地温，加速土壤养分的分解，促进根系吸收，并使植株基部能接受充足光照，有利于水稻分蘖的早生快发。当一季稻分蘖达到 28 万苗/亩，麦茬稻分蘖达到 30 万~32 万苗/亩左右时，应酌情晾田或晒田，但要因苗、因地、

因天制宜。苗旺、地肥、阴雨就应早晾田、晒田，重晾重晒；反之，则晚晾、轻晒或不晒；二是施好促蘖肥。抛栽后 10～15d 便进入分蘖始期，这是旱育稀植追施第一次促蘖肥的最适期，不管采用哪种蘖肥施用方法，也不管土壤肥力大小，所有稻田都要抓住这个有利时机追施促蘖肥。一般亩施纯 N 2kg 左右，第一次追肥后 10～15d，再及时追施第二次促蘖肥，每亩可追纯 N 2～2.5kg；三是除净稻田杂草。结合追施分蘖肥，每亩用 60% 丁草胺 100g 和 10% 稻无草 25g，混匀后带水撒施；四是防病治虫。豫南稻区 6 月中旬至 7 月初，是第二代二化螟卵孵期，是防治的有利时机，每亩用 18% 杀虫双 150ml，加水 50kg 喷雾，效果明显。水稻从分蘖开始到分蘖末，都应防治缩苗病（赤枯病），秧苗在缺 P、缺 K、缺 Zn 时，易发生此病。发病时，对症下药喷洒磷酸二氢钾、硫酸钾和硫酸锌。千万不要认为是缺 N。如追施 N 肥，适得其反，加重病情。

　　② 中期　从有效分蘖末（或穗轴分化开始）到抽穗。水稻生育中期是整个穗的分化期，也叫长穗期，历经 30d 左右。中期通过水肥管理，可促进枝梗和颖花的分化，防止退化，使其穗大粒多，获得高产。一是浇水。中期是水稻需水最多的时期，这时田面要保持水层，供给充足的水分，保证幼穗正常发育。特别是减数分裂期，对水十分敏感，水分稍有不足，就会引起颖花退化、结实粒降低，造成严重减产。但是，水层不宜过深，水层过深易使水稻下部节间过分伸长，变细变软，容易倒伏，病虫害严重。一般灌 5～7cm 水层，待渗到汪泥汪水状，再灌下一次水。若遇雨季，一定注意排除深层积水，保持田面既有水层，又使土壤通气。二是施肥。中期要巧施穗肥，这是穗大粒多的关键。水稻穗肥指的是枝梗分化肥（早穗肥，促穗肥），颖花分化肥（中穗肥、促花肥）和减数分裂（晚穗肥、保花肥）。三期穗肥各有各的作用，如果施用不当，也会产生不良影响。三期穗肥各有利弊，如何掌握，应根据下述 3 个条件确定追施穗肥的时期，可取得良好效果：叶色明显退淡；最高分蘖期已过，田间茎数开始减少；植株生长速度减慢，日增高不超过 1cm。因为上述 3 个条件集中反映植株体内含 N 率下降，生长中心已由营养生长转入生殖生长。当穗轴分化（圆梗）期，同时出现上述 3 个条件时，就是追施枝梗分化肥的最佳时期，对促进穗轴伸长、增加枝梗、建成大穗有决定作用。如果 3 个条件没有同时出现，那就什么时候出现，什么时候追施，早出现早施，晚出现晚施。不出现说明土壤肥力足、不缺肥，就不要施肥，千万不要在叶色浓绿、长势尚旺时施穗肥，否则将会造成徒长、倒伏、感病，空秕粒增多，减产严重。正常稻田穗肥可酌情施早、中两次。第一次每亩施纯 N 2～3kg，第二次每亩施纯 N 1～2kg。对于旺长水稻施穗肥时间，可根据上述 3 个条件同时出现的早晚来决定，但每次施肥量不应超过 3kg 纯 N，也可不施穗肥。分蘖不足的稻田可提早追施穗肥，把保蘖与促穗结合起来，采取三期穗肥平稳促进法，促枝梗，促颖花，防退化，争取大穗，弥补茎数不足。施肥量也应适当增加，但 3 次施 N 累加量不应超过 4～4.5kg/亩。三是病虫防治。水稻生育中期处于高温、高湿、植株繁茂的生态条件下，易发生纹枯病、稻瘟病，应及时调查和防治。当植株下部叶鞘、叶片处有纹枯病斑、上部叶片有稻瘟病斑时，用井冈霉素和三环唑混喷即可。抽穗前 3～5d，是防治稻曲病的有利时机，机不可失，用 50% DT 可湿性粉 100～125g，加水 25kg 喷雾，对易感病区和易感品种十分重要。豫南稻区 7 月底到 8 月上旬，是第三代

二化螟和稻飞虱的为害盛期，应及时早防治。要治早、治小、治了。当发现叶鞘上有卵块孵化和飞虱发生时，应及时用18%杀虫双和25%扑虱灵或32%菊巴马防治。

③后期 从抽穗到成熟也叫结实期。此阶段中心任务是养根保叶，活棵成熟，达到提高结实率和千粒重，获取高产的目的。

灌水：灌浆期间应实行干干湿湿间歇灌溉方法，原则上是后水不见前水，以湿为主，特别在抽穗开花期，应保持较大的田间湿度，以免影响开花受精和籽粒发育。还可实行串灌，改变田间小气候，防止因水温和地温过高，危害根系的正常生长。进入灌浆期时，应以干为主，保证土壤有良好的通气环境。一般在齐穗后40d左右，或收获前10~12d停水。

追肥：粒肥是指抽穗到齐穗时追施的肥料，稻田抽穗期苗色褪淡，土壤肥力不足，有明显缺肥现象时，应及时追施粒肥。施用粒肥，可以提高结实率，增加千粒重，提高产量，可增产3%以上。如果无上述缺肥现象，则坚决不施，勉强追施粒肥时，也会产生不良后果。粒肥的施用量不宜多，每亩施纯N不能超过1.5kg，而且要在抽穗开始时施入，在齐穗期生效。要严格掌握看苗追肥，哪黄哪施，不黄不施．也可在抽穗后叶面每亩喷施0.3%~0.4%的磷酸二氢钾溶液50kg，对加速灌浆、增加粒重、防贪青和早衰，都有明显作用。

防治病虫害：抽穗后要防治穗颈稻瘟病、纹枯病和细菌性病害，每亩用20%三环唑10g，加5%井冈霉素100ml，再加上100ml20%叶青双、加水60kg三混一喷，可防治上述3种病害。抽穗后，上部叶片有稻纵卷叶螟、稻苞虫和叶蝉开始为害，下部叶片有2代二化螟和稻飞虱的为害发现后，及时用18%杀虫双和32%菊巴马除治。

收获：当穗轴上干下黄，整个穗的谷粒全部变硬，2/3枝梗干枯时，是收获适期，此时产量最高，品质好。

2. 机械抛秧 水稻机械抛秧技术是利用水稻根部带土的秧苗，用机械抛向本田，秧苗根部落入土壤0.5~2.5cm中，从而取代了传统插秧工艺。该技术比人工抛秧提高工效8~10倍，比机械插秧高4~6倍，比人工插秧高20多倍。机械抛秧不均匀度变异系数小于15%，成本降低30%，产量提高10%~25%。机械抛秧水稻返青快，出蘖早，分蘖比例大，穗粒多，根系发达，茎秆粗壮不易倒伏，光能利用率高，病害轻，杂草少，成本减少500~650元/hm²，有很高的经济效益。

（1）抛秧机械种类及特点 目前水稻抛秧机有中国农大研制的ZEPY系列抛秧机，分自走式和牵引式两种类型。自走式包括ZEPY-B型和ZEPY-X型。ZEPY-B型抛秧机是半悬挂式，可与18.4kw的小四轮拖拉机相匹配使用。ZEPY-X型抛秧机为全悬挂式，可与较大的36.7~40kw拖拉机配套使用。ZEPY-Q型抛秧机为牵引式，可专门与手扶拖拉机配套使用。这两类抛秧机生产效率均在0.6~1hm²/h，抛秧宽度为4~8m，抛秧密度18~45穴/m²，抛秧高1.5~2.5m，秧苗根入土深度0.5~2.0cm。需3人操作，有2人喂秧，1人驾驶。

（2）秧苗的农艺要求 机械抛秧用的秧苗由专门的软塑料穴盘育秧，秧盘的规格不限，每穴内播4~5粒种子，成苗可达3~4株，苗高10~15cm为宜，最高不应超过

18cm，若苗龄过长可喷"多效唑"控制高度。苗与根部营养土的重量比为1∶（6～10），根土湿度以30%～40%为好，不宜超过60%，用手指挤压不散坨为度。秧根泥坨应具有黏性，秧色呈深绿，健壮无病害。

（3）本田的准备　抛秧的本田经过耕翻、耙平、抹碎，杂草与根茬应深埋，地表平整，寸水（3.3cm）不露泥，沉置1～2d（沙壤短些，黏重土长些）。地表水过深则浮秧，无水抛秧机行走困难，且留有沟痕。

（4）抛秧作业工艺

① 天气选择　抛秧不宜在4级以上风天或雨天作业。风力过大影响秧苗均匀度，而且立秧率低。无法避开风天季节的地区，育秧时选大孔穴秧盘育秧，并用小苗龄秧苗抛栽，防止不均匀。如果风向与抛秧机行走方向呈偏斜则使密度不均，此时喂秧手要有意减少密度大的一侧喂入量，相应增加另一侧的喂入量来调节。作业中尽量选择顶风或顺风位置作业，防止重漏现象。雨天易粘秧盘，不利分秧。即使小雨天气也应进行防雨，可架设篷布等防止秧苗湿度大。

② 人员准备　作业人员必须进行技术培训，掌握机械的构造、性能、使用调整和安全技术。

③ 抛秧机的准备　检查燃油、机油量，检查行走装置油位是否正常，转动应灵活，各部连接应可靠。离合器若打滑或分离不清应卸下离合器皮带轮，减少或增加轮内的垫片排除故障；工作状态底盘应保持水平或稍向后倾，可用调整吊链长度的方法来实现。在发动机正常运转情况下，首先切断行走传动，接合抛秧离合器，使抛秧盘转动，待接近额定转速进行试抛，可取3株秧苗，分别从左、中、右放喂入斗中，若左、右秧苗落地点距抛秧机的距离基本相等，中间秧苗居中落地，则说明抛秧带左右位置正常。若抛秧带左或右偏斜要调整，拧松喂入斗与护板的固定螺母，左或右移动喂入斗，达到适中后，固定螺母。

④ 抛秧作业　抛秧作业的行走路线一般采用菱形作业法。始行距田边4m，距后田边（田埂）5～6m处开始作业，距前田埂4m处转变。当作业最后一行不足8m抛幅时，可在其中部行驶，秧苗可从中间喂入即可得到窄幅抛秧。喂入量视密度和窄条田的宽度而定。抛秧密度以18～45穴/m² 为宜，株距10～12cm，作业中抛秧密度由前进速度与喂入量决定。如用Ⅱ挡作业，密度为30穴/m² 以下；Ⅰ挡作业密度在30穴/m² 以上，而喂入量可在试抛时确定。机车行驶要保持直线，左右不偏斜，防止漏抛或重抛。

⑤ 安全作业事项　作业中不得接触转动部位，人员不得在机组后方。排除故障时必须停机熄火。转换地块时应换上行走轮或尾轮。陷车时要先切断离合器后抬起秧船。因土壤黏滞缓行时，人不得站在机前，以防窜车伤人。

3. 水稻免耕抛秧

见前。

四、机械化插秧

水稻机械化插秧技术是采用规格化育秧、机械化栽插秧的水稻移栽技术，主要内容包括适合机械栽插要求的秧苗培育、插秧机的操作使用、大田管理农艺措施等，是继品种和栽培技术更新之后，进一步提高水稻劳动生产力的重要措施。

（一）应用范围和条件

1. 应用范围　机械化插秧应用范围广泛，在南北过渡地带适用于各稻作区及稻作季节，劳动力短缺的平原地带最为适宜。目前世界上水稻机插秧技术已成熟，日本、韩国等国家以及中国的台湾省，水稻生产实现了 100% 机械化插秧；近年来，中国南北过渡带内水稻生产已经推广了以浅栽宽行窄距、定苗定穴与水肥运筹、病虫草害综合防治等为主要内容的机插秧高产栽培配套技术，为广泛应用机插秧技术、实现水稻全程机械化生产迈出了坚实的一步。

2. 机插秧优势　采用水稻机械化插秧技术可实现水稻生产的节本增效、高产稳产，产生显著的经济和社会效益。

（1）大幅度降低劳动强度，具有明显的省工节本优势　人工作业手插水稻每亩需 1.5 个工日，而采用乘坐式和步进式机插秧只需 0.05 个和 0.13 个工日，分别提高效率 30 倍和 12 倍，比人工作业可降低作业成本 35% ~45% 以上。

（2）节省耕地，节约水肥　由于机插秧采用规格化毯状苗，播种密度大，秧田与大田比例为 1∶（80 ~100），秧田利用率较常规育秧提高 6 ~10 倍，可节省秧田 70% 以上，从而大幅度节约耕地，同时，秧苗期集中管理，大大提高了水肥药的使用效率与劳动生产率。

（3）利于高产稳产　该技术采用宽行定穴浅栽，改善了通风透光，减少了病虫害，对提高秧苗素质与低节位分蘖数量，增加有效分蘖较常规移栽有较大优势，从而易使水稻生产实现稳产高产。

3. 机插秧历程　中国水稻插秧机械化的发展大致经历了 3 个阶段。第一阶段，20 世纪 50 ~70 年代。中国在解放后就开始了对水稻机插秧的研究，1967 年自行研制的第一台东风 –2S 型自走式水稻机动插秧机通过鉴定并投产，到 1976 年，全国水稻插秧机械保有量达 10 万台以上，水稻机械化插秧种植面积约 35 万 hm²，占水稻种植面积的 1.1%，3 项数据达到了 20 世纪的历史最高值，但存在育插秧配套技术不成熟、标准化程度低、农机质量不过关等缺陷。第二阶段，80 年代。这一时期，实行了家庭联产承包责任制，一些经济发达省市引进国外机具设备，并推广工厂化育秧，但由于成本过高，农民难以承受，同时，也不适合中国农村小规模生产、组织化程度低的状况，这些因素使得水稻机械插秧水平降到了最低点，全国机插面积不足 18 万 hm²，仅占水稻种植面积的 0.5%。第三阶段，90 年代。随着中国经济的迅速发展，大量农村劳动力向二三产业转移，机械化插秧技术被水稻种植者所重视与需求，发展速度较快。特别是在 2000 年以来，研发出具有较高先进性、可靠性和经济性的水稻插秧机系列产品，开发出适合机插秧的低成本、简易化的育秧技术，形成了机插秧的配套技术体系。同时农村劳动力严重不足、价格大幅上涨，机械化插秧成为水稻节本增效栽培生产的关键技术之一发展迅猛，已成为当前水稻机械化生产技术的重要标志。近年来，随着上述机械与农艺技术的综合配套，较大范围应用水稻机械化插秧的条件已经成熟，截至 2011 年，已有 3 个省机插面积超过 50%

以上，分别是黑龙江省（机插面积为 4 316 万亩，占水稻种植面积的 83.8%）、江苏省与吉林省（机插面积分别达到 52% 和 52.3%），辽宁省也达到了 40% 以上。中国南北过渡带水稻机插秧发展过程与上述情况相似，苏北稻区机插秧起步早，面积大。豫南稻区、徽北稻区、陕南稻区发展迅速，渐呈燎原之势。

从栽培角度而言，水稻机械化插秧的作业条件，主要表现在对以土壤为载体的秧苗（简称秧块）、大田整地水平、机具配置及人机技术状态的要求上。要求秧块标准化，秧苗秧龄适宜、素质良好；田面平整无杂物，表土硬软适中；应根据插秧机的日工作量和当地的插秧期来配置插秧机，对插秧机进行全面的保养检修、对机插人员进行全面的技术培训。

（二）培育秧苗

培育适于机插的适龄壮秧是机插水稻高产稳产的首要条件，精心育苗是确保机插秧成功的关键。

机插秧苗须符合两个基本条件，一是秧块标准，秧苗分布均匀，根系盘结，适合机械栽插；二是秧苗个体健壮，无病虫害，能满足高产要求。机械插秧所使用的秧苗是以营养土为载体的标准化秧苗，秧苗育成后根系盘结，形成毯状秧块。秧块的标准尺寸为长 58cm，宽 28cm，厚 2cm。其中，宽度与厚度最关键，若宽度大于 28cm，秧块会卡滞在秧箱上使送秧受阻，引起漏插，不足 28cm 同样会导致漏插；秧块的厚度过厚或过薄，都会导致植伤加重，影响栽插质量。在软盘育秧过程中，可以通过标准化的硬盘或软盘来保证秧块的标准尺寸。双膜育秧则在栽插起秧时，通过切块来保证标准尺寸。

机插秧苗采用中小苗带土移栽，以秧苗的形态指标和生理指标两方面来衡量秧苗素质的好坏。壮秧的主要形态指标是：秧龄 15～20d，株高 12～17cm，叶龄 3.5～4.0，苗基部茎宽≥2mm，适龄移栽。秧苗形态特征：茎基粗扁，叶挺色绿、根多色白，植株矮壮、无病株和虫害。其中，茎基粗扁是评价壮秧的重要指标，俗称"扁蒲秧"。适合机械化插秧的秧苗，除了个体健壮外，还要求秧苗群体质量均衡，常规稻育秧要求每平方厘米成苗 1.5～3 株，杂交稻成苗 1～1.5 株，秧苗根系发达，单株白根量多，根系盘结牢固，盘根带土厚度 2.0～2.5cm，厚薄一致，提起不散，形如毯状，亦称毯状秧苗。

1. 育秧准备

（1）床土准备

① 床土选择　选用土壤肥沃、无污染无杂质的壤土。适宜做床的土一是菜园土；二是熟化的旱田土（不宜在荒草地及当季喷施过除草剂的麦田取土）；三是秋耕、冬翻、春耖的稻田土。

② 床土用量　每公顷大田一般需备合格细土 1 875kg，其中，营养细土 1 500kg 作床土，未培肥过筛细土 375kg 作盖籽土。

③ 床土培肥　肥沃疏松的菜园土壤，过筛后可直接用作床土。其他适宜土壤提倡在冬季完成取土，取土前一般要对取土地块进行施肥，每亩匀施腐熟人畜粪 2 000kg（禁用草木灰）以及 25% N、P、K 复合肥 60～70kg，或硫酸铵 30kg、过磷酸钙 40kg、氯化钾

5kg 等无机肥。提倡使用适合当地土壤性状的壮秧剂代替无机肥，在床土加工过筛时每 100kg 细土匀拌 0.5~0.8kg 旱秧壮秧剂。取土地块 pH 值偏高的可酌情增施过磷酸钙以降低 pH 值（适宜 pH 值为 5.5~7.0）。施后连续机旋耕 2~3 遍，取表土堆制并覆农膜至床土熟化。

④ 床土加工　选择晴好天气及土堆水分为 10%~15%，细土手捏成团，落地即散时，进行过筛，要求细土粒径不得大于 5mm，其中，2~4mm 粒径的土粒达 60% 以上。过筛后继续堆制并用农膜覆盖，集中堆闷，促使肥土充分熟化。在倒春寒多发地区，为防止发生立枯病等苗期病害，每立方米床土施用 65% 敌克松 50~60g 加水 1 000~1 500 倍进行消毒。

冬前未能提前培肥的，宁可不培肥而直接使用过筛细土，在秧苗断奶期追肥同样能培育壮秧。确实需要培肥的，至少于播种前 30d 进行。兑肥时要充分拌匀，确保土肥充分交融，拌肥过筛后一定要盖膜堆闷促进腐熟。禁止未腐熟的厩肥以及淤泥、尿素、碳铵等直接拌作底肥，以防肥害烧苗；禁止用培肥营养土作盖籽土。

采用田间淤泥育秧方法的，可在每公顷秧苗田的秧沟中匀施含 N、P、K 为 45% 的复合肥 60kg，搅匀后去除沟泥中的杂质，均匀浇于盘中。

（2）秧田准备　选择地势平坦，向阳背风，排灌方便，邻近大田的熟地作秧田。秧田、大田比例宜为 1∶（80~100），一般每公顷大田需秧池田 105~150m²。播前 10d 精做秧床，秧床宽 140cm，留宽 25cm、深 20cm 的排水沟兼操作道。秧床四周沟深 40cm，围埂平实，埂面一般高出秧床 15~20cm，开好平水缺口。为使秧板面平整，可先上水进行平整，秧板做好后排水晾板，使板面沉实，播种前两天铲高补低，填平裂缝，充分拍实，使板面达到"实、平、光、直"。实，秧板沉实不陷脚；平，板面平整无高低；光，板面无残茬杂物；直，秧板整齐沟边垂直。

（3）秧盘或有孔地膜准备　进行软盘育秧时，每公顷大田准备 370 张左右软盘，采用机械育秧流水线需备足硬盘，用于托盘周转。采用双膜育秧，每公顷大田应备足幅宽 1.5m 的地膜 60.0m。育秧前需要事先对地膜进行打孔，即将地膜整齐地卷在长、宽、厚分别为 15cm、15cm 和 5cm 的木板上，然后划线冲孔。孔距一般为 2.0cm×2.0cm 或 2.0cm×3.0cm，孔径 0.2cm~0.3cm。孔径不宜过大，否则会造成大量秧根穿孔下扎，增加起秧难度。

（4）其他材料准备

① 覆膜　每亩机插大田需准备 2m 宽覆盖用农膜 4m。早稻育秧以及春季气温较低，特别是倒春寒多发地区，应采用拱棚增温育秧，为此需备足竹片等拱棚用料。

② 稻草　每 1m 秧板，需准备无病稻麦秸秆约 1.2kg 或相应面积的无纺布、芦苇秆或细竹竿 7~8m，用于覆膜后盖草遮阳、保温、防灼。

③ 木条、切刀　双膜育秧过程中，为了保证床土的标准厚度，需备长约 20cm、宽 2.0~3.0cm、厚 2.0cm 的木条 4 根。切刀 1~2 把，用于栽前切块起秧。

（5）种子准备

① 确定种子用量机插育秧的播种量相对较高，一般杂交稻每盘芽谷的播量为 80~

100g，常规稻的芽谷播量为 120～150g，折合每公顷大田 30～55kg。

②确定播期　机插育秧与常规育秧有明显的区别。一是播种密度高，二是秧苗根系集中在厚度仅为 2～2.5cm 的薄土层中交织生长，因而秧龄弹性小，必须根据茬口安排，按照 20d 左右的秧龄推算播期，宁可田等秧，不可秧等田。机插面积大的，要根据插秧机工作效率和机手技术水平和操作熟练程度，安排好插秧进度，合理分批浸种，顺次播种，确保秧苗适龄移栽。

③精选种子　尽可能选用达标的商品种子，普通种子在浸种前要做好晒种、脱芒、选种和发芽试验等工作，其发芽率要求在 90% 以上，发芽势在 85% 以上。

④药剂浸种　浸种时选用使百克或施保克 1 支（2ml）加吡虫啉 10g，加水 6～7kg 可浸种 5kg。浸种时间长短随气温而定，一般粳稻需浸足 3d 左右，籼稻 6d 左右。稻种吸足水分的标准是谷壳透明，米粒腹白可见，米粒容易折断而无响声。

⑤催芽　催芽要求"快、齐、匀、壮"。"快"是指两天内催好芽；齐"是指要求发芽势达 85% 以上；"匀"是指芽长整齐一致；"壮"是指幼芽粗壮，根长、芽长比例适当，颜色鲜白，气味清香，无酒味。

2. 播种育秧

（1）软盘育秧技术

①顺次铺盘　秧板上平铺软盘。为充分利用秧板和便于起秧，每块秧板横排两行，依次平铺，紧密整齐，盘与盘的飞边要重叠排放，盘底与板面紧密贴合。

②匀铺床土　铺准备好的床土，土层厚度为 2～2.5cm，厚薄均匀，土面平整。

③补水保墒　播种前一天，灌平沟水，待床土充分吸湿后迅速排水，亦可在播种前直接用喷壶洒水，要求播种时土壤含水率达 85%～90%。可结合播种前浇底水，用 65% 敌克松与水配制成 1：（1 000～1 500）的药液，对床土进行喷浇消毒。

④精量播种　播种时按盘称种。一般常规稻每盘均匀播破胸露白芽谷 120～150g，杂交稻播 80～100g。为确保播种均匀，可以 4～6 盘为一组进行播种，播种时要做到分次细播，力求均匀。

⑤匀撒覆土　播种后均匀撒盖覆土，覆土厚度为 0.3～0.5cm，以盖没芽谷为宜，不能过厚。注意使用未经培肥的过筛细土，不能用拌有壮秧剂的营养土。盖籽土撒好后不可再洒水，以防止表土板结影响出苗。

⑥封膜保墒　覆土后，灌平沟水，弥补秧板水分不足，湿润秧板后迅速排放，并沿秧板四周整好盘边，保证秧块尺寸。芽谷播后需经过一定的高温高湿才能达到出苗整齐，一般要求温度在 28～35℃，湿度在 90% 以上。为此，播种覆土后，要封膜盖草，控温保湿促齐苗。

封膜前在板面每隔 50～60cm 铺一薄层麦秸草，以防农膜粘贴床土导致闷种。盖好农膜，须将四周封严封实，农膜上铺盖一层稻草，厚度以看不见农膜为宜，预防晴天中午高温灼伤幼芽。对气温较低的早春育秧或倒春寒多发地区，要在封膜的基础上搭建拱棚增温育秧。拱棚高约 0.45m，拱架间距 0.5m，覆膜后四周要封严压实。

（2）双膜育秧技术　双膜育秧是指在秧板上平铺地膜，再铺放 2～2.5cm 厚的床土，播种覆土后加盖封膜保温保湿促齐苗的育秧方式。在前期各项准备工作落实到位的前提下，即可进行按期播种、育秧。

① 铺膜　在秧板上平铺，扣孔地膜。

② 木条定格　沿板面两边（秧板沟边）分别固定事先备好的木条（宽 2 ~ 3cm，厚 2.0cm，长 200cm 左右），不宜过长。

③ 膜上铺底土　在地膜上铺土后并用木尺沿两侧木条刮平，使铺土厚度与秧板两边固定的木条厚度一致（2.0cm），切忌厚薄不均。

④ 补足底土水分　在播种前一天铺好底土后，灌平板水，使底土充分吸湿后迅速排放。也可直接用喷壶喷洒在已铺好的底土上，使底土水分达饱和状态后立即播种盖土，以防跑湿。

⑤ 精量播种　粳稻一般每平方米播芽谷 750 ~ 950g，籼稻一般 500 ~ 700g。播种时要按畦称种，分次细播、匀播，力求播种均匀。

⑥ 匀撒盖籽土　覆土量以盖没种子为宜，厚度为 0.3 ~ 0.5cm。注意使用未经培肥的过筛细土，不能用拌有壮秧剂的营养土。盖籽土撒好后不可再洒水，以防止表土板结影响出苗。

⑦ 封膜盖草　覆土后，沿秧板每隔 50cm 放一根细芦苇或铺一薄层麦秸草，以防农膜与床土粘贴导致闷种。盖膜后须将四周封严封实。膜面上均匀加盖稻草，盖草厚度以基本看不见盖膜为宜。秧田四周开好放水缺口，避免出苗期降雨秧田积水，造成烂芽。膜内温度控制在 28 ~ 35℃。对气温较低的早春茬或倒春寒多发地区，应搭建拱棚增温育秧。

3. 苗期管理　机械化插秧对秧苗的基本要求是总体均衡，个体健壮，秧苗期管理的技术性和规范性较强。

（1）高温高湿促齐苗　经催芽的稻种，播后需经一段高温高湿立苗期，才能保证出苗整齐，因此应根据育秧方式和茬口的不同，采取相应的增温保湿措施，确保安全齐苗。同时，秧田要开好平水缺口，避免降雨淹没秧床，造成闷种烂芽。

① 封膜盖草立苗　适于气温较高时的麦茬稻育秧。立苗期要注意两点：一是把握盖草厚度，薄厚均匀，避免晴天中午高温烧苗。二是雨后及时清除盖膜上的积水，以免造成膜面积水，加之覆盖的稻草淋湿加重，局部受压"贴膏药"，造成闷种烂芽，影响全苗。

② 拱棚立苗　适于早春气温较低和倒春寒多发地区使用。此法立苗在幼芽顶出土面后，晴天中午棚内地表温度要控制在 35℃ 以下，以防高温灼伤幼苗。播种到出苗期一般为棚膜密封阶段，以保温保湿为主，只有当膜内温度超过 35℃ 时才可于中午揭开苗床两头通风降温，随后及时封盖。此间若床土发白、秧苗卷叶时应灌"跑马水"保湿。

（2）及时炼苗

① 揭膜炼苗　盖膜时间不宜过长，揭膜时间应以当时气温而定，一般在秧苗出土 2cm 左右、不完全叶至第一叶抽出时（播后 3 ~ 5d）揭膜炼苗。若覆盖时间过长，遭烈日暴晒容易灼伤幼苗。揭膜原则：晴天傍晚揭，阴天上午揭，小雨雨前揭，大雨雨后揭。

若遇寒流低温，宜推迟揭膜，并做到日揭夜盖。

②拱棚秧的炼苗　秧苗现青后，视气温情况确定拆棚时间。当最低气温稳定在15℃以上时方可拆棚，否则可采用日揭夜盖法进行管理，并保持盘土或床土湿润。

（3）科学管水

①湿润管理　即采取间歇灌溉的方式，做到以湿为主，达到以水调气，以水调肥，以水调温，以水护苗的目的。操作要点：揭膜时灌平沟水，自然落干后再上水，如此反复。晴天中午若秧苗出现卷叶要灌薄水护苗，雨天放干秧沟水；早春茬秧遇到较强冷空气侵袭，要灌拦腰水护苗，回暖后待气温稳定再换水保苗，防止低温伤根和温差变化过大而造成烂秧和死苗；气温正常后及时排水透气，提高秧苗根系活力。移栽前3~5d控水炼苗。

②控水管理　与常规肥床旱育秧管水技术基本相似，即揭膜时灌一次足水（平沟水），泅透床土后排放（也可采用喷洒补水）。同时清理秧沟，保持水系畅通，确保雨天秧田无积水，防止旱秧淹水，失去旱育优势。此后若秧苗中午出现卷叶，可在傍晚或次日清晨人工喷洒水一次，使土壤湿润即可。不卷叶不补水。补水的水质要清洁，否则易造成死苗。

（4）用好"断奶肥"　断奶肥的施用要根据床土肥力、秧龄和气温等具体情况因地制宜地进行，一般在1叶1心期（播后7~8d）施用。每亩秧池田用腐熟的粪清液500kg加水1 000kg或用尿素5kg（约合每盘用尿素2g）加水500kg，于傍晚秧苗叶片吐水时浇施。床土肥沃的也可不施，麦茬田为防止秧苗过高，施肥量可适当减少。

（5）防病治虫　秧田期病虫害主要有稻蓟马、灰飞虱、立枯病、螟虫等。秧田期应密切注意病虫发生隋况，及时对症用药防治。近年来水稻条纹叶枯病发生逐年加重，务必要做好灰飞虱的防治工作。另外，早春茬育秧期间气温低，温差大，易遭受立枯病的侵袭，揭膜后结合秧床补水，每亩秧池田用65%敌克松对1 000~1 500倍液600~750kg洒施预防。

（6）辅助措施　在提高播种质量，抓好秧田前中期肥水管理的同时，2叶期根据天气和秧苗长势可配合施用助壮剂。若育秧期气温较高，雨水偏多，秧苗生长较快，特别是不能适期移栽的秧苗，每亩秧池田用15%多效唑可湿性粉剂50g，按1：2 000倍液加水喷雾（切忌用量过大，喷雾不匀，如果床土培肥时使用过旱秧壮秧剂的不必使用），以延缓植株生长速度，同时促进横向生长，增加秧苗的干物质含量，达到助壮穗苗的效果。

（7）苗期倒春寒的应对措施　南北过渡带内早春育秧，倒春寒天气时有发生，机插育秧一般采用控水育秧，该育秧方式本身比常规育秧方式更耐春寒。但遭遇降温寒流，也必须采取相应措施，以确保培育合格健壮秧苗。

①深水护苗　以水调温，以水调气。遇低温寒潮，灌深水至秧叉处护苗，注意不要淹没秧心。寒潮过后若天气突然放晴，切勿立即退水晒田，以免造成青枯烂秧死苗。倒春寒的主要危险就在于天气突然放晴气温骤然回升，造成秧苗生理脱水，深水层可以缓解苗床温度剧烈变化。

② 施药预防低温来临前或寒潮过后　每亩秧田可用 1 000 ~ 1 500g 敌克松加水配制 1 000倍液及时泼浇，防止烂秧死苗。长时间阴雨低温过后应及时喷施壮秧宝防止立枯病发生。

③ 拱棚防冻　如遇降温幅度大、时间长，有条件的可结合前两条措施，搭建拱棚保温防冻。

④ 忌过早追肥　低温过后，秧苗抗逆能力较差，若过早施用化肥，对微弱的秧苗来说等于雪上加霜，加速了烂秧死苗。因此，应在低温过后 3 ~4d 再开始追肥。

（三）技术要点

水稻机械化插秧技术是采用规格化育秧、机械化插栽的水稻移栽技术。除上文（培育秧苗）中所述外，在机插秧前后还应注意以下技术要点。

1. 看苗施好送嫁肥　秧苗体内 N 素水平高，发根能力强，C 素水平高，抗植伤能力强。要使移栽时秧苗具有较强的发根能力，又具有较强的抗植伤能力，栽前务必要施好送嫁肥，促使苗色青绿，叶片挺健清秀。具体施肥时间应根据机插进度分批使用，一般在移栽前 3 ~4d 进行。用肥量及施用方法应视苗色而定。叶色褪淡的脱力苗，每公顷用尿素 60 ~67.5kg 加水 7 500kg 于傍晚均匀喷洒或泼浇，施后并洒一次清水以防肥害烧苗；叶色正常、叶挺拔而不下披苗，每公顷用尿素 15 ~22.5kg 加水 1 500 ~2 250kg 进行根外喷施；叶色浓绿且叶片下披苗，切勿施肥，应采取控水措施来提高苗质。

2. 适时控水炼苗　栽前通过控水炼苗，减少秧苗体内自由水含量、提高 C 素水平、增强秧苗抗逆能力，是培育健壮秧苗的一个重要手段。控水时间应根据移栽前的天气情况而定。春茬秧由于早播早插，栽前气温、光照强度、秧苗蒸腾量与麦茬秧比均相对较低，一般在移栽前 5d 控水炼苗。麦茬秧栽前气温较高，蒸腾量较大，控水时间宜在栽前 3d 进行。控水方法：晴天保持半沟水，若中午秧苗卷叶时可采取洒水补湿。阴雨天气应排干秧沟积水，特别是在起秧栽插前，雨前要盖膜遮雨，防止床土含水率过高而影响起秧和栽插。

3. 坚持带药移栽　机插秧苗由于苗小，个体较嫩，易遭虫害，栽前要进行一次药剂防治工作。在栽前 1 ~2d 每公顷用2.5% 快杀灵乳油 450 ~525ml 加水 600 ~900kg 进行喷雾。在稻条纹叶枯病发生区，防治时应每 hm^2 加 10% 吡虫啉乳油 225ml 喷施，控制灰飞虱的带毒传播为害，做到带药移栽，一药兼治。

4. 正确起运移栽　机插育秧起运移栽应根据不同的育秧方法采取相应措施，减少秧块搬动次数，保证秧块尺寸，防止枯萎，做到随起、随运、随栽。遇烈日高温，运放过程中要有遮阳设施。软（硬）盘秧，有条件的地方可随盘平放运往田头，亦可起盘后小心卷起盘内秧块，叠放于运秧车，堆放层数一般 2 ~3 层为宜，切勿过多而加大底层压力，避免秧块变形和折断秧苗。运至田头应随即卸下平放，让其秧苗自然舒展，利于机插。

双膜秧在起秧前要将整块秧板切成适合机插的规格，即宽27.5 ~28cm，长 58cm 的标准秧块。为确保秧块尺寸，事先应制作切块方格模（框），再用长柄刀进行垂直切割，切块深度以切到底膜为宜。切块后一般就可直接将秧块卷起，并小心叠放于运秧车。

5. 制定方案, 规范插栽　按照农艺要求, 确定株距和每穴秧苗的株数, 调节好插秧机相应的株距和取秧量, 保证适宜的基本苗。选择适宜的栽插行走路线, 正确使用划印器和侧对行器, 以保证插秧的直线度和邻间行距。根据大田泥脚深度, 调整插秧机插秧深度, 并根据土壤软硬度, 通过调节仿形机构灵敏度来控制插深一致性, 达到不漂不倒, 深浅适宜机械插秧的作业质量对水稻的高产、稳产影响至关重要。作业质量必须达到以下要求: 漏插率≤5% (漏插是指机插后插穴内无秧苗), 伤秧率≤4% (伤秧是指秧苗插后茎基部有折伤、刺伤和切断现象), 漂秧率≤5% (漂秧是指插后秧苗漂浮在水面现象), 勾秧率≤4% (勾秧是指插后秧苗茎基部90°以上的弯曲), 翻倒率≤4% (翻倒是指秧苗倒于田中, 叶梢部与泥面接触现象), 均匀度≥85% (均匀度是指各穴秧苗株数与其平均株数的接近程度), 插秧深度一致, 一般插秧深度在0~10mm (以秧苗土层上表面为基准)。

(四) 栽培模式

机械化插秧历经了多种模式。现在以浅栽宽行窄距、定苗定穴与水肥运筹、病虫草害综合防治为主要内容的高产配套技术已成为南北过渡带机械化插秧的主要栽培模式。该模式采用中小苗移栽, 其秧龄短, 抗逆性较差, 但采用宽行浅栽, 为低节位分蘖发生创造了条件, 其分蘖具有暴发性, 分蘖期也较长, 够苗期提前, 高峰苗容易偏多, 使成穗率下降, 穗型偏小。针对上述特点, 为保证早返青、早分蘖、早搁田, 中后期严格水浆管理, 促进大穗形成, 生产上逐渐形成了前稳、中控、后促的肥水管理模式。

1. 机插水稻分蘖发生规律　机插水稻在3~4叶龄移栽, 基部1~2个分蘖节位正处在栽后发根期, 因而分蘖受到限制。中下节位分蘖是在根系发达, 大田新生叶2片以上, 稻株营养状况良好的环境下发生的, 分蘖发生快, 分蘖成穗率高, 而且这部分分蘖穗型大、粒数多、群体穗层整齐。中上部2~3个节位多为无效分蘖, 往往会导致群体苗过多, 中期难以控制, 也是造成机插水稻穗数过多、粒数少、穗层不齐的主因。

2. 水分管理　机插水稻移栽时秧苗小、根系少。栽培上应根据机插水稻的生长特点采取相应的水分管理措施。一是栽后采取干湿交替。即栽后发第一片新叶过程中晴天白天灌浅水, 晚上灌深水, 单季稻晴天白天上水, 晚上和阴天脱水, 栽后第二叶采取短期脱水促根的方法。二是苗期经常露田。增温、增氧, 排除有害物质。三是提早搁田。当苗数达到计划穗数的80%时即可搁田, 以控制无效分蘖, 提高茎蘖成穗率。切忌采取重搁田的方法, 引起分蘖大起大落, 造成分蘖成穗率下降。

3. 肥料管理　机插水稻肥料运筹的重点是改进分蘖肥的施用时期, 以调节最适分蘖节位和控制中期群体, 并增加穗肥的施用量, 促颖花分化, 争取大穗。为此生产上要把握3点: 一是总施N量比常规移栽稻增加10%左右, 基肥比例减少, 追肥比例增加; 二是分次施用分蘖肥, 一般在栽插后5~7d施第一次分蘖肥; 在栽后12~14d施第二次分蘖肥, 同时注意促平衡。切忌过多、过迟施用分蘖肥, 造成群体过大, 影响成穗率和大穗的形成; 三是要适当增加穗肥用量。

4. 化学除草　机插秧叶龄小, 苗较弱, 应选用抛秧田可用的除草剂, 有些除草剂在使用说明中已注明只适用于移栽（指手插）水稻，机插田应忌用，如稻草威、精草克星、绿黄隆、苄甲黄隆等在机插田前期施用易产生药害。

机插稻的其他管理措施（如防治病虫害）同常规栽培水稻。

本节参考文献

1. 陈文祖，黄芳，蓝秀云．水稻软盘育秧抛秧技术及其应注意的问题．安徽农学通报，2008，14（17）：136～137

2. 顾兴花，李耀立，刘福久等．水稻塑盘旱育抛秧高产栽培技术．现代农业科技，2012（1）：87

3. 官贵德．中稻免耕抛秧规范化栽培技术研究及应用．福建稻麦科技，2007，25（4）：1～4

4. 黄锦法，俞慧明，陆建贤．水稻免耕直播超省力栽培技术．中国稻米，2001（6）：26～27

5. 黄年生，张洪熙，戴正元．我国水稻旱育抛秧技术的现状与发展．江苏农业科学，2006（6）：18～21

6. 黄绍民，莫海玲．水稻连年免耕直播高产栽培．广西农业科学，2002（1）：31～32

7. 姜明波，翟顺国，潘晓波等．豫南稻区水稻机械化插秧栽培技术．河南农业科学，2007（9）：31～32

8. 金千瑜．我国水稻抛秧栽培技术的应用与发展．中国稻米，1966（1）：10～13

9. 李世成．水稻抛秧栽培技术．甘肃农业科技，2001（2）：17～19

10. 陆永庆．水稻塑料软盘育秧抛秧技术．现代农业科技，2007（4）：90～93

11. 茅国芳，褚金海．麦后免耕直播稻田的生态环境演变与对策．上海农业学报，1997，13（2）：39～50

12. 彭卫东．水稻机插秧技术及其推广．北京：中国农业科学技术出版社，2009

13. 钱庆乐．水稻免耕抛秧高产栽培技术．现代农业科技，2007（11）：112

14. 秦华东，张国宏，肖巧珍等．水稻免耕抛秧技术研究进展．广西农业科学，2006，37（3）：233～237

15. 任万军，刘代银，伍菊仙等．免耕高留茬抛秧稻的产量及若干生理特性研究．作物学报，1995，34（11）：1 994～2 002

16. 沈龙华，王明源，周纯红．水稻机械化育插秧优势分析．上海农业科技，2009（3）：21

17. 宋世枝，段斌，何世界等．水稻抛植苗原床泥质露天育秧法的设计与效果．中国稻米，2007（1）：40～41

18. 宋世枝，段斌，何世界等．豫南瓜后粳稻种植模式研究．耕作与栽培，2009（3）：32～33

19. 陶诗顺．麦后免耕直播杂交水稻的生育特性及产量研究．西南科技大学学报，

2003，18（3）：61~64

20. 王吉祥．水稻机械化抛秧技术．中国稻米，2000（4）：29

21. 王家腾．水稻抛秧栽培技术．福建热作科技，2010，35（3）：32~33

22. 吴洁远，李小洁．水稻壮秧剂在免耕直播稻上的效应．广西农业科学，2005，26（6）：500~501

23. 吴志珍，陈元文，李志扬等．水稻免耕抛秧栽培技术．福建农业，2002（2）：8

24. 闫凤宇，于凤阁．水稻抛秧现状及技术要点．现代农业科技，2011（3）：99~101

25. 张洪程，戴其根，霍中洋．中国抛秧稻作技术体系及其特征．中国农业科学，2008，41（1）：43~52

26. 邹应斌，李克勤，任泽民．水稻的直播与免耕直播栽培研究进展．作物研究，2003（1）：52~59

第七节　籼改粳栽培

水稻共有籼稻、粳稻、爪哇稻3个亚种，粳稻是由籼稻分化出的一种适应高海拔高纬度地区的栽培类型。粳稻根据其播期、生长期和成熟期的不同，又可分为早粳稻、中粳稻和晚粳稻3类。一般早稻的生长期为90~120d，中稻为120~150d，晚稻为150~170d。粳稻在长期的自然选择和人工选择过程中，形成了其特有的特征特性。与籼稻相比，粳稻的茎秆坚韧，株型较紧凑，分蘖力偏弱，叶片较窄，色泽浓绿，叶片茸毛少，谷粒形状短圆而厚。从生理特性上看，籽粒不易脱粒，谷粒或米粒在1%的石碳酸溶液中浸渍不会被染色。粳稻的直链淀粉含量较低，胶稠度软。同时，粳稻还具有如下特性：一是粳稻较耐寒、耐弱光，但不耐高温。依纬度和海拔高度变化造成温度高低不同，从而形成籼稻和粳稻的分化，是粳稻光温特性形成的原因。二是粳稻的耐盐碱性较强。中国的盐碱地主要分布在东北、华北、西北内陆地区和长江以北沿海地带，而此地区主要种植的是粳稻品种，因此耐盐碱性强的粳稻品种有利于在北方盐碱地种植推广。三是粳稻抗倒伏强，但对恶苗病、条纹叶枯病、干尖线虫病等抗性较低，对稻瘟病、纹枯病的抗性也不如籼稻。上述特征特性决定了粳稻和籼稻在生产上的时空分布和栽培技术的必然差异要求。

一、意义和发展前景

（一）籼改粳的意义

1. 籼改粳是保障国家口粮安全的需要　水稻是中国重要的粮食作物，全国有65%以上的人口以稻米为主食。粳米100%是直接作为口粮消费。稻米特别是粳米是中国市场相对紧缺的粮食品种，要扩大优质粳稻生产。《全国种植业发展第十二个五年规划》指出，到2015年粳米需求量将增加500亿kg以上，供求矛盾突出，发展粳稻生产是一项紧迫的任务。《全国粳稻发展规划（2011—2015 年）》更是明确提出，到 2015 年，全国粳稻面积将发展到 1.5 亿亩。发展粳稻潜力最大的地区是江淮中下游的河南、安徽、湖北 3 省，要大力推进籼改粳。

2. 籼改粳是改善稻米品质，促进农民增收的需要　籼稻稻米品质差，市场竞争力弱，农民种稻经济效益不高，难以适应人们生活水平提高的需要。粳米温凉适度，适口性好，市场需求大。在食物结构上的"籼改粳"十分明显，世界发达国家和地区均以生产和消费粳稻为主。中国近 20 年人均粳稻消费由 17.5kg 提高到 30kg。粳稻品质优，价格高，同级粳稻价格显著高于籼稻。国家最低保护价常年粳稻每千克比籼稻高出 0.3 ~ 0.4 元，市场每千克要高出 0.3~0.8 元，农民种植粳稻增产和价格两部分相加每亩要增收 500 元左右，增效 40%。

3. 籼改粳是转变水稻耕作和生产方式，优化耕作制度的需要　随着农村劳动力的大规模转移，土地流转成为必然趋势，手工插秧即将成为历史，而粳稻推迟播种有利于机插秧、抛秧和直播技术的应用。粳稻播期弹性大，有利于种田大户的岔口安排，延长了种田大户的有效作业时间。粳稻的收获期与小麦播期衔接紧凑，有利于小麦适墒播种，提高小麦播种质量，实现小麦高产稳产。同时还有利于推广应用小麦套种技术，实现小麦轻简栽培。

（二）籼改粳的发展前景

由于粳稻的优良特性，中国粳稻生产面积不断扩大。20 世纪 70 年代以来，中国粳稻的种植面积一直稳定在 630 万 hm² 左右，占水稻种植面积的 11%，到 21 世纪初，扩大到 25.2%，2009 年种植面积达到 846.7 万 hm²，占水稻种植面积的 29%，有些传统为籼稻的省份如江苏已实现了粳稻化。根据农业部"十二五"规划，中国粳稻生产在现有的面积基础上再增加 200 万 hm² 以上，其中，江淮地区将有大的发展。

二、应用范围和条件

粳稻受长期驯化的影响，较适于高纬度或低纬度的高海拔种植，所以籼改粳栽培一般在长江中下游双季稻区的后季以及黄河以北采用。中国常年水稻种植面积为 2 860 万 ~3 000 万 hm²，其中，粳稻为 730 万 hm²，约占总面积的 25.5%。截至 2007 年 1 月，中国有 24 个省自治区种植粳稻，但种植面积分布极不平衡。以 2005 年为例，种植面积最大的江苏省已达到 189.6 万 hm²，最小的湖南省只有 1 066hm²。超过 10 万 hm² 的省区有 10 个，但超过 20 万 hm² 的省区仅有 7 个，包括东北三省、江苏、浙江、云南和安徽。7 省种植面积总和为 630 万 hm²，占全国粳稻总面积的 86.3%，产量为 4 489.6 万 t，占全国粳稻总产量的 86.5%。在这 7 个粳稻主产省中，东北三省和江苏的种植面积分别为 314 万 hm² 和 189.6 万 hm²，分别占全国粳稻总面积的 43.0% 和 25.9%。产量分别为 2 118.9 万 t 和 1 567.5 万 t，占全国粳稻总产量的 40.1% 和 30.2%。东北三省和江苏的粳稻种植面积合计为 503.6 万 hm²，约占全国粳稻总面积的 69%；产量为 3 686.4 万 t，占全国粳稻总产量的 71.1%。由于近年国内粳米市场东北大米的价格持续走高，稻农种稻积极性空前高涨，水稻种植面积进一步扩大。据初步统计，2006年东北稻区水稻种植面积已超过335万 hm^2 。

作为中国重要粳稻主产区，东北地区粮食种植面积和产量均占全国的1/5，其中，粳稻种植面积占全国的46%、产量达到50%以上。2011年，中国东北三省水稻种植面积和产量分别达到493.9万 hm^2 和3 427万t，较2010年分别增加11.47%和15.67%。

籼改粳栽培适宜在温、光、水资源丰富的江淮下游种植。包括上海、浙江、江苏、安徽、河南南部一带，以及湖南、江西、湖北的江南的双季稻晚稻、江北的单季稻，都适宜种粳稻。过渡带稻区处于中国籼稻生产的北线，降水、积温等不如南方稻区，推广籼改粳非常合适。豫南稻区近年来采用粳稻迟播技术（播期由原来的4月推迟到5月中下旬），产量及品质都得到大幅度提升，粳稻面积迅速扩大，籼改粳工作卓有成效。

三、栽植时间

中国幅员辽阔，从北方的黑龙江到南方的海南，西起新疆东至上海，从海拔不足1m的湿地到云贵高原海拔2 695m的山地均有粳稻分布。丰富的粳稻种质资源和众多优良新品种为籼改粳栽培提供了基础条件。上海市、浙江省、江苏省、安徽省一带的粳稻播种期在5月15日至6月5日，秧龄20~23d，湖南、湖北、江西的双季稻晚稻的粳稻播种时间一般在6月20日至7月10日，秧龄在18~20d，江北的单季稻区粳稻播种时间在5月25日至6月10日，秧龄在20d左右。究其栽植时间还要根据品种生育期长短、当地的气候资源条件以及前茬作物来灵活掌握。

四、栽培技术

籼改粳栽培模式主要有人工移栽、机插、抛秧、直播等几种模式。不同地区根据当地的种植习惯、机械化程度和劳动力状况等采取相应的栽培模式。

（一）手插秧栽培技术

1. 选用品种 根据不同茬口选择不同生育期的品种，选用原则是高产优质抗病能力强的品种。

2. 确定播期 根据品种生育期和当地气候条件确定播期。过渡带内粳稻播期调到5月份为宜。

3. 培育壮苗 每亩大田用种量常规种2.5kg，杂交种1.25~1.5kg。实行稀播壮秧，秧田与本田比为1：（6~7）。秧底每亩施钙镁磷肥、碳铵各25kg。常规催芽，用"恶线清"浸种48h。采用合式湿润育秧，立针后灌浅水，秧底每亩施8kg尿素作断乳肥，移栽前3d每亩施尿素5kg作送嫁肥。立针后和移栽前一天用70%"吡虫啉"6g拌土撒施防治稻蓟马和灰飞虱。

4. 适时移栽 秧龄20~25d。移栽规格16.5cm×26.4cm或16.5cm×30.7cm，每亩1.3万~1.5万穴，穴苗5~7个。移栽时保持本田水层，秧苗随拔随栽，不栽隔晌隔夜秧。本田中等肥力田亩施45%复合肥30~35kg作底肥。

5. 本田管理 移栽后4~6d每亩用尿素2kg与除草剂一起撒施，保持浅水层，并防治一次稻蓟马。群体达到17万~19万株/亩时及时排水搁田，秧叶变黄时复水。齐穗后干湿交替，以湿润为主。成熟前5~7d排水以利收割，后期不宜断水过早。

6. 合理施肥 要求平衡施肥。一般全育期总施N量16~17.5kg/亩为宜，基蘖肥与穗粒肥的比例4∶6。穗粒肥一般在晒田复水和倒二叶时各施入50%。N、P、K比例要求1∶0.5∶0.7。

7. 综合防治病虫害 秧田期和返青分蘖期注意防治稻蓟马。7月上中旬重点防治稻纵卷叶螟。8月上旬和抽穗前各防治一次三化螟和稻曲病。螟虫防治可选用康宽、甲维盐、阿维菌素等，防治螟虫时同时加入"井冈霉素"兼防纹枯病。破口前5~7d每亩喷施"井冈霉素"500ml、75%"三环唑"30g防治稻曲病、稻瘟病。抽穗灌浆后加强对稻飞虱的监测和防治，可选用扑虱灵等药剂。

（二）机插、抛秧栽培技术

1. 育秧 按照泥质法育秧技术（参照前节）分别培育机插秧适龄壮秧和抛秧适龄壮秧。机械插秧秧苗4.5~5.5叶移栽，抛秧秧苗3~4.5叶抛栽。

2. 移栽 机械插秧和抛秧本田整理要做到田平泥活，田面高差不超过3cm。移、抛栽前沉淀2~3d，移、抛栽时保留水层1cm，排除多余水分，防止漂秧。秧苗随起随栽，机插秧根据移栽密度和株行距调整行间距，抛秧每亩亩抛栽1.5万~1.8万兜（穴）。移、抛栽后及时查苗补苗。

3. 本田前期管理 移、抛栽后1d灌浅水，保持田面不露泥，水不淹没秧苗心叶，随着秧苗直立和长高增加灌水深度。移栽后化学除草的在5~7d进行。除草期间既要保持水层，又要防止水层过深，对秧苗产生为害，影响分蘖。

4. 本田分蘖期僵苗防治 本田分蘖期僵苗是晚播麦茬粳稻常见现象，导致分蘖缓慢，群体不足。造成僵苗原因一是麦秆还田产生甲烷等有害气体的为害，二是稻蓟马为害，三是前茬小麦除草剂选择不当，用量过大。针对上述原因采取下列措施。

（1）适当沤田 小麦收获后立即灌水翻耕，浸泡5~7d后整田移栽。

（2）及时防治稻蓟马 移栽后及时撒施吡虫啉，每亩用70%吡虫啉6g。

（3）间歇浅灌，适当晾田 特别是确定属农药残留为害的田块，应反复换水晾田3~4次。

5. 本田后期管理 同人工移栽。

（三）直播栽培技术

水稻直播在中国发展较快，目前水稻直播面积已超过133万hm²（主要是粳稻直播），并呈不断上升趋势。但普遍存在种量大，一般亩用种量在4~8kg，造成个体生长不壮，群体质量差，群体结构不合理，使产量水平降低，群体郁蔽，病虫害重，易倒伏。要实现粳稻直播的高产优质，必须认真落实好下述7项关键技术措施。

1. 选用优良品种 选用高产优质多抗品种，特别是抗倒能力强的品种。

2. 精细整地 播种前结合整田施足底肥，中等肥力田块亩施45%复合肥30kg。低肥或高肥田酌情增减；整田要求田平泥烂无杂草，整平后排水即播。

3. 适期播种 根据前茬作物和本地气候确定播种期，播种要与整田紧密衔接，整好后即播。播种量常规品种每亩用种1.5~2kg，杂交种每亩用种1.25~1.5kg。用恶线清浸种48h（浸种方法见药物使用说明），常温催芽至露白，播前每2kg种量用吡虫啉20g拌种芽防治稻蓟马、稻灰飞虱。按育秧标准，将种芽的2/3分三次播入大田，力求播种均匀，剩余1/3用于建立8m² 风险圃，要求播在同一块大田内。

4. 及时化除杂草 播种后2~4d，每亩用"扫弗特"105ml加水50kg喷雾，2叶1心至3叶1心期排水后的第二天每亩用36%"苄.二氯"30~40g加水50kg喷雾（详见产品使用说明）。播种后30d，如有稗草可用千金80g加水喷雾防治。

5. 认真搞好间苗补苗 3~4叶期间苗补苗，移稠补稀，每平方米留苗20~25株，每隔3.5m² 间出25~30cm工作道，以方便田间操作。

6. 科学水肥管理 播后持续凉田，立针后灌浅水，亩施2kg尿素作断乳肥，保持浅水层。3~3.5叶每亩施尿素3kg作分蘖肥，每株茎蘖苗达到12~15个时（19万苗/亩）晒田控蘖，控苗时间7~10d，晒田到田面微裂、秧苗转黄，复水后每亩施尿素9kg作孕穗肥，倒2叶每亩施7.5kg尿素作保花肥。灌浆期干湿交替，以湿润为主。成熟收割前5~7d排水晾田，不宜断水过早。

7. 重视病虫害防治 秧苗期和返青期防治稻蓟马一次至两次，7月上中旬重点防治稻纵卷叶螟，8月上旬和抽穗前各防治一次三化螟。使用药剂可选用康宽、甲维盐、阿维菌素等，防治螟虫时同时加入"井冈霉素"兼防纹枯病。破口前5~7d每亩喷施"纹曲宁"200ml防治稻曲病。后期加强对稻飞虱的监测和防治，药剂可选用扑虱灵等。

本节参考文献

1. 陈温福，潘文博，徐正进. 我国粳稻生产现状及发展趋势. 沈阳农业大学学报，2006，37（6）：801~805

2. 黄发松，王延春. 湘、鄂、赣发展晚粳稻生产的条件与建议. 中国稻米，2010，16（6）：67~68

3. 凌启鸿，张洪程，苏祖芳等. 作物群体质量. 上海：上海科学技术出版社，2000

4. 屈宝香，刘丽军，张华. 我国粳稻优势区域布局与产业发展. 作物杂志，2003（6）：11~13

5. 宋世枝，段斌，扶定等. 粳稻在豫南晚播的生长发育及增产效果研究. 信阳师范学院学报，2002（1）：104~106

6. 宋世枝，段斌，何世界等. 豫南粳稻不同播期产量与构成因素灰色关联分析. 耕作与栽培，2004（1）：31~32

7. 宋世枝，段斌、何世界. 豫南水稻延后栽培的效果及应用评价. 耕作栽培，2004（1）：33~62

8. 宋世枝，祁玉良，段斌等．籼改粳对豫南水稻耕作制的影响及对策．河南农业科学，2007（4）：49

9. 宋世枝，段斌，何世界等．豫南瓜后粳稻种植模式研究．耕作与栽培，2009（3）：32～33

10. 王一凡，隋国民，王友芬等．粳稻持续快速发展的思考与对策．北方水稻，2008，38（6）：8～10

11. 张洪程、张军、龚金龙等．"籼改粳"的生产优势及其形成机理．中国农业科学，2013，46（4）：686～704

第三章 中国南北过渡带小麦栽培

第一节 生产地位和茬口衔接

一、生产地位

小麦是中国的主要粮食作物,其播种面积、单产和总产量仅次于水稻、玉米,位居第三位,在全国粮食消费总额中占 1/5 左右,是中国人民、尤其是北方人民所喜爱且广泛食用的主要细粮,在国家粮食安全、社会稳定、农村经济发展中占有举足轻重的地位。2005 年,中国小麦播种面积、单产和总产分别为 3.42 亿亩、285kg 和 974.5 亿 kg,比 1949 年的 3.23 亿亩、42.8 kg 和 138.1 亿 kg 分别增加了 5.9%、566% 和 606%,年均递增 0.1%、3.4% 和 3.6%。到 2010 年,中国小麦播种面积约 3.65 亿亩,总产 1 140 亿 kg。据中华粮网数据显示,预计 2013 年全国小麦播种面积 3.62 亿亩,总产 1 215 亿 kg,较 2012 年增加 9 亿 kg。

小麦具有丰富的营养价值,籽粒中富含人类所必需的多种营养成分。其中,碳水化合物(主要是淀粉)含量为 60% ~ 80%,蛋白质含量 8% ~ 15%(有些品种高达 17% ~ 18%),脂肪 1.5% ~ 2.0%,矿物质 1.5% ~ 2.0%,此外还含有多种维生素。小麦籽粒蛋白质含有人类所必需的各种氨基酸,富含面筋蛋白,面粉发酵后可以制作馒头、面包、糕点、面条、方便面等各种各样的食品。制粉留下的麦麸营养价值丰富,是优质的牲畜家禽精饲料。

小麦生产是整个农业生产的基础,在作物种植制度中占有重要地位。第一,小麦可利用冬季低温季节生长发育,这在作物种植制度中具有重要意义。它既可与水稻、玉米等作物轮作,又可与油菜、豌豆、绿肥等冬作物间、混作,还可与棉花、玉米、花生等春播作物套作。由于小麦可以和其他多种作物实行轮、间、混、套作,所以提高了复种指数,增加了粮食作物的年总产量。第二,小麦具有广泛的遗传基础和大量的形态与生态变异,加之对温、光、水、土的要求范围较宽,适应能力和抗逆能力较强,不论是山区、丘陵、高原、平原,或是旱地、稻土,甚至是低洼盐碱地、沙漠等处都可种植。因此,小麦是世界上分布最广的作物之一,除南极洲外,其他各大洲约

130个国家种植小麦。第三，小麦是机械化程度最高的作物之一，在土壤耕作、整地播种、化学除草、施肥浇水、收割脱粒、贮藏运输等环节中，易于实行机械操作，生产效率较高。第四，小麦是稳产作物，产量相对稳定。小麦在其生育期间，所受的自然灾害相对比棉花、水稻、玉米等作物少（主要是旱、涝、冷冻害、干热风和病虫害等），加之小麦生育期较长，自我调节余地大，利于高产稳产。

中国小麦在各地均有种植，以冬小麦为主，占小麦总面积的90%以上，主要分布在长城以南，主产省份有河南、山东、河北、江苏、四川、安徽、陕西、湖北、山西等，其中，以河南、山东种植面积最大。春小麦播种面积不足10%，主要分布在长城以北，主产包括黑龙江、内蒙古、甘肃、新疆、宁夏、青海。南北过渡地带光、温、水等资源丰富，气候适宜，适合小麦生长发育，属于小麦的优势主产区，包括江苏省、湖北省、安徽省、河南省和陕西省5个省份。近年来，该区域小麦总播种面积1 184.16万 hm²，占全国的49.6%；总产1564.4万 t，占全国小麦总产的51.7%（表3-1）。因此，该区域在全国小麦生产和国家粮食安全中占有十分重要的地位。从种植模式看，以稻茬、玉米茬小麦为主，兼有其他茬口生产，多属于一年两熟轮作种植。

表3-1　南北过渡带有关省份小麦种植面积、总产及其占全国的比例（2007）

省份	播种面积（万 hm²）	占全国面积（%）	总产（万 t）	占全国总产（%）
河南省	521.33	21.9	2 980.2	27.3
安徽省	233.03	9.8	1 111.3	10.2
江苏省	203.91	8.5	973.8	8.9
陕西省	114.46	4.8	353.2	3.2
湖北省	109.63	4.6	237.4	2.1
合计	1 184.16	49.6	1 564.4	51.7

注：根据《2008年中国统计年鉴》整理

（一）河南省小麦生产概况

河南省是中国小麦种植面积最大的省份，常年种植面积约占全国的1/5，而小麦总产量占全国的1/4强（27%左右）。近年来，河南省小麦种植面积稳定中略有增加。如1987—2006年平均麦播面积为7 260万亩，2012年、2013年度小麦收获面积均已超过了8 000万亩（表3-2）。小麦面积占全省粮食作物总面积的50%左右，产量占全省粮食总产的50%~60%。新中国成立以前，由于受封建制度的长期束缚，小麦产量低而不稳，最高单产每亩只有40~50kg。1949年以来，随着生产条件的不断改善，以及科学技术的发展，河南小麦单产和总产迅速增长，经历了不同的发展阶段，60年间小麦播种面积增加了26.3%，平均单产增加了8.2倍，总产增加了10.6倍；面积、单产和总产逐年递增0.4%、3.9%和4.3%。

表 3 - 2 河南省小麦种植面积、总产及单产演变

年份	面积 (万亩)	单产 (kg/亩)	总产 (亿 kg)	年份	面积 (万亩)	单产 (kg/亩)	总产 (亿 kg)	年份	面积 (万亩)	单产 (kg/亩)	总产 (亿 kg)
1949	6 013.0	42.5	25.45	1975	5 794.0	140.5	81.50	2001	7 202.4	319.3	229.97
1950	6 402.0	41.0	26.45	1976	5 762.0	156.0	89.80	2002	7 283.6	308.7	224.84
1951	6 759.0	51.0	34.40	1977	5 635.0	112.5	63.55	2003	7 206.9	318.1	229.25
1952	6 953.0	44.0	30.60	1978	5 775.0	150.0	86.80	2004	7 284	340.6	248.09
1953	7 283.0	41.0	29.90	1979	5 832.0	166.0	96.90	2005	7 444.1	346.3	257.77
1954	7 662.0	55.0	42.05	1980	5 890.0	151.0	89.05	2006	7 510	375.9	282.3
1955	7 422.0	57.5	42.65	1981	5 985.0	181.0	108.35	2007	7 588	381.1	294.3
1956	7 277.0	59.0	42.75	1982	6 179.9	197.5	124.79	2008	7 734.2	387.0	298.0
1957	6 788.0	55.5	37.75	1983	6 478.6	224.5	145.58	2009	7 890	388.5	306.5
1958	6 768.0	61.5	41.55	1984	6 686.1	247.0	165.10	2010	7 900	406.7	309.1
1959	6 286.0	60.5	37.95	1985	6 851.7	223.0	152.82	2011	7 990	390.8	312.3
1960	6 706.0	52.0	34.80	1986	6 957.4	225.0	156.79	2012	8 020		
1961	5 699.0	29.5	16.85	1987	7 030.7	231.3	152.59	2013	8 050		
1962	5 749.0	38.5	22.20	1988	7 191.6	221.0	159.00	2014			
1963	5 885.0	45.5	26.65	1989	7 271.2	237.1	172.40	2015			
1964	6 041.0	39.0	23.70	1990	7 333.0	227.3	166.65	2016			
1965	5 723.0	62.5	30.75	1991	7 195.1	216	155.43	2017			
1966	5 689.0	72.0	40.85	1992	7 069.8	233.5	165.07	2018			
1967	5 694.0	77.0	43.85	1993	7 260	264.7	192.2	2019			
1968	5 591.0	76.0	42.50	1994	7 226.3	248.9	179.84	2020			
1969	5 588.0	70.5	39.30	1995	7 221	242.9	175.42	2021			
1970	5 504.0	82.0	45.00	1996	7 302.3	277.6	202.68	2022			
1971	5 460.0	92.5	50.55	1997	7 391	321	237.24	2023			
1972	5 497.0	105.0	57.80	1998	7 446	278.5	207.35	2024			
1973	5 500.0	112.0	61.50	1999	7 326.9	313	229.15	2025			
1974	5 650.0	113.5	64.05	2000	7 383.5	302.87	223.6	2026			

注：① 胡廷积. 河南农业发展史. 中国农业出版社，2005；② 王绍中，郑天存，郭天财. 河南小麦育种栽培研究进展. 中国农业科学技术出版社，2007

（二）江苏省小麦生产概况

江苏省位于中国大陆东部沿海地区，地处东经 116°18′ ~ 121°57′、北纬 30°45′ ~ 35°20′，地处长江、淮河下游。境内地势低平，平原辽阔，面积 12.26 万 km²。农业气候为过渡地带，光热资源兼有南北之长。以淮河为界，以南属于亚热带湿润季风气候，以北属于暖温带湿润季风气候。全省日照充足，全年日照平均时数 2 000 ~ 2 600h，全年平均气温 13.2 ~ 16℃，苏南 15 ~ 16℃，苏中 14 ~ 15℃，苏北 13 ~ 14℃。太阳年辐射总量为 460 ~ 540kJ/cm²，年降水量平均 800 ~ 1 200mm，地区差异明显，东部多于西部，南部多于北部。小麦生育期间降水量苏南 450mm 左右，苏中 400 ~ 450mm，苏北 300 ~ 350mm。由于江苏地处南北气候过渡地带，因地域生态类型、气候、土壤、耕作制度、

栽培措施等环境条件以及品种与环境相互作用的影响，不同农区间小麦品质存在较大的差异。

小麦是江苏省第二大粮食作物，1990 年种植面积为 239.92 万 hm^2，总产 1999 年最高曾达 1 071 万 t，2009 年单产最高为 4 834kg/hm^2。占全国小麦总面积的 8.5%，总产占全国的 9% 左右。2000 年以来，江苏省小麦种植面积、单产和总产波动幅度较大，2000 年种植面积为 195.5 万 hm^2，之后不断下降，2004 年种植面积最小，为 160.1 万 hm^2，近年又有所回升，2007 年、2008 年实际种植面积 213.3 万 hm^2 左右，居全国第五位。单产最低年份在 2002 年和 2003 年，均为每公顷 3 750kg/公顷，2004 年起连续 5 年增产，最高年份在 2008 年，为 4 815kg/hm^2，单产水平居全国小麦主产省前 5 名之列；总产最低年份在 2003 年，为 608.71 万 t，2008 年恢复性增长至近千万 t。2009 年种植面积为 207.76 万 hm^2，单位面积产量升高到 4 834kg/hm^2，单产达到历史最高水平。

（三）陕西省小麦生产概况

陕西位于中国中部的南北过渡地带，地处东经 105°29′ ~ 111°15′、北纬 31°42′ ~ 39°35′。全省南北长约 870km。东西宽约 500km，面积 20.56 万 km^2。以北山和秦岭为界，南北狭长的陕西被分割形成黄土高原（陕北）、关中平原（关中）和秦巴山地（陕南）三大自然特色明显的区域，其中，陕北为中温带半干旱气候区，关中为南温带半干旱半湿润气候区，陕南为北亚热带湿润、半湿润气候区。全省热量资源比较丰富，全年平均气温 11.6℃，太阳年辐射总量为 378 ~ 601kJ/cm^2，降水量平均 300 ~ 1 000mm，由南向北递减。其中，年平均气温陕北 7 ~ 11℃，年降水量 300 ~ 600mm；关中平原年平均气温 11.5 ~ 13.7℃，降水量 500 ~ 700mm；陕南年平均气温 14 ~ 15℃，降水量 700 ~ 1 000mm。

小麦是陕西省主要粮食作物，常年种植面积 160 万 hm^2 左右。1985—2006 年小麦年均种植面积和总产分别占粮食作物的 40.1% 和 41.3%，可见小麦生产在粮食生产中占有较大比重。1998 年小麦种植面积最大，达 190 万 hm^2，1999 年以后种植面积逐年减少，近几年基本稳定在 120 万 hm^2 左右；小麦年总产量 400 万 t 以上，但年际间波动较大：产量最高的 1997 年 562.7 万 t，最低的 2005 年仅 401.2 万 t，年际间变幅高达 36.2%。从构成总产量的要素来看，播种总面积呈逐年递减的趋势，从 1995 年到 2008 年，小麦播种面积从 160 万 hm^2 减少到 116.7 万 hm^2，减少 27.1%。单产不断提高，从 1995 年每公顷的 2 656kg，提高到 2008 年的 3 435kg，比 1995 年增长了 34%。保持总产量基本稳定的原因是调减了产量低且不稳定地区的面积，而主产区小麦面积基本稳定，单产不断提高。1995 年渭南和陕南小麦种植面积分别为 30.7 万 hm^2 和 11.8 万 hm^2，共占全省小麦种植面积的 26.6%；2008 年，陕南小麦种植面积 17.6 万亩，约占全省小麦种植面积的 15%。

（四）湖北省小麦生产概况

小麦是湖北省的第二大粮食作物，"九五"以前全省小麦常年种植面积 100 ~ 120

万 hm²，占全省粮食播种面积的 25% 左右，总产 25 亿~40 亿 kg，占全省粮食总产的 20% 左右。"九五"以后，随着农业结构的调整，小麦播种面积和总产均有较大幅度的下降。2003 年全省小麦夏收面积 60 万 hm²，总产 16.5 亿 kg。与历史上最高年份的 1997 年相比，面积和总产分别减少了 51% 和 63%。2004 年和 2005 年，全省小麦播种面积虽有所回升，但仅仅只是恢复性增加，预计在今后几年，播种面积将会稳定在 66.7 万~80 万 hm²。

湖北省小麦单产在 1987 年突破 3 000kg/hm² 水平后，长期在此水平上下徘徊。1997 年是全省历史上单产最高的年份，达到 3 495kg/hm²，此后又一直下降，1999 年和 2003 年小麦单产分别为 2 853kg/hm² 和 2 745kg/hm²。而且地区间、区域内小麦单产存在严重的不平衡问题。在北部地区和南部地区分别有平均单产超过 6 000kg/hm² 和 4 500kg/hm² 的县市，但仍有不少县市单产在 1 500kg/hm² 左右；县市之间、乡镇之间很多单产差距 1 500~3 000kg/hm²。

（五）安徽省小麦生产概况

安徽省位于长江淮河下游，地处东经 114°54′~119°37′、北纬 29°41′~34°38′，处在暖温带与亚热带过渡地区，南部长 5 个纬度，东西跨 4.5 经度。由于太阳辐射、大气环流和地理环境等因素的综合影响，使安徽省成了暖温带向亚热带过渡的气候型，其中，淮河以北属于暖温带半湿润季风气候，淮河以南属于北亚热带湿润季风气候。在全国小麦种植区划中，淮河以北属于北方冬麦区和黄淮冬麦区，淮河以南属于长江中下游冬麦区。安徽全省气候温和，四季分明，年平均气温在 14~17℃，平均降水量 800~1 800 mm，小麦生育期间降水量 250~750mm。淮北地区年太阳辐射量 523~543kJ/cm²，小麦生长季节内太阳辐射量 295.4~313.4kJ/cm²，日照时数 1 373~1 436h，常年平均气温 14~15℃，积温 2 200℃，降水量 250~350mm，需补水灌溉。淮南地区年太阳辐射量 497.9~506.3kJ/cm²，小麦生长季节内太阳辐射量 221.3~291.2kJ/cm²，日照时数 922~1 195h，常年平均气温 15~16℃，积温 2 125~2 266℃，降水量 450~750mm，降水较大的 3~5 月份易发生渍害。

20 世纪 90 年代中后期，安徽省小麦常年播种面积 213 万 hm² 左右，总产 900 万~950 万 t，单产 4 200~4 500kg/hm²，是中国小麦主产省份之一。1998 年，随着全国农业产业结构调整，小麦种植面积逐年下降，到 2003 年只有 177.68 万 hm²，总产 657 万 t，单产每公顷 3 797kg。2004 年开始，小麦种植面积恢复到 199 万 hm²，总产 808 万 t，单产 4 311.8kg/hm²。自 2005 年实施"小麦高产攻关"和"粮食丰产工程"以来，安徽省小麦播种面积和产量逐年上升。2008 年，全省小麦收获面积 234.7 万 hm²，单产 4 977kg/hm²，总产 1 168 万 t，总产和单产均创历史新高，面积、总产稳居全国前四位。安徽省小麦生产区域跨黄淮和长江中下游平原两大麦区，但主要集中在淮北和江淮中北部地区，即北纬 32°~34°。淮河以北常年播种面积在 133 万 hm² 以上，占全省小麦面积 2/3 强，小麦是当地的首要粮食作物。淮河以南小麦地位逊于水稻，栽培面积约 67 万 hm²，占全省小麦面积 1/3。

二、茬口衔接

(一) 南北过渡区不同种植制度

在中国南北过渡带的小麦主产区，依据各地自然资源、气候条件，形成了小麦与其他作物平作、复种或间作、套种等一年两熟、两年三熟等不同种植模式。如在长江流域和黄淮南部的广大稻区，是以水稻—小麦为主体的一年两熟种植模式，另外也有水稻与油菜、绿肥等轮作模式。在黄淮冬麦区则以小麦—玉米一年两熟为主要种植方式，也有小麦—高粱、小麦—谷子、小麦—大豆、小麦—花生等一年两熟种植模式。黄淮平原北部棉区，有小麦复种玉米，翌年春播棉花，形成两年三熟的种植模式；黄淮平原中部和南部地区，有小麦套种棉花一年两熟。

1. 小麦—水稻一年两熟 是中国南北过渡带小麦重要的种植模式，即在水稻收获后撒播或机播小麦，翌年小麦收获后种植水稻，实现一年两熟。因此常称此类麦田为"稻茬麦"。主要分布在江苏、湖北及安徽、河南、陕西的南部稻茬区。该区域粮食生产多以水稻为主，小麦及其他作物占相对次要地位。由于稻茬地土壤质地黏重、耕性差，加上小麦生育后期麦田渍害重等，使稻茬麦生产具有明显不同的特点。

2. 小麦—玉米一年两熟 是南北过渡地带的河南、陕西大部以及安徽北部地区小麦主要种植模式，有麦后直播玉米、小麦后期套种玉米两种方式。其中，套种以豫北等光热资源相对不足的地区居多，即冬小麦采用宽窄行或小畦种植，麦收前将玉米套种到麦田预留宽行或畦埂上，使两茬作物的主要生育期错开，实现一年两熟。这种套种模式可以解决小麦、玉米一年两熟生长季节不足的矛盾，可以延长玉米生长期，改早熟品种为中晚熟品种以提高产量。有的地区为了用地养地结合，把玉米套种的行距放宽，麦收后在玉米的行距内复种大豆或绿肥作物，形成玉米间作大豆或绿肥，即通常称为"两粮一豆"或"两粮一肥"的种植方式。因玉米和大豆或绿肥是间作，主要生育期处于共栖条件下，仍属一年两熟。

3. 小麦与棉花套种 小麦与棉花套种在长江流域的历史悠久，分布较广；黄淮流域随着水、肥等条件的改善，其面积也有扩大。一般采用条带套种或条垄套种，即种2~3行小麦或1~2个宽幅小麦，留出空行套种棉花；或在厢面中间种植一带宽幅的小麦或大麦，厢的两边预留空行种沟边棉；或在垄沟种一宽条小麦，垄背上套种两行棉花。麦棉套种方式因各地具体条件有所不同，其共栖期为15~35d。在套种中小麦宜选用早熟、矮秆、抗倒伏的丰产品种，预防因倒伏压坏棉苗；麦收后及时灭茬，加强棉苗管理，促进棉苗早发。在黄淮冬麦区采用麦棉套种，宜把小麦种在垄沟里，棉花种在垄背上，有利于解决小麦中后期耗水较多，需要灌水，而棉花苗期又不宜水分过多的矛盾。

4. 小麦与油料作物套种 种麦时预留一定宽行，麦收前套种大豆、花生、芝麻等油料作物。山东、河南等省在麦田套种花生多采用条垄套种，把花生套种在垄背上。套种时间不宜过早，防止形成老苗或高脚苗，影响花芽分化。

5. 小麦与豆类作物间作、混种 长江流域有在小麦厢沟两侧间作蚕豆或豌豆的，麦豆收获后复种水稻。黄淮平原部分地区有将冬小麦和秋播豌豆混种，两种作物共栖互养，麦豆同时收获，然后再复种玉米等夏播作物。此外，在中国南方雨水较充足的旱坡地，有三熟平作或套种的。如小麦、豆类、玉米；小麦、玉米、高粱；小麦、玉米、甘薯；小麦、玉米等。也有插入一季经济作物或绿肥的三熟平作的种植方式。

（二）过渡地带主要省份种植模式及茬口衔接

江苏省依据农业资源和生产现状分为太湖、宁镇扬丘陵、沿江、沿海、里下河和徐淮6个农业生态区，种植制度主要有旱谷和稻麦两种类型，小麦、水稻一年两熟是各区的主体种植模式。此外，还有小麦—玉米、小麦—大豆、小麦—棉花、小麦—西瓜、小麦—甘薯等多种模式的一年两熟旱作制。

安徽省淮河以北地区作物种植制度长期以来是两熟制为主，一般是小麦与夏大豆、玉米、花生、甘薯年内两熟后，再种春玉米、甘薯、棉花、烟草、黄红麻等，其中，小麦是中心作物。近年来为提高复种指数，春茬作物面积逐渐减少，大部分改为夏茬，棉花则改为营养钵育苗移栽到麦行中实行套种，所以变为以小麦为主的夏秋作物一年两熟制。黄淮地区部分为小麦—水稻两熟制。江淮之间种植制度是以水旱并存的一年两熟制为主，其中，水田以水稻为中心与小麦、油菜或绿肥年内两熟，而旱地则是小麦与甘薯、玉米、大豆、杂豆等年内两熟。沿江、江南地区因水热资源丰富，是双季稻为主的一年三熟制，一般是早稻、晚稻、小麦或油菜。

湖北省小麦耕作制度和种植制度多样化，据2006年湖北省农业厅统计资料，全省稻茬麦面积占全省小麦总面积的54.3%，旱地小麦面积占全省小麦总面积的45.7%。旱地小麦中，麦棉间套作、麦玉（米）间套和麦花（生）间套作的面积均较大，其中，麦棉的面积占小麦总面积的17.5%，麦玉占小麦总面积的15.9%，麦花占6.4%。而其他连作或轮作方式，如小麦—芝麻、小麦—大豆、小麦—马铃薯和甘薯等占小麦播种面积的11.5%。

河南省南北跨度大，土壤类型多，生态条件差异较大，但小麦种植模式单一，多为一年两熟制。除豫南稻茬麦区（信阳）、沿黄稻茬麦区为稻麦一年两熟外，全省以小麦—玉米一年两熟为主，占小麦总播种面积的60%以上，其他为小麦—棉花、小麦—花生、小麦—豆类、小麦—甘薯等。

陕南平坝麦区水田以稻麦两熟为主，旱坡地以小麦、玉米一年两熟为主。秦巴浅山丘陵区水田稻麦连作，缓平地小麦、玉米一年两熟。

（三）主要模式下小麦生长发育特点

中国稻茬麦主要分布在长江流域，长江流域以北以稻麦两熟为主。长江流域以南除稻麦两熟外，江苏、浙江、江西、湖南、福建等省及上海市，还有早稻—晚稻—小麦（或大麦）一年三熟的。中国稻茬麦的面积是世界上最大的，单产也较高，在南方冬麦区还有较大面积的冬闲田可以发展稻茬麦。20世纪70年代以来，黄淮冬麦区有些地方推行旱田改水田以及水稻旱种，扩大种植水稻面积，从而发展了稻麦两熟种植制。种植稻茬麦地区小麦商品率较高，而且有较大的增产潜力。这种栽培制度对提高粮食总产量有重要作用。

1. 稻茬麦生长发育特点　与旱地小麦相比，稻茬地多地势低洼，地下水位高，土壤板结，土质黏重，通透性差；耕翻整地后形成条块，失墒后形成僵块，土块间隙大，易跑墒；特别是大型农机具作业后，田间基本都是细土块，形成漏风土。

影响了麦苗根系的发育和吸收功能，导致僵苗不发，播种时落种浅，不易出苗，难获全苗、壮苗，缺苗断垄多。再加上前茬作物水稻收获较晚，影响了小麦的正常播种，导致小麦产量低而不稳。稻茬麦比旱作两熟制小麦产量低，主是是因为亩穗数不足、穗粒数偏少、千粒重偏低。稻茬麦单株根量在越冬期比旱地小麦减少11%，抽穗期减少7%~9%；冬前叶龄和分蘖分别减少1.7和2.9个，粒重减少2g。稻茬麦田病虫草害的发生也往往比旱地严重。杂草主要有看麦娘、野燕麦、牛繁缕、小飞蓬、剪刀股、芒草等。近年来，河南省沿黄稻茬麦田杂草群落发生了变化，硬草、芒草、早熟禾等禾本科杂草滋生蔓延迅速，已成为为害稻茬麦田小麦的主要杂草种类，对小麦的产量影响较大，一般减产20%~30%，发生严重的地块甚至绝收。小麦害虫以蚜虫、红蜘蛛、黏虫等为主；病害主要有锈病、纹枯病、白粉病、赤霉病等。

2. 旱茬麦生长发育特点　旱茬麦是相对于稻茬麦而言的，包括前茬是玉米、棉花、甘薯、花生等秋作物的小麦田。主要分布于南北过渡带的黄淮南部地区，包括安徽北部及河南、陕西的大部分麦田，是中国小麦主产区，也是高产区，一些高产纪录均在这些区域创造。如2009年河南创造了小麦—玉米两熟制百亩连片小麦单产751.9kg/亩的高产典型。由于南北跨度大、生态环境复杂、土壤类型繁多，不同地区、不同土壤类型下旱茬麦发育特点不同，如河南旱茬麦具有"两长一短"的生长发育特点，即小麦分蘖期长、幼穗分化期长、籽粒灌浆期短。选取对路品种、打好播种基础、合理肥水运筹、应变栽培管理是实现旱茬麦高产稳产的基础。

（四）中国稻茬麦的分布和发展概况

中国稻茬麦的面积是世界上最大的，单产也较高。中国南方和北方都有稻茬麦，在南方冬麦区还有较大面积的冬闲田可以发展稻茬麦。中国稻茬麦主要分布在长江流域。长江流域以北以稻麦两熟为主，长江流域以南除稻麦两熟外，江苏、浙江、江西、湖南、福建等地，还有早稻—晚稻—小麦（或大麦）一年三熟的。20世纪70年代以来，黄淮冬麦区有些地方推行旱田改水田以及水稻旱种，扩大种植水稻面积，从而发展了稻麦两熟种植制。种植稻茬麦地区小麦商品率较高，而且有较大的增产潜力。这种栽培制度对提高粮食总产量有重要作用。

目前，中国的稻茬麦主要分布在长江流域各省和淮河沿岸水稻种植地区，属亚热带向暖温带过渡地带，面积在400万hm²左右。其中，以江苏、安徽、河南南部、四川北部、湖北北部等省面积较大，约占中国南方小麦种植面积的80%（余松烈，2006）。稻茬麦的生产和发展对中国和世界粮食安全具有重要的作用。依据自然条件、耕作制度、品种特性等特点，彭永欣等（2012）初步将中国稻茬麦划分为：① 沿淮及淮北平原稻茬麦区；② 沿江沿运河稻茬麦区；③ 丘陵山地稻茬麦区；④ 盆地平原稻茬麦区；⑤ 滨潮湿地稻茬麦区；⑥ 沿海稻茬麦区等主要类型区。

1. 沿淮及淮北平原稻茬麦区

（1）生态条件 本区主要包括安徽、江苏两省的沿淮及淮河以北部分灌溉条件较好的市县，以及河南省淮河以南的信阳、南阳、驻马店等市县，山东省鲁西南平原湖洼地区的鱼台、菏泽、临沂、郯城、济宁等市县。上述地区处于黄淮平原南端，海拔一般在100m以下，属暖温带半湿润气候，具南北气候过渡类型的特点。常年平均气温为13～15℃，小麦生育期间0℃以上的积温2 000～2 300℃，光照条件优于其他稻茬麦区，小麦一生常年日照1 400～1 650h，平均每日6.5h左右，昼夜温差较大，有利于小麦生长和产量形成，是稻茬麦高产区。小麦生育期间降水250～400mm，小于小麦需水量，且时空分布不均。

淮北稻茬麦区位于黄淮冲积平原南缘，土壤类型较多，有砂姜黑土，黄河冲积土（包括淤土、两合土、沙土、花碱土）以及少量滨海盐土和湖洼淤土，土壤肥力除淤土、两合土较高外，一般都较低，土壤有机质含量为0.5%～1.0%，全N 0.04%～0.08%，速效P<5mg/kg，速效K<80mg/kg，近几年通过测土配方施肥、秸秆还田等技术的推广应用，土壤有机质含量和N、P、K等养分含量有所上升，特别是本区的淤土和两合土蓄水保肥能力强，有利于籽粒蛋白质形成，是稻茬麦区中的中、强筋小麦的适宜产区。

（2）生产特点 本区自20世纪50～60年代实行旱改水，以种植早熟中籼稻和早熟中粳稻为主，小麦品种以冬性和半冬性品种为主。至70年代，以推广杂交籼稻和中粳稻为主，小麦品种以半冬性为主，搭配有冬性品种，近几年来籼稻比例缩小，偏迟熟中粳稻面积扩大，成熟期推迟，水稻收获后，土壤含水量大，需晾晒适墒后才能进行耕翻整地播种，导致小麦晚播。春性品种面积扩大，遇暖冬年型，春季冻害严重，冷冬年型则又因年前分蘖发生少，难以形成冬前壮苗，穗数不足，产量不高不稳。同时本区少雨易旱，秋、冬、春3季均有可能遇旱，干旱几率达70%左右，如出现冬、春持续干旱，将对小麦产量产生极大影响。此外，本区小麦生育后期雨涝天气也时有发生，常导致麦田湿害，根系早衰，病害加重。日照不足，光合物质生产量下降，籽粒不饱满，特别是雨后高温或遇西南干热风危害，导致麦子枯熟减产。

（3）栽培要点 根据本区的生态、生产条件、种植制度和播种期的特点，应注意选用优质半冬性和抗寒性强的春性品种。水稻在适播期前收获的地块，采取透墒少免耕机条播、精量、半精量播种，水稻成熟迟的晚茬田，可采取在适播期内实施免耕套播麦播种，半精量播种，先播半冬性品种，再播春性品种，春性品种不能早于10月20日播种，半冬性品种的适播期掌握在10月5～15日，早茬口麦田要适当降低基本苗，争取分蘖成穗，晚茬麦要适当增加基本苗，以争取足穗。施肥技术上要注意推广测土配方施肥，秸秆还田，增施P、K肥，施肥与灌水结合，提高肥料利用率。为防御旱涝、湿害，稻茬麦田安全灌排系统，做到旱能灌、涝能排，提高抗灾应变能力，提高机械化收获、脱粒作业水平。确保小麦稳产丰产。

2. 沿江沿运河稻茬麦区

（1）生态条件 主要包括江苏、安徽、湖北等省长江两岸的狭长地带及沿运河所有的市县。自然条件有明显的差异。东部滨海临江，具有过渡性和海洋性的气候特点，常年日平均气温 15 ~ 16℃，秋季降温较慢，冬季极端最低气温 7.5 ~ 10.8℃，无霜期 226d 左右，常年小麦越冬期短，暖冬年无明显越冬期。小麦生育期间降水量常年在 450 ~ 500mm，丰水年超过 600mm。由于降水时空分布不均，小麦生长期间干旱、烘耕烂种时有发生；由于地下水埋藏较浅，涝渍害发生机率较高；生育中、后期降水频率较高，特别是灌溉期间降雨雾罩，常诱发赤霉病，是本区小麦单产高而不稳定的主要影响因素。

沿江地区成土母质为长江冲积物，土壤以黄沙土为主，此外尚有沙土、灰潮土、细粉土和黄土等类型，除含 K 量较低外，有机质及含 P 量均属中等。

（2）栽培要点　本区域的沿江高沙土区是中国优质弱筋小麦生产的优势区域。选用抗湿性好、抗病性强的优质小麦品种是本区增产潜力所在。搞好农田水利设施，灌排结合，以排为主，提高麦作抗灾能力，规划好水产养殖，防止地下水旁渗引起麦田湿害；推广秸秆还田，增施 P、K 肥，培肥土壤，发展省工、高效集约化耕作，轻简栽培技术，提高种植效益。

3. 丘陵山地稻茬麦区

（1）生态条件　主要包括江苏省西南部的南京、镇江、扬州及常州 4 个市的部分地区和安徽省的皖东滁州市、皖中合肥市与皖西的六安市。本区气候较沿淮及淮北麦区温暖，属亚热带湿润气候向暖温带半湿润气候的过渡地带。年平均气温 14 ~ 16℃，秋季温度较高，冬季温度变幅较大，1 月平均气温 0 ~ 1℃，极端最低气温 – 10 ~ 15℃，有的年份麦苗冻害较重，春季温度回升快，时有寒流入侵，发生春霜冻害，小麦灌浆成熟期间，有时出现高温逼熟现象。全年降水量 900 ~ 1 020mm，小麦生育期间降水 400 ~ 500mm，秋季降水偏少，秋旱频率较高，常影响秋播整地、出苗，春季降水偏多，麦田湿害时有不同程度发生。本区土壤类型比较复杂，主要有黄棕壤、黄褐土类中的马肝土、黄土和水稻土，土壤质地黏重，适耕期短，耕作层较浅，除少数冲田和圩区土壤有机质含量达 2%，全 N 达 0.1% ~ 0.15% 以外，一般土壤基础肥力偏低，缺 P 缺 K；有机质含量仅 1% 左右，全 N 仅 0.05% ~ 0.1%，全 P < 0.1%，速效 P 仅 3 ~ 5mg/kg，速效 K 70 ~ 80mg/kg，缺 B 也较普遍。

（2）栽培要点　选用耐旱、耐湿、耐瘠，抗逆强、稳产性好的中筋小麦品种，部分肥力水平较低的沙性土区可种植弱筋小麦品种。注意改革耕种技术，提高播种质量，适时、适墒半精量播种。推广测土配方施肥，增 N、P、K 肥、秸秆还田等施肥技术。改善灌排设施，开好麦田内外沟系，排水防渍，防旱。改变传统施肥习惯，肥料运筹采取施足种肥，早施苗肥，促早发，越冬返青保稳长，拔节、孕穗攻穗重的模式。

4. 盆地平原稻茬麦区

（1）生态条件　本区地处四川盆地西北部，包括成都平原及周边的市县，除北部山地外，地势平坦，海拔在 400 ~ 700m，是中国农业最发达的地区之一，是四川省小麦的高产区，平均单产 4 500 ~ 5 000kg/hm²。区内气候温和，常年平均气温 16 ~ 18℃，小麦越冬期间 ≥0℃ 的日数为 10 ~ 25d，1 月份日平均温度 5 ~ 8℃，比同纬度的长江中下游稻茬麦区暖和，小麦越冬期间不停止生长。年降水量约 1 000mm，春季降水 150 ~ 350mm，在小麦播种整地和开花成熟阶段降水较多，播种期间湿害和生育后期风雨是不利因素，冬春时有干旱发生。全年日照时数为1 100~1 300h，小麦生育期间日照仅400~500h。气候特点是温度高、湿度大、云雾多、日照少。小麦条锈病危害严重，白粉病次之，赤霉病偶发。盆地土壤深厚肥沃，黏湿保肥，排水性差，整地难度大，生产潜力亦大。

（2）栽培要点　选用抗病、耐湿性好的高产品种。改善灌排设施，合理灌排，降低土壤湿度。适墒、适期播种，提高出苗率。推广沟条播、少（免）耕、小窝密植、秸秆覆盖还田技术。测土配方合理确定N、P、K配比，对缺乏微肥土壤，注意增施Mn、B等微肥，加强草害和病害防治。

5. 滨湖湿地稻茬麦区

（1）生态条件　本区主要包括长江中游的江汉平原、洞庭湖平原、鄱阳湖平原和长江下游的太湖平原，高、宝湖畔的里下河地区。海拔高度在20~30m。境内水系发达，常受到外来客水影响，地下水位埋藏较浅，多在0.5~1.0m以内，降水多，涝渍危害发生频度较高。常年平均温度15~17℃，小麦播种期幅度宽，无明显越冬期，越冬期间小麦仅是缓慢生长，灌浆成熟期间，阴雨寡照，是粒重不稳的重要因素。常年降水量在1 000~1 200mm，小麦生育期间降水量500~600mm，超过小麦需水量，秋冬季降水较少，春季偏多。日照时数偏少，小麦生育期间日照时数在1 000~1 100h，特别是4~5月份平均日照时数不足150h的几率很高。

本区土壤成土母质是由江、河冲积和湖泊泥沙沉积而成，土壤主要有黄泥土、白土、乌山土、青紫泥土、有沙土、黏土、壤土，大多数土壤比较黏重，由于地下水位易升不易降，一般土壤透性差，形成潜育型土壤，是麦作产量不稳的重要障碍因子。

（2）技术要点　选用耐湿、抗病、抗穗发芽的中早熟小麦品种。搞好农田水利设施，发展机械开沟，地下暗管，田内沟与田外沟配套，控制河水位与地下水位，提高麦田抗涝、防湿能力。发展省工、高效、集约化耕作栽培技术，推广少（免）耕、稻田套播麦、测土配方高效施肥、化学除草，防病、机械化收获等轻型栽培技术。

6. 沿海稻茬麦区

（1）生态特点　本区从长江入海口上海市的崇明县到江苏省南通、盐城、连云港等市滨海平原地区。一般海拔1.5~5.0m。年平均气温14℃左右，秋季温度下降缓慢，雨水少，日照充足，有利小麦播种出苗。冬季降温较慢，近几年小麦越冬界限不明显，春季气温回升明显。年平均降水量在580~1 200mm，小麦生育期间降水在310~450mm，南多北少，主要集中在小麦拔节至开花、灌浆成熟期间。常年平均日照时数在2 000~2 600h,小麦生育期日照时数在1 100~1 200h，有利于小麦生长发育，小麦平均单产5 000~6 000kg/hm²，是稻茬麦的高产区。

本区土壤来源为江淮冲积物，多为沙壤土，有少量黄黏土，含盐量在0.02%~0.2%，有机质含量一般在1.0%~1.6%，全P 0.15%左右，速效P近几年有所上升，在10~30 mg/kg。中南部沙性土区稳水保肥性差，是优质弱筋小麦生产优势区域，中南北部黏土区适宜优质中强筋小麦生产。

（2）栽培要点　中南部地区注意选择抗病、抗倒、耐湿性好的春性弱筋小麦品种，以发挥弱筋小麦生产区域优势，北部宜选用抗寒、抗病、增产潜力大的半冬性中强筋小麦品种。推广秸秆还田、测土配方施肥、稳 N 增 P、K 等施肥技术。加强灌排系统的维修、保护，以利排水降渍，注意病虫草害的防治，提高机械化水平，保证农时与作业质量。

第二节　稻茬麦的生长发育

一、稻茬麦品种生态型

《中国小麦栽培学》（1996）将中国小麦种植区划划分为 3 个主区（春麦区、冬麦区、冬春麦兼播区）和 10 个亚区，其中，南北过渡带的稻茬麦主要位于长江中下游冬麦区（亚区）。该区包括河南省信阳地区以及江苏、安徽、湖北等省份的部分地区。由于该区年降水量在 830～1 870mm，小麦生育期间降水量 340～960mm，常受渍害为害，加之阴雨天多、空气湿度大，小麦病害重；同时稻茬麦因水稻收获、整地等原因影响适期播种，适宜种植的小麦品种类型属于介于冬性、春性之间的过渡类型或弱春性类型，即在 0～12℃下 5～15d 或 0～7℃下 15～35d 可完成春化阶段，正常抽穗结实。

（一）江苏、湖北稻茬麦品种生态型

该区常年日平均气温 15～16℃，冬季极端最低气温 7.5～10.8℃，无霜期 226d，常年小麦越冬期短，暖冬年无明显越冬期。因此要求小麦品种类型为弱春性品种。由于该区降水量偏多（小麦生育期间 400～500mm），渍涝害发生几率较高，病虫害为害重，因此宜选用耐湿、抗病、抗穗发芽的中早熟弱春性小麦品种。苏中、苏南地区大面积生产推广应用的主体品种均为春性红皮小麦，品种类型单纯，要求高产、稳产、优质、综合抗性好的品种。淮北地区相对复杂，适期播种条件下宜选用半冬性多穗型品种，以充分发挥其穗多高产优势；晚播条件下则应选用弱春性大穗型品种，以穗重优势弥补成穗不足的损失。特别是直播稻茬，由于播期大幅推迟，苗期生长量严重不足，多数分蘖难以成穗，选用春性品种或大穗型品种尤为重要。

（二）安徽稻茬麦品种生态类型

淮河以南的稻茬麦以种植春性或弱春性的红粒小麦为主。要求早熟，早生快发，分蘖、成穗力中等，光照反应不敏感，穗大，株型略松散，灌浆速度快，中秆抗倒伏，后期耐渍、耐高温，抗主要病害（赤霉病、纹枯病、白粉病）性好，成熟落黄好。淮河以北以种植半冬或弱春性的白粒小麦为主，要求中熟类型，前期发育慢，后期发育快，灌浆强度大，适宜性、抗病性好，耐肥抗倒。

（三）豫南稻茬麦品种生态型

豫南的信阳、驻马店、南阳 3 市地处北亚热带向南暖温带过渡地带，光、热、水等

自然因素年际间变幅大，气候、土壤等条件呈现明显的过渡性地带特征。南北方农业特色交织在一起，形成了温暖湿润的以稻麦两熟为主的独特的过渡性生态类型区，其中，信阳稻茬麦面积较大。所采用品种以弱春性类型为主。2013 年河南省农业厅提出该区稻茬麦秋播品种布局意见：以弱春性品种豫麦 18 ~ 豫麦 99、郑麦 9023、偃展 4110、先麦 8 号为主，搭配扬麦 20。

二、生育期和生育阶段

（一）生育期天数

小麦从出苗到成熟所经历的天数叫生育期。其长短因品种特性、生态条件和播种早晚的不同而有很大的差别，一般中国南北过渡带稻茬麦生育期在 200 ~ 250d。

安徽与豫南稻茬麦具有相似的生育特点和生育期，自南向北全生育期 205 ~ 240d。由于气候的过渡特征，小麦生长具有"两长一短"的特点即分蘖期长、幼穗分化期长、籽粒灌浆期短。分蘖期一般 120 ~ 140d，短于北方而长于南方，成穗数多于南方但比北方少；幼穗分化期很长，自江淮麦区至淮北麦区可达 140 ~ 170d，有利于籽粒形成，穗大、粒多的优势十分明显。可是灌浆期则短于南方，与北方相近或稍长，为 30 ~ 40d，但因光照条件和昼夜温差不如北方有利，小麦粒重没有北方优势强。

江苏稻茬麦区小麦生育期一般为 200 ~ 220d。

（二）物候期划分

小麦生产中，根据器官形成的顺序并便于生产管理，常把小麦生育期分为若干个生育时期。一般包括出苗期、三叶期、分蘖期、越冬期、返青期、起身期（生物学拔节）、拔节期、孕穗期、抽穗期、开花期、灌浆期、成熟期 12 个时期。其中，长江以南部分稻茬麦或年份也无明显的越冬期和返青期。

1. 出苗期　田间有半数麦苗露出地面 2 ~ 3cm 的时候，即为出苗期。如果墒情好温度适宜，1 周左右就能出苗。如豫南稻茬小麦适宜播期 10 月 20 日前后，江苏稻茬麦区适宜播种期在 11 月 2 日前后，此期日平均气温在 14 ~ 17℃，播种后 6 ~ 7d 出苗。

2. 三叶期　田间 50% 以上的麦苗主茎第三片绿叶伸出 2cm 左右的日期，为 3 叶期。

3. 分蘖期　一般麦田在出苗后约 15d，当主茎长出 3 片叶，第四片叶刚开始出现时，在主茎第一片叶的叶腋处长出主茎的第一个分蘖。当田间有一半麦田第一个分蘖露出叶鞘时，即为分蘖期，一般 11 月上旬进入分蘖期。

4. 越冬期　在冬前日平均温度下降至 0℃ 左右，麦苗基本上停止生长时，即为越冬期。一般 12 月下旬进入越冬期。

5. 返青期　当跨年度生长的叶片由叶鞘长出 1 ~ 2cm，全田有半数麦苗达到这一程度，而且仍处匍匐状态时，即为返青期。冬性、半冬性品种匍匐状态较为明显，春性品种不明显，一般在 2 月中旬进入返青期。

6. 起身期　全田有半数以上的麦田由匍匐状转向直立生长，主茎的春生第二片叶接近定长，幼穗分化进入小穗原基分化期时，即为起身期。3 月上旬进入起身期。

7. 拔节期 全田半数以上的麦田第一伸长节间露出地面 1.5~2cm，幼穗分化进入药隔期时，即为拔节期。一般 3 月中旬进入拔节期。

8. 挑旗期 麦田半数以上的旗叶全部伸出叶鞘，幼穗分化接近四分体形成期时，即为挑旗期。

9. 抽穗期 麦田半数以上的麦穗顶端（不包括麦芒）露出叶鞘时，即为抽穗期。

10. 开花期 麦田半数以上的麦穗开始开花时，即开花期。一般在抽穗后 3~6d。在 4 月下旬前后。

11. 灌浆期 麦粒胚乳刚呈清乳状开始进入充实期。一般在开花后 10~13d。时间一般在 5 月上旬。

12. 成熟期 大部分籽粒的胚乳呈蜡质状，麦穗和穗下节变黄色，大部分籽粒变硬，粒重也最高。一般在 5 月下旬至 6 月上旬开始收割。

认识和了解了小麦这些生育时期，以便于按照不同生育时期进行相应的栽培管理。

（三）生育阶段

1. 生育阶段划分 为了栽培管理上的方便，根据小麦生长发育中心的变化，将其一生划分为 3 个生长阶段，即营养生长阶段，营养生长和生殖生长并进阶段和生殖生长阶段。

（1）营养生长阶段 小麦从种子萌发至幼穗开始分化之前为营养生长阶段。主要是生根、长叶和分蘖。表现为单纯的营养器官生长，是决定单位面积穗数的主要时期。

① 根 根系在小麦生命活动中，不仅吸收养分和水分起固定作用，也参与物质合成和转化过程。小麦的根系属于须根系，由初生根群（种子根或胚根）和次生根群（节根、不定根）组成。小麦的初生根一般 3~5 条，多者可达 7~8 条。次生根着生于分蘖节上，三叶期之后，自下而上陆续发生。次生根的发生与分蘖的增加有密切关系，条件适宜时每长出一个分蘖，在同一节上长出 2 条次生根。次生根的发生有两个高峰期，一是冬前分蘖盛期，二是拔节始期。小麦的根群主要分布在 0~40cm 土层。由于稻茬麦田土壤湿黏，透气性差，小麦根系不发达，越冬前单株一般能生长 4~5 条次生根，冬季随着土壤含水量降低，加上温度降的不是太低，根系仍有一定的生长，越冬期间次生根一般能增长到 8 条左右，返青期达到 10~15 条，抽穗期多为 15~20 条，次生根发生数量与播种早晚、群体大小、土壤水肥条件及个体发育状况密切相关。

② 叶 叶是小麦进行光合作用、呼吸作用、蒸腾作用的主要器官。小麦一生中由主茎分化的叶片数因品种、播种期和栽培条件而不同。可把主茎叶片数分为遗传决定的基本叶数和环境影响的可变叶数两部分。不同生态型品种主茎叶片数有较大不同。春性品种的叶数较少，冬性品种的叶数较多，同一品种早播的叶数较多，晚播较少。南北过渡地带稻茬麦区小麦品种主茎在 11~14 片叶，豫南稻茬麦越冬前平均 10d 左右长 1 片叶，需 0℃以上积温 100℃左右。根据着生位置和作用功能不同可分为两类：一类是近根叶组，小麦在播期适宜，肥水充足情况下，一般有 8~9 片近根叶，密集着生在分蘖节上。

其中，冬前近根叶6~7片，主要作用是促进冬前分蘖发根，形成壮苗，为安全越冬与返青生长奠定了基础，越冬后相继死亡；另有1~2片近根叶返青后长出，主要促进返青后分蘖发根，壮秆大穗，拔节后功能衰退，孕穗期死亡。第二类是茎生叶组，着生在伸长的茎节上，一般5片左右。主要作用是促进茎秆伸长充实。小穗小花发育，促粒多，粒大、粒重。其功能在灌浆和成熟期开始衰退。

③ 分蘖　分蘖是小麦的重要生物学特征之一。分蘖的多少、生长的壮弱，对群体的发展与成穗多少有密切的关系。小麦的分蘖发生在分蘖节上。分蘖节是植株地下部不伸长的节间、节和腋芽等紧缩在一起的节群。幼苗时期，分蘖是有一定顺序的，一般是以主茎为中心在分蘖节上由下而上逐步发生，直接从主茎叶腋处长出的分蘖叫一级分蘖；从一级分蘖叶腋处长出的分蘖叫二级分蘖；依次类推。豫南稻茬麦区在正常播种条件下，出苗后15~20d开始分蘖。但由于该区小麦冬前生长缓慢，分蘖时间短，分蘖少，分蘖出生速度的高峰期（主茎7~8片叶）出现在小麦返青期以后，于2月中旬分蘖达到高峰。小麦进入越冬期壮苗和旺苗的标准：半冬性品种主茎叶龄6~7时为壮苗，达到8叶时即为旺苗，有可能提前拔节；春性品种5叶至6叶为壮苗，7叶时为旺苗。最后能形成穗的分蘖叫有效分蘖，不能成熟的分蘖叫无效分蘖。

（2）营养生长和生殖生长并进阶段　小麦自幼穗分化到抽穗是营养生长和生殖生长并进阶段。其生长特点是幼穗分化与根、茎、叶、分蘖的生长同时并进。主要是茎、穗发育为中心。是决定穗粒数主要时期。

① 茎秆　茎秆由茎节和节间组成。具有支持、疏导、光合和储藏作用。茎节可分为地上节和地下节两部分，地下节不伸长构成分蘖节。密集于土中。地上节伸长通常是4~6个节间。一般为5个节间，分蘖的地上节间数常等于或小于主茎节间数。主茎的高度因品种和栽培条件不同而不同，以70~80cm为宜。

② 小麦的穗分化　根据形态特征与分化进程，常将穗分化过程分为8个时期，即生长锥伸长期、单棱期（穗轴节片分化期）、二棱期（小穗原基分化期）、颖片原基分化期、小花原基分化形成期、雌雄蕊原基分化形成期、药隔形成期和四分体形成期。研究表明，单棱期至小花原基分化期是争取小穗数的关键时期，小花原基分化至四分体形成期是防止小花退化、提高成花数和结实率的关键时期。因此，生产上要促进穗大、粒多，必须围绕上述器官形成规律正确运用栽培措施。稻茬小麦穗分化一般于12月上旬开始，越冬期（12月20日前后）进入二棱期，越冬期间完成小穗分化；返青期进入护颖和小花分化期，4月上旬达到四分体时期。从伸长期到花粉粒形成共历时140d左右。若因秋涝播种期推迟，幼穗分化往往以单棱期越冬，这样二棱期时间只有15~20d，幼穗分化共历时110d左右。不同类型品种幼穗分化进程差异较大。

（3）生殖生长阶段　指小麦从开花受精至灌浆成熟这段时间，以籽粒形成和灌浆为主，是决定粒重的阶段。小麦一般在抽穗后3~6d开花，开花时间3~5d，一块麦田持续6~7d。小麦是自花授粉作物，天然杂交率一般不超过0.4%，千粒重日增量1~1.5g。稻茬小麦一般从开花到成熟需30~40d。

小麦的3个生育阶段决定着小麦各部分器官的建成和产量因素（穗数、粒数、粒重）

的形成，既有连续性，又显示了一定的阶段性。前一阶段是后一阶段的基础，后一阶段是前一阶段的发展。由于 3 个阶段各有不同的生长中心，因此不同阶段的栽培管理目标也不相同。

2. 生育阶段特征与田间管理 稻茬由于土壤黏重、湿凉，加之耕作特点的差异，稻茬麦与旱田小麦具有明显不同的发育特点。从产量 3 要素看，稻茬麦最好走以主茎成穗为主，争取部分分蘖成穗的途径；提高穗粒数方面，要促使一级、二级分蘖赶主茎，除能提高分蘖成穗率外，还能促进分蘖幼穗发育，提高结实率，争取穗大粒多；同时稻茬麦因后期气候条件和病虫害的影响，千粒重低而不稳、年际间变化大，栽培上应注意小麦生育的中后期清好"四沟"，降湿防渍害，搞好"一喷三防"，及时防治病虫害，乳熟末期抢晴收获，以防粒重降低或遇雨水发芽。

（1）分蘖阶段的生育特点和田间管理 出苗分蘖阶段，自播种出苗开始，到拔节为止。春性小麦出苗至拔节 4 叶进入幼穗伸长期，半冬性小麦出苗至拔节 5 叶进入幼穗伸长期。

栽培管理要求，一是要苗齐、苗壮，二是争取早分蘖、早发根，三是实现壮苗越冬，四是安全越冬，为增产打基础。

管理措施如下。

① 分蘖肥 分蘖肥用量不可过多，防止冬前旺长，降低抗寒能力。一般每公顷追尿素 60 ~ 80kg 以促进分蘖和幼穗分化。

② 化学除草 在播后至出苗前，用 25% 绿麦隆可湿性粉剂 200 ~ 300g 加水 60kg 喷雾，在下雨期间喷药最好。

③ 镇压 一般在越冬期间进行，对生长过旺的麦田进行镇压，控上促下，缩短茎基部一节、二节间长度，增加粗度，提高抗倒能力。

④ 防御冻害 防御冻害的主要措施有：选用抗寒强的品种、适时播种、培育壮苗、寒潮来前浇水和减轻冻害。

（2）拔节孕穗阶段的生育特点和田间管理 拔节孕穗阶段包括拔节、孕穗、抽穗等生育时期，属营养生长和生殖生长并进阶段。早春气温上升到 10℃ 以上时，小麦开始拔节，拔节后的分蘖一般为无效分蘖。孕穗以后是小花发生分化和部分退化的时期。拔节期以茎、叶生长为主，孕穗期以茎、穗生长为主。

田间管理要点如下。

① 合理追肥 拔节 ~ 孕穗期是小麦生长发育和决定产量的关键时期，结合群体发展，一般每公顷追尿素 100 ~ 120kg，提高植株营养供应，促进生殖器官发育，增粒增重，防早衰。

② 清沟排渍 稻茬麦区 3 月雨水逐渐增多，导致小麦各种病害发生，麦田要注意清沟排渍，降低水位，减轻病害。

③ 预防倒伏 主要措施包括选用抗倒伏矮秆品种，合理肥水运筹，采用植株生长调节剂处理，控制旺长。

（3）抽穗至成熟阶段的生育特点和田间管理 小麦抽穗后进入生殖生长阶段。长江中下游小麦在 4 月中旬前后抽穗，抽穗时间大约 40d。本阶段是小麦籽粒形成时期，也是决定小麦粒数的关键期。

小麦生育后期是决定产量的重要时期，主要管理措施如下。

① 合理排灌　小麦抽穗后，生理需水量增大，是小麦一生中需水的高峰，要求土壤相对含水量 70% 左右为宜，发生干旱应进行合理灌溉。在 4 ~ 5 月稻茬麦区进入多雨季节，要注意清沟排渍，做到明水能排，暗水能滤。

② 防治病虫害　稻茬麦区后期田间湿度大，病害发生重，主要有赤霉病、白粉病、锈病和黏虫、蚜虫为害，应加强病虫的防治。

③ 及时收获　防止穗发芽。

第三节　稻茬麦的品种资源和品种沿革

一、过渡带不同省份小麦品种资源

（一）河南小麦品种资源

1. 强筋小麦品种　主要介绍如下品种。

豫麦 34：由河南省郑州市农业科学研究所选育而成。1994 年通过河南省、1998 年通过国家农作物品种审定委员会审定。

豫麦 47：弱春性多穗型中早熟品种。由河南省农业科学院小麦研究所选育而成。1997 年通过河南省农作物品种审定委员会审定。

郑麦 9023：弱春性早熟品种。由河南省农业科学院小麦研究所引进西北农业大学杂交组合材料选育而成的强筋型优质小麦新品种。2001 年通过河南省、2003 年通过国家农作物品种审定委员会审定。

新麦 18：半冬性中熟品种。由河南省新乡市农业科学研究所选育而成。2003 年通过河南省、2004 年通过国家农作物品种审定委员会审定。

郑农 16：弱春性早熟品种。由河南省郑州市农业科学研究所选育而成。2003 年通过河南省、2004 年通过国家农作物品种审定委员会审定。

郑麦 005：弱春性。由河南省农业科学院小麦研究所选育而成。2004 年通过国家农作物品种审定委员会审定。

济麦 20：半冬性。由山东省农业科学院作物研究所选育而成。2003 年通过山东省、2004 年通过国家农作物品种审定委员会审定。

郑麦 366：半冬性。由河南省农业科学院小麦研究所选育而成。2005 年分别通过河南省和国家作物品种审定委员会审定。

西农 979：半冬性。由西北农林科技大学选育而成。2005 年分别通过陕西省和国家农作物品种审定委员会审定。

周麦 19：半冬性。由周口市农业科学院选育而成。2004 年通过河南省农作物品种审定委员会审定。

2. 主要中筋小麦品种 主要品种如下。

豫麦 49：半冬性。由河南省温县祥云镇农技站用系统选育方法从温 2540 大田中选育而成，原名温麦 6 号。1998 年通过河南省、2000 年通过国家农作物品种审定委员会审定。

偃展 4110：弱春性。由豫西农作物品种展览中心选育而成。2003 年分别通过河南省和国家农作物品种审定委员会审定。

周麦 18：半冬性。由河南省周口市农业科学院选育而成。2004 年通过河南省、2005 年通过国家农作物品种审定委员会审定。

百农矮抗 58：半冬性。由河南科技学院选育而成。2005 年通过河南省和国家农作物品种审定委员会审定。

豫农 949：弱春性。由河南农业大学选育而成。2005 年通过国家农作物品种审定委员会审定。

豫麦 49 ~ 198 系：半冬性。由河南平安种业有限公司从豫麦 49 变异单株中优选育成。2005 年通过河南省农作物品种审定委员会审定。

3. 弱筋小麦品种 主要品种如下。

豫麦 50：弱春性。由河南省农业科学院小麦研究所从中、美、澳等国内外 20 多个优异资源组成的抗白粉病轮回群体中选择优良可育株，并经多年系谱和混合选择选育而成。原名丰优 5 号。1998 年通过河南省农作物品种审定委员会审定。

郑麦 004：半冬性。由河南省农业科学院小麦研究所选育而成。2004 年通过河南省和国家农作物品种审定委员会审定。

（二）江苏小麦品种资源

江苏省小麦品种资源已经进行过 6 ~ 7 次更新换代，品种的生产潜力已达到相当高的水平，仍有相当大的增产潜力。江苏省目前推广应用的专用小麦品种主要有：春性弱筋小麦品种扬麦 15、扬麦 13、宁麦 13、扬辐麦 2 号、扬辐麦 4 号、宁麦 9 号、扬麦 9 号和半冬性品种徐州 25 等；春性中筋小麦品种扬麦 16、扬麦 11、扬麦 12、扬辐麦 4 号、扬麦 14、宁麦 11、宁麦 14、华麦 1 号等，半冬性中筋小麦品种淮麦 19、徐州 856、邯 6172、淮麦 23、徐麦 29、连麦 1 号、连麦 2 号、郑麦 9023 等；半冬性强筋小麦品种淮麦 20、烟农 19、徐州 27、烟辐 188 等。

（三）湖北小麦品种资源

湖北省 2006 年小麦主要推广品种为郑麦 9023、鄂麦 18、鄂麦 23、鄂麦 25、鄂恩 6 号和华麦 13 等 6 个品种；之后主要为郑麦 9023、鄂麦 18、鄂麦 23、鄂恩 6 号等 4 个品种。种植面积较大的小麦品种依次为郑麦 9023、鄂麦 18、鄂恩 6 号和鄂麦 23。此外，华麦 13、鄂麦 25 等品种也有少量种植面积。

（四）陕西小麦品种资源

随着小麦育种水平的提高和生产条件的变化，陕西小麦品种不断演替和更新。目前陕南小麦品种利用现状为：

商洛地区以小偃 15、新洛 8 号、新洛 11 和秦麦 9 号为主栽品种，搭配种植陕麦 8007、商麦 9215 和小偃 22，同时推广种植商麦 5226 和商麦 9722；安康地区以绵阳 31 和绵阳 26 为主栽品种，搭配种植川麦 107 和绵阳 29；汉中地区以绵阳 31 和汉麦 5 号为主栽品种，同时推广种植川育 16 和川麦 42。

（五）安徽小麦品种资源

安徽省近年小麦生产上种植面积较大的强筋小麦品种有皖麦 38、皖麦 33、烟农 19、新麦 18、矮抗 58、西农 979、郑麦 9023 和连麦 2 号；中筋品种有皖麦 50、皖麦 52、豫麦 70、偃展 4110、周麦 18、泛麦 5 号、皖麦 44、淮麦 20、扬麦 11 和扬麦 12；弱筋品种有皖麦 48、扬麦 13 和扬辐麦 2 号。品种分布地区大致如下：烟农 19 集中在淮北中北部及沿淮部分地区，是淮北地区种植面积最大的品种；搭配品种有皖麦 50、皖麦 52 和淮麦 20 等；皖麦 38 主要在涡阳县，新麦 18、周麦 18、豫麦 70 和皖麦 44 主要在亳州和阜阳两市；偃展 4110、皖麦 48 和郑麦 9023 主要在沿淮地区；扬麦系列主要在江淮地区，皖麦 33 主要在滁州市。

二、品种沿革

以河南、湖北和安徽小麦品种演变为例，简述如下。

（一）河南小麦品种演变

1949 年以来，根据产量表现和品种特性，河南小麦品种更替大致分为 9 个比较明显的演变世代（表 3-3）。

第 1 代（1950—1953 年）：是应用农家品种加推广传统耕作技术的阶段。小麦生产具有可利用冬闲田、栽培管理比较简单、避灾保收和能早接口粮等特点，因此政府就把小麦作为解决粮食问题的重点作物，有计划地扩大种植面积、改善生产条件、推广增产技术。

第 2 代（1954—1962 年）：这一代品种比起以前的农家品种具有丰产性好、耐旱耐瘠和抗逆性强等特点。同时对传统栽培技术进行系统化完善，使播种、施肥灌水等投入要素定额化。由于 1959—1961 年的 3 年自然灾害，致使小麦单产比起第 1 代并没有显著提高。

第 3 代（1963—1972 年）：这一时期由于国外优良品种（如阿夫、阿勃等）的引进和推广应用，再加之大力开展排灌结合的农田水利建设以及化肥、农药的使用，使小麦产量达到了 20 世纪 50~60 年代的最高水平，突破了 1 000kg/hm²。

第 4 代（1973—1980 年）：这一代品种具有矮秆、抗倒、高产、抗病和适应性广等特点（如郑州 761、矮丰 3 号等）。这一阶段小麦单产从 1 000kg/hm² 以上跃入到超过 2 000kg/hm²。

第 5 代（1981—1988 年）：这一代品种不仅具有高产、耐旱、抗逆性强等特点，而且具有明显的区域适应性，如豫北的百农 3217、豫中南的宛 7107、豫东的百农 3217 和豫麦 2 号等品种。同时这一时期由于麦棉套种、晚播小麦综合栽培技术的推广应用，使小麦单产突破了 3 000kg/hm²。

第 6 代（1989—1992 年）：这个时期百农 3217 抗病性差，不能适应产量水平提高的需求而被淘汰，导致外省品种大量引入，造成品种多、乱、杂现象。同时在栽培上主要依靠大水、大肥和大播量的途径来提高产量。

第 7 代（1993—1996 年）：这一代品种以豫麦 21、豫麦 18 为代表，具有高产、稳产的特点，绝大部分都是本省培育的新品种。形成了主导品种突出、搭配品种合理的新格局，如豫麦 21、豫麦 18，单个品种的年最高种植面积均达到了 133 万 hm² 以上，占河南 500 万 hm² 总面积的 60% 左右。

第 8 代（1997—2001 年）：这一代品种具有优质、超高产、适应性广等突出特点，如超高产、强抗倒的豫麦 49，产量高、适应性广的豫麦 70，产量高、品质优的豫麦 34 等。

第 9 代（2002 年至今）：目前，河南已选育出拥有自主知识产权并有较强区域适应性的优质专用小麦品种，并初步形成了优质专用小麦的优质、高产配套栽培技术。优质品种主要有郑麦 9023、豫麦 4110、周麦 18、新麦 18 等。

表 3 - 3　河南小麦历代品种更替

世代	年间	历时（年）	主导品种	平均单产（kg/hm²）	变化率（%）	特征特性
1	1950—1953	4	平原 50、蚰子麦、辉县红、葫芦头、徐州 438、开封 124	667.5	3.5	品种丰产性好、良种覆盖率达 70%
2	1954—1962	9	碧蚂 1 号、白玉皮、碧蚂 4 号、南大 2419、西农 6028	786	17.8	耐旱耐瘠、抗逆力强
3	1963—1972	10	阿夫、阿勃、北京 8 号、丰产 3 号、内乡 5 号、内乡 36	1 086	38.2	引进国外品种、耐肥、耐水、高产
4	1973—1980	8	7032、郑州 761、郑引 1 号、矮丰 3 号、小偃 4 号	2 068.5	90.5	矮秆、抗倒、高产、抗病、适应性广
5	1981—1988	8	百农 3217、宛 7107、豫麦 7 号、豫麦 2 号、陕农 7859	3 277.5	58.4	高产、耐旱、抗逆性强、区域适应性广
6	1989—1992	4	豫麦 13、豫麦 10 号、冀麦 5418、西安 8 号、豫麦 17	3 502.5	6.9	品种多、乱、杂、中产水平
7	1993—1996	4	豫麦 21、豫麦 18、豫麦 25、豫麦 41、豫麦 29	3 882	10.8	主导突出、搭配合理、中产变高产
8	1997—2001	5	豫麦 49、豫麦 18、豫麦 54、豫麦 70、豫麦 34、高优 503、燕麦 8901	4 560	17.5	优质超高产、订单种植、联合体推广

（续表）

世代	年间	历时 （年）	主导品种	平均单产 （kg/hm²）	变化率 （%）	特征特性
9	2002—		郑麦 9023、豫麦 49 新系、豫麦 4110、豫麦 70 新系、周麦 18、新麦 18、矮早八			优质品种过半、新品种改良、超级小麦培育

注：引自宋家永. 中国种业. 2008（6）：12～14

（二）湖北小麦品种演变

新中国成立前，湖北小麦生产以地方品种占主导地位。之后，小麦产量不断提高，大面积种植的地方品种逐渐不能适应生产发展的需要。特别是在 1956 年秆锈病的大量发生后，促使湖北小麦品种第一次大面积更换，当时主要推广了南大 2419。该品种的原始品种为意大利的敏塔那（Mentana），1932 年引入中国，1944 年引入湖北，1951—1955 年参加湖北省小麦品种区域试验，表现突出，比地方品种增产 4.0%～42.7%，1956 年冬播时普及全省。20 世纪 50 年代推广的还有意大利品种矮粒多、中农 28，主要在宜昌、恩施两地区种植。但是，由于南大 2419 颖壳紧，人工脱粒困难，较易感染赤霉病，并且春性强，作为早茬口种植时易受冻害，所以，一直到 50 年代末，地方品种仍有一定面积。50 年代末期引进的意大利品种阿夫、阿勃，在 60 年代得到推广。阿夫、阿勃比南大 2419 茎秆矮而粗壮，耐肥产量高。与此同时，湖北的小麦育种家开始在生产上推出自己的成果，如襄阳地区农业科学研究所丰产性好的襄麦 4 号、荆州地区农业科学研究所抗赤霉病的荆州 1 号、宜昌地区农业科学研究所的宜麦 1 号等。但此阶段仍以南大 2419 为主。

第二次品种大更换是在 70 年代。鄂麦 6 号在襄阳、黄冈、孝感、咸宁等地区逐渐代替了南大 2419，成为湖北的当家品种，至 1981 年种植面积最大，达 40 万 hm²。襄麦 4 号、荆州 1 号面积进一步扩大，分别成为鄂北和荆州地区的当家品种。荆州 66、荆州 47、鄂五三 3 号在荆州地区占有一定面积。宜系 4 号成为宜昌地区的主要推广品种，最大种植面积 3 万 hm²。鄂麦 8 号 1980 年种植 2.7 万 hm²，主要在钟祥、京山、荆门等地推广，增产显著。华麦 7 号在鄂东、鄂中推广 1.2 万 hm²，华麦 10 号在咸宁推广 1 万 hm²。四川的宜宾 1 号、河南的博爱 7023 也很快在鄂北推广。其中，宜宾 1 号逐渐成为襄阳地区的当家品种，博爱 7023 在襄阳、郧阳两地区推广。经过这次品种大更换，南大 2419 的面积逐渐缩小，到 1984 年种植面积减至 1.3 万 hm² 左右，其主导地位不复存在。

第三次品种大更换是在 80 年代。主要是育成了丰产与抗病的品种鄂恩 1 号、鄂麦 9 号、荆州 66。鄂恩 1 号于 1980 年育成，经 1982 年、1983 年省区试，表现优异，不仅产量高、籽粒大，而且高抗条锈病、秆锈病和白粉病，1985 年推广，成为湖北省的第一当家品种。鄂麦 9 号是从鄂麦 6 号中系统选育出来的，是湖北省的第二当家品种。荆州 66 比荆州 1 号增产 20%，抗病力较强，发展很快，1984 年达到 13.9 万 hm²，成为荆州地区的当家品种。80 年代推广的品种还有：襄麦 5 号、襄麦 8 号、冈麦 1 号、鄂 1161。

第四次品种更新是 20 世纪 90 年代。主要新品种有：华麦 8 号、华麦 9 号、鄂麦 11、鄂麦 12、鄂麦 13、鄂麦 14、鄂麦 15。华麦 8 号是湖北省重点推广品种，1997 年达到 26.7 万 hm²，占全省小麦面积的 12.4%。当时引进的品种主要是绵阳 15、绵阳 20、绵阳 26。自 1993 年起，湖北小麦每公顷产量稳定在 3 000kg 以上。

进入 21 世纪，湖北省不断选育出优良新品种。如襄麦 55（湖北省襄樊市农业科学院作物所选育，品种登记号为鄂审麦 2009001），襄麦 25（襄樊市农业科学院选育，品种审定编号为鄂审麦 2008004），鄂麦 596（湖北省自主选育，2009 年通过省级审定），鄂麦 17（2002 年通过湖北省品种审定委员会审定），鄂麦 18（湖北省农科院作物所选育，2002 年通过湖北省农作物评审会审定并命名，编号为鄂审麦 003—2002），鄂恩 6 号（湖北省恩施自治州农作物品种审定小组 2003 年审定，编号为恩审麦 001—2003），鄂麦 23（湖北省农科院作物育种栽培研究所选育，2004 年通过湖北省农作物品种审定委员会审定，编号为鄂审麦 200400），鄂麦 25（荆州农业科学研究院选育，2004 年通过湖北省农作物品种审定委员会审定，编号为鄂审麦 2004005）等。目前湖北省主导小麦品种有：鄂麦 18、鄂麦 23、鄂恩 6 号、郑麦 9023 等。

（三）安徽小麦品种演变

安徽小麦品种的发展演变，张平治等（2009）研究将其划分为以下 7 个阶段。

1. 地方品种鉴选应用阶段（1950—1953 年）   20 世纪 50 年代以前，生产上种植的小麦多为古老的地方品种——农家种，以冬性居多，而半冬性、春性很少。农家种生育期长，抗劣性较强，对当地的生态环境和栽培条件适应性好。50 年代初期，先后评选出优良农家种数十个，如三月黄、芜湖蜈蚣脚、金寨泥鳅麦、阜阳白麦、宿县鱼鳞糙等。

2. 第一次品种更换（1954—1963 年）   农家种秆高易倒，抗病性较差，穗小、粒数少、千粒重低，产量水平只有 750 ~ 1 125kg/hm²，不能满足生产发展的需要。改良品种引进工作在 50 年代初即展开，引进了碧蚂 1 号、碧蚂 4 号、矮粒多、西农 6028、早洋麦、石家庄 407 等，在小麦吸浆虫为害严重的沿淮地区，大规模种植南大 2419。这些品种抗病虫特性明显好于农家种，适应性广，产量高，大部分为冬性或弱冬性，因而迅速推广应用，50 年代后期成为主导品种，产量水平上升至 1 250 ~ 1 750kg/hm²。1957 年，几个主导品种面积分别是：南大 2419（49.4 万 hm²），碧蚂 1 号（43.4 万 hm²）、矮粒多（7.3 万 hm²）。上述改良品种取代地方品种，实现了安徽小麦的第一次更新。

3. 第二次更换（1964—1974 年）   随小麦生产水平提高，农家种基本退出生产。改良种如南大 2419 抗寒力弱，1953—1954 连续两年遭受晚霜冻害；碧蚂 1 号、碧蚂 4 号在 1956 年、1958 年秆锈病大发生时严重感病，1964 年干热风发生再遭损失，逐步被新品种所取代。至 1964 年南大 2 419 种植面积已降为 3 万 hm²，碧蚂 1 号压缩到 8 万 hm²，矮粒多减少到 2 万 hm²，生产上一度出现品种不配套和布局不合理的现象。为了满足生产需要，60 年代先后从外地引进了 10 多个小麦品种，如阿夫、内乡 5 号、丰产 3 号、万年 2 号、北京 8 号、阿勃、吉利麦等。这些品种耐肥、抗倒、产量高，产量水平上升到 2 250 ~ 3 000kg/hm²。60 年代后期逐步成为生产上的主导品种，其中，以阿夫种植面积最大，缓解了生产上品种单一和布局不合理的矛盾。

4. 第三次品种更换（1975—1984 年）　进入 20 世纪 70 年代，安徽小麦生产发展迅速，阿夫、吉利等品种逐渐显露不适应生产要求。70 年代前期引种泰山 1 号、徐州 14、郑引 1 号和博爱 7023 等一批适应性较强、产量更高的品种达 60 多个，到 70 年代中期逐渐成为主体品种，基本取代了 60 年代使用的老品种。品种配套逐步完善，早、中、晚茬，冬性、半冬性、春性品种比较齐全。其中，面积较大的代表品种有丰产 3 号、泰山 1 号、博爱 7023、郑引 1 号、万年 2 号等。丰产 3 号 1979 年面积达 43.8 万 hm²，占全省小麦面积的 22.0%。取代了阿夫。产量水平提高到 3 000kg/hm² 以上。生产格局是，一般肥力的中低产田，早中茬以丰产 3 号为主，中晚茬以郑引 1 号为主。后期又引进推广了博爱 7422、百泉 41、矮丰 3 号、百农 3217 及本省选育的马场 2 号等。

5. 第四次品种更换（1985—1995 年）　这一段时期安徽省小麦品种更换比较频繁。由于丰产 3 号等品种不能适应化肥用量增加、产量大幅度提高的要求，逐渐被博爱 7422 取代，郑引 1 号、阿夫等被马场 2 号、徐州 21—11 取代，泰山 1 号被百农 3217、西安 8 号、陕农 7859 取代。博爱 7023 是 70 年代后期 80 年代初期主导品种之一，中后期仍作为重要搭配品种使用。阜阳地区 5 个主导品种（偃师 9 号、百农 217、马场 2 号、博爱 7023、徐州 21—111）种植面积占小麦总面积 70% 以上；宿县地区 6 个主导品种（博爱 74—22、宝丰 7228、磋安 8 号、马场 2 号、陕农 74100、陕农 7859）种植面积占 60% 以上；江淮麦区也积极推广宁麦 3 号、扬麦 4 号、5 号等新品种，淘汰了原来的万年 2 号等老品种。这一时期，冬性品种几乎绝迹，半冬性品种比例扩大，抗锈病能力提高，产量水平上升到 3 000～4 500kg/hm²。1987 年全省小麦平均单产达到 3 615kg/hm²，创历史新纪录。

6. 第五次品种更换（1996—2006 年）　1988—1993 年，由于卖粮难等政策变化和洪水等自然灾害的影响，同时品种本身的不足，缺乏接班品种，良种良法不配套等，导致小麦产量急剧下降。如偃师 9 号籽粒外观差，面粉色黄，叶锈病、叶枯病重；博爱 74-22 遭受 1989 年白粉、赤霉病并发导致减产；百农 3217、陕农 7859 不抗条锈病新小种，1990 年条锈病大发生时严重减产，面积逐渐减少；马场 2 号在 1993 年暴发腥黑穗病时表现高度感染，逐步退出生产；徐州 21-11、西安 8 号对冬季冻害或倒春寒敏感，1987 年 11 月底遭受冻害、1993 年遭遇倒春寒危害造成严重减产，有的田块甚至绝收。西安 8 号面积由 1992 年的 9.7 万 hm² 锐减至 1993 年的 3.3 万 hm²。90 年代以后对品种不仅要求高产，还要求稳产，抗病抗逆性强，熟期早。这期间推广的代表品种有皖麦 19，豫麦 18、21，扬麦 158，郑麦 9023 等。

7. 第六次品种更换（2007 年至今）　进入 2000 年以后，安徽省因为缺乏合适品种未能及时更换。主导品种皖麦 19、豫麦 18、扬麦 158 已在生产上使用 10 年以上，致使种性明显退化，产量潜力、抗病性、抗逆性与生产要求存在明显差距。从 2000—2004 年，豫麦 70、郑麦 9023、烟农 19、偃展 4110、皖麦 50、新麦 18 依次开始在生产上使用，其中，郑麦 9023、烟农 l9、偃展 4110 等品种播种面积迅速上升，面积先后于 2003—2005 年突破 6.7 万 hm²。2005—2008 年，豫麦 70、新麦 18、皖麦 50、皖麦 52、周麦 18、泛麦 5 号面积也相继超过 6.7 万 hm^2。

第四节 稻茬麦品质

一、小麦品质概述

（一）营养品质

小麦的营养品质是从营养学的角度研究分析小麦品质与质量状况的，是指小麦籽粒中所含的营养物质对人（畜）营养需要的适合性和满足程度，包括营养成分的多少、各种营养成分的全面和平衡等。小麦的营养品质主要指蛋白质含量及其氨基酸组成的平衡程度。

胚乳是小麦籽粒的最大部分，主要含有蛋白质、脂肪、维生素和有机磷酸盐。其中，小麦蛋白质是人类食物和动物饲料中的重要营养素，是生命有机体的物质基础，是人体 N 的唯一来源，人体从小麦中获得的能量大部分来源于蛋白质。氨基酸是组成蛋白质的基本单位，小麦籽粒蛋白质是由 20 多种基本氨基酸组成的，其中，成人必需的 8 种氨基酸在小麦籽粒中的含量（mg/g）分别为：缬氨酸 42.2、亮氨酸 71.1、异亮氨酸 35.8、苏氨酸 30.5、苯丙氨酸 + 酪氨酸 45.3、蛋氨酸 + 胱氨酸 41.1、赖氨酸 24.4、色氨酸 11.4。衡量蛋白质营养价值高低的方法除了测定其氨基酸成分外，主要是通过生物指标，通常用消化率、蛋白质的生理效价、蛋白质的净利用率、氨基酸分数、氨基酸标准模式等来表示蛋白质的营养价值。最常用的方法是氨基酸化学比分和氨基酸标准模式。氨基酸化学比分，是指植物蛋白中的必需氨基酸总量或个别成分，与等量鸡卵蛋白中的必需氨基酸总量或各相应成分数量百分比。氨基酸标准模式是将植物蛋白中的氨基酸与 FAO/WHO 根据人体生理需要暂定的氨基酸标准作比较之百分率。小麦蛋白质中氨基酸最为缺乏的是人体内第一需要的赖氨酸，平均在 0.36% 左右，其含量只能满足人体需要的 45%。因此，提高小麦籽粒中蛋白质的赖氨酸含量至关重要。

小麦籽粒中含有 Fe、Cu、Zn、Se 等人体必需的矿物质元素，矿物质在人体内需要量虽少，但作用很大，它是构成人体骨骼、体液的主要成分，并能维持人体液的酸碱平衡。衡量矿物质营养品质时，不仅考虑其种类与含量高低，而且考虑这些元素的生物有效性。

（二）加工品质

将小麦籽粒磨制加工成面粉，再加工成各种面食制品，这个过程中对小麦品质的要求，称其为加工品质。小麦的加工品质包括磨粉品质和食品加工品质。

1. 磨粉品质 也称一次加工品质，是指将小麦加工成面粉的过程中，加工机具和生产流程对小麦籽粒物理学特性（千粒重、容重、种皮厚度、硬度等）所提出的要求的适应性和满足程度。普通小麦的磨粉品质要求出粉率高、粉色白、灰分少、粗粒多、磨粉简易、便于筛理、能耗低。这些特性对小麦籽粒的要求是容重高、籽粒大而整齐、饱满度好、皮薄、腹沟浅、胚乳质地较硬等。衡量小麦磨粉品质的指标主要有小麦出粉率、面粉灰分、面粉白度等。

（1）出粉率 出粉率是衡量磨粉品质最重要的指标，与面粉企业的经济效益直接相关。出粉率的高低取决于两个因素，一是胚乳占麦粒的比例，二是胚乳与其他非胚乳部分分离的难易程度。前者与籽粒形状、皮层厚度、腹沟深浅及宽度、胚的大小等籽粒性状有关，后者与籽粒含水量、籽粒硬度和密度有关。理论出粉率在82%～83%，实验磨粉统粉（straight grade flour）出粉率在72%～75%。出粉率是面粉企业最为关心的小麦品质指标，也是世界各国制定小麦等级标准的重要评价指标。一般籽粒大、种皮薄、腹沟浅、圆形或近圆形、整齐一致的小麦籽粒的出粉率高。

用于实验的小型磨粉机主要有Brabender Quadrumat Junior实验磨（德国Brabender公司）、Brabender Quadrumat Senior实验磨（德国Brabender公司）、BUHLER磨（瑞典BUHLER公司）、肖邦CD-1磨（法国肖邦公司）。出粉率的计算方法有多种，①出粉率% =面粉重/毛麦重×100%；②出粉率% =面粉重/清理后小麦的重量×100%；③出粉率% =面粉重/清理后经润麦的小麦重量×100%；④出粉率% =面粉重/（面粉重+麸皮重）×100%；⑤出粉率% =面粉重/（面粉重+麸皮重+筛出物）×100%。方法①在评价商业磨粉效益时很重要，因为商业磨粉要考虑到原料成本，即毛麦的价格；方法②未考虑毛麦中的杂质，可以对小麦磨粉特性进行较精确的预测；对磨粉师来讲，方法③很重要；方法④和方法⑤多用于实验磨粉中。在这几种计算方法中，第①种和第③种最重要，前者给出毛麦和面粉之间的关系，后者可用来检测磨粉的效率。

（2）灰分 灰分是小麦籽粒中各种矿质元素的氧化物，常用来衡量面粉的精度，是评价磨粉品质的一项重要指标。小麦皮层灰分含量为6%，而中心胚乳的灰分只有0.3%，因此，混入面粉的麸皮越多，面粉的灰分含量越高。一般灰分与粉色成反比，与出粉率成正比。灰分含量主要受品种类型的影响，籽粒的清理程度和出粉率也是影响灰分含量高低的主要因素。出粉率高时，麸皮进入面粉的比例大；籽粒清理不干净时残留的泥沙和其他杂物增多也会提高灰粉含量。灰分一般与出粉率呈正相关，与粉色及食品加工品质呈负相关。由于不同小麦品种间灰分含量及出粉率不同，在比较品种间灰分含量时，建议采用比出粉率（比出粉率=面粉灰分含量/籽粒灰分含量）来衡量。灰分是衡量面粉精度的一个重要指标。

（3）面粉色泽 面粉色泽是衡量磨粉品质又一个重要指标。入磨小麦中杂质、不良小麦的含量（发霉小麦、穗发芽小麦等）、面粉颗粒大小及面粉中水分含量、面粉中的黄色素及氧化酶类、出粉率及磨粉工艺水平都影响面粉色泽。面粉中黄色素的主要成分是类胡萝素（Carotenoid）。不同食品对色素含量要求也不同，加盐面条、饺子和馒头等要求面粉白度高，东南亚面条要求黄色素含量高。面粉色泽对馒头、面条品质起正向作用。面粉中多酚氧化酶（Polyphenol Oxidase，缩写为PPO）的存在是面粉及面食品贮存和制作过程中色泽变劣的重要因素。PPO主要存在于籽粒外层，糊粉层中PPO活性最高，面粉PPO仅为全籽粒的3%。PPO活性与面粉灰分含量及面粉色泽呈极显著正相关。

PPO 主要受遗传控制，对同一品种而言，蛋白质含量对面条制作过程中面团色泽稳定性的影响大于 PPO 的影响，蛋白质含量越高，PPO 活性越强，而对于不同品种，PPO 对面团色泽稳定性的影响大于蛋白质含量的影响。此外，小麦杂质、润麦、磨粉工艺、籽粒性状等也影响磨粉品质的优劣。

一般来说，软麦比硬麦的粉色稍浅，白麦比红麦的粉色稍浅。面粉颜色除与品种特性有关外，同一小麦品种的粉色深浅还取决于加工精度。一般出粉率低、麸星少的小麦面粉洁白而有光泽，反之则呈暗灰色。面粉颜色取决于胚乳颜色，据此可判断面粉的新鲜程度。新鲜面粉因含有胡萝卜素而略带微黄，贮藏时间较久的面粉因胡萝卜素被氧化而变白。面粉颜色通常用白度计测定。一般 70 粉的白度为 70%~84%。

测定面团白度的方法包括 Kent-Jones 法、Agtronf 法及 CIE $L^*a^*b^*$ 色系统测定法，其中后者应用最为广泛。

2. 食品加工品质　小麦的食品加工品质也称二次加工品质，分为烘烤品质和蒸煮品质。就烘烤品质而言，制作面包多选用蛋白质含量较高，面筋弹性好、筋力强，吸水率高的小麦及面粉；而烘烤饼干、糕点的小麦应选用软质小麦，要求面粉的蛋白质含量低、面筋弱、灰分少、粉色白、颗粒细腻、吸水率低、黏性较大。就蒸煮品质来说，制作面条的小麦一般为硬质或半硬质，要求面粉的延伸性好，筋力中等；蒸制馒头对面粉蛋白质含量和强度的要求比面包低，一般要求蛋白质含量中上，面筋含量稍高，中等强度，弹性和延伸性要好，发酵适中。由此可见，食品加工品质也是一个相对概念，适合于加工某种食品的小麦品种对制作另一种食品来说可能是不适合的，衡量小麦食品加工品质的标准主要取决于品种籽粒和面粉的最终用途。

影响小麦品质的因素很多，而各品质性状之间又存在着错综复杂的关系。许多研究表明，面筋含量、面粉理化特性、面团流变学特性与二次加工品质之间关系密切，在实际操作中，常采用测定面粉理化特性和面团特性来预测面粉的二次加工品质。小麦面粉的理化性质常用蛋白质含量、面筋含量、沉降值、伯尔辛克值等指标进行评价，而测定面团流变学特性的仪器目前主要有粉质仪、拉伸仪、和面仪、吹泡示功仪等。

食品加工品质虽因食品种类不同而异，但都与小麦的蛋白质含量、面筋的含量与质量、淀粉的性质和淀粉酶的活性、糖的含量等差异有关，其中，蛋白质和面筋的含量与质量是决定性因素，但需要强调指出的是，单纯把蛋白质含量高低作为优质小麦的唯一评价标准是不全面的；同样，把优质小麦仅仅看作为适合制作面包的小麦，也是片面的和不科学的。

3. 过渡带不同省份加工品质特点　皖北地区的小麦品种主要是皖 19 和皖 52。此外还有引种其他地区的优质麦。种植面积不是很大。代表品种是烟农 19，属于硬质麦，其品质测定结果表明：皖麦 52 的拉伸能量、拉伸比例和面筋指数均低，其面筋品质最弱；烟农 19（安徽产）的稳定时间、拉伸比例及面筋指数均适中；9023 的拉伸能量最大、拉伸比例和面筋指数大，其面筋品质最好；内在品质表现出良好的制作蒸煮食品（如馒头等）的适应性。皖麦 19 稳定时间较短、粉力较小、面筋指数一般，整体上面筋筋力偏弱，可制作品质中等的馒头或面条食品，但其具有皮薄粉白、灰分低、出粉率高、延伸性好及产量大等特点，这是当地其他很多小麦所不具备的。皖19和皖52均属中筋软质小麦，面筋含量适中，稳定时间较短，筋力一般，口感欠佳，但具有白度好、灰分低、出粉率高、延伸性好等优点，且产量高，是皖北地区的主导品种。经搭配制粉等优化加工技术处理和品质改良，其品质提高，能生产出优质的主食专用粉。

对陕西省131个农家小麦品种和148个育成品种的3个重要加工品质性状（籽粒硬度、粗蛋白质含量和全麦粉SDS沉淀值）进行测定分析（冯军礼等，1997），结果表明：陕西省农家品种硬度较大而沉淀值偏低，育成品种硬度较小而沉淀值较高；籽粒硬度与粗蛋白含量、沉淀值之间呈正相关；沉淀值与粗蛋白含量之间不相关。综合籽粒硬度、粗蛋白含量和SDS沉淀值，利用离差平方和法对农家品种和育成品种分别进行了聚类分析筛选出两类较为典型的品种：8个品种为硬质小麦，其硬度、粗蛋白含量和SDS沉淀值均较高。其中，陕优225已被评为优质面包小麦；陕麦89150的各品质指标，经农业部谷物品质检测中心鉴定，其各项品质指标赶上或超过部一级面包小麦标准，小偃6号被公认是品质较好的小麦；其他5个品种的品质与陕优225、陕麦89150及小偃6号相似，能否作为面包小麦，还有待进一步对其面团特性进行测定；6个品种为软质小麦，其硬度粗蛋白含量和SDS沉淀值均较低。在该类品种中，陕麦893被证明为适宜做饼干和糕点的小麦品种，其他几个品种品质与其类似，能否作为饼干小麦有待进一步研究。

湖北省的小麦品种主要属于中筋类型，湿面筋含量、沉降值、吸水率、稳定时间、最大抗延阻力、拉伸面积等各项性状值均偏低。缺乏制作面包的强筋品种和制作饼干和糕点的弱筋品种。总体来说，湖北省小麦品质性状不均衡，同一品种有的指标达到强筋标准，而有的指标仅为中筋或弱筋标准。

从2001年到2005年小麦品质测报来看（王绍中等，2007），河南省优质专用小麦降落数值均值在328~396s，粗蛋白质（干基）含量均值在14.1%~15.0%，湿面筋含量（14%水分基）均值在31.1%~33.9%，面团稳定时间均值在7.2~9.5min。其主要品质指标的均值连续几年内基本上都能达到国标强筋二等以上。根据加工品质来看，优质专用小麦中以强筋小麦居多，弱筋小麦面积较小。

分析2000年江苏省主栽的32个小麦品种品质性状，结果表明，不同品种间存在显著的差异（曹卫星等，2005）。其中，在面团流变学特性参数中，形成时间、稳定时间、断裂时间变异系数在40.9%~51.4%，而弱化度和降落值变异系数亦接近40%；干、湿面筋含量、降落值和评价值变异系数接近20%。由此可见，小麦主要面团流变学特性参数在品种间的变异最大，达40%~50%；评价值、粗蛋白和干、湿面筋含量在品种间的变异次之，在20%左右。

（三）高分子量麦谷蛋白亚基与小麦品质性状的关系

小麦胚乳中的谷蛋白是由高分子质量谷蛋白亚基（HMW-GS）和低分子质量谷蛋白亚基（LMW-GS）通过二硫键而形成的大小不同的聚合体。近年来的研究表明，小麦胚乳谷蛋白大聚体（GMP）含量与小麦面团特性、面包体积等多项品质指标高度相关，而HMW-GS也是通过亚基类型和含量的变化影响形成聚合体的数量、大小和分布，间接影响小麦加工品质。因此，对编码 HMW-GS 的不同基因位点及位点上的亚基与面团品质及焙烤品质的关系简述如下。

1. HMW-GS 对面团品质的影响　HMW-GS 中 Cys 产生的二硫键对稳定高分子麦谷蛋白多聚体有关键作用，而且位于毗邻亚基之间、HMW-GS 亚基和其他蛋白质之间形成的氢键，对稳定面团结构也非常重要。朱小乔等（2001）在优质、强面筋和劣质这 3 种类型的面粉中，强面筋组 HMW-GS 的相对含量远远高于另外两组，HMW-GS 的相对含量对面筋的韧性起着重要作用。HMW-GS 数量与小麦品质有关，但其组成对小麦加工品质影响更大。小麦高分子量谷蛋白亚基（HMW-GS）基因位于普通小麦的第一条同源染色体的长臂上，由 Glu-A1 和 Glu-B1 和 Glu-D1 组成，统称 Glu-1 位点。高翔等（2002）系统研究了 Glu-1 位点上各亚基与面团品质的关系，结果表明，Glu-A1 位点上亚基 1 对评价值、稳定时间、形成时间、拉伸面积、沉淀值、蛋白质含量等性状的效应均较大，而且该亚基对稳定时间和评价值的效应显著（$P < 0.05$），亚基 2^* 对拉伸比例的效应较大，亚基 N（nul1）对吸水率和干面筋含量的效应较大。Glu-B1 位点上 14 + 15 亚基对评价值、吸水率、拉伸面积、拉伸比例、沉淀值、干面筋含量和蛋白质含量的效应均较大，其中对干面筋和蛋白质含量的效应显著，17 + 18 亚基对稳定时间效应较大，7 + 8 亚基对形成时间效应较大。Glu-D1 位点上 5 + 10 亚基对评价值、稳定时间、形成时间、吸水率、沉淀值、蛋白质含量等主要加工品质性状的效应均较大，其中，对沉淀值、形成时间、稳定时间、评价值这几个品质性状的效应显著或极显著。程国旺等（2002）研究 HMW-GS 组成与 SDS 沉降值关系，结果表明，Glu-A1 位点控制的亚基等位变异类型中 1 = 2^* > N（缺失）；Glu-B1 位点控制的亚基等位变异类型中 17 + 18 = 7 + 8 > 7 + 9 = 6 + 8；Glu-D1 位点控制的亚基等位变异类型 5 + 10 > 2 + 12。

2. HMW-GS 对烘烤品质的影响　HMW-GS 含量对面包体积贡献很大。相同工艺条件下，体积最大的面包中 HMW-GS 占面粉蛋白量的比例最高，体积最小的面包中 HMW-GS 含量最少。单粒小麦粉的 HMW-GS 含量也与面包体积显著相关。HMW-GS 各个位点以及亚基也与小麦品种的加工品质和食品制作特性有关。对于各位点对烘焙品质贡献的大小，Payne 等（1983）对英国小麦研究认为，Glu-A1 > Glu-D1 > Glu-B1，马啸等（2004）的研究结果与 Payne 等的一致。毛沛等（1995）认为，Glu-D1 > Glu-A1 > Glu-B1；对测定结果进行方差分析发现，当亚基 5 + 10 存在时，Glu-1 的 3 个基因位点对烘烤品质的作用以加性效应为主，互作效应较弱；当亚基 5 + 10 不存在时，其加性效应与互作并存。

面筋蛋白质分子生物学和分子物理学研究证实，在影响小麦品种面包烘焙品质的变量中，超过 1/3 的变量是由于 HMW-GS 组成的变异引起的，不同品种小麦面包烘焙品质变异的 30% ~60% 可由 HMW-GS 的组成差异来解释。HMW-GS 对品质的影响可能还与编码这些蛋白亚基的等位基因有关。Glu-A1 编码的 1 和 2^* 亚基，Glu-B1 编码的 7 + 8、17 + 18、13 + 16、14 + 15 亚基，Glu-D1 编码的 5 + 10 亚基均与面包加工品质存在着正相关关系。3 个基因位点上亚基的等位变异对面包体积的效应大小次序分别为：Glu-A1 上 1 > 2^* > null；Glu-B1 上 17 + 18 > 7 + 9 > 7 + 8；Glu-D1 上 5 + 10 > 4 + 12 > 2 + 12 > 3 + 12。因为 SDS -沉降值与面包烘烤品质关系极为密切，Payne 等（1983）以 SDS-沉降值作为面包烘焙品质的代表指标研究，得到了基因对面包制作品质影响的大小：GIu-A1 上 $2^* > 1 >$ Null；Glu-B1 上 $17 + 18 = 13 + 16 = 7 + 8 > 7 + 9 > 6 + 8 > 7$；G1u-D1 上 $5 + 10 > 4 + 12 > 2 + 12 > 3 + 12$。

大量研究证实，HMW-GS 对小麦品质有重要影响，但 HMW-GS 具有广泛的多态性。由同一等位基因编码的 1 个亚基或亚基对的含量与品质指标之间的相关性不同甚至相反，这表明品质特性不是由单个等位基因决定的，并不是所有含优质亚基组成的小麦品种烘烤品质都好。

二、强筋小麦、中筋小麦和弱筋小麦

（一）中国小麦品质分类的原则

小麦品质的优劣不仅受品种的遗传特性所决定，而且受气候、土壤、耕作制度和栽培管理措施等环境条件的影响变化很大，品种与环境的互作效应也影响着小麦品质的表现。同时，由于食品加工过程和成品质量对小麦品质有不同的要求，这些因素成为小麦品质分类划分的理论依据。例如，加工面包要求其面粉蛋白质含量较高，且蛋白质质量好，面筋强度大；而加工饼干、糕点等食品则宜使用蛋白质含量低，面筋强度小，且延伸性好的小麦面粉。可见小麦品质是小麦品种对某种特定最终用途和产品的适合与满足程度，越能适合某种特定的最终用途，或满足制做某种食品要求的程度愈好，这种小麦可称之为适专用优质小麦。世界各产麦国根据本国的实际情况和国际市场需求的变化，分别制定有不同的小麦品质等级标准，并不断进行补充完善，有力推动了优质小麦的遗传改良和出口贸易的发展。如美国的小麦分为硬（质）红（粒）冬小麦、硬红春小麦、软红冬小麦、软白小麦、硬白小麦和硬粒小麦，其中，普通小麦中的硬质小麦蛋白质含量高，面筋强度大、延展性好，适合制作面包；软质小麦蛋白质含量低，面筋强度弱、延展性好，适合加工饼干和糕点。澳大利亚根据小麦籽粒蛋白质含量、籽粒性状、磨粉品质和食品加工品质等性状把小麦分为优质硬小麦、硬小麦、优质白小麦、标准白小麦、软小麦、饲料小麦和硬粒小麦 7 类。加拿大主要生产春小麦，其小麦分为红春麦（硬红春）、硬粒小麦、草原春麦（红粒和白粒）、超强红春麦、硬红冬麦、软红春麦、软红冬麦和硬白冬麦等，其中，前 4 类小麦占主导地位。

中国是全世界小麦生产大国和消费大国，小麦面粉制品种类繁多，且主体消费类型也与国外不同。结合目前面粉和食品加工中配麦（粉）的需求，参考国标优质小麦指标，将中国小麦依据其品质类型分为以下 4 种类型。

1. 强筋小麦　籽粒胚乳为硬质，角质率大于 70%，籽粒蛋白质含量高，面筋强度大，延伸性好，沉降值高，面团形成时间和稳定时间长，面团弹性大、筋力强，其籽粒和面粉的主要品质指标应达到国家优质强筋小麦标准（GB/T17892—1999）的要求。该类小麦主要用于加工优质面包及其他高档食品的原料，也可作为配麦与其他小麦混合搭配生产中上筋力专用面粉。

2. 中强筋小麦 籽粒胚乳为硬质或半硬质，蛋白质含量较高，面团形成时间、稳定时间较长，面团弹性大、筋力较强。该类小麦适合制作馒头、高档挂面、方便面等。

3. 中筋小麦 籽粒胚乳半硬质或软质，蛋白质含量和面筋强度中等、延伸性好、面团形成时间和稳定时间稍短，面团弹性一般，筋力稍差，醒面时间短，面团易揉光。该类小麦适于制作一般面条和馒头的专用粉。

4. 弱筋小麦 籽粒胚乳为软质，角质率小于30%，籽粒蛋白质和面筋含量低、面筋强度弱，面团形成时间和稳定时间短，面团弹性差，其籽粒和面粉的主要品质指标应达到国家优质弱筋小麦标准（GB/T17893—1999）的要求。用该类小麦加工出的面粉筋力弱，适于制作饼干、糕点等食品。

（二）中国小麦品质分类的国家标准

小麦品质归类分级和等级标准制定是建立健全小麦品质检测制度，进行小麦品质评价和质量管理，指导优质小麦品种选育与种植利用，以及收购销售流通和制粉、食品加工等所必需的重要内容。由于不同品质类型的小麦对加工食品有着非常重要的意义，世界各产麦国家都非常重视小麦籽粒品质的分类和分类等级指标的制定，并先后制定了自己的商品小麦和小麦品种的品质标准。为了提高中国小麦质量，并与国际标准接轨，将中国小麦品种按加工用途分类，根据用途选育、推广优良品种，使小麦生产、加工逐步达到规范化和标准化。1998年10月1日，国家质量技术监督局实施了中国优质专用小麦品种品质的国家标准（GB/T17320—1998），根据小麦籽粒的用途分为强筋小麦、中筋小麦和弱筋小麦3类（表3-4）。

表3-4 专用小麦品质指标（GB/T17320—1998）

项　目		指　标		
		强筋	中筋	弱筋
籽粒	容重（g/L）	≥770	≥770	≥770
	蛋白质含量（%）（干基）	≥14.0	≥13.0	<13.0
面粉	湿面筋含量（%）（14%水分基）	≥32.0	≥28.0	<28.0
	沉降值（Zeleny）（ml）	≥45.0	30.0~45.0	<30.0
	吸水率（%）	≥60.0	≥56.0	<56.0
	稳定时间（min）	≥7.0	3.0~7.0	<3.0
	最大抗延阻力（E.U）	≥350	200~400	≤250
	拉伸面积（cm²）	≥100	40~80	≤50

从表3-4中可以看出，强筋小麦要求蛋白质含量高，湿面筋含量高，面团稳定时间长；而弱筋小麦要求蛋白质含量低，湿面筋含量低，面团稳定时间短。只有每一类型中的每一项指标都达到了要求，才能算作这一类型的优质专用小麦。

在1998年制定的国家专用小麦品质标准的基础上，为了适应中国粮食流通体制的改革，满足社会经济发展和人民生活水平不断提高对小麦产品优质化、专用化、多样化的市场需求，加快小麦品种和品质结构的调整步伐，大力发展市场供需缺口大的优质强筋小麦和优质弱筋小麦，不断提高国产小麦的质量和市场竞争能力，根据中国商品小麦生产实际，借鉴发达国家的经验，国家质量技术监督局于1999年又颁布实施了新的国家优质强筋和弱筋小麦品质标准（表3-5、表3-6），将中国小麦品种按加工用途分类，以便根据其用途选育、推广优良品种，使优质小麦生产、收购、加工、销售逐步达到规范化与标准化。

表3-5　国家优质强筋小麦品质指标（GB/T17892—1999）

项　　　　目			指标	
			一等	二等
籽粒	容重（g/L）	≥	770	
	水分（%）	≤	12.5	
	不完善粒（%）	≤	6.0	
	杂质　　总量	≤	1.0	
	（%）　矿物质	≤	0.5	
	色泽、气味		正常	
	降落值（s）	≥	300	
小麦粉	粗蛋白质（%）（干基）	≥	15.0	14.0
	湿面筋（%）（14%，水分基）	≥	35.0	32.0
	面团稳定时间（分钟）min	≥	10.0	7.0
	烘焙品质评分值	≥	80	

表3-6　国家优质弱筋小麦品质指标（GB/T17893—1999）

项　　　　目			指标	
			一等	二等
籽粒	容重（g/L）	≥	770	
	水分（%）	≤	12.5	
	不完善粒（%）	≤	6.0	
	杂质　　总量	≤	1.0	
	（%）　矿物质	≤	0.5	
	色泽、气味		正常	
	降落值（s）	≥	300	
小麦粉	粗蛋白质（%）（干基）	≥	11.5	
	湿面筋（%）（14%，水分基）	≥	22.0	
	面团稳定时间（分钟）min	≥	2.5	

商品小麦一般是根据籽粒皮色、硬度进行分类的。根据皮色，可将小麦分为红皮小麦和白皮小麦。红皮小麦的表皮为深红色或红褐色；白皮小麦的表皮为黄白色或乳白色；两者混在一起称之为混合小麦。根据籽粒硬度可将小麦分为硬质小麦和软质小麦。硬质小麦的胚乳结构紧密，呈半透明状，亦称为角质或玻璃质；软质小麦的胚乳结构疏松，呈粉质状。2008年5月1日颁布实施的国家小麦新质量标准（GB1351—2008），根据小麦种皮色泽和籽粒硬度指数将小麦分为软质白小麦、硬质白小麦，软质红小麦、硬质红小麦，混合小麦5类（表3-7）。

1. 硬质白小麦　种皮为白色或黄白色的麦粒不低于90%，硬度指数不低于60的小麦。

2. 软质白小麦　种皮为白色或黄白色的麦粒不低于 90%，硬度指数不高于 45 的小麦。

3. 硬质红小麦　种皮为深红色或红褐色的麦粒不低于 90%，硬度指数不低于 60 的小麦。

4. 软质红小麦　种皮为深红色或红褐色的麦粒不低于 90%，硬度指数不高于 45 的小麦。

5. 混合小麦　不符合前 4 类规定的小麦。

其中，容重为定等指标，3 等为中等小麦。

表 3 - 7　小麦质量要求（GB1351—2008）

等级	容重（g/L）	不完善粒（%）	杂质（%）		水分（%）	色泽、气味
			总量	其中：矿物质		
1	≥790	≤6.0				
2	≥770	≤6.0				
3	≥750	≤8.0	≤1.0	≤0.5	≤12.5	正常
4	≥730	≤8.0				
5	≥710	≤10.0				
等外	<710	—				

注："—"为不要求

根据新颁布实施的国家小麦质量标准规定，硬质小麦的硬度指数不能低于 60%，软质小麦不高于 45%，介于 45% ~ 60% 为混合小麦，其中一项不符合要求的即为混合小麦，低于 5 等的小麦为等外小麦。

（三）过渡带省份小麦品质类型

马传喜（2001）综合分析安徽省气候、土壤条件的地区变化特点及不同地区小麦品质的变化规律，将安徽省小麦品质划分为两个区，其中，北纬 31° ~ 33° 的沿淮地区发展部分白软麦，江淮丘陵地区发展部分红软麦。王绍中等（2001）根据两次不同类型小麦品种在河南省的多点品质测定数据，按照不同类型小麦品种与气候、土壤等自然生态因子的关系，参考气温、降水分区、土壤类型、土壤质地、土壤有机质、养分的分布状况和水文分布资料，将河南小麦品质生态区划分为 5 大麦区，其中，豫南主要指信阳地区和驻马店地区南部，是发展弱筋小麦的适宜地区。王龙俊等（2002）根据江苏麦作生产中主推品种的品质潜力和生态环境因子（土壤类型、质地和肥力水平）对小麦品质影响的分析，将江苏划分为 4 大小麦品质区和 12 个亚区，其中，沿江、沿海和丘陵麦区属弱筋小麦产区。何中虎等（2002）根据生态因子（土壤质地、肥力水平及栽培措施）对品质表现的影响、品种品质的遗传特性及其与生态环境的协调性，并按中国小麦的消费状况、商品率和可操作性的原则，将中国小麦产区分为 3 大品质区域和 10 个亚区，认为长江中下游、云贵高原和青藏高原春麦区这 3 个亚区可发展弱筋小麦。

三、环境条件对小麦品质的影响

（一）小麦品质的地域差异

1. 过渡带不同地区小麦品质的差异　表 3-8 所示，河南、湖北、江苏、陕西几省的小麦灰分含量主要集中在 0.65%~0.77%，粗蛋白质主要集中在 11.2%~11.8%，湿面筋集中在 30.7%~34.1%。其中，河南省小麦具有较高的粗蛋白质、湿面筋含量和降落值，陕西小麦灰分含量最高，降落值最低。从一定程度上反映出不同地区小麦品质的差异。

表 3-8　过渡带不同省份小麦粉主要理化指标的差异

省区	灰分 （干基）（%）	粗蛋白质 （干基）（%）	湿面 筋（%）	面筋 指数（%）	沉淀 值（ml）	降落 值（s）
河南	0.70±0.01ab	11.8±0.1a	33.7±0.4a	59.1±1.9abc	54.5±0.7abc	396±7abc
湖北	0.65±0.02bc	11.2±0.3a	30.7±1.4ab	68.4±5.1ab	53.8±2.3abc	361±19cd
江苏	0.68±0.02bc	11.3±0.3a	33.0±0.9ab	52.9±2.5c	59.2±1.8a	347±10cd
陕西	0.77±0.02a	11.8±0.2a	33.5±0.6ab	52.0±3.0c	54.9±1.2ab	325±12d

注：引自陈洁，吕真真，徐经杰等. 我国小麦主产区的小麦粉理化性质分析. 粮食与饲料工业，2013（2）：6~9

表 3-9　过渡带不同省份小麦粉面团流变学特性的差异（平均值）

省份	吸水率（%）	形成时间 （min）	稳定时间 （min）	拉伸面积 （cm²）	拉伸阻力 （BU）	延伸性 （mm）	拉伸 比例	湿面筋 （%）	面筋 指数（%）
河南	61.53	4.26	6.88	77.57	296.4	149.21	2.02	30.58	76.97
江苏	59.85	3.07	5.49	75.21	322.55	142.28	2.3	28.56	84.38
安徽	61.11	4.27	7.36	79.63	306.57	148.43	2.11	30.06	77.38
陕西	61.3	4.24	7.2	78.36	299.91	149.92	2.05	30.15	76.54

注：引自陶海腾，齐琳娟，王步军. 不同省份小麦粉面团流变学特性的分析. 中国粮油学报，2011，26（11）：5~8，13

从表 3-9 可以看出，江苏小麦粉的吸水率、形成时间、稳定时间、延展性和湿面筋含量最低，河南小麦粉的拉伸阻力和拉伸比例最低。安徽小麦粉的拉伸阻力和江苏的面筋指数都很高，远远高于其他地区。陕西的小麦粉的面团流变学各项指标相差不大。这些差异一方面是不同的品种特性造成的，另一方面是不同省份的地域环境造成的。

表 3-10　不同省份小麦的主成分值、综合主成分值及排序

省份	第一主成分 F1	排名	第二主成分 F2	排名	综合主成分 F	排名
河南	1.31	1	-0.343	4	1.019	1
江苏	-5.994	4	0.222	3	-4.902	4
安徽	0.409	3	1.328	1	0.57	3
陕西	1.067	2	0.427	2	0.955	2

注：引自陶海腾，齐琳娟，王步军. 不同省份小麦粉面团流变学特性的分析. 中国粮油学报，2011，26（11）：5~8，13

单个指标的差异，体现不出面团流变学特性的综合评价，根据第一、第二主成分和主成分综合表达式，可以计算出不同省份小麦粉在面团流变学特性方面的主成分值、综合主成分值及排序（表 3-10），可以看出，第一主成分值排名依次为河南、陕西、安徽、江苏，第二主成分值排名依次为安徽、陕西、江苏、河南，综合得分排序依次为河南、陕西、安徽、江苏，河南小麦的综合得分最高，江苏小麦的综合得分最低，在一定程度上体现了加工品质的优劣。

2. 小麦品质的纬度效应　河南省的地理特点为南北较长，纬度跨度较大，导致同一小麦品种在不同纬度地区种植的品质出现较大差异。选用 6 个有代表性的冬小麦品种，在河南省自南向北的每个纬度设置一个试验点，系统研究了纬度变化对是蛋白质组分的影响。结果表明（表 3-11），除球蛋白和醇溶蛋白外，豫南信阳点与豫北汤阴点的其他参数间均存在显著差异，说明同一品种在不同纬度种植，因生态环境条件的变化，其蛋白质组分、蛋白质含量和小麦产量均存在明显差异。从 6 个品种所测定参数在不同地点的平均值可以看出，清蛋白和醇溶蛋白含量随纬度升高呈降低趋势，而麦谷蛋白含量、谷/醇比值、蛋白质组分之和以及小麦产量呈递增趋势。不同蛋白质组分含量纬度间分布也有较大差异，其中，信阳点清蛋白含量变幅为 2.36%~5.16%，占所测组分总和的 35% 左右，占籽粒蛋白含量的比例在 25% 以上；而驻马店和许昌两试验点醇溶蛋白含量变幅分别为 2.22%~3.76% 和 2.75%~3.09%，占蛋白质组分的比例为 33% 左右；武陟和汤阴两试验点麦谷蛋白含量占蛋白质组分的比例较大，为 32% 左右。表明就蛋白质组分而言，有些性状在纬度较高的豫北地区较高，而有些性状在纬度较低的豫南地区较高，这可能是小麦品质在纬度间存在差异的原因之一。

表 3-11　河南省不同纬度小麦蛋白质组分比较和品种间的变异系数

试验点	项目	清蛋白	球蛋白	醇溶蛋白	麦谷蛋白	谷/醇比值	蛋白质组分之和	面粉蛋白
信阳	平均值	3.37b	2.10a	2.98a	1.25a	0.42a	9.70a	12.83c
	CV（%）	31.8	17	19.5	32.7	30.4	16.7	7.4
驻马店	平均值	2.44a	1.52a	2.86a	2.05b	0.75b	8.87a	13.23c
	CV（%）	19.8	28.5	20.3	33.1	42.1	5.6	7
许昌	平均值	1.94a	1.79a	2.92a	2.28b	0.79b	8.92a	11.4a
	CV（%）	31.9	10.8	10.9	12.5	17.3	8.6	6.1
武陟	平均值	2.03a	2.11a	2.66a	3.25c	1.29c	10.05a	12.15b
	CV（%）	26.3	37.6	30.7	22.5	29.8	16.3	4.7
汤阴	平均值	2.43a	1.81a	2.85a	3.23c	1.13c	10.33a	12.13b
	CV（%）	34	38.4	7.9	10.4	8.3	14.1	8.5

注：引自张学林，王志强，郭天财等．纬度变化对不同冬小麦品种蛋白质组分的影响．应用生态学报，2008，19（8）：1 727~1 732

选用 6 个有代表性的强、中、弱筋型小麦品种，在河南省范围内，每个纬度设置一个试验点，研究不同纬度条件对 3 种筋型小麦品质性状的影响。结果表明（表 3-12），绝大部分品质性状，如粗蛋白含量、湿面筋含量、形成时间、评价值、延伸性、抗延伸性和最大抗延伸性随纬度的升高呈逐渐增加的趋势，吸水率随纬度升高呈降低趋势，稳定时间、弱化度、比值和能量的变化不太规律。多数品质性状在信阳（32°N）与驻马店（33°N）之间有一个明显的分界线。由不同纬度品质性状的多重比较看出，武陟点的绝大多数品质性状较优，表明该区是河南省优质强筋小麦的适生区，而许昌和驻马店则可作为优质强筋和优质中筋小麦的适生区。

表 3 – 12　河南省小麦品质性状在不同纬度的比较

地点	粗蛋白（%）	湿面筋（%）	吸水率（%）	形成时间（min）	稳定时间（min）	弱化度（B. u）	评价值	延伸性（cm）	抗延伸性	最大抗延伸性	比值
信阳	13.7	26.9	58.6	5.7	8.1	94.2	58.2	160.3	318.3	453.7	2.1
驻马店	12.8	27	60.1	4.3	6.9	93.3	53.8	145	313	410.8	2.3
许昌	13.4	27.5	59.3	6.9	10.3	53.3	67	158.3	312.2	475.8	1.9
武陟	15.5	32.6	58.6	8.9	8.9	55	70.3	164.2	354.5	552.5	2.2
汤阴	12.8	24.9	57.3	7.2	7.2	61.7	64.7	147.3	359.5	518.7	2.4

注：引自郭天财，张学林，樊树平等. 不同环境条件对 3 种筋型小麦品质性状的影响. 应用生态学报，2003，14（6）：917～920

在江苏省不同纬度点的 3 个试验点研究小麦淀粉糊化特性的差异。结果表明（表 3 – 13），峰值黏度、稀懈值和峰值时间在纬度间均随纬度的升高呈增加趋势，其中，峰值黏度在盐都和扬州两地的差异不显著，但均显著高于昆山点，稀懈值和峰值时间在 3 个纬度上均差异显著；低谷黏度、最终黏度和回复值均随纬度的升高呈先升后降的趋势且差异显著，低谷黏度、最终黏度和回复值等特征值由大到小均依次为扬州点、盐都点、昆山点；糊化温度则表现为扬州点与昆山点无显著性差异，但均显著高于盐都点。

表 3 – 13　RVA 各特征值在纬度上的多重比较

地点	峰值黏度（Pa·s）	低谷黏度（Pa·s）	稀懈值（Pa·s）	最终黏度（Pa·s）	回复值（Pa·s）	峰值时间（min）	糊化温度（℃）
盐都	2635a	1425b	1210a	2688b	1263b	5.97a	71.39b
扬州	2606a	1464a	1142b	2884a	1421a	5.91b	82.06a
昆山	2302b	1268c	1034c	2488c	1221c	5.83c	82.01a

注：引自刘艳阳，张洪程，蒋达等. 纬度和播期对小麦淀粉糊化特性的影响. 扬州大学学报（农业与生命科学版），2008，29（4）：67～70

（二）气候条件对小麦品质的影响

小麦籽粒品质性状大多属于数量性状，其性状表现受基因型、环境、栽培措施及其互作效应的影响。气候生态因素是非可控因素，对品质的影响是多因素的综合作用。

1. 温度对小麦品质的影响　温度是影响小麦生长发育过程的重要生态因子，通过影响小麦生化反应及对营养面积的吸收强度，从而影响小麦籽粒品质。

（1）温度对蛋白质含量的影响　小麦开花至成熟期，是籽粒产量和品质形成的关键时期，也是蛋白质含量对温度敏感的阶段。在一定温度范围内，随着温度的升高，小麦籽粒蛋白质含量也随之提高。当昼夜温度从 22℃/12℃ 上升到 27℃/12℃ 时，蛋白质的含量从 9% 提高到 13%。在冬小麦灌浆早期，气温平均上升 1℃，籽粒蛋白含量提高 0.07%。赵辉等（2005）研究表明，灌浆期高温提高了小麦籽粒蛋白质含量，且随温度升高籽粒清蛋白、球蛋白和醇溶蛋白含量均有显著的增加，但麦谷蛋白含量降低，其麦谷蛋白/醇溶蛋白的比值均随温度的上升而下降；适温处理条件（26℃/14℃ 和 24℃/16℃）下，麦谷蛋白/醇溶蛋白比值在整个灌浆期都较高，表明在适宜的温度条件下，面粉品质较好。尚勋武等（2003）认为，小麦灌浆期间适宜的高温有利于籽粒蛋白质的合成和积累，有利于面粉筋力的改善，但此期间温度过高（30℃ 以上）时，将使籽粒蛋白质的积累受到限制，面粉筋力也随之下降。年均气温也会影响到小麦籽粒蛋白质含量，年均气温每升高 1℃，蛋白质含量提高 0.435%，沉降值增加 1.09ml。

（2）温度对小麦其他品质性状的影响　温度对小麦沉降值、淀粉含量、面团强度、面包烘烤品质都有影响。在适宜范围内，温度升高有利于品质改善，而当温度超过临界温度 32℃ 时，则小麦品质降低。小麦籽粒灌浆期间遇高温，其醇溶蛋白的合成速度比麦谷蛋白快，醇溶蛋白占蛋白质的比例升高，使麦谷蛋白/醇溶蛋白的比值降低，一般表现为加工品质变劣，反映加工品质的 SDS 沉降值较小。籽粒淀粉含量与开花成熟期的日平均温度呈二次曲线的相关关系；小麦淀粉形成的适宜温度在 15～20℃，小麦成熟期间的高温导致淀粉含量减少，高温增加直链淀粉的比例，影响淀粉的生理生化特性。灌浆期高温会造成面团强度变弱，影响面包烘烤品质，尤其是面团强度及面包体积和评分。

温度对小麦品质的影响主要通过以下方式：影响根系对 N 素的吸收速度；影响蛋白酶的活性和蛋白质的降解；影响光合作用和碳水化合物的积累速度；影响植株体各器官的衰老进程和籽粒灌浆持续期；影响土壤中硝化菌对 N 素的吸收。

2. 光照对小麦品质的影响　光照对小麦籽粒品质的影响小于温度的效应。光照主要是通过日照时数和光照强度影响小麦籽粒品质。

（1）日照时数对小麦品质的影响　有关日照时数对小麦品质的影响研究结果不尽一致。中国小麦生态研究认为，小麦籽粒蛋白质含量与日照时数呈负相关，籽粒蛋白质含量较高的地区，开花至成熟期间的平均日照时数都较少，光照相对不足，影响光合强度和碳水化合物的积累，蛋白质含量相对提高。但对日照时数与蛋白质含量的关系也有不同的报道。北方 13 个省区小麦全生育期平均日照总时数高于南部 12 省，北方比南方小麦蛋白质含量高 2.05%，也说明长日照对小麦籽粒蛋白质形成和积累是有利的。延长抽穗至乳熟期的日照时数，可以明显提高籽粒蛋白质的含量。两种不同的结论，可能与品种类型、试验地点、播期类型、试验年度的气象差异有关。

（2）光照强度对小麦品质的影响　吴东兵等（2003）研究认为，小麦灌浆期光照强度与籽粒蛋白质含量呈负相关，减少籽粒发育期的光照强度可使籽粒 N 素积累增多。小麦灌浆期光照强度每增加 1.0MJ/（$m^2 \cdot d$），籽粒含 N 量下降 0.03%。灌浆过程中的总辐射量与湿面筋含量以及沉降值分别呈极显著负相关和显著负相关。

3. 降水量对小麦品质的影响　降水量是影响小麦品质的重要因素。小麦生长期间年均降水量高，蛋白质含量却较低。小麦生育期间降水量少于 300mm，蛋白质含量一般在

13%以上，降水量在600mm左右，蛋白质含量一般在10%左右。降水量对小麦蛋白质含量的影响主要在生育后期，在小麦成熟前40~55d的15d内，降水量与籽粒蛋白质含量呈极显著负相关。研究表明，降水是通过提高籽粒淀粉产量，稀释籽粒中N含量且使根系活力降低，对土壤有效N的淋溶或反硝化作用，减少籽粒蛋白质合成的。土壤湿度过大，蛋白质含量下降，从而降低面筋含量。过多的降水还会降低面筋的弹性，影响小麦的加工品质。降水量对品质的影响还与其他环境因子（如施肥、光照、气温等）有关。

小麦灌浆成熟期在高温多湿气候下，蛋白质含量偏低或中等水平，但如果降雨期偏早，小麦蛋白质含量则增加，能形成较好的品质，但在这种条件下小麦粒重却降低，制粉特性偏低，面粉色泽也下降。如果雨期偏晚，容易引起穗发芽，小麦的面粉质量也降低，黏性和弹性都差。收获期降雨对小麦品质有不利影响，导致小麦籽粒容重降低，α-淀粉酶活性增大，面团流变学特性变差，如面团形成时间和稳定时间缩短、公差指数增大、面团断裂时间显著缩短、粉质质量指数降低，面团拉伸曲线面积、拉伸阻力、最大拉伸阻力、拉伸比值、最大拉伸比值明显降低。

4. 气候因子对小麦品质的综合影响　气候因子对小麦品质的影响一般表现为多因子综合作用。国内外研究认为，干旱、少雨及光照充足有利于小麦蛋白质和面筋含量的提高。多数情况下，小麦品质受各种气候因子的综合影响，在籽粒形成阶段，高于常年平均气温，低于常年降水量的气候条件，可提高蛋白质含量。提高温度，延长光周期，减少光量，能在一定程度上提高蛋白质含量；温度过高或连续低温，降低蛋白质含量；抽穗后提高光量可能获得更多的淀粉但不能获得更多的蛋白质。吴东兵等（2003）对品质性状与抽穗至成熟期间的各项气候因子的关系进行多元回归分析，可以看出气候因子对品质的综合影响。如籽粒灌浆过程中的平均昼夜温差和总辐射量皆与湿面筋含量呈极显著负相关，总日照时数与之呈极显著正相关；除在灌溉条件下天然降水的作用不显著外，籽粒灌浆过程中的平均日均温、平均昼夜温差、总日照时数、总辐射量皆与沉降值呈显著负相关。

（三）施肥和灌溉对小麦品质的影响

1. 氮、磷、钾肥的影响　肥料是影响小麦品质最活跃的因子。肥料种类、用量以及施用时期、比例都会对小麦籽粒品质产生显著的影响。肥水管理是小麦生产的重要栽培措施，适当的肥水管理措施可以改善小麦生长环境，或直接作用于植物体，从而对其产量和品质产生影响。在诸多人为控制因素中，N肥的供应是仅次于品种的一个主要因素，适量的N肥能改善小麦营养品质和加工品质。

研究证明，N、P、K合理配施对小麦品质的作用比单一肥料的作用要突出，各因素对蛋白质含量的影响依次为N>叶面喷N>P>K，说明K肥对品质的独立效应不大。在N、P、K三因素试验中，以高N+高P+高K处理的蛋白质含量最高，与低N+低P+低K处理的蛋白质含量相比差异极显著。说明肥料三要素综合作用对提高小麦品质至关重要，充足施 N 配合适当的 P、K 肥和叶面喷 N 可以有效地提高籽粒蛋白质含量。

2. 水分与灌排技术的影响 水分管理对小麦品质和产量的影响比较复杂。一般情况下，灌水增加籽粒产量和蛋白质产量，但由于增加了籽粒产量对蛋白质的稀释作用，可能会导致蛋白质含量略有下降。多数情况下干旱会使蛋白质含量有所提高。在肥料充足条件下或干旱年份，适当灌水可以使产量和蛋白质含量同步提高。王旭清等（1999）提出，随抽穗至成熟期间的总降水量减少，蛋白质含量增加，赖氨酸和面筋含量也相应增加。王旭清等（1999）、于亚雄等（2001）研究表明，灌水对品质的影响与降水量有关，欠水年份灌水可提高品质，丰水年份灌水过多则对品质不利。水分只有在施肥量比较高时才能明显影响蛋白质含量，在缺少肥料的情况下，灌水对蛋白质含量基本无影响。研究表明，灌水次数对生育时期及群体动态影响不大，而灌水时期影响较大。随灌水时期的推迟，小麦生育时期略有提前，返青水浇得越早，小麦发育越好，小穗数、穗粒数越多，千粒重越高，其综合产量相对较高。郜俊红等（2003）研究认为，足墒播种时，在小麦全生育期内，浇拔节、灌浆水的灌水模式可以兼顾品质、产量和效益，是强筋小麦高产、优质、高效的基本灌水模式。

（四）轮作或不同前茬对小麦品质的影响

前季作物种类不同，植株对土壤中养分选择吸收能力有差别，导致植物生长的土壤环境也有所不同。因此，不同前茬对小麦品质性状有较大影响。研究表明，水稻茬对强筋优质小麦品质有不良影响。与玉米茬相比，水稻茬地种植的强筋优质小麦籽粒蛋白质含量、湿面筋含量下降，稳定时间缩短，评价值减小。土壤含水量是影响蛋白质含量的重要因素，土壤含水量高，蛋白质含量则下降；旱地小麦蛋白质含量较高。由于水稻茬小麦土壤含水量比玉米茬高，导致水稻茬地种植强筋优质小麦品质差。由此也说明，水稻茬不是种植强筋优质小麦的适宜前茬。

施用微量元素可以改善植物的生理代谢过程从而改变植物体内大中量元素组成。Zn 可促进小麦开花前 N 素的吸收、积累及花后向籽粒的运转，增加各器官尤其是籽粒 N 的积累。施 Zn 增加各器官 Zn 的积累量，但施 Zn 过量，其积累量下降。适量 Se 可促进植物对 S、Ca、Mg 等元素的吸收，而在 Se 过量情况下，植物对营养元素的吸收值降低。施用 Se、Zn 可影响土壤中微量元素供应以及土壤中微量元素含量变化，而土壤中微量元素含量及其他供性又进一步影响农作物对微量元素的吸收。土壤残留 Se、Zn 可明显促进作物对微量元素的吸收累积，有效改善食物营养品质。但前季作物种类不同，其影响作用不同，这可能与前季作物对养分的选择性吸收能力大小有关。研究发现，玉米—小麦轮作，土壤残留 Se、Zn 促进籽粒对 N、Ca 和 S 的吸收利用，P、K 元素吸收无明显变化，Mn、B 也无明显变化，Mg 吸收减少。而大豆—小麦轮作，土壤残留 Se、Zn 对小麦籽粒 K、S 和 Mg 的吸收有增加趋势，N、P 和 Ca 吸收减少，Mn 提高 15.8%，B 提高 36.4%。因此，玉米—小麦轮作，土壤残留 Se、Zn 并不能增加小麦产量，而大豆—小麦轮作，土壤残留 Se、Zn 不仅促进小麦生长，而且还有利于小麦产量提高，同时也避免了微量元素在土壤中的过量累积。

四、小麦品质区划

（一）中国小麦品质区划概述

1. 制定中国小麦品质区划的原则

何中虎等（2002）认为，制定中国小麦品质区划可遵循以下基本原则。

（1）生态环境因子对品质表现的影响　根据国内外有关研究，影响小麦品质的主要因素包括：① 降水量：较多的降水和较高的湿度对蛋白质含量和硬度有较大的负面影响，收获前后降雨还可能引起穗发芽，导致品质下降。旱地小麦蛋白质含量总体高于水地小麦；② 温度：气温过高或过低都影响蛋白质的含量和质量；③ 日照：较充足的光照有利于蛋白质数量和质量的提高；④ 海拔：蛋白质含量随海拔的升高而下降，较高的海拔对硬质和半硬质小麦的品质不利。

（2）土壤质地、肥力水平及栽培措施对品质的影响　在其他气候因素相似的情况下，土壤质地就成为决定蛋白质含量的重要因素。沙土、沙壤土和黏土以及盐碱土不利于提高蛋白质含量，中壤至重壤土，较高的肥力水平有利于提高蛋白质含量。采取分期施肥，适当增加后期施肥量（N 肥）的方法，有利于提高蛋白质含量。这已得到国内外大量试验的验证。与棉花、豆类、玉米轮作，有利于提高蛋白质含量；与水稻、薯类轮作，蛋白质含量下降，因此，不同类型的优质专用小麦，要采取不同的栽培模式。

（3）品种品质的遗传性及其与生态环境的协调性　尽管品种的品质表现受品种、环境及其互作的共同影响。但不同性状受三者影响的程度差异很大。总体来讲，蛋白质含量容易受环境的影响，而蛋白质质量或面筋强度主要受品种遗传特性控制。国内外的研究表明，高低分子量麦谷蛋白亚基是决定小麦面筋质量的重要因素，尽管亚基的含量受环境条件的影响较大，但亚基组成不随环境的改变而变化。中国小麦面包加工品质较差与优质亚基 5 + 10 等缺乏有关，导入 5 + 10 亚基有助于提高中国小麦的加工品质。同样，籽粒硬度、面粉色泽等皆受少数基因的控制，环境因素影响较小。在相同的环境条件下，品种遗传特性就成为决定品质优劣的关键因素。由于自然环境等难以控制或改变，品种改良及其栽培措施在品质改良中便充当主角。尽管中国华北地区适宜发展硬质麦，即便栽培措施配套，目前，主栽品种的加工品质仍然很差。这些充分说明品种品质改良的重要性。在优质麦的区域生产中，要充分利用环境和栽培条件调控蛋白质数量，将生态优势和科技优势转化为经济优势。

（4）小麦的消费状况和商品率　近年来面包和饼干、糕点等食品的消费增长较快，其总量约占小麦制品的 15%，面条和馒头等传统食品仍是中国小麦制品的主体。农村的小麦消费几乎全为传统食品。尽管农村仍以手工制作馒头为主，但就全国而言，机械化和半机械化生产面条和馒头的比例迅速上升，估计今后还会继续增加。因此，从全国来讲，应大力发展适合制作面包（可兼做配粉用）、面条和馒头的中强筋小麦，在少数地区种植强筋小麦，在南方的特定地区适度发展软质小麦。中国小麦的平均商品率接近30%，但地区间差异较大；小麦商品率较高的地区应加速发展强筋或弱筋小麦，其他地区以中筋类型为主。

（5）以主产区为主，注重方案的可操作性　尽管中国小麦产地分布十分广泛，但主产区相对集中，因此，品质区划以主产麦区为主，适当兼顾其他地区。为了使品质区划方案能尽快对农业生产发挥一定的宏观指导作用，也考虑到现有资料的局限性，品质区划不宜过细，只提出框架性的初步方案，以便日后进一步补充、修正和完善。需要说明的是，中国尚存在对优质麦含义理解上的偏差或不准确性。强筋小麦是指硬质、蛋白质含量高、面筋强度强、延展性好、适于制作面包的小麦；弱筋小麦是指软质、蛋白质含量低、面筋强度弱、延展性好、适于制作饼干、糕点的小麦；中筋小麦是指硬质或半硬质、蛋白质含量中等、面筋强度中等、延展性好、适于制作面条或馒头的小麦。

2. 中国小麦品质区划的初步方案　根据上述原则，何中虎等（2002）将中国小麦产区初步划分为三大品质区域。每个区域因气候、土壤和耕作栽培条件有所不同，进一步分为几个亚区。

（1）北方强筋、中筋白粒冬麦区　北方冬麦区包括北部冬麦区和黄淮冬麦区，主要地区有北京市、天津市、山东省全部、河北、河南、山西、陕西省大部、甘肃省东部和苏北、皖北。本区重点发展白粒强筋和中筋的冬性、半冬性小麦，主要改进磨粉品质和面包、面条、馒头等食品的加工品质；在南部沿河平原潮土区中的沿河冲积沙至轻壤土，也可发展白粒软质小麦。

（2）华北北部强筋麦区　主要包括北京、天津和冀东、冀中地区。年降水量 400 ~ 600mm，多为褐土及褐土化潮土，质地沙壤至中壤，肥力较高，品质较好，主要发展强筋小麦，也可发展中强筋面包面条兼用麦。

（3）黄淮北部强筋、中筋麦区　主要包括河北省中南部、河南省黄河以北地区和山东西北部、中部及胶东地区，还有山西中南部、陕西关中和甘肃的天水、平凉等地区。年降水量 500 ~ 800mm，土壤以潮土、褐土和黄绵土为主，质地沙壤至黏壤。土层深厚、肥力较高的地区适宜发展强筋小麦，其他地区发展中筋小麦。山东胶东丘陵地区多数土层深厚，肥力较高，春夏气温较低，湿度较大，灌浆期长，小麦产量高，但蛋白质含量较低，宜发展中筋小麦。

（4）黄淮南部中筋麦区　主要包括河南中部、山东南部、江苏和安徽北部等地区，是黄淮麦区与南方冬麦区的过渡地带。年降水量 600 ~ 900mm，土壤以潮土为主，肥力不高。以发展中筋小麦为主，肥力较高的砂姜黑土及褐土地区也可种植强筋小麦，沿河冲积地带和黄河故道沙土至轻壤潮土区可发展白粒弱筋小麦。

（5）南方中筋、弱筋红粒冬麦区　南方冬麦区包括长江中下游和西南秋播麦区。因湿度较大，成熟前后常有阴雨，以种植较抗穗发芽的红皮麦为主，蛋白质含量低于北方冬麦区约 2 个百分点，较适合发展红粒弱筋小麦。鉴于当地小麦消费以面条和馒头为主，在适度发展弱筋小麦的同时，还应大面积种植中筋小麦。南方冬麦区的中筋小麦其磨粉品质和面条馒头加工品质与北方冬麦区有一定差距，但通过遗传改良和栽培措施大幅度提高现有小麦的加工品质是可能的。

（6）长江中下游麦区　包括江苏、安徽两省淮河以南、湖北省大部及河南省的南部。

年降水量 800~1 000mm，小麦灌浆期间雨量偏多，湿害较重，穗发芽时有发生。土壤多为水稻土和黄棕土，质地以黏壤土为主。本区大部分地区发展中筋小麦，沿江及沿海沙土地区可发展弱筋小麦。

（7）四川盆地麦区　大体可分为盆西平原和丘陵山地麦区。年降水量约 1 100mm，湿度较大，光照严重不足，昼夜温差小。土壤多为紫色土和黄壤土，紫色土以沙质黏壤土为主，黄壤土质地黏重，有机质含量低。盆西平原区土壤肥力较高，单产水平高；丘陵山地区土层薄，肥力低，肥料投入不足，商品率低，主要发展中筋小麦，部分地区发展弱筋小麦。现有品种多为白粒，穗发芽较重，经常影响小麦的加工品质，应加强选育抗穗发芽的白粒品种，并适当发展一些红粒中筋麦。

（8）云贵高原麦区　包括四川省西南部、贵州全省及云南的大部分地区。海拔相对较高。年降水量 800~1 000mm，湿度大，光照严重不足，土层薄，肥力差。小麦生产以旱地为主，蛋白质含量通常较低。在肥力较高的地方可发展红粒中筋小麦，其他地区发展红粒弱筋小麦。

（9）中筋、强筋红粒春麦区　春麦区主要包括黑龙江、辽宁、吉林、内蒙古、宁夏、甘肃、青海、西藏和新疆种植春小麦的地区。除河西走廊和新疆可发展白粒、强筋的面包小麦和中筋小麦外，其他地区收获前后降雨较多，穗易发芽影响小麦品质，以黑龙江最为严重，宜发展红粒中筋、强筋春小麦。

（10）东北强筋、中筋红粒春麦区　包括黑龙江省北部、东部和内蒙古大兴安岭地区。这一地区光照时间长，昼夜温差大，土壤较肥沃，全部为旱作农业区，有利于蛋白质的积累。年降水量 450~600mm，生育后期和收获期降雨多，极易造成穗发芽和赤霉病等病害发生，严重影响小麦品质。适宜发展红粒强筋或中筋小麦。

（11）北部中筋红粒春麦区　主要包括内蒙古东部、辽河平原、吉林省西北部，还包括河北、山西、陕西的春麦区。除河套平原和川滩地外，主体为旱作农业区，年降水量 250~400mm，但收获前后可能遇雨、土地瘠薄，管理粗放、投入少。适宜发展红粒中筋小麦。

（12）西北强筋、中筋春麦区　主要包括甘肃中西部、宁夏全部以及新疆麦区。河西走廊区干旱少雨，年降水量 50~250mm，日照充足，昼夜温差大，收获期降雨频率低，灌溉条件好，生产水平高，适宜发展白粒强筋小麦。新疆冬春麦兼播区，光照充足，降水量少，150mm 左右，昼夜温差大，适宜发展白粒强筋小麦。但各地区肥力差异较大，由于运输困难，小麦的商品率偏低，在肥力高的地区可发展强筋小麦，其他地区发展中筋小麦。银宁灌区土地肥沃，年降水量 350~450mm，生产水平和集约化程度高，但生育后期高温和降雨对品质形成不利，宜发展红粒中强筋小麦。陇中和宁夏西海地区土地贫瘠，少雨干旱，产量低，粮食商品率低，以农民食用为主，应发展白粒中筋小麦。

（13）青藏高原春麦区　主要包括青海和西藏的春麦区。这一地区海拔高，光照充足，昼夜温差大，空气湿度小，土壤肥力低，灌浆期长，产量较高，蛋白质含量较其他地区低 2~3 个百分点，适宜发展红粒软质麦。但西藏自治区（全书称西藏）拉萨、日喀则地区生产的小麦粉制作馒头适口性差，亟待改良。有关资料较缺乏，需加强研究。青海西宁一带可发展中筋小麦。

（二）过渡带不同省份品质区划

1. 河南省小麦品质区划简介　王绍中等（2001）认为，小麦品质生态区划将全省划分为5大麦区。小麦类型按强筋、中筋和弱筋划分，每区对不同类型小麦按适宜和次适宜两个等级区分。

（1）豫西、豫西北强筋、中筋麦适宜区（Ⅰ区）　该区主要地貌为黄土台地和山前洪积、冲积平原，土壤属于褐土类的不同土种。土壤质地多为中—重壤，有机质和N素含量较高，80%左右的耕地有机质含量达到10~20g/kg，全N 0.75~1.5g/kg。全年降水量500~650mm。小麦生育季节降水150~250mm，属土壤水分亏缺区和严重亏缺区，多数年份小麦生育受到一定的水分胁迫。土壤肥力相对较高，因而大部分麦田适合优质强筋麦生长；山前平原多有良好灌溉条件，适合中筋高产小麦。该区小麦的加工品质在全省为最优区域。1999—2000年在该区4个点，用豫麦34、豫麦47，郑州9023、济麦17、河北8901、高优503等强筋麦品种的品质化验结果。4点平均小麦籽粒蛋白质含量15%以上。湿面筋35%以上，面团稳定时间除豫麦47（9min）稍低外，其他都在14min以上，达到国际一级强筋麦标准。

（2）豫东北、中东部强筋、弱筋麦次适宜区（Ⅱ区）　该区的气温、降水与Ⅰ区相近。地貌属黄泛冲积平原，主要特点是沙土面积大，沙土、沙壤土面积占60%以上。土壤肥力较低，有机质含量大多在10g/kg以下，全N含量以0.5~0.75g/kg占面积较大；P、K含量也较低。因土壤养分供应较差，一定程度上影响强筋麦品质。同时由于黄泛特点，土壤耕层和土体的沙黏不均匀，造成强筋麦不同样点的品质指标变异较大，影响小麦的商品价值。但该区并非完全不能种植强筋小麦，而必须选择肥力较高的黏土、壤土区重点发展。

该区沙土面积较大，虽然气候条件不完全适合弱筋麦生长，但可在灌水条件较好或降水较多的黄河以南的沙土、沙壤土区发展弱筋小麦。据多点种植豫麦50（弱筋麦品种）的品质测试结果，只要栽培技术适当，沙质土壤上可保持原有弱筋麦的主要品质指标。

（3）豫中、豫东南部强筋麦次适宜区、中筋麦适宜区（Ⅲ区）　该区大部分处于北纬33°~34°，是中国由北亚热带向暖温带的典型过渡地区。年降水700~800mm，小麦生育期（9月至翌年5月）降水300~400mm。大部分处于土壤水分中等区，南部为水分良好区。土壤类型以黄褐土，砂姜黑土壤、黏质黄潮土为主。土壤有机质含量多在10~20g/kg，全N含量0.5~1.0g/kg。该区的主要特点是降水总量比较丰沛，但时空变化大，分布不均；土壤肥力偏低。小麦品质变化据1989—1993年普通小麦多点试验，该区与西北部相比，蛋白质含量低1~2个百分点，干面筋低2.2个百分点。面团稳定时间短2.2min。1999—2000年用几个强筋麦品种试验，湿面筋和面团稳定时间多数有所降低，但各品种降低幅度不同，有些品种降低幅度较小。在区内比较，东部和西部的品质相对较好。

该区是全省小麦主要产区。面积大，商品率高，虽然自然生态条件对强筋麦生育不如西北部（Ⅰ区），但作为次适宜区还是可以发展一定面积的强筋麦。在发展强筋麦过程中要注意：① 选择加工品质比较稳定、地区变异较小的优质麦品种；② 进一步提高土壤有机质和 N 素水平；③ 探讨适合该地区的优质强筋麦的配套栽培控术。

（4）豫南弱筋麦适宜区、中筋麦次适宜区（Ⅳ区）　该区包括信阳地区和驻马店地区南部，属于长江流域麦区。气候属于北亚热带，年降水量在 800mm 以上。小麦生育期降水 500mm 左右。水稻面积较大。旱地土壤以黄棕壤和砂姜黑土为主。由于小麦灌浆期高温、多雨、昼夜温差较小，多数年份湿害较重，不利于小麦籽粒蛋白质和面筋的形成，面团强度较低，不利于强筋麦，而有利于弱筋麦生育。据 12 个强筋麦的加工品质测定结果，息县点（水稻土）与西北部（Ⅰ区）4 个点平均值比较，小麦籽粒蛋白质含量降低 2.7 个百分点，湿面筋降低 9.6 个百分点，吸水率降低 5.2 个百分点，稳定时间缩短 7.6min，评价值降低 23。该区是全省发展弱筋麦的适宜地区。在该区范围内，土壤类型对弱筋麦品质也有一定影响。一般在质地较沙、淋洗程度较重的水稻土上，弱筋麦的品质较好，而在沙姜黑土和高肥黄棕壤耕地上，也会造成弱筋麦的品质下降。

（5）山丘普通麦区（Ⅴ区）　该区处于豫西南伏牛山地丘陵区。年降水量较高。土壤复杂，小麦面积小，商品率低。不是强筋麦和弱筋麦的发展区域。

品质生态区划主要是根据自然生态因子与小麦主要品质指标的关系而划分的，仅能起到宏观指导作用，而且区域界线是一个渐变的过程，不能机械运用。

2. 江苏省小麦品质区划简介　依据生态条件和品种的品质表现将江苏省小麦产区划分为 4 个不同的品质类型区。

（1）淮北中筋、强筋白粒小麦品质区　该区位于淮河和灌溉总渠一线以北，全区包括徐州、连云港、宿迁市全部以及淮安和盐城市的渠北部分。土地面积 358 万 hm²，占全省土地面积的 34.89%。常年小麦种植面积 1 500 万亩左右，单产 5 250kg/hm² 左右，是全省小麦高产区。

本区气候的主要特征是，春季气温上升快，秋季降温较早；春秋两季光照充足，昼夜温差大；夏季炎热而雨水集中，冬季寒冷而干燥。本区光照条件为全省最好：年太阳辐射总量 465.8～526.9KJ/cm²，年日照时数 2 233～2 631h，年日照百分率 50%～59%。本区热量为全省最低：年平均温度 13.2～14.4℃，小麦生育期日平均温度 7～8℃，比淮南麦区低 1～2℃，但在小麦生长的中后期温度比淮南地区略高，灌浆期平均温度为 19～20℃，日温差较大，达 10.5～12.8℃，有利于灌浆物质的积累，有利于作物高产优质。本区年降水量 782～1 015mm，分布不均匀，主要集中在 7～8 月份，占全年降水量的 50% 以上，小麦生育期间降水量为 250～400mm，以干旱为主，小麦拔节至成熟阶段降水量为 130～160mm，适当偏旱有利于小麦籽粒蛋白质含量的提高。

本区主要为废黄河、沂沭河冲积平原、湖洼地、丘陵岗地、滨海脱盐土等，虽土壤类型多，肥力差异大，但经过多年的土壤培肥改良，土壤肥力逐渐提高，障碍因素逐步消除，有利于小麦壮苗稳长和高产优质。本区种植品种以半冬性为主，白粒，适当搭配偏冬性或春性，弱春性品种。本区在全国小麦品质区划中划为黄淮南部中筋麦区。

（2）里下河中筋红粒小麦品质区　该区是江苏省腹部地区的碟形洼地平原。自然生态条件优越，气候温暖湿润，土壤肥沃，栽培条件好，生产水平和产量水平与淮北相当。本区种植品种以春性、红粒为主，北部搭配弱春性品种。所产小麦的蛋白质和湿面筋含量比淮北麦区低，但高于其他麦区，是生产蒸煮类小麦的理想区域。该区又可分为：① 串场河沿线优质饺子小麦亚区。主要包括盐城市的阜宁、建湖、大丰、东台的一部分和淮安市的青州区沿串场河的一部分以及洪泽、金湖等县（市）洪泽湖以东的低洼平原，小麦面积 220 万亩左右。② 沿运河优质面条小麦亚区。主要包括宝应、高邮、邗江等县（市）沿大运河沿线的一部分，小麦面积大约 30 万亩。③ 里下河南部优质馒头小麦亚区。主要包括兴化、宝应、泰州市区的全部、海安、高邮、江都、姜堰等县（市）的一部分，小麦面积在 250 万亩左右。

（3）沿江、沿河弱筋红（白）粒小麦品质区　该区为江苏省沿长江两岸和沿海一线，沿江以江北为主，沿海以中部、南部为主，沿海北部部分地区与淮北麦区相重叠。该区种植品种以春性、红粒为主，沿海北部种植部分弱春性和半冬性的白粒品种。该区可分为：① 高沙土优质酥性饼干、糕点小麦亚区。该区主要包括泰兴、如皋、如东、通州等县（市）的大部，海安、姜堰、江都、邗江等县（市）的一部分，小麦总面积 200 万亩左右。② 沿江沙土发酵饼干、蛋糕小麦亚区。该区主要包括靖江、扬中、启东、海门县（市）的全部、如皋、泰兴、江都、邗江、仪征、丹徒、丹阳、张家港、常熟、太仓等县（市）濒临长江沿线的一部分，小麦面积 180 万亩。③ 沿海南部酥性饼干、糕点小麦亚区。该区包括通榆运河以东、盐城以南及南通少部地区，包括大丰、东台、如东等县（市）的大部，盐都、海安、通州等县（市）的部分乡镇，共种植小麦面积 180 万亩左右。④ 沿海北部发酵饼干及啤酒小麦（白粒）亚区，主要分布在沿海盐城以北至灌河附近，包括建湖、阜宁、射阳、响水大部和滨海、灌云的部分乡镇，小麦种植面积 150 万亩。

（4）苏南太湖、丘陵中筋、弱筋红粒小麦品质区　该区位于江苏省最南部。小麦生育期间热量资源和降水最为丰富，但小麦面积急剧下降，目前，仅 300 多万亩。该区可分为：① 丘陵饼干、糕点小麦亚区。位于江苏省西南部，包括六合、江浦、江宁、溧水、高淳、盱眙、句容等县（市）和南京、镇江两市的郊区，丹徒、仪征两县（市）大部，邗江、高邮、金湖、丹阳、金坛、溧阳、宜兴的一部分乡镇。② 太湖蒸煮类小麦亚区。位于江苏省东南部，为长江下游太湖平原的稻麦区。境内包括江阴、锡山、吴县、吴江、昆山、武进等县（市）的全部，常熟、张家港、太仓、金坛、溧阳、宜兴和丹阳等县（市）的部分乡镇。

3. 安徽省小麦品质区划　综合分析安徽省的气候、土壤条件的地区变化特点及不同地区小麦品质的变化规律，将安徽省划分为两个区。

（1）淮河以北中筋、强筋小麦产区　该区大致位于北纬 33° 以北地区。分两个副区，即淮河中北部强筋小麦区和淮北南部中筋小麦区。淮北中北部强筋小麦区集中在淮北的沙姜黑土和潮土地区，主要分布在亳州市谯城区、涡阳、蒙城、利辛，淮北市濉溪，宿州市埇桥区、灵璧、泗县，蚌埠市固镇和怀远的北部，阜阳市太和、界首、临泉、颍泉、颍州、颍东等，常年播种面积 80 万 hm²。由于土壤质地黏重，后期供 N 充足，有利于提高蛋白质含量，适于发展强筋小麦。该区年降水量 750～900mm，小麦生育期间降水量 250～300mm，明显高于黄淮北部强筋麦区。淮北北部的萧县、砀山等黄河故道沙壤土地带适宜种植中筋小麦。淮北南部中筋小麦区集中在淮北南部的阜南、颍上、凤台、蒙城南部、怀远中南部、固镇南部、五河等县，常年小麦播种面积 65 万 hm² 左右。年降水量 800～1 000mm，小麦生育期间降水量 300～350mm，前茬作物主要是水稻、大豆、玉米和甘薯。小麦蛋白质含量低于中北部地区，适宜种植中筋小麦。

（2）淮河以南中筋、弱筋小麦产区　该区小麦种植集中于北纬 31°～33°的沿淮及江淮丘陵地区。该区主要分布在霍邱、寿县、长丰、凤阳、明光、天长、定远、来安等县，部分分布在江淮南部及江南，常年小麦播种面积 65 万 hm²，年降水量 900～1 100mm，小麦生育期间降水量 400～500mm，前茬作物主要是水稻、油菜和棉花，适宜种植中筋和弱筋小麦。该区部分岗地，土壤供肥能力不足，农民习惯于撒播和一次性底施氮肥，小麦蛋白质含量较低，适宜种植弱筋小麦。

4. 湖北小麦品质区划　在已有的湖北省小麦种植区划基础上，结合各地区小麦品质形成的生态和生产条件、作物生产布局及农业产业结构调整规划、居民膳食结构和多年多点小麦品质的分析结果，将湖北省小麦产区划分为 5 个小麦品质区域。

（1）鄂北岗地和鄂西北山地优质中筋小麦区　包括襄樊市、十堰市和曾都区北部等县市，是湖北省小麦的主产区、高产区和重要消费区。该区小麦种植面积 400km² 左右，占全省小麦面积 40%，总产占全省 48% 左右。该区冬季农作物主要是小麦，小麦面积占冬季农作物面积的 90% 以上。居民膳食结构中，以面制品为主食。区域内，集中了湖北省主要大型小麦加工企业，小麦消费流通量大。

该区地形以丘陵岗地为主。鄂中丘陵以黄棕壤、水稻土为主，鄂北岗地以黄土为主。年平均气温为 15.1～16.0℃，年降水量为 760～960mm，小麦全生育期降水量为 400mm 左右，3～5 月为 200～250mm，是全省雨量最少的麦区。年平均日照时数为 1 600～2 200h，4～5 月平均日照时数达 300～350h。气温日较差达 9～10℃，高于其他地区 1～2℃，有利于小麦的光合作用和干物质积累。常年小麦赤霉病轻。该区生态条件适宜发展优质中筋小麦，近年大面积小麦品质抽样分析结果表明，该区小麦品质达到国家优质中筋小麦品质标准。

（2）鄂中丘陵和鄂北岗地优质中筋小麦优势区　包括荆门市、随州市中南部、孝感市北部的安陆、大悟和孝昌及黄冈市的红安、麻城等县市。该区小麦种植面积 235km² 左右，约占全省小麦面积的 25%，小麦总产约占全省小麦总产的 24%。该区冬季农作物以小麦和油菜为主，小麦面积占冬季农作物面积的 50%～60%。居民膳食结构中，以大米为主食，小麦商品率高。区域内，分布有部分中小型小麦加工企业，小麦消费流通量较大。

该区地形以丘陵岗地为主，土壤质地鄂中丘陵以黄棕壤、棕壤、水稻土为主。该区年平均气温为 15.8～16.5℃，年平均降水量为 950～1 250mm，小麦全生育期降水量为 600mm 左右，总量基本满足小麦生产要求。年平均日照时数 1 900～2 200h，是湖北省日照时数最多地区之一，尤其是个 4~5 月小麦灌浆期，平均达到 320~350h。常年小麦赤霉病基本无重流行。本区是湖北省发展优质中筋专用小麦优势产区。

（3）江汉平原和鄂东中筋、弱筋小麦混合区　包括荆州市、武汉市、鄂州市、仙桃市、潜江市、天门市全部，孝感市的汉川、云梦、应城，宜昌市的枝江、当阳，黄冈市的罗田、英山，团风、浠水、蕲春、武穴、黄梅和咸宁市的嘉鱼等县市。该区小麦种植面积 315km² 左右，约占全省小麦面积的 32%，小麦总产占全省总产的 25%。该区冬季农作物以油菜为主，小麦面积占冬季农作物面积 20% 左右。居民膳食结构中，以大米为主食，小麦商品率较高。区域内，分布有部分中小型小麦加工企业，小麦消费流通量较大。

该麦区大部分为地势低平的江汉冲积平原，大部分耕地为灰潮土及发育的水稻土，土壤深厚肥沃，东部岗丘地区为泥沙土。该区无霜期为 240~270d，年平均降水量 1 100~1 200mm，小麦全生育期降水量 700mm 以上，年均日照时数 1 850~2 100h，4~5 月份日照时数为 300~320h。该区生态条件较适宜发展中筋、弱筋小麦。近年大面积小麦品质抽样分析结果表明，该区不同年份和不同地区间小麦品质指标变幅较大，部分年份和部分地区小麦品质达到中筋小麦品质标准。

（4）鄂西南山地弱筋小麦区　包括神农架林区、恩施自治州全部以及宜昌市的宜都、远安、兴山、秭归、长阳、五峰和宜昌市郊。该区小麦种植面积约 27km²，占全省小麦面积的 2.6%，总产占全省的 1.5%。该区冬季农作物以马铃薯、油菜和其他作物为主，小麦面积占冬季农作物面积的 10% 左右。

该区除东缘自宜昌南津关以下长江沿岸地势较平外，境内地势高耸，地面平均海拔 1 000m 以上，不少山峰超过 1 500m。耕地土壤类型较多，以黄壤、黄棕壤、石灰土、水稻土为主。年平均气温 15~16℃，海拔 1 800m 处只有 7.8℃。无霜期各地垂直差异显著。长江三峡谷地无霜期可达 290d 以上，一般低山坪坝为 260d，高山如利川为 230d。海拔每升高 100m，无霜期缩短 4~6d。该区年平均降水量为 1 400~1 800mm，随着海拔高度不同，各地降水量也发生相应变化。但该区秋季降水量较多，一般 300~400mm，3~5 月的降水量也多，为 400~550mm，小麦生育期总降水量达 900mm 以上。春季阴雨寡照，4~5 月大部分地区平均日照只有 200~250h，赤霉病常年发生，中到重流行。

（5）鄂东南丘陵低山弱筋区　包括咸宁市（除嘉鱼）与黄古市。该区小麦种植面积 17km²，占全省小麦面积的 1.7%，总产占全省的 0.8%。该区冬季农作物以油菜和其他作物为主，小麦面积占冬季农作物面积 10% 左右。

该区内岗地和丘陵占 56%，低中山地占 36%，平原只占 8%，平原分布在长江沿岸和山间河谷平川。耕地土壤多为红黄壤，旱地表层土壤一般较黏重，有机质缺乏，酸性强。年平均气温为 16.5~17 ℃，无霜期 246~270d，年降水量为 1 400~1 550mm，小麦全生育期降水量为 800~900mm，其中，3~5 月为 500~580mm。年平均日照时数 1 800~2 000h，4~5 月日照时数为 250~300h。由于春季阴雨寡照，是小麦赤霉病流行的高发区。

5. 陕西小麦品质区划　关中麦区小麦种植面积和总产量分别占到全省小麦面积和总

产的 80% 和 85% 左右，是陕西小麦产业化建设的主区。因此，陕西小麦品质分区以关中麦区为主，兼顾陕北和陕南麦区，并尽可能与陕西小麦生态区划相接近。基于以上几点将陕西省小麦产区划分为 4 个品质类型区。

（1）渭北高原强、中筋冬麦区　该区域内台塬、墚峁、沟壑、浅山等地貌交错分布，海拔多在 700 ~ 1 000m，个别地区高达 1 200m。为雨养旱作农业区，小麦多为单季作物。全年降水量分布不均，夏、秋暴雨和淋雨占总降水量的 60% 以上，小麦生长季节降水不足 40%，夏、秋土壤蓄水保墒是重要农业措施之一。该区小麦常年播种面积约 26 万 hm²，占总农用耕地的 60% 左右，其他为秋作物和果木。

本区可分为东、西两个区段。东区段包括韩城、合阳、澄城、蒲城、富平等县市北部，黄龙、宜川、洛川等县南部及白水、铜川、耀县等县市全部。该段小麦品种类型为冬性。冬前苗小，耐寒性强，产量群体偏小，耐旱，耐高温，籽粒硬度大，角质率高，皮薄，色亮，光泽度好，容重较高，商品性佳。该区段是优质强筋小麦生产适宜区。西区段包括礼泉、乾县、扶风、岐山等县区北小部，淳化、旬邑、永寿、彬县、长武等县区全部，以及宝鸡、千阳、陇县等县市部分山坡台地。与东区段相比，该区段小麦品种越冬耐旱指标略弱，株高略低，产量潜力略大，耐旱、耐高温的要求强度小，籽粒光泽度略差于东区段。该区段适于优质中、强筋以上的小麦生产。

（2）关中平原北部强、中筋冬麦区　本区面积大，占关中小麦种植面积的 60% 以上，且生态条件相对一致性好。籽粒品质及外观商品性虽在东、西段之间略有差异，但一般不影响总体评价。本区自东向西包括韩城、合阳、澄城、蒲城、富平、礼泉、乾县、扶风、岐山、凤翔等县市南部，大荔与临渭的北部，阎良、高陵、三原、泾阳、咸阳、兴平、武功、杨陵等县市区南部，总面积约 37 万 hm²。

该区耕作制度为一年两熟，多为小麦、玉米两茬；小麦产量潜力和品质表现大都较南部川灌带偏高，而且比较稳定；小麦品种多为弱冬性、半矮秆（75 ~ 80 cm）、大群体多穗型、偏大粒、高产潜力 7 500kg/hm² 以上类型。

（3）关中平原南部中、强筋冬麦区　该区东起潼关，沿渭河而上直至陇县，包括渭河两岸及渭河以南至秦岭北麓的东西狭长区带。有华阴、华县、渭南、临潼、长安、户县、周至、蓝田、眉县、陈仓、千阳、陇县等县市区的沿河平川区域。该区海拔高度 320 ~ 480m，小麦面积约 27 万 hm²。

本区土壤质地有洪淤中壤黏土、沙壤土、垆盖沙，西区段有少量潮土、水稻土等。区内土壤 pH 值呈微碱性，但较中北部略低。该区小麦病虫害较重，籽粒商品性较差，角质率下降，粒色灰暗无光泽，皮厚，面团流变学特性（形成时间、稳定时间、拉伸面积）亦较差。周至、眉县等也有一部分与关中西部平原灌区条件近似的小麦种植区。各县（市、区）及有关粮食、面粉及加工企业可以利用这一部分面积，组织优质强筋小麦产业化生产。

（4）陕南中、弱筋冬小麦区　本区域受秦巴山特殊气候影响，生态生产条件复杂，分为陕南平坝早熟中弱筋冬麦区和秦巴浅山丘陵中弱筋冬麦区。前者包括汉中、城固、洋县、南郑、石泉等县市的大部，西乡、勉县、安康、汉阴等县的一部分。本区地处秦岭、巴山浅山之间的汉中盆地及其以东的汉江干支流各地。主要属北亚热带温热湿润气候区，年平均降水量750～900mm，代表土壤为黄褐土。由于水稻面积大，所以分布着大量的水稻土。本区水、旱地均属小麦次适宜区。陕南平坝地区自然经济条件好，水田多，以稻、麦两熟为主，历来是陕南的粮仓。本区小麦品种属长江中下游平原生态类型，弱春性，早熟。小麦面积7.6万 hm²。

秦巴浅山丘陵中弱筋冬麦区包括太白、凤县、商县、丹凤、山阳、镇安、柞水、留坝、佛坪、镇巴、宁强、略阳、旬阳、白河、平利、镇坪、岚皋、紫阳、宁陕县的全部，城固、西乡、勉县、安康、汉阴、石泉、洛南等县市的大部，长安、宝鸡、眉县、周至、户县、潼关、华阴、华县、蓝田、汉中、南郑、洋县等县市南部秦岭山区的一部分。本区地貌复杂，小麦主要分布在秦巴中低山区，年平均降水量800～900mm以上。秦岭丘陵区主要自然灾害是霜冻和秋淋，巴山丘陵区是春旱和秋淋。秦岭中低山丘陵棕壤土分布广泛，巴山中低山丘陵以肥力较低的黄褐土和始成黄棕壤性土为主，习惯称黄泥土和山地石渣土分布比较普遍，侵蚀较强的陡坡有死黄泥，平缓地有熟化程度较高的小黄泥，山地中也有红、黄色山地沙土，河谷平坝为淤土和水稻土。本区水、旱地均属小麦次适宜区，秦巴中高山以上为不适宜区。以弱冬性或弱春性品种为主。小麦面积21.6万 hm²。

第五节　稻茬麦常规栽培

一、选用品种

（一）选用品种的原则

中国南北过渡带地区，虽然总体的生态环境类似，生态条件相近，但毕竟由于气温、降水量、土壤等条件的不均衡，各地小麦生产水平的差异也比较悬殊。本区土壤类型较多，汉水上游地区为褐土或棕壤，丘陵地区为黄壤和黄褐土，沿江、沿河、沿湖以及长江中下游冲积平原多为水稻土，有机质含量较高，肥力较好，有利于小麦高产。本区种植制度多为一年两熟，以稻—麦种植方式为主，其次为稻—油菜，其他少量稻—肥（绿肥）、小麦—棉花、小麦—玉米、小麦—小杂粮等。鉴于各地自然条件有一定的差异，因此，选用品种应遵循以下原则。

选用的品种应为通过所属省或国家农作物品种审定委员会审定的，审定区域含本地区。

适应当地的生态条件和生态环境，适宜该区域种植。

抗逆性抗病性强。过渡带地区小麦品种应具有耐湿、耐渍、特别是后期高温高湿能力、抗穗发芽、耐肥抗倒、耐寒、特别是耐倒春寒能力要强。

抗耐小麦赤霉病、条叶锈病、白粉病、纹枯病、土传花叶病毒病等主要病害、综合耐病性好。

丰产稳产，增产潜力大。

品质好。品质指标达到国家中筋或弱筋标准。

熟期适中或偏早。

种子质量达到国家标准二级以上，纯度不低于99%，净度不低于98%发芽率不低于85%，水分不高于13%。

（二）目前应用的优良小麦品种

江苏中部地区：淮麦20、淮麦27、淮麦30。

陕南地区：川麦43、汉麦6号、绵麦31。

湖北北部地区：襄麦55、鄂麦580、鄂麦596、郑麦9023。

河南南部地区：豫麦18—99、扬麦15、丰抗38、偃展4110。

安徽中部地区：扬麦13、豫麦70、皖麦48。

以下以这5个地区中的各1个品种为例，予以具体介绍。

1. 淮麦30

品种来源：淮麦30是江苏徐淮地区淮阴农业科学研究所由淮麦17×豫麦54选育而成，第一选育人顾正中。2008年通过审定。

特征特性：弱春性，中熟，成熟期比对照偃展4110晚2d。幼苗半匍匐，分蘖力强，苗期长势旺，春季起身慢，次生分蘖多，拔节抽穗迟，后期生长快，成穗率偏低。株高85cm左右，株型较紧凑，旗叶宽长、上冲，长相清秀。穗黄绿色，穗近长方型，长芒，白壳，白粒，籽粒半角质，饱满度好，粒较小，黑胚率较低。平均亩穗数39.9万穗，穗粒数39.3粒，千粒重35.2g。冬季抗寒性好，较耐倒春寒。抗倒性较好。耐后期高温，熟相较好。抗病性鉴定：叶锈病免疫，中抗条锈病、赤霉病，秆锈病，中感纹枯病，高感白粉病。部分区试点发生叶枯病和颖枯病。

产量与品质：2005—2006年度参加黄淮冬麦区南片春水组品种区域试验，平均亩产539.31kg，比对照1偃展4110增产0.58%，比对照2豫麦18增产7.82%；2006—2007年度续试，平均亩产544.4kg，比对照偃展4110增产7.2%。2007—2008年度生产试验，平均亩产534.9kg，比对照偃展4110增产4.1%。2006—2007年分别测定混合样：容重800g/L、802g/L，蛋白质含量12.71%、12.81%，湿面筋含量27.9%、28%，沉降值30.4ml、28.4ml，吸水率58.4%、58.8%，稳定时间3.1min、3.0min，最大抗延阻力216E.U、232E.U，延伸性16.5cm、15.7cm，拉伸面积50cm²、51cm²。

适宜种植区域：适宜在黄淮冬麦区南片的河南中北部、安徽北部、江苏北部、陕西关中地区中高肥力地块中晚茬种植。

2. 川麦43

品种来源：川麦43是四川省农科院作物研究所由SynCD768/SW3243//川6415选育而成，2004年通过审定。

特征特性：春性，全生育期平均196d。幼苗半直立，分蘖力强，苗叶窄，长势旺盛。株高 90cm，植株整齐，成株叶片长略披。穗长锥形，长芒，白壳，红粒，籽粒粉质-半角质。平均亩穗数 25 万穗，穗粒数 35 粒，千粒重 47g。

产量与品质：2002—2003 年度参加长江流域冬麦区上游组区域试验，平均亩产 354.7kg，比对照川麦 107 增产 16.3%（极显著），2003—2004 年度续试，平均亩产量 406.3kg，比对照川麦 107 增产 16.5%（极显著）。2003—2004 年度生产试验平均亩产 390.9kg，比对照川麦 107 增产 4.3%。接种抗病性鉴定：秆锈病和条锈病免疫，高感白粉病、叶锈病和赤霉病。2003/2004 年分别测定混合样：容重 774/806g/L，蛋白质含量 12.0/11.5%，湿面筋含量 22.6/22.7%，沉淀值 25/26 ml，吸水率 54/54%，面团稳定时间 1.4/3.9min，最大抗延阻力 325/332E. U，拉伸面积 70.0/71.8cm^2。

适宜推广区域：适宜在长江上游冬麦区的四川、重庆、贵州、云南、陕西南部、河南南阳、湖北西北部等地区种植。

3. 郑麦 9023

品种来源：郑麦 9023 是河南省农业科学院和西北农林科技大学用西农 881/陕 213 经系谱法选择育成的小麦品种。由湖北省种子管理站引进。湖北省农作物品种审定委员会 2001 年审定。国家农作物品种审定委员会 2003 年审定。

特征特性：该品种属弱春性品种。全生育期 187.7 d，比鄂恩 1 号早熟 1.5 d。幼苗生长半匍匐。分蘖力强，成穗率较高。株型紧凑直立，矮秆，茎秆粗壮，耐肥抗倒。穗纺锤型，穗层整齐，长芒，白壳，硬质白粒。后期熟相好。区域试验中株高 81.7cm，亩有效穗 28.39 万，每穗实粒数 31.1 粒，千粒重 46.6g。抗病性鉴定为中感赤霉病、纹枯病，感白粉病，中抗条锈病。田间条锈病、纹枯病、叶枯病发病较轻，赤霉病较重。

产量与品质：1999—2001 年度参加湖北省小麦品种区域试验，两年平均亩产 370.68 kg，比鄂恩 1 号增产 17.84%。品质经农业部谷物及制品质量监督检验测试中心测定，容重 799g/L，蛋白质含量（干基）12.88%，湿面筋含量 25.4%，沉降值 30.6ml，吸水率 61.1%，稳定时间 5.2min。品质优于对照品种鄂恩 1 号。

适宜范围：适于湖北省麦区中上等肥力地块及黄淮冬麦区南片的河南省、安徽北部、江苏北部、陕西关中地区晚茬麦地，以及长江中下游麦区的安徽和江苏沿海地区、河南南部等地种植。

4. 丰抗 38

品种来源：丰抗 38 是信阳市农业科学研究所由偃展 1 号/豫麦 18 选育而成，第一选育人陈金平。2006 年通过河南省品种审定委员会审定。

特征特性：弱春性多穗型早熟品种，全生育期 200d 左右（比豫麦 18 早熟 2~3d）。播期弹性大，适播期长。幼苗半直立，生长健壮，分蘖成穗率高，返青起身较快，苗脚利落。株型较紧凑，叶片宽窄适中，叶长适中，叶上举。株高 75cm 左右，穗下节间长，茎秆弹性好，高抗倒伏。穗层整齐，穗中等偏大，纺锤型，结实性尚好。耐寒、耐旱、耐肥、耐后期高温高湿和干热风环境，叶功能期长，根系活力强，长相清秀，灌浆快、强度大，成熟时叶青籽黄，落黄非常好看。成产三要素为：亩成穗 41 万穗左右，穗粒数 35 粒左右，千粒重 44g 左右。籽粒半角质，黑胚率很低，容重高（2006 年 804g/L，为参试品种最高容重），籽粒商品性好，饱满有光泽。

产量表现：2003—2004 年度参加省南部区试统一汇总，平均亩产 422.7kg，比对照豫麦 18 增产 1.68%，居 9 个参试品种的第一位。2004—2005 年度信阳组 5 点汇总，平均亩产 319.5kg，比豫麦 18 增产 6.96%，居 12 个参试品种的第三位；南阳组 5 点汇总，平均亩产 365.8kg，比豫麦 18 减 0.68%，居 11 个参试品种第四位。2004—2005 年度参加南部组生产试验，7 点汇总，平均亩产 379.7kg，比豫麦 18 增产 4.9%，居 4 个参试品种第二位；2005—2006 年度参加南部组生产试验，8 点汇总，8 点增产，平均亩产 410.6kg，比豫麦 18 增产 5.1%，居 4 个参试品种第一位。

适宜地区：丰抗 38 适宜豫南（信阳、南阳、驻马店等市）、湖北省、安徽省的旱作和稻茬麦区种植，高中低肥力田块、早中晚茬地块以及平原、岗陵、山区田块均可种植。尤其在稻茬麦区湿害严重的地块种植，更能表现出耐湿性强、特别是耐后期高温高湿和干热风环境、根系不早衰、叶功能期长、成熟落色黄亮、抗病性强、丰产稳产等特点。

5. 皖麦 48

品种来源：皖麦 48（原名：安农 98005）是安徽农业大学由矮早 781/皖宿 8802 选育而成，2002 年通过安徽省农作物品种审定委员会审定。

特征特性：弱春性、中熟，成熟期比对照豫麦 18 晚 1～2d。幼苗半直立，长势中等，分蘖力较强。株高 85cm，株型略松散，穗层不整齐。穗纺锤型、长芒、白壳、白粒、籽粒粉质，黑胚率偏高。平均亩穗数 36 万穗，穗粒数 34 粒，千粒重 39g。抗寒性差，抗倒性偏弱，较耐旱，抗高温，耐湿性一般。接种抗病鉴定：中感条锈病、纹枯病，高感白粉病、赤霉病和叶锈病。2002/2003 年分别测定混合样：容重 776～787g/L，蛋白质含量 13.4%～12.5%，湿面筋含量 28.5%～24.8%，沉降值 21.3～21.0ml，吸水率 55.1%～53.1%，面团稳定时间 1.5～2min，最大抗延阻力 83～86E.U，拉伸面积 22/22cm^2。

产量与品质：2001—2002 年度参加黄淮冬麦区南片春水组区域试验，平均亩产 476.38kg，比对照豫麦 18 增产 8.8%（极显著）；2002—2003 年度续试，平均亩产 447.1kg，比对照豫麦 18 增产 2.36%（不显著）。2002—2003 年度生产试验平均亩产 417.2kg，比对豫麦 18 号增产 2.4%。2002—2003 年分别测定混合样：容重 776～787g/L，蛋白质含量 13.4%～12.5%，湿面筋含量 28.5%～24.8%，沉降值 21.3～21.0ml，吸水率 55.1%～53.1%，面团稳定时间 1.5～2min，最大抗延阻力 83～86E.U，拉伸面积 22～22cm^2。

适宜种植区域：适宜在黄淮冬麦区南片的河南省中南部、安徽淮北、江苏北部高中产肥力水地晚茬种植。

二、茬后整地

（一）整地时期和方法

在水稻收割前 10d 左右，开挖边沟、腰沟、排除田间明水，以便于机械或人工及时收割水稻，并在水稻收割后趁墒情适宜时及时翻犁。该区麦田大多土质黏重，适耕期短，农民称之为"湿时一胞脓、干时一块铜、湿耕起犁垡、干耕犁不动"。说明及时翻耕秒耙，对提高整地质量是至关重要。因此，必须选择适墒期抢时翻耕犁耙，提倡机耕机耙，并适当加深耕层，破除犁底层，加深活土层，尽力耕透。把土壤整细，地面整平，明暗坷垃少而小，土壤上松下实。以改善土壤的通透性，提高土壤渗水、蓄水、保肥和供肥能力，促进根系生长。在耕翻、耙过程中、注意保墒、防止跑墒。根据不同的种植方式做畦，整地待播

（二）深耕与深松

近年来，随着旋耕机的普及，土壤耕层浅，整体整平更为便利了。但连续多年旋耕，也出现了一些问题。要解决这些问题，旋耕必须和深耕或深松有机结合起来。

1. 深耕 深耕地有利于打破犁底层，加深土壤耕层，改良耕地形状，增加土壤的通透性和水肥库容，改善土壤有益微生物的生存环境，促进土壤养分的分解转化，根系下扎和养分吸收，对小麦健壮生长极为有利。实行隔季深耕，耕翻深度宜在 20 ~ 25 cm，以利作物秸秆和基肥均匀深翻入土，提高养分利用率。深耕应在宜耕期内进行，防止过湿或过干耕翻土地，确保在播种时土壤耕层含水量保持在田间最大持水量的 70% ~ 80%，即一般壤土含水量在 16% ~ 18%，黏土含水量在 20% 左右，沙土在 15% ~ 16%。

2. 深松 深松可不破坏表土层，而打破犁底层。在多年连续旋耕，未进行深耕的地块，可每隔 2 ~ 3 年进行一次深松，然后再旋耕。

三、适期播种

（一）种子处理

1. 种子精选 选用饱满的大粒种子是实现幼苗壮苗的基础。未经精选的种子不仅影响出苗，而且出苗势弱，分蘖少，长势差，不利于个体健壮生长和群体良好发育。除去小粒、秕粒、破碎粒、霉变粒、虫伤粒和杂质，提高用种质量。

2. 发芽试验 种子在存贮期间，如保管不善，受潮受热，都易引起霉变或虫蛀等而降低发芽率。因此，种子应在播前 10 d 做好发芽率实验，以保证种子质量，避免因发芽率低而造成损失，并为确定播种量提供依据。

小麦种子发芽需要适宜的温度、水分和氧气。种子吸收水分达到种子干重的 40% 以上，在 15 ~ 20℃ 的适温条件下，积温达到 50℃ 即可发芽。发芽实验时，种子吸足水分后，应保持湿润状态，不能用水淹没，以免缺氧烂种。

种子发芽的好坏，通常用 3 个指标来表示；一是发芽率，指 100 粒种子中一周内的发芽粒数；二是发芽势，由于种子的成熟度不同，有的发芽早，有的发芽晚，发芽势指 100 粒种子中 3 d 内集中发芽的粒数；三是发芽日数，指 100 粒种子中发芽籽粒的所需日数。只有发芽率高，发芽势强，发芽日数短的种子，才能出苗快、出苗齐、长势壮。一般地，用发芽率和发芽势来考察种子。

做发芽试验的种子要有代表性，应从贮有种子容器的各层中多点取样，充分混匀，

最后取出 200 粒，分作两个样品测定（每样 100 粒），应标明试验种子的品种名称及来源，以防差错。

发芽试验的方法归纳起来有直接法（即常用发芽试验法）和间接法（即染色法）两种。

（1）直接法　用培养皿、碟子等，铺几层经蒸煮消毒的吸水纸或卫生纸，预先浸湿，将种子放在上面，然后加清水，淹没种子，浸 4～6h，使充分吸水，再把淹没的水倒出，把种子摆匀盖好，以后随时加水保持湿润；也可用经消毒的纱布浸湿，把种子摆在上面，卷成卷，放在温度适宜的地方，随时喷水保持湿润，逐日检查记载发芽粒数。

（2）间接法　来不及用直接法测定发芽率时，也可采用间接法——染色法。由于种子细胞的细胞壁具有选择渗透能力，有些化学染料，如红墨水中的苯胺等一些染料，不能渗透到活的细胞质中去，染不上色，而失掉生活力的细胞可被渗透染上颜色。测定前将未经药剂处理的种子，先浸于清水中 2h，捞出后取 200 粒分成等量两份测定。用刀片从小麦腹沟处通过胚部切成两半，取其一半，浸入红墨水 10 倍稀释液中 1min（20～40 倍液 2～3min），捞出用清水洗涤，立即观察胚部着色情况。种胚未染色的是有生活力的种子，完全染色的为失生活力的种子；部分斑点着色的是生活力弱的种子。这种测定结果，与直接作发芽试验的结果基本一致。但连部分斑点着色的种子计算在内，使此法测定的发芽率略显偏高，因一些发芽率低的种子实际不能成苗。

3. 包衣或拌种　实行种子包衣或进行药剂拌种是防治地下害虫为害和防治土传疾病的有效措施。关键是针对当地害虫发生和为害的实际情况，先进行试验，选好适宜的包衣剂，统一进行包衣，但不得降低发芽势、发芽率和出苗率。

没有包衣设备和条件的单位，应根据常年病虫发生特点，统一选购适宜的药剂，分户进行药剂拌种。防治蛴螬、蝼蛄、金针虫等地下害虫。可选用 50% 辛硫磷乳剂，每 100ml 药剂加水 8～10kg，拌麦种 60～120kg，堆闷 3～4h 后播种。防治土传病害，用 20% 粉锈宁乳剂 50ml 或 15% 粉锈宁可湿性粉剂 75g，加水 2～3kg，拌麦种 50kg，以防治纹枯病、黑穗病、根腐病等病害；防治全蚀敌 100g 拌麦种 10kg。拌种后应注意增加 10% 左右的播种量。同时，药剂拌种后应在 4～8h 内播完，不可隔夜再播，防止烧种或导致麦苗畸变。目前，市场上有各种类型的生产企业已配好的小麦拌种剂，根据当地实际情况选用，不需自行配制，使用较为方便。

（二）播种时期

适宜的播种日期是使小麦苗期处于最佳的温、光条件下，充分利用光热水土资源，冬前达到培育壮苗的目的。过渡带稻茬小麦适宜的播种时期，是指出苗后有 40d 左右的冬前锻炼时间，以保证小麦植株体内积累足够的养分，增强其抗逆能力。

1. 确定小麦适宜播种期的依据

（1）冬前积温　小麦冬前积温包括播种到出苗的积温以及出苗到冬前停止生长之日的积温。一般播种到出苗的积温为 120℃ 左右（播深 3～5cm），出苗后至冬前主茎每长一片叶平均需 75℃ 左右积温。根据主茎叶片和分蘖产生的同伸关系，即可求出冬前不同苗龄与叶数的总积温。如果冬前要求主茎叶片数为 6 片，则冬前总积温为：75℃ × 6 + 120℃ = 570℃。根据当地气象资料即可确定适宜播期。

（2）品种发育特性 品种发育特性是确定适宜播期的重要依据。在同一纬度，海拔高度和相同的生产条件下，由于不同感温感光类型品种完成发育要求的光温条件不同，一般春性品种应适当晚播，冬性品种应适当早播。春性品种如播种过早，冬前极易通过春化阶段和光照阶段，幼穗发育快，麦苗起身、拔节、抗寒力大为降低，冬季来临，会造成受冻死苗。而冬性品种播种偏晚，则不能充分利用冬前积温形成壮苗，影响产量。即使同一类型的冬性或春性品种也有其程度上的差别。例如，豫麦 18、和豫麦 70、同属弱春性品种，其前者春性较强、后者春性较弱。因此，在安排播期上就应先种豫麦 70、再种豫麦 18，做到因种制宜，良种良法配套。

（3）地理位置及地势 南北过渡带地域宽广，地形复杂，南部属北亚热带，北部属暖温带。地势自西向东依次为山地—丘陵—平原。受地带性因素和非地带性因素的制约，光、热、水、土等自然条件和自然资源，在地理分布上不仅具有南北渐变的地带性差异，而且具有从西到东的大范围垂直分布规律，形成较大的区域性差异，因而，各地的小麦适宜播期也有一些差异。

一般是纬度和海拔越高，气温越低，播期就应早一些，反之则应晚一些。大约海拔每增高 100m，播期约提早 4d；同一高度不同纬度，大体上纬度递减 1°，播期推迟 4d 左右。

在小麦播期方面，人们在长期的生产实践中结合当地的地理、地势及生态条件，早就总结了许多宝贵的生产经验。就河南来讲，北部有"白露早、寒露迟、秋分种麦正当时"，南部有"寒露到霜降，种麦不慌张"，充分说明不同地理位置，对小麦播期有不同的要求。同一地区，海拔高度不同，其播期也有所差别，如"秋分种高山、寒露种平川、霜降种河滩"等。

生产实践中，年际间有所不同。比如，秋冬气温变化也可分 3 种类型，即秋暖年、秋冷年和正常年（以 9 ～ 11 月 0℃ 以上积温距平均值 ± 40℃ 为标准）。以信阳为例、20 多年来，秋暖年占 13% ～ 17%，秋冷年占 10% ～ 15%，正常年占 60% ～ 70%。因此，确定播期还要根据当年气象预报加以适当调整。

（4）土、肥、水条件 小麦生长发育进程，除受温度因素制约外，另一个重要方面，就是土壤中的肥水供应状况。因此，当某一地区、某一品种，按冬前形成壮苗所需的积温，确定了适宜播期范围之后，还要根据不同肥力水平的田块，做好适当安排。高产田，一般肥水供应能力较强，土壤中固、液、气三相协调较好，麦苗生长发育较快，播期不宜过早，以防冬前旺长。肥水供应能力较差的瘠薄地，麦苗生长发育慢，可适当提早播种，以利培育冬前壮苗。黏土地质地紧密，通透性较差，幼苗发育慢，与沙质土壤相比，就应适当早播。总之，要做到因地制宜，灵活安排。

2. 不同地区小麦的适宜播期

（1）江苏省 适期播种，保证冬前壮苗。淮安日平均气温 17℃ 左右播种比较适宜，淮北稻茬小麦无公害高产栽培适宜播期 10 月 10 ～ 25 日；淮南稻茬中筋小平高产栽培适宜播期是 10 月 26 日至 11 月 5 日（苏中地区）；淮南稻茬弱筋小麦高产优质栽培适宜播期为 10 月 25 日至 11 月 5 日，弱筋小麦不宜迟播；沿淮地区适宜播期 10 月 20 日至 11 月 5 日。

（2）安徽省　沿淮地区稻茬小麦半冬性品种适宜播期为 10 月 15～31 日；晚茬春性品种适宜播期为 10 月 20～31 日；江淮地区春性品种适宜播期为 10 月 25 日至 11 月 5 日。

（3）河南省　豫南地区（包括信阳市全部，南阳市南部的桐柏县、新野县、邓州市等，驻马店市南部的确山县、正阳县、新蔡县等）沿淮适宜播期为 10 月 15～31 日，淮北 10 月 12～28 日，淮南 10 月 18 日至 11 月 5 日。春性品种适期晚播，半冬性品种适期早播。

（4）湖北省　鄂北的襄阳市、十堰市、随州市、孝感市等稻茬小麦的适宜播期为 10 月 20 日至 11 月上旬。

（5）陕西省　因地制宜，种在高产播期，培育冬前壮苗。汉中、安康地区半冬性品种≥0℃的逐日积温达到 580～600℃，或日平均气温稳定到 12～14℃播种为宜。即平坝稻茬麦最适播期为 10 月 18～25 日，秦巴丘陵地区 10 月 18～23 日为高产播期。

因地形、地势复杂应以海拔高度和纬度不同，因地制宜，调整选择当地适宜播期。同时，再根据品种特性确定是适期晚播或适期早播。

（三）播种方式

合理的种植方式，可保证单株有适宜的营养面积，群体得到很好的发展，是合理密植的一项重要内容。目前生产上常规栽培采用的种植方式如下。

1. 等行距条播　行距一般有 16cm、20cm、23cm 等。用耧播或机播。这种方式的优点是行距一致，单株营养面积均匀，能充分利用地力和光照，植株生长健壮整齐，对亩产 350kg 以下的麦田较为适宜。

2. 宽幅条播　行距和播幅都较宽，如有些改制的宽幅耧，播幅 7cm，行距 20cm。山东推广的宽幅精播机，行距 25cm，播幅 8cm。这些方式的优点是：减少断垄，播幅加宽，种子分布均匀，改善了单株营养条件，有利于通风透光，适于亩产 350kg 以上的高产水平。高产攻关田块多实施宽幅精播技术。

3. 宽窄行条播　近年各地采用的配置方式有：窄行 20cm，宽行 30cm（简称 20×30）、窄行 17cm，宽行 30cm（17×30）及窄行 17cm，宽行 33cm（17×33）等。研究证明，高产田有用宽窄播种方式，一般较等行距增产 5%～10%。其原因在于：宽窄行株间光照和通风状况得到了改善。据河南农业大学测定，植株高度 2/3 处，宽窄行比等行距的透光率高 9%，茎基部高 2.6%。同时，在一定程度上，还可减少病虫危害；宽窄行群体动态结构比较合理：宽窄行的小麦在各生育期的群体结构比等行距的比较协调，单株分蘖适中，次生根较多，个体生长健壮，秆粗穗大；宽窄行叶面积变幅相对稳定。据观察，宽窄行苗期叶面积系数低于等行距，但拔节到开花阶段始终保持在 6 以上，且变幅很小。到灌浆中期，叶面积仍保持在一定水平，避免了后期早衰，延长了叶片的功能期，有利于提高穗粒重。

4. 撒播　目前部分稻茬麦仍采取撒播方式种植小麦，一般分为人工撒播和机械撒播。生产实践证明，机械撒播的均匀度好于人工撒播，而且，机械撒播产量高于人工撒播的产量，其主要原因之一是机械撒播均匀度高。当土壤墒情不好、土壤过湿、坷垃大、难整碎、田内秸秆多、条播方式难以进行时，均匀撒播也是实施适时播种可以采取的应急性播种方式之一。

四、合理密植

（一）确定适宜播量的依据

1. 基本苗与群体结构的关系　小麦群体是由个体组成的。在相同条件下，个体生育状况又受基本苗所左右，如单株分蘖数和次生根数是随着基本苗的增加而减少。群体大小，随着基本苗的增加而增大，而分蘖成穗率却表现为随着基本苗的增加而降低。以上变化趋势不是等差级数的上升和下降，差且在一定范围内，它们可以通过群体对个体的反馈作用自行合理调节。

多年多点试验看出，在高产条件下，基本苗数对群体结构的影响只能在一定范围发挥作用，如多穗型品种豫麦 4 号，凡是每亩低于 6 万苗的麦田，便很难用个体分蘖力来补偿群体的不足；而每亩高于 21 万苗，又难以群体对个体的反馈作用来调节群体过大的弊端。可见，确定适宜的基本苗数，对建立合理的群体结构和实现高产稳产是很重要的。

2. 基本苗与产量结构的关系　确定适宜的基本苗数是建立合理产量结构的基础，密度不同对产量构成因素影响很大。随着密度增加，表现出亩穗数逐渐升高，穗粒数、千粒重逐渐降低的趋势。但密度对其各因子的影响大小不同。

（二）确定适宜播量的原则

1. 品种特性　确定适宜播量与品种特性有密切关系。在同一地区、同样条件下，品种不同，分蘖能力、单株成穗数、单茎叶面积大小，叶型等和适宜的亩穗数都有很大差别。分蘖力强的多穗型品种，基本苗宜稀，分蘖力弱的大穗型品种基本苗宜密。

2. 播期早晚　小麦的分蘖力、单株成穗数，不仅受品种特性影响，而且，同一品种，由于播期不同，也会有所不同。根据信阳农科所 2004—2005 年在亩产 200kg 肥力水平上试验，丰抗 38 在 10 月 15 日到 11 月 5 日适期播种条件下，每亩穗数的构成，主茎穗与分蘖穗的比例约为 7：3，随着播期推迟，由于分蘖成穗减少，主茎穗所占比例逐渐增大，迟过 10 月 30 日以后，主茎穗与分蘖穗之比逐渐变为 8：2 甚至 9.5：0.5 左右。总之，播期早的，因温度较高，冬前积温较多，形成的分蘖随之增多，成穗数较高，基本苗宜稀，播量相应适当减少；相反，播期晚的，因温度较低，冬前积温较少，形成分蘖和成穗数也随之减少，基本苗宜密，播量可酌情增加。实践经验显示，超出适期范围播种时，每相差一天，每亩播种量以酌情增减 0.25 kg 为宜。

3. 土壤肥力水平　肥力基础较高，水肥充足的麦田，对小麦分蘖及分蘖成穗数都有明显的促进作用，应以分蘖成穗为主，基本苗宜稀，播量宜少；地力瘠薄、水肥条件不足的麦田，小麦的分蘖及成穗都受到一定限制，分蘖少，成穗率低，应以主茎成穗为主，基本苗宜密，播量宜相应增加。

（三）适宜播种量

播种量大小是决定基本苗合理与否的主导因素，并与每亩穗数密切相关。适宜的播量，应根据当地土壤肥力、品种特性、种子质量以及栽培技术等因素而定。对确定播量的具体方法，可"以田定产，以产定种，以种定穗，以穗定苗，以苗定播量"。

以田定产和以产定种，就是要根据土壤肥力高低和以往的产量水平，以及栽培技术等提出产量指标，再根据产量指标，确定适宜的品种。

以种定穗就是根据不同品种和产量指标，分别定出每亩的成穗数。根据河南省生产情况，亩产在250kg以下时，大约5万穗可得籽粒50kg。当产量在350kg左右时，大穗型品种约3.6万穗可得籽粒50kg，多穗型品种4.5万～5万穗可得籽粒50kg。

以穗定苗就是根据单株成穗数而定出合理的基本苗数。一般在亩产250kg以下时，由于地力差，个体发育不良，成穗数不高，单株成穗数多在1.1～1.4；在高产条件下，播种量较小，个体发育较好，单株成穗数也较高，大穗型品种在2.2～2.5，多穗型品种在3.5～4。根据预定的每亩穗数和单株成穗数，计算出相应的基本苗数。

综合各地每年的高肥水平密度试验，亩产400kg以上的高产田，在适期播种条件下，弱冬性品种每亩基本苗14万～18万株为宜，弱春性品种亩基本苗18万～22万株为宜。在上述范围内，播期较早取下限，播期推迟取上限。

以苗定播量即在基本苗确定之后，根据品种籽粒大小、发芽率及田间出苗率等，计算出每亩适宜的播种量。

五、科学施肥

提倡测土配方施肥。应因地制宜实施。在此不作具体介绍。
仅从以下方面对小麦科学施肥问题予以阐述。

（一）肥料种类

小麦肥料种类主要有有机肥和化学肥料。有机肥料包括厩肥、人粪尿、堆肥、饼肥、土杂肥、绿肥、菌肥等。化学肥料包括N肥、各种P肥、K肥、复合肥料、微量元素肥料等。

（二）基肥和追肥

合理施用底肥和追肥是种好小麦的一个重要环节，也是小麦增产的物质基础。基肥分布在耕层内，既可保证小麦幼苗生长健壮，又能在小麦全生育期源源不断供应养分。种肥实质上是一种密集施用的近根基肥，可保证幼苗初期养分供应，促进冬前壮苗，省时、省工、效益显著。追肥能防止后期脱肥早衰现象的发生。后期追施N肥，对提高粒重和蛋白质含量的效果较好。

1. 基肥　一般以有机肥和复合肥料为主，也宜配合一定的速效肥。在有机质少的土壤上，更应增加有机肥的施用量；如有机肥中 C/N 值较大，或土壤中速效养分过少时，尤应注意配合施用速效肥料。试验证明，有机肥配合一定数量的 N 素化肥、P 肥、K 肥或复合肥料，能显著提高肥效，增加小麦产量。

适宜于作基肥的化学肥料，主要有铵态 N 肥、各种 P 肥、各种 K 肥以及多种复合（混）肥料。常用肥料有碳酸氢铵、硫酸铵、尿素、过磷酸钙、钙镁磷肥、复合（混）肥料等。

小麦基肥施用方法主要有表层撒施耕翻、分层施肥、集中施肥等，它们各具优缺点，其中，较好的是分层施肥。

（1）分层施肥法　将粗肥深施，细肥浅施，粗细肥结合分层施入。分层施肥能扩大肥料在土壤中的分布范围，使耕层养分分布均匀，有利于幼苗吸收，促进早分蘖、扎根，冬前达到壮苗；当根系伸展到深层时也有充足的养分供应，对小麦增产有明显效果。

（2）集中施肥　肥料数量较少时，多采用集中沟施。不少地区在犁地时将豆饼、粪干、磷肥或复合（混）肥等条施在犁沟内；部分深山区地势倾斜度大，土壤比较瘠薄，追肥困难，还有穴施底肥的习惯。

（3）表层撒施耕翻法　耕前表层撒施肥料，是较普遍的一种施基肥方法。土地耕翻前将基肥撒施在地表，随撒随耕，把肥料掩入耕作层里。这种方法可以保证新施入的肥料在整个耕作层内与土壤均匀混合和分布，使小麦根系易于吸收利用，但要避免将肥料拉到地里堆放或撒开后隔数日不犁，造成肥分损失。

此外，还要考虑对不同土壤采用不同的施肥方法，如沙土地透气性好，有机质分解快，为了延长肥效，作基肥的有机肥不宜过分腐熟。同时，沙土粒粗，吸附性弱，养分向下移动快，为了使养分多留存于小麦根的密集层，基肥宜适当浅施；基肥在全部肥料中所占的比例也要小些。没有浇水条件的薄地、黏土地和沙姜黑土地，基肥的施用比例要大些，甚至可将全部肥料作基肥一次施入。淮南稻茬麦区土壤水分充足，透气性差，有机肥的分解能力弱，应注意充分腐熟。

2. 种肥的施用

（1）种肥的增产作用　播种小麦时，用少量化肥或半速效优质有机肥集中施在种子的附近，或者在播种时和麦种混合插入土中，这些肥料统称之为种肥。由于种肥集中在种子附近，对促根增蘖、培育壮苗有明显的作用，特别是在土壤瘠薄、底肥不足或是误期晚播的情况下，增产作用尤其显著。试验证明，每亩用 2.5～4kg 硫酸铵作种肥，每千克肥料可增产小麦 5kg 左右；每亩用过磷酸钙 5～10kg 作种肥，每千克肥料增产 1.5～3kg。具体到每块地的增产效果与土壤肥力、底肥用量等因子有关。

（2）种肥施用技术　在选用种肥时，必须尽量采用对种子或幼芽副作用小的速效性肥料。在机播条件下，如用 N、P 化肥作种肥，可在播种机上加装种肥箱，以便同时下种和下肥。用过磷酸钙作种肥，可将粉状肥料，开沟集中施用。据试验，每亩沟施 15kg 过磷酸钙作种肥比撒施耙入土中的，每 0.5kg P 肥增产小麦 1 kg 左右。

此外，有些地方用磷酸二氢钾或微生物菌肥进行拌种，或用微量元素肥料作小麦种肥，均有一定的增产效果。

小麦吸收 Mn、B、Zn、Cu、Mo 等元素，虽然绝对量很少，但对小麦的生长发育都起着十分重要的作用。

小麦幼苗生长阶段，若 Mn 供给不足，麦苗基部叶片出现白色、黄白色或褐色斑点、斑块，严重的叶片中部发生坏死，向下弯曲，甚至整株死亡。苗期有充足的 Zn 能促进植株代谢，增加植株内可溶糖含量。小麦不同器官含 Mn 量不同，一般叶片和茎的含 Mn 量大于穗部，可见 Mn 对叶、茎的生长影响较大。缺 Mn 的植株叶片和茎呈暗绿色，叶脉之间为浅绿色。B 主要分布于叶片和茎顶端，缺 B 的植株生育期推迟，有时在开花时还有迟生分蘖，但不能成穗。小麦穗器官对微量元素 B 反应敏感，缺 B 时小麦雄蕊发育不利，开花时雄蕊不开裂，不能散粉，花粉少而畸形，生活力差，不萌发，雄蕊不能正常授粉，最后枯萎不结实。因此，施用微量元素肥料也是很有必要的。

3. 追肥　小麦从出苗到返青前对 N 的吸收量占总量的 1/3 以上，从出苗到拔节对 P、K 的吸收量约占总量的 1/3。此期苗小根少，对养分反应较敏感，需有较充足的养分供应。因此应以底肥为主，追肥为副的原则。试验研究和生产实践显示，亩产 400kg 以上的土质黏重稻茬麦田，底肥与追肥的比例以 7∶3 为宜，土质黏性小的，底肥所占比例相应宜减少，追肥比例宜适当增大，一般 6∶4 或 5∶5 为宜。追肥又可分冬追与春追。小麦产量水平在 300～350kg 亩产水平下，冬追肥所占比重大于春追，一般以冬春追比 7∶3 为宜。高产田冬追肥以 3∶7 至 5∶5 为宜。在追肥中，冬追与春追比例还要视苗情而定。苗情好的，冬追肥量宜少或不追，春追肥宜往后推，最好在拔节期追施，反之，冬追肥量宜大且宜早。

（三）施氮方式

1. 氮肥运筹　在小麦生长不同叶龄期追施 N 肥，对产量和产量结构影响不一致。彭永欣（1992）等研究表明，以基肥、1/0、2/0、9/0、10/0、11/0 叶期追肥产量最高，4/0～8/0 叶期施 N 的增产效果差。3/0 叶期以前各期施肥能显著增加穗数，9/0 叶期以后施肥能显著增加粒数和粒重，故而增产效果显著，4/0～8/0 叶期施肥对增穗、增粒、增重效果均差，且易造成茎部节间过长而倒伏，说明生产上应尽量避免施用腊肥和返青肥，应采用两促施肥的方法，即前期基苗肥，中期施好拔节孕穗肥。

根据上述试验结果和群体质量指标形成规律，小麦群体质量栽培的施肥运筹上对传统的基苗肥占 80% 左右，穗占 20% 左右的配比习惯进行了改革，采取了降低基蘖肥比例（50%～60%），提高拔节孕穗肥比例（40%～50%），控制腊肥与返青肥的策略。降低基蘖肥、控制腊肥和返青肥的目的是，前期只满足有效分蘖的供 N，控制无效分蘖期的供 N；提高拔节孕穗肥比例的目的是在前期降低用肥、控制高峰苗的基础上，利用中期群体透光良好的有利条件，通过加大拔节孕穗 N 肥用量提高成穗率和促进大穗。

朱新开（2005）研究结果表明，不同类型专用小麦均表现为在同一施 N 量下，随中后期施 N 比例增加，籽粒产量和蛋白质含量呈上升趋势。由于不同类型专用小麦实现优质对籽粒蛋白质含量要求不同，故采用优质高产的 N 肥运筹方式不同。

弱筋小麦籽粒蛋白质含量要求低于 11.5%，宁麦 9 号和建麦 1 号在沙壤土种植，扬麦 9 号在高沙土上种植，实现产量高于 400kg/亩，在基础地力 178.4 ~ 235.5kg/亩条件下，施 N 量 12 ~ 16kg/亩，可以采用基肥：分蘖肥：拔节肥为 7：1：2 的运筹方式。

中筋小麦扬麦 10 号和淮麦 18 随中后期施 N 比例增加，产量和蛋白质含量呈上升趋势。

强筋小麦皖麦 38 和烟 2801，随中后期施 N 比例增加，产量呈上升或先上升再下降的变化趋势，籽粒蛋白质含量呈上升趋势。

2. 氮素形态 多数研究认为，NH^4-N 比 NO_3-N 快，进入到体内后能更快地参与植物蛋白质的构成，耗能也少。因此，施用 NH^4-N 比 NO_3-N 产量高，籽粒蛋白质含量和面筋含量也较高，但这种差异只有在施肥量大时才较显著。河南农业大学（2004）研究表明，不同类型 N 肥对小麦叶片 N 代谢和籽粒蛋白质及其组分的影响不同，强筋小麦豫麦 34 在酰胺态 N 肥（尿素）处理下，开花期叶片硝酸还原酶活性较强，N 素含量相对较高，籽粒中蛋白质含量较高，清蛋白含量和谷蛋白/醇溶蛋白含量比值最大，营养品质和加工品质较好；中筋小麦豫麦 49 在胺态 N 肥作用下，籽粒蛋白含量清蛋白含量和谷蛋白/醇溶蛋白含量比值均最大；弱筋小麦豫麦 50 在铵态氮肥处理下，籽粒蛋白质含量、清蛋白含量和谷蛋白/醇溶蛋白含量比值均最大；弱筋小麦豫麦 50 在铵态氮肥处理下，籽粒蛋白质含量、清蛋白含量和谷蛋白/醇溶蛋白比值均低，加工品质较好。因此，强筋小麦适宜用酰胺态 N 肥，而中筋和弱筋小麦适宜用铵态 N 肥。

（四）氮肥后移和氮肥减施

N 肥后移高产优质栽培技术适宜于中产麦田和高产麦田，是促进小麦生长中期小花发育，提高每穗粒数，延缓小麦生长后期衰老，增加粒重，改善强筋和中筋小麦籽粒品质的栽培技术。该技术要点是：将中产麦田和高产麦田一次性施 N 肥改为底肥与追肥相结合，中产田底施 N 肥占总追肥量的 60%，起身期追施 40%；高产田底施 N 肥占总追肥量的 50% ~ 60%，拔节期追施 40% ~ 50%。主要适用于小麦生产条件较好和肥力中上等的强筋、中筋小麦田。

N 肥减施主要适宜于弱筋小麦生产田。施 N 过多或施 N 后移方式虽然小麦籽粒产量较高，但也会增加小麦籽粒蛋白质的含量，使籽粒蛋白质接近弱筋小麦蛋白质的临界值甚至含量高于临界值，达不到生产弱筋小麦的目的。

通过在江苏淮南麦区的研究发现，N 肥施用时期对弱筋小麦品质有显著影响。在每公顷施纯 N 225kg、基肥与追肥比为 1：1 的条件下，生育后期施 N 可使宁麦 9 号的蛋白质品质由弱筋向中筋转变。随着 N 肥追施时期后移，籽粒容重、硬度、干面筋含量和沉降值均上升。全基施处理、越冬期和四叶期追 N 处理的湿面筋含量达到或接近优质弱筋小麦湿面筋含量标准，满足韧性饼干的要求。返青前追 N 处理降低了籽粒的营养品质和面团的评分值，但却优化了弱筋专用品质（张军，2004）。

不同 N 肥施用时期对淀粉的糊化特性也有明显的调节效应，对峰值黏度、稀懈值、最终黏度、低峰黏度和反弹值调节分别达到 7.16%、8.83%、6.96%、5.4% 和 7.31%。拔节期施 N 处理的峰值黏度达到面条小麦的黏度要求，越冬期及越冬期前施 N 处理黏度指标较低，不利于改善面条品质，但对改善饼干品质有利（张军，2004）。因此，对弱筋小麦生产来说，N 肥不宜后移，一般宜在起身期前追施，而且 N 肥施用量小于强筋、中筋小麦氮肥施用量。

（五）施钾效果

K 是小麦生长发育所必需的主要营养元素之一。随着复种指数和产量的提高，N、P 用量的增加，K 肥问题日益突出，K 素对小麦的营养作用愈显重要。据测定，小麦茎秆含 0.73% 的 K_2O，籽粒含 0.61% 的 K_2O。K 在小麦体内主要呈离子态或可溶 K 盐，在小麦体内移动性和再利用能力很强，随着小麦的生长，K 能向生命最活跃的部位靠近或向生长点的分生组织转移，如芽、根尖等处含量最多。K 能促进光合作用。K 含量增加，叶绿素含量和净光合效率均提高，光合作用强度也提高。

K^+ 有调节原生质的胶体特性，使胶体保持一定的分散度、水化度和黏滞性等。施 K 肥因而能增强小麦的抗旱力，K 能促进作物体内 C 素代谢，增加作物体内糖的储备，提高细胞渗透压，从而增加小麦的抗寒力；K 能促进作物体内糖的储备，提高细胞渗透压，从而增加小麦的抗寒力；K 与小麦茎部纤维素合成有关，K 营养充足时，小麦茎叶中纤维素含量增加，促进了小麦维管束的发育，厚角组织细胞加厚，茎秆强度增加，植株生长健壮，不仅增强抗倒伏性，还能增强抗病虫能力。

小麦缺 K 初期，全部叶片呈蓝绿色，叶质柔弱并卷曲，以后老叶的尖端及边缘变黄色，变成棕色以至枯死，整个叶片就像烧焦的叶子。如果新叶表现缺 K 征兆，表明小麦已严重缺 K。

1. 土壤中钾的存在形态

（1）速效性钾　是代换性 K 和水溶性 K 的总和。其中，以代换性 K 为主，水溶性 K 的量很少。速效性钾能被小麦吸收利用。它的含量随着土壤黏土矿物的种类、胶体含量、耕作施肥等条件不同而有差异。微生物细胞成分中也含有一定量的 K，当微生物死亡后能转变为小麦利用的形态，由于微生物生命短促，也属速效性 K。

（2）缓效性钾　这类 K 虽不能为小麦直接利用，但它是土壤速效性 K 的直接后备。

（3）难溶性钾　这是土壤全 K 含量的主体，经过长期的风化，可以把 K 释放出来，它是土壤中 K 的后备部分，所以，凡是含 K 矿物质的土壤，K 的供应就较丰富。

2. 钾肥的有效施用

K 肥的肥效高低，主要与土壤、作物和施肥技术等因素有关。

（1）土壤条件

土壤的 K 素供应水平：土壤速效性 K 水平是决定 K 肥肥效大小的一个重要因素，同时，还需要考虑缓效性 K 的贮量，才能比较准确地估计 K 的供应水平。

土壤的机械组成：一般来说，机械组成愈细，含 K 量愈高，反之则愈低。试验表明，质地粗的沙性土施用 K 肥的效果比黏土高，所以，K 肥最好优先用在缺 K 的沙性土壤上。

土壤通气性：通气性差、土壤氧气不足，还原性增强，导致根系呼吸困难，影响小麦对 K 的吸收，呈现缺 K 状。所以，在生产实际中，要对小麦缺 K 情况，应作具体分析，看是由于土壤供 K 能力差，还是小麦吸收 K 受到阻碍，还是两者兼有。

（2）作物条件　各类作物的需 K 量和吸 K 能力不同，因此，对 K 肥的反应也各同是小麦作物，不同品种，不同生长发育阶段对 K 的需求也不相同。一般小麦需 K 量最大在分蘖至拔节期，其吸收量为总需 K 量的 60% ~ 70%，开花以后显著下降。所以，一般来讲，K 营养在早期比较敏感，K 肥应早施为宜。

3. 钾肥施用技术

（1）施用量　以往研究表明，土壤速效 K 临界含量为 80mg/kg，高产田要求速效 K 含量在 100mg/kg 以上。

（2）钾与氮、磷肥的配合　施 K 肥效果与 N、P 的供应水平有关，当土壤中 N、P 肥含量比较低时，单施 K 肥的效果往往不明显。随着 N、P 肥用量的增加，施 K 肥才能获得增产，N、P、K 肥料配合要比 N、K 配合增产幅度更大。

在决定肥料投入时应考虑到小麦的吸收比例，还需注意 N 肥与 P、K 肥的配合施用比例。土壤中速效 K 的合理配比更能促进 P、K 的吸收，并能提高 P、K 肥的肥效。

（3）钾肥施用时期与方法　K 肥作基肥、追肥都有良好的效果。K 肥作基肥，可供小麦整个生育期内 K 的需要，作基肥用的 K 肥要适当深施在根系分布密度范围内，以利于根系对 K 的吸收，这样也减少因表土干湿度变化较大引起的 K 固定，提高 K 肥利用率。

K 在小麦体内流动性较 N、P 大。K 不足时，能把 K 从老组织转移到幼嫩的部位再利用，所以，缺 K 的症状较 N、P 表现迟。如果在外表上表现缺 K 征状时，现补追 K 肥，则为时偏晚，因此，追施 K 肥宜在征状表现出来之前，宜早不宜迟。对于保水保肥能力较差的沙质土壤，K 肥宜分次施用，才能更好地发挥肥效。

以往的研究认为，K 肥最好作基肥。但小麦积累的 K 70% 以上是在拔节至开花期吸收，拔节前吸收的 K 不足 30%。因此，为保证从拔节期起，土壤能充分供 K，并提高 K 肥的利用率，K 肥应分次施用。

六、合理排渍

（一）排水降渍技术

亚热带向暖温带过渡气候带，季风特征明显，冬小麦生长期间气候多变，降水量的差异很大。例如，长江中下游冬麦区，小麦生育期间的降水量为 500 ~ 700mm，多雨年份小麦拔节到成熟阶段的降水量达 400mm 以上，而且雨日多，空气相对湿度高。小麦生育中后期渍水逆境是南北过渡带麦区常见自然灾害，是小麦高产稳产的主要限制因子。

湿害是过渡带小麦最主要的逆境之一，是指土壤含水量超过小麦植株生长发育所需要的适宜值，但田间无积水时对小麦造成的伤害。与此有关的另一个概念是渍害，指田间出现积水时对小麦造成的损害。在过渡带麦区，这两种逆境都存在，但以湿害最为常见。这两种逆境对小麦损伤的机理相仿，在很多著作中这两个概念是通用的。

世界各国如加拿大、英国、巴基斯坦等都有小麦遭受湿害的报道，日本和东南亚麦类湿害非常严重。据 FAO 估算，世界上水分过多的土壤约占 12%。中国很多地区，小麦湿害是影响小麦产量的一个极为重要的因素。江苏省气象统计资料表明，江苏省每 10 年中就有 7 年因湿害导致小麦严重减产。安徽省 1 000 万亩稻茬麦，每年因湿害造成小麦减产幅度达 70% 左右，1991 年甚至造成大面积绝收，湖北、浙江、河南南部等地也有类似的情况。

湿害是由于土壤水分达到饱和时造成嫌气环境，因氧气亏缺改变了植株的代谢，对植株正常生长发育所产生的危害。形成小麦湿害的主要原因是土壤水分过高，通常是由于雨水过多造成耕作层含水量过高，水分饱和或是地下水位高，排渍设施差造成湿害发生。受湿害的小麦根系长期处在缺氧的环境中，根的吸收功能减弱，造成植株内水分反而亏缺，严重时造成脱水调萎或死亡，因此，湿害又称为生理性旱害。

1. 湿害对小麦生长发育和产量的影响　小麦湿害发生后最先受到危害的部位是根系，根系形态诸如根数目、根长等均发生变化。生育前期湿害，小麦单株次生根要高，拔节后湿害由于老根的死亡，单株次生根数减少。可将次生根加速出现或新老根系较快更新作为小麦对渍水环境的适应，这种适应能力以孕穗期为转折点，孕穗期以后湿害，新根发生严重受阻，根分布稀疏且多分布于近地处，多级分支少，单位面积根毛减少，虽然渍水后根系数目增加，但根干重却大大降低，20cm 以下根系受影响最大。小麦受渍后，根系受到危害，生理机能下降，直接导致根系生理活性降低，吸收水分和养分的能力以及合成力均减弱。

湿害对小麦地上部生理功能的影响主要包括：各生育期渍水对小麦株高会有一定的降低作用，但抽穗以后渍水对株高的影响较小，孕穗期渍水对株高的影响主要是穗下节间和倒 2 节间的缩短，不同品种受渍后株高降低的幅度也不相同。叶片黄化是小麦对湿害的重要反应之一，小麦受渍后，植株叶片由下向上开始枯黄，导致绿叶面积和绿叶片数减少。主茎绿叶片数与最终籽粒产量高度相关，因而有人提议用渍水结束后 10 ~ 15d 时的主茎绿叶片数或叶片枯萎程度作为小麦抗渍性强弱的地上部形态指标。无论何时渍水、渍水时间长短，对小麦茎秆干重均有降低作用。花后渍水胁迫降低了小麦植株干物重，并使各器官间的干物质分配比例发生变化。渍水后小麦节间中果聚糖合成酶、蔗糖果糖基转移酶、果聚糖果糖基转移酶活性降低，不利于节间中果聚糖的分解输出，影响籽粒灌浆。土壤水分过多时，作物生长便很快停止，叶片萎蔫，根系逐渐变黑，整个植株不久就会枯死。湿害限制了作物的光合作用，叶水势下降、RuBP 羧化酶活性下降、光合产物输出受阻以及库源关系发生变化。同时，在渍水胁迫下，小麦旗叶膜脂过氧化产物 MDA 含量升高，而清除酶系统中的 2 个关键酶超氧化物歧化酶（SOD）、过氧化氢化酶（CAT）活性急剧下降，从而影响了籽粒灌浆速率，减少籽粒产量。

小麦不同生育期发生湿害，无论受害时间长短，粒重和产量几乎都有下降。拔节孕穗期是小麦的需水临界期，也是小麦一生中生长发育最旺盛的时期，此时干物质的积累约占一生中干物质重的50%。在该时期发生湿害根系发育不良，活力衰退，对成熟期干物质积累影响较大，而且较多地运用了根系和叶片贮藏的养分，导致根系和叶片早衰，从而影响小麦穗粒数和千粒重。小麦灌浆物质的来源包括灌浆期光合作用和营养器官中贮存物质的再分配。在灌浆期营养器官干物质向籽粒发生转移的同时，伴随着叶片光合性能下降和叶片衰老。范雪梅等（2006）研究表明，灌浆期渍水，加速了叶片光合性能下降和叶片衰老，使籽粒灌浆期缩短，灌浆速率降低，影响了籽粒灌浆结实，从而导致小麦千粒重及产量的大幅度降低。进一步分析，小孢子正常发育受阻而引起的小麦小花、小穗败育是单穗结实粒数下降的关键。由于花后渍水逆境显著减少根系对 N、P、K 素的吸收，致使引起千粒重下降。由于孕穗期渍水影响了小麦正常吸收 N 素，使叶片含 N 量急剧下降，从而影响了光合特性，最终使小麦粒重和产量下降。

土壤渍水显著影响小麦籽粒品质。小麦籽粒蛋白质含量与水分呈负相关，降水主要通过相对提高籽粒淀粉含量，稀释籽粒 N 含量等而减少籽粒蛋白质的形成。土壤渍水影响了小麦籽粒蛋白质和淀粉积聚的关键调控酶活性，降低了小麦旗叶和籽粒中谷氨酰胺合成酶（GS）、谷丙转氨酶（GPT）、蔗糖合成酶（SS）、可溶性淀粉合成酶（SSS）和束缚态淀粉合成酶（GBSS）活性，使籽粒蛋白质含量呈极显著负相关，每 1.25mm 的降水量可导致籽粒蛋白质含量平均降低 0.75%，过多的降水还会降低面筋的弹性，以致降低面包烘烤品质。渍水逆境下，除了小麦籽粒的淀粉和蛋白质产量下降外，小麦的麦谷蛋白和醇溶性蛋白含量，干面筋和湿面筋含量及沉降值等也有不同程度的下降，最终显著地影响了不同专用小麦的面筋特性及相应面制品的加工品质。

2. 不同时期湿害的症状及危害　各时期渍水（田间积水）对小麦的穗数、粒数、粒重均有影响，从而降低了产量。但不同时期淹水对产量构成因素的影响不同。苗期和越冬期渍水造成减产的主要原因是穗数减少，对粒重和粒数影响较小；返青期渍水对粒数和粒重的影响增大，但仍不及对穗数的影响；拔节期、孕穗期渍水对穗数、粒数、粒重的影响均大，但以粒重和粒数为主。盆栽试验研究结果发现，开花前渍水对穗粒数影响最大，而灌浆期渍水对千粒重影响更大。

（1）**播种期连阴雨**　晚秋季节，过渡带各省一般受北方冷气团控制，多晴好天气，有利于秋收秋种。但也往往有暖湿气流活跃的年份。此时冷气团经常交锋于长江中下游地区，淮河以南地区秋播连阴雨平均约 3 年一遇。常年 10 月下旬至 11 月上中旬总雨量为 50～70mm，最多年份可达 100mm 以上，雨日 10d 左右，往往形成烂耕烂种，土壤板结，通气不良，种子霉烂，丧失发芽能力，导致田间出苗率降低。

（2）**苗期湿害**　其症状为麦苗发僵、黄瘦、叶尖黄化或叶片失绿；根呈暗褐色，稍硬化，伸长和分支不良或停止，次生根发生迟而少；分蘖期明显推迟或不发生分蘖而形成单秆独苗，且苗体叶片短小，植株矮瘦，发育迟缓，功能叶 1/3～1/2 处叶绿素破坏，呈灰白色，植株自下而上逐渐发黄，幼穗分化期明显推迟。据江苏省农业科学院在太湖地区的研究结果，小麦分蘖阶段当平均地下水位在 60cm 以下时，对分蘖的生长明显有利，茎蘖的素质较优良。当浅层水位常在 40～50cm、最高水位在 30cm 以上持续 9d，就显著抑制分蘖和根系的正常生长，出现分蘖阶段湿害的明显症状。

（3）拔节、抽穗期湿害　小麦孕穗至抽穗开花期为需水临界期，孕穗至抽穗开花期的湿害减产最为显著。春季随着气温上升，南北冷暖气流频繁交替，天气多变。暖湿气流活跃年份，常出现连阴雨天气，持续时间长，最长可达 10d 以上。此时小麦植株各器官生长迅速，干物质积累、幼穗分化发育都在加快进行，根系亦加快生长并向纵深方向发展，根系密集层分布在 30cm 以内的土层中。如果此时根系密集层的土壤含水量呈饱和状况，就会导致根系缺氧而产生湿害：小麦的绿叶片数减少，叶片变短，上部 3 张叶片平均短 20% ~36%，植株高度矮 10cm 左右。受害植株根部呈水渍状，暗灰色无光泽，根毛极少，根系发育很差。由于根系和叶片功能受到损害，小穗数与小花数亦有不同程度减少，分蘖大量死亡，无效分蘖显著增多。

（4）灌浆、成熟期湿害　扬花灌浆期受湿害，小麦功能叶早衰，穗粒数少，千粒重降低，出现高湿早熟，严重的青枯死亡。灌浆成熟阶段是小麦籽粒增重阶段，如发生湿害，会造成上部 3 张功能叶片早枯，根系活力显著降低，发生早衰，严重的甚至发黑、腐烂，小麦植株水分供求失调，叶片功能期缩短，光合作用显著下降，干物质生产大大降低，并导致产量下降。同时，由于田间湿度大，往往还会伴随赤霉病、锈病、白粉病的蔓延，导致减产。收获期若遇有连阴雨或潮湿天气，造成穗发芽，不仅影响籽粒品质，同时影响小麦贮存及下季或翌年播种质量，对小麦生产造成较大经济损失。

3. 排水降渍技术与对策　小麦湿害的成因是地下水位过高和耕作层水分过多所致，因此，湿害防御的关键是治水。

（1）降低河网水位　可加大麦田与河网的水位差，有利于加速排除麦田"三水"。河网水位的控制标准，应比小麦各生育期适宜的地下水位至少低 0.2m。

（2）修好田间排水沟及时排水　雨季前清好排水沟是易涝地区非常重要的防涝措施。麦田排水沟系主要分为明沟（地上）、暗沟（地下），暗沟排水做到三暗（暗排、暗渍、暗降）。通常一个完整的排水体系，由畦或垄沟、与垄沟行向垂直的毛排沟及与垄沟向平行的排水沟组成。安徽省有的地方称三沟（边沟、腰沟、横沟）配套；湖北省称为厢沟、腰沟、围沟三沟配套；河南信阳称厢沟、边沟、腰沟，并强调小麦要开好"四沟"（厢沟、腰沟、边沟、田际间排水沟）配套；江苏要求因地制宜开好内外"三沟"（内三沟即竖沟、横沟、腰沟）三沟配套；陕南称"三沟"（为边沟、中沟、腰沟）。不管怎么称谓，都要做到沟沟相通，一级比一级深，达到雨水过多时，不仅田间积水能顺利排出，而且耕层盈余水也能渗出，雨止田干。高标准地修好"一套沟"，是防治湿害的有效措施。麦田明沟可排地上水，暗沟降低地下水位。所以，为了排出土壤表层的水分，明沟的深度不应小于 30cm，为了排除深层水，暗沟深度应不小于 70cm。明沟开成外深里浅斜式，可增加地面径流，减少雨水下渗，有利于降低地下水位。土垡盖顶的暗沟，深度可过 1.2m，上面仍可种作物，提高土壤利用率。因为暗沟深度大，能有效地降低地下水位。明、暗结合是在两条暗沟之间加开若干条明沟，以提高排水能力。机械开明沟是近来经济有效的开沟方法，应该推广。

研究表明，少雨之年，采用明沟和暗沟结合的沟型，既能防止小麦一般性湿害，又能提高土地利用率，比明沟麦田有更大的增产潜力；多雨之年，则以深暗沟的增产性能最好。深埋 1m 以下的暗管排水系统，对防止低洼地区小麦湿害效果更好。暗沟的缺点是强降水时不利于及时排除地面水。

总之，明暗沟结合，明暗沟相间，可充分发挥明沟排除地面水和潜层水、暗沟排除地下水的优点，因此它比单独明沟或单独暗沟都是有较好的降湿效果，并有利于改善土壤环境，而且根量多，根系活力强。

过渡地带麦区目前除有明沟、暗沟、明暗沟结合外，还有"鼠洞"、暗管等形式。

"鼠洞"即鼠道暗洞，在麦区用鼠道暗沟犁打暗洞。一般用拖拉机牵引打洞机，打成直径 40~50cm、椭圆形的暗洞，暗洞深度为 0.6~0.8m，洞距 3~5m，能有效降低地下水位。由于"鼠洞"麦田地下水排得快，表土水分也相应较低，一般暗洞田表层土壤含水量比明沟麦田低 1.5%~3%。因此，多雨年份，在品种及其他栽培条件相同的情况下，"鼠洞"排水比明沟麦田一般增产 10%~20%，地势越低、地下水位越高的麦田，增产效果越显著。"鼠洞"如与明沟结合，降湿、增产效果更好。但"鼠洞"距离不能大于 6m，并且只适用于中性至黏性土壤。

暗管排水是将瓦管（制砖机将黏土制成坯，烧制而成）或混凝土管、灰土管（2份清石灰和 8 份生泥，重量比约 1∶16，拌和后用铁模或木模手工敲制 2 个半圆）、塑料波纹管埋于地下 1~1.2m 进行排水的一种形式。它不受土质条件的限制，使用年限较长，可加大雨水渗入后的水位坡度，使地下水排得又快而上升幅度小，小麦根系扎得深，活力强。据测定，暗管间距 7m 的土壤含水量比对照平均低 15%。但铺设暗管的麦田，仍需要开好明沟，这样，暗管排除浅层水，明沟快排地面水，对降湿防渍有显著效果。

（3）选育耐湿性较强的品种　不同小麦品种的耐湿性不同，因此，通过选育耐湿性小麦品种，可以有效地防止湿害造成的小麦减产。目前，在中国南北过渡带多雨、渍害较重的麦区已经选育出了一些耐湿性较好的小麦品种，在生产上发挥了一定的作用，减轻湿害的危害。常常发生湿害的安徽、江苏、湖北、四川、豫南应结合当地的生产条件，有针对性地开展目前推广品种的耐湿性和产量、品质、效益等方面的研究，尽快解决生产上问题。

（4）改进耕作栽培措施　① 在小麦生产中，要注意水旱作物分开连片种植，严防水田包围旱田，避免人为因素导致麦田渍害；② 注意因地制宜地麦稻轮作，改善土壤结构；③ 深耕深松，加深犁底层，降低耕层水分；④ 增施有机肥，合理施肥，促进根系生长，提高抗渍能力；⑤ 预测预报赤霉病、白粉病、锈病、纹枯病等病害以及蚜虫、红蜘蛛等虫害的发生与蔓延，做好防治工作；⑥ 调整小麦播种期，使最易受涝的生育期躲过湿害高发期。适期早播可以防止小麦僵苗，避开和减轻播种期湿害的影响，提高播种质量，促进麦苗早发；⑦ 雨季来临前要锄净杂草，否则雨涝时杂草将迅速生长，发生草荒，加重涝灾。涝灾时作物 N 素营养恶化是引起黄叶、生长缓慢的重要原因，因此，涝后除及时中耕松土外，还需增施速效 N 肥，以促进作物恢复生长；⑧针对黏重土壤湿害较重，应增加有机质和孔隙度，采取深耕晒垡、秸秆还田、轮作倒茬、湿田免耕种植等措施，改良土壤结构，提高通透性。目前，在江苏、湖北、豫南、陕南等地因地制宜推行的少（免）耕机械条播技术、宽幅条播技术，并与中耕和施用有机肥等农艺措施相结合，起到了很好的防御渍害的作用。

（二）合理灌溉技术

1. 小麦对水分的需求 小麦是需水较多的作物。小麦的需水量为不限制小麦生长发育条件下田间健壮植株的蒸散量。小麦从播种到收获整个生育期间对水分的消耗量为小麦的耗水量。耗水量（mm 或 m^3/亩）=播种时土壤含水量+生长期总灌水量+有效降水量−收获期土壤贮水量。小麦一生中总耗水量大致为 400～600mm（266.7～400m^3/亩）。每生产一个单位的籽粒需要消耗的水分量为耗水系数。单位土地面积上每 mm 水的籽粒生产量为水分生产率（kg/mm·亩）。

小麦的耗水量，包括植株叶面蒸腾、棵间土壤蒸发和渗漏损失，其中，叶面蒸腾占总耗水量的 60%～70%。根据各地研究分析，在小麦产量 150～500kg/亩范围内，耗水量随产量的提高呈线性增加，耗水系数随产量的提高而降低，水分生产率随产量的提高呈线性增加。说明培肥地力，提高小麦栽培管理水平，增加产量，是降低耗水系数节约用水的根本途径。水浇地小麦不同生育时期土壤耗水深度不同。苗期主要消耗 0～40cm 的耕作层水分；中期耗水主要在耕作层以下至 100cm；后期耗水主要在 40～140cm。耗水的变化与根系进程有密切关系。

小麦不同生育时期的耗水量与气候条件、冬春麦类型、栽培管理及产量水平有密切关系。一般冬小麦出苗后，随气温降低，日耗水量下降，播种至越冬耗水量占全生育期的 15% 左右。由于植株小，棵间蒸发占阶段耗水量进一步减少，越冬至返青阶段耗水只占总耗水量的 6%～8%，耗水强度在 0.67m^3/（亩·d）左右。返青至拔节期，随气温升高，小麦生长发育加快，耗水量随之增加，耗水强度在 0.67～1.33m^3/（亩·d）以上，耗水量占全生育期 15% 左右。由于植株小，棵间蒸发占阶段耗水量的 30%～60%。拔节以后，小麦进入旺盛生长期，耗水量急剧增加，并由棵间蒸发转为植株蒸腾为主，植株蒸腾占阶段耗水量的 90% 以上，耗水强度达 2.67m^3/（亩·d）以上，拔节到抽穗 1 个月左右时间内，耗水量占全生育期的 25%～30%。抽穗前后，小麦芭叶迅速伸展，绿色面积和耗水强度均达一生最大值，一般耗水强度在 3m^3/（亩·d）以上。抽穗到成熟 35～40d，耗水量占全生育期 35%～40%。

2. 合理灌溉技术 合理的灌溉技术是保证田间合理用水，把水适量送到田间，使浇灌田块受水均匀，不产生表面流失、深层渗漏及土壤结构损坏等现象，从而达到经济用水，提高产量的目的。

麦田灌溉技术主要涉及灌水量、灌溉时期和灌溉方式。小麦灌水量与灌溉时期主要根据小麦需水特性、土壤墒情、气候、苗情等而定。灌水总量按水分平衡法来确定，即：

灌水总量=小麦一生耗水量−播前土壤贮水量−生育期降水量+收获期土壤贮水量

灌溉时期根据小麦不同生育时期对土壤水分的要求不同来掌握。一般出苗期，要求在田间最大持水量的 75%～80%，低于 55% 则出苗困难。分蘖过程要求适宜水分为田间持水量的 75% 左右。拔节至抽穗阶段，营养生长与生殖生长同时进行，器官大量形成，气温上升较快，对水分反应极为敏感，该期适宜水分为田间持水量的 70%～80%，低于 60% 时会引起分蘖成穗与穗粒数下降，对产量影响很大。开花至灌浆中期，土壤水分宜保持在 75% 左右，低于 70% 易造成干旱逼熟粒重降低。为了维持土壤的适宜水分，小麦生长中需补充灌溉，小麦播种前要保持充足的底墒，在可浇 3 水的地区，灌水时间可确定为冬前、拔节和孕穗或开花，或拔节、孕穗和灌浆初期；能够浇 2 水的情况下，以冬前和拔节期或拔节和开花为宜；若只允许浇 1 次水，应在拔节期。每次灌水量为 $40m^3$/亩。

麦田浇水方式可分为地面灌、喷灌、滴灌与管道输水及管道灌溉 4 种。

地面灌溉：受限因素多。对于稻茬小麦尽量不采用该方法。

喷灌：是一种先进的灌水方法，是利用专门的设备将高压水流喷射到空中，并散成水滴进行灌溉。对平原、丘陵、起伏较大、不易平整土地的地区、稻茬麦区，尤为适宜，也是节水灌溉的途径之一。一般比地面灌溉节省水 20%～40%，并且不破坏土壤结构，还可提高土地利用率。

滴灌：是近代发展起来的一种新的灌水技术。利用一套滴灌设备将水加压、过滤，通过各组管道与滴水装置（滴头）把水或溶于水中的化肥液体均匀而又缓慢地滴入作物根部附近土壤，使作物生长在最优湿度状态。滴灌节水、节能、不破坏土壤结构，不板结土壤，土壤通气状况良好，养分充足，且适用于各种地形与土质条件。

地下管道输水与管道灌溉：是一种很好的节水灌溉技术。该技术优点是输水快、省水、省地、省劳力。

七、田间管理

实现小麦增产增收增效，除打好种麦基础外，还必须加强田间管理，深入探索小麦生长发育规律与环境条件的关系，掌握各个时期的苗情和发展动向，分析矛盾，明确主攻方向，采取相应的促控措施，使矛盾朝着预期的方向发展转化，这是田间管理的中心任务。

小麦在生长发育过程中，往往出现各种类型苗情变化，麦田管理好坏，常常左右着丰减的局势。因时、因地、因苗制宜，及时采取有效措施。在小麦播种后，就要立即进行小麦田间管理，管理措施应环环紧扣，一抓到底，才能达到预期的增产指标。

小麦的生长发育过程，按其生物学特性，一般可分为 3 个时期：前期（苗期），从出苗到起身，是以营养器官生长为主的时期，过渡带小麦在这一时期，生殖器官的发育一般在年前分蘖时也即开始；中期（器官建成期），从起身到抽穗，是营养器官与生殖器官同时旺盛生长和基本建成的时期；后期（经济产量形成期），从抽穗到成熟，是以生殖生长为主的籽粒形成时期。按农事季节，习惯上把小麦生产过程划分为冬前及越冬期（从出苗到返青前）、春季（从返青到抽穗）和后期（从开花到成熟）3 个阶段，以便于分期进行田间管理。小麦生育的 3 个阶段是一个密切联系的整体，前一阶段是后一阶段的基础，后一阶是前一阶段的发展。

（一）前期阶段管理

1. 冬前管理

（1）冬前小麦的生育特点和主攻方向　过渡带稻茬小麦从出苗到翌年3月上中旬拔节以前，其生育特点是以生根、长叶和滋生分蘖等营养器官的创建为主。从出苗到越冬前，有一段旺盛生长时期，也是分蘖第一个盛期。充分利用这段时期的积温，对实现小麦早发壮苗、奠定来年丰收基础具有非常重要的意义。同时从性器官的发育过程看，过渡带种植的小麦品种，在进入越冬之前、无例外地都是要开始发育，在适期播种条件下，一般到11月中旬前后，茎生长锥都要进入伸长期，从植株外观看，春性品种三叶一心，弱冬性品种四叶一心。越冬前器官的发育一般可分别达到二棱期、单棱期。

这一阶段田间管理的主攻目标是：在全苗匀苗的基础上，促根、增蘖、促弱、控旺，培育壮苗，协调幼苗生长与养分贮备的关系，保证麦苗安全越冬，为翌年增穗增粒打好基础。

（2）冬前壮苗的标准及其意义　冬前壮苗的标准因肥力水平和品种类型而有所不同。亩产400~500kg的产量水平，春性大穗型品种冬前每亩基本苗18万~20万株情况为增加穗粒数提供了前提条件下，冬前主茎叶龄应达到5~6叶，单株分蘖3个左右，次生根5~7条；弱冬性多穗型品种14万~18万株基本苗情况下，冬前主茎叶龄6叶或6叶1心，单株分蘖3~5个，次生根7~9条，叶片较宽厚、叶色深绿，分蘖苗壮粗大，长相敦实，次生根白而粗壮。

就群体结构而言，春性大穗型品种越冬前每亩总蘖数（包括主茎）应达到60万~70万株，弱冬性品种70万~80万株，具有三叶以上的大蘖应占总蘖数的45%左右。

实现冬前壮苗的意义在于：一是可为翌年多成穗奠定基础。二是小麦幼穗开始分化的时间，依主茎和分蘖出现的早晚有一定的顺序性，早发的分蘖，幼穗分化开始也早，经历时间长，形成的小穗数多，为增加穗粒数提供了前提条件。三是冬前抓住壮苗，返青适当控制，则拔节后茎秆粗壮，叶片挺举，穗层整齐，苗脚干净利落，不仅有利于防倒伏，且能改善中后期株间透光条件，提高光合生产率，增加粒重。

综上所述，实现壮苗早发，由于提高了成穗数、大穗率和穗粒重，就为争取"头多、穗大、粒饱"奠定了基础，这是一条最重要的基本经验。

（3）实现冬前壮苗的主要管理措施　冬前苗期管理总的原则是以肥水为中心，早管促早发，及早做好弱苗的转化工作；控制旺苗，保持壮苗稳健生长，促使全部麦田长势平衡发展。

麦田管理必须准确判断苗情并掌握其发展趋势。根据播种基础（包括土壤肥力、整地质量、播期、播量等）、土壤墒情、气温高低，观察麦苗长相，分类排队，区别对待，科学管理。

①查苗补种，疏密补稀　出苗后，应及早检查，对缺苗断垄麦田要及早催芽补种同一品种的种子。机播麦田在播种当时就应注意种好地边、地头和补齐漏播行，做到边播、边查、边补种。或在分蘖期疏密补稀，边移边栽，带土挖穴浇水移栽，去弱留壮，保证

成活率。移栽时覆土深度以"上不压心，下不露白"为标准。疏密补稀应注意选用同一品种，且苗情相差不宜过于悬殊，避免造成混杂，成熟不一。

② 因苗制宜分类管理　小麦三叶期是由异养转向自养的阶段。三叶期以前主要靠种子胚乳供应养分；三叶期以后，胚乳已基本耗尽，转而依靠自身的绿色部分进行光合作用，制造营养物质，这时伴着分蘖幼芽的生长，次生根也开始出现，这是促根增蘖的重要时期。

弱苗的管理：对于底肥不足、墒情不足而形成的弱苗，应优先管理。要抓住冬前温度较高、有利分蘖扎根的时机，当进入分蘖期以后，先追肥后浇水或趁雨追肥，每亩施尿素 5 ~ 10kg。撒播麦田应适当增加追肥量。及时中耕松土，对促根增蘖、由弱转壮有显著作用。晚播麦田，形成弱苗的原因主要是积温不足，苗小根短，肥水消耗少，冬前不宜浇水，以免降低地温，影响发苗。可结合浅锄松土追肥，增温保墒。

壮苗的管理：由于播种基础不同，壮苗也有多种情况，对肥力基础稍差，但底墒充足的麦田，还可趁墒或趁雨适量追施些速效肥料，以防脱肥变黄，促苗一壮到底。

对肥力、墒情都不足，生长尚属正常的麦田，也要防止由壮变弱，应及早施肥浇水；对底肥足、墒情好，适期播种的麦田，凡能达到壮苗标准的，一般冬前可不追肥，但中耕保墒；对长势不匀的麦田，趁墒或趁雨点片补施速效 N 肥，力求生长一致。

旺苗的管理：由于土壤肥力基础高，底肥施用量大，墒情充足，播期偏早等形成生长过旺的麦田，可用耢锄或用耧深耧，或采取深锄断根，深度 6 ~ 9cm，控后如仍旺，隔 7 ~ 10d 再进行一次深中耕，抑制旺长。

对于播期偏早，播量偏大形成的徒长苗，冬前要及早疏苗剔苗，并进行碾压。对疏苗后可能出现脱肥的麦田，应酌情追肥，促使健壮生长。

③ 适时中耕，化学除草　抓住冬前有利时机，适时进行中耕和化学除草。

④ 增施腊肥　冬前普施有机肥、人畜粪尿或稻糠秸秆，以巩固冬前分蘖，预防麦苗冻害。

⑤ 及时防治苗期病虫害　预防虫害引起的丛矮、黄矮和土传花叶病。通过药剂拌种、种子包衣或土壤药剂处理、投放毒饵，对苗期地下害虫蛴螬、蝼蛄、金针虫等进行防治。

2. 越冬期管理

（1）越冬期小麦的生育特点和主攻方向　南北过渡带，冬季比较温和，麦苗一般可以安全越冬。小麦越冬期间，无论叶片、分蘖或根系，均有不同程度增长，冷冬年主茎和大蘖一般增加 1 ~ 2 个叶片，暖冬年则可增加 2 片左右。越冬期分蘖在中低产水平，一般增加 15% ~ 20%，如肥水条件优越，可增加 20% ~ 30%，次生根数增加 30% ~ 50% 甚至增加一倍。经过越冬，到翌年返青时，根系下扎深度可达 120cm，半径较冬前扩展 1/3。在幼穗发育进程上，春性品种以二棱期越冬、半冬性品种越冬期间从单棱期过渡到二棱期。

根据上述生育特点，小麦越冬期间管理的主攻方向是在取得全苗和冬前早发壮苗的基础上，保证协调地上部和地下部的生长，使根系增多扎深，保大蘖，敦实苗壮，植株稳健生长。在群体达到合理指标时，适当控制晚生的小分蘖，以使植株整齐和提高分蘖成穗率。

对各类弱苗和徒长旺苗，继续采取措施，促弱控旺，使其向壮苗发展转化，力争整个麦田长势均衡，整齐一致，并防止死苗，实现麦苗安全越冬，为中后期健壮生育创造条件。

（2）越冬期的主要管理措施

① 追施冬肥，酌情灌水　播前整地时，由于雨涝、腾茬等原因，未施底肥或施用量过少的麦田，冬季可追施腐熟厩肥或人粪尿兼有保温防冻和供给营养的作用。

② 严禁禽畜啃青　小麦叶片是进行光合作用，制造有机物质的主要器官，放牧啃青必然使绿色体大量减少，严重影响营养物质的制造和积累，造成减产。因此，应采取高效措施，加强看管监督，严加禁止，防止人畜践踏麦苗，做到保种保收。

3. 返青期管理

（1）返青期小麦的生育特点和主攻方向　过渡带一般2月上中旬明显转暖，小麦较快出现新叶，整个麦田由暗绿色转为青绿，开始进入返青期。返青以后，营养生长与生殖生长同时逐步变快，伴随着新叶片的出生，从2月中旬进入二次分蘖高峰，一般年前分蘖占总分蘖的70%～80%，年后分蘖仅占20%～30%。在正常情况下，这20%～30%的春季分蘖多属甚至全部是无效分蘖，在冬前分蘖已达到足够头数的前提下，这部分春生分蘖是控制的对象。但由于肥力墒情较差或播期偏晚等原因，冬前分蘖不足，群体偏小，则在早春加以促进，对增加每亩穗数仍有重要意义。随着温度回升，与地上部相适应，根系也逐渐进入旺盛增长期。为了给中后期健壮生长奠定良好的基础，在起身前建立一个发达的根系是十分必要的。

在幼穗分化进程方面，一般于返青时已进入二棱期。虽小穗数已基本定型，但以后即将转入护颖分化和小花分化期，肥水的供应状况将显著影响到小花数与结实数。

返青期麦田管理的主攻目标是：促弱苗，提高成穗率，控旺苗，防郁蔽倒伏；对壮苗，先控后促，促控结合，使稳健生长。掌握适宜的群体结构，继续保持各类苗情平衡发展，协调地上部与根系生长的关系，为中后期健壮生育打好基础。

（2）返青期的田间管理技术

① 针对不同苗情，合理运筹肥水　对于亩群体大于80万头的旺长趋势的麦田，要采取碾压或深锄断根，把春蘖的滋生压低到最小限度，返青期不追肥，但应注意，也不能控制过头，否则会使麦苗转弱，降低成穗数。如空心蘖出现过早，说明肥力不足，应尽早加强起身期的肥水管理。

对于过旺苗，养分消耗过多，返青后呈现脱肥现象的麦田，也应及时追施适量尿素，以巩固冬前分蘖，保住穗数。

对于个体发育较差，每亩群体小于60万头的麦田，或者越冬期因冻害等原因死苗较多，群体小的麦田，结合浇水或趁雨每亩追施尿素10kg左右，促弱转壮。

对于壮苗，如果底肥充足，返青期可不追肥，到拔节期再酌情追肥；如果底肥不足，返青期酌情亩追施尿素5～10kg。

② 中耕松土、增温保墒　早春及时中耕锄麦，不仅可以消灭杂草，减少土壤水分蒸发，而且还能提高地温，促进麦苗返青早发。播种过晚的和长势瘦弱的三类苗不宜中耕，以免伤苗埋苗。深中耕对旺长麦田还具有控制旺长，转旺为壮、防倒伏的作用。

③ 搞好化学除草　返青期对杂草较多的麦田，应及时进行化除。返青期是化学除草的第二个关键的、有效的时期，应倍加注意，不宜再错过，否则，此期过后，除草难度加大，效果也不尽理想。

④ 加强病虫害防治　重点防治丛矮、黄矮、土传花叶病和蚜虫、红蜘蛛等病虫害。

（二）中期阶段管理

小麦从起身到抽穗为生长中期。此期茎生叶、节间、根等营养器官迅速生长并建成，分蘖数达到高峰，并开始两极分化，小分蘖停止生长，逐渐枯萎死亡，大分蘖加速生长与主茎接近一致，成为有效分蘖。抽穗期两极分化结束，每亩成穗数趋于稳定，穗分化由护颖分化到花粉粒基本形成，但每穗粒数还不能完全确定。这一阶段，是小花分化和退化的高峰期，因此，是形成每亩穗数和穗粒数的关键时期，需肥需水最多，最为敏感。麦田管理的措施在于保证多成穗，成大穗，并为形成饱满的籽粒打下基础。

1. 起身期管理

（1）起身期小麦的生育特点和主攻方向　过渡带小麦起身期多在2月下旬至3月上旬。日平温度达5℃左右。小麦基部节间开始伸长，春生第二叶的叶鞘也开始伸长，弱冬性品种由匍匐态变为直立，因此称为起身期（生物学拔节）。此时小麦分蘖数已达高峰期，新生蘖不再出现。从起身开始，先是晚期出现的小分蘖因光照和营养不足，心叶停止生长，不再出现新的叶片。这表明生长点已开始萎缩，一部分小分蘖到拔节时首先形成"空心蘖"或称"喇叭状蘖"，以后一部分中等分蘖也陆续出现类似状况，只是时间稍晚些。起身期小麦分蘖已处于两极分化的前期。

起身期主攻方向是：合理控制两极分化，保证适宜的成穗数；促进小花分化为增粒奠定基础。

（2）起身期田间管理技术　小麦从起身至拔节约10d，时间很短，麦苗生长快、变化大。因此，在管理上必须抓住有利时机，准确及时，根据麦苗长势合理运筹肥水。

① 壮苗管理　小麦起身时，一般最高群体能达预计成穗数的2～2.5倍较为适宜。一般高产田达80万株左右，中产田达70万株左右。此类苗情的管理，应参照前期施肥、浇水、土质状况而定。一般黏土地保肥能力强，如苗色较深，可等到拔节时再根据墒情决定浇水施肥与否，浇后中耕松土。沙壤土保水保肥能力较差，如果前期追肥不多，苗色较淡，一般均应及时追肥、浇水，防止拔节期脱肥，降低成穗率。

② 弱苗管理　起身期每亩总蘖数在70万苗以下，较早即有空心蘖出现。此类苗的管理应查明形成此类麦苗的原因，及时追肥浇水，延缓两极分化，以起到保蘖增穗的作用；不然空心蘖大量出现后，即使施肥浇水也很难保证足够的穗数。

③ 旺苗管理　高产田起身期每亩群体超过预计成穗数3倍以上，叶色浓绿，心叶生长很快，有两片未展开叶同时生长。此类麦田，主要矛盾是防止过早郁蔽，以免引起倒

伏；应调整 C、N 比，提高光合生产率，争取穗大粒多。因此这类麦田在起身期要控制肥水，抑制旺长。如果不适当的施肥或浇水，必然会适得其反，不仅不能增产，还可能造成倒伏减产。

④ 其他类型麦苗的管理 过渡带稻茬麦区和黑土上浸地，因排水不良，春季常易发生渍害。因此，在小麦起身期，除了根据苗情决定是否追肥外，还必须清好"四沟"（厢沟、腰沟、边沟、田际间排水沟），排涝防渍防旱。

土壤缺 P 造成的弱苗应在返青到起身期及时补施 P 肥，时间是越早越好，最迟不应晚于起身期。以施用 N、P、K 三元复合肥为好，结合浇水或趁雨亩施 10 ~ 20kg。

⑤ 加强病虫害防治 重点防治纹枯病、土传花叶病和蚜虫、红蜘蛛等病虫害。

⑥ 清沟排渍 此期要清理好厢沟、腰沟、边沟、四间排水沟，做到沟沟相通，排灌通畅，最大限度地降低麦田渍害。

2. 拔节期管理

（1）拔节期小麦的生育特点和主攻方向 3 月上旬，过渡带气温回升到 9℃ 以上，小麦节间明显伸长，当田间有 50% 的单茎节间伸出地表 1cm 以上时，即称为拔节期。小麦拔节后的生长特点是结实器官加速分化，穗分化经过雌雄蕊原基分化、药隔形成、四分体形成等几个时期。拔节后光合产物的绝大部分供给本蘖需用，所以，拔节后凡不具备自养能力的弱小分蘖就迅速死亡，拔节后 20 d 左右，是无效分蘖死亡的盛期。此期尽管分蘖迅速减少，而植株的体积和干物质重则成倍增加，小麦由拔节至抽穗期干物质重增加 1.5 倍以上，植株体积增加 3 倍以上，在水肥地次生根还要增加一倍左右，因而需水需肥量急剧增加，对水肥非常敏感。拔节期管理措施得当与否，对基部节间的长短、中部叶片的大小、两极分化的快慢，每亩穗数和每穗粒数的多少，以及防止倒伏和后期早衰都有很大作用。此期管理的主攻目标是：促使茎、叶健壮生长，根系发达，稳定穗数，增加粒数。

（2）拔节期的主要管理措施

① 旺长苗 拔节期的管理措施一方面要根据当时苗情，另一方面还要考虑起身期的管理基础。凡进入到拔节期后，叶色浓绿，群体仍在 80 万株/亩以上，"喇叭状"分蘖出现很少，9 ~ 10 叶的叶片超过 25cm，并有 2/3 下披者属于旺苗，常易引起倒伏。此类麦苗多半是原来的旺苗控制不及时，加上起身期促得过猛所致；或亩总蘖数在 72 万株左右，只是由于起身期促得过头，叶色浓绿，有旺长趋势的麦苗。以上情况，只要不再施肥浇水，采取适当深锄或镇压即可抑制其旺长。

② 壮苗 拔节时群体在 70 万株/亩左右。此类麦田如果在起身期已施肥浇水，或者旺苗采取了中耕、镇压等抑制措施。此种苗情说明控制效果比较明显，可在拔节后第一节已基本固定时，趁雨或浇水每亩施 5kg 左右尿素，促花增粒，保粒增重。

③ 弱苗 拔节时群体在 60 万株/亩以下，9 ~ 10 叶长度不超过 20cm，叶色偏淡，此类麦苗应查明其形成原因，如因脱肥或因前期生长较差等，应及时追肥浇水，最迟不应晚于第三节开始伸长时（拔节后期），此时追肥可增加穗粒数。有的弱苗是因为土温偏低；有的是因地势低洼，土壤黏重，板结潮湿。这两类苗只要中耕松土，破除板结，提

高地温，很快即可恢复正常生长。

④ 加强病虫害防治　重点防治纹枯病、土传花叶病、蚜虫、红蜘蛛、吸浆虫等病虫害。

3. 孕穗期管理

（1）孕穗期小麦的生育特点与主攻方向　4月上中旬气温稳定上升到15℃左右时，小麦旗叶叶片全部从倒二叶叶鞘内伸出，即进入孕穗期。此时小麦的两极分化已基本结束，存留的大蘖都能成穗，穗部分化将进入配子形成过程。绿色面积已达最大值，高产田叶面积系数达到6~7，一般田也达4~5，由于绿色面积的增大，光合作用也是最旺盛期。此期田间管理的主攻方向是：保根护叶，延长叶片功能期，减少小花退化，提高结实率。

（2）孕穗期田间主要管理技术

① 浇水　小麦孕穗期需水较多，但也不能盲目浇水，应根据叶色和土壤墒情而定。过渡地带稻茬麦一般不宜浇水。如果出现明显干旱，应及时浇水，但要注意浇透为止，不宜过量。

② 追肥　孕穗期是否追肥，应根据土质和苗情而定。对于地力差，旗叶出现过早，叶淡色薄，下部叶片并非因干旱而从下向上逐片黄枯，有显著脱肥迹象的麦田，酌情补施少量孕穗肥。补施孕穗肥千万不能过晚过量，否则会贪青晚熟，降低粒重。通过科学肥水管理，可提高分蘖成穗率，减少小穗小花退化，增穗增粒增重。

③ 预防倒春寒及晚霜危害　可采取喷水或浇水、熏烟、喷施植物防冻剂等方法预防。

④ 防病虫　及时防治小麦条锈病、白粉病、吸浆虫、蚜虫等病虫害。

⑤ 清好"四沟"　达到排灌畅通，雨止田干。严防湿害、渍害发生。

（三）后期管理

1. 后期阶段的生育特点及主攻方向　小麦生育后期包括抽穗、开花、授粉、籽粒形成与灌浆成熟等生育过程，历时40d左右，约占全生育期的1/6，是产量形成的最后时期，直接影响到收成的高低。小麦抽穗后根、茎、叶的生长基本停止，进入以生殖生长为主阶段。主攻方向是养根、保叶、防止早衰和贪青；抗灾、防病虫；延长上部叶片的功能期，保持较高的光合速率，增粒增粒重，丰产丰收。

2. 栽培技术

（1）排水降湿　过渡带大部分稻茬麦区小麦生育后期降水量大大超过小麦生理需水量，土壤水分饱和，麦株生理缺水，造成高温逼熟，同时也加重了病害。因此，要加强疏通排水沟，做到沟底不积水，降低土壤湿度，防止受渍使根系早衰。

（2）搞好"一喷三防"，防早衰、防病虫　"一喷三防"最佳时期为小麦抽穗期至籽粒灌浆中期。在防治小麦赤霉病以及锈病、白粉病和蚜虫时，将尿素（浓度不超过2%）、磷酸二氢钾或其他植物生长调节剂加入到杀菌杀虫等防病治虫的药剂中，一次喷施能起到防病虫、防倒伏、防后期早衰、增加千粒重的作用。比如，可选用15%粉锈宁

70～100g+菊酯类农药40～50mL+磷酸二氢钾100g+尿素（浓度2%）配方。

（3）根外追肥　小麦抽穗开花至成熟期间仍需吸收一定的N、P等营养，灌浆初期喷施磷酸二氢钾（0.2%～0.3%）+尿素（浓度2%），亩用溶液量为50kg。可延长后期叶片的功能期，提高光合速率，促进籽粒灌浆，提高粒重，并能提高籽粒蛋白质含量。近年来生产上结合后期病虫防治喷施生长调节剂类产品也起到一定增加粒重的作用。

（4）防治病虫害　小麦生育后期应重点防治赤霉病、白粉病、锈病、叶枯病、蚜虫、黏虫、吸浆虫等病虫害。

（5）适时收获，防止穗发芽　小麦成熟时及时组织抢收，防止穗发芽和"烂场雨"，确保丰产丰收。

生产弱筋小麦的麦田，要单收单脱、单独晾晒、单运单贮，防止混杂。

八、化控技术的应用

植物生长调节剂是利用天然物制备或采取化学方法人工合成一些具有植物激素活性的有机物质。它们不是肥料，是营养物质以外的有机化合物渗入植物体内后对生长发育起着调节作用。其效果明显，且稳定，较少受环境条件影响。

在小麦栽培的各生长阶段应用各种植物生长调节物质，在一定程度上可以克服农业环境中某些不利因素，提高小麦的光合效率及光合产物的分配方向及速率，增强抗逆性，以期达到最佳的收获量，这种技术称为小麦的全程化调化控技术。化学调控对小麦产量的提高具有显著的效果，目前，多以控制小麦株型、调节生理、促进早熟、提高产量为目的。化控剂可分为3类：一类是具有促进作用的，如920、802、萘乙酸等；一类是起延缓作用的，如多效唑、助长素、缩节胺等；一类是具有生长抑制作用的，如脱落酸（ABA）、青鲜素（MH）等。

小麦化控措施主要有：

（一）促进萌发和培育壮苗

小麦要高产，培育壮苗是关键。已知小麦种子的发芽力和幼苗生长势与种子萌发的GA浓度和幼苗体内IAA浓度有关。用调节剂浸种能提高小麦种子活力，促进幼苗健壮生长，其主要表现为促进小麦种子生理功能等。如用浓度为30mg/L稀效唑拌种，可以提高种子的萌发率，促进小麦幼苗次生根及分蘖增多、叶面积增加、单株根系增重，有利于培育壮苗。如维他灵800倍液和利丰收900倍液浸种，对促进种子萌发和根系生长、提高幼苗生长势和生理功能效果也较好。在实际应用中，需精确把握浓度，以免产生不良影响。

（二）控群体防止小麦倒伏

倒伏作为生产上普遍存在的问题，由于对生产影响严重，历来为人们所重视。小麦返青以后，地上部分开始旺盛生长，但此时高节位的分蘖仍在产生，这些分蘖一般不会成穗，只会造成群体过大。此时，可用生长素类复合制剂促进顶端优势，抑制侧芽的生长，即可促进主茎及冬前大分蘖的生长，控制无效分蘖的产生，防止群体过大。

在合适群体的前提下，为保证小麦茎秆矮壮，在拔节初期可用50%矮壮素（CCC）进行叶面喷施，也可用矮壮苗60g/亩或15%多效唑可湿性粉剂40～100g/亩进行喷施，防止小麦后期倒伏。

在小麦拔节期，对群体大、长势旺的麦田，亩喷施15～20ml助壮素，加水50～60kg，叶面喷施，可抑制节间伸长，防止后期倒伏，并增产10%～20%，在应用植物生长延缓剂（如矮壮素、矮苗壮和多效唑等）时应注意切勿过量，喷施必须均匀，否则，可能会因造成药害而导致减产损失。

（三）提高茎蘖成穗率

提高茎蘖成穗率是夺取小麦高产、超高产的核心指标。通过降低播种量可达到这个目的。但是，暖冬年份旺长趋势明显，无效分蘖仍然大量发生，此时可以应用抑蘖剂来控制无效分蘖和无效生长，达到高成穗率。比如，在小麦拔节期用5～15mg/L ABT4号生根粉溶液叶面喷施；或在小麦返青期，亩喷10～15mg/L赤霉素溶液40～50kg，能减少无效分蘖，提高成穗率。目前，这类技术产品还处于研制阶段，但已表现出极高的推广应用价值。

（四）防御干热风、增加粒重、粒数与产量小麦生育前期的壮苗，为壮秆大穗打下了基础

在生殖生长阶段，前期的抽穗扬花是每穗结实粒数的最终决定期。在小麦生殖生长期叶面喷施植物生长调节剂可显著增加结实粒数和千粒重。在小麦孕穗至齐穗期，叶面喷施三十烷醇厚（TA）制剂，可增加结实粒数和千粒重。其主要增产机理：一是提高光合速率；二是加速光合产物的运转，提高灌浆速率；三是抗功能叶早衰，平均延长功能叶寿命2～3d，熟相好。

在小麦拔节期，用5～15mg/L ABT4号生根粉溶液叶面喷施，可提高分蘖成穗率，增加亩穗数，增强根活力，延缓叶片衰老，防御干热风，增产12%以上。

在小麦扬花到灌浆期，亩喷1 000倍石油助长剂50kg，能防御干热风，增加千粒重，平均增产7.8%。

在小麦灌浆期，亩喷60mg/L苯氧乙酸溶液25kg，也能防御干热风，增加千粒重。

亚硫酸氢钠是一种光呼吸抑制剂，在小麦孕穗到灌浆期，亩用亚硫酸氢钠50g，加水50kg喷施，隔10d左右再喷1次，可增产10%以上。

在小麦灌浆前亩喷施40mg/L奈乙酸溶液50kg，能增加千粒重。

在小麦抽穗期，叶面喷施油菜素内酯（BR）、细胞分裂素、复硝酚钠、氨基酸或黄腐酸的盐类也能起到增粒增重，提高产量的作用。此外，叶面喷施磷酸二氢钾也有增产效果。

（五）促进早熟

稀土又叫稀土微肥或硝酸稀土。在小麦拔节至始穗期，亩喷 0.08%～0.15% 稀土溶液 50～60kg，可使成熟期提前 1～2d，增产 8%～11%。

在小麦拔节期或齐穗期，亩用植物细胞分裂素 50g，加水 20～30kg，搅匀后按常规方法喷雾，可以促进叶绿素的形成和蛋白质的合成，增强光合作用和抗逆能力，有利于早熟、高产。

（六）防穗发芽

在小麦穗期，喷施 ABA 可显著降低小麦的穗上发芽率，喷施浓度为 50mg/kg。

九、小麦病虫草害防治与防除

中国过渡带以稻茬麦为主，生长季节气温高、湿度大，所以常发的病虫草害与北方麦区有很大不同。随着农药化工科技的不断进步，防治药剂也不断更新换代，防治技术水平不断提高。合理使用高效、低毒、低残留等新型农药，是过渡带小麦病虫草害防治的新趋势。

关于小麦主要病害，虫害，杂草种类及其为害、发生规律和防治、防除措施等，详见本书第九章。

十、适时收获

小麦收获适期很短，又正值雨季来临或风、雹等自然灾害的威胁，及时收获可防止小麦断穗落粒、穗发芽、霉变等损失。一般认为，蜡熟末期为小麦的适宜收获期。联合收割机收获时，以完熟初期为宜。种子田应以蜡熟末期至完熟初期为宜。

掌握收获适期还应注意成熟过程中的特征变化。蜡熟初期的植株呈金黄色，多数叶片枯黄，旗叶基部与穗下节间带绿；籽粒背面黄白色、腹沟黄绿色，胚乳凝蜡状、无白浆，籽粒受压变形，含水量 35%～40%，此期 1～2d。蜡熟中期的植株茎叶全部变黄色，用指甲掐籽粒可见痕迹，含水量 35% 左右，此时 1～3 d。蜡熟末期的植株全部枯黄色，茎秆尚有弹力，籽粒色泽和形状已接近品种固有特征，较坚硬，含水量为 22%～25%，此期 1～3 d。完熟期的植株全部枯死和变脆，易折穗、落粒，籽粒全部变硬，并呈现品种固有特征，含水量低于 20%。小麦收获后应及时晾晒，籽粒含水量降到 12% 以下时才可以贮藏。

南北过渡带地区 5～6 月气候变化大，小麦成熟期间常遇连阴雨，因此，小麦成熟时宜抢晴收割，确保颗粒归仓，以防遇雨穗发芽或出现烂场雨现象，导致减产、霉变降低小麦粮品质。种植弱筋专用优质小麦品种的还应注意单收、单脱、单晒、单运、单贮，以防混杂，确保优质专用、高产高效。

十一、全程机械化生产技术

中国当前正处在由传统农业向现代农业的快速发展过程中，农业机械化和农业科学技术化是现代农业的两大重要特征。发挥农业机械优势，构建不同类型的机械化种植模式，可较大幅度地降低小麦生产成本，提高麦作经济效益。

小麦生产机械化是指在小麦从种到收的整个生产过程中，尽可能地使用机械代替人工作业，以提高劳动生产率，实现高产高效。

小麦生产过程中包括选种、整地、灌水、播种、开沟、田间管理、收获、运输、贮藏等多个环节，其中，任何一个环节都可以使用相应的机械代替人工劳动。根据用途的不同，麦作机械大致可分为清选机械、耕整机械、田间管理机械、收获机械、秸秆还田机械等类型。

（一）机械种类

1. 清选机械　清选机械是指利用小麦籽粒和夹杂物在形状、尺寸、比重、表面特性和空气动力学特性等方面的差异选择出合格优良种子的机械，包括清种机和选种机。清种机用于从种子中清除夹杂物，选种机用于从清杂后的种子中精选出健壮饱满、生活力强的籽粒，必要时按种子的外形尺寸分级，如旋轮式气流清种机、窝眼式清选机、复式种子精选机、重力式选种机、电磁选种机、摩擦分离机等。多数粮食清理机械也可用于种子的清杂、精选和分级。谷粒经过精选以后，可以获得质量均匀、粒型相对一致的种子。清选后的种子均匀饱满、播种后发芽率高，长势好，一般增产3% ~ 5%，还可减少20%左右的用种量。

2 耕整机械　包括耕地机械和整地机械两类。小麦生产常用的耕整机械主要有铧式犁、深松犁、圆盘耙、旋耕机、开沟机等机械。旋耕机有灭茬旋耕机、旋耕播种机等。现在已经发展成联合作业机械或多用机，可同步完成耕、耙、平整、施肥、播种及播后镇压等作业程序。

3. 播种机械　是指按一定的农艺要求将小麦种子播种在土壤中的农业机械，即播种机。小麦播种机包括条播机、撒播机和点播机3种类型。条播机以一定的行距将小麦种子呈条状、均匀地播入播种沟内，作业时同步完成开沟、排种（肥）、覆土及镇压等程序。撒播机是采用前排种式机械，将麦种均匀地撒到旋耕机前部，同步浅旋盖籽、镇压。摆播机是撒播机的一种特殊类型。点播机常用于精量播种，是将麦种准确、均匀地播到打好的穴里，多用于新品种的稀播繁殖，大面积小麦生产极少使用。

种植机械的发展方向为组合型。如施肥播种机、旋耕播种机、旋耕播种施肥机等。目前适合麦田条播的机械较多，如小四轮拖拉机牵引的播种机有2BJM系列小麦精量播种机、285－6型小麦半精量播种机和2BXI型半精量播种机、2BX（F）－16圆盘式小麦播种机等。常用中型拖拉机牵引的大型小麦精量半精量播种机有2BC－24型谷物播种机等。机械撒播（摆播）应用的机械是旋耕撒播联合播种机、小麦均匀摆播机等。

4. 田间管理机械　包括开沟机械、排渍机械、中耕机械、植保机械、施肥机械等。

（1）开沟机械　由于过渡带降雨较多，田间水分时有较多的情况，开沟排水是过渡带小麦不可少的技术。开沟机的种类很多，就其动力而言，有与大中型拖拉机相配套的，也有与手扶拖拉机相配套的。就其形式而言，有配置在拖拉机后方的，称之为后置式开沟机，有配置在拖拉机前方的，称之为前置式开沟机，也有配置在拖拉机侧边的，还有用拖拉机牵引的。根据各自需求选择合适的开沟机械。

（2）排灌机械　是利用各种能源和动力，提水灌入农田或排除农田多余水分的机械和设备。排灌系统是农田建设的重要内容，良好的排灌系统对麦作生产非常重要。根据灌溉和排水和方式可分为地面排灌机械、喷灌设备、滴灌设备和渗灌设备 4 大类型，目前，以地面排灌机械应用最多。常用的地面排灌机械包括提水排灌和虹吸灌溉机组，由农用动力机械或利用自然能源驱动水泵，从河、湖、库、塘、井中提水灌溉农田，或从农田、沟、渠、塘堰中提水排除积水，特别是排涝。广义的农田排灌机械还包括水井钻机、铧式开沟犁、旋转开沟机、暗沟犁、开沟铺管机等。

（3）中耕机械　是指在作物生长过程中进行松土、除草、培土等作业的土壤耕作机械。包括除草铲、除草机、凿形松土铲、培土器、保墒七铧犁（耖锄）、牵引式中耕（2W－4.2 型）、中耕追肥机、小牛 303N 型动力中耕除草机（台湾省）、小牛 600N 型动力中耕机等。中耕作业可以和施肥作业合并进行，以减少作业次数，节约人力、财力、时间，同时，可以减少对植株的操作伤害。

（4）施肥机械　是指对土壤或作物的一定部位施放肥料的农业机械。通常施肥机械可分为全面施肥和集中施肥两大类。施肥机械主要有撒施机械、集中施肥机械、追肥机械等。

撒施有机肥的机械主要有螺旋式撒厩肥机、牵引式装肥撒肥车和甩链式厩肥撒布机 3 种。集中施肥机械可在播种的同时，根据农艺要求将种肥呈条状或穴状施入相应位置，如 2BX（F）－4/8 型圆盘式小麦施肥播种机、2BF－9 型小麦施肥播种机、小麦施肥沟播机等。根据农艺要求和对不同作物种子发芽率的影响，有时将化肥与种子施入同一种子沟中，称同位施肥；有时将化肥放在种子的侧下方，称侧位深施。在小麦条播机上有装施肥装置，即成为能同时施肥的小麦联合施肥播种机。追肥施布机械是指在作物生长期间进行施肥的机械，有离心式撒肥机、全幅施肥机、气动式宽幅撒肥机等。还有在通用的中耕机上装设排器与施肥开沟器的追肥机械在中耕除草的同时进行侧位深施化肥或液态肥料时，利用中耕机的松土工作部件开沟，由输肥管将排肥器排出的肥料施入土中。追施化肥的排肥器的形式同中耕作物播种机上的排肥器相同。也可采取喷灌设备、植物保护机械或农用习机上的喷洒部件将液肥、化肥溶液进行根外追肥。

（5）植保机械　指主要用于化学防治作物病、虫、草害的各种机具。根据施用化学药剂的方法，可分为喷雾机、弥雾机、超低量喷雾机、喷粉机和喷烟机等。根据动力方式可分为手动式、机动式、机引式和航空防治机械等。

小麦生产中常用的植保机械有手推式打药机、手推式喷雾机、背负式喷雾机、担架式喷雾机、牵引式喷雾机、喷粉机等。喷雾机包括人力喷雾器、畜力喷雾机、小动力喷雾机和拖拉机配套喷雾机等几种。目前使用较多的是人力喷雾器和背负式小动力喷雾机。规模较大的麦田可用拖拉机配套喷雾机、航空配套喷雾机械。

小麦播前和苗期植保作业可以使用人力喷雾器、小动力喷雾机或拖拉机配套的喷杆喷雾机进行。悬挂式喷杆喷雾机一般和拖拉机配套，牵引式喷雾机则和大型拖拉机配套。

如 3WQ－3000 型牵引式喷杆喷雾机配套功率为 58.8 千瓦以上的拖拉机，适合大面积喷雾作业。

小麦生长中后期因植株较高，为防止踏坏麦株，喷药作业应走田埂或预留的作业通道，可以选用远射程喷雾机，如 3WKY 系列高效宽幅远射程机动喷雾机。有 20 型便携式、40 型担架式、600 型车载式 3 种类型。

（6）收获机械　小麦收获机械包括收割机、割晒机、割捆机、小麦联合收割机、脱粒机、扬场机、烘干机等。

常用的收割机型号有鄂农－0.9 型收割机（湖北黄陂农业机械厂）、WG－105 型稻麦收割机、北京 105－2 型稻麦收割机、北京 2 号稻麦收割机、4GL 系列稻麦收割机、龙江－140 型圆盘式收割机（福建南靖收割机厂）。这些收割机与手扶拖拉机或四轮施拉机配合完成收割作业。湖北洪天轻型收割机厂生产的 4GHQ－25 型轻型（背负手持式）收割机由 0.81 千瓦的汽油机驱动，适用于小田块收割。

常用的脱粒机机型号有金牛牌 TDG－400 型小型脱粒机（江苏省镇江脱粒机制造厂）、5TG－100 型稻麦脱粒机（江苏省武进市前黄农机具厂，兼具分离、清选、输出装袋功能）、雄飞 5T－40 型多用脱粒机（广西容县脱粒机制造厂）、5TG－80Ⅱ型半自动稻麦脱粒机（江苏省无锡市硕放小型农机制造厂，脱离、分离、清选、除杂、输送）、灌河牌 5TJ－900 型脱粒机（江苏省灌南县农机修造厂）、5TZ－72 型稻麦脱粒机（江苏省连云港东海机械厂）。

用联合收割机收获小麦，效率高、成本低，是规模生产情况下的不二选择。联合收割机主要有桂林 2 号、湖州－100 型、洋马、江南 120、龙江 140 等。另外还有新疆 2 号、丰收 3.0、JDL3060 型稻麦联合收割机、新疆 3.0 型自走式谷物联合收割机（中收农机股份有限公司，可配秸秆粉碎装置）、佳联－3 型自走式联合收割机（黑龙江省佳木斯联合收割机厂）、福田谷神系列自走式轴流谷物联合收割机（北汽福田股份有限公司）、丰乐收－90B 型半喂入联合收割机（江西省永丰机械厂，配套动力为手扶拖拉机）、太湖－1450 型稻麦两用联合收割机（江苏省无锡联合收割机厂）、金田 501 型联合收割机。

5. 秸秆还田机械　秸秆还田机械包括秸秆粉碎机械和灭茬还田机械 2 个方面。秸秆粉碎机械类型繁多，特色各异，其共性特征是适应当地应用条件、生产方式、生产规模及生产水平。目前常用的秸秆粉碎机械主要型号有：4F1.5 型秸秆粉碎灭茬还田机、9Q 系列小麦玉米秸秆切碎灭茬机，4Q－150 型、4QD－150 型秸秆还田机，4JFM－100 型秸秆粉碎灭茬机、反旋灭茬机等。灭茬还田机械各地都有应用，但由于土壤质地、轮作布局、生产方式和生产水平不同，机械结构需要作相应调整，需根据当地实际情况科学选用。目前制约过渡带麦区秸秆还田的主要因素一是田块规模小，大中型机械无法应用，因而还田质量差。二是农艺措施不配套，伴随大量秸秆还田而出现的诸多问题，如僵苗不发、死苗、病虫草害以及倒伏等，缺乏有效应对措施和技术方案。

（二）麦作机械化作业技术

小麦机械化作业技术由若干单项技术组成，主要包括整地技术、播种技术、田间管理技术、收获技术等。单项技术是配套技术的基础，生产实践中根据耕作制度、土地条件、农机具条件的不同合理选择单项技术进行配套使用，并根据配套的模式作适当的变动。

1. 机械耕整技术　整地是小麦播种前整理土地的作业，包括耕地、耙地、开沟、起垄、施肥等操作。麦田整地是规划整个耕作制度的一部分，要配合前后茬和整个轮作周期的耕作合理进行。稻麦复种麦田由于稻田长期浸水，土壤板结，通透性较差，所以，要通过水旱轮作，干湿交替，促进土壤熟化。

（1）耕翻　有内翻和外翻两种。内翻法与外翻法应交替进行，保证田面平整。轮作周期内争取能深耕一次，耕作使用重型单铧犁，深耕 25cm，耕幅 35cm。播前耕作不宜深耕，以深度小于 15cm、耕幅小于 30cm 的轻型、中型单铧式犁耕作为好。稻田耕作与旱作不同，其整地特点是，前作收获较早时，应抓住宜耕期尽早翻耕，以利用初秋的高温晴朗天气，充分晒土晒垡，短期晒田，在不贻误小麦适时播种的前提下，也可免（少）耕浅旋整地，为小麦创造良好的苗床和生长条件。

（2）耙地　耙地是用耙进行的一种表土耕作。通常在犁耕后、播种前进行，深度多为 4~10cm。耙地机具有方耙、圆盘耙等。圆盘耙分重型、中型、轻型 3 种。

旋耕有耙地功能，能够将土壤粉碎成较小的土块。

（3）平整　耙地后仍不能整平的土地，可以使用平整机械把田面或垄、沟整平。耕整作业后，要达到上虚下实、地块平整、地表无大土块、耕层无暗坷垃的标准。除土壤含水量过大的地块外，耙后应及时镇压、以防跑墒。

（4）耕翻整地技术要求　在稻麦轮作条件下，耕作不当易形成较大泥块，破垡整地困难。稻茬麦的整地技术应抓住以下几个关键：① 控制适宜的土壤水分，避免烂耕烂种。提高前茬水稻的烤田质量，开好烤田沟和及早清理田外沟，加快稻田排水降湿，一般稻田宜在收获前 10~15 d 进行排水。② 因地制宜采用"深耕、免（少）耕"相结合的交替耕作法。

2. 机械播种技术

（1）机械条播　指运用麦田条播机械按一定的行距开沟、无株距播种。其优点是田间管理较为方便，而且因条播机比较普及易于施行。

（2）机械撒播（摆播）　此方式的优点是节省播种时间，在季节特别紧或土壤不适宜条播时采用。缺点是田间管理不便，并需要雨量充沛或具有灌溉条件，干旱的情形不宜采用。主要应用旋耕撒播联合播种机、小麦均匀摆播机等。

（3）机械点播　点播又称穴播。大面积很少用。

（4）机械播种技术要求　单位时间内排出麦种的数量稳定，单位面积、单位长度或每穴种子分布均匀，种子在田间或地块配置的株距、行距和种植深度基本一致，播种过程中种子损伤少，成活率高。

① 采用适应高产要求的播种方式　稻茬麦改撒播为机械条播，有利于控制无效分蘖，协调个体与群体矛盾，提高分蘖成穗率，改善中后期群体通风透光条件，提高光合效率，促进壮秆大穗，能在稳定一定穗数的基础上，提高单穗重，实现高产稳产。稻茬

麦推广机械条播，符合高产稳产高效益的发展方向。

② 适宜的播种密度与行距及播种深度 适宜的播种密度与行距是建立群体结构的起点。为了保这个起点的数量和质量，要掌握以下几点要求：

按产量水平和播期确定播种密度。条播麦的植株呈线状分布，具有密中有稀、稀中有密的特点，又具有播种均匀、深浅一致的优点。在施肥、产量水平相当的条件下，机械条播麦较撒播麦可适当减少播量。

合理配置行距。一般在产量水平较低时，行距宜小，随着施肥水平的提高，行距宜适当扩大。目前小麦大面积亩产 300 ~ 400kg，一般以 20cm 等行距较适宜。高产栽培条件下，在降低基本苗的同时，株行距的配置宜采用宽行，行距 25 ~ 30cm。

适当浅播，保证早苗、全苗。在整地质量较好的条件下，小麦播种深度控制在 3cm 左右为宜。

3. 田间机械化管理技术 开沟、施肥、镇压和病虫害防治是麦作生产中的主要管理技术。

（1）开沟技术 过渡带麦区小麦生长季节雨水较多，排水是重要的农艺措施之一。机械开沟的农业技术要求包括沟深、沟宽、沟底、抛土均匀性及沟壁光洁程度等。一般要求开沟要及时，沟要直、以便抗旱排涝，沟深、沟宽要符合要求并均匀一致，沟底、沟壁要光滑，抛土要均匀，在开沟过程中能将泥土均匀抛向沟的两边，对种子的覆盖率能达 90% 以上。

麦田开沟作业可在播种前或播种后进行，也可在出苗后进行。开沟的间距根据田块的大小以及播种机械的配备确定，既便于安全灌溉，又能提高土地利用率。正常条件下一般为 3 ~ 4m 开一条纵沟，田头开田头沟，田长时每 50m 左右开一横沟（腰沟），沟深 20 ~ 30cm，稻田套播条件下畦面宽度可缩小至 2 ~ 3m 开一条沟。生产上应用的开沟机有前置式和后置式两种。目前，大面积推广应用的是 IKSQ - 35 型前置式圆盘开沟机，与东风-12 型手扶拖拉机配套应用。该机开挖明沟，在土壤含水量小于 30%、土壤坚实度在 2.45 毫帕以下时，各种土壤开沟深度可调为 25 ~ 35cm，开沟宽度，矩形沟 9 ~ 12cm，梯矩形沟面宽 15 ~ 20cm，沟底宽 9 ~ 12cm，抛土带宽度两边各在 2m 以上，沟底残土厚度小于 2cm。开明沟的沟型因土质而定，黏土地区可开矩形沟，沙土和壤土地区可开梯形沟，以避免塌沟。明沟间的距离一般 3 ~ 4m，一般为稻麦旋耕条播机机宽的 3 ~ 4 倍，抛土要均匀，防止有明显的堆积层。开沟速度一般情况下用 1 档作业。为保沟直，要求立标作业。开沟时间，最好做到随种随开沟，以防播后遇雨田间积水，烂种烂芽。开沟作业定额一般为每小时 600m。开沟作业前，开沟机与拖拉机均应处于分离状态，作业开始时，先用小油门使发动机处于低速状态，然后结合开沟机离合器，使刀盘缓缓入土，待限深轮着地后，再结合拖拉机离合器加大油门作业。开沟中若出现弯曲，可通过推动扶手架缓缓纠正，用力不能过猛，严禁使用转向手柄。

为提高作业效率，机器开沟应创造条件扩大连片作业面积，田头横沟可以统一作业完成。在播种前后遇有降水不能及时采用开挖机开沟的麦田，应辅以人工开临时田面排水沟，待墒情适宜时，再用机械开沟。

（2）镇压　麦田镇压是沉实土壤、控制麦苗旺长、促进分蘖生长整齐的重要措施。小麦播种季节如果雨水较少，麦田播种后往往要进行镇压，这时镇压的作用主要是为了压碎土块，压紧土壤表层，改善播种层土壤水分，有利于麦种萌发和出苗，保证齐苗、壮苗。播种后雨水较多，麦田比较潮湿，播种后就不宜镇压。

入冬后，在土壤冻结前对麦田进行镇压，其主要作用是把土壤表层压紧，减少土块之间由于孔隙而造成气态水的损失，并防止冷空气进入孔隙中，同时改善麦田小气候，减小地面温度的日变化，缓和温度下降，从而减轻麦田冻害。另外，还可以使小麦根系与土层密接，防止麦苗根拔现象，促进麦苗的根系发育和抑制麦苗地上部分生长过旺，保证麦苗安全越冬。早春进行镇压，主要作用是使底土水分上升，供小麦返青拔节时吸收利用，以提高小麦的生活力。同时镇压可以把经过冬季冻酥的麦土压碎压实，消除地面孔隙起到壅土培根、防止春季寒风侵害的作用。

无论须要用哪种镇压方式方法，都是要因地制宜进行。对于那些旋播后没有耙实、土壤悬虚、缺墒严重的沙土地、播量大、总蘖数过多、冬前、幼苗旺长的地块，在镇压时要进行重镇压。在土壤湿度大或有露水时不能镇压。小麦返青长出新叶片后，要选择晴天11：00～16：00镇压，以免损伤新生叶片。小麦开始拔节后不可再采取镇压措施。

（3）机械植保技术　小麦出苗后一般要进行3～4次的病虫草防治。播后芽前或麦苗3叶期或春季进行机械化学除草。小麦拔节期前后机械喷雾防治纹枯病，孕穗期之后适时防治蚜虫和白粉病，开花期防治赤霉病。植保作业机械化已从手动喷雾机向机动弥雾机发展，形成手动背负喷雾器与机动弥雾机并存的机械化模式，同时与防治不同病虫草害的药剂和耕作方法形成了配套的机具和应用技术。比如，防治麦类赤霉病、白粉病、黏虫、蚜虫等，大多采用东方红－18型（或泰山－18型）弥雾机。该机具有喷雾均匀、雾点细的特点，防病效果与作业效率均大大提高，一般为每天10～12亩。采用井冈霉素防治麦纹枯病时，因需较大的喷水量，如采用上述机械就要慢速度。也可采用手动喷雾机进行类似作业，喷雾的方法是在田埂上直接喷雾，这样的防治效果较好，减少田间操作给麦苗带来的危害。苗期喷雾可以使用背负式喷机，特点是需要人工，工作的效率较低，但喷雾均匀。对于大块麦田，一般用机动弥雾机进行喷雾作业。纹枯病防治需要大量药液以提高防治效果，江苏省农科院研究提出增加药液浓度、清晨趁露喷药的方法取得了理想的防病效果，各地可广泛推广应用。近年来，植保机械化也十分注意与农艺改革相适应，根据不同的耕作方法实行不同配套农艺措施。例如，耕翻或以旋代耕播种的麦田，绿麦隆化学除草剂一般在播种以后发芽以前使用较好，而免（少）耕播种麦田可在板田用药后播种，使药土相混于浅层，提高化学除草效果。

小麦植保作业要求：① 根据病虫草害防除的药剂特点，选用适宜药械和喷施方式。例如，防治小麦赤霉病采用多菌灵胶悬剂，要用雾点细小的弥雾机，而防治小麦纹枯病采用井冈霉素则要求水量较大，雾点要喷于麦株基部，以选用高压喷雾机较好。② 作业机械清洗一定要干净，防止二次药害。例如，喷过除草剂的药械未清洗干净，后期防病时再用会导致花而不实等药害。适用的植保机械有3MF－2A 工农18 和东方红－18 等，作业效率分别为每小时4～5亩、9亩和12亩，可根据服务规模配套选用。

机械方法除草除严格掌据不同苗情和用药量外，关键在于掌握土壤湿度。土壤湿度越大，除草效果越差。

注意不要在寒流前夕施药，以免发生药害或死苗。

（4）机械施肥技术　施肥主要是指施用基肥和追肥。基肥以有机肥和化肥为主，追肥以固态化肥为主，花后追肥以叶面肥为主，主要是喷施。肥料种类不同，机械作业方式也不同。

厩肥通常用作基肥，用厩肥施肥机械将厩肥播撒均匀，配合耕翻把肥料施入土壤，或配合尿素等长效肥料一起施入。也可以耕地前施入有机肥，旋耕时施入化肥，秸秆还田还可在水稻收获时将稻草粉碎或高留茬旋耕入土，免（少）耕麦田旋耕前或碎土播种前施入肥料。

小麦生育期间通常施 2~4 次肥料。包括苗肥（依苗情可施可不施）、分蘖肥（根据苗情可施可不施）、拔节肥、孕穗肥（弱筋小麦不施，中筋少强筋小麦施用）。肥料用量和种类根据小麦品种类型、地力水平、已施肥量、苗情等选择合适的肥料种类和确定适宜用量。

生产中花后叶面肥通常采用叶面喷施，一般结合病虫害防治一起进行。

稻茬麦区直接应用机械将施肥、播种作业一次完成得还较少。

广大农村采用耕翻整地的田块一般在耕地前施入有机肥，旋耕碎土前施入化肥，采用以旋代耕的则在旋耕前施肥，秸秆还田可在稻季收获时，将稻草切碎或高留茬方式旋耕入土。麦田追肥，农村推广应用较多的为 2F-1C 型打穴式旱田粉肥成球深施器。肥料品种可用碳酸氢铵粉肥和尿素粒肥，施肥穴距依施肥量而定，一般为 25cm，施肥深度为 5~7cm。使用化肥深施器可较人工打洞穴施肥质量大大提高，既节省劳力，又可减少肥料损失。这种工具一般于冬春季节施肥，麦子拔节后不适用。

为了适应麦田施肥、播种作业一次完成的要求，旋耕施肥条播机现已研制成功。

4. 收获技术　平原地区土地平整，可以使用联合收割机，收的快，割、拖、脱、清、运一次完成，省心省力。若条件不适宜，可以用割晒机、脱粒机、扬场机等小型机械，加上人和役畜之力的组合，实现机械化、半机械化。

收获过程根据收获机具、田块大小等情况不同，一般有分段作业和联合作业两种。分段作业是将全部收获过程的各个工序用几种收获机械分段进行，如用割晒机将谷物割倒铺放或用割捆机将谷物割倒并打捆，然后用脱粒机或人工进行脱粒和清选作业。联合作业是用联合收割机在田间一次完成收割、脱粒、分离茎秆和清选等作业，最终获得清洁的谷粒。联合作业的劳动生产率高，谷粒损失少，省工、简便，但谷物联合收割机须配备大功率柴油机，耗能多，一次投资大。

小麦落黄时，按旗叶叶尖、叶片、叶鞘到穗下茎先后顺序由绿变黄。以穗下节由下向上呈现黄绿两段或黄绿黄三段时千粒重最高，可以作为适时收获的形态指标。过渡带小麦收获已基本实现机械化，且大多采用联合收割机收获。这样收割快速、高效、工序连续化，可减少收获损失的环节，有利于抢收抢种，很多在收割的同时进行秸秆粉碎还田，有利于土壤的用养结合。联合收割机收割小麦，麦粒在秸秆上没有后熟作用的时间，收获时对麦粒的成熟度要求较严,一般要求到小麦的蜡熟末期、籽粒含水量降到25%以下开始,最佳收获期在完熟初期,此时麦粒含水量已经降到20%以下,茎秆干脆,收割机负荷减轻,工效高,故障少,麦粒分离净,收割损失减少。麦收期间加强维修以保持联合收割机良好的技术状态,强化操作管理,保持优质高效。凡没有露水的夜晚,都可以连夜收割。例如,一台1065联合收割机可达到500t净麦的收获实绩。对种子田的机械化收割,宜在蜡熟末期至完熟期间进行。

小麦收获后还要进行翻晒或烘干等程序,以降低籽粒水分,便于进仓贮存。常用的机械有扬场机、翻晒机、烘干机、清种机、选种机、入仓机械等。

机械化收获的作业质量要求:一是贯彻抢收、抢运、抢进仓的原则,以防遇雨穗发芽或烂场雨现象的发生,确保丰产丰收。保证小麦在最佳时间内安全收获,成熟一块,收获一块,充分发挥机械收割效率。二是收割到边到头,不留田角,割茬高度小于15cm。根据需要,收集或粉碎秸秆,粉碎后残秸长度小于8cm,撒布均匀。三是收获总损失率应小于2%,破碎率小于1.5%,清洁率大于90%。四是收、运、晒、贮配合协调,最充分地发挥各种机械的能力,充分利用晒场和光热资源,在最短时间内安全进仓;逐步增加烘干设施的建设,增强不利气候条件下安全烘贮的能力。

种植弱筋的优质专用小麦,要单收、单脱、单运、单晒、单贮,以防混杂降低价值和品质,达到优质优价高效。

第六节　稻茬麦适应性栽培

中国稻茬麦的面积是世界上最大的,种植面积接近533万hm²。南方和北方都有稻茬麦,而目前挖掘小麦增产潜力重点是南方稻茬麦,主要分布在沿江、沿淮和沿黄地区,包括江苏、安徽、河南、湖北、四川、重庆、贵州、云南、上海等稻麦一年两熟制区域,种植区划上位于黄淮麦区南部、长江中下游冬麦区和西南冬麦区,面积近467万hm²。由于种植稻茬麦地区小麦商品率较高,而且有较大的增产潜力,对提高粮食总产量有重要作用。东南亚的菲律宾、泰国、缅甸、孟加拉、印度等国也在发展稻茬麦。稻茬麦田土壤属水稻土,理化性状差,板结黏重,适耕期短,整地质量无法同旱地相比。目前,稻茬小麦单产较全国平均单产低750kg/hm²以上。据调查,由于诸多因素的影响,沿淮、江淮区域稻茬麦要比旱地麦单产少收750~1 200kg/hm²;沿淮稻茬麦较生态条件相似的淮北地区旱地低20%以上。稻茬麦产量低而不稳的原因除了由于水稻茬口独特的生态环境和自然灾害给小麦的生长发育与耕作带来不利影响外,一些传统的栽培方式在很大程度上阻碍着产量潜力的发挥。随着商品经济的发展,农村劳动力的大量转移,退耕还林与结构调整的深入,对稻茬小麦适应性栽培的轻简化栽培技术要求越来越迫切,如何实现进一步高产,提高种植效益,促进可持续发展已成为稻茬麦生产发展的主要方向。

2013年中国小麦总产实现了连续10年增产,连续8年稳定在1 000亿kg以上,是唯一与粮食"十连增"保持一致的主要粮食作物。全国小麦"十连增",黄淮海麦区贡献最大，占总产的比重越来越高。今后要保持小麦持续增产，只有走区域平衡增产的路子。总体上看，黄淮海麦区在持续增产起点高、难度大、困难多的情况下，挖掘小麦增产潜力重点是南方稻茬小麦和北方旱地小麦。南方稻茬小麦分布在南北过渡带等区域内，光、温、水资源丰富，基本可以满足小麦生长需要，但麦田不平整，沟渠设施条件差，栽培管理粗放，加之地处南北过渡地带，灾害频繁，易旱易涝，小麦产量不高不稳。近几年，各地从农机配套入手，根据茬口和土壤墒情强化机械匀播、晚播、少免耕机条播、秸秆还田、播后镇压、稻麦套播等适应性栽培技术的示范推广，解决了不能播种、播种偏晚、播量过大、播种不匀等诸多问题，稻茬小麦高产典型相继出现，实现了大幅度增产。

一、晚播栽培

（一）应用范围和条件

1. 应用范围　栽培学上把不能适期播种，年前主茎叶片仅 4 片以下，仅有一个或一个以下分蘖，冬前积温低于 420℃的小麦称作晚播或晚茬小麦。一是由于前茬作物成熟、收获偏晚，腾不出茬口而延期播种，从而形成晚播小麦；二是由于墒情不足等雨播种或降雨过多不得不推迟播期而形成的。由于直播稻等水稻轻简栽培面积及粳稻种植面积的逐年扩大，水稻收获期推迟，水稻茬口独特的生态环境和全球气候变暖频繁发生的自然灾害给小麦的生长发育与耕作带来很多不利影响，稻茬小麦大面积播种期逐年推迟，晚播小麦面积越来越大。各地对晚播小麦高产栽培技术的探索和实践逐渐成熟，如通过选用良种，以种补晚；提高整地播种质量，以好补晚；适当增加播量，以密补晚；增施肥料、以肥补晚；科学管理、促壮苗多成穗等"四补一促"技术，适用地区和适用范围逐渐扩大。主要分布于过渡带地区及以外的北纬 30°~35°麦区，包括江苏省北部、安徽省北部、河南省南部、湖北省北部、陕西省秦岭南坡汉中盆地、山东等省（市）的冬麦区晚播稻茬麦田。

2. 应用条件　在南北过渡带地区的稻茬麦生产中，小麦适播期经常遭遇阴雨连绵，或者因水稻腾茬较晚，不能及时整地，影响了小麦的播种进度，因而晚播麦较多。普遍存在着整地质量不高，播种量偏大，播种不及时等问题，导致小麦出苗不整齐或基本苗过多，麦苗素质差，不能壮苗越冬。病虫害的发生为害加重，特别是小麦赤霉病、纹枯病、白粉病、穗期蚜虫和小麦红蜘蛛等重大病虫发生范围广、为害重，从而制约该区域小麦单产的进一步提高。

近年来，随着土地流转速度的加快，种田大户和种植专业合作社逐渐增多，高额的土地流转费用迫使种田大户们必须一年种植两季，一季水稻保本，一季小麦赚钱。稻茬麦面积的扩大使稻茬麦区"白茬田"逐渐减少，小麦种植的好坏关乎种田大户自身的利益。为了应对迟播、晚播，在江苏、安徽、河南、四川等省份的稻茬麦生产中，根据腾茬时间、土壤类型与作业条件选择应用稻茬免（少）耕机条播、稻板茬免（少）耕机械均匀撒播、稻板茬免（少）耕直播旋耕盖籽技术、晚播独秆栽培等技术，效果均较好。

（二）栽培技术

晚播小麦高产栽培技术是在小麦播期推迟的情况下实现小麦高产的栽培技术。稻茬晚播小麦，由于播种晚，地温低，土壤湿度大，具有前期生长发育慢、拔节以后生育进程加快、生育期缩短、晚播不晚熟的特点。由于麦苗长势弱，分蘖少，主茎成穗率高，少花多结实，主茎叶片数减少 1～2 叶，生物产量低，经济系数高。稻茬晚播小麦为实现高产，其栽培技术比一般晚播小麦要求更高。

1. 晚播小麦生育特点 晚播小麦比适期播种小麦播种期一般推迟 7～15d，播种后气温较低，全生育期相对较短，与正常播种小麦相比有很大不同。

（1）出苗率低，冬前苗小苗弱 晚播小麦在较低的温度下萌发生长，发芽势降低，出苗率也随播期的推迟而降低。由于出苗时间长，冬前生长时间短，根系不健全，所以苗小苗弱，易遭受冻害和渍害。王汝利等 2011 年统计，12 月 20 日调查 11 月 15 日播种的小麦叶龄 2.2 叶，次生根 0.9 条，茎粗 0.19cm，单株带蘖 0 个，比 11 月 3 日播种的小麦分别少 2.3 叶、4.1 条、0.36cm`、1.9 个。

（2）春后发苗快，生长迅速 晚播麦冬前群体、个体均较小，春后气温回升后群体发育加快，个体生长旺，穗分化晚但进程较快，持续时间短，根茎叶营养器官的建成加快，在短期内能赶上适播麦并同时进入拔节期。拔节期分蘖迅速两极分化，总蘖数急剧下降，单株分蘖少，分蘖成穗率低。

（3）干物质积累前少后多，主茎成穗率高 晚播小麦前期生长量小，干物质积累少，抽穗到成熟期积累的干物质比例较大；由于前期生长量小，分蘖少，主茎成穗率较高，一般占总穗数的 80% 左右。

（4）全生育期缩短，成熟期推迟 据试验，随着播种期推迟，株高降低，全生育期逐步缩短，生育期前后可相差 8d 左右。

2. 晚播稻茬小麦栽培技术 由于水稻茬口独特的生态环境和频繁发生的自然灾害给小麦生长发育与耕作带来很多不利影响，晚播栽培成为必然的一种选择。根据晚播小麦生育特点，栽培策略上应以大密度、小株型、少蘖独秆为原则，采取前控后促、减 N 增 P、K，争足穗攻大穗的技术措施。稻茬小麦晚播栽培根据天气、墒情及灌溉条件不同可选取不同的播种方式，主要包括稻茬免（少）耕机条播、稻板茬免（少）耕机械均匀撒播、稻板茬免（少）耕直播技术、小窝密植技术、晚播独秆栽培技术等。稻茬免（少）耕机条播、稻板茬免（少）耕机械均匀撒播、稻板茬免（少）耕、小窝密植直播技术等。此处只对晚播独秆栽培技术作一简介。

晚播独秆栽培技术作为先收获稻子，然后播种小麦的特殊类型，适用于小麦播期迟于适播期 10d 以上的田块，如江苏省淮北地区 11 月初后、淮南地区 11 月中旬后播种。由于冬前和冬季不能形成有效分蘖只能依靠主茎成穗，一般主茎穗比例占 80% 左右。其技术要点是提高播种质量培育壮苗，高效施肥以充分发挥主茎穗的生产潜力实现足穗大穗。主要栽培技术为：① 施足基肥。晚播小麦应加大施肥量，每亩施复合肥 40～50kg，有条件的地方可以施一些有机肥。② 选用良种，浸种催芽。选用过渡型和偏春性耐晚播分蘖力强的品种，播种前用 30 ~ 35℃ 温水浸泡 24h，捞出晾干堆在一起，定期翻动，在种子胚部露白时摊开晾干备用。③ 整地播种。收稻时将秸秆粉碎撒于地表，再机械翻耕于土中 10 ~ 15cm，然后耙细整平。10 月底或 11 月初播种，播量要加大，地头田间播种均匀，播深 2 ~ 4cm，播后盖土，保证一播全苗。④ 加强田间管理。及时除草，精确施肥、稳 N 后移，沟系配套排渍降湿，抓好病虫害防治。

3. 晚播稻茬小麦田间管理技术 晚播小麦冬前积温少，生长时间短，分蘖少而小，分蘖成穗率低；幼穗分化开始时间晚，经历时间短，发育差，每穗小穗数、小花数和穗粒数少；生育期晚，特别是抽穗开花期延后，使灌浆开始时间晚，灌浆期易受高温和干热风的危害，且持续时间短，导致千粒重低，单株成穗少，单株、单穗生产力低，若栽培管理不当，产量将大大降低。根据稻茬晚播小麦的生育特点，结合生产实际，晚播稻茬小麦栽培技术一般从选用品种、整地播种技术及播量的调节、田间管理、肥水运筹以及生化制剂的施用等方面入手。

（1）选用良种，以种补晚　根据不同生态区，选用过渡型和偏春性耐晚播分蘖力强的品种。

（2）浸种催芽　晚播早出苗，提高整地播种质量，以好补晚。用"两开兑一凉"的 40℃ 温水浸种 4 ~ 5h，种子吸水膨胀略有透明状时捞出，而后放在席上，盖上湿草，半天翻一次，保持 20 ~ 25℃，待胚根露白时，摊开阴干即可播种。有整地条件的地区在浸种的同时整好地，保证尽快播种，以好补晚。

（3）适当增加播量，以密补晚　按照每晚播 5d 增加 1kg 播量的原则，条播最多不超过 16kg，撒播最多不能超过 20kg，晚播独秆栽培播量控制在 20 ~ 25kg/亩。

（4）增施肥料，以肥补晚　由于前茬水稻生长时间长，耗费地力较多，晚播小麦应适当增加施肥量。注意 N、P、K 平衡施肥，特别重视施用 P 肥，可以促进小麦根系发育，促进分蘖增长，提高分蘖成穗率。

① 盖肥晚播麦苗小且弱，所以，抗寒性差　越冬期往往受冻害严重，春季发苗慢。采用如冬季盖施 1 500 ~ 2 000kg/亩捣碎的粗肥或炕土（或老房土）不仅能补充麦田的养分，更主要的是可起到保护麦苗和提高地温的作用，有利于晚弱苗防寒。

② 喷肥　晚播麦苗小根少，从土壤中吸收养分的能力弱，为供给植株足够的养分，促其加快生长，可直接补施一些 N、P 肥。主要方法是采取叶面喷施的方式或者浇水灌施。小麦生育中后期可酌情喷施尿素溶液等 N 肥，以补充养分，促使苗由弱转壮，达到增粒、增重的效果。抽穗开花后，进行叶面喷 P，可促早熟，提高粒重，一般千粒重可提高 1 ~ 2g，有利增产。

（5）以促为主，科学管理，促壮苗多成穗

① 中耕划锄　晚播麦前期不发苗，长得慢的主要原因是根子少，吸收肥水能力差。早春浅中耕锄划 1 ~ 2 次，可增强土壤的通透性，提高地温，促进根系的生长发育。

② 适时镇压　晚播麦强调冬季镇压，因压（或轧）麦能把麦田里的坷垃压碎，弥补裂缝，有保墒防寒的作用，利于小麦安全越冬。

③ 清垄　据实践，晚播麦一般分蘖节较深，对此，可在早春土壤化冻后进行扒土清

垄。其具体方法是：用竹耙沿垄横搂，把土扒在背上，使麦苗分蘖节大部分露出，即群众所说的"晒根"。这样可提高地温，改善垄沟间小气候，促使麦苗早发，快分蘖。

④ 清沟降渍　加大清沟理墒力度，最大限度减少渍害湿害的发生。

（6）技术进行化控，防冻防倒防早衰　晚播麦前期苗小苗弱，前期要注意防冻，中期适时进行化控，抑制第一、第二节间长度增长，增加充实度，增强抗倒伏能力；齐穗扬花期进行"一喷三防"，防病防虫防早衰。

（7）及时防治小麦病虫害　稻茬小麦常见的病虫害主要有小麦条锈病、白粉病、纹枯病、赤霉病和麦蜘蛛、蚜虫、黏虫。具体防治方法，一是防治小麦条锈病、白粉病。每亩用15%粉锈灵50~100g加水50kg喷雾，二是防治小麦赤霉病。在小麦出穗初（出穗10%左右），每亩用25%多菌灵粉剂200g加水50kg喷雾，连喷两次，第一次用药后7~10d再进行第二次用药，进行预防。三是防治小麦纹枯病。在早春2~3月，病株率在10%~20%时每亩用井冈霉素100g加水50kg进行喷雾。四是防治麦蜘蛛、蚜虫等害虫。每亩用25%杀虫双200g加水50kg进行喷雾。

二、免耕栽培

小麦免耕栽培是指在上茬作物（主要是水稻）收获后，不进行翻耕土壤作业，在田间无水或排干日间明水的情况下先施用化学除草剂（也可在小麦三叶期进行化除）杀死田间杂草及前茬作物，2~5d后施肥、播种，然后开沟分厢，将沟土打碎均匀撒于厢面。它以土壤少耕免耕理论为基础，充分融合了化学除草、小麦直播栽培等技术要点，适应当前农业生产（省工、省力、操作简单、节本增效、稳产、高产）的发展方向。

（一）应用地区、范围和条件

免耕保持了良好的土壤结构，排水降湿性能好，小麦出苗速度、出苗率、幼苗整齐度均优于翻耕小麦，且苗期生长优势明显，根系发达、抗倒力强。从土壤学观点来讲，免耕不搅动土层，可以增加土壤孔隙度，改善土壤通透性，有利于水分渗吸，积蓄，保墒和减轻水蚀和风蚀，可改善土壤团粒结构的形成与恢复。免耕不仅降低成本，而且表层土壤肥力高还可提高产量。秋播期间，秋收、秋种、秋管的劳力、畜力、机械的矛盾相当突出，实行小麦免耕，方法简单，容易操作，不仅减少了单位面积的作业量，而且大大减轻了劳动强度，有效缓解了劳力紧缺矛盾。在过渡带内的太湖、江苏里下河、淮北部分低湿黏土及四川省多个地区，水稻收割腾茬期与小麦播种适期基本一致，无有效适耕期，且常常遭遇连阴雨天气，土壤含水量常高达田间持水量的90%以上，土质黏重，适耕性差，耕地整田的机械无法下田作业，免耕条、撒播机械均不能进行灭茬、浅旋、盖籽等程序，只能直接在稻板茬田上播种，完全免耕。

目前，在中国联产承包责任制所形成的单户小面积生产现状，则更适合于小型的具有多功能作业的机械，如小麦免耕施肥播种机就是适合国情并具有综合作业能力的小型机具，从当前各地的试验示范结果看，免耕具有很大的发展潜力，确实是一项具有现实意义的农业实用技术。采用免耕撒播栽培技术能使整地，施肥，播种等环节一次完成，省力、高效、争取季节。主要适于麦田复播的秋作物收获较晚、小麦播种较晚、冬前有效积温不足的中熟麦区。稻茬小麦（少）免耕轻简化栽培技术在江苏、安徽、湖北等省已经得到广泛应用，根据天气、墒情及灌溉条件优选免耕方式，采用稻茬免（少）耕机条播、稻板茬免（少）耕机械均匀撒播、稻板茬免（少）耕直播技术、晚播独秆栽培技术等方式。

（二）稻茬免耕小麦主要栽培因子的综合效应

边永高等（2008）采用回归最优设计方法，研究了稻茬免耕栽培小麦的播种期、播种量、施 N 量和各期施 N 比例对产量等主要性状的作用效应。结果表明，4 个栽培因子对小麦产量的作用效应为播种量 > 施 N 比例 > 播种期 > 纯 N 量；从单因子效应看，播种期对最高群体效应不显著，但对抽穗期、每穗实粒数、产量效应明显；播种量对亩群体、抽穗期、每穗实粒数、产量效应明显；纯 N 量对每穗实粒数、产量有显著的效应；各期施 N 比例主要显著影响群体、株高、每穗实粒数和产量。从多因子效应看，播种期、播种量和各时期 N 肥施用量的互作对小麦产量的作用效应最为明显，一般条件下，早播配稀植或迟播配密植、早播配适量低 N 或迟播配适量高 N、稀播配适量高 N 或密植配适量低 N 的处理措施均可使系统平衡而获得小麦高产。播种期早，穗数宜偏少，这与早播小麦分蘖早、个体大有关；播种量多、N 肥用量多，能显著促进分蘖发生，亩穗数增多；播种期早，播种量宜少，如播种量稀则应增加 N 肥使施用量，反之，则应增加或减少才有利于最佳高产群体的建成。

边永高等（2008）还应用回归数学模型，进行栽培因子模拟优化组合筛选，获得高产最佳群体结构及性状指标，提出了单产 ≥4875kg/hm² 的优化方案。即播种期 11 月 10 ~ 14 日，播种量 118.3 ~ 135.6kg/hm²，折施纯 N 297.8 ~ 327.3kg/hm²，N 化肥施用比例为基肥 29.4% ~ 34.5%，苗肥 19.4% ~ 24.5%，拔节肥 30.6% ~ 25.5%，保花肥 20.6% ~ 15.5%。方案经生产验证拟合较好。

（三）免耕秸秆还田对稻茬小麦产量和品质的影响

稻茬小麦产量和品质不仅受环境条件影响很大，耕作方式和管理水平对产量和品质也起着决定性的作用。免耕秸秆还田不仅可以提高小麦产量，还能改善籽粒品质。重视秸秆还田，不仅能优化麦田土壤的综合特性，增强小麦生产的后劲，还可以促进农业生产的可持续发展。

1. 免耕秸秆还田可以提高稻茬小麦产量，改善籽粒品质

（1）免耕秸秆还田可以形成有机质覆盖，抗旱保墒　秸秆还田可形成地面覆盖，具有抑制土壤水分蒸发，储存降水和提高地温等诸多优点。据测定，连续 6 年秸秆直接还田，土壤的保水、透气和保温能力增强，吸水率提高 10 倍，地温提高 1~2℃。在秋季多雨年份，在水稻秸秆还田免耕、少耕的耕作方式下，小麦出苗早、齐、快，并对中低产田小麦有显著的增产作用；稻茬麦免耕法小麦撒播具有显著的省工、节本、增产、增收效应，比撬窝点播增收 705.6 元/hm²，比翻耕机条播增收 446.1 元/hm²。

（2）增加土壤有机质，增肥地力　秸秆中含有 N、P、K、Mg、Ca 及 S 等多种元素，这些正是农作物生长所必需的营养元素。通过秸秆还田，小麦能够从土壤中获得这些施用一般化肥所不能提供的营养元素，可以显著改善籽粒品质。据测定，秸秆中有机质含量平均为 15% 左右，如按每公顷还田秸秆 15t 计算，则可增加有机质 2 250kg/hm²。据有关资料统计，目前，中国每年生产秸秆 6 亿 t，其中，含 N 300 多万 t，含 P 70 多万 t，含 K 700 多万 t，相当于国内目前化肥施用总量的 1/4 以上。

（3）改善土壤环境，改造中低产田　免耕小麦生育期长，在不断的雨水的淋湿下，稻草风化腐蚀，秸秆中含有大量的能源物质，还田后生物激增，土壤生物活性强度提高，接触酶活性可增加 47%。随着微生物繁殖力的增强，生物固 N 增加，碱性降低，促进了土壤的酸碱平衡，养分结构趋于合理。此外，秸秆还田可使土壤容量降低，土质疏松，通气性提高，犁耕比阻减小，土壤结构明显改善。中低产田通过多年连续适量的秸秆还田，可以低产变中产，中产变高产，促进作物增产。

2. 免耕秸秆还田注意事项　尽管秸秆还田具有较好的经济和社会效益及广阔的推广应用前景，但仍存在一些不容忽视的问题。如还田后的秸秆不易腐烂，影响下茬播种质量；有些农民对秸秆还田的重要性认识不足，没有长期效益观念；秸秆还田机具价格偏高、利用率低等，使推广该项技术存在一定的难度。因此，为保证秸秆还田技术可持续发展应注意以下问题。

（1）免耕小麦稻草秸秆还田的数量要适中　一般每亩均匀覆盖粉碎的稻草 300kg 左右，覆盖要及时，翻压入田后，田间要保持足够的水分，以利于微生物活动。

（2）稻草秸秆还田应与补施氮肥和施足基肥相结合　水稻秸秆 C/N 高，一般在（60~100）∶1，而土壤微生物活动及繁育的适宜 C/N 为 25∶1，秸秆还田后，微生物总量增加，活动和繁育需要的 N 也增加，而秸秆本身分解产生的 N 不能满足需求，必须从土壤中吸取一部分，这样就会出现微生物与小麦争 N 的现象，影响麦株生长发育。所以必须补施 N 肥。一般每亩施碳铵和过磷酸钙各 25~30kg，促壮苗早发，安全越冬。

（3）病虫害严重的秸秆不宜直接还田　秸秆在土壤中分解不能像高温堆肥那样产生高温，还田秸秆上的病菌和虫卵不会被杀死。所以，应使用无病健壮的植物秸秆还田。可将病虫害严重的秸秆作高温堆肥的材料，或用作饲料、燃料，以防止传播病菌，加重下茬作物病害。

（4）镇压　旋耕秸秆还田的小麦田块，在墒情适宜时应及时镇压，以免秸秆支空致土壤过虚，影响次生根喷发，漏风跑墒，出现吊死苗和冻害。

（5）加强防治　随着秸秆还田后逐渐加重的地下害虫，应加强防治，确保小麦优质丰产。

（四）免耕稻草覆盖的产量效应

1. 免耕稻草覆盖技术要点　免耕稻草覆盖技术是指水稻收获后不翻耕田土直接播种小麦，播后在板田地面上均匀撒盖一层切碎的稻草，然后进行机开墒沟，将泥土均匀地散落在畦面上，这不仅压住碎稻草，不被风吹走，而且又覆盖麦种，保湿早出壮苗。这是一项新的免耕麦稻草还田农业增产技术措施。稻茬麦免耕露播稻草覆盖栽培以露播为核心，以稻草覆盖取代传统的盖种方式，将免耕技术、简易机播技术、小窝密植技术、稻草还田技术、以及肥水管理技术有机结合起来，既能改善小麦生长环境，又能稻草还田、培肥地力，还利于净化环境，促进生态环境良性循环。目前，该技术在西南稻茬等麦区广泛应用，其技术核心是免耕表播、稻草覆盖。这是一项省工节本、简便适用、易于操作、增产、增收深受农户欢迎的小麦栽培和秸秆处理新技术。

2. 免耕稻草覆盖小麦的产量效应 免耕稻草覆盖栽培方式，在秋涝秋旱年份，尤其在秋涝年份应用较多，可提早播种 10～15d，起到防灾减灾的作用。既可明显减少土壤水分蒸发，改善小麦生长，充分利用光热资源，又能使稻草还田，提高后茬作物产量，改善土壤物理性状，培肥地力，有利于促进生态环境良性循环，具有极佳的经济效益、社会效益和生态效益。但当年覆盖的稻草在小麦季中一般不会被完全利用，只是被逐步腐熟分解，至小麦收获后整田才可被完全融入土壤之中，进而对水稻产生积极作用。它的效应是连续的，施行多年以后土壤毛管空隙度上升，容重下降，土壤中亚铁含量下降，土壤有机质和速效养分含量提高，对小麦和水稻均有增产作用。

（1）免耕稻草覆盖小麦的茎蘖动态 徐增祥（1999）、汤永禄等（2003）分别进行了免耕稻草覆盖、翻耕机播小麦和免耕撬窝点播无稻草栽培对比试验，结果基本一致，覆盖小麦优势明显，产量较高。翻耕机播小麦和免耕撬窝点播无稻草栽培小麦往往基本苗过大，湿害重，前期个体发育差，中后期脱肥，草害倒伏严重，叶片功能期缩短，干物质积累减少；而免耕露播稻草覆盖栽培小麦可提早 1～2d 出苗，并且苗全苗齐，各生育期次生根数量、单株根系总长和根重均显著高于翻耕小麦，且在不同生育阶段根系活力均明显增强；免耕露播覆盖可使小麦提早 2～3d 分蘖，分蘖株率高 3.5%，分蘖数增多，尤其是芽鞘蘖、低节位蘖发生早而多；基部节间缩短、充实度提高，穗颈节增长，利于增强抗倒伏能力和提高产量；叶面积指数和群体质量提高，光合功能增强，干物质积累增多。免耕小麦与传统播种小麦相比，有它独特的优点，从调查情况看，免耕播种小麦苗情好，麦苗偏壮、偏绿，干黄叶少，直立性强，呈现出一类苗所占比例大、三类苗比例小的特点。同时，麦苗分蘖多，免耕播种地块小麦分蘖分别平均达到 3.4～4.5个，比常规播种地块小麦分蘖分别多 1.3～2 个，且根系发达粗壮。此外，免耕播种麦田土壤含水量高，比常规播种麦田土壤含水量高 6 个百分点。

（2）免耕稻草覆盖小麦的产量效应 袁家富 1996 年做了麦田覆盖不同数量稻草对土壤性状和籽粒产量影响试验。结论是麦田稻草覆盖肥田、保墒、抑草，对小麦籽粒产量有明显的增产效果；李庆康等 1997 年研究了砂姜黑土稻麦轮作地区免少耕麦田稻草覆盖对冬小麦生长环境及产量的影响，结果表明，稻草覆盖可以增温保湿，出苗率高，根系发育好，覆盖较不覆盖明显增产；陈在新（2008）进行了稻茬麦免耕栽培技术研究，结果表明，免耕撒播覆草栽培能有效改进播种质量，小麦根系分布在表层，苗齐苗全，分蘖节较一致，早发多穗、早蘖大穗，增产增效显著。

① 改善土壤微环境，促进水肥气协调 露播覆草之后，种子萌发生长的微环境发生了变化。稻草形成的地表有机覆盖层，起到了一定的保温保湿作用。据测定，上午 10cm

土层温度，覆草处理明显高于无草处理，尤其是在低温天气和低温季节；下午土表温度，覆草处理又低于无草处理，尤其在高温天气和晴天更为明显。这种温度效应一直持续到小麦生育中期，以后随着雨水的增多和时间的推移，稻草紧贴于土表并逐渐腐烂，稻草对温度的调节效应也逐渐减弱，直至消失。由于种子处于地表与稻草覆盖层之间，土壤水、肥、气协调，有利于种子萌发和微生物活动。小麦出苗快，分蘖早，低节位蘖多，节根多，有利于培育壮苗。

② 根系活力增强，有明显的增产效应　免耕稻草覆盖增温保墒，防冻防湿防旱；根系发达，抗倒能力强，干物质积累时间长，促进小麦增产。据四川省农机站1997—1999年多点免耕稻草覆盖还田栽培小区对比试验，单点第一年比不覆盖铁茬播种的增产14.1kg/亩，增3.86%；第二年增产45.3kg/亩，增13.97%；多点小麦增产38kg/亩，水稻增产57kg/亩，全年每亩增产粮食95kg，提高单产10%以上；随着覆盖时间的延长，由于土壤综合肥力提高，增产效应明显。

③ 生态环境效应简化秸秆还田操作程序　可大量就地处理秸秆，避免秸秆焚烧带来的不良后果，环境得以保护；秸秆覆盖有效抑制杂草，减少农药施用量，同时可减少化肥施用量，由此减轻土壤污染和水质污染；增强分蘖力，减少生育前期田间的漏光率，增强光合功能，提高光能利用率，因而具有极佳的生态效应和环境效应。

④ 改良培肥土壤的效应　免耕未打乱土层，保持了水稻土原有的土壤毛管体系，土壤容重适宜，毛管孔隙多，避免了过湿耕作造成的土壤黏重板结。同时，稻草覆盖还田还有改良土壤结构和培肥地力的效果。据定位观测，免耕露播栽培的土壤有机质和N、P、K养分含量明显提高，连续覆盖两年后，土壤有机质增加11.38g/kg，全N增加0.52g/kg，全P增加0.28g/kg，全K增加0.18g/kg，pH值降低0.39，能够缓解土壤因偏施化肥而带来的生理失调状况。土壤结构显著改善。多年使用该技术的田块，土壤肥力较高，土壤颜色变深，柔软疏泡，保水调肥能力明显增强。

⑤ 对后茬作物生产的效应　可使后茬作物增产。据测定，连续覆盖两年可使后茬作物水稻亩增产25kg，增产4.8%。表现为水稻分蘖力增强，有效穗增加0.3万穗/亩，穗粒数增加1.5粒，结实率增加3.5%，千粒重提高0.7g，同时还可以提高稻米的品质。

（五）免耕栽培的具体技术简介

稻茬小麦免耕栽培包括稻茬小麦免耕机械均匀撒播技术和稻茬小麦免耕机条播技术、稻板茬免耕直播技术、独秆栽培技术、稻板茬免耕稻草覆盖技术等。

1. 稻茬小麦免耕机均匀撒播技术要点和操作过程　一般情况下是将有机肥、底化肥（N素总量的50%，全部P肥和K肥等）均匀撒施在地表，再均匀撒播种子。撒播种子时可分两次进行，第一次撒播2/3～3/4的种子，第二次将剩余种子撒完，然后立即旋耕。为踏实土壤，旋耕后再把1～2遍。其播种过程简化、机械化程度高，比常规条播栽培每公顷省1～2个工，每公顷节省机条播费70～100元，小麦播种可提前2～3d完成，有效地争取了季节。撒播栽培不仅具有省工、省力，适宜机械化作业等优势，而且增产增效，同等条件下对比试验结果表明，撒播比条播增产10%以上，每公顷增产小麦800～

1 000kg，加之每公顷减少条播机播费 70~100 元，显示出撒播栽培具有明显的节本增效的优势。

（1）选用高产、抗逆性强中早熟品种　在品种类型选择上以主茎优势型和冬前一次分蘖高峰型为主，不易造成春季群体过大，容易形成高质量的群体。当播种期相对晚时，选用普通分蘖型也能获得高产。

（2）必须有浇水条件　当小麦播种期干旱时，撒播后需要浇一次蒙头水才能全苗。撒播栽培用种子量大，一般每公顷需要种子 300kg 以上，比条播用种量多一倍，其播期没有严格的要求。

（3）结合旋耕机械　撒播必须与旋耕机械相结合，才能将种子均匀埋入耕层。达到省工、省力，节约投资之目的。

（4）化学除草　撒播麦田不能中耕除草时，必须配套化学除草。在除草时，应与防治病虫害相结合。

2. 稻茬小麦免耕条播技术要点和操作过程　该种播种方式适用于水稻收获较早，腾茬及时（收获至播种适期有 5d 以上时间），土壤质地微沙土、壤土及两合土，土壤墒情适宜，适耕性好，水稻留茬较低或秸秆粉碎的地区。其操作过程是使用专用免耕播种机，在水稻收获后在有秸秆覆盖（或留茬）的未耕地上，一次完成带状开沟、种肥深施、播种、覆土、镇压、扶垄等工序。且播种行距、播种量、播种深度可根据需要进行调节，从根本上解决了稻茬麦地区长期存在的耕种粗放的问题，是稻茬麦高产更高产的一条重要技术途径。该技术具有能抢墒播种、播种速度快、播种均匀、播种深度一致、出苗整齐、确保全苗等优点，配合施用高效、低毒、低残留、环境相容性好的生物和化学农药的综合防控技术，把小麦病虫为害损失减少到最低限度，能显著提高稻茬麦单产。该项技术必须借助专用免耕播种机才能完成，主要环节为清茬、追基肥、机开沟、机条播、清沟、化学除草。与传统撒播相比，机条播具有密度合理、田间通风透光好、分蘖早、成穗多、麦穗大、结实率高、利于高产稳产等优点。

其技术要点如下。

（1）选用良种，做好种子处理　机械免耕播种的小麦应选择适合当地的分蘖能力强，生育期稍短的小麦品种。选种后要进行防病、虫害的药物处理，如种子包衣、药剂拌种等，以防残茬、秸秆引发的病虫害。

（2）确定适宜的播量　为确保小麦一播全苗，实现壮苗越冬，播种时应做到"足墒、适时、精量、匀播"。确定播种量要根据所选择品种的分蘖成穗率高低及种子发芽率等特性而定。一般来讲，采用免耕播种机播种小麦的播量较常规播种应高 10%。大穗型品种分蘖能力较弱，播种量宜在 10~12kg/亩；小穗型品种分蘖能力较强，播种量宜在 6~7kg/亩；晚播小麦还可适当加大播量。

（3）种肥要选择颗粒状肥料　因为化肥要机械播施，所以要求用颗粒状化肥，并且，化肥中不能有大于 0.5cm 的结块。一般亩施 30~40kg 的颗粒状复合肥或复混肥。夜间停止作业时，要用塑料布将种肥箱盖好，以免露水打湿残留的化肥，产生结块。雾天或空气湿度大的天气播种，要勤查看排肥情况，以防化肥吸湿结块堵塞。

（4）播前检验墒情，适墒播种　墒情是否合适，可以用下述方法判断：将欲播地土壤用手攥成团，离地 1m 高自然落下，掉到地面时，土团能散碎，表明土壤中含水量适宜。如攥不成团，表明土壤含水少，墒情差；土团掉落地上摔不碎，说明含水量多。播种时壤土适宜的含水率是 18%～22%，沙土适宜的含水率为 19%～20%。过湿或太干的底墒都不能播种，否则，不仅影响出苗率而且还会影响培育壮苗。小麦播后严禁浇蒙头水。底墒不足播种后，浇蒙头水，既影响出苗率，还容易形成弱苗。

（5）开沟排涝防渍　是稻茬麦获得高产的一项重要措施。小麦免耕播种开沟深度一般保证沟底与原平面 10cm，播种深度 3cm 左右。过深、过浅都将直接影响小麦出苗率和培育壮苗，造成减产。

（6）正确使用机械　使用中拖拉机的轮距要和播种机的播幅相适应，并调整好拖拉机左右悬挂点的高度，使免耕播种机保持前后左右水平。更换开沟器、旋耕刀等零件时，要注意左、右对称，以免破坏机器的平衡，导致工作中左右偏摆，影响作业质量。

3. 稻板茬免耕直播技术　有板茬人工撒播旋耕盖籽和板茬人工撒播不盖籽即完全免耕（压板麦）两种方式。适用于先割稻后种麦地区，对土质和墒情要求均不太严格。板茬人工撒播旋耕盖籽技术是免旋结合的耕作方式，播种时分别将肥料和种子撒入田间，用旋耕机或盖籽机盖籽。这是目前大面积生产应用最为广泛的播种方式，其优势是适应性广，操作简便，播种进程块，效率高，能耗低，但均匀度差，丛籽缺苗问题比较突出。李朝苏等（2012）认为，免旋结合的耕作模式有利于作物产量稳定，还有利于耕层有机质的积累和全 N 含量的提高。板茬人工撒播不盖籽在过渡带内的太湖、江苏里下河及淮北部分低湿黏土地区，水稻收割腾茬期与小麦播种适期基本一致，无有效适耕期，且常常遭遇连阴雨天气，土壤含水量常高达田间持水量的 90% 以上，土质黏重，适耕性差，耕地机械无法下田作业，免耕条、撒播机械均不能进行灭茬、浅旋、盖籽等程序，只能直接在稻板茬田上播种，太湖地区又称"压板麦"，完全免耕。

4. 独秆栽培技术　晚播独秆栽培技术作为先收获稻子，然后播种小麦的特殊类型，适用于小麦播期迟于适播期 10d 以上的田块，如江苏省淮北地区 11 月初后、淮南地区 11 月中旬后、豫南粳稻茬口 11 月初后播种。由于冬前和冬季不能形成有效分蘖只能依靠主茎成穗，一般主茎穗比例占 80% 左右。其技术要点是提高播种质量培育壮苗，高效施肥以充分发挥主茎穗的生产潜力，实现足穗大穗。

（1）选用适宜品种　应选用耐晚播、抗寒性好的春性或偏春性品种。

（2）确定合理的基本苗和播种量　一般播量为 15kg/亩，11 月 10 日以后，每晚一天，增加 0.25kg/亩播量，基本苗 30 万株/亩左右。也可采用浸种催芽的方式提早出苗期。

（3）合理施肥，稳氮后移　采取基肥、分蘖肥、拔节肥、孕穗肥多次施肥的方式，N 肥总量控制在 15kg/亩以内，基肥 40% 左右。

（4）清沟排渍和病虫防治　田间沟系配套，并及时清沟降渍。返青后重点防治白粉病和纹枯病，抽穗后结合"一喷三防"防治赤霉病、蚜虫、叶枯等，养根护叶，增粒重。

5. 稻板茬免耕稻草覆盖技术

（1）稻草准备　水稻收获后，将稻草晒至五成干时堆在田间备用。过干过湿都不行，过干覆盖空隙大，过湿费工费时。一般每亩用干稻草 300kg 左右为宜，整草覆盖应降低用量，铡细覆盖适当多用也无妨。

（2）平整田面，起好"四沟"　要求窄厢，厢宽 3～4m，"四沟"配套，做到沟沟相通，明水能排，暗水能滤，雨停田间无明水。

（3）播前施基肥　播前施复合肥 20～30kg/亩，有条件的地方可以在地表泼施人粪尿，每亩 15 挑左右。

（4）精细适量播种　将麦种分厢定量播于土壤表面，一般每亩用种量 15～17.5kg。

（5）稻草覆盖　播种后立即盖草，以减少土壤水分散失，避免土表干裂，影响发芽出苗。要求覆盖均匀，草厚 1cm 左右，做到田间不漏籽、不漏土。

（6）加强管理　播后视天气情况和土壤墒情，泼施清粪水将稻草淋湿，以利于出苗和稻草腐烂，小麦三叶期前后重施苗肥促进分蘖；小麦生长后期施用植物生长调节剂，防早衰。

6. 小窝密植技术　又叫免耕撬窝点播技术。包括了化学除草、撬窝、丢种、盖种和施肥等环节，在西南地区麦田应用较多。西南麦区土质比较黏重，兼以秋雨较多，整地播种比较困难，小窝密植是适应这类生态条件，保证播种质量，实现合理密植，获得高产的优良播种方式。其实质是定（行、窝）距、定（播）量、定（播）深的小丛植。其技术要点是：以每亩 45 万窝左右，行距 20～22cm，窝距 10～12cm，开窝深度为 3～5cm，N、K 化肥一般加在人畜粪水中充分搅匀后集中施于窝内，过磷酸钙、油饼等混在整细的堆厩肥中盖种，盖种厚度以 2cm 左右为宜。使用工具为小橇撬窝、小锄挖窝点播，近年来研制的简易点播机，也可开沟点播一次完成。

四川省农业科学院连续 3 年试验结果，小窝密植比生产上推广的窄行条播每亩增产 27.0kg、25.9kg 和 26.3kg，均达显著或极显著标准。小窝密植之所以增产，是由于穗粒数增多和千粒重提高。广汉、什邡、重庆、营山、西充等 33 次试验结果，小窝密植比条播增产的 30 次，平均每亩增产 34kg 左右，均达显著或极显著标准，略有减产的 3 次，平均减产 2.2%。另据四川盆西平原多点同田对比结果，高产单位共 9 组，小窝密植比窄行条播平均每亩增产 42.2kg，中产单位共 6 组，平均每亩增产 31.9kg，均达极显著标准。小窝密植技术增产的原因主要有以下几方面：①规格严密，群体整齐均匀。②群体的分布和发展较为合理，有利于穗数和穗重协调发展。③田间光照条件较好，小麦次生根较发达，抗倒伏力较强。④群体光合能力较强，净光合生产率较高，有机物质的积累和运输分配较好。

三、套播栽培

稻田套播小麦技术适用于腾茬迟于小麦播种适期的水稻茬口，以粳稻茬口居多，如华北、西北、江苏省、东北稻区、江淮流域和华南等种植粳稻较多的地区。近年来，河南省信阳地区粳稻面积不断扩大，稻田套播小麦技术逐渐被广大种田大户和专业合作社认可并选择和推广。该项技术完全免耕，省工节本，在水稻收获前先种麦，全裸露播种小麦种子于稻田内，7～10d 之后再割稻，争得了季节主动，确保小麦适期早播。

（一）套播栽培的优点和现状

稻田套种小麦有籼稻套播和粳稻套播。20 世纪 90 年代初期，随着中晚粳稻和水稻旱育稀植新技术应用面积的扩大，稻茬种麦偏晚的矛盾日益突出，尤其是过渡型小麦品种更加难以保证适期播种，稻套麦作为一种特殊的麦作形式是南方局部地区晚熟稻茬麦迫不得已的补救措施，人们常把它看成懒种麦、粗放麦、早衰麦、低产麦，在大面积生产实践上一直不被提倡。然而，相对于其他多种常用的种麦方式，它变被动为主动，先种麦、后割稻，养老稻与早种麦两不误，农艺简化、省工省时，还可解决多熟复种的季节矛盾，诸多突出的优点加上气候变化，灾害天气频发，90 年代中后期至今，越来越多的农户选择这种麦作方式，越来越多的农业科技工作者投入大量精力对套种小麦技术进行研究、集成、配套，逐渐形成了一项成熟的技术模式并加以推广。

据调查分析，稻茬麦产量低而不稳的原因除了由于水稻茬口独特的生态环境和自然灾害给小麦的生长发育与耕作带来不利影响外，一些传统的栽培方式在很大程度上阻碍着产量潜力的发挥。随着农村劳动力的转移，轻简栽培已成为麦作生产发展的主要方向，稻套麦是目前稻茬麦最为轻简的免耕栽培方式之一，适用于预期水稻腾茬时间明显迟于小麦播种适期的地区，不同土壤类型地区均可应用。无论从节本省工省时还是增产角度都比该区水稻收后播种表现优越性。在江苏、浙江以及河南省沿黄粳稻区、稻茬麦区已大面积应用。粳稻套种小麦可以提高光温资源利用率和粮食产量，可以避免提早断水未熟滕茬，实现当季粳稻的高产稳产和优良品质，可以扩大粳稻优良品种选择余地，提高粳稻单产和品质，不仅可以实现小麦的轻简栽培，还有利于粳稻种植面积的扩大。

（二）稻田套播小麦种植技术要点

套种前 2～3d 视墒情稻田窨一次跑马水，并及时排干，保持土壤含水量为田间最大持水量的 90%～100%。水稻收获前 7～10d 套种、套肥→水稻机收，留茬高 20～25cm，（秸秆不粉碎）→稻草移出田外（如果秸秆粉粹，一定要在田间撒匀）→开沟（提倡机械开沟），清沟覆土盖种（厢宽 2.5m，含沟宽）→化控除草→适期机收。

（三）稻田套播小麦技术研究现状及生育特点

90 年代以来，许多科技工作者对稻田套种小麦生育特点和栽培技术进行了多项研究。有的研究表明，对套播小麦产量影响最大的因素是播种期，其次是鲜稻草覆盖，再次是播种量，N 肥运筹对产量影响不大；董百舒等（1993）提出了套种共栖期长短和套种肥是稻田套播小麦保壮苗、促早蘖、争早苗的主要措施；也有报道提出稻田套播小麦播种前多效唑拌种和灌一次跑马水是保证足墒培育壮苗的重要技术环节；张洪程等（1994）根据多年试验与示范结果总结提出了稻田套播小麦生长发育规律与产量形成的特点，明确了高产高效稻田套播小麦的生育特征；刘世平等（2005）探索了免耕套种对小麦田间生育环境和生育特性的影响；张军等（2006）提出了稻田套播中筋小麦适宜的 N 肥运筹方式；朱新开等（2010）研究了 N 肥运筹比例对稻田套播强筋小麦对花后旗叶叶绿素含量、超氧化物歧化酶（SOD）活性、丙二醛（MDA）含量和籽粒产量的影响，提出基肥：分蘖肥：拔节肥：孕穗肥3：3：2：2的N肥运筹方式有利于减缓花后旗叶衰老，提升N肥利用效率，提高粒重和产量；陈川等（2008）认为，稻田套播麦目标产量450kg/亩的施N量为22kg，且应适当减少冬前用肥比例，增加春季追肥数量，冬前肥与春季肥的比例为2：1，春季追肥中起身肥与穗肥比例为2：1，同时重视P、K肥的使用；谢勇等（2012）以不同施N量进行研究，结果表明，在秸秆还田条件下，稻田套播麦的适宜施N量为15kg/亩，可以以足够的穗数、较多的实粒数和较高的千粒重而夺取高产。这些研究结果各有侧重，将套种小麦关键技术在不同地点不同年份进行了实践验证，均对稻田套播小麦的生产起到了一定的技术支撑作用。

稻田套播小麦易受人工撒播和土壤墒情的影响出苗不太均匀，由于根系分布较浅，容易形成根系架空苗，易受干旱、低温等逆境因子胁迫。同时由于土壤养分表层富集，分蘖发生早，低位蘖易缺位，中后期单株营养面积小，养分消耗多，脱肥早衰的问题普遍存在，小麦生育后期叶片容易衰老，缩短有效光合时间，降低了光合速率，影响籽粒发育和产量的形成。

（四）稻田套播小麦的高产群体指标

1. 产量结构指标　套种小麦产量构成三因素是一个互相协调的整体，增足穗是增产的基本途径，穗数和粒重间的协调统一是夺取高产的保证。李成等（2000）以豫麦21为研究对象，分别进行了不同年份不同栽培因子对套播小麦产量影响试验，结果表明，穗数与粒数呈极显著的直线关系，最佳产量结构模型为：有效穗数570万～600万穗/hm^2，每穗平均31.3～33.5粒，千粒重39.5～41.5g。

2. 生育进程与季节同步指标　套种小麦生育进程与季节同步是实现高产稳产的基本保证。以豫麦21为例，其适宜生育进程为10月中旬末叶龄0.5～1.0，11月上旬叶龄3.1～4.5，12月中旬末叶龄6.5～7.0，2月上旬叶龄7.5～8.0，2月下旬叶龄9.1～10.5，3月上中旬叶龄10.5～11.5，3月下旬叶龄11.5～12，4月中旬剑叶抽出，4月下旬抽穗开花，6月初成熟。

3. 群体结构指标　适期套播小麦基本苗为23万～25万株/亩。由于播种时气温高、水分足，出苗快，分蘖发生早，正常情况下2月中旬出现高峰；叶面积指数前期增长快，干物质积累前慢后快，越冬前积累较少，抽穗后积累较多，成熟前达到高峰。以穗数38万～40万穗/亩、穗粒数30～35粒、千粒重40～42g较为协调。

（五）稻田套播小麦田间管理

1. 品种选用　选用弱冬性或偏春性，越冬期抗寒抗冻害能力强，根系发达，前期受抑影响小，中后期生长活力旺盛，补偿生长力强，熟相好的矮秆、半矮秆紧凑型小麦品种。

2. 确定合理共栖期　共栖期一般掌握在7～10d，最长不宜超过15d，且越短越好。

3. 播量和方法　套种小麦每亩播种量为17.5～20kg。小麦播种前在水稻垄间撒施

30～40kg/亩 N、P、K 复合肥作基肥，然后直接把小麦种子均匀撒入水稻垄间，确保一次播种保证全苗。如果小麦播种时田面较干，播种后可灌一次跑马水，以利种子萌发。

4. 开好沟，做好泥土覆盖　水稻收获后及时起好四沟，沟内的土要捣碎，均匀撒在厢面上。一般厢面宽 3m 左右，最宽不要超过 4m。边沟要深于厢沟，厢沟要深于腰沟，沟沟相通，达到明水能排，暗水能滤，雨停田间无明水。

5. 肥料运筹　早施苗肥，多次追肥。小麦播种前趁土壤湿润时在水稻垄间撒施 N、P、K 复合肥（15：15：15）20kg/亩；在播后一个月重施苗蘖肥，用 N、P、K 复合肥（15：15：15）10kg/亩，加尿素 15kg/亩，有条件的地方可撒上优质土杂肥 1 500～2 000kg/亩，而后清沟，把沟土均匀盖在肥料上，提高肥效。返青后可追施起身拔节肥，一般每亩施尿素 10～12.5kg；孕穗期酌施穗肥，追施少量尿素或叶面喷肥，也可结合"一喷三防"进行，防早衰。

6. 及时除草　稻麦套种小麦，除草非常关键。小麦播后一个月左右小麦 2～3 叶期及时进行化学除草。除草剂可选用杀谱范围广一点的类型，如用绿麦隆、高渗异丙隆或 6.9% 噁唑禾草灵乳油 50～60ml 茎叶喷雾，阔叶、禾本科混生麦田可选择异丙隆·苯磺隆混剂防治，趁雨后天晴地表湿润时喷雾。春季再进行一次化学除草，效果会更好。

7. 预防春季冻害　小麦进入返青拔节期，要密切注意天气变化，如有强降温天气，要在寒流到来之前采取喷施叶面防冻剂等防冻措施。如已发生冻害，要及时采取补救措施，追施速效化肥，浅中耕，促进小分蘖生长。

8. 及时防治病虫害　重点做好"一喷三防"，及时防治白粉病、锈病、黏虫、蚜虫。小麦起身拔节期 3 月中下旬防治白粉病和锈病，小麦抽穗扬花期进行"一喷三防"防治赤霉病和蚜虫，亩用 15% 粉锈宁可湿性粉剂 70～100g＋3% 啶虫脒乳油 20～30ml＋磷酸二氢钾 100g＋尿素 200g（浓度不超过 2%），再加 80% 多菌灵微粉剂加水 30kg 喷雾，一般孕穗期喷药一次，一周后再进行一次。

9. 及时收获　过渡带小麦适宜在蜡熟末期收获，收获后及时晾晒，防止穗发芽和"烂场雨"，确保丰产丰收。

（六）套播小麦注意事项

1. 提倡药剂拌种　每亩用 15% 多效唑 12g 加水 1～2kg 喷雾拌麦种 10kg，拌后堆闷 2～3h 即可播种。可防止麦苗拔长蹿高，具有矮化、促蘖、促根、促壮、防冻、增穗、增粒的效果。

2. 掌握适宜的共栖期　稻田套播小麦的主要优势就是争抢农时，利用水稻收割前田间小气候的湿度条件，在 7～10d 的共栖期内培育出壮苗、齐苗，从而夺取高产。若共栖期短于 7d，无法达到壮苗齐苗的目的；共栖期超过 10d 的，易造成弱苗瘦苗，再加上机械收割水稻的局限性，不可避免地会出现空苗地带和损毁麦苗的情况。

3. 管理要跟上　套播小麦要先套种，再套肥，然后用药除草，开沟覆土。秸秆如果粉碎，一定要在田间撒开，多余秸秆移出田外。施肥采取"少吃多餐"形式，如果管理跟不上，极易造成草多、缺肥、苗差，导致减产严重。

4. 沟系配套，细土覆盖 提倡窄厢和四沟配套，细土覆盖厢面，消灭露籽，有条件的地方最好用有机土杂肥或粉碎的秸秆覆盖，保墒防冻；及时清沟降渍，保持沟沟相通。

四、稻茬小麦持续高产高效的障碍因素

（一）茬口偏迟季节紧

适耕期很短甚至倒挂，使适期播种压力大。由于偏迟熟品种的应用和粳稻推广面积的迅速扩大，导致水稻成熟越来越迟，季节越来越紧，适期收获与适期种麦之间没有了晒田、整地、施肥等秋播作业准备时段，使得过去提倡的适期早播更加难于实现，使适期播种压力越来越大，不利于茬口衔接和冬前温光资源充分利用。

（二）土壤质地和肥力分布不均

稻茬土适耕性差，播种出苗质量差。过渡带各地区间稻茬麦土壤质地和肥力状况差异很大，产量水平也极不平衡。淮北地区大部分为黄泛冲积土，土壤瘠薄，有机质少，N、P、K含量低。淮南和沿黄一带以水稻土为主，中部地区土壤黏重偏湿，适耕性差；东部沿海还有部分盐碱土和砂姜黑土，N、P、K养分不协调，速效N素普遍不足，缺P较为严重，少数缺K；沿江地区土壤沙性强，保水保肥能力差；丘陵地区耕层较浅，土质差，肥力低，普遍缺肥严重。大部分稻茬小麦普遍腾茬晚、湿度大、黏性重、垡块大，不能精细整地，易烂耕烂种或失墒干旱，致使播种出苗质量差，难以实现苗早、苗齐、苗匀、苗壮。

（三）气候多变，自然灾害频发

21世纪以来，气候变化异常，极端天气增多，小麦生产中隐性灾害多发、重发、频发。稻茬小麦主要表现为季节性干旱、低温冷害、冻害、湿害、病虫害、除草剂和农药使用不当产生的药害，小麦后期大风、冰雹、干热风和高温逼熟、烂场麦等各种气象灾害也频繁发生，严重影响小麦产量和质量。各种隐性灾害的发生，不仅造成小麦直接减产，而且出现大量病麦、芽麦、霉麦等低值受损小麦，给农业生产带来很大的经济损失。

（四）比较效益较低

种植过于粗放，随意简化作业程序。由于土地规模小，种麦收入在农民整个经济收入中所占比例较低，农民积极性不高，不愿精细管理，种植过于粗放。主要表现为粗放播种，机条播种麦简化为人工撒播，播种量和均匀度难以掌握，播种质量得不到保障，造成丛籽、深籽、露籽，为大群体和后期倒伏埋下隐患；粗放施肥，导致肥料利用率低，投入报酬率递减。一炮麦施肥、改多次追肥为一次追肥或者肥料比例使用不当，导致肥料利用率低、小麦品质下降；粗放管理，化除、化控掌握的时机不当、选择药剂不慎重或使用剂量不当导致大面积区域性"冻药害"的发生；病虫害防治不及时，导致各种病虫发生为害严重而减产。

（五）难以稳定品质和实现优质优价

良种补贴未能与良种挂钩，小麦品种"多、乱、杂"现象严重，品种越区种植。农户选用麦种一味地求新、求廉、求异、求稳，无法促进优质小麦品种的推广和集中连片规模化生产。多品种混种、混收、混贮、混运现象严重，加上不同品种籽粒品质存在差异，即使同一品种在不同年份、同一年份不同区域种植品质也不稳定，导致小麦品质差异大、不稳定，难以实现优质优价。

（六）机械化程度偏低

农民机械动力水平较低，很多地方机耕、机播、机械开沟、机械收获等水平较低，严重制约着稻茬小麦产量的提升。目前农村青壮劳力进城务工经商，农业生产凸显"劳力荒"，其劳动成本提高，农民迫切需要生产环节的全程机械化和农机服务的社会化。尽管主产麦区基本实现了机耕、机播、机收环节的机械化，但在施肥、灌溉、病虫害防治等田间管理环节机械化水平还较低，在秸秆还田条件下的机耕机播质量仍有待提高，机具机型还需完善；许多有效的农艺措施难以大面积实施，需要与农机结合实现机械化才能推广，以提高农艺措施的种植效益。而有些地方，由于受地势地貌、种植制度（如多熟套种）、经济条件等因素制约，机械化水平仍较低，严重制约小麦生产发展。

（七）秸秆全面禁烧，增加了稻茬麦的播种难度

秸秆禁烧后政府在"堵"方面做的工作多，在"疏"方面做的工作少，加上很多地方农机不配套，秸秆还田难度大，而秸秆处理和运输成本又较高，秸秆只能堆在田间或费工费时移出田外，增加了稻茬麦的播种难度。

（八）麦农老龄化问题

当前，务农收入与其他产业相比相对较低，劳动力向其他产业转移现象比较普遍，造成农村劳动力短缺及农村劳动力老龄化现象严重。老龄化的农业人口带来一系列问题，如观念的保守导致新技术采用率较低，老年人对土地的依赖导致土地流转速度慢，小麦规模效益难以实现。

本章参考文献

1. 安徽省农林厅. 安徽小麦. 北京：中国农业出版杜，1998

2. 敖立万. 湖北小麦. 武汉：湖北科学技术出版社，2002

3. 边永高，姚金林，陶献国等. 稻茬免耕小麦主要栽培因子的综合效应研究. 浙江农业科学，2008（1）：62～65

4. 曹承富，孔令聪，汪芝寿等. 淮北农区优质小麦氮素运筹技术研究. 中国农学通报，2001，17（6）：18～20

5. 曹广才，王绍中. 小麦品质生态. 北京：中国科学技术出版社，1994

6. 曹卫星，郭文善，王龙俊等．小麦品质生理生态及调优技术．北京：中国农业出版社，2005

7. 曹卫星．作物生态学．北京：中国农业出版社，2006

8. 曹小娣．豫南地区特殊生态类型小麦的栽培措施．中国种业，2007（1）：56

9. 曹秀芝，朱传军，陈培胜等．稻茬麦低产原因及抗灾栽培对策．安徽农业，2004（7）：44～45

10. 曹旸，蔡士宾．国内外麦类作物耐湿性研究进展．国外农学—麦类作物，1996（6）：48～49

11. 常海滨，黄少先，唐道廷．湖北省小麦品质现状分析．安徽农业科学，2008，36（32）：14 016～14 017

12. 常江．小麦湿害营养及营养调控效应研究．应用生态学报，2000，11（3）：373～376

13. 陈洁，吕真真，徐经杰等．我国小麦主产区的小麦粉理化性质分析．粮食与饲料工业，2013（2）：6～9

14. 陈川，丁国霞，钟平等．淮北稻田套播麦的主要生育特点与施肥技术．江苏农业科学，2008（1）：26～28

15. 陈金平．崔满星，郭祯等．豫南稻茬麦区小麦生产现状与发展对策．河南农业科学，2002（12）：15

16. 陈金平．豫南稻茬麦区小麦生态条件研究．中国农学通报，2009，25（21）：156～160

17. 陈金平．豫南稻茬小麦生长发育特点研究．中国农学通报，2009，25（21）：161～165

18. 陈在新，胡志仿，陈岚．秸秆还田与小麦播种方式对免耕稻茬麦产量的影响．现代农业科技，2008（12）：167～171

19. 程国旺，徐风，马传喜等．小麦高分子量麦谷蛋白亚基组成与面包烘焙品质关系的研究．安徽农业大学学报，2002，29（4）：369～372

20. 程顺和．中国南方小麦．南京：江苏科学技术出版社，2012

21. 董百舒，夏源陵．套播麦立苗生境特点及相应栽培措施．江苏农业科学，1993（4）：12～14

22. 杜承林，祝斌，陶帅平等．施钾对扬麦158等小麦品种的养分吸收与生物产量的影响．土壤学报，2001（38）3：301～307

23. 范传航，张忠全．稻茬小麦免耕高产栽培技术．农技服务，2007，24（8）：12～13

24. 范雪梅，姜东，戴廷波等．花后干旱和渍水逆境下氮素对小麦籽粒产量和品质的影响．植物生态学报，2006，30（1）：71～77

25. 冯军礼，赵会贤，吴小平等．陕西省小麦资源主要加工品质特性及其相关性．麦类作物，1997，17（4）：33～35

26. 傅兆麟．小麦超高产研究．徐州：中国矿业大学出版社，2003

27. 高春保，高广金，余贵先．湖北省发展弱筋专用小麦的思路和对策．湖北农业科学，2003（4）：9～10

28. 高春雷．小麦品质与专用小麦粉的生产．粮食与饲料工业，2006（7）：8～9

29. 高翔，李硕碧．小麦高分子量谷蛋白亚基对加工品质影响的效应分析．西北植物学报，2002，22（4）：771～779

30. 郜俊红，廖祥政，廖先静等．灌水对强筋小麦品质及产量的影响．安徽农业科学，2003，31（2）：258.

31. 顾克军，杨四军，张恒敢等．栽培措施对小麦籽粒主要加工品质的影响．安徽农业科学，2004，32（5）：1 013～1 016

32. 郭绍铮，彭永欣，钱维朴等．江苏麦作科学．南京：江苏科学技术出版社，1994

33. 郭天财，张学林，樊树平等．不同环境条件对3种筋型小麦品质性状的影响．应用生态学报，2003，14（6）：917～920

34. 郭万胜．小麦超产群个体优育特征及"三攻、三控"配套调节技术．江苏农学院学报，1996，17（专刊）：252～256

35. 郭文善，封超年，严六零．小麦花后源库关系分析．作物学报，1995，21（3）：337～340

36. 韩娟英，管军江，杨波．稻田套播小麦机械化栽培技术．上海农业科技，2008（3）：47～49

37. 何中虎，王连铮，戴景瑞．我国小麦磨粉特性和面包烘烤品质研究．全国作物育种学术讨论会论文集．北京：中国农业科技出版社，1998

38. 何中虎，林作楫，王龙俊等．中国小麦品质区划的研究．中国农业科学，2002，35（4）：359～364

39. 何中虎，林作楫，王龙俊等．中国小麦品质区划的研究．中国农业科学，2002，35（10）：1 177～1 185

40. 湖北省农业科学院．依靠科技促进湖北省小麦生产发展．湖北农业科学，2005（5）：4～5

41. 胡承霖．安徽沿淮、江淮地区稻茬麦催芽、免耕播种及其配套技术．安徽农学通报，2001，7（5）：18～20

42. 胡承霖．安徽麦作学．合肥：安徽科学技术出版社，2009

43. 胡廷积．小麦生态与生产技术．郑州：河南科学技术出版社，1986

44. 胡廷积．河南农业发展史．北京：中国农业出版社，2005

45. 胡学旭，周桂英，吴丽娜等．中国主产区小麦在品质区域间的差异．作物学报，2009，35（6）：1 167～1 172

46. 怀明昌．凤阳稻茬小麦栽培技术．现代农业科技，2008（15）：233～234

47. 黄国祥．关于套播小麦的几点思考．上海农业科技，2011（2）：51

48. 黄婷，许大军，万才琴．不同地区小麦蛋白质含量和硬度的测定分析．安徽农业科学，2007，35（30）：9 485，9 487

49. 江苏省农林厅. 江苏农业发展史略. 南京：江苏科学技术出版社，1990

50. 江苏农学会. 江苏麦作科学. 南京：江苏科学技术出版社，1994

51. 蒋札玲，张怀刚. 自然环境因素对小麦品质的影响. 安徽农业科学，2005，33（3）：488～490

52. 金善宝. 中国小麦生态. 北京：科学出版社，1991

53. 金善宝. 小麦生态理论与应用. 杭州：浙江科学技术出版社，1992

54. 金善宝. 中国小麦学. 北京：中国农业出版社，1996

55. 荆奇，曹卫星，戴廷波. 小麦籽粒品质形成特点及调控途径研究进展. 耕作与栽培，1999（5）：22～25

56. 李朝苏，汤永禄，黄钢等. 麦稻轮作区周年耕作模式对作物产量和土壤特性的影响. 西南农业学报，2012，25（3）：786～791

57. 李朝苏，汤永禄，吴春等. 播种方式对稻茬小麦生长发育及产量造成的影响. 农业工程学报，2012，28（18）：36～43

58. 李成，何高，吴铃等. 稻田套播麦高产群体指标及配套栽培技术. 江苏农业科学，2000，21（3）：77～78

59. 李合生. 现代植物生理学. 北京：高等教育出版社，2006

60. 李茂松，李森，张述义等. 灌浆期喷施新型 FA 抗蒸腾剂对冬小麦的生理调节作用研究. 中国农业科学，2005，38（4）：703～708

61. 李立群，李学军，王辉等. 小麦高分子量麦谷蛋白亚基与品质性状的关系. 西北农林科技大学学报（自然科学版），2005，33（7）：53～55

62. 李庆康，于杰、朱正才等. 稻草覆盖对砂姜黑土冬小麦生长环境及产量的影响. 耕作与栽培，1997（1，2）：37～39

63. 李庆龙，吴秀芝，甘平洋等. 皖北小麦加工品质研究. 面粉通讯，2007（3）：38～41

64. 李亚敏，柴建明，孙振委等. 小麦收获指数与产量关系研究. 安徽农业科学，2008，36（2）：477～479

65. 李月芳，杨新典，任均荣等. 商洛地区坡塬地垄沟种植技术. 耕作与栽培，2001（1）：47～48

66. 林作楫. 食品加工与小麦品质改良. 北京：中国农业科技出版社，1994

67. 凌启鸿. 作物群体质量. 上海：上海科学技术出版社，2000

68. 刘建军，何中虎，杨金等. 小麦品种淀粉特性变异及其与面条品质关系的研究. 中国农业科学，2003，36（1）：7～12

69. 刘克锋. 土壤、植物营养与施肥. 北京：气象出版社，2006

70. 刘世平，庄恒杨，陆建飞等. 免耕法对土壤结构影响的研究. 土壤学报，1998，35（1）：33～37

71. 刘世平，张洪成，戴其根等. 免耕套种与秸秆还田对农田生态环境及小麦生长的影响. 应用生态学报，2005，16（2）：393～396

72. 刘世平，陈后庆，陈文林等．稻麦两熟制不同耕作方式与秸秆还田对小麦产量和品质的影响．麦类作物学报，2007，27（5）：859～863

73. 刘艳阳，张洪程，蒋达等．纬度和播期对小麦淀粉糊化特性的影响．扬州大学学报（农业与生命科学版），2008，29（4）：67～70

74. 刘易科，黄荣华，佟汉文等．湖北省近年育成的小麦品种主要品质性状分析．湖北农业科学，2008，47（9）：1 002～1 004

75. 柳林景．高沙土小麦亩产500千克营养吸收初控．江苏作物通讯，1997（专刊）：171～176

76. 陆维忠，程顺和，王裕中．小麦赤霉病研究．北京：科学出版社，2001

77. 罗丕，周美兰，骆叶青等．气候因子对小麦品质的影响作物研究．2008，22（5）：424～427

78. 马爱国，黄汝进，常洪武．稻茬冬小麦独秆高产栽培．农业科技通讯，2002（10）：9

79. 马传喜．安徽省小麦品质区划的初步研究．安徽农学通报，2001，7（5）：25～27

80. 马啸，任正隆，晏本菊等．小麦高分子量麦谷蛋白亚基及籽粒蛋白质组分与烘烤品质性状关系的研究．四川农业大学学报，2004，22（1）：10～14

81. 马学礼，焦峰，张立峰．小麦氮营养研究进展．现代农业科技，2009，38（14）：9～14

82. 马元喜．河南小麦栽培学．郑州：河南科学技术出版社，1988

83. 马志红，许蓬蓬，朱自玺等．河南省冬小麦灌溉需水量及特征．气象与环境科学，2009（4）：60～64

84. 马宗斌，熊淑萍，马新明等．施氮对小麦品质的影响研究进展．河南农业大学学报，2007，41（1）：117～122

85. 毛沛，李宗智，卢少源．小麦高分子量麦谷蛋白亚基对面包烘烤品质的效应分析．华北农学报，1995，10（增刊）：55～59

86. 农业部小麦专家指导组．小麦高产创建示范技术．北京：中国农业出版社，2008

87. 农业部小麦专家指导组．中国小麦品质区划与高产优质栽培．北京：中国农业出版社，2011

88. 彭永欣，郭文善，严六零等．小麦栽培生理．南京：东南大学出版社，1992

89. 秦武发，李宗智．生态因素对小麦品质的影响．北京农业科学，1989（4）：21～25

90. 秦武发．N、P肥对冬小麦产量形成和品质的影响．河北农业大学学报，1998，11（4）：10～18

91. 桑布．小麦高分子量麦谷蛋白亚基与品质性状关系的研究．西藏农业科技，2006，28（4）：14～18

92. 山东省农林厅．山东小麦．北京：农业出版社，1990

93. 尚勋武，康志钮，柴守玺等．甘肃省小麦品质生态区划和优质小麦产业化发展建议．甘肃农业科技，2003（5）：10～13

94. 沈公约，陈水华，王吉林．晚稻套播小麦高产栽培技术．农业科技通讯，1999（10）：9

95. 石祖梁，李丹丹，荆奇等．氮肥运筹对稻茬冬小麦土壤无机氮时空分布及氮肥利用的影响．生态学报，2010，30（9）：2 434～2 442

96. 宋长佳．稻茬麦高产栽培技术．河南农业，2012（9）：42

97. 宋家永．河南小麦品种演变分析．中国种业，2008（6）：12～14

98. 粟洲，葛红心，常俊等．汉中稻茬麦油免耕稻草覆盖技术研究．陕西农业科学，2010（5）：7～11

99. 孙宝启，郭天财，曹广才．中国北方专用小麦．北京：气象出版社，2004

100. 孙海国，张福锁，杨军芳．不同供磷水平小麦苗期根系特征与其相对产量的关系．华北农学报，2001，16（3）：98～104

101. 孙怀山，戚士章，唐桂林等．寿县稻茬小麦科学播种技术．现代农业科技，2009（19）：58～59

102. 孙进，王义炳．稻草覆盖对旱地小麦产量与土壤环境的影响，农业工程学报，2001（11）：53～55

103. 孙君艳，张凯，程泽强．不同类型小麦在豫南地区的品质表现．河南农业科学，2005（7）：25～26

104. 孙君艳，张文喜，张淮．信阳地区弱筋小麦生态区划研究．河南农业科学，2006（8）：72～73

105. 孙君艳，孙文喜，李晓清等．不同筋力类型小麦在不同土壤类型上的品质性状表现．中国农学通报，2006，22（7）：254～257

106. 孙连法，肖志敏，辛文利等．生长后期喷施氮肥对优质强筋小麦品种龙麦26品质性状的影响．麦类作物学报，2002，22（4）：50～53

107. 汤永禄，黄钢．免耕露播稻草覆盖栽培小麦的生物学效应分析．西南农业学报，2003（2）：39～41

108. 陶海腾，齐琳娟，王步军．不同省份小麦粉面团流变学特性的分析．中国粮油学报，2011，26（11）：5～8，13

109. 童贯和．不同供钾水平对小麦旗叶光合速率日变化的影响．植物生态学报，2004，28（4）：547～553

110. 万富世，王光瑞，李宗智．我国小麦品质现状及其改良目标初探．中国农业科学，1989，22（3）：14～21

111. 王伯华，王占爱，王正中．小麦免耕稻草还田效应．农村实用科技信息，2004（10）：11

112. 王才林等．江苏省稻麦品种志．北京：中国农业科学技术出版社，2009

113. 王晨阳，马元喜，周苏玫等．土壤渍水对冬小麦根系活性氧代谢及生理活性的

影响. 作物学报, 1996, 22 (6): 712～719

114. 王道中, 闫晓明, 赵彬. 玉米—小麦优化施肥技术研究. 安徽农业科学, 2002, 30 (4): 531, 537

115. 王浩, 李增嘉, 马艳明等. 优质专用小麦品质区划现状及研究进展. 麦类作物学报, 2005, 25 (3): 112～114

116. 王宏廷. 高分子质量谷蛋白亚基与小麦加工品质的关系. 粮食科技与经济, 2012, 37 (3): 41～43

117. 王化岑, 刘万代, 李巧玲. 水稻及玉米茬口对强筋小麦品质性状的影响. 西南农业学报, 2003, 16 (2): 42～44

118. 王龙俊, 陈荣振, 朱新开等. 江苏小麦品质区划研究初报. 江苏农业科学, 2002 (2): 15～18

119. 王龙俊, 郭文善, 姜东等. 江苏稻茬小麦高效生产技术. 江苏农村经济, 2010 (2): 46～48

120. 王汝利, 张菊芳, 谢成林. 里下河地区稻茬晚播小麦高产栽培技术. 上海农业科技, 2011 (4): 45～47

121. 王绍中, 季书勤, 刘发魁. 河南省小麦品质生态区划. 河南农业科学, 2001 (9): 4～5

122. 王绍中, 郑天存, 郭天财. 河南小麦育种栽培研究进展. 北京: 中国农业科学技术出版社, 2007

123. 王旭清, 王法宏. 栽培措施和环境条件对小麦籽粒品质的影响. 山东农业科学, 1999 (10): 52～55

124. 王月福, 姜东, 于振文等. 不同小麦品质籽粒产量和蛋白质含量的影响及生理基础. 中国农业科学, 2003, 36 (5): 513～520

125. 吴东兵, 曹广才, 强小林等. 西藏和北京异地种植小麦的品质变化. 应用生态学报, 2003, 14 (12): 2 195～2 199

126. 吴海, 丁楠. 稻茬麦低产原因及其对策. 中国农村小康科技, 2001 (8): 5～6

127. 谢勇, 宋秧泉. 秸秆还田条件下不同施氮量对套播麦扬麦 16 产量及其物质生产的影响. 耕作与栽培, 2012 (3): 45, 51

128. 徐恒永, 赵振东, 刘建军等. 群体调控与氮肥运筹对强筋小麦济南 17 产量和品质的影响. 麦类作物学报, 2002, 22 (1): 56～62

129. 徐增祥. 小麦稻草覆盖栽培效应及配套技术. 四川农业科技, 1999 (5): 15～16

130. 徐振华. 稻田套播小麦栽培技术. 现代农业科技, 2011 (8): 16

131. 许为钢, 曹广才, 魏湜等. 中国专用小麦育种与栽培. 北京: 中国农业出版社, 2006

132. 杨芳萍, 王生荣. 小麦高分子量谷蛋白亚基与品质性状的关系. 麦类作物学报, 2003, 23 (4): 32～35

133. 姚金保, 陆维忠. 中国小麦抗赤霉病育种研究进展. 江苏农业学报, 2000, 16

（4）：242~248

134. 易琼，张秀芝，何萍等．氮肥减施对稻麦轮作体系作物氮素吸收、利用的影响．高效施肥，2010（1）：69~73

135. 于亚雄，杨延华，陈坤玲等．生态环境和栽培方式对小麦品质性状的影响．西南农业学报，2001，14（2）：14~17

136. 于振文．强筋小麦高产优质高效灌溉方案的研究．山东农业科学，2002（1）：20~22

137. 于振文．全国小麦高产创建技术读本．北京：中国农业出版社，2012

138. 余松烈．中国小麦栽培理论与实践．上海：上海科学技术出版社，2006

139. 余遥．四川小麦．成都：四川科学技术出版社，1998

140. 余宗波，邹娟，鲁剑巍等．湖北省小麦施钾效果及钾利用效率研究．湖北农业科学，2011，50（8）：1 526~1 529

141. 袁家富．麦田秸秆覆盖效应及增产作用．生态农业研究，1996，4（3）：61~65

142. 袁礼勋，黄钢，余遥等．四川盆地稻茬麦免耕栽培增产机理研究．西南农业学报，1991（4）：49~56

143. 张洪成，戴其根，钟明喜等．稻田套播麦高产高效轻型栽培技术研究．江苏农学院学报，1994，15（4）：19~23

144. 张洪成，许柯，戴其根等．超高产小麦吸氮特性与氮肥运筹的初步研究．作物学报，1998（24）6：935~940

145. 张洪林．晚茬小麦独秆栽培群体形成特点及高产栽培技术．上海农业科技，2008（6）：49~50

146. 张继林．南方稻茬小麦机械化栽培的发展途径与措施．江苏农业科学，1988，15（8）：7~9

147. 张军，张洪成，戴其根等．稻田套播和氮素对中筋小麦产量和品质的调节效应．中国农学通报，2006，22（8）：173~177

148. 张平治，徐继萍，范荣喜等．安徽省小麦品种演变分析．中国农学通报，2009，25（23）：195~199

149. 张淑得，金柯，蔡典雄等．水分胁迫条件下不同氮磷组合对小麦产量的影响．植物营养与肥料学报，2003，9（3）：276~279

150. 张学林，郭天财，朱云集等．河南省不同纬度生态环境对3种筋型小麦淀粉糊化特性的影响．生态学报，2004，24（9）：2 050~2 055

151. 张学林，王志强，郭天财等．纬度变化对不同冬小麦品种蛋白质组分的影响．应用生态学报，2008，19（8）：1 727~1 732

152. 张艳，何中虎，周桂英等．基因和环境对我国冬播小麦品质性状的影响．中国粮油学报，1999，14（5）：1~5

153. 张羽，习广清．汉中主要小麦种质资源高分子量谷蛋白亚基组成分析．麦类作物学报，2005，25（5）：109~112

154. 赵广才. 中国小麦种植区划研究（一）. 麦类作物学报，2010，30（5）：886~895

155. 赵辉，戴廷波，荆奇等. 灌浆期温度对两种类型小麦籽粒蛋白质组分及植株氨基酸含量的影响. 作物学报，2005，31（11）：1 466~1 472

156. 赵玉庭. 四川固定厢沟麦稻免耕秸秆还田栽培技术研究与应用. 耕作与栽培，2000（6）：16~18

157. 周广生，朱旭彤. 孕穗期湿害对小麦生理变化与耐湿性的关系. 中国农业科学，2002，35（7）：777~783

158. 周国勤，张应香，扶定等. 豫南稻茬麦区优质高产小麦育种目标探讨. 山东农业科学，2007（1）：15~17

159. 周国勤. 信阳稻麦轮作区小麦高产障碍因子及对策研究. 天津农业科学，2011，17（5）：63~65

160. 周国勤，罗延志，潘红等. 稻茬小麦轻简化栽培技术研究. 农业科技通讯，2012（12）：93~96

161. 周艳华，何中虎. 小麦品种磨粉品质研究概况. 麦类作物学报，2001，21（4）：91~95

162. 周羊梅，顾正中，王安邦. 江苏淮北地区不同类型晚播稻茬小麦产量形成特点. 江西农业学报，2012，24（5）：21~23

163. 朱培立，李庆康，黄东迈等. 砂姜黑土不同耕作管理对稻后麦产量的影响. 土壤肥料，1995（4）：21~25

164. 朱统泉，袁永刚，曹建成等. 不同施氮方式对强筋小麦群体及产量和品质的影响. 麦类作物学报，2006，26（1）：150~152

165. 朱小乔，刘通讯. 面筋蛋白及其对面包品质的影响. 粮油食品科技，2001，9（4）：18~21

166. 朱新开，郭文善，何建华等. 淮南麦区超高产小麦产量形成特点及其生理特性分析. 麦类作物学报，1998，18（6）：40~44

167. 朱新开，郭凯泉，郭文善等. 播种方式对强筋小麦籽粒品质和产量的影响. 扬州大学学报：农业与生命科学版，2009，30（20）：59~63

168. 朱新开，郭凯泉，李春燕等. 氮肥运筹比例对稻田套播强筋小麦产量及花后旗叶衰老的影响. 麦类作物学报，2010，30（5）：900~904

169. 朱旭彤，胡业正，戴廷波等. 小麦抗湿性研究—Ⅰ. 小麦湿害的临界期. 湖北农业科学，1993，9：1~7

170. 庄秀丽，董广林. 黑龙江冬小麦独秆栽培技术. 农村实用科技信息，2012（10）：8

171. 曾衍德. 中国小麦品质区划与高产优质栽培. 北京：中国农业出版社，2012

172. Bebyakin M A, Cooper M, Basford K E. Genetic analysis of variation for grain yield and protein concentration in two wheat crosses. Australian Journal of Agriculture Research,

1997，48（5）：605~614

173. Bekes F，Gras P W. Effects of individual HMW glutenin subunits on mixing properties [A]. Glutenin Proteins 1993 [C]. Detmold Germany：Association of Cereal Research，1994：170~179

174. Benzian B，Lane PW. Protein content of grain in relation to some weather and soil factors during 17 years of English winter wheat experiments. J. Sci. Food Agic. ，1986，37：435~444

175. Campbell CA，Davidson HR，Winkleman GE. Effect of nitrogen，temperature，growth stage and duration of moisture stress on yield components and protein content of Mantou spring wheat. Can J. Plant Sci. ，1981，61：549~563

176. Figueroa JDC，Maucher T，Reule W，et al. Influence of high-molecular weight glutenins on viscoelastic properties of intact wheat kernel and relation on functional properties of wheat dough. Cereal Chemistry，2008（5）：168~170

177. Grant C A. The effect of N and P fertilization on winter survival of winter wheat under zero-tilled and conventionally tilled management. Soil Sci. ，1994，64（2）：293~296

178. Gutieri MJ，Ahmad R，Stark JC，et al. End-use quality of six hard red spring wheat cultivar at different irrigation levels. Crop Science，2000，40：631~635

179. Gutieri MJ，Stark JC，O Brienk，et al. Relative sensitivity of spring wheat grain yield and quality parameters to moisture deficit. Crop Science. 2001，41：327~335

180. Herbert Wieser，Karl-Josef Mueller，Peter Koehler. Studies on the protein composition and baking quality of einkorn lines. European Food Research and Technology，2009（4）：123~127

181. Payne PI，Lawrence GJ. Catalogue of alleles for the complex gene loci，Glu-A1，Glu-Bl，Glu-D1，which code for high-molecular-weight subuints of glutenin in hexaploid wheat. Cereals Research Communications，1983（11）：29~35

182. Rharabti Y，Villegas D，Royo C，et al. Durum wheat quality in Mediterranean environmentsII. Influence of climatic variables and relationships between quality parameters. Field Crops Research，2003，80：133~140

183. Smika DE，Greb BW. Protein content of winter wheat grain as related to soil and climatic factors in the semi-aridCentral Great Plains. Agron. J. ，1973，65：433~436

第四章　中国南北过渡带玉米栽培

第一节　生产地位和茬口衔接

一、生产地位

(一) 玉米在河南省农业生产中的地位

河南是玉米生产大省、消费大省。玉米是河南省的第二大作物。河南省地处中国黄淮海玉米优势产业带的中心区域，光热水资源丰富，平原面积大，地下水埋藏浅，大部分是玉米的适生区。

1914年，河南全省只种植玉米3.27万 hm^2，单产仅495kg/ hm^2。1949年，全省也只种植92.9万 hm^2，单产720kg/ hm^2，总产65万 t。新中国成立以后，河南玉米种植面积得到了较快发展，单产和总产水平也有较大的提高。从表4-1可以看出，1978年全省播种面积达到168.4万 hm^2，单产2 785.05kg/ hm^2，总产469万 t。1989年以前，种植面积维持在200万 hm^2 以下，1990年全省种植面积扩大到217.69万 hm^2，单产4 485kg/ hm^2，总产961万 t。1990—1999年玉米种植面积保持在200万~220万 hm^2，单产保持在4 050~5 265kg/ hm^2，总产750万~1 150万 t。

表4-1　河南省1978~2011年玉米种植面积、总产和单产

年份	播种面积 （万 hm^2）	总产 （万 t）	单产 （kg/ hm^2）	年份	播种面积 （万 hm^2）	总产 （万 t）	单产 （kg/ hm^2）
1978	168.40	469.00	2 785.05	1988	183.33	600.00	3 272.70
1979	169.80	479.00	2 820.90	1989	203.53	810.00	3 979.65
1980	168.00	533.00	3 172.65	1990	217.67	961.00	4 414.95
1981	169.67	481.00	2 835.00	1991	208.73	849.00	4 067.40
1982	159.87	437.00	2 733.60	1992	196.47	807.00	4 107.60
1983	176.80	630.00	3 563.40	1993	195.73	947.00	4 838.25
1984	152.13	523.00	3 437.70	1994	187.13	754.00	4 029.15
1985	166.40	537.00	3 227.10	1995	195.73	957.80	4 893.45
1986	188.53	437.00	2 317.95	1996	215.00	1 038.30	4 829.25
1987	193.61	677.00	3 495.75	1997	195.20	807.70	4 137.75

（续表）

年份	播种面积 （万 hm²）	总产 （万 t）	单产 （kg/hm²）	年份	播种面积 （万 hm²）	总产 （万 t）	单产 （kg/hm²）
1998	215.27	1 096.30	50 925.65	2005	250.83	1 298.00	5 174.70
1999	219.37	1 156.60	52 725.35	2006	257.87	1 541.80	5 603.10
2000	220.13	1 075.00	4 883.40	2007	277.92	1 582.50	5 694.15
2001	220.00	1 151.40	5 233.65	2008	282.00	1 633.00	5 790.00
2002	231.99	1 189.80	5 128.65	2009	289.54	1 634.00	5 643.45
2003	238.67	766.30	3 210.75	2010	294.60	1 634.80	5 549.25
2004	242.00	1 050.00	4 338.90	2011	302.50	1 696.50	5 608.20

注：引自汪黎明等．中国玉米品种及其系谱（2010），部分由夏来坤搜集整理

近 10 年来，河南省玉米生产发展更快，从表 4 - 1 可以看出，1999—2011 年种植面积、单产和总产都有较大提高，种植面积从 1999 年的 219.37 万 hm² 提高到 2011 年的 302.5 万 hm²，增加了 27.48%；单产水平整体上不断提高，从 1999 年的 5 272.35kg/hm² 提高到 2011 年 5 608.20kg/hm²，提高了 6.37%；总产从 1999 年的 1 156.6 万 t 提高到 2011 年的 1 696.5 万 t，增加了 46.68%。2003 年由于遇到了特殊的自然灾害，该年单产和总产均达到近年来历史最低点，平均单产仅有 3 210.75kg/hm²，总产只有 766.3 万 t。2011 年总产达到历史最高点，相比 2003 年已连续 8 年增产。

（二）玉米在安徽省农业生产中的地位

玉米为安徽省三大粮食作物之一，常年玉米播种面积 50 万 hm² 以上，近年来，受玉米需求和价格的影响，种植面积总体呈逐年上升的态势（表 4 - 2），尤其是 2001 年以后玉米种植面积逐年增加，2002 年增加到 60 多万 hm²，2007 年增加到 70 多万 hm²，2012 年增加到 80 多万 hm²，总产增加到 427.5 万 t，比 2008 年增加 140.8 万 t，因而，玉米生产在安徽粮食增产中起着非常重要的作用，发展玉米生产对保证安徽省和中国粮食安全都具有非常重要的意义。

安徽是全国玉米发酵制品、多元醇和燃料乙醇的重点加工生产基地，其中，丰原集团是全国三大玉米深加工基地之一，每年所消耗的玉米就达 300 多万 t，几乎接近安徽省全年生产的玉米总量。近几年，蒙牛、伊利两大全国性奶业集团纷纷进入安徽并在此地区建立养殖基地，奶业发展呈现高速发展态势，2010 年奶牛存栏数达到 15 万头，对玉米饲料的年需求量超过 50 亿 kg，因而目前安徽玉米生产还有很大的缺口。

表 4 - 2　安徽省 2002—2012 年玉米种植面积、总产和单产

年份	种植面积（万 hm²）	总产（万 t）	单产（kg/hm²）
2002	65.14	256.80	3 942.28
2003	62.74	260.60	4 153.65
2004	66.23	320.80	4 843.73
2005	63.47	310.40	4 890.24
2006	60.32	278.60	4 618.70
2007	71.04	250.20	3 521.96

（续表）

年份	种植面积（万 hm²）	总产（万 t）	单产（kg/hm²）
2008	70.51	286.70	4 065.90
2009	73.07	304.70	4 169.78
2010	76.11	312.70	4 108.71
2011	81.77	382.60	4 679.17
2012	86.23	427.50	4 957.86

注：引自汪黎明等. 中国玉米品种及其系谱（2010），部分由夏来坤搜集整理

（三）玉米在江苏省农业生产中的地位

新中国成立以来，除个别年份外，江苏玉米面积相对稳定，产量则随着生产条件的改善、新品种的推广以及栽培技术的改进逐步上升。

新中国成立初期，玉米面积为 53.33 万 hm² 左右。以后因扩种高产作物，压缩高粱，玉米面积有所增加。1953 年和 1956 年面积最大，超过了 66.67 万 hm²。20 世纪 50 年代后期开始"旱改水"，玉米面积逐渐减少，至 1952 年仅为 35.67 万 hm²。70 年代中后期，因徐淮地区扩种夏玉米，玉米面积又有回升，稳定在 46.67 万 hm² 左右。玉米产量 1949 年单产仅 615kg/hm²，总产 35.55 万 t，以后随着单产的迅速提高，总产不断上升。玉米单产和总产，1958 年超过 1 500kg/hm² 和 80 万 t，1966 年超过 2 250kg/hm² 和 100 万 t，1972 年超过 3 000kg/hm² 和 120 万 t，1976 年超过 3 750kg/hm² 和 150 万 t，1984 年超过 4 500kg/hm² 和 200 万 t。1989 年超过 5 250kg/hm² 和 250 万 t。2001 年、2002 年单产达到 6 000kg/hm² 左右。2003 年、2005 年、2007 年严重涝害，玉米单产降至 5 250kg/hm² 左右，又由于玉米非江苏粮补作物，种植面积也降至 40 万 hm² 左右。

江苏省玉米常年种植面积和总产量占全省生产比例都基本稳定在 7.5% 左右，但玉米在秋粮作物中，其面积、总产均占 14% 左右和 11% 以上，占有较重要的地位。

20 世纪 50 年代、60 年代、70 年代、80 年代以来，因全国玉米面积不断上升，江苏玉米所占比例逐步减少，分别占 4.1%、3.2%、2.3% 和 2.4%；江苏玉米平均单产提高较快，超过全国平均增长速度，分别为 85.7%、145.7%、128.9% 和 124.2%。江苏玉米由于受面积下降影响，尽管单产提高较快，总产绝对量也逐年提高，但占全国总产比例，在略有增大后，还是减少，分别占 3.7%、4.1%、2.9% 和 2.9%。

近几年，江苏不少地方已将玉米生产挤到生产条件很差的岗岭坡地上种植，灌排条件极不配套，甚至根本没有任何灌排设施，抗灾能力极差。还有一些虽在平地上种植，但播种后一直没有沟渠，或是沟渠不配套，不是旱就是涝，不是台风就是冰雹，给玉米高产稳产造成极大影响。在今后玉米生产中，要加快农田基础设施建设和中低产田的改造。对生产条件差、灌排设施不全的中低产田，想方设法采取多种措施，进一步增加肥料投入和资金投放，逐步建设成高标准现代化农田；同时，突出应变栽培措施，积极做好防灾抗灾的准备，加强抗逆栽培措施的研究与推广应用，确保玉米高产稳产。全面推广应用成熟的高产高效栽培技术，如玉米群体质量栽培、育苗移栽、叶龄模式、化学调控等技术，加大技术指导力量，确保技术到位，提高技术应用质量。

（四）玉米在陕西省农业生产中的地位

全省玉米生产按其自然区划可分为陕北、关中、陕南 3 个大区，关中和陕南是全省玉米主要产区。陕北过去种植较少，近年来玉米面积逐渐增加。1949 年全省玉米面积 66.1 万 hm²，平均产量 759.75kg/hm²，总产量约为 55 万 t。1956 年面积发展到 86.9 万 hm²，平均产量 1 050kg/hm²，总产量 107 万 t，较 1949 年面积增长 31.4%，平均产量增长 20.7%，总产量增长 64.9%。1965 年又有较大发展，比 1956 年增长 10.3%，单产增长 65.2%，总产量增长 82.9%。1978 年全省玉米平均产量为 2 520kg/hm²，比全国平均产量 2 992.5kg/hm²，低 8.4%。1980 年玉米面积 107.7 万 hm²，比 1965 年增长 12.4%，平均产量 2 552kg/hm²，增长 45.9%，总产量 274.7 万 t，增长 62.1%。2006 年全省玉米面积发展到 114.7 万 hm²，平均产量 4 626kg/hm²，总产量 532.05 万 t，面积比 1980 年增加 6.54%，单产、总产分别增长了 81.4% 和 93.68%；与 1949 年相比，面积、单产和总产量分别增加 73.45%、508.89% 和 867.37%。

全省玉米生产迅速发展的主要原因，首先是政府制定了针对农村及农业生产的一系列方针政策，调动了农民生产积极性；第二，农业生产条件的不断完善，如兴修水利，扩大灌溉面积，增施化肥。1949 年全省有效灌溉面积 22.4 万 hm²，1980 年发展到 139.4 万 hm²，增加了 4.5 倍；尤其关中平原灌区，随着复种指数的增加，夏播玉米面积发展很快，约占全省玉米面积的一半；第三，育种科学事业的不断发展，促进了玉米良种的更新。

全省玉米面积占耕地面积的 25.3%，其中，陕北玉米面积占该区耕地面积的 8%，关中地区玉米面积占该区面积的 26.9%，陕南地区玉米面积占该区耕地面积的 45%。各地（市）之间玉米单产水平差异较大，关中地区玉米平均产量 5 044.5kg/hm²，陕北地区产量 5 535kg/hm²，陕南地区产量 3 320.7kg/hm²。纵观全省，关中、陕北是高产区，陕南是低产区。

（五）玉米在湖北省农业生产中的地位

21 世纪初，湖北省玉米种植面积在缓慢上升，鄂西山区调减了玉米面积，发展蔬菜、茶叶、烟草等经济作物，鄂北岗地调减了棉花面积，扩大了夏玉米的种植面积，江汉平原、鄂中、鄂东等地也调减了棉花面积，扩大了玉米种植面积，城郊地区快速发展鲜食甜糯玉米生产。

湖北省年种植普通玉米 46 万 hm²，总产 240 万 t，单产 346kg/亩，主要分布在恩施州、襄阳市、宜昌市、十堰市等；年种植甜玉米约 0.8 万 hm²，主要分布在武汉市汉南区、东西湖区、汉川市、天门市、潜江市、宜昌市夷陵区、长阳县、恩施市等地，总产 10 万 t，单产带苞鲜穗 12.5t/hm²；年种植糯玉米 0.4 万 hm²，主要分布在武汉市汉南区、东西湖区，总产 4.4 万 t，单产带苞鲜穗 11t/hm²。

湖北米消费主要用于加工和鲜食，2008 年湖北省共生产普通玉米 240 万 t，消费 440 万 t。其中，饲料消费为 400 万 t，工业用途消费为 20 万 t。每年需调入 200 多万 t 玉米才能满足需求。随着畜牧业及玉米工业的发展，年需玉米将达到 600 万 t；全省共有 320 家规模以上饲料加工企业，2008 年生产配合饲料 300 万 t，消耗玉米 210 万 t，小企业及农户用作饲料及饲料原料消耗玉米 190 万 t，共计 400 万 t；全省共有 5 家进行玉米深加工的企业，主要生产玉米淀粉、柠檬酸等。其中，兴华生化有限公司（黄石）是中国长江以南最大的柠檬酸生产企业，年产柠檬酸及柠檬酸盐 5 万 t，消耗玉米 10 万 t。目前，正计划建一个年产 12 万 t 淀粉糖的工厂，玉米需求量将达到 20 万 t 以上。

湖北省鲜食玉米种植面积约 1.2 万 hm^2，其中，甜玉米约 0.8 万 hm^2，糯玉米约 0.4 万 hm^2，年产鲜食玉米 14.4 万 t，除部分满足本省市场需求外，还运销到南方或北方市场。由于鲜食玉米上市集中，经常出现旺季积压、淡季紧俏的局面，现有 8 家加工企业加工玉米穗、玉米粒或玉米浆，其中，宜昌稻花香集团有限公司已具备每年加工 10 万 t 玉米浆的能力，恩施市的硒之源有限公司具备加工 5 万 t 玉米浆的能力。随着 8 家企业的投产，总共可具备 40 万 t 鲜玉米加工能力，预计鲜食玉米生产面积可达到 2.5 万 hm^2 以上。

二、茬口衔接

（一）种植制度与茬口衔接

自然条件对玉米生长发育十分有利。玉米生育期间平均气温 22~26℃，最热月平均气温 26~28℃，温差 10℃左右，日照时数 700~800h，降水量 400~600mm，降水过分集中，夏季降水量占全年的 70% 以上，但降水变率大，时有旱涝灾害发生。属于光热资源丰富、降水较多的典型一年两熟制地区，各地种植制度多为冬小麦-夏玉米的轮作制，也有麦-稻、油菜-玉米等种植制度，夏玉米一般接冬小麦茬，部分地区接油菜茬。

（二）过渡带夏玉米的分布和发展概况

1. 河南省夏玉米的分布和发展概况　河南省是玉米生产大省、消费大省。玉米是河南省的第二大作物。河南省地处黄淮海玉米优势产业带的中心区域，光、热、水资源丰富，平原面积大，地下水埋藏浅，全省大部分地区是玉米适应生产区。2000 年以后，河南玉米生产飞速发展，单产和总产均有较大幅度的提高。目前，河南玉米常年种植面积近 5 000 万亩，单产近 400kg/亩，已实现连续 9 年增产。河南也是玉米消费大省，主要用于饲料和工业加工，每年消费饲料 1 300 万 t，占全国的 1/8。省内拥有天冠、莲花、双汇等一大批玉米加工企业，玉米消费和需求市场空间巨大。"十二五"以来，河南省玉米产业发展得到进一步提升，玉米产业朝着高产优质多抗耐密新品种选育与推广、高效简化栽培技术体系应用、发展现代加工业提高产品附加值等方向发展。

2. 安徽省夏玉米的分布和发展概况　安徽省位于中国东部，长江、淮河自西向东横贯境内，天然地将全省划为淮北、江淮之间和江南 3 个区域，形成了安徽省玉米生产的 3 大区域。淮北平原玉米区是安徽省的玉米主产区，属于中国黄淮海玉米区，主要包括阜阳、亳州、宿县、淮北、蚌埠、淮南 6 个地市的 25 个县、市（区）的淮河以北部分。江淮丘陵玉米区主要包括滁州、合肥、六安 3 个地市的 18 个县、市郊全部及含山、庐江、桐城的大部分。皖南山地玉米区主要包括巢湖、马鞍山、芜湖、铜陵、宣城、池州、安庆、黄山 8 个地市中的绝大部分县市（区）。江淮丘陵玉米区、皖西和皖南山地玉米区近几年玉米种植面积、单产和总产均有很大提高。

3. 江苏省玉米的分布和发展概况　玉米在江苏省是仅次于水稻、小麦的第三大作物，是江苏省的饲料主体，又是增值加工的重要工业原料，如玉米淀粉、酒精、药品、玉米油、果糖浆等。自 20 世纪 90 年代以来，特用玉米如甜玉米、糯玉米、玉米笋、爆裂玉米等也已形成一定的生产规模。因生长期短、适应性广、种植成本低和产量高等特点，玉米还是江苏省多熟制中承上启下的重要作物。因此，玉米生产对江苏省粮食总量平衡、畜牧业发展、加工业及种植业结构调整等均具有重要作用。江苏省玉米生产划分为徐淮夏玉米区、沿海春玉米区、通扬高沙土春玉米区、丘陵及洲地夏玉米区 4 个一级区，常年种植面积 43 万 hm^2 左右，占全省粮食种植面积的 8% 左右。其中，徐州、盐城和南通 3 个主产市的面积和总产均占全省总面积和总产的 65%～70%。据统计，江苏省常年玉米年自给率仅 40%，以调入为主，而且随着工业玉米用量在不断增加，供需矛盾日益激化。

4. 陕西省夏玉米的分布和发展概况　玉米是陕西省主要粮食作物，也是种植效益和商品率较高的粮食作物。全省常年种植面积近 2 000 万亩，单产约 300kg/亩。玉米生产分为陕北、关中、陕南 3 个大区，由于气候、地形、土质、生产条件及水平的差异，形成了不同的玉米生态分布和耕作栽培制度，有比较明显的春、夏播玉米之分。春玉米主要分布在秦岭和巴山山区，以及渭北高原、陕北丘陵沟壑区。夏玉米主要分布在关中平原灌区和陕南汉江川道平坝区，早熟春玉米主要分布在榆林地区长城沿线风沙带、延安地区西北山区。全省人均占有玉米 100kg，较全国平均水平低 10kg，远低于欧美等畜牧业发达国家。预计未来几年陕西玉米播种面积和产量将会呈快速增产趋势。玉米加工主要用于制酒、淀粉、糖化酶、糠醛、调味品、饲用金霉素等。

5. 湖北省玉米的分布和发展概况　玉米是湖北省主要粮食作物之一。全省玉米生产按生态类型可划分为 4 大生态种植区，即鄂西山地春播玉米区、鄂北岗地夏玉米区、江汉平原和鄂中丘陵春播玉米区、鄂东南丘陵春播玉米区。

鄂西山地是湖北玉米集中产区，包括恩施、十堰全境，宜昌的夷陵、宜都、长阳、五峰、秭归、兴山、远安，襄阳市的南漳、保康、谷城等 25 个县区，2008 年玉米播种面积 33 万 hm^2，占全省玉米面积的 70.1%；鄂北岗地是湖北夏玉米主产区，包括襄阳市的 5 个区，2008 年玉米播种面积 6.347 万 hm^2，占全省玉米面积的 13.4%；江汉平原及鄂中丘陵地区位于湖北中南部，包括荆州、武汉、荆门等，以春播玉米为主，2008 年玉米种植面积 5.84 万 hm^2，占全省的 12.4%；鄂东南丘陵春播区位于湖北东南部，主要包括黄冈、黄石、咸宁、鄂州 4 个市，2008 年播种面积 1.95 万 hm^2，占全省的 4.1%。

第二节 夏玉米的生长发育

一、品种类型

（一）玉米品种类型

玉米由南美洲传入世界各地，经长期天然杂交、自然选择和人为选择，产生了大量变异种类和类型。根据植物学特征、生育特性及用途对玉米进行分类，有利于全面掌握和了解各品种类型的特征特性，便于更加有效的研究、利用、改良和保存。

玉米类型多样，划分的依据和方法也不同。本文按熟期、用途、播期和植株类型进行划分。

1. 熟期类型 依据玉米一生所需≥10℃的积温多少及熟性不同，生产上一般可将玉米划分为早熟、中熟和晚熟3大类型：

（1）早熟品种 春播生育期90～120d，所需积温2 000～2 300℃，夏播70～85d。植株短小、叶数少（14～17片）、籽粒小、百粒重15～20g。

（2）中熟品种 春播生育期120～150d，所需积温2 300～2 600℃。夏播85～95d，需积温2 100～2 300℃。植株性状介于早、晚熟品种之间，百粒重20～30g。产量较高，适宜地区广。

（3）晚熟品种 春播生育期150～180d，所需积温2 600～3 100℃。夏播100d以上，需积温2 500℃。植株高大，叶多（21～25片），籽粒大，百粒重30g左右，产量较高。

玉米生育期的长短不是绝对的，可随环境不同而改变。一般日照延长、温度变低，品种生育期可延长；反之则缩短。同一品种长距离的南北方引种或播期早晚不同，其生育日数亦有差异。

联合国粮农组织（FAO）对玉米熟期类型有通用标准，分为7类：超早熟，早熟，中早熟，中熟，中晚熟，晚熟，超晚熟。

超早熟类型：8～11片叶，生育期70～80d。

早熟类型：12～14片叶，生育期81～90d。

中早熟类型：15～16片叶，生育期91～100d。

中熟类型：17～18片叶，生育期101～110d。

中晚熟类型：19～20片叶，生育期111～120d。

晚熟类型：21～22片叶，生育期121～130d。

超晚熟类型：>23片叶，生育期131～140d。

2. 用途类型 玉米用途广泛，一般按用途可将玉米分为普通玉米和特用玉米。普通玉米是指最普遍种植的常规玉米类型，主要收取籽粒用于人类食用或饲用。特用玉米是指除常规玉米以外的各种类型玉米。传统的特用玉米有甜玉米、糯玉米和爆裂玉米，新近发展起来的特用玉米有优质蛋白玉米（高赖氨酸玉米）、高油玉米和高直链淀粉玉米等。由于特用玉米比普通玉米具有更高的技术含量和更大的经济价值，国外把它们称之为"高值玉米"。

（1）普通玉米　也称粮饲兼用型玉米，包括两类。一是果穗成熟时茎叶仍保持鲜绿，果穗收获后，秸秆可作青贮用。二是指品种既有较高的籽粒产量，还有较高的全株生物产量，可根据玉米市场价格情况，来决定整株青贮还是收籽粒。粮饲兼用型玉米研究在中国起步较晚，目前在生产上大面积推广应用的品种如郑单958、浚单20、先玉335、登海系列、古单系列等。

粮饲兼用型玉米在美国有相当的比例。农场主根据玉米市场期货价格情况，来决定收青贮还是收籽粒。粮饲兼用型玉米在中国以第一种方式应用的较多。近年来在中原肉牛肉羊带和东北肉牛带，粮饲兼用型玉米的应用有较大发展。种植粮饲兼用型玉米使农民在籽粒产值的基础上，还可增加一项销售玉米青秸秆的收入，同时降低了畜牧业的饲料成本，促进了畜牧业的发展，进一步提高了农民的收入。

（2）特用玉米

① 甜玉米　甜玉米是以其籽粒（胚乳）在乳熟期含糖量高而得名。由于遗传特点的不同，甜玉米又分为普通甜玉米、超甜玉米和加强甜玉米。籽粒乳熟期含糖量高达10%～25%，为普通玉米的3～5倍。蛋白质含量、赖氨酸等营养成分也比普通玉米高，是目前作为果蔬兼用而受到广泛喜爱的特用玉米类型。

采收甜玉米青果穗后，留下大量的绿色茎叶、苞叶和雌穗的花柱，一般30 000kg/hm²左右。甜玉米的茎叶等绿色部分十分鲜嫩，糖分、粗蛋白、脂肪含量都很高，是家畜的优质饲料，可以割青直接鲜喂，也可作为青贮饲料。经过青贮的甜玉米茎叶，柔软多汁，酸甜芳香，家畜爱吃，喂奶牛、奶羊能提高产奶量和奶质。

甜玉米在日本、韩国和中国的台湾省都得到普及，台湾省每年种植甜玉米2万 hm²以上。日本从战后的1950年引种试种甜玉米，20世纪70年代开始选育出单交种，近几年来，超甜玉米的栽培面积逐步扩大，已达到4万 hm²以上。其中，以北海道地区面积最大，产量最高，占日本总产量的1/3以上。

甜玉米茎秆直立，高1～3m。秆粗大，节间长，长而大的叶鞘包围茎秆。分枝力差，下部接近地面数节易发生不定根。

② 糯玉米　糯玉米也称蜡质玉米，籽粒总淀粉中的支链淀粉含量≥95%。籽粒不透明呈蜡质状，具有皮薄、粉细、味香、口感黏糯的优点，是优质粮食和食品原料。可鲜食或加工成年糕、脆饼、玉米羹、玉米糊、饮料以及各种膨化食品，也广泛应用于造纸工业、纺织工业和黏合剂工业。糯玉米具有比普通玉米高得多的消化率，因而也具有较高的饲料转化率，是优质的饲料。

20世纪初糯玉米由中国引入美国。20世纪30～40年代，美国开始用糯玉米淀粉取代从东南亚进口的木薯淀粉而应用于纺织工业，并逐渐发现了糯玉米淀粉的广泛用途。现在，美国糯玉米的种植面积达40万 hm²，并不断扩大，糯玉米粉已被广泛应用于食品、造纸、纺织和黏着剂工业。美国的糯玉米淀粉产量占整个湿磨淀粉产量的8%～

10%，年产量160万～200万t，价格是普通玉米淀粉的2倍以上。并且，许多牲畜饲养场和奶牛场都在以糯玉米取代普通玉米作饲料。种子产业随之兴旺，目前，美国有多家种子公司从事糯玉米杂交种的培育和销售。

糯玉米一般是较上部叶片极度上冲，较下部叶片伸展下垂，植株较小，适于密植。

③ 高油玉米 高油玉米是运用现代科技手段育成的一种高附加值玉米新类型。它是把优质、高产、多用途和高效益结合起来的一种粮、油、饲兼用的多用途作物。高油玉米的营养品质和经济价值居禾谷类作物之首，也是特种玉米领域发展最快的一个类型。

高油玉米的典型特征是胚较大，含油量7%～10%，比普通玉米高76%以上，含有较高的能量。玉米油的热值比淀粉高1.25倍，玉米胚的蛋白质含量22%，比胚乳高1倍，赖氨酸和色氨酸含量比胚乳高2倍以上。此外，高油玉米的维生素A含量也高于普通玉米，作为饲料可以不加脂肪，少加其他辅料，降低成本，提高饲料效率。

高油玉米的育种仍以美国领先，美国对高油玉米群体的选择始于1896年。目前推广的高油玉米籽粒含油量达8%～10%（普通玉米籽粒的含油量一般为4%～5%）。玉米胚的含油量为45%～50%。美国的高油玉米群体材料已成为世界各国高油玉米育种工作的基础。

④ 优质蛋白玉米 也称高赖氨酸玉米（High lysine maize）。优质蛋白玉米不同于高蛋白玉米，高蛋白玉米的粗蛋白含量可能很高，但赖氨酸含量不一定高。优质蛋白玉米的赖氨酸含量高达0.4%，比普通玉米（0.2%）高1倍。赖氨酸是人类和单胃动物不能合成、又必不可少的一种主要氨基酸，在食品或饮料中，缺少这种氨基酸，后果就十分严重。优质蛋白玉米及其食品，对少年儿童的生长发育有良好的作用。试验表明，在以粮食为主料的几种食品配方中，以优质蛋白玉米的营养效果最好。优质蛋白玉米是食品加工和饲料配制的优质原料。种植优质蛋白玉米作为粮食、饲料价值可达普通玉米的1.5倍。作为食品加工则价值更高，效益更好。

⑤ 高淀粉玉米 高淀粉玉米是指籽粒淀粉含量达70%以上的专用型玉米，而普通玉米含淀粉只有60%～69%。玉米淀粉是各种作物中化学成分最佳的淀粉之一，有纯度高（达99.5%）、提取率高（达93%～96%）的特点，广泛应用于食品、医药、造纸、化学、纺织等工业。据调查，以玉米淀粉为原料生产的工业制品达500余种。因此，发展高淀粉玉米生产，不但可为淀粉工业提供含量高、质量佳、纯度好的淀粉，同时还可获得较高的经济效益。玉米淀粉由支链淀粉和直链淀粉组成，由于两者的性质存在着明显的差异，所以，通常根据两者组成的不同可以分为混合型高淀粉玉米、高支链淀粉玉米（糯玉米）和高直链淀粉玉米。目前，高直链淀粉玉米在国内尚未推广应用。

⑥ 爆裂玉米 爆裂玉米又称爆花玉米，膨爆系数可达25～40、是一种专门供制作爆玉米花（爆米花）食用的特用玉米类型，有悠久的栽培历史。20世纪以来迅速发展并兴起新型的爆玉米工业。

爆裂玉米果穗和籽粒均较普通玉米小，籽粒结构紧实、坚硬透明，遇高温有较大的膨爆性，即使籽粒被砸成碎块时也不会丧失膨爆力。籽粒多为黄色或白色，也有红色、蓝色、棕色、甚至花斑色的，膨爆后均裸露出乳白色呈蘑菇状或蝴蝶状的絮状膨化物，松脆可口。

爆裂玉米育种起源于美国。第一个用于工厂化生产的爆裂玉米品种是一种叫做"西班牙"的爆裂玉米，第一个用于商业生产的爆裂玉米杂交种是在 1934 年美国明尼苏达农业试验站发放的叫做"Minhybrid 250"的姊妹交单交种。中国改革开放后，美国爆裂玉米及加工机器进入中国市场，国内一些科研单位也开始了爆裂玉米育种工作。目前育成的代表品种有中国农业科学院的黄玫瑰、黄金花，沈阳农业大学的沈爆一号、沈爆二号等。中国的爆裂玉米品种和技术水平与美国差不多，但原料加工设备和工艺十分落后。优质爆裂玉米籽粒膨爆率达 99%。籽粒太湿或过干都不能很好地充分膨爆。籽粒含水量 13.5% ~14.0% 最为适宜，膨爆时爆炸声清脆响亮、爆花系数大、爆出的玉米花花絮洁白、膨松多孔。

⑦ 笋玉米　又称多穗玉米，是以采收玉米幼嫩果穗来作蔬菜用的一种玉米类型。由于采摘的幼穗上刚刚发育的胚似串串珍珠，又叫珍珠笋。笋玉米的幼嫩果穗形似竹笋，状如手指，食之鲜嫩，果穗上串串珍珠状的小花（子房），晶莹剔透，可作为蔬菜或加工成罐头，是一种新型蔬菜。

玉米笋含有丰富的氨基酸、维生素、矿物质，可制作生菜色拉、淹制泡菜、西餐配菜、加工罐头等。未经授粉的幼嫩玉米果穗，一般在刚刚吐丝时采摘。

用于玉米笋生产的专用品种，具有生育期短、植株矮、出笋多，笋形好、耐密植等优点，一株可采摘 4 ~5 枝玉米笋。无论是单作满幅栽培，还是间作套种都是效益较高的作物，茬口容易安排。华中及南方广大地区一年可种 3 季，复种指数较高。

目前，笋玉米的食品开发已成为新的热点，全球笋玉米生产呈逐年上升势头。由于机械采收比较困难，只能人工从果穗苞叶中剥出，所以，欧美国家因人工昂贵而无法组织大面积生产。目前世界上笋玉米罐头的生产地主要集中在东南亚和中国的台湾省。如泰国的笋玉米品种，在当地一年可生产 6 季，每季可产鲜笋玉米 2 250kg/ hm^2，笋玉米价格在 15 美元/kg 左右。

⑧ 青贮玉米　青饲青贮玉米是指用鲜嫩的玉米茎叶做饲料的玉米，一年可以种植多次。青饲青贮玉米品种，持绿度高，绿叶面积大，秸秆木质素含量低，一般都具有较高的生长势，生长迅速，在短时间内可以获得较多的茎叶产量。目前生产中推广的部分青饲玉米品种，鲜生物产量可达 60 000 ~ 105 000kg/hm^2，较普通玉米高 15 000 ~ 45 000kg/hm^2。

青饲青贮玉米有单秆型和分枝型两种。单秆型一般无分蘖，通常植株高大，叶片繁茂，植株粗壮，着生 1 ~2 个果穗；分枝型分蘖能力极强，茎叶丛生，果穗多，可多次收割。

青饲青贮玉米是在乳熟后期，将玉米的地上部分收割、切碎并贮藏于青贮窖或青贮塔中，可以长时间用作奶牛、肉牛饲料。在生产上，要求青贮玉米的茎、叶、穗产量高，抗倒伏，营养价值高，并易于消化利用。青贮玉米在栽培技术上比青饲青贮玉米要求高，在品种选配上一般要求采用植株高大、产量高、抗倒抗病的晚熟品种。在播种期上，要考虑收割时具有好的气候条件，以利于青贮。青贮玉米既要增加种植密度，又要防止倒伏，因为倒伏不仅降低产量，而且无法进行机械收割。收获期的确定，要以单位面积产量最高、获得的饲养效益最佳为原则。

3. 播期类型

（1）春播玉米　指春季播种的玉米。因播种期早，中国北方农民又称之为早玉米。春播玉米的播种期和收获期地域间相差很大，过渡带地区一般4月中下旬开始至5月上旬播种，一般以10cm土层温度稳定在10℃以上时播种为宜。收获期从8月底到9月初，生育特点是苗期生长缓慢，基部节间较短，穗位低，植株健壮，抗倒伏能力较强。果穗大，单株产量较高，在盛夏高温、多雨季节、易感染大斑病、小斑病；主要害虫有地老虎、玉米螟等。栽培方式有单作，或与豆类、薯类等间、套作。

（2）夏播玉米　又称夏玉米，指夏季播种的玉米。过渡带地区一般6月初播种，部分地区5月底套种，9月底收获，多接麦茬。夏玉米较春玉米生育期较短，一般90~110d，生产上多选用中早熟或中熟品种。夏玉米生长发育较快，灌浆时间较短，高温多雨的7~8月易感染锈病，生育后期天气多变易倒伏。栽培方式多单作接小麦茬，播种方式多铁茬直播，少量地区麦收前套播。

（3）秋播玉米　秋季播种的玉米。一般7~9月播种，露地栽培从7月初至8月初均可播种，秋延后大棚栽培可延后至8月中旬播种。多在江浙或华南地区种植，品种也以甜、糯玉米等鲜食玉米品种为主。过渡带地区基本无种植。

（4）冬播玉米　冬玉米属反季作物，一般当年10月下旬至11月播种，翌年4~5月收获。一般在云南、海南等地种植。根系发育较差，吸收水肥能力较弱，生长发育不如夏播玉米旺盛。同一品种，冬播比夏播植株矮小，生育期延长。另外，冬玉米怕霜冻，如生长期遇霜冻，轻则减产，重则颗粒无收。所以，一是必须选择无霜地区种植冬玉米，二是了解当地最低气温出现时期，安排好播期。

4. 植株类型

（1）紧凑型　叶片与茎秆的叶夹角小于20°。

（2）半紧凑型　叶片与茎秆的叶夹角为20°~35°。

（3）平展型　叶片与茎秆的叶夹角大于35°。

（二）中国南北过渡带玉米品种类型

过渡带地区积温较高，多为麦茬夏播玉米，简称夏玉米。从熟期类型考虑，以中早熟和中熟品种为主。既有普通玉米，也有特用玉米。在大面积种植中，以普通玉米为主，生产中面积较大的品种有郑单958、浚单20等紧凑型耐密品种，也有中科4号、蠡玉16等平展大穗型品种。

二、生育期和生育阶段

（一）生育期天数

作物从播种到收获的整个生长发育所需的时间为作物的大田生育期，以天数表示。

作物生育期的准确计算方法应当是从种子出苗到作物成熟的天数，因为从播种到出苗、从成熟到收获都可能持续相当长的时间，这段时间不能计算在作物的生育期内。

玉米生育期也称玉米的一生，即玉米从种子萌发出苗直至授粉、受精，产生新的种子的连续的生长发育过程，即从种子到种子的生活周期。而在生产上一般指玉米从出苗到成熟所经历的天数。生育期指玉米生长发育的全过程，其长短主要决定于基因型，亦因光照、温度、肥水等环境条件的不同而变化，生育期长短以天数表示。通常叶数多的生育期较长，叶数少的生育期较短；日照较长、温度较低或水肥充足时，其生育期较长；反之，则较短。玉米生育期是选用品种的主要依据之一，也是重要的育种目标。

（二）物候期划分

玉米的物候期也称生育时期，是指某一新器官的出现，使植株形态发生特征性变化的时期。在适期播种条件下，这些时期对应着一定的物候现象，故也称物候期。在玉米整个生长发育过程中，根据玉米的形态变化（根、茎、叶、穗、粒等器官的出现），主要分为以下几个生育时期：播种期、出苗期、拔节期、抽雄期、吐丝期、成熟期等。这些不同的时期既有各自的特点，又有密切的联系。

1. 播种期 播种的日期。以"年.月.日"表示。

2. 出苗期 第一片真叶展开的日期，这时苗高一般 $2 \sim 3cm$。全区50%以上幼芽钻出土面3.0cm以上之日。以"年.月.日"表示。温度、水分、O_2 等环境条件对出苗有很大影响。

3. 拔节期 茎基部节间开始伸长的日期，为严格和统一记载标准，现均以雄穗生长锥进入伸长期的日期为拔节期。它标志着植株茎叶已全部分化完成，将要开始旺盛生长，雄花序开始分化发育，是玉米生长发育的重要转折时期之一。

4. 抽雄期 雄穗主轴从顶叶露出 $3 \sim 5cm$ 的日期。全区50%以上植株雄穗尖端露出顶叶之日。以"年.月.日"表示。这时，植株的节根层数不再增加，叶片即将全部展开，茎秆下部节间长度与粗度基本固定，雄穗分化已经完成。

5. 吐丝期 雌穗丝状花柱从苞叶伸出 $2 \sim 3cm$ 的日期。全区50%以上植株雌穗花柱从苞叶吐出之日。以"年.月.日"表示。正常情况下，玉米吐丝期和雄穗开花期同步或迟 $2 \sim 3d$。抽穗前 $10 \sim 15d$ 遇干旱（俗称"卡脖旱"），这两个时期的间隔天数增多，严重时会造成花期不遇，授粉受精不良。

6. 成熟期（乳熟、蜡熟、完熟）

（1）乳熟期 植株果穗中部籽粒干重迅速增加并基本建成，胚乳呈乳状后至糊状。

（2）蜡熟期 植株果穗中部籽粒干重接近最大值，胚乳呈蜡状，用指甲可以划破。

（3）完熟期 植株籽粒干硬，籽粒基部出现黑色层，乳线消失，并呈现出品种固有的颜色和色泽。

记载时以全区90%以上植株的籽粒完全成熟，即果穗中下部籽粒乳线消失，胚位下方尖冠处出现黑色层的日期。以"年.月.日"表示。这时，籽粒变硬，干物质不再增加，是收获的时期。

（三）生育阶段

1. 生育阶段的划分

（1）依生育进程划分　分为播种至拔节（或出苗至拔节）、拔节至抽雄、抽雄至成熟3个生育阶段，分别标志着玉米生育进程的营养生长阶段、营养生长与生殖生长并进阶段、生殖生长阶段。依各阶段天数与生育期天数的比例，衡量其"长"或"短"，吴东兵、曹广才等（1995）把阶段天数/生育天数≥1/3视为"长"，把阶段天数/生育天数≤1/3视为"短"，则3段生长在不同品种、地域、播季和播期中有不同的长短变化，如"长-短-长"（表4-3）、"短-短-长"等（表4-4）。

①营养生长阶段　玉米只有根、茎、叶等营养器官的分化和生长，营养物质的分配和积累也仅在这些器官中进行。

②营养生长与生殖生长并进阶段　玉米既有营养器官的旺盛生长，又有生殖器官的分化发育，故穗期亦称营养生长与生殖生长并进阶段。玉米在并进阶段的营养物质分配积累趋势为：拔节期至大喇叭口期（雄穗四分体期）植株吸收与合成的养分主要供应以叶为主的营养器官，以后向茎秆输送的份额逐渐增多，到抽雄穗期，茎秆干重及其生长速度均高于全叶。在并进阶段，雌雄穗虽然也在迅速地进行分化发育，但其体积很小，干物质积累甚少，干重占全株干物重的比例也很低。

③生殖生长阶段　这期间主要进行开花、授粉、受精、籽粒形成及灌浆成熟等生殖生长活动，故称生殖生长阶段。玉米在该阶段的生长中心是籽粒，以籽粒形成和灌浆充实为主，穗粒干物质增加较快。

在玉米田间管理上，要根据植株3个生育阶段的基本特点，结合田间的实际长势长相，灵活运用促控措施，协调群体与个体、植株地下生长与地上生长、营养生长与生殖生长间的矛盾，确保玉米群体较大、结构合理、株壮、穗大、粒多和粒重。

表4-3　不同海拔下玉米的生育阶段天数变化（曹广才等，1995，山西省寿阳县）

地点	海拔（m）	播种至拔节（d）	拔节至抽雄（d）	抽雄至成熟（d）	播种至成熟（d）
太安村	1 101.5	68.7	29.7	54.2	152.6
北嵩村	1 271.5	74.3	23.0	55.7	153.0
北嵩村	1 301.5	77.0	25.0	58.7	160.7
段玉村	1 441.5	77.0	25.3	60.7	163.0

注：引自曹广才（1995）．北方旱农地区的山西省寿阳县1992年数据．玉米品种烟单14

表4-4　不同播期下春玉米生育时期持续时间的变化（刘明，2009）

生育时期	郑单958		鲁单984	
播种期	04~24	05~15	04~24	05~15
拔节期	06~05	06~20	06~05	06~20
大喇叭口期	06~22	07~05	06~22	07~05

（续表）

生育时期	郑单 958		鲁单 984	
开花期	07~03	07~17	07~03	07~17
蜡熟期	08~09	08~19	08~09	08~19
完熟期	09~05	09~17	09~05	09~17

（2）依形态特征和栽培管理划分　玉米根、茎、叶等营养器官的生长和穗、粒等生殖器官的分化发育，在全生育期有明显的主次关系。按照玉米整个生育期的形态特征、生长性质和栽培管理，又可将其划分为 3 个不同的生育阶段：

①苗期阶段　同出苗至拔节期对应，属于营养生长阶段。即从播种期至拔节期的一段时间，包括种子发芽、出苗及幼苗生长等过程。

播种后，种子吸水膨胀，开始发芽。首先胚根突破皮层伸长下扎，随后胚芽向上生长，第一片真叶出土展开，进入出苗期。幼苗在发芽出苗过程中消耗的养分及能量均由种子胚乳供给，是异养过程。随着根系扩大，展开叶增多，绿色面积及光合产物增加，幼苗营养逐渐全部自给，一般从第三叶展开时就过渡到自养过程。在大田条件下，一般土壤水分不足，温度偏低，是影响玉米发芽出苗的主要环境因素。因此，播种期的农业技术措施，主要是为苗全、苗齐、苗壮创造条件。

苗期阶段，玉米主要进行根茎叶的分化和生长。这期间，植株的节根层、茎节及叶全部分化完成，形成了胚根系，长出的节根层数约达总节根层数的 50%，展开叶约占品种总叶数的 30%。因此，从生长器官的属性来说，苗期是营养生长阶段；由器官建成的主次关系分析，这阶段是以根系生长为主。

在玉米生产中，壮苗是丰产的基础。苗期壮苗的个体长相是根系发达，叶片肥厚，叶鞘扁宽，苗色深绿，新叶重叠；群体表现则为苗全、苗齐、苗匀、苗壮。

②穗期阶段　同拔节至抽雄期对应，属于营养生长与生殖生长并进阶段。即从拔节期至抽雄开花期的一段时间。

在穗期阶段，玉米根茎叶等营养器官旺盛生长并基本建成，一般增生根 3~5 层，占节根总数 50% 的左右，而根量增加却占总根量的 70% 以上；节间伸长、加粗、茎秆定型；展开叶数约占总叶数的 70%。在这个阶段，玉米完成了雄穗和雌穗的分化发育过程。可见，穗期是营养器官生长与生殖器官分化发育同时并进阶段。本阶段地上器官干物质积累始终以叶、茎为主，拔节期至雄穗四分体期，以叶为主，全叶干物质占地上总干物重的 67% 以上，之后茎生长加快，到开花期茎叶干重仍占地上干物重的 90% 以上。在穗期，植株的内在矛盾，主要是器官建成数量、大小与有机养分合成量多少、分配比例间的矛盾，尤其居主要地位的营养器官和尚未占据生长中心位置的生殖器官间争用养分的矛盾，应根据玉米长势长相采取适当措施予以协调。这期间玉米田间管理措施，主要是调节植株生育状况，促进根系发展，使茎秆中下部节间短粗、坚实，保证雌雄穗分化发育良好，建成壮株，为穗大、粒多、粒重奠定基础。

③花粒期阶段　同抽雄至成熟期相对应，属于生殖生长阶段。即雄穗开花期至籽粒成熟期经历的时间。

从开花期始，玉米进入以开花、吐丝、受精结实为中心的生殖生长阶段，籽粒居该阶段生长和营养物质累积的主要地位。玉米成熟籽粒干物质的85%～90%是绿叶在这阶段合成的，其余部分来自茎叶的贮存性物质。在吐丝期，叶片合成物质分配给雌、雄穗的分别占7.78%～8.43%和6.01%～8.55%，灌浆成熟期间，干物质的57.24%～64.07%分配到雌穗，其中，籽粒占44.47%～50.94%。

2. 生育阶段特征

玉米在3个生育阶段中，各有其主要生长器官和营养物质主要输送部位，并按一定的顺序转移，即根-叶、茎-穗、粒。首先是根系生长，为吸收水肥奠定基础；相继是叶、茎建成，再为穗、粒分化形成创造条件，最后是雌雄穗生长及籽粒形成、物质充实和成熟。

玉米苗期由于植株较小，叶面积不大，蒸腾量低，需水较少；又因为种子根扎得较深，所以，耐旱能力较强。但抗涝能力较弱，水分过多也能影响幼苗生育。此期幼苗所需的水分占玉米一生所需水分总量的18%左右。土壤适宜含水量应保持田间最大持水量的65%～70%。营养器官，次生根大量形成。以生长性质而论，是营养生长阶段；从器官建成主次来看，以根系建成为主。第二片叶展开时，在地面下的第一个地下茎节处开始出现第一层次生根，以后大约每展开两片叶就产生1层新的次生根，到拔节前大约形成4～5层次生根，主要分布在土壤近表层，同初生根一起从土壤中吸收养分和水分，供地上植株生长发育需要。在发根的同时，新叶也不断出现，除了种胚内早已形成的5～7片叶之外，其余的叶片及茎节都在拔节以前由幼芽内的生长点分化而成。

玉米穗期正是玉米幼茎顶端的生长点（雄穗生长锥）开始伸长分化的时期，茎基部的地上节间开始伸长，即进入拔节。黑龙江省玉米进入拔节期，一般早熟品种已展开6～7叶，中熟品种已展开7～8片叶，中晚熟品种展开9～10片叶。穗期阶段新叶不断出现，次生根也一层层地由下向上生长，迅速占据整个耕层，原来紧缩在一起的节间迅速由下向上伸长。此期玉米生长速度最快，需30～35d。玉米根、茎、叶增长量最大，株高增加4～5倍，75%以上的根系和85%左右的叶面积均在此期间形成。雄穗、雌穗不断分化形成，干物质逐渐增加，植株各部器官的生理活动都非常旺盛，从拔节开始转入了营养生长和生殖生长并进阶段。这一阶段所处的环境条件的好环，不仅影响营养器官的大小，而且更能影响繁殖器官的分化数量及分化持续时间。

玉米花粒期阶段指抽雄到完熟的生长阶段。此阶段的特征为，玉米的营养生长日趋停止，转入以开花、授粉、受精，籽粒形成及成熟为主的生殖生长阶段，是玉米一生中代谢的旺盛阶段，需肥需水仍然较多，是形成产量的关键阶段。玉米开花后经传粉、受精，便开始了籽粒发育。按种子的形态、含水率、干物质积累的变化，大致可分成4个时期。形成期，15～20d，体积达成熟时的2/3；乳熟期，15～20d，体积达高限，含水率降至50%，干物质积累最快；灌浆期（蜡熟期），10～15d，体积和干物质重达上限，苞叶开始发黄色，果穗与茎秆分离；完熟期，蜡熟末期以后，干物质停止积累，籽粒脱水加快，具本品种特征，黑色层形成为完熟期，是玉米生理成熟的标志，是玉米收获的最佳时期。

从玉米栽培管理分析，3 个阶段田间管理的主攻方向是：培育壮苗、形成壮株，并实现穗大、粒多、粒重。在田间管理上，要根据植株不同生育阶段的基本特点，结合田间的实际长势长相，灵活运用促、控措施，协调群体与个体、植株地下生长与地上生长、营养生长与生殖生长间的矛盾，让玉米沿着群体较大、结构合理和壮株、穗大、粒多、粒重的方向发展。

苗期是生长分化根、茎、叶的时期，地上部分生长缓慢，以根系建成为中心，各项措施要为保苗、促根、促壮苗服务。苗期的丰产长相为出苗整齐，均匀，无空行，无断条。幼苗叶色深绿，根系发达，植株敦实，生长整齐一致。此期的主攻目标为苗全、苗齐、苗匀、苗壮、根多、根深。穗期是营养生长和生殖生长并进，生长中心由根系转向茎叶，雄穗、雌穗已先后开始分化，植株进入快速生长期。这个阶段根、茎、叶的生长与穗分化之间争夺养分、水分的矛盾突出，正是追肥灌水的关键时期。此期的丰产长相为植株敦实粗壮，根系发达，气生根多，基部节间短，叶片宽厚、叶色浓绿，上部叶片生长集中，迅速形成大喇叭口，雌雄穗发育良好。期间主攻目标为控秆、促穗、植株健壮，为穗大粒多奠定基础。玉米花粒期的丰产长相，被群众总结的"青枝绿叶腰中黄"为基本概括。即群体整齐，生长健壮，不旺长，不早衰。田间管理主攻目标是保证授粉受精，促进籽粒灌浆成熟。防止茎秆早衰，减少绿叶损伤，最大限度地保持绿叶面积，维持较高的光合强度。保证正常成熟，争取粒多、粒饱、高产。总之，花粒期的中心任务是为开花、授粉、结实和延长根、叶寿命，防止早衰创造条件。

三、夏玉米的光周期反应

玉米是短日植物，短日照处理可以提前开花，而光周期的延长能引起吐丝期和散粉期同时推迟，吐丝期延迟更为显著。但玉米是不典型的短日植物，在长日照（18h）的情况下仍能开花结实。而光周期的变化也对玉米吐丝期、散粉期和叶片数都将产生影响，其中，雌穗发育对日长的反应比雄穗敏感（严斧，2009）（表 4 - 5）。由于光周期敏感性，热带、亚热带种质的群体和自交系在高纬度地带表现出明显的不适应性，植株高大，营养生长旺盛，抽雄期和吐丝期延迟，晚熟，雌雄不协调，有的甚至不能开花结果，茎节数和叶片增多，空秆率高，经济系数低，生产力受到库的限制。如热带种质引入前苏联后，光周期敏感最明显的表现是雄穗先熟，雄花开始开花比柱头出现早，雌雄发生受到抑制，正是由于光敏感的特性限制了热带、亚热带种质在温带的利用。Ellis 等（1992）的试验证明，当日照时数为 12h 以下时，玉米能正常生长发育，当日照长度超过 12～13h 后，随着日照长度的增加，叶片数量增多，生育期延迟，因此，玉米对日照长度的敏感时数为 12～13h。对玉米光周期变化的敏感时期的问题，目前还存在分歧，一是 Allison（1979）认为，玉米光周期敏感期是在雄穗分化之前；Struik（1982）认为，光周期变化的敏感期在雄穗分化前后的一段时期；还有一种观点介于两者之间认为，光周期的影响一直持续到雄穗分化期或其后一段较短的时间内（Kiniry，1983），而 Ellis（1992）认为，玉米穗分化之后，叶片数不再受光周期变化的影响，但光周期变化对穗分化至抽雄的日期仍然具有影响，但这种影响在实际中可以忽略不计。

　　张凤路等（2001）研究表明，随光周期延长，不同生态型玉米种质表现出相同的变化趋势，即株高、穗位高增加，雄穗开花期及叶片衰老期延迟，雌雄穗开花间隔加长，单株穗数降低，总叶片数增多。玉米植株不同性状对光周期敏感的程度不同。郭国亮等（2001）对玉米群体在温带条件下的表现进行分析表明：① 植株性状敏感程度顺序依次为穗位高＞穗下叶面积＞穗位系数＞穗位叶面积＞穗上叶面积＞叶片数＞雄穗分枝数＞茎粗＞株高；② 生育期性状敏感程度顺序依次为抽雄～吐丝＞散粉～吐丝＞抽雄～散粉＞吐丝期＞散粉期＞抽雄期，可以看出雌穗比雄穗对光周期反应更敏感；③ 穗部性状敏感程度顺序依次为穗粒重＞百粒重＞行粒数＞穗行数＞穗粗＞穗长。玉米光敏感性不仅受到光周期的影响，而且还受到温度、光质、水分、土壤养分、栽培条件等因素、品种基因型、以及这些因素之间互作的影响。研究表明，夏播环境比春播环境有使光周期性变弱趋势（郭瑞，2005）；晚熟品种比早熟品种敏感；不同生态类型种质间对长光敏感性存在明显差异，表现为温带玉米＜高原玉米＜亚热带玉米＜热带玉米（张凤路等，2001）（表4－6）。

　　在玉米品种光敏感评价指标研究方面，Bonhomme（1991）提出一种把光照长度和温度结合起来度量玉米品种光敏感的指标，将播种到抽雄的间隔期内光照小于小时的平均热量单位看作基本热量单位，用品种超过小时光周期时所用的热量单位与基本热量单位的回归值作为光敏感的指标。而张世煌等（1995）认为，主茎叶片数可以排除温度的影响，用叶片数比开花期更稳定，因此，他采用长、短日照条件下主茎叶片数的相对差值（RD）来表示：RD（％）＝［（L－S）／S］×100。RD＞30 定为敏感型，RD＜20 为钝感型，RD 在两者之间的为中间型。

表4－5　不同生态类型玉米品种在短日照处理下抽雄期和抽丝期

项 目	白马牙（北方马齿）		华农2号（华北硬粒）		满蒲金（浙江硬粒）	
	抽雄期	抽丝期	抽雄期	抽丝期	抽雄期	抽丝期
光周期反应持续天数（d）	20	≥30	10	15～20	20	20
短日提早抽雄、抽丝天数（d）	3	9	12	12	16	26
短日处理下减少叶片数（片）	4.6		3.6		9.9	

注：引自严斧.作物光温生态.北京：中国农业科学技术出版社，2009

表4－6　不同生态类型玉米在叶片性状指标

生态类型	叶片数（对照）（片）	叶片增加数（片）	穗上叶片数（对照）（片）	穗上叶片增加数（片）	叶片衰老增加天数（d）
热带	20.3	10.3	6.6	6.6	23.8
亚热带	18.2	4.7	6.4	6.4	48.2
高原玉米	15.6	4.8	5.3	5.3	41.1
温带玉米	16.5	2.4	6.0	6.0	46.9

注：引自张凤路等（2001）资料整理而成.人工增光处理（光照长度为17.5h）

　　不同地理来源的玉米品种对光周期敏感程度不同，来源于北方的玉米品种特别是原有的农家品种对光周期不太敏感，而来源于南方尤其是热带和亚热带地区的玉米品种对光周期非常敏感。但热带、亚热带玉米种质群体间对光周期的敏感程度存在显著差异，墨西哥国际玉米小麦改良中心 CIMMYT 玉米种质群体在四川生态环境下存在不同程度的光周期敏感性（刘永建等，1999）：墨白 961、墨白 962 和墨白 963 属光周期敏感型种质；墨白 968 属中度光周期敏感型种质；墨白 964、墨白 966 和墨白 967 属光钝玉米品种。刘永建等（1999）对 Suwan 玉米群体在太原生态环境条件下进行的田间鉴定和评价表明，Suwan 玉米群体总体上具有较强的光周期敏感性，而不同群体对光周期敏感程度亦不同：Suwan－1 和 K56 属光周期敏感型种质；Suwan－5 属中度光周期敏感型种质；Suwan－6、Suwan－3、Suwan3851、Suwan3601 群体属中低度光周期敏感型种质。在中国温带玉米自交系与热带玉米自交系的杂交中，光周期敏感对钝感为显性。杨荣（2000）研究表明，热带、亚热带种质在中国中高纬度种植到高世代时，光周期敏感性可被钝化。对于目前生产上常用品种光周期敏感性研究还不多，张建国等（2009）研究结果认为，四早六、龙单21、绥玉 7 号对光周期敏感；四单 16、东农 248、海玉 4 号、四单 19、龙抗 11 等品种光周期反应迟钝。引种时总的原则是，被引用的玉米不能由南向北引种太远，而青贮玉米或青饲玉米可适当南种北引，以使茎叶产量增加。

第三节 品种资源和品种沿革

一、品种资源

（一）第一阶段

1950 年以前，起步阶段。以农家品种、外来品种为主。

中国长期种植的玉米地方品种主要是硬粒型，还有少数糯质型。如北方春玉米区的火苞米、金顶子、白苞米、老来皱、霜打红、白顶、高桩；北方夏玉米区的野鸡红、小粒红、金棒锤、小白糙、干白顶；华北玉米区的武陟矮、石灰篓、大红袍、七叶糙、紫玉米、红玉米；南方玉米区的小金黄、满堂金；西南玉米区的大籽黄、南充秋子等。据 1984 年全国农作物品种资源考察，共征集整理的玉米地方品种近 800 份。

玉米传入中国以后，经过近 500 年的风土驯化，形成了各种生态型的丰富的地方品种。硬粒型品种是最早引入中国的类型，经过长期在某一地区培养与选择，已形成各种生态型。硬粒玉米共同特点是对特定的地区有较强的适应性，但因受生态型的限制，这类品种适应性不广泛。耐瘠薄性、耐旱性、早熟性和品质好是其共同特点，适应于丘陵山区和生育期短的早熟地区。籽粒品质角质，淀粉多，食味好。如黑龙江北部的火苞米、小粒红；陕西的野鸡红；四川南充的秋子；湖北山区的小子黄等地方品种皆属于这一类。而在半高山地区和纬度较低地区的硬粒玉米则属于中熟或晚熟品种，如西南大籽黄和文山白玉米，京津一带的小八趟等。

1950 年以前评选出的优良农家品种有：金皇后、英粒子、金顶子、白鹤、旅大红骨、辽东白、四平头、白马牙、华农 2 号、小粒红、大粒红、安东黄马牙11、黄县二马牙等。马齿型在美洲形成较晚，引入中国则是 20 世纪 20 年代以后的事。如东北地区的白鹤和美稔黄，是 1927 年由吉林省公主岭农业试验场从美国的沃特泊尔（Woodburm White Dent）和明尼苏达（Minnesota13）品种中选择培育而成。1931 年长江下游一些单位从美国引入一些玉米品种。英粒子原产于欧洲，是 1943 年由丹麦传入辽宁省的。陕西省红心白马牙是 1947 年从美国引进的双交种中选育而成。在河北省唐山地区种植的白马牙，是从意大利白（Italian White）经过多年栽培和选择形成。中间型品种是从硬粒型与马齿型品种天然杂交人工选择而成。这些品种比硬粒型增产，比马齿型稳产，食味较马齿型好，有较广的适应性和丰产性，还具有某些特殊的性状，如抗某种病虫害，适合当地人的饮食习惯，适应特定的生态条件等。

马齿型品种是近几十年才自国外引入的，国内已有大面积种植，金皇后和意大利白（Italian white），后来经多年栽培和选择成为北京、河北唐山的白牙品种。中间型地方品种是硬粒型与马齿型天然杂交的后代。通过天然杂交和人工选择逐步形成了适应当地自然条件的中间型品种。如东北地区形成的半马齿型的大小白头霜、半硬粒型的金顶子、白盖子等品种，河北省的洋黄，湖北省长阳大子黄，河南省的鹅翎白等中间型地方品种。这类品种由于具有硬粒型和马齿型的遗传特点，在当地又经过长期的种植和选择，表现比硬粒种增产，比马牙种稳产，食味也较佳。

金皇后（Golden Queen）是山西太谷铭贤学校的美籍教师 Raymound T. Moyer 于 1930年冬从美国维吉尼亚州珍珠城引进山西的优良马齿型品种，适应性广、产量高，经过 1931—1935 年 5 年试验，评金皇后为最佳品种，产量比对照农家增产 1 倍，成为山西省乃至北方春玉米区最为驰名的品种。到 1949 年，金皇后已经遍植北方 7 省，种植面积超过 1 000 万亩。

获白是河南获嘉的地方品种，高抗矮花叶病、丝黑穗病、茎腐病、穗粒腐病、圆斑病、小斑病，是非常好的抗源，因而在 60 ~ 70 年代广泛应用，与四平头群、自 330 亚群、Mo17 亚群、旅大红骨群、改良 Reid 群都有非常强的杂种优势。

（二）第二阶段

1950—1980 年，发展阶段。以单交种、双交种为主。

20 世纪 60 年代中期，中国玉米杂交种种植面积不足 100 万 hm^2，仅为玉米面积的 4%，平均单产仅为 1 507.5 kg/hm^2；60 年代中期后，由于育成和引入了一批优良自交系，组配了一批玉米杂交种，1975 年杂交种种植面积占玉米总面积的 50% 左右。1987 年玉米杂交种面积已占到 80%，平均单产达到 3 945kg/ hm^2，而且用的杂交种都是中国自己选育的。此后，随着玉米杂交育种研究工作的加强，全国玉米杂交种的种植面积不断扩大，到目前已发展到 85% 以上，其中，绝大部分是单交种。

中国普通玉米育种的发展主要经历了几个阶段：20 世纪 50 年代初期，以筛选农家良种和选育品种间杂交种为主；50 年代末期至 60 年代，以选育利用双杂交种为主；70 年代以来，以选育单交种为主。

1950 年 8 月，农业部发布了《五年良种普及计划》，要求广泛开展群众性选种留种活动，选地方优良品种，就地繁殖，就地推广。据农业部统计，20 世纪 60 年代，全国共搜集整理玉米农家品种 1.4 万份，从中评选出优良品种近 2 000 个，在生产上大面积推广应用的有 43 个。中国 50 年代开始大规模的玉米杂交种选育，最早大面积应用于生产的品种间杂交种，是陈启文主持育成的坊杂 2 号，1952 年在山东省推广面积超过 13.3 万 hm²，比当地农家品种增产 20%～30%。之后，全国农业科研单位和农业院校相继育成玉米品种间杂交种 400 多个，在生产上应用的有 60 多个，其中，种植面积较大的有凤杂 1 号、春杂 4 号、夏杂 1 号、泰杂 2 号、齐玉 25、百杂 2 号、陕玉 1 号等，全国推广玉米品种间杂交种超过 167 万 hm²。

20 世纪 50 年代末，中国育成了首批的双交种，开创了玉米杂交育种的新纪元。1958 年 12 月，农业部颁布《全国玉米杂交种繁殖推广工作试行方案》，统一规划全国的玉米育种、繁殖和推广工作。1960 年 2 月，在山西省太原市召开的"全国玉米研究工作会议"上，农业部提出"关于多快好省选育自交系间杂交种和四年普及自交系间杂交种的意见"。中国农业科学院玉米育种家刘泰、刘仲元等率先育出春杂 5 号至春杂 12 等 8 个玉米双杂交种，先后在河北、山西、辽宁等省示范推广，增产显著。1956 年，李竞雄及其助手们育成了首批农大号玉米双交种，接着发放各地试种、示范，表现生长整齐一致、抗倒、抗旱、增产显著，许多省（市）纷纷要求种植。其中，农大 3 号、农大 4 号和农大 7 号等双交种在河北、山西等地区示范，比当地品种增产 30%～50%。山东省农业科学院作物研究所陈启文主持选育的双交种双跃 3 号、双跃 4 号，发展成为全国种植面积最大的双交种之一。四川省农业科学院杨允奎主持选育的双交 1 号、双交 4 号、双交 7 号、矮双苞、矮三交等在四川省雅安、温江、乐山等地区种植，增产显著，迅速在生产上大面积推广。河南省新乡地区农业科学研究所张庆吉，于 1959 年主持选育出优良双交种新双 1 号，比品种间杂交种增产 29%，在河南省内普及后推向全国，成为中国种植面积最大的双交种之一。据中国农业科学院统计，50 年代全国共育成玉米双杂交种 50 个，在生产上大面积推广应用的有 17 个，一般比品种间杂交种增产 22%～27%，比农家品种增产 30%～33%。

1963 年，中国第一个玉米单杂交种新单 1 号由河南省新乡地区农业科学研究所张庆吉、宋秀岭主持选育而成，并在生产上进行了大面积推广。该单交种的育成与美国基本同时，但早于法、意、苏等国，带动全国由使用双交种走上使用单交种阶段。60 年代后期，丹东市农业科学院育成的单交种丹玉 6 号，推广到全国二十几个省、自治区、直辖市，累计推广面积达 1 133.33 万 hm²。1971 年 2 月，中国农业科学院和广东省农业科学院联合在海南岛崖县（现为崖城镇）召开"全国两杂（杂交高粱、杂交玉米）育种座谈会"。会议纪要指出，玉米杂交种的选育和利用要以单交种为主，特别强调选育自交系，"要用优良杂交种分离二环系，以达到稳定快、一般配合力高和自身产量高的目的"。1973 年，李竞雄等选育中单 2 号单交种，这个杂交种比当时生产上推广的杂交种如丹玉 6 号、郑单 2 号、群单 105 等一般增产 15%～25%，并高抗玉米大、小斑病，高抗玉米丝黑穗病，实现了多抗的目标，并具有广泛的适应性。该品种从 1976 年用于生产后，便在全国范围内迅速推广开来。这个杂交种从 1977 年到 1989 年累计推广 1 798.33 万 hm²，共增产玉米1 348万t。据1976年3月农林部在山东省召开的"全国杂交玉米科研推广会议"统计，全国杂交玉米种植面积达1 000多万hm²，占玉米总面积的55%，其中，玉米单杂种已占杂交种种植面积的55%。

（三）第三阶段

1980—2000年，创新阶段。以紧凑型单交种为主。

20世纪80~90年代，中国玉米育种进入新阶段，紧凑株型单交种成为育种的一个重要方向；90年代中后期，创立P群×黄改新杂交模式，重视综合抗性品种；21世纪初，中国玉米育种已有新的发展，结实率和出籽率成为重要育种指标；目前，中国玉米育种进入超级玉米选育阶段，常规育种与生物技术育种相结合的阶段。

中国长期以来的主要品种是平展型的，传统的玉米育种目标是单株大穗。1974年，北京市农林科学院率先育成了株型紧凑、叶片直立的玉米自交系黄早四，并以黄早四为亲本组配了一批玉米组合。株型创新引起玉米育种家的广泛注意。山东省掖县后邓村李登海，经过不懈努力，于1979年育成了中国第一个紧凑型玉米杂交种掖单2号，并在全国创造了11 250kg/hm²夏玉米单产最高纪录，在全国推广20年之久。莱州市农业科学研究所吕华甫主持育成了株型紧凑、配合力高、抗倒伏、抗病力强的自交系U8112，进而选育出株型更为紧凑的玉米杂交种掖单4号（U8112×黄早四）；继之，李登海又培育出掖单12、掖单13等系列紧凑型玉米高产杂交种。其中，掖单13被全国16个省、自治区、直辖市审（认）定，创下全国年种植近333.33万hm²的纪录，被农业部列为"八五"、"九五"期间紧凑型玉米的主推品种。

紧凑型玉米的育成，对玉米育种方向和科学研究均产生重大的影响。紧凑型玉米在育种目标、自交系和杂交种的抗倒性、选系密度上都与传统育种不同。紧凑型玉米育种目标是以株型紧凑、增加密度、依靠群体产量获取高产，因而紧凑型育种在注重单株产量的同时，更注重群体产量。

玉米生产长期以来一直被单产低、品质差两大难题所困扰。其主要原因是种质资源缺乏，基础研究差，缺少有突破性的优良自交系，因此，配不出杂种优势强、品质好的杂交种。通过育种家们的多年努力，90年代中后期育成了抗病抗旱性好、高产优质的玉米杂交种农大108、鲁单50、鲁单981等品种。农大108的亲本178和鲁单50，鲁单981的亲本齐319都选自美国杂交种78599，具有很好的抗病性和较高的配合力，丰富了中国育种的种质资源。这几个杂交种的育成在一定程度上克服了当前杂交种遗传种质狭窄的问题，体现了国内与国外种质、热带与温带种质、早熟与晚熟种质、常规与优质蛋白种质的结合，改替了中国玉米抗病和耐旱育种的种质基础，将杂种优势利用模式同优良试材完美结合，确立了P群×黄改等新的杂种优势利用模式。

（四）第四阶段

21世纪初至今，飞速发展的新时期。以耐密、商业化为主。

育种方向已由传统的高秆大穗的路线改为以中穗紧凑型为主要选育目标，以结实率和出籽率为评判的重要指标。代表品种郑单958、浚单20、先玉335等品种的育成，标志着中国玉米育种进入了新的时期。

自2000年起，郑单958推广区域覆盖了中国玉米带的黄淮海、东华北、西北春玉米区，是中国目前种植面积最大的玉米品种，在河南、河北、山东等省作为主栽品种得以大面积推广。郑单958不仅株型紧凑耐密植，而且结实性好、出籽率高，把稳产性和适应性很好地结合在一起，协调了高产与稳产的关系，继承和巩固了中国本土化的杂种优势模式地位。

随着中国玉米育种事业的不断发展，目前，生产上对玉米品种的要求越来越高，不但要有高的产量，对适应性、抗病性、抗倒性、果穗品质等都提出了较高的要求。为了全面提升中国农业科技创新能力，探讨农业科技创新体系建设的新机制、新方法，走出科研战线联合攻关的新路子，科技部和山东省科技厅共建了国家科技支撑计划重大研究专项"超级玉米新品种选育与产业化开发"项目。该项目于2008年4月19日在山东省启动。

超级玉米是以超高产为主要目标，兼具优质、多抗、广适、易制种等优良性状。超级玉米有5项指标：一是超高产，$1hm^2$以上小面积高产攻关田单产达到15 000kg/hm^2以上；二是优质，达到国标二级以上；三是广适，适宜不同玉米生态区种植；四是多抗，抗多种病虫害和多种不利生态因子；五是易制种，种子产量达7 500kg/hm^2以上。

当前，中国的育种新材料和新方法的研究有了长足进步。随着农业生物技术的发展，中国玉米育种工作者已经开始系统地利用分子标记技术和转基因技术开展育种新材料、新方法的研究，克隆出一批具有自主知识产权的抗虫、抗病、抗除草剂、抗逆（抗寒、抗旱等）、品质改良、营养高效等功能基因，建成了先进的遗传转化平台，培育出了一批性状优异的转基因玉米材料。山东大学、中国农业大学、中国农业科学院等单位已获得了大量的转基因玉米材料。吉林省农业科学院依托于"国家转基因植物中试与产业化基地（吉林），以玉米转基因为主，获得了一大批转基因玉米自交系，其中，主要为抗虫和抗除草剂玉米。中国农业大学的高蛋白质、高赖氨酸转基因玉米已完成安全性评价体系中的环境释放试验。

随着转基因技术的发展及其研究的日趋成熟，转基因技术在拓宽玉米种质资源、提高杂交种的抗逆性、抗病虫性、提高产量和品质等方面将发挥更大的作用，应用前景广阔。

玉米种质的创新对于提高玉米杂种优势的水平具有至关重要的作用，没有种质的创新就没有玉米杂种优势水平的突破。中国政府充分发挥中国现有的玉米育种技术体系的作用，积极扶持新的育种方法和高新技术手段，已有组织地启动玉米种质创新工程，为进一步提高中国玉米育种的水平打下了坚实基础。

二、品种沿革

（一）河南省玉米品种沿革概况

1. 1949—1985年品种的演变　新中国成立以后到1985年，河南省玉米品种演变大体经历了农家品种、品种间杂交种、综合品种、自交系间杂交品种，即农家种、双交种、三交种、单交种等4个阶段。20世纪50年代，河南省玉米生产上利用的品种类型主要是农家品种、品种间杂交种和综合品种。60年代，生产上以双交种和三交种为主，同时河南育成的单交种新单1号也开始推广，并且成为中国第一个大面积推广的玉米单交种。70年代以后，随着郑单2号、豫农704等优良单交种的选育和推广，生产上应用的双交种、三交种逐渐被单交种所取代，1985年以后河南省玉米生产基本上实现了单交种化。

（1）农家品种及品种间杂交种　新中国成立前，河南省玉米生产上所利用的均是农家品种。经过农家种的评选与择优推广，起到了一定的增产作用。例如，新乡地区农业科学研究所评选出的千白顶、七叶糙、鹅翎白、大红袍、二黄糙等。洛阳地区农业科学院研究所评选出洛阳小金籽、伊川白马牙、金皇后、孟津皇马牙、新安全棒槌、渑池七叶糙、黄马牙、嵩县二黄糙等。南阳地区农业科学院所评选出南阳金丝黄，濮阳地区农业科学研究所（原安阳农业科学研究所）评选出鹅林白、二糙黄等优良农家种，其中，辉县千白顶、南阳金丝黄等推广0.13万hm²以上。1949年12月，河南农学院吴绍骙在农业部召开的全国农业工作会议上，作为特邀代表作了题为"利用杂种优势增进玉米产量"的发言，并经1950年1月7日《人民日报》同题刊载，对全国玉米杂交种的选育工作起到了巨大的倡导和推动工作。接着吴绍骙又在1950年《农业科学通讯》及1959年《农业学报》上先后发表了题为《利用品种杂交以增加中国玉米产量》和《杂交优势在新中国玉米增产上的利用及其前瞻》的科学论文，并从美国引进Wisconsin416和Minnesota608等高产马齿型品种，使河南省具备了利用硬粒型和马齿型组配杂交种的条件。1950年新乡地区农业科学研究所（当时平原省农业试验场）利用以上两个引进马齿种作父本，分别设置了两个一父多母隔离区，共组配出14个品种间杂交种，从中选育出了百杂1号（华农2号×Wisconsin416）、百杂6号（千白顶×安东黄马牙）品种间杂交种，比地方品种增产20%以上，推广面积13.33万hm²以上。河南省南阳地区农业科学研究所也同时选育出了南杂4号（南阳金丝黄×金黄后）等，并有一定的推广面积。

（2）综合种　1952—1955年在吴绍骙的指导下，洛阳地区科学研究所许广顺、张明兆等利用吴绍骙从广西壮族自治区（全书简称广西）农业科学院引进、经河南农业科学院繁殖的12个自交系间正反交90个单交种的 F_2 果穗，采用混合播种、综合杂交和连续选优的方法选育出全国玉米生产上的第一个综合种混选1号，比当地农家品种增产26%～100%。1957—1962年参加全国玉米区域试验，比对照增产20%左右，单产3 750～4 500Kg/hm²。1955年开始推广，1957年曾普及豫西各地，1959年全省种植13.33万hm²左右，全国大部分地区也有种植。河南农学院也相继采用412、434、495、497共4个单交种的越代种等量种子混合法及一父多母选育出了豫综1号和豫综2号，在河南省郑州郊区和南阳等地推广2万hm²以上。1959—1962年洛阳地区农业科学研究所利用半分选种选育出了洛阳81、洛阳85，1970—1972年选育出了洛综1号，1973—1975年选育出洛综白1号及洛综白4号等综合种先后用于生产。

（3）双交种和三交种　1959年新乡地区农业科学研究所在从农家品种中选育自交系并接受华北农业科学研究所400多个早熟自交系的基础上，选育出了新双1号〔（矮154×小金131）×（W59E×W153R）〕玉米双交种，当年产量比较试验较百杂6号增产29.9%，但直到1963年才开始在生产上试种推广，1968年河南省种植面积达66.67万hm²，占全省玉米总面积的74.5%。随后，新双1号又被10多个省市引种，年种植面积达133.3万hm²，成为中国第一个推广面积最大的玉米双交种。1966年新乡地区农业科学研究所又选育出了新双3号〔（511×571）〕双交种，较新单1号增产10.2%~17.2%。

1957年河南农学院在广西以〔（塘四平头×获白）×（二南24×矮金525）〕组配出豫双5号，1981年推广面积达214.13万hm²，1980年获河南省重大科技成果奖。之后又选育出了豫双2号〔（Mo17×风可1）×（二南24×矮金525）〕，1980—1984年累计推广面积4.79万hm²。1980年河南省安阳地区农业科学研究所育成安双1号〔（塘四平头×获白）×（二南24×自330）〕，该双交种适宜在浅山地区种植。1985年河南省农业科学院粮食作物研究所又选育出了郑双3号〔（黄早四×32）×（Mo17×E28）〕。同时，河南农业大学、河南省周口地区农业科学研究所、新乡地区农业科学研究所、河南省农业科学研究院等单位还先后选育出了豫三1号〔（二南24×矮金525）×Mo17〕、周三1号〔（塘四平头×Oh43）×周4-28〕、周三2号〔（塘四平头×获白）×周4-28〕、新三1号〔（551×571）×525〕、新三2号〔（威59×威153）×525〕、新广1号〔（525×571）×715〕及郑三3号〔（黄早四×32）×齐302〕等三交种，这些杂交种在全省各地及山东、湖南、四川、江苏等地生产上均有种植。

（4）单交种　20世纪60年代以来，河南省相继选育出了十几个优良玉米单交种，并在生产上大面积推广利用，实现了河南省玉米良种的第2~3次更新，使全省玉米产量显著提高。1963年，新乡地区农业科学研究所利用自交系混517和矮金525组配出新单1号优良玉米单交种，一般单产可达4 500~6 000kg/hm²，比新双1号增产39%以上。由于其亲本自交系自身产量较高，一般可达200kg以上，比以往一般自交系高1倍左右，因此，可以直接在生产上推广利用，从而打破了以往生产上只能推广双交种的老框框，并从1964年冬开始进行南繁和制种。1971年全省种植面积达80多万hm²，占全省总面积的69%，单产和总产分别比1968年增长29.1%和66.7%。随后，新单1号向全国推广，先后引种到广西、陕西、河北、四川等10多个省区，1972年全国种植面积约333.33万hm²，成为中国推广最早、面积最大的单交种，并且还被欧洲一些国家引种。新单1号的选育和推广，对国内单交种的选育和利用，提高玉米产量，起到了领先作用，1972年新乡地区农业科学研究所题为《新单1号玉米单交种的选育和推广》发表在《全国遗传育种学术讨论选集》中，文章提倡选育高产玉米自交系，大胆利用单交种等，对全国玉米自交系和单交种的选育起到了重要的参考作用。

1969年河南农学院和河南省农业科学院分别选育出了豫农704（二南24×525）和郑单2号（塘四平头×获白）。1971年博爱县种子公司选育出博单1号（获白×白525）。由于这3个单交种高产抗病，弥补了新单1号重感花叶病的缺点，较新单1号增产

14.4% ~23.3%，经生产示范，很快成为河南省的 3 个当家种。1979 年三者的种植面积达到 130 万 hm² 以上，占当年全省玉米总面积的 76.6%。其中，郑单 2 号曾推广到全国 17 个省、市、自治区，累计推广 1 066 万 hm²，豫农 704 在华北、湖北区域试验中表现良好，1980 年全国推广 40 万 hm² 以上。截至 1985 年累计推广 333 万 hm²。这两个杂交种还实现了三系配套，并在生产上大面积应用。加上豫单 5 号、洛单 2 号、济单 2 号、新单 14、浚单 5 号等 30 多个杂交种的搭配种植，使河南省玉米基本上实现了单交种化，玉米产量显著提高，1979 年单产和总产分别较 1971 年增加 36.2% 和 95.8%。

1978 年河南省商丘地区农业科学研究所育成商单 3 号（27 ~ 263 × 黄早四），该杂交种株型紧凑，叶片上冲、耐密、抗倒、抗病，一般比郑单 2 号增产 15.9% ~ 21.4%，1986 年被河南省农作物品种审定委员会审定为豫玉 1 号，并推选为河南省玉米育种和区试的对照种，到 1990 年推广种植 23 万 hm²。

1981 年河南农业大学和河南省农业科学院选育出了豫单 8 号（3184 × 黄早四）和郑单 8 号（黄早四 × 32）紧凑型杂交种，1988 年被省农作物品种审定委员会审定命名为豫玉 3 号和豫玉 2 号。1984 年河南新乡地区农业科学研究所又选育出了新黄单 851（京 7 × U8112），在 1985 年、1986 年全国北方玉米区试、北方 5 省区试、河南省玉米杂交种大区示范试验中，均居首位，1989 年被河南省农作物品种审定委员会审定命名为豫玉 5 号。此外，由于全省玉米育种工作者的努力，各地在选育和推广以上单交种的同时，还先后选育出了其他单交种在生产上的利用。

河南省玉米品种从农家种到品种间杂交种、综合种、自交系间双交种、三交种、单交种，先后组配出多个优良杂交种在生产上推广利用，从而使全省玉米生产稳步发展，由于 20 世纪 50 年代和 60 年代的混选 1 号和新双 1 号的相继育成和推广，使河南省玉米良种进行了第一次大的更换，到 1968 年全省的玉米单产和总产分别由 1963 年的 948kg/hm² 和 88 万 t 提高到 1 603.5kg/hm² 和 144 万 t，分别增长 69.8% 和 63.1%。60 年代以来，随着新单 1 号及豫农 704、郑单 2 号、博单 1 号及豫玉 1 号、豫玉 5 号等单交种的相继育成和推广，使河南省的玉米良种实现了第二、第三次更换，使河南省的玉米单产和总产提高 29.1% ~44.15% 和 66.7% ~95.8%。1985 年以前推广面积较大的品种是郑单 2 号，其次是豫农 704，这两个品种为主推品种；1984—1985 这两个玉米品种种植面积达 318 万 hm²，其中，郑单 2 号种植面积为 49 万 hm²，占总种植面积的 15.4%，豫农 704 种植面积为 28.1 万 hm²，占总种植面积的 8.8%；同时还搭配有豫双 5 号、烟单 14、博单 1 号、赵林 1 号等优良品种。

2. 1986—2004 年河南省玉米主推品种的演变　1986—1996 年，丹玉 13 为主推品种，此期玉米种植面积 2 185.5 万 hm²，利用品种 87 个，主要是丹玉 13，种植面积为 837.8 万 hm²，占总种植面积的 38.34%；同时搭配有掖单 2 号、烟单 14、豫玉 2 号、豫玉 5 号、郑单 2 号、豫农 704.、掖单 13、掖单 12 等 14 个优良品种。

1997—2000 年以豫玉 18、掖单 2 号和豫玉 22 为主推品种，种植的杂交种 50 多个。此期玉米种植面积为 875.9 万 hm²，其中，豫玉 18 种植面积为 194 万 hm²，占总种植面积的 9.86%，掖单 2 号种植面积为 138 万 hm²，占总种植面积的 16.31%，豫玉 22 种植面积为 83.4 万 hm^2，占总种植面积的 9.86%，3 个杂交种种植面积占总种植面积的 49.11%；同时搭配有丹玉 13、豫玉 2、掖单 12、掖单 13、掖单 9、豫玉 19、掖单 19、西玉 3 号、农大 108 等 13 个优良品种。

2001—2003 年豫玉 22 种植面积最大，其次是农大 108 和郑单 958；这 3 年种植面积为 690.64 万 hm^2，其中，豫玉 22 种植面积为 171.86 万 hm^2，占总种植面积的 24.9%，农大 108 种植面积为 104.67 万 hm^2，占总种植面积的 15.2%，郑单 958 种植面积为 92.53 万 hm^2，占总种植面积的 13.4%，3 个杂交种种植面积占总种植面积的 53.5%；同时搭配有豫玉 18、豫玉 2 号、鲁单 981、沈单 16、济单 7 号等 15 个优良品种。

2004 年以后以郑单 958 为主推品种，此阶段玉米种植面积为 1 306.07 万 hm^2，其中，郑单 985 种植面积为 441.186 万 hm^2，占总种植面积的 33.8%，且连续 4 年居第一位；同时搭配有浚单 20、鲁单 981、中科 4 号、济单 7 号、豫玉 26、浚单 22、蠡玉 16、滑玉 11、郑单 136、郑黄糯 2 号等优良品种。

从以上玉米品种变化趋势，可以把玉米主推品种的更替分为以下几个阶段：第一阶段（1986—1996 年）以丹玉 13、掖单 2 号、掖单 13 为代表；第二阶段（1997—2003 年）以豫玉 18、豫玉 22、农大 108 为代表；第三阶段（2004—至今）以郑单 958、浚单 20、鲁单 981、先玉 335、郑黄糯 2 号为代表。

（二）安徽省玉米品种沿革概况

1978 年前，安徽省以春玉米和地方农家中为主，发展到目前以夏玉米杂交种生产为主。30 年间玉米品种更新了 6 次，每更新一次品种，都使产量有一个较大幅度的提高（表 4 - 7）。20 世纪 50 ~ 60 年代种植的主要是地方农家品种，代表品种有黄火燥、白火燥、小粒黄、白眼猴等。

玉米主产区第一次品种更新是 70 年代，以双交种和三交种为主，成功代替了农家品种。单交种面积较小，山区玉米仍然以农家品种为主。代表品种有固三 4 号、固三 8 号、固三 9 号、临双 1 号、群单 105。第二次品种更新发生在 1981—1983 年，由于单交种制种产量的提高，取代"群选"、双交种和三交种，单产迅速提高 10% 以上，代表品种有丹玉 6 号、鲁原单 4 号、固单 4 号等。第三次品种更新是在 1984—1986 年的 3 年间，随着早熟、抗病、丰产、紧凑型品种玉米聊玉 5 号、烟单 14 的推广，单产平均增加了 18.74%，综合各种因素分析，品种增产因素约占 10%。第四次品种更新发生在 1987 年以后的 10 年间，高产、稳产、多抗、紧凑型的掖单 2 号和丹玉 13 等品种取代烟单 14 而成为主栽品种，单产较上一次增加达 34.07%。第五次品种更新发生在 1998—2003 年，由于这一时期的代表品种使用寿命历时最长，其间，其他耕作栽培因素变化较大，品种增产因素约占 7.27%。第六次品种更新在 2004 年，以郑单 958 的大面积推广为标志。目前，安徽玉米产区东部以郑单 958 为主，西部则以大穗型品种鲁单 981、中科 4 号及其衍生品种为主。

表 4-7　安徽淮北地区玉米品种更新及单产变化历程表（汪黎明，2010）

年份	代表品种	平均单产 （kg/hm²）	较更新前增产 （%）
1970 以前	黄火燥、白火燥、小粒黄、白眼猴	—	—
1971—1980	固三4号、8号、9号、临双1号	2 092	—
1981—1983	丹玉6号、鲁原单4号、固单4号	2 516	12.03
1984—1986	聊玉5号、烟单14	2 985	18.64
1987—1997	掖单2号、丹玉13	4 002	34.07
1998—2003	豫玉22、农大108	4 293	7.27
2004 年以后	郑单958，鲁单981	4 850	12.97

（三）江苏省玉米品种沿革概况

20 世纪 50 年代初，广泛使用矮秆、早熟、硬粒的地方品种，主要有二伏糙、小粒红、小红岗、公鸡跳、大黄盖、二窝子、小白秸等，这些品种抗逆力强，耐瘠，适应性广，但产量不高。新中国成立后，江苏省对民国时期留下来的大批农家种进行观察、鉴定，从中评选出较好的金皇后、白马牙、大白秸、林素山等地方品种，并经提纯复壮后推广，推动了玉米生产的发展。

江苏省开展杂种优势利用起步较早，20 世纪 50 年代末至 60 年代初，原淮阴农业试验站等单位育成了一批品种间杂交种，如淮杂1号、徐杂1号等，其中，淮杂1号成为50～60 年代徐淮地区重要的品种之一，成为 1954 年全国农业展览会上展出品种。1959年估计有 4 万 hm² 的种植面积。徐杂1号、徐杂4号等品种，在江苏省生产上也曾有种植。与地方品种相比，一般增产 10%～15%。在积极选育品种间杂交种的同时，中国农业科学院江苏分院（现江苏省农业科学院）、苏北农学院（现扬州大学农学院）等单位积极着手自交系间杂交种的选育。主要工作有：从地方品种中分离选育自交系；从国内外引入自交系，在驯化的同时试配杂交组合，当时均以试配双交种为目标。中国农业科学院江苏分院（含华东农业科学研究所），选育出了南55、南49等自交系的低代材料。这些系后来移交，经山东省农业科学院进一步选育后成为"双跃"双交种的骨干自交系，并在全国范围内使用。也成功地选育出自交系间综合杂交种扬综8号和双交种淮双1号，并有一些推广面积。

60 年代中期至 70 年代后期，各地逐渐由综合杂交种、品种间杂交种育种，转为双交种、三交种育种。全省育成的宿双1号、宿双2号、淮双1号等双交种与外省育成的双跃3号、双跃150、新双1号和三交种烟三6号、烟三10号同时推广。与综合杂交种、品种间杂交种相比，双交种和三交种一般增产 10%～15%。

70 年代中期，根据全国杂交玉米、杂交高粱（简称"双杂"）会议精神，江苏省玉米杂交种的推广普及形势大有发展。至 1979 年，玉米杂交种面积占玉米面积的比例超过70%。而且当年单交种的面积已占绝对优势，完成了由双交种转换三交种，再转换成单交种的推广过程。70 年代末至 80 年代前期，江苏省大面积推广的品种主要有辽宁、河南、山东、北京等地的丹玉 6 号、郑单 1 号、鲁原单 4 号、中单 2 号等单交种。这些品种与双交种、三交种相比，一般增产 10% 左右。

20 世纪 80 年代，自江苏省农业科学院选育出宁单 2 号后，又于 1983 年选育出早熟高产抗病的苏玉 1 号。淮阴地区农业科学研究所选育出白粒的苏玉 2 号。如皋县农业科学研究所选育出皋单 1 号、2 号等适宜于两旱一水的种植品种。这些品种的综合应用，改变了江苏省多年单纯使用外地选育品种的面貌，提高了江苏省玉米生产的稳产性。仅苏玉 1 号品种，1985 年全省种植面就达 17.81 万 hm^2，占全省玉米面积 38.7%，在中国南方皖、浙、沪、赣、湘、桂等地都有应用，山西、甘肃也有零星种植。江苏各地在玉米杂交化的基础上，先后育成和引进并在全省推广的有鲁原单 4 号、苏玉 1 号、掖单 2 号、苏玉 3 号、苏玉 4 号等早熟玉米单交种，使玉米密度由原来的 45 000 株/hm^2 左右提高到 60 000 株/hm^2 左右，在此基础上采取增肥等综合措施，使全省玉米单产突破了 4 500 kg/hm^2。

90 年代，江苏省加强了紧凑型玉米品种的选育和引用利用，育成了苏玉 5 号、苏玉 9 号、苏玉 10 号、苏玉 12 等品种，紧凑型玉米品种占总面积的 40% 以上，使江苏省玉米单产上了一个台阶。其中，苏玉 9 号幼苗顶土能力强，出苗快，苗势强，能耐低温出苗，极易取得全苗、壮苗。中秆、中穗型品种，株型紧凑，极耐密植，在较高密度下，穗型整齐一致，千粒重和出籽粒双高（千粒重 300~350g，出籽粒 88%~90%），抗逆性强，具有较强的抗病、抗倒伏能力和耐高温、耐干旱、耐渍性能，抗早衰，保持活秆成熟。1999 年该品种种植面积达到 13.33 多万 hm^2，被列为江苏省重点科技成果推广项目，江苏省农林厅确定为"九五"期间更新换代品种，1999 年获得国家"九五"玉米新品种后补助。

"十五"期间，江苏省在着眼于选育株型紧凑、耐密、抗病、抗倒的同时，加大大穗型品种的选育。通过加快外来种质的引进，丰富江苏省玉米育种的种质基础，提高选择压力，进而育成突破性的玉米杂交种。"十五"期间江苏省选育出 9 个普通玉米品种，其中，江苏省农业科学院粮食作物研究所育成的苏玉 18、苏玉 20，沿江地区农业科学研究所育成的苏玉 19 增产潜力大，适应性广，是江苏省近年来育成的突破型品种。2007 年，苏玉 20 被列为科技部成果转化项目。目前这几个品种已成为江苏省的主栽品种。

（四）陕西省玉米品种沿革概况

玉米是陕西省第二大粮食作物和主要饲料作物。解放以来，载入《陕西省玉米品种资源目录》的品种有 402 个，在生产上曾应用的主要品种有 72 个，通过省作物品种审定委员会审定的玉米品种有 137 个，其中，特用玉米品种 11 个，占审定品种的 8%，陕西选育品种 70 个约占审定品种的 51%。60 多年来其品种的演变过程主要经历了 6 个阶段：20 世纪 50 年代常规种阶段，平均产量 1 114.5kg/hm^2；60 年代双交种、顶交种阶段，平均产量 1 293kg/hm^2；70 年代双交种转为单交种阶段，平均产量 2 208kg/hm^2；80 年代单交种全面推广阶段，平均产量 2 913kg/hm^2；90 年代紧凑型单交种推广阶段，平均产量 1 173.5kg/hm^2；21 世纪初，耐密型单交种的推广阶段。经历了 60 年玉米品种变迁，玉米新品种单产由 1 114.5kg/ hm² 提高到 4 626kg/hm²，平均增产 2 446.5kg/hm²，为陕西的粮食增产作出重大贡献。

20 世纪 50 年代常规玉米品种应用期。玉米种植以秦巴山区为主，面积占全省面积的 2/3，关中平原次之，渭北旱塬和陕北地区种植较少。使用的品种基本上是农家常规种或国外引进的常规品种，产量水平一般为 840～1 440kg/hm²，平均产量 1 114.5kg/hm²。此期关中种植的玉米主要品种有野鸡红（韩城农家种）、红心黄马牙（关中群众从美国马齿种救济粮中自发留种而得）、红心白马牙、辽东白及百日齐、二笨子、齐玉米、白玉米等农家种。陕南种植的玉米品种有二黄玉米、金皇后（1930 年从国外引进，1955 年引入）、高脚黄、野鸡梗、高山白及疙瘩黄、乌龙早、百日早、大洋白等。陕北玉米区种植的品种有黄急玉米、火玉米、齐玉米、金皇后、野鸡红等。

60 年代由常规种应用转向双交种、顶交种应用。60 年代前期生产用种仍为常规普通品种，金皇后主要在陕南、陕北种植，辽东白在全省种植，红心白马牙、红心黄马牙主要在关中、陕南种植。此期，引进国内外选育的品种有白色苏尔奥华、双跃 150、农大 7 号、春杂 12、新双 1 号、罗 405、维尔（BUP）156 等，其中，BUP156 主要在延安以北种植，其他品种推广面积不大。同时，省内育种专家培育出了省内第一批玉米自交系武 105、武 102、武 107，为开展玉米杂交组配奠定了基础。

1964 年，省内第一个玉米顶交种武顶 1 号（威 341×野鸡红）由西北农学院选育而成，并且成为全国较早的玉米顶交种之一。1965 年玉米双交种陕玉 652（武 107×威 24）×（武 105×武 102）由陕西农科分院选育而成，继而于 1966 年、1968 年又选育成陕玉 661（武 105×武 102）×（武 107×威 24）和陕玉 683（威 341×威 24）×野鸡红等品种。60 年代后期进入玉米双交种、顶交种应用时期，武顶 1 号、武顶 3 号、陕玉 652、陕玉 661、陕玉 683、武单 1 号、武双 3 号等杂交种逐渐替换了辽东白、金皇后等外来马齿种（秦巴山区仍以农家品种为主），平均亩产提高到 86kg，比常规种应用期平均亩增产 12kg。

70 年代由双交、顶交种应用转向单交种应用。1966 年，陕西省农科分院育成的省内第一个单交种陕单 1 号（武 105×武 102），进入生产示范，拉开了 70 年代单交种应用的帷幕，成为省内玉米生产由双交、顶交向单交种转向的标志品种。1970 年西北农学院又育成早熟（生育期 95d），抗倒、耐旱的单交种武单早（武 105×多 229），还有渭南地区农科所、西秦大队、长安农科所等选育的黄白单交（武 105×埃及 205），陕西省农林科学院粮作所育成的陕单 7 号（获白×武 206），以及从中国农科院引进的白单四号（塘四平头×埃及 205）和中单 2 号（Mo17×自 330）。选育、引进的这些单交种由于产量优势和整齐度明显优于双交和顶交种，很快被生产接受，为实现陕西省玉米生产用种由双交、顶交种向单交种转变奠定了品种基础。

70 年代前期，全省使用的玉米品种有 20 多个，其中，双交种占 38%（主要是陕玉 661），单交种占 46.5%，其他占 13.5%。到了 70 年代后期，除双交种陕玉 661 在春播区有种植外，夏播玉米区基本实现了单交种更换双交种和顶交种，平均亩产达到 147kg，比 60 年代平均亩产提高 61kg。

80 年代是单交种全面推广阶段。进入 80 年代后，省内又一批高产、抗病单交种选育成功，其中，有抗大斑和青枯病，耐毒素病，抗旱，耐涝，稳产，适应性强的陕单 9 号（武 107×Mo17），有抗大斑和丝黑穗病，耐旱，结实性好，适应性强的户单 1 号（黄早四×Mo17），还有辽宁引进的抗病、丰产春玉米丹玉 13（Mo17×E28），有从山东引进的掖单 2 号（掖 107×黄早四）及从湖北引进适宜秦巴山区种植的郧单 1 号（77×自330）等。

由于 70 年代后期关中春播夏玉米区丝黑穗病、大小斑病和青枯病逐年加重，70 年代生产上使用的大部分品种（除中单 2 号外）抗病性丧失，所以新育（引）的抗病、高产新品种陕单 9 号、户单 1 号、丹玉 13、掖单 2 号和郧单 1 号等单交种被迅速推广。70 年代第一批推广的单交种陕单 1 号、黄白单交、武单早、白单 4 号和陕单 7 号逐渐被更换，流行的玉米病害得到基本控制，全省玉米平均亩产达到 194kg，比 70 年代亩产平均提高 47kg。

90 年代是紧凑型单交种推广时期。由户县种子公司郭秦龙等人在 90 年代初育成的户单四号（天 4×803），因株型紧凑、抗大小斑病、抗旱、耐涝、结实性、丰产性和适应性好等特点，因而深爱广大农民群众喜爱而被迅速推广，成为夏玉米区的主栽品种和 90 年代省内更新换代的标志品种，其推广面积达到 40 多万 hm²，相当于其他品种面积的总和。此期间，搭配品种有陕单 911、西农 11、陕单 902、陕资 1 号、掖单 13、掖单 12、陕单 9 号和户单 1 号等。春玉米区仍以中单 2 号、丹玉 13、农大 60、沈单 7 号为主；安康地区以郧单 1 号、安玉 6 号面积较大；商洛地区以商玉 1 号较多。紧凑型单交种的推广，使陕西省的玉米生产水平又上新的台阶，平均产量由 80 年代的 2 910kg/hm² 提高到 3 555kg/hm²，全省玉米总产达到 48 亿 kg，是 50 年代的 5.5 倍，真正承担起了"粮食要增产，玉米挑重担"的重任。

21 世纪以来进入耐密型单交种的推广阶段。随着栽培技术和栽培方式的改变，大棒稀植型品种已不能适应生产的需求，一批耐密、抗病、出籽高的新品种被引入省内。关中夏播区以郑单 958、浚单 20、先玉 335、新户单 4 号、中科 4 号、陕单 8806 等为代表的高产耐密型品种迅速推广，种植面积约 40 多万 hm²，占夏播玉米面积的 70% 左右，单产提高到 4 800kg/hm² 左右，增产幅度约 1 200kg/hm²，为确保粮食安全发挥了重要作用。陕北春播区，大棒稀植型品种登海 9 号、沈玉 16、陕单 911、豫玉 22 仍为主栽品种，但正迅速向耐密、高产型品种转化，郑单 958、先玉 335 等品种种植面积快速扩大。陕南仍以大棒稀植品种豫玉 22、临奥 1 号、正玉 203、三北 6 号、中北恒六为主栽品种，搭配种植潞玉 13、农大 95、绵单 1 号和登海 11。

（五）湖北省玉米品种沿革概况

1.1960 年前玉米品种概况　1960 年前湖北省在生产上均种植群体品种，以当地地方品种为主，也有少量引入的品种及地方品种与引入品种杂交后衍生的品种。《全国玉米种质资源目录》中收录湖北省玉米种质资源共 803 份，《玉米优异种质资源研究与利用》一书中收录湖北省玉米种质资源 1 份。上述种质资源均为群体品种，因其起源与演变分

为 3 类:

（1）地方品种　玉米由美洲引入中国传至湖北省各地后，经当地多代种植驯化选择形成生产用种。果穗相对较小，多为锥形，籽粒硬粒型，少数品种为爆裂型，有黄色、白色及花色等不同粒色类型。代表品种有大子黄、二子黄、小子黄、大子白、二子白、小子白、野鸡啄、百日早、六十早、二发糙、七姊妹等。

（2）近代引入的品种　20 世纪初至 50 年代引入湖北的国外群体品种，晚熟，植株高大，果穗较粗大，筒形，籽粒马齿型，粒色有黄色与白色两种。代表性的品种有金皇后、白马牙、东陵白、胜利红等。

（3）地方品种与引入品种杂交的衍生品种　此类品种由引入品种与地方品种经自然授粉产生种质渐渗而形成的。主要特征是其性状介于地方品种与引入品种之间，籽粒马齿型或中间型，粒色黄色。代表性品种有宜昌洋苞谷、宜昌憨头苞谷等。

2. 品种间杂交种推广时期（1960—1972）　这一时期湖北省在部分山区推广品种间杂交种，主要的组合方式为：大子黄×金皇后，二子黄（大子黄）×白马牙，主要推广组合有恩杂 209 和恩杂 217。由于增产效果不很明显，未能大面积应用。其间 1966 年在少数山区县引进示范罗马尼亚双交种罗双 311、罗双 405，翌年因种植双交二代中，自交衰退，适逢当年大斑病爆发，造成严重减产而告终。

3. 推广本地单交种时期（1972—1990）　70 年代，湖北省恩施地区天池山农业科学研究所育成适于山区套作耕作制度种植的抗病单交种恩单 2 号，平原地区引进了单交种豫农 704；80 年代郧阳地区农业科学研究所（十堰市农业科学研究所）育成适于山区种植的郧单 1 号，华中农业大学育成适于平原地区种植的华玉 2 号，增产效果显著，受到农民欢迎，从而很快代替了地方品种成为生产上的优势品种。从此，湖北省玉米生产进入种植自交系间杂交种、利用杂种优势的阶段。

4. 紧凑型杂交种的应用（1990—1997）　90 年代初湖北省引进紧凑型玉米品种掖单 4 号、掖单 13。由于株型紧凑，抗倒伏性好，促进了平原、丘陵、岗地玉米种植密度的增加及间套作玉米的发展，取得很好的增产效果。但由于山区湿度大、病害流行，上述品种对叶斑病、穗粒腐病抗性差，未推广开。

5. 适应本地单交种的更新换代（1997—2007）　20 世纪末，华中农业大学育成华玉 4 号，十堰市农业科学研究所育成鄂玉 10 号，这两个品种适应性广、抗逆性好、产量高，一般比当地原推广品种增产 10% 以上。21 世纪初，湖北省科研单位育成鄂玉 16、鄂玉 23 等新品种。上述品种因其高产抗病、抗倒伏等优点得到大面积推广利用，迅速代替了恩单 2 号和郧单 1 号，促进了本地品种的更新换代。

6. 《中华人民共和国种子法》颁布后，北方品种进入湖北市场的影响　2000 年后，随着《中华人民共和国种子法》的颁布，北方品种大举进入湖北，经过多年试验示范，推广面积较大的北方品种仅 3 个，为农大 108、掖单 13、登海 9 号，其他品种存在潜力不大、抗病性不好、适应性差等问题，逐步淡出湖北市场。

7. 湖北省鲜食玉米推广及演变　20 世纪 90 年代中期，武汉市试种鄂甜玉 1 号、鄂甜玉 2 号普甜玉米品种，90 年代后期开始，推广超甜玉米杂交种华甜玉 1 号、华甜玉 2

号、鄂甜玉 3 号、鄂甜玉 4 号，种植区域现已扩展至江汉平原及鄂西南山区部分县，甜玉米年推广面积已达 1 万 hm² 以上。武汉汉南区大面积种植糯玉米品种，2008 年，全省年种植糯玉米 0.4 万 hm² 左右，以鲜食外销及加工为主。

第四节　夏玉米栽培技术

一、选用品种

（一）选用品种的原则

不同玉米品种的生育期、产量、抗逆性等特征特性差异较大，适宜种植区域也不同，品种选择的好坏直接影响玉米的产量和经济效益。因此，在玉米生产过程中对品种的选择十分重要。目前，市场中的玉米品种比较繁杂，在品种选择上要从实用出发，不要过于求新，以免造成不必要的经济损失。在良种选择上要注意坚持一下几个原则。

第一是品种要通过正规审定。选择国家或省审定的品种。注意对其产量、适应性、品质、抗性（抗病性、抗虫性、抗逆性）等综合性状的选择，注意品种适宜种植区域。由于越代品种、低纯度品种和混杂退化的品种减产幅度极大，在生产上要选用纯度高的 F_1 代杂交种。

第二是品种生育期要适宜。一般生育期短的品种产量较低，生育期长的品种产量较高。生育期过短，影响产量提高，生育期过长，后期温度偏低导致有效积温不够，玉米不能正常成熟，收获时含水量偏高，成熟度较差，影响品种发挥增产潜力。过渡带属于一年两熟或两年三熟地区，玉米的生育过程较长，应该使其占满整个生长季节，充分利用该区域的光热资源。在玉米品种选择上，可选用中熟品种。焦建军（2008）研究认为，根据豫南光热资源和种植方式，光、热资源充足及麦田套种时，应选用增产潜力大的中晚熟品种；麦茬直播宜选用生育期稍短的品种。主导品种为：郑单 958、鲁单 981、浚单20、农大 108、沈玉 18、郑单 15、濮单 4 号、金海 604、洛玉 2 号等。

第三是选择种子质量好的良种。种子质量对玉米生产影响较大，在选择好品种之后。根据种子的纯度、净度、发芽率和水分 4 项指标对种子质量进行划分。一级种子的纯度、净度、发芽率分别不低于 98%、98%、85%，水分含量不高于 13%；二级种子种子纯度、净度、发芽率分别不低于 96%、98%、85%，水分含量不高于 13%。达不到规定的二级种子指标，原则上不能作为种子出售。新种子颜色鲜艳，种子脐部为黄白色，有光泽，籽粒饱满，种子粒大小基本一致，玉米双株种植技术整齐度高，无杂质；抓一把紧紧握住，五指活动，听有无沙沙响声，一般声音越大，水分含量越低。

第四是选择抗性好的品种。在玉米生产中常常受病害的影响，尤其在气象条件适宜病害发生时常给农民造成重大损失。近年来，玉米粗缩病、黑穗病、大小斑病、青枯病、穗粒腐病等都有不同程度的发生，给玉米生产带来较大影响。因此，品种选择时，要根据当地气候，生产条件和玉米病害的发生情况，参考当地农业部门的品种比较试验、其他农户的种植经验，选择适宜当地、抗病的玉米品种。不同地区因气候不同，病害的种类和发病的程度也存在差异。张士奇等（2008）通过调查分析认为，苏北适合种植的抗病性较强的品种主要有郑单 958、苏玉 10 号、登海 9 号、11 号等。

第五是注意选用增值性好的品种。随着加工业、畜牧业的发展，玉米在食品、加工、畜牧养殖等方面需求量逐渐加大。因此，玉米品种的选择应以市场为导向，选择专用型玉米品种，如高淀粉品种、高油品种和优质蛋白玉米品种、糯玉米、甜玉米等。糯玉米、甜玉米还要考虑种植方式，错开大田玉米的散粉期，确保收获时玉米的纯度。玉米品种的选择要由过去的增产型向增值型发展。

第六是结合玉米配套栽培技术选择品种。在选择玉米品种前，必须搞清楚该玉米品种的特征特性和配套栽培技术。如郑单 958，果穗以上叶片上冲，属紧凑型品种，籽粒饱满，无秃尖，耐阴雨寡照，抗丝黑穗病。但密度必须达到 6 万株/hm^2，并且在肥水充足的条件下，才能发挥耐密抗倒、单株产量稳定的高产优势，否则产量一般。因此，选择玉米品种时要结合当地历年种植情况进行确定。

第七是玉米品种选择要考虑多个因素，选用紧凑型品种。大穗品种不等于高产品种，玉米产量的形成决定于株数、穗数、单株粒重 3 个因素。在过去 70 年中，美国玉米单株产量没有明显增加，而玉米总产量提高的主要原因是增强了品种的耐密性。单凭穗大决定不了产量的高低。紧凑型玉米品种株高适中、果穗均匀、无空秆，密植 6 万株/hm^2 不倒伏，在穗多和穗大的结合上实现高产。而大穗型玉米品种密植易倒伏、易空秆，稀植则会因穗数少而减产。

选用合理玉米品种以充分利用生态资源，发挥区域优势，可实现过渡带夏玉米高产稳产。沈学善等（2009）选择安隆 4 号、鲁单 981、中科 11 和蠡玉 16 为试材，以郑单 958 为对照，在安徽省淮北地区的太和、颍上、宿州和蒙城 4 个地区进行了种植试验，比较其增产潜力和生态适应性。结果表明：4 个试点玉米平均产量由高至低的顺序为太和试点，宿州试点，颍上试点，蒙城试点。同一品种在 4 个试点间的稳产性由好至差的顺序为郑单 958，蠡玉 16，中科 11，安隆 4 号，鲁单 981。同一试点不同品种间产量差异显著。太和、颍上、宿州和蒙城试点分别以安隆 4 号、蠡玉 16、鲁单 981 和安隆 4 号产量最高。品种特性和 4 个试点光照、降水量的不同是造成产量差异的重要原因。

（二）目前应用的优良玉米品种简介

1. 河南省优良玉米品种简介

（1）郑单 958

① 组合来源　郑 58/昌 7 – 2（选）杂交选育的一代杂交种

② 育成单位和人员　河南省农业科学院粮食作物研究所。纯信。

③ 审定年代　2001 年。

④ 特征特性　夏播生育期 103d 左右。幼苗叶鞘紫色，叶色淡绿，叶片上冲，穗上叶叶尖下披，株型紧凑，耐密性好。株高 250cm 左右，穗位 111cm 左右。穗长 17.3cm，

穗行数 14～16 行，穗粒数 565.8 粒，千粒重 329.1g，果穗筒形，穗轴白色，籽粒黄色，偏马齿型。经生产试验点 1999 年调查，大斑病为 0.1 级，小斑病为 0.6 级，粗缩病为 0.6%，青枯病为 0.2%，抗病性较好。

⑤ 产量和品质　1998 年、1999 年两年全国夏玉米区试均居第一位，比对照品种增产 28.9%、15.5%。1998 年区试山东试点平均亩产达 674kg，比对品照种增产 36.7%；高者达 927kg。经多点调查，郑单 958 比一般品种每亩可多收玉米 75～150kg。郑单 958 穗子均匀，轴细，粒深，不秃尖，无空秆，年间差异非常小，稳产性好。该品种籽粒含粗蛋白 8.47%、粗淀粉 73.42%、粗脂肪 3.92%、赖氨酸 0.37%；为优质饲料原料。

⑥ 适宜种植地区或环境　黄淮海夏玉米区。

（2）浚单 20

① 组合来源　母本为 9058，来源为在国外材料 6JK 导入 8085 泰（含热带种质）；父本为浚 92-8，来源为昌 7-2×5237。

② 育成单位和人员　河南省浚县农业科学研究所。程相文。

③ 审定年代：2003 年审定。

④ 特征特性　出苗至成熟 97d，比农大 108 早熟 3d，需有效积温 2 450℃。成株叶片数 20 片。幼苗叶鞘紫色，叶缘绿色。株型紧凑、清秀。株高 242cm，穗位高 106cm。花药黄色，颖壳绿色。花柱紫红色，果穗筒形，穗长 16.8cm，穗行数 16 行，穗轴白色，籽粒黄色，半马齿形，百粒重 32g。经河北省农林科学院植保所两年接种鉴定，感大斑病，抗小斑病，感黑粉病，中抗茎腐病，高抗矮花叶病，中抗弯孢菌叶斑病，抗玉米螟。

⑤ 产量和品质　2001—2002 年参加黄淮海夏玉米组品种区域试验，42 点增产，5 点减产，两年平均亩产 612.7kg，比农大 108 增产 9.19%；2002 年生产试验，平均亩产 588.9kg，比当地对照增产 10.73%。经农业部谷物品质监督检验测试中心（哈尔滨）测定：籽粒容重 722g/L，粗蛋白含量 9.4%，粗脂肪含量 3.34%，粗淀粉含量 72.99%，赖氨酸含量 0.26%。

⑥ 适宜种植地区或环境　适宜在河南、河北中南部、山东、陕西、江苏、安徽、山西运城夏玉米区种植。

（3）浚单 22

① 组合来源　母本 9058 是将美国材料 6JK 选系稳定后，导入含有热带基因的 8085 泰材料选育而成；父本浚 926 是昌 7-2×京 7 黄经连续自交选育而成的二环系。

② 育成单位和人员　河南省浚县农业科学研究所。程相文。

③ 审定年代　2004 年。

④ 特征特性　河南夏播生育期 102d。幼苗生长势强，叶色深绿。成株株高 260cm，穗位高 110cm，穗上叶茎夹角 20°，穗下叶稍平展，属玉米理想株型。果穗筒形，结实性好。穗长 20cm 左右，穗行数 16～18 行，穗轴白色，黄粒，半马齿形，千粒重 350g 左右，出籽率 90%，籽粒容重 751g/L，籽粒角质，品质优。根系发达，抗倒性好，杂交优势明显，抗病性强。抗性鉴定：经 2003 年河北省农林科学院植保所接种鉴定：中抗大斑病（5 级），抗小斑病（3 级），抗弯孢菌叶斑病（3 级），高抗茎腐病（2.0%），高抗瘤

黑粉病（0.0%），抗矮花叶病（幼苗病株率5.3%），抗玉米螟（4.2级）。

⑤ 产量和品质　2001年参加河南省玉米杂交种区域试验（套种组），平均亩产617.8kg，比对照豫玉18增产11.3%，达极显著差异，居16个参试品种第4位，8个点全部增产；2002年续试（3 500株/亩一组），平均亩产639.5kg，比对照豫玉18增产16.2%，达极显著差异，居15个参试品种第一位，9个试点全部增产。综合两年17点次的试验结果，平均单产628.9kg，比对照豫玉18号增产13.9%，产量高，稳产性好。2003年参加河南省玉米品种生产试验（3 500株/亩二组），平均亩产479.7kg，比对照农大108增产20.5%，居8个参试品种第一位，7个试点全部增产。2002—2003年参加黄淮海夏玉米品种区域试验，38点次增产，7点次减产，两年平均亩产579.5kg，比对照农大108增产11.3%；2003年参加同组生产试验，15点增产，6点减产，平均亩产509.2kg，比当地对照增产4.7%。经农业部谷物品质监督检验测试中心（北京）测定，籽粒粗蛋白含量9.55%，粗脂肪含量4.08%，粗淀粉含量74.16%，赖氨酸含量0.30%。

⑥ 适宜种植地区或环境　适合河南省各地夏播种植。

（4）先玉335

① 组合来源　母本为PH6WC，来源为先锋公司自育；父本为PH4CV，来源为先锋公司自育。

② 育成单位和人员　铁岭先锋种子研究有限公司。柏大鹏。

③ 审定年代　2004年。

④ 特征特性　在黄淮海地区生育期98d，比对照农大108早熟5~7d。全株叶片数19片左右。该品种田间表现幼苗长势较强，成株株型紧凑、清秀，气生根发达，叶片上举。其籽粒均匀，杂质少，商品性好。田间表现丰产性好，稳产性突出，适应性好，早熟抗倒。幼苗叶鞘紫色，叶片绿色，叶缘绿色。成株株型紧凑，株高286cm，穗位高103cm。花粉粉红色，颖壳绿色。花柱紫红色，果穗筒形，穗长18.5cm，穗行数15.8行，穗轴红色，籽粒黄色，马齿型，半硬质，百粒重39.3 g。高抗茎腐病，中抗黑粉病、弯孢菌叶斑病，感大斑病、小斑病、矮花叶病和玉米螟。

⑤ 产量和品质　2002—2003年参加黄淮海夏玉米品种区域试验，38点次增产，7点次减产，两年平均亩产579.5kg，比对照农大108增产11.3%；2003年参加同组生产试验，15点增产，6点减产，平均亩产509.2kg，比当地对照增产4.7%。籽粒粗蛋白含量9.55%，粗脂肪含量4.08%，粗淀粉含量74.16%，赖氨酸含量0.30%。经农业部谷物及制品质量监督检验测试中心（哈尔滨）测定，籽粒粗蛋白含量9.58%，粗脂肪含量3.41%，粗淀粉含量74.36%，赖氨酸含量0.28%。

⑥ 适宜种植地区或环境　适宜在河南、河北、山东、陕西、安徽夏播区种植。

（5）豫玉22号

① 组合来源　以自交系综3为母本，87-1为父本杂交选配而成。

② 育成单位和人员　河南农业大学玉米研究所。陈伟程。

③ 审定年代　2000年。

④ 特征特性　生育期130d。全株叶片18~19片，穗上叶6~7片。幼苗顶土力强，

长势强，叶色浓绿，叶鞘紫红色。株高275cm，穗位112cm，穗上叶较上冲，穗位及以下叶较平展，植株半紧凑。花柱微红。花粉量大，花期协调。果穗筒形，穗长 20 ~ 26cm，穗行数 16 ~ 18 行，行粒数 35 ~ 45 粒，籽粒黄色、马齿型，穗轴红色，穗粗 5.6 cm，千粒重350 ~ 450 g，出籽率84%。抗灰斑病、丝黑穗病和红叶病，抗矮化和花叶病，中感大斑病，抗倒性稍差。

⑤ 产量和品质　1999—2000 年在内蒙古宁城县共 10 点生产试验，亩产幅度786.96 ~ 810.5kg，比对照西玉 3 号平均增产16.5%。2000—2001 年参加赤峰市共8点生产试验，亩产幅度735.26 ~ 826.5 kg，比对照西玉 3 号增产15.2%。1999—2001 年先后在内蒙古宁城县及喀喇沁旗、元宝山部分乡镇累计种植2.6 万亩，一般亩产820kg 左右，最高亩产可达 950 kg。经农业部产品质量监督检验测验中心鉴定，籽粒粗蛋白含量9.93%，粗脂肪4.62%，粗淀粉65.03%，赖氨酸0.30%。

⑥ 适宜种植地区或环境　黄淮海夏播区，西北、华北春玉米区。

(6) 秋乐 151

① 组合来源　Q01 × Q02。

② 育成单位　河南农业科学院种业有限公司。

③ 审定年代　2009 年。

④ 特征特性　夏播生育期96d。全株叶片 20 左右。株型紧凑。株高 252.8cm，穗位高99.8cm。幼苗芽鞘紫色，第一叶尖端椭圆形，第四叶叶缘浅紫色。雄穗分枝 9 ~ 11个，雄穗颖片浅紫色，花药浅紫色；果穗筒形，穗长 17.3 cm，穗粗5.1cm，穗行数14.9行，行粒数35.4粒；黄白粒，白轴，半马齿型，千粒重344.4g，出籽率88.8%。高抗茎腐病（0.0%）、瘤黑粉病（0.0%）、矮花叶病（0.0%），中抗小斑病（5级）、玉米螟（5.2级），感大斑病（7级），高感弯孢菌叶斑病（9级）。

⑤ 产量和品质　2006 年省区域试验（3 500 株/亩 1 组），平均亩产 488.9kg，比对照浚单18 增产4.4%；2007 年续试（3 500 株/亩 2 组），平均亩产583.4kg，比对照浚单18 增产6.7%；2008 年省生产试验（3 500 株/亩），平均亩产 590.2kg，比对照浚单18增产6.5%。品质分析：2007 年农业部农产品质量监督检验测试中心（郑州）检测：籽粒粗蛋白质 10.60%，粗脂肪3.90%，粗淀粉73.49%，赖氨酸 0.337%，容重726g/L；籽粒品质达到普通玉米 1 等级国标，饲料用玉米 1 等级国标，高淀粉玉米 3 等级部标。

⑥ 适宜种植地区或环境　全省各地夏播区及黄淮海夏播区。

(7) 登海 662

① 组合来源　母本 DH382 是国外杂交种选株自交选育，父本 DH371 是自交系 5003杂株选系。

② 育成单位和人员　山东登海种业股份有限公司。李登海。

③ 审定年代　2009 年。

④ 特征特性　夏播生育期100d。全株叶片数 19 ~ 20 片。株型紧凑。株高 280cm 左右，穗位高97cm。幼苗芽鞘浅紫色，叶片深绿色。雄穗分枝中等，花药黄色。花柱浅紫色。果穗筒形，穗长 18cm，穗粗 5.0cm，穗行数 16 行，行粒数 34.9 ~ 36.2 粒；黄粒，

红轴，马齿型，千粒重 312.2g，出籽率 88.2%。高抗瘤黑粉病（0.0），中抗弯孢菌叶斑病（5 级）、茎腐病（15.8%），感大斑病（7 级）、小斑病（7 级）、矮花叶病（49.3%）、玉米螟（8.0 级）。

⑤ 产量和品质　2007 年省区域试验（4 500 株/亩 1 组），平均亩产 612.9kg，比对照郑单 958 增产 5.3%；2008 年续试（4 500 株/亩 2 组），平均亩产 671.7kg，比对照郑单 958 增产 5.5%。2008 年省生产试验（4 500 株/亩 1 组），平均亩产 642.8kg，比对照郑单 958 增产 4.0%。籽粒粗蛋白质 9.37%，粗脂肪 4.08%，粗淀粉 73.46%，赖氨酸 0.314%，容重 724g/L，籽粒品质达到普通玉米 1 等级国标，饲料用玉米 2 等级国标，高淀粉玉米 3 等级部标。

⑥ 适宜种植地区或环境　全省各地夏播区。

（8）洛玉 8 号

① 组合来源　LZ06 - 1 × ZK02 - 1。

② 育成单位　洛阳市农业科学研究院。

③ 审定年代　2009 年。

④ 特征特性　夏播生育期 98d。全株叶片数 21。株型紧凑，株高 249cm，穗位高 105cm。幼苗叶鞘浅紫色，第一叶尖端形状圆，第四叶片边缘颜色绿。雄穗分枝数中，雄穗颖片绿色，花药黄绿色。花柱绿色，果穗中间型，穗长 16.5cm，穗粗 5.2cm，穗行数 14.9 行，行粒数 34.5 粒；黄粒，白轴，马齿型，千粒重 339.9g，出籽率 89.7%。高抗大斑病（1 级）、瘤黑粉病（0.0%）、矮花叶病（0.0%），中抗小斑病（5 级），感茎腐病（34.2%），高感弯孢菌叶斑病（9 级），中抗玉米螟（5.8 级）。

⑤ 产量和品质　2007 年省区域试验（4500 株/亩 2 组），平均亩产 585.2kg，比对照郑单 958 增产 3.9%；2008 年续试（4 500 株/亩 2 组），平均亩产 687.4kg，比对照郑单 958 增产 7.9%。2008 年省生产试验（4 500 株/亩 2 组），平均亩产 649.3kg，比对照郑单 958 增产 7.7%。籽粒粗蛋白质 10.61%，粗脂肪 4.13%，粗淀粉 71 %，赖氨酸 0.356%，容重 726g/L，质达到普通玉米 1 等级国标，饲料用玉米 1 等级国标。

⑥ 适宜种植地区或环境　河南省各地夏播区。

（9）蠡玉 16

① 组合来源　953 × 91158。

② 育成单位　石家庄蠡玉科技开发有限公司。

③ 审定年代　2006 年。

④ 特征特性　夏播生育期 108d 左右。叶片数 20 片。活秆成熟。幼苗生长健壮，叶鞘紫红色。成株株型半紧凑，穗上部叶片上冲，茎秆坚韧，根系较发达。株高 265cm 左右，穗位高 118cm 左右，果穗筒形，穗轴白色，穗长 18.5cm 左右，穗行数 17.8 行左右，秃顶度 1.4 cm 左右，千粒重约 340g，籽粒黄色，半马齿形，出籽率 87.1% 左右。2001 年河北省农林科学院植物保护研究所抗病性鉴定结果，抗大斑病，中感小斑病，中感弯孢菌叶斑病，高抗矮花叶病、粗缩病、黑粉病、茎腐病；2002 年感大斑病，抗小斑病，抗弯孢菌叶斑病，中抗茎腐病，高抗黑粉病、矮花叶病，抗玉米螟。

⑤ 产量和品质 2001—2002 年河北省夏玉米区域试验，平均亩产分别为 650.0kg 和 622.8 kg；2002 年同组生产试验平均亩产 567.2kg。2003—2004 年参加陕西省夏玉米区域试验，两年连续位居第二位，平均亩产 649.6kg。2003—2004 年参加安徽省区试，平均亩产分别为 376.8kg、521.0kg。2004 年生产试验，平均亩产 528.7kg。2006 年参加河南省 8 个试点引种试验（3 500 株/亩五组），平均单产 540.5kg，比对照农大 108 增产 9.7%，8 个试点全部增产。2006 年参加吉林省生产试验平均亩产 674.6kg，比对照品种吉单 180 增产 8.8%。2006—2007 年参加湖北省玉米低山平原组品种区域试验，两年区域试验平均亩产 615.06kg，比对照华玉 4 号增产 12.38%。籽粒品质测定，粗蛋白质 9.63%，赖氨酸 0.29%，粗脂肪 4.37%，粗淀粉 74.57%。

⑥ 适宜范围 河北、陕西、安徽、河南、北京夏玉米区。

（10）滑玉 11

① 组合来源 HF28B×HF473。

② 育成单位 河南滑丰种业科技有限公司。

③ 审定年代 2007 年。

④ 特征特性 夏播生育期 98d。全株叶片 20 左右。株型紧凑。株高 250cm，穗位高 105cm。幼苗叶鞘浅紫色，第一叶尖端圆到匙形，第四叶叶缘浅紫色。雄穗分枝数中等，雄穗颖片浅紫色，花药浅紫色。果穗圆筒—中间型，穗长 16cm，穗粗 5cm，穗行数 16 行，行粒数 35 粒；黄粒，白轴，半马齿型，千粒重 310g，出籽率 88%。抗小斑病（3 级）；中抗大斑病（5 级），中抗瘤黑粉病（5.6%），中抗矮花叶病（12.0%）；感弯孢菌叶斑病（7 级），感茎腐病（47.6%），感玉米螟（7.9 级）。

⑤ 产量和品质 2005 年省区试（4 000 株/亩 2 组），平均亩产 633kg，比对照郑单 958 增产 3.4%，差异不显著，居 17 个参试品种第四位；2006 年续试（4 000 株/亩 2 组），平均亩产 507.2kg，比对照郑单 958 增产 3.2%，差异不显著，居 20 个参试品种第三位。两年试验平均亩产 563.3 kg，比对照郑单 958 增产 3.3%。2006 年省生产试验（4 000 株/亩），平均亩产 523.8kg，比对照郑单 958 增产 5.4%，居 9 个参试品种第三位。籽粒粗蛋白 10.41%，粗脂肪 4.50%，粗淀粉 72.45%，赖氨酸 0.31%，容重 734g/L。

⑥ 适宜种植地区或环境 全省各地种植。

（11）伟科 702

① 组合来源 母本 WK858 是以（8001×郑 58）×郑 58 为基础材料连续自交选育而成；父本 WK798 - 2 来源于（昌 7 - 2、K12、陕 314、黄野四、吉 853、9801）与高抗倒伏材料组配成育种小群体经连续二次混合授粉后的群体。

② 育成单位和人员 郑州伟科作物育种科技有限公司、河南金苑种业有限公司。选育陈伟程。

③ 审定年代 2011 年。

④ 特征特性 夏播生育期 97～101d。株型紧凑，株高 260cm，穗位 94cm。叶色绿，叶鞘浅紫，第一叶匙形。雄穗分枝 6～12 个，雄穗颖片绿色，花药黄色；果穗筒形，穗长 19.3cm，穗粗 5.1cm，穗行数 14～16 行，行粒数 38 粒，穗轴白色；籽粒黄色，半马

齿型，千粒重 334g，出籽率 84.6%。高抗大斑病（1 级）、矮花叶病（0.0%）、抗小斑病（3 级）、弯孢菌叶斑病（3 级），中抗茎腐病（16.28%），高感瘤黑粉病（45.71%），中抗玉米螟（6.0 级）；

⑤ 产量和品质　2008 年参加省玉米区试（4 000 株/亩三组），10 点汇总，全部增产，平均亩产 611.9kg，比对照郑单 958 增产 4.9%，差异不显著，居 17 个参试品种第二位；2009 年续试（4 000 株/亩三组），10 点汇总，全部增产，平均亩产 605.5kg，比对照郑单 958 增产 11.9%，差异极显著，居 19 个参试品种第一位。综合两年试验结果：平均亩产 608.7kg，比对照郑单 958 增产 8.2%，增产点比率为 100%。2010 年省玉米生产试验（4 000 株/亩 BI 组），13 点汇总，全部增产，平均亩产 584.2kg，比对照郑单 958 增产 9.6%，居 10 个参试品种第二位。粗蛋白质 10.5%，粗脂肪 3.99%，粗淀粉 74.7%，赖氨酸 0.314%，容重 741g/L。籽粒品质达到普通玉米 1 等级国标；淀粉发酵工业用玉米 2 等级国标；饲料用玉米 1 等级国标；高淀粉玉米 2 等级部标。

⑥ 适宜种植地区或环境　适宜河南、山东、安徽、湖北、江苏、河北、陕西、山西、甘肃、宁夏、新疆、北京、天津、辽宁、吉林、内蒙古等地种植。

（12）豫禾 988

① 审定年代　2008。

② 育成单位　河南省豫玉种业有限公司。

③ 特征特性　夏播生育期 96d。全株叶片 20 左右。株型紧凑，株高 248cm，穗位高 105cm；幼苗叶鞘浅紫色，第一叶尖端圆到匙形，第四叶缘浅紫色；雄穗分枝数中等，雄穗颖片绿色，花药绿色；果穗中间型，穗长 18.1cm，穗粗 5.0cm，穗行数 14~16，行粒数 27.0，黄粒，白轴，半马齿型，千粒重 316.2g，出籽率 89.5%。

④ 抗性鉴定　2007 年经河北省农科院植保所人工接种鉴定：高抗茎腐病（病株率 0.0%）、矮花叶病（病株率 0.0%）；抗弯孢霉叶斑病（3 级）；中抗小斑病（5 级）、大斑病（5 级）、瘤黑粉病（病株率 7.7%）、南方锈病（5 级）；感玉米螟（7.6 级）。

⑤ 产量和品质　2006 年经农业部农产品质量监督检验测试中心（郑州）品质分析：籽粒粗蛋白质 10.44%，粗脂肪 3.89%，粗淀粉 73.26%，赖氨酸 0.32%，容重 736g/L。品质达到普通玉米 1 等级部标，饲料玉米 1 等级部标，高淀粉玉米 3 等级部标。

2006 年省区试（4 500 株/亩），平均亩产 539.1kg，比对照郑单 958 增产 7.6%；2007 年续试（4 500 株/亩 2 组），平均亩产 563.4kg，比对照郑单 958 增产 5.4%。2007 年省生产试验（4 500 株/亩），平均亩产 560.5kg，比对照郑单 958 增产 8.7%。

⑥ 适宜种植地区或环境　适宜河南省全省中高肥力地推广种植。

（13）新单 26

① 品种来源　（328/04 白）×新 7 红。

② 审定年代　2008。

③ 育成单位　新乡市农科院。

④ 特征特性　夏播生育期 98d。全株叶片 20 片。株型紧凑，株高 256cm，穗位高 108cm；雄穗分枝 13~15 个，花药黄色；果穗筒形，穗长 18cm，穗粗 5.1cm，穗行数

16，行粒数 38.8，黄粒，红轴，半马齿型，千粒重 300g，出籽率 89%。

抗性鉴定：2005 年经河北省农林科学院植保所人工接种鉴定：高抗瘤黑粉病（病株率 0.0%）、矮花叶病（病株率 4.0%）；抗大斑病（3 级）、弯孢菌叶斑病（3 级）；中抗小斑病（5 级）、茎腐病（病株率 20.0%）、玉米螟（5.3 级）。

⑤ 产量和品质　2005 年省区试（4 000 株/亩 1 组），平均亩产 640.2kg，比对照郑单 958 增产 0.7%；2006 年续试（4 000 株/亩 1 组），平均亩产 505.9kg，比对照郑单 958 增产 3.9%。2007 年省生产试验（4 000 株/亩），平均亩产 554.1kg，比对照郑单 958 增产 5.6%。

⑥ 适宜地区　全省中高肥力地推广种植。2006 年经农业部农产品质量监督检验测试中心（郑州）品质分析：籽粒粗蛋白质 10.57%，粗脂肪 4.80%，粗淀粉 72.10%，赖氨酸 0.32%，容重 770g/L。品质达到普通玉米 1 等级部标，饲料用玉米 1 等级部标，高淀粉玉米 3 等级部标。

（14）郑单 136（郑单 021）

① 组合来源　以郑 HO3 为母本，郑 H04 为父本组配而成。

② 审定编号　豫审玉 2005013。

③ 育成单位和人员　河南省农业科学院粮食作物研究所。胡学安。

④ 特征特性　夏播生育期 99～100d。成株叶片数 19 片。幼苗叶鞘浅紫红色，叶片淡绿；株型紧凑，株高 250cm，穗位高 105cm；雄穗分支 13～15 个，花药红色；果穗柱形，穗长 16.8cm，穗粗 4.8cm，穗行数 15.1，穗粒数 35，白轴，黄粒、半硬粒型，千粒重 301g，出粒率 88.2%。2003 年品质测定：籽粒粗蛋白 9.27%，粗淀粉 74.24%，粗脂肪 4.22%，赖氨酸 0.28%，容重 762g/L。2003 年抗性鉴定：高抗矮花叶病（病株率 0.0%）、大斑病（1 级）、茎腐病（病株率 0.0%），抗弯孢菌叶斑病（3 级），中抗小斑病（5 级）、玉米螟（6.2 级）；感瘤黑粉病（病株率 10.2%）。

⑤ 产量和品质　2002 年参加河南省夏玉米品种区域试验（4 000 株/亩 1 组），平均亩产 576.66kg，比豫玉 23 增产 13.19%，差异显著，居 16 个参试品种第五位；2003 年续试（4 000 株/亩 1 组），平均亩产 429.2kg，比对照豫玉 23 增产 5.8%，差异不显著，居 17 个参试品种第九位。2004 年参加河南省玉米品种生产试验（4 000 株/亩），平均亩产 542.5kg，比郑单 958 增产 1.6%，居 9 个参试品种第四位。2003 年品质测定：籽粒粗蛋白 9.27%，粗淀粉 74.24%，粗脂肪 4.22%，赖氨酸 0.28%，容重 762g/L。

⑥ 适宜种植地区或环境　适合河南省各地春、夏播种植。

（15）郑黄糯 2 号

① 组合来源　郑黄糯 03（来源于郑白糯 01×郑 58）为母本，郑黄糯 04［来源于（紫香玉×昌 7-2）×昌 7-2］为父本经杂交选育而成。

② 育成单位和人员：河南省农业科学院粮食作物研究所。胡学安。

③ 审定年代：2007 年。

④ 特征特性　夏播生育期 98d。成株叶片数 19 片。幼苗叶鞘紫红色，叶片绿色，叶缘绿色。株型紧凑，株高 246.5cm，穗位高 100cm。花药粉红色，颖壳绿色。果穗圆锥

形，穗长 19cm，穗行数 14~16 行，百粒重 33.2g，出籽率 88.9%，穗轴白色，籽粒黄色。经河北省农林科学院植保所两年接种鉴定，高抗瘤黑粉病，抗大斑病和矮花叶病，中抗小斑病、茎腐病和弯孢菌叶斑病。

⑤ 产量和品质　2005—2006 年参加黄淮海鲜食糯玉米品种区域试验，两年平均亩产鲜穗 842.7kg，比对照苏玉糯 1 号增产 37.0%。经郑州国家玉米改良分中心两年品质测定，籽粒淀粉总含量 74.0%，其中，支链淀粉占总淀粉含量的 98.98%~99.99%，达到部颁糯玉米标准（NY/T524—2002）。

2. 安徽省优良玉米品种简介

（1）新安 5 号

① 组合来源　以综 175-92132×黄 C 配组。

② 育成单位　安徽绿雨种业股份有限公司。

③ 审定年代　2012 年。

④ 特征特性　中熟夏播杂交玉米品种。全生育期 98d 左右，比对照品种（农大 108）早熟 1d 左右。叶鞘淡紫色，第一叶尖端圆到匙形。该品种株型稍松散，叶片宽大，叶片数 20 片左右。雄穗分枝 16 个，黄色花药。籽粒纯黄色，马齿型，果穗筒形、红轴。2009 年、2010 年两年低密度组区域试验表明，株高 259cm 左右，穗位约 111cm。穗长18cm，穗粗 4.9cm，秃顶 1.1cm，穗行数 16，行粒数 38 粒，出籽率 85%，千粒重 266g。抗高温热害 2 级（相对空秆率平均 0.8%）。经河北省农业科学院植保所接种鉴定，2009年中抗小斑病（病级 5 级），中抗南方锈病（病级 5 级），中抗纹枯病（病指 33.3），高抗茎腐病（病株率 3.0%）；2010 年中抗小斑病（病级 5 级），感南方锈病（病级 7 级），感纹枯病（病指 50.6），中抗茎腐病（病株率 28.6%）。

⑤ 产量和品质　在一般栽培条件下，2009 年区试亩产 499.9kg，较对照品种增产4.37%（显著）；2010 年区试亩产 476.2kg，较对照品种增产 6.3%（极显著）。2011 年生产试验亩产 483.7kg，较对照品种增产 3.12%。2011 年经农业部谷物品质监督检验测试中心（北京）检验，粗蛋白（干基）10.87%，粗脂肪（干基）3.39%，粗淀粉（干基）74.45%。

⑥ 适宜种植地区或环境　江淮丘陵区和淮北区。

（2）皖玉 708

① 组合来源　J66（来源于国外杂交种×齐 319）×Lx9801（来源于山东省农业科学院）。

② 育成单位　宿州市农业科学院。

③ 审定年代　2012 年。

④ 特征特性　中熟夏播杂交玉米品种。全生育期 97d 左右，比对照品种（农大 108）早熟 1d。总叶片数 19 片。叶鞘紫色，株型半紧凑。株高约 278cm，穗位 108 cm。花药黄色；穗轴红白色，粒色黄白色。2009 年、2010 年两年低密度组区域试验表明，穗长18cm，穗粗 5.1cm，秃顶 1.0cm 左右；穗行数 14，行粒数 33 粒左右，出籽率 85%，千粒重约 350g。抗高温热害 1 级。经河北省农业科学院植保所接种鉴定，2009 年中抗小斑

病（病级 5 级），中抗南方锈病（病级 5 级），感纹枯病（病指 56.7），中抗茎腐病（病株率 28.4%）；2010 年中抗小斑病（病级 5 级），中抗南方锈病（病级 5 级），感纹枯病（病指 50.6），中抗茎腐病（病株率 26.3%）。

⑤ 产量和品质　在一般栽培条件下，2009 年区试亩产 531.8kg，较对照品种增产 11.03%（极显著）；2010 年区试亩产 486.0kg，较对照品种增产 8.5%（极显著）。2011 年生产试验亩产 495.9kg，较对照品种增产 6.02%。2011 年经农业部谷物品质监督检验测试中心（北京）检验，粗蛋白（干基）10.22%，粗脂肪（干基）3.56%，粗淀粉（干基）74.91%。

⑥ 适宜种植地区或环境　江淮丘陵区和淮北区。

（3）西由 50

① 组合来源　208（掖单 13 号与农大 108 杂交的二环系）×莱 3189（鲁单 50 的二环系）。

② 育成单位　莱州市金丰种子有限公司。

③ 审定年代　2012 年。

④ 特征特性　中熟夏播杂交玉米品种。全生育期 99d 左右，与对照品种（农大 108）相当。株型紧凑，株高 238cm，穗位 82cm。果穗呈长筒形，籽粒黄色，半马齿型，穗轴红色。2009 年、2010 年两年低密度组区域试验表明穗长 19cm，穗粗 5.0cm，秃顶 1.4cm 左右，穗行数 16 左右，行粒数 33 粒左右，出籽率 86% 左右，千粒重 324g。抗高温热害 1 级（相对空秆率平均 -1.2%），经河北省农业科学院植保所接种鉴定，2009 年中抗小斑病（病级 5 级），中抗南方锈病（病级 5 级），高感纹枯病（病指 77.8），茎腐病病株率未测出；2010 年中抗小斑病（病级 5 级），中抗南方锈病（病级 5 级），高感纹枯病（病指 72.8），高抗茎腐病（病株率 2.8%）。

⑤ 产量和品质　在一般栽培条件下，2009 年区试亩产 505.6kg，较对照品种增产 4.82%（极显著）；2010 年区试亩产 487.6kg，较对照品种增产 8.9%（极显著）。2011 年生产试验亩产 510.4kg，较对照品种增产 6.21%。2011 年经农业部谷物品质监督检验测试中心（北京）检验，粗蛋白（干基）9.08%，粗脂肪（干基）3.86%，粗淀粉（干基）74.96%。

⑥ 适宜种植地区或环境　江淮丘陵区和淮北区。

（4）奥玉 21

① 组合来源：OSL218（来源于以外引系 P97 为母本，以齐 319、478、7826、98F09 自交系为父本的混合花粉杂交组配基础材料，运用系谱选择方法，连续自交 6 代选育而成）×9801（来源于山东省农业科学院）。

② 育成单位　北京奥瑞金种业股分有限公司。

③ 审定年代　2012 年。

④ 特征特性　中熟夏播杂交玉米品种。全生育期 96d，比对照品种（农大 108）早熟 3d 右。株型半紧凑。株高约 277cm，平均穗位 105cm。芽鞘浅紫色。雄穗分枝 15 个左右，花粉黄色。穗轴白色，果穗筒形，粒型中间型。2009 年、2010 年低密度组区域试验

表明，穗长 18 cm 左右，穗粗约 5.0 cm，秃顶 0.6cm，穗行数 14 左右，行粒数 34 粒左右，出籽率 87%，千粒重 384g。抗高温热害 1 级（相对空秆率平均 -0.4%）。经河北省农业科学院植保所接种鉴定，2009 年抗小斑病（病级 3 级），中抗南方锈病（病级 5 级），抗纹枯病（病指 25.9），抗茎腐病（病株率 5.7%）；2010 年中抗小斑病（病级 5 级），中抗南方锈病（病级 5 级），中抗纹枯病（病指 48.3），茎腐病病株率未测出。

⑤ 产量和品质　在一般栽培条件下，2009 年区试亩产 555.9kg，较对照品种增产 15.23%（极显著）；2010 年区试亩产 524.8kg，较对照品种增产 17.4%（极显著）。2011 年生产试验亩产 518.8kg，较对照品种增产 7.89%。2011 年经农业部谷物品质监督检验测试中心（北京）检验，粗蛋白（干基）9.50%，粗脂肪（干基）3.80%，粗淀粉（干基）75.93%。

⑥ 适宜种植地区或环境　江淮丘陵区和淮北区。

（5）蠡玉 88

① 组合来源　母本为 PH6WC（先玉 335 母本），来源为先锋公司自育；父本为 CJ400 为中国农业大学选育。

② 育成单位　石家庄蠡玉科技开发有限公司。

③ 审定年代　2012 年。

④ 特征特性　全生育期 98d 左右，比对照品种（农大 108）早熟 1d。苗叶鞘紫红色，全株叶片数 19 片。雄穗一级分枝 14 个左右，花药黄色。雌穗花柱浅紫色，苞叶紧。果穗筒形，籽粒黄色，马齿型，穗轴白色。2009 年、2010 年低密度组区域试验表明，株高 243cm 左右，穗位约 100cm，平均穗长 17cm，穗粗约 5.2cm，秃顶 1.0cm，穗行数 17 行，行粒数 31 粒，出籽率 87%，千粒重 331g。抗高温热害 1 级（相对空秆率平均 -0.1%）。经河北省农业科学院植保所接种鉴定，2009 年中抗小斑病（病级 5 级），抗南方锈病（病级 3 级），感纹枯病（病指 55.6），中抗茎腐病（病株率 14.7%）；2010 年中抗小斑病（病级 5 级），抗南方锈病（病级 3 级），高感纹枯病（病指 75.0），茎腐病病株率未测出。

⑤ 产量和品质　在一般栽培条件下，2009 年区试亩产 517.0kg，较对照品种增产 7.18%（极显著）；2010 年区试亩产 518.8kg，较对照品种增产 15.8%（极显著）。2011 年生产试验亩产 529.9kg，较对照品种增产 10.14%。2011 年经农业部谷物品质监督检验测试中心（北京）检验，粗蛋白（干基）9.76%，粗脂肪（干基）3.84%，粗淀粉（干基）75.38%。

⑥ 适宜种植地区或环境　江淮丘陵区和淮北区。

（6）联创 10 号

① 组合来源　CT119［来源于以（齐 319 × 沈 137）为基础材料，连续自交 6 代选育而成］× CT5898［来源于以（CT289 × Lx9801）为基础材料，连续自交 6 代育成］；CT289 以［（掖 502 × 掖 52106 × 丹 340）为基础材料，连续自交 5 代育成］。

② 育成单位　北京联创种业有限公司。

③ 审定年代　2012 年。

④ 特征特性　中熟夏播杂交玉米品种。全生育期98d左右，比对照品种（农大108）早熟1d。幼苗叶鞘紫色，株型半紧凑。雄穗级分枝13个左右，花药浅紫色；花柱浅紫色，果穗筒形，轴白色，黄粒，半马齿型。2009年、2010年两年低密度组区域试验表明，株高286cm左右，穗位约119cm，平均穗长19cm，穗粗4.9cm，秃顶1.2cm，穗行数15行，平均行粒数31粒，出籽率86%，千粒重349g。抗高温热害1级（相对空秆率平均 –0.9%）。经河北省农业科学院植保所接种鉴定，2009年抗小斑病（病级3级），中抗南方锈病（病级5级），高感纹枯病（病指70.4），高抗茎腐病（病株率3.1%）；2010年抗小斑病（病级3级），中抗南方锈病（病级5级），高感纹枯病（病指75.0），抗茎腐病（病株率5.4%）。

⑤ 产量和品质　在一般栽培条件下，2009年区试亩产524.9kg，较对照品种增产8.82%（极显著）；2010年区试亩产522.3kg，较对照品种增产14.9%（极显著）。2011年生产试验亩产498.1kg，较对照品种增产6.10%。2011年经农业部谷物品质监督检验测试中心（北京）检验，粗蛋白（干基）10.49%，粗脂肪（干基）4.05%，粗淀粉（干基）74.36%。

⑥ 适宜种植地区或环境　江淮丘陵区和淮北区。

（7）安农9号

① 组合来源　SX0513（来源于国外杂交种后代选育株）× SX5229（来源于9801变异株）。

② 育成单位　安徽农业大学；宿州市农业科学院。

③ 审定年代　2012年。

④ 特征特性　中熟夏播杂交玉米品种。

⑤ 产量和品质　全生育期100d，比对照品种（郑单958）迟熟2~3d。成株叶片数19片左右。叶鞘紫色，株型半紧凑，叶片分布稀疏。雄穗分枝中等，花药黄色；花丝淡红色。籽粒黄色，马齿型。2009年、2010年高密度组区域试验表明，株高306cm，穗位约134cm，平均穗长17cm，穗粗约4.9cm，秃顶0.6cm，穗行数15左右，行粒数37粒，出籽率90%，千粒重300g。抗高温热害2级（相对空秆率平均0.1%）。经河北省农业科学院植保所接种鉴定，2009年中抗小斑病（病级5级），中抗南方锈病（病级5级），中抗纹枯病（病指33.3），中抗茎腐病（病株率16.7%）；2010年感小斑病（病级7级），中抗南方锈病（病级5级），高抗纹枯病（病指6.1），高抗茎腐病（病株率2.6%）。

⑥ 适宜种植地区或环境　淮北区。

（8）高玉2068

① 组合来源　B319（来源于齐319群体的杂株中连续自交育成）× NDY（来源于ND81 –1和9046的二环系）。

② 育成人员　高学明。

③ 审定年代　2012年。

④ 特征特性　中熟夏播杂交玉米品种。全生育期97d左右，比对照品种（农大108）

早熟 1~2d。株型稍紧凑，穗轴白色，籽粒半硬粒型，籽粒纯黄。2008 年、2009 两年低密度组区域试验表明，株高 245cm 左右，穗位约 97cm，平均穗长 18cm，穗粗约 4.6cm，秃顶 0.3cm，穗行数 14，行粒数 37 粒，出籽率 89%，千粒重 322g。经河北省农业科学院植保所接种鉴定，2008 年抗小斑病（病级 3 级），感南方锈病（病级 7 级），感茎腐病（病株率 30.8%）；2009 年抗小斑病（病级 3 级），中抗南方锈病（病级 5 级），高感纹枯病（病指 77.8），高抗茎腐病（病株率 2.9%）；2010 年感纹枯病（病指 63.3）。

⑤ 适宜种植地区或环境　江淮丘陵区和淮北区。

（9）高玉 2067

① 组合来源　以 953×91158 组配。

② 育成单位　石家庄蠡玉科技开发有限公司。

③ 审定年代　2011 年。

④ 特征特性　中熟夏播杂交玉米品种。

⑤ 产量和品质　在一般栽培条件下，2008 年区试亩产 529.5kg，较对照品种增产 6.8%（极显著）；2009 年区试亩产 511.1kg，较对照品种增产 5.9%（极显著）。2010 年生产试验亩产 516.2kg，较对照品种增产 7.6%。2010 年经农业部谷物品质监督检验测试中心（北京）检验，粗蛋白（干基）9.50%，粗脂肪（干基）5.04%，粗淀粉（干基）71.73%。

⑥ 适宜种植地区或环境　江淮丘陵区和淮北区。

（10）蠡玉 81

① 组合来源　L5895［来源于（郑 58×m017）为基础材料，以郑 58 为轮回亲本自连续回交 3 代，再自交 5 代选育而成］×L801［来源于（昌 7×9801）为基础材料，连续自交 7 代］。

② 育成单位　石家庄蠡玉科技开发有限公司。

③ 审定年代　2011 年。

④ 特征特性　中熟夏播杂交玉米品种。全生育期 97d 左右，与对照品种（郑单 958）相当。幼苗叶鞘浅紫色，全株叶片数 19 片左右。雄穗一级分枝 13 个左右，花药浅紫色；花柱浅紫色，果穗长筒形。黄粒，半马齿型。2008 年、2009 年两年高密度组区域试验表明，株高 252cm 左右，穗位约 105cm，平均穗长 17cm，穗粗 4.8cm，秃顶 0.6cm，穗行数 15，行粒数 33 粒，出籽率 89%，千粒重 317g。经河北省农业科学院植保所接种鉴定，2008 年高抗矮花叶病（幼苗发病率 0），中抗小斑病（病级 5 级）、茎腐病（病株率 18.2%）、弯孢霉叶斑病（病级 5 级）和瘤黑粉病（病株率 5.3%），感南方锈病（病级 7 级），中抗玉米螟（级别 5.0）；2009 年中抗小斑病（病级 5 级）、茎腐病（病株率 11.1%）、弯孢霉叶斑病（病级 5 级）和南方锈病（病级 5 级），抗纹枯病（病情指数 33.3），高感粗缩病（病株率 41.7%）和瘤黑粉病（病株率 50.0%），感玉米螟（级别 8.7）。

⑤ 产量和品质　在一般栽培条件下，2008 年区试亩产 553kg，较对照品种增产 5.3%（极显著）；2009 年区试亩产 569kg，较对照品种增产 3.0%（极显著）。2010 年生产试验亩

产 543kg，较对照品种增产 5.2%。2010 年经农业部谷物品质监督检验测试中心（北京）检验，粗蛋白（干基）9.13%，粗脂肪（干基）4.09%，粗淀粉（干基）75.36%。

⑥ 适宜种植地区或环境　江淮丘陵区和淮北区。

（11）宿糯 3 号

① 组合来源　SN24［来源于 SN21/糯 78×SN22 来源于（衡白 522/9801）/衡白 522］。

② 育成单位　宿州市农业科学研究所。

③ 审定年代　2011 年审定。

④ 特征特性　鲜食杂交玉米品种。2009 年、2010 年两年区域试验表明，出苗至采收 70d 左右，比对照品种（皖玉 13）早熟 1d。株高 225cm 左右，穗位约 93cm。穗长 17cm 左右，穗粗约 4.7cm，秃尖 2.3cm。籽粒白色，轴白色。两年区试平均倒伏率 0.4%、倒折率为 0.5%，田间发病级别平均分别为：大斑病 0.7 级，小斑病 2.0 级，茎腐病 0.3%，纹枯病 0.4 级。

⑤ 产量和品质　在一般栽培条件下，2009 年鲜食组区试鲜穗亩产 784kg，较对照品种增产 21.2%；2010 年区试亩产 678kg，较对照品种增产 3.6%。2009 年专家品质综合评分为 86 分，2010 年专家品质综合评分为 86 分。

⑥ 适宜种植地区或环境　安徽各地种植。

（12）荃玉 9 号

① 组合来源　以 Y3052×18-599 配组。

② 育成单位　四川省农业科学院作物研究所。

③ 审定年代　2011 年。

④ 特征特性　四川春播全生育期约 117d。全株叶片约 18 片；第一叶鞘颜色绿色、尖端形状圆。株高约 270.7cm，穗位高约 114.4cm，叶片与茎秆角度中（约 25°），茎"之"字形，叶鞘颜色绿。雄穗一级侧枝数目中，雄穗主轴与分枝的角度约 25°，雄穗侧枝姿态直线形，雄穗最高位侧枝以上主轴长度长，雄穗颖片基部颜色绿，颖片除基部外颜色绿色。花药颜色浅紫；花柱颜色绿色。果穗形状圆筒形，穗长约 19cm，穗行数约 16 行，行粒数 32 粒左右，千粒重 303.7g；籽粒类型马齿型、顶端主要颜色淡黄、背面颜色桔黄，穗轴颖片颜色粉红，籽粒排列形式直。经接种鉴定，中抗大斑病、纹枯病，感小斑病、丝黑穗病、茎腐病。

⑤ 产量和品质　2009 年区试平均亩产 471.1kg，较对照增产 15.0%，7 试点均增产；2010 年区试平均亩产 443.7kg，较对照增产 13.9%，10 试点 9 点增产。2010 年生产试验，平均亩产 520.4kg，较对照增产 11.3%。籽粒容重 732g/L，粗蛋白质含量 9.9%，粗脂肪 4.5%，粗淀粉 76.4%，赖氨酸含量 0.31%。

⑥ 适宜种植地区或环境　安徽江淮丘陵区和淮北区、重庆、湖南、四川（雅安除外）、贵州（铜仁除外）、陕西汉中地区的平坝丘陵和低山区春播种植。

（13）秦龙 14

① 组合来源　L5846（来源于郑 58×旱 46）×天涯 154［来源于（旅 9 群×78599）

F1 ×525〕。

② 育成单位 陕西秦龙绿色种业有限公司；安徽皖垦种业股份有限公司。

③ 审定年代 2011 年。

④ 特征特性 中熟夏播杂交玉米品种。全生育期 97d 左右，比对照品种（郑单 958）迟熟 2d。幼苗叶鞘紫色，叶色深绿。茎秆粗壮。花柱淡红色；花药黄色。籽粒黄色，半马齿型，白轴。

2007 年、2008 年两年高密度组区域试验表明，株高 259cm 左右，穗位约 97cm，平均穗长 17cm，穗粗 5.2cm，秃顶 0.5cm，穗行数 16，行粒数 33，出籽率 86% 左右，千粒重 309g。经河北省农业科学院植保所接种鉴定，2007 年中抗小斑病（病级 5 级）、南方锈病（病级 5 级）、茎腐病（病株率 19.4%）和瘤黑粉病（病株率 5.3%），感矮花叶病（幼苗发病率 35.3%）和玉米螟（级别 7.2），高感弯孢霉叶斑病（病级 9 级）；2008 年中抗南方锈病（病级 5 级）、弯孢霉叶斑病（病级 5 级）和茎腐病（病株率 23.7%），感小斑病（病级 7 级）、矮花叶病（幼苗发病率 33.3%）和玉米螟（级别 8.3），高感瘤黑粉病（病株率 44.4%）。

⑤ 产量和品质 在一般栽培条件下，2007 年区试亩产 527kg，较对照品种增产 5.9%（极显著）；2008 年区试亩产 535kg，较对照品种增产 4.8%（极显著）。2009 年生产试验亩产 501kg，较对照品种减产 0.09%。经农业部谷物品质监督检验测试中心（北京）测定，籽粒容重 763g/L，粗蛋白含量 10.16%，粗脂肪含量 4.39%，粗淀粉含量 73.07%，赖氨酸含量 0.28%。

⑥ 适宜种植地区或环境 安徽江淮丘陵区和淮北区、辽宁东部山区、吉林东部中晚熟区，丝黑穗病高发区慎用。

（14）京彩甜糯

① 组合来源 M11 – 3（来源于台湾黑色糯玉米）×B1388（来源于北京山区白糯玉米）。

② 育成单位 北京宝丰种子有限公司。

③ 审定年代 2011 年审定。

④ 特征特性 鲜食杂交玉米品种。粒花白，轴白色，果穗筒锥形，排列整齐，糯中带甜。2009 年、2010 年两年区域试验表明，出苗至采收 72d 左右，比对照品种（皖玉 13）迟熟 1d。株高 220cm 左右，穗位约 90cm。穗长 19cm 左右，穗粗约 4.6cm，秃尖 2.0cm。两年区试平均倒伏率 3.2%、倒折率为 0.5%，田间发病级别平均分别为：大斑病 0.5 级，小斑病 1.9 级，茎腐病 1.1%，纹枯病 0.8 级。

⑤ 产量和品质 在一般栽培条件下，2009 年鲜食组区试鲜穗亩产 668kg，较对照品种增产 3.3%；2010 年区试亩产 748kg，较对照品种增产 14.2%。2009 年专家品质综合评分为 85 分，2010 年专家品质综合评分为 87 分。

⑥ 适宜种植地区或环境 安徽各地种植。

（15）凤糯 6 号

① 组合来源 P19 – 5（来源于 POOL19 × 中糯 5 号）×804（来源于北京宝丰种子有

限公司）。

② 育成单位　安徽科技学院。

③ 审定年代　2011年。

④ 特征特性　鲜食杂交玉米品种。2009年、2010年两年区域试验表明，出苗至采收71d左右，与对照品种（皖玉13）相当。成株期总叶片数19～20片。幼苗芽鞘紫色。株高238cm左右，穗位约102cm。花药浅紫色，果穗圆筒形，籽粒白色，轴白色。穗长20cm左右，穗粗约4.6cm，秃尖2.1cm。

两年区试平均倒伏率5.3%、倒折率为0.8%，田间发病级别平均分别为：大斑病0.5级，小斑病1.6级，茎腐病0.3%，纹枯病0.7级。

⑤ 产量和品质　在一般栽培条件下，2009年鲜食组区试鲜穗亩产696kg，较对照品种增产7.7%；2010年区试亩产760kg，较对照品种增产16.2%。2009年专家品质综合评分为86分，2010年专家品质综合评分为88分。

⑥ 适宜种植地区或环境　安徽各地种植。

3. 江苏省优良玉米品种简介

（1）长江玉6号

① 组合来源　由南通志飞玉米研究所以P28×P84配组。

② 育成单位　南通市长江种子公司。

③ 审定年代　2011年。

④ 特征特性　属中熟半紧凑型普通玉米，出苗快而齐，苗势强。全生育期约120d。成株叶片20片。苗期叶鞘紫色，叶色绿，叶缘紫色，生长势强。株型半紧凑。株高225cm，穗位99cm。花药紫色，颖片浅紫色；花柱紫红色。果穗圆锥形。籽粒黄色，半硬粒型，穗轴白色。省区试平均结果：穗长17.5cm，穗粗4.9cm，每穗14～16行，每行32粒，千粒重329.0g，出籽率85.0%，倒伏率2.0%。中国农业科学院作物科学研究所接种鉴定：抗大、小斑病，感纹枯、茎腐病，高感粗缩病。

⑤ 产量和品质　2008—2009年参加江苏省春播玉米区域试验，两年区试平均亩产493.0kg，比对照苏玉19增产10.8%；两年增产均极显著。2010年生产试验平均亩产466.1kg，比对照苏玉19增产6.4%。农业部谷物品质监督检验测试中心（哈尔滨）检测：容重732g/L，粗蛋白9.81%，粗脂肪4.04%，粗淀粉73.96%，赖氨酸0.26%。

⑥ 适宜种植地区或环境　适宜在江苏省春播地区种植。

（2）中江玉703

① 组合来源　以A489×A20配组。

② 育成单位　江苏中江种业股份有限公司。

③ 审定年代　2011年。

④ 特征特性　属中熟半紧凑型普通玉米。全生育期约118d。成株叶片18片。出苗快而齐，苗势强，生长势较强，幼苗叶鞘浅棕色，叶片绿色，叶缘紫色。株型半紧凑。省区试平均结果：株高225cm，穗位88cm。花药红色，颖片绿带紫色；花丝粉红色。果穗圆筒形，籽粒黄色，半硬粒型，穗轴红色。穗长16.0cm，穗粗4.7cm，每穗16～18

行，每行 31 粒，千粒重 299.0g，出籽率 85.7%，倒伏率 9.9%。中国农业科学院作物研究所接种鉴定：抗大、小斑病，中抗纹枯病，高感茎腐病及粗缩病。

⑤ 产量和品质　2008—2009 年参加江苏省春播玉米区域试验，两年区试平均亩产 485.3kg，比对照苏玉 19 增产 9.0%，2008 年增产不显著，2009 年增产极显著。2010 年生产试验平均亩产 459.9kg，比对照苏玉 19 增产 5.0%。农业部谷物品质监督检验测试中心（哈尔滨）检测：容重 761g/L，粗蛋白 9.20%，粗脂肪 3.87%，粗淀粉 72.99%，赖氨酸 0.31%。

⑥ 适宜种植地区或环境　适宜在江苏省春播地区种植。

（3）江玉 608

① 组合来源　以 E713 - 2 × 昌 7 - 2 配组。

② 育成单位　宿迁中江种业有限公司。

③ 审定年代　2011 年。

④ 特征特性　属中熟紧凑型普通玉米，全生育期约 99 d。成株叶片 20 片。出苗快而齐，苗势强，叶鞘紫色，生长势强，叶片深绿。株型紧凑。株高 238cm，穗位 97cm。花药紫色，颖壳绿色；花柱红色。果柄较短，果穗筒形，籽粒黄色，半马齿型，穗轴红色。穗长 18.6cm 左右，穗粗 4.9cm，每穗 14 ~ 16 行，每行 38 粒，千粒重 307.0 g，出籽率 85.4%。中国农业科学院作物科学研究所接种鉴定：抗小斑病，中抗纹枯病，高抗茎腐病，高感粗缩病。

⑤ 产量和品质　2008—2009 年参加江苏省夏播玉米区域试验，两年区试平均亩产 575.5kg，比对照郑单 958 增产 8.4%，两年增产均达极显著。2010 年生产试验平均亩产 500.3 kg，比对照郑单 958 增产 10.4%。农业部谷物品质监督检验测试中心（哈尔滨）检测：容重 752g/L，粗蛋白 9.28%，粗脂肪 4.20%，粗淀粉 74.06%，赖氨酸 0.28%。

⑥ 适宜种植地区或环境　适宜在江苏省夏播地区种植。

（4）保玉 1 号

① 组合来源　以保夏 70 × 齐 319 配组。

② 育成单位　江苏保丰集团有限公司。

③ 审定年代　2011 年育成。

④ 特征特性　属中熟半紧凑型普通玉米。全生育期约 98d。成株叶片 19 片。出苗快而齐，苗势强，叶鞘紫红色，生长势强，叶片深绿。株型半紧凑。株高 238 cm，穗位 94cm。花药浅绿色，颖片绿略带红边；花柱淡绿色。果穗筒形，籽粒黄色，半硬粒型，穗轴白色。穗长 18.3cm 左右，穗粗 4.9cm，每穗 14 ~ 16 行，每行 37 粒，千粒重 307g，出籽率 85.0%。倒伏率 3.3%。中国农业科学院作物科学研究所接种鉴定：抗小斑病，高感纹枯病。

⑤ 产量和品质　2007—2009 年参加江苏省夏播玉米区域试验，3 年区试平均亩产 511.1kg，比对照郑单 958 增产 3.1%，2007 年和 2009 年增产均达极显著，2008 年增产不显著。2010 年生产试验平均亩产 495.8 kg，比对照郑单 958 增产 9.4%。农业部谷物品质监督检验测试中心（哈尔滨）检测：容重 722g/L，粗蛋白 9.86%，粗脂肪 3.76%，

粗淀粉 73.07%，赖氨酸 0.28%。

⑥ 适宜种植地区或环境　适宜在江苏省夏播地区种植。

（5）苏玉 31

① 组合来源　以 D4990×D3139 配组。

② 育成单位　江苏省大华种业集团有限公司。

③ 审定年代　2011 年。

④ 特征特性　属中熟半紧凑型普通玉米。全生育期约 98d。成株叶片 19 片。出苗快而齐，苗势强，幼苗叶鞘紫色，生长势强，叶片绿色。株型半紧凑。株高 241cm，穗位 101cm。颖片浅紫色，花药浅紫色；花柱浅红色。果穗筒形，籽粒黄色，半马齿型，穗轴粉红色。穗长 19.2cm 左右，穗粗 4.7cm，每穗 14～16 行，每行 37 粒，千粒重 325.0g，出籽率 85.3%，倒伏率 0.1%。中国农业科学院作物科学研究所接种鉴定：中抗小斑病，感纹枯病，高感茎腐病及粗缩病。

⑤ 产量和品质　2008—2009 年参加江苏省夏播玉米区域试验，两年区试平均亩产 565.2kg，比对照郑单 958 增产 6.5%，两年增产均达极显著。2010 年生产试验平均亩产 480.0kg，比对照郑单 958 增产 6.0%。农业部谷物品质监督检验测试中心（哈尔滨）检测：容重 782g/L，粗蛋白 9.38%，粗脂肪 4.12%，粗淀粉 72.54%，赖氨酸 0.30%。

⑥ 适宜种植地区或环境　适宜在江苏省夏播地区种植。

（6）苏科糯 4 号

① 组合来源　以 JS0581×JS0585 配组。

② 育成单位　江苏省农业科学研究院粮食作物研究所。

③ 审定年代　2011 年。

④ 特征特性　属中熟半紧凑型糯玉米。从出苗到采收春播约 87d。成株叶片数 20 片。出苗整齐，苗势强，叶鞘紫色，叶片绿色，叶缘红色。株型紧凑。株高 183cm，穗位 84cm。花药红色，颖壳红色；花柱红色。籽粒花（紫白）色，偏硬粒型。果穗锥形，穗轴白色。穗长 16.2cm，穗粗 4.4cm，每穗 14～16 行，每行 30 粒，倒伏率 9.5%。中国农业科学院作物科学研究所接种鉴定：抗大斑病、小斑病，中抗茎腐病，感纹枯病，高感粗缩病。

⑤ 产量和品质　2008—2009 参加江苏省糯玉米区域试验，两年区试鲜穗平均亩产 791.9kg，2008 年比对照苏玉糯 1 号增产 10.0%，达极显著；2009 年与对照苏玉糯 5 号平产。2010 年生产试验平均亩产鲜穗 822.4kg，比对照苏玉糯 5 号增产 7.2%。省鲜食玉米品种区域试验组织的专家品尝鉴定，外观品质和蒸煮品质达到部颁鲜食糯玉米二级标准。扬州大学农学院检测：支链淀粉占淀粉总量的 98.37%，达到糯玉米标准（NY/T524—2002）。

⑥ 适宜种植地区或环境　适宜在江苏省玉米产区种植。

（7）苏玉 26

① 组合来源　以 ZH38×H36 配组。

② 育成单位　山西强盛种业有限公司。

③ 审定年代　2010 年。

④ 特征特性　属中熟半紧凑型玉米。全生育期约 121d。成株叶片 21 片。出苗快而齐，苗势强，苗期叶鞘浅紫色，叶色绿，叶缘绿色，生长势较强。株型半紧凑。株高 218cm，穗位 99cm。花药黄色，颖片浅紫色；花柱淡黄色。果穗圆锥形，籽粒黄色，半马齿型，穗轴红色。穗长 14.8cm 穗粗 4.8cm，每穗 14 ~ 16 行，每行 29 粒，千粒重 304.0g，出籽率 83.7%，倒伏率 5.2%。中国农业科学院作物科学研究所 2009 年接种鉴定：抗大、小斑病及纹枯病，高感茎腐病及粗缩病。

⑤ 产量和品质　2007—2008 年参加江苏省春播玉米区域试验，两年区试平均亩产 466.3kg，比对照苏玉 19 增产 8.1%；2007 年增产极显著，2008 年增产不显著。2009 年生产试验平均亩产 439.4kg，比对照苏玉 19 增产 5.7%。农业部谷物品质监督检验测试中心（哈尔滨）2009 年检测：容重 740g/L，粗蛋白 10.35%，粗脂肪 4.76%，粗淀粉 70.07%，赖氨酸 0.27%。

⑥ 适宜种植地区或环境　适宜江苏春播地区种植。

（8）苏玉 27

① 组合来源　以 D1082 × D3139 配组。

② 育成单位　江苏省大华种业集团有限公司。

③ 审定年代　2010 年。

④ 特征特性　属中熟半紧凑型玉米。全生育期约 119d。成株叶片 20 片。出苗快而齐，苗势强，生长势强，幼苗叶鞘紫色，叶片深绿，叶缘紫色。株型半紧凑。株高 208cm，穗位 96cm。花药浅紫色，颖片浅紫色；花柱浅红色。果穗圆筒形，籽粒黄色，半马齿型，穗轴白色。穗长 15.6cm，穗粗 4.9cm，每穗 16 行，每行 30 粒，千粒重 271.0g，倒伏率 12.2%。中国农业科学院作物科学研究所 2009 年接种鉴定：抗大、小斑病，中抗纹枯病，高感茎腐病及粗缩病。

⑤ 产量和品质　2007—2008 年参加江苏省春播玉米区域试验，两年区试平均亩产 466.7kg，比对照苏玉 19 增产 8.0%，两年增产均达极显著。2009 年生产试验平均亩产 429.9kg，比对照苏玉 19 增产 3.4%。农业部谷物品质监督检验测试中心（哈尔滨）2009 年检测：容重 754g/L，粗蛋白 9.11%，粗脂肪 4.43%，粗淀粉 70.67%，赖氨酸 0.27%。

⑥ 适宜种植地区或环境　适宜江苏春播地区种植。

（9）苏玉 29

① 组合来源　以苏 95 – 1 × JS0451 配组。

② 育成单位　江苏省农业科学院粮食作物研究所。

③ 审定年代　2010 年。

④ 特征特性　属中熟紧凑型玉米。在东南玉米区出苗至成熟 102d，与农大 108 相当。成株叶片数 20 片。幼苗叶鞘紫色，叶片绿色，叶缘红色。株型紧凑，株高 230cm，穗位高 95cm。花药红色，颖壳红色；花柱红色，果穗长筒形。穗长 18cm，穗行数 14 ~ 16 行，穗轴白色，籽粒黄色、半马齿型，百粒重 28.7 g。区试平均倒伏（折）率 5.5%。

经中国农业科学院作物科学研究所两年接种鉴定，中抗茎腐病，感大斑病、小斑病和纹枯病，高感矮花叶病和玉米螟。

⑤ 产量和品质　2008—2009 年参加东南玉米品种区域试验，两年平均亩产 461.5kg，比对照农大 108 增产 11.5%。2009 年生产试验，平均亩产 482.7kg，比对照农大 108 增产 4.7%。经农业部谷物品质监督检验测试中心（北京）测定，籽粒容重 724g/L，粗蛋白含量 9.58%，粗脂肪含量 3.17%，粗淀粉含量 69.62%，赖氨酸含量 0.31%。

⑥ 适宜种植地区或环境　适宜在江苏中南部、安徽南部、江西、福建春播种植，注意防止倒伏（折），防治玉米螟，矮花叶病重发区慎用。

（10）金来玉 5 号

① 组合来源　以 JL3148×JL045 配组。

② 育成单位　莱州市金来种业有限公司。

③ 审定年代　2010 年。

④ 特征特性　属中早熟紧凑型玉米。全生育期约 99d。成株叶片 19 片。出苗快而齐，苗势强，叶鞘紫色，生长势强，叶片深绿、上冲。株型紧凑。株高 230cm，穗位 93cm。花药紫色，颖片绿带紫色；花柱紫色。果穗圆锥形，籽粒黄色，半硬粒型，穗轴白色。穗长 17.8cm，穗粗 4.9cm，每穗 12~14 行，每行 37 粒，千粒重 317.0g，出籽率 84.6%。倒伏率 1.3%。中国农业科学院作物科学研究所 2009 年接种鉴定：抗小斑病，高感纹枯病。

⑤ 产量和品质　2007—2008 年参加江苏省夏播玉米区域试验，两年区试平均亩产 503.5kg，比对照郑单 958 增产 5.8%，两年增产均达极显著。2009 年生产试验平均亩产 553.5kg，比对照郑单 958 增产 7.2%。农业部谷物品质监督检验测试中心（哈尔滨）2009 年检测：容重 774g/L，粗蛋白 11.02%，粗脂肪 4.93%，粗淀粉 71.75%，赖氨酸 0.29%。

⑥ 适宜种植地区或环境　适宜江苏夏播地区种植。

（11）宁玉 61

① 组合来源　以宁晨 68×宁晨 47 配。

② 育成单位　南京春曦种子研究中心。

③ 审定年代　2010 年。

④ 特征特性　属中熟半紧凑型普通玉米。全生育期约 102d。成株叶片 19 片。出苗快而齐，苗势强，叶鞘浅绿色，生长势强，叶片深绿。株型半紧凑。株高 253cm，穗位 107cm。花药浅紫色；花柱浅紫色。果穗筒形，籽粒黄色，马齿型，穗轴红色。穗长 18.7cm，穗粗 4.9cm，每穗 14~16 行，每行 35 粒，千粒重 325.0g，出籽率 84.7%，倒伏率 0.3%。中国农业科学院作物科学研究所 2009 年接种鉴定：抗小斑病，感纹枯病。

⑤ 产量和品质　2007—2008 年参加江苏省夏播玉米区域试验，两年区试平均亩产 492.7kg，比对照郑单 958 增产 3.3%，两年增产均达极显著。2009 年生产试验平均亩产 540.7kg，比对照郑单 958 增产 4.7%。农业部谷物品质监督检验测试中心（哈尔滨）2009 年检测：容重 747g/L，粗蛋白 9.43%，粗脂肪 4.62%，粗淀粉 74.71%，赖氨

酸 0.26%。

　　⑥ 适宜种植地区或环境　适宜江苏夏播地区种植。

　　（12）苏科糯 3 号

　　① 组合来源　以 JS0581 × JS0686 配组。

　　② 育成单位　江苏省农业科学院粮食作物研究所。

　　③ 审定年代　2010 年。

　　④ 特征特性　属中熟半紧凑型糯玉米。全生育期春播约 85d。成株叶片数 20 片。出苗整齐，苗势强，叶鞘紫红色，叶片绿色，叶缘绿色。株型半紧凑。株高 180cm，穗位 80cm。花药红色；花柱粉红色。果穗长锥形，籽粒花（紫白）色，硬粒型，甜糯。穗轴白色。穗长 16.3cm，穗粗 4.6cm，每穗 14～16 行，每行 31 粒，倒伏率 1.2%。中国农科院作物科学研究所 2009 年接种鉴定：中抗大斑病，高抗小斑病，抗茎腐病，感纹枯病，高感粗缩病。

　　⑤ 产量和品质　2007—2008 年参加江苏省糯玉米区域试验，两年平均鲜穗亩产 807.6kg，比对照苏玉糯 1 号增产 12.3%，两年增产均达极显著。2009 年生产试验平均亩产鲜穗 857.3kg，比对照苏玉糯 5 号增产 11.7%。省鲜食玉米品尝专家鉴定：外观品质和蒸煮品质达到部颁鲜食糯玉米二级标准。扬州大学农学院检测：支链淀粉占淀粉总量的 98.17%，达到糯玉米标准（NY/T524—2002）。

　　⑥ 适宜种植地区或环境　适宜江苏各地种植。

　　（13）晶甜 5 号

　　① 组合来源　以 403325 - 4 × 326B452 - 2 配组。

　　② 育成单位　南京市蔬菜科学研究所。

　　③ 审定年代　2010 年。

　　④ 特征特性　属中熟半紧凑型超甜玉米。全生育期春播 89d。成株叶片数 19～20 片。出苗快而齐，苗势强。株型半紧凑。株高 181cm，穗位 84cm。花药、颖片均为绿色；花柱淡绿色。果穗筒形，鲜粒黄色、半马齿型。穗轴白色。穗长 15.9cm，穗粗 4.6cm，每穗 14～16 行，每行 30 粒，倒伏率为 0。中国农业科学院作物科学研究所 2009 年接种鉴定：中抗大斑病及茎腐病，抗小斑病，感纹枯病，高感粗缩病。

　　⑤ 产量和品质　2007—2008 年参加江苏省甜玉米区域试验，两年区试鲜穗平均亩产 745.6kg，比对照晶甜 3 号增产 10.6%，2007 年增产显著，2008 年增产极显著。2009 年生产试验平均亩产 722.0kg，比对照晶甜 3 号增产 9.5%。省鲜食玉米品种区域试验组织专家品尝鉴定，外观品质和蒸煮品质达到部颁鲜食甜玉米二级标准。扬州大学农学院检测：水溶性糖含量 14.3%，还原糖含量 6.9%，达到甜玉米标准（NY/T523—2002）。

　　⑥ 适宜种植地区或环境　适宜江苏各地种植。

　　（14）苏玉 31

　　① 组合来源　以 D4990 × D3139 配组。

　　② 育成单位　江苏省大华种业集团有限公司。

　　③ 审定年代　2011 年。

④ 特征特性　全生育期约98d。成株叶片19片。出苗快而齐，苗势强，幼苗叶鞘紫色，生长势强，叶片绿色。株型半紧凑。株高241cm，穗位101cm。颖片浅紫色，花药浅紫色；花柱浅红色。果穗筒形，籽粒黄色，半马齿型，穗轴粉红色。穗长19.2cm左右，穗粗4.7cm，每穗14～16行，每行37粒，千粒重325.0g，出籽率85.3%，倒伏率0.1%。中国农业科学院作物科学研究所接种鉴定：中抗小斑病，感纹枯病，高感茎腐病及粗缩病。

⑤ 产量和品质　2008—2009年参加江苏省夏播玉米区域试验，两年区试平均亩产565.2kg，比对照郑单958增产6.5%，两年增产均达极显著。2010年生产试验平均亩产480.0kg，比对照郑单958增产6.0%。农业部谷物品质监督检验测试中心（哈尔滨）检测：容重782g/L，粗蛋白9.38%，粗脂肪4.12%，粗淀粉72.54%，赖氨酸0.30%。

⑥ 适宜种植地区或环境　适宜江苏夏播地区种植。

（15）苏玉28

① 组合来源　以齐319×JS0251配组。

② 育成单位　江苏省农业科学院粮食作物研究所。

③ 审定年代　2010年。

④ 特征特性　全生育期约100d。成株叶片20片。出苗快而齐，苗势强，叶鞘紫色，生长势强，叶色绿，叶缘紫色。株型半紧凑。株高245cm，穗位98cm。花药红色，颖片淡红色；花柱红色。果穗筒形，籽粒黄色，半马齿型，穗轴白色。穗长18.6m左右，穗粗5.0cm，每穗14～16行，每行35粒，千粒重311.0g，倒伏率5.2%。中国农业科学院作物科学研究所2009年接种鉴定：高抗小斑病，中抗纹枯病。

⑤ 产量和品质　2007—2008年参加江苏省夏播玉米区域试验，两年区试平均亩产496.5kg，比对照郑单958增产4.0%，两年增产均达极显著。2009年生产试验平均亩产542.7kg，比对照郑单958增产5.2%。

农业部谷物品质监督检验测试中心（哈尔滨）检测：容重764g/L，粗蛋白10.69%，粗脂肪4.24%，粗淀粉72.2%，赖氨酸0.29%。

⑥ 适宜种植地区或环境　适宜江苏夏播地区种植。

4. 陕西省优良玉米品种简介

（1）陕单308

① 组合来源　以自选系H201为母本，K12（514）为父本杂交选育而成。

② 育成单位　西北农林科技大学。

③ 审定年代　2002年。

④ 特征特性　夏播生育期95d，春播105～110d。株高220cm，穗位高75cm。穗上叶上挺，穗下叶平展。果穗筒形，穗长20.6～24.7cm，穗行数16行，行粒数34～40粒，红轴，同一田块果穗大小均匀一致。籽粒桔黄色，半马齿偏硬，角质多，千粒重280～350g，商品外观好。抗倒伏。抗病。经西北农林科技大学植保学院抗病性鉴定，陕单308对玉米主要病害大、小斑病、茎腐病、丝黑穗病表现抗病和高抗。

⑤ 产量和品质　在兴平玉米黑粉发病较重地区示范种植，陕单308表现免疫或高

抗。夏播产量可达 500kg/亩以上，高产田块可达 600～700kg/亩。

⑥ 适宜种植地区或环境　适于陕西夏播玉米区和秋夏争时的旱肥地及同类地区推广种植。

（2）秦龙 8 号

① 组合来源　Q127 为母本，以 L98 为父本杂交选育而成。

② 育成单位　陕西省户县秦龙玉米研究所。

③ 审定年代　2002 年。

④ 特征特性　春播生育期生育期 120d。叶片数 19～20 片。叶鞘深紫色，叶色浓绿，长势强。成株高 260～280cm，穗位高 115cm，根系发达，株型紧凑，茎秆坚韧。花柱淡红色；花药紫色。自身花期协调。穗长 20～25cm，粗 5.4cm，16～18 行，红轴，行粒数 40 粒以上，出籽率 88%，籽粒黄色，粒面浅橘红色，半马齿型，千粒重 300～350g。抗旱能力强，耐低温寡照及阴雨，抗大、小斑病，黑粉病，高抗茎腐病，抗丝黑穗病。

⑤ 产量和品质　经省春玉米区域试验 3 年平均亩产 584.6kg，平均比对照丹玉 13 增产 8.2%，一年生产试验平均亩产 554.8kg，比对照丹玉 13 增产 11.9%，中肥地一般亩产 650kg，高肥地亩产可达 900kg 以上。经陕西省产品质量监督检验所分析：蛋白质含量 9.9%，粗脂肪含量 3.63%，赖氨酸含量 0.29%。

⑥ 适宜种植地区或环境　适于陕西春玉米区种植。

（3）安玉 11

① 组合来源　用多代自交选育系 9201 和 75—1 杂交后作母本，再用自育系象 117—47120 作父本杂交组配而成。

② 育成单位　陕西省安康市农科所。

③ 审定年代　2002 年。

④ 特征特性　生育期中山（海拔 600m 以上）春播 130d 左右。高山 135～140d。幼苗叶鞘及叶片绿色，叶宽中等，长势强。成株株型较松散，株高 220～250cm，穗位高 100～115cm，根系发达，自身花期协调。果穗长锥形，平均穗长 22.60cm，穗粗 4.60cm，穗行 15.80 行，行粒数 43.10，白轴，出籽率 84%。籽粒白色，半马齿偏硬粒型，千粒重 364～417g。全生育期较抗旱，中后期耐阴湿，抗倒伏力强，秆青叶绿成熟，可粮饲兼用。经安康市植保检疫站病虫害抗性鉴定，抗茎腐、穗粒腐，丝黑穗病、大小斑病等，后期遇连阴雨高温、高湿、中感纹枯病。

⑤ 产量和品质　中等以上肥力亩产 500kg 左右，高产可达 630kg，与马铃薯套种一般亩产 400kg 以上。经西北农林科技大学品质分析，淀粉含量 64.70%，蛋白质含量 6.41%，粗脂肪含量 5.44%，赖氨酸含量 0.22%。

⑥ 适宜种植地区或环境　适合秦巴中高山区海拔 600～1 400m 地域范围种植，地膜覆盖可上升到 1 600m 春玉米区种植。

（4）陕单 8813

① 组合来源　1997 年用自选系 L102 作母本，138 作父本杂交组配而成。

② 育成单位　西北农林科技大学农学院玉米所。

③ 审定年代　2003 年。

④ 特征特性　陕单8813生育期115～120d。总叶片18～19片。成株株高275cm，穗位高106cm，穗下叶平伏，穗上叶稍挺。雄性分枝12个左右，花药黄色，雌穗花柱黄白色，苞叶紧，雌雄花期基本协调。果穗筒形，穗长22～23cm，白轴，出籽率87.5%，籽粒马齿型，千粒重370g（春播）。保绿性、结实性好，抗倒伏能力强，经西北农林科技大学植保所抗病性鉴定，高抗茎腐病及大、小斑病，抗穗粒腐病、黑粉病、青枯病。

⑤ 产量和品质　2000—2002年陕西省区域试验显示，陕单8813三年平均亩产647.2kg，较对照单玉13增产9.9%。生产示范平均亩产609.9kg，较对照增产13.0%，表现出较高的产量潜力。籽粒粗蛋白含量9.24%，粗脂肪4.51%，赖氨酸0.270%，淀粉64.55%。籽粒粗蛋白含量9.24%，粗脂肪4.51%，赖氨酸0.270%，淀粉64.55%。

⑥ 适宜种植地区或环境　陕西省夏玉米区。

（5）高玉8号

① 组合来源　639×01。

② 育成单位　丰乐三高种业有限公司。

③ 审定年代　2003年。

④ 特征特性　春播生育期123～128d。幼苗叶色绿，长势强。株高287cm，穗位高95cm。株型紧凑，穗三叶较平展，穗上叶上冲。果穗长筒形，穗长25cm左右，穗粗5.75cm，穗行18～20行，行籽数46。籽粒马齿型，粒顶浅黄色，粒侧面桔红色，角质层较厚。抗病毒病、黑粉病，大、小叶斑病，耐茎腐病。

⑤ 产量和品质　二年春播区试平均亩产611kg。

⑥ 适宜种植地区或环境　适宜在陕北、陕南等春玉米区推广种植。

（6）奥玉17

① 组合来源　母本为618，以美国先锋杂交种78575为基础材料，经自交三代再与琼崖黄（海南地方种）杂交后，连续自交多代选育而成；父本为831，以瓦138与360杂交后，用瓦138回交3代，而后自交5代选育而成。

② 育成单位　河北省石家庄蠡玉科技开发有限公司。

③ 审定年代　2003年。

④ 特征特性　在武陵山区出苗至成熟124d，比对照农大108早1d。成株叶片数19～21片。幼苗叶鞘紫红色，叶片深绿色，叶缘紫色。株型半紧凑，株高255cm，穗位105cm。花药黄紫色，颖壳紫色；花柱绿色。果穗筒形，穗长18.9cm，穗行数15.5行，穗轴红色，籽粒黄色，粒型为马齿型，百粒重33.61g。经四川省农科院植保所两年接种鉴定，抗大斑病，中抗小斑病、茎腐病和玉米螟，中抗矮花叶病，感纹枯病和丝黑穗病。

⑤ 产量和品质　2002—2003年参加武陵山区玉米品种区域试验，13点次增产，5点次减产，两年平均亩产534.38kg，比对照农大108增产7.7%；2003年参加同组生产试验，平均亩产513.22kg，比对照农大108增产5.81%。经农业部谷物品质监督检验测试中心（北京）测定，籽粒容重为729g/L，粗蛋白含量9.68%，粗脂肪含量4.79%，粗淀粉含量72.48%，赖氨酸含量0.26%。经农业部谷物及制品质量监督检验测试中心

（哈尔滨）测定，籽粒容重 712g/L，粗蛋白含量 9.63%，粗脂肪含量 4.01%，粗淀粉含量 72.6%，赖氨酸含量 0.31%。

⑥ 适宜种植地区或环境　适宜在湖北、湖南、贵州和重庆的武陵山区种植。纹枯病高发区慎用，注意防止倒伏。

（7）秦龙 3 号黑红甜

① 组合来源　R 黑 × C146。

② 育成单位　陕西秦龙绿色种业有限公司。

③ 审定年代　2003 年。

④ 特征特性　关中夏直播，播种至采收 70～80d。春播，播种至采收 80～90d。生长前期抗旱，后期耐涝及低温。幼苗叶鞘绿色，叶色深绿，长势强。成株，株型紧凑，穗上叶直立，耐密性好。株高 230cm，穗位高 75cm。花药黄色；花柱黄绿色，自身花期协调。果穗长筒形，长 20～24cm，粗 5.5cm 左右，穗行数 14～18 行，籽粒黑色，排列整齐，籽粒深度（长度）1.2cm 以上，白轴，出籽率高（授粉 20～24d，籽粒为红色，25d 后渐变黑）。抗倒伏，保绿度高，茎秆是大家畜优质饲草。经省植保所鉴定，高抗茎腐、中抗大斑、感黑粉病。

⑤ 产量和品质　一般亩产鲜果穗 1 000～1 200kg。总糖含量 24.5%，还原糖含量 1.5%，β 胡萝卜素 118.79μg/100g，粗蛋白含量 3.33%，粗脂肪含量 1.27%，微量元素 Zn23.6μg/g，Fe28.6μg/g，Se8.95μg/kg；维生素 B_1 0.782mg/kg、B_2 0.632mg/kg、维生素 C_9 0.5mg/kg。

⑥ 适宜种植地区或环境　适宜陕西省作为鲜食玉米春、夏播种植。

（8）蠡玉 35

① 组合来源　蠡玉 35 是由石家庄蠡玉科技开发有限公司于 2002 年以 L5895 为母本，以 912 为父本组配而成的单交种。母本来源于郑 58 × Mo17 杂交选系，父本来源于自选黄改系。

② 育成单位　北京奥瑞金种业股份有限公司。

③ 审定年代　2006 年。

④ 特征特性　成株叶片数 20 片。幼苗叶鞘紫色，叶片绿色，叶缘白色，苗势强。株型紧凑，株高 270cm，穗位 110cm。颖壳绿色，花药绿色；花柱浅紫色。果穗圆筒形，苞叶中，穗长 20.0cm，穗行数 16～20 行，穗轴白色，籽粒黄色，粒型为半马齿型，百粒重 37.0g，出籽率 84%。经 2007—2008 年两年人工接种鉴定，抗大斑病（1～3 级），抗灰斑病（1～3 级），感弯孢菌叶斑病（1～7 级），中抗茎腐病（1～5 级），中抗丝黑穗病（发病株率 0.0～8.7%）。

⑤ 产量和品质　2007—2008 年参加辽宁省玉米引种中晚熟组区域试验，12 点次增产，1 点次减产，两年平均亩产 733.1kg，比对照郑单 958 增产 6.1%；2008 年参加同组生产试验，平均亩产 729.9kg，比对照郑单 958 增产 5.3%。辽宁沈阳、铁岭、丹东、阜新、鞍山、锦州、朝阳等中晚熟玉米区种植。弯孢菌叶斑病高发区慎用。

⑥ 适宜种植地区或环境　适宜积温 2 800℃以上的中晚熟玉米区种植。

（9）陕单 2001

① 组合来源　用自选系 Y289 作母本，Y605 作父本杂交选育而成。

② 育成单位　西北农林科技大学。

③ 审定年代　2006 年。

④ 特征特性　该品种春播生育期 120d 左右，夏播 98～100d。株型紧凑，叶色深绿，成熟时茎叶呈绿色，保绿度好。株高 260～280cm，穗位高 100～118cm。果穗长筒形，穗长 22～24cm，每穗 16～18 行，每行 40～45 粒，穗轴红色，出籽率 86.9%。籽粒橘黄色偏硬，百粒重 29.0～31.0g。抗倒性强。高抗穗粒腐病和大、小斑病，抗丝黑穗病。

⑤ 产量和品质　参加陕西省春播区试，增产点次占总点次的 71.4%，3 年总评亩产 615.2kg，较农大 108 增产 4.4%；2005 年 7 点平均亩产 623.4kg，较沈单 10 号增产 4.4%。该品种籽粒外观橘黄色偏硬，色泽光亮，商品性好。经陕西省粮油质量监督检验站检测：淀粉含量 66%，粗蛋白含量 9.4%，赖氨酸含量 0.298 2%。

⑥ 适宜种植地区或环境　适宜陕南、陕北及同类生态区春播种植。

（10）秦龙 14

① 组合来源　L5846（来源于郑 58×早 46）×天涯 154（来源于（旅 9 群×78599）F1×525）。

② 育成单位　陕西秦龙绿色种业有限公司；安徽皖垦种业股份有限公司。

③ 审定年代　2006 年。

④ 特征特性　全生育期 97d 左右，比对照品种（郑单 958）迟熟 2d。幼苗叶鞘紫色，叶色深绿。株高 259cm 左右，穗位约 97cm，茎秆粗壮。花柱淡红色；花药黄色。籽粒黄色，半马齿型，白轴。穗长 17cm 左右，穗粗约 5.2cm，秃顶 0.5cm，穗行数 16 左右，行粒数 33 左右，出籽率 86% 左右，千粒重 309g。经河北省农业科学院植保所接种鉴定，2007 年中抗小斑病（病级 5 级）、南方锈病（病级 5 级）、茎腐病（病株率 19.4%）和瘤黑粉病（病株率 5.3%），感矮花叶病（幼苗发病率 35.3%）和玉米螟（级别 7.2），高感弯孢霉叶斑病（病级 9 级）；2008 年中抗南方锈病（病级 5 级）、弯孢霉叶斑病（病级 5 级）和茎腐病（病株率 23.7%），感小斑病（病级 7 级）、矮花叶病（幼苗发病率 33.3%）和玉米螟（级别 8.3），高感瘤黑粉病（病株率 44.4%）。

⑤ 产量和品质　在一般栽培条件下，2007 年区试亩产 527kg，较对照品种增产 5.9%（极显著）；2008 年区试亩产 535kg，较对照品种增产 4.8%（极显著）。2009 年生产试验亩产 501kg，较对照品种减产 0.09%。

⑥ 适宜种植地区或环境　江淮丘陵区和淮北区、陕西夏玉米区。

（11）陕科 6 号

① 组合来源　以自选系 dx35 为母本，用自选系 dx32 作父本组配育成。

② 育成单位　宝鸡迪兴农业科技有限公司。

③ 审定年代　2010 年。

④ 特征特性　为高淀粉玉米品种。在陕西省关中夏玉米区播种，从出苗到生理成熟需 98d 左右。地上可见叶片数 13～14 片，一生叶片数 19～21 片。幼苗生长势强，苗色

深绿，叶鞘浅紫色。成株株型紧凑，茎秆坚韧，根系发达。株高 240cm 左右，穗位高约 80cm。雄穗有效分枝 8 ～ 14 个，果穗筒形，均匀一致，穗长 20cm，穗粗 5.2cm，穗行数 16 ～ 18 行，行粒数 40 粒左右，千粒重 330g，出籽率 90% 左右。穗轴白色，籽粒黄色，半马齿，排列紧密，品质优。2009 年经西北农林科技大学植物保护学院玉米品种抗病性鉴定结果为：该品种对玉米茎腐病、穗粒腐病、大斑病和小斑病等表现为高抗。

⑤ 产量和品质　2009 年经陕西省粮油产品质量监督检验站玉米品种品质分析，容重 784g/L，粗蛋白（干基）含量 9.8%，粗淀粉（干基）含量 80.8%，粗脂肪（干基）含量 5.8%。是目前国内已审定玉米品种中淀粉含量最高的品种，比普通玉米高出 10% ～ 15%，超过国家发酵工业用淀粉玉米质量一级指标。

⑥ 适宜种植地区或环境　适宜陕西省关中夏玉米区种植。

（12）联创 3 号

① 组合来源　以 CT08 为母本、CT609 为父本杂交选育而成。母本 CT08 以国外杂交种×郑 58 为基础材料连续自交 5 代育成；父本 CT609 以丹 340×掖 52106 为基础材料连续自交 5 代育成。

② 育成单位　河南省中科华泰玉米研究所。

③ 审定年代　2007 年。

④ 特征特性　叶片数 21 ～ 22 片。幼苗叶片绿色，叶鞘浅紫色，叶缘绿色，第一叶匙形。紧凑型，株高 299cm，穗位 141cm。雄穗一级分枝 7 ～ 11 个，护颖绿色，花药浅紫色。雌穗花柱浅紫色。果穗柱形，红轴，穗长 20.0cm，穗粗 5.2cm，秃尖 0.5cm，穗行数 16 ～ 17 行，行粒数 41 ～ 42 粒，穗粒数 677 粒，单穗粒重 223.0g，出籽率 84.7%。籽粒偏马齿型，黄色，百粒重 33.4g。

⑤ 产量和品质　2007 年参加内蒙古自治区（全书简称内蒙古）玉米晚熟组生产试验，平均产量 905.9kg/亩，比对照郑单 958 增产 9.4%。

⑥ 适宜种植地区或环境　适宜在山东、河南、陕西和山西等地种植。

（13）秦单 8 号

① 组合来源　永 801×SX8759。

② 育成单位　杨凌秦丰农业科技股份有限公司；陕西振开种业有限公司。

③ 审定年代　2007 年。

④ 特征特性　春播出苗至成熟生育期约 118d。全株叶片 21 片，叶色保绿时间长。幼苗叶鞘浅紫色，叶色深绿，生长势强。成株期叶色深绿。株型半紧凑，株高 270cm，穗位高 105cm。花药黄色；花柱红色。果穗筒形，穗长 21 ～ 23cm，穗粗 5.8cm，穗行 16 ～ 18 行，穗轴红色。籽粒黄色，半马齿型，千粒重 340g，出籽率 86% 左右。经西北农林科技大学植保学院抗病性鉴定：高抗茎腐病、穗粒腐病和大小斑病，抗丝黑穗病，中抗黑粉病。

⑤ 产量和品质　两年区试平均亩产 635.0 kg，生产试验平均亩产 638.0kg。经陕西省粮油产品质量监督检验站检测：粗蛋白（干基）含量 9.4%，淀粉（干基）含量 68.5%，粗脂肪（干基）含量 3.6%，赖氨酸含量 0.244%。

⑥ 适宜种植地区或环境　适宜陕南安康、汉中海拔 850m 以下春玉米区种植。

（14）蠡玉 11 号

2008 年审定。

① 特征特性　生育期春播 129.4d，夏播 103d。全株 21～22 片叶。株型半紧凑，高 248cm，穗位 100.4cm，穗位以上叶片半上举，穗位以下叶片平展。雄花分枝 8～14 个，花药黄色，护颖紫色；雌穗花柱绿色。果穗筒形，穗长 20.2cm，穗粗 5.0cm，穗行数 16.7 行，行粒数 40.8 粒，穗轴红色，籽粒黄色，半马齿型，千粒重 314.0g，出籽率 84% 以上，单株粒重平均 248g。

② 产量和品质　平均亩产 546.5kg，陕西省粮油产品质量监督检验站检验报告：其粗蛋白质含量 10.3%，赖氨酸含量 0.29%，粗脂肪含量 4.9%，淀粉含量 66%。

③ 适宜种植地区或环境　适宜于湖南省种植。

（15）汉玉 8 号

① 组合来源　自选系 HS899 为母本，HSZ－3 为父本杂交育成的玉米杂交种。

② 育成单位　陕西省汉中市农业科学研究所。

③ 审定年代　2006 年。

④ 特征特性　春播生育期 108～115d，夏播 89～93d。主茎叶片数 18～19 片，叶片持绿性好，幼苗叶鞘紫色，叶片深绿色，苗势强，早发性好。成株高 262cm 左右，穗位高 102cm。穗上部叶片上冲，穗下部叶片平展，株型紧凑。雄穗一级分枝多，护颖绿色，花药黄色；花柱粉红色，雌雄花期协调。果穗筒形，穗茎夹角小，结实性好，穗长 19.2cm，穗行数 14～16 行，穗轴白色，籽粒黄色，半硬粒型，千粒重 335g。

⑤ 产量和品质　2004 年参加汉中、安康两市 6 点次夏播生产试验，5 点均增产，平均产量 8 161.3kg/hm²，比对照掖单 13 增产 12.1%；2005 年参加陕西省陕南玉米品种夏播生产试验，4 点次汇总平均产量 8 040.0kg/hm²，比对照增产 9.9%；两年平均产量 8 100.7kg/hm²，平均比对照增产 11.0%。籽粒品质经 2004 年陕西省粮油产品质量监督检验站检测，其粗蛋白（干基）含量 10.0%、粗脂肪（干基）3.8%、淀粉（干基）72%、赖氨酸 0.308%。品质达到国家普通玉米和饲用玉米一级标准。

⑥ 适宜种植地区或环境　适宜于陕南及四川等同类玉米地区春播或夏播种植。

5. 湖北省优良玉米品种简介

（1）鄂玉 15

① 组合来源　"黄 582"作母本与"HZ85"作父本配组育成。

② 育成单位　宜昌市农业科学研究所。

③ 审定年代　2001 年。

④ 特征特性　生育期 105d。株高 265.8cm，穗位高 107.8cm。穗行 12.0 行，每行 32.7 粒，果穗长 16.4cm，穗粗 4.5 cm。出籽率 83.3%，千粒重高，千粒重 348.1g。

抗性鉴定大斑病 0.14 级，小斑病 0.73 级，纹枯病病指 21.0，抗病性与掖单 13 相当。抗旱、抗倒性较强。在部分试点上青枯病较重。抗倒力较强。

⑤ 产量和品质　1997—1998 年参加湖北省玉米低山平原组品种区域试验，平均亩产

500.2kg，比对照掖单 13 增产 7.70%。其中：1997 年平均亩产 524.3kg，比掖单 13 增产 3.4%，不显著；1998 年平均亩产 476.0kg，比掖单 13 号增产 13.0%，极显著。生产试验：1999—2000 年在宜昌、枝江、长阳等地试种，比宜单 2 号、掖单 13 等品种增产。淀粉含量 62.42%，蛋白质含量 9.22%，脂肪含量 3.58%，赖氨酸含量 0.22%。籽粒外观品质较优。

⑥ 适宜种植地区或环境　适于湖北省低山、平原、丘陵地区作春玉米种植。

（2）鄂玉 19

① 组合来源　用"HZ85"作母本与"S73"作父本配组。

② 育成单位　宜昌市农业科学研究所。

③ 审定年代　2004 年。

④ 特征特性　生育期 102.3d，比华玉 4 号短 3.9d。株型半紧凑。幼苗长势较弱，茎秆较细，但弹性好，叶片较窄，通风透光好。株高 315cm，穗位高 131.9cm。果穗长筒形，穗行数少，行粒数多，千粒重高。籽粒黄色，中间型。果穗长 19.1cm，穗行 11.6 行，每行 38.9 粒，千粒重 334.4g，干穗出籽率 81.6%。田间鉴定大斑病 0.2 级，小斑病 0.55 级，青枯病病株率 1.9%，纹枯病病指 16.1，倒折（伏）率 9.1%。

⑤ 产量和品质　2000—2001 年参加湖北省玉米低山平原组品种区域试验，品质经农业部谷物及制品质量监督检验测试中心测定，淀粉含量 72.56%，蛋白质含量 10.11%，脂肪含量 3.53%，赖氨酸含量 0.30%。两年区域试验平均亩产 599.7kg，比对照华玉 4 号增产 4.4%。其中，2000 年亩产 571.5kg，比华玉 4 号增产 4.3%，显著；2001 年亩产 627.8kg，比华玉 4 号增产 4.5%，极显著。

⑥ 适宜种植地区或环境　适于湖北省低山、平原、丘陵地区作春玉米种植。

（3）鄂玉 20

① 组合来源　用"Y8G615"作母本与"SU33"作父本配组育成。

② 育成单位　五峰土家族自治县农业科学研究所。

③ 审定年代　2004 年。

④ 特征特性　生育期 111d，比华玉 4 号长 0.7d。株高 272.3cm，穗位高 119.9cm。株型半紧凑，幼苗叶鞘淡紫色，叶色浓绿，幼苗生长势较弱，后期长势较强。果穗筒形，较小，行粒数较少，遇不良天气，秃尖较长。籽粒黄色，半马齿型，外观品质较优。果穗长 17.2cm，每穗 15.7 行，每行 32.7 粒，千粒重 297.7g，干穗出籽率 81.9%。田间鉴定大斑病 0.05 级，小斑病 0.75 级，青枯病病株率 0.9%，纹枯病病指 13.5，倒折（伏）率 17.6%。

⑤ 产量和品质　2001—2002 年参加湖北省玉米低山平原组品种区域试验，品质经农业部谷物及制品质量监督检验测试中心测定，淀粉含量 70.70%，蛋白质含量 10.79%，脂肪含量 4.55%，赖氨酸含量 0.29%。两年区域试验平均亩产 563.6kg，比对照华玉 4 号增产 4.3%。其中，2001 年亩产 590.9kg，比华玉 4 号增产 3.1%，显著；2002 年亩产 536.6kg，比华玉 4 号增产 5.6%，极显著。

⑥ 适宜种植地区或环境　适于湖北省低山、平原、丘陵地区作春玉米种植。

（4）鄂玉 21

① 组合来源　用"Y8G61-512"作母本与"抗 83"作父本配组。

② 育成单位　宜昌市农业科学研究所。

③ 审定年代　2004 年。

④ 特征特性　全生育期 152d，比鄂玉 10 号长 4d。株型半紧凑，植株生长势较强，植株较高，穗位较高。株高 295.3cm，穗位高 137.0cm。茎秆弹性好。果穗长筒形，果穗较粗，苞叶较短，秃尖较长，有穗尖腐烂现象。籽粒黄色，半马齿型，千粒重较高，外观品质较优。果穗长 18.1cm，穗行 15.9 行，每行 34.5 粒，千粒重 357.1g，干穗出籽率 85.8%。田间鉴定大斑病 0.5 级，小斑病 0.7 级，青枯病病株率 0.9%，纹枯病病指 11.5，锈病病株率 11.5%，倒折（伏）率 4.6%。

⑤ 产量和品质　2001—2002 年参加湖北省玉米二高山组品种区域试验，品质经农业部谷物及制品质量监督检验测试中心测定，淀粉含量 72.95%，蛋白质含量 10.60%，脂肪含量 3.45%，赖氨酸含量 0.29%。两年区域试验平均亩产 654.94kg，比对照鄂玉 10 号增产 5.98%，其中，2001 年亩产 723.70kg，比鄂玉 10 号增产 8.17%，极显著；2002 年亩产 586.17kg，比鄂玉 10 号增产 3.39%，显著。

⑥ 适宜种植地区或环境　适于湖北省二高山地区种植。

（5）鄂玉 22

① 组合来源　用"M229"作母本与"9461"作父本配组。

② 育成单位　宜昌市夷陵农源种子公司。

③ 审定年代　2004 年。

④ 特征特性　全生育期 151.3d，比鄂玉 10 号长 3.1d。株型半紧凑，抗倒性强。苗期长势较弱，幼苗叶鞘紫色，叶片深绿色，窄长叶，下部叶略收敛，上部叶下披。株高 260.9cm，穗位高 99.5cm。果穗长筒形，果穗较长，秃尖较长。籽粒黄色，半马齿型，千粒重较高，外观品质较优。果穗长 19.4cm，穗行 13.9 行，每行 35.3 粒，千粒重 348.1g，干穗出籽率 83.5%。田间鉴定大斑病 0.5 级，小斑病 1.0 级，青枯病病株率 4.6%，纹枯病病指 31.7，锈病病株率 21.7%，倒折（伏）率 3.0%。

⑤ 产量和品质　2002—2003 年参加湖北省玉米二高山组品种区域试验，品质经农业部谷物及制品质量监督检验测试中心测定，淀粉含量 71.18%，蛋白质含量 11.98%，脂肪含量 4.58%，赖氨酸含量 0.31%。两年区域试验平均亩产 553.42kg，比对照鄂玉 10 号增产 2.49%，其中，2002 年亩产 594.55kg，比鄂玉 10 号增产 4.87%，极显著；2003 年亩产 512.29kg，比鄂玉 10 号减产 0.13%，不显著。

⑥ 适宜种植地区或环境　适于湖北省二高山地区种植。

（6）登海 9 号

① 组合来源　DH65232X8723。

② 育成单位　山东莱州市农业科学院。

③ 审定年代　2000 年。

④ 特征特性　株高 246～330cm，穗位高 100cm 左右，全株叶片 19～20 片，果穗长

筒形，穗长25cm左右，穗行数16~18行，穗轴红色，马齿型，籽粒黄色，千粒重400g左右，出籽率84%左右。在山东莱州生育期110d，全生育期需有效积温2 600℃。抗玉米大斑病、茎腐病，轻感丝黑穗病，茎秆坚韧，抗倒伏。

⑤产量和品质 1998年、1999年参加国家玉米区试，其中，1998年平均亩产670.6kg，比对照掖单13增产7.9%；1999年平均亩产643.1kg，比对照掖单13增产9.0%。两年区试平均亩产656.9kg，平均比对照掖单13增产8.4%；1999年在吉林、辽宁、内蒙古3省区安排生产试验，平均亩产652.9kg，比当地对照品种增产14.0%。1998年、1999年参加山东省玉米区试，分别比对照鲁玉16增产4.9%和7.1%，居参试品种第一位。1998年、1999年参加陕西省玉米区试，分别比产单4号增产4.4%（居第四位）和10.7%（居第一位）。籽粒粗蛋白含量9.14%，粗脂肪5.02%，粗淀粉72.74%，赖氨酸0.36%。

⑥适宜种植地区或环境 吉林省、辽宁省、河北省以及内蒙古自治区东南部春玉米区和黄淮海夏玉米区推广种植，在东北推广时要注意对玉米丝黑穗病的防治。

（7）丰玉12
①组合来源 用"968"作母本，"73~2"作父本配组。
②育成单位 合肥丰乐种业股份有限公司。
③审定年代 2006年。
④特征特性 生育期103.6d，比华玉4号短3.9d。株型紧凑。株高和穗位适中，根系发达，抗倒性较强。株高237.9cm，穗位高91.1cm。穗上叶片背卷，茎叶夹角小，叶色浓绿，叶片持绿期长，成熟时叶青籽黄。果穗筒形，结实性较好，穗轴白色；籽粒黄色，半马齿型。果穗长16.6cm，穗行16.3行，每行34.8粒，千粒重278.7g，干穗出籽率86.3%。抗病性鉴定为大斑病1.3级，小斑病1.75级，青枯病病株率7.7%，纹枯病病指25.95，倒折（伏）率18.3%。田间穗粒腐病发病较重。

⑤产量和品质 2004—2005年参加湖北省玉米低山平原组品种区域试验，品质经农业部谷物品质监督检验测试中心测定，粗淀粉（干基）含量73.83%，粗蛋白（干基）含量9.02%，粗脂肪（干基）含量4.49%，赖氨酸（干基）含量0.30%。两年区域试验平均亩产562.76kg，比对照华玉4号增产1.80%。其中：2004年亩产543.22kg，比华玉4号增产4.21%，极显著；2005年亩产582.3kg，比华玉4号减产0.35%，不显著。

⑥适宜种植地区或环境 适于湖北省低山、平原、丘陵地区作春玉米种植。

（8）华玉6号
①组合来源 用"HZ127"作母本，"HZ141"作父本配组。
②育成单位 华中农业大学。
③审定年代 2006年。
④特征特性 全生育期152d，比鄂玉10号长1d。株高278.0cm，穗位高114.7cm。株型半紧凑。茎秆坚韧，抗倒性较强。茎基部叶鞘微褐色。雄穗绿色、分枝较少，花药黄色；花柱黄色。果穗筒形，穗轴红色，秃尖较长；籽粒黄色，马齿型。果穗长

15.6cm，穗行 18.0 行，每行 29.7 粒，千粒重 330.1g，干穗出籽率 84.0%。

⑤ 产量和品质　两年区域试验平均亩产 562.65kg，比对照鄂玉 10 号增产 4.05%。其中：2003 年亩产 543.03kg，比鄂玉 10 号增产 9.22%；2004 亩产 582.26kg，比鄂玉 10 号减产 0.36%。

⑥ 适宜种植地区或环境　适于湖北省二高山海拔 1 000m 以下地区作春玉米种植。

（9）华甜玉 3 号

① 组合来源　用"S167"作母本，"Z85"作父本配组育成。

② 育成单位　华中农业大学。

③ 审定年代　2006 年。

④ 特征特性　播种至适宜采收期在武汉地区春播一般为 92d，秋播为 79d。株型半紧凑。根系发达，茎秆粗壮，节间较短，抗倒性较强。株高 200cm，穗位高 75cm。雄花分枝 16～19 个，颖壳、花药浅黄色；花柱绿色。果穗筒形，穗轴白色，籽粒黄白色，穗粗 5.0cm，穗长 18cm，秃尖较长，每穗 16～18 行，每行 34 粒左右。田间病毒病发株率 1.1%，轻感灰斑病，其他病害发病轻。

⑤ 产量和品质　经农业部食品质量监督检验测试中心测定（抽样），鲜穗籽粒总糖含量 9.12%，蔗糖含量 7.33%，还原糖含量 1.4%。籽粒黄白相间，皮薄渣少，口感好。2004—2005 年在武汉市试验、试种，一般亩产鲜穗 550～900kg，比对照华甜玉 1 号增产。

⑥ 适宜种植地区或环境　适于湖北省平原、丘陵及低山地区种植。

（10）鄂甜玉 3 号

① 组合来源　用"YT0204"作母本，"YT0221"作父本配组。

② 育成人员　王玉宝。

③ 审定年代　2006 年。

④ 特征特性　播种至适宜采收期在武汉地区春播一般为 90d，秋播为 80d。茎基部叶鞘绿色。株高 220cm，穗位高 70cm。雄穗绿色，花药黄色；花丝白色。果穗筒形，穗轴白色；籽粒黄白色。穗长 18cm，穗粗 5cm，穗行 14 行，每行 37 粒。田间病毒病病株率 0.5%，轻感灰斑病，其他病害发病轻。

⑤ 产量和品质　品质经农业部食品质量监督检验测试中心测定（抽样），鲜穗籽粒总糖含量 9.89%，蔗糖含量 8.48%，还原糖含量 0.96%。籽粒黄白相间，皮薄味甜，清香可口。2004—2005 年在武汉市郊区试验、试种，一般亩产鲜穗 600～850kg，比对照华甜玉 1 号增产。

⑥ 适宜种植地区或环境　适于湖北省平原、丘陵及低山地区种植。

（11）中科 10 号

① 组合来源　母本 CT02，来源于（丹 9046×掖 8112）×90－8，其中，90－8 引自广西玉米研究所；父本 CT209，来源于（掖 502×丹 340）×掖 52106。

② 育成单位　北京中科华泰科技有限公司、河南科泰种业有限公司。

③ 审定年代　2008 年。

④ 特征特性　在东华北地区出苗至成熟 128d，比对照农大 108 早熟 1～2d，需有效积温 2 800℃左右。成株叶片数 21～22 片。株型较平展。株高 317cm，穗位高 136cm。幼苗叶鞘浅紫色，叶片绿色，叶缘紫色。花药浅紫色，颖壳浅紫色；花柱浅紫色。果穗筒形，穗长 22cm，穗行数 18～20 行，穗轴红色，籽粒黄色、马齿型，百粒重 32.6g。经辽宁省丹东农业科学院和吉林省农业科学院植物保护研究所两年接种鉴定，抗大斑病、灰斑病、丝黑穗病、纹枯病和玉米螟，中抗弯孢菌叶斑病。

⑤ 产量和品质　2004—2005 年国家东华北区试平均亩产 683.6kg，比对照农大 108 增产 8.6%，生产试验平均亩产 647.2kg，比对照增产 10.2%。2004—2005 年湖南省区试比对照农大 108 增产 6.2%，2005 年、2006 年生产试验分别对照农大 108 和临奥 1 号增产 10.8% 和 11.0%。2005 年湖北省预试比对照华玉 4 号增产 20.9%，居第一名；2006—2007 年湖北省两年区试平均比对照华玉 4 号增产 11.01%，两年均增产极显著；其中，2006 年区试平均亩产 648.73kg，比华玉 4 号增产 14.4%。经农业部谷物及制品质量监督检验测试中心（哈尔滨）测定，籽粒容重 730g/L，粗蛋白质含量 10.25%，粗脂肪含量 5.58%，粗淀粉含量 72.15%，赖氨酸含量 0.31%。

⑥ 适宜种植地区或环境　北京、辽宁、吉林、山西、河北北部、湖南、湖北春播种植。

（12）中科 11

① 组合来源　母本 CT03，来源于（郑 58×CT01）×郑 58；父本 CT201，来源于黄早 4×黄 168。

② 育成单位　北京中科华泰科技有限公司、河南科泰种业有限公司。

③ 审定年代　2006 年。

④ 特征特性　在黄淮海地区出苗至成熟 98.6d，比对照郑单 958 晚熟 0.6d，比农大 108 早熟 4d，需有效积温 2 650℃左右。成株叶片数 19～21 片。幼苗叶鞘紫色，叶片绿色，叶缘紫红色。株型紧凑，叶片宽大上冲。株高 250cm，穗位高 110cm。雄穗分枝密，花药浅紫色，颖壳绿色。花柱浅红色，果穗筒形，穗长 16.8cm，穗行数 14～16 行，穗轴白色，籽粒黄色、半马齿型，百粒重 31.6g。经河北省农林科学院植物保护研究所两年接种鉴定，高抗矮花叶病，抗茎腐病，中抗大斑病、小斑病、瘤黑粉病和玉米螟，感弯孢菌叶斑病。

⑤ 产量和品质　2004—2005 年参加黄淮海夏玉米品种区域试验，42 点次增产，6 点次减产，两年区域试验平均亩产 608.4kg，比对照增产 10.0%。2005 年生产试验，平均亩产 564.3kg，比当地对照增产 10.1%。经农业部谷物品质监督检验测试中心（北京）测定，籽粒容重 736g/L，粗蛋白含量 8.24%，粗脂肪含量 4.17%，粗淀粉含量 75.86%，赖氨酸含量 0.32%。

⑥ 适宜种植地区或环境　适宜在河北、河南、山东、陕西、安徽北部、江苏北部、山西运城夏玉米区种植。

（13）华玉 04-7

① 组合来源　用"851213"作母本，"HZ124B"作父本配组育成。

② 育成单位　华中农业大学。

③ 审定年代　2008 年。

④ 特征特性　生育期 106.4d，比华玉 4 号早 0.6d。株型半紧凑，植株较高，茎秆较细，根系发达，生长势较强。株高 283.9cm，穗位高 112.4cm。幼苗叶鞘、雄穗、花药浅紫色；花柱粉红色。苞叶较短，果穗筒形，穗轴红色，穗行数较少，秃尖较长。籽粒黄色，中间型，籽粒较大。穗长 18.3cm，穗粗 4.7cm，秃尖 1.8cm，每穗 14.9 行，每行 35.8 粒，千粒重 319.4g，干穗出籽率 86.3%。田间大斑病 2.6 级，小斑病 1.2 级，青枯病病株率 4.9%，锈病 0.8 级，穗粒腐病 0.7 级，纹枯病病指 18.2，抗倒性与华玉 4 号相当。

⑤ 产量和品质　2005—2006 年参加湖北省玉米低山平原组品种区域试验，品质经农业部谷物及制品质量监督检验测试中心测定，容重 784g/L，粗淀粉（干基）含量 69.99%，粗蛋白（干基）含量 10.52%，粗脂肪（干基）含量 4.33%，赖氨酸（干基）含量 0.29%。两年区域试验平均亩产 632.19kg，比对照华玉 4 号增产 8.45%。其中，2005 年亩产 615.98kg，比华玉 4 号增产 5.41%，增产显著；2006 年亩产 648.39kg，比华玉 4 号增产 11.50%，增产极显著。

⑥ 适宜种植地区或环境　适于湖北省低山、丘陵、平原地区作春玉米种植。

（14）华科 1 号

① 组合来源　用"HY-5"作母本，"Y9618"作父本配组育成。

② 育成单位　恩施土家族苗族自治州农业技术推广中心、四川华科种业有限责任公司。

③ 审定年代　2008 年。

④ 特征特性　生育期 105.8d，比华玉 4 号早 1.7d。株型半紧凑，株高及穗位适中。株高 264.6cm，穗位高 106.3cm。幼苗叶鞘紫色。雄穗较发达，分枝数 7~12 个。果穗筒形，穗轴浅红色。籽粒黄色，中间型。穗长 18.2cm，穗粗 5.1cm，秃尖长 1.2cm，每穗 17.3 行，每行 34.7 粒，千粒重 301.3g，干穗出籽率 84.5%。田间大斑病 1.2 级，小斑病 1.2 级，青枯病病株率 3.5%，锈病 0.8 级，穗粒腐病 1.3 级，纹枯病病指 15.0，抗倒性比华玉 4 号略差。

⑤ 产量和品质　2005—2006 年参加湖北省玉米低山平原组品种区域试验。品质经农业部谷物及制品质量监督检验测试中心测定，容重 753g/L，粗淀粉（干基）含量 71.17%，粗蛋白（干基）含量 10.65%，粗脂肪（干基）含量 4.26%，赖氨酸（干基）含量 0.31%。两年区域试验平均亩产 605.97kg，比对照华玉 4 号增产 1.63%。其中，2005 年亩产 622.25kg，比华玉 4 号增产 1.85%；2006 年亩产 589.68kg，比华玉 4 号增产 1.40%，两年均增产不显著。

⑥ 适宜种植地区或环境　适于湖北省低山、丘陵、平原地区作春玉米种植。

（15）华甜玉 4 号

① 组合来源　用"HZ509"作母本，"HZ508"作父本配组。

② 育成单位　华中农业大学。

③ 审定年代　2008 年。

④ 特征特性　从播种到吐丝 69.5d，比对照鄂甜玉 3 号迟 0.9d。株型平展，株高较矮。株高 239.0cm，穗位高 94.2cm。幼苗叶鞘绿色。雄穗绿色，花药黄色；花柱淡黄色。果穗筒形，苞叶覆盖适中，旗叶较少，穗轴白色，籽粒黄白相间。穗长 19.7cm，穗粗 4.6cm，秃尖长 2.2cm，每穗 15.4 行，每行 39.0 粒，百粒重 30.3g。田间大斑病 2.6 级，小斑病 1.7 级，茎腐病病株率 2.2%，穗腐病 1.0 级，纹枯病病指 16.7，抗倒性比鄂甜玉 3 号略差。

⑤ 产量和品质　2006—2007 年参加湖北省甜玉米品种比较试验，品质经农业部食品质量监督检验测试中心对送样测定，可溶性糖含量 11.6%，还原糖含量 1.42%，蔗糖含量 9.67%。两年试验商品穗平均亩产 637.6kg，比鄂甜玉 3 号增产 13.96%。蒸煮品质较优。

⑥ 适宜种植地区或环境　适于湖北省平原、丘陵及低山地区种植。

二、茬后整地

土壤是玉米根系生长的场所，为植株生长发育提供水分、矿质营养和空气，与玉米生长及产量形成关系密切。玉米对土壤空气状况很敏感，要求土壤空气容量大，通气性好，含 O_2 比例较高。土层深厚，结构良好，肥、水、气、热等因素协调的土壤，有利于玉米根系的生长和肥水的吸收，使玉米根系发达，植株健壮，高产稳产。

过渡带夏玉米绝大多数是采用麦茬免耕直播的方式种植，所以在收获小麦以后不再进行耕地和整地作业，直接在麦茬地上播种玉米。虽然不需要进行耕地和整地，但需要提前对小麦秸秆进行处理。在收获小麦时，最好选用带有秸秆切抛装置的小麦联合收割机进行收割作业（小麦留茬不宜超过 20cm，否则会影响以后玉米幼苗的生长），这样可以把小麦秸秆粉碎后均匀地抛撒到田间，在播种夏玉米时不需要再对小麦秸秆进行处理，也不会对玉米播种造成影响。如果用没有秸秆切抛装置的小麦收割机收割小麦，麦秸一般都比较长，而且是成堆或成垄堆放在地里，在这种情况下就需要在播种之前把麦秸挑开、铺散均匀，或者把麦秸清理出去，否则，会影响玉米的播种质量，还会影响玉米的出苗。

三、适期播种

（一）种子处理

玉米在播种前，可通过晒种、浸种和药剂拌种等方法，增加种子生活力，提高种子发芽势和发芽率，并减轻潜在的病虫为害，以达到一播全苗和苗齐、苗匀、苗壮之目的。

1. 晒种　在播种前选择晴天，摊在干燥向阳的晒场上，连续暴晒 2~3d，并注意翻动，使种子晾晒均匀，可提高出苗率。

2. 浸种　在播种前用冷水浸种 12h，或用温水（水温 55~57℃）浸种 6~10h。还可用 0.15%~0.20% 的磷酸二氢钾浸种 12h。若用微量元素浸种，可选用 Zn、Cu、Mn、B、Mo 的化合物，配成水溶液浸种。浸种常用的浓度硫酸锌为 0.1%~0.2%，硫酸铜为

0.01%~0.05%，硫酸锰或钼酸铵为0.1%左右，硼酸为0.05%左右，浸种时间为12h左右。

3. 药剂拌种 为了防止和减轻玉米病虫害，在浸种后晾干，再用种子量0.5%的硫酸铜拌种，可减轻玉米黑粉病的发生；还可用20%萎锈灵拌种，用药量是种子量的1%，可以防治玉米丝黑穗病。防治地下害虫可用50%辛硫磷乳油拌种，药、水、种子的配比为1：（40~50）：（500~600）。

4. 种衣剂包衣 种衣剂是由杀虫剂、杀菌剂、微量元素、植物生长调节剂、缓释剂和成膜剂等加工制成的药肥复合型产品。用种衣剂包衣，既能防治病虫，又可促进玉米生长发育，具有提高产量和改进品质的功效，在生产上得到较快的普及应用。当前生产上应用的玉米专用种衣剂，可以防治玉米蚜虫、蓟马、地下害虫、线虫以及由镰刀菌和腐霉菌引起的茎基腐病，防止玉米微量元素的缺乏，促进生长发育，实现增产增收。包衣剂处理效果显著，一般保苗率和增产效果与对照相比，分别达到22%~65%和10.3%~18.7%（表4-8）。

表4-8　玉米常用种衣剂及防治对象（石洁、王振营等，2011）

防治对象	有效药剂名称
地下害虫（蝼蛄、蛴螬、金针虫、地老虎等）	戊唑醇、福美双、三唑酮、烯唑醇、吡虫啉、萎锈灵、高效氯氰菊酯、毒死蜱、氯氰菊酯、顺式氯氰菊酯、多菌灵、辛硫磷
蚜虫、蓟马、黏虫、玉米螟、灰飞虱	福美双、戊唑醇、吡虫啉、三唑酮、噻虫嗪、
苗期病害	福美双、克菌丹、多菌灵、咯菌腈、精甲霜灵
茎基腐病	福美双、戊唑醇、三唑酮、甲霜灵、克菌丹、多菌灵、咯菌腈、精甲霜灵
黑粉病	福美双、戊唑醇

5. 做好发芽试验 种子处理完成以后，要做好发芽试验。一般要求发芽率达到90%以上，如果略低一些，应酌情加大播种量。如果发芽率太低，就应及时更换种子，以免播种后出苗不齐，缺苗断垄，造成减产。国家对于玉米杂交种的发芽率要求为不低于85%。

（二）播种时期

温度的高低对玉米生长发育影响极大。高于10℃的温度是玉米生长发育的有效温度，一般播种应在地温稳定在10℃以上时进行。过渡带夏玉米播种时期低温一般均在10℃以上，"抢时间、争农时"是实现该地区夏玉米高产的一个关键问题。收获小麦以后土壤往往都比较干，如果在播种玉米之前先浇水，还需要再等几天才能下地作业，这样时间浪费太多。因此，夏玉米免耕播种时首先考虑的不是土壤墒情，而是时间。现在一般采取先播种、然后再浇水的做法，农民把这一水叫做"蒙头水"。

（三）播种

1. 种植方式 玉米的等行距种植方式是改善群体结构，提高光能利用率的重要调节途径。实践证明，在密度增大时，配置适当的种植方式，更能发挥密植的增产效果。玉米行距配置方式因品种和地力水平而异。茎叶夹角小、叶片上冲，根系向纵深发展的耐密型品种，在肥力高的地块上行距应窄些；高秆、叶片平展的品种，行距可宽些。通常玉米种植方式有等行平播、宽窄行密植，垄作等。

（1）平作等行距种植 等行平播优点是植株分布均匀，能充分利用光能，生产更多的光合物质。等行距种植在耕整好的耕地上直接用播种机或人工播种。等行距播种一般行距60cm。

（2）平作宽窄行种植 玉米宽窄行栽培技术，与传统的耕作方式不同。玉米宽窄行栽培改垄作为平作、改均匀垄为宽窄行、改半精量播种为精量播种、改浅耕为深松、改低留茬为高留茬还田。这项技术具有以下突出特点：一是通风好、透光性高，边际效应明显；二是苗带平作轮换休闲与根茬还田相结合，既能防止风包地和雨水侵蚀，又能有效地保护土壤的有机质；三是田间管理由传统的三铲三趟一次追肥为一次深松追肥，减少了作业环节和减少作业面积，降低作业成本30%以上，既省工省时又节约生产成本；四是蓄水能力增加、保墒能力增强。比常规垄作栽培土壤含水量提高1.8～3.2个百分点；五是可适当增加密度，实现以密增产。

播种模式为将原有60cm的均匀行距改40cm的窄苗带和80cm的宽行空白带，用双行精播机实施40cm窄行带精密点播或精确半株距加密播种。播种后，当土壤出现1cm左右干土层时，用苗带重镇压器对苗带进行重镇压，较干旱的地块，播种后应立即镇压。播种后，要及时选用高效、低残留的除草剂对土壤进行苗前封闭除草。

（3）起垄种植 起垄种植是指在高于地面的土壤上种植作物的耕作方式，即垄作。垄作有利于玉米早播和幼苗生长。在多雨的季节，垄作比平作便于排水；干旱时，还可用垄沟灌水，有利于集中施肥。南北过渡带气候冷凉、春季易旱、夏季易涝，较适宜采用垄作种植方式。作垄方法主要有3种，整地后起垄，优点是土壤松碎，播种方便；不整地直接起垄，优点是垄土内粗外细，孔隙多，熟土在内，生土在外，有利于风化；山坡地等高作垄，优点是能增加土层深度，增强旱薄地蓄水保肥能力。垄台高一般15～20cm，垄距一般60cm，垄距过大不利于合理密植，过小则不耐干旱、涝害。

此外，除上述种植方式外，还可以通过套种的方式，提高复种指数，戴玉田（2004）进行了麦茬大葱套种玉米的栽培试验，获得了大葱亩产达4 500kg、玉米亩产达510kg的好收成。抢时移栽套种的方式主要是，施肥整好地后，先在埂上点播玉米，株距15～20cm，如果地干要下足底水，确保一播全苗，沟内浇透水后，定植葱苗，葱株距3～4cm，葱苗要求径粗0.8 cm左右，苗高25cm以上，无病虫，长势健壮。栽植深度10cm。

2. 播种方法 近年来，随着夏玉米铁茬机械播种面积的不断扩大，缺苗、弱小苗的现象也显著增加，部分地块高达20%～30%。在保证种子质量的前提下，夏玉米缺苗、弱小苗的发生与机械播种质量有关。

机播要点主要有：

（1）足墒播种　土壤水分含量不足时，可在小麦收获前浇足麦黄水，便于麦收后抢墒播种；也可在麦收后及时浇水，保证足墒下种。

（2）定量播种　定量播种的一般原则是出苗数是留苗数的 2 ~ 3 倍，种子数是出苗数的 1.1 ~ 1.2 倍，然后根据选择品种的种子千粒重确定种子数量。一般每亩播量为 3 ~ 3.5kg。

（3）稳定播深　播种深度是影响苗齐、苗全、苗壮的重要环节。夏玉米播种时只要水分适宜，种子"蒙土"就可扎根发芽，但易发生干芽；播种深度为 1 ~ 1.5cm 时，夏玉米出苗较快但不耐旱；播深 3cm 以上时，易导致出苗困难和弱小苗。因此，2 ~ 3cm 是夏玉米出苗最理想的播种深度，机械播种时应将播深稳定地控制在这一范围。

还要慢速行驶、匀速运行。

3. 播种量　合理密度首先要考虑品种特性。其次，如施肥量大而合理，适宜的密度就大，在易旱而无灌溉条件的地区，种植密度宜稀。

玉米播种量的计算方法为：用种量（kg）= 播种密度 × 每穴粒数 × 粒重 × 面积。应重点发展玉米精播技术，提高播种质量。过渡带地区玉米播量存在一定差异。刘新宇等（2005）以影响鲜穗产量较大的密度、尿素与复合肥施用量 3 个因子为自变量，进行通用旋转设计，以鲜穗产量为因变量建立数学模型，提出了皖豫交界地带鲜食糯玉米高产栽培农艺方案。分析得出两地鲜食玉米产量最佳农艺组合为：密度为 6.75 万株/hm²。底肥施用复合肥 450kg/hm²，在大喇叭口期追施尿素 300kg/hm²，最高产量将出现在 12.32t ~ 13.10t/hm²。

左端荣等（2007）研究认为，苏北地区登海 9 号、登海 11 种植密度以 6 万 ~ 6.45 万株/hm² 为宜，郑单 958、苏玉 10 号以 6.75 万株/hm² 左右为宜，在此基础上攻大穗、增粒重、夺高产。

合理密植还可以有效防治杂草滋生。杨继芝等（2011）通过对玉米田杂草的调查，研究了不同密度和品种对玉米田杂草种类和生物量变化及玉米产量的影响。结果表明：在玉米全生育期内共发现以稗草 ［*Echinochloa colonum*（Linn.）Link］、水花生（*Alternanthera philoxeroides*）、水芹（*Lepidium sativum*）等为主的 21 种杂草，以水芹的重要值最高；随密度的增加杂草的总数量和鲜质量减少；半紧凑型品种对杂草数量和生物量的抑制作用大于紧凑型品种，且产量高出了 21.99%。密度对玉米产量的影响差异不显著，以 B3（57 000 株/hm²）产量最高，比常规密度 B1（42 000 株/hm²）和高密度 B4（64 500 株/hm²）的产量提高了 14.17% 和 0.6%。可见，应根据玉米的品种类型，因地制宜地确定适宜的种植密度，以利于高产稳产。

四、科学施肥

（一）测土配方施肥

以土壤测试和肥料田间试验为基础，根据作物需肥规律、土壤供肥性能和肥料效应，在合理施用有机肥料的基础上，提出 N、P、K 及中、微量元素等肥料的施用数量、施肥时期和施用方法。测土配方施肥技术的核心是调节和解决作物需肥与土壤供肥之间的矛盾。同时有针对性地补充作物所需的营养元素，作物缺什么元素就补充什么元素，需要多少补多少，实现各种养分平衡供应，满足作物的需要；达到提高肥料利用率和减少用量，提高作物产量，改善农产品品质，节省劳力，节支增收的目的。

玉米是陕南山区主要粮食作物，白元发等（2011）研究认为，该过渡带地区小麦或油菜收获后复种夏玉米，由于夏收农活较忙，往往造成播种期推迟，有效生长期短，秋季光照不足，产量较低。实践表明：通过选用高产良种、推广育苗移栽、配方施肥等技术，将大幅度提高玉米单产，增产增收效果显著。

肖伟等（2006）以持续进行了 28 年的长期定位试验为基础，研究了不同施肥条件对夏玉米生长发育的影响。结果表明，施肥对夏玉米不同时期生长发育指标影响明显，夏玉米高有机肥、高 N 肥配施处理，灌浆期平均株高、开花期茎粗、单株叶面积最高。

（二）施肥技术

1. 肥料种类

（1）有机肥　有效成分有 N、P、K、微量元素和固 N 菌等。这种肥的优点是养地，久用能改良土壤，肥效长，在玉米的整个生育期都会发挥作用，提高其他肥料的利用率，还具有一定的促早熟的功能。

（2）化肥　化肥分单质化肥和复混肥。单质化肥如尿素、硝铵、氢铵、硫铵、K 肥等。复混肥有 N、P 复合肥如二铵等，N、P、K 复合肥，还有含微肥的 N、P、K 复合肥。化肥的特点是大多数都属速效肥，持效时间短。在购买和使用复混肥时，一定要弄清有效成分含量和持效时间长短。

（3）微肥　含有微量元素的肥，如稀土微肥、Zn 肥、B 肥等，用量少但作用大，能防止玉米的缺素症。

2. 基肥
基肥的作用是培肥地力，改善土壤物理性，疏松土壤，有利于微生物的活动，及时地供应苗期养分，促进根系发育。为培育壮苗创造良好的土壤环境，同时基肥也为玉米中后期生长供给一定的养分。基肥应以有机肥料为主，包括人、畜禽粪，杂草堆肥，秸秆沤肥等。这些肥料肥效长，有机质含量高，还含有 N、P、K 和各种微量元素。基肥应以迟效与速效肥料配合，N 肥与 P、K 肥配合。因此，施用有机肥作基肥时，最好先与 P 肥堆沤，施用前再掺合 N 素化肥。这样 N、P 混合施用，既可减少 P 素的固定，又由于以 P 固 N，可减少 N 素的挥发损失。

玉米施用基肥的方法有撒施、条施和穴施 3 种。这些方法，视基肥数量、种类和播种期不同而灵活运用。在基肥数量较少的情况下，多数采用集中条施或穴施，使肥料靠近玉米根系，易被吸收利用。

3. 追肥时期和方法
由于过渡地带播种夏玉米时农时紧，有许多地方无法给玉米整地和施入基肥。因此，掌握好追肥的时间、方法、数量以及根据缺素情况追施肥料种类是影响玉米产量的几个主要因素。

（1）追肥时间 追肥应在玉米10片叶左右时进行，这样能促进小穗分化。追肥最好追2次，如果忙不过来，也可在7月上旬1次追肥。

（2）追肥数量 追肥时期、次数和数量，要根据玉米吸肥规律、产量水平、地力基础、基肥和种肥施用情况等决定。高产田、地力基础好、基肥数量多的宜采用轻追苗肥、重追穗肥和补追粒肥的追肥法。苗肥用量约占总追N量的30%，穗肥约占50%，粒肥约占20%。中产田、地力基础较好、基肥数量较多的宜采用施足苗肥和重追穗肥的二次追肥法，苗肥约占4%，穗肥约占30%。低产田、地力基础差、基肥数量少的采用重追苗肥、轻追穗肥的追肥法，苗肥约占60%，穗肥约占40%。

（3）掌握最佳追肥时间 实现科学施肥、经济施肥，为玉米增产增收打下坚实的基础。

① 苗肥 一般在定苗后至拔节期（叶龄指数30%左右）追施。即将过去的提苗肥和拔节肥合为一次施用，有促根、壮苗和促叶、壮秆的作用，为穗多、穗大打好基础。苗肥除施用速效N肥外，还可同时施入P肥和K肥，也可施入腐熟的有机肥。

② 拔节肥 拔节肥能促进中上部叶片增大，增加光合面积，延长下部叶片的光合作用时间，为促根、壮秆、增穗打好基础。追施拔节肥以N肥为主，每亩可用10～15kg尿素沟施或穴施，避免大雨前追施，以防被雨水淋溶。对于土壤中P、K肥不足的田块，追肥时也可掺入三元素复合肥，每亩7.5～10kg。

③ 穗肥 玉米在大喇叭口期追施穗肥，既能满足穗分化的养分需要，又能提高中上部叶片的光合生产率，使运入果穗的养分多，粒多而饱满。穗肥追施以速效N肥为主，每亩可追施尿素15～20kg为宜。

④ 粒肥 粒肥是指玉米抽雄以后追施的肥料，一般在灌浆期追施为宜。玉米抽雄以后至成熟期，还要从土壤中吸收N、P总量的40%左右的养分。同时籽粒产量的80%左右是靠后期叶片制造光合产量。因此，后期一般应施入一定数量的速效化肥，保证无机营养的充分供给，延长叶片功能期，提高光合效率，增加光合产物积累，促进粒多、粒重，以获得优质高产。

合理的N肥运筹不但有助于夏玉米生长发育，还可以提高N素利用率。张丽丽等（2010）在施N量为180kg/hm^{2}条件下，研究了4种N肥运筹方式N180（基：12叶＝1：2），N180（基：吐丝＝1：2），N180（8叶：吐丝＝2：1），N180（8叶：12叶＝1：1）对夏玉米产量及N素利用的影响。结果表明，N180（基：12叶＝1：2）处理千粒重大、空秆率低、产量高于其他处理，吐丝期后干物质和N素积累迅速增加，N肥利用率高。N180（基：吐丝＝1：2）处理，吐丝期叶面积指数较小，前期干物质积累较少从而产量较低。N180（8叶：12叶＝2：1）处理产量表现与N180（基：吐丝＝1：2）处理基本相同，但N肥利用率略高。N180（8叶：12叶＝1：1）与其他处理相比穗粒数下降严重，产量显著低于其他处理，且干物质和N素积累均较低，N肥利用率最低。由此得出，在施N量为180kg/hm^{2}条件下N180（基：12叶＝1：2）产量及氮肥利用率协同提高，是一种较优的N肥运筹方式。因此，应根据品种地力特性，选择合适的追肥时期和用肥量。

五、合理排灌

（一）需水量

玉米需水量，又叫田间耗水量，指玉米一生所消耗的水分量。包括植株蒸腾量和棵间蒸发量（渗漏和径流），玉米需水量一般在 $280 \sim 300 \mathrm{m}^3$/亩，需水量受产量水平、品种特性、气候因素、土壤条件和栽培技术等条件的影响。

（二）需水时期

玉米一生不同时期需水量不同，苗期、穗期和花粒期需水量分别占到18%～19%、37%～38%和43%～44%。

一般来讲，玉米在苗期需水量较小。玉米苗期需水量和日需水强度随产量的提高而增加，但产量水平较高时，差距缩小。产量为296kg/亩时，需水量为77.2mm，占全生育期需水量的40.5%，日需水量为2.0mm；产量提高到448kg/亩时，需水量增加到88.9mm，占全生育期的31.9%，日需水量为2.3～2.5mm；产量提高到552kg/亩时，需水量增加到100.8mm，占全生育期的23.7%，日需水量为2.7～2.9mm；当产量提高到616kg/亩时，需水量增加到110.6mm，占全生育期的24.4%，日需水量为2.9mm。

穗期是玉米的需水临界期，也是灌溉的关键时期。夏玉米各生育阶段需水量以穗期最多，但不同产量水平地块差别较大，每亩产量由296kg提高到616kg时，需水量由55.5mm增加到165.5mm，苗期低、中、高产田的需水量分别占全生育期的32.2%、36.7%和42.3%。其中，抽雄至抽丝期，尽管历时短暂，需水绝对量小，但日需水强度为一生之最大，低产、中产、高产田的日需水量分别为2.0～2.5mm、3.0～4.8mm和6.1～8.6mm，在3个生育阶段中，需水量是最多的。

玉米开花散粉后，生殖生长旺盛，需水量较多，以后随着植株衰老，需水量逐渐减少。低产、中产、高产田花后的需水量分别占全生育期的27.4%、32.5%～37.4%和33.3%～34.0%，日需水量分别为1.2～1.9mm、1.9～5.5mm和3.2～5.8mm。在3个生育阶段中，需水量亦居中。生产上需注意后期灌溉，防止干旱减产。

此外，玉米的需水量在一天之中也有日变化：一天内玉米需水量的变化，主要受日照强度、温度高低的影响。玉米需水日变化皆呈单峰曲线分布，早晨较小，仅有0.1mm/h左右。随日照增强、气温升高，需水量逐渐增加，到12：00达最大值，一般在0.6～0.8mm/h，12：00后又逐步下降。春玉米各生育阶段的需水日变化，亦呈单峰曲线，以早晚较低，12：00前后为峰顶。

（三）排灌技术

水分过多对玉米的不利影响称为涝害，当土壤含水量超过了田间最大持水量，土壤水分处于饱和状态，根系完全生长在沼泽化的泥浆中，涝害使玉米根系处于缺氧的环境，严重影响玉米生长发育，直接影响产量和品质。王成业等（2010）通过人工模拟拔节期和抽雄期田间洪涝灾害，研究了其对夏玉米生长发育、产量构成因素和最终产量的影响。结果表明，洪涝灾害对夏玉米成株密度、果穗长、果穗粗、单株籽粒质量和产量的影响较明显，最终使产量降低；而对秃尖长、秃尖率和百粒重的影响不明显；对拔节期株高的影响较明显，对抽雄期的影响相对较轻，积水时间过长则影响明显。总体上，洪涝发生愈早对玉米最终产量影响愈重，因此，早期田间积水时更应及早排水，以减少产量损失。排灌技术主要有：

1. 挖沟排水 涝害主要是地下水位过高和耕层水分过多而造成的。因此，防御涝害首先是要因地制宜的搞好农田排灌设施，加速排出地面水，降低地下水和耕层滞水，保证土壤水气协调。低洼易涝地及内涝田应设置田间排水沟系，把垄沟同田外的支、干沟联成一体，建立畅通的排灌系统，遇涝时保证及时排水。

2. 起垄或台田栽培 易涝地区采用垄背或台田种植，可以及时排除积水，使根系生长在通气条件较好的土壤里，有良好的防涝效果。研究表明，在苗期遇涝，后期又多雨的情况下，起垄栽培比平地栽培产量平均增产 13.3%。

六、田间管理（化控剂）

玉米化控技术是应用植物生长调节剂，通过影响玉米植株体内激素系统而调节玉米生长发育过程，促使玉米能够按照人们预期的目的而进行生长变化的一种技术。玉米化控具有使用浓度低、剂量小、费用低、见效快、对人类副作用小等优点。

玉米化控常见的单剂有乙烯利、玉米健壮素、缩节胺、矮壮素等。尽管市场上不同名称调节剂较多，但万变不离其宗，上述单剂或其混剂，约占市场上玉米控旺产品的70%以上。根据化控剂的属性选择施用时期，在拔节前施用控制玉米下部茎节的高度，在拔节后施用则控制玉米上部茎节高度。比较常用的玉米化控剂如下。

（一）玉米壮丰灵

30%玉米壮丰灵水剂（100ml）主要成分：乙烯利、芸苔素内酯，有效成分总含量30%，在玉米抽雄前 7～10d 玉米大喇叭口后期，12～13 叶龄，亩用 25 ml 加水 850ml（超低容喷雾器），或加水 20～30kg（背负式喷雾器），均匀施于玉米顶部叶片，不可全株喷施。

（二）玉黄金

30%水剂（10ml），它的主要成分是氨鲜脂和乙烯利，有效成分总含量30%。在玉米田间生长到 6～10 片叶的时候进行喷洒，玉黄金在玉米的一生中只要使用一次就可以，而且用量很小，每亩只要20ml。使用时，一支 10ml 的玉黄金加水 15kg 稀释均匀后，利用喷雾器将药液均匀喷洒在玉米叶片上。每亩地用量为两支玉黄金。

（三）玉米健壮素

是一种植物生长调节剂的复合剂，主要成分 40% 羟烯腺乙利水剂，化学成分 6 - D

氨基呋喃嘌呤和 2 -氯乙基膦酸。每亩用药 1 支（30ml）加水 15～20kg，可在 5～6 片叶时喷施 1 次，矮化植株下部。但禁止在 8～10 片叶子时（即小喇叭口期）施药。选择晴天（9：00 或 16：00），均匀喷洒在玉米植株上部叶片，只喷一次。

（四）缩节胺

商品名称助壮素，壮棉素。化学名称：1，1 -二甲基哌啶氯化物。在玉米大喇叭口期，每亩用缩节胺（助壮素）20～30ml，加水 40kg 喷施。

（五）吨田宝

最新高科技产品，能使玉米茎秆坚韧、根系发达、抗倒能力增强，能降低穗位和株高而抗倒，能减少空秆、小穗，防秃尖，还可促早熟 2～5d。一般增产 15% 以上。

此外还有达尔丰、维他灵 2 号、化控 2 号、矮壮素、多效唑、玉米健壮矮多收、40% 乙烯利、康普 6 号（玉米抗倒专用）、金镶玉等，都具有抗倒增产的效果。

七、病、虫、草害防治与防除

（一）播种期防除

播种期预防的病虫害主要有粗缩病、苗枯病、地下害虫、蓟马、害鼠等。预防措施：

1. 种子处理 使用包衣种子或使用玉米专用种衣剂进行种子包衣，未进行包衣的种子应使用药剂拌种。

2. 化学除草 正常栽培条件和墒情的田块，亩用 40% 乙莠（玉米宝）150～200ml 或 40% 异丙草莠（玉丰）175～250ml 或 48% 丁莠悬乳剂（除草灵）150～200ml 加水 45kg 对准地表喷雾。

干旱或机收高麦茬的田块，可选用 38% 莠去津 100～150ml + 4% 烟嘧磺隆 50ml 或 48% 乙莠 200～250ml 或 40% 异丙草莠 或 48% 丁莠悬乳剂 或 30% 氰津莠 或 40% 绿乙莠 200～300ml 加水 60kg 对准地表喷雾。

（二）苗期防除

以防治灰飞虱、二代黏虫、蓟马、耕葵粉蚧、旋心虫、玉米粗缩病、苗枯病为重点，兼治其他病虫害。

（三）拔节期防除

以防治二代玉米螟、褐斑病为重点，兼治其他病虫害。

（四）穗期防除

主要防治玉米穗虫、玉米蚜虫、三代黏虫、叶斑病、茎基腐病、褐斑病、锈病等。

八、适时收获

玉米晚收技术是农业部在玉米生产上新近推广的一项增产技术。该项技术简便易行，可以大幅度提高玉米产量，是一种成熟的农业生产方式，也是增加农民收入的一种好做法，是玉米增产增效的一项行之有效的技术措施。

当前生产上应用的紧凑型玉米品种多有"假熟"现象，即玉米苞叶提早变白而籽粒尚未停止灌浆。这些品种往往被提前收获。一般群众多在乳线下移到 1/2 至 3/4 时已经收获，收获期比完全生理成熟要早 8～10d。有些县，玉米播期绝大多数在 6 月 10 日前后，其籽粒乳线消失时间在 9 月 25～30 日。

玉米籽粒生理成熟的主要标志是同时具备下列 3 个条件，一是苞叶变白而松散，二是籽粒乳线消失，三是籽粒基部黑色层形成。

九、全程机械化生产技术

在制约玉米生产的主要技术瓶颈中，小麦旋耕灭茬施肥播种机械化技术、玉米病虫草害机械化防控技术、玉米机械化收获与秸秆还田技术等玉米全程机械化技术显得尤为重要。应用玉米机械化技术，可省工省时、提效保产、节本增效，对实现栽培规范化，促进农机农艺结合有重要意义。玉米全程机械化主要包括前茬作物（小麦）收获-旋耕、灭茬、施肥、播种-田间管理（病虫草害机械化防控、追肥、灌溉等）-玉米机械化收获及秸秆还田（或人工摘穗后秸秆粉碎还田）。

（一）玉米机械化播种

玉米机械化播种既有利于实现种植规范化，又可促进玉米全程机械化技术发展，尤其是玉米机械化收获。

使用较多的机型有河南远邦等厂家生产的 2BYF-2 型玉米免耕施肥播种，性能良好，可实现破茬、开沟、施肥、播种、覆土镇压作业。机械化播种技术要求：一是选择优良品种，种子质量要达到国家 2 级良种标准。纯度在 96% 以上，净度在 98% 以上，发芽率不低于 95%。种子要经过精选和药物拌种处理，播种前必须做发芽试验。二是适时播种，地块墒情要好，播量要精确，下种要均匀，播深要一致，覆土要严密，镇压要实，地头要整齐，株距要均匀，空穴率不大于 1%；种肥要分施，肥料施在种子侧下方。

（二）玉米病虫草害机械化防控技术

随着农村青壮年劳动力大量向城市转移，农村留守劳动力多为老弱病残，玉米生产过程中病虫草害防治水平下降，必须依靠机械化专业服务队伍来提高防治水平。玉米病虫草害机械化防控技术是以机动喷雾机喷施药剂除草免中耕为核心内容的机械化技术。目前，应用较为广泛的机型是 3WFZ-12 型自走式高秆作物喷药机，该机在之前的基础上又进行了改进完善，一次进地可同时完成 2 行玉米的施肥作业和 12 行玉米的喷药作业，施肥量可根据农业生产实际需要进行调节，作业幅宽 7.9～8.2m，作业效率 2.5～

$2.9 hm^2/h$。试验过程中，技术人员主要测试机具的喷药幅宽、喷雾量和喷头防滴性能等6项指标。一是在玉米播后芽前应用3WFZ－12型机动弥雾机喷施乙草胺防治草害；二是对早播田块在苗期（五叶期左右）喷施久效磷等内吸剂防治灰飞虱、蚜虫，控制病毒病的为害；三是在玉米生长中后期喷施三唑酮防治玉米小斑病等叶面病害。

（三）玉米机械化收获技术

玉米收获机械化技术主要有联合收获后秸秆直接还田、人工摘穗后秸秆还田、茎穗兼收技术。应用该技术可大大提高工效，减轻劳动强度，争抢农时。秸秆还田后可改善土壤的理化性状，增加有机质含量，培肥地力，提高产量，促进农作物持续增产增收。

在玉米收获中，农机农艺应进一步融合。具体来说，在农艺方面，应选用柱状果穗、结穗位70～130cm、穗位秸秆抗拉强度大于500牛顿的品种，且要求苞叶紧实度低、成熟期籽粒降水速度快，含水率小于30%。在栽培中应选择平作或垄作，行距统一，宽/窄行或沟播种植带宽度为玉米收获机割幅的整数倍。在机械化收获工艺方面，过渡带两熟区可选用不分行全幅摘穗剥皮收获与茎穗兼收工艺。在收获机械技术方面，割台应选用指型/链式不分行摘穗单元；剥皮装置应注意剥皮辊布局和随动压制装置、籽粒回收和茎叶排除装置；脱粒装置应选用强揉搓性能轴流脱粒分离装置；秸秆处理应采用预调处理技术、打结器正时机构制造与总成精密装配；青饲方面则应采用切碎刀具自磨砺装置、低功耗高频切碎与抛送自动操控。

在玉米机械化机型方面，目前国内收获机主要有4大类型的产品。第一类是多行悬挂式和牵引式玉米收获机，是延续20世纪80年代后期的产品不断改进形成的，可一次完成多行玉米的摘穗果穗集箱秸秆粉碎处理作业。第二类是以小麦联合收割机底盘改进开发的玉米收获机，可一次完成多行玉米的摘穗果穗集箱秸秆粉碎处理作业。第三类是专用的玉米收获机，可一次完成多行玉米的摘穗果穗集箱秸秆粉碎处理作业。第四类是自走式玉米收获机，以4YZ－3型和4YZ－4型居多，可一次完成玉米的摘穗、剥皮、果穗集箱、籽粒回收、秸秆粉碎作业。

十、贴茬播种技术

玉米贴茬播种是指在小麦收获之后，不经过耕地、整地，直接在麦茬地上播种夏玉米。采用贴茬播种技术可实现抢时早播，减少农耗时间，减轻劳动强度，利于机械化作业。并可减少夏玉米"芽涝"危害发生的几率，是实现夏玉米增产的关键措施之一。玉米贴茬播种技术主要包括以下几个方面。

（一）适期早播

夏玉米生育期短，要抢时抢墒早播。"春争日，夏争时"，为争时间。夏播玉米宜采用早中熟品种。一是造墒播种，结合前茬小麦浇好麦黄水，为播种玉米蓄好底墒；二是播种后干旱时浇好蒙头水。

（二）选种

要选择适应性广、抗逆性强的高产杂交包衣品种如郑单 958、浚单 20 等。

（三）合理密植

应根据品种、土壤、肥力及种植方式确定合理种植密度。一般紧凑型品种，透光性较好，在土壤肥力和管理水平较高的地块，以每亩不低于 4 500～5 000 株为宜。

（四）秸秆还田覆盖

在播种玉米之前，应将成垄或成堆的麦秸挑开、散匀。有条件的可选用带有秸秆切碎和抛撒装置的大型联合收割机进行小麦收割作业，在完成小麦收获的同时进行秸秆还田。

（五）玉米贴茬播种

在完成小麦收获和秸秆覆盖后，就可以直接用专门的玉米贴茬播种机在大田中进行播种作业。播种量一般为 2～2.5kg/亩；播深一般控制在 3～5cm，施肥深度一般为 8～10cm。

玉米贴茬播种过程中麦茬处理方式是影响玉米出苗和玉米苗期长势的主要因素。为探求适合豫南机播夏玉米的最佳麦茬处理方式，李潮海等（2008）采用大田试验，研究了麦茬处理方式（平茬、立茬、除茬）对机播夏玉米的生态生理效应。结果表明，平茬有利于提高土壤含水率、平衡和改善耕层土壤温度，较好地满足玉米生长对土壤温度和水分的需求。3 展叶时，玉米叶面积、干物质重等指标都以除茬处理最好；6 展叶时，平茬处理玉米的株高、单株干重、叶面积、光合速率均表现最优，产量也最高。所以，平茬处理为机播夏玉米的生长提供了较好的生态条件，促进了夏玉米的生长发育和产量的提高，有很大的推广价值。

参考文献

1. 安伟，樊智翔，杨书成等．玉米叶龄指数与穗分化及外部形态的对应关系．山西农业科学，2005，33（4）：41～43

2. 白元发，侯孝汉，王建明．陕南丘陵区夏玉米高产技术．汉中科技，2011（3）：27

3. 常建智，张国合，夺彦昌等．黄淮海超高产夏玉米生长发育特性研究．玉米科学，2011，19（4）：75～79

4. 曹彬，张世杰，孙占育．夏玉米叶龄指数与穗分化回归关系的研究初报．玉米科学，2005，13（1）：86～88

5. 曹广才，吴东兵．海拔对我国北方旱农地区玉米生育天数的影响．干旱地区农业研究，1995，13（4）：92～98

6. 曹广才，黄长玲，徐雨昌．特用玉米品种·种植·利用．北京：中国农业科技出版社，2001

7. 陈学君，曹广才，贾银锁等．玉米生育期的海拔效应研究．中国生态农业学报，2009，17（3）：527～532

8. 戴玉田．麦茬大葱套种玉米高产栽培技术．安徽农业，2004（9）：31

9. 董钻，沈秀瑛．作物栽培学总论．北京：中国农业出版社，2000

10. 傅凯廉，苏毅，和有杰等．小麦玉米两熟制农田杂草化学防除技术研究．杂草学报，1989，3（4）：38～40

11. 郭国亮，李培良，张乃生等．热带玉米群体遗传变异的研究．玉米科学，2001，9（4）：6～9

12. 郭庆法，王庆成，汪黎明．中国玉米栽培学．上海：上海科学技术出版社，2004

13. 郭瑞，王海斌，陈彦惠．温、热生态环境下玉米生育性状的遗传研究．河南农业科学，2005（6）：25～29

14. 焦建军．夏玉米高产栽培技术．种业导刊，2008（6）：24～25

15. 亢连强，齐学斌，马耀光等．地下水埋深对再生水灌溉的夏玉米生长影响．灌溉排水学报，2007，26（5）：43～46

16. 李潮海，赵霞，刘天学等．麦茬处理方式对机播夏玉米的生态生理效应．农业工程学报，2008，24（1）：162～165

17. 李芳贤，高谷，王金林．紧凑型与平展型玉米的最佳收获期．玉米科学，1996，4（3）：35～36

18. 李挺，牛春丽，王淑惠．播期对夏玉米阶段发育和产量性状的影响．安徽农业科学，2005，33（7）：1 156～1 158

19. 刘纪麟．玉米育种学．北京：中国农业出版社，1991

20. 刘京宝，杨克军，石书兵等．中国北方玉米栽培．北京：中国农业科学技术出版社，2012

21. 刘明，陶洪斌，王璞．播期对春玉米生长发育与产量形成的影响．中国生态农业学报，2009，17（1）：18～23

22. 刘新宇，武桂贤，朱庆等．皖西北·豫南地区鲜食玉米模式化栽培研究．安徽农业科学，2005，33（12）：2 235～2 236

23. 刘永建，张莉萍，潘光堂等．CIMMYT玉米种质群体主要农艺性状的遗传变异和光周期敏感性．西南农业学报，1999，2（3）：30～34

24. 毛广富，杨道荣．小麦夏玉米两熟均衡高产配套栽培技术．大麦与谷类科学，2007（4）：26～27

25. 齐志明，冯绍元，黄冠华等．清、污水灌溉对夏玉米生长影响的田间试验研究．灌溉排水学报，2003，22（2）：36～38

26. 沈学善，李金才，屈会娟等．淮北地区不同夏玉米品种的产量性状和适应性分析．河北科技师范学院学报，2009，23（4）：12～15

27. 石洁，王振营．玉米病虫害防治彩色图谱．北京：中国农业出版社，2011

28. 唐祈林，荣廷昭．玉米的起源与演化．玉米科学，2007，15（4）：1~5

29. 佟屏亚．中国玉米科技史．北京：中国农业科技出版社，2000

30. 佟屏亚．中国玉米区划．北京：中国农业科技出版社，1992

31. 汪黎明，王庆成，孟邵东．中国玉米品种及其系谱．上海：上海科学技术出版社，2010

32. 王成业．洪涝灾害对夏玉米生长发育及产量的影响．河南农业科学，2010（8）：20~21

33. 王成业，贺建峰，武建华．气候因子对豫南夏玉米生长发育的影响及对策研究．陕西农业科学，2010（4）：57~59

34. 王树安．作物栽培学各论（北方本）．北京：中国农业出版社，1995

35. 魏湜，曹广才，高洁等．玉米生态基础．北京：中国农业出版社，2010

36. 魏湜，王玉兰，杨镇．中国东北高淀粉玉米．北京：中国农业出版社，2010

37. 吴东兵，曹广才．我国北方高寒旱地玉米的三段生长特征及其变化．中国农业气象，1995，26（12）：7~10

38. 肖俊夫，刘战东，刘祖贵等．不同灌水次数对夏玉米生长发育及水分利用效率的影响．河南农业科学，2011，40（2）：36~40

39. 肖伟，夏连胜，王万志等．长期定位施肥对夏玉米生长发育的影响．安徽农业科学，2006，34（16）：4 058~4 059

40. 严斧．作物光温生态．北京：中国农业科学技术出版社，2009

41. 杨继芝，龚国淑，张敏等．密度和品种对玉米田杂草及玉米产量的影响．生态环境学报，2011，20（6-7）：1 037~1 041

42. 杨镇，才卓，景希强等．东北玉米．北京：中国农业出版社，2007

43. 于振文．作物栽培学各论（北方本）．北京：中国农业出版社，2003

44. 岳德荣．中国玉米品质区划及产业布局．北京：中国农业出版社，2004

45. 张凤路，S. Mugo．不同玉米种质对长光周期反应的初步研究．玉米科学，2001，9（4）：54~56

46. 张建国，曹靖生，史桂荣等．黑龙江省主要玉米品种及其亲本光温反应特性研究Ⅰ12个玉米品种及其亲本的光反应特性．黑龙江农业科学，2009（2）：23~26

47. 张丽丽，王璞，陶洪斌．氮肥运筹对夏玉米生长发育及氮素利用的影响．华北农学报，2010，25（增刊）：177~181

48. 张士奇，徐梅生，余元虎等．夏玉米高产栽培关键技术．现代农业科技，2008（12）：222，228

49. 张世煌，石德权．系统引进和利用外来玉米种质．作物杂志，1995（1）：7~9

50. 左端荣，郑兴洪，葛玉平等．夏玉米高产栽培技术．现代农业科技，2007（15）：127

51. Allison J. C. S., Daynard T. B. Effects of change in time of flowering, induced by al-

tering photoperiod or temperature, on attributes related to yield in maize. Crop Sci. , 1979, 19:
1 ~ 4

52. Bonhomme R. , 岳铭鉴译. 玉米叶片数对光周期敏感性的多点田间试验. Agrono-
my Journal, 1991, 83 (1): 153 ~ 157

53. Ellis R. H, Sumerfield R. J. , Edmeades G O. Photoperiod, temperature, and the in-
terval from tassel initiation to emergence of maize. Crop Sci, 1992, 32: 398 ~ 403

54. Kiniry JR, Ritchie JT, Musser RL. Dynamic nature of the photoperiod response in
maize. Agronomy Journal, 1983, 75: 700 ~ 703

55. Struik, P. C. Effect of a switch in photoperiod on the reproductive development of tem-
perate hybrids of maize. Neth. J: Agric. Sc. , 1982, 30: 69 ~ 83

第五章　中国南北过渡带油菜栽培

第一节　生产地位和茬口衔接

　　油菜（*Brassica chinensis* L.）是十字花科（Cruciferae）芸薹属（*Brassica*）一年生草本植物，以榨油为主要目的。它包括芸薹属植物的许多物种，这些物种尽管在分类学中同科同属，但在形态特征、生态特点等方面各具特色。1956 年全国油菜试验研究座谈会上，根据中国油菜栽培的悠久历史和油菜生产发展要求，按其农艺性状和植物分类学特征以及遗传亲缘关系，将广泛分布于中国和从国外引进的各种类型油菜划分为 3 大类，即白菜型、芥菜型和甘蓝型。中国还有其他一些十字花科的油菜作物，如芜菁、黑芥、埃塞俄比亚芥、油用萝卜、白芥、芝麻菜等，其中，前 3 种属于芸薹属。中国历史上以种植白菜型油菜为主，西部山区和西北内陆高原地区则以芥菜型油菜为主。1940 年前后，由日本、朝鲜和英国引进甘蓝型油菜试种，1954 年开始发展甘蓝型油菜，目前中国南方冬油菜区已逐渐以甘蓝型油菜代替了白菜型油菜，占油菜种植面积的 70% 以上。中国是世界上甘蓝型油菜的三大生产区之一。但在生产利用上通常将油菜品种划分为常规油菜、优质油菜、杂交油菜和优质杂交油菜等类型。

一、优质油菜的概念

　　油菜是世界第三大油料作物，中国油菜种植面积和总产居世界首位。油菜籽是食用、饲用和能源用的重要原料。根据油菜品种的品质特性，将其分为优质油菜与普通油菜两大类。优质油菜主要是指油菜产品的品质符合育种目标和市场需求。油菜籽的品质应包括含油量、油中各种脂肪酸含量、饼粕中硫代葡萄糖苷（简称硫苷）含量及其组分，种子中蛋白质含量、纤维素含量以及植酸含量等。从广义讲优质油菜应包括油菜籽含油量高，脂肪酸中亚油酸、油酸含量高，芥酸、亚麻酸含量低，饼粕中蛋白质含量高，硫代葡萄糖苷、纤维素、植酸、芥子碱等含量低。从当前已投入生产上的优质品种来看，优质油菜主要是指油中脂肪酸组成中的芥酸含量和菜饼中的硫苷含量都比较低，所以也称为"双低油菜"。对于一般原原种要求芥酸含量为脂肪酸总量的 1% 以下；硫苷含量为 30μmol/g 以下（包括吲哚硫苷在内）或为干物重的 0.2% 以下（不含吲哚硫苷）。生产商品种子的芥酸含量要求在 5% 以下；硫苷含量在 0.3% 以下。凡是具有低芥酸含量或低硫苷含量的新品种，称为单低品种或低芥酸品种和低硫苷品种；同时具有低芥酸和低硫苷含量的新品种，称为双低品种。优质油菜籽以含油量、芥酸含量和硫苷含量 3 项为等级划分依据，以 3 项中最低等级项确定等级，但芥酸含量不得大于 5.0%，硫苷含量不得大于 40.0μmol/g，霉变粒限度为 2%，卫生指标符合国家有关规定，植物检疫项目应符合国家有关规定。

二、生产地位

油菜是中国乃至世界重要的油料作物，也是中国 5 个种植面积超亿亩的作物（水稻、玉米、小麦、大豆、油菜）之一。我国年产油菜籽 450 万 t 左右，是国产食用植物油的第一大来源，占国产油料作物产油量的 57% 以上，占国产植物油（含兼用型油源和木本油料）总产量的 42%，在中国食用油市场中具有举足轻重的地位。双低菜籽油由于其脂肪酸组成十分均衡，是目前公认的最健康的食用植物油之一。中国油菜生产分布比较广泛，目前除北京、天津、辽宁、海南外，其他 27 个省（区、市）均有种植，其中，产量居前六位的是湖北、四川、湖南、安徽、江苏、河南，而属于中国南北过渡带区域的省份就占据其中除湖南省以外的 5 个省。也就是说，中国南北过渡带所涉及的四川、甘肃、陕西、湖北、河南、安徽、江苏等 7 个省中，包含了其中的 5 个油菜生产大省。可见，中国南北过渡带地区在全国油菜区域分布中占有重要地位。

（一）油菜用途

1. 作为主要的优质食用油　油菜种子含油量为其自身干重的 35%~50%。菜油含有 10 余种脂肪酸和多种维生素，特别是维生素 E 的含量较高，尤以甲型维生素 E 的含量高达 13mg/100g 油，超过大豆。因而菜油营养丰富，自古以来为中国人民长期食用。但是普通菜油的脂肪酸组成不太合理，影响了菜油的营养价值。特别是普通菜油中芥酸的含量太高，达 45%~50%，芥酸在人体中吸收慢，利用率低；同时，菜油中对人体有利的油酸、亚油酸的含量偏低，而亚麻酸含量偏高。自 20 世纪 60 年代以后，世界各国先后育成了一批低芥酸的油菜新品种，使菜油中芥酸含量降至 3% 以下，油酸、亚油酸含量合计达 85% 以上，亚麻酸含量降至 6% 左右，大大提高了菜油的品质。此外，高油酸油菜正在发展之中，高油酸菜油碳链较短（18：1），人体容易吸收消化，并能降低血液中低密度脂蛋白含量，从而减少胆固醇在动脉血管中的积累，被认为是最好的植物油。

普通菜籽油在进行脱色、脱臭、脱脂或氢化等精炼加工程序之后，可用于制造色拉油、人造奶油、起酥油等产品，而低芥酸菜油色泽清淡，味香无臭，不混浊，可直接用于加工。

2. 广泛应用的工业用油　由于含有特有芥酸，因而菜油具有润滑性好，内摩擦系数低；沸点，熔点高；疏水防水性强和氧化聚合慢的特点。普通菜油芥酸含量在 45% 以上，可直接用于加工船舶机械、铁路车辆的润滑油，各种机械加工的润滑油和脱模剂，以及纺织工业的纺丝润滑油，电气工业的高温绝缘油，选矿工业的矿物浮选剂等。随着芥酸含量达 55% 以上高芥酸油菜品种的育成，菜油在现代工业中的用途更加重要和广泛。高芥酸菜油是理想的冷轧钢及喷气发动机的润滑剂和脱模剂,以及金属工业高级淬火油。

菜油除直接利用外,还可以利用其硫化、氢化及硫酸化的产物用于橡胶、油漆、皮革生产,菜油水解所得到的芥酸油,每吨售价 900 美元以上,芥酸的衍生物和氢化产物山俞酸等具有黏附、软化、疏水和润滑特性,可用作食品添加剂、化妆品、护发素、去垢剂以及塑料添加物,还可作摄影和录音用的原材料。芥酸裂解生成壬酸和十三碳二元酸,都可大量用于制造香料、增塑剂、高级润滑油。

3. 优质饲料和植物粗蛋白来源 菜籽榨油后得到约 60% 的饼粕,菜饼有 40% 左右的蛋白质,其余为碳水化合物(30% ~ 40%)、粗脂肪(2% ~ 7%)、粗纤维(10% ~ 14%)、维生素及多种矿物质,成分与大豆饼粕相近,是良好的精饲料。不过普通菜饼含有 $120 \sim 180 \mu mol/g$ 的硫代葡萄糖苷,吸水后可水解成恶唑烷硫酮等几种毒性很强的物质,动物食用后会产生各种中毒症状,使菜饼的饲用受到限制。但 20 世纪 70 年代后各国育成了含量低于 $30 \sim 40 \mu mol/g$ 的低硫苷品种,使菜饼的饲用价值大大提高。

菜饼粗蛋白质由 72% 氨基酸、12% 酰氨酸、16% 非溶性氮组成。所含 8 种氨基酸的组成与联合国粮农组织和世界卫生组织推荐的模式非常接近,其营养价值高于其他植物油料蛋白质。菜饼经过加工后营养更加丰富,并具有可溶性、抽油性、乳化性和起泡性,可广泛用于人类蛋白质食品工业。

4. 其他用途 菜籽油的自然沉降物和水化脱磷残渣(油脚),可用于加工提取磷脂,磷脂是人体不可缺少的化学成分,可用于食品加工,并用作磁带、胶卷、橡胶、塑料等多种工业原料。菜油与其他植物油还有取代石油部分产品及作能源用的趋势。菜籽油加工生物柴油在欧洲国家已得到广泛应用。研究表明,一些氧自由基是许多疾病的起源,特别是与肿瘤和衰老有关。而油菜等十字花科植物含有大量的 SP88,它能有效地清除超氧阴离子自由基和羟自由基,因此有很好的保健作用。近年来,加拿大还发现油菜种子中油体膜上含有溶血清 Hirudin 基因的启动子,可用于医药开发。

(二)油菜在农业可持续发展中的重要地位

油菜在农业的可持续发展中具有重要地位。油菜是唯一的冬季油料作物,不与其他油料作物争地,可与水稻、棉花、玉米、高粱等多种作物轮作复种,容易安排茬口,是提高复种指数,促进全年增产增收的优良作物。油菜还是好前作,其根系发达还能分泌有机酸,溶解土壤中难以溶解的 P 素,提高 P 的有效性,油菜根茬还具有生物防治作用,可有效抑制土传病原真菌。油菜生长阶段大量的落叶,落花以及收获后的残根和秸秆还田,能显著提高土壤肥力,改善土壤结构。据研究,每生产 50kg 菜籽,等于为其他作物提供 $22 \sim 28kg$ 硫酸铵,$8 \sim 10kg$ 磷酸铵和 $8.5 \sim 12.5kg$ 的硫酸钾,油菜是一种用地养地相结合的作物。另外,油菜的花期长,花器官的数目多,每朵花有多个蜜腺,因而油菜产区也是重要蜜蜂养殖区,一般 1 亩中等长势的油菜花可产蜜 $2 \sim 3kg$,所以,油菜和芝麻、荞麦一起被称为中国三大蜜源作物。按目前油菜生产水平,$1\ 667m^2$ 油菜约可生产 26kg 植物蛋白,可提供一头猪所需的蛋白量。通过油菜产业的发展,将有利于形成种植业、养殖业、农产品加工业等相关产业共同发展的局面,对当地农村经济的发展、农民增收具有重要意义。同时，油菜还是重要的能源作物。

油菜生产适应性广、茬口灵活，具有用地养地作用，中国南北过渡带区域占有举足轻重的地位。该区域油菜与水稻实行水旱轮作，既可改良土壤，提高土壤肥力，又可减轻稻田的次生潜育化，提高水稻产量。尤其是油菜的成熟期比小麦早，有利于两熟制地区合理轮作和腾茬。在旱地轮作中，为了减轻病虫害发生，该区域适宜采用玉米-油菜//大豆-冬小麦等轮作方式，最好也实行水旱轮作，即水稻-油菜//棉花-油菜//水稻-小麦等方式。

（三）茬口衔接

在中国南北过渡带区域（图5-1：专业参考图，实际以中国标准地图为准），油菜的复种分为水田复种和旱地复种两种。其中，水田复种主要主要包括一年两熟和一年三熟两种。一年两熟的水稻-油菜又包括中稻-油菜和晚稻-油菜一年两熟两种，前者不存在季节矛盾，后者影响油菜适期早播，油菜应采取育苗移栽。一年三熟包括一水一旱或一旱一水，一水一旱就是一季水稻后复种大豆或玉米、甘薯等旱作物，秋季再种油菜的种植制度。一旱一水指春种植大豆、玉米等旱作物，复种二季晚稻，秋冬季种油菜。旱地复种也有一年两熟和一年三熟两种。一年两熟春夏播棉花（烤烟、玉米、甘薯、花生、芝麻），秋冬季种油菜，由于棉花生育期长，常在棉花收获拔秆前套播或套栽冬油菜，并预留翌年度棉花种植行。一年三熟即春季在油菜行中套种大豆，大豆收获前套种秋芝麻等。

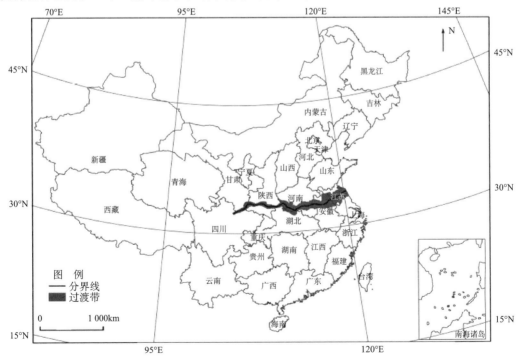

图5-1　基于GIS的中国南北分界带分布参考图（张剑，2012）

（四）南北过渡带双低油菜的分布和发展概况

根据陈全功等基于 GIS（地理信息系统）对中国南北分界带的研究成果，中国南北分界带涉及四川、甘肃、陕西、湖北、河南、安徽、江苏 7 个省的 130 个县（市），最窄处约 26.42km，最宽处约 195.41km，总面积约 145 500.74km²。

尽管中国南北过渡带区域包含的 7 个省份均为中国冬油菜的主要产区，但由于该区域只涉及 7 个省 130 个县市左右，而且这个区域又是处于中国冬油菜产区的北缘，加上近年来种植油菜的比较效益不高，造成这个区域的油菜面积不是很大。这些县市主要是：安徽省的临泉县、界首市、亳州市、太和县、阜南县、阜阳市、涡阳县、利辛县、颍上县、霍邱县、萧县、淮北市、睢溪县、蒙城县、凤台县、寿县、宿州市、淮南市、长丰县、灵璧县、怀远县、蚌埠市、泗县、固镇县、五河县、凤阳县、定远县、明光市、滁州市、来安县、天长市；江苏省的铜山县、邳州市、遂宁县、宿豫县、宿迁市、泗洪县、沭阳县、洪泽县、泗阳县、六合区、盱眙县、连云港市、灌云县、灌南县、淮安市、涟水县、宝应县、金湖县、高邮市、响水县、阜宁县、建湖县、盐城市、兴化市、滨海县、射阳县；河南省的卢氏县、淅川县、西峡县、内乡县、南召县、镇平县、邓州市、南阳市、新野县、方城县、社旗县、唐河县、舞钢市、桐柏县、沁阳县、西平县、遂平县、确山县、驻马店市、信阳市、商水县、上蔡县、汝南县、平舆县、新蔡县、正阳县、淮阳县、项城市、郸城县、息县、淮滨县、固始县；四川省的平武县、青川县、广元市；湖北省的郧西县、郧县、丹江口市、谷城县、老河口市、襄阳区、襄樊市、枣阳市、随州市等。

在中国南北过渡带区域中，油菜面积最主要集中在河南的信阳市，陕西省的汉中市，江苏省的淮安市，湖北省的襄阳市，以及安徽省的滁州市，其他省市县油菜种植面积较小或下降较多。各个省市县的油菜面积差异较大。其中，河南省该区域油菜所占比重最大，2011 年河南省 38.3 万 hm²，单产 2 016kg/hm²，总产 77.32 万 t，主要集中在信阳、驻马店、南阳、平顶山、三门峡 5 市，其中，信阳市 18.1 万 hm²，产量 32.34 万 t，固始县面积达到 5 万 hm²，总产 10.1 万 t，南阳市 5.2 万 hm²，总产 12.1 万 t。陕西省 2010 年油菜面积 20.2 万 hm²，单产 1 846.5kg/hm²，总产 37.3 万 t。主要集中在南北过渡带地区的汉中市和安康市。其中，2010 年汉中市油菜面积 7.5 万 hm²，单产 2 070kg/hm²，总产 14.7 万 t；安康市面积 5.1 万 hm²，单产 1 830kg/hm²，总产 8.4 万 t。江苏省 2010 年油菜面积 46 万 hm²，单产 2 445kg/hm²，总产 112.4 万 t。其中，淮安市是江苏省规划的优质油菜种植的优势区域，2004 年全市油菜播种面积 4.7 万 hm²，单产 2 295kg/hm²，总产量 10.7 万 t，其中，"双低"油菜面积达 94.9%。全市获得省级无公害农产品产地认定和无公害农产品整体认定的油菜面积达 4.2 万 hm²，形成以淮阴区、涟水县、金湖县、盱眙县为核心的"双低"油菜优势种植基地。湖北省 2011 年 114 万 hm²，总产 220.4 万 t。其中，地处过渡带区域的襄阳市是湖北省油菜的主产地之一，常年面积 8 万 hm² 左右，最高峰时曾经达到 10 万 hm²。近年来由于油菜投入大，产出小，油菜面积逐年减少，2011 年油菜面积仍然达到 6.5 万 hm²，单产 2 064kg/hm²，总产 13.51 万 t。安徽省油菜种植历史悠久，是全国油菜主要产区之一，常年种植面积 80 万 hm²，近年来油菜面积维持在 67 万 hm² 左右，主要集中在六安、合肥、滁州、安庆等市。2011 年安徽省油菜面积下降到 64 万 hm²，单产 1 917kg/hm²，总产 122.8 万 t。其中，地处中国过渡带区域的滁州市是安徽省主要产区之一，常年面积 6.7 万 hm²，最高的 2004 年达到 13.3 万 hm² 以上，但 2011 年滁州市油菜面积下降到 5.1 万 hm²，单产 2 130kg/hm²，总产为 11 万 t；处于该区域的蚌埠市 2011 年油菜面积只有 0.5 万 hm²，单产仅 1 455kg/hm²，总产 6 930t。

第二节　油菜的生长发育

一、油菜的生育期和生育阶段

中国南北过渡带冬油菜通常在秋季播种，出苗后经冬前生长、越冬、春后生长、翌年初夏成熟，这整个过程所需的时间称之为油菜的生育期，通常用从播种出苗到油菜成熟所需的天数来表示。生育期的长短因品种类型、品种、地区自然条件和播种期早迟等相差很大。一般甘蓝型油菜品种生长期较长，为 170~230d；白菜型油菜品种较短，为 150~200d，芥菜型油菜品种居中，为 160~210d。

油菜从播种到成熟，经历 5 个生育阶段，即发芽出苗期、苗期、蕾薹期、开花期和角果发育成熟期。各生育阶段的生长发育特点各不相同。

(一) 发芽出苗期

油菜种子无明显休眠期。种子发芽的最适温度为 25℃，低于 3~4℃，高于 36~37℃，都不利于发芽。发芽以土壤水分为田间最大持水量的 60%~70% 较为适宜，种子需吸水达自身干重 60% 左右。油菜发芽需氧量较高，当种子胚根，胚芽突破种皮后，氧消耗量为 1 000μl/g 鲜重/h 左右，发芽初期土壤偏酸性有利。油菜种子吸水膨大后，胚根先突破种皮向上伸长，幼茎直立于地面，两片子叶张开，由淡黄色转绿色，称为出苗。

(二) 苗期

油菜从出苗（子叶出土平展）到现蕾（拨开顶端心叶可见到幼蕾）为苗期。甘蓝型中迟熟品种苗期为 120~150d，约占全生育期的一半，生育期长的品种可达 130~140d。新鲜饱满的种子播种之后，在气温 16~20°C，土壤水分充足时，3~5d 即可出苗。苗期出生的叶片为茎生叶，有较长的叶柄，有 10~13 片，叶片出生的速度，随温度而定，气温高出生快，气温低则较缓慢。信阳市农业科学院多年观察，气温 15~17℃ 时，两天左右即可生出一片新叶，13~14℃ 则需 4d 才能生出一片新叶，而在 10~12℃ 的条件下，则要延长到 6~8d 才出现一片新叶，气温降到 10℃ 以下，叶片出生就更缓，需 10~15d 或更长一些。此外，湿度对出苗快慢和出叶速度影响也很大，生产中由于干旱而延迟出苗或出苗不齐的现象是普遍的。2012 年在河南信阳，虽是适期播种，气温也适宜发芽，但由于干旱土壤水分不足，以致经 12~15d 才出苗，出叶速度也很缓慢，到 12 月上中旬才达 5 叶片，比正常年份延迟 20~25d。因此，播种时若遇干旱应采取抗旱播种，或播后及时浇水，避免出苗及出叶缓慢，苗不健壮，而不能安全越冬，为抽薹开花奠定好的基础。另外，苗期的长短与播种期有密切关系，凡播种期早的苗期就长，播种期晚的则短；另与品种特性也有关，冬性强的晚熟品种苗期较长，春性早熟品种较短。苗期长短还与当年苗期阶段的气温有关，冬季温暖时，一些春性早熟品种会出现早花而缩短苗期。总之，影响油菜苗期长短的因素是多方面的，以品种特性和苗期阶段气温的高低最为重要。

一般从出苗至开始花芽分化为苗前期，开始花芽分化至现蕾为苗后期。苗前期主要生长根系、缩茎、叶片等营养器官，为营养生长期。苗后期营养生长仍占绝对优势，主根膨大，并开始进行花芽分化。苗期适宜温度为 10~20℃，高温下生长分化快。苗前期营养生长好，则主茎总节数多，可制造和积累较多的养分，促进苗后期主根膨大，幼苗健壮，分化较多的有效花芽，不仅能保证安全越冬，而且为翌年枝多花多果多打好基础。总的说来，油菜苗期是器官分化，奠定丰产基础的关链时期。在栽培管理上，苗前期主要做到培育壮苗，适时播种，合理密植，加强管理，使幼苗生长健壮。苗后期要及时深中耕培土，施用腊肥，达到冬发壮苗。

苗期出生的叶片，在整个苗期直到抽薹初花期都是重要的功能叶，它制造的养分，不仅供根、根颈的生长，甚至对以后出生的器官如茎、分枝、蕾、花、角果、籽粒的饱满都有间接的影响。群众有"年前多长一片叶，年后多长一个枝"的说法，这是符合油菜生育特点的。苗期出生的长柄叶，基部第一片的寿命最短，出生一个多月以后即逐渐枯黄脱落，最上的一片则长达 100d 左右。长柄叶由于着生于基部，其腋芽常因环境条件不良，往往不能发育成有效分枝。

苗期阶段，苗株的鲜重和干重都随着叶片的增长而增加。据信阳市农业科学院资料（2003），幼苗在达 5 叶期时，鲜、干重都急剧增加，鲜重较 4 叶期时增加 2.0~2.3 倍，干重则增加 3.1~3.3 倍，说明 5 叶期是幼苗生长的一个重要时期，也可以说是油菜幼苗生长的转折期。为了培育健壮的幼苗，做好 5 叶期前后的管理工作，是很重要的。一般情况下，5 叶期以前以"促"为主，5 叶期以后则应适当地"控"，才能为越冬打好基础。

幼苗生长过程中，据信阳市农业科学院观察，在正常情况下，幼苗各叶龄地上部与地下部有直线性关系，直线方程 $y = 16.71x - 57.1$，回归系数极为显著（$t = 5.8485$，$P < 0.01$）。地上部与地下部呈正相关（$r = +0.9543$）。因此，可根据幼苗地上部分生长状况判断根系生长状况，同时说明采取促进根系生长的措施，能得到地上部分生长健壮的效果。

幼苗根系生长在苗前期较为缓慢，苗后期逐步加快，随着根系的扩展，由下胚轴发育的根颈，也不断长粗，根颈是油菜冬季贮藏养分的主要场所。因此，油菜根颈的粗度是安全越冬的一个重要指标，若越冬期根颈粗度达 1cm 左右，翌年的产量就比较高。根颈粗度与苗期密度及间苗早迟有密切关系，若间苗过迟则幼苗拥挤的时间过长，根颈不可能粗壮，贮藏养分就会减少。

农谚有"苗好一半收"的说法，对油菜则更有特殊的意义，因为油菜苗期长，且以营养生长为主，但花序在分化且孕育着花蕾，又要经过严寒的冬季，苗株生长的好坏，对产量起着决定性的作用。因此，必须根据幼苗生育特性，结合当地当年的气候条件，采取相应的"促"、"控"措施，才能培育出壮苗。

（三）蕾薹期

油菜从现蕾到始花为蕾薹期，又叫现蕾抽薹期，历时30~45d。现蕾即指主茎顶端出现一丛花蕾，仍为1~2片小叶遮盖，仅梢露出一小部分。抽薹的特征是主茎顶端花蕾明显出现，茎秆长度达10cm左右。现蕾到抽薹所需时间的长短，与品种特性和当时气候条件有关，一般春性品种，现蕾到抽薹的时间较长，冬性品种则较短；现蕾后若气温在10℃以上，即会迅速抽薹，而气温低于10℃，则现蕾到抽薹的时间显著延长。生产上由于播期不当或密度过大，常会出现先抽薹后现蕾的反常现象，只要采取适当措施，及时深中耕蹲苗，消除基部枯黄叶片，减少病虫滋生，对产量不会有多大影响。

蕾薹期是油菜营养生长和生殖生长双旺时期，营养生长仍占优势，主茎不断延伸，分枝陆续出现，长柄叶继续生长，短柄叶也出现，叶面积迅速扩大，根颈加粗，强大的根系网形成。随着分枝的迅速生长，主薹生长速度逐步减慢。

油菜分枝是由叶腋间腋芽发育而成，并不是所有腋芽都能成为有效分枝，主茎基部10节以下的腋芽，虽在越冬前就已形成，但由于处于荫蔽、通风透光差的不良环境之中，以及营养分配等因素，并不能发育成有效分枝。大多数甘蓝型油菜品种，主茎第12~14片以上的叶片其腋芽才能发育成有效分枝，一次分枝数目以7~9个为多，最少的只有5~6个分枝，最多的可以达到10个以上。

分枝数与主茎叶数呈正相关，主茎叶数多的分枝就多，叶数少的分枝就少，这是与叶的功能分不开的。因为叶是制造养分的重要器官，各组叶片在植株上所起的作用各有侧重，长柄叶直接影响根、根颈的生长，对分枝影响不大，短柄叶是开春后最大的一组功能叶，对分枝及角果的影响较大。

此外，分枝的发生和发育与环境条件也有关系，通风透光良好，水、养分充足，有利腋芽的发育，能增加有效分枝数目，因而生产上应采取合理的密度，适施苗肥，重施腊肥，争取植株生长良好，群体与个体协调，以增加全田有效分枝数。

现蕾之前，不仅进行花序分化，而且花蕾也在分化，两者各有特点，在时间上有交叉。

1. 花序分化　主花序分化大约在播种后一个月就开始了，早熟品种2~3片真叶，晚熟品种5~6叶时，即可见光滑透明的生长锥，以后生长锥逐步分化明显，直至可见小花蕾，花序分化过程共分5个时期（图5-2）：原始圆突期、圆突分化期、圆突群期、原始蕾期和始蕾期，共历时36~49d，随品种类型及气温变化而略有延长或缩短。早熟品种开始分化早，结束也早，分化时间短；晚熟品种开始及结束的时间均较迟，分化时间长，所以花蕾数目比早熟品种多，在相同条件下，早熟品种的分枝数目、角果数及产量都不如晚熟品种。

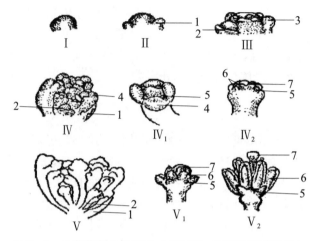

图5－2　油菜花芽分化过程（刘后利．实用油菜栽培学）

Ⅰ原始圆突期　Ⅱ圆突分化期　Ⅲ圆突群期　Ⅳ原始蕾期　Ⅳ₁幼蕾花萼原基　Ⅳ₂萼片及花瓣

原基 V 始蕾期　V₁剥去萼原基的幼蕾　V₂剥去萼片的幼蕾　1. 叶原基或幼叶　2. 一次分枝突起火

花序　3. 花蕾原基　4. 萼片原基　5. 花瓣原基　6. 雄蕊原基或雄蕊　7. 雌蕊原基或雌蕊

花芽分化的顺序是先主序后分枝，先最上分枝后最下分枝，每个分枝花序，也经过上述 5 个分化过程，只是从原始原突到始蕾期只需半个月左右。生产中落花、落果百分率及不实率是分枝大于主序，基部分枝大于上部分枝，这是由于花序分化的先后而造成。为了增加花朵数，提高结角率，减少脱落和不实的机会，保证后分化的花蕾得到充足的养分和水分，以及群体间良好的通透条件，就显得特别重要。

2. 花蕾分化　在圆突群期花萼原基即开始分化，到原始蕾期，花瓣原基和雌雄蕊原基都开始分化，到达始蕾期，雌、雄蕊已开始伸长，然后是花粉母细胞及花粉母细胞减数分裂，直到花朵开放，花粉粒成熟。

这一阶段的栽培措施主要是使油菜达到春发稳长的要求，既要发得足，又要稳得住，以旺盛的营养生长来换取足够的营养积累，为开花结角夯实基础。

（四）开花期

油菜始花至终花的这段时间称为开花期，一般 25～40d，当全田有 25% 以上植株主花序开始开花为始花期，全田有 75% 的花序完全谢花为终花期，一般早熟品种开花早、花期长，晚熟品种开花迟，花期比较短。

开花顺序，在同一植株上与花序分化顺序一致，先主茎后第一次分枝，再第二次分枝。

一个花序则是由下向上开放。单花开放过程分显露、伸长、展开、萎缩 4 个阶段（图5－3）。在开花的前一天下午，花萼顶端露出黄色花瓣，开放当天 7～10 时花瓣展开，开花后 2～4d 花瓣才凋萎脱落，若遇阴雨低温，花瓣可保持一周左右。在开花期间，全天几乎都可以开花，7～12 时较集中，占全天开花数 80% 以上，上午则又以 9～10 时最

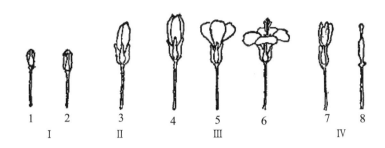

图5-3　油菜花朵的开放过程（刘后利.实用油菜栽培学）

Ⅰ 显露阶段　1. 花蕾顶部现黄　2. 萼片初裂开　Ⅱ 伸长阶段　3. 花瓣伸出萼片外
Ⅲ 展开阶段　4. 花初开　5. 半开　6. 全开　Ⅳ 萎缩阶段　7. 花瓣萎缩　8. 花瓣、花萼脱落

集中，占全天开花数40%~45%。开花的最适温度为14~18℃，气温在10℃以下，开花数量显著减少，5℃以下停止开花，开花期间若温度降至0℃时，将造成花朵大量脱落，出现分段结实现象，中国南北过渡带常有这种情况发生。

由于开花是先主花序后分枝，所以主花序结角早，角果数也最多。据信阳市农业科学院资料，甘蓝型油菜品种信油2508，主花序有效角果数占全株的19.62%，无效角果数只占全株的3.56%，其次是中部4~7个分枝的有效角果数比较多，为全株总角果数的45.24%，但无效角果数也最多，占全株无效角果数的45.77%。说明这部分分枝是结角潜力最大的部位，可以争取提高有效角果百分率。一个花蕾发育成一个有效角果，是需要一定条件的，如充足的水、养分和足够的生长发育时间等。因此，生产上必须采取相应的措施，从选用品种和适时播种抓起，还要按油菜的生育要求，进行合理的田间管理，争取将一部分无效角果，转变成有效角果，从而提高油菜的单产。

油菜授粉借昆虫或风力进行。白菜型油菜由于花药大多内外开裂，且具有自交不亲和性，自交率只有4.37%~36.22%，而异交串高达75%~85%，是典型的异花授粉作物。甘蓝型和芥菜型的花粉成熟时，花药多向内开裂，自交亲和性强，自交率常达30%~90%，低的也达到40%~65%，异交率则在10%以下，为常异交作物。

花粉落到柱头上大约1h即可发芽，授粉后18~24h即完成受精。开花当天或第二天受精力最强，3d之后受精力显著下降，因为柱头上的乳突细胞，已逐渐萎缩、破坏，到7~8d之后完全解体，丧失受精力。

油菜形成花蕾是比较多的，但结角率并不高。据信阳市农业科学院调查，有效角果数占花蕾数的50%~70%，在主要结实部位也只占55.11%，基部及上部分枝则低于50%。至于每个角果的结籽率，经信阳市农科院多年的观察，甘蓝型品种中油821、中双9号、中双11、湘油10号、湘油17、信优2405、丰油701、华双3号、湘油13、信优2508等平均粒数仅有19~26粒，结籽率为胚殊数的50%~65%。影响结角率和结籽率的因子是很多的，归纳起来有以下几方面。

1. 叶片对角果数的影响　叶片对有效角果数有一定影响。长柄叶虽然是油菜苗期的功能叶，但对有效角果数仍有一定影响，而开春后的主要功能叶—短柄叶，对有效角果数的影响很大。由于叶片是油菜制造养分的主要器官，叶片减少了，就降低了光合产物，而导致有效角果率下降。

2. 营养条件 油菜结角率和结籽率的高低，与中、后期营养有关，从落花、落角的情况看，主花序脱落最少，一次分枝增多，二次分枝更多；在一个花序上顶端脱落最多，中、下部稍少，盛花期脱落多，初花期较少；幼角（果）脱落多，花和蕾脱落少，这些现象说明，先开的花营养比较充足，结角率都比较高，后开的花得到的养分不够，引起花、角（果）脱落或增加瘪果、瘪粒。据信阳市农科院试验，当基肥相同，追肥的种类、数量也相同，只是追施时间不同时，结角数的差异就很显著；追肥分苗肥、蜡肥、薹肥施用的，单株有效角果数最高，平均达到 425.5 个；只追苗肥、蜡肥的最差，单株角果数平均只有 322.6 个；追苗肥、薹肥的单株平均角果为 368.2 个，居两者之间，充分说明按油菜生育特点，供给其营养的重要性。采取适施苗肥，重施蜡肥，增施薹花肥，是防止中、后期脱肥增加有效角果数的重要措施。

3. 气候因子 开花期间，若气温降至 10℃ 左右即会减少开花数目，开放的花朵其花粉生活力也不强，往往不能正常受精结实，导致结角率下降；另一种情况，开花时温度不低，但在开花正集中的 8～12 时降雨，也会显著降低受精结角率。开花结角期间，若阴雨连绵，会限制蜜蜂的活动，对白菜型油菜的结籽率影响更大。此外，病虫害对结角和结籽的影响也不小，病毒病、霜霉病、菌核病都会破坏油菜的正常生育过程和养分的运输，引起花、角（果）脱落。蚜虫常导致角果不充实，可降低产量 10%～20%，重者 30%～40% 甚至更多一些，因此，对病虫害的防治，也是应当充分重视的。

（五）角果发育成熟期

终花至成熟的这段时间为角果发育成熟期，一般费时 25～35d。成熟过程的生理活动包括角果体积的增大、种子的发育和油分及其他营养物质的积累。

1. 角果体积的增大 油菜完成授粉受精过程之后，子房膨大成角果，花柱不脱落，形成果喙。角果是油菜后期进行光合作用的器官之一，具有叶片的功能。据日本资料，油菜角果皮光合作用的强度（$15.5mgCO_2/dm^2/h$），只略低于叶片光合作用强度（$20mgCO_2/dm^2/h$）。只是叶片与角果皮上气孔的数目不相同，长柄叶每平方毫米内约有气孔 271.7 个，短柄叶 286.9 个，无柄叶 232.1 个，角果皮 82.0 个，但角果位于植株最上部，且面积较大，分配也很合理，因此，角果皮的光合作用对产量的贡献是很大的。

2. 种子的发育 角果发育顺序与开花顺序一致，先开的花先发育。一个角果的发育，先是沿纵长方向伸长，7～9d 可达品种固有长度，晚熟品种也有延长到 15d 左右的；角果横向生长延续的时间较长，从开花后约经 21d 长宽才定型。

种子是由胚珠发育而来的，一个角果的胚珠数为 20～40 粒。主茎和第一次分枝上的角果，因为花芽分化时气温较低，胚珠数目比后期分化的角果略少，但由于分化时间早，形成种子的百分率高。

3. 油分及其他营养物质的积累 角果和种子发育的同时，植株内营养物质不断向种子转运，直至种子成熟。油分是光合产物蔗糖和淀粉转化成可溶性单糖，通过脂肪酶的作用而形成的。据分析：在开花后第 9d，即角果长度基本定型的时候，种子内含油量只有 5.76%；开花后 21~30d 油分积累最快，从 17.96% 迅速增加到 43.17%，以后增加很少，仅占百分之几。随着油分积累逐步增加，种子内含糖量就相对下降，开花后 10d 种子内淀粉和可溶性糖，都高达 30% 左右，第 17d 可溶性糖下降到 22%，淀粉含量只为 3.6%，第 29d 种子内可溶性糖已降到 2.5%，几乎没有淀粉存在，直到种子成熟都维持在这个水平。

油菜籽含油量高低，与类型品种，成熟时气候条件和栽培措施都有关系。一般甘蓝型油菜含油量最高，白菜型次之，芥菜型偏低；同一类型中晚熟品种含油量较早熟品种高。在角果发育过程中，天气晴朗，日照充足，则茎、叶、角果能充分进行光合作用，营养物质积累较多，种子含油量就高，相反种子含油量就会偏低。后期施肥过晚或施 N 肥过多，种子内蛋白质含量增加，油分就会相对减少；若后期脱肥或受旱受涝，则将导致植株早衰，且易被病虫为害，造成含油量下降。

油菜角果和种子的成熟，是按开花顺序依次成熟的，所以，全株角果是不可能同时成熟的。在角果和种子成熟阶段，对养分和水分的要求相对减少，气温 20℃ 以上对成熟最有利，晴天日照强，水、肥适当，成熟快，阴湿多雨或 N 肥施用过多，将延迟成熟。

二、油菜的温光反应特性

油菜生育期的长短是因品种而不同，大体可分为早熟、中熟和迟熟类型。但同一品种在不同时期播种，其生育期的长短也有差异。这主要与油菜生长点发生质变的迟早有关。凡生长点发生质变早，油菜发育提早，则生育期短；相反，生长点发生质变迟，油菜发育推迟，则生育期长。而生育期的长短又影响产量的高低。引起油菜生长点发生质变迟早的主要因素是苗期的温度和光周期条件。油菜在长期系统发育过程中形成对一定温度和光周期条件的感应性称为油菜的感温性和感光性。

（一）油菜的感温性

1. 春化作用　油菜需要低温条件，才能促进花芽形成和花器发育，这一过程叫做春化阶段，而使花卉通过春化阶段的这种低温刺激和处理过程则叫做春化作用。

2. 油菜感温性的类别　油菜通过春化阶段，除受其他条件的综合作用的影响外，温度是一个主导因素，因此，又称感温阶段。总的说来，油菜生长点的质变和进行发育需要较低的温度，但不同油菜品种由于其起源和所处的生态条件不同，其对温度的要求是不同的。根据中国油菜品种春化阶段的特点，感温性大体上可分为 3 种类型。

（1）冬性型　冬性型油菜对低温要求严格，需要在 0~5℃ 低温下，经 15~45d 才能进行发育。否则油菜将长期停留在苗期阶段。前苏联曾报道，将冬性型油菜栽培在温室中，由于得不到低温条件，在 3 年时间内油菜一直停留在苗期阶段，茎高达 222cm，先后出叶 158 片，植株上经常保持的绿叶数为 6~8 片。又据官春云等观察（1981），胜利油菜在长沙 9 月 11 日播种，翌年 1 月 20 日现蕾；而 5 月 11 日播种的，也要到翌年 1 月 25 日才现蕾，这是由于当年没有满足它对低温的要求所致。冬性品种在昆明（或西北、或东北地区）夏播当年亦不能现蕾，而停留在苗期阶段。冬油菜经春化处理后能显著提早其成熟期，如据罗文质研究（1955），胜利油菜在6℃下春化处理30d，比对照植株成熟期提早59d。又如黄希（1981）在广东用0~5℃低温处理甘蓝型意大利油菜种子，冬播后可提早现蕾26d。

冬性型油菜品种一般为冬油菜的晚熟品种或中晚熟品种。如中国现有的甘蓝型冬油菜晚熟品种（跃进油菜、胜利油菜等），白菜型冬油菜和芥菜型冬油菜晚熟品种和中晚熟品种，以及由欧洲、前苏联等地引入的冬油菜品种等。

（2）半冬性型　对低温的感应性介于冬性型和春性型之间，对低温的要求不如冬性型严格。半冬性品种在昆明（或西北、东北地区）夏播，有部分植株当年能够现蕾开花。

属于半冬性型的油菜品种一般为冬油菜的中熟和早中熟品种，如中国很多甘蓝型油菜的中熟和中晚熟品种（信油2508，丰油701等），以及长江中下游的中熟白菜型品种均属这一类。

（3）春性型　这类油菜可在10℃左右，甚至更高的温度下很快进行发育。春性品种在昆明（或西北、东北地区）夏播，可正常发育，播后3个多月即可成熟。

春性型油菜品种，一般为冬油菜极早熟、早熟和部分早中熟品种，以及春油菜品种。如中国西南地区的白菜型油菜早中熟和早熟品种，华南地区的白菜型油菜品种和甘蓝型油菜极早熟品种，中国西北和加拿大、欧洲的春油菜品种等。

3. 油菜感温的时期和器官　关于油菜感温的时期，有些结果认为，用低温处理油菜种子能加快发育，提早成熟。但也有人认为，用低温处理种子不能加速发育，一定要处理绿苗才有效。

关于油菜接受温度诱导发生质变的部位，过去认为局限于茎的生长点。但近来研究证明，离体叶片和根系，若能获得春化所需的温度，由它们再生出来的植株也可开花。不少人认为，不论植物体的什么部位，凡是正在进行细胞分裂的组织，都可接受春化处理。已经通过春化的油菜砧木，可使未经春化的油菜接穗提早开花。

4. 油菜在温度诱导过程中植株形态和生理变化

（1）在形态上的变化　当满足了油菜对温度的要求后，主茎略有伸长，幼苗叶片由匍匐变为半直立或直立，叶色稍淡。甘蓝型油菜在未满足其对低温的要求前，仅伸展长柄叶，而在满足其对低温的要求后，才伸展短柄叶。

（2）在茎端结构上的变化　甘蓝型油菜在营养生长期茎端原套为1~2层，到花芽分化前增至4~5层，但到花芽分化时又降到2~3层。

（3）在生理生化上的变化　研究表明，甘蓝型油菜在营养生长阶段茎尖RNA含量不断上升，在生殖生长前达到最高极限，转入生殖生长后又急剧下降。而DNA的含量则比较稳定。这说明RNA是油菜转入生殖生长阶段所必须具备的生化条件。低温可诱导体内类似赤霉酸物质的形成。已春化了的冬性油菜叶片浸提液与0.005%赤霉酸在长日配合下，都能使金光菊属植物抽薹开花，而未进行春化诱导的冬性油菜叶片浸提液则没有这种作用。

（二）油菜的感光性

1. 油菜花芽分化的日长条件　油菜完成春化阶段后，还需经历另一质变的过程——

光照阶段，才能开花结实。这个阶段的发育，主要是对一定日照时数的要求，又叫感光阶段。

油菜属低温长日照作物，通过光照阶段的日照时数，据研究每天 14h 即能满足要求。如果延长到 14h 以上就能提早现蕾开花，每天光照时效缩短到 12h 以内则不能正常现蕾开花。

光照阶段的通过与其他条件的关系也十分密切。一般在适温范围内，较高的温度能使油菜提早现蕾开花。如果在夏季高温条件下，就会阻碍正常的生理过程，不利于光照阶段的通过，甚至影响以后的发育。油菜的感光性与其地理起源和原产地生长季节中白昼的长短有关。春油菜花前经历的光照长，故属对长光照敏感类型；而冬油菜，即使是生长在高纬度的冬油菜，由于花前所经历的光照较短，故属对长光照不敏感的类型。

2. 油菜感光性的类型

（1）强感光类型　加拿大西部，欧洲北部和中国西北部的春油菜为强感光类型。加拿大西部的春油菜花前经历的平均日长为 16h 左右；欧洲北部的春油菜花前经历的平均日长为 15h 以上，中国西北部的春油菜花前经历的平均日长为 14h 以上。

（2）弱感光类型　所有冬油菜和极早熟的春油菜为弱感光类型。如欧洲中部和东北部的冬性冬油菜，花前经历的平均日长在 10h 以内；亚洲东北部的冬性冬油菜花前经历的平均日长为 10.5h 左右；欧洲西南部沿海地区的半冬性油菜花前经历的平均日长在 10h 以内；中国长江流域等地和朝鲜、日本南部的冬性油菜花前经历的平均日长接近 11h；澳大利亚西南部和新西兰的半冬性冬油菜花前经历的平均日长为 10.5h 左右；中国南部和大洋洲的春性冬油菜花前经历的平均日长为 11h 左右；中国西北的极早熟白菜型春油菜花前经历的平均日长在 10h 左右。

3. 油菜光周期现象的内部生理过程　很多研究根据不同类型植物的起源，把在光周期过程中的光合反应、光化学和暗化学反应联系在一起，认为在这些内部生理过程中形成一种不稳定的产物，这种产物对光与暗反应是不同的，或是形成促进开花的稳定物质，或是在光和暗化学反应中被分解而不能起促进开花的作用。这些过程与植物类型对日长长期形成的适应性有关。此外，植物体内光敏素的状态或类型与植物发育关系也很大。

（三）温光反应特性的运用

1. 在引种上的应用　引入品种是否适应当地的气候条件，与品种的感温性和感光性关系极大。油菜的温光反应特性可分 4 种类型：冬性—弱感光型，半冬性—弱感光型，春性—弱感光型，半春性—强感光型。前 3 类为冬油菜（仅春性—弱感光型中有春油菜），后一类为春油菜。冬性—弱感光型的油菜（如中国北方冬性强的冬油菜）引到南方种植，因不能满足其对低温的要求，发育慢，成熟迟，在海南省和广东省甚至不能抽薹开花。而西南地区春性强的冬油菜品种向北向东引种，若秋播过早则有早薹早花现象。加拿大和欧洲的甘蓝型春油菜品种引入中国长江流域秋播生育期较长，生长发育慢，这主要是由于这些品种感光性（对长日的感应性）较强所致。中国长江中下游中熟品种可互相互种，而华北、西南春性较强的品种则不宜在该地区种植。西南地区半冬性品种可引入长江中游栽培。西南地区春性品种可引入华南各省栽培。

2. 在品种布局和栽培上的应用　在长江流域三熟制地区，要求种植能迟播早收的半冬性品种。而两熟制地区可采用苗期生长慢的冬性品种。在播种期选择上，由于春性强的品种早播后会早薹早花，易遭冻害，应适当迟播；而冬性强的品种应适时早播，促进其营养生长旺盛，以利高产。此外，春性品种发育快，田间管理应适当提前进行，否则营养生长不足，产量不高。

另外，在杂交育种中亲本的选择，育种材料的夏繁加代等都要考虑其光温生态特性。

第三节　油菜的品种类型和沿革

一、油菜品种类型

油菜为十字花科，芸薹属，一年生草本。直根系。茎直立，分枝较少，株高 30 ~ 90cm。叶互生，分基生叶和茎生叶两种。基生叶不发达，匍匐生长，椭圆形，长 10 ~ 20cm，有叶柄，大头羽状分裂，顶生裂片圆形或卵形，侧生琴状裂片 5 对，密被刺毛，有蜡粉。茎生叶和分枝叶无叶柄，下部茎生叶羽状半裂，基部扩展且抱茎，两面有硬毛和缘毛；上部茎生时提琴形或披针形，基部心形，抱茎，两侧有垂耳，全缘或有细齿。总状无限花序，着生于主茎或分枝顶端。花黄色，花瓣 4，为典型的十字型。雄蕊 6 枚，为 4 强雄蕊。长角果条形，长 3 ~ 8cm，宽 2 ~ 3mm，先端有长 9 ~ 24mm 的喙，果梗长 3 ~ 15mm。种子球形，紫褐色。细胞染色体：$2n=20$。

（一）根据植物学形态特征和农艺性状分类

油菜不是一个单一的物种，它包括芸薹属中许多种，根据中国油菜的植物形态特征，遗传亲缘关系，结合农艺性状，栽培利用特点等，将油菜分为白菜型油菜、芥菜型油菜和甘蓝型油菜 3 种类型。

1. 白菜型油菜　该类型又称小油菜或甜油菜。其植株矮小，幼苗生长较快，须根多；基叶椭圆、卵圆或长卵形，叶上举，有多刺毛或少刺毛，被有蜡粉或无蜡粉，抱茎而生；分枝少或中等，花大小不齐，花瓣两侧相互重叠，自交结实性很低。种子有褐色、黄色或五花子色，大小不一，千粒重3g；含油量中等，一般在35% ~ 38%，高的达45%以上。该类型生育期短，成熟较早，耐瘠薄，抗病力弱，生产潜力小，稳产性差。该类型还可分为两个种：

（1）北方小油菜　古代文献中称为芸薹，株型矮小，分枝少，茎秆细，基叶不发达，叶椭圆形，有明显琴状缺刻，且多刺毛，薄被蜡粉。主根常膨大，入土较深，抗寒、耐旱、耐瘠。代表品种有耙齿蔓、关油3号等。

（2）南方油白菜　古代文献中称为崧菜，其外形很像普通小白菜，是普通小白菜的一个油用变种。株型中等，分枝性强，茎秆较粗，苗一般半直立或直立。叶片较宽大，色淡，中脉较肥厚，叶全缘或波状，一般不具琴状缺刻。主根不膨大，支根细根较多。一般耐涝、耐瘠、抗病力差。代表品种有泰县油菜、洞口甜油菜等。

2. 芥菜型油菜　该类型通称高油菜、苦油菜、辣油菜或大油菜。原产于中国西部和西北部。植株高大，株型松散，分枝纤细，分枝部位高，分枝多，主根发达。幼苗基部叶片小而窄狭，披针形，有明显的叶柄，叶面皱缩，且具刺毛和蜡粉，叶缘一般呈琴状，并有明显的锯齿。薹茎叶具短叶柄，叶面稍有皱缩。花瓣较小，不重叠，四瓣分离，角果细而短，种子有辣味，呈黄、红、褐色或黑色，千粒重2g左右。含油量低，一般在30%～35%，高的达60%以上，且油分品质较差，不耐藏，生育期较长，产量低，但抗旱、耐瘠性较强。代表品种有牛尾梢、涟水小油菜、新油1号等。

3. 甘蓝型油菜　甘蓝型油菜又称洋油菜，来自欧洲和日本。该类型植株高大或中等，根系发达，茎叶椭圆，不具琴状缺刻，伸长茎叶有明显缺刻，薹茎叶半抱茎着生。叶色似甘蓝，呈蓝绿色，多被蜡粉。花瓣大，黄色，开花时重叠。角果较长，多与果轴垂直着生。种子黑色或黑褐色，粒大饱满，千粒重3～4g，高的达5g以上。种皮表面网纹浅，含油量较高，一般在42%左右，高的达50%以上。抗霜霉病力强，耐寒、耐湿、耐肥，产量高而稳定，增产潜力较大。

（二）根据春化阶段对温度的要求分类

根据油菜春化阶段对温度的要求，分为冬油菜和春油菜两种类型：

1. 冬油菜　冬油菜型因苗期对低温的要求不同又分为冬性、半冬性和春性油菜。

（1）冬性油菜　苗期需0～5℃的低温，经20～40d才能通过春化阶段进行花芽分化。秋播油菜的中晚熟种和晚熟种属于这一类。冬性强的品种能适应－15℃的冬季低温，抗寒性、耐旱性均较强。适于南温带气候。主要分布于华北中部至淮河、秦岭以北地区、即陕西中南部、河南、河北中南部、山西中南部以及苏北、皖北等地区。

（2）半冬性油菜　苗期对低温的要求不太严格，介于冬春性之间，一般需5～15℃的温度经过20～30d即可进行花芽分化。冬季能耐－10℃的低温。适于亚热带气候，主要分布于淮河、秦岭以南、南岭以北的江淮、江汉、江南、西南等广大地区。

（3）春性油菜　苗期需10～20℃的温度，经过15～20d即可。宜于中亚热带气候，冬季温暖的地区，主要分布于广东、广西、福建、云南南部及河谷地区。华南秋冬播种，北方春夏播，长江中下游迟播品种都属这一类。

2. 春油菜　苗期对温度的要求与春性油菜类似。适于北方和高寒地区。冬夏季温凉。主要分布于华北北部、东北、西北、青藏高原海拔3 000～4 600m地区。

（三）根据油菜的感光性分类

油菜生长发育必须满足一定长度光照的要求才能现蕾开花的特性叫油菜的感光性。油菜是长日照作物，不同品种和地理起源不同又可分为强感光型和弱感光型。利用油菜温光反应特性引种，北方冬性强的油菜引到南方种植，因不能满足低温要求而导致发育慢、成熟迟，甚至不能抽薹开花，反之将西南地区春性强品种向北方引种，秋播过早则发育快，易早薹早花（如2008年的金油福事件），长江中下游中熟品种可互相引种，西南、华南春性强的不宜引种至长江中下游，但可引入华南、西南半冬性品种可引入长江中下游。

（四）根据熟期长短分类

根据油菜熟期长短分为早熟、早中熟、中熟、中晚熟、晚熟和春播品种6种类型。作为中国南北过渡带主要的冬季作物，如果油菜生育期过长，会与后茬作物产生季节矛盾，因此需选育熟期适当早熟的品种。油菜成熟早，可以避免生育后期的高温逼熟或干热风等灾害的危害，或减轻受害程度，且能为后茬作物及早腾地，保证后茬作物的高产稳产，从而提高粮油周年产量。中熟和早中熟品种对低温的要求虽不及晚熟品种严格，但仍需要有一段低温条件才能完成系统发育过程，从营养生长进入生殖生长。冬油菜晚熟和中晚熟品种，对低温要求严格，需要在0~5℃的低温下经15~45d以上才能进行花芽分化，否则，只长叶不能开花。而春播油菜种植面积占全国总面积的10%左右。主要分布在中国西北高原各省，比较集中分布在青海、内蒙古、新疆、甘肃等省区，东北平原和四川西北部为解放后发展起来的春油菜区。本区的特点是冬季严寒，生长季节短，降水量少，日照时间长，日照强度大，且昼夜温差大。这种气候对油菜种子发育有利，籽粒大，千粒重高。本区1月最低平均气温为 -10 ~ -20℃或更低些，因此，油菜不能安全越冬，因而只能春播（或夏播）秋收。油菜生长季节短，白菜型油菜品种，全生育期一般为60~100d，其中，甘蓝型油菜生育虽长，但亦只有95~120d。春油菜品种一般以白菜型、芥菜型油菜为主。如青海、甘肃、内蒙古等省区的白菜型小油菜，是中国历史上栽培最早的白菜型春油菜；新疆和云南是中国芥菜型油菜最为集中的地方。这两个类型品种春性强，可以在10℃左右的温度条件下很快进行发育，因而全生育期短。

（五）生产上的分类

根据生产上的利用不同，又习惯将油菜品种分为常规油菜、优质油菜、杂交油菜3大类型。

1. 常规油菜　按常规方法育成的高产油菜。如中双9号、中双11、湘油10号、湘油17等。

2. 优质油菜　按常规方法育成的具有优质特性的油菜。如华双3号，湘油13，中双4号，皖油410等。

3. 杂交油菜　利用两个遗传基础不同的油菜品种或品系，采取一定的生产杂种的技术措施，如三系、两系育种、化学杀雄，自交不亲和等得到第一代杂交种。如秦油2号、皖油9号；如杂种具有优良品质特性则称优质杂交油菜。如秦油7号、信优2405、滁核杂1号、蓉油11、信优2508等。

目前，中国南北过渡带油菜生产上的品种有很多：皖油系列、华皖油系列、华油杂系列、秦油系列、湘杂油系列、中油杂系列、油研系列、德油系列、绵油系列、宁杂系列、川油系列、蓉油系列、沪油系列、豫油系列等100多个品种。相比之下，主导品种较少。目前在南北过渡带推广面积在 3.3 万 hm² 以上的有秦优 7 号、秦优 10 号、绵油 12 等；1.3 万 hm² 以上品种有信优 2405、德油 8 号、蓉油 11 等；其他品种如核优 56、信优 2508、中油杂系列和华油杂系列部分品种均在 6 667hm² 以上。

（六）根据品质特性分类

根据油菜品种的品质特性，将其分为优质油菜与普通（常规）油菜两大类。根据农业部发布的低芥酸低硫苷油菜种子行业标准规定：优质杂交油菜种子芥酸含量不得高于 2.00%，亲本硫苷含量平均值不得超过 30.00μmol/g 饼，F_2 代硫苷含量不得超过 40.00μmol/g 饼。优质常规油菜品种良种芥酸含量不得高于 1.00%，硫苷含量不得超过 30.00μmol/g 饼。优质油菜不仅其菜油品质好，且其饼粕可直接用于饲料，其菜薹可做蔬菜，直接经济效益与综合效益显著高于普通油菜。根据农业行业标准规定：杂交油菜种子纯度应不低于 85.0%，净度不低于 97.0%，发芽率不低于 80%，水分不高于 9.0%。常规油菜品种良种纯度不低于 95.0%，净度不低于 98%，发芽率不低于 90%，水分不高于 9.0%。在市场上进行种子选择的时候，可参照此标准排除假种子与不合格种子。

二、油菜品种的选用

中国南北过渡带是一个最能代表中国农业自然条件、农业作物种类的典型区域，也是冬油菜的适宜气候区。主要包括秦岭淮河以南、南岭以北广大地区。该地区冬季较湿暖，对油菜越冬有利。开花结荚期的日平均气温在 14～18℃，有利于开花结荚，雨水充沛对油菜生长有利。选择适宜的品种是夺取油菜高产稳产的基础。进行品种选择时，应从各方面综合考虑，选择生育期适中、产量潜力大、抗自然灾害能力强的优良品种。

（一）选用油菜品种的原则

目前，中国南北过渡带各省份推广的油菜品种较多。仅在一个基层县市，销售的品种就多达几十个甚至上百个，而且每年还有新的品种在不断推出。面对众多的油菜品种，选择时应遵循如下原则。

1. 选择优质油菜品种　与普通油菜品种相比，优质油菜具有"三高、两低"的突出优势。农户种植优质油菜，产量与普通油菜基本持平，但因出油多、油质好，加之饼粕可做饲料、菜薹可做蔬菜，不仅直接经济效益较高，综合效益更是明显高于普通油菜，一般每公顷增值可达 4 500 元以上。中国南北过渡地带每个省份的气候、土壤和栽培习惯略有不同，冬油菜品种表现可产生较大的差异。因此，在进行优质油菜品种选择时，应选择经当地农业主管部门试验示范，表现良好的已审定的主推优质油菜品种，特别是在当地高产创建中表现优异的品种。未经试种的新品种，可先少量试种后再稳步扩大面积，切不可盲目扩大面积种植。

2. 根据耕作制度与播种方式选择适宜品种　中国南北过渡带移栽油菜或稻油两熟制移栽油菜宜选择耐肥、耐稀植、株型高大、单株产量潜力较大、抗倒性好的品种，如秦油系列、华油杂系列、中油杂系列、信油系列等。秋季栽培宜选用冬性、半冬性的中晚熟油菜品种。稻油两熟直播油菜可选用产量潜力较大的中熟或中晚熟品种，如蓉油系列、中双系列、湘杂油系列等。在适宜播种期内茬口偏晚的直播油菜，则宜选用迟播早发、冬前不早薹、春后花期整齐的早熟或早中熟油菜品种，如信优 2508 等。但应注意，早熟油菜品种不宜播种过早，否则会导致早薹早花，易受冻害影响产量。稻田套直播宜选用耐迟播、耐荫蔽、株型紧凑、耐密植、抗病、抗倒的品种。机播机收则宜选择株高适宜、株型紧凑、耐迟播、耐密植、抗倒性好、抗裂角等特性的品种。城市近郊"一菜两用"栽培，则宜选择秋季长势旺、起薹早、薹粗壮，打薹后基部萌发分枝能力较强的品种。

3. 根据当地气候条件选择适宜品种　过渡带各省份乃至同一省份的气候条件也有所不同，因此，在选择优质油菜品种时应特别注意。生育期较长的油菜品种，只能在海拔较低、积温较高的区域种植；生育期较短的油菜品种，虽然可以在海拔较低的区域种植，但因成熟过早、产量较低，所以，最好在海拔较高的区域种植。

4. 根据茬口与种植方式选择适宜品种　如果前茬腾地早，采取育苗移栽方式种植，宜选择生育期长、分枝部位低、单株增产潜力大、产量高的优质油菜品种；相反，如果前茬腾地迟、宜采取直播栽培，宜选择生育期短、株型紧凑、靠群体增产的较早熟品种。另外，水田油菜如果春夏之交水源紧张，需要早腾茬、早插秧，也应选择成熟较早的油菜品种。需要特别注意的是，春性较强的油菜品种，秋季不宜播种过早，否则，会导致油菜年前起薹开花，冬季严重受冻。

5. 根据品种的抗逆性进行品种选择　某一病害发生严重的地区应选用对该病害抗（耐）性较强的品种。如在常年菌核病发生较重的低洼、潮湿地块，不宜种植对菌核病抗性较差的品种。常年易干旱地区则宜选用耐旱性较强的品种。在土壤严重缺 B，或易发生缺 B 现象的旱坡地不宜种植对 B 敏感的油菜品种，如果选用对 B 敏感的品种，就必须增施 B 肥。3~4 月油菜花角期，过渡带内部分省份寒潮频繁，并伴随不同程度的大风大雨，常常导致油菜倒伏，因此，该地区油菜品种的选择则应把抗倒性强作为主要选择指标之一，如选择华油杂系列品种等。花生茬油菜田间肥力水平高，宜选择耐肥抗倒品种。常年易发生冻害的地区及高寒山区，应选择耐寒性较强的品种。

（二）目前过渡带应用的优良品种简介

1. 丰油 701（国审油 2004018）

（1）特征特性　该品种为甘蓝型半冬性细胞质雄性不育三系杂交种。全生育期平均 215d。子叶肾脏形，叶片宽大，叶色深绿，叶缘呈波状锯齿，花瓣覆瓦状、花色深黄，种子圆形，种皮黑色。平均株高 180cm，一次分枝数 9 个，单株角果数 350 个，每角粒数 18 粒，千粒重 3.8g。菌核发病率 3.69%，病指 1.91，病毒发病率 0.39%，病指 0.19，中抗菌核和病毒病，抗倒性较强。经农业部油料及制品质量监督检验测试中心区试抽样检测，芥酸含量 0.18%，硫苷含量 36.77μmol/g，含油量 41.67%。

（2）产量表现　2002—2003 年度参加长江中游组油菜品种区域试验，平均单产 2 228kg/hm²，比对照中油 821 增产 13.71%；2003—2004 年度续试，平均单产 2 784kg/hm²，比对照中油 821 增产 18.07%；两年区域试验平均单产 2 506kg/hm²，比对照中油 821

增产 16.09%。2003—2004 年度生产试验平均单产 2 327kg/hm²，比对照中油 821 增产 5.18%。

（3）适宜种植区域 适宜在长江中游地区河南、湖南、湖北、江西的冬油菜主产区种植。

2. 华油杂 62（国审油 2010030）

（1）特征特性 甘蓝型半冬性细胞质雄性不育三系杂交种。苗期长势中等，半直立，叶片缺刻较深，叶色浓绿，叶缘浅锯齿，无缺刻，蜡粉较厚，叶片无刺毛。花瓣大、黄色、侧叠。区试结果：全生育期平均 219d，与对照中油杂 2 号相当。平均株高 177cm，一次有效分枝数 8 个，单株有效角果数 299.5 个；每角粒数 21.2 粒；千粒重 3.77g。菌核病发病率 10.93%，病指 7.07；病毒病发病率 1.25%，病指 0.87。抗病鉴定综合评价为低感菌核病。抗倒性较强。经农业部油料及制品质量监督检验测试中心检测，平均芥酸含量 0.75%，饼粕硫苷含量 29.00μmol/g，含油量 40.58%。

（2）产量表现 2008—2009 年度参加长江中游区油菜品种区域试验，平均单产 2 445kg/hm²，比对照中油杂 2 号增产 6.5%；2009—2010 年度续试，平均单产 2 672kg/hm²，比对照品种增产 7.2%。两年平均单产 2 558kg/hm²，比对照品种增产 6.8%。2009—2010 年生产试验，平均单产 2 400kg/hm²，比对照品种增产 4.1%。

（3）适宜种植区域 适宜在湖北、湖南、江西、安徽 4 省冬油菜主产区种植。

3. 信优 2405（豫审油 2007001）

（1）特征特性 信优 2405 属甘蓝型半冬性油菜杂交种，生育期 231d，比杂交对照种杂 98009（CK1）晚熟 1.6d。幼茎颜色绿色，花色黄色，叶形琴状裂叶，叶色绿色。株高 192.43cm，一次有效分枝 8.63 个，单株有效角果 300.64 个，角粒数 25.66 个，千粒重 3.24g，单株产量 36.87g，不育株率 0.36%。受冻率 29.09%，冻害指数 10.25%。菌核病病害率 2.08%，病害指数 1.50%；病毒病病害率 0.67%，病害指数 0.51%，抗倒伏。芥酸分析由参试单位提供的种子检测，硫苷、含油量由各区试点混样检测，经农业部油料及制品质量监督检验测试中心（武汉）分析，信优 2405 芥酸含量 0.1%，硫苷含量 17.02μmol/g，含油量 43.22%。

（2）产量表现 2005—2006 年参加河南省优质油菜区域试验，居两组试验（共 22 个品种）第二位，平均单产 2772kg/hm²，比对照杂 98009 增产 14.32%，达极显著水平。2006—2007 年继续参加河南省优质油菜区域试验，产量居 9 个参试品种的第一位，平均单产 3 466kg/hm²，比对照杂 98009 增产 15.41%，达到极显著水平。综合两年 16 点次试验结果，信优 2405 平均单产 3 119kg/hm²，比对照杂 98009 增产 14.88%。在 2006—2007 年河南省优质油菜生产试验中，平均单产 3 224kg/hm²，比对照杂 98009 增产 12.08%，居 7 个参试品种的第一位。

（3）适宜种植区域 长江中下游地区均可种植。

4. 信优 2508（豫审油 2009002）

（1）特征特性 信油 2508 属甘蓝型冬油菜中熟类型，全生育期 230d 左右，适应稻油两熟制种植。该品种叶色浓绿，植株繁茂，幼茎颜色绿色，花色黄色，叶形琴状裂叶，株高 185cm 左右，一次有效分枝 8.6 个，单株有效角果 300～350 个，角粒数 23 粒，千粒重 3.8g，单株产量 19.2g，不育株率 3.28%。信油 2508 对菌核病属抗（耐）病类型，病毒病属高抗病类型，霜霉病属抗病类型，白锈病属抗病类型，抗寒性强，抗倒伏。经农业部油料及制品质量监督检验测试中心（武汉）分析，信油 2508 芥酸含量 0.8%，硫苷含量 26.50μmol/g，含油量 43.90%。

（2）产量表现　杂交种鉴定试验中该组合表现突出，平均单产 3 468kg/hm²，较对照杂 98033 增产 23.98%，且恢复度高达 100%。2007—2008 年参加河南省优质油菜区域试验，平均单产 3 470kg/hm²，比对照杂 98009 增产 19.52%，达极显著水平。2008—2009 年继续参加河南省优质油菜区域试验，平均单产 3 130kg/hm²，比对照杂 98009 增产 13.27%，达到极显著水平。综合两年区域试验结果，信油 2508 平均单产 3 200kg/hm²，比对照杂 98009 增产 16.76%。在 2008—2009 年河南省优质油菜生产试验中，平均单产 2 944kg/hm²，比对照杂 98009 增产 4.94%。

（3）适宜种植区域　江苏、安徽、河南和湖北等省冬油菜主产区均可种植。

5. 秦油 7 号（国审油 2004016）

（1）特征特性　该品种为甘蓝型弱冬性细胞质雄性不育三系杂交种，全生育期黄淮地区平均 245d，长江下游平均 226d，长江中游平均 218d。幼苗半直立，子叶肾脏形，幼茎紫红色，心叶黄绿紫色缘，深裂叶，叶缘钝锯齿状，顶裂叶圆大，叶色深绿，花色黄，花瓣大而侧叠，匀生分枝，与主茎夹角较小，角果浅紫色、直生、中长较粗而粒多。平均株高 164.2～182.7cm，一次有效分枝 8～9 个，单株有效角果 288～342 个，每角粒数 23～25 粒，千粒重 3.0g。低感菌核病，中抗病毒病，抗倒性较强。芥酸含量 0.26%～0.56%，硫苷含量 25.11～29.59μmol/g，含油量 40.69%～43.22%。

（2）产量表现　在长江下游区试平均单产 1 905kg/hm²，比对照中油 821 增产 14.24%，增产极显著；在该区生产试验平均单产 2 052kg/hm²，比对照增产 11.65%，达极显著水平。

（3）适宜种植区域　长江下游及黄淮油菜区。

6. 德油 8 号（国审油 2004021）

（1）特征特性　该品种为甘蓝型半冬性核不育杂交种，全生育期长江上游地区平均 214d，长江中下游地区平均 223d。叶色微浅绿，裂叶 3 对，顶叶无明显缺刻，苗期半匍匐，花瓣较大呈覆瓦状，花瓣黄色。平均株高 193cm，分枝高 56～70cm，分枝数 10 个，主花序长度 63cm，单株有效角 450 个，每角粒数 17 粒，千粒重 3.7g。低感菌核病，低抗病毒病，抗倒性较好。经农业部油料及制品质量监督检验测试中心区试抽样检测，芥酸含量 0.25%，硫苷含量 23.71μmol/g，含油量 42%。

（2）产量表现　2001—2002 年度参加长江上游组油菜品种区域试验，平均单产 2 097kg/hm²，比对照中油 821 增产 7.15%；2002—2003 年度续试，平均单产 1 926kg/hm²，比对照中油 821 增产 9.03%；两年区域试验平均单产 2 012kg/hm²，比对照中油 821 增产 8.0%。2002—2003 年度参加长江上游组生产试验，平均单产 2 081 kg/hm²，比对照中油 821 增产 0.47%。2002—2004 年度参加长江中游组油菜品种区域试验，两年区域试验平均单产 1 905kg/hm²，比对照中油 821 增产 10.84%；2003—2004 年度参加长江中游组生产试验，平均单产 2 481kg/hm²，比对照中油 821 增产 12.51%。2002—2004 年度参加长江下游组油菜品种区域试验，两年区域试验平均单产 1 857kg/hm²，比对照中油 821 增产 9%；2003—2004 年度参加长江下游组生产试验，平均单产 2 343kg/hm²，比对照中油 821 增产 8.95%。

（3）适宜种植区域　长江流域的贵州、四川、重庆、云南、湖南、湖北、江西、浙江、上海 9 省（市）及江苏、安徽两省的淮河以南地区的冬油菜主产区种植。

7. 圣光 77（国审油 2010034）

（1）特征特性　甘蓝型半冬性常规种。幼苗直立，子叶肾形，叶片中等大小，裂叶 1 ~ 3 对，淡绿色，茎秆粗壮。花瓣中等大小、黄色。角果较长，斜生，籽粒黑褐色，近圆形。区试结果：全生育期平均 218d，比对照中油杂 2 号晚熟 1d。平均株高 163.2cm，一次有效分枝数 7.6 个，单株有效角果数 293.3 个，每角粒数 19.0 粒，千粒重 3.88g。菌核病发病率 6.98%，病指 4.61；病毒病发病率 1.10%，病指 0.82。抗病鉴定综合评价为低感菌核病。抗倒性较强。经农业部油料及制品质量监督检验测试中心检测，平均芥酸含量 0.25%，饼粕硫苷含量 23.15μmol/g，含油量 43.94%。

（2）产量表现　2007—2008 年度参加长江中游区油菜品种区域试验，平均单产 2 390kg/hm²，比对照中油杂 2 号（杂交种）增产 0.6%；平均单产油量 1 076kg/hm²，比对照品种增产 4.9%。2008—2009 年度续试，平均单产 2 322kg/hm²，比对照品种减产 0.8%；平均产油量 995kg/hm²，比对照品种增产 2.4%。两年平均单产 2 355kg/hm²，比对照品种减产 0.1%；平均产油量 1 035kg/hm²，比对照品种增产 3.7%。2008—2009 年度生产试验，平均单产 2 157kg/hm²，比对照品种增产 2.0%。

（3）适宜种植区域　适宜在湖北、湖南、江西 3 省冬油菜主产区种植。

8. 浙油 50（国审油 2010032，浙审油 2009001）

（1）特征特性　甘蓝型半冬性常规种。幼苗半直立，叶片较大，顶裂叶圆形，叶色深绿，裂叶 2 对，叶缘全缘，光滑较厚，叶缘波状，皱褶较薄，叶被蜡粉，无刺毛。花瓣鲜黄色、侧叠、覆瓦状排列。角果中长，成熟时呈枇杷黄色，籽粒黑色圆形。区试结果：全生育期平均 233d，比对照秦优 7 号晚熟 1d。平均株高 141.2 cm，一次有效分枝数 9.1 个，单株有效角果数 396.6 个，每角粒数 20.7 粒，千粒重 3.96g。菌核病发病率 21.22%，病指 8.94；病毒病发病率 3.32%，病指 1.06。抗性鉴定综合评价为低抗菌核病。抗倒性较强。经农业部油料及制品质量监督检验测试中心检测，平均饼粕硫苷含量 27.29μmol/g，含油量 47.17%。

（2）产量表现　2008—2009 年度参加长江下游区油菜品种区域试验，平均单产 2 625kg/hm²，比对照秦优 7 号（杂交种）增产 9.4%；2009—2010 年度续试，平均单产 2 628kg/hm²，比对照品种增产 11.2%。两年平均单产 2 627kg/hm²，比对照品种增产 10.3%。2009—2010 年度生产试验，平均单产 2 547kg/hm²，比对照品种增产 4.9%。

（3）适宜种植区域　适宜在浙江、安徽和江苏 3 省淮河以南的冬油菜主产区种植，注意防冻保苗。

9. 秦荣 2 号（国审油 2010026）

（1）特征特性 甘蓝型半冬性诱导型不育两系杂交种。幼苗半直立，苗期叶色绿，裂叶型，叶缘锯齿状，微披蜡粉，无刺毛，无柄叶近戟形。花瓣中等大小、黄色。种皮黄褐色。区试结果：全生育期平均 246d，比对照秦优 7 号早熟 1d。平均株高 148.4cm，一次有效分枝数 9.7 个，单株有效角果数 331.4 个，每角粒数 20.52 粒，千粒重 3.42g。菌核病平均发病率 10.09%，病指 7.28。抗性鉴定综合评价为中感菌核病。抗倒性较强。经农业部油料及制品质量监督检验测试中心检测，平均芥酸含量 0.05%，饼粕硫苷含量 28.19μmol/g，含油量 46.52%。

（2）产量表现 2008—2009 年度参加黄淮区油菜品种区域试验，平均单产 2 903kg/hm²，比对照秦优 7 号增产 4.9%；平均产油量 1 368kg/hm²，比对照品种增产 14.5%。2009—2010 年度续试，平均单产 2 724kg/hm²，比对照品种增产 3.5%；平均产油量 1 251kg/hm²，比对照品种增产 14.1%。两年平均单产 2 813kg/hm²，比对照品种增产 4.2%；平均产油量 1 310kg/hm²，比对照品种增产 14.3%。2010 年生产试验，平均单产 2 625kg/hm²，比对照品种减产 0.7%。

（3）适宜种植区域 适宜在安徽和江苏两省淮河以北、河南、陕西关中、甘肃陇南的冬油菜主产区种植。

10. 浙油杂 2 号（国审油 2010031）

（1）特征特性 甘蓝型半冬性隐性上位互作核不育三系杂交种。幼苗半直立，叶色深绿，顶裂叶圆形，裂叶 3 对，缺刻较深，叶缘锯齿状，叶被蜡粉，无刺毛；花瓣鲜黄色、侧叠、覆瓦状排列；角果近平生，成熟时呈枇杷黄色，籽粒黑褐色；区试结果：全生育期平均 232d，比对照秦优 7 号早熟 1d，平均株高 149.6cm，匀生分枝类型，一次有效分枝数 8.9 个，单株有效角果数 469.1 个，每角粒数 22.2 粒，千粒重 3.74g。菌核病发病率 15.19%，病指 6.50；病毒病发病率 3.56%，病指 1.78。抗病鉴定综合评价为低抗菌核病。抗倒性较强，经农业部油料及制品质量监督检验测试中心检测，平均芥酸含量 0.70%，饼粕硫苷含量 33.18μmol/g，含油量 43.05%。

（2）产量表现 2008—2009 年度参加长江下游区油菜品种区域试验，平均单产 2 594kg/hm²，比对照秦优 7 号增产 8.1%；2009—2010 年度续试，平均单产 2 594kg/hm²，比对照品种增产 10.3%。两年平均单产 2 594kg/hm²，比对照品种增产 9.2%。2009—2010 年度生产试验，平均单产 2595 kg/hm²，比对照品种增产 6.9%。

（3）适宜种植区域 适宜在上海、浙江、安徽和江苏等地淮河以南的冬油菜主产区种植。

11. 绵油 12 号（国审油 2003016）

（1）特征特性 该品种系甘蓝型弱冬性隐性核不育三系杂交品种。全生育期育苗移栽 220d，直播 200d，比对照中油 821 早熟 1~3d。苗期生长较旺，半直立，叶缘微波状，叶色深绿，有蜡粉，无刺毛。花黄色，粉充足。株高 190cm，匀生分枝。一次有效分枝 9.5 个，主花序 60cm，单株角果 405.5 个，每角粒数 19 粒，角果平生，中长、较细。千粒重 3.36g。抗病性优于对照中油 821。含油量 39.24%，芥酸含量 1.54%，硫苷含量

55. 27μmol/g。

（2）产量表现　1999—2000 年度参加长江上游组油菜品种区域试验，平均单产 2 138kg/hm²，比对照中油 821 增产 19.81%；2000—2001 年度续试，平均单产 2 540kg/hm²，比对照中油 821 增产 10.68%；两年区试平均单产 2 339kg/hm²，比对照中油 821 增产 15.4%。2001—2002 年度参加长江上游组油菜品种生产试验，平均单产 2 417kg/hm²，比对照中油 821 增产 6.19%。2000—2001 年度参加长江中游组油菜品种区域试验，平均单产 2 342kg/hm²，比对照中油 821 增产 7.14%；2001—2002 年度续试，平均单产 1 800kg/hm²，比对照中油 821 增产 11.42%。2002—2003 年参加长江中游组油菜品种生产试验，平均单产 2 141kg/hm²，比对照中油 821 增产 10.62%。

（3）适宜种植区域　适宜在长江上中游地区的四川、重庆、贵州、云南、湖南、湖北、江西等省冬油菜主产区种植。

三、油菜品种沿革

中国南北过渡带地区，从 20 世纪 70 年代末期开始了优质油菜的引进和品种选育工作，并且于 80 年代中期开始了大面积的推广应用。90 年代以来，以秦油 2 号、蓉油 3 号为首的杂交油菜也育成和推广。经过多年的努力，优质油菜和杂交油菜的推广有力地促进了中国南北过渡带油菜的高速发展，特别是对过渡带油菜产量的提高起到了重要作用。近几年来，低芥酸低硫苷优质油菜品种不断涌现，一批较好的品种无论是产量还是抗性等均超过普通油菜，特别是油研、蓉油、川油、蜀杂、渝黄、华杂、中油杂、中双、华双及湘杂油系列等杂交优质油菜的出现，更是为中国南北过渡带油菜的高产打下了一个良好的基础。

（一）鄂北油菜区

鄂北油菜区包括湖北省北部襄樊、十堰等 16 个县市。油菜生长季节雨量充沛，日照充足，雨热同步，单产高，油菜籽含油量高，病虫害少。油菜常年播种面积在 6.67 万 hm² 左右，"双低" 油菜覆盖率占 99.7%，主要以冬油菜为主。

新中国成立初期，鄂北通过品种评选推广了一些油菜品种如宁波油菜、兴化油菜等。20 世纪 50 年代中期以后，鄂北开始推广胜利油菜，实现了油菜品种由白菜型向甘蓝型的重大转变。70 年代以后，湖北在油菜杂种优势利用方面做了大量的研究工作，以中国工程院院士傅廷栋教授为首的一批油菜专家为湖北省油菜产业科技创新作出了重大贡献。在油菜杂种优势利用方面，湖北省已处于国际先进水平。主要表现在：华中农业大学（1972）在国际上首次发现波里马细胞质雄性不育系（polcms），被认为是 "第一个有实用价值的油菜雄性不育类型"；中国杂交油菜占全国油菜总面积的 50%，湖北省杂交油菜面积占全省油菜总面积的 60% 以上，并呈现快速发展之势；研究范围极其广泛，华中农业大学近年来又发现了 "生态型细胞质雄性不育系"，建立了 "细胞核 + 细胞质雄性不育三系杂种选育模式"，获得了国家发明专利。80 年代是鄂北油菜生产的快速增长时期，生产上主要推广与应用的油菜品种：中油 821、秦油 2 号等丰产性好、抗（耐）病性较强的甘蓝型品种，鄂北实现了油菜向高产、稳产、高抗的转变。同时，1981 年开始试种低芥酸油菜品种，1985 年开始大面积示范推广。20 世纪 90 年代以来，"双低"优质油菜面积增长很快，双低品种普及率由 1990 年的 7.2% 增加到 2003 年的 93%，平均每年提高 6.5 个百分点，比全国同期高 20 多个百分点。生产上主要推广与应用的油菜品种：中油杂 2 号、华油杂 6 号、中双 9 号、中双 10 号、中油杂 4 号、中双 7 号、华油杂 4 号、华油杂 8 号、华油杂 9 号和华双 4 号。2012 年至今，常年播种面积在 6.67 万 hm^2 左右，"双低"油菜覆盖率占 99.7%，在鄂北主要推广与应用的油菜品种：华油杂 62、中双 12、中油杂 7819、油研 10 号、华双 5 号、华油杂 13、中双 9 号、华油杂 12、禾盛油 868、华油杂 14、希望 528、华油杂 9 号、华双 4 号、大地 55、中油杂 12、沣油 520、中双 10 号、中油 589 等一批优质高产多抗的优质油菜新品种。

（二）陕南油菜区

陕南北靠秦岭、南倚巴山，汉江自西向东穿流而过。油菜是陕南的主要油料作物，分布广泛，栽培历史悠久。油菜在汉中地方称"菜麻"，并长期沿用。在发掘出土的西安半坡村遗址中，发现有先民贮存的油菜籽实炭化遗迹。油菜的"原始种"在关中地区种植，已有 6 000 年的历史。原始农业时代，关中渭河流域的先民采集的蔬菜中，就有油菜的踪迹。

新中国成立初期，陕南地区油菜品种原为白菜型，长期采用早熟而耐晚播的矮秆油菜品种和高秆油菜品种。50 年代，引进甘蓝型胜利油菜，丰产性及抗逆性均优于当地品种。1957 年西北农业科学研究所刘忠堂从北京华北农业科学研究所召开的专业会议上带回少许欧洲甘蓝型饲料油菜种子，并注明意大利产。1958 年秋播时分别在永寿县和汉中市进行示范繁殖，连续两年均有收获，当时叫作意大利油菜。1962 年以后，汉中地区农业科学研究所以胜利油菜为基础，先后选育出早丰 1 号、早丰 3 号等油菜新品种，在汉中地区大面积推广，对原有品种进行了两次更新，使全区油菜单产稳定在 1 500kg/hm^2 以上。1960 年中国农业科学院陕西分院采取选株留种方法，挑选越冬耐性强的株系，继续扩大种植，并更名为跃进油菜。1965 年宝鸡专区推广种植跃进油菜面积达 3 333hm^2，成为关中用甘蓝型油菜代替白菜型油菜的第一次大的品种更新。1971 年陕西省农林科学院从跃进油菜中继续选株留种。经过 3 年试验，选出陕油 110 新的甘蓝型油菜良种，进行推广。1972 年，三门峡库区华阴农场从跃进油菜中选出 71－1 油菜新品种。1978 年陕西省特种作物研究所用杂交方法选出陕油 3 号，1981 年推广面积 3 333hm^2。1983 年国营华阴农场又选出秦油 1 号，经省级品种审定后进行推广。从 1975 年开始，陕西省农垦农业科学研究所经过 6 年试验研究，通过甘蓝型油菜不育系筛选，第一次成功地实现了油菜三系配套。1982 年选育出第一代杂交种，初定名为"杂 37"，1984 年经陕西省农作物品种审定委员会审定后，更名为秦油 2 号。1985 年秦油 2 号油菜种植面积 1 万 hm^2，平均单产油菜籽达 3 000kg/hm^2 以上，比当地品种增产 40%。该品种获陕西省科技进步特等奖和国家发明二等奖。品种的培育者陕西省农垦科教中心（原名农垦农业科学研究所）研究员李殿荣，被授予陕西省农业先进工作者称号，并被选为七届全国人民代表大会代表。

1979 年，在全省油菜品种品质分析中，发现关中种植的白菜型和甘蓝型油菜，均属高芥酸类型，其油脂内芥酸含量占脂肪酸总量的 45% ~50%。1982 年，陕西省特种作物研究所和咸阳、宝鸡地区农业科学研究所联合组成油菜攻关协作组，经过科研人员的努力，选出芥酸含量 0.6% ~12% 的低芥酸油菜品种 "8049"，1985 年正式定名为秦油 3 号，已开始用于生产。90 年代以后，又相继育成了单杂 1 号、甘杂 1 号、甘杂 5 号、宝杂油 1 号、陕油 6 号、陕油 8 号、陕油 10 号、秦优 7 号、秦优 8 号、秦优 9 号、秦优 10 号、秦优 11、秦优 19 等多个单双低油菜品种已在生产中大面积推广。伴随着旱地油菜栽培技术、地膜油菜栽培技术、油菜稀播移栽技术、油菜精量播种技术等高产栽培技术已经研究试验示范成功，确保了陕南油菜生产持续快速的发展。近几年来，陕南汉中、安康和关中灌区以秦优 7 号、秦优 8 号、秦优 9 号、秦优 10 号、秦优 11、秦优 19、秦研 211、中油杂 11 等耐寒性强的优质油菜品种为主栽品种。

（三）苏北油菜区

苏北油菜品种经历了 3 次大的更新。一是始于 20 世纪 60 年代中后期的甘蓝型油菜替代白菜型油菜品种；二是始于 80 年代初的优质、双低甘蓝型油菜品种替代非优质甘蓝型油菜品种；三是始于 90 年代中期的杂交油菜替代常规油菜。

1. 早熟性和产量的遗传改良促进了甘蓝型油菜的推广 60 年代，苏北在引进、推广甘蓝型油菜品种 "胜利油菜" 和 "早生朝鲜" 过程中，发现这类品种存在生态不适应性。因熟期晚，生长发育及产量形成与当地自然气候不同步，开花结实不正常，导致含油率和产量下降。在甘蓝型油菜种质资源极其缺乏的情况下，开始早熟高产育种研究。一是通过系统选育，以终花期为选择指标，从 "胜利油菜" 和 "早生朝鲜" 的天然群体中分离、筛选早熟变异。如果仅从早开花入手进行选择往往获得的是春性极强的变异类型，形成新的生态不同步，极易遭受冬春的冻害。二是通过杂交育种创造变异。根据生态学原理通过（甘 × 白）杂交的后代材料 "搭桥"，进行 [甘 ×（甘 × 白）] 杂交，早熟性育种效果十分显著。育成了宁油 1 号、宁油 3 号、宁油 4 号、宁油 5 号、大花球和宁油 7 号等早中熟甘蓝型油菜品种。早中熟高产品种宁油 7 号是一个 "匀长" 型品种。该品种以宁油 1 号为母本，川油 2 号选系川 2 - 1 为父本杂交，$F_2 \sim F_3$ 代经异地（四川省茂汶羌族自治县）夏播加代选择早熟性状，父本中含有白菜型油菜 "成都矮油菜" 的早熟基因。宁油 7 号具有良好的早熟性和生态适应性，并保留了甘蓝型油菜的抗病性，在产量形成期与长江下游地区最适温光条件同步，产量构成 3 因素（角数、粒数和粒重）协调，其中，粒重优势尤为明显，容易形成高产结构。该品种在 1974—1976 年华东地区油菜品种试验中产量、产油量名列首位。由于宁油 7 号适应于当时多熟制发展的需要，特别是能够耐迟播，晚茬栽培时较易获得高产。该品种先后通过了苏、浙、皖、沪等省市的品种审定，1980 年通过国家审定。宁油 7 号适应性广，西至贵州遵义，东至长三角地区，推广达 15 年之久，为当时中国油菜三大主体品种之一，累计种植面积达 $2.67 \times 10^6 \, hm^2$。

2. 双低（低芥酸、低硫代葡萄糖苷含量）育种改进了油菜籽的品质 自 1975 年引进加拿大的低芥酸品种 Zephyr 即开始了品质育种。此后引进的一批国外优质品种，主要有 Oro、R egent、Westar、Primo r、Marnoo、Wesroona 和 Start 等。油菜品质改良的育种方法以杂交育种为主，辅以系统育种。由于降低芥酸（<1%）和硫代葡萄糖苷（脱脂饼粕中硫代葡萄糖苷含量<30μmol/g）含量的育种目标明确，在引进种质资源的同时建立了相应的检测、分析技术。品质改良的进展是迅速的，但是在品种改良初期，高产与优质的矛盾突出，表现在优质供体亲本的生态型未能得到充分改良。育种目标上经历了从"优质（双低）、高产"到"高产、双低"的转换，在双低的基础上把产量改良提到重要地位。加强了育种亲本的选择，充分利用半成品材料间的互交以及重要目标性状的回交扩大了常规育种的遗传基础，品质改良取得突破性进展。采用两个半成品中间品系互交育成的宁油 10 号，具有黄籽、大粒、抗病、抗倒的特点。该品种丁 1998 年通过江苏省审定，于 1998—2000 年长江下游区试中在品质与产量方面双超中油 821，2001 年通过国家审定。随后育成了以宁油 12 为代表的"宁油"系列，以扬油 4 号为代表的"扬油"系列，以苏油 1 号为代表的"苏油"系列等 10 多个品种在生产上应用。这些品种的推广，大大推进了江苏油菜生产的"双低化"进程。

3. 杂种优势利用提升了油菜生产潜力　利用杂种优势是提高油菜产量的重要途径之一。1976—1984 年采用不同质、核育性结构的品种为亲本通过连续回交育成细胞质雄性不育种质 MICMS，并实现三系配套。1984 年起应用同步转育法将双低基因导入 MICMS 三系，历时 7 年育成了双低 MICMS 三系，即宁 A6、宁 B6 和宁 R1，随后育成第一个双低杂交油菜组合宁杂 1 号。宁杂 1 号 1999 年在长江下游和黄淮地区油菜区域试验中分别比对照品种中油 821 和秦油 2 号显著增产，2000 年通过国家审定，累计推广 1.00×10^6 hm^2。其选育方法申请了国家发明专利，核心技术是品质与育性同步筛选法。2001 年获江苏省科技进步一等奖。2001 年被农业部推荐为长江流域双低油菜主推品种。接着宁杂 3 号通过省和国家审定。对宁 A6 进行遗传改良，育成宁 A7 及其三系，用宁 A7 为不育系育成并通过审定的品种有宁杂 15 和宁杂 19 等。用其他不育系统，先后育成淮杂油 1 号、淮杂油 3 号、淮杂油 5 号、扬油杂 1 号等杂交油菜新组合。进入 21 世纪以来，启动油菜细胞核雄性不育性隐性双基因两系配套研究，第一个两系双低杂交种宁杂 9 号 2003 年通过江苏省审定，表现早熟高产，但抗倒性较差。第二个是宁杂 11，品质性状稳定，抗倒性明显增强，制种纯度高，于 2005—2007 年通过长江上游区域试验，平均产量2 648.25 kg/hm^2，比对照增产 13.15%，生产试验中平均产量为 2 635.9kg/hm^2，比对照增产 11.95%，芥酸含量 0.05%，硫代葡萄糖苷含量 20.33μmol/g，含油率43.54%，矮秆抗倒，适于机械化栽培。2009 年宁杂 11 被列为农业部跨越计划冬闲田油菜专用品种。2010 年至今，江苏省油菜优质化比例迅速提高，宁杂 11、宁杂 19、苏油 5 号、扬油 4 号、史力丰等优质油菜品种种植比例达到 90% 以上。全省还积极示范和推广优质油菜保优、高产配套栽培技术，进一步促进了油菜单产水平的提高。

（四）皖北油菜区

皖北指安徽省淮河以北的县市及沿淮的部分县市，主要包括淮北、亳州、宿州、蚌埠、阜阳、淮南、六安等市。皖北是安徽省油菜的三大产区之一，属于长江流域冬油菜区。皖北优质油菜生产始于 20 世纪 80 年代，发展于 90 年代，2003 年已基本实现双低化，为全国实现油菜双低化目标提供了典型和经验。皖北油菜主推品种基本配套，后备品种资源丰富。"十五"期间，该地区以皖油 14、皖油 18 为代表的皖油系列，成为皖北的主推品种，占皖北油菜总面积的 30% 以上；以华杂 4 号、华皖油 1 号、2 号为代表的华杂系列也成为皖北油菜的当家品种；以秦油 7 号、陕油 8 号为代表的陕油系列，适合皖北丘陵地区种植，发展势头很好；以中油杂 2 号为代表的中油系列，发展前景看好。2004 年以后，皖北主推的油菜品种有：秦优 10 号、秦优 7 号、秦优 11、宁杂 11 等 8 个杂交油菜品种和史力佳、宁油 16、苏油 4 号、宁油 14、宁油 18、扬油 6 号等 10 个常规油菜种。2010—2011 年度皖北大力推广油菜全程机械化。采用机械化作业的油菜品种，要求株高适宜，株型紧凑，角果不宜过长，抗倒性好，最关键是要抗裂角。宁油 18、宁杂 11、宁杂 15、宁杂 19、宁杂 21 是经生产证明较适合皖北机械化作业的品种。

（五）豫南油菜区

豫南种植油菜历史悠久。新中国成立后，豫南油菜生产经历了面积由小到大、产量由低到高、品质由非优质到优质的发展过程，大体可分为 5 个发展阶段。

1. 初步发展阶段（1950—1957 年） 该阶段与 1949 年前相比，种植面积增大，产量较高，生产稳定，年种植面积为 3.33 万 ~ 6.00 万 hm²，平均 5.27 万 hm²，单产 33.5 ~ 502.5 kg/hm²，平均单产 450kg/hm²，总产 1 165 万 ~ 2 036 万 kg，平均 1 915.6 万 kg。与 1949 年相比，单产、总产分别增加 33.3% 和 8.9%。豫南地区品种为当地农家种黄油菜，属白菜型矮油菜。

2. 低谷时期（1958—1968 年） 由于品种落后，生产力水平低下，自然灾害频繁，油菜生产不受重视。油菜产量低而不稳，保种不保收，每年有大量的油菜绝收或者产量很低，种植面积也比前一时期显著下降，是豫南油菜生产的最低谷。年种植面积为 0.53 万 ~ 2.80 万 hm²，平均只有 1.51 万 hm²；单产 195 ~ 412.5 kg/hm²，平均单产 324kg/hm²；总产 126 万 ~ 897 万 kg，平均总产 451.4 万 kg。该时期的单产停留在 1949 年水平，面积、总产比 1949 年分别减少 71.5% 和 74.3%，单产、面积和总产均为历史最低水平。该时期应用的品种仍是白菜型地方品种，生产技术水平仍较低。

3. 恢复发展阶段（1969—1982 年） 该时期各级地方政府对油菜生产重视，水肥等生产条件有了较大改善，为油菜生产创造了有利条件。使用的油菜品种也发生了很大变化，1972 年开始引进产量高、抗逆性较强的欧洲甘蓝型油菜——胜利油菜、跃进油菜品种替代原来多年种植的白菜型农家品种；河南省相关科研单位也相继选育出一批优良品种，如南阳 41、郑油 1 号、开封矮选等甘蓝型品种（系）。全国各地也选育出中熟、中早熟品种，如华油 5 号、华油 8 号、川油 9 号、矮架早等甘蓝型品种（系），先后被引入豫南，基本满足了生产上对熟期、丰产、抗寒的要求。由于甘蓝型油菜生长势强、抗病、抗倒伏、产量高，农民种植油菜积极性很高。油菜种植面积迅速扩大。1969—1972 年油菜生产回升，种植面积 2.33 万 ~ 3.60 万 hm²；1973 年面积首次达 10 万 hm²，超出 1949 年（5.3 万 hm²）88.7%；1976 年油菜面积 13.47 万 hm²，1980 年 21.31 万 hm²，1981

年 25.62 万 hm², 分别是 1949 年的 2.5、4.0、4.8 倍。豫南油菜单产 625～675kg/hm², 1981 年单产突破 750kg/hm²（为 765kg/hm²）。1982 年单产达 1 222.5kg/hm², 与 1949 年相比, 单产增加 2.6 倍, 超出全国同期单产 14%; 1982 年菜籽总产 25 209 万 kg, 较 1949 年总产增长 1.3 倍, 改变了豫南食用油脂品类的比例。

4. 优质油菜发展时期（1982—2000 年） 豫南油菜面积和单产迅速增长, 油菜品质向优质化发展。油菜生产发展呈现 3 个特点, 第一, 播种面积和单产迅速增长; 第二, 杂交种替代常规种, 杂交种面积不断扩大; 第三, 双低品种进入大面积生产。双低油菜品种解决了油菜品质两大突出问题: 一是改进了菜油中脂肪酸组成, 降低了人体不易消化吸收的芥酸含量, 提高了油酸、亚油酸含量, 使质地清润的菜油不仅清润纯香, 而且营养丰富, 对软化血管、阻止血栓形成十分有利, 成为高级保健食用油。二是除去了菜饼中的毒素物质——硫苷, 使菜饼成为无毒高蛋白饼粕, 可用于畜禽的配合饲料。20 世纪 80 年代后油菜生产迅速发展, 1986—1988 年面积迅速扩大, 为 26.04 万～31.16 万 hm², 1988 年面积达到最高峰, 为 31.16 万 hm²。平均单产 1987 年首次突破 1 500kg/hm² 大关, 为 1 560kg/hm²。1995—1998 年单产平均 1 425～1 740kg/hm², 为历史最高水平。应用的品种: 1986 年前主要是非优质的常规品种, 如南阳 41、合油 1 号、兴隆 1 号、靶齿蔓等; 1986—1995 年主要品种有优质常规品种豫油 1 号、豫油 2 号, 非优质杂交种秦油 2 号和郑杂油 1 号, 常规品种南阳 41、合油 1 号等; 1995 年后推广品种主要是优质杂交种豫油 4 号、华杂 4 号, 优质双低品种豫油 2 号、豫油 1 号, 还有一部分非优质杂交种郑杂油 1 号、秦油 2 号。该时期面积和单产迅速提高有以下 5 个方面的原因: 第一, 油菜茬口好, 对后作提高产量十分有利, 油菜是粮食作物和经济作物最好的前茬作物。第二, 家庭联产承包责任制的实行, 调动了农民的积极性; 第三, 一批高产优质品种的育成和推广; 第四, 高产、保优栽培技术的推广应用, 使油菜的产量进一步提高; 第五, 价格和市场因素, 种植油菜的经济效益高, 促使农民调整农业产业结构。

5. 优质油菜普及和快速发展时期（2001—2012 年） 该时期全面普及高产优质油菜品种, 产量、面积增加, 达到历史最高水平。油菜生产发展呈现 4 个特点, 第一, 单产水平进一步提高, 达到历史最高水平, 为 1 671～2 409kg/hm²。2008 年豫南单产水平达到历史最高, 平均为 2 565kg/hm²。第二, 播种面积迅速增长, 2001 年为 23.35 万 hm², 2002 年迅速扩大为 33.52 万 hm², 2003—2005 年面积逐年增加, 2005 年播种面积达到历史最高水平 40.78 万 hm², 近几年又出现下滑。第三, 高产杂交种替代常规种, 杂交种面积不断扩大, 达到 60% 以上。第四, 双低油菜品种为主导品种。面积和单产迅速提高得益于以下两个方面: ①育成和推广一批高产优质新品种。河南省油菜科研人员根据国际油菜优质化和杂交化两大发展趋势, 采用优质 + 杂种优势的技术路线, 把品质育种和杂种优势利用相结合。利用游离小孢子培养、分子标记辅助选择等生物技术手段与常规育种相结合, 使优质和高产得到较好统一, 成功选育出一批适应在豫南推广种植的既优质又高产的油菜新品种。近年来, 河南省通过省级以上审定的品种有 16 个, 双低优质高产油菜常规种有双油 8 号和双油 9 号。其中利用中国居世界领先水平的细胞质雄性不育技术, 育成了双低高产油菜细胞质雄性不育三系杂交种 11 个: 豫油 5 号、信优 2405、杂

9522、杂 97060、丰油 9 号、丰油 10 号、华油 2000、杂双 1 号、杂双 2 号、杂双 4 号、杂双 5 号和杂双 6 号；高产油菜细胞核雄性不育两系杂交种有双油杂 1 号、信优 2508、信油 2709。②推广应用高产保优栽培技术和高效简化栽培技术。优良栽培技术的推广使油菜的产量进一步提高，经济效益也有了较大提高。

第四节　油菜常规栽培

一、茬后整地

整地一般要求在水稻等前作物收获后，及时精整土地，做到土粒细碎，无大土块和大空隙，土粒均匀疏松，干湿适度；围沟、腰沟、畦沟应配套，做到沟渠相通，雨停田干，明水能排，渍水能滤。对土质黏重，地势低，地下水位高的烂泥田，要求窄畦深沟，一般畦宽 2.0m 左右，沟深 30cm 左右。对土质松软，地势高的岗田、旱地，畦面可适当放宽。对腾茬较晚的茬口，没有时间整地的，可以采取免耕或浅旋耕直播或移栽。对苗床整地更要做到"平"、"细"、"实"，即畦面平整，表土层细碎、犁底层紧实。苗床翻耕还不宜过深，以 13～15cm 为宜，避免主根下扎太深，不利于取苗移栽。

二、适期播种

（一）种子处理

油菜种子处理是有效防治种传、土传病害及预防苗期病害和地下害虫、鼠害的重要手段，为确保油菜苗齐、苗全、苗壮打下坚实基础。油菜种子处理包括杀菌消毒、温汤浸种、药剂浸种、药剂熏蒸、辐照处理、肥料浸拌种、磁场和磁化水处理、微量元素、生长调节剂处理和包衣等强化方法。油菜种子处理分为普通种子处理和种子包衣。种子处理方法不同，其作用和效果也不尽相同。常见的处理方法有：

1. 晒种　油菜获得高产的基础是培育壮苗，培育壮苗的关键是晒种。晒种方法是：在温汤浸种后，选择晴好天气，将种子薄薄地摊晒在晒场上，连续晒 2～3d。晒种时要经常翻动种子，让种子受热均匀。通过晒种能促进油菜种子的后熟，增加油菜种子酶的活性，同时能降低水分、提高油菜种子发芽势和发芽率，还可通过紫外线杀死种子表面病菌，可以杀虫灭菌，减轻病虫害的发生。

2. 选种　利用风选种子，可以除去泥灰、杂物、残留草屑和不饱满种子，提高种子的净度和质量；应用筛选种子，可除去生活力差的种子，提高种子的整齐度；也可用盐水或泥水选种，选种时用 10% 食盐水或比重为 1.05～1.08 的泥水进行选种。

（1）筛选　当种子中夹杂的虫瘿、活虫数量比较多时，可用过筛的方法清除其中夹杂的病虫。过筛时需根据种粒和被除物的大小、形状，选择筛孔适宜的筛子才符合要求。同时，还可以利用筛子旋转的物理作用，除去不饱满种粒以及其他杂物。

（2）风选　带病种子或病原物的重量往往比健康种子重量轻，所以依靠风扇或自然风力就能将较轻的坏种子、病原物以及其他杂物分离出去。但用该法只能淘汰部分病种或病原物。

（3）手选　种子量少时，可以请有经验的人员通过肉眼或用放大镜观察，将病粒、虫粒、菌核、虫瘿、瘪粒挑选出来。

（4）水选　利用比重原理淘汰病粒、虫粒和其他杂物。常用的方法有清水选和盐水选两种。清水选就是在晴天或天气干燥时，在容器内放足水，倒入种子进行搅拌，之后捞去浮在上面的轻种、杂质，最后捞出下沉的种子晾干。操作时动作要迅速，以免病原物因长时间浸水而下沉，从而影响水选效果。盐水选就是在播前用10%盐水选种，汰除菌核，即每千克水加食盐100g溶解后，将500~700g油菜籽倒入盐水中搅拌等水停止后，捞出杂质、菌核、空粒等，用清水洗净后播种。方法是采用筛子将种子放在8%~10%的盐水中，或放在比重为1.05~1.08度的泥水中搅拌5min，清除浮在水面的菌核和秕子，将沉在下面的种子取出，用清水洗干净，再摊开晒干备用。

3. 浸种分为温汤浸种和药剂浸种两种

（1）温汤浸种　根据种子的耐热能力常比病菌耐热能力强的特点，用较高温度杀死种子表面和潜伏在种子内部的病菌，并兼有促进种子萌发的作用。油菜种子用50~54℃的温水浸种15~20min，对油菜霜霉病、白锈病等有一定防治效果。具体方法是将刚烧开的开水装在保温瓶中，与等量的凉水混合后，即把种子浸入15~20min即可；但严格掌握水温，低于46℃就失去杀菌作用，高于60℃又会降低种子发芽率。温汤浸种处理过的种子要及时晾干，贮藏待用。

（2）药剂浸种　就是用药剂浸种防治病虫。常用的浸种药剂有福尔马林、高锰酸钾、硫酸铜、漂白粉、石灰水、肥料、生长调节剂等。浸种时间和药剂浓度因种子和病原的不同而不同，需经过试验确定。油菜种子可用70%甲基托布津或50%多菌灵可湿性粉剂10~15g拌种5kg，可减轻白锈病、霜霉病的发生。或者在播种前，将种子表面喷湿，并按每千克种子用多菌灵粉剂20~30g拌种，然后放入容器内，以杀死附在种子表面的病菌。如对霉烂的种子先用0.15%高锰酸钾浸15~30min，然后再浸入40%甲醛溶液中15min，取出后堆积2h，用清水冲洗两次，可杀死其中的病原。播种前用含80mg/kg的尿素和16mg/kg的硼的溶液浸种5h，能促进壮苗早发。用0.01~0.1mg/kg新型的植物生长调节剂三十烷醇溶液浸种12~24h，能促使种子萌发，提高发芽势和发芽率。

4. 拌种　油菜播种前根据不同情况可用杀菌剂和杀虫剂、微量元素肥料（如B、Zn、稀土等）及生长调节剂（如烯效唑、增产菌等）进行拌种，以达到防治病虫、肥育健株、生育调控等目的。可采用干拌种和湿拌种两种方法进行，一般用药量占种子重量的2%~3%。

5. 种子包衣　播种前用含有杀虫剂、杀菌剂、生长激素及微肥等成分的油菜专用种衣剂包衣，可有效地达到防治病虫、育肥植株、调节生长等作用。种衣剂用量一般为种子重量的2%~2.5%，应用时先按药与水1:1对水后拌种，使每个种粒都被种衣剂均匀包裹即可，阴干后备用。

6. 种子丸粒化　就是将油菜种子放入特制机械滚筒内，先均匀喷水，摇动滚筒，待种子表面湿润后，逐步加入适量微肥、细肥土、杀虫（菌）剂、保水剂、黏土粉和水等，直至种子包被成直径 5~6mm 的颗粒为止。然后，取出阴干、包装备用。丸粒化种子可以预防苗期病虫害，增强油菜抗旱性，提高油菜种子的发芽势，具有蓄水、保水、供水和全苗、壮苗，特别是有利于机械化精量播种等优点。

7. 磁场和磁化水处理　运用磁场处理种子技术，只需要在播种前对种子进行几分钟的处理，就可使作物增产 20% 左右。国际上研究了 4 种超低频电磁场对 3 个冬油菜品种产量和品质的影响，找到了每个品种适合的处理频率。在播种前，种子用最好的 4 个频率处理，经处理的栽培种 Banacanka（变体 7，11）的籽粒产量比未经超低频电磁场处理的对照增加了 23.1%。千粒重比对照高 0.53g，油分高 0.35%。栽培种 Pronto 的变体 13 效果最好，产量比对照高 16.9%，油分间差异是 1.98%。电磁场对 Falcon 品种的影响不明显，产量仅增加 2.8%，处理的变体的千粒重比对照高 0.08g。用磁化水浸种比清水浸种表现出明显的优势。这项技术简便易行，没有水电消耗，没有环境污染，经过处理的种子抗逆性强，发芽率高。

（二）播种期

油菜对播种期十分敏感，它影响到油菜的生长发育，苗龄长短和安全越冬等，从而进一步影响产量。油菜适宜播种期确定，一般应考虑以下因素。

1. 气候条件　冬油菜应充分利用冬前较高温度，进行足够的营养生长，形成壮苗越冬。其适宜的播种期，一般在旬平均气温 20℃ 左右为宜，秋季气温下降早，降温快的地区和高寒山区应适当早播，秋雨多和秋旱严重的地区，应抓住时机及时播种。

2. 种植制度　根据茬口情况安排适宜的播种期，同时考虑移栽油菜的苗龄及移栽期，与前作顺利衔接，避免形成老化苗，高脚苗。

3. 品种特性　以冬性和半冬性品种为主的区域，应适当考虑早播，有利于充分利用季节，增长营养期，有利于发挥品种的产量潜力夺取高产。

4. 病虫害情况　在病虫害严重地区，可以通过调整播种期避开或减轻病虫害。一般病毒病、菌核病与播种期关系密切，在发病严重地区，应适当迟播。

中国南北过渡带的油菜种植分布广泛，自然条件复杂，耕作制度多种多样，油菜品种类型多，它们对生长条件的要求又很不一致，所以，油菜适宜的播种期变幅有一定差异（表 5-1）。

表 5-1　我国南北过渡带冬油菜产区甘蓝型品种的适宜播种期（周可金，2013）

产区	育苗移栽	直播
南北过渡带东段	9 月上中旬	9 月下旬
南北过渡带中段	9 月上中旬	9 月中下旬
南北过渡带西段	9 月中下旬	10 月上旬

（三）播种

1. 直播 直播的方法有点播、条播和撒播 3 种。点播是一种传统的直播方法。在水稻田土质黏重、整地困难、开沟条播不便的地方较为适用。点播要克服宕间稀、宕中密的习惯，保证个体得到良好的发育。一般开成平底穴，穴距 20cm 左右，行距 25 ~ 30cm，穴深 3 ~ 4cm，每穴 5 ~ 6 粒种子，播种量 3 ~ 4kg/hm²，播种后，用细土粪盖籽。条播是在耧播、机械化播种时多采用的一种方法。播种时每畦按规定行距拉线开沟，一般行距 25 ~ 30cm，沟深 2 ~ 3cm，宽幅条播沟略宽，单行条播沟稍窄。条播要求落籽稀而匀，最好用干细土拌种，顺沟播下。这种方法简便，工效高，可提高土地利用率，且下籽均匀，深浅一致，有利于全苗和田间管理。撒播由于其用种量大，出苗多，苗不匀，间苗、定苗用工多，且管理不方便，但节省时间和劳动力成本，在控制好播种量，掌握好适宜的播种期和化学除草的前提下，采用人工撒播、机械开沟覆土的种植方式为一种经济高效油菜种植模式，在安徽油菜产区撒播面积逐年扩大。

2. 育苗移栽 苗床播种一般采用撒播，要求分畦定量，均匀播种，播种时可将种子混合少量细泥沙或草木灰。播种后用细土粪覆盖不露籽，尤其以草木灰和厩肥覆盖效果更佳，但厚度不宜超过 2cm。播种量以 6.0 ~ 7.5kg/hm² 为宜。当苗龄达到 35 ~ 40d 时，及时移栽，移栽密度是中等肥力水平田块以 9 万 ~ 12 万株/hm² 为宜。

三、科学施肥

（一）测土配方施肥

测土配方施肥就是国际上通称的平衡施肥，这项技术是联合国在全世界推行的先进农业技术。概括来说，一是测土，取土样测定土壤养分含量；二是配方，经过对土壤的养分诊断，按照油菜营养需求搭配肥料；三是合理施肥，就是在农技人员指导下科学施用配方肥。油菜是一种需肥量较大，耐肥性较强的作物。它对营养需求有 3 个明显特点：① 对 N、P、K 的需要量比其他作物多；② 对 P、K、B 肥的反应敏感；③ 油菜的主要营养元素可以通过副产品返土壤，因此，油菜是用地养地结合的作物。

（二）施肥技术

1. 肥料种类 油菜是需肥较多的作物，对 N、P、K 的需要量比水稻、小麦、大麦、大豆等作物都多，而且对 P、B 敏感，对 S 的吸收量很高。油菜生产中，大约有 80% 的养分可以通过落叶、落花、残茬及菜饼形式还田，有利于保持土壤养分平衡。甘蓝型油菜在每公顷产量为 1 500 ~ 2 250kg 时，每生产 100kg 菜籽需吸收 N 8 ~ 11kg，P_2O_5 3 ~ 5kg，K_2O 8.5 ~ 12.8kg；N：P：K 大约为 1：0.4：1。

（1）氮素 缺 N 时油菜生活不旺，植株矮小，分株少，角果及籽粒数，籽粒重减少，叶片瘦小，叶色变淡甚至发红，产量降低。据研究，每公顷施纯氮 0 ~ 262.5kg 的范围内，甘蓝型油菜冬前苗高，绿叶数，叶片面积及菜籽产量随施 N 量增加而上升。因此，在一定范围内增施 N 肥，产量效益及经济效益都很显著。油菜对 N 素的吸收量随生育期不同而发生变化，总趋势是抽薹前约占 45%，抽薹开花期约占 45%，角果发育期约占 10%，以抽薹至初花是需 N 的临界期，此时缺 N，对油菜生长影响很大。N 素的多少对油菜籽品质有一定的影响。N 素供应过多，籽粒中蛋白质增加，含油量下降，同时油分中芥酸、亚麻酸、亚油酸含量有增加趋势，而种子中硫苷含量有所降低。

（2）磷素 油菜生长期内要求土壤速效 P 含量保持在 10 ~ 15mg/kg，小于 5mg/kg 时，则出现明显缺 P 症状。缺 P 植株根系小，叶片小，叶肉变厚，叶色变成深绿灰暗，缺乏光泽，严重时呈暗紫色，并逐渐枯萎；花芽分化迟缓。但油菜根系能分泌大量有机酸溶解难溶性 P，因此，对 P 矿粉的利用率比水稻高 30 ~ 50 倍。由于 P 在土壤中移动性差，多作基肥施用。油菜在不同生育期吸收 P 的比例是：苗期 20% ~ 30%，蕾薹期 22% ~ 65%，开花结果期 4% ~ 58%。在油菜生长初期对 P 素最为敏感，但开花期至成熟期是油菜吸 P 最多的时期，成熟后，60% ~ 70% 的 P 分布在籽粒中。

（3）钾素 油菜需 K 量与需 N 量相近。缺 K 症状最先表现在最下部的叶片上，叶片变黄和呈紫色，甚至枯焦卷缩。茎枯折断，现蕾不正常，生育阶段推迟，产量及含油量明显降低。不同生育期 K 的吸收比例是：苗期 24% ~ 25%，蕾薹期 54% ~ 66%，开花结果期 9% ~ 22%，以抽薹期最多。K 肥也多作基肥施用。

（4）硼素 B 促进油菜植株体内碳水化合物的运转分配，加速生长点分生组织的生长，促进花器分化发育，刺激花粉粒发芽和花粉管伸长，维持叶绿体正常结构和增强植株对菌核病等真菌病的抵抗力。油菜缺 B 苗期可观察到植株的一些表现症状，但症状的明显出现是在开花后期到结果期，特别是出现大量"花而不实"现象，或花瓣枯干皱缩，不能开花，减产严重。一般土壤中有效 B 低于 0.3mg/kg 时即出现缺 B 症状。油菜对 B 的吸收随生育进程而增加，初花至收获的吸收量占总量的 87% 左右。因而大多数"花而不实"的外观症状，常在盛花后突然出现。土壤缺 B 越早，对油菜生长发育的影响越严重，因而 B 应早施，一般作基肥施用。

（5）硫素 近年来的研究表明，油菜对 S 的吸收量很高，仅次于 N、K 而接近或略大于 P 的需求。S 是油菜的硫苷和含硫氨基酸的组成元素，对菜油的产量和品质都有密切关系。油菜对 S 需求量比禾谷类、块根类作物多。在土壤 N、P、K 含量充足，有效 S 在 10.2 ~ 21.1μg，施用硫磺和过磷酸钙等含 S 肥料可提高单株有效角果数和每果粒数，有较好的增产作用。

2. 施肥时期与方法 中国大面积油菜生产仍存在施肥量不足的问题，应该实行多种营养元素配合，科学增施肥料。如 N、P、K 配合，大量元素与微量元素配合，有机肥与化肥配合等，以提高产量水平和肥料利用率。同时，要掌握前足、中控、后重的原则，即在基肥、苗肥适量施用的基础上，控制腊肥以及推迟抽薹肥的施用，以利在促进秋发的基础上，控制返青抽薹期稳长，减少或控制无效生长；抽薹中后期重施薹花肥，增加薹花肥比例，以满足花角期生长的需要。生产实践表明，在中国南北过渡带区域的中等土壤肥力条件下，要获得 2 250 ~ 3 000kg/hm² 以上油菜籽产量时，需要施 N 素 225 ~ 300kg/hm²，P 素 90 ~ 120kg/hm²，K 素 180 ~ 225kg/hm²，其三要素比例为 1 :（0.4 ~

0.5）：（0.9～1）。同时，配施 B 肥 7.5～11.25kg/hm² 作底肥。

（1）基肥　基肥是满足油菜苗期生长的需要，同时又要供给整个生育期吸收利用，是施肥的基础和关键。基肥应以有机肥为主（占有机肥量的80%），配合速效肥，增施 P、K 和 B 肥。在土壤缺 K 的区域，尤以水稻土为重，基肥中增施 K 肥，有利于油菜对 N 肥的吸收和利用。但油菜需 K 高峰在薹期，而速效 K 在土壤中易于流动，所以，基肥的施 K 量应占总施 K 量的70%为宜，其余部分作腊肥施用。基肥中 N 肥的比例，因条件而异，一般高产田，施肥量高，有机肥多，基肥比重宜大，可占总施肥量的45%～50%；施肥量中等的，基肥比重以30%～40%为宜；施肥量较少时，基肥比重宜更小，以提高肥料利用率，达到经济用肥目的，但要适当增加薹肥比重。

（2）追肥　追肥是在油菜生长期中促进生长发育，取得高产的重要施肥技术环节。必须看天、看地、看苗施用，恰当掌握追肥时间与用量，做到适时与适量。

①苗肥　指苗期的追肥。苗肥要分次施，可分为提苗肥（冬前苗肥）、腊肥和返青肥（冬后返青肥）。有重施腊肥的习惯的地区，起到冬施春用的效果。冬前苗肥的施用要根据苗情来施。一般占总施肥量的10%～15%，施用策略上要按照"早、速、多"原则进行追施。腊肥是油菜进入越冬期施用的肥料。以有机肥和土杂肥为主，稻田可增施一定量的速效 K 肥（占 K 肥总量的30%）。施用时期一般在腊月上中旬，结合冬前最后一次中耕培土进行。

②薹肥　在抽薹前或刚开始抽薹时施用，供薹期吸收利用的追肥。薹期是油菜一生中需肥的高峰期，其营养条件的好坏直接关系油菜的有效分枝数和角果数多少，对产量影响极大。但这时期基肥、腊肥仍发挥不同程度的作用。高产油菜的薹肥适当推迟施用，减少无效生长。一般等菜苗明显落黄，薹高30cm左右，基部节间已定长，下部大叶片已脱落，低效分枝已退化时施用，施肥量为纯 N105～120kg/hm²，占总 N 量30%～35%。对缺 B 田块，每公顷要喷施0.2%硼砂水溶液750kg。薹肥在实际施用时还要根据地力肥瘦、前期施肥多少、菜苗长相及天气情况灵活掌握。一看抽薹封行期。一般以抽薹封行为宜，不能封行的要早施多施。二看薹峰长相。薹顶低于叶尖，呈四面高峰，说明抽薹期长势旺盛，薹肥要少施；反之要多施。三看薹色。薹色绿为生长旺盛，薹色发红为长势弱。红薹占薹长的比例为1/5～1/4是稳健长相。如红薹过多则缺肥，要适当多施。

③花肥　花肥是开花前和初花期施用的肥料。对于前期施肥量偏少、长势差的田块，可于初花期每 hm² 补施75～112.5kg尿素，折合纯 N 37.5～52.5 kg，占总施 N 量的10%～12.5%，进一步提高高效分枝率，促进角果层的光合效率，延缓植株衰老过程，提高籽粒产量。或于初花期用0.2%的硼砂和1%～2%磷酸二氢钾混合溶液750kg/hm²进行根外喷施，以增花、增角、增粒和提高粒重。

四、合理灌溉

（一）需水量

油菜生育期较长，耗水量较多。每形成1g干物质蒸腾耗水量为337～912g。油菜植株体内所含水分，苗期地上部分高达 91.4% ~ 92.0%，地下部分含水量为 83.8% ~ 86.8%，到开花结角期干物质增加，水分下降，地上部分为 87.0% ~ 88.6%，地下部分为 81.7% ~ 84.0%。油菜耗水量的大小与产量水平、种植方式、品种类型及气候等有关，一般随单位面积产量的提高，油菜需水量也相应增加。但在高产栽培条件下，由于精耕细作，增施有机肥，加上群体较大，地面蒸发有所减少，使水分利用率提高。移栽油菜比直播油菜需水量大，但移栽油菜利用土壤深层水分的能力比直播油菜弱。因此，耐旱性较差，对灌水要求更为严格。

（二）需水时期

油菜不同的生育时期由于生育特点以及外界环境条件的不同，对水分的需求特点也不相同。不同生育期日平均需水量为（m^3/hm^2）：苗期 12.75，蕾期 20.55，花期 28.35，角果期 18。蕾花期是油菜一生中对水分反应最敏感的临界期，此期缺水，造成分枝短，花序短，花器大量脱落，严重影响产量。高产油菜一生的需水量为 3 690 ~ 4 650 m^3/hm^2。但各时期的耗水量有明显不同，一般表现为苗期少，蕾薹期开始增大，花期最大，直到角果发育后期才有所下降。

1. 苗期　油菜苗期个体和群体较小；根系和叶片都处于生长发育的初期阶段，根量小，叶片少，叶面积系数低，蒸腾面积小，而且气温、地温日渐降低，根系吸水能力下降，需水量相对较小。但此期持续时间长，地面覆盖少，田间蒸发量大。从土壤水分供求情况看，中国南北过渡带地区的秋季降水量日渐减少，一般难以满足油菜耗水的需求。油菜苗期缺水，不仅影响根系和叶片的生长，对培育壮苗和安全越冬十分不利，而且会影响花芽分化和花角数，降低产量。据试验，油菜苗期最适宜土壤水分为田间持水量的 70% ~ 80%。该地区甘蓝型油菜需水量应保持在 25% 左右。移栽油菜在移栽后，由于断根伤叶，吸收能力降低，处于萎蔫状态，如果水分缺乏，不仅不利于生根长叶，恢复生长，形成壮苗，而且抗逆性严重减弱。因此油菜移栽后要及时灌水，促其早生根，早缓苗，早生长。

2. 蕾花期　蕾花期是油菜生长发育最旺盛的时期。蕾花期适宜的土壤湿度应保持田间持水量的 75% ~ 85%。此期主茎迅速伸长，随着分枝的抽伸，叶面积日渐增大，叶面蒸腾量也相应增加，花器分化速度加快，花序不断增长，边开花，边结角。这个时期的水分状况对油菜单位面积产量影响很大。据试验土壤水分在田间最大持水量的 50% ~ 60% 的情况下，蕾花期均不灌水的单产 2 156kg/hm^2；蕾期、花期各灌 1 次水的单产为 2 819kg/hm^2；花期灌 1 次水，蕾期不灌水的单产 2 384kg/hm^2；蕾期灌水，花期不灌水的单产 2 547kg/hm^2。由此看出，灌一次水比不灌增产 10.6% ~ 18.2%，蕾花期都灌水比不灌水的增产 30.7%。因此，在遇旱时蕾花期灌水具有重要的增产作用。

3. 角果期　油菜终花期后，虽然主茎叶和分枝叶逐渐衰老，叶面积日渐减少，吸水和蒸腾作用减弱，但由于角果增大，角果皮的光合作用在一定时期内日益加强，所以仍需保持土壤有适宜的水分状态，以保证光合作用的正常进行和茎叶营养物质向种子中转运，促进增粒、增重。但土壤水分过多，会使根系发生渍害，引起根系早死，影响灌浆和油分积累，导致产量和品质降低。此期最适宜土壤水分为田间持水量的60%~70%。

直播油菜幼苗在高湿下易发生猝倒病，移栽苗易出现烂根死苗。生长中的油菜受渍害后，叶色变淡，黄叶出现早而多，表土须根多，支根白根少，植株生长弱，后期易早衰，抗寒性较差，病毒病较重。

（三）排灌技术

根据油菜的需水特点及中国南北过渡带地区的气候条件，该地区油菜的水分管理应以灌水为主，适时注意灌排结合。油菜灌溉排水主要应掌握以下环节。

1. 浇好底墒水 油菜种子在吸收占本身重量60%的水分时才能萌发出苗，若土壤墒情不足，则出苗不齐，甚至不能出苗。因此在播种前土壤墒情较差时，应浇底墒水。一般浇水时间应提前7~8d进行，灌水后，及时耕耙整地。旱地要注意及时耙磨，蓄水保墒，力争足墒下种。稻油两熟地区，为保证油菜正常播种，对于排水不良的烂泥田，可在水稻收获前7~10d四周开沟排水；若残水难于排干，可采用高畦深沟栽培方式，这种方式有利于降低地下水位，促进根系发育和产量的提高。

2. 灵活灌苗水 苗期灌水要因地制宜。对于在播种前浇过底墒水，苗期墒情尚好的地块，可不灌，或迟灌；对于未浇底墒水，墒情较差，苗期干旱的地块应及时灌水。该地区甘蓝型油菜多在9月上中旬播种，10月以后降水普遍减少，一般难于满足发根、长叶的需要，应注意及时灌水。灌水量可根据土壤质地、保水性能和苗情而定。沙质土壤保水性较差，可适当多灌水；壤土、黏土保墒性较好，可适当少灌。

3. 适时灌冬水 油菜冬灌是该地区冬油菜越冬保苗的一项重要措施。冬灌不仅是由于冬春干旱少雨，蒸发量大，需要补充土壤水分，供油菜吸收利用，而且通过冬灌可稳定和提高土壤温度，达到防冻保苗目的。由于过渡带地区冬季气温较低，对油菜越冬威胁很大，灌水可增加土壤含水量，提高土壤的比热和土壤导热性能，避免土温下降过快，保持土温平稳，从而大大减轻冻害，保证油菜安全越冬。据调查，在严寒年份冬灌的地块油菜死苗率仅2.7%，未冬灌的油菜田死苗率达26.9%。油菜冬灌要做到适时，灌水过早，起不到冬灌的作用；浇水过晚，气温低，土壤结冰，反而加重冻害。对于生长正常的油菜，冬灌的时间以土壤封冻前10~15d日平均气温下降到5℃时（即小雪前后）较好。对于长势差的油菜，可适当早灌，以促进生长。

4. 灌好蕾薹水 开春油菜现蕾以后，随着气温的不断升高，枝叶生长日渐加快，对水分需求量显著增加。水分供求状况关系植株营养体的大小和角果数的多少。蕾薹期要结合施蕾薹肥进行浇水，水肥并用，促进油菜生长发育，搭好丰产架子。

5. 稳浇开花水 油菜开花期生长发育旺盛，不仅需水量较多，而且对水分反应敏感。此期缺水，对植株光合作用和植株开花数、角果数有很大影响。南北过渡带地区春季一般干旱少雨，气温升高较快，蒸发量较大。因此，及时灌水是增花增角的有效措施。花期灌水应根据土壤肥力和植株长势而定。若土壤肥力高，生长十分繁茂，田间郁闭严重，可推迟灌水或不灌，以水控肥；相反，植株长势差时，则应早灌多灌，以水促肥。一般开花期可灌水1~2次。

6. 补灌角果水　角果期保持土壤适宜的水分不仅可以增加结角数，而且粒饱籽重，也有利于后茬作物水稻播种。油菜角果期地温急剧上升，蒸发量大，若土壤干旱，可适时灌溉。

五、田间管理

（一）苗期管理

苗期以促为主，以便早发快长，达到高产形态要求；后期以稳健生长为主，做到发而不旺，增强抗寒能力，确保安全越冬。

1. 补苗、定苗保全苗　移栽油菜在活棵后，及时查苗补缺，达到全苗。直播油菜出苗较多，要及时间苗、定苗，每穴留 2~3 株。

2. 中耕除草　一般中耕 2~3 次，特别是稻田直播油菜要中耕 3 次，前两次结合间、定苗进行，第三次在 12 月底以前完成；移栽油菜在活棵后和 12 月底各中耕一次。中耕深度为先浅后深。稻茬油菜田，杂草较多，可采用化学除草和人工锄草结合进行。

3. 防冻保苗　该地区冬季气温较低，持续时间较长，常伴有冬旱，受冻后影响安全越冬。一般冬冻发生比较严重，冻害的表现主要如下 3 种情况。一是叶片受冻。这是油菜受冻最普遍的现象。当气温为 -5 ~ -3℃ 时，叶片的细胞间隙和细胞内部结冰，细胞失水，叶片会出现冻伤斑块，呈现苍白和枯黄色。当春季寒潮气温下降不太大时，叶背表皮生长受阻，叶片其他部分仍继续生长，则导致叶片出现凹凸不平的皱缩现象。二是根拔。当播种或移栽过迟，整地质量差，且土壤水分较多时，瘦小或扎根不深的油菜苗，若遇夜晚 -7 ~ -5℃ 的低温，土壤便会结冰膨胀，土层抬起并带起油菜根系；待白天气温上升，冻土融化下沉时根系便被扯断形成根拔外露，再遇冷风日晒，则造成大量死苗。三是蕾薹受冻。油菜抽薹后抗寒力下降，遇到 0℃ 以下低温则易受冻。蕾受冻呈黄红色而后枯死。薹受冻初呈水烫状，嫩薹弯曲下垂，进而破裂，下垂的嫩薹，轻者可恢复生长，重者折断枯死。

预防冻害首先应选用抗寒性强的冬性晚熟品种，在此基础上培养壮苗。叶片数多，根茎粗壮的幼苗耐寒性强。在栽培管理上应做到适时灌水防冻；合理配合施用 N、P、K 肥，在腊月于行间壅施有机肥，或降温前撒施草木灰、谷壳灰于叶面；在三叶期或肥水足、长势旺田块于 12 月上中旬，施用多效唑、烯效唑或矮壮素可增加油菜抗寒力，一旦冻害发生应立即摘除受冻叶片及薹部，同时施少量速效肥，使植株恢复生长，若产生根拔应及时培土压蔸，减少冻害损失。

（二）蕾薹期管理

1. 重施蕾薹肥　在立春前后要重施蕾薹肥。一般每公顷施尿素 120~150kg 或人畜粪尿 300~450 担（1 担 = 50 千克。全书同）搭配少量 N 肥。对基肥未施 B 肥或长势较旺的田块，还要喷 0.2% 硼砂水溶液。

2. 中耕除草　在早春油菜未封行时，抓紧晴天中耕松土、锄草，既能调节土壤肥力，减轻菌核病发生和危害，又可促进根系活力，还可提高抗倒伏能力。

3. 排水抗旱 过渡带地区春雨偏少，缺水时要立即沟灌抗旱。

（三）花角期管理

1. 排水灌溉 油菜花期需水量最多，要求田间持水量在70%以上，角果期也不低于60%。但土壤湿度过大，病害加重，贪青晚熟，秕粒多。因此，雨水多时要继续做好清沟排水除渍；雨水偏少，土壤田间持水量低于60%时，应灌水抗旱。

2. 防止后期倒伏 对于一些高产田块，由于田间管理措施不当，常常会发生不同程度的倒伏。特别在花角期遇到大风，倒伏严重，必须及时扶正。进行科学施肥、合理密植、培土壅根和提高移栽质量，综合预防倒伏的发生。

3. 辅助授粉 由于甘蓝型油菜属常异花授粉作物，借助放养蜜蜂可帮助传粉，并结合人工赶粉等措施，可有效增加油菜产量。

（四）成熟期管理

1. 防止倒伏

（1）倒伏的原因

① 肥水管理不当 特别是春后N肥施用过多，造成油菜疯长，薹茎伸长过快，上粗下细，茎秆组织柔嫩，抗倒能力减弱，易引起倒伏。

② 密度过大 植株过早荫蔽，通风透光不良，茎秆不粗壮，分枝部位升高，结角层集中于顶部，造成"头重脚轻"，容易倒伏。

③ 土壤湿度过大 田间排水不畅，土壤湿度大，根系浅，容易倒伏。

④ 移栽时栽种过浅 如不培土壅根，根系集中于疏松的表土，一遇到不利气候条件，即易倒伏。

⑤ 后期菌核病发生严重 茎秆受害后早枯折断，倒伏也严重。油菜倒伏后对产量影响很大。

⑥ 品种选用不当 当选用了茎秆细软、弹性不好、易感菌核病、不耐肥的品种，后期容易发生倒伏。

（2）防止倒伏措施

① 合理密植 使个体和群体协调生长，要力争分枝多而长，使结角层上部形成网状结构，增加抗倒能力。

② 移栽技术 移栽时要适当栽深、栽直，防止露根，确保移栽质量。

③ 开好深沟 降低地下水位，以利根系深扎。

④ 合理施肥 促使油菜秋发冬壮，春后早发稳长，防止疯长。

⑤ 及时培土壅根 增强植株抗倒能力。

⑥ 加强病虫防治，减轻病虫为害 如不种重茬油菜，不偏施N肥，及时去除老、黄病叶等，药剂防治用多菌灵、甲基托布津等。

⑦ 选用抗倒品种 应选用根系发达、茎秆坚硬、株型紧凑、需肥量大、抗倒能力强

的品种。

2. 防止"高温逼熟" "高温逼熟"是指油菜在成熟过程中遇到高温、干热风，导致不正常的提早枯熟。在角果和种子成熟过程中，天气晴朗，日照较强，气温在20℃左右，土壤相对湿度在70%以上，对角果和种子成熟有利。如果在成熟期出现高温、干热天气，油菜根系的吸收作用和地上部分的蒸腾作用就会失调，根部吸收水分不能满足地上部分蒸腾作用失去的大量水分，从而导致植株提早枯熟，根系提早衰亡，角果无光泽，籽粒不饱满，红粒、秕粒增加，影响产量和质量。"高温逼熟"虽然是高温、干热引起的，但同油菜根系发育良好程度和植株是否健壮有密切关系。要防止和减轻"高温逼熟"，在栽培上很重要的措施就是要重视开好深沟，促进根系良好发育，扩大根系的吸收范围；同时也可采取灌水等措施来改变田间小气候，降低高温影响。

六、病、虫、草害防治与防除

油菜的病虫种类较多，已发现有30多种。病害以菌核病、病毒病、白锈病、霜霉病发生较普遍。虫害以蚜虫，菜青虫，跳甲发生较普遍，应进行综合防治。油菜田杂草也很多，目前，该地区冬油菜田杂草主要有看麦娘、日本看麦娘、棒头草、早熟禾等禾本科杂草，阔叶杂草主要有繁缕、牛繁缕、雀舌草、荠菜、碎米荠、稻槎菜、猪殃殃、大巢菜、婆婆纳、野老鹳草等。其中，稻茬冬油菜田以看麦娘和日本看麦娘为优势杂草。杂草对油菜的为害主要在冬前与早春，直播田比移栽田受害严重。

（一）菌核病

油菜菌核病是世界性病害，中国所有油菜产区均有发生，发病率为10%～80%，产量损失5%～30%，已成为油菜增产的主要病害。油菜生育期高温多雨，菌核病发生严重。排水不良，种植过密，施N肥不当，早春遭受冻害，油菜生长过旺、倒伏等情况下，田间通风透光差、湿度大，也有利于病菌的繁殖，容易发病。

1. 症状 苗期在接近地面的根颈和叶柄上，形成红褐色斑点，后转为白色。病组织变软腐烂，有白色菌丝，重者可致苗死亡。成株期叶、茎、花、果和种子均可感病。叶感病后初生暗青色水渍状斑块，后扩展成圆形或不规则形大斑。病斑灰褐色或黄褐色，有同心轮纹，外围暗青色，外缘具黄晕。潮湿时病斑迅速扩展，全叶腐烂；干燥时则病斑破裂穿孔。茎部病斑初呈水渍状，浅褐色，椭圆形、菱形、长条形状绕茎大斑。病斑略凹陷，有同心轮纹，中部白色，边缘褐色，病健交界明显。病害严重时，病茎上长满絮状菌丝，故称为"白秆"、"霉秆"等。此时植株干枯而死或提早枯熟，可见皮层纵裂。角果感病形成不规则白色病斑。种子感病后表面粗糙，灰白色无光泽。在发病的茎内外和角果上均可形成大小不等的鼠粪状菌核。

2. 发病规律与时期 病原菌为核盘菌，病菌主要以菌核在土壤、种子和残株或其他寄主上越夏、越冬。菌核萌发形成子囊盘，内生子囊孢子。孢子可随气流传播至数千米。孢子在寄主上发芽，产生侵入丝侵入油菜器官组织（通常为花瓣），然后发育为菌丝，菌丝再侵染油菜其他组织。少数情况下，菌核可直接萌发产生菌丝。油菜菌核病发病盛期一般出现两次，一次在 11 月下旬到 12 月，一次在翌年的 3~4 月（此期正值油菜易感病的花期，也是油菜受害的主要时期），如果在这段期间又遇多雨、潮湿、温暖的天气，油菜菌核病将发生严重。

3. 防治原则　防治菌核病应以农业防治为重点，抓紧在花期开展药剂防治。

防治技术详见第九章。

（二）病毒病

又称花叶病、缩叶病，是油菜常见的病害，严重发生时对产量影响很大，同时使菜籽含油量降低。染病植株不仅抗病力低，容易被菌核病、霜霉病和软腐病所侵染，而且冬春也易受冻害。

1. 症状　不同类型油菜上的症状差异很大。甘蓝型油菜苗期症状有：

（1）黄斑和枯斑　两者常伴有叶脉坏死和叶片皱缩，老叶先显症。前者病斑较大，淡黄色或橙黄色，病健分界明显。后者较小，淡褐色，略凹陷，中心有一黑点，叶背面病斑周围有一圈油渍状灰黑色小斑点。

（2）花叶　与白菜型油菜花叶相似，支脉和小脉半透明，叶片成为黄绿相间的花叶，有时出现疱斑，叶片皱缩。

①条斑　成株期茎秆上症状有条斑。病斑初为褐色至黑褐色梭形斑、后成长条形枯斑，连片后常致植株半边或全株枯死。病斑后期纵裂，裂口处有白色分泌物。

②轮纹斑　在棱形或椭圆形病斑中心开始为针尖大的枯点，其周围有一圈褐色油渍状环带，整个病斑稍凸出，病斑扩大，中心呈淡褐色枯斑，上有分泌物，外围有 2~5 层褐色油渍状环带，形成同心圈。病斑连片后呈花斑状。

③点状枯斑　茎秆上散生黑色针尖大的小斑点，斑周围稍呈油渍状，病斑连片后斑点不扩大。发病株一般矮化，畸形，薹茎短缩，花果丛集，角果短小扭曲，上有小黑斑，有时似鸡爪状。

2. 发病规律与时期　病原主要为芜菁花叶病毒。其次为黄瓜花叶病毒，烟草花叶病毒和油菜花叶病毒等，寄主范围广。主要由蚜虫传播。初侵染源主要来自其他感病寄主，如十字花科蔬菜，自生油菜和杂草的带毒蚜虫。病毒病发生与气候、土壤关系较大，特别是秋季比较干旱和温暖时，蚜虫发生数量多而活跃，发病就重。播种期对发病轻重影响也很大，一般播种愈早，发病愈重。油菜子叶至抽薹期均可感病。冬天病毒在植株体内越冬，春天又显症。秋天温度 15~20℃，干旱少雨，蚜虫迁飞量大，有利于发病。

3. 防治原则　预防苗期感病，防止蚜虫传毒是防治本病关键。

防治技术详见第九章。

（三）霜霉病

在全国各油菜产区均有发生，流行年份或地区发病率在 10%~50%，严重的 100%，单株产量损失 10%~50%。

1. 症状　油菜各生育期均可感病，为害油菜地上部分各器官。叶片发病后，初为淡黄色斑点，后扩大成黄褐色大斑，受叶脉限制呈不规则形，叶背面病斑上出现霜状霉层。茎、薹、分枝和花梗感病后，初生褪绿斑点，后扩大成黄褐色不规则形斑块，斑上有霜霉病菌。花梗发病后有时肥肿、畸形，花器变绿色、肿大，呈"龙头"状，表面光滑，上有霜状霉层。感病严重时叶枯落直至全株死亡。

2. 发病规律与时期　病原菌为油菜霜霉菌，初侵染源主要来自在病残体、土壤和种子上越冬、越夏的卵孢子。病斑上产生的孢子囊随风雨及气流传播。形成再侵染。冬油菜区，秋季感病叶上菌丝或卵孢子在病叶中越冬，常造成翌年再次传播流行。春季油菜开花结荚期间，每当寒潮频繁、时冷时暖的天气，发病严重。自苗期到开花结荚期都有发生，为害叶、茎、花和果，影响菜籽的产量和质量。

3. 防治原则　以农业防治为主，综合防治。

防治技术详见第九章。

（四）白锈病

又名"龙头病"。冬油菜区发生普遍，油菜各生育阶段的地上部各器官均可感病。

1. 症状　病叶初期在正面出现淡绿色小斑点，后变黄色，相应的叶背长出有光泽的白蜡状小疱斑点，破裂后散出白色粉末，后期病叶枯黄。病菌为害油菜花薹，引起肿胀弯曲成"龙头拐"状。花器受害肥大，花瓣变成绿色，不结实。茎、枝、花梗、花器、角果和肿大变形部分均可长出白色疱状病斑。以卵孢子在病株残体、土壤或种子上越夏越冬，低温、多湿适宜病菌的萌发和侵入，高温、多湿适宜病菌的发展。因此，春季时寒时暖、多阴雨，或施 N 肥偏多，及地势低洼，排水不良的田块发病就重。

2. 发病规律与时期　病菌以卵孢子在病残体中或混在种子中越夏。越夏的卵孢子萌发产出孢子囊，释放出游动孢子侵染油菜引致初侵染。在被侵染的幼苗上形成孢子囊堆进行再侵染。冬季则以菌丝和孢子囊堆在病叶上越冬，翌年春季气温升高，孢子囊借气流传播，遇有水湿条件产生游动孢子或直接萌发侵染油菜叶、花梗、花及角果进行再侵染，油菜成熟时又产生卵孢子在病部或混入种子中越夏。在生产上气温 18 ~ 20℃，连续降水 2 ~ 3d 孢子囊破裂达到高峰。一般在从抽薹至盛花期出现 2 个高峰期。

3. 防治原则　以提倡与大小麦等禾本科作物进行 2 年轮作，适期播种，加强田间管理等农业防治为主，综合防治。

防治技术详见第九章。

（五）萎缩不实症

1. 症状　多在开花期表现症状，轻的荚萎不实，重的苗期开始显症。常见的有：

（1）矮化型　植株矮化，花序、花、角果间距缩短，花蕾、幼荚大量脱落，角果畸形扭曲或短缩；分枝丛生或分枝节位低，基部 2 ~ 3 次分枝多，虽不断开花，但不结实；茎和花序顶端黄白色，萎缩干枯，茎表变为紫红色或蓝紫色，皮层具纵向裂口；叶变紫红色至暗绿色，有紫色斑块，叶脉黄色，叶片小，皱缩，质厚脆；根肿大，根系发育不良，表皮龟裂呈褐色，支根细少。

（2）徒长型　植株明显增高，株型松散，花序细长，向下披挂，虽陆续开花，但不结实；根系与分枝均正常，但角果种子少，有的子实萎缩，出现间隔结实现象。

（3）拟正常型　株型、株高、叶、根系均正常，只是在成熟期有的角果不能成熟，花序顶部到收获期仍继续开花，但不结实。

2. 发病原因　油菜喜 B，在生育过程中都必须有适宜的 B 素营养才能保持发育良好、生长旺盛。缺 B 素时，油菜的生长受阻，产生萎缩不实症。缺 B 与土壤、品种以及栽培技术等关系密切。

（1）土壤缺硼　土壤中红色黏土、紫色沙土、红黄泥田和流失性大、保水保肥能力差的地块，土壤常常呈缺 B 状态。

（2）长期干旱　不仅土壤 B 的固定作用增强，还会降低土壤有机 B 化合物分解的生物活性，从而使土壤中有效 B 的含量降低，加重油菜缺 B 症。

（3）不合理的施肥　使油菜体内与其他营养元素之间平衡失调会导致或加重缺 B 症的发生。如偏施 N 肥而不配施 B 肥，常会导致缺 B 的加重发生；过量施用石灰或 P 肥，使油菜吸收过多的 Ca 元素，油菜体内 Ca、P 比率过高，会导致缺 B 症的发生。

（4）迟播　迟栽比适期早播、早栽的发病重；连续种植油菜的田块和淹水、前茬为水田的油菜田发病重；不同熟期品种发病程度不同，早熟品种较轻、中熟次之、迟熟最重。

3. 防治原则　提倡增施有机肥，采用配方施肥技术合理施用化肥，N、P、K 配合施用。适期早播，培育壮苗。加强抗旱排渍工作，促进土壤有机 B 的转化和释放，同时保持根系活力，提高吸收机能。

防治技术详见第九章。

（六）蚜虫

1. 形态识别　体长 2 ~ 2.5mm，具翅 2 对或无翅、足 3 对、触角 1 对、浅黄绿色，被蜡粉，暗绿色，腹管短黑，尾片圆锥形，两侧各有毛两根。

2. 为害症状和发生时期　群体集聚在叶背及心叶，刺吸汁液，使受害的菜叶发黄色、卷缩、生长不良。嫩茎和花梗受害，多呈畸形，影响抽薹、开花和结实。菜蚜也是病毒病的传播者，使产量损失更严重。蚜虫发生盛期在 10 ~ 11 月中旬。因此，油菜播栽越早，从其他十字科作物上飞来的蚜虫越多，受害就越重。翌年 3 月中旬后随气温升高，种群数量逐渐增加，尤其以 4 月中下旬至 5 月上旬油菜开花和结角期为害最重。

3. 防治原则　防治蚜虫的关键是：第一早治，油菜出苗就开始治蚜虫，第二连续治，第三普治，将其他十字花科作物间油菜一起防治。

防治技术详见第九章。

（七）菜青虫

1. 形态识别　又称菜蛾，小青虫。幼虫长约 10mm，黄绿色，有足多对，具体毛，前背部有褐色小点。成虫为灰褐色小蛾，具翅 2 对、触须 1 对，触须细长，翅展 12 ~

15mm，体色灰黑，头和前背部灰白色，前翅前半部灰褐色，具黑色波状纹，翅的后面部分灰白色，当静止时，翅在身上叠成屋脊状，灰白色部分合成 3 个连续的菱形斑纹。

2. 为害症状和发生时期　初卵幼虫钻食叶肉；二龄幼虫啃食下表皮和叶肉，仅留上表皮，形成许多透明斑点；三龄、四龄幼虫食叶成孔洞或缺刻，严重时可将叶片吃光，仅留主脉，形成网状。以 3~6 月、8~11 月盛发，尤以秋季虫口密度大，为害重。成虫 19~23 时活动最盛，有趋光习性。卵产于叶背主脉两侧或叶柄上，孵化后幼虫先潜食叶片，后啃食叶肉，幼虫有背光性，多群集在心叶、叶背、脚叶上为害。

3. 防治原则　根据菜青虫发生和为害的特点，在防治上要掌握治早，治小的原则，将幼虫消灭在 1 龄之前。

防治技术详见第九章。

（八）油菜田杂草

1. 杂草发生规律　冬油菜田杂草一般有两个出草期。这里以稻茬冬油菜田为例说明。

稻茬免耕直播油菜田由于播种时气温较高，土壤墒情较好，油菜播种后，杂草随即萌发，很快形成出草高峰。如江苏省直播油菜一般在 10 月上旬播种，只要田间墒情好，5d 后杂草即开始大量出土，而同等条件下油菜需要 7d 左右才正常出苗。出草的高峰一般在 10 月中旬至 11 月中旬，可持续 30~40d。这个出草期的杂草与生长相对缓慢的油菜形成激烈的竞争，是造成冬油菜草荒的主要时期。12 月至翌年 1 月气温降低，田间杂草出土基本停止。翌年 3 月下旬开始，大部分杂草进入拔节期，4~5 月陆续开花结实，在油菜成熟前 1 个月至半个月提前成熟，脱落后散入田间，成为下茬或翌年的杂草种子来源。这是第一个出草期的情况。

翌年早春 2 月下旬开始气温开始回升，一些入土较深的杂草种子开始萌发出土，数量上比起冬前出草期的要少。由于这个时候油菜的生长也比较快，很快就封行抽薹，造成田间荫蔽度高，这些新出土的杂草往往因为得不到充足的阳光而死亡，一般不构成太大的为害。这是冬油菜田杂草的第二个出草期。

此外，冬油菜田杂草出草高峰期的迟早及出草量大小与秋季、冬季气温及降水的关系很大。寒潮来得早且强度大，气温下降快，出草停止得也早；反之，出草延续的时间拉得就比较长。油菜播种后，天气干旱少雨，土壤墒情差，出草高峰随之推迟；如果气温合适时出现降水，降水后 3~5d 很快就会形成出草高峰。

2. 杂草防除原则

（1）合理轮作　在水利条件较好的地区推行水稻与油菜、绿肥的"三三制"轮作，绿肥田常在 4 月 20~30 日耕翻种水稻，这时看麦娘、日本看麦娘、硬草、芮草等杂草种子尚未成熟就被消灭掉，使秋季种植的油菜田杂草数量明显减少。由于目前还缺少防治油菜田阔叶杂草的高效安全的除草剂，在阔叶杂草为害严重的油菜田可与小麦、玉米、大豆等作物轮作，在这些作物的生长季节用巨星（阔叶净）、乙莠水悬浮乳剂、豆草畏或苯达松、克阔乐、杂草焚等除草剂把阔叶杂草的发生基数压低后再种植油菜。

（2）播前或移栽前　可用燕麦畏、氟乐灵、大惠利处理土壤，以防除野燕麦、看麦娘、硬草和藜等杂草，也可用绿麦隆处理土壤，防除多数禾本科杂草和阔叶杂草。

（3）播后苗前　可用乙草胺、禾耐斯、都尔、拉索、大惠利、丁草胺、杀草丹、杀草胺、敌草胺、克草胺、施田补等土壤处理剂，除一年生禾本科杂草和部分小粒种子的阔叶杂草。

（4）苗后　可用收乐通、高效盖草能、精稳杀得、精禾草克、双草克、拿捕净、禾草灵、威霸、草长灭等作茎叶处理。防治禾本科杂草，用高特克、胺苯黄隆等作茎叶处理，防治阔叶杂草。化学除草要避免多年连续单用某一种除草剂，以防优势杂草被控制后，一些次要杂草产生耐药性或抗药性而上升为优势杂草，造成为害，应选用杂草谱和作用机制不同的除草剂交替轮换使用，或混配使用。

防治技术详见第九章。

七、适时收获

1. 成熟标准与收获适期　油菜为总状无限花序，角果成熟早晚很不一致。如收获过早，未成熟角果多，种子不饱满，含油率低，品质和产量都不高。收获过迟，角果易炸裂，落粒严重，粒重和含油量也有下降。适宜的收获在油菜终花后25～30d。掌握标准为全田有2/3的角果呈黄绿色，主轴中部角果呈枇杷色，全株仍有1/3角果显绿色时收获为宜。过渡带甘蓝型油菜一般在5月下旬成熟和收获。油菜适宜收获期较短，在收获季节阴雨频繁的地区和年份，更要掌握好时机，抓紧晴天抢收。

2. 收获方法及脱粒干燥　油菜应在早晨带露水收割，以防主轴和上部分枝角果裂角落粒。主要采用割收、拔收和机械收获等几种方法。拔收由于费工多，干燥慢，脱粒时泥土易混入种子中，影响种子的品质和出油率，一般较少采用。

（1）割收　与拔收相比较省工，干燥快；脱粒时泥土不会混入种子，种子净度高，商品等级高。是常用收获方法。但收割后较多菌核会随残茬落入田中，后熟作用也较差。收获过程应力争做到轻割、轻放、轻捆、轻运，力求在每个环节上把损失降到最低限度。还应注意边收、边捆、边拉、边堆，不宜在田间堆放晾晒，防止裂角落粒。

（2）机械收获　目前，在欧洲各地、加拿大以及中国西北和东北各地大型农场已普遍实现机械化收获，有联合收获和分段收获两种方式。分段收获即先用割晒机割倒油菜，在田间晾晒5～10d后，于晴天用拣拾机拣拾、脱粒，这种方法利于角果充分成熟，种子产量高，收获期可提早，适用于生长繁茂，分枝多，角果成熟不整齐的田块。联合收获是用联合收割机将油菜一次收割脱粒结束，省工省时，但对收割时期要求较严，只宜在黄熟后期，角果呈现枯黄，种子含水20%左右时收获，过早脱粒不净，过晚碎粒率较高。

人工收获的油菜应及时运出田外堆垛后熟，然后再翻晒脱粒。捆好的油菜应交错上堆，堆心不能过实，以利通气散热。堆放油菜时应把角果放在垛内，茎秆朝垛外，以利后熟。堆顶用稻草或薄膜覆盖，防止雨水浸入，堆垛后要注意检查垛内温度，防止高温高湿导致菜籽霉变。一般堆放4～6d后，即可抓住晴天晾晒脱粒，经过堆垛后熟的油菜籽粒重和含油量都会增加，并且容易脱粒。

堆垛后熟的油菜要在晴天清晨及时散堆，均匀铺在晒场摊晒，厚度不宜超过33cm，连枷拍打可稍薄。上午翻抖一次，中午可用石碾或拖拉机碾压，油菜成熟先后不一，要反复碾压，随碾随翻，基本脱粒干净后，清除秆、壳、渣，把种子晒干扬净。脱粒后的种子一般含水量为15%～30%，不宜马上装袋堆放，否则易发热霉变，应采用晾晒、烘干等方法，使含水量低于9%时装袋存放。

3. 贮藏　油菜籽的贮藏关键在于对水分的严格控制，水分在10%～13%的属未干菜籽，只能贮藏1～3周，须趁晴天再摊晒。油菜入库的含水量不能超过10%，长期贮藏的含水量必须在8%以下，可用一些简易的方法鉴定油菜籽的干燥程度。如手抓一把菜籽，籽粒可从拳头两端或指缝中向外流出，或手搓菜籽发出沙沙的响声，表明油菜籽干燥状态良好，含水量大约在9%以下，符合贮藏要求。

菜籽量大时，须用粮仓或库房大型设备。贮量小的农户，可在室内将菜籽放入竹编圆围或装入麻袋堆放。也可将种子装入缸瓮等容器，上用石板覆盖，置于温差较小的室中。经安全贮藏一年的油菜籽，发芽率一般可达98%，但随贮藏时间的延长，发芽率下降。

第五节　油菜轻简化栽培

油菜轻简化栽培技术具有保持土壤结构、减少土壤水分流失，实现早播早栽和冬前早发壮苗的特点。有利于减轻劳动强度，降低生产成本，抢时播栽，不误农时，缓解茬口紧张的矛盾。相对于传统的栽培技术而言，是一种作业工序简单、劳资投入较少、省时、省力、节本、高效的栽培技术。目前，这项技术在中国南北过渡带已经具有较多的实践积累并已开展相关研究的，主要为免耕直播、稻茬套播与全程机械化生产技术。

一、油菜免耕直播

油菜免耕直播技术适宜在中国南北过渡带"油-稻"两熟和旱地油菜茬口衔接较松的地区应用，以及温光资源较充足的"油-稻-稻"三熟制地区种植。

（一）油菜免耕直播技术应用地区

1. 苏北里下河和淮北"油-稻"两熟区　该区耕作制度以油-稻一年两熟为主，发展了部分"油-稻-稻"三熟制。油菜前茬为水稻，主要是迟熟中籼，局部种植中粳中糯。

2. 皖北"油-稻"两熟区　包括沿淮淮北平原单季稻区和淮南丘陵单双季稻过渡区。淮南丘陵单双季稻过渡区种植双季稻积温不足，种植一季稻积温有余，是单双季稻过渡地区。目前以"油-稻"一年两熟为主。

3. 豫南"油-稻"两熟区　包括淮河流域、淮南山地和南阳盆地，主要实行"油-稻"一年两熟轮作制。

4. 鄂北"油-稻"两熟区　包括鄂北半旱稻作区、鄂西北半旱稻作区。鄂北半旱稻作区以鄂北岗地为主，适宜发展中稻，是湖北省"油-稻"两熟的主要稻区；鄂西北半旱"油-稻"两熟区主要分布在鄂西、鄂北山区，跨越的地域较大，以种植中稻为主，主要实行"油-稻"一年两熟轮作制。

5. 陕南"油-稻"两熟区 属于华中、川陕盆地"油-稻"两熟区。包括陕南盆地、川道、丘陵籼稻迟熟中稻茬口"油-稻"两熟区，陕南浅山中籼稻茬口"油-稻"两熟区、陕南秦巴山区早、中粳稻茬口"油-稻"区。

（1）陕南盆地、川道、丘陵籼稻迟熟中稻两熟区 本区位于陕西秦岭与巴山之间，是陕西省稻区垂直分布最低层的区域。包括沿河平坝和斤陵地带的汉中、洋县、安康等9个县、市，历来是"油-稻"两熟的老稻区。

（2）陕南浅山中籼两熟区 种植一季稻绰绰有余，大部分实行一年"油-稻"两熟制。

（二）油菜免耕直播技术

1. 选择优良品种，合理安排茬口 "油-稻"两熟制免耕直播的应选择中熟杂交双低油菜品种；"油-稻-稻"三熟制免耕直播油菜应选择早熟品种，同时适当调整水稻、油菜栽培习惯，通过早晚稻培育壮秧和品种合理搭配，实现早稻适当迟栽，晚稻适当早收，解决茬口紧张问题。稻田油菜要按照三年一轮换的原则，采取"油-稻"、"肥-稻"、"菜-稻"等模式进行合理轮作，实现用地与养地相结合，减轻油菜菌核病为害。高密度是油菜机械收获的前提条件，采用高密度的轻简化栽培方式时，对产量贡献最大的都是主花序结角数。因此，在选择适合高密度、轻简化栽培模式品种时，种子发芽势强、春发抗倒、株高适中、株型紧凑、直立、抗病性好、主花序角果数较多的优质杂交油菜品种，获得高产的可能性更大。

2. 适时播种、培育全苗壮苗 为确保免耕直播油菜顺利出苗，一般在水稻收获前 7d 左右断水，保持一定墒情。采取三步法：第一步施肥，每公顷用土杂肥 22 500kg、三元复合肥 375kg 和硼砂 1kg 混合，直接撒施畦面。第二步播种，每公顷用 3～3.75kg 油菜种子与少量的土杂灰和 P 肥拌匀后匀播在田面上。第三步开沟盖种，播种后用机械直接在板田开沟做畦，畦面宽 150cm 左右，畦沟宽 30cm 左右，同时开好腰沟、围沟，做到三沟配套，防止田间积水。开沟打出的细土均匀地覆盖畦面上的种子。

直播油菜种有条播、点播和撒播 3 种方法。

撒播：要求整地要细，上虚下实。优点是操作简单，省工，缺点是用种量大，出苗多、苗不匀，间苗、定苗用工多，管理不方便。

点播：开穴点播，按预定规格开穴（一般开成平底穴），然后用种子 3kg/hm² 与人畜粪 3.00 万～3.75 万 kg/hm² 加 450kg/hm² 过磷酸钙、300kg/hm² 碳酸氢铵，3.75kg/hm² 硼砂和适宜量的细土或细沙充分拌和、分厢定量播种（每穴 5～6 粒），以免造成苗挤苗，生长不整齐。播种后，用细土粪盖籽；条播：在耧播、机播时多采用此法。播种时每厢应按规定行距拉线开沟，播种沟深度 3～5cm，宽幅条播沟略宽，单行条播沟稍窄。在冻害严重的地区，采用南北厢向，东西行向，对减轻冻害有利。条播要求落籽稀而匀，用干细土拌种,顺沟播下,播种量 3.00 ~ 3.75kg/hm²。播量过大,间苗不及时,造成苗挤苗,增加间苗工作量。

一般稻茬每公顷播种量为 1 500 ~ 2 250g。中稻茬口略少,晚稻茬口略多;撒播略多,点播略少;早播略少,迟播略多。免耕直播油菜于中晚稻收割后抢时、抢墒播种,中稻田用种量 2.25 ~ 3kg,晚稻田 3 ~ 3.75kg,用播种机或掺细粪土等人工均匀撒播。油菜出苗后 1 叶期间苗,梳理拥挤苗。3 叶期定苗,拔除异生苗、弱苗,每平方米留苗 20 ~ 30 株。苗期注意防治蚜虫和菜青虫。视苗情叶面喷施 200mg/kg 多效唑或 80mg/kg 烯效唑培育矮壮苗。

3. 确保种植密度 直播油菜要适当提高种植密度,根据品种不同,最后定苗 30 万 ~ 45 万株/hm²。

4. 科学防除杂草 化学除草是稻田油菜免耕直播成败的关键。重抓两个防治关口,一是芽前除草,即播种时除草,盖种后大田每公顷用 60% 丁草胺乳油 1 500ml 加水 750kg 均匀地喷施在畦面;二是在油菜 3 叶期,如果田间杂草较多,每公顷再用高效盖草能等 300 ~ 450ml,加水 450kg 均匀喷雾。

5. 科学肥水管理 高产油菜施肥总体要求是"施足基肥、早施苗肥、重施腊肥、稳施薹肥、巧施花肥,全程施硼"。

(1) 基肥 油菜专用肥 525 ~ 600kg/hm² 与农家肥混合拌匀堆沤 10d 施用。

苗肥:免耕直播对底肥不足和油菜苗较弱的田块,在油菜 3 ~ 4 叶结合定苗,雨前每公顷追施尿素 75 ~ 112.5kg。

(2) 腊肥 冬至前后追施人畜粪、土杂灰等农家肥,提高土温防霜冻,并灌一次水,确保油菜安全越冬。

(3) 薹肥 开春后在油菜抽薹期,每公顷追施尿素和氯化钾各 75 ~ 112.5kg。

(4) 硼肥 可分 2 ~ 3 次进行,第一次播种前作基肥施用,第二次在油菜蕾薹期,每公顷用 3.75kg 硼砂或速乐硼 750g 加水 450kg 喷雾,第三次,结合防治菌核病,在初花期每公顷用速乐硼 750g 喷施。

6. 排渍抗旱、防病治虫 干旱缺肥、水渍烂根,水分多少均易抑制油菜根系对肥料的吸收利用,也易造成油菜抵抗力下降。因此,干旱时灌水抗旱,长期阴雨时要清沟排渍。苗期蕾期要注意防治蚜虫和菜青虫。后期重视菌核病的防治,结合做好清沟防渍,于初花期用适当药剂进行化学防治。

7. 适时收获腾茬 一般在油菜终花后 30d 左右,当全株 2/3 呈黄绿色,主轴基部角果呈枇杷色,种皮呈黑褐色时,为适宜收获期。机械收获推迟 5 ~ 7d。切忌过早过晚,造成产量损失。收获后摊晒或在田边堆垛进行后熟,抢晴天脱粒。手抓菜籽不成团,入库待售。

二、油菜稻茬套播

油菜稻茬套播技术适宜在中国南北过渡带"油-稻"两熟茬口衔接较紧张的地区应用,适宜在温光资源略有不足的"油-稻-稻"三熟种植。

（一）油菜稻茬套播技术应用地区

在秦岭淮河以南、南岭以北广大地区，耕作制度以"油-稻"一年两熟为主，茬口为迟熟晚茬、晚播粳稻茬，部分"油-稻-稻"三熟制的茬口进行稻林套种油菜。

（二）油菜稻茬套播技术

1. 品种选用　稻茬套播油菜一般播期较晚，宜选用种子发芽势强、发苗快、耐迟播、产量潜力高、株型紧凑、抗病抗倒性强的双低油菜品种，如"信优 2405"、"信优 2508"、"中油杂 2 号"、"华杂 6 号"、"湘杂油 4 号"、"秦优 7 号"、"核优 56"、"扬油 6 号"、"宁油 12"、"沪油 16"等。

2. 适期早播　各地适宜播种临界期不尽相同，在适期内抢早播种，不宜过迟。其中，湖北、安徽、江苏苏北地区套播期为 10 月 20 日前后；豫南种植晚播粳稻地区可以推迟到 10 月 25 日前后；陕南"油-稻"两熟制地区一般不提倡稻茬套播油菜。严格掌握 5~7d 的共生期。

3. 适宜播种密度　每公顷适宜基本苗为 37.5 万~52.5 万株，播种 4.5~6kg。具体应根据播期早迟、品种特性、施肥量等进行合理调节。播种要下种均匀，深浅一致。

4. 造墒备播稻　茬套播关键技术在于一播全苗，苗齐苗匀，对土壤墒情要求较高。前作旱茬田，播种前要清理田间杂草残茬，可适当耕翻松土，并根据土壤墒情和天气情况，播前适度灌墒阴沟，土壤含水率控制在 20% 左右。前作稻茬田，在水稻搁田前开好川字沟，便于灌排。播前要认真做好水稻田后期水浆管理，兼顾稻油两利，保持田间干干湿湿。天气干旱时在水稻腾茬前 8~10d 灌一次跑马水。如遇雨水过多，要及时开沟降湿，为适墒播种创造条件。土壤含水率控制在 20%~30%。

5. 施足基肥、均匀播种　套播油菜在水稻收割前 7~9d 将基肥套施下田。施肥 2d 后，每公顷用 75kg 尿素或油菜专用复合肥与种子混匀，随拌随播，人工撒播或弥雾机喷播。播种时定好播幅，确保下种均匀。播种作业时，要根据播种量调整播种行进速度，并注意观察种子储量情况，防止出现断垄、缺行。

6. 配套沟系、覆土盖草　在水稻离田、播种结束后要及时建立沟系，保证灌排水畅通。当土壤含水量在 70% 左右时，用开沟机或人工开沟，一般畦宽 2.5m，墒宽 20cm。将沟土均匀撒于畦面，稻田套播油菜要保证覆土厚度 2.5cm 左右。越冬后，要及时检查沟系是否畅通，防止沟系因冻融坍塌堵塞引起排水不畅。并结合清沟理墒，中耕松土，在寒流来临前覆盖稻草，防冻保温。

7. 间苗、定苗　在 2~3 叶期时要及早间苗，主要去除丛籽苗、扎堆苗以及小弱苗，同时检查有无断垄缺行现象，尽早移栽补空。4~5 叶期前后，根据田间苗情长势和施肥水平，适当定苗，一般密度控制在 37.5 万~52.5 万株/hm²。

8. 化除化控　在播种前每公顷用 41% 草甘膦水剂 4 500ml 加水 450kg 或乙草胺 1 200~1 500ml 加水 225~300kg 进行地表喷雾扑杀，或者在 11 月中下旬前、日均温在 5~8℃ 以上、3 叶期前后用 12.5% 盖草能乳油 750ml 或 10% 高特克乳油 2 250ml 加水

450kg 分别防治禾本科杂草和阔叶杂草。草情未得到控制的，春节后要进行二次补治。多效唑化控是套播油菜防冻、抗倒、高产的重要技术措施之一，一般在 11 月底到 12 月初，每公顷用 15% 多效唑 450 ~ 750g，加水 750kg 喷雾，大壮苗多喷，小弱苗少喷，控旺促壮，保苗安全越冬。

9. 科学施肥　在肥料运筹上，要及早施用苗肥，补施腊肥，早施重施薹肥，每公顷总纯 N 量 225kg 左右，平衡施用 N、P、K 肥。苗肥以速效肥为主，每公顷施用尿素 45 ~ 75kg 或补施人畜肥，一般套播油菜在水稻收割后 3 ~ 4d 施用，直播油菜在定苗后施用。底肥不足，长势弱的田块要早追多施苗肥。在苗期和返青抽薹期结合防病治虫，加水混喷硼肥 7.5kg/hm² 左右。腊肥以农家肥、有机肥为主。返青抽薹后早施薹肥，约占总施肥量的 30%，每公顷 150 ~ 180kg 尿素。

10. 防病治虫　油菜主要病虫害有菌核病、猝倒病和蚜虫、菜青虫、黄曲跳甲等。其中，以菌核病发生普遍、为害最大。以防为主，除采取轮作、种子处理、做好清沟排渍、降低湿度等措施外，一般在初花期及盛花期每公顷可用 50% 福菌核 1 200 ~ 1 500g 加水均匀喷施一次。

11. 适时收获　在油菜终花后 30d 左右、主轴角果 80% 转为黄色、种皮呈现固有色质时，及早抢晴收割。一般除人工收脱外，还可采用机械收割或人工收割、机械脱粒。采用机械收割时，在收割前 2 ~ 3d，通过角果催熟处理，可显著降低脱落粒损失，提高作业效率。

三、油菜全程机械化生产技术

油菜生产全程机械化的重点是机械播种和机械收获两个主要环节。发展油菜生产机械化，既有利于减轻劳动强度，提高生产效率，降低生产成本，又能提高籽粒清洁度，发展秸秆粉碎还田，从而减少了秸秆焚烧带来的环境污染，加快油菜的区域化、规范化种植步伐。

（一）主要推广应用的生产机械

1. 油菜播种机械

（1）2BG－6B 型油菜直播机　由江苏省镇江市农业机械技术推广站研制，可实现油菜的精量播种，同时深施化肥，以避免肥种混排而引起的一些诸如蚀种、排种均匀性差等问题，提高播种质量，减少间苗用工量。该机在原江南 ZBG－6A 型稻麦条播机的基础上改装。

（2）2BM－4、2BM－6 型油菜免耕施肥播种机　由重庆市神牛机械制造有限责任公司研制，是一种以 6.3KW 柴油机为动力，采用双轮驱动，三点支撑，步耕手扶，自走式结构，能一次完成播种、施肥、开沟和覆土 4 项作业的联合作业机械。该机结构紧凑、操作简单灵活、保养、维修方便。采用轮式行走，前轮驱动，后轮支撑（可起控制开沟深度和导向作用，靠行走尾轮丝杆调节沟深度），能快速地在田间和道路上转移，转移方便，通过性好。该机可一机多用，可以进行开沟、播种、施肥和覆土联合作业，还可以进行旋耕翻地，中耕培土及开沟施肥作业，配套犁铧还可完成深耕作业。广泛适用于丘陵、山区农艺需求。

（3）碧浪2BYF－6型免耕直播联合油菜播种机　由现代农装株洲联合收割机有限公司研制，是以手扶拖拉机底盘配15马力柴油机为动力，采用双轮驱动，三点支撑，乘坐驾驶，自走式结构。在油菜种植过程中能1次完成播种、施肥、开沟和覆土4项作业的联合作业机械。

（4）2BFQ－6油菜精量联合直播机　由华中农业大学研制的2BFQ－6油菜精量联合直播机，以大中型拖拉机为动力，以单粒播种、种子无破损、漏播率小于1.5%的正负气压组合的气力式精量排种为核心技术，将开畦沟、灭茬旋耕、种床旋耕、带状施肥、气力式精量播种、防堵、地轮仿形驱动等多项技术集成创新，实现了油菜精量播种联合作业。① 采用模块化集成技术，根据油菜种植生产实际需要，该机可分别实现"灭茬旋耕＋开沟＋施肥＋播种"、"灭茬旋耕＋施肥＋播种"和"灭茬旋耕＋开沟"等联合作业，也可单独实现开沟、播种或施肥等油菜种植作业。② 气压管道布置与机架集成技术。采用无缝钢管焊制的输气主管作为集中式的正负压分配管，且正负压管道同时作为副机架，克服了常规气力装置气管数量多、布局复杂、占用空间位置大且密封性能差等技术缺陷。③ 灭茬旋耕与防堵技术。结合旋耕弯刀粉碎残茬，提出了一种防缠绕板和可伸缩仿形拖板组合装置，能有效防堵，保证了机具良好的通过性和地表的平整度。④ 逆向开沟技术。采用旋耕直刀、弯刀组合装置逆向回转实现铣切开沟，研究成功R形异形分土板技术与装置，可实现畦面回土均匀分布。⑤ 仿形驱动技术。可实现仿形量可调，且利用左右各一套仿形地轮机构联成一体，有效保证作业过程中排种与排肥的同步，并有效避免地轮打滑而导致的漏播现象。

2. 油菜收获机械

（1）雷沃谷神4LZ－2油菜籽收获机　由福田雷沃国际重工股份有限公司制造，外形尺寸（长×宽×高）（mm）：6 790×2 950×3 280；割幅：2.36m；喂入量：2.0kg/s；配套动力：玉柴4108发动机，60.3kW；采用谷神金旋风D系列自走式谷物联合收割机底盘，加强型摆环箱、液晶显示仪表、倒车报警、收录机。

（2）星光至尊4LZY－2.2Z油菜联合收割机　由湖州星光农机制造有限公司制造，履带自走式纵置轴流；498蜗轮增压发动机；额定功率55KW；2.05m割幅；大粮仓；双脱粒滚筒；液压转向；无级变速；液压拨禾轮；可拆卸式油菜收割附件；400mm宽履带；工作状态外形尺寸（长×宽×高）（mm）：5 350×2 415×2 740；喂入量：7.92t/h；整机质量：2 710kg。

（3）春雨4LZ（Y）－1.0履带式全喂入油菜联合收割机　由山东金亿机械制造有限公司制造，结构型式：履带式全喂入；外形尺寸：5 000mm×2 600mm×2 720mm；结构质量：2 900kg；配套动力：48kW；工作幅宽：2 000mm；喂入量：1.0 kg/s；变速箱类型：（3＋1）×2机械式；脱粒装置形式：钉齿式；清选装置形式：风筛式。

（4）沃得4LYZ－2.5A油菜联合收割机　由江苏沃得农业机械有限公司制造，2.0m割幅油菜收割机；筛选方式：双层振动筛前吹式离风心机，往复振动方式；改变滚筒转速和降低杂余升运搅龙转速，减少破碎；一机多用，提高收割效率。

（二）油菜全程机械化生产技术

油菜机械播种技术具有播深一致，抗旱性能强，好除草，肥效高，增产多，节约种子、化肥和农药等优点。一般来说，一个熟练的农民手工移栽 $1hm^2$ 油菜大约需 45d 时间，而一台普通的手扶拖拉机一小时就可以播种 $1hm^2$ 地，机械播种不仅大大提高了劳动效率，还降低了生产成本。具体操作技术要点如下。

1. 品种选用、种子处理 机播机收油菜宜选用产量高、抗性强、株高 160cm 左右、分枝少或不分枝、分枝部位高、分枝角度小、春发性好、花期集中便于机械收获的品种。选用秦优 7 号、秦优 10 号、皖油 24、滁核杂 1 号、天禾油 2 号、绵油 11、绵油 12 等、信优 2405、德油 8 号、蓉油 11 等品种为宜。和传统的播种方式一样，选好品种后应该认真做好种子处理工作，以提高发芽率，促进后期生长。种子处理包括选种和浸种。

（1）选种 选种的方法很多。盐水浸选法的操作程序是：将油菜种放入 8% ~ 10% 的盐水中，搅拌 5min 不断除去漂浮在水面的菌核和秕粒，然后捞起下沉的种子，用清水冲洗后，均匀摊开晾干。通过选种选出来的种子纯度好，发芽率大于 90%。

（2）浸种 选种之后还要浸种法。用 B 肥浸播种具有发芽快、发芽势强、苗期生长快，中后期增枝、增角、增粒、增粒重的优点。具体方法是：每千克油菜种子用含 B 11% 硼砂 2.4g，先加少量 45℃ 的温水溶化，再加水稀释成 1.5kg 硼砂溶液，然后加入油菜种子，浸种 0.5 ~ 1h，晾干后播种。

2. 选地整地、施足基肥 油菜不适宜连作，也不适宜在前茬种十字花科作物的地块上种植，油菜的前茬最好是小麦、马铃薯或水稻等。因为要便于机械作业，地块要求地势平坦，坡度在 15° 以下。近几年，稻油结合种植技术逐渐得到推广，人们大多利用稻谷收获后的稻田播种油菜。下面重点介绍稻田整理的方法。

在稻谷收割前 10 ~ 15d，应该把稻田中的水排干，使田泥湿度降低，便于拖拉机顺利下田作业。收割水稻时留茬高度不超过 15cm。杂草严重的稻田，还应该在稻板田进行一次除草，每公顷可施用乙草胺 1 200 ~ 1 500ml 加水 225 ~ 300kg，在土壤表层均匀喷雾。2 ~ 3d 土壤表面的杂草就全部枯死了。接下来，用旋耕机对田地进行深耕，将深耕后的田地碎土、耙平。以上准备工作做好后，就可以开始施基肥了。一般要求每公顷稻田施粪肥 22 500 ~ 30 000kg，油菜专用复合肥 300kg，尿素 112.5kg，施足基肥能为今后油菜的生长打好基础。施好基肥后，就可进行播种了。

3. 适期早播 机械条播油菜要高产，适期播种是关键。油菜的播种期直接影响油菜的安全越冬和生长发育。根据中国南北过渡带常年油菜直播的实际情况，播种期宜在 9 月 25 日至 10 月 5 日，提倡适期早播，以提高产量。不能适期播种的，采取免耕直播或稻林套种应适当增加播种量和植株密度。

4. 播机的选择、调试 在选择油菜播种机械时，一般选择稻麦条播机进行油菜播种，既实用又经济。在播种作业前，操作人员要对播种机作一次全面检查调试，各传动运行部位应转动灵活，无碰撞、卡滞现象。因为油菜要求行距较大，所以要对稻麦条播机作适当调整，可以通过间隔封堵排种箱内的排种口，将条播机播种行数减为 3 行；其次，在行距调节板上移动播种部件的位置，把行距调整为 40cm；由于油菜种子籽粒较小，顶土力较弱，播种深度不应该很深。调节播深时，可将播种部件固定螺栓松开，调至播深 0.5 ~ 1.5cm 为宜。

5. 播量控制 机械播种时，播种量控制得当，既有利于培育壮苗，也可减少间苗、补苗的工作量。由于油菜的颗粒小且播量少，播种量难以控制，因此，不能将油菜种单独加入种箱，种子需根据品种的不同按（1∶10）~（1∶20）的比例配比沙子，以控制播量。以甘蓝型油菜为例，每公顷田可在 37.5kg 沙子中倒入 3kg 油菜种，将油菜种、沙子拌均匀后，放入种箱内就可以播种了。

6. 播种作业的要求 播种机与拖拉机挂接后应使机架保持水平，以保证各行播种深度一致。正式作业前，调试各行播种量的均匀性，并在地头试播 10 ~ 20m，观察各部件工作情况和播种质量，发现问题要及时解决，直到符合作业质量要求方可正式作业。作业机组起步要平稳，然后逐渐加大至正常工作油门进行播种。开始作业时，应控制机具的下降速度，防止开沟器入土过快造成排种通道堵塞。播种时按照规划的行走路线行走。一般采用梭形耕作法，最后横走两次补齐地头。地头转弯时，必须将播种机提升并切断播种机动力。作业时机组要匀速行驶，前进速度要符合播种机的性能要求，注意观察有无残茬秸秆壅堵开沟器，如果有，要及时清理拥堵物，以保证播种质量。作业中要随时注意种箱及输送系统是否堵塞，传动装置是否有机械故障，以防漏播。尽量避免中途停车和变速行驶，以免产生播种行弯弯曲曲、种子堆积或断条。作业时操作人员和辅助人员要集中精力，始终注意安全。发生故障时应及时排除，以确保播种质量。

7. 适当密植 油菜出苗后，要进行间苗。间苗时要按照"四去四留"的原则，即：子叶期去密留稀，棵棵放单；2 ~ 3 叶期去小留大，叶不搭叶，留苗数约为定苗数的 1.5 倍左右；5 叶期去弱留强，去病留健。

直播的油菜常因为播种不匀造成断垄缺苗现象，在 4 ~ 5 叶期应及时进行补苗，直播油菜由于播种量大，在间苗时要间去很多壮苗。可以利用间出的壮苗移栽补苗。补过苗后要及时浇水，以利于缓苗，提高成活率。当前利用小型水稻收割机在一定条件下可代替用以收割油菜，其前提条件是要增加田间留苗密度，每公顷留苗 30 万 ~ 45 万株，分枝少、主茎较细。对稀播油菜，由于分枝多，主茎较粗，收割机前进阻力大，不宜采用。可选择一次完成收获脱粒的联合收割机。

8. 调节成熟期 采用植物生长调节剂进行化控、化调，调节成熟期，使一块田的油菜同时成熟，方便机械收获，减少收获损失。如在油菜种子蜡熟期喷施乙烯利等催熟剂，可使油菜达到一次收获目的。

9. 适时收获 于油菜九成熟时用履带式全喂入油稻麦三用联合收割机收获。秸秆随时粉碎还田。通过改进机械结构，控制收获损失率在 8% 以内。

本章参考文献

1. 安徽省统计局. 安徽统计年鉴. 北京：中国统计出版社，2012

2. 傅寿仲. 中国油菜品质育种进展. 江苏农业学报, 1999, 15 (4): 241~246

3. 傅寿仲. 杂交油菜的栽培. 武汉: 湖北科学技术出版社, 2000: 188~201

4. 傅寿仲. 油菜产业的发展与标准化. 江苏农业科学, 2002 (1): 36~38

5. 傅寿仲. 江苏油菜产业和品种改良的回顾与展望. 中国油料作物报, 2003, 25 (1): 82~85

6. 傅寿仲, 戚存扣, 浦惠明等. 中国油菜栽培科学技术的发展. 中国油料作物学报, 2006, 28 (1): 86~91

7. 国家统计局. 中国统计年鉴. 1998—2007. 北京: 中国统计出版社

8. 河南省农村社会经济调查队. 河南农村统计年鉴. 1998—2007. 北京: 中国统计出版社

9. 河南省人民政府办公厅, 河南省地方志办公室. 河南年鉴. 郑州: 河南年鉴出版社, 1998—2007

10. 胡立勇, 丁艳峰. 作物栽培学. 北京: 高等教育出版社, 2008

11. 湖北省统计局. 湖北统计年鉴. 北京: 中国统计出版社, 20012

12. 黄义德, 姚维传. 作物栽培学. 北京: 中国农业大学出版社, 2002

13. 江苏省统计局. 江苏统计年鉴. 北京: 中国统计出版社, 2011

14. 栗铁申. 我国单双低油菜品种布局配套结构初步形成. 中国油料, 1991 (1): 1~2

15. 刘后利. 实用油菜栽培学. 上海: 上海科学技术出版社, 1987: 37~44

16. 刘后利. 农作物品质育种. 武汉: 湖北科学技术出版社, 2001: 486~503

17. 刘胜毅, 马奇祥. 油菜病虫草害防治彩色图说. 北京: 中国农业出版社, 1998

18. 罗纪石, 孙维维, 张成兵等. 汉中盆地油菜高产栽培技术. 西北农业学报, 1998, 8 (专辑): 70~72

19. 萨如拉. 油菜种子处理技术. 西藏科技, 2010 (2): 10~11

20. 陕西省农业区划委员会. 陕西油料作物区划. 西安: 西安地图出版社, 1986: 27~68

21. 于振文. 作物栽培学各论. 北京: 中国农业出版社, 2003

22. 张剑, 柳小妮, 谭忠厚等. 基于GIS的中国南北地理气候分界带模拟. 兰州大学学报 (自然科学版), 2012, 48 (3): 28~33

23. 张书芬, 田保明, 文雁成等. 河南省油菜科研和生产情况. 河南农业科学, 2001 (11): 9~10

第六章　紫云英栽培

紫云英（*Astragalus sinicus L.*）属豆科黄芪属，又称红花草、翘摇、草子，是中国南方稻田常见的一种冬季绿肥作物。紫云英起源于中国，有文字记载的栽培历史已有 1 700 多年。紫云英用途广泛，不仅是重要的绿肥作物，也是优质的牧草作物、蜜源植物、观赏植物和蔬菜作物，同时还可作药用。近年来，由于紫云英适应性强，肥效长，且改良土壤效果显著，在保持农业可持续发展、实现"资源节约型，环境友好型"社会建设中地位独特，紫云英的重要功能和作用越来越被广大农民和各级人民政府所重视，种植面积又有逐年扩大的趋势。

第一节　栽培历史及生产地位

一、栽培历史

紫云英栽培历史悠久。据林多胡、顾荣申《中国紫云英》（2000）考证，中国紫云英栽培的文字记载最早见于晋代郭义恭《广志》。

南宋诗人陆游（1125—1210 年）曾描述："蜀疏有两巢……小巢在稻田中，吴地亦多，一名漂摇草，一名野蚕豆……"，其中的"漂摇草"就是指紫云英，足见当时紫云英已在四川及江南的稻田中普遍种植。

明末徐光启在《农政全书》（1628）中提到："吾乡……有晚种棉，用黄花（金花菜）、苕饶（紫云英）草底（指根茬部分）壅田者，田拟种棉，则秋种草（绿肥），来年割草壅田（稻田），留草根田（棉田）中，耕转之……草壅之收有倍他壅者。"由于徐光启是上海人，说明当时在江、浙、沪等地区，农户不仅用紫云英花叶作水田绿肥，而且还用其根作棉地底肥。

清朝时期，人们对种植紫云英经验愈加丰富，对其功用也有更深刻的认识。姜皋在其所著《浦泖农咨》（1834）中提到上海一带紫云英种植，写道："于稻将熟时，寒露前后，田水未收，将草子撒于稻肋（行）间，到捉（割）稻时苗已青，冬生，春长，三月而花，蔓延满田，翻压于土下，不日即烂，肥不可言。"杨巩所编《中外农学合编》（1908）提到湖南省种红花草说："于大暑节前后种之……至三月犁田之后，将水注满，用踩耙压入土内，最能松土肥田，诚上品也。"

中华民国以后，紫云英种植在中国南方稻区已趋于普及。据艾延年所辑《农学录》（1920）中详述了浙江省种紫云英的方法："以杂类草灰拌种……无骨粉仍易萎……此为第一等肥料"。1937年，金陵大学农学院美籍教授卜凯（L. J. Buck）基于其在20世纪30年代前期主持的农村经济调查，在其所著《中国土地利用》中，对于中国紫云英的分布介绍如下："紫云英乃豆科植物之一，扬子水稻小麦区及水稻茶区之农民，冬季以之种于稻田中，作为绿肥。此物除翻于本地块外，又常割下翻于其他地块内，以作绿肥；但亦有用以养猪或其他家畜者……扬子水稻小麦区、水稻茶区，四川水稻区等地产紫云英之县份甚多"。

紫云英何时引种至过渡带内种植，由于资料所限，无法查全。据清代植物学家吴其浚（1789—1847年，河南省固始县人）所著《植物名实图考》对紫云英在淮南一带种植有以下记载："翘摇，今俗呼翘摇车，本草拾遗始著录，吴中谓之野蚕豆；江西种以肥田，谓之红花菜，卖其子以升计；湖北亦呼曰翘摇花；淮南北吴下乡人，尚以为蔬。"据杨俊岗、李长喜《信阳紫云英研究》（2005）沿革考证，其中，所载"淮南北吴"，系指五代十国时的吴国。当时过渡带内豫南稻区的光山、潢川、固始等县隶属光州，而这时期的光州正属吴国。吴国由公元902年建国至公元937年被南唐所灭，共历四主，35年。据此推算信阳稻区紫云英的种植历史应有1 100多年。另据《信阳地区农牧志》记载，"清光绪末年，光山县一带商人与江南通商，由江南携带其传播入本区"。这一说法在中华民国《光山县志约：物产》也有记载。"自光绪末由江南传播到光山县。四十年末，邑南土瘠尽变沃壤，稻田收入增益三分之一"。

二、生产地位

紫云英可大量固定C和N、活化土壤养分。当每公顷紫云英鲜草产量超过22 500kg时，可以固氮（N）80~120kg，固碳（CO_2）300~400kg，同时可以活化土壤钾（K_2O）80~120kg，可以代替20%~40%化肥施用量。据测算，生产同量的化肥，需要消耗原煤260~400kg，电180~260度，可见通过紫云英生物固N等作用，可以节省大量的能源及工业投资。紫云英还田后还可以降低土壤溶液中NH_4^+-N、NO_3^--N的浓度峰值，减少稻田N素随水迁移的量，降低了富营养化对环境的污染。由于紫云英秋、冬、春季生长时间长达7~8个月，覆盖稻田后可以减弱雨水对土壤表层的冲刷，减少土壤养分流失，在保护环境方面中具有独特的地位和作用。

三、主要用途

（一）绿肥作物

紫云英作为绿肥翻压还田后，对于提高土壤肥力、改善因长期使用化肥导致土壤板结有重要的作用，特别是在肥力低下的田块里效果尤为显著。因为紫云英施用以后，能够活化土壤中原有的营养元素，增加有机质含量，改善土壤结构和化学性质，促进微生物活动，提高土壤酶活性，为下茬水稻生长发育提供养分及适宜的土壤环境。

（二）蜜源植物

紫云英是中国重要的蜜源植物之一。由于其花期长，花蜜色泽清鲜，味道香甜，不腻口，不易结晶，营养丰富，具有清热，解毒，通便，健脾等保健效果，是一种重要的蜂蜜产品，在国内外市场上享有较高的声誉。每1公顷紫云英可载蜂群7~8个，每群蜂每季可产蜜20kg，其经济效益十分可观。

（三）饲料作物

紫云英营养丰富，可用作鲜饲料、青贮饲料或干饲料，用于饲喂猪、牛、羊、兔、马、鸡、鹅等家畜、家禽。潘磊等（2003）研究表明，采用紫云英青贮料搭配合饲料对猪体质量增加效果和料肉比与单喂配合饲料基本相似，约可节约1/3的精饲料。

（四）观赏植物

紫云英花期长，花色艳丽，有较强的观赏价值。日本已把紫云英作为一种旅游资源或景观植物来开发利用。2009年，信阳市农业科学院又培育出"信白1号"白花品种，进一步拓宽了它的观赏价值。在中国南北过渡带内豫南及皖中一带，紫云英已形成规模化种植，每到春季，紫云英、油菜花争奇斗艳，堪称一景。

（五）蔬菜作物

中国民间利用紫云英嫩梢做菜历史悠久。作为蔬菜食用具有较高的营养价值。常见烹饪方法有清炒、凉拌、入汤等，菜肴色泽碧绿、香味俱全、爽口宜人。《本草纲目》记载，食用紫云英有利五脏、明耳目、祛热风、活血平胃等功效。紫云英还属富硒蔬菜，盛花期植株含硒量达到0.091mg/kg。邱孝煊等（2012）评价紫云英营养品质，认为其菜用嫩梢中维生素C、Cu、Mn、碳水化合物等营养成分含量比豌豆苗、绿豆芽、空心菜高；Mg含量高于豌豆苗和绿豆芽；Fe含量比豌豆苗和绿豆芽高，与空心菜相当；Zn含量低于豌豆苗，与绿豆芽和空心菜相当。蛋白质、脂肪含量高于绿豆芽和空心菜，低于豌豆苗；单粗纤维含量比绿豆芽的膳食纤维高。

（六）药用植物

谢宗万等在《全国中草药汇编》（1988）记载：紫云英以根、全草和种子均可入药。性味微辛、微甘、平，功能祛风明目，健脾益气，解毒止痛。根用于肝炎，营养性浮肿，白带，月经不调，全草用于急性结膜炎，神经痛，带状疱疹，疮疖痛肿，痔疮。

（七）外贸产品

中国紫云英种子不仅满足国内种植需要，而且还出口到日本、韩国等国。过渡带内信阳地区早在1978年就被中国农业部定为中国紫云英种子生产出口基地，每年出口量超过1 000t，紫云英种子已成为信阳市出口创汇的重要农产品。

四、茬口衔接

（一）种植制度

紫云英在南北过渡带多采用与水稻作物轮作，一年两熟制方式进行种植。一般以一季水稻为主，种植、沤制紫云英主要为水稻提供有机肥源。

1. 轮作　常见的轮作方式及种植模式主要有："水稻—紫云英"一年两熟制或"水稻—紫云英—水稻—油菜"、"水稻—紫云英—水稻—小麦"等两年四熟制模式种植。通过紫云英轮作倒茬，不仅充分利用了过渡带内冬季光热资源，改良了土壤，达到了用地和养地相结合的目的，而且在一定程度上缓解作物连作障碍。

2. 间、混种　主要有"紫云英//油菜—水稻"、"紫云英//大麦—水稻"间、混种模式。利用紫云英与油菜、紫云英与大麦植株一高一矮，根系分布深浅不同而提高光合作用及自然资源利用率，达到养地与增产相结合。

（二）茬口衔接

过渡带内紫云英种植前茬一般接水稻茬。接水稻茬的一般在水稻收割前 10～15d 带水套种田中。待紫云英种子吸水萌发后，再将水排干、晒田至水稻收获即可。

（三）过渡带紫云英的分布和发展概况

紫云英在过渡带内均可种植。据林多胡、顾荣申等《中国紫云英》（2000）统计，过渡带内两个代表性地区，陕西省汉中地区 1975 年紫云英种植面积曾达到 1 万 hm^2，信阳地区紫云英种植面积 1975 年曾达到 12 万 hm^2。自 20 世纪 70 年代以来，由于种植制度不断调整，陕西省汉中地区（过渡带内西段）目前种植制度主要以"水稻—油菜"两熟制为主，江苏淮安地区（过渡带内东段）目前种植制度主要以"水稻—小麦"两熟制为主。油菜、小麦面积扩大，相应地挤占了紫云英种植空间，故过渡带内紫云英种植以豫南地区、皖中地区分布较多，以"单季中稻—紫云英"种植制度为主，有些地方紫云英种植面积已占冬种面积的 70% 以上。

第二节　植物学特征和生物学特性

一、植物形态特征

（一）根

1. 根的形态和根系的分布　紫云英种子萌发时，胚根最先突破种皮，向下生长，形成主根。主根比较粗大，入土可达 100cm 以上。主根生长到一定时间，长出侧根。紫云英根系相当发达，侧根很多，从主根上长出的侧根叫做一级侧根，一级侧根上再长出二级侧根，依此类推，甚至能够长出四级、五级侧根。紫云英根系主要分布在耕作层内，以 0~10cm 的土层内最多，可占整个根重的 70%~80% 以上。

紫云英属浅根性作物，发根量主要在苗期，在秋冬时的苗期较茎叶生长快，至初花期前后达到高峰。地上部（茎、叶、花）与地下部（根系）的比例，苗期约为 3：(1~4)：1，盛花期约为 12：(1~13)：1。中后期则主要是地上部鲜草的增重。在田间管理上，在强调开沟排水防渍的同时，还要做到及时灌溉防旱。

2. 根瘤及根瘤菌 紫云英的主根、侧根和地表的细根上都能生根瘤。根瘤的形状一般为棒状、鸡冠状或球状。根瘤可分有效和无效两种。有效根瘤较大，粉红色，多聚集在主根上，或靠近主根的侧根上；无效根瘤较小，多为白色，分散在侧根上。有效根瘤中的细菌固 N 能力强，无效根瘤中的细菌固 N 能力弱，甚至完全没有固 N 能力。

紫云英对根瘤菌的专化性很强，它的根系只有遇到紫云英根瘤菌才能形成根瘤，遇到其他豆科作物的根瘤菌，如苕子根瘤菌、大豆根瘤菌等，都不能形成根瘤。因此，种植紫云英时，接种紫云英根瘤菌非常重要。

（二）茎

紫云英的茎多为绿色稍白，也有紫色或紫红色。茎呈圆柱形，中空。茎长一般为 60~80cm，高的可达 90cm 以上；茎粗一般为 0.3~0.4cm，粗的可达 0.4cm 以上，晚熟种比早熟种和中熟种的茎粗些。茎质地柔嫩，伸长后不能直立，匍匐地上，但梢部仍抬头向上继续伸长，到了一定程度又匍匐地上，这样连续匍匐能形成 2~3 个弯子，茎部的弯子越多，产草量也越高。茎上一般有 7~8 个节，每节着生一个复叶，随着茎的伸长，下部的复叶逐渐枯死，到了盛花期，茎叶比例接近 2：1。但茎的颜色、长短、粗细、节数多少等，又因土壤肥力水平高低和播种早晚等栽培条件的不同而有变化。在适期播种的肥田上，茎嫩绿高大粗壮，节数多。

紫云英具有分枝的特性。在适时播种的肥田上，一般出苗后 30~35d 开始分枝，50d 前后达到分枝盛期。若在瘦田上分枝期就要推迟，播种过晚，有的甚至不分枝。紫云英的主茎和分枝可以明显区别。分枝的发生部位，主要是在近地表茎基部的分枝节上。分枝的发生先由主茎两侧伸出两个分枝，叫做一次分枝；以后又由一次分枝基部两侧伸出两个分枝，叫做二次分枝；在二次分枝以后发生的分枝，叫做三次分枝。但能够发生三次分枝的植株很少，即使能够发生，多数也不能伸长。在稀播的肥田上，个体生长很好，也有在分枝节以上的叶腋间发生小分枝。分枝数的多少，因土壤肥力水平高低、播种量大小和播种早晚的不同而有很大差别。

幼苗在开春以前的生长，主要是发根分枝，茎的伸长很慢。开春以后，茎的伸长加快，盛花期以后伸长又逐渐变慢，到终花期不再伸长。分枝数的变化与茎的伸长不同，一般在开春前达到高峰，开春后停止分枝。随着茎的伸长，至初花期以后，分枝数逐渐下降，弱小的分枝大量死亡，至成熟期，能开花结实的有效分枝一般不多，常不足分枝总数的一半。

紫云英分枝的消长动态受播种量的影响很大，播种量越大，分枝死亡的越多。

（三）叶

1. 子叶　紫云英属双子叶植物，播种后 4 ~ 5d 幼芽起身，胚根入土，种皮脱落，展开两片子叶。子叶的形状和种子差不多，呈肾形，顶端稍宽。子叶浓绿肥厚，里面贮存有种子形成时所积聚的养分，以满足幼苗在没有真叶以前生长需要。

2. 不完全叶　子叶展开后，最先长出的第一片真叶叫不完全叶，着生在两片子叶中间，叶柄细长，无托叶，叶片短宽，其他特征与以后出生的复叶上的小叶相同。不完全叶在播种后 7 ~ 8d 开始长出。

3. 复叶　紫云英大量的叶片是奇数羽状复叶，由 3 部分组成：叶片、叶柄和托叶。托叶在总叶柄基部，着生在茎上。叶片着生在小叶柄上，小叶柄与总叶柄相连。复叶上的小叶数多少不一，前期长出的复叶，其上的小叶少；后期出生的复叶，其上的小叶多。主茎一般播种后 21 ~ 22d 开始长出第一复叶。第一复叶上有 3 片小叶，以后长出的第 2、3、4 复叶上多有 5 片小叶，第 5、6 复叶上多有 7 片小叶，第 7、8、9、10 复叶上多有 9 片小叶。一般条件下开春前长出的复叶上的小叶数最多达 9 片，条件很好时，个别植株也能长出有 11 片小叶组成的复叶；开春后长出的复叶多由 11 片小叶组成。

分枝上长出的复叶则不尽相同，一次分枝长出的第一复叶由 5 片小叶组成，二次分枝长出的第一复叶由 9 片小叶组成，其上的小叶数越到后期越多，直到 11 片。开春前紫云英幼苗如果长不出 7 片以上小叶组成的复叶，开春后往往生长受到抑制，鲜草量不高。究其原因，多是由于播种过晚或是田瘦、受旱、受渍等原因造成。

（四）花

紫云英为伞形花序，花柄一般由叶腋间抽出，也有顶生的，一般长 15cm，翘然直立，有 6 ~ 12 朵小花簇生在花柄顶端，排列成轮状。花一般呈紫红色，蝶形花冠，由花萼和花瓣构成。花萼 5 片，下部联成钟状，萼片上披长硬毛。花瓣 5 片，其中，最大的一片为旗瓣，其余为 2 片翼瓣和 2 片龙骨瓣；花瓣比花萼长大，将雄蕊和雌蕊遮盖。每朵小花有 10 个雄蕊，为 9 + 1 二体雄蕊，即 1 个雄蕊的花丝单立，9 个雄蕊的花丝下部相连成管状，将雌蕊包起来；每个雄蕊均由花丝和花药构成。雌蕊由花柱、柱头和子房构成，柱头球形，上有茸毛，子房 2 室。

紫云英单枝各花序的发育进度，一般下部花序发育较慢，越往上发育越快，发育天数呈缩短趋势。开花与温度、湿度和光照的关系较为密切，白天日均气温低于 10℃ 时停止开花；连续阴雨或雨后晴天，空气相对湿度在 85% 以上时，开花很少或停止；阴天气温较低，开花明显减少，可以较晴天减少 66.3% ~ 75.1%；晴天且日均气温在 25℃ 左右，相对湿度 60% 时，开花最多。一般在 8 时开始开花，10 时后明显增多，14 时达高峰，17 时后明显减少，18 时基本停止开花。每个花序上小花的开放顺序是先外后内。开花时间，由下往上，第 1 至第 10 花序多在第 4 天开完，少数第 9 天开完，上部的花序开花快些；在 4d 中前 3d 开花较多，占总花数的 70% 以上。

(五) 荚果和种子

1. 荚果　紫云英的荚果两列，联合成三角形，稍弯曲，长 12～30mm，宽 4～5mm，具短喙，有隆起的网纹，成熟时黑色，每荚有种子 4～10 粒。荚果由单心皮构成，成熟后由背缝线和腹缝线裂开，荚皮不易展开。

种子成熟后，茎秆干枯较快，荚果易于脱落。但种子却因和荚果连接较紧，不易脱出。因此，留种田如因未及时收获出现损失，主要是由于落荚造成的。

2. 种子　紫云英的种子呈肾形，初收时为黄绿色，有光泽，发亮，随着贮存时间的增长，逐渐变成棕色、棕褐色，而且光泽减退。

种子的主要部分是胚，它是新的有机体的原始体。种子的构造包括胚芽、胚轴、子叶和胚根 4 个部分。胚轴的上端连着胚芽，下端连着胚根，子叶着生在胚轴上。紫云英有两片子叶（无胚乳），供给胚生命活动需要的营养物质。

3. 种子的休眠特性　刚收获的紫云英种子，置在适宜的温度和水分条件下，一般发芽率只有 2%～5%。其原因有两个：一是种子的不透水性，这种种子叫硬实或不透水种子；二是种子未完成后熟。

（1）硬实　准确判断硬粒的方法是浸水处理，凡不能吸水膨胀的就是硬粒。据李长喜（1993）测定，紫云英种子收获后，硬实率虽逐渐下降，发芽率也逐渐提高，但硬实率和发芽率变化有一定的阶段性。在自然气温条件下，到 8 月底或 9 月初，硬实率多在 80% 以上，发芽率常低于 20%，这段时间长达 110d 以上，因硬实率变化不大，称为硬实期；到 9 月初前后，硬实率下降到 50% 左右，发芽率达到 30% 以上，硬实率变化加剧，此时，为硬实解除初期；再过 10d 左右，硬实率又迅速下降到 10% 左右、发芽率达到 80% 以上，此时为硬粒解除盛期；9 月 20 日后，硬实率下降到 10% 以下，发芽率达到 90% 左右，此时为硬实解除后期。不同年份、不同品种和不同成熟度（黑荚、黄荚和青荚）的种子，硬实的解除时间差别不大，故具有较严格的时间性。当年不能解除硬实的种子，多在 5% 以下，这种硬粒称为顽固性硬粒。

（2）后熟　刚收获的紫云英种子，虽经过擦种或硫酸浸种等处理使种皮透水，并置于适宜的发芽条件下，但发芽率一般只有 10%～30%，这是因为种子还未完全达到生理成熟，胚部还缺少萌发时所需要的同化物质所致。因此，要经过一段时间的后熟。紫云英种子的后熟期一般 20～40d，比硬实期短。

二、生活习性

生长发育过程需要以下条件。

(一) 温度

紫云英喜温暖的气候条件。种子发芽的适宜温度为 15～25℃，气温过高或过低都不利发芽。幼苗期在 16～25℃ 时生长较为适宜。一般在绝对温度低于 -10～-5℃时，叶片开始出现冻害，但壮苗（越冬前株高 10cm 左右，每株分枝 2～4 个，叶 8～10 片以上，根长 20cm，根瘤 15～20 个以上）却能忍受 –19～–17℃ 的短期低温，即使顶部叶片受冻枯死，叶簇间的顶芽和分枝芽也不致受冻死亡。开春后，紫云英生长加快，此时气温已高，一般年份不致发生冻害。生产实践证明，低温伤害紫云英的年份虽然不多，但在低温条件下不仅出苗期推迟，而且幼苗生长也慢，甚至停止生长，有碍紫云英产量提高。因此，紫云英在适宜的播期内应力求早播，以便利用冬前温度较高的一段时间及早发芽出苗，盘根分枝，为高产打下基础。开花结荚时的最适温度一般为 13～20℃，白天平均气温低于 10℃，开花停止；但在日平均气温在 23℃ 以上、最高气温 26℃ 以上时，结荚差，千粒重降低。

（二）水分

紫云英既怕旱又怕渍，喜湿润排水良好的土壤。田间渍水易使土壤通气不良，有碍种子萌发出苗，也不利于植株发根和根瘤菌的活动。在田间水分管理上，应掌握播种时田间湿润或有浅水，以满足种子吸水的需要。种子吸足水分后要及时排干田水，改善通气条件，以利胚根下扎，迅速出苗。种子萌发后渍水会造成浮芽，有碍立苗。干旱对紫云英的生长同样不利，种子萌发后，若土壤水分不足，阳光暴晒，易死芽。0～10cm 土层内的土壤含水量低于 20% 以下时，紫云英开始发生死苗。开春以后，紫云英生长加快，水量增加，若遇干旱易使紫云英生长瘦弱，花荚脱落，早花早熟，应注意及时灌溉。

（三）光照

紫云英幼苗期耐荫能力较强，但有一定限度。当茎部（离地面 20cm 处）光照小于 6 000～7 000lx 时，幼苗便出现茎（上胚轴）拉长现象；光照强度小于 3 000lx 时，幼苗生长很瘦弱，出现较多的高脚苗，水稻收割后如遇高温暴晒或较强冷空气便会大量死亡。光照强度小于 1 000lx，种子萌发后生长受到严重抑制，不仅幼茎拉长（一般达 3cm 以上），而且第一片真叶出现要比正常光照条件下推迟 10d 以上，出现不了第二、第三片真叶，割稻前就产生大量死苗。过渡带内紫云英的适播期一般在 8 月下旬至 9 月下旬，而一季中籼稻收获期一般在 9 月上中旬，稻田套种紫云英，从播种到水稻收获仅 10～15d，幼苗期遮阳时间短，光照不足问题不突出。如粳稻推迟播种，一般收获期要延迟到 10 月中下旬，如套种紫云英共栖期过长，田间遮阳，光照不足，紫云英小苗细弱，抗性差，则应慎重处理。

（四）土壤

紫云英对土壤要求不严，沙壤土、重壤土、石灰性冲积土均宜种植。紫云英喜湿润且通气良好的土壤，故对重黏土、排水不良的青泥土，或保水保肥能力差的沙性田，需要经常注意排水和灌溉，以便保证紫云英正常生长发育。紫云英生长发育适宜的土壤 pH 值为 5～7.5，土壤 pH 值在 4.5 以下及 8.0 以上均生长不良。紫云英耐盐性差，土壤含盐量超过 0.2% 时易死亡，故不宜在盐碱地上种植。紫云英耐瘠性很差，对新扩种的稻茬田，若土壤瘠薄，植株生长会较差，甚至有种无收。稻、麦两熟田，土壤肥力和耕性都较好，这些田块扩种紫云英一般生长都较好；单季水稻田土壤一般比较肥沃，只要做好开沟排水，紫云英生长会很好；白墡土、黄泥土和响沙土多为瘦田，在种植紫云英时应补施肥料。

三、生育时期和生育阶段

紫云英生育期通常用从播种出苗到紫云英种子成熟所需的天数来表示。生育期的长短因品种类型、品种、地区自然条件不同而异。

（一）生育时期

紫云英从播种到成熟，经历 6 个生育时期，即出苗期、分枝期、现蕾期、开花期、结荚期和成熟期。各生育时期的生长发育特点各不相同。

1. 出苗期 紫云英从播种到 50% 的幼苗出土称为出苗期。通过休眠期的紫云英种子，在适宜的温度、水分和空气条件下，播后便很快吸水、发芽和出苗。生产上在紫云英播种后应及时开好排水沟，避免渍害。

2. 分枝期 紫云英从出苗到 50% 的植株产生分枝称为分枝期。在适时播种的肥田上，一般出苗后 30~35d 开始分枝，50d 左右达到分枝盛期。若在瘦田上，分枝期就要推迟，播种过晚，有的甚至不分枝。分枝数的多少，因土壤肥力水平高低、播种量大小和播种早晚的不同而有很大差别。

3. 现蕾期 紫云英从 10% 的茎枝现蕾到 50% 的茎枝现蕾称为现蕾期。现蕾以肉眼能看见花蕾为准。从现蕾期起，植株营养生长和生殖生长并进，以营养生长为主，并为开花、结荚积累养分。现蕾期植株所需水分、养分较多，如能获得充足的养分供应和光照，则现蕾多、蕾大，成花率高。

4. 开花期 紫云英从 25% 的茎枝开始开花到 75% 的茎枝停止开花称为开花期。紫云英的开花在白天随着气温的升降而变化，紫云英每个花序上小花的开放顺序是先外后内，由下往上，上部的花序开花快些。1 个花序的开花一般需要 4d，以前 3d 开花较多，其中，又以第二天开花最多。在适宜的条件下，紫云英花冠每天增长 2mm 左右，一般花冠外露 3~4d 龙骨瓣开始露出，3~6d 开花，5~10d 花冠萎谢，5~12d 结荚。

5. 结荚期 紫云英从 10% 的茎枝开始结荚到 50% 的茎枝结荚称为结荚期。紫云英的开花结荚需要充足的光照，光照时间缩短，会延迟紫云英开花，且结荚率较低。

6. 成熟期 紫云英 75% 的荚果变为该品种固有颜色时称为种子成熟期。紫云英种子按开花顺序依次成熟。

（二）生育阶段

如从生育阶段的角度看，可把出苗期至分枝期视为营养生长阶段，现蕾期为营养生长和生殖生长并进阶段，开花期至成熟期为生殖生长阶段。

栽培管理上，根据用途，采取措施的主攻方向也因生育阶段而异。如在营养生长阶段的措施应以增加绿肥或饲料产量为目的。并进阶段的措施以保花为目的。生殖生长阶段则应以增荚增粒（粒数）增重（粒重）为目标。

第三节　栽培技术

一、品种选用

选择适宜的品种是夺取紫云英高产稳产的基础。进行品种选择时，要综合考虑，选择生育期适中、增产潜力大、抗逆性强的优良品种。

（一）选用紫云英品种的原则

紫云英属于短日照作物。北种南移生育期会缩短，花期提前，产草量下降；南种北移生育期会延长，花期推迟，产草量提高，产种量下降。要根据当地生产实际，选择产量高、抗逆性强的品种种植。

（二）优良紫云英品种简介

1. 信紫 1 号　信阳市农业科学院选育而成，2009 年通过河南省种子管理站认定。该品种苗期生长健壮，生长势强。茎叶均为红色。叶片宽大，为奇数羽状复叶。花浅紫色，每花序有 7～11 朵小花，顶生的最多可达 30 朵，排列成伞形，花萼 5 片，花冠蝶形。株高 78.8cm，单株分枝 5 个，每株荚穗数 59 个，荚穗长 2.7cm，每荚穗粒数 4.7 个，荚黑色，种子肾形，黄绿色，千粒重 3.2g。抗寒、抗旱及抗病力强。在豫南稻区全生育期 250d 左右。一般鲜草产量 45t/hm² 左右，产种量 750kg/hm² 左右。盛花期植株干物质 N 含量 3.25%，P 含量 0.26%，K 含量 3.38%。适宜在豫南稻区及生态条件相近的长江流域等稻区种植。

2. 信白 1 号　信阳市农业科学院选育而成，2009 年通过河南省种子管理站认定。茎直立或匍匐，苗期生长健壮。茎叶均为绿色。奇数羽状复叶，小叶 7～13 片，倒卵形或椭圆形，长 5～20mm，宽 5～12mm，顶端凹或圆形，基部楔形，两面被长硬毛；托叶卵形。花纯白色，每花序有 7～11 朵小花，顶生的最多可达 30 朵，花萼 5 片，花冠蝶形。株高 70～85cm，单株分枝 5～9 个，荚穗长 3cm 左右，每荚穗粒数 5～8 个，荚黑色，种子肾形，黄绿色，千粒重 3.1g。抗寒、抗旱及抗病力强。一般鲜草产量 45～50t/hm²，种子产量 700kg/hm² 左右。盛花期植株干物质 N 含量 3.79%，P 含量 0.32%，K 含量 3.45%。适宜在豫南稻区及生态条件相近的长江流域等稻区种植。

3. 皖紫 1 号　安徽省农科院土肥所与舒城县农科所合作选育而成。2010 年 7 月通过安徽省鉴定。全生育期 220～230d，具有生育期提前、产草量适中、产种量高、鲜草养分含量高、感病率低、品质稳定、抗寒性强等特点。苗期生长健壮，生长势强。部分茎叶为红色，叶片宽大；株高 78.8cm，单株分枝 3～5 个，每株荚数平均 59 个，荚长 2.7cm，每荚穗粒数 4.7 个，荚黑色，种子肾形，黄绿色，千粒重 3.2g。一般鲜草产量 40t/hm² 左右，盛花期粗蛋白质含量为 22.52%、粗脂肪为 4.88%、粗灰分为 8.15%、粗纤维为 19.66%、K 为 2.38%、总 P 为 0.64%，综合性状好。丰产性突出，抗逆性、适应性好。

4. 弋江种 弋江种原产安徽省南陵县弋江镇，为安徽省优良的农家品种，栽培历史悠久。在安徽省芜湖市 9 月下旬播种，一般 4 月上旬达盛花期，5 月中下旬种子成熟，全生育期 230d 左右，属中熟偏早品种。一般有分枝 3~5 个，每小花 4~6 荚，每荚有种子 6~8 粒，千粒重 3.5 g 左右。抗旱和抗寒力强，也较抗菌核病，不耐盐碱，不耐阴。一般鲜草产量 25~35t/hm²，高的达 50t/hm² 以上，种子产量 600~750kg/hm²，高的达 750~1 000kg/hm² 以上。盛花期植株干物质含量 8.2%，N 含量 4.05%，P 含量 0.98%，K 含量 4.07%。该品种适宜在长江两岸及长江以北的稻田种植。

5. 宁波大桥 宁波大桥原产浙江省宁波市鄞县姜山区，分布在鄞县、奉化和宁波市郊，又名姜山种，是一个纯度较高的晚熟高产农家品种。在杭州市 9 月底至 10 月上旬播种，一般 4 月中旬达初花期，4 月下旬盛花期，5 月底种子成熟，全生育期 240d 左右，是中国紫云英开花和种子成熟最迟的品种。植株高大，茎秆粗壮，茎色较青，节数多，始荚花序离地高，叶较大，叶色青绿。一般盛花期株高 70~90cm，成熟期株高 110~150cm，茎粗 0.5cm 左右，小叶面积 2.6cm×2.1cm，种子千粒重 3.2~3.5g。抗寒力强，抗菌核病力中等，不耐盐碱，不耐阴。在杭州市一般鲜草产量 40~50t/hm²，高的可达 75t/hm² 以上；种子产量 450~600kg/hm²，高的达 800kg/hm² 以上。盛花期植株干物质含量 9.1%，N 含量 3.09%，P 含量 0.63%，K 含量 2.97%。在南北过渡带种植，鲜草产量高，适宜作稻田绿肥，但产种量下降，不宜在该区域繁种。

6. 茜墩种 茜墩种原产于江苏省昆山县。在江苏省生育期 231~234d，为迟熟型品种。幼苗生长较缓慢，叶色深绿，植株较匍匐，小叶面积 2.4cm×2.0cm，植株较高大，茎秆粗壮，分枝力一般。抗寒力强，较耐渍，且较耐旱，抗菌核病能力一般。一般鲜草产量 37.5~45t/hm²，高的达 75t/hm² 左右，是江苏省产草量最高的地方良种；一般种子产量 600kg/hm² 左右，高的达 750kg/hm² 以上。盛花期植株干物质含量 8.4%，N 含量 3.17%，P 含量 0.77%，K 含量 3.14%。该品种适于在长江中下游及以北地区种植。

7. 闽紫 5 号 闽紫 5 号系福建省农业科学院土壤肥料研究所用 70-3×（浙紫 67-232/光泽种）F₆ 组配育成的紫云英新品种。属中花型品种，根系发达，主根粗壮，侧根多。一般 3 月中旬达初花期，3 月下旬达盛花期，4 月底到 5 月上旬种子成熟，全生育期 202d，茎粗 4.2~6.3mm，株高 135~170mm，叶色淡绿。花紫色，总状花序，无顶生花序，一般分枝 2~3 个，每分枝结荚花絮 4~6 个，每荚实粒数 5.5~7.5 个，种子扁肾形，黄绿色，千粒重 3.3~3.5g，一般种子产量 750~825kg/hm²。该品种早发性好，植株高大，适应性广，抗寒力较强。植株 N 含量 2.52%，P 含量 0.23%，K 含量 2.70%。

8. 闽紫 6 号 闽紫 6 号是福建省农业科学院土壤肥料研究所选育而成。闽紫 6 号属中熟偏迟品种，在福建省三明和南平地区的低海拔地区，一般 3 月中旬达初花期，3 月下旬达盛花期，4 月底至 5 月上旬种子可成熟；而在海拔 600~700m 以上的地区，一般 4 月上旬才达初花期，4 月中旬达盛花期，5 月 10 日前后种子才成熟。植株高大，茎秆粗壮，茎色较青；花色较浅，并有部分为粉白色，这是本品种的主要特征之一。花序多数互生，少数轮生或对生，荚较短，每荚粒数也稍少。该品种一般鲜草产量 40 ~ 50t/hm²，高的达 75t/hm² 以上，种子产量 450 ~ 600kg/hm²，高的达 750kg/hm²。抗寒力和抗旱力都较强，适应性广，适于在南北过渡地带种植。

二、适期播种

（一）种子质量

紫云英种子必须符合《绿肥种子》（GB 8080—2010）中规定的大田用种标准，品种纯度不低于 96%，净度不低于 97%，发芽率不低于 80%，水分不高于 10%。种子经营单位提供的紫云英种子，要按照《农作物种子检验规程》（GB/T 3543—1995）检验，并附有合格证。

（二）种子处理

紫云英种子在播种前一般经过选种、浸种和根瘤菌拌种等处理。

1. 选种　播种前用比重为 1.05 ~ 1.09 的盐水（100kg 水加食盐 10 ~ 13kg）或黄泥水选种，去杂去劣，清除菌核，提高种子质量。使用合格商品种子不需要选种。

2. 浸种

（1）清水浸种　播种前用清水浸种 12 ~ 24h，使种子吸足水分，播种后发芽快且较整齐；但如果土壤墒情太差，又无法在播种后马上补充水分，则不宜浸种。此外，灌水播种的田块，不必浸种。

（2）多效唑浸种　据吴益伟等（1991）研究，紫云英种子用 10mg/kg 多效唑（MET）浸种 8h，能明显抑制幼茎伸长，预防高脚苗的发生，并减少收稻后由于温度、湿度骤变而引起的猝倒、霜冻死苗现象，使成苗率提高 9.7% ~ 11.7%，产草量增产 28.9% ~ 34.7%。该方法可在高产水稻田套种紫云英中使用。

3. 接种根瘤菌　条件不具备时，可以不接种根瘤菌。但在多年没有种植过紫云英的地区，尽可能进行根瘤菌接种。用于接种的根瘤菌菌剂必须是正规厂商生产的合格产品。

（三）播种时期

确定紫云英适宜的播种期，主要依据当地的气候条件、前作水稻的成熟期和荫蔽程度、紫云英的品种特性等。适时早播，不但出苗快，而且还可延长紫云英的营养生长期，充分利用冬前有利光温条件，促进紫云英生长发育。早播可使紫云英越冬前根系发达，分枝多，根瘤多，固 N 能力强，积累较多的营养物质，提高抗寒能力，获得较高的鲜草和种子产量；但播种过早，紫云英和水稻共栖期长，容易产生高脚苗、弱苗，保苗也较困难，产量常常较低。因此，确定紫云英适宜播种期非常重要。

信阳市农业科学院播期试验表明（2010），豫南稻区紫云英的适宜播期是 8 月下旬至 9 月下旬，9 月底以后播种，产草量、产种量都显著下降。在晚播条件下，全生育期明显缩短。生产上应尽量早播，以获得足够的营养生长期，壮大绿色体，提高产草量，并为生殖生长打好基础。就豫南稻区紫云英最佳播期而论，应是9月上旬。其依据主要有三：一是9月上旬正值紫云英种子硬实自然解除盛期，发芽率多在90%以上，播后出苗整齐，成苗率高，节省种子，避免了8月下旬播种硬实率高，用种量大的问题；二是豫南稻区种植面积最大的是籼稻，此时已接近成熟或收割不久，播下的紫云英种子不存在遮阳时间过长问题，田间通风透光性好，有利于壮苗；三是紫云英晚播并不晚熟，播期过晚会使全生育期缩短，有碍鲜草产量的增长。

安徽省以9月上中旬套播于稻田为宜。推迟播种的鲜草产量逐渐下降，水稻收割后播种的，应抢时、及早播种。

湖北省单季稻区以9月中下旬套播于稻田最好，一般在水稻收获前20~25d播种为佳；水稻收获后播种，可在9月下旬至10月下旬进行。

（四）播种

1. 播种方式 紫云英播种方式主要有稻田套播和收稻后板田播种两种方式。

稻田套播一般在水稻收割前10~15d播种。播种时开好排沟水，保持田面湿润或有薄水层，做到浅水播种、胀籽排水、见芽落干、湿润扎根。播种后由于有稻林遮阳，既能满足种子吸水，又能避免日光暴晒，对出苗有利。但在水稻生长过旺，通风透光很差的田、倒伏田、不便落干的烂泥田、浸水田，不宜采用这种播种方式。

收稻后板田播种是在收稻后灌水或趁雨天播种，不受稻林影响，播下的种子着土多，出苗多，且有利匀播。但若播后种子发芽出苗期间田水不足，遇到日光暴晒，会引起炕芽死苗。不宜采用套播的田，可采用这种播种方式；水利条件差，收稻后灌水播种有困难的地方，也不宜采用这种播种方式。

播种时采取分畦定量的方式，均匀撒播。可以采用人工撒播，也可利用背负式机动喷粉喷雾器或者便携式播撒器撒播种子，效率比人工撒播提高5~15倍。

采用紫云英与油菜混作的，可在紫云英种子中适当掺入少量油菜种子（一般每亩种子量不超过50g），随紫云英种子撒匀即可。

2. 播种量 紫云英播种量可根据品种特性、土壤肥力、耕作制度和用途而定。播种量过多，幼苗拥挤，易形成弱苗，播量过少，会发生缺苗断垄现象。豫南稻区、安徽省单季稻区、湖北省单季稻区适宜播种量均为22.5~30kg/hm²，留种田、肥田、墒情好、播种早的田块可以适当减少播量，瘦田、墒情差、播种晚的田块则需要适当增加播量。

3. 配套技术 主要指水稻机收留高茬技术。随着现代农业的发展，水稻生产大面积采用机械收获，水稻收获后大量的水稻秸秆堆积田间，在水稻收割前套种紫云英的田块，由于稻草覆盖，会造成紫云英幼苗因得不到光照而大量死亡，严重影响紫云英产量；在水稻收获后播种紫云英的田块，紫云英种子落在秸秆上，即使种子能够如期发芽，由于不能与土壤接触，出现种子发芽后死亡现象。

因此，在使用收割机收获水稻时，将稻茬留高些，一般只收水稻稻穗部分，留茬高度50cm以上，水稻留高茬时稻茬可为紫云英遮阳保湿，利于紫云英苗期的快速生长和越冬。水稻留高茬后铺在田间的稻草量极小，且稻草基本都铺在稻茬上，不会对紫云英幼苗产生不利影响。

三、科学施肥

（一）肥料种类

紫云英施肥应掌握"重施冬肥，巧施春肥，以 P、K 肥为主，N 肥为辅，补施微肥"的原则。

1. 氮、磷、钾肥　N 肥的田间施肥量视土壤肥力和生产水平而定。在中等以下肥力的地块，施用少量 N 肥能促使紫云英苗期植株健壮生长；在中等以上肥力的地块，一般不施 N 肥。紫云英对 P、K 肥敏感，施用 P、K 肥不仅可以增加养分，促进紫云英早生快发，而且还可以保温防冻，增强紫云英抗逆性，减少死苗。

2. 菌肥　紫云英菌肥对紫云英产量有极大影响，利用菌肥接种，有利于早形成根瘤，早发挥固 N 作用。特别是新茬紫云英田，接种根瘤菌是种好紫云英的关键。

3. 硼、钼肥　紫云英对微量元素 B 和 Mo 反应敏感。B 肥可提高根瘤菌的固 N 活性和固 N 量。植物器官的含 B 量以花药、柱头和子房中最高，B 能刺激花粉的萌发和花粉管伸长，并能延长花粉粒的寿命，使受精过程顺利。紫云英缺 B，植株矮小，根瘤不发达，受精不良，结实差。Mo 肥有提高根瘤活性和增进叶片光合强度的作用，Mo 参与植物体内 N 的代谢，促进 P 的吸收和碳水化合物的运转。特别是它还能促进自生固 N 菌和根瘤菌的生命活动，提高固 N 能力。土壤缺 Mo 时，紫云英茎短、根系不旺、新根少、根瘤少、粒重轻、开花先后不齐、角荚小、空荚多，花而不实。施用 Mo 肥后，紫云英表现植株高大，根系发达，特别是根瘤增加，促进了营养生长和生殖生长，故能增加产草量和产种量。

4. 硒肥　紫云英是富 Se 能力较强的作物，Se 是人体必需的微量元素，可防治人类多种疾病，而人不能直接摄取 Se 的无机盐，否则会引起中毒。紫云英是人体补 Se 的理想作物。叶面喷 Se 可提高紫云英鲜草产量和对 Se 的吸收富集。

（二）施肥时期、方法和用量

1. 氮、磷、钾肥

（1）氮肥　N 肥一般作为追肥施用。紫云英属固 N 作物，一般无需施用过多 N 肥。但在根瘤固 N 前，紫云英所需的 N 肥除了种子带来以外，其余全部来自土壤，且根瘤开始形成时也要从土壤中吸收 N 素，因此，早期 N 肥的施用对于紫云英的增产具有重要作用。但如果 N 肥施用过多，则会限制紫云英的固 N 能力。在紫云英第 1~2 片真叶期施用尿素 15~22.5 kg/hm^2，可以促进根瘤的形成和紫云英生长发育；开春时（过渡带内在 3 月上中旬）紫云英开始旺盛生长时需要大量的 N 素，仅靠根瘤菌的固 N 往往不能满足需要，特别在北方，冬季气温低，根瘤菌发育慢，早春固 N 能力还不强，因此施用少量的 N 肥，以施用尿素 37.5~75kg/hm^2 为宜。

（2）磷肥　P 肥可作种肥拌种，也可用于越冬前追施。

① 作种肥　有些地力较差的田块，建议用 P 肥拌种。但地力较好或者紫云英产草量要求不高的，可以不用拌种。拌种方法：将紫云英种子加入带黏性的湿泥土后搅拌，使种子包裹湿泥，然后加入 P 肥，避免根瘤菌与 P 肥直接接触。用过磷酸钙拌种，一定要用湿泥包裹后再拌，避免伤害根瘤菌或伤害种芽，影响出苗。拌种用的 P 肥，过磷酸钙用量 $37.5 \sim 45 kg/hm^2$，钙镁磷肥可用 $75 \sim 150 kg/hm^2$。加入 P 肥后，用手不断搅拌和搓揉成颗粒状后拌种。

② 作追肥　P 肥作追肥一般与 K 肥配合施用。P 肥的施用要早，一般在水稻收割后或紫云英出现 $1 \sim 2$ 片真叶时施 P 肥 $300 kg/hm^2$，肥力较差的田可施用 $450 kg/hm^2$。P 肥的施用分次施用优于一次施用。晚施效果较差的原因主要有三：一是在晚施的条件下，不能充分满足绿肥苗期对 P 素营养的需要；二是 P 肥肥效稳长，在晚施的条件下，相应缩短了它在当季发挥肥效的时间；三是 P 肥在土壤中的移动性小，在晚施的条件下，植株根系已经伸延下扎，施下的 P 肥不能被植株充分吸收利用。紫云英 P 肥施用要根据土壤特性选 P 肥品种。中性土壤选用过磷酸钙，酸性土壤以施用钙镁磷肥为好。

（3）钾肥　K 肥一般和 P 肥配合施用。施用也是要早。一般在水稻收割后或紫云英现真叶 $1 \sim 2$ 片时施 K 肥 $45 \sim 120 kg/hm^2$。曹连臣等（1999）研究得出紫云英施用 K 肥能增强抗性，施 K 比不施 K 可减轻冻害 20% 左右，比单施 P 肥减轻 5% 左右。

（4）氮、磷、钾混合肥　N、P、K 肥配合施用的效果优于单独施用效果，这方面已有大量的研究报道。刘威等（2009）研究表明，在施 N $75 kg/hm^2$、P_2O_5 $60 kg/hm^2$、K_2O $60 kg/hm^2$ 的情况下，从鲜草产量看养分配合效果是 NPK > NK > NP > PK。在施用 N、P、K3 种养分中，对紫云英产量影响最大的是 N 肥，其次是 K、P 肥，外施 N 肥能显著促进紫云英鲜草产量的提高。苏伟等（2009）研究发现，N、P、K 肥的配合施用能够相互促进肥效发挥，在一定施肥量范围内，N 水平的提高有利于 P、K 肥效的发挥，P 水平的提高也有利于 N、K 肥效的发挥，K 的情况与前两者相似。朱德雄等（2010）通过三元模型的拟合结果，确定种植紫云英的 N、P、K 最佳施肥量为 N $60.2 kg/hm^2$、P_2O_5 $49.4 kg/hm^2$ 和 K_2O $64.2 kg/hm^2$。兰忠明等（2012）研究指出，施 P 肥对提高紫云英鲜草产量效果最为显著，其次是 K 肥，追施 N 肥效果不显著。P、K 配施可大大提高植株对 P 和 K 的吸收总量，使 P 肥和 K 肥的当季利用率显著提高，起到相补互促的效果。

2. 菌肥　菌肥一般拌种用。为保证每粒紫云英种子都附着根瘤菌，可采用粘着剂，如米汤、泥浆、羧甲基纤维素等。先把种子和粘着剂拌匀，再拌根瘤菌菌剂，也可将菌剂和粘着剂先拌匀成糊状，再拌种子。为保证接种根瘤菌的效果，先将种子擦伤，把种子表面蜡质层擦破，便于种子吸水萌发，促使种子发芽出苗整齐，有利于根瘤菌的入侵感染。种子拌种后，不能直接在阳光下晒，必须在背阳处稍凉，以使种子分散易于播种。

李青盛（2010）用紫云英根瘤菌剂 15ml 拌种 2kg 紫云英种子，种子接种根瘤菌后紫云英鲜草产量增加 $2\,085 \sim 2\,640 kg/hm^2$，增产率 5.9% $\sim$ 7.1%。吴照忠（2011）选择 3 种根瘤菌剂进行拌种，拌种量为每粒种子不少于 103 个有效根瘤菌，拌种根瘤菌后紫云英鲜草产量增加 $1\,875 \sim 3\,390 kg/hm^2$，增产率 5.5% $\sim$ 8.0%，而且根瘤数量明显增加。刘英等（2012）研究表明，将 2 种根瘤菌剂分别与紫云英种子按照 10∶1 的比例进行拌种，拌种后紫云英鲜草产量分别比对照提高 9.0% 和 11.0%，籽粒产量分别比对照提高 6.0% 和 15.5%。陈海荣等（2012）将根瘤菌剂与紫云英种子按照 10∶1 的比例进行拌种，拌种后紫云英鲜草产量比对照增产 2 432.4 kg/hm²，增幅 7.7%。提高了紫云英总苗数、株高、单株分枝数、单株鲜重等各项农艺指标，对紫云英的生长起到了非常明显的促进作用。

3. 硼、钼肥　B 肥和 Mo 肥既可作基肥，又可在开春后作追肥叶面喷施

（1）作基肥　施用 B、Mo 肥可以提高紫云英种子产量和促进根瘤菌的形成。黄庆海等（2013）对紫云英施用 B 肥和 Mo 肥进行了研究，采用基施 B 肥（硼砂 15.0kg/hm²）、钼酸铵拌种（150g/hm²）的方法进行施肥，施用 B、Mo 肥增加了紫云英分枝数、单株结荚数和每荚种子粒数，种子产量提高 13.7% 以上，基施 B、Mo 肥有利于紫云英根瘤形成，根瘤菌数比对照增加 37.8% 以上。

（2）作追肥　在紫云英孕蕾期，叶面喷施 1～2 次浓度为 0.1%～0.15% 硼砂（硼酸）溶液和 0.05% 钼酸铵溶液，不仅能促进植株生长，提高鲜草产量，而且有保花保荚的作用，提高种子产量。徐建祥等（2011）研究结果，在配合施用 N、P、K 肥的情况下，叶面喷施 B 肥（硼砂）和 Mo 肥（钼酸铵）各 7.5kg/hm²，在开花前分 3 次叶面喷施可显著增产。项玉英等（2011）用硼砂和钼酸铵在开花期叶面喷施，施用量均为 7.5kg/hm²，在施 P、K 肥的基础上，喷施 B 肥鲜草产量可增加 4.0%，喷施 Mo 肥可增产 7.0%，同时喷施 B 肥和 Mo 肥可增产 8.1%。

4. 硒肥　紫云英 Se 肥常用的是亚硒酸钠，一般采取叶面喷施。赵决建（2004）研究表明，喷施外源 Se 可提高紫云英鲜草产量和对 Se 的吸收富集。在紫云英生长中期喷施 2 次浓度为 240～300mg/kg 亚硒酸钠溶液，有利于 Se 的富集，施用量过高，紫云英 Se 含量下降。张祥明等（2005）研究表明，在返青至现蕾期的中期喷施外源 Se，紫云英总 Se 量和有机态 Se 含量最高。叶面喷施 Se 能显著提高紫云英的鲜草产量和含 Se 量。在 120～360mg/L 的亚硒酸钠喷洒浓度范围内紫云英鲜草产量可增产 9.32%～14.8%，茎叶 Se 含量提高 3.89～13.54mg/kg、花蕾 Se 含量提高 1.96～7.27mg/kg。紫云英茎叶和花蕾的硒蛋白含量和蛋白硒含量在 0～300mg/L 的浓度范围内随用量的提高而提高。亚硒酸钠的喷施浓度应控制在 360 mg/L 以下，浓度高于 420mg/L，虽然没有出现较严重的中毒症状，但紫云英的生长受到抑制，鲜草产量显著下降。

四、田间管理

紫云英性喜湿润的土壤，但既怕渍又怕旱。因此，在田间管理中，一定要开好田沟，以防积水。同时要根据各生育时期对水分的要求，进行灌溉，以保持适宜的土壤水分，使水气协调，保证全苗，获得高产。

（一）播种管理

稻田套播的紫云英，播种后 2～3d，待种子吸足水分后，及时落干田水，让种子在湿润的田面上发芽出苗。收稻前要晒好田底，以免收稻时把紫云英幼苗踏入泥内，造成

缺苗。

（二）查苗补种

水稻收割后要及时进行查苗补种。造成紫云英缺苗的原因主要有三：一是播种不均匀，有漏播地段；二是田面不平，低凹处播后受渍死苗；三是播后干旱炕死种芽。补种方法，可结合灌溉或趁阴雨天气撒播补种；撒种后 2~3d 保持田面湿润，以利出苗。

（三）湿润管理

水稻收割后及时开好 3 沟，即围沟、腰沟和厢沟，达到沟沟相通，雨住田间无积水以降低渍害。秋冬遇干旱田面现白开裂时，应及时灌跑马水，以利幼苗生长。

（四）早施苗肥

适时施用越冬肥，推广以"以 P 增 N，以 K 增 N"技术，使紫云英幼苗根系发达，促进根瘤菌形成，增强根瘤的固 N 能力，防止紫云英僵苗，以利壮苗越冬。

五、病、虫、草害防治

（一）紫云英病害及防治

紫云英生育期间常发生的病害主要有菌核病、白粉病、轮斑病等。

1. 紫云英菌核病

（1）发病规律　紫云英菌核病主要以菌核混在种子中传播，遗留在田间的菌核也会在翌年发生。紫云英菌核病一般在 12 月上中旬至翌年 1 月、2 月发生，3 月发病最重。当菌核随紫云英种子播于田中后，部分菌核吸水膨胀萌发，当日均气温 5~10℃时，病菌长成菌丝为害幼苗；低于 0 ℃时，停止蔓延。开春后，随着气温回升和雨水增多，病菌菌丝大量蔓延为害加重。

（2）症状　菌核病主要为害茎和叶。苗期发生在近地面的茎基部，病斑呈紫红色，开始只呈小型病斑，继而扩展成水渍状，同时长出白色菌丝向四周植株蔓延侵害，严重时整株软腐死亡。在田间形成大小不等的窟窿状病穴。

（3）防治方法

① 种子处理　用比重为 1.05~1.09 的盐水（100kg 水加食盐 10~13kg）选种，迅速捞取菌核，再用清水洗净种子上的盐分。

② 清沟排渍　春季雨水较多时及时清沟排渍，降低田间湿度，以减轻菌核病的发生。

③ 合理轮作　实行稻后紫云英与小麦轮作，改善土壤条件，以减轻病菌为害。

④ 药剂防治　发病早期，每公顷用 50% 可湿性多菌灵 750~1 500g 或用 70% 甲基托布津可湿性粉剂 750~1 500g 加水 1 000 倍液喷雾；严重时每公顷用 40% 菌核净可湿性粉剂 1 500~2 250g 加水 1 000 倍液喷雾。

2. 紫云英白粉病

（1）发病规律　紫云英白粉病寄主广泛，互为菌源，以分生孢子借风雨传播，造成初次和再次侵染。紫云英白粉病在 10 月中下旬开始发生，11 月中下旬至 12 月下旬出现第一次发病高峰，以后因低温停止蔓延，到翌年 3 月气温上升，出现第二次发病高峰。在田间积水或多雨阴湿气候条件下病害加重；就紫云英长势而论，生长旺盛茂密的田块发病早，为害严重。

（2）症状　主要为害叶片，最初在叶面上零星出现小斑点，并有白色粉状物出现，后逐渐向四周扩大，形成一层白粉，为病菌的分生孢子和菌丝；随之菌丝在叶肉内侵害繁殖，还可透过叶背形成病斑，并产生白粉状的分生孢子层。病叶严重受害后逐渐卷缩，直至枯萎。在病害严重时，嫩茎和花荚都会遭侵害，而形成短枝或枯枝、落花以及小荚和瘪荚，降低产草量和产种量。

（3）防治方法

① 清沟排水　及时清沟排水，减轻渍害，有利于降低紫云英白粉病的发生。

② 药剂防治　发病时，每公顷用 20% 三唑酮（粉锈宁）乳油 75 ~ 150g 1 000 倍液喷雾，或每公顷用 30% 特富灵可湿性粉剂 300 ~ 600g 加水 750kg 喷雾。

3. 紫云英轮斑病

（1）发病规律　整个生育期均能发病，对种子生产影响较大。以分生孢子在病部越冬。当气候多雨、田间湿度大时，易发生传播。10 月初在紫云英第一片真叶上发病，并蔓延到第二、第三片真叶，至 11 月初停止。翌年 3 月，又在新叶上发生。

（2）症状　初次发病时，叶片上呈现针头状大小的褐色斑点，后慢慢出现淡褐色的圆形或不规则性病斑，有的斑内稍带轮纹，斑的边缘淡紫褐色，病斑分界明显，在病斑中部产生暗灰色霉斑。受害严重时，叶片萎蔫枯死。有时几个病斑联合成大形病斑，表皮组织干腐后，使茎稍有缢缩，严重时，全茎枯死。

（3）防治方法

① 清沟排水　降低地下水位和田间湿度，并增施 P、K 肥，以增强植株的抗病能力。

② 药剂防治　发病时，每公顷可用 50% 的多菌灵 150 ~ 300g 加水 1 000 倍液喷雾，同时可兼治菌核病。

（二）紫云英虫害防治

为害紫云英的害虫主要有蚜虫、蓟马、潜叶蝇和地老虎等。

1. 蚜虫　为害紫云英的蚜虫为苜蓿蚜（*Aphis medicaginis* Koch），属同翅目蚜科（*Aphididae*），在中国分布普遍。有的地方也有发生槐蚜（*Aphis fabae*）为害。

（1）发生规律　苜蓿蚜主要以若蚜或成蚜在紫云英心叶中越冬，气候干旱时容易发生。10 ~ 12 月，当气候干旱时，蚜虫群聚在紫云英顶芽嫩叶上为害，导致植株生长萎缩停止。翌年 3 ~ 5 月，当连续天晴 5d，蚜虫繁殖增长 5 ~ 10 倍；连续晴 7d，可增长 100 倍，群聚在嫩叶、嫩茎和花蕾上，以刺吸性口器插入植株组织中吸取汁液。

（2）为害症状　苜蓿蚜的成虫和若虫喜欢趋集到紫云英顶部的嫩芽、嫩叶和花蕾上为害，大量繁殖时，也聚集到嫩茎和花序上为害。以刺吸式口器插入植株组织中吸取汁液，使茎叶萎缩，植株生长停滞，矮小，落花落荚，或结荚少、籽粒轻，严重时造成成片枯死。

（3）防治方法　每公顷用25%辟蚜雾（抗蚜威）225g加水750kg喷雾，既杀死蚜虫，又保护花期蜜蜂不受伤害。

2. 蓟马　为害紫云英的蓟马种类较多，主要有端带蓟马（*Taeniothrips distalis* Karny）、丝带蓟马（*Taeniothrips sjostadti* rybon）、黄带蓟马（*Scirtothrips* sp.）、花蓟马（*Frankliniella intonsa* rybom）、黄胸蓟马（*Thrip* sp）、黑腹蓟马（*Frankliniella* sp.）等，均属缨翅目、蓟马科（Thripidae）。

（1）发生规律　蓟马受气候和食料影响较大。春季低温多雨，很少活动；天气转晴后，气温上升到14~16℃时又逐渐活跃；当气温上升到20~23℃、相对湿度75%左右时，繁殖最快，为害最重。在紫云英上一年发生3~4代。10~11月蓟马成虫迁入紫云英或其他越冬寄主（如油菜、萝卜、葱等植物）上越冬，喜欢群集在叶背和茎皮裂缝中。开春后先为害嫩叶，到紫云英开花后转入花中，它有趋集新鲜花朵的习性，故新鲜花朵越多的，虫口也越多。以后大量产卵繁殖，卵产于花萼和花梗组织内，若虫孵出后即侵入花器中取食，老熟后钻入表土中化蛹。

（2）为害症状　蓟马的成虫和若虫均具有锉吸式口器，能锉伤植株组织，吸取液汁。主要为害紫云英的嫩芽、嫩叶和花器，嫩叶被害后先出现斑点，继而卷曲枯萎，生长点被害后，顶芽不长，也不开花。一般花器被害最重，损失最大，往往从现蕾开始到整个开花期，都能为害。以成虫和若虫躲在花心内，用口器锉伤子房或插入花器内吸食液汁，使子房受损破坏，不能结实，花冠也萎缩。花瓣基部被锉伤使花瓣脱落。嫩荚被害后也会脱落或形成畸形秕籽。

（3）防治方法　每公顷用25%的抗蚜威225g，加水750kg喷雾。

3. 潜叶蝇　为害紫云英的潜叶蝇有两种：紫云英潜叶蝇（*Phytomyza flavofemoralis* Sasakawa）和豌豆潜叶蝇（*P. horticola* Goureau），均属双翅目、潜叶蝇科。

（1）发生规律　潜叶蝇为紫云英留种田的主要虫害之一。其食性较杂，对豌豆和油菜、萝卜等十字花科植物也能为害，但以紫云英受害最重。豌豆潜叶蝇为多食性害虫，主要为害十字花科植物，有时也为害紫云英，经常和紫云英潜叶蝇混合发生，但为害较轻。入秋后在十字花科植物上繁殖，晚秋迁移到紫云英上为害，以幼虫或蛹在紫云英叶片上越冬。成虫寿命长，生活周期短，世代重叠严重。1~2月开始活动，3月下旬大增，4月上旬盛发，4月中旬至5月流行猖獗。

（2）为害症状　幼虫在紫云英叶片内潜食叶肉。随着取食的进展，在叶片表皮下爬通成弯曲的白色潜道，沿途尚留有细碎的粪粒，一般在紫云英生育的中后期为害最重。发生多时，在一张小叶片内聚集几头甚至10多头虫，使潜道彼此交通，以致全叶枯萎。发生严重时，紫云英留种田呈成片枯焦，结荚减少，子粒不饱满，影响种子的产量和质量。

（3）防治方法　用25%抗蚜威，每公顷用225g，加水750kg喷雾，还可兼治蓟马和蚜虫。

（三）紫云英杂草防治

以豫南稻区为例。紫云英田的主要禾本科单子叶杂草有看麦娘、棒头草、罔草等，双子叶杂草有牛繁缕、猪殃殃和荠菜等。稻田套播的紫云英田杂草很少，一般不需要防治。草害严重发生的地块，应尽早防治。在杂草 2 叶 1 心期每公顷用高效盖草能 300ml 加水 450kg 喷雾，可基本杀灭禾本科杂草，其他杂草可用人工拔除。

六、适时收获

紫云英应根据不同用途确定合理的翻压或收获时期。

（一）翻压肥田

1. 翻压时期　紫云英翻压时期应掌握在鲜草产量和肥分含量最高时进行。紫云英的盛花期是翻压的最佳时期。吕玉虎等（2013）对紫云英翻压量进行了研究，表明在盛花期翻压紫云英，比盛花期前和盛花期后翻压相同量紫云英提高了土壤耕层速效 N、速效 K 的含量，土壤耕层速效 P 和有机质含量也略有提高。翻压过早，虽然植株柔嫩多汁，容易腐烂，但鲜草产量低，肥分总含量也低。反之翻压过迟，植株趋于老化，木质素、纤维素增加，腐烂分解困难。而且其分解的有机酸和大量的 CO_2 及 H_2S 气体会影响水稻秧苗成活和分蘖。

2. 翻压量　通常紫云英的翻压量为 22.5t ~ 30t/hm^2。多余的可作饲料或移至其他田块翻沤。翻压量也因田块土壤肥力和种植品种耐肥状况而异，肥力低的田多翻压、肥力高的田少翻压；种植耐肥力强的品种，可以多翻压，反之可少翻压。翻压量过高，分解过程中产生大量还原性有害物质和过多 N 肥，造成初期水稻死苗，后期水稻生长过旺，病虫害严重，导致水稻减产。

3. 翻压深度　紫云英分解要靠微生物的活动，因此，翻压深度应考虑到微生物在土壤中旺盛活动的范围以及影响微生物活动的各种因素。微生物的活动在 10 ~ 15cm 深处比较旺盛，故翻压深度也应以此为准。

4. 翻压方法　一种方法是干耕，晒田 2 ~ 3d，再灌水整田，这样土温较高，好气性微生物活动强，腐解快，并可减少水稻秧苗期因紫云英分解导致的僵苗。这种翻耕方法适宜在地势较低、土壤水分充足的沼泥田中使用。

另一种方法是翻压前灌水，这样土温较低，腐解较慢，肥效稳长。这种翻压方法适宜在地势平坦、土壤水分不足、土壤硬度较大的田块使用，可以减少因紫云英分解过快导致的营养损失或供应不平衡，也可以减轻翻耕难度。翻压量较大时，可先进行简单刈割，以减轻翻耕阻力。翻压后管好田水，防止肥分流失。

（二）种子收获

留种田在 5 月上旬 75% 以上的种荚变黑时收获。正常的种子是黄绿色。收获过早，青秕粒多；收获过晚，紫云英种子容易落荚。

种子收获可采用人工收割或机械收获。

人工收割时选在晴天的上午露水未干前收获，避免紫云英落荚。收割方法是边割、边卷、边打捆运至晒场，均匀摊开晾晒，晒干后用连枷或木棒一边翻动，一边捶打，直至脱粒干净为止。也可采用小麦脱粒机进行脱荚脱粒，脱粒后筛净晒干保存。

紫云英种子收获可采用水稻收割机收获，但要对收割机进行调整，一是调低割刀与地面的间距，尽量做到割茬最低；二是调小脱粒滚筒与筛子的间距；三是更换适合小粒种子的筛子，筛孔直径应以不漏紫云英种子为宜。机械收获要选择晴天干燥时进行。

本章参考文献

1. 蔡天军．紫云英栽培及应用前景．作物杂志，2005（3）：57～58

2. 曹连臣，林森，补道昌．N、P、K平衡施肥对紫云英产量的影响．信阳农业高等专科学校学报，1999（4）：6～9

3. 曹卫东，徐昌旭．中国主要农区绿肥作物生产与利用技术规程．北京：中国农业科学技术出版社，2010

4. 陈海荣，郭照辉，魏小武等．根瘤菌肥对紫云英生长的影响研究．现代农业科技，2012（10）：261～264

5. 陈丽君，顾海峰，何永娥等．播期及施肥量对紫云英产量的影响．上海农业科技，2006（3）：125～126

6. 葛天安，叶梅蓉，张昌杰等．紫云英高产栽培技术．草业科学，2005，22（7）：23～24

7. 何保良．打破紫云英种子休眠方法初探．作物研究，2007，21（2）：126～127

8. 黄庆海，徐小林，徐昌旭等．丘陵旱地红壤上施用硼锌和钼肥对紫云英种子产量的影响．中国土壤与肥料，2013（2）：75～79

9. 贾世武，汪德尚，尹德柱等．皖紫一号紫云英特征特性及高产栽培技术．安徽农学通报，2011，17（16）：116

10. 焦彬，顾荣申，张学上．中国绿肥．北京：中国农业出版社，1986：145～154

11. 兰忠明，张辉，周仕全等．氮磷钾配施对紫云英鲜草产量养分含量的影响．中国土壤与肥料，2012（1）：49～52

12. 李长喜，杨松云，李巨．紫云英硬粒种子的持续时间及其解除方法．植物生理通讯，1993（6）：474，476

13. 李青盛．紫云英接种根瘤菌剂的效果．农技服务，2010，27，（7）：856

14. 林多胡，顾荣申．中国紫云英．福州：福建科学技术出版社，2000

15. 林新坚，曹卫东，吴一群等．紫云英研究进展．草业科学，2011，28（1）：135～140

16. 刘兵，邹记，段琼艳．紫云英品种比较试验研究初报．耕作与栽培，2013，1（15）：43～46

17. 刘威, 鲁剑巍, 苏伟等. 氮磷钾肥对紫云英产量及养分积累的影响. 中国土壤与肥料. 2009 (5)：49 ~ 52

18. 刘英, 郭熙盛, 王允青等. 紫云英根瘤菌应用效果研究. 安徽农业科学, 2012, 40 (24)：12 046 ~ 12 047

19. 卢萍, 单玉华, 杨林章等. 绿肥轮作还田对稻田土壤溶液氮素变化及水稻产量的影响. 土壤, 2006, 38 (3)：270 ~ 275

20. 吕玉虎, 刘春增, 潘兹亮等. 紫云英不同翻压时期对土壤养分和水稻产量的影响. 中国土壤与肥料, 2013 (1)：85 ~ 87

21. 潘福霞, 李小坤, 鲁剑巍等. 不同品种紫云英在湖北省不同生态区的生长及物质养分积累比较. 中国土壤与肥料, 2011 (6)：64 ~ 67

22. 潘磊, 吴金发, 黄花香等. 紫云英肥饲兼用—猪粪尿返田对土壤肥力与水稻生猪产量的影响. 江西农业学报, 2003, 25 (3)：339 ~ 341

23. 邱孝煊, 张伟光, 张辉等. 菜用紫云英品种嫩梢产量营养品质及卫生质量分析. 福建农业学报, 2012, 27 (6)：626 ~ 629

24. 苏伟, 鲁剑巍, 刘威等. 氮磷钾肥用量对紫云英产量效应的研究. 中国生态农业学报, 2009 (16)：1 094 ~ 1 098

25. 王建红, 曹凯, 张贤等. 施用有机硒肥生产富硒紫云英嫩梢菜的可行性研究. 浙江农业学报, 2011, 23 (1)：141 ~ 143

26. 吴跃明, 刘建新, 杨玉爱. 紫云英富集硒的化学形态及其对动物的利用率. 中国畜牧杂志, 2004, 40 (7) 25, 28

27. 吴跃明, 刘建新. 饲喂紫云英富集硒对动物组织硒储留和血液生化指标的影响. 中国畜牧杂志, 2004, 40 (8)：6 ~ 8

28. 吴照中. 紫云英接种根瘤菌剂效果研究. 农技服务, 2011, 28 (4)：473, 491

29. 项玉英, 王伯诚, 陈剑. 微量元素硼钼肥对紫云英产量的影响. 上海农业科技, 2011 (5)：111 ~ 112

30. 徐建祥, 俞巧钢, 叶静等. 硼钼肥对紫云英产量及养分积累的影响. 福建农业科技, 2011 (6)：75 ~ 77

31. 杨俊刚, 段仁周. 中国绿肥种子出口技术手册. 北京：中国农业科学技术出版社, 2013：252 ~ 254

32. 杨俊岗, 李长喜. 信阳紫云英研究. 北京：中国农业科学技术出版社, 2005

33. 张祥明, 郭熙盛, 王文军等. 施用氮磷钾肥对紫云英生长产量的影响. 安徽农业科学, 2011, 39 (30)：18 585 ~ 18 586, 18 694

34. 张祥明, 刘英, 王允青等. 富硒紫云英生产富硒牛奶的研究. 中国奶牛, 2007 (7)：42 ~ 44

35. 张祥明, 王允青, 刘英等. 紫云英对水稻硒累积特征和糙米硒含量的影响. 土壤通报, 2008, 39 (5)：1 140 ~ 1 144

36. 赵决建. 外源硒对紫云英硒含量和产量的影响. 植物营养与肥料学报, 2004, 10

(3)：334～336

37. 赵学杏. 稻田种植紫云英对水稻含硒量及产量的影响. 安徽农学通报，2011，17 (9)：62，85

38. 周可金，邢君，博毓红等. 油菜与紫云英间混作系统的生理生态效应. 应用生态学报，2005，16 (8)：1 477～1 479

39. 朱德雄，刘威，刘学军等. 紫云英氮磷钾肥最佳施用量研究. 河北农业科学，2010，14 (2)：39～42

40. 朱国平，桂云波，汪根火. 南陵县"弋江籽"紫云英高产栽培技术. 安徽农学通报，2002，8 (6)：58～59

第七章　中国南北过渡带绿豆和红小豆栽培

第一节　绿豆栽培

　　绿豆 ［*Vigna radiata*（Linn.）Wilczek］是豆科（Leguminosae）豇豆属（*Vigna*）植物中的一个栽培种。原产于亚洲东南部，属喜温作物，在温带、亚热带、热带高海拔地区被广泛种植，其中，印度、中国、泰国、菲律宾等国家栽培最多。绿豆在中国已有2 000多年的栽培历史，目前，中国绿豆播种面积和总产量均居世界前列。近年来，随着种植业结构的调整和灾害性天气的增多，绿豆由于生育期短、抗逆性强、耐旱、耐瘠薄、用地与养地相结合等原因在生产上种植面积有逐年扩大的趋势。同时绿豆在工业、食品业和医药等方面用途广泛，也是对外贸易出口创汇的主要产品，绿豆已成为中国产区农民增加收入的主要经济作物之一。

一、绿豆的种植历史及过渡带的生产布局

（一）中国绿豆的种植历史

　　中国是世界上栽培利用绿豆较早的国家。早在2 000多年前的战国时期屈原的《离骚》中有"资菉葹以盈室兮"的记述，说明当时长江流域就有绿豆种植。绿豆具有耐旱、生育期短、并有固氮作用等特点，极易和其他作物间作、轮作、套种、混种。伴随着中国精耕细作制度的形成，绿豆在中国种植历史上呈现出多种多样的种植形式。

　　南北朝时，绿豆的肥田作用被人们认识，绿豆作为绿肥被纳入肥粮轮作中，并形成了一套完整的技术体系。贾思勰在《齐民要术》中作了系统的总结，从肥效上"美田之法，绿豆为上，小豆、胡麻次之"；绿豆可以和谷子、瓜、葱等作物轮作，与谷子的轮作方式是"五六月概种绿豆，至七八月犁掩杀之，为春谷田"。绿豆和其他作物间作萌芽于南北朝的桑豆间作，桑田间作绿豆可以提高土壤利用率，绿豆根系可疏松土壤，加速土壤熟化，固定空气中N素，增加土壤养分，以利于桑树生长。

　　隋唐之后，绿豆在中国种植已相当普遍，有的地方已成为纳税作物。《旧五代史》有"唐（后唐）同光三年二月，敕魏府小绿豆税每亩减放三升"。宋前后，中国绿豆种植方式仍以一年一熟和平作、肥粮轮作为主。

宋之后，南方一年两熟制迅速出现。绿豆由于生育期短而被纳入多熟种植中。一年两熟制主要是稻后种豆、麦、菽等作物。"早田获刈才毕，随即耕治煞曝，加粪壅培而种豆、麦、蔬，因以熟土而肥沃之，以省来岁之功役，且其收足，又助岁计也"。

元代，南方一年两熟制进一步发展，逐渐渗透到北方农业中。小麦是北方的主要粮食作物，绿豆掩青可以显著提高后茬小麦产量。麦收后的七八月高温多雨，有利于绿豆茎叶的生长及掩后的青体腐烂。所以小麦—绿豆（绿肥）一年两熟制应运而生了。元《农桑辑要》中有"耕麦地，六月初旬，四五更时乘露水未干，阳气在下，宜耕之。耕过地内稀种绿豆，候七月间，犁翻豆秧入地，胜于用粪，则麦宜茂"。小麦—绿豆（绿肥）轮作，对中国小麦生产发挥了重要作用。

明清之后，随着人口增多，人均耕地面积减少，精耕细作水平进一步提高，一年两熟、两年三熟制普遍推广，玉米等高产作物引进，绿豆参与的套种、复种、混种、间作等多熟制得以形成。除传统的肥粮轮作、桑豆间作、绿豆两熟、平作绿豆外，还出现了许多新的种植方式。在长江中下游，实行稻豆间作，湖南在稻田埂上间作绿豆，在北方绿豆与玉米、高粱、谷子等作物间套、混种非常普遍。

在长期的生产实践中，中国劳动人民逐渐摸索了绿豆的生育特点，并积累了丰富的栽培、利用经验，随着种植面积和栽培技术的提高，绿豆的食用和药用价值逐步被人们认识，在《本草纲目》《随息居饮食谱》《中药大辞典》《食物营养与健康》等古今医药、营养学书籍中对绿豆的药理及药用价值都有较详尽的介绍。

（二）绿豆在南北过渡带的生产布局

绿豆在中国各地均有种植，是中国的主要食用豆类作物之一。产区主要集中在黄河、淮河流域、长江下游及东北、华北地区。近年来，以内蒙古、吉林、安徽、河南、山西、黑龙江、陕西、湖北、湖南、重庆、四川、河北、江苏等省（区市）种植较多。在中国南北过渡带，绿豆既可春播，也可夏播；既可单作，也可间作套种。

1. 单作 包括单种、轮作和复种。利用绿豆生育期短、抗逆性强等特点，在一些生长季节较短或因遭受自然灾害而延误其他作物播种的地区，以及生产条件较差、土壤瘠薄的土地上，单种一季绿豆，能获得一定的产量。在南北过渡带多数地区多采用绿豆与禾谷类作物轮作，或在麦类及其他作物生长间隙种一季绿豆，实行一地多熟，以提高复种指数和土地利用率，增加单位面积粮食总产量和经济效益。常用的种植方式主要有小麦-绿豆、水稻-绿豆、油菜-绿豆、春玉米-绿豆、西瓜-绿豆等。

2. 间作套种 包括间作、套种和混种。利用绿豆植株矮小、对光照不敏感、较耐荫蔽等特点，与高秆及前期生长较慢的作物间作套种或混种，充分利用单位面积上的光、温、水、土等自然资源，不仅能多收一季绿豆，还能提高主栽作物产量，达到既增产、增收又养地的目的。常用的种植方式主要有绿豆//玉米（高粱）、绿豆//谷子、绿豆//甘薯、棉花//绿豆、绿豆//烟草、绿豆//幼龄果树等。

二、绿豆的营养品质

（一）营养成分

绿豆的营养成分比较丰富，籽粒含有高蛋白、中淀粉、低脂肪，富含多种矿物质和维生素，是经济价值和营养价值较高的一种豆类。绿豆因品种和地理分布不同，其营养成分有一定差异。商品绿豆一般的营养成分见表 7 - 1。

表 7 - 1　绿豆的营养成分　　　　　（以每 100g 可食部计）

成分名称	含量	成分名称	含量	成分名称	含量
可食部（%）	100	水分（g）	12.3	能量（Kcal）	316
能量（KJ）	1 322	蛋白质（g）	21.6	脂肪（g）	0.8
碳水化合物（g）	62.0	膳食纤维（g）	6.4	灰分（g）	3.3
维生素 A（μg）	22	胡萝卜素（μg）	130	硫胺素（mg）	0.25
核黄素（mg）	0.11	尼克酸（mg）	2.0	维生素 E（T）（mg）	10.95
钙（mg）	81	磷（mg）	337	钾（mg）	787
钠（mg）	3.2	镁（mg）	125	铁（mg）	6.5
锌（mg）	2.18	硒（μg）	4.28	铜（mg）	1.08
锰（mg）	1.11				

注：引自中国疾病预防控制中心营养与食品安全所．中国食物成分表 2002．北京：北京大学医学出版社，2002：42 ~ 43

绿豆营养成分全面，不仅蛋白质含量高，而且蛋白质组分中大多是球蛋白、清蛋白、谷蛋白和醇溶蛋白，蛋白质功效比高，居各种豆类之首，蛋白质中氨基酸种类齐全且构成比例较好，尤其是赖氨酸含量高于一般禾谷类粮食作物，接近鸡蛋蛋白质赖氨酸含量（表 7 - 2）。

表 7 - 2　绿豆的氨基酸含量　　　　　（mg/100g 可食部）

成分名称	含量（mg）	成分名称	含量（mg）	成分名称	含量（mg）
异亮氨酸	976	亮氨酸	1 761	赖氨酸	1 626
硫氨基酸（T）	489	蛋氨酸	269	胱氨酸	220
芳香族氨基酸（T）	2 102	苯丙氨酸	1 412	酪氨酸	690
苏氨酸	779	色氨酸	246	缬氨酸	1 189
精氨酸	1 577	组氨酸	647	丙氨酸	999
天冬氨酸	2 671	谷氨酸	4 188	甘氨酸	886
脯氨酸	999	丝氨酸	1 135		

注：引自中国疾病预防控制中心营养与食品安全所．中国食物成分表 2002．北京：北京大学医学出版社，2002：230 ~ 231

（二）营养价值

1. 膳食价值　绿豆营养丰富，用途广泛，既是调节饮食的佳品，又是食品工业的重要原料。绿豆是夏令饮食中的上品，不仅可做粥、饭、汤，或发芽做菜，还可以制成花色多样，风味独特的绿豆糕、绿豆馅、粉丝、粉皮及绿豆淀粉、绿豆沙、绿豆酒等制品。故有"食中佳品，济世长谷"之称。

长期以来，人们一直把绿豆作为防暑、健身佳品，在环保、航空、航海、高温及有毒作业场所被广泛应用。在炎炎夏日，绿豆汤更是老百姓最喜欢的消暑饮料。夏天在高温环境下工作的人出汗多，水液损失很大，体内的电解质平衡遭到破坏，用绿豆煮汤来补充是最理想的办法，能够清暑益气、止渴利尿，不仅能补充水分，而且还能及时补充无机盐，对维持水液电解质平衡有着重要意义。另外，用绿豆制做的面条、绿豆沙、绿豆糕、绿豆丸子、各色绿豆点心等，都是物美价廉的风味小吃。绿豆汁、绿豆茶、绿豆晶、绿豆酸奶及冰棍等更是暑期的大众消夏食品。绿豆粉皮、绿豆粉丝，质量上乘，倍受人们青睐。

绿豆中所含蛋白质、磷脂均有兴奋神经、增进食欲的功能，为机体许多重要脏器增加营养所必需。经常食用绿豆可以补充营养，增强体力。绿豆脂肪含量较低，是豆类中含脂肪最低的种类之一，绿豆的脂肪多属不饱和脂肪酸，磷脂成分中有磷脂酰胆碱、磷脂酰乙醇胺、磷脂酰肌醇、磷脂酰甘油、磷脂酰丝氨酸和磷脂酸等，有增进食欲作用。绿豆淀粉中含较多的戊聚糖、半乳聚糖、糊精和半纤维素，具有热黏度好等优良性能，是食品工业制备粉丝、粉皮、绿豆馅的良好原料。

绿豆籽粒加工成豆芽菜后，其营养价值和营养利用率都大大提高，所含的 Ca、Fe 和多种维生素都被释放出来。绿豆芽热量较低，水分和膳食纤维较高。据测定，绿豆芽中含有丰富的蛋白质、矿物质及多种维生素，每 100g 鲜绿豆芽中含热量 75KJ，蛋白质 2.1g、脂肪 0.1g，碳水化合物 2.9g、Ca9mg、P37mg、Fe 0.6mg、胡萝卜素 20μg、维生素 C 6mg、维生素 B_1 0.05mg、核黄素 0.06mg，其中，维生素 C 等营养成分是干绿豆粒所不具有的。绿豆芽富含膳食纤维，是便秘和肥胖患者的健康蔬菜，有预防消化道癌症（食道癌、胃癌、直肠癌）的功效。绿豆芽营养丰富、美味可口，不仅畅销国内市场，在亚洲及欧、美国家也极为盛行，成为许多家庭和餐馆、饮食店的必备食品。日本、美国等每年进口大量绿豆，主要用于豆芽生产。

2. 食疗价值　绿豆除了含有人体必需的营养物质以外，还含有生物碱、香豆素、植物甾醇、皂苷和黄酮类化合物等多种生物活性物质，对人类和动物的生理代谢活动具有重要的促进作用。绿豆的防病治病作用在《本草纲目》等古今医学书籍和许多杂志上都有记载。

《开宝本草》记载：绿豆，甘，寒，无毒。入心、胃经。主丹毒烦热，风疹，热气奔豚，生研绞汁服，亦煮食，消肿下气，压热解毒。

《本草纲目》云：绿豆，消肿治痘之功虽同于赤豆，而压热解毒之力过之。且益气、厚肠胃、通经脉，无久服枯人之忌。外科治痈疽，有内托护心散，极言其效。并可解金石、砒霜、草木一切诸毒。《本草纲目》还记载：绿豆有补气元神，调和五脏，安精神，行十二经脉，去浮风，润皮肤，止消渴，利肿胀，解一切草药、牛马、金石诸毒等功效。

《本草求真》曰：绿豆味甘性寒，据书备极称善，有言能厚肠胃、润皮肤、和五脏及资脾胃，按此虽用参、芪、归、术，不是过也。第书所言，能厚、能润、能和、能资者，缘因毒邪内炽，凡脏腑经络皮肤脾胃，无一不受毒扰，服此性善解毒，故凡一切痈肿等症无不用此奏效。

纵观各家本草，绿豆性凉味甘，具有清热、祛暑、解毒、利水等功效，是传统医学中药食同源的代表性食物。近几十年来，人们用现代科学技术对绿豆进行了多方面的研究。中医学认为，绿豆及其花、叶、种皮、豆芽均可入药，其味甘性寒，内服具有清热解毒、消暑利水、抗炎消肿、保肝明目、止泄痢、润皮肤、降低血压和血液中胆固醇、防止动脉粥样硬化等功效，外用可治疗创伤、烧伤、疮疖痈疽等症。绿豆芽性味甘凉，具有"解酒毒、热毒、利三焦"之功。

现代医学认为，绿豆具有抗菌抑菌、降血脂、抗肿瘤、解毒等药理作用。研究表明，绿豆衣提取液对葡萄球菌有抑制作用，绿豆皮中所含的单宁物质，能凝固微生物原生质，可产生抗菌活性，含有的众多生物活性物质可以增强机体免疫功能，增加吞噬细胞的数量或吞噬功能；绿豆中含有的植物甾醇结构与胆固醇相似，植物甾醇与胆固醇竞争酯化酶，使之不能酯化而减少肠道对胆固醇的吸收，起到降血脂作用；绿豆中含有丰富的蛋白质，生绿豆水浸磨成的生绿豆浆蛋白含量颇高，内服可保护胃肠黏膜，绿豆蛋白、鞣质和黄酮类化合物可与有机磷农药、汞、砷、铅化合物结合形成沉淀物，使之减少或失去毒性，并不易被胃肠道吸收，起到解毒作用。此外，绿豆还是提取植物性超氧化物歧化酶（SOD）的良好原料，加之富含氨基酸、胡萝卜素和微量元素等营养成分，具有很好的抗衰老功能。绿豆芽菜中含有天门冬氨酸，常食能添精力、解疲劳；绿豆芽中含有丰富的维生素C，可以治疗坏血病；绿豆芽中富含纤维素，有清除血管壁中胆固醇和脂肪的堆积，防治心血管病变的作用。研究还表明，绿豆及豆芽菜对癌症能起到一定的预防作用和抑制作用。

绿豆作为清热解毒药物，被广泛应用于肝炎、胃炎、尿毒症及酒精、药物和重金属中毒病人的临床治疗中，对农药中毒、腮腺炎、烧伤、麻疹合并肠炎等症疗效尤为明显。自古以来，在民间人们就有用绿豆治病强身的习惯，如用绿豆汤防止中暑；用开水冲服绿豆粉，解煤气中毒恶心呕吐；用绿豆加红糖煎汤催乳；把绿豆皮炒黄加冰片研末，治烫伤；用绿豆马齿苋汤治痢疾、肠炎；用猪苦胆汁加绿豆粉，治高血压；绿豆荚可治赤痢经年不愈。绿豆皮能清风热、去目翳、化斑疹，用其作枕头有解热明目，治痰喘的功效。绿豆叶能治霍乱等。

（三）综合利用

1. 绿豆食品的开发利用　由于绿豆适口性好，易消化，营养价值高，加工技术简便，是人们十分喜爱的的饮食、酿酒等加工原料，被誉为粮食中的"绿色珍珠"。绿豆可以做绿豆粥、绿豆汤、绿豆米、绿豆饭、豆沙馅、绿豆糕、豆芽菜，还可以做凉粉、粉皮、粉丝、冷饮，也是酿制名酒的好原料。近年来，人们利用绿豆的高营养和清热解毒特性，优化传统绿豆食品加工工艺，以绿豆为主要原料或辅助原料研制出了一系列营养、功能性食品和饮料，如绿豆营养保健粥、方便粥、绿豆糕、绿豆酱、绿豆营养粉、绿豆清凉饮料、保健饮料等。

粉丝、粉条是中国人的传统食品，而绿豆又是制作粉丝的极好原料。因其制出的粉丝色泽透亮，又不易断条，故长期以来深受人们的喜爱，著名的龙口粉丝已远销海外。绿豆糕则更是国人都熟悉的食品，以绿豆粉制成，风味独特，消暑祛热，老少皆宜。

近年来，绿豆饮品的开发也成为重点，目前开发的产品主要有：

（1）速溶绿豆粉 利用超微、发酵、酶解等技术，提高绿豆纤维，淀粉及蛋白的溶解性，添加一些辅料制成速溶的固体饮料，即冲即饮，不仅提高了绿豆饮品的保质期，亦充分利用了绿豆的各种营养素。

（2）绿豆酸化全乳饮料 绿豆汤可以防暑降温，但贮藏期有限，往往会发生颜色变化，外观品质不良。添加牛乳及糖、酸等配料后可以改善绿豆饮品的口味。绿豆中蛋氨酸的含量较少，而牛乳中蛋氨酸的含量较高，两者调配后蛋白质生物价高于单独食用时的生物价，实现植物蛋白与动物蛋白营养成分的互补、天然膳食纤维与益生菌发酵制品的搭配，具有较高的营养价值。

（3）绿豆啤酒 在啤酒制造中加入绿豆可以制成消暑保健的绿豆啤酒。绿豆皮中含有较多的黄酮类物质，具有较强的抗氧化能力，有利于保质期的延长。

（4）绿豆中药复合解暑饮料 以具有清热解毒功效的中草药为辅料与绿豆有效成分进行复配而成，具有清热、利尿、消暑的功效。

此外，绿豆还可制成绿豆冰淇淋、绿豆运动饮料、绿豆纤维功能饮料等。

2. 绿豆蛋白的开发利用 绿豆富含蛋白质，且蛋白质功效比高，氨基酸种类齐全。绿豆蛋白具有极好的溶解性、保水性、乳化性、凝胶性、发泡性和泡沫稳定性等功能特性，因此，在食品加工业的面制品、肉制品、乳制品和饮料中的应用前景十分广阔。利用分离蛋白制成的蛋白奶、咖啡豆奶等蛋白饮料，不仅具有较高的营养价值，而且品质优良，味道鲜美。由于动物蛋白质易导致肥胖，肿瘤和心脑血管疾病的发生，近年来，在国外，低脂肪无胆固醇的植物蛋白发展尤其迅速。使用绿豆蛋白作为食品添加剂，还可起到氨基酸互补的作用，含有这种近乎纯化的蛋白制品是一种极具市场潜力的功能性保健食品。因此，随着世界人均蛋白质的年供给量逐年增加，绿豆分离蛋白的开发生产会带来显著的经济效益。

此外，以绿豆蛋白为原料采用先进的生物酶水解工艺，经酶解、精制、真空干燥可得到低分子多肽，对高血压、高血脂症、动脉粥样硬化、骨质疏松症有一定效果。绿豆蛋白多肽的开发和研制，为开发具有确切功效的新型保健食品展现了广阔的天地。

3. 绿豆皮膳食纤维的开发利用 绿豆中除淀粉和蛋白质外，另一主要成分就是纤维素。绿豆中纤维素主要存在于绿豆皮中，绿豆皮占绿豆总质量的7%～10%，而绿豆皮中纤维素的含量占50%～60%。因此，合理开发绿豆皮中的纤维素，把它转化成功能型食品膳食纤维，将具有很好的发展前景。近年来，膳食纤维已引起各国营养学家极大关注，它虽不具营养价值，但能防治许多疾病，被称之为"第七营养素"，它对人体正常代谢是必不可少的。目前，市场上有多种商品化膳食纤维出售，膳食纤维被添加到面包、面条、糕点等食品中，可补充通常食品膳食纤维含量的不足，并作为高血压、肥胖病患者的疗效食品。

4. 绿豆皮黄酮的开发利用　绿豆皮中含有抗氧化成分——黄酮类化合物。黄酮类物质是近年来研究较多的一种天然植物成分，具有抗氧化，增强免疫力，降血糖、血脂等功效，受到广泛的关注。绿豆皮黄酮作为一种天然抗氧剂，安全、高效，能有效地防止油脂及其制品氧化和酸败，保证含油食品的感官品质和营养价值、延长保存期而受到了科学工作者的青睐，得到了广泛的研究，成为油脂行业的一个研究方向。

5. 绿豆变性淀粉的开发利用　绿豆淀粉中直链淀粉含量高，比较容易老化，具有热黏度高等特性，在食品工业中常作为制作粉丝、粉皮、绿豆馅的主要原料或做食品配料。但绿豆淀粉和其他天然淀粉一样存在一些缺陷，如淀粉糊黏度不具热稳定性，抗剪切力稳定性不够，冻融稳定性较差，淀粉不具冷水溶解性等，仍然不能满足工业生产的各种要求。为了弥补绿豆淀粉性质上的不足，采用物理、化学或酶法，使淀粉的结构、物理性质和化学性质改变，拓展其应用范围，提高绿豆综合利用率。目前，绿豆变性淀粉主要有：

（1）酸转化淀粉　利用绿豆淀粉生产酸转化淀粉可用于制作软糖、胶姆糖等糖果，使糖果富有弹性、耐口嚼、不粘牙、不粘纸。绿豆酸转化淀粉具有良好的成膜性能，在布料或衣服洗涤后整理时利用绿豆酸转化淀粉，能使衣服具有良好的坚挺效果和润滑感。

（2）氧化淀粉　80%以上的次氯酸盐氧化淀粉用于造纸工业，主要用作纸张表面施胶。由于其具有成膜性好、不凝胶等优点，经过施胶后，改善纸张表面强度、增加表面光滑度、为书写和印刷提供优良的表面性能。

（3）醚化淀粉　最常见的醚化淀粉是羧甲基淀粉（CMS）。羧甲基淀粉（CMS）易消化，在食品上可作品质改良剂，用于面包和糕点加工，制成品具有良好的感官品质特性，并能延缓产品的老化时间；CMS 具有乳化稳定作用而用于冰淇淋的生产加工；CMS具有很强的崩解性和吸水膨胀性能，在药片加工中可做崩解剂；CMS 具有良好的悬浮能力、分散能力以及防止固体污垢再沉积的能力，可作为洗涤剂的主要成分。

（4）接枝淀粉　绿豆淀粉进行接枝改性后，可做蔬菜保鲜剂的载体，提高保鲜剂的持水率；在餐巾、纸尿裤等卫生用品中加入，可提高制品的保水量；可作为土壤或树苗移植用的保水剂等。

绿豆淀粉和变性淀粉凭借其优良的功能特性，将会在食品营养性和功能性拓展领域占有重要地位，作为一种功能性配料，在食品、医药、饲料等行业应用潜力巨大。

三、绿豆的特征和特性

（一）形态特征

绿豆［*Vigna radiata*（Linn.）Wilczek］属豆科（Leguminosae）豇豆属（*Vigna*）一年生草本植物。以《中国植物志》为据，豇豆属有约 150 种，分布于世界热带地区。中国有 16 种，3 亚种，3 变种。绿豆是其中的一个栽培种，在栽培过程中又产生了不同的品种。但不同品种的绿豆都具有共同的形态特征。

1. 根　绿豆的根系由主根、侧根、次生根、根毛和根瘤几部分组成。种子发芽长出的第一条根即为主根,主根由胚根发育而来,垂直向下生长,入土较浅。主根上长有侧根,侧根细长而发达,向四周水平延伸。侧根的梢部长有根毛。

绿豆的主根和侧根上长有许多根瘤,根瘤中的固氮菌可以固定空气中的 N 素。绿豆出苗 7d 后开始有根瘤形成,初生根瘤为绿色或淡褐色,以后逐渐变为淡红色直至深褐色。苗期根瘤固 N 能力很弱,随着植株的生长发育,根瘤菌的固 N 能力逐步增强,到开花期达到高峰。绿豆的固 N 过程要有充足的 O_2 参加,勤中耕可提高土壤的通透性,增加 O_2 和 CO_2 的浓度,能有效地增强根瘤菌的固 N 能力。土壤过于干旱或淹水,都会导致根瘤菌内部固 N 酶活力及吸收能力下降,使固 N 作用降低。

绿豆 80% 的根系集中在 20~30cm 的表土层内。根系的分布状况与深度,因品种和土壤类型而异。根据绿豆根在土壤中分布特点,可以划分为深根系和浅根系两种类型。深根系,主根较发达,入土较探,侧根向斜下方伸展,多为直立或半蔓生型品种。浅根系,主根不发达,侧根细长,向水平方向伸展,多为蔓生型品种。

2. 茎 绿豆种子萌发后,幼芽伸长形成茎。绿豆茎秆比较坚韧,外表近似圆形。幼茎有紫色和绿色两种。茎由节和节间组成,每节生一复叶,在其叶腋部长出分枝或花梗;节与节之间叫节间,在同一植株上,上部节间长,下部节间短。茎可分为主茎和分枝,绿豆植株高度(主茎高)因品种而异,一般 40~100cm,高者可达 150cm,矮者仅 20~30cm。一般主茎基部第 1~5 节上着生分枝,第 6~7 节以上着生花梗,在花梗的节瘤上着生花和豆荚。

绿豆株型按茎长相可分为直立型、半蔓生型和蔓生型 3 种。直立型茎秆直立,节间短,植株较矮,分枝与主茎之间夹角小,分枝少且短,长势不茂盛,成熟较早,抗倒伏性强。半蔓生型茎基部直立,较粗壮,中上部变细略呈攀缘状,分枝与主茎之间夹角较大,分枝较多,其长度与主茎高度相似,或丛生,多为中早熟品种。蔓生型茎秆细,节间长,枝叶茂盛,分枝多弯曲,且长于主茎,不论主茎还是分枝,均匍匐生长,进入花期后,其顶端有卷须,具缠绕性,多属晚熟品种。

3. 叶 绿豆叶有子叶和真叶两种。子叶两枚,由种子中的豆瓣发育而来,靠下胚轴的延伸作用使其伸出地面,白色,呈椭圆形或倒卵圆形。子叶肥厚,富含营养物质,供种子发芽、出苗和幼苗生长使用。

真叶有两种,从子叶上方第 1 节上长出的两片对生的披针形真叶是单叶,又叫初生真叶,无叶柄;随幼茎生长在两片单叶上方其他节上又长出由 3 片小叶组成的真叶,叫做三出复叶。复叶互生,由叶片、托叶、叶柄 3 部分组成,叶片较大,一般长 5~10cm,宽 2.5~7.5cm,绿色,卵圆或阔卵圆形,全缘,也有三裂或缺刻形,两面被毛;托叶一对,呈狭长三角形或盾形,长 1cm 左右;叶柄较长,被有绒毛。

4. 花 绿豆为总状花序,花黄色,着生在主茎或分枝的叶腋和顶端花梗上。每一花梗上可形成 10~25 朵小花,簇生在花梗上部,但一般只有 3~6 朵小花结实,其余花荚都脱落了。绿豆小花由苞片、花萼、花冠、雄蕊和雌蕊 5 部分组成。苞片位于花萼管基部两侧,长椭圆形,顶端急尖,边缘有长毛。花萼着生在花朵的最外边,钟状,绿色,萼齿 4 个,边缘有长毛。花冠蝶形,5 片联合,位于花萼内层,旗瓣肾形,顶端微缺,基部心脏形;翼瓣2片，较短小，有渐尖的爪；龙骨瓣2片联合，着生在花冠内，呈弯曲状楔形。雄蕊10枚，为（9+1）二体雄蕊，由花丝和花药组成，花丝细长，顶端弯曲有尖喙，花药黄绿色，花粉粒有网状刻纹；雌蕊1枚，位于雄蕊中间，由柱头、花柱和子房组成，子房无柄，密被长绒毛，花柱细长，顶端弯曲，柱头球形有尖喙。开花前自花授粉。

绿豆从出苗到开花的日数因品种、气候、栽培技术和管理条件的不同而异。一般夏播早熟种需30~40d，春播晚熟种50d以上。第一花梗着生的主茎节位，也因品种熟性各不相同，一般早熟类型在第4~5节叶腋内，中熟类型着生在第6~7节叶腋内，晚熟类型在第7~8节叶腋内。

5. 果实　绿豆的果实为荚果，称作豆荚，由荚柄、荚皮和种子组成。绿豆的单株结荚数因品种和生长条件而异，少者10多个，多者可达150个以上，一般30个左右。豆荚细长，具褐色或灰白色茸毛，也有无毛品种。成熟荚有黑色、褐色或褐黄色，呈圆筒形或扁圆筒形，稍弯。荚长6~16cm，宽0.4~0.6cm，单荚粒数一般10~14粒。

6. 种子　绿豆的种子也称豆粒，即籽粒。颜色有绿（深绿、浅绿、黄绿）、黄、褐和蓝青、黑色5种。按其种皮的色泽，绿豆又分为有光泽（俗称明绿豆，有蜡质）和无光泽（俗称毛绿豆，无蜡质）两种。就其形状又有圆柱形和球形两种。根据绿豆籽粒大小，还可分为大、中、小粒3种类型，一般百粒重在6g以上者为大粒型，4~6g为中粒型，4g以下为小粒型。

（二）生活习性

1. 光照　绿豆为短日照植物，但多数品种对光周期反应不敏感。一般南北或东西引种都能开花结实。相当多的品种不论春播、夏播或秋播均能收到种子。但是，由于各品种长期适应某种光温条件，改变播期会影响籽粒产量。因此，一般夏播区选用适宜夏播的品种，春播区选用适宜春播的品种。绿豆喜光，尤其是在花芽分化过程中始终需要充足的阳光，如遇连阴雨天会造成落花、落荚。

2. 温度　绿豆喜温暖湿润气候，耐高温。种子在8~10℃开始发芽。出苗和幼苗生长的适温为15~18℃。生育期间适温为25~30℃，花期高于30℃或低于20℃都会导致落花落荚。绿豆结荚成熟期要求晴朗干燥天气。绿豆可耐40℃高温，但对霜冻敏感。绿豆整个生育期所需10℃以上有效积温因品种和熟期类型不同而异。一般为1 000~1 500℃。

3. 水分　绿豆耐旱、怕涝。土壤过湿，植株易徒长倒伏。花荚期多雨，落花、落荚严重。成熟期水分过多，会延迟成熟，并造成烂荚。

4. 土壤　绿豆对土壤要求不严，在沙壤土、荒地、河滩地上都可种植。但以石灰性冲击土、壤土为宜。pH值一般不低于5.5，绿豆可耐微酸或微碱。

（三）生育期和生育阶段

绿豆的全生育日数通常是指从出苗到成熟所经历的天数。绿豆的一生从种子萌发开始，经历出苗、幼苗生长、分枝（花芽分化）、开花、结荚、鼓粒、成熟等生育时期。根据绿豆生长中心和营养分配规律，又可以把绿豆一生分为3个生育阶段，自出苗到始花之前，是以营养生长为主的阶段，自始花至终花是营养生长与生殖生长并进阶段，自终花后期到成熟为生殖生长阶段。

1. 种子的萌发和出苗　绿豆种子发芽，需要吸足体重120%～150%的水分，才能充分吸胀。吸胀的种子，在适宜的温度和氧气条件下即可发芽。种子发芽时，胚根先伸入土中，形成主根，然后下胚轴伸长，子叶带着幼芽拱出地面。子叶出土展开即为出苗。

绿豆播种时对土壤含水量要求较高，土壤相对湿度不能低于50%，一般田间持水量为60%最适宜，土壤过湿过干均不利于种子发芽。

2. 幼苗期　从播种到子叶完全展开，一般约需10d。从出苗到第一分枝出现为幼苗期。绿豆幼苗期，茎、叶、根并列生长，而根系比地上部分生长快。在第一复叶展开时，第2～3复叶初露时，开始进行花芽分化。

幼苗期适当干旱可以促进根系发育，起到蹲苗作用。如果这时雨水或灌溉过多，反而影响幼苗往下扎根，使枝叶徒长，引起后期倒伏。

3. 分枝与花芽分化期　绿豆分枝期也是花芽分化期。绿豆自形成第一分枝到第一朵花出现称为分枝期。一般出苗后20～25d开始分枝，同时花芽也开始分化，此时植株有6～8片叶。绿豆分枝与花芽分化期植株开始旺盛生长，一方面形成分枝、花芽分化和继续扎根，另一方面植株积累养分，为下一阶段旺盛生长准备物质条件。从此时起，植株营养生长和生殖生长并进，以营养生长为主，根系发育旺盛，茎叶生长加快，花芽分化迅速，是营养生长与生殖生长是否协调的关键时期。

分枝期植株所需水分、养分较多，如能获得充足的养分供应和光照，不仅主茎和根系生长良好，同时能促进分枝和花芽发育。

4. 开花结荚期　绿豆的开花、结荚是并进的。绿豆主茎或分枝的第一朵花开放就是开花始期。绿豆自出苗到开花一般需要35～50d，因品种、播种期不同而有差异。

绿豆是自花授粉作物，花授粉后，子房开始膨大，形成豆荚。当荚长达2cm时称为结荚。绿豆开花结荚期仍是绿豆营养生长与生殖生长并进时期，一方面植株进行旺盛生长，叶面积系数达到高峰；另一方面，花芽不断产生与长大，不断开花受精形成荚粒。这一时期，绿豆的吸收作用、光合强度随着叶面积增大而增加，到盛花期达到高峰，而后便有所下降。待到结荚盛期，呼吸作用和光合强度再次达到新的高峰，根系活动也达到高峰，而营养生长的速度到结荚后期，开始减慢，并逐步停止。

开花结荚期是绿豆一生中需要养分、水分最多的时期。如果光照、水分、养分等供给不足或分配不当，引起植株内部生理失调，会造成落花落荚，影响产量和品质。

5. 鼓粒成熟期　绿豆结荚后，豆粒开始长大，先是宽度增长，然后顺序增加种子的长度和厚度。当豆粒达到最大体积与重量时为鼓粒期。鼓粒期营养生长逐渐停止，生殖生长居于首位，光合作用强度有所降低，无论是光合产物或矿质养分，都从植株各部位向豆荚和籽粒转移。鼓粒以后，植株本身逐渐衰老，根系死亡，叶片变色脱落，种子脱水干燥，豆荚由绿变黑，豆粒变硬，呈现该品种固有的籽粒色泽和大小，并与荚皮脱离，摇动植株时，荚内有轻微响声，即为成熟期。

绿豆鼓粒成熟期要求晴朗干燥天气和较高温度，最适宜温度为19～20℃，在较高的温度下，有利于养分运输及早熟。反之，温度低，会增加秕粒并延迟成熟。

四、绿豆的栽培技术

（一）选用良种

1. 绿豆种质资源　绿豆种质资源是新品种选育、遗传研究、生物技术研究和农业生产的重要物质基础。目前，全世界收集和保存的绿豆种质资源有 3 万多份。中国是绿豆遗传多样性中心，种质资源十分丰富。1978 年起，全国开展了绿豆资源的搜集、保存、鉴定和创新利用研究工作，已收集到国内外绿豆种质资源 6 000 余份，其中，5 600 多份已编入《中国食用豆类品种资源目录》，并对约 40% 的资源进行了主要营养品质分析、抗病虫和抗逆性鉴定，根据这些种质资源的评价数据，确立了绿豆优异资源目录。在已编目的全国绿豆资源中，以河南省最多；其次是山东、安徽等省。早熟型品种主要分布在河南省，大粒型品种以山西、山东、内蒙古、安徽等省区较多，高蛋白品种主要分布在湖北、山东、北京和河北省，高淀粉型品种分布在河南、山东和内蒙古。

随着绿豆种质资源研究工作的不断发展，绿豆种质创新和育种也得到了发展，中国育种工作者通过系统选育和杂交选育、诱变育种等方法先后选育出了一批优良品种，如中国农业科学院选育的中绿系列、河南省农业科学院选育的豫绿系列、江苏省农业科学院选育的苏绿系列、湖北省农业科学院选育的鄂绿系列、河北省农林科学院选育的冀绿系列、河北省保定市农业科学研究所选育的保绿系列品种在生产上均发挥了重要作用。近几年，人们又利用射线、化学诱变、卫星搭载等方法进行绿豆种质创新和新品种选育。

2. 优良品种简介　中国绿豆产区种植的品种有一些传统的名优地方品种，如安徽的明光绿豆、陕西大明绿豆等，近年来随着新品种的选育和推广，一些高产优质的绿豆新品种逐渐在生产上发挥作用。各地应根据当地气候特点和生产条件选用和引进抗逆性较强的优良品种，或当地优良的当家品种。

（1）冀绿 10 号　河北省农林科学院选育而成。2012 年通过国小宗粮豆品种鉴定委员会鉴定。该品种生育日数 67 ~ 68d。矮生，直立，株高 47cm。叶色浓绿，叶片卵圆形，幼茎紫红色，成熟茎绿色，主茎分枝 3 个，主茎节数 9.6 ~ 10.4 节，单株荚数 21.2 ~ 26.8 个，花浅黄色，成熟荚黑色，荚长 9 ~ 10cm，荚粒数约 10 粒；籽粒长圆柱形，种皮绿色，百粒重 6g 左右。籽粒粗脂肪含量 0.9%，粗蛋白 27.2%，碳水化合物 56.8%。国家绿豆品种区域试验中平均产量 1 682.9kg/hm²，生产试验中平均产量 1 621.5kg/hm²。春、夏播均可，一般在 4 月下旬到 7 月上旬均可播种。适于与玉米、甘薯、棉花等作物间作套种。播种量每公顷 22 ~ 30kg，行距 50cm，株距 15 ~ 20cm，种植密度中高水肥地 15 万 ~ 18 万株/hm²，瘠薄旱地 20 万 ~ 22 万株/hm²。

（2）潍绿 9 号　山东省潍坊市农业科学院选育而成。2012 年通过国小宗粮豆品种鉴定委员会鉴定。该品种生育日数夏播 71 ~ 74d。直立生长，株高 53 ~ 60cm。叶片绿色，阔卵圆形，幼茎和成熟茎均绿色。主茎分枝 2 ~ 3 个，主茎节数 9 ~ 10 节，单株荚数 20 ~ 25 个，花浅黄色，成熟荚黑褐色，荚长 8 ~ 9cm，荚粒数 9 ~ 10 粒。籽粒短圆柱形，种皮绿色有光泽，千粒重 62 ~ 68g。籽粒脂肪含量 1.0%，蛋白质 26.3%，碳水化合物 57.2%。国家绿豆品种区域试验中平均产量 1 617.6kg/hm²，生产试验中平均产量 1 669.5kg/hm²。可春播、夏播，一般在 4 月中旬至 7 月中旬播种，尤其适于夏播与麦茬种植。播种量每公顷 22.5 ~ 30kg，行距 50cm，株距 8 ~ 13cm，种植密度 15 ~ 24 万株/hm²。

（3）保绿 942　河北省保定市农业科学研究所选育而成。2006 年通过国小宗粮豆品种鉴定委员会鉴定。该品种特早熟品种，夏播生育期 60 ~ 62d。前期稳健生长，后期不早衰。株高 57.0cm 左右，主茎分枝 3 ~ 4 个，主茎节数 9 ~ 10 节，顶部结荚，单株结荚 30 个左右，成熟后荚黑色，荚长 10cm 左右，荚粒数 10 ~ 11 个。籽粒绿色，短圆柱型，有光泽，百粒重 5.8g 左右。籽粒含粗蛋白 23.31%、粗淀粉 51.61%、粗脂肪 1.62%、可溶性糖 3.3%。在国家绿豆品种区域试验夏播组平均产量 1 626.1kg/hm²，生产试验平均产量 1 546.5kg/hm²。适宜播期范围大，春、夏播均可，春播区在当地地温稳定在 14℃ 以上时即可播种，夏播区一般于 6 月中旬后播种。一般播量 15 ~ 22.5kg/hm²，单株留苗，中水肥地留苗 10 万 ~ 12 万株/hm²，随水肥条件增高或降低，留苗密度应酌情减少或增加。

（4）中绿 5 号　中国农业科学院选育而成，2004 年通过国小宗粮豆品种鉴定委员会鉴定。该品种夏播生育期 70d 左右。植株直立抗倒伏，株高约 60cm，幼茎绿色。主茎分枝 2 ~ 3 个，单株结荚 20 个左右，多者可达 40 个以上。结荚集中成熟不炸荚，适于机械化收获。成熟荚黑色，荚长约 10cm，每荚 10 ~ 12 粒种子。籽粒碧绿有光泽，籽粒饱满，商品性好，百粒重 6.5g 左右。籽粒含蛋白质约 25.0%，淀粉 51.0% 左右。国家绿豆品种区域试验中平均产量 1 546.5kg/hm²，生产试验中平均产量 1 566.0kg/hm²。抗叶斑病、白粉病，耐旱、耐寒性较好。适应性广，在中国各绿豆产区都能种植，不仅适于麦后复播，还可与玉米、棉花、甘薯、谷子等作物间作套种。播量 22.5 ~ 30 kg/hm²，密度以当地土壤肥力、水肥状况而定，一般 15 万株/hm² 左右。

（5）豫绿 4 号　河南省农业科学院选育而成。2002 年通过国小宗粮豆品种鉴定委员会鉴定。该品种生育期一般 70d。株型直立，茎粗抗倒伏。株高约 50cm，幼茎紫色。主茎节数 9 个，主茎分枝 1.8 个，荚黑色，单株荚数 17.2 个，单荚粒数 10.2 个，籽粒大，绿色有光泽，长圆柱形，百粒重 7.2g 左右。籽粒收获后植株依然枝叶青绿，不早衰，枝叶可当作饲料使用，综合利用价值高。籽粒含粗蛋白 26.50%，粗脂肪 0.62%，粗淀粉 48.55%。稳产、丰产性好，一般单产 1 500kg/hm² 左右。抗倒，耐旱，耐涝，抗叶斑病、白粉病和枯萎病。对温光不敏感，适应地区广泛，春、夏播均可。播量 22.5kg/hm² 左右，一般留苗 15 万株/hm² 左右。

（6）鄂绿 4 号　湖北省农业科学院育而成。2009 年通过湖北省农作物品种审定委员会审（认）定。该品种夏播生育期 64d 左右。株型紧凑，直立生长，株高 47.2cm。幼茎紫色，成熟茎绿紫色。对生单叶为披针形，复叶为卵圆形。花蕾绿紫色，花瓣黄紫色。有限结荚习性，豆荚羊角形，成熟荚黑色，荚茸毛密、褐色，结荚集中，不炸荚、不褐变，适于一次性收获。籽粒圆柱形，种皮黑色，有光泽，白脐。主茎分枝 2 ~ 3 个，单株结荚 22 ~

25 个，豆荚长 9.2cm，单荚粒数 10 ~ 14 粒，百粒重 5.1g。一般单产 1 500kg/hm² 以上。籽粒含粗蛋白 21.2%，粗淀粉 50.8%。较抗病毒病和叶斑病，较耐旱、耐阴蔽。适宜在湖北省及相似生态条件的绿豆产区种植。夏播以 5 月中旬至 6 月上旬播种为宜。播量 22.5kg/hm² 左右，一般留苗 15 万 ~ 18 万株/hm²。

（7）通绿 1 号　江苏省沿江地区农业科学研究所选育而成。2011 年通过江苏省农作物品种审定委员会鉴定。该品种生育期 84d。植株直立，株高 54.5cm，有限结荚习性。出苗势强，幼苗基部紫色，生长稳健，叶片椭圆形，叶色深。浅黄花，成熟荚深褐色、羊角形。籽粒短圆柱形，种皮绿色、有光泽，商品性好。成熟时落叶性好，不裂荚。主茎节数 12.1 节，有效分枝 3.9 个，单株荚数 30.5 个，荚长 9.4cm，单荚粒数 9.7 粒，百粒重 6.2g。生产试验单产达 1 900kg/hm²。适宜在江苏省及相似生态条件的绿豆产区种植。春、夏播均可，一般在 4 月中下旬至 7 月底均可播种，一般播量 15kg/hm² 左右，春播留苗 9 万 ~ 10 万株/hm²，夏播留苗 12 万株/hm² 左右，迟播适当增加播种量。

（二）适墒整地

绿豆极忌连作。连作使根系分泌的酸性物质增加，不利于根系生长；连作使土壤噬菌体繁衍，抑制根瘤菌活动，使土壤中 P 转化为不溶性物质而难于被吸收利用，且病虫害严重，品质变差。因而最好与禾本科作物轮作，一般相隔 2 ~ 3 年为宜。绿豆可单作，多在一些生长季节短、干旱、荒沙薄地或因遭受旱涝灾害而延误其他作物播种的地区进行填闲种植，或与禾谷类及其他非豆科作物轮作。绿豆植株矮小，且较耐荫蔽，可与高秆或前期生长缓慢的作物进行间作套种或混种，常与玉米、高粱、谷子、甘薯、棉花等间作或套种。近年来，作为填闲作物，绿豆单作面积逐年增加，在许多小麦产区多采取小麦与绿豆轮作的方式。

绿豆是双子叶植物，出苗时子叶出土，幼苗顶土能力较弱。同时，绿豆主根深，侧根多。因此，播种前需精细整地疏松土壤、蓄水保墒、保肥、消灭杂草，以保证出苗整齐。春播绿豆应早秋深耕 15 ~ 25cm，结合深耕一次性施入有机肥和 P、K 肥。早春顶凌耙糖，播种前浅耕细耙，做到疏松适度，地面平整，满足绿豆发芽和生长发育的需要。夏播绿豆多抢墒播种，前茬作物收获后应及时浅耕 12 ~ 15cm，多耙，疏松土壤，清理根茬和杂草，掩埋底肥。稻茬绿豆在水稻收获后及时开沟排水，翻耕土地。套种绿豆因受条件限制，无法进行整地，应加强套种作物的中耕管理，为绿豆播种创造条件。

（三）播种

1. 种子处理　绿豆播种前进行选种，选出籽粒饱满的可育籽粒作种子，并进行晒种，以提高种子发芽率。绿豆种子中通常有 5% ~ 10% 的硬实，俗称石绿豆，不易发芽。可在播前进行机械摩擦破皮或浸种一夜促进发芽。有条件的地区播种前可用豇豆族根瘤菌拌种，既能提高绿豆产量，又能培肥地力。为防治根腐病可用 25% 多菌灵拌种，用量为种子重量的 0.2% ~ 0.5%，有条件的可进行种子包衣处理。

2. 适期播种　绿豆生育期短，播种适期长，在许多地区既可春播亦可夏播。春播一般在 4 月下旬至 5 月上旬，偏南地区可提前到 3 月中下旬；夏播在 5 月下旬至 6 月，个别地区可以晚到 8 月初。一般应掌握春播适时，夏播抢早的原则。

绿豆早熟品种生育期 55~70d，中熟品种生育期为 70~90d，晚熟品种生育期可达 120d。各地应当根据当地栽培制度，气候条件和品种特性来确定适宜的播种时间。生产实践表明，安徽省以 4 月中下旬到 6 月底播种为宜，8 月上旬以后播种不能正常成熟；河南省以 5 月中下旬日至 6 月中旬播种最好，晚播会减产；湖北省夏播以 5 月中旬到 6 月中旬最好，到 7 月底 8 月初播种产量较低；陕西省以 4 月中旬到 6 月中旬播种为好。

3. 播种方法 绿豆的播种方法有条播、穴播和撒播。单作以条播为主，条播播种均匀，深浅一致，出苗整齐，便于施肥和控制密度，也便于中耕和灌排等田间管理。条播多采用等行距种植，一般行距 40~50cm。绿豆与其他作物间作、套种和零星种植时多用穴播，穴距 15cm，每穴 3~4 粒种子，多采用宽窄行种植，行距根据间套作物类型和绿豆实际种植面积而定，幼苗拥挤时要及时疏苗和定苗。荒沙地或作绿肥以撒播较多。

播种时墒情较差、坷垃较多、土壤沙性较大的地块，播后应及时镇压，以减少土壤空隙，增加表层水分，促进种子早出苗、出全苗，根系生长良好。

4. 播深和播量 绿豆是子叶出土的作物，播种深度对出苗的影响很大。要根据土壤种类、含水量和播种时期等因素来确定。土壤疏松，水分较少时宜播种稍深，4~5cm 为好。一般在黏重土壤和水分较多时，播种宜浅，以 3~4cm 为好。气温高，雨水多时应浅播，气温低，水分少时应稍深为好。

绿豆种植密度可根据当地气候条件、品种特性、土壤肥力、耕作制度和用途而定。以收获籽粒为主，单作条播播量一般为 22.5~30kg/hm^2，播种量过多，幼苗拥挤，形成弱苗，播量过少，会发生缺苗断垄。作绿肥和饲草时，播种量可适当增加。土壤黏重时要适当加大播量，以保全苗，间作套种时根据具体情况决定播种量。

(四) 田间管理

1. 间、定苗 绿豆的播种量一般大于所需苗数，因此应早间苗，适时定苗，使绿豆田间植株分布均匀，从而有利于田间通风透光和土地、空间、养分、水分的充分利用。在幼苗出齐，植株第一片复叶展开时间苗，第二片复叶展开时定苗。间苗是要去除弱苗、病苗、杂苗、丛聚苗，留壮苗、大苗，实行单株留苗。定苗时要根据株型定密度，蔓生的类型宜稀，直立型宜密。绿豆种植密度因区域、播种时间、品种、地力和栽培方式不同而异，一般春播留苗 7.5 万~12 万株/hm^2，夏播留苗 12 万~20 万株/hm^2。间作套种留苗密度，应根据主栽作物的种类、品种、种植形式及绿豆的实际播种面积进行相应的调整。

2. 中耕 在绿豆生长初期，田间易生杂草。在开花封垄前应中耕 2~3 次，即在第一片复叶展开后结合间苗进行第一次浅锄；在第二片复叶展开后，开始定苗并进行第二次中耕；到分枝期进行第三次深中耕，并进行封根培土，不仅可以护根防倒，还便于排水防涝。有条件的地方可使用除草剂。

3. 灌溉和排水 绿豆比较耐旱，但对水分反应较敏感。绿豆耐旱主要表现在苗期，三叶期以后需水量逐渐增加，现蕾期为绿豆的需水临界期，花荚期达到需水高峰。在有条件的地区可在开花前灌水 1 次，以促单株荚数及单荚粒数；结荚期再灌水 1 次，以增加粒重并延长开花时间。水源紧张时，应集中在盛花期灌水一次。在没有灌溉条件的地区，可适当调节播种期，使绿豆花荚期赶在雨季。

绿豆不耐涝，如苗期水分过多，会使根病加重，引起烂根死苗，或发生徒长导致后期倒伏。花期遇连阴雨天，落花落荚严重，地面积水 2～3d 会导致植株死亡。因此，若雨水太大应及时排水，采用深沟高畦沟厢种植或开花前培土是绿豆高产的一项重要措施。

4. 合理施肥　绿豆对 N、P、K 及 B、Mo、Zn、Mn 等微量元素的均衡配比要求较高，绿豆施肥应掌握以有机肥为主，无机肥为辅，有机肥和无机肥混合使用；施足基肥，适当追肥的原则。田间施肥量应视土壤肥力情况和生产水平而定。具体施肥如下。

（1）底肥　以有机肥为主，辅以部分速效化肥。春播绿豆应在播种前，结合整地施足底肥。一般施农家肥20 000～45 000kg/hm²，二铵 150～375kg/hm²，硫酸钾 30～150kg/hm²。夏播绿豆如抢墒播种来不及施底肥，可用 30～75kg/hm² 尿素或 75kg/hm² 复合肥作种肥。

（2）追肥　追肥以 N、P、K 复合肥和尿素较好。可在分枝到收获期整个时期补充，补充方式采用雨前撒施、叶面喷施两种。掌握的原则是少量多次，N、P、K 均衡。在地力较差，不施基肥和种肥的山岗薄地，于绿豆第一片复叶展开后，结合中耕追施尿素 45kg/hm² 或碳酸铵 75kg/hm² 或复合肥 120kg/hm²。在中等肥力地块，于第四片复叶展开（即分枝期）前后，结合培土施尿素 75kg/hm²，或过磷酸钙 300～375kg/hm² 加尿素 37.5～75kg/hm²。间套种田一般应比单作地块多施碳酸铵 225 kg/hm²，过磷酸钙 150 kg/hm²。

（3）叶面喷肥　绿豆生长后期进行叶面喷肥，能延长叶片功能期，明显提高绿豆产量。根据绿豆生长情况，全生育期可喷肥 2～3 次。一般第一次喷肥在现蕾期，第二次喷肥在第一批荚采摘后，第三次喷肥在第二批荚采摘后进行。喷肥的种类视情况而定，若分枝期未追施氮肥，第一、第二次喷肥时，可用磷酸二氢钾 3kg/hm²、加植物生长剂 180ml/hm² 和 1.5kg/hm² 尿素，加水 2 250kg 喷施。如分枝期已追施 N 肥，在第一次喷肥时则不加尿素。在第三次喷肥时，可用植物生长剂 180ml/hm² 或硼砂 3kg/hm²，加尿素 3 750kg/hm²，加水 2 250kg 喷施。

绿豆应重视微肥施用，重在 B、Mo、Zn 三种。一般应先测土壤含量再决定是否施用、施用多少。喷施浓度一般为 0.1%～0.3%。喷肥应在晴天 10 时前或 15 时后进行，亦可与药液同时喷洒。

（五）病、虫、草害防治与防除

1. 绿豆病害及防治　绿豆生育期间常发生的病害主要有根腐病、病毒病、叶斑病、白粉病等。

（1）根腐病　是以半知菌亚门细菌核菌侵染引起的病害。病菌主要由土壤、病残株和种子带病传染。病菌侵染根茎部，发病初期心叶变黄，幼苗下胚轴产生红褐色病斑，严重时病斑环绕全茎，茎基部变褐色，导致植株枯萎死亡。地势低洼，土壤水分大，地温低，根系发育不良易造成发病。大风雨天气有助于病菌的传播蔓延。

防治方法：① 使用健康种子或用种子量0.3%的50%多菌灵可湿性粉剂拌种；② 与

禾本科植物倒茬轮作；③ 深翻土地，清除田间病株，雨后及时清沟排渍；④ 发病初期用 75% 百菌清可湿性粉剂 600 倍液，或 50% 多菌灵可湿性粉剂 600 倍液，或 15% 腐烂灵 600 倍液，或 70% 甲基托布津 1 000 倍液喷雾。隔 7～10d 喷 1 次，连喷 2～3 次。如用药剂灌根效果更好。

（2）病毒病　是由黄瓜花叶病毒（AMV）引起的一种病害。绿豆出苗后到成株期均可发病，以苗期发病较多。在田间的主要表现是花叶、斑驳、皱缩等。发病轻时，幼苗期出现花叶和斑驳症状的植株。发病重时，幼苗出现皱缩花叶和皱缩小叶丛生的花叶植株，叶片畸形、皱缩、叶肉隆起，形成疱斑，有明显的黄绿相间皱缩花叶。病毒可在种子内越冬，播种带毒种子后幼苗发病，形成初侵染，而后通过蚜虫等传播，在田间形成系统性再侵染。风雨交加天气，易造成植株间的摩擦，加重传染。

防治方法：① 选用无病种子；② 选用抗病或耐病品种；③ 及时防治蚜虫等传毒昆虫；④ 发病初期选用 20% 病毒毙或 20% 病毒 A500 倍液，或 15% 病毒必克可湿性粉剂 500～700 倍液喷雾防治，间隔 7～10d 喷 1 次，一般喷 2～3 次。

（3）叶斑病　是以半知菌亚门真菌侵染引起的病害。绿豆开花前（4～5 片复叶时）发生，并在田间多次反复侵染，到花荚期，如遇高温多湿气候常造成病害流行。为害部位为叶片。发病初期在叶片表面出现水渍状褐色小点，扩展后形成边缘红褐色至红棕色、中间浅灰色至浅褐色近圆形病斑，严重时病斑扩展合并形成大的不规则坏死斑，导致叶片穿孔脱落，植株早衰枯死。湿度大时，病斑上密生灰色霉层，即病原菌的分生孢子梗和分生孢子。病原菌以菌丝体和分生孢子在种子或病残体中越冬，成为翌年初侵染源，生长季节为害叶片，开花前后扩展较快，借风雨传播蔓延。高温高湿有利于病害发生和流行，尤以秋季多雨、连作地或反季节栽培发病重。

防治方法：① 选用抗病品种；② 选留无病种子；③ 与禾本科作物轮作或间作套种，并适时播种；④ 合理密植，改善田间通风透光条件，增施有机肥和钾、锌肥；⑤ 在绿豆现蕾期开始用 50% 多菌灵 500 倍液，或 75% 百菌清可湿性粉剂 600 倍液，或 12% 绿乳铜乳油 600 倍液，或 80% 可湿性代森锌 400 倍液喷雾。每隔 7～10d 喷洒 1 次，连续喷药 2～3 次，能有效地控制病害流行。

（4）白粉病　是由子囊菌亚门真菌侵染引起的病害。绿豆白粉病主要在绿豆开花结荚期发生，能够为害植株的所有绿色部分。病害首先出现在叶片上，随后茎、荚和花序被感染。染病叶片最初形成模糊的、轻微变色的小斑，随后病斑逐渐扩大形成白色粉斑，病斑不规则。最后病斑合并使病部表面被白粉覆盖。菌丝体在叶片两面均可生长，病害由下向上蔓延，严重病株的叶片、茎、豆荚、花序上布满白粉，在霉层下面，被侵染的叶组织或荚变为褐色或紫色。发生严重时，叶片变黄、干枯，提早脱落。病原菌后期在菌丝层中产生黑色小粒点，即闭囊壳。病原菌以闭囊壳在病残体上越冬，翌年条件适宜时散出子囊孢子进行初侵染，发病后，病部产生分生孢子，靠气流传播进行再侵染，经多次重复侵染，扩大为害。一般白天温暖、干燥和多云、夜间冷凉气候条件下发病严重，此外，多年连作、地势低洼、田间排水不畅、种植过密、通风透光差、长势差的田块发病重。

防治方法：① 选用抗病品种；② 收获后深翻土地，掩埋病株残体；③ 施足基肥，基肥以酵素菌沤制的堆肥或充分腐熟的有机肥为主，增施磷钾肥，控施速效氮肥，最好采用配方施肥技术，加强管理，提高抗病力；④ 与禾本科作物轮作或间作套种；⑤ 发病初期，用40%氟硅唑（福星）乳油5 000～8 000倍液，或43%菌力克悬浮剂6 000～8 000倍液，或50%多菌灵可湿性粉剂500倍液，或50%多硫悬浮剂600倍液，或50%混杀硫悬浮剂500倍液，或5%三唑酮可湿性粉剂1 500～2 000倍液，或25%粉锈宁2 000倍液，或75%百菌清500～600倍液等，在田间喷洒能有效控制病害发生。

2. 绿豆虫害及防治 绿豆常发生的虫害主要有小地老虎、蚜虫、豆野螟、豆象等。

（1）小地老虎 小地老虎每年可发生2～7代。幼虫在3龄期前群集为害幼苗的生长点和嫩叶，4龄后的幼虫分散为害，白天潜伏于土中或杂草根系附近，夜间出来啃食幼茎，造成缺苗。

防治方法：① 翻耕土地，清洁田园；② 用糖醋液或用黑光灯诱杀成虫；③ 将泡桐树叶用水浸泡湿后撒放于田边诱捕幼虫；④ 3龄前幼虫，可用2.5%溴氰菊酯3 000倍液或20%蔬果磷3 000倍液喷洒，或用50%辛硫磷乳剂1 500倍液灌根；⑤ 3龄后幼虫，可在早晨拨开被咬断幼苗附近的表土，顺行捕捉。

（2）蚜虫 蚜虫为害绿豆时，群聚在绿豆的嫩茎、幼芽、顶端心叶和嫩叶叶背、花器及嫩荚等处吸取汁液。绿豆受害后，叶片卷缩，植株矮小，影响开花结实。蚜虫1年可发生20多代，在向阳地堰、杂草中越冬，少量以卵越冬。蚜虫繁殖与豆苗和温湿度密切相关，一般苗期重，中后期较轻。温度高于25℃、相对湿度60%～80%时发生严重。

防治方法：① 用2.5%敌百虫，掺细沙土调制成毒土。在早上或傍晚时将药撒在绿豆植株基部；② 用苦参素1 000倍液，或50%马拉硫磷1 000倍液，或25%的亚胺硫磷乳油1 000倍液等喷洒。

（3）红蜘蛛 红蜘蛛以成虫和若虫在叶片背面吸食植物汁液。一般先从下部叶片发生，逐渐向上蔓延。受害叶片表面呈现黄白色斑点，严重时叶片变黄干枯，田间呈火烧状，植株提早落叶，影响籽粒形成，导致减产。红蜘蛛1年可发生10～20代，一般在5月底到7月底发生，高温低湿为害严重。

防治方法：以药剂防治为主。加强田间检查，发现局部点片发生后，及时打药防治。可用50%马拉硫磷乳油1 000倍液，或50%二溴磷2 000倍液喷雾，或25%溴氰菊酯5 000倍液，每隔7d喷洒1次，连续喷洒2～3次。

（4）豆野螟 豆野螟常以幼虫蛀入绿豆的蕾、花和嫩荚取食，也可为害叶片、叶柄及嫩茎。如幼虫蛀食绿豆花器，造成落蕾落花；蛀食豆荚，早期造成落荚，后期造成豆荚和种子腐烂。此外，幼虫还能吐丝把几个叶片缀卷在一起，结成虫包，藏身其中蚕食叶肉；或蛀食嫩茎，造成枯梢，对产量和品质影响很大。幼虫有较强的转移为害习性，一生可转株转荚2～3次。

防治方法：① 与非豆科作物轮作；② 及时清除田间落花、落荚及落叶，并摘除受害的卷叶和豆荚，以减少虫源；③ 在田间设黑光灯，诱杀成虫；④ 用25%菊乐合剂3 000倍液，2.5%溴氰菊酯3 000～4 000倍液，10%氯氰菊酯3 000～4 000倍液喷雾。从现蕾开始，每隔10d喷蕾、花各1次。

（5）绿豆象 绿豆象又名豆牛，在储粮仓内和田间均能繁殖为害。以幼虫蛀荚，食害豆粒，或在仓内蛀食贮藏的豆粒。一年可发生 4～6 代，如环境适宜可达 11 代。以幼虫在豆粒内越冬，翌年春天化蛹，羽化为成虫，从豆粒内爬出。成虫善飞，在仓贮豆粒上或田间嫩豆荚上产卵。

防治方法：① 农业防治法：选用抗豆象品种；冬季清扫仓库，尤其要对仓库缝隙、旮旯以及仓外的草垛等进行清理，彻底通风降温，冻死隐匿在仓库的成虫，同时进行熏蒸；② 物理防治法：可在贮藏的绿豆表面覆盖 15～20cm 草木灰或细沙土，防止外来绿豆象成虫在贮豆表面产卵；在阳光下连续晾晒 3～7d，也可将绿豆放入沸水中浸烫 20s 后，捞出晾干，能杀死所有成虫；对于贮藏条件好的仓库，可在仓库中充入 CO_2，使仓库内浓度达 75% 保持 15d，能使 99% 以上的绿豆象死亡；把绿豆置于冷冻室，控制温度在 -10℃ 以下，经 24h 即可冻死幼虫；③ 化学药物防治：鼓粒后期是绿豆象成虫发生盛期，采用 0.6% 氧化苦参碱 1 000 倍液或 5% 爱福丁 5 000 倍液喷雾。仓储时用磷化铝熏蒸效果最好，不仅能杀死成虫、幼虫和卵，而且不影响种子发芽和食用，一般可按贮存空间每立方米 3～6g 磷化铝的比例，在密封的仓库或熏蒸室内熏蒸；用 50g 酒精倒入小杯，将小杯放入绿豆桶中，密封好，1 周后酒精挥发完就可杀死豆象。

3. 绿豆田杂草及防除 绿豆田的主要杂草有稗草、野燕麦、马唐、狗尾草、金色狗尾草、牛筋草、看麦娘、千金子、画眉草、雀麦、大麦属、黑麦属、稷属、早熟禾、狗牙根、双穗雀稗、假高粱、芦苇、野黍、白茅、匍匐冰草、龙葵、酸膜叶蓼、柳叶刺蓼、节蓼、萹蓄、铁苋菜、马齿苋、反枝苋、凹头苋、刺苋、鸭跖草、水棘针、香薷、苘麻、豚草、鬼针草、黎、苍耳、曼陀罗、粟米草、裂叶牵牛、圆叶牵牛、卷茎蓼、狼把草等。

由于绿豆的播种时间不同，杂草发生程度及种类有一些差异。表现为春播田杂草发生程度较轻，杂草与绿豆同时出土，但发生时期较长，至绿豆封垄前杂草达到出苗高峰，绿豆封垄后发生量减少。春播绿豆田阔叶杂草密度相对较大，以黎、蓼、苋科杂草较多。夏播绿豆田由于播种时高温、多雨，杂草发生及生长迅速，往往先于绿豆出土，在绿豆播种后至封垄前大量发生，绿豆封垄后由于叶片遮阳，杂草发生量减少。夏播绿豆田以禾本科杂草为主。绿豆植株较矮，与杂草竞争力差，尤其是出苗后的一个月内，如果杂草控制不及时，容易发生草荒。因此，绿豆苗期是控制杂草的关键时期。

（1）绿豆播前或播后苗前土壤处理除草技术（表 7-3）

表 7-3　绿豆播前或播后苗前土壤处理除草技术

除草剂	用量/亩 （有效或建议值剂量）	防除杂草	施用时期和方法	备注
氟乐灵 48% 氟乐灵	48～72g（有效量） 100～150 ml	稗草、野燕麦、狗尾草、马唐、牛筋草、千金子及部分小粒种子的阔叶杂草如马齿苋、反枝苋等	播前混土处理	① 用药前创造良好的土壤墒情有利于药效的发挥，无水浇的地方可浅混土 ② 氟乐灵对绿豆安全性低，不可超量使用 ③ 用药后降水或土壤水分过大或土壤有机质含量低的沙质土或播种过深绿豆出苗弱时，绿豆易受药害

（续表）

除草剂	用量/亩 （有效或建议值剂量）	防除杂草	施用时期 和方法	备注
二甲戊灵 33% 施田补 乳油	49.5~99g（有效量） 150~300 ml	稗草、马唐、狗尾草、牛筋草、早熟禾等禾本科杂草及黎、反枝苋等阔叶杂草	播后苗前土壤处理	① 良好的墒情是保证二甲戊灵药效的关键，因此，绿豆用药前应适当灌溉，保持土壤湿润，不能灌水的农田药后应混土 ② 绿豆比玉米等对二甲戊灵敏感，不可随意增加用药量 ③ 用药后降水或土壤水分过大或土壤有机质含量低的沙质土或播种过深绿豆出苗弱时，绿豆易受药害 ④ 二甲戊灵除草效果与土壤有机质含量及土壤质地关系密切，土壤偏黏及有机质含量高施用高剂量，偏沙及有机质含量低选用低剂量
仲丁灵 48% 地乐胺 乳油	72~120g（有效量）150~250 ml	稗草、牛筋草、马唐、狗尾草等大部分一年生禾本科杂草及黎、反枝苋等阔叶杂草，对菟丝子也有较好的防效	播后苗前混土处理	① 地乐胺用药后一般要混土，混土深度为3~5cm。在冷凉季节，或用药前后土壤湿润的情况下，不混土也有较好的除草效果 ② 地乐胺在绿豆田不可超量使用，以免对绿豆产生药害 ③ 用药后降水或土壤水分过大或土壤有机质含量低的沙质土或播种过深绿豆出苗弱时，绿豆易受药害
乙草胺 50% 乙草胺 乳油	60~100g（有效量） 120~200 ml	稗草、狗尾草、马唐、牛筋草、稷草、看麦娘、早熟禾、千金子、硬草、野燕麦、金狗尾草、棒头草等一年生禾本科杂草和一些小粒种子的阔叶杂草，如黎、反枝苋等	播后苗前土壤处理	① 绿豆品种之间对乙草胺的敏感性不同，在新品种上施用，应先进行小面积试验 ② 用药后降水或土壤水分过大或土壤有机质含量低的沙质土或播种过深绿豆出苗弱时，绿豆易受药害
甲草胺	65~130g（有效量） 150~300 ml	马唐、千金子、稗草、蟋蟀草、黎、反枝苋等杂草，对铁苋菜、苘麻、蓼科杂草及多年生杂草防效差	播后苗前土壤处理	用药后降水或土壤水分过大或土壤有机质含量低的沙质土或播种过深绿豆出苗弱时，绿豆易受药害

（续表）

除草剂	用量/亩 （有效或建议值剂量）	防除杂草	施用时期和方法	备 注
异丙甲草胺 72%都尔乳油	108~144g（有效量） 150~200 ml	一年生禾本科杂草，如稗草、绿狗尾草、毒麦等，对黎等小粒种子的阔叶杂草及菟丝子也有一定的防效	播后苗前土壤处理	① 异丙甲草胺对绿豆的安全性较差，因此生产中不可随意增加用药量 ② 用药后田间积水或大水漫灌，异丙甲草胺会对绿豆产生药害，影响出苗及早期生长
异丙草胺 72%普乐宝乳油	72~216g（有效量） 100~300 ml	稗草、狗尾草、牛筋草、马唐、画眉草、早熟禾等禾本科杂草和黎、反枝苋、马齿苋、龙葵、鬼针草、猪毛菜、香薷、水棘针等阔叶杂草	播后苗前土壤处理	用药后降水或土壤水分过大或土壤有机质含量低的沙质土或播种过深绿豆出苗弱时，绿豆易受药害
氰草津 80%百得斯可湿性粉剂	80~100g（有效量） 100~125g	牛筋草、稗草、狗尾草、马齿苋、反枝苋、苘麻、龙葵、酸浆属、酸膜叶蓼、柳叶刺蓼、猪毛菜等杂草，对马唐，铁苋菜等防效稍差	播后苗前土壤处理	有机质含量低（＜1%）的沙土或砂壤土上不宜使用氰草津，以免绿豆出现药害
敌草胺 50%大惠利可湿性粉剂	50~75g（有效量） 100~150 g	一年生禾本科杂草如稗草、马唐、狗尾草、野燕麦、千金子、看麦娘、早熟禾、双穗雀稗等及一些阔叶杂草如黎、猪殃殃、蒿蓄、繁缕、马齿苋、野苋、苣荬菜等	播后苗前土壤处理	① 敌草胺对已出土的杂草防除效果差，故应在杂草出土前施药 ② 土壤黏性重时，大惠利用量应高于沙质土，春夏日照长，敌草胺光解较多，用量应高于秋冬季 ③ 土壤干旱地区使用敌草胺后，应进行浅混土，以提高药效 ④ 用药后降水或土壤水分过大或土壤有机质含量低的沙质土或播种过深绿豆出苗弱时，绿豆易受药害
嗪草酮 70%塞克可湿性粉剂 50%嗪草酮可湿性粉剂	17.5~35 g（有效量） 25~50 g 34~70g	早熟禾、看麦娘、反枝苋、鬼针草、娘把草、黎、小黎、锦葵、蒿蓄、酸膜叶蓼、马刺苋等。对鸭拓草、狗尾草、稗草、苘麻、卷茎蓼、苍耳等有一定控制作用	播后苗前土壤处理	① 嗪草酮在绿豆田施药量每亩不能超过50g，以免造成绿豆药害 ② 土壤有机质含量低于2%、土壤 pH 值7.5 以上的碱性土壤和降水多、气温高的地区塞克津应慎用

（续表）

除草剂	用量/亩（有效或建议值剂量）	防除杂草	施用时期和方法	备注
噁草酮 25%农思它乳油 12.5%噁草酮乳油	25～37.5 g（有效量） 100～150 ml 200～300 ml	稗草、狗尾草、马唐、牛筋草、虎尾草、千金子、看麦娘、雀稗、苋、黎、铁苋菜、马齿苋等一年生禾本科杂草和阔叶杂草	播后苗前土壤处理	① 用药前后土壤湿润是发挥药效的关键，因此干旱地块可在用药后浅浇水，无灌溉条件的地区，施药后应混土 ② 不可随意增加用药量，以免绿豆受害
唑嘧磺草胺 80%阔草清水分散粒剂	2.4～4 g（有效量） 3～5 g	黎、反枝苋、凹头苋、铁苋菜、苘麻、酸膜叶蓼、苍耳、柳叶刺蓼、龙葵、苣荬菜、繁缕、猪殃殃、毛茛、问荆、地肤、鸭跖草等阔叶杂草	播后苗前土壤处理	① 绿豆田施用阔草清应在播种后立即施药，绿豆出苗后禁止使用阔草清，以免产生药害 ② 该药剂是超高效除草剂，单位面积用药量很低，因而用药量要准确，最好先配制母液，再加水稀释，并做到喷洒均匀

注：引自陶波，胡凡. 杂草化学防除实用技术. 北京：化学工业出版社，2009：95～98

（2）绿豆苗后茎叶处理除草技术（表7-4）

绿豆出苗后可结合中耕进行人工拔除杂草，如果种植面积较大或播后苗期未使用除草剂的农田可根据杂草发生情况选择适宜的除草剂进行防除。

表7-4　绿豆苗后茎叶处理除草技术

除草剂	用量/亩（有效或建议值剂量）	防除杂草	施用时期和方法	备注
精吡氟禾草灵 15%精稳杀得乳油	7.5～15g（有效量） 50～100 ml	一年生禾本科杂草，如野燕麦、稗草、狗尾草、马唐、牛筋草、看麦娘等，提高剂量时，对多年生杂草，如芦苇、狗牙根等也有效	绿豆封垄前茎叶处理	① 在绿豆田大部分禾本科杂草出土后施药，施药后1周内绿豆封垄为宜 ② 天气干旱或草龄较大时应增加药量。 ③ 若喷药时土壤干燥，可适当增加药量，或在灌水后施药，以提高其防除效果 ④ 施药时注意风速、风向，不要使药液飘移到附近禾本科作物田，以免造成药害
精氟吡甲禾灵 108%高效盖草能乳油	2.7～4.32g（有效量） 25～40 ml			
精喹禾灵 5%精禾草克	2.5～5g（有效量） 50～100 ml			
精噁唑禾草灵 6.9%骠马水乳液	2.8～4g（有效量） 40.7～58 ml	看麦娘、野燕麦、硬草、稗草、狗尾草、茵草等一年生和多年生禾本科杂草	绿豆封垄前、禾本科杂草3叶期前茎叶处理	① 骠马水乳剂黏度大，附着力强，易黏在杂草叶面上，配药时一定要先加少量水充分搅拌后再倒入喷雾器中，混好以后再喷雾 ② 应在禾本科杂草3叶期前施药，用药时间晚，防效较差，需增加施药量

（续表）

除草剂	用量/亩 （有效或建议值剂量）	防除杂草	施用时期 和方法	备 注
烯禾啶 12.5% 拿捕净 乳油	13.3～26.7（有效量） 100～133 ml	稗草、野燕麦、狗尾草、马唐、牛筋草、看麦娘等一年生禾本科杂草，适当提高药剂用量也可防治白茅、匍匐冰草、狗牙根等	绿豆封垄前茎叶处理	① 在绿豆田大部分禾本科杂草出土后施药，施药后1周内绿豆封垄为宜 ② 天气干旱或草龄较大时应增加药量 ③ 若喷药时土壤干燥，可适当增加药量，或在灌水后施药，以提高其防除效果 ④ 施药时注意风速、风向，不要使药液飘移到附近禾本科作物田，以免造成药害
烯草酮 12% 收乐通 乳油 24% 烯草酮 乳油	3.6～4.8g（有效量） 30～40 ml 30～40 ml	稗草、野燕麦、狗尾草、马唐、早熟禾、看麦娘、牛筋草、臂形草等一年生禾本科杂草以及狗牙根、芦苇等多年生禾本科杂草		

注：引自陶波，胡凡. 杂草化学防除实用技术. 北京：化学工业出版社，2009：99

（六）适期收获

绿豆有分期开花、成熟和第一批荚采摘后继续开花、结荚习性，农家品种又有炸荚落粒现象，因此，应适时收摘。适宜的采摘次数和相隔天数是绿豆高产的重要因素，如采收相隔时间短，会加重对绿豆的人为损伤而造成减产。直立型的绿豆一般在植株上有60%～70%的荚成熟后，开始采摘，以后每隔7～10d收摘一次。但种植面积较大则常需一次性收获，应以全田植株荚果的2/3变成黑色或褐色时，为适宜的收获期。而对于蔓生品种分期采收不方便，应在70%～80%以上豆荚成熟后一次性收摘。摘荚时间以上午露水未干前较好，以免炸荚脱粒。采摘时左手握荚梗，右手小心摘荚，避免震落幼花幼荚、弄断茎叶和分枝。另外，绿豆属于常规品种，如准备留做种子应在成熟前期进行田间人工提纯，去除异型杂株，以保证种子纯度。收下的绿豆应及时运到场院，充分晾晒、脱粒，使籽粒含水量降到11%～12%，即可入库保存。

绿豆种皮容易吸湿受潮，若贮藏过程中温度高、湿度大，容易丧失发芽率，甚至霉烂变质。因此，绿豆种子要放在干燥、通风、低温条件下，并可用磷化铝和其他药物密闭熏蒸，防止豆象为害。药物熏蒸的商品绿豆食用前必须开库通风2d，1～2周后才能食用。

五、绿豆的专项栽培技术

（一）麦茬绿豆高产栽培关键技术

1. 精细整地　播种前应浅犁细耙，并结合整地每公顷施农家肥45 000kg，P肥450kg，碳铵225kg。实践证明，犁垡比铁茬播种增产10%以上。

2. 适期早播　"春争日，夏争时"，麦茬绿豆播种宜早不宜晚，播种越早产量越高。因此，麦收后应及时整地播种绿豆，来不及整地可贴茬播种，出苗后及时中耕施肥。

3. 选用良种　良种是绿豆获得高产的重要前提，各地应根据当地的生产条件和下茬作物的播期，选用适宜的品种。一般应选择早中熟、成熟一致，抗逆性强，高产稳产的优良品种。

4. 合理密植　应根据绿豆品种、播期、水肥条件、管理水平等因地制宜合理密植。一般植株直立、株型紧凑的品种，适于密植。一般中高产地块 13.5 万 ~ 15 万株/hm^2，在干旱或土壤肥力较差的情况下，可增加到 16.5 万株/hm^2 以上。

5. 防旱排涝　麦茬绿豆生长季节正是前旱后涝时期，而绿豆怕渍怕淹，播后田间要开沟，使得暗水能渗，明水能排。若遇干旱要及时浇水，但要注意以喷灌或小水引流为主，切忌大水漫灌。

6. 适时防病治虫　麦茬绿豆常发生的病虫害是叶斑病和豆野螟，一般可使绿豆减产 20% ~ 30% 以上。现蕾前后开始喷药防治，一般在现蕾和盛花期各喷药一次，能达到良好的防治效果。

7. 巧施追肥　绿豆施肥的原则是注重底肥，巧施苗肥和重施花荚肥。麦茬绿豆为了抢时早播，生产上往往采取贴茬播种，因播前不施基肥，而导致减产。因此，中低肥力地块在分枝期（第四片复叶展开后），需追施一定量的 N 肥或三元复合肥，以促进花芽分化。花荚期进行叶面喷肥，延长叶片功能期和开花结荚时间。高产地块，N 素水平较高，应轻施或不施苗肥，重施蕾花肥，并在收摘前后进行叶面喷肥。

（二）绿豆间套种栽培关键技术

绿豆可以与玉米、棉花、甘薯、黄烟、谷子等多种作物间作套种。间套种绿豆一般选用株型比较紧凑、早熟、丰产性好的品种。在不影响主作物密度前提下，调整行距间套绿豆。如果用绿豆作绿肥，则在盛花期翻压效果最好。

1. 绿豆与玉米间套种

（1）春玉米间套种绿豆　春玉米采取大小行种植，大行距 1m，小行距 50cm，或大行距 1.6m，小行距 50cm。玉米授粉后，在大行中套种早熟绿豆 3 ~ 4 行，也可在玉米大行行间间种绿豆。

（2）夏玉米间作早熟绿豆　玉米大小行种植，在大行间绿豆 2 行。若麦田套种玉米又要间绿豆，绿豆可在麦收后立即灭茬播种；若麦收后复种玉米，绿豆可与玉米以 2：2 的形式同时播种。

2. 绿豆与棉花间套种　棉花采用大小行种植，大行距 80 ~ 100cm，小行距 40 ~ 50cm。棉花播种时在大行中间种 1 行绿豆。绿豆与棉花同期播种或棉花播后立即播种绿豆，绿豆播期过晚，会延长棉、豆共生期。

3. 绿豆与甘薯间套种　在甘薯小行距（50cm）种植的地块，隔两沟套种 1 行绿豆，采取 3：1 的种植组合；对大行距（57cm 以上）种植甘薯地块，隔一沟套种 1 行绿豆，采取 2：1 的种植组合。绿豆的播种时间根据当地甘薯栽秧时间而定，以甘薯封垄前绿豆能成熟为最佳。绿豆条播，株距 10~15cm，单株留苗；点播穴距 30~50cm，每穴 2~3 株。在雨水较多地区可整地做畦，一般是畦宽 0.8~1m，畦高 20~30cm，做成中间稍高的弓形畦面，有利于排水，沟宽 20~30cm，在畦的两边各播 1 行绿豆，畦的中间扦插红薯。

4. 绿豆与黄烟间套种　若黄烟采取 1m 宽等行距种植，于 4 月上中旬每隔 2 行黄烟种 1 行绿豆，株距 10~15cm，绿豆在 7 月上旬收获。7 月中旬，第一批烟叶开采后，在另一行间种 1 行绿豆，8 月下旬，烟叶采收结束，绿豆开花结荚。若黄烟采取大小行种植，大行距 1.3m，小行距 70cm，4 月中旬在大行内种 2 行绿豆，7 月上旬黄烟开始封垄，绿豆成熟。

5. 绿豆与夏谷间种　麦收后在播种谷子同时以 4∶2 或 2∶2 的形式间种绿豆。

（三）绿豆地膜覆盖栽培技术

绿豆地膜覆盖能提高土壤温度，调节土壤湿度，改善土壤理化性状，提高土壤保肥供肥能力，防止草荒，加快生育进程，提高结荚率，是绿豆创高产和加速良种繁殖的有效途径。其关键栽培技术如下。

1. 保证盖膜质量　在播种前施足基肥，浅犁细耙。按种植要求起好垄，土壤墒情好时覆膜，将地膜拉紧铺平紧贴地面。要避免土块过大，垄面不平，顶破薄膜或膜面积水，及大风揭膜。

2. 适时播种　一般应掌握播时气温稳定通过 10℃，开花期气温不低于 23℃。播种时土壤墒情要足，若土墒不足要先造墒后播种，确保一播全苗。一般垄宽 60~80cm，高 5~7cm，边沟宽 20cm。播种量每公顷 11.25~15kg。行距 40~50cm，穴距 20~25cm，留苗 8 万~12 万株/hm²。目前生产上采用机播和人工点播两种方法。大面积种植多采用机播，覆膜、施肥、点种一次完成。人工点播费工费时，有先覆膜后打孔播种和先播种后覆膜两种。

3. 合理施肥　盖膜后土壤微生物活动增加，养分分解快，根系发达，绿豆植株生长旺盛，开花结荚时间长，需要的养分多。施肥应掌握以土粪肥为主、重施 P、K 肥、轻施 N 肥，先控后促的原则。地膜绿豆在底肥施用上要一次施足，一般每公顷施有机肥 37 500~85 000kg，过磷酸钙 375~450kg，尿素 75~112.5kg。生长期间如出现脱肥现象，可进行叶面喷肥。

4. 及时引苗出膜　引苗出膜以出苗后 10d 左右进行最好。对先播种后盖膜的地块，可在苗顶处用刀片划"人"字或"十"字口，把苗放出来，随即用细土压好缝口。对先盖膜后打孔播种的地块，要及时将播种孔上的泥土刨开。

第二节　红小豆栽培

红小豆或称赤小豆 [*Vigna umbellata* (Thunb.) Ohwi et Ohashi]，是豆科（Leguminosae）豇豆属（*Vigna*）植物中的一个栽培种。红小豆富含蛋白质、维生素、矿物质等营养物质，还具有活血、利尿等药用价值，既是传统口粮，又是现代医药保健珍品，是广受欢迎的医食两用作物。红小豆生育期短，耐瘠、耐荫，适应性广，是中国现代农业种植结构调整的重要作物。目前中国是世界上最大的红小豆生产国，常年播种面积 25 万 ~ 30 万 hm^2。红小豆也是中国重要的出口农产品和优势农产品，"天津红"、"大红袍"、"延安红"等一直是中国农副特产中出口创汇的传统名牌商品，在国际市场上久享盛誉。

一、红小豆的种植历史及过渡带的生产布局

（一）中国红小豆的种植历史

小豆起源于中国，在中国具有悠久的栽培、食用及药用历史，是古老的栽培作物之一。在喜马拉雅山区一带至今尚有小豆野生种和半野生种存在，近年来在辽宁、云南、山东、湖北、山西等地也发现了小豆野生种及半野生种。在湖南长沙马王堆汉古墓中发掘出已炭化的小豆种子，是迄今世界上发现年代最早的小豆遗物。据史书记载及考古研究表明，中国小豆的栽培历史至少有 2 000 年以上。

关于小豆的种植和利用在中国古代农书中均有记载。西汉《氾胜之书》详细明确记载了小豆的播种期、播量、田间管理及其收获和产量等；南北朝时代《齐民要术》已详细记载了小豆的耕作方法、利用技术。在《神农本草经》《药性论》《食疗本草》《本草纲目》《随息居饮食谱》《本草新编》《食性本草》等很多医书中都有小豆药用价值的详细记载。

（二）红小豆在南北过渡带的生产布局

红小豆是中国种植的主要食用豆类作物之一，除个别高寒山区外，各地均有种植，产区主要集中在华北、东北和江淮地区。近年来，以黑龙江、内蒙古、吉林、江苏、云南、山西、河北、陕西、安徽、湖北、河南等省、区种植较多。在中国南北过渡带，既可春播，也可夏播；既可单作，也可间作套种。

1. 单作 包括单种、轮作和复种。习惯上人们常利用红小豆对土壤要求不严的特点，多在生产条件较差的荒沙、丘陵坡地单种一季红小豆，或作为填闲作物种植。在南北过渡带生产条件较好的地区，红小豆多与禾谷类作物轮作，或在麦类及其他作物生长间隙种植，实行一地多熟，以提高复种指数，增加土地单位面积上的粮食总产量和经济效益。常用的种植方式主要有红小豆-玉米、红小豆-小麦、红小豆-谷子、红小豆-水稻、油菜-红小豆、西瓜-红小豆等。

2. 间作套种 红小豆播种适期长、植株较矮小、耐荫、固 N 养地，可与许多高秆及前期生长较慢的作物间作套种，充分利用单位面积上的光、温、水、土等自然资源，一地多收。这样不仅能多收一季红小豆，还能提高主栽作物产量。达到既增产、增收又养地的目的。常用的种植方式主要有红小豆//玉米（高粱）、红小豆//谷子、红小豆//甘薯、红小豆//棉花、红小豆//向日葵、红小豆//幼龄果树等。

二、红小豆的营养品质

(一) 营养成分

红小豆为高蛋白、低脂肪、医食两用作物。其籽粒营养丰富，养分全面，富含蛋白质、维生素、矿物质等营养物质，被誉为粮食中的"红珍珠"。红小豆一般的营养成分见表7-5。

表7-5 红小豆的营养成分 (以每100g可食部计)

成分名称	含量	成分名称	含量	成分名称	含量
可食部（%）	100	水分（g）	12.6		
能量（KJ）	1 293	蛋白质（克）	20.2	脂肪（g）	0.6
碳水化合物（g）	63.4	膳食纤维（g）	7.7	胆固醇（mg）	0
灰分（g）	3.2	维生素A（µg）	13	胡萝卜素（µg）	80
硫胺素（mg）	0.16	核黄素（mg）	0.11	尼克酸（mg）	2.0
维生素E（T）（mg）	14.36	钙（mg）	74	磷（mg）	305
钾（mg）	860	钠（mg）	2.2	镁（mg）	138
铁（mg）	7.4	锌（mg）	2.20	硒（µg）	3.80
铜（mg）	0.64	锰（mg）	1.33		

注：引自中国疾病预防控制中心营养与食品安全所．中国食物成分表2002．北京：北京大学医学出版社，2002：44~45

红小豆不仅蛋白质含量高，而且蛋白质中人体必需的氨基酸的含量高于禾谷类作物2~3倍（表7-6）。

表7-6 红小豆的氨基酸含量 (mg/100g可食部)

成分名称	含量（mg）	成分名称	含量（mg）	成分名称	含量（mg）
异亮氨酸	841	亮氨酸	1 529	赖氨酸	1 410
含硫氨基酸（T）	498	蛋氨酸	309	胱氨酸	189
芳香族氨基酸（T）	1 623	苯丙氨酸	1 084	酪氨酸	539
苏氨酸	644	色氨酸	172	缬氨酸	923
精氨酸	1 370	组氨酸	569	丙氨酸	810
天冬氨酸	2 099	谷氨酸	3 000	甘氨酸	703
脯氨酸	576	丝氨酸	891		

注：引自中国疾病预防控制中心营养与食品安全所．中国食物成分表2002．北京：北京大学医学出版社，2002：230~231

(二) 营养价值

1. 膳食价值 红小豆不仅营养价值高，而且淀粉颗粒大，口感好，易融化，富沙性，独具风味，既是调剂人民生活的营养佳品，又是食品、饮料加工业的优质原料。自古以来，中国人民就有食红小豆的习惯。红小豆可直接煮汤食用，尤其是盛夏，红小豆汤不仅解渴，还有清热解暑的功效；用红小豆与大米、小米、高粱米等煮粥做饭，用红小豆面粉与小麦粉、大米面、小米面、玉米面等配合成杂粮面，能制作多种食品，用来调节生活。

红小豆出沙率在75%左右，可加工成豆沙或豆馅，再制成各种主副食品、糕点或冷饮。如小豆羹、豆沙包、豆沙饼、豆沙糕、豆沙月饼、豆沙粽子、豆沙酥、小豆春卷、小豆羊羹、小豆冰棍、小豆冰淇淋等。红小豆还常用作咖啡、巧克力等制品的填充料和代用品，深受人们喜爱。日本、韩国等国家每年进口大量红小豆，主要用于豆沙和豆馅的生产。近年来，用大粒红小豆可制作红小豆罐头，还可以将红小豆粒与爆玉米花一样，做成爆裂小豆。

2. 食疗价值　红小豆有较高的药用价值，历代医药学家均有用红小豆治病的记载。李时珍称红小豆为"心之谷"，他在《本草纲目》中就记载了用红小豆治愈痄腮（即腮腺炎）、恶疮及背痈的实例。《中药大词典》中记载，红小豆种子性味甘酸、无毒，入心及小肠经，有利水除湿、和血排脓、消肿解毒的功效，主治"水肿、脚气、黄疸、便血、泻痢、痈肿"等病症。除此之外，红小豆还有"避瘟疫、治难产、下胞衣、通乳汁"的功效。历代医药学家的临床经验说明，红小豆有解毒排脓、利水消肿、清热去湿、健脾止泻的作用，可消热毒、散恶血、除烦满、健脾胃。现代医学研究认为，红小豆含有较多的膳食纤维，具有良好的润肠通便、预防结石、健美减肥的作用；红小豆含有较多的皂草苷，可刺激肠道，有良好的通便、利尿作用，能解酒、解毒，对心脏病和肾病、水肿均有一定的作用，可用来治疗心脏性和肾性水肿、肝硬化腹水，脚气病浮肿等症，平常吃适量红小豆还可净化血液，解除心脏疲劳；现代医学还证实，红小豆对金黄色葡萄球菌、福氏痢疾杆菌及伤寒杆菌都有明显的抑制作用。

民间有许多用红小豆治病的验方，如用红小豆汤治疗贫血、慢性肾炎及妊娠引起的水肿；将红小豆捣碎研末后，用鸡蛋清或醋调匀后敷于患处，治痄腮；红小豆与冬瓜水煮至烂熟后服用，可治全身水肿；红小豆与连翘、当归配伍可治疗肝脓肿等。

（三）综合利用

1. 红小豆食品的开发利用　红小豆被誉为粮食中的"红珍珠"。中国人民自古就有食用红小豆的习惯。从总体上看，中国对红小豆的利用基本停留在初级加工水平，即以原粮或半成品的形式大量用于食品中。近年来随着对红小豆药用和功能性的进一步探索和分析，促进了红小豆功能食品的开发。

（1）方便小食品开发　随着人们生活节奏的加快，方便的功能性食品日益受到人们的关注，红小豆方便食品日益占领市场。

即食红小豆粉：将挑选清洗后的红小豆籽粒，经浸泡→软化→搓沙、去皮→静置、混合调配→干燥、粉碎等程序即可制成即食红小豆粉。在红小豆粉中添加枸杞、可可粉、草莓等调节口味，可生产出保健型枸杞红小豆粉、可可口味红小豆粉、草莓口味的红小豆粉等有营养、有特色的红小豆即食粉，产品风味较好，复水性好，食用方便。

酥甜红小豆：选择当年的新豆，挑选新鲜度好、豆粒大小均匀的籽粒、清洗后，经浸泡→煮制→浸糖→控干→摆盘→冻结→冷冻干燥等程序可制成酥甜红小豆食品。

此外，近年来人们还研究了以红小豆和板栗仁作为主要成分可生产豆膏类食品；利用红小豆可生产柔软、果冻质构的小食品；将红小豆制成软糖等。

（2）红小豆饮料开发　红小豆饮料由于具备"天然、绿色、营养、健康"的品类特征，符合饮料市场发展潮流和趋势，越来越受消费者喜爱。目前已开发了多种红小豆功能饮料。

红小豆双歧杆菌发酵保健饮料：以红小豆为主要原料，经淀粉糖化后进行调制，接种源自婴儿体内的双歧杆菌进行前发酵，然后再用嗜热链球菌与保加利亚乳杆菌的混合发酵剂进行后发酵，调配后获得发酵饮料。

红小豆乳类饮料：将红小豆清洗浸泡、煮沸，加入微生物，保温液化，丌温灭菌制得原浆，经胶体磨分离，均质前加入乳化剂、富含赖氨酸物质、添加剂、稳定剂，高压均质机均质，高温灭菌，制得红小豆乳饮料。

红小豆酸奶：将红小豆浆与鲜乳以1∶2的比例混合，再加白糖、稳定剂、保加利亚乳杆菌和嗜热链球菌混合接种后发酵，可以制得优质红小豆酸奶，不仅保持了普通酸奶的营养价值和红小豆的豆香味，而且具有红小豆和乳酸菌的双重保健作用。

红小豆纤维饮料：红小豆中膳食纤维含量为5.6%～18.6%，主要集中在豆皮部分。将红小豆经清洗浸泡、分离豆皮、碱处理、过滤、离心干燥、混合调配、均质等工艺可制得红小豆纤维饮料。

2. 红小豆深加工利用　红小豆由种皮和胚组成。其原料分层次利用将提高原料利用率和产品附加值。将红小豆按种皮和胚分开，豆胚部分用于分离淀粉和粗蛋白，豆皮部分用于提取色素和加工纤维饮料。

（1）红小豆种皮色素的开发利用　红小豆种皮色素是一种天然色素，在不同溶剂中呈现不同的色泽，色素的溶解度差异也很大。水和乙醇是其安全、低成本、易回收的优质溶剂，可作为理想的提取剂。中性和弱碱性的体系适宜提取红褐色素，酸性体系适宜提取紫红色素。水提色素具有良好的抗氧化性和抗还原性，在离子环境中具有较好的稳定性，可作为食用色素广泛用于食品加工。

（2）红小豆种皮膳食纤维和抗氧化物质的开发利用　红小豆种皮中还含有较多的膳食纤维，具有良好的润肠通便、降血压、降血脂、调节血糖、解毒抗癌、预防结石、健美减肥的作用，可用于生产纤维饮料和膳食纤维粉。目前，中国和其他东亚国家对红小豆加工利用的主要途径是制作豆沙，而煮豆洗沙后的豆汤及剩余豆皮中仍含有多酚、单宁、皂苷、黄酮等多种活性成分，具有作为天然抗氧化剂开发的潜力。

（3）红小豆淀粉和蛋白的开发利用　红小豆含有丰富的蛋白质和淀粉，目前，已探索了红小豆淀粉和蛋白的提取分离技术。红小豆淀粉和蛋白作为一种功能性配料，在功能性食品和医药保健品开发领域占有重要地位。

三、红小豆的特征和特性

（一）形态特征

红小豆或称赤小豆［*Vigna umbellata*（Thunb.）Ohwi et Ohashi］与赤豆（*Vigna angu-*

laris Ohwi et Ohashi）同为豆科（Leguminosae）豇豆属（Vigna）的两个物种，均是一年生草本植物，可泛称"小豆"。小豆粒色多样，有红、白、绿、花斑、黑、橙色和褐黄色等，但在生产上种植的多为红小豆。红小豆在栽培过程中又产生了不同的品种，但不同品种的红小豆都具有共同的形态特征。

1. 根　红小豆为直根系作物，根系由主根、侧根、须根、根毛和根瘤组成。红小豆种子发芽时，下胚轴延伸，长成胚根，胚根继续生长，形成主根。主根不很发达，入土深度约50cm，最长可达80cm。红小豆侧根从主根上生出后，向下斜方向生长，入土深度30~40cm，侧根上生有须根。主根和侧根的顶端生有根毛，是红小豆吸收土壤中养分与水分的主要器官。红小豆根系主要分布于地表下10~20cm的耕层中。

红小豆根系能与根瘤菌共生，固定空气中的N素。当第一对真叶展开时，在子叶下部主根周围开始着生根瘤，当长出第1~2片复叶时，在主根周围、侧根基部根瘤已相当明显，花期前后根瘤生长旺盛。在一般地力条件下，红小豆的根瘤每年可从空气中固定约86kg/hm^{2}氮素。

2. 茎　红小豆上胚轴延长形成茎。幼苗时为多边形，以后发育成圆筒形。多数品种的幼茎为绿色，少数为紫色。茎上披有短茸毛，茸毛颜色多为黄绿色，也有少数品种茎光滑，无茸毛或少茸毛。

从子叶节到主茎顶端的高度为株高，株高因品种、栽培地区、气候条件、土壤肥力而异，一般栽培品种为30~180cm。红小豆的茎分为直立、蔓生和半蔓生3种类型。直立型品种株高为30~60cm，早熟品种多为此类型；蔓生型品种株型高大，株高在100cm以上，一般晚熟品种为蔓生型。半蔓生型介于直立型与蔓生型之间。

红小豆的茎由节和节间组成，主茎节数的多少，因品种而定，一般为15~20节，同一品种在不同气候和栽培条件下，主茎节数变化较大。

每节的叶腋内有芽，植株中下部长出的芽多形成分枝，上部长出的芽多形成花芽。红小豆幼苗一般在长出4~5片复叶时开始出现分枝，主茎上长出的分枝为一级分枝，一级分枝上长出的分枝为二级分枝，依此类推。一般品种一级分枝数4~5个，少的2~3个或更少，多的可达8~10个。分枝的多少与品种、播期、密度、肥力水平等因素有关。

3. 叶　红小豆的叶分为子叶和真叶。真叶包括单叶及三出复叶。红小豆子叶不出土，子叶中储藏着丰富的养分，是红小豆幼苗生长的重要营养来源。在子叶以上的节上长出真叶，第一对真叶为两片对生的短柄单叶，单叶为卵圆形，个别品种为披针形，叶柄短。以后生出的叶均为三出复叶。复叶由托叶、叶柄、叶片组成。托叶两片，宽0.3cm、长1.0cm左右。托叶外侧被稀疏白色短茸毛，着生在叶柄基部两侧，具有保护腋芽的作用。叶柄长15~25cm，为不规则多边形，沿叶柄内侧有一规则的长槽。叶柄具有支撑叶片、输送养分、调节叶片对光能利用等的作用；叶片通常由3片小叶组成，小叶多为卵圆形、心脏形或剑形，叶片两面都被有茸毛。每个小叶基部内侧着生一对3~5mm长的线形叶耳。三出复叶一般顶端的小叶较小，长5~10cm，宽2~5cm，先端渐尖，基部两侧的2片小叶较大，偏斜，长7~12cm，宽6~10cm。由于品种的不同，叶片的形状和大小有一定差异。叶片颜色分深绿、绿色和浅绿色。

白天叶片有强的向日性，夜晚下垂，开花之前，主茎 5~6d 增加一片叶，开花后 3d 就可长出一片叶。

4. 花 红小豆为总状花序。在主茎或分枝的叶腋间，一般可长 1~2 个总花梗，花梗长 4~7cm，着生多枚小花，一般为 2~6 朵。花由苞叶、花萼、花冠、雄蕊和雌蕊组成。花黄色，花冠颜色的浓淡因品种而异。花柄很短，花萼短钟状，基部联合，上部有 5 个萼齿，黄绿色。蝶形花冠，花瓣 5 枚。外部最大的 1 枚为旗瓣，先端有缺刻，中部具有突起。翼瓣 2 枚，长于旗瓣之上，不对称，分布于龙骨瓣两侧，弯月状。内侧为 2 枚龙骨瓣，细喇叭筒状，并延长向左弯曲呈钩状。雄蕊包在龙骨瓣中，共 10 枚，为二体雄蕊（9+1）。雄蕊花柱上部有茸毛，花柱顶端扁平扩大呈盘状柱头，无柄。花药着生在花丝的顶端，花粉球形，具有网纹。子房无毛。红小豆为自花授粉作物，开花前即有花粉发芽伸入子房，自然杂交授粉率很低，一般不超过 1%。

5. 果实 红小豆的荚由胚珠受精后的子房发育而成。荚的形状有圆筒形、镰刀形和弓形，先端稍尖，种子间有缢痕，无茸毛。荚长 5~14cm，宽 5~8mm。每个荚梗上结荚 1~5 个，未成熟的荚绿色，少数带有红紫色，成熟后的荚有黄白、浅褐、褐、黑色 4 种颜色，大多数为黄白色。荚皮较厚不透明，每荚有种子 4~11 粒。

6. 种子 红小豆的种子由受精的胚珠发育而成，由种皮和胚组成。种子的大小、形状因品种而异，一般长 4~5mm，宽 3~4mm。种子两端为圆形。粒形分为短圆柱、长圆柱形和球形 3 种。种脐白色条状，不凸出，长度大约为种子长度的一半。种皮多为红色或暗红色。红小豆是目前国内外市场上销售的主要类型，有光泽，鲜红色、短圆柱形的红小豆倍受国内外消费者的青睐。种子大小一般以百粒重表示，百粒重 6g 以下为小粒，6~12g 为中粒，12g 以上为大粒。红小豆常有不易吸水萌发的硬实粒，硬实粒的多少与品种、环境等因素有关。

（二）生活习性

红小豆性喜温、喜光，抗涝。对土壤要求不严，可在各类土壤生长。

1. 光照 红小豆为短日照作物，对光周期反应敏感。中晚熟品种反应更明显。中国南北各地红小豆对光照长短要求不完全相同，总的来说，红小豆的短日性由南向北逐渐减弱。光照对红小豆不同生育阶段的影响不尽相同，幼苗期受光照影响最大，开花期次之，结荚期受影响较小。一般缩短光照可促使其早开花，但植株变矮，茎节缩短，产量降低。延长光照则使小豆植株生长繁茂，开花推迟。因此，红小豆具有一定的适应范围，选种时应注意。红小豆还具有一定耐荫性，适合与玉米等高秆作物间混种。

2. 温度 红小豆是喜温作物，对气候适应范围较广。从温带到热带都有栽培，以温暖湿润的气候最为适宜。全生育期需要 10℃ 以上有效积温 2 000~2 800℃，一般在 8~12℃ 以上开始发芽出苗。适宜播种的发芽温度为 14~18℃。花芽分化和开花期的适宜温度为 24℃ 左右，低于 16℃ 时花芽分化受到影响，使开花结荚减少。红小豆对霜冻抵抗力弱，发芽期间不耐霜害。种子成熟期最怕低温秋霜，如果遇霜害则秕粒增多，种子质量降低。

3. 水分　红小豆虽是旱地作物，但需水较多，耐湿性较好。红小豆生长期间需要适度水分。苗期需水较少，苗期水分过多不利蹲苗，分枝期土壤水分过多容易引起倒伏和落蕾落花。开花结荚期需水最多，对水分最为敏感，是关键需水期。若开花结荚期遇上高温干旱，则易落花落荚，产量降低。鼓粒成熟期需水较少，天气晴朗利于光合作用，有利提高粒重，如阴雨天易霉烂荚。红小豆具一定的耐湿性，但有一定限度。如土壤水分过多，通气不良，影响根瘤菌生长发育，后期植株容易倒伏。

4. 土壤　红小豆有较强的适应能力，对土壤要求不严，可以种植在各种类型的耕地土壤上。在排水良好，保水力强的疏松土壤上生长良好。红小豆具有较强的抗酸能力，在微酸性土壤中生长良好，在轻度盐碱地上也能生长。红小豆根瘤菌生长适宜的土壤 pH 值为 6.3 ~ 7.3。

在生长季节较短的地区，以选择轻沙壤土为好，利于早熟；在生长季节较长的地区，以选择排水良好，保水力强的黏壤土或壤土为好，利于高产。

对土壤肥力而言，以中等肥力地较好，以免红小豆生长过旺，产量低下。

（三）生长发育

1. 生育期和生育阶段　红小豆的全生育日数通常是指从出苗到成熟所经历的天数。红小豆的一生从种子萌发开始，经历幼苗期、枝芽期、花荚期、灌浆期、成熟期和采收期等生育时期。

幼苗期：红小豆播种后，只要土壤温度和水分适宜，5 ~ 7d 就可以出苗。红小豆发芽出苗要吸收相当于自身重量 1.5 倍以上的水分。从出苗到分枝出现为幼苗期。幼苗期一般可长出 4 ~ 5 片真叶。

枝芽期：从第一分枝形成到第一朵花出现为枝芽和花芽分化期，简称枝芽期。当第一片复叶展开后，在叶腋处开始分化叶芽。叶芽有两种，即枝芽和花芽。枝芽形成分枝，花芽形成花蕾。分枝的多少与品种、播期、密度等因素有关。随着红小豆生长发育，茎的分生组织不断形成叶原基和花原基，统称分枝期。

开花结荚期：当 50% 的植株上出现第一朵花时为开花期，红小豆开花和结荚无明显界限，统称花荚期。花荚期是红小豆生长发育最旺盛，所需养分和水分最多的时期。红小豆花荚期一般持续 1 个月左右。

灌浆成熟期：从豆荚内豆粒开始鼓起，至达到最大的体积与重量，为灌浆期。鼓粒后，种子水分迅速下降，干物质达到最大干重，胚的发育也达到成熟色泽，籽粒呈现该品种固有色泽和体积，即豆荚成熟，当田间出现 70% 左右的熟荚时，为成熟期。70% 的豆荚成熟后，即进入采收期，应及时收获。如有条件可分次采摘，以提高产量和品质。

根据红小豆植株生长中心和营养分配规律，又可以把红小豆一生分为 3 大生育阶段，即苗期、花荚期和鼓粒成熟期。苗期阶段包括种子发芽与出苗、幼苗期与枝芽期，主要是以根、茎、叶、分枝的生长为主的营养生长时期；花荚期阶段包括开花与结荚，即从始花到终花荚果形成，是营养生长与生殖生长并进时期，是植株生长最快最旺盛的时期；

鼓粒成熟期阶段从荚果伸长、籽粒开始鼓大到叶片逐渐发黄色、豆粒灌浆成熟，是生殖生长时期。

不同的红小豆品种其全生育日数和营养生长各阶段的日数不同，同一品种因为播种期的先后也不同。一般是越早播，全生育日数越长，各营养生长阶段的日数也越长。反之，则愈短。但不论早播和迟播，生殖生长的日数变化较小。

2. 光周期反应 红小豆对光温反应较敏感。不同生态类型品种对光温反应不同，早熟品种对短日照反应不敏感，对温度反应的敏感性大于中晚熟和晚熟品种；中晚熟和晚熟品种对短日照的反应敏感。由高纬度地区向低纬度地区引种可提早成熟。由低纬度地区向高纬度地区引种则延长成熟期。

（1）光周期诱导对红小豆不同叶龄叶片生理生化特性的影响 红小豆是典型的短日照作物，对短日光周期反应敏感。尹宝重等（2008）通过对中晚熟红小豆品种冀红4号红小豆不同叶龄叶片进行短日照处理，结果表明，所有叶龄处理下叶片硝酸还原酶（NR）活性基本高于自然光（CK）处理而低于连续短日照（SD）处理；随着叶龄增大，各处理游离氨基酸总量均呈下降趋势，但光周期诱导可提高游离氨基酸含量，不同叶龄表现有所差异，与连续短日照（SD）处理交替上升；光周期诱导可降低可溶性糖的含量，并连续诱导出现累积效应；2LF（第一片复叶展平至第二片复叶展平）是光周期诱导可溶性蛋白变化最敏感的时期，从这个时期起单个叶龄诱导可降低可溶性蛋白含量，但连续诱导却可提高；不同叶龄光周期诱导（LF）处理下类胡萝素总体含量高于自然光（CK）处理和连续短日照（SD）处理，而不同叶龄光周期诱导（LF）处理下叶绿素含量仅在3叶龄前高于自然光（CK），随后出现下降趋势。

红小豆生育前期，短日照处理可明显增强红小豆叶片超氧化物酶（SOD）与过氧化物酶（POD）活性，增加游离氨基酸（SAA）、可溶性蛋白（SPRO）、赤霉素（GA）、细胞分裂素（CTK）与脱落酸（ABA）含量，并在一定程度上提高GA/ABA，其中，较小叶龄短日照诱导提高较为明显。

（2）不同叶龄光周期诱导对红小豆成花量和成花部位的影响 短日照处理可以缩短红小豆全生育期，使初花期提早、节位降低，并明显影响植株的成花部位与数量，促使成花较为集中的区域出现了下移趋势，较小叶龄的短日处理可使植株下部（1~5节）与中下部（6~10节）成花增多。其中，第一复叶展平至第二复叶展平时期诱导效果最为显著，感光最敏感，其后随叶龄增大，敏感性逐渐下降；随着被诱导叶龄的增大，感光效应逐渐在减弱，在四叶龄时期进行光周期诱导虽仍可提前开花，但从农艺性状上观察初花节数已不再提前。光周期处理对开花总量影响不大，但可以改变其初花时间和成花节位，使开花节位产生逐渐下移趋势。

（3）不同叶龄光周期诱导对红小豆生育特性和产量的影响 尹宝重等（2011）以中晚熟红小豆品种冀红4号为材料，以自然光周期为对照，分别对零叶龄（0LF）~四叶龄（4LF）5个不同叶龄的红小豆幼苗进行短日照（12h光周期）处理，从对生真叶出土开始观测不同处理的生育进程及生理指标，成熟时测定干物质积累、产量组分及小区产量。

结果表明，红小豆光周期反应始于真叶出土，真叶生长时期最敏感，是感光效率最高的时期，到四叶龄基本终止。短日照降低株高、茎粗并减少主茎节数，促进分枝形成，对较小叶龄植株作用明显；短日照诱导抑制植株各部位干物质的积累量，主要在对生真叶至第一复叶展平期间影响显著，其中，对生物产量和经济产量影响最大；短日照影响生育进程，二叶龄之前的影响较为明显，不利于产量的形成。短日诱导明显缩短生长前期，另外，三叶龄短日照处理可显著提高百粒重。短日照明显增强红小豆叶片超氧化物酶（SOD）与过氧化物酶（POD）活性，增加游离氨基酸（SAA）、可溶性蛋白（SPRO）、赤霉素（GA）、细胞分裂素（CTK）与脱落酸（ABA）含量，并在一定程度上提高 GA/ABA。短日照诱导对不同叶龄红小豆生长、生理及产量所产生的影响，整体趋势是生长前期效应相对显著。

四、红小豆栽培技术

（一）选用良种

优良品种是红小豆获得高产的基础，各地应根据当地的气候条件和生产条件，选用适宜的品种。除通常要求的高产稳产以外，在外贸出口地区要特别注意其商品的外观质量。在不同的耕作制度中，还要考虑品种的熟性，以不误下茬作物播种为宜。

1. 红小豆品种类型　按种子的大小，红小豆品种可分为小粒、中粒和大粒 3 种类型。一般百粒重 6g 以下为小粒品种，6~12g 为中粒品种，12g 以上为大粒品种。

按生长习性，红小豆品种可分为直立型、半蔓生型和蔓生型 3 种类型。直立型品种株高一般为 30~60cm，蔓生型品种株高在 100cm 以上，半蔓生型品种株高介于直立型与蔓生型之间。

按结荚习性，红小豆品种可分为无限结荚和有限结荚品种两种类型。多数直立型品种属于有限结荚习性；蔓生和半蔓生型品种属于无限结荚习性。

按成熟期长短，红小豆品种可分为早熟、中熟和晚熟品种 3 种类型。

2. 选用生育期长短适当的品种　红小豆对光温反应较敏感，有一定的区域性，因此，各地应根据当地的气候条件和种植制度选择生育期适当的品种。异地引种时要注意其生育期的变化。一般北方品种对温度较敏感，而对光照不敏感，这些品种在南方种植都能正常成熟；江淮流域及其以南的品种对温度不敏感，而对光照极敏感，这些品种在北方种植不能正常开花结实。

3. 优良品种简介　自 20 世纪 80 年代以来，随着红小豆品种改良工作的深入开展，红小豆新品种不断出现，各省市的育种单位都育出了一些优良的品种。

（1）冀红 12 号　河北省保定市农业科学研究所杂交选育而成。2012 年通过国小宗粮豆品种鉴定委员会鉴定。该品种生育日数 91~94d。株型直立，株高 46.5~56.9cm。叶色浓绿，叶片卵圆形。成熟荚黄白色，籽粒红色，粒色鲜艳。主茎分枝 2.9~3.7 个，主茎节数 13.5~14.6 节，单株荚数 25.2~27.7 个，荚长 8.4~8.7cm，荚粒数 6.5~6.6

粒，百粒重 14.4~15.9g，籽粒蛋白质含量 25.6%，碳水化合物 56.0%，脂肪 0.3%。国家小豆品种区域试验中平均产量 1 846.5 kg/hm²，生产试验中平均产量 2 452.5 kg/hm²。春、夏播均可，夏播区一般播期 6 月 20 日左右，最晚不超过 6 月 30 日。留苗密度视播期、地力而定，一般早播宜稀，晚播宜密；高水肥地宜稀，低水肥地宜密。一般中水肥地留苗 12 万~15 万株/hm²，播量 37.5~45.0 kg/hm²，播深 3cm 左右，因其粒大，一定要足墒下种，以确保全苗。苗期注意防治蚜虫、地下害虫为害，花荚期注意防治棉铃虫、豆荚螟、蓟马等害虫为害。70%~80% 豆荚成熟时收获，收获后及时用磷化铝熏蒸籽粒，防治豆象的为害。

（2）冀红 352 河北省农林科学院粮油作物研究所杂交选育而成。2008 年迪过国小宗粮豆品种鉴定委员会鉴定。该品种春播生育日数 114d 左右，夏播 89d 左右。适宜在中低水肥地的平原、山坡、丘陵等地种植。幼茎绿色，第一对对生单叶圆形，三出复叶卵圆形，深绿色，叶片正面无茸毛，小叶叶缘全缘，叶片中等大小，叶脉、叶柄、小叶基部均为绿色，叶柄茸毛稀疏，植株直立。春播株高 60cm，主茎分枝 3.5 个，主茎节数 11.9 节。单株结荚 34.4 个，荚长 8.5cm，单荚粒数 6.3 粒，千粒重 152.8g。夏播株高 47.9cm，主茎分枝 4.2 个，主茎节数 15.5 节。单株荚数 22.8 个，荚长 7.4cm，荚粒数 6.4 粒，百粒重 17.0g。花黄色，荚黄白色，粒形短圆，粒色鲜红，整齐饱满，结荚集中，成熟较一致，可以一次性收获。籽粒粗蛋白含量 22.97%，粗淀粉含量 53.86%。国家小豆（春播组）品种区域试验中平均产量 1 549.7kg/hm²，国家小豆（夏播组）品种区域试验中平均产量 1 613.5kg/hm²，生产试验中平均产量 1 305.0 kg/hm²。春、夏播均可，春播区适宜播期为 5 月 10~20 日；夏播区适宜播期以 6 月 15~25 日为宜，最迟不得晚于 6 月 30 日。播深 3~5cm，播量 37.5~45.0 kg/hm²。在夏播区适宜合理密植，一般中高水肥地块留苗 15 万株/hm² 左右，干旱贫瘠地块可增至 18 万株/hm²；春播区一般株高略高些，密度应适当减少为 12 万株/hm² 左右为宜。低产田块在分枝期或开花初期，每亩追施 5kg 尿素，能起到保花增荚的作用；中高产地块一般不施肥，或可在开花后期喷施叶肥。花荚期根据苗情、墒情和气候情况及时浇水。该品种成熟较集中，不需分批分期采摘，一般在 80% 以上的荚成熟时一次收获。收获后及时晾晒，籽粒含水量低于 14% 时可入库贮藏，并用磷化铝熏蒸以防豆象为害。

（3）白红 6 号 吉林省白城市农业科学院杂交选育而成。2008 年通过国小宗粮豆品种鉴定委员会鉴定。该品种生育日数 110d 左右。植株属半直立型，无限结荚习性，幼茎绿色，株高 53.5cm 左右，主茎分枝 3.2 个，单株荚数 30.2 个左右。叶形剑形，花黄色，成熟荚呈乳白色，荚形弓形，荚长 8.9cm，单荚粒数 6.7 粒左右，粒形短圆柱形，红色，种脐白色，百粒重 13.1g 左右，单株产量 18.7g 左右。籽粒粗蛋白含量 23.25%，粗脂肪含量 1.13%，粗淀粉含量 52.88%，可溶性糖含量 3.09%。国家小豆（春播组）品种区域试验中平均产量 1 517.6kg/hm²，生产试验中平均产量 1 497.0kg/hm²。适宜春播，适宜播期为 5 月上旬至下旬。播量 30~45 kg/hm²。采用垄上开沟条播或点播的方式播种，播深 3~5cm，稍晾后镇压保墒。一般留苗密度为 15 万~24 万株/hm²。生育期间注意防治蚜虫和红蜘蛛。

（4）苏红 1 号　江苏省农业科学院蔬菜研究所杂交选育而成。2011 年通过江苏省农作物品种审定委员会鉴定。该品种夏播生育日数 88d 左右。出苗势强，幼苗基部无色，生长稳健，叶卵圆形，中等大小，叶色深。株型较松散，直立生长，有限结荚习性。夏播株高 54.0cm，主茎节数 15.0 节，有效分枝 6.3 个，单株结荚 23.4 个，荚长 7.1cm，单荚粒数 5.9 粒，百粒重 14.9g。荚圆筒形，成熟荚黄白色。粒形长圆柱形，种皮红色，脐色白，商品性较好。成熟时落叶性较好，不裂荚。江苏省夏播小豆区域试验中平均产量 1 609.5kg/hm²，生产试验中平均产量 1 479.0kg/hm²。该品种在江苏小豆产区以及类似气候条件地区都能种植，春、夏播均可，可麦后复播，也可与棉花等作物间作套种，4 月中旬至 7 月底均可播种，最适播期为 6 月中下旬。以在中上等肥水条件下种植为最佳。播量 37.5～45 kg/hm²，迟播适当增加播种量。春播留苗 9.75 万株/hm²左右，夏播留苗密度为 12 万株/hm²左右。

（5）保红 947　河北省保定市农业科学研究所杂交选育而成。2006 年通过国小宗粮豆品种鉴定委员会鉴定。该品种直立、抗倒伏。叶色浓绿，花黄色，略大，荚淡黄褐色。春播区生育期 111d 左右。株高 57.5cm 左右；夏播区生育期 87d 左右。株高 52.0cm 左右。主茎分枝 3～4 个，主茎节数 11～14 节，单株结荚 21～31 个，荚长 8～9cm，籽粒大，百粒重 18g 左右，籽粒红色，有光泽。籽粒含粗蛋白 22.92%、粗淀粉 53.37%、粗脂肪 1.04%、可溶性糖 3.19%。国家小豆（春播组）品种区域试验中平均产量 1 602.1kg/hm²，国家小豆（夏播组）品种区域试验中平均产量 1 684.1kg/hm²，生产试验中平均产量 1 876.5kg/hm²。该品种适合在中高水肥地种植，尤其高水肥条件下，具有较大的增产潜力。春、夏播均可，春播区以 5 月 20 日前后，夏播区以 6 月 20 日前后播种为宜，播前施足底肥和种肥，播量 30～37.5kg/hm²，留苗密度视播期、地力而定，一般春播留苗 9 万～11 万株/hm²；夏播留苗 12 万～13 万株/hm²，随水肥条件增高，留苗密度应酌情减少。因其粒大，一定要足墒下种，以确保全苗。苗期注意中耕除草，防止地老虎，蚜虫为害；花荚期注意防治棉铃虫及蟓虫类害虫为害。

（二）适墒整地

红小豆不宜连作，播种时切忌重茬和迎茬，也要避免与豆科作物重迎茬。重迎茬可使病害加重，杂草丛生，根系发育不良，根瘤减少，降低产量和品质。最好实行 3 年以上轮作，轮作时应注意因地制宜，选择适当的轮作作物。小麦、玉米等肥茬对红小豆有明显的增产作用，另外，马铃薯也是红小豆的良好前茬。

整地的好坏关系播种和出苗以及田间管理的质量。精细整地有利于红小豆根系的发育和对水分养料的吸收利用。红小豆整地包括耕地、耙地及耱地。秋耕一般要深，耕深以 20～30cm 为宜，春耕宜早，一般"春分"耕地，春耕宜浅，以 15cm 为宜，过深不利防旱保墒。春播区耕地后要及时进地耙耱，秋耕地在解冻后必须及时耙平，使土壤表层细碎平整，使之达到待播状态，同时达到保墒目的。

播种前要细致整地，要求把地整平耙实，使耕作层上虚下实，无坷垃，深浅一致，地平土碎，为种子萌发和根系生长创造良好的环境。稻豆、麦豆两熟地区，为争时早播种，一般不耕翻土地，贴茬种植红小豆，但出苗后要及时中耕松土。

（三）播种

1. 种子处理　为提高品种纯度和种子发芽率，在播种前应进行种子晾晒和精选。在有条件的地区可进行种子处理。

（1）播前晒种　播种前晒种可以提高种子的生活力。晒过的种子发芽快，出苗整齐，一般可以提前出苗 $1 \sim 2 d$。特别是成熟度差和贮藏期受潮的种子，晒种的效果更为明显。晒种时不要将种子摊晒在水泥地或石板上，以免温度过高灼伤种子。

（2）精选种子　为了提高种子纯度和发芽率，播种前要对种子进行精选，剔除不饱满的、秕瘦的、有病虫的、霉变的籽粒，选出无病虫的饱满籽粒作种用。并测定种子的发芽率，以确定实际用种量。

（3）根瘤菌接种　红小豆的根瘤菌在适宜的条件下固 N 能力较强，能满足红小豆所需要 N 素总量的40%。为了充分发挥根瘤菌的固 N 作用，提高红小豆产量，给红小豆接种根瘤菌是十分必要的。红小豆的根瘤菌属于豇豆族，与花生、绿豆、豇豆的根瘤菌可以互相接种。可用菌剂拌种，一般每公顷播种种子量用根瘤菌剂粉 $750 \sim 1\,125\,g$，先用细土或草木灰拌匀，再拌入种子，并立即播种，不可暴晒，因阳光可杀死根瘤菌。

（4）种衣剂包衣　在有条件的地方可进行种衣剂包衣。晒种精选后在播种前采用种衣剂进行种子包衣，可选用士林神拌种王，药种比例为 $1:(50 \sim 60)$，阴干后播种。

（5）药剂拌种　为防止苗期病虫害，可用种子量0.2%多菌灵 + 种子量0.1%辛硫磷拌种，同时加多元微肥效果更好。

2. 适期播种，合理密植　适期播种是保证红小豆高产稳产的重要措施之一。播期应在满足红小豆对光照、温度这两个基本要求的前提下，结合当地的气候条件、耕作制度和品种特性而定。一般应掌握春播适时，夏播抢早的原则。春播红小豆播期主要受地温和土壤水分条件的制约，一般以耕层地温稳定在 $10 \sim 14$℃ 时播种为宜。夏播红小豆应提倡适期早播，一方面可满足晚熟品种对光热的需求，另一方面可适当延长早熟品种营养生长，为高产稳产打下基础。麦、豆两熟区在小麦收获后抢时播种，稻、豆两熟夏播区以6月中下旬至7月上旬播种为宜。

红小豆子叶不出土，播种不宜过深，一般 $3 \sim 5 cm$ 为宜。春播时，若墒情不好，为防止吊干苗可适当深些。播种后进行镇压，可使种子与土壤紧密接触，顺利从土壤吸收水分，避免播种后土壤松虚，水分很快蒸发，而下部水分不能上升，致使种子"落干"。特别是干旱多风的沙土，播种后镇压更为重要。镇压的时间应根据土壤情况而定，在墒情较差的情况下，应当在播种后立即镇压，尽量减少水分蒸发。在土壤水分较高时，不要立即镇压，要掌握适宜时机，待表土水分散失，有一层干土时再进行镇压。

合理密植是协调植株个体与群体间的矛盾，充分利用地力和光能而获得红小豆丰产的中心环节。红小豆单位面积产量的高低，取决于单位面积上的株数、单株荚数、粒数和粒重，只有在合理密度下，才能充分利用地力和光能协调个体与群体间的矛盾使之群体生产性能得到最大发挥从而提高产量。红小豆的种植密度与品种特性、气候条件、土壤肥力、播种早晚和留苗方式等因素有关。一般应掌握的原则是，土壤肥力较差情况下，种植密度可大些，随着土壤肥力的升高，种植密度适当减小；地势高，气温低，红小豆生长矮小，密度应大些；水分充足宜稀植，干旱宜密植；与高秆作物套种，光照条件差，宜稀植，与矮秆作物间作，密度应大些；早播的应比晚播的稀些；早熟品种密，晚熟品种稀；春播稀，夏播密。一般播种量 $30 \sim 45 kg/hm^2$，间作套种应根据红小豆实际种植面积而定。

3. 播种方法　红小豆单作常采用等行距种植，与其他作物间套作时根据其他作物的种植，有时采用宽窄行种植。红小豆的播种方法主要是条播和点播，单作以条播为主，间作、套种和零星种植常用点播。

（四）田间管理

1. 间定苗　红小豆田间管理首先要做的是间苗定苗。及时间苗、定苗是促进壮苗、提高单产的有效措施。间苗的时间宜早不宜迟，一般在第一片复叶展开后开始间苗，第二片复叶展开后定苗。在病虫害发生较重或盐碱、干旱威胁较大的地块，应适当推迟间苗、定苗时间，但最晚不宜迟于第三复叶期。间定苗主要拔除病苗、弱苗，留壮苗。如有缺苗断垄现象应及时补苗。

2. 中耕除草　红小豆苗期植株生长较慢，田间易生杂草，一般在开花封垄前应中耕 $2 \sim 3$ 次。即第一片复叶展开后结合间苗进行第一次浅锄，第二片复叶展开后结合定苗进行第二次中耕，到分枝期结合培土进行第三次深中耕，以利于防旱、排涝、防倒伏。通过中耕不仅可以清除杂草，还能疏松土壤，以提高地温、调节水分，有助于养分的吸收和利用，促进根系的生长和根瘤形成，使幼苗健壮生长。在种植面积较大、劳动力紧张的地区也可使用化学药物除草。

3. 灌溉和排水　红小豆浇水应掌握"两足两少"的原则，即底墒足，花期足，苗期少和后期少。红小豆苗期较耐旱，一般在有底墒的情况下，苗期不浇水。现蕾期和结荚期为需水高峰期，干旱年份，应在现蕾期灌水一次，以促单株结荚和单荚粒数，在结荚期再灌水一次，以增粒重并延长开花结荚时间。在灌溉条件较差的地方，应在开花盛期集中浇水一次。

红小豆虽然耐湿性较好，但怕水淹。在渍水情况下，植株生长受损，并影响根瘤固 N，雨水较多时应及时排涝。采用起垄种植或开花前培土是红小豆高产的重要措施。

夏播红小豆结荚期正是高温多雨季节，易造成旺长。红小豆旺长严重影响其产量和品质，对小面积种植的晚熟、蔓生型品种，若出现旺长现象，可在开花前将主茎和分枝的顶端掐掉；对大面积种植的地块，可喷施植物生长调节剂，或 2，3，5 -三碘苯甲酸在花期喷洒，具有较好增产效果。对高肥水地块，可用矮壮素或多效唑拌种，也可在结荚前期，叶面喷洒。

4. 合理施肥　红小豆属固 N 作物，耐瘠性较强，一般无需施用过多 N 肥。但在瘠薄地上，要获得高产，必须适时施肥。红小豆施肥应掌握以基肥为主，花肥为辅；P、K 肥为主，N 肥为辅的原则。田间施肥量视土壤肥力和生产水平而定，在中等以下肥力的地块，施用少量 N 肥能促使红小豆苗期植株健壮生长；在中等以上肥力的地块，不施 N 肥。红小豆需 P 量较少，在土壤含 P 量较少地区，施用少量 P 肥可显著增产。红小豆对 K 元素反应不敏感，土壤含 K 量较低时，可适当施入 K 肥，增强植株的抗逆性。红小豆对微量元素 B 和 Mo 反应敏感，Mo 肥有提高根瘤活性和增进叶片光合强度的作用，B 肥有助于开花结荚，提高结实率，适当增施 B、Mo 微肥有显著增产效果。

基肥：春播红小豆应在播种前，结合整地施足基肥，一般用牛、猪、羊粪作的堆肥、各种秸秆沤熟的圈肥等均是较好的基肥，并加施 375kg/hm² 过磷酸钙和 37.5 ~ 75kg/hm² 尿素作基肥。

种肥：红小豆如抢墒播种来不及施基肥，可用 30 ~ 75kg/hm² 尿素或 75kg/hm² 复合肥作种肥。需要施用 K 肥的地块，也应作为种肥与 N、P 肥一起施入。要做到种子和肥料隔离，避免烧种。

追肥：在地力较差，不施基肥和种肥的山岗薄地，于红小豆第一片复叶展开后，结合中耕追施尿素 45kg/hm² 或碳酸铵 75kg/hm² 或复合肥 120kg/hm²。在中等肥力地块，于第四片复叶展开（即开花前）后，结合培土施尿素 75kg/hm²、过磷酸钙 300 ~ 375kg/hm²。间套种田一般应比单作地块多施碳铵 225.0kg/hm²，过磷酸钙 150.0kg/hm²。

在有条件的地区可在花荚期根外施肥，叶面喷施 P 肥和 Mo、B 等微量元素肥料，可促进红小豆生殖生长，使花荚数增多。

（五）病、虫、草害防治与防除

1. 红小豆病害及防治　红小豆生育期间常发生的病害主要有叶斑病、白粉病、锈病、根腐病和病毒病等。

（1）叶斑病　叶斑病是红小豆主要的真菌性病害，主要为害叶片。发病初期在叶片上出现小水浸斑，以后扩大成圆形或不规则黄褐色枯斑，后期形成大的坏死斑，导致叶片穿孔脱落、植株早衰枯死，严重影响产量。此病多发生在多雨季节，当温度在 25 ~ 28℃、相对湿度在 85% ~ 90% 时，病情发展严重。田间发病盛期是开花结荚期。

防治方法：① 选用抗病品种；② 选留无病种子作种用；③ 与禾本科作物轮作或间作套种；④ 合理密植，改善通风透光条件；⑤ 在红小豆现蕾期开始用 50% 的多菌灵或 50% 苯来特 1 000 倍液，或 80% 可湿性代森锌 400 倍液等，每隔 7 ~ 10d 喷洒一次，连续喷药 2 ~ 3 次能达到良好效果。

（2）白粉病　白粉病是红小豆生长后期发生的真菌性病害，主要为害叶片，也可侵染茎和豆荚。特别是昼暖夜凉有露水的潮湿环境下，发病严重。发病初期下部叶片出现小而分散、褪绿的病斑，病斑逐渐扩大并为白粉覆盖，最后覆盖全叶。后期在病斑上可见黑点状子囊壳。严重时叶片呈蓝白色，重病叶干枯脱落。

防治方法：① 选用抗病品种；② 深翻土地，掩埋病株残体；③ 合理密植，改善通风透光条件；④ 发病初期，用50%苯来特2 000倍液，或25%粉锈宁2 000倍液，或75%百菌清500～600倍液等，在田间喷洒能有效控制病害发生。

（3）锈病　锈病是红小豆生长后期发生的真菌性病害。主要为害叶片，严重时可侵染茎和豆荚等部位。发病初期叶片上出现苍白色褪绿斑点，逐渐变为黄白色夏孢子堆，表皮破裂后散出黄褐色夏孢子。发病严重时叶片早衰脱落，植株枯死。种子上染病也产生孢子堆，但不能食用。红小豆锈病是由锈菌引起，本菌是专性寄主性菌，只为害红小豆，以冬孢子在病残体上越冬，翌年日均温度21～28℃时，孢子借气流传播，产生芽管，侵入红小豆为害，连阴雨条件下，容易流行。

防治方法：① 选用抗病品种；② 与禾本科作物轮作；③ 增施P肥和K肥等；④ 清理田园，烧毁病株；⑤ 发病初期用15%的粉锈宁可湿性粉剂1 000～1 500倍液，或40%福星乳油8 000倍液，或50%萎锈灵乳油800倍液，或50%硫磺悬浮剂200倍液，或30%固体石硫合剂150倍液，或25%敌力脱乳油3 000倍液，或65%的代森锌可湿性粉剂800～1 000倍液，每隔10～15d喷1次，连续喷2～3次，效果较好。

（4）根腐病　根腐病是红小豆苗期发生的真菌性病害。主要为害部位为主根。病害侵染后可引起幼苗死亡。成株期病害在根部引起红褐色病斑，逐渐沿根系扩展，导致根表皮组织腐烂，病部细缢，有的凹陷，重者因主根受害使侧根和须根脱落而变成秃根。由于根部受害，在植株地上部长势减弱，植株矮化，叶片呈现黄化的症状，重者可导致植株死亡。当红小豆连作时，病害发生将十分严重。

防治方法：① 选用抗病品种；② 与禾本科作物轮作；③ 用35%多福克种衣剂拌种，或2%菌克毒克拌种或叶面喷洒，或用25%甲霜灵可湿性粉剂800倍液喷雾，或72%克露可湿性粉剂700倍液喷雾，叶面喷洒时加上叶面肥，效果较好。

（5）病毒病　红小豆病毒病包括黄花叶、斑驳和芽枯病。通常多为黄花叶毒病，被侵染植株的叶片叶脉间呈现黄化褪绿，进而缩叶，植株矮化。斑驳病毒侵染叶片出现斑块黄化失绿。芽枯病毒病从植株顶部主茎或分枝生长点部分开始生病，最后顶部发褐枯死。病毒病往往几种病毒交叉在一起，并引发其他病害。病原主要由种子和田间传播侵染，蚜虫和茶褐螨及叶蝉类害虫是主要的传播者。此病在高温干旱的气候条件下容易发生。

防治方法：① 选用抗病品种；② 及时防治蚜虫；③ 及时拔除病株；④ 发病初期用20%农用链霉素1 000～2 000倍液，或50%多菌灵可湿性粉剂600倍液，或80%可湿性代森锰锌400倍液喷雾，每隔7～10d喷一次，连喷2～3次。

2. 红小豆虫害及防治　红小豆生育期间常发生的虫害主要有地老虎、蚜虫、豆荚螟、四纹豆象等。

（1）地老虎　在中国，地老虎每年可发生2~7代。幼虫在3龄期前群集为害幼苗的生长点和嫩叶，4龄后的幼虫分散为害，白天潜伏于土中或杂草根系附近，夜间出来啮食幼茎。

防治方法：① 翻耕土地，清洁田园；② 用糖醋液或用黑光灯诱杀成虫；③ 将泡桐树叶用水浸泡湿后撒放于田边诱捕幼虫；④ 3龄前幼虫，可用2.5%溴氰菊酯或20%蔬果磷3 000倍液喷洒，或用50%辛硫磷乳剂1 500倍液灌根；⑤ 3龄后幼虫，可在早晨顺行捕捉。

（2）蚜虫　红小豆生育前期常遭蚜虫为害。蚜虫的成虫、若虫多集聚在嫩梢、嫩茎、花序及嫩荚等处吸食汁液，受害植株生长矮小，顶梢节间缩短，叶片卷缩，甚至造成落叶或幼苗死亡。且豆蚜传播多种病毒病。

防治方法：① 选用抗（耐）虫品种；② 播种时撒施呋喃丹；③ 用50%的马拉硫磷1 000倍液，或50%抗蚜威可湿性粉剂2 500倍液，或20%氰戊菊酯或2.5%氯氟氰菊酯或2.5%溴氰菊酯配3 000倍液喷雾防治；④ 释放瓢虫和草灵生物防治。

（3）豆荚螟　又叫豆螟蛾、豆卷叶螟等，对红小豆为害极大，常以幼虫卷叶或蛀入红小豆的蕾、花和嫩荚取食，造成落花、落荚。同时以幼虫蛀食荚果种子，早期蛀食，易造成落荚，后期蛀食豆粒，并在荚内及蛀孔外堆积粪粒。受害的豆粒味苦，不能食用。也可为害叶片、叶柄及嫩茎。红小豆豆荚螟1年发生的代数因地域而异，以老熟幼虫在土中越冬。成虫白天栖息在寄主植物或杂草叶背面或阴处，晚间活动、产卵，有趋光性。幼虫可转荚为害。

防治方法：① 与非豆科作物轮作；② 及时清除田间落荚、落叶；③ 利用成虫的趋光性进行灯光诱杀；④ 用50%杀螟松乳剂1 000倍液，或20%三唑磷乳油700倍液，或5%锐劲特胶悬剂2 500倍液，或50%马拉硫磷乳剂1 000倍液，或20%氰戊菊酯乳油2 000~3 000倍液，或2.5%溴氰菊酯2 500倍液喷雾防治。每7d喷1次，根据虫情喷1~2次，对孵化期的幼虫有很好的防治效果。

（4）四纹豆象　红小豆的四纹豆象主要为害老熟豆粒。在热带地区，可在田间和仓内为害，在温带区主要在仓内进行为害。在田间，虫卵散产于老熟而开裂豆荚内的豆粒上，或即将成熟的豆荚外部，在仓内产卵于干豆粒上。成虫或幼虫在豆粒内越冬，翌年春化蛹。新羽化的成虫和越冬成虫飞到田间产卵或继续在仓内产卵繁殖。

防治方法：① 物理防治法：可在贮藏的红小豆表面覆盖15~20cm草木灰或细沙土，或在阳光下连续晾晒，也可将红小豆放入沸水中停放20s，捞出晾干，能杀死所有成虫。也可用0.1%花生油敷于种子表面防止豆象产卵；② 化学药物防治：豆粒干后，用磷化铝熏蒸效果最好，不仅能杀死成虫、幼虫和卵，而且不影响种子发芽和食用。一般可按贮存空间每立方米1.6g磷化铝的比例，在密封的仓库或熏蒸室内熏蒸；或取磷化铝1~2片（3.3g/片），装到小沙布袋内，放入250kg红小豆中，用塑料薄膜密封保存。熏蒸后打开密封口通风7d后方可使用。

3. 红小豆田杂草及防除　红小豆播种期不同，杂草发生程度及种类有差异。在春播田，阔叶杂草密度大，杂草与红小豆同时出土，但发生时期较长，红小豆封垄后由于叶片遮阳，杂草发生量小；夏播红小豆，以禾谷类杂草为主，由于作物播种时高温、多雨，杂草出苗快，往往先于红小豆出土，生长迅速，在红小豆播种后至封垄前发生量较大，红小豆封垄后由于叶片遮阳，杂草发生量减少。红小豆株高较低，与杂草竞争力差，如果杂草控制不及时，生育前期非常容易发生草荒，因此，红小豆苗期是控制杂草的关键时期。

（1）红小豆播前或播后苗前土壤处理除草技术（表7-7）

表7-7　红小豆播前或播后苗前土壤处理除草技术

除草剂	用量/亩（有效或建议值剂量）	防除杂草	施用时期和方法	备注
氟乐灵48%氟乐灵	48~72g（有效量）100~150 ml	稗草、野燕麦、狗尾草、马唐、牛筋草、千金子、碱茅及部分小粒种子的阔叶杂草如马齿苋、反枝苋等	播前混土处理	①红小豆比玉米等对氟乐灵和二甲戊灵敏感，不可随意增加用药量②遇到低温或用药后降水或土壤水分过大或土壤有机质含量低的沙质土或播种过深红小豆出苗弱时，易受药害
二甲戊灵33%施田补乳油	49.5~99g（有效量）150~300 ml	稗草、马唐、狗尾草、牛筋草、早熟禾等禾本科杂草及黎、反枝苋等阔叶杂草	播后苗前土壤处理	
仲丁灵48%地乐胺乳油	72~120g（有效量）150~250 ml	稗草、牛筋草、马唐、狗尾草等大部分一年生禾本科杂草及黎、反枝苋等阔叶杂草，对菟丝子也有较好的防效	播后苗前土壤处理	①用药后一般要混土，混土深度3~5cm②在冷凉季节，或用药前后土壤湿润的情况下，不混土也有较好的防除效果③地乐胺在红小豆田不可超量使用，以免产生药害④用药后降水或土壤水分过大或土壤有机质含量低的沙质土或播种过深红小豆出苗弱时，易受药害
异丙甲草胺72%都尔乳油96%异丙甲草胺	108~144g（有效量）150~200 ml110~160 ml	一年生禾本科杂草，如稗、绿狗尾草、毒麦等，对黎等小粒种子的阔叶杂草及菟丝子也有一定的防效	播后苗前土壤处理	①异丙甲草胺对红小豆的安全性较差，因此不可随意增加用药量②用药后田间积水或大水漫灌，异丙甲草胺会对红小豆产生药害，影响出苗及早期生长

（续表）

除草剂	用量/亩 （有效或建议值剂量）	防除杂草	施用时期 和方法	备 注
敌草胺 50% 大惠利可 湿性粉剂	50~75g（有效量） 100~150 g	稗草、马唐、狗尾草、野燕麦、千金子、看麦娘、早熟禾、雀稗等一年生禾本科杂草及某些阔叶杂草如黎、猪殃殃、萹蓄、繁缕、马齿苋、野苋、苣荬菜等	播后苗前 土壤处理	① 杂草出土前施药 ② 土壤黏性重时，敌草胺用量应高于沙质土，春夏日照长，大惠利光解较多，用量应高于秋冬季 ③ 土壤干旱地区使用敌草胺后，应进行浅混土，以提高药效 ④ 用药后降水或土壤水分过大或土壤有机质含量低的沙质土或播种过深红小豆出苗弱时，易受药害
异丙隆 50% 异丙隆可 湿性粉剂	60~80g（有效量） 120~150 g	看麦娘、野燕麦、早熟禾、碎米芥、雀舌草、黎、繁缕等一年生禾本科杂草和阔叶杂草	播后苗前 土壤处理	① 土壤湿润有利于该药药效的发挥，干旱无水浇条件的地方用药量应适当增加 ② 土壤有机质含量低的沙质土地应使用低剂量，超量使用会造成红小豆药害 ③ 用药后降水或土壤水分过大或土壤有机质含量低的沙质土或播种过深红小豆出苗弱时，易受药害
嗪草酮 70% 塞克可湿 性粉剂	17.5~35 g（有效量） 25~50 g	早熟禾、看麦娘、反枝苋、鬼针草、娘把草、黎、小黎、锦葵、萹蓄、酸膜叶蓼、马齿苋等	播后苗前 土壤处理	① 嗪草酮在红小豆田施药量每亩不能超过50g，以免造成红小豆药害 ② 土壤有机质含量低于2%、土壤 pH 值7.5 以上的碱性土壤和降雨多、气温高的地区塞克津应慎用
唑嘧磺草胺 80% 阔草清水 分散粒剂	2.4~4 g（有效量） 3~5 g	黎、反枝苋、凹头苋、铁苋菜、苘麻、酸膜叶蓼、苍耳、柳叶刺蓼、龙葵、苣荬菜、繁缕、猪殃殃、毛茛、问荆、地肤、鸭跖草等阔叶杂草	播后苗前 土壤处理	① 红小豆田施用阔草清应在播种后立即施药，红小豆出苗后禁止使用阔草清，以免产生药害 ② 该药剂是超高效除草剂，单位面积用药量很低，因而用药量要准确，最好先配制母液，再加水稀释，并做到喷洒均匀

注：引自陶波，胡凡. 杂草化学防除实用技术. 北京：化学工业出版社，2009：90~92

（2）红小豆苗后茎叶处理除草技术（表7–8）

表7–8　红小豆苗后茎叶处理除草技术

除草剂	用量/亩 （有效或建议值剂量）	防除杂草	施用时期 和方法	备　注
精吡氟禾草灵 15%精稳杀得 乳油	7.5～15g（有效量） 50～100 ml	一年生禾本科杂草，如野燕麦、稗草、狗尾草、马唐、牛筋草、看麦娘等，提高剂量时，对多年生杂草，如芦苇、狗牙根等也有效	红小豆封垄前茎叶处理	① 这几种药剂无土壤封闭效果，因此在红小豆田不可用药过早，要在大部分禾本科杂草出土后施药，施药后1周内红小豆封垄为宜 ② 天气干旱或草龄较大时应增加药量。若喷药时土壤干燥，可适当增加药量，或在灌水后施药，以提高其防除效果 ③ 施药时注意风速、风向，不要使药液飘移到附近禾本科作物田，以免造成药害
精氟吡甲禾灵 108% 高效盖草能乳油	2.7～4.32g（有效量） 25～40 ml			
精喹禾灵 5%精禾草克	2.5～5g（有效量） 50～100 ml			
精噁唑禾草灵 6.9% 骠马水乳液	2.8～4g（有效量） 40.7～58 ml	看麦娘、野燕麦、硬草、稗草、狗尾草、茵草等一年生禾多年生禾本科杂草	红小豆封垄前、禾本科杂草3叶期前茎叶处理	① 骠马水乳剂黏度大，附着力强，易黏在杂草叶面上，配药时一定要先加少量水充分搅拌后再倒入喷雾器中，混好以后再喷雾 ② 骠马应在禾本科杂草3叶期前施药，用药时间晚，防效较差，需增加施药量
烯禾啶 12.5%拿捕净乳油	13.3～26.7g（有效量） 100～133 ml	稗草、野燕麦、狗尾草、马唐、牛筋草、看麦娘等一年生禾本科杂草，适当提高药剂用量也可防治白茅、匍匐冰草、狗牙根等	红小豆封垄前茎叶处理	① 无土壤封闭效果，因此在红小豆田不可用药过早，要在大部分禾本科杂草出土后施药，施药后1周内红小豆封垄为宜 ② 天气干旱或草龄较大时应增加药量 ③ 若喷药时土壤干燥，可适当增加药量，或在灌水后施药，以提高其防除效果 ④ 施药时注意风速、风向，不要使药液飘移到附近禾本科作物田，以免造成药害
烯草酮 12% 收乐通乳油 24% 烯草酮乳油	3.6～4.8g（有效量） 30～40 ml 30～40 ml	稗草、野燕麦、狗尾草、马唐、早熟禾、看麦娘、牛筋草、臂形草等一年生禾本科杂草以及狗牙根、芦苇等多年生禾本科杂草		

注：引自陶波，胡凡. 杂草化学防除实用技术. 北京：化学工业出版社，2009：93

（六）适期收获

红小豆花期很长，成熟期不一致，往往植株基部荚果已经成熟，而上部的荚果仍为青绿色或正在灌浆鼓粒。若种植面积较小，可采取分期摘荚的办法；种植面积较大，应在田间75%的荚果成熟时，一次收获。若收获过早粒色不佳，粒形不整齐，秕粒增多，产量低；而收获偏晚易裂荚落粒，籽粒光泽减退，粒色加深，异色粒增多，外观品质降低。采收最好在早晨或傍晚进行，严防在烈日下作业，避免机械性炸荚，降低田间损失率，做到颗粒归仓。

收摘后的豆荚在晾晒至籽粒中水分降到18%左右时立即脱粒。脱粒后，可结合选种进行晾晒，去掉杂质及虫粒、破粒、秕粒、杂粒、霉粒等，晒干扬净，使其净度达到96%以上，水分达13%以下，以提高种子质量和贮藏稳定性。

红小豆种子具有较好的耐贮性，一般种子含水量13%以下时，贮存条件良好，常温下可保存4~5年。若水分高、杂质多，极易变质和生虫。大量贮藏红小豆在入库前必须用磷化铝熏蒸，以防豆象为害。

五、红小豆的专项栽培技术

（一）麦茬红小豆高产栽培关键技术

1. 抢时早播　麦收后及时整地播种红小豆，播种越早产量越高。

2. 合理密植　麦茬红小豆生长期短，分枝少，要争取高产，必须合理密植，使个体发育良好，群体适宜。一般种植密度在120 000株/hm²左右。

3. 合理施肥　麦茬红小豆播种正值"三夏"大忙季节，一般来不及整地施基肥即进行播种。播种时可施硫酸铵75~112.5 kg/hm²、过磷酸钙150 kg/hm²或磷酸二铵75 kg/hm²作种肥，在缺K地块，可施硫酸钾75 kg/hm²，种肥要尽量与种子隔离开，以免烧芽、烧苗。红小豆初花期可结合降水或浇水施入一定量的花肥，对增花保荚有明显的促进作用。花荚期叶面喷施一定量的P肥、B肥可促进早熟和改善籽粒品质。

4. 控制旺长　红小豆旺长主要表现植株高大，第一分枝离基部较远，节间伸长，分枝少，群体繁茂，封行早，致使花荚脱落严重，结荚少，严重时成片倒伏，从而导致减产。可用矮壮素或多效唑在花期进行叶面喷洒。

（二）红小豆间套种栽培关键技术

由于红小豆耐荫，生产上多以间、套种方式种植。目前生产上常用的红小豆间作套种方式主要有：

1. 红小豆与玉米间套种　在春玉米种植区，对等行距种植的地块，可采用1∶1的栽培组合。即玉米行距70~90cm，待玉米长到30cm左右时，在行间播种1行红小豆。对大、小垄种植的地块，可采用2∶1的栽培组合。即玉米大行距100cm，小行距70cm，待玉米长到30cm左右时，在大行内播种1行红小豆。在夏玉米种植区，采用2∶2或2∶3栽培组合。麦收前在畦埂上种两行玉米，株距30cm，麦收后播种2~3行红小豆，株距15cm左右。对麦收后直播玉米和红小豆的地块，采用2∶1种植形式效果较好，即玉米大、小行种植，在宽行内种1行红小豆。

2. 红小豆与棉花间套种　棉花采用大小行种植，宽行80~100cm，窄行50cm。棉花播种时在宽行中间种 1 行红小豆,株距 15cm 左右。红小豆选用棵小早熟品种。这种套种方式,对棉花下部通风透光有利,能减少蕾铃脱落,多坐桃。

3. 红小豆与谷子、玉米间套种 冬小麦播种时 4 行为一播幅,两幅间距 66cm,翌年春天在两幅间套种 1 行谷子,小麦乳熟后期于幅内居中的行内套种 1 行玉米,两边的行内各套种 1 行红小豆,这就是"九里套谷,麦黄套豆"的种植方式。

4. 红小豆与向日葵间套种 若向日葵采取 1.3m 宽等行距种植,可在每行中间种 1 行红小豆,株距 15cm 左右。若向日葵采取大小行种植,宽行 1.3m,窄行 70cm,可在宽行内种 1~2 行红小豆。

5. 红小豆与小麦、玉米、旱稻间套种 采用整畦种植,畦面 3.3m,畦埂宽 40cm,小麦于 10 月中旬采用条播机种植于畦内,麦收前 10d 左右在畦埂上套种 2 行玉米,麦收后及时整地播种旱稻,待玉米拔节后于 6 月下旬在玉米行间套种红小豆。此种植方式能改良土壤,提高土地利用率。

6. 红小豆与夏玉米、夏谷混作 播种夏玉米或谷子时,红小豆随之下种,定苗时注意玉米株间留一定株数的红小豆苗。

本章参考文献

1. 陈新,袁星星,陈华涛等. 绿豆研究最新进展及未来发展方向. 金陵科技学院学报,2010,26 (02):59~67

2. 杜双奎,于修烛,问小强等. 红小豆淀粉理化性质研究. 食品科学,2007,28 (12):92~95

3. 范富,张庆国,张宁等. 钼、锌、硼微肥对旱作绿豆产量的影响. 内蒙古民族大学学报(自然科学版)2003,18 (03):248~250

4. 高小丽,孙健敏,高金锋等. 不同基因型绿豆叶片光合性能研究. 作物学报,2007,33 (07):1 154~1 161

5. 高小丽,孙健敏,高金锋等. 不同基因型绿豆叶片衰老与活性氧代谢研究. 中国农业科学,2008,41 (09):2 873~2 880

6. 高小丽,孙健敏,高金锋等. 不同绿豆品种花后干物质积累与转运特性,作物学报,2009,35 (09):1 715~1 721

7. 高运青,徐东旭,尚启兵等. 播期和施肥量对绿豆产量的效应研究. 河北农业科学,2011,15 (06):4~6,11

8. 顾和平,陈新,袁星星等. 红小豆新品种苏红 1 号选育及高产栽培技术. 江苏农业科学,2011,39 (04):98~99

9. 韩涛,孙献军,李丽萍等. 红小豆蛋白与淀粉的提取和分离初探. 食品工业科技,1997 (05):41~43

10. 韩文凤,邱泼. 绿豆开发利用研究概况. 粮食加工,2008,33 (05):53~54,63

11. 纪花,陈锦屏,卢大新. 绿豆的营养价值及综合利用. 现代生物医学进展,

2006，6（10）：143～144，157

12. 纪晓玲，岳鹏鹏，张静等．绿豆不同覆膜方式高效栽培技术效果初探．水土保持研究，2011，18（03）：149～152

13. 蒋树怀，王鹏科，高小丽等．旱作农田绿豆微集水技术及其效应研究．干旱地区农业研究，2011，29（05）：33～37

14. 金文林，濮绍京．中国小豆研究进展．世界农业，2008（03）：59～62

15. 李翠芹，刘海洪．小麦—玉米—旱稻—红小豆综合配套栽培技术．现代农业科技，2006（09）：136～137

16. 林伟静，曾志红，钟葵等．不同品种绿豆的淀粉品质特性研究．中国粮油学报，2012，27（07）：47～51

17. 林伟静，曾志红，钟葵等．不同品种绿豆的品质及饮料加工特性研究．核农学报，2012，26（04）：0685～0691

18. 刘长友，王素华，王丽侠等．中国绿豆种质资源初选核心种质构建．作物学报，2008，34（04）：700～705

19. 刘慧．我国绿豆生产现状和发展前景．农业展望，2012（06）：36～39

20. 刘煜祥，尹凤祥，梁杰等．氮肥对绿豆氮磷钾积累分配及产量构成因子的影响．作物杂志，2011（03）：96～100

21. 刘振兴，周桂梅，陈健．小豆玉米间作行比与密度研究．耕作与栽培，2012（1）：27～28

22. 罗高玲，陈燕华，吴大吉等．不同播期对绿豆品种主要农艺性状的影响．南方农业学报，2012，43（01）：30～33

23. 曲凤臣．红小豆主要病虫害的发生与防治技术．吉林农业，2012（02）：82

24. 孙壮林，侯跃文，刘建英等．绿豆种植史考略．中国农史，1991（01）：48～52

25. 陶波，胡凡．杂草化学防除实用技术．北京：化学工业出版社，2009：90～99

26. 田海娟．绿豆淀粉开发及其应用前景．吉林工商学院学报，2011，27（05）：84～86

27. 田书亮，张华．豫南地区绿豆高产栽培．乡村科技，2010（05）：18

28. 王鑫，原向阳，郭平毅等．除草剂土壤处理对绿豆生长发育及产量的影响．杂草科学，2006（01）：26～27

29. 王丽侠，程须珍，王素华．绿豆种质资源、育种及遗传研究进展．中国农业科学，2009，42（05）：1 519～1 527.

30. 王丽侠，程须珍，王素华．小豆种质资源研究与利用概述．植物遗传资源学报，2013，14（03）：440～447

31. 王明海，徐宁，包淑英等．绿豆的营养成分及药用价值．现代农业科技，2012（06）：341～342

32. 肖君泽，李益锋，邓建平．小豆的经济价值及开发利用途径．作物研究，2005，19（01）：62～63

33. 郇美丽，沈群，程须珍．不同品种绿豆物理和营养品质分析．食品科学，2008，29（07）：58～61

34. 尹宝重，陶晡，张月辰．短日照对不同叶龄红小豆幼苗的诱导效应．作物学报，2011，37（08）：1 475～1 484

35. 尹宝重，张月辰，陶佩君等．光周期诱导对红小豆不同叶龄叶片生理生化特性的影响．华北农学报，2008，23（02）：25～29

36. 尹淑丽，张月辰，陶佩君等．苗期日照长度对红小豆生育特性和产量的影响．中国农业科学，2008，41（08）：2 286～2 293

37. 曾玲玲，崔秀辉，李清泉等．氮磷钾配施对绿豆产量的效应研究．黑龙江农业科学，2010（07）：48～51

38. 曾志红，王强，林伟静等．绿豆的品质特性及加工利用研究概况．作物杂志，2011（04）：16～19

39. 张波，薛文通．红小豆功能特性研究进展．食品科学，2012，33（09）：264～266

40. 张春明，张耀文．品种与肥料对小豆产量及水肥利用的影响．安徽农业科学，2011，39（12）：7 034～7 035，7 124

41. 张洪微，冯传威，陶园钊．绿豆皮膳食纤维提取的研究．农产品加工·学刊，2006（07）：38～40

42. 张克清，李志华，沈益新．不同生长期淹水对绿豆生长及生理性状的影响．江苏农业科学，2008（01）：176～178

43. 张毅华，张耀文，张泽燕．绿豆种质资源表型性状多样性分析，农学学报，2013，3（01）：15～19

44. 张英蕾，战妍，李家磊等．红小豆的品质特性及加工利用研究概况．黑龙江农业科学，2012（08）：105～108

45. 郑丽娜，曲颖．发芽对绿豆营养成分的影响．现代食品科技，2011，27（02）：144～146

46. 中国疾病预防控制中心营养与食品安全所．中国食物成分表．北京：北京大学医学出版社，2002：42～45，230～231

47. 朱志华，李为喜，张晓芳等．食用豆类种质资源粗蛋白及粗淀粉含量的评价．植物遗传资源学报，2005，6（04）：427～430

48. 庄艳，陈剑．绿豆的营养价值及综合利用．杂粮作物，2009，29（06）：418～419

第八章 中国南北过渡带马铃薯栽培

第一节 南北过渡带马铃薯栽培概况

一、南北过渡带马铃薯生产概况

在中国马铃薯栽培生态区划中，陕南、鄂北属西南单双季混作区。山区为春播马铃薯栽培区，丘陵和平川区除春播外也可秋种马铃薯；豫南、皖北、苏北属中原二季作区，春秋两季均可种植马铃薯。

南北过渡带地势和耕作系统复杂，气候条件随海拔高度立体变化明显，马铃薯种植依地势垂直分布，生产季节长，生产茬口多样，晚疫病、青枯病等病害发生严重。生产的马铃薯大部分作为本地粮食、蔬菜鲜食和淀粉加工。该区域高寒山区种薯靠农户自繁留种，并向本地平川供应部分种薯。近年随脱毒种薯的应用，本区域除个别地区建有小规模脱毒种薯繁育基地外，大量脱毒种薯主要靠从东北、内蒙古等地调入。

二、栽培季节和栽培制度

（一）栽培季节

南北过渡带地形复杂，气候多变，马铃薯栽培季节因不同地区气候条件不同而异。一般将结薯期安排在温度最适宜范围，即土温 16~18℃，气温白天 24~28℃ 和夜间 16~18℃。春季栽培以地温稳定在 5~7℃，或以当地终霜期为准向前推 40d 左右作为播种适期。秋播马铃薯栽培季节确定原则是以当地初霜期向前推 50~70d，为临界出苗期，再根据出苗所需天数，确定播种期。该区域马铃薯除露地栽培外，保护地栽培面积也较大，主要有地膜覆盖栽培、小拱棚覆盖栽培、地膜加大棚双膜覆盖栽培等形式。南北过渡带马铃薯播种、收获时期随小气候和栽培方式灵活多变。汉中地区和淮北地区马铃薯栽培季节分别见表 8-1 和表 8-2。

表 8-1 陕西汉中地区马铃薯栽培季节表（刘勇，2013）

生态区域	栽培方式	播种期（旬）	收获期（旬）
高山区（海拔 1 200m 以上）	露　地	3/上至 3/中	7/下至 8/上

（续表）

生态区域	栽培方式	播种期（旬）	收获期（旬）
半高山区（海拔 800~1 200m）	露　地	2/上至2/中	7/上至7/中
	地　膜	1/上至1/下	6/中至6/下
丘陵平川区（海拔 800m 以下）	露　地	12/下至1/下	5/下
	地　膜	12/上至1/中	5/上至5/中
	大　棚	12/上至12/中	4/中至4/下
	秋　播	8/中至8/下	11/下至12/上

表 8-2　淮北地区马铃薯栽培季节（刘勇，2013）

栽培方式	播种期（旬）	收获期（旬）
露　地	12/下至1/上	5/下至6/上
地　膜	12/中至1/上	5/中至5/下
大　棚	12/中至12/下	4/中至4/下
秋　播	8/下至9/上	11/下至12/上

（二）栽培制度

马铃薯喜轮作，种植地块旱地应间隔两年以上，水旱轮作可间隔一年。马铃薯属茄科作物，忌与其他茄科作物轮换作。马铃薯植株矮小，早熟，喜冷凉，因此，可以和各种高秆、生长期长的喜温作物如玉米、棉花、幼年果树等间套作。南北过渡带马铃薯主要栽培模式有：

1. 马铃薯水稻轮作　此模式为水田区马铃薯栽培模式。实现水旱轮作，可减轻马铃薯病害，同时马铃薯茎叶还田可为水稻提供良好的肥料，提高土壤有机质，有助于增加水稻产量。

2. 马铃薯玉米间套作　此模式为陕南、鄂北、豫南丘陵山区马铃薯栽培模式。一般采用单垄双行马铃薯间套两行玉米带型，以损失一部分马铃薯产量来换取一季玉米产量，经济效益比单种马铃薯或玉米高。

3. 小麦、地膜马铃薯、棉花多熟种植　此模式豫南、皖北等地多采用。在小麦田预留的棉花行上采用地膜覆盖间作马铃薯，马铃薯收获后移栽棉花。与传统的小麦套种棉花相比，多收获一季马铃薯，提高了经济效益，实现小麦、马铃薯、棉花一年三熟。

4. 地膜马铃薯、西瓜（花生）、蔬菜多熟种植　此模式为陕南、鄂北、豫南平川区及皖北、苏北旱作岗地应用较多的栽培模式。早熟菜用地膜栽培马铃薯收获后种植西瓜或花生，秋季种植甘蓝、萝卜、大头菜等蔬菜。复种系数高，经济效益显著。

5. 大棚马铃薯—苦瓜（丝瓜）轮作　此模式在设施蔬菜集约化生产基地采用较多。大棚马铃薯收获后移栽苦瓜或丝瓜等耐热蔬菜，充分利用夏秋光热资源。栽培管理技术相对简单，病虫害少，省时省工，经济效益高。

三、南北过渡带马铃薯生产现状

(一) 南北过渡带马铃薯生产特点

1. 栽培茬口多、市场供应期长 南北过渡带地理和气候条件特殊,从头一年11月开始到翌年3月都有不同地区、不同栽培方式的马铃薯播种。平川、丘陵和山区春季大棚、小拱棚、地膜、露地等栽培模式依次排开播种。二作区8~9月也有秋播马铃薯种植,有些区域在较高海拔的地方还可进行夏播马铃薯生产。因此,南北过渡带马铃薯生产在每年4月到12月均有鲜薯收获供应市场。

2. 生长期短,以早中熟菜用品种为主 南北过渡带春秋季短,冬夏季长。由于气候的过渡性和季风年度强弱不均、进退的早迟不一,春季气温多变,易发生倒春寒,马铃薯生长后期气温回升快、降雨多,易引起病害发生。秋季多连续降雨、后期降温快、初霜来临早晚不一。因此,春秋两季适合马铃薯生长的季节较短,在栽培上以早熟、中熟菜用品种为主,提早收获以避开后期不利气候条件。

(二) 南北过渡带马铃薯生产存在问题

1. 脱毒种薯应用率低 南北过渡带气候温暖湿润,有利于蚜虫的繁殖、扩散和传播病毒,造成马铃薯病毒病为害严重,种性退化快。本地区高山繁种常由于海拔高度、小气候条件、耕地面积、交通运输等因素,限制了繁种质量和规模,除西部部分山区可自行留种栽培外,大量脱毒种薯依靠从内蒙古、东北、河北等地区调入,且外调脱毒种薯长途调运损耗大,价格高,质量良莠不齐。因此,脱毒种薯应用率较低。如过渡带最西部的陕西省汉中市每年仅早熟品种早大白种薯需求约20 000t,而本地繁殖的脱毒种薯不足2 000t,其余种薯需从内蒙古、黑龙江、辽宁等地调入,而外调种薯中,脱毒种薯比例不足20%,所以,早熟品种早大白在汉中总体脱毒种薯使用率不足30%。其他中熟品种因高山区自留种所占比例较高,脱毒种薯使用率更低。

2. 病害严重 南北过渡带马铃薯生长后期多雨,季风型气候和温湿气流及各种茬口栽培的马铃薯生长期交错相连,这都为马铃薯病害,特别是晚疫病的流行创造了有利条件。该区域马铃薯病害种类多,发生严重,仅2009年、2010年晚疫病造成的减产就高达40%以上。

3. 产品单一、加工品种栽培应用少 南北过渡带马铃薯生长期短,以早熟、中熟菜用品种为主,马铃薯产品单一,对需求量大的加工品种种植较少。以鲜薯销售为主,价格和销量受市场因素影响波动大。

4. 栽培面积小而分散、无规模效益 南北过渡带受土地资源限制,人均耕地面积小,山地多,马铃薯种植以单家独户小面积种植为主。规模化、机械化种植程度低,无法实现规模效益。

(三) 南北过渡带马铃薯生产发展方向

1. 利用气候条件优势,排开播种 主攻国内鲜薯供应淡季上市,提高效益。

　　中国马铃薯大面积种植以北方为主，一般9~12月收获，经贮存可销售到翌年4月；南方冬种马铃薯一般4月上旬即收获结束，4月中下旬南方和北方都进入鲜薯供应淡季。南北过渡带正好在4月20日前后开始收获大棚栽培的马铃薯，因栽培方式和海拔高度不同，马铃薯可一直供应到8月，填补了全国马铃薯鲜薯淡季市场的供应。南北过渡带具有显著的气候条件优势，是国内春夏淡季马铃薯的主要生产地。为适应市场需求，充分利用区域内地理和气候资源，依不同海拔高程和栽培方式，排开播种，分季节种植和收获，延长鲜薯供应期，是南北过渡带种植马铃薯提高综合效益的重要方向。

　　2. 调整品种结构，扩大加工品种种植　加工用马铃薯在低温下贮藏，块茎内淀粉转化为还原糖，还原糖含量过高影响马铃薯加工产品品质，所以加工用马铃薯不能长期储存。因此，中国大部分马铃薯加工企业都面临春夏季节无加工原料的问题。南北过渡带地处中国中部，属马铃薯春秋二季栽培区，春夏秋三季均有鲜薯收获，薯源充足，交通便利。这些都有利于马铃薯加工业的发展。但目前本区域以菜用马铃薯栽培为主，加工专用品种的种植面积小，应加快加工专用品种的引进推广，逐步建立加工品种生产基地。

　　3. 建立脱毒种薯繁育体系　脱毒种薯是马铃薯高产高效栽培的基础。南北过渡带脱毒种薯生产相对滞后，该区东部平原省份可利用秋季网棚建立脱毒原种繁育基地，西部省份利用区域内海拔垂直分布地形，在高山区建立脱毒马铃薯繁育基地，也可与北方地区合作建立异地脱毒种薯繁育基地，以确保能够为本地区提供高质量的脱毒种薯。

　　4. 适度规模集约化种植，推广机械化栽培　马铃薯规模化种植是其产业发展的趋势和要求。通过土地流转建立马铃薯高效示范基地，利用专业合作社组织农民连片规模种植，形成马铃薯生产专业村、专业乡镇，逐步形成区域化布局、规模化生产、专业化服务的产业格局。推广小型播种、覆膜、培土和收获机械，应用滴灌、喷灌技术，实现肥水一体化管理，减少人工使用量，推进产业发展，提升效益。

　　5. 注重产品安全，实现绿色、无公害生产　随着人们食品安全意识的提高，绿色无公害食品和有机食品的认证，将成为各种农产品进入大中城市的身份证。南北过渡带生态环境良好，土地肥沃，水质清洁，马铃薯生产多集中在丘陵山区等工业欠发达地区，污染源少，符合绿色食品及无公害食品生产的环境要求。加速绿色食品、无公害食品及有机食品申报，完成主产区的产地、产品认证，提升产品品位，推进马铃薯产业的品牌化、优质化、标准化进程，提高市场竞争力，实现规模效益。

第二节　马铃薯的特征特性

　　马铃薯（*olanum tuberosum* L.）是茄科茄属一年生草本植物。原产于南美洲西海岸的智利和秘鲁的安第斯山区，栽培历史达千年以上。目前，世界各国栽培的马铃薯，主要是从南美洲引进欧洲后经过选择的后代，属于四倍体栽培种。最初于1570年从南美洲的哥伦比亚将短日照类型引入欧洲的西班牙，经人工选择，成为长日照类型，后又传播到亚洲、北美洲、非洲南部和澳大利亚等地。中国的马铃薯栽培始于16世纪末至17世纪初，由欧美传教士从南北两条路线传入，一条是从海路传入京津和华北地区，另一条是从东南亚引种至台湾省，后经福建传入大陆。

形态特征、生理特性、生长发育过程和对环境条件的要求是鉴定马铃薯品种、制定合理栽培技术措施的基础。

一、植物学特征

马铃薯植株可分为根、茎（地上茎、地下茎、匍匐茎、块茎）、叶、花、果实和种子。

（一）根

马铃薯的根是吸收营养和水分的器官，同时还有固定植株的作用。马铃薯不同繁殖材料所长出的根不一样，用种子进行有性繁殖生长的根，有主根和侧根的分别，称为直根系；用块茎进行无性繁殖生的根，呈须根状态，称为须根系。生产上用块茎种植的马铃薯须根系分为两类：一类是在马铃薯块茎萌芽后，当芽长到 3～4cm 长时，从芽的基部发生出来的根称为初生根或芽眼根。初生根生长得早，分枝能力强，分布广，是马铃薯的主体根系。马铃薯虽然是先出芽后生根，但根比芽长得快，在薯苗出土前就能形成大量的根群，靠这些根的根毛吸收养分和水分。另一类是以后随着地下茎的伸长在地下茎的中上部节上长出的不定根，叫做匍匐根。有的在幼苗出土前就生成了，也有的在幼苗生长过程中培土后陆续生长出来。匍匐根都在土壤表层，长 20cm 左右。匍匐根对 P 素有较强的吸收作用，而且能在很短时间内把吸收的 P 素输送到地上部的茎叶中去。初生根先水平生长到约 30cm，然后垂直向下深达 60～70cm；匍匐根主要是水平生长。

马铃薯根系的多少和强弱，直接关系着植株是否生长得健壮繁茂，对薯块的产量和质量都有直接的影响。土地条件好，土层深厚，土质疏松，翻得深耕得细，透气性好，墒情及地温适宜，有利于根系的发育；加强管理，配合深种深培土，及时中耕松土，增施 P 肥等措施，也能促进根系的发育，尤其是对匍匐根的形成和生长特别有利。

马铃薯的根起源于茎内，由靠近维管束系统外围的初生韧皮薄壁细胞的分裂活动发生；若芽组织老化，则由内部的维管形成层附近的细胞分化发生。由于马铃薯根的这种内生性，它的初生根发生较晚，所以，发芽时间很长。春薯一般在播种后 30d 左右出土；秋薯即使用 3～4cm 长的大芽播种，也要 10d 左右才出土。马铃薯发芽期对土壤的温度、湿度和透气性要求也较严格，播种后如果遇雨或浇水造成土壤板结、憋气，则根系发生和生长缓慢，常会引起出苗推迟甚至烂种缺苗。

（二）茎

马铃薯的茎分为地上茎和地下茎两部分。地上茎绿色或附有紫色素，主茎以花芽封顶而结束，花芽下生两个侧枝，形成双叉分枝，以下各个叶腋中都能发生侧芽，形成枝条。早熟品种分枝力弱，一般从主茎中部发生 1～4 个分枝；晚熟品种分枝多而长，一般从主茎基部发生。马铃薯茎横切面多为菱形，在棱角处沿着茎的伸长方向有茎的附着物，波状或直形，叫茎翼，由叶柄基部两侧组织向下延伸形成，为鉴别品种的标志。品种的不同，茎的节间有长短之分，因马铃薯茎的生长状态和分枝部位、分枝多少、分支着生夹角、侧枝长短不同，植株长相呈直立、披散、微倾等状。

马铃薯的茎具有很强的再生性。如果把马铃薯的主茎或分枝从植株上取下来，只要满足它对水分、温度和空气的要求，下部节上就能长出新根，上部节的腋芽也能长成新的植株。马铃薯对雹灾和冻害的抵御能力强，当上部茎叶受害后很快就能从下部茎节叶腋处抽生出新的枝条，接替被损坏部分制造和输送营养，使下部薯块继续生长。马铃薯脱毒试管苗扩繁便是利用茎的再生特性，剪切茎段扩繁成新植株；在脱毒原原种生产中，也常利用这一特性进行扦插育苗，提高繁殖系数。

地下茎包括主茎的地下部分、匍匐茎和块茎。主茎的地下部分可明显见到 8 个节，少数品种具 6 个节，节上着生退化的鳞片叶，叶腋中形成匍匐茎。匍匐茎尖端的 12 个或 16 个节间短缩膨大而形成块茎。在块茎发育初期，其上长有鳞片状的小叶，以后萎缩脱落，留下叶痕，称为芽眉。芽眉下方有一凹陷，称为芽眼，芽眼内有一组腋芽。每个芽眼包含 1 个主芽和 2 个副芽，副芽一般保持休眠态，只有当主芽受到伤害后才萌发。栽培上常应用这一特性进行掰芽育苗移栽，待主芽伸长生根后掰下移栽，促使副芽萌发形成新芽苗，以提高繁殖系数。块茎具有茎的各种特性，表面分布着很多芽眼，芽眼在块茎上的排列顺序和叶序相同，呈 2/5、3/8 和 5/13 的螺旋状排列，一般为两个叶序环，同一品种马铃薯块茎上芽眼数目通常是一定的，与块茎大小无关。块茎上与匍匐茎相连的一端叫薯尾或脐部，另一端叫薯顶。薯顶部芽眼分布较密，发芽势较强，这种现象叫做顶芽优势。生产上利用整薯播种，以及切块时采用从薯顶至薯尾的纵切法，可以充分发挥顶芽优势的作用。顶芽优势因品种有强弱之分，随着种薯长期贮藏可以消失。

块茎表面还分布着许多皮孔，皮孔是块茎与外界进行气体交换的通道。土壤过湿、憋气，皮孔外面就会发生由许多薄壁细胞堆积而成的白色小疙瘩。这不但影响块茎的商品质量，而且也为土壤中病菌侵染开启了方便之门。

块茎的结构从外到里由周皮和薯肉两部分组成。周皮由 10 层左右的矩形木栓化细胞组成，具隔水、隔气、隔热，保护薯肉的作用。薯肉依次由皮层、维管束和髓部的薄壁细胞组成，内含大量的淀粉和蛋白质颗粒。

（三）叶

马铃薯从茎上最初生长出的几片叶为单叶，称初生叶。初生叶全缘，颜色较浓，叶背往往有紫色，叶面茸毛较密。以后发生的叶，为奇数羽状复叶。复叶互生，呈螺旋型排列，叶序为 1/5，3/5 或 5/13 型。复叶由一片顶生小叶和 4~5 对侧生小叶组成，顶生小叶着生在复叶的叶轴（中肋）顶端，单生，比对生在复叶叶轴上的侧生小叶大，整个复叶成羽毛状。在侧生小叶叶柄和侧生小叶之间的中肋上，还着生有裂叶。复叶叶柄基部与茎连接处着生有一对小裂叶，叫托叶。不同品种的马铃薯，其托叶生长呈不同的形态，可以作为识别品种的特征。马铃薯叶面上有茸毛和腺毛。茸毛具有减轻蒸腾和吸附空气中水分的作用，腺毛能将茸毛上凝结的水分吸收进入植物体内，使叶片能够直接利用空气中的水分，提高抗旱性能。有些品种的茸毛和腺毛还具有抗虫的作用。

叶是马铃薯进行光合作用，制造有机物的主要器官，是形成产量的活跃部位。在栽培过程中，要合理应用栽培措施，增加叶片数量和叶面积，保证有足够的光合产物供给植株生长和向块茎运输贮藏。同时还要注意保护叶片，使其健康成长，防止因病虫害而损伤叶片，减少叶面积。当然也不是叶面积越多越好，如果叶片过密，相互遮蔽，不仅降低光的吸收，影响光合效率，也影响田间通风，增加病害发生风险。

马铃薯叶片的生长过程，分为上升期，稳定期和衰落期。在叶片衰落期，部分叶片枯黄，总叶面积减少，使田间通风透光条件得以改善。此时，大部分叶片仍能继续进行光合作用，再加上昼夜温差大，更有利于有机物质的合成和积累，因此，这个时期也是块茎产量形成的重要阶段。在这个时期防止叶片早衰，尽量延长叶片保持绿色的时间，对增产有重要作用。

（四）花

花是马铃薯进行有性繁殖的器官。马铃薯花序着生在地上主茎和分枝最顶端，呈现伞形或聚伞形花序。在花序轴及分枝，花柄的长短，小苞叶的有无等方面，不同品种各不相同。马铃薯花冠呈 5 瓣连接轮状，有外重瓣，内重瓣之分，不同品种的马铃薯花冠颜色有白，浅红，浅粉，浅紫，紫，蓝等色。花冠中心有 5 个雄蕊围着一个雌蕊，雌蕊的花柱长短也与品种有关。马铃薯花冠、雄蕊的颜色、花柱的长短及形状等，都是区别马铃薯品种的主要标志。

马铃薯花的开放，有明显的昼夜周期性。一般从 8 时前后开花，17 时前后闭花，到第二天再开。如遇阴天，马铃薯花则开得晚，闭合早。每朵花开放持续 3～5d，一个花序开花持续时间为 15～40d。有的品种对光照和温度敏感，如光照温度发生变化就不开花。特别是北方品种引种到南方栽培，往往不开花，主要是光照不足；有些品种在保护地条件下栽培也不开花，这主要是温度较低的原因。马铃薯是否开花并不影响地下块茎的生长，对生产来讲，不开花可以减少营养的消耗；有的品种花多果实多，会大量消耗营养，在生产上常采取摘蕾、摘花的措施，以确保增产。

（五）果实和种子

马铃薯果实为浆果，呈圆形或椭圆形，绿色、褐色或紫绿色。果内含种子 100～300 粒。马铃薯种子很小，千粒重为 0.5g，呈扁平形或卵圆形，黄色或暗灰色，表面粗糙，胚弯曲，包藏于胚乳中。刚采收的种子一般有 6 个月左右的休眠期。浆果充分成熟或经充分日晒后，种子休眠期可缩短。当年采收的种子一般发芽率 50%～60%，贮藏一年以上的种子比当年采收的种子发芽率高。

二、生长发育周期

马铃薯植株的生长发育前期以地上部茎叶生长为主，后期以块茎生长为主。茎叶生长发育分为：发芽期、幼苗期、团棵期，然后孕蕾、开花、衰老、枯萎；地下部块茎的形成和生长时期称结薯期，分为块茎形成期、膨大期、淀粉积累期和成熟期。块茎形成期地上部茎叶正处于团棵期。马铃薯块茎收获后需经过休眠期才能发芽。

（一）发芽期

从萌芽至出苗称发芽期。是主茎的第一段生长期。块茎休眠时芽部生长锥呈扁平状态，但仍进行着十分缓慢的细胞分裂活动。解除休眠后，细胞分裂随之活跃起来，芽开始伸长生长，叶原基增多，生长锥变成半圆球状，最后形成明显的幼芽。伴随幼芽的生长，叶原基和花原基不断分化，当幼苗出土时，主茎上的叶原基已经全部分化完成，顶芽已变成花芽，呈圆球状。

发芽期植株生长包括芽的伸长形成主茎地下部分、发根和形成匍匐茎。发芽期长短因种薯的休眠特性、栽培季节、栽培方式及技术措施而不同，从一个月到几个月。本时期的生长主要靠种薯内部供应的营养和水分，在发芽过程中，一般不需从外界吸收水分和养分。适宜的温度和土壤水分使发芽、生根、出苗较快；小整薯、脱毒薯，出苗整齐，幼苗健壮。提早催芽、出苗快而齐；深播浅覆土，地温高，通气好，出苗快。发芽期采取有效的栽培措施，创造良好的种薯萌发和幼芽生长环境，确保齐苗、壮苗是马铃薯高产稳产的基础。

（二）幼苗期

从出苗到有 6~8 片叶展开，完成一个叶序的生长，即团棵，为马铃薯幼苗期。这是主茎的第二段生长期，在这一生长期，第三段生长的茎叶已分化完成，顶端已孕育花蕾，侧生枝叶也开始发生。幼苗期马铃薯展叶速度快，一般 2d 左右发生一片叶。整个幼苗期根系继续向深广发展，出苗 7~10d，幼苗主茎地下各节上的匍匐茎就开始自下而上陆续发生。出苗后 15d，地下各茎节上的匍匐茎均已形成，并开始横向生长。栽培良好，匍匐茎增多结薯也增多。如遇高温、干旱，匍匐茎则可能会负向地生长，冒出地面，抽出新叶变成普通的侧枝。

幼苗期以茎叶生长和根系发育为中心，同时伴随着匍匐茎的形成和伸长，此时块茎尚未形成。该期茎叶鲜重占最大鲜重的 5%~10%，茎叶干重占全生育期总干物重的 2%~5%，当主茎生长点开始孕蕾，匍匐茎顶端停止极向生长并开始膨大，块茎开始形成，标志着幼苗期结束。幼苗期需 15~25d。

幼苗期是承上启下的重要生育阶段，大量马铃薯根系和匍匐茎在此阶段形成，是将来结薯的基础。因此，出苗展叶后的栽培措施必须及时，应以促根、壮棵为中心。幼苗期的营养主要靠种薯继续供给和进行光合作用制造，对肥水十分敏感，N 素不足严重影响茎叶生长和产量的形成，缺 P、干旱会影响根系的发育和匍匐茎的形成。因此，播种时使用速效 N、P 肥作种肥，保证幼苗期养分需求，具有明显的增产效果。

（三）块茎形成期

从幼苗期结束到 12~16 片叶展平，即孕蕾到始花，是马铃薯块茎形成的主要时期，亦是茎叶的第三段生长期,即发棵期。本阶段,主茎迅速生长拔高,主茎叶已全部建成,并有分枝和分枝叶形成。根系继续扩大,匍匐茎尖端开始膨大,形成块茎并膨大到 2 ~ 3cm 大小。每个单株上所有的块茎,基本上都是在这一时期形成的,因此是决定块茎数目多少的关键时期,一般需 20 ~ 30d。这一时期,植株对营养物质需要量急剧增加,根系吸收能力增强,叶面积迅速增大,光合功能旺盛,光合作用制造的有机物质向地下部分转移量开始增加。植株从单纯茎叶生长转到地上部茎叶生长和地下块茎生长同时进行的阶段。

本阶段是以发棵为中心,建立强大的同化系统,为结薯提供同化产物。本阶段后期生长中心会发生转移,由同化系统的建立转到块茎生长。转移时点发生在块茎干重达到植株总干重的 50%,即茎叶干重/块茎干重等于 1 时;植株形态上,早熟品种大致在现蕾到始花,晚熟品种以第二花序开花为标志。这一时期,既要促使根茎叶具有强盛的同化功能,又要控制茎叶不疯长,以减少非生产性养分消耗,促使养分向块茎运转,生长中心从茎叶生长迅速扭转到结薯。

马铃薯结薯部位一般 8 ~ 10 节,每节能形成 1 ~ 3 个匍匐茎,中部偏下节位形成块茎较早。由于着生部位的营养、土壤温湿度等条件不同,到后期生长势有很大差异。通常上部地温高,湿度小;下部通气条件差、地温往往较低,均不适宜块茎膨大生长。中部节位各种条件较适宜,块茎形成早、生长迅速,最后能长成较大块茎。地温 16 ~ 18℃ 对块茎的形成最为有利,超过 25℃ 块茎生长几乎停止,这时有机营养全部用于匍匐茎和茎叶生长,从而造成茎叶徒长和匍匐茎穿出地面形成地上枝,多水肥条件下,这种现象更为明显。土温上升到 29℃ 时,茎叶生长严重受阻,叶片皱缩甚至灼伤死亡,光合作用减弱,产量显著降低。

马铃薯结薯由不同的内外环境因素所控制。环境因素主要是温度和光照:低温下,结薯较早,尤其在夜温低的情况下可以获得较高的块茎产量,夜温高则不能结薯;长日照,弱光结薯迟。同时,马铃薯块茎形成还与植株体内激素水平相关:赤霉素含量高会阻止干物质的形成和分配,因而限制了结薯,细胞分裂素的含量高则可能是结薯刺激物的一个必要成分。该期保证充足的水肥供应,及时中耕培土,防止 N 素过多,通过调整播期及应用其他栽培技术将结薯期调节到温度和日照最适宜的气候条件内,是夺取丰产的关键。

(四) 块茎膨大期

马铃薯块茎膨大期的开始基本上与开花盛期相一致,以块茎直径达 2 ~ 3cm,地上部进入盛花期为标志,直到茎叶开始衰老、块茎大小不再增加时结束。马铃薯块茎膨大期地上部茎节和主茎叶片数不再增加,茎叶生长以叶片面积增大和茎节间伸长为主,生长极为迅速,平均每天茎生长 2 ~ 3cm,单株茎叶鲜重日增量可达 15 ~ 40g 以上,叶面积和茎叶鲜重达到一生最大值。该期以块茎的体积和重量增长为中心,是决定块茎大小的关键时期。条件适宜时,每穴块茎每天可增重 10 ~ 40g。块茎膨大期一般持续 15 ~ 20d。

该期形成的干物质约占全生育期干物质总量的 75% 以上,也是马铃薯一生中需水需肥最多的时期。如遇高温干旱会严重影响块茎的干物质增长，使块茎畸形、老化，出现二次生长。如遇低温，极易形成子薯，致使商品性降低。本期应注意防旱，合理灌溉，以获得丰产优质。

（五）淀粉积累期

当马铃薯茎叶鲜重与块茎鲜重相等时，称为茎叶与块茎鲜重平衡期，标志着块茎膨大期的结束，淀粉积累期的开始。植株形态标志为开花结实接近结束，茎叶开始衰老变黄。该期块茎体积基本不再增大，但重量继续增加，干物质由地上部迅速向块茎中转移积累。块茎中蛋白质和矿质元素同时增加，糖分和纤维素则逐渐减少。淀粉积累一直延续到茎叶全部枯死之前，该期一般 20 ~ 25d。

淀粉积累期光合作用非常微弱，主要的生理过程是物质转移。该期在管理上要防止茎叶早衰，尽量延长叶片的寿命，增加光合作用和物质运转的时间；防止干旱和水分及N 素过多，影响有机物质的运转和贪青晚熟；秋播马铃薯要做好防霜冻工作，延长茎叶营养向块茎运转时间，以增加产量。

（六）成熟期

当全部茎叶枯死之后，块茎即充分成熟，应及时收获，否则会因块茎呼吸消耗造成损失或低温受冻影响品质和耐贮性。收获前应控制土壤水分，促进块茎表皮细胞木栓化，形成栓皮层。

（七）休眠期

刚收获后的马铃薯块茎，即使给予最适宜发芽的各种条件（温度、湿度、氧气等）也不能很快发芽，必须经过一段时间贮存后才能发芽，这种现象即块茎的休眠。这是因为，马铃薯块茎收获后，在薯块皮层会形成一层致密的栓皮组织，阻止氧气进入块茎内部。这时块茎内部所含的可溶性营养物质正在进行合成作用，块茎组织中贮藏的简单的糖类和氨基酸，不断地转变成为不溶解状态的淀粉和蛋白质，使芽眼生长锥的氨基酸含量降低，芽眼部分不能获得可溶性营养物质和氧气供给，处于呼吸微弱和生长停顿的状态，但仍保持着生命活动，维持最低的代谢功能。块茎休眠期的长短受遗传因素的制约，不同品种休眠期长短有很大差异，短的 1 个月左右，长的达 3 个月以上。休眠期长短还与薯块生理年龄，贮藏期的温度、湿度、通气及栽培条件有关。

马铃薯休眠期特性与生产和消费密切相关。从贮藏角度考虑，要求有较长的休眠期，以便运输和贮藏。在马铃薯栽培中，特别是二季作区秋季栽培、种薯繁育和早熟栽培，经常需要打破休眠，提前播种。赤霉素是解除休眠促进萌发的植物激素类调节物质。休眠时块茎赤霉素的含量很少，萌芽时则迅速增加达原来的数十倍。赤霉素能诱导块茎内多种水解酶合成或活化，从而促进糖类、蛋白质等多种营养贮藏物质的分解和转化，为种薯萌发提供物质和能量。因此，生产上常利用外源的赤霉素解除马铃薯块茎的休眠 。

三、对环境条件的要求

（一）温度

马铃薯生长发育需要较冷凉的气候条件。在原产地南美洲安第斯山高山区，年平均气温为 5~10℃，最高月平均气温为 21℃左右，所以，马铃薯形成了只有在冷凉气候条件下才能很好生长的特性。特别是在结薯期，叶片中的有机营养只有在夜间温度较低的情况下才能输送到块茎中。因此，马铃薯非常适合在高寒冷凉的地带种植。虽然经人工驯化、培养、选育出早熟、中熟、晚熟等不同生育期的马铃薯品种，但在中国南北过渡区春季时间较短，温度回升快，适宜马铃薯生长的时期较短，因此在这一区域，马铃薯栽培需要选择气温适宜的季节，以种植生育期相对较短的中熟和早熟品种为主。

通过休眠的马铃薯块茎上的芽眼在 4℃即可萌动，缓慢生长，但以 12~18℃幼芽生长最好，生长快，根发生早而多，芽条健壮。马铃薯根系发生和生长的最适温度为 14℃。马铃薯茎伸长最适宜温度为 18℃，9℃以下茎伸长极缓慢，6℃以下停止伸长。高温下茎伸长快，节间长，植株易徒长。马铃薯幼苗期最适宜生长温度是 17~21℃。幼苗在 -2~-1℃时，茎部受冻害，在 -3℃时茎叶全部冻死。马铃薯开花最适宜温度为 15~17℃，低于 5℃或高于 38℃则不开花。

马铃薯地下部块茎形成最适土温为 16~18℃，低夜温对块茎形成的影响更为重要。如在土温 20~30℃下，夜间气温 12℃时能形成块茎，23℃以上时则无块茎形成。块茎在低温下形成较高温下早，且数量多。块茎膨大最适宜土温为 17~19℃，超过 20℃块茎生长渐慢，30℃时停止生长。当高温和干旱并存时，对块茎形成膨大影响更大，次生薯出现特别多，严重影响产量和品质。

（二）光照

马铃薯是喜光作物，长日照、高强度利于光合作用。光照不足茎叶易徒长，块茎形成延迟，短日照利于块茎形成。

马铃薯块茎发芽要求黑暗环境，光照明显抑制芽的伸长，使组织硬化和产生色素。生产上常利用这一点在催芽期间给予散射光以培育短壮芽。马铃薯生长期较强光照会使植株维持较高光合强度，有利于器官建成和产量形成。植株总干重与块茎干重在 16klx 的较强光下，比在 8klx 下重 25% 左右，而在 3klx 弱光下，块茎干重仅有 16klx 的 1/20~1/15。

日照长短不影响马铃薯匍匐茎的发生，但显著影响块茎的形成和生长。短日照促进块茎的形成。日照长短与温度对马铃薯块茎形成有互作影响，高温不利于块茎形成，但可被短日照逆转，高温短日照下块茎产量比高温长日照下高。高温弱光和长日照使茎叶徒长，不利于块茎形成，匍匐茎尖端不膨大结薯，而是向上生长伸出土壤表面，分化叶芽，成为新植株。

马铃薯幼苗期短日照、强光和适当高温，有利于促根壮苗和提早结薯；发棵期长日照、强光和适当高温有利于建立强大的同化系统；结薯期短日照、强光和较大的昼夜温差，有利于同化产物向块茎运转，使块茎高产。

（三）水分

马铃薯不同的生育时期，对水分要求不同。发芽期靠种薯内贮备的水分可以正常萌芽，待芽条发生根系从土壤中吸收水分后才能正常出苗。如果播种时土壤过于干旱，会使种薯内水分散失，种薯干缩，影响出苗；土壤含水量低于40%，则根不伸长，芽短缩，幼苗不能出土。所以，马铃薯播种后应根据土壤墒情和天气情况，适当浇水以保证出苗。

马铃薯幼苗期需水分不多，这时叶面积小，蒸腾水分少，如果水分过多，对根系的向下伸展反而不利。幼苗期适宜的土壤含水量为50%～60%，低于40%则茎叶生长不良。

发棵前期保持土壤相对含水量70%～80%，以促使发棵；后期适当控制给水，使土壤相对含水量缓降到60%，有利于适当控制茎叶生长，适时进入结薯期。

块茎形成期是需水的关键期，对水分亏缺最为敏感。若出现干旱，可能减产50%。块茎形成期和膨大期最适宜的土壤相对含水量为80%～85%。块茎膨大期地上部处于盛花期，这时茎叶生长量达到最高峰，薯块增长量最大，对水分要求达到最高峰。水分不足，影响块茎形成膨大，已形成的块茎表皮薄壁细胞木栓化，薯皮老化。当再遇水分充足，块茎恢复生长，形成次生或顶端抽枝等畸形薯。只有水分供给充足均匀，才能使光合作用旺盛进行，利于养分吸收、转移，从而获得高产。

淀粉积累期马铃薯需水量不大，接近收获时土壤相对含水量应降到50%～60%，以促进块茎周皮老化有利于收获。收获前土壤水分过多或田间积水超过24h，块茎易腐烂。积水超过30h块茎大量腐烂，超过42h后几乎全部烂掉。因此，低洼地种植应注意排水或实行高垄栽培。

（四）土壤

马铃薯对土壤的适应范围较广，最适合马铃薯生产的是轻质壤土。轻质壤土比较肥沃，不黏重，透气性好，对根系和块茎生长有利，且对淀粉积累具有良好的作用。在这类土壤中种植马铃薯发芽快，出苗整齐，块茎表面光滑，薯形正常，便于收获。

黏重土壤易板结，常使块茎生长变形或形状不规则，影响商品性。生长后期如果排水不畅，容易造成烂薯。但这类土壤保水、保肥力强，如果进行高垄栽培来保证排水通畅，并通过合理灌溉，适时中耕、除草和培土来调节土壤湿度和通气性，管理得当，也会获得很高产量。

沙壤土保水、保肥力差，种植马铃薯要注意增施肥料。特别是增施有机肥作底肥，块茎膨大期可适当追施化肥。沙壤土种植的马铃薯块茎表皮光滑，薯形正常，芽眼浅，淀粉含量高，外观整洁，商品性好。

马铃薯喜酸性土壤，土壤 pH 值 4.8～7.0，马铃薯都能生正常生长，pH 值 5.64～

6.05 能增加块茎淀粉含量，土壤 pH 值在 4.8 以下时，马铃薯植株叶色变淡，易早衰、减产。pH 值在 7 以上时绝大多数不耐碱的品种会减产。pH 值高于 7.8 的土壤不适宜种植马铃薯。

石灰质含量高的土壤中放线菌特别活跃。放线菌常使马铃薯块茎表皮受到严重损伤，容易发生疮痂病。这类土壤种植马铃薯应选择抗疮痂病品种，并施用酸性肥料以减轻病害的发生。

（五）养分

马铃薯正常的生长发育需要 10 余种营养元素，除 C、H、O 是通过叶片的光合作用从大气和水中得来的之外，其他营养元素，N、P、K、S、Ca、Mg、Fe、Cu、Mn、B、Zn、Mo、Cl 等都是通过根系从土壤中吸收来的。它们对于植物的生命活动都不可缺少，也不能互相替代，缺乏任何一种都会使生长失调，导致减产、品质下降。

N、P、K 是需要量最大，也是土壤最容易缺乏的矿物质营养元素，必须以施肥的方式加以补充。

N 是构成蛋白质的主要成分，也是叶绿素、某些内源激素、B 族维生素和各种生物碱的重要成分。马铃薯一生中均需要 N 素的供应，在块茎形成期到块茎膨大期吸收 N 素最多，约占总吸收量的 40%；块茎形成期 N 的吸收最快，其次是块茎膨大期。每生产 1 000kg 马铃薯需从土壤中吸收 3~5kg 纯 N。早期充足的 N 素，能够促进根系的发育，增强抗旱性，提高出苗率，促进光合器官的迅速形成。反之如果缺 N，则生长缓慢，根系发育不良，叶色变淡变黄，植株矮小，分枝减少，叶面积指数降低。N 素对增加单株叶面积有极显著效果，适当施用 N 肥，能促进马铃薯枝叶繁茂、叶色浓绿，叶面积增加，有利于光合作用和同化产物积累，对提高块茎产量和蛋白质含量作用明显。但使用过量 N 肥，会导致植株徒长，块茎的形成延迟，影响产量。块茎后期积累淀粉的数量也与功能叶面积的大小有密切关系，而叶面积维持又与生育后期 N 素有关，不足会加剧块茎与叶片和根系之间对 N 的竞争，加速叶片衰亡和根系生长减弱。因此，马铃薯生长后期可通过叶面喷肥补充 N 素营养，延长功能叶生命。

马铃薯生长过程中对 P 的需求量较少。但 P 也是植株健康发育不可缺少的重要元素。P 能够促进马铃薯根系发育，充足的 P 肥使幼苗健壮，促进早熟、增加块茎淀粉积累、改善块茎品质和提高耐贮性。缺 P 时，马铃薯植株矮小、生长势弱、发育缓慢。

马铃薯植株内 P 的含量一般为干重的 0.6%~0.8%，整个生育期间，在幼嫩器官中分布较多。块茎形成后，P 向块茎运转增多，淀粉积累期向块茎大量转移，块茎中约占植株含 P 量的 90%。生产 1 000kg 块茎需从土壤中吸收 P_2O_5 1.5~2kg。马铃薯对 P 吸收最快的时期在块茎形成期，施 P 对马铃薯的营养生长、块茎形成和膨大都有良好作用。P 的移动和再利用能力最强，作种肥、早施 P 肥才能发挥增产作用。

马铃薯是喜 K 作物，在 N、P、K 三要素中，马铃薯对 K 肥的需求量最大。在 N、P 肥充足时，K 对高产有明显作用。每生产 1 000kg 块茎，约从土壤中吸收 K_2O 8~10kg。K 有加强植株体内代谢过程的作用，并能增强光合强度，延缓叶片衰老进程，从而增加光合时间。充足的 K 肥使马铃薯植株生长健壮，茎秆坚实，叶片增厚，组织致密，抗病性增强。K 肥对马铃薯块茎膨大和产量增加作用显著。

马铃薯缺 K，植株节间短缩，发育迟缓，叶片小，后期出现古铜色病斑，叶缘向下弯曲，植株下部叶片早枯。匍匐茎短缩，块茎小，产量低，蒸煮后薯肉呈灰黑色。

除 N、P、K 三要素外，Ca、Mg、S、Fe、B、Mo、Zn、Mn 等元素也是植株生育期间不可缺少的元素。施用含 S 肥料，有利于促进马铃薯 N 素积累和组成蛋白质的含 S 氨基酸合成，增加马铃薯产量和块茎粗蛋白含量。B、Mn、Zn 等微量元素都能促进叶片生长，延缓叶片衰老，能够延长光合作用的时间，积累更多的碳水化合物。微量元素 B 对产量的影响程度较大，有提高马铃薯大中薯率的作用，能够显著增加马铃薯商品品质和经济效益。Zn 对马铃薯块茎淀粉、蛋白质、维生素 C 含量有促进作用。

（六）气体

光合作用是将 CO_2 同化成碳水化合物同时释放出 O_2 的过程。大田 CO_2 浓度直接影响着光合强度。有机质多的肥沃土壤除能较好地满足营养元素的需要外，有机质分解后可增加大田 CO_2 的浓度，从而提高光合作用。此外，马铃薯属 C3 植物，具有光呼吸。用光呼吸抑制剂控制光呼吸，可明显提高生产力。

土壤中气体环境的好坏，直接影响着根系发育、块茎产量与品质。耕作层土壤孔隙度达到 56%，大小孔隙之比 1∶2.62，空气容量 16% 时，是马铃薯生长较好的土壤气体环境。

生产中深耕细作，增施有机肥，深施碳铵，合理密植，重视通风透光等都是增加 CO_2 浓度，改善地上、地下气体环境的有效措施。

第三节　马铃薯品种沿革和主要栽培品种

一、南北过渡带马铃薯品种沿革

南北过渡带马铃薯栽培历史悠久，在长期栽培过程中，从国内外引进的众多马铃薯品种中，各地通过自然气候条件，耕作栽培习惯和食用口味喜好等适应性选择，形成了一些优良的地方品种。

中国马铃薯栽培研究和品种改良工作始于 20 世纪 30 年代。50 年代后，马铃薯科研开始取得重大进展，各地农业科研单位马铃薯品种引育工作成效显著，先后经历了地方优良品种收集整理与提纯复壮，国内外优良种质资源引进和筛选利用，杂交育种和脱毒技术在种薯生产上应用等阶段。

南北过渡带各地在 60 年代先后引进了米拉、丰收白、红眼窝、红纹白和白头翁等品种。70 年代到 80 年代，随着马铃薯育种的发展，南北过渡带及周边的马铃薯育种单位育成的一批新品种在该地区得到大面积推广，如陕西省安康市农科所育成的安农 5 号、175

（文胜四号），河南省郑州蔬菜所育成的郑薯 1 号、2 号等；从中国北方地区育种单位引进的一些新品种也得到广泛应用，如从东北引进的克新系列（1 号，2 号，3 号，4 号）、波兰 2 号等马铃薯品种，其中，克新 1 号至今仍是南北过渡带一些地区的主栽品种。20世纪 90 年代至今，南北过渡带各地先后引进推广了费乌瑞它、荷兰 15、东农 303、早大白、中暑 3 号、中暑 5 号等品种；育成了秦芋 30（安薯 58）、秦芋 31、秦芋 32、豫马铃薯 1 号（郑薯 5 号）、豫马铃薯 2 号（郑薯 6 号）、鄂马铃薯 5 号、鄂马铃薯 7 号、鄂马铃薯 8 号等，这些品种构成了南北过渡带各地区现阶段的主要栽培品种。

二、南北过渡带马铃薯主要栽培品种

根据生育期（从出苗至成熟的天数）的不同，可将马铃薯品种划分为极早熟品种（生育期 60d 以内）、早熟品种（生育期 61 ~ 70d）、中早熟品种（生育期 71 ~ 85d）、中熟品种（生育期 86 ~ 105d）、中晚熟品种（生育期 106 ~ 120d）、晚熟品种（生育期 121d 以上）。南北过渡带马铃薯种植以早熟、中熟品种为主，主要栽培品种如下。

（一）极早熟品种

以东农 303 为例。

东农 303 是东北农业大学育成的品种。株高 45 ~ 55cm，茎直立、绿色，复叶较大，生长势强。花冠白色，花药黄绿色，雄性不育。块茎长圆形，大小适中整齐，表皮光滑，黄皮黄肉，芽眼浅。结薯集中，单株结薯 7 ~ 8 个。休眠期 70d 左右，二季作区栽培需要催芽。东农 303 块茎形成早，出苗后 50 ~ 60d 即可收获。适宜密植，产量高，一般每公顷种植 6.2 万 ~ 6.8 万株，可产鲜薯 30 000kg/hm^2，高产的可达 45 000 kg/ hm^2。品质好，淀粉含量在 13% 上下，粗蛋白质含量 2.52%，维生素 C 含量 14.2mg/100g 鲜薯，还原糖 0.03%，适合食品加工和出口。植株较抗晚疫病和花叶病毒病，易感卷叶病毒病，较耐涝，不宜在干旱地区种植，主要在豫南、皖北、苏北等平原地区水肥条件较好的地方作早熟栽培。

（二）早熟品种

1. 早大白　辽宁省本溪马铃薯研究中心育成的早熟品种。亲本组合为五里白 × 74 - 128。从出苗到成熟 60d 左右，苗期喜温抗旱，休眠期中等，耐贮性一般。植株直立，繁茂性中等。株高 50cm 左右。单株结薯 3 ~ 5 个，薯块扁圆形，白皮白肉，表皮光滑。对病毒病耐性较强，较抗环腐病和疮痂病，感晚疫病。块茎干物质含量 21.9%，淀粉 11% ~ 13%，还原糖 1.2%，粗蛋白 2.13%，维生素 C 含量 12.9mg/100g，食味中等。大田生产一般密度 5 000 株/亩，单产 30 000 kg /hm^2。南北过渡带各地均有栽培，特别是在陕南、鄂北、苏北保护地早熟栽培应用普遍。

2. 费乌瑞它　荷兰 HZPC 公司用"ZPC - 35"作母本，"ZPC55 - 37"作父本杂交育成。1980 年由农业部种子局从荷兰引进，又名荷兰薯、鲁引 1 号、津引 8 号等。该品种早熟，从出苗到成熟 60d 左右。适合鲜薯食用和鲜薯出口。株型直立，分枝少，株高 65cm 左右，茎紫褐色，生长势强，叶绿色，复叶大、下垂，叶缘有轻微波状。花冠蓝紫色、大，有浆果。块茎长椭圆形，皮黄色肉鲜黄色，表皮光滑，块茎大而整齐，芽眼少而浅，结薯集中。块茎休眠期短，贮藏期间易烂薯。蒸煮品质较优，鲜薯干物质含量 17.7%，淀粉含量 12.4%~14%，还原糖含量 0.3%，粗蛋白含量 1.55%，维生素 C 含量 13.6mg/100g 鲜薯。易感晚疫病，感环腐病和青枯病。抗 Y 病毒和卷叶病毒，植株对 A 病毒和癌肿病免疫。主要适合二季作区早春菜用栽培，一般单产约 25 500kg/hm²，高产可达 52 500kg/hm²。该品种退化较快，应选择水肥条件较好的地块，施足底肥种植。费乌瑞它结薯层浅，块茎对光敏感，生长期间应加强田间管理，注意及早中耕、高培土，以免块茎变绿影响品质。南北过渡区各地均有栽培，因薯型好、芽眼浅、食味品质好，是鲜薯出口的主要品种。

3. 南中 552 南中 552（Capella×78－7）是湖北省恩施中国南方马铃薯研究中心育成的品种。1996 年湖北省恩施州品审推广。该品种为早熟类型。株型扩散，茎粗壮，生长势强。株高 40cm 左右，茎绿色，花冠白色，结薯集中，大中薯率 80% 以上。出苗早，发苗快，块茎形成早、膨大快。块茎扁椭圆形，黄皮黄肉，芽眼浅，表皮光滑。淀粉含量 17%，粗蛋白含量 2.56%，维生素 C 含量 13.62mg/100g 鲜薯，还原糖含量 0.11%，食味上等。中抗晚疫病，单产 30 000kg/hm²。鄂北、豫南、皖北和苏北单作与二季作区均有栽培。

（三）中早熟品种

1. 中薯 3 号 中国农科院蔬菜花卉研究所用"京丰 1 号"作母本，"BF66A"作父本杂交育成。2005 年通过国家农作物品种审定委员会审定。中薯 3 号为中早熟品种，生育期从出苗到植株生理成熟 75d 左右。株型直立，株高 60cm 左右，茎粗壮、绿色，分枝少，生长势较强。复叶大，叶缘波状，叶色浅绿，花冠白色，易天然结实。薯块卵圆形，顶部圆形，浅黄色皮肉，芽眼少而浅，表皮光滑。结薯集中，薯块大而整齐。块茎休眠期 50d 左右，耐贮藏。食用品质好，鲜薯淀粉含量 12%~14%，还原糖含量 0.3%，维生素 C 含量 20mg/100g 鲜薯，适合鲜食。植株较抗病毒病，退化慢，不抗晚疫病。春季单产 22 500~30 000kg/hm²，高产可达 45 000kg/hm²，秋季亩产 18 000~27 000kg/hm²。稳产性较好。中薯 3 号适应性较广，较抗瘠薄和干旱。主要为南北过渡带二季作区秋播和冬春季的早熟栽培品种。

2. 中薯 5 号 中国农科院蔬菜花卉研究所从中薯 3 号天然结实后代中选育而成。2004 年通过国家农作物品种审定委员会审定。早熟品种，出苗后 60d 即可收获。株型直立，株高 50cm 左右，生长势较强，分枝较少，茎绿色。复叶大小中等，叶缘平展；叶色深绿，花白色，天然结实性中等，有种子。块茎圆形、长圆形，淡黄皮，淡黄肉，表皮光滑，大而整齐，芽眼极浅，结薯集中。炒食口感和风味好。鲜薯干物质含量 19%，淀粉含量 13%，粗蛋白质含量 2%，维生素 C 含量 20mg/100g 鲜薯。一般单产 30 000kg/hm²，春季栽培大中薯率可达 97.6%。植株田间较抗晚疫病、PLRV 和 PVY 病毒病，不抗疮痂病，耐瘠薄。为南北过渡带冬播早熟鲜薯食用栽培主要品种。

3. 豫马铃薯1号 河南省郑州市蔬菜研究所以高原7号为母本，郑762—93作父本杂交育成的品种。1993年经河南省农作物品种审定委员会审定。早熟品种，出苗后65～70d收获。该品种植株直立，株高60cm左右，茎粗壮、绿色，分枝2～3个。叶片较大，绿色。花冠白色，花药黄色，能天然结实。薯块呈圆形或椭圆形，黄皮黄肉，表皮光滑，芽眼浅，结薯集中，块茎大而整齐。食用品质好，鲜薯淀粉含量13.4%，粗蛋白质含量1.98%，维生素C含量13.87 mg/100g鲜薯，还原糖含量0.089%，适合鲜薯食用和外贸出口。块茎休眠期约45d，较耐贮藏。植株较抗晚疫病和疮痂病，病毒性退化轻，感卷叶病。在二季作地区表现高产、稳产。一般春季单产鲜薯30 000kg/hm^2，高产可达60 000kg/hm^2；秋季单产22 500kg/hm^{2}左右，高产达37 500kg/hm^2。豫南、皖北、苏北春秋两季均有栽培。

4. 豫马铃薯2号 河南省郑州市蔬菜研究所育成的品种。1994年经河南省农作物品种审定委员会审定。早熟品种，出苗后70d收获。本品种株型直立，株高75cm，分枝3个左右。叶绿色，叶片较大，复叶中等大小，花冠白色，能天然结实。块茎椭圆形，黄皮黄肉，表皮光滑，块茎大而整齐，芽眼极浅。单株结薯3～4个，结薯集中，大中薯率90%以上。块茎休眠期短，耐贮藏。块茎食用品质好，淀粉含量15%左右，粗蛋白质含量2.25%，维生素C含量13.62mg/100g鲜薯，还原糖含量0.177%，干物质含量20.35%，适合加工炸薯条用。抗病毒病，无花叶病，有轻微卷叶病，较抗疮痂病及霜冻。一般春季单产鲜薯30 000kg/hm^2，高产可达45 000kg/hm^2；秋季鲜薯单产18 000～22 500kg/hm^2。在豫南、皖北、苏北表现高产。

5. 安薯56 陕西省安康市农业科学研究所育成。1994年经国家农作物品种审定委员会审定通过。属中早熟品种，从出苗至成熟85d左右。本品种株型半直立，株高42～65.5cm，主茎2～4个，分枝较少，茎淡紫褐色，坚硬不倒伏。叶色深绿，复叶较大。花冠紫红色。块茎扁圆形或圆形，皮黄色，肉白色，芽眼较浅，大而整齐，结薯集中。块茎休眠期80d左右，耐贮藏，商品薯率高，食用品质好，蒸食干面，口感好。淀粉含量17.66%，粗蛋白质含量2.54%，属于高蛋白类品种，维生素C含量21.36mg/100g鲜薯。植株高抗晚疫病，轻感黑胫病，抗花叶病病毒。种植密度3 500～4 000株/亩，产量可达45 000kg/hm^2。在陕南、皖北高山区多与玉米间套作。耐涝、耐旱，抗逆性强，适应性广，增产潜力大。

6. 克新4号 克新4号是黑龙江省农科院马铃薯研究所育成的品种。早熟，生育日数70d左右。株型直立，分枝较少，株高65cm左右，茎绿色，复叶中等大小，叶色浅绿，生长势中等。花冠白色，花药黄绿色，花粉少，一般无浆果。块茎扁圆形，黄皮有网纹，薯肉淡黄色，芽眼深度中等，结薯集中，薯块中等大小、较整齐。块茎休眠期短，极耐贮藏。块茎食味好，蒸食、加工品质优。植株感晚疫病，块茎较抗晚疫病，感环腐病，轻感卷叶病毒，耐束顶病。一般产22 500kg/hm^2，高产可达37 500kg/hm^2。豫南、皖北、苏北等地均有栽培。

7. 秦芋32 陕西省安康市农业科学研究所选育的品种。品种来源：秦芋30×89－1

（高原 3 号×文胜 4 号）。2011 年通过国家农作物品种审定委员会审定。中早熟鲜食品种，生育期 85d 左右。株高 60cm 左右，植株直立，生长势中等，分枝少，茎叶绿色，花冠白色，开花繁茂，天然结实性差。匍匐茎中等长，块茎圆扁型，表皮光滑、淡黄色，肉黄色，芽眼较浅。单株主茎数 3.7 个、结薯 6.6 个，平均单薯重 72.3g，商品薯率 78.4%。植株中抗 X 和 Y 病毒，较抗晚疫病。块茎淀粉含量 11.8%，干物质含量 18.5%，还原糖含量 0.29%，粗蛋白含量 2.10%，维生素 C 含量 14.2mg/100g 鲜薯。一般单产 24 000kg/hm^2，高的达 37 500kg/hm^2。陕南、鄂北均有栽培。

8. 尤金 该品种是通过有性杂交选育而成的早熟、高产品种。其突出特点是商品性状好。生育期 70~75d，单株结薯 4~6 个，单产 30 000kg/hm^2 以上，大中薯比例 85% 以上。薯形椭圆形，黄皮黄肉，表皮光滑，芽眼浅平，两端丰满，淀粉含量 13%~15%，适口性好，油炸薯片色泽金黄均一，香脆可口，适于鲜薯出口和食品加工。过渡带各地均有栽培。

9. 大西洋 大西洋马铃薯是从美国引进的品种。出苗至成熟 80d 左右。植株繁茂，叶片肥大，花色紫红，花尖白。块茎圆形，芽眼较浅，皮淡黄色，肉白色，结薯集中，耐贮藏。淀粉含量 18%。抗逆性强，感晚疫病和环腐病，抗花叶病毒病。一般单产 22 500~27 000kg/hm^2，高产可达 30 000kg/hm^2 以上。是加工生产薯片、薯条等休闲食品的优质品种，也可作鲜食栽培。块茎表皮光滑，薯形圆、长势均匀、大小均匀，芽眼浅而少，分布在上下两端。该品种块茎的还原糖含量低，淀粉含量高，颜色、口感好。过渡带各地均有栽培。

（四）中熟品种

1. 紫花白（克新 1 号） 黑龙江省农科院马铃薯研究所于 1963 年选育而成。原系谱号 592—55。组合为 374—128×疫不加（Epoka）。生育期从出苗至成熟 95d 左右，属中熟品种。株型开展，分枝数中等，株高 70cm 左右。茎粗壮、绿色；叶绿色，复叶肥大，侧小叶 4 对，排列疏密中等。花序总梗绿色，花柄节无色，花冠淡紫色，有外重瓣，雄蕊黄绿色，柱头 2 裂，雌蕊败育，不能天然结实。块茎椭圆形，大而整齐，薯皮光滑，白皮白肉，芽眼深度中等，块茎休眠期长。干物质 18.1%，淀粉 13%~14%，还原糖 0.52%，粗蛋白 0.65%，维生素 C 14.4mg/100g 鲜薯。抗 Y 病毒和卷叶病毒，高抗环腐病，耐旱耐束顶，较耐涝。紫花白是一个中熟高产品种，具有很强的适应性和抗逆性，前期生长势强、植株繁茂、结薯早，中后期块茎膨大快、结薯集中，商品薯率高，表皮光滑。一般产 22 500~30 000kg/hm^2，在水肥条件较好的地区种植，最高产可达 45 000~60 000kg/hm^2。南部过渡带各地均有栽培。

2. 米拉 又名"德友 1 号"、"和平"，德国品种。中熟，生育期从出苗到成熟 105d 左右。株型开展，株高 60cm，茎绿色。花冠白色。块茎长圆形，黄皮黄肉，表皮稍粗，块茎大小中等，芽眼较多，深度中等，结薯较分散，块茎休眠期长，耐贮藏。食用品质优良，鲜薯干物质含量 25.6%，淀粉含量 17.5%~19%，还原糖含量 0.25%，粗蛋白含量 1.9%~2.28%，维生素 C 含量 14.4~15.4mg/100g 鲜薯。植株田间抗晚疫病，高抗癌肿病，不抗疮痂病，感青枯病，轻感花叶病毒病和卷叶病毒病。一般单产22 500kg/hm²，高产可达37 500kg/hm²以上。米拉是无霜期较长、雨水多、湿度大、晚疫病易流行的陕南、鄂北、豫南山区的主栽品种。

3. 克新2号 黑龙江省农业科学院马铃薯研究所育成。中熟，从出苗至收获约90d。株型直立，茎粗壮，株高70cm左右。茎绿色，有极淡的紫褐色色素，茎翼基部波状，叶上部平直，复叶大。花冠淡紫色，开花正常，花粉孕性较高，可天然结实，适于作杂交亲本。块茎圆形至椭圆形，大而整齐，表皮较光滑，薯皮黄色，薯肉淡黄色，芽眼较浅，顶芽有淡红色素。结薯集中，块茎休眠期长。抗晚疫病，轻感卷叶病，抗病毒病，抗旱。耐贮藏，田间及窖藏腐烂率低。植株繁茂，不宜密植，3 200～3 500株/亩较适宜。一般单产22 500kg/hm²，高的达37 500kg/hm²。特别适于干旱地栽培，豫南、苏北等地栽培应用较多。

4. 鄂马铃薯5号 湖北恩施中国南方马铃薯研究中心育成。亲本：CIP－392143－12×Ns51－5。2005年3月经湖北省品种审定委员会审定通过。属中熟品种，从出苗至成熟90d左右。株型较扩散，生长势强，株高60cm左右。茎叶绿色（叶小），花冠白色，开花繁茂，天然结实较少。块茎大薯为长扁形，中薯及小薯为扁圆形，表皮光滑，黄皮白肉，芽眼浅，芽眼数中等，结薯集中，单株结薯10个左右，大中薯率80%以上。植株田间高抗晚疫病，烂薯率在1%以下，抗花叶病和卷叶病。淀粉含量18.9%，还原糖含量0.16%，维生素C含量18.4mg/100g鲜薯，蛋白质含量2.35%。适宜油炸食品、淀粉、全粉等加工和鲜食。一般单产30 000kg/hm²，高产达45 000kg/hm²。种植密度为单作条件下种植4 000株/亩；套作条件下，1.6m内采用2∶2带型套种玉米或其他作物，马铃薯2 400株/亩。是陕南、鄂北、豫南山区单作，间、套作高产品种。

5. 秦芋30 陕西省安康市农业科学研究所育成，于2003年2月8日经国家农作物品种审定委员会审定。品种来源：EPOKA（波友1号）×4081无性系（米拉×卡塔丁杂交后代）。中熟，生育期95d左右。株型较扩散，生长势强，株高55cm左右。花冠白色，天然结实少，块茎大中薯为长扁形，小薯为近圆形，表面光滑，浅黄色，薯肉淡黄色，芽眼少而浅。结薯较集中，商品薯率76.5%～89.5%，田间烂薯率低（1.8%左右），耐贮藏，休眠期150d左右。抗逆性强，适应性广，耐雨涝、干旱、冰雹、霜冻等灾害性气候。淀粉含量15.4%，还原糖含量0.19%，维生素C含量15.67mg/100g鲜薯，食用品质好，适合油炸、淀粉加工和鲜食。平均产量25 890kg/hm²。种植密度单作4 500～5 000株/亩，套种3 000～3 500株/亩。陕南、鄂北种植较多。

6. 台湾红皮 中熟高产品种，生育期105d左右。植株生长繁茂，株型半直立，株高60～70cm，茎秆粗壮，生长势强。叶色深绿，花冠紫红色，花粉较多，结薯早且集中，块茎膨大快，薯形长椭圆形，红皮黄肉，表皮较粗糙，芽眼浅、数目少，休眠期较长。耐贮性中上等，干物质含量中等，还原糖含量0.108%，淀粉含量较高。适应性和抗旱性强，较抗晚疫病，抗环腐病，对癌肿病免疫，对马铃薯A病毒免疫，较抗PVX、PVY和PLRV。播种密度3 600株/亩，一般单产24 000kg/hm²，高产达37 500kg/hm²。过渡带各地均有栽培。

7. 黑金刚 黑金刚马铃薯全生育期约90d，属中熟品种。株高约60cm，主茎发达，幼苗直立，分枝较少，生长势强。茎粗1.37cm，茎深紫色，横断面呈三棱形，叶柄紫色，花冠紫色，花瓣深紫色。耐旱、耐寒，适应性广，较抗早疫病、晚疫病、环腐病、黑胫病和病毒病。薯块长椭圆形，芽眼较浅，表皮光滑，呈黑紫色，富有光泽，薯肉深紫色，富含花青素，品质好，耐贮藏。结薯集中，单株结薯 6 ~ 8 个，块茎单重 120 ~ 300g。淀粉含量 13% ~ 15%，口感香面，品质好。近年，过渡带各地均有引种，作为特色马铃薯品种栽培。

第四节　马铃薯品质

一、马铃薯的营养价值

马铃薯的营养价值很高，其块茎中含淀粉 11% ~ 25%，蛋白质 2% ~ 3%，脂肪 0.1%，粗纤维 0.15%，还含有丰富的 Ca、P、Fe、K 等矿物质及维生素 C、维生素 A 及 B 族维生素和大量木质素等，营养素齐全，而且易为人体消化吸收，被誉为人类的"第二面包"、"地下苹果"。马铃薯块茎中主要成分含量见表 8 - 3。

表 8 - 3　马铃薯块茎中主要成分含量（占湿重%）

成　分	最　低	最　高	平　均
水　分	63.2	86.9	76.3
干物质	13.1	36.8	23.7
淀　粉	8.0	29.4	17.5
糖	0.1	8.0	1.0
纤维素	0.2	3.5	1.0
粗蛋白	0.7	4.6	2.0
粗脂肪	0.04	1.0	0.1
灰　分	0.4	1.9	1.0
其　他	0.1	1.0	0.6

注：引自 Tvley Kob. 1975

有营养学家认为，只食用马铃薯和牛奶就可满足人体全部营养需求。马铃薯还是一种低脂肪、低热量的食品，马铃薯中所含的热量远低于大米、小麦等谷类粮食作物，只含 0.1% 的脂肪，在所有充饥食物中脂肪含量最低，是人们日常生活理想的减肥食品。马铃薯与稻米、面粉等食物营养成分比较见表 8 - 4。

表 8 - 4　马铃薯和其他 3 种食物营养成分比较（100g 鲜重）

食品	能量（KJ）	蛋白质（g）	脂肪（g）	碳水化合物（g）	无机盐类（g）
马铃薯	318	2.2	0.2	16.5	1.2
稻米（粳）	1 397	7.3	0.4	75.3	0.4
面粉	1 473	12.0	0.8	76.1	1.5
黄豆（大豆）	1 502	35.1	16	18.6	5.0

注：引自中国疾病预防控制中心营养与食品安全所．中国食物成分表．北京：北京大学医学出版社，2002

（一）淀粉含量高

淀粉是食用马铃薯的主要能量来源。一般早熟品种马铃薯淀粉含量 11%~14%，中晚熟品种淀粉含量 14%~20%，高淀粉品种块茎含淀粉可达 25% 以上。马铃薯淀粉颗粒较大，既有直链，又有支链结构。马铃薯淀粉属离子型淀粉，比谷类淀粉更容易被人体吸收。同时，马铃薯块茎还含有葡萄糖、果糖和蔗糖等。马铃薯块茎中的淀粉和糖类是可以互相转化的。新收获的马铃薯块茎一般含糖量很少，在贮藏过程中，块茎中的淀粉转化为葡萄糖，进而转化为蔗糖和果糖，特别是在低温贮藏条件下淀粉快速转化为葡萄糖，块茎中糖分会很快增加。贮藏期结束后当温度升高到 20℃ 左右时，块茎中的糖类又可逆转为淀粉。

（二）蛋白质营养价值高

马铃薯块茎中蛋白质含量占鲜重 2% 左右，薯干中蛋白质含量为 8%~9%。据研究马铃薯的蛋白质的营养价值很高，质量与动物蛋白相近，品质相当于鸡蛋的蛋白质，容易消化、吸收，可利用价值为 71%，比其他粮食作物高 21%。马铃薯还供给人体大量黏体蛋白质。黏体蛋白质是一种多糖蛋白的混合物，能预防心血管系统的脂肪沉积，保持动脉血管的弹性，防止动脉粥样硬化过早发生，并可预防肝脏、肾脏中结缔组织的萎缩，保持呼吸道、消化道的滑润。

马铃薯不仅含有丰富的蛋白质，而且氨基酸的组成也是相当均衡的，可与脱脂奶粉和鱼粉媲美。马铃薯蛋白质含有 18 种氨基酸，包括人体不能合成的各种必需氨基酸。

（三）富含多种维生素和矿物质元素

马铃薯之所以能够作为蔬菜食用，主要是其含有丰富的矿物质和多种维生素。马铃薯块茎中含有大量的维生素 C，其含量是胡萝卜的 2 倍、大白菜的 3 倍、番茄的 4 倍。作为主食的大米、面粉中是不含有维生素 C 的，必须通过食用蔬菜、水果等补充人体必需的维生素 C。马铃薯块茎中还含有维生素 A（胡萝卜素）、维生素 B_1（硫胺素）、维生素 B_2（核黄素）、维生素 pp（烟酸）、维生素 E（生育酚）、维生素 B_3（泛酸）、维生素 B_6（吡多醇）、维生素 M（叶酸）和生物素 H 等对人体健康有益的多种维生素。同时，马铃薯块茎中含有的矿质元素：Ca、P、Fe、K、Na、Zn、Mn、I、Mg 和 Mo 等，约占马铃薯块茎干重的 4.6%。其中，Ca、P 含量较高。因矿质元素多呈碱性，对平衡食物酸碱度与保持人体血液的中和，具有十分显著的效果。

马铃薯除了可为人们提供人体必需的各种营养成分外，还具有医疗和保健功效。中医认为，马铃薯"性平味甘无毒，能健脾和胃，益气调中，缓急止痛，通利大便。对脾胃虚弱、消化不良、肠胃不和、脘腹作痛、大便不畅的患者效果显著"。现代研究证明，马铃薯对调解消化不良有特效，是胃病和心脏病患者的良药及优质保健品。马铃薯淀粉在人体内吸收速度慢，是糖尿病患者的理想食疗蔬菜；马铃薯中含有大量的优质纤维素，在肠道内可以供给肠道微生物大量营养，促进肠道微生物生长发育；同时还可以促进肠道蠕动，保持肠道水分，有预防便秘和防治癌症等作用；马铃薯中钾的含量极高，每周吃五六个马铃薯，可使患中风的几率下降40%。

需要指出的是，马铃薯虽然营养价值很高，但有些品种马铃薯块茎内龙葵素含量很高，食用时有麻味。块茎在发芽或见光后表皮变绿色时，芽眼部位和绿色表皮内龙葵素含量也会增加。当100g鲜马铃薯块茎中龙葵素超过20mg人食后就会中毒。因此，在块茎发芽和表皮变绿色时一定要把芽和芽眼挖掉，把绿皮削去才能食用，凡麻口的块茎或马铃薯制品，一定不要食用，以防中毒。

二、马铃薯的主要用途

（一）重要的粮食和饲料兼用型作物

马铃薯是21世纪人类最有价值的食物营养来源之一，也是新世纪最有发展前景的高产经济作物之一。马铃薯是继水稻、玉米、小麦之后的第四大粮食作物，由于它产量高、增产潜力大、适应性广、营养成分全和产业链长而受到全世界的高度重视。随着世界人口的快速增加，耕地面积的减少，大宗粮食作物种植效益的下降，以及膳食结构的改善，马铃薯的重要性也日益呈现。在欧、美国家，马铃薯和面包一样，是人们主要的食物，欧洲人每年人均马铃薯食用量为80～100kg。中国农村，特别是高寒山区，马铃薯依然是农民的主食。

马铃薯除人食用外还可作为优质饲料。马铃薯块茎的蛋白质营养价值高，非常适宜饲养家禽。据研究，50kg马铃薯块茎喂猪可生产2.5kg肉，喂奶牛可产40kg奶或3.6kg奶油。马铃薯品种类型多样、具有抗干旱、耐瘠薄、耐低温、生长期短等特点，在中国一些半干旱地区和高寒山区，种植小麦等作物的产量很低，而种植马铃薯可获得较好收成。这些地区人口稀少，山地面积大，马铃薯种植较多，总产高。用马铃薯作饲料，把马铃薯块茎转化为肉、蛋、奶等，是合理利用自然资源，发挥马铃薯高产优势，发展农村经济的重要途径。

（二）城乡居民的主要蔬菜

马铃薯营养丰富，富含多种维生素，既可煎、炒、烹、炸，又可烧、煮、炖、扒，烹调出几十种美味菜肴。中国马铃薯种植区域广阔，从南到北均有种植，栽培季节多样，一年四季都有马铃薯播种和收获。马铃薯贮运方便，是中国生产和消费量都较大的大宗蔬菜品种之一。特别是在中国北方马铃薯种植面积大，产量高，价格便宜，贮藏容易，在冬季无法生产新鲜蔬菜的高寒地区，马铃薯是主要的冬贮蔬菜品种。近年，随着中国南方冬种马铃薯种植面积迅速扩大和山东等蔬菜出口大省马铃薯种植的增加，中国菜用马铃薯出口也逐年增加。

（三）重要的工业原料

马铃薯块茎是制造淀粉、糊精、葡萄糖和酒精的主要工业原料。马铃薯淀粉用途广泛，可直接为纺织、造纸和食品等加工业所利用，还可加工成多种变性淀粉，用于饲料、医药、石油钻探、铸造等多个行业领域。马铃薯淀粉发酵可生产有机酸、氨基酸、酶制剂等产品。

与其他淀粉相比，马铃薯淀粉有6个特性。① 淀粉颗粒大，用马铃薯淀粉生产出来的膨化食品具有开放性结构，膨化度好、质地松脆；② 马铃薯淀粉黏度远大于其他淀粉；③ 糊化温度低、膨胀性好，当温度达到50℃以后，马铃薯淀粉颗粒能吸收比自身质量多400~600倍的水分；④ 糊浆透明度高；⑤ 蛋白质含量低，马铃薯淀粉蛋白残留量通常低于0.1%，颜色洁白、口味温和、无刺激；⑥ 马铃薯淀粉中含有较多的P，作为食品原料，比其他淀粉更富有营养价值。因此马铃薯淀粉在食品工业中应用广泛。

马铃薯还可加工成薯条、薯片、烘焙食品和油炸食品。薯条、薯片是欧美等西方国家的主要食品。据有关资料显示，美国马铃薯种植面积及总产量远低于中国，但国内市场马铃薯薯条、薯片销售总量超过200万t，销售额近30亿美元。近年来随着人民群众生活水平的日益提高，中西方的饮食文化相互渗透和融合，中国的食品结构出现了一些新的变化。马铃薯加工食品在中国备受欢迎。油炸薯片、膨化食品等马铃薯加工制品也在不断增长。随着麦当劳、肯德基等西式快餐在中国普及，炸薯条、薯泥等马铃薯食品很受国内消费者的喜爱，尤其是儿童对其情有独钟。这都促进了马铃薯食品加工业的迅速发展。

三、马铃薯的品质要求

不同用途的马铃薯有不同的品质要求。干物质、淀粉、蛋白质、矿物质、维生素、还原糖含量是决定马铃薯品质和用途的内在因素。同时马铃薯块茎的大小、形状及整齐度，薯皮、薯肉颜色，芽眼深浅都会影响马铃薯的加工和食用品质。

（一）粮食和饲料兼用型马铃薯的品质要求

作粮食和饲料用的马铃薯要求干物质和蛋白质含量高，纤维素和矿物质含量高，龙葵素含量低，休眠期长，耐贮藏。

（二）菜用型马铃薯的品质要求

1. 外观品质　菜用型马铃薯要求薯形好，薯块整齐干净，大中薯率75%以上，无虫口，无癞皮，无泥土，芽眼浅，表皮光滑，无霉烂，无机械伤，肉质鲜，无青头，无畸形，整齐一致。对薯皮和薯肉颜色，不同地区的人们有不同的要求，如日本人喜欢黄皮黄肉品种，中国福建、台湾喜欢红皮的品种，北方地区多喜欢白皮白肉品种。

2. 营养品质　菜用型马铃薯要求淀粉含量低、维生素和矿物质含量高，还原糖含量低，龙葵素含量低，块茎表皮见光变绿慢。

（三）加工型马铃薯的品质要求

1. 外观品质　油炸品种要求块茎形状规则，整齐一致，白皮、白肉，薯皮光滑，芽眼浅，去皮损失少。炸片用薯块茎圆球形，直径为 4.5～9.0 cm，炸薯条用直径要大于 5.0 cm，长椭圆形；生产淀粉的马铃薯要求皮肉色浅，皮光而薄、芽眼浅又少，易于清洗。

2. 干物质含量　块茎干物质含量的高低，关系到加工制品的质量、产量和经济效益。不同加工产品对薯块要求为：生产油炸食品干物质含量 22%～25%，干物质含量高，出品率高，油炸食品含油量低，耗能少；干物质含量过高，炸出产品较"硬"，薯片不酥脆，薯条外脆内绵。生产淀粉用马铃薯块茎要求干物质含量 25% 以上，淀粉含量 18% 以上。

3. 含糖量　块茎还原糖含量高，会使薯条、炸片色泽变黑。因此，油炸薯片工厂把含糖量列为主要检测指标之一，要求鲜薯还原糖含量不得超过 0.25%，在冬季正常贮藏条件下，经 2 个月贮藏回暖后，还原糖不高于 0.4%。生产淀粉用马铃薯块茎要求糖、蛋白质及纤维素含量少，耐贮藏。

四、环境及栽培条件对马铃薯品质的影响

马铃薯块茎品质的优劣对马铃薯产业化发展至关重要。块茎品质主要由品种本身的遗传特性决定，不同用途的马铃薯应选用不同的栽培品种，特别是加工用马铃薯对品质要求严格，品种专用化程度高，如中国栽培的大西洋约 85% 都用于油炸薯片加工。

马铃薯品质除取决于品种的遗传特性外，还受到外界环境和栽培技术等的影响。根据不同的自然环境因素，制定各种用途的马铃薯栽培区域规划，结合提高品质的栽培技术措施，实现专用马铃薯生产区域化布局是马铃薯产业发展的必然。

(一) 马铃薯品质的地域差异

不同地区间的马铃薯品质不同。同一品种在北方高纬度或高海拔地区栽培，比在南方低纬度或低海拔地区生长期延长，干物质、淀粉、还原糖含量增加。海拔升高和纬度北移具有一致的气候生态变化趋势，海拔每升高 100 m 相当于纬度北移 1°，综合纬度是指实际纬度与海拔每升高所换算的纬度之和。王新伟等（1998）研究表明，淀粉含量与综合纬度呈显著正相关，综合纬度范围内纬度每升高 1°，淀粉含量即升高 0.1 个单位。马铃薯还原糖含量与综合纬度呈显著正相关，蛋白质含量与综合纬度呈显著负相关。

马铃薯对土壤的适应性广，但不同的土壤类型对马铃薯的生长发育及其块茎品质影响不同。马铃薯块茎的生长发育与土壤结构、透气性、保水保肥性等紧密相关。土壤结构疏松、透气性好，有利于马铃薯块茎膨大过程中同化物向块茎中运输，提高干物质在块茎中的分配率。土壤的保水保肥性能制约着块茎的生长发育和干物质的积累，尤其在块茎形成和膨大期。轻质壤土种植的马铃薯，块茎淀粉含量较高、表皮光滑、薯型整齐；黏质土壤种植的马铃薯，块茎形状不规整、外观品质较差；碱性土壤易造成块茎粗皮和发生疮痂病，影响外观品质。

(二) 气候条件对马铃薯品质的影响

在马铃薯生育期内，随平均气温日较差的增加，淀粉含量明显升高，特别是结薯期，

达极显著正相关；日照时数与淀粉含量相关，但不显著。整个生育期淀粉的积累与水分相关，降雨对淀粉的形成影响较大，过量的降雨会抑制淀粉的合成和积累；结薯期间，降水量少时块茎淀粉含量提高。土壤过湿或干湿交替块茎次生生长，淀粉含量下降。充足的降雨有利于马铃薯维生素 C 的形成，日照时数过多不利于维生素 C 的形成。

（三）施肥对马铃薯品质的影响

马铃薯块茎淀粉含量随着施 N 量的增加，呈现先升高后降低的趋势，随 N 比例的提高而降低。少量施用 N 肥可以提高淀粉的含量，过多施用 N 肥和提高追 N 比例会降低淀粉含量；还原糖和可溶性糖的含量随 N 肥水平提高而增加，特别是还原糖含量。

殷文等（2005）以马铃薯"克新 1 号"为材料，研究了不同供 K 量对产量及品质的影响后指出，块茎可溶性淀粉含量在供 K 量为 75，150，225，300，375kg/hm^2 时分别较对照（不施 K）增加了 0.68%，2.27%，5.29%，4.23%，-1.66%，可见适量施 K 可提高马铃薯淀粉含量，但随着供 K 水平进一步提高，淀粉含量呈下降趋势，在供 K 量 225~300kg/hm^2 达到最高值；而维生素 C 含量则呈下降趋势。郑若良（2004）报道了 N：K$_2$O 比增加时，马铃薯生育进程延长，健康态势降低，块茎蛋白质含量升高；当 N：K$_2$O 比下降时，块茎干物质、淀粉、还原糖、总糖和维生素 C 等含量趋于增加；当两者比为 2：3 时，马铃薯产量和商品率最高。

（四）播期对马铃薯品质的影响

在栽培措施中，选择最佳播期对马铃薯优质高产至关重要。适宜的播期可使马铃薯块茎生长处于最佳气候条件内，有利于光合产物向块茎运输贮存。研究表明：在最佳播期内播种，其干物质、蛋白质和淀粉含量高于其他播期，还原糖、维生素 C 含量则低于其他播期。

（五）病虫害对马铃薯品质的影响

植株受病虫侵害后，地上部分光合作用减弱，最终影响块茎干物质的积累，而且部分病害会向块茎部位转移，在收获或贮藏期，造成大量烂薯。马铃薯块茎一旦受病害侵染，不仅影响外观，品质也会严重下降。

第五节　马铃薯优质高产栽培技术

一、马铃薯优质高效栽培技术

南北过渡带马铃薯以春季单作栽培为主。分大田露地栽培、地膜覆盖栽培、大棚设施栽培 3 种。地膜覆盖栽培和大棚设施栽培是 20 世纪 80 年代末陆续示范推广的两种主要栽培方式，栽培面积逐年增加，其中，地膜覆盖栽培面积比例已经达到 50% 左右，以大棚为主的各类设施栽培面积在10%左右。南北过渡带设施马铃薯栽培主要分布在邻近大中城市和交通便捷的平川地区。

（一）春季马铃薯大田栽培技术

1. 选用适合的品种　选用品种首先要从当地实际出发选择适合当地生产条件的优质高产品种；其次要从栽培目的出发选择品种，如专供加工生产，要根据加工要求选用品种；三要考虑市场需求和食用习惯。南北过渡带地形复杂，海拔从东到西由10m升到2 000m，各区域均有其特色栽培品种。陕西南部地区主要选用早大白、东农303、费乌瑞它、克新六号、克新一号（紫花白）、台湾红皮等品种。

2. 选地、整地、施基肥

（1）选地　马铃薯根系和块茎的生长具有喜"氧"性特点。宜选择土壤肥沃、地势平坦、排灌方便、耕作层深厚、土质疏松的沙壤土或壤土。前茬避免茄科作物，以减轻病害的发生。

（2）整地　在前茬作物收获后，及时将病叶、病株带离田间处理，立冬前或种植前深耕30cm左右，有冻土层的要使土壤冻垡、风化，以接纳雨雪，冻死越冬害虫。播种及时耕耙，达到耕作层细碎无坷垃、田面平整无根茬，上平下实。

（3）施基肥　基肥要求富含有机质，充分腐熟。农家肥及杂草秸秆沤制的堆肥，能使土壤疏松，最适宜作马铃薯栽培的基肥。基肥结合整地施入耕作层，农家肥不足时要施入化学肥料，以保证营养供应。按马铃薯的需肥规律平衡施肥（配方施肥）。马铃薯对肥料三要素的需要以K最多，N次之，P较少，N素影响最为敏感。N、P、K的比例为6∶2∶9。中等地力条件的地方，每亩施农家肥3 000kg，含K量高的三元复混肥75 ~ 100kg。

3. 种薯处理

（1）种薯处理　播种前暖种晒种。播种前20d，将种薯放在干燥，通风，沙土地面的黑暗室内进行暖种10d左右，促进种薯内各种酶活动起来，分解养分，促进芽部萌动。然后将种薯放在散光或弱光下摊晒3 ~ 5d，这个时间正值冬季要防止种薯受冻和撞伤，然后准备播种。

（2）切芽块　播种前挑选具有本品种特征，表皮色泽新鲜、没有龟裂、没有病斑的块茎作为种薯。

① 切种薯方法　为了保证马铃薯出苗整齐，必须打破顶端优势。方法为从薯块顶芽为中心点纵劈一刀，切成两块然后再分切。

② 场地消毒　切芽块的场地和装芽块的工具，要用2%的硫酸铜溶液喷雾，也可以用草木灰消毒。减少芽块感染病菌和病毒的机会。

③ 切刀消毒　马铃薯晚疫病、环腐病等病原菌在种薯上越冬，切刀是病原菌的主要传播工具，尤其是环腐病，目前，尚无治疗和控制病情的特效药。防止病原菌通过切刀传播。具体做法是：准备一个瓷盆，盆内盛有75%酒精或0.3%的高锰酸钾溶液，准备3把切刀放入上述溶液中浸泡消毒，这些切刀轮流使用，用后随即放入盆内消毒。也可将

刀在火苗上烧烤 20～30s 然后继续使用。这样可以有效地防止环腐病、黑胫病等通过切刀传染。

④ 切芽块的要求　芽块不宜太小，每个芽块重量不能小于 30g，大芽块能增强抗旱性，并能延长离乳期，每个芽块至少要有一个芽眼。

（3）芽块处理　南北过渡带的种薯多为异地调运，种薯带菌相互传播现象非常严重，种植后既影响出苗又影响产量。目前由于种薯带菌造成的苗期黑痣病、环腐病普遍发生，为了减轻病害，切好的薯块要进行防病虫处理，芽块处理是马铃薯优质高产的重要环节。

芽块处理方法很多，常见的是将切好的薯块用草木灰拌种，这样简单方便，既有种肥作用，又有防病作用，效果良好。

没有草木灰时要进行药剂拌种薯减轻这些病害发生。试验证明，使用下列两种配方能够很好的预防苗期病害。

拌种配方 1：扑海因 50ml + 高巧 20ml/100kg 种薯。即将 50% 扑海因悬浮剂 50ml 与 60% 高巧悬浮种衣剂 20ml 混合，加水至 1 000ml，摇匀后喷到 100kg 种薯切块上，晾干后播种。

拌种配方 2：安泰生 100g + 高巧 20ml/100kg 种薯，即 70% 的安泰生可湿性粉剂 100g，60% 的高巧悬浮种衣剂 20ml 加水 1 000ml，均匀喷洒到 100kg 种薯上，晾干后切块播种。

利用上述处理方法，可以促进早出苗 2～3d，确保苗齐苗壮，且能预防苗期蚜虫、地下害虫蛴螬及金针虫的为害。

切好的薯块不宜存放，由于切开的种薯受刺激开始萌动，芽块呼吸作用迅速增加，堆放会因为缺氧而发生无氧呼吸造成酒精中毒烂种，所以，切好的芽块忌堆放，忌装袋存放，处理后应及时播种，当天播种不完的芽块，放在室内摊开存放，注意防冻。

4. 适期播种

（1）播种时间　马铃薯是耐寒喜冷凉作物，近年来播种时间向早播方向发展，播种时间确定因栽培田块位置、地域、海拔不同而不同。确定播种期的原则是马铃薯芽块播种后不受冻，出苗后马铃薯秧苗不受冻伤为准。高海拔有冻土的地方，可以顶凌播种，即在种薯不受冻的前提下尽可能提前播种，早播种经过低温锻炼，马铃薯秧苗具备相当的抗寒能力，即使出苗后遇到霜冻也只冻伤芽顶，仍然可以重新发枝生叶，平川、丘陵、山区马铃薯的播种期近年来已经大幅度提前，平川的已经将播种提前到 12 月中旬至翌年 1 月中旬。

（2）播种方法　马铃薯高产栽培一般实行深沟高畦双行种植，畦宽 85～90cm，畦面小行距 30cm，畦沟宽行距 55～60cm，株距 25～28cm，定植 5 000～5 500株/亩。开沟 8～10cm，在沟内施化肥，化肥上面施有机肥，有机肥上面播芽块。点灌底墒水后，斜调角摆种，芽向上，用少量细土盖住芽，在两株之间穴施种肥，再覆土起垄，起垄时将宽行的土提起覆盖在播种沟和小行之间，形成深沟高畦，起垄高度 20～25cm。这种种植方式可以把耕地表面肥沃土壤集中在马铃薯根系周围，既有利于土壤养分供应，又能保证土壤疏松透气，满足马铃薯发芽、生根对"气"的需要。

马铃薯也可以单垄种植，按照垄距 50～55cm 开沟，沟深 8～10cm，在沟内施化肥，化肥上面施腐熟有机肥。在有机肥上面播芽块，一定要使芽块与化肥隔离开、有一定距离，防止肥料"烧种"。按照马铃薯品种要求的密度播种，早熟品种株距为 25cm，中熟品种株距为 28cm。覆土达 8～10cm 厚。中等地力条件下，保证每亩种植 5 000 穴以上。大田播种完成后，在地头、地边的垄沟里播一定量芽块，以备大田缺苗时补苗用。

播种时如遇干旱年份，土壤墒情不足，应适当补墒造墒。常见的方法是，在种植沟开好施肥后，浇适量水或腐熟淡粪水，待水渗下后再播种，然后轻覆土，防止和"泥"。也可以播种后，起好深沟高畦，在沟内灌小水，让水渗透到达种薯，浇水要小水灌溉，待土壤分墒后进行中耕疏松土壤。

5. 大田管理　春马铃薯大田管理要点：贯彻一个"早"字，突出一个"气"字，围绕土、水、肥进行重点管理。

（1）发芽期的管理　出苗前的土壤墒情通常在播种前或播种时已经造好。管理在于保持土壤疏松透气，逢雨后应松土破土壳。出苗后及时查苗，利用预留在田头的种薯块对缺株断垄进行补苗。据统计当缺苗 10% 可以影响 5% 的产量，当缺苗 20% 就可以影响 23% 的产量，保全苗是保证产量的重要环节。

（2）幼苗期的管理　出苗到团棵这一阶段，根据马铃薯幼苗期短和生长快这一特点，管理以促进快发苗进行，要求早施速效 N 肥，按纯 N 3～5kg/亩，结合土壤墒情对水灌施，浇促苗水，及时中耕，以促进发根和发棵。第一遍中耕深锄垄沟，耕破畦垄顶表面。使垄内有气而不伤根，畦垄的上部以浅锄为主。这一遍中耕要求土壤疏松，气体交换爽通。

（3）发棵期的管理　团棵到开花，管理的核心是协调地上部分秧苗生长和地下部分根系生长，既要防止秧苗徒长，又要使秧苗不能瘦弱，水肥管理要谨慎进行。浇水要与中耕紧密结合，土壤不旱不浇水，只需进行中耕来保墒。结合中耕逐步浅培土，到植株封垄时再进行大培土，培土应注意不埋没主茎的功能叶。

发棵期的追肥应慎重，需要补肥时可放在发棵早期，或等到结薯初期。发棵中期追肥或因肥料迟效性，会引起秧苗徒长而延迟结薯。补肥以含 K 高的硫酸钾、磷酸二氢钾为主，也可叶面喷施 0.3% 磷酸二氢钾溶液。

发棵到结薯的转折期，如果秧势太盛，控制不住可以喷 500 倍液矮壮素抑制生长。

（4）结薯期的管理　开花后进入块茎猛长的时期，土壤应始终维持湿润状态，土壤持水量要保持在 70%，遇旱要及时浇水，尤其是结薯初期的土壤水分更为关键。结薯期土壤水分管理要"前急促，后宜控"。有资料介绍，马铃薯结薯前期对缺水有 3 个敏感阶段：早熟品种在初花、盛花及终花期；中晚熟品种在盛花、终花及花后一周内。在这 3 个阶段如果依次分别停止浇水 9d，等到土壤水分降至饱和持水量的 30% 时，再浇水则分别减产 50%、35% 和 31%。

这一时期灌水要"看天、看地、看庄稼"进行管理。确定进入膨大期再灌膨大水。对于易感染腐烂病的品种，或留种田块应少浇水或停止浇水，不能大水漫灌。南北过渡带马铃薯结薯后期正值雨季，遇雨排水也是这一时期不可忽视的管理环节，严防灌水和雨后积水。

追肥要看苗进行，在结薯前期配合速效磷钾肥，开花前后可结合喷药防病根外追肥。马铃薯开花消耗大量的光合产物，可以用摘除花序的方法增加产量。

6. 收获与贮藏

（1）收获　大部分茎叶由绿转黄色，继而枯黄，地下块茎达到生理成熟状态，应选晴天立即收获，销售新鲜马铃薯可以提前 5~7d。

（2）贮藏　刚收获的马铃薯块茎，呼吸作用旺盛，在 5~15℃下产生的热量可达30~50kj/t·h，温度升高或块茎受伤，呼吸强度更高，消耗更大。贮藏马铃薯的地点要求通风、防水浸、防冻、防病虫、不透光。贮藏前将块茎分级和预"贮藏"，然后放在适合的地点贮藏。在贮藏期间块茎水分散失较多，经过贮藏，块茎重量损失 6%~12%。

（二）马铃薯地膜栽培技术

地膜覆盖栽培是用厚度仅为 0.004~0.007mm 的聚乙烯塑料或能降解的复合地膜作为覆盖物的一种栽培技术。在 20 世纪 80 年代这项技术先后在全国推广应用。试验表明，地膜覆盖栽培，可使马铃薯增产 26.7%~32.5%。

1. 地膜覆盖增产原理

（1）提高地温，增加有效积温　有效积温不足是早春马铃薯高产的限制因子。覆膜可充分利用冬天和早春的光热资源，使土壤耕作层温度提高 3~5℃，能促进马铃薯根与芽的生长，使其早出苗 10~15d、早发棵、早进入旺盛生长期、早结薯，延长了马铃薯在适合温度条件下的生长时间及结薯的有效积温，从而实现早熟、高产的目的。

（2）保持墒情，稳定土壤水分　覆膜能减少地表水分的蒸发，保持土壤含水量相对稳定，有利于抗旱保墒。覆膜可防止浇水或雨水下渗造成土壤板结，使土壤保持疏松状态，提高通透性，促进根系生长，有利于块茎的发育生长和膨大。遇干旱地膜覆盖栽培补水，常用垄上滴灌或浅沟灌溉，防止过干过湿，有利于马铃薯的生长发育。

（3）改善土壤理化性状，促进土壤养分转化　覆膜后地温提高，有利于土壤微生物活动，加快有机质分解，提高养分利用率。覆膜后使雨水或灌水不从垄面直接下渗，减少了肥料养分特别是 N 与 K 的淋失，也减少了 N 素营养挥发，保护了土壤养分，提高了肥料利用率。

（4）改善土壤理化结构　覆膜的土壤孔隙度增大，能始终保持土壤表面不板结，土壤疏松，容重降低，通透性增强，这对于喜"气"性的马铃薯十分重要，有利于根系和块茎生长。

（5）防除杂草，减少草害。

2. 马铃薯地膜覆盖栽培技术

（1）整地、施肥　选择土层肥厚，质地疏松，排灌方便，前茬种植禾谷类，瓜类，十字花科蔬菜等作物的耕地，避免前茬是茄科作物。在种植前，结合施基肥进行深翻。地膜覆盖栽培基本不追肥，基肥的用量应比露地栽培略有增加，每亩施腐熟农家肥3 000kg，含 K 量高的三元复混肥 75~100kg。

（2）种薯准备　选择高产的脱毒马铃薯，如早大白、东农303、费乌瑞它、尤金及克新6号、克新1号等优良品种。剔除芽眼坏死、脐部腐烂、皮色暗淡的薯块。一般每亩需备种180~200kg。

（3）切块　种块处理及消毒参照露地大田栽培方法。地膜覆盖栽培播种早，有的顶凌播种，种薯切块时要注意防冻。在生产实践中，薯块受冻情况时有发生，为了防冻，将薯块摊开存放，覆盖草袋。

（4）催芽　地膜覆盖栽培现在大多数采取种薯经过摊晾晒种，切块消毒处理后直接播种，也可以先催芽再播种。

催芽可以有效地防治由于土壤湿度过大造成的烂薯现象，提高出苗率。催芽时间从12月上旬开始，可以在室内、温床、塑料大棚、小拱棚等比较温暖的地方进行。先在棚内挖一个20cm深的坑，然后放2cm厚湿润的绵沙土，将切好的薯块摆放一层，再铺放2~3cm厚湿润的绵沙土，反复摆放4~5层后，将上部用草盖住，20d左右马铃薯芽可达1~3cm，这时将茎块扒出，平放在室内能见光的地方，2d后幼芽变成浓绿色则可播种。注意在催芽时经常翻动薯块，发现烂薯马上清除。

（5）播种　地膜马铃薯大多数采取深沟高垄双行栽培方法。每亩种植5 000株左右。将耕地整理成垄面宽为50cm，垄底宽为90~100cm的深沟高畦，用1m宽的地膜覆盖种2行。大行距55~60cm，小行距30cm，株距20~25cm（7寸左右），开浅沟播种，芽眼向上栽种薯块。在施足底肥的基础上，再用50kg的15-15-15的硫酸钾型复合肥作种肥，也可用20kg磷酸二铵、20~30kg碳酸氢铵再加20~25kg的硫酸钾作种肥，施于播种沟内的两个芽块之间，肥料不能与种薯接触。将大行的行间土提垄盖在播种沟和小行上，盖土厚度控制在8~10cm，经过盖土作业后，喷施施田补除草剂，使用水肥一体化滴灌时要先铺设滴灌管道，后覆盖地膜。盖地膜要让地膜平贴畦面，膜边压紧盖实封严，防止风吹揭膜，以利增温。施用除草剂时需栽好一畦喷施一畦，在土壤湿润的情况下马上覆盖地膜可提高效果。为节省地膜成本以1 000mm×0.005mm规格为宜。不少地方用2 000mm×0.005mm地膜每畦种植4~5行，这样地膜不易盖紧，干旱时不易灌水，增温除草效果较差。

（6）适时放苗　2月中下旬，马铃薯破土出苗时，及时在出苗破土处的地膜上划一个2~3cm的口子，使马铃薯苗露出地膜，同时在地膜破口处放少许细土盖住地膜的破口，以防地膜内高温气流灼伤幼苗，出苗期间每天检查1~2遍，防止烧苗。

（7）水肥管理　地膜覆盖土壤温度提升块，马铃薯生长速度很快，地上部分和地下部分比较协调，土壤温度提前进入适合结薯的条件，结薯期明显提前，团棵期就已经开始结薯。加之地膜覆盖保水保肥，管理上根据天气灌好两次水：一次是促苗水，时间是出苗期，通过沟灌渗透到根系；第二次是膨大水，在马铃薯膨大盛期，生长中心已经转移到结薯时，及时灌溉膨大水，结合灌溉在沟内追施硫酸钾10kg。

（8）病害防治　早熟马铃薯易感染晚疫病。在3月下旬如遇连阴雨，应及时预防；如天气晴朗，则须在4月5日进行一次防治，这样会降低晚疫病的发生流行几率。防治药剂常用甲霜灵锰锌、瑞毒霉、代森锰锌、百菌清、硫酸铜等，防治时任选一种药剂，如需二次防治可另换一种药剂。

（9）收获　4月下旬到5月中旬的结薯期内，可随时采收上市。在汉中平川地区，早熟品种在5月5日前后，中晚熟品种在5月底前后，茎叶由绿变黄并逐渐枯萎，块茎完全成熟时，选择晴天及时收获。南北过渡带多雨地方可在生理成熟前5~7d收获。

（三）马铃薯设施早熟栽培技术

各种保护地设施均可进行马铃薯生产，常见应用于马铃薯早熟栽培的是大、中、小棚加地膜覆盖，大棚套中小棚加地膜覆盖。温室、日光温室、连栋大棚用于马铃薯栽培很少。南北过渡带的设施早熟马铃薯栽培主要集中在各大中城市、城镇的近郊和商品设施蔬菜基地，以鲜薯供应为主。以大棚加地膜覆盖为例介绍马铃薯的设施早熟栽培技术。

1. 选用品种　设施栽培必须选择早熟性，丰产性好的品种，兼顾抗病性和商品性。通常以生长期60~65d的特早熟品种为主，可选用早大白、东农303、费乌瑞它、鲁引1号等。试验证实，早大白早熟性、丰产性、抗性表现好，可以作为各地设施大棚早熟栽培的首选品种。

2. 种薯处理及播种期　每亩需备种180~220kg。种薯切块、催芽、芽块处理和大田、地膜栽培中的方法相同。催芽时间一般在播前的15~20d，汉中市在12月上中旬播种较为适宜，这样马铃薯出苗一般在翌年的2月上中旬，能有效避开元月中下旬的低温。设施大棚马铃薯的播种时间不宜过早，播种过早如遇冬季光照好，常出现冬前过早出苗，而导致产量下降，质量降低。

3. 整地施肥　选择疏松肥沃、地势较高、灌排方便，前茬不是茄科作物的壤土或沙壤土地块。每亩用农家肥1 500~3 000kg、碳酸氢铵50kg、三元素复合肥50kg，结合整地施基肥翻耕备用。

4. 播种

（1）播种方式　实行双行起垄高畦种植，以南北走向为好。这样受光均匀，地温一致，出苗整齐。畦距80cm，每畦种2行。株距20~25cm，播种密度为每亩5 000~6 000株。平川一般在12月上旬播种，播种当天扣棚保温。

（2）种肥　在施足底肥的基础上，再用50kg的硫酸钾型复合肥作种肥，也可用20kg磷酸二铵、20~30kg碳铵再加20~25kg的硫酸钾作种肥，施于播种沟内种块之间，肥料不能直接与种薯接触。

（3）起垄覆膜　播种起垄方法与地膜栽培相同，盖土厚度控制在8~10cm，起垄高度20cm，畦面整成拱形，便于扣紧地膜。盖地膜要让地膜平贴畦面，膜边压紧盖实封严，以利增温。盖地膜前喷施施田补或乙草胺除草剂，在土壤湿润的情况下马上覆盖地膜，地膜以1 000mm×0.006mm规格为宜。

5. 建棚与扣棚

（1）建棚　中小棚搭建，通常用长2.5~4m、直径1.5~2cm的竹竿两根搭梢对接，搭成高90~180cm、跨度2.5~5m的中小拱棚，长度30~50m，以35m为宜，最长不超过50m。选用相应宽度的无滴或流滴农膜覆盖。

大棚搭建，通常可以用长 5m、直径 2cm 以上的竹竿两根搭梢对接，拱杆间距 60cm，搭成高 200～220cm、跨度 5.5～7m 的大棚，长度 30～50m，以 40m 为宜，最长不超过 50m，大棚走向以田块走向确定，南北走向棚内温度比较均匀。近年来大棚构建材料主要以热浸镀锌钢管作为骨架材料，建成宽 6～8m、高 2.5m 标准大棚。

不论哪种材料构架大棚，中、小棚，要求棚体坚固，具备抵御当地冬春季大风和积雪的功能。

不少地方为了更进一步提早成熟，采取大棚套中棚，双层棚辅助地膜覆盖栽培早熟马铃薯，或大棚套中棚加小棚，辅助地膜覆盖栽培早熟马铃薯，上市期可以提早 5～7d，经济效益显著提高。

（2）扣棚　播种后应及时扣棚，用土将农膜四边压紧压实，尽量作到棚面平整。棚两边每隔 1.5m 打一个小木桩，用专用压膜线栓住两边小木桩压紧塑料薄膜，以达到防风固棚的目的。

6. 精细管理　设施早熟马铃薯栽培比地膜、露地栽培管理复杂，增加了温度、湿度调节。利用设施栽培马铃薯之前，应对所使用设施的温湿变化规律以及调节控制的方法进行学习掌握。在栽培管理中要根据马铃薯的生物学特性、生长发育规律，及各生长发育阶段对温度、湿度的要求，结合栽培设施的温湿度变化规律，采取合理的调节控制办法，创造最适合马铃薯生长发育的条件，达到早熟、高产、高效的目的。

（1）温湿度管理　设施马铃薯早熟栽培在不同的阶段，外界气候条件不同，管理要达到的目标不同，管理措施应相应调整。

从播种结束到马铃薯出苗，正值 12 月到翌年 2 月上旬，是一年当中温度最低的时期，这个时间段的管理重心是提高设施内的土壤温度，促进早发芽、早出苗。如果棚内土壤湿度良好时，将设施大棚的薄膜盖严实，尽量少通风，以提高设施内的土壤温度，促进马铃薯早出苗。每隔 10～15d，选晴天上午通风换气，防止设施内的有害气体积累过多。如果播种时土壤水分不足，应在元月上旬小水沟灌，通过渗透到达种薯根茎，保持土壤疏松，补充土壤水分，忌大水漫灌。

从出土到幼苗期，时间大致在 2 月中旬至 3 月上旬，这个时段设施内温湿度管理的重点仍然以提高设施内温度为主，白天 16～20℃，夜间 12～15℃，与前一阶段不同在于每天要适当通风。这个阶段不论晴天还是阴天，要求每天（除寒流外）在 10 时以后进行通风换气，补充 CO_2，并使幼苗接受一定的低温锻炼，增强抗逆性、适应性。通风的原则是由小到大、由弱到强，保证设施大棚内温湿度变化循序渐进，让马铃薯秧苗有一个逐步适应过程。切忌中午急通风、通猛风，防止设施大棚内温湿度发生骤变而危害幼苗。

这个时段正值早春季节，经常出现寒流大风灾害性天气，要经常检查设施大棚牢固性，预防寒流、大风等灾害性天气造成的危害。

发棵期的温湿度管理：设施大棚早熟马铃薯进入发棵期早，一般是在 3 月中下旬，这个时段的温湿度管理重心是围绕马铃薯地上地下部分平衡生长，防止秧苗徒长。当气温达到 20℃，每天 10 时打开棚膜通风，16～17 时闭棚。如果秧苗过旺，有徒长迹象，说明设施内夜温过高，下午闭棚时间适当推迟。在确认没有寒流低温危害时，晚上留小通风口不闭棚，晚上通风也要有一个渐进过程，由小到大，由弱到强，要特别关注寒流、大风灾害天气的预防。

进入4月上旬，当外界气温白天在20℃以上，夜间在10℃以上时，进行昼夜大通风。

设施早熟马铃薯管理核心是通风，始终注意顺风开口，通风口应由小到大，防止升温后通大风通猛风而"闪苗"。另外，通风部位温度低影响生长，应经常调换通风部位。有霜冻、低温、大风来袭时应提前盖膜闭棚保温预防霜冻，后期视天气状况可以撤棚揭膜，揭膜要在昼夜大通风充分炼苗基础下进行。

（2）光照调节　设施大棚内光照比露地差，尽可能选透光好的保温覆盖材料，如无滴薄膜、流滴膜、紫光膜等高透光率覆盖材料。也可以用竹竿振荡棚膜，使膜上水滴落地，增加薄膜的透光性。

（3）肥水管理　因拱棚内不便追肥，应在播种前一次性施足基肥和种肥，在膨大期喷两次0.3%磷酸二氢钾。出苗前灌小水促进出苗，苗期和发棵前期要防止徒长，尽量控制灌水，在不干旱时，不灌水。进入薯块膨大盛期要始终保持土壤湿润，及时灌水。浇水坚持小水沟灌的原则，每次浇水不要浸过垄顶，保持土壤通气性，促进薯块膨大。生育后期不能过于干旱，防止忽干忽湿，否则浇水后易烂薯，降低商品品质，收获前5~7d停止灌水。

（4）膜下滴灌技术　滴灌技术是当今世界上最先进的节水灌溉技术之一，也是马铃薯获得高产的最有利技术保障。马铃薯膜下滴灌技术是滴灌技术、施肥技术与覆膜栽培技术的有机结合。主要作用是使作物根部的土壤经常保持在最佳水、肥、气状态。

主要特点是：

① 提高水分利用系数　常规渠全部采用明渠，水分蒸发、渗漏量大，水利率低。滴灌采用管网化，无蒸发、渗漏较少，可提高水利用系数。

② 节水　据测定，滴灌与沟灌相比节水50%左右，与喷灌相比节水30%左右。

③ 滴灌运行管理方便　降低了劳动强度，使管理定额提高到5.33~6.67 hm^2/人，是常规灌溉管理定额1.67hm^2/人的3倍以上。

④ 提高肥料利用效率　滴灌可使可溶性肥料随水直接施入作物根系范围，使N肥综合利用率从25%~40%提高到50%~55%、P肥利用率从10%~20%提高到25%左右，在预期目标产量下，肥料投放减少30%以上。

⑤ 利于根系的伸展　常规灌溉易使土壤板结，不利于根系伸展，而滴灌使土壤疏松、通透性好，有利于根系伸展。

⑥ 改善根系生长环境　常规灌溉田间蒸发量大，会使地下盐分上行，造成耕作层盐分增加，产生次生盐渍化，不利于根系的生长。而滴灌使滴圆点形成的湿润锋外围形成盐分积累区，湿润锋内形成脱盐区，为根系生长创造一个良好的小环境。

⑦ 抑制病虫害的传播　常规灌溉土传病害随水传播，后期灌水易形成高温高湿的病虫害发生环境，并且杂草较多。而滴灌切断了病害随水传播途径，减轻了病虫害。

⑧ 提高马铃薯品质和产量　滴灌马铃薯生长整齐度高，成熟度好，并通过水肥一体

化，随水滴施肥料，提高马铃薯中淀粉等成分的含量，从而提高其品质与产量。操作方法是在马铃薯高畦行间布置一滴灌管，每根管在田头与主管通过控制阀门连接，便于控制调节。滴灌孔距离薯块 10~15cm，不能紧靠薯块。

7. 适时收获　4 月下旬马铃薯进入商品成熟期时即可收获。也可根据市场行情提早收获上市。

（四）马铃薯的间作套种常见模式与栽培技术

在南北过渡带马铃薯经常与玉米、棉花、瓜类、幼年果树及耐寒速生蔬菜间作套种，进行立体生产，以提高土地利用率。常见的模式有以下类型。

马铃薯—玉米—萝卜（莴笋、白菜、生菜、茼蒿、蒜苗、菜花，）间作套种，实现一年三茬收获。12 月下旬种地膜马铃薯，栽培方法同地膜马铃薯栽培。于 3 月下旬在深沟高畦的宽行处种植 1~2 行玉米，可育苗移栽或直播，生产鲜食的糯玉米、甜玉米或粮用玉米。由于该茬玉米收获早，可以再种植一茬秋冬蔬菜作物，适宜种植的秋菜作物较多，常见的有萝卜、白菜、甘蓝、菜花、莴笋等。

马铃薯—棉花间作套种。棉花生长期长，与早熟马铃薯间作套种，棉花基本可以按期定植，对产量和质量影响不大。马铃薯宜选用早熟品种，采取地膜覆盖高畦栽培。与马铃薯单作不同之处是畦面行距为宽行马铃薯，便于行间定植棉花。棉花育苗时间与单作基本一致，在马铃薯收获前 7~10d 定植棉花，与棉花间作的马铃薯适宜鲜薯销售，以早收为宜，减少共生期。

马铃薯—瓜类（冬瓜、南瓜、苦瓜、西瓜、丝瓜）—叶菜类蔬菜间作套种。由于这些瓜类属于喜温耐高温作物，在中国南北过渡带的露地、大棚栽培时间在 3 月中下旬以后。加之这些作物密度小、行距大，具备间作套种条件。通常马铃薯按正常株行距进行栽培管理，按照所套种的具体瓜类作物的株行距预留定植穴，大田露地、地膜覆盖、设施大棚马铃薯均可以与上述瓜类作物间作。技术上要求做到选用早熟品种，施足底肥，在薯块进入膨大期以后，瓜类作物定植在马铃薯播种时预留的穴内。马铃薯收获后及时给瓜类作物追肥、灌水，培土。瓜类作物收获后，秋冬蔬菜按茬口正常种植。由于这种生产模式，耕地几乎没有间歇时间，特别需要培肥土壤肥力，增加有机肥施用量。

马铃薯—幼年果树间作套种。利用果树幼年期株行间的空闲地种植马铃薯。马铃薯的栽培方式一般为露地和地膜覆盖栽培，栽培时以不影响果树生长为原则，管理与大田露地和地膜覆盖的栽培管理一致。

马铃薯—耐寒性速生蔬菜间套作。这种方式在专业化设施蔬菜基地应用较多，以设施大棚马铃薯为主。在马铃薯垄沟间栽培生菜、茼蒿、叶芥、茴香、苦菊、青菜等耐寒性蔬菜，这类蔬菜在南北过渡带平川区域冬季大棚内可以越冬生长，在早春 3 月前收获，基本不影响设施马铃薯生产。栽培管理上要求每天 10 时后通风换气 3~5h，确保设施内 CO_2 气体供应。沟内蔬菜灌水要小，防止灌水过度，影响马铃薯根系生长。

（五）马铃薯秋季栽培技术

马铃薯秋栽主要为了留种保种，一般采用春薯秋种方式，栽培技术要求严格，稍有疏忽就会烂块死秧，甚至绝收。

秋薯栽培的技术要点：一是选好种薯。二是催芽保苗。具体方法是选择凉爽的晴天早晨或傍晚，气温27℃以下，在阴凉处进行切块，闷热无风天气、午间时段不宜进行切块。切块时把有病变的种薯淘汰。种块边切、边浸种、边晾干，不宜切块成堆再处理。浸种时用2~5个单位的赤霉素加2000单位的农用链霉素或多菌灵溶液浸种10min，及时摊晾，待干爽后，在催芽土床上催芽。现代条件下可以把种薯置于气调库内低温打破休眠、在控温条件下催芽播种。三是选好播种时间，一般在初霜期前70~80d进行播种。四是整薯播种。

二、马铃薯的病虫害防治

马铃薯常年发生的病害有早晚疫病、青枯病、疮痂病、黑胫病、环腐病、软腐病和病毒病；常发生的虫害有地下害虫、蚜虫、红蜘蛛、茶黄螨、28星瓢虫和白粉虱。

（一）病害

1. 晚疫病

（1）症状、病原　主要侵害叶、茎和块茎。

叶染病：先在叶尖或叶缘产生水渍状褐色斑点，病斑周围具浅绿色晕圈，湿度大时病斑迅速扩大，呈褐色，并产生一圈白霜，即孢子囊梗和孢子囊，干燥时病斑干枯，不见白霜。

茎或叶柄染病：出现褐色条斑，重者叶片萎垂、卷缩，致全株黑腐，全田一片焦枯。

块茎染病：呈褐色或紫褐色大块病斑，稍凹陷，病部皮下薯肉呈褐色，并向四周扩大或烂掉。病原为霜霉目疫霉属致病疫霉，是一种真菌。以后垣孢子或菌丝在病残体或带病薯块中越冬，病部产生孢子囊借气流传播，进行再侵染，迅速蔓延。病叶上的孢子囊随雨水或灌溉水落入土中，侵染薯块，成为翌年主要侵染源。

（2）发病条件　病菌适宜日暖夜凉高湿条件，相对湿度95%以上，气温18~22℃有利于发病。因此多雨年份，空气潮湿或温暖多雾发病重。

（3）防治方法

农业防治：选前茬不是茄科作物的耕地，避免连作；保护地栽培时加强通风，降低棚内温湿度；注意田间排水，避免大水漫灌；尽可能选抗病性好的品种；选用无病种薯，减少初侵染源。

化学防治：发病初期喷施72%霜克600~800倍液、或70%代森锰锌800~1 000倍液、或72%杜邦克露700~800倍液、或72.2%普力克800倍液、或64%杀毒矾500倍液、或77%可杀得500倍液、或58%甲霜灵锰锌500倍液，每周一次，连防2~3次。

2. 早疫病

（1）症状、病原　主要为害叶片，也可侵染块茎。

叶片染病：在叶面发生褐色或黑色圆形或近圆形具有同心轮纹的病斑，湿度大时病斑生出黑色霉层，即病原菌的分生孢子梗及分生孢子。

块茎染病：产生暗褐色稍凹陷圆形或近圆形斑，皮下呈浅褐色梯状干腐。病原为丛梗孢目交链孢属茄链格孢，是一种真菌。以分生孢子或菌丝在病残体或带病薯块上越冬，翌年种薯发芽病菌即可开始侵染，病苗出土后，其上产生分生孢子借风雨传播，进行再侵染。

（2）发病条件　遇到小到中雨或连续阴雨天，湿度高于70%，温度26~28℃，该病易发生流行。

（3）防治方法　同晚疫病。

3. 马铃薯疮痂病

（1）症状、病原　主要为害块茎，一般地上部没有明显症状。块茎染病后，表面先产生褐色小点，扩大后形成褐色圆形或不规则形大斑，直径为5~10mm。因产生大量木栓化细胞致表面粗糙，后期中央稍凹陷或凸起，呈疮痂状硬斑块，有的产生裂口，病斑一般仅限于表层，不深入薯内。病原为链霉菌属疮痂链霉菌，是一种放线菌。大田内残留的植株是该菌越冬的场所，带菌的块茎是传播的初侵染源。

（2）发病条件　病菌在土壤中腐生或在病薯上越冬。块茎生长早期，表皮未木栓化之前，病菌从皮孔或伤口侵入后染病，当茎块表面木栓化之后，侵入则较困难，不能侵染成熟的块茎，病薯长出的植株极易发病，健薯播入带菌土壤中也能发病。发病适温为25~30℃，中性或微碱性沙壤土发病重，白色薄皮品种易感病，褐色厚皮的品种较抗病。

（3）防治方法

农业防治：一是选用无病种薯，勿从病区调种；二是多施用有机肥，可抑制发病；三是与葫芦科、豆科、百合科等蔬菜作物进行5年以上轮作；四是结薯期遇干旱及时浇水；五是施酸性肥料。

化学防治：一是播种前用40%福尔马林120倍液浸种4min；二是沟施70%五氯硝基苯600~1 000g、土豆杀菌原粉500g，或用20%龙克菌500倍液、3%克菌康800倍液、农用链霉素2 000倍液喷播种沟，待出苗后，再用上述药液灌根。

4. 黑胫病

（1）症状、病原　主要侵染茎或薯块，从苗期到生育后期均可发病。

种薯染病：腐烂成黏团状，不发芽，或刚发芽即烂在土中，不能出苗。

幼苗染病（高15~18cm出现症状）：植株矮小，节短，或叶片上卷，褪绿黄化，或胫部发黑，萎蔫而死，横切茎，3条主要维管束变成褐色。

薯块染病：始于脐部呈放射状向髓部扩展，病部黑褐色，横切维管束呈黑褐色，薯块变黑褐色，湿烂发臭，别于青枯病。病原为欧氏菌属胡萝卜软腐欧氏菌，是一种细菌。种薯带菌，土壤一般不带菌，病菌先通过切薯块，扩大传染，引起种薯发病腐烂，再经维管束或髓部进入植株，引起地上发病，通过雨水、灌溉水或昆虫传播，经伤口侵入致病。

（2）发病条件　湿度大、温度高利于病情扩展。种薯带菌率高或多雨、低洼田块发病重。

（3）防治方法

农业防治：一是选择无病种薯；二是发现病株及时挖除，减少初侵染源。药剂防治：77%可杀得500倍液、或70%毕菌手500倍液、或DT500倍液、或3%克菌康600倍液灌根。

5. 青枯病

（1）症状、病原　是一种维管束病害，幼苗和成株期都能发病，感病后绿色枝叶或植株急性萎蔫，开始早晚能恢复，持续4~5d全株萎蔫枯死，但仍保持青绿色，横剖维管束变褐，切开薯块，维管束圈变褐，挤压时溢出白色黏液，重者外皮龟裂，髓部溃烂如泥，别于枯萎病。病原为假单胞杆菌属青枯假单胞菌或茄假单胞菌，是一种细菌。病菌随病残组织在土壤中越冬，侵入薯块的病菌在窖中越冬，无寄主可在土壤中腐生14个月至6年，通过灌溉水、雨水传播，从茎部或根部伤口侵入。

（2）发病条件　该菌在10~40℃均可生长，适温30~37℃，适宜pH值6~8，最适pH值6.6，酸性土发病重。土壤含水量高，连阴雨或大雨后转晴，往往急剧发生。

（3）防治方法

农业防治：种植无病种薯；挖除病株，病穴灌药杀菌。

药剂防治：72%农用链霉素3 000倍液或3%克菌康800倍液灌根。

6. 环腐病

（1）症状、病原　细菌性维管束病害，地上染病分枯斑和萎蔫两种类型。

枯斑型：在植株茎部复叶的顶上发病，叶尖、叶缘及叶脉绿色，叶肉为黄绿或灰绿色。

萎蔫型：从顶端复叶开始萎蔫，叶缘内卷似缺水状。

块茎发病：切开可见维管束变为乳黄色，以至黑褐色，皮层内现环形或弧形坏死部，故称环腐。根、茎维管束变褐。病原为棒状杆菌属环腐棒杆菌，是一种细菌。该菌在种薯中越冬，成为翌年侵染菌源。病薯播下后，一部分芽眼腐烂不发芽，一部分出土的病芽，病菌沿维管束上升至茎中部，或沿茎进入新结的薯块而致病。

（2）发病条件　适温20~23℃，高温31~33℃，最低1~2℃。致死温度为干燥情况下50℃10min，pH值6.8~8.4。传播途径主要是带病种薯，通过切刀带菌传播。

（3）防治方法：同青枯病。

7. 病毒病

（1）症状、病原　有3种类型。

花叶型：叶面叶绿素分布不均，呈黄绿相间斑驳花叶，重时叶片皱缩，全株矮化，有时伴有叶脉透明。

坏死型：叶、叶脉、叶柄及枝条、茎出现褐色坏死斑，重时全叶枯死或萎蔫脱落。

卷叶型：叶片沿主脉或自边缘向内翻转，变硬、革质化，重时每张小叶呈筒状。病原为马铃薯X、S、A、Y病毒。以上几种病毒除Y外，都可通过蚜虫及汁液传播。

（2）发病条件　管理差、蚜虫发生量大、遇到25℃以上高温，加上干旱，有利于病毒病发生。

（3）防治方法

农业防治：种植脱毒种薯，及时治蚜防病，加强田间管理，提高植株抗逆力。

药剂防治：发病初期喷药防治。病毒克星500倍液，1.5%植病灵800倍液，加入黄金素、爱多收喷雾，或绿野神每亩375g加水45kg喷雾。

（二）虫害

1. 蚜虫　除自身刺吸汁液外，更重要的传播病毒病。

防治方法：10%吡虫啉或25%铃蚜净1 500 ~ 2 000倍液喷雾。

2. 红蜘蛛、茶黄螨　2%阿维菌素3 000 ~ 4 000倍液、15%哒螨灵1 500 ~ 2 000倍液喷雾。

3. 二十八星瓢虫　辛硫磷2 000倍液、4.5%高效氯氰菊酯1 500倍液喷雾。

4. 白粉虱或烟粉虱　吡虫啉1 500倍液加万灵2 000倍液喷雾。若病、虫混合发生，杀菌剂、杀虫剂可混合一次用药防治。

第六节　马铃薯脱毒与种薯繁育技术

马铃薯种薯经过连年种植后，出现植株矮化、长势衰退、叶片皱缩、花叶、斑驳，甚至叶脉坏死、叶片枯死，挂在茎上不脱落。在块茎上表现为芽眼坏死、块茎变小、产量和品质明显降低的现象叫做马铃薯退化。马铃薯退化是由于种薯感染病毒引起的，由病毒导致的种薯退化速度除了与品种本身抗性有关外，还与种植区域的温度及传播病毒的昆虫直接相关。感染了病毒的种薯不能继续作种，需要更换健康的种薯，才能提高马铃薯产量和品质。马铃薯为无性繁殖作物，一旦感染了病毒，就会在植株体内通过输导组织运转到新生块茎中，在适宜的条件下增殖积累。块茎一旦感染上病毒，自身是不能排除病毒的，病毒就会永久性地保留在块茎内，如用已感染病毒的块茎作种，病毒就会代代连续传播下去，并逐年扩大为害，产量大幅度降低，就会失去原有品种的优良特性。

一、马铃薯病毒

（一）病毒的概念

病毒（Virus）是包被在蛋白或脂蛋白保护性衣壳中，只能在适合的寄主细胞内完成自身复制的一个或多个基因组的核酸分子。病毒区别于其他生物的主要特征是：① 病毒是非细胞结构的分子寄生物，主要由核酸及保护性衣壳组成；② 病毒是专性寄生物，其核酸复制和蛋白质合成需要寄主提供原料和场所。目前发现的马铃薯病毒已超过20种，最常见的有6种，无论从数量、为害性及重要性来看都超过真、细菌性病害。病毒的主要成分是核酸和蛋白质，核酸在内部，外部由蛋白质包被，称为外（衣）壳蛋白。而类病毒则没有蛋白质外壳，仅小分子的 RNA。病毒侵染马铃薯叶片以后，在细胞内进行病毒核酸的复制及其信息的表达，以此来完成病毒的复制过程。

（二）病毒的传播

病毒的传播是完全被动的。根据自然传播方式的不同，病毒传播可分为介体传播和非介体传播。介体传播（vector transmission）是指病毒依附在其他生物体上，借其他生物体的活动而进行的传播及侵染、包括动物介体和植物介体两类。在病毒传播中没有其他生物体介入的传播方式称非介体传播，包括汁液接触传播、机械和花粉传播。

1. 非介体传播

（1）机械传播（Mechanical transmission）　也称为汁液摩擦传播，是病株或带有病毒的农具与健康植株的各种机械摩擦传播。田间的接触或室内的摩擦接种均可称为机械传播。田间病毒病的传播主要由植株间外力摩擦接触、农机具操作、人和动物活动等造成。通过机械摩擦传播的病毒一般存在于表皮细胞中，具有浓度高、稳定性强的特点。引起花叶型症状的病毒以及由蚜虫、线虫传播的病毒较易机械传播，而引起黄化型症状的病毒难以或不能机械传播。

（2）无性繁殖传播　不少病毒具有系统侵染的特点，在植物体内除生长点外的各部位均可能带毒，如用块茎及扦插用的插穗作为繁殖材料，会引起病毒的传播。尤其是近些年，马铃薯产业逐步兴起，各地相互调种越发频繁，为病毒的远距离传播创造了条件。

2. 介体传播　自然界能传播植物病毒的介体种类很多，主要有昆虫、线虫、真菌。其中，以昆虫最为普遍，在传毒的昆虫中多数为有迁飞能力的刺吸式昆虫。主要是蚜虫、叶蝉和飞虱。其中，以蚜虫传毒最为普遍。传播病毒的蚜虫种类主要有桃蚜、萝卜蚜、甘蓝蚜、棉蚜、大戟长管蚜、茄无网蚜、菜豆根蚜、红腹缢管蚜。其中，又以桃蚜为害最厉害，它可以传播各种作物的 100 多种病毒，它既可传播马铃薯非持久性病毒——马铃薯 Y 病毒（PVY），马铃薯 A 病毒（PVA）、马铃薯黄斑花叶病毒（PYMV）和马铃薯花叶病毒（PVM）等，又可传播持久性病毒——马铃薯卷叶病毒（PLRV）。有翅蚜和无翅蚜都有传播病毒的能力，由于无翅蚜不能迁飞，基本不能远距离传播病毒。而有翅蚜在田间迁移活动非常频繁，因此，有翅蚜是病毒传播的主要蚜型。蚜虫不但可以直接吸食马铃薯植株幼嫩茎叶的汁液，造成叶片卷曲、皱缩、变形，影响顶部幼叶的正常生长引起减产，而且长距离迁飞到其他健康植株上，通过取食将病毒再向更多健康植株传播病毒，引起病毒大面积扩散，导致种薯退化，大幅度减产，失去种用价值。

（三）马铃薯病毒病害的症状特点

1. 外部症状　马铃薯病毒病害几乎都属于系统侵染的病害。当植株感染病毒后，或早或迟都会在全株表现出病变和症状，这是该类病害的一个重要特点。受病毒侵染的影响，马铃薯植株和块茎会出现明显的病状而无病征，这在诊断上有助于区别病毒和其他病原物所引起的病害。感染病毒的植株会出现形态、颜色、结构异常，叶片坏死，整个植株生长异常，块茎形状畸形，块茎坏死等变化。现将这些变化列举如下。

植物病毒病的症状有以下 3 种类型。

（1）褪色　主要表现为花叶和黄化两种。表现在茎叶颜色、形状、大小、结构异常。

（2）组织坏死　部分细胞和组织坏死，如叶片坏死、块茎坏死和芽坏死。

（3）畸形　主要表现为植株萎缩、皱叶、丛枝等。

2. 内部变化　当植物受病毒侵染后，除在外部表现一定的症状外，在感病的细胞组织内部也可以引起病变。细胞内较为明显的如叶绿体的破坏和各种内含体的出现等，而最特殊的变化是形成内含体。在光学显微镜下所见到的内含体有无定形内含体和结晶状内含体两种，这两种内含体在细胞质内及细胞核内均有。

3. 症状变化

（1）病毒因素　马铃薯植株在自然条件下可以被感染多种病毒，不同病毒间互相作用的关系比较复杂，相互干扰，影响症状的表现。如马铃薯 X 病毒和 Y 病毒单独侵染马铃薯叶片时，只造成轻微花叶和枯斑，但两者混合侵染时最终表现的复合症状是皱缩花叶。

（2）环境因素　环境条件也可改变症状的表现。在自然环境因素中，温度和光照对病毒病症状影响最大。如高温和低温对花叶型病毒病的症状表现有抑制作用。强光能促进某些病毒病害症状的发展。寄主的营养条件也能使症状发生变化，一般增加 N 素营养可以促进症状表现，增加 P、K 肥、微量元素则相反。

（四）类病毒

类病毒（Viriod）是一类比病毒更微小、更简单的小分子 RNA。无论用物理还是化学方法处理类病毒，它的稳定性很好，它可以耐 75℃ 以上的高温，比病毒对热的稳定性高。最早是迪南（T. O. Diener）和莱曼（W. B. Raymer）于 1967 年研究马铃薯纤块茎病（Potato spindle-tuber viroid, PSTV）时发现的，1972 年迪南称之为类病毒。它是独立存在于细胞内具有侵染性的低分子量的核酸。类病毒病害的特点如下。

1. 类病毒病的症状特性　类病毒侵染草本寄主后，出现叶片变小、上卷，地上部分矮化或束顶状等全身症状；块茎小而细长，结薯个数减少，薯皮龟裂。

2. 类病毒病的传播　类病毒的传播方式与病毒不同，病毒主要是通过汁液摩擦、昆虫及无性繁殖材料传病；而类病毒主要是种子带毒、无性繁殖材料和接触传染传毒。类病毒存在于细胞核内与染色质结合，所以，感病植物通常是全株性带毒。

二、马铃薯脱毒技术原理

关于马铃薯退化的原因，最初有衰老学说、生态学说和病毒学说 3 种观点。直到 1955 年法国学者莫勒尔用感染了病毒病的马铃薯进行茎尖培养，获得了无病毒幼苗和块茎。进而证明了马铃薯植株在脱去病毒条件下能完全恢复其品种特性和产量水平，世界上才公认病毒是引起马铃薯退化的根本原因。

目前，没有任何药剂在不损伤薯块的情况下杀死马铃薯体内的病毒。由于侵染马铃薯的病毒多达 20 余种，这些病毒在中国南北各地普遍存在。但为害最严重的主要有马铃薯 Y 病毒（PVY）、马铃薯 X 病毒（PVX）、马铃薯 S 病毒（PVS）、马铃薯 M 病毒（PVM）、马铃薯 A 病毒（PVA）、纺锤块茎类病毒（PSTVd）6 种常见的病毒。病毒在植物体内的分布是不均匀的，并且需要通过代谢来完成病毒粒子的复制和积累。由于在植物茎尖分生组织区域，植物细胞分裂速度快于病毒的复制速度，加之分生组织的维管束不发达，使得病毒颗粒的复制很难获得足够的营养，因而会在茎尖生长点部位形成无病毒区域或病毒低浓度区。因此，利用细胞具有全能性的特点，将马铃薯茎尖生长点带 1～2 个叶原基的组织，在一定的条件下，培养成一个独立的试管苗，脱除马铃薯所带的病毒，发挥其品种原有生产潜力。

三、马铃薯脱毒关键技术

（一）马铃薯病毒积累

马铃薯为无性繁殖作物，一旦感染病毒，无有效药剂防治。通过茎尖剥离进行病毒脱除是最常用的方法，也是最有效的方法。如果连续留种，病毒在薯块茎内的积累并在植株间传播是导致马铃薯品质、产量下降的根本原因。在感染病毒的病株上获得的茎尖并非都能将所有的病毒脱除，尤其是类病毒。但经过田间筛选，再经过茎尖剥离培养，是可以获得优质无毒试管苗的最有效途径。

（二）马铃薯病毒脱除方法

1. 茎尖组织培养　脱毒之前选择茎尖剥离的材料有以下几种方法：一是用田间植株的茎尖。即在肥力中等或施肥量中等的田块中，根据品种原有的株型、叶形、花色及熟期选择生长发育健康、无明显病害的植株单独作为茎尖剥离的基础材料。二是用通过休眠期的微型薯芽条顶部。选择最符合原有品种生物学特性的原原种薯，使其通过自然休眠，待顶芽生长到 3～5cm 时再作为茎尖脱毒的基础材料。三是直接用脱毒试管苗的茎尖。试管苗连续继代 1 年以上时，就应更换新的中心株试管苗，可挑选生长良好的试管苗在热处理后进行茎尖剥离脱毒培养。

马铃薯纺锤块茎类病毒不能用茎尖脱毒的方法脱除，需通过聚丙烯酰胺凝胶电泳（R-PAGE）等方法检测筛选后方可用作扩繁中心株。一般认为，田间生长好、产量高的单株往往感染病毒的几率低。通过田间株选后，将需要茎尖剥离的芽体或植株茎尖放在纱网袋中，放在自来水下流水冲洗 30min，之后在超净工作台上，用解剖镜将马铃薯的芽外叶全部摘除，将带有 1 个叶原基 0.2～0.5mm 的茎尖生长点切下，接种于专用的茎尖培养基上，经过 3 个月左右的培养后，茎尖完全发育成一株小苗，然后结合病毒检测，筛选出需要大量扩繁的中心株。

在茎尖剥离的过程中，要求速度快，茎尖组织只带 1 个叶原基，所带的叶原基越多时，成苗率高但脱毒效果差，剥离的茎尖越小，脱毒效果越好，但成苗率低。如只剥离茎尖生长点，则生长点要产生愈伤组织，容易产生突变。

2. 热处理钝化脱毒　热处理脱毒法又称温治疗法，其原理是利用不同病毒受热力处理后衣壳蛋白变性，病毒活性丧失的原理进行的病毒脱除方法。不同病毒的抗热能力是不同的，除由于病毒衣壳蛋白分子结构的差异外，有多种外部因素可以影响这种能力的高低，其中最主要的是病毒的浓度、寄主体内正常蛋白的含量以及热处理的时间。

3. 热处理结合茎尖培养脱毒　将打破休眠期的马铃薯块茎放在光照培养箱内，37℃和25℃各处理12h，处理6周后进行茎尖剥离脱毒。目前，生产上常采用这种方法脱毒。另一种方法是在脱毒之前，在生产田块中选择符合原有品种特性的株型，叶形、花色且生长发育正常的植株茎尖，进行茎尖脱毒培养。试管苗长到5cm时，再在脱毒苗中选取各方面生长好的苗继续变温处理，进行茎尖脱毒培养，如此反复2~3次，病毒浓度显著降低。汉中市农科所用这种方法脱毒后，试管苗6种常见病毒检出率均为阴性。

4. 化学药剂处理脱毒　化学药剂处理的作用机理是化学药剂将植物体内的病毒蛋白质沉淀，直接抑制或影响病毒的活性。如使用高锰酸钾、过氧化氢、尿素稀释液、病毒唑、咪唑氧化物等对马铃薯进行浸种处理，发现病毒颗粒明显被钝化，用处理过的马铃薯作种薯，产量明显提高。

四、马铃薯病毒检测技术

（一）酶联免疫吸附测定法检测马铃薯病毒检测（ELISA）

酶联免疫吸附法（ELISA）是较为灵敏的血清学技术之一，也是目前国内应用最广泛的一种病毒检测技术。具体做法是：将不同的病毒提纯后，注射到兔子体内，产生抗血清，将抗血清提取出来后，通过纯化和酶处理，得到两种类型的抗体。第一抗体：未经酶处理；第二抗体：经过酶处理。一种病毒两种类型的抗体必须通过病毒粒子才能结合在一起，用底物与抗体上链接的酶发生反应，产生某种颜色（如黄色）就可以检测到样品中存在某种病毒，如果样品中不存在病毒，两种病毒无法结合在一起，也就没有颜色反应，这就是酶联免疫吸附测定法测定病毒的原理。由于第一抗体和第二抗体（酶标抗体）将病毒夹在中间，所以这种测定方法也叫双抗体夹心酶联免疫吸附法（DAS-ELISA）。病毒颗粒如果存在于样品中，将首先被吸附在酶联板样品孔中的特异性抗体捕捉，后与酶标抗体反应。加入特定的反应底物后，酶将底物水解并产生有颜色的产物，颜色的深浅与样品中病毒的含量成正比。病毒颗粒如果不存在，将不会产生颜色反应。为了方便检测，现在一般都将该测定方法所需要的用品（包括抗体、各种缓冲液、底物等）都放在一起做成试剂盒，使用者只需要按照操作，就可以对样品进行病毒检测。

（二）往复双向聚丙烯酰胺凝胶电泳法（R-PAGE）检测类病毒（PSTVd）

马铃薯纺锤块茎类病毒是不能用茎尖组织培养的方法脱除的，首先对经过选择的待剥离单株进行聚丙烯酰胺凝胶电泳法检测，确定无该病毒后，再进行茎尖剥离进行后续试管苗的扩繁。目前，大多数栽培品种中对纺锤块茎类病毒的感染率尚未达到饱和，可以通过田间株选，结合检测技术筛选无毒单株，再对单株进行茎尖脱毒。

（三）指示植物鉴定法

指示植物检测马铃薯病毒病已被广泛应用于马铃薯或其他作物上。通过机械传播的病毒基本上都能可以用指示植物法检测。常用的指示植物有洋酸浆、番茄、千日红、菜豆、曼陀罗、白刺等植物。除马铃薯病株茎尖的其他部位都能用作接种源。常用的部位一般是叶片、块茎、或薯肉。方法是取叶片或芽等组织加缓冲液进行研磨提取汁液，然后将提取物接种在指示植物叶片上，根据不同病毒在指示植物上引发的局部或系统症状来确定已知病毒或新的病毒类型。

植株敏感性受栽培条件及遗传多样性的影响较大。有时增施 N 肥能导致产生较多的局部病斑，接种前在黑暗中放置 24h 的植株通常比那些未经过处理的植株更敏感。光照和温度也会影响症状的表现，有报道用马铃薯无性系 A6 接种 PVY 后，放置于 2 000lx 光照下经过短时间的培养，比放在1 000lx 或 500lx 光照下产生的病斑多。24℃ 下比 20℃ 条件下产生的病斑多。

（四）聚合酶链式反应诊断技术（RT-PCR）

随着分子生物学的迅速发展，新建立在病毒核酸为对象的反转录 - PCR（RT-PCR）技术，以其快速、灵敏度高的优点越来越多地应用到马铃薯病毒检测上。通过技术改进，已由原来的一次只能检测一种病毒发展到能同时检测多种病毒的阶段，并逐渐向操作简单化方向发展，显现出了广阔的应用前景。

（五）田间检验

1. 原原种的检验　在繁育原原种薯的网棚中，试管苗移栽结束或试管薯出苗后 30 ~ 40d，全部植株目测一次，目测不能确诊的非正常植株或器官组织应马上采集样本进行实验室检验。

表 8 – 5　不同繁种田面积的检验点数和检验植株数（GB 18133 – 2012）

面积（hm²）	检验点数（个）	检查总数（株）
≤1	5	500
>1，≤40	6 ~ 10（每增加 10hm² 增加 11 个检测点）	600 ~ 1 000
>40	10（每增加 40 hm² 增加 2 个检测点）	>1 000

2. 原种和原种一代种的检验　采用目测检查，种薯每批次至少随机抽检 5 点 ~ 10 点，每点 100 株。目测不能确诊的非正常植株或器官组织应马上采集样本进行实验室检验。整个田间检验过程要求 40d 内完成。第一次检验在现蕾期至盛花期。第二次检验在收获前 30d 左右进行。当第一次检查指标中任何一项超过允许率的 5 倍，则停止检查，该地块马铃薯不能作种薯销售。第一次检查指标中任何一项指标超过允许率在 5 倍以内，可通过拔除病株和混杂株降低比率，第二次检查为最终田间检查结果。

允许率见表 8 – 6。

表 8 - 6　各级别种薯田间检查植株质量要求检验（GB 18133 - 2012）

项　目		允许率ᵃ（%）		
混　杂		原原种	原种	一级种
		0	0.5	2.0
病　毒	重花叶	0	0.5	2.0
	卷　叶	0	0.2	2.0
	总病毒病ᵇ	0	1.0	5.0
青枯病		0	0.5	1.0
黑胫病		0	0.1	0.5

a 表示所检测项目阳性样品占将测样品总数的百分比；b 表示所有有病毒症状的植株

五、脱毒原原种繁殖技术

目前关于种薯分级方面，全国各地有不同的分级体系，有的将种薯分为原原种、原种和生产用种三个级别；有的分为原原种、原种、一级种、二级种四个级别；有的分为原原种、原种、一级种、二级良、三级良种 5 个级别；还有的将其分为六个级别。全国各地气候等方面的差别，影响了病毒传播及种薯退化速度，各地出现了不同的分级方法。为便于统一分级乱的局面，有人提出建立马铃薯三级良种繁种体系的概念，即原原种 G1、原种 G2、1 级良种 G3 三个级别（有的再将 G3 继续做种薯，扩繁到 G4 代,），得到了国际马铃薯中心（CIP）科学家的赞同（图 8 - 1）。目前，三级良种繁种正逐渐被过渡带各地接受。

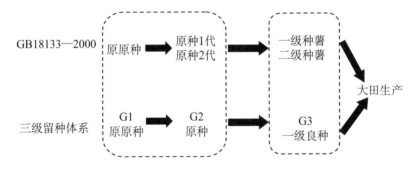

图 8 - 1　马铃薯级别与分级

（一）脱毒试管苗生产技术

1. 操作前准备工作

将配制好的 MS 培养基分装于玻璃培养瓶中，每瓶 30ml，连同放入 2 ~ 3 片滤纸的培养皿以及剪刀等工具包好放入高压灭菌锅内，当气压达到 0.05Mpa 时打开排气阀，放完锅内高压气体后，关闭排气阀，再次升温，当气压升至 0.15Mpa，锅内温度达到 121℃时计时 15 ~ 20min，则达到灭菌效果，此时要缓慢放气，放气阀要由小变大逐渐加大放气量，不能将放气阀一次性全部打开，易引起玻璃培养瓶破碎、培养基外溢或引起危险。

无菌室、超净工作台面及操作工具用 75% 乙醇溶液消毒，将要扩繁的基础苗玻璃瓶用消过毒的毛巾擦一遍，放到工作台上，连同室内消毒一起用紫外灯照射 20 ~ 40min，彻底消毒后再进行接种操作。用过的超净工作台台面要保持干净整洁，定期更换灭菌器中石英珠，对无菌室要经常进行消毒及清扫。

工作人员着清洁工作服，双手用肥皂洗净，操作时要带口罩、头套，双手及胸前用75%乙醇喷湿，镊子、剪刀、工作服每次使用前都应放在灭菌器中消毒。

2. 脱毒苗生产技术

（1）茎尖剥离　要繁育的马铃薯目标品种确定后，挑选若干个具有品种典型特征的壮龄薯，重 100~150g，经过催芽处理后，待幼芽长至 4~5cm 时，剪取上段 1~2cm 进行消毒后，在超净工作台上，在 40 倍解剖镜下剥取长 0.2~0.5mm、带 1~2 个叶原基的生长点进行培养。也可以在繁殖原原种薯的网室中选择长势健壮，品种特性明显的植株做好标签，待原原种收获前，再次挑选结薯较多的单株，按照茎尖剥离的方法剥离培养。为了保证试管苗的质量，需要在实验室内定期剥离一定数量的中心基础苗，以便每年更换。

（2）分生组织培养　将剥离的茎尖分生组织立即接种在试管内的附加生长调节剂的MS 培养基上，每只试管接 2~5 个茎尖，接种后编号、记录接种日期。放置于培养温度18~25℃、相对湿度75%、光照强度 2 000~3 0001x、光照长度 16h/d 的环境下（光源为日光灯）进行培养。15d 后，生长点明显增大变绿，60 d 后可看到明显伸长的茎和小叶，这时可转入普通 MS 培养基的试管内培养，经 2~3 个月即可发育成高约 5cm 的小植株，此时进行病毒检测。

（3）组培苗切段扩繁　对生长到 7~8 片叶，通过检测不带任何病毒和类病毒的组培苗进行切段扩繁。在超净工作台上，将试管苗在灭完菌的培养皿内剪成每段带一片叶的单茎节插穗，插植于快繁培养基上培养，培养中可加入生长调节剂（有的品种也可不用加）控制节间长度，1 个容量 200ml 的玻璃培养瓶一般加入 25ml 的培养基，可插植12~15 个切段。在温度 15~22℃、光照充分的条件下培养 30d 后，切段长成叶龄 7~8 片的植株，可供再次切段繁殖，扩繁后每瓶注明品种、扩繁日期。考虑到病毒积累因素，一般 1 株中心试管苗扩繁的次数不超过 20 次。

（二）马铃薯脱毒原原种生产技术

马铃薯脱毒原原种必须在网棚内繁育生产。南北过渡带由于气候温暖湿润，春夏秋冬四季分明，可以利用春季和秋季气候的变化特点，常在一年内采用春秋两季繁种的方法繁殖种薯。

1. 炼苗　脱毒试管苗苗高 6~8cm、苗龄 6~9 片叶时就可以向防虫网室中移栽了。为了提高移栽成活率，要在移植前进行炼苗。试管苗要进行自养，必须要有一个逐步锻炼和适应的过程，这个过程叫炼苗。炼苗就是将适应了室内环境的试管苗强制转移到自然光下继续生长的过渡环节。方法是直接打开玻璃培养瓶盖后加 1/3 自来水，放到大棚或日光温室中让其生长。在炼苗的前 1~2d 要基本保持与培养室相接近的外界环境，包括去除瓶盖、适当遮光，喷水增湿等步骤，之后逐步撤出保护，使光照条件接近大田生长环境。春季炼苗时间一般 4~7d 后，此时可以看到很多试管苗的顶部都向瓶外生长，茎秆木质化程度很快增加，叶色浓绿，长势非常健壮。秋季移栽一般在9月上中旬，那时气温较高，炼苗时培养基容易污染酸败，炼苗时间也应缩短为3d左右。同时炼苗的光照不应太强，否则试管苗尖端容易日灼。

2. 移栽及管护

（1）基质准备　马铃薯原原种生产要求基质疏松、透水、通气，有一定保水性，易消毒处理，不利于杂菌滋生。常用的基质是蛭石。移栽前应对基质进行消毒处理。在栽植试管苗的头一年夏天，采取甲醛高温闷棚的方法对蛭石进行全棚消毒。方法是在7月下旬至8月中旬，将40%的甲醛溶液一边喷一边拌入蛭石，随后立即用薄膜覆盖，关闭大棚进行闷棚2~3周。中午棚内温度最高可达55℃，10cm深基质温度可以达到45℃，可以将一般的病菌杀死。移栽前10d左右，揭开薄膜让其挥发。试管苗移栽前用800倍高锰酸钾溶液对网棚周围及全棚蛭石进行消毒，为了预防移栽前土传病害，可在移栽前将硫磺粉撒在种植区地面进行基质消毒和调酸处理。

（2）移栽　马铃薯属半耐寒作物，喜冷凉气候环境，空气温度以18~25℃最宜生长，有一定的昼夜温差会对植株生长和块茎发育有利。移栽苗结薯期温度过高会导致结薯时间推迟，块茎生长发育受到抑制，病毒病等病害滋生等问题；地温过低幼苗生长迟缓，根系生长发育不良，易引起烂根。所以在安排移栽期是要根据当地的平均地温和气温而定。根据过渡带的气候特点，一年可以进行春秋2季繁种，春季试管苗移栽最佳时间为3月10日前后，秋季移栽时间为9月上旬。将经过炼苗过程的试管苗用清水洗去根部附着的培养基，要轻拿轻放，尽量减少对根系和叶片的伤害，用800~1000倍50%多菌灵杀菌剂溶液浸泡消毒1~2min后移栽。栽植深度以3~5cm为宜，为了保证栽植质量，移栽前先按预定要求用打孔设备按株行距为5cm×10cm打孔。然后将试管苗放入孔内。栽植时一是要注意不要损伤叶片，也不要将基质粘在叶片上，随时保证手中的试管苗是新鲜的。二是要将试管苗栽正，避免东倒西歪，这样可以减少缓苗天数。三是要将苗的基部压实，避免虚松而影响成活率。移栽时也可以参照四川省一些单位的做法，即在栽之前将试管苗的根部剪掉，用5mg/kg浓度的吲哚乙酸浸泡10min后栽植，成活率也能达到90%以上。

（3）移栽后管理

① 水分管理　移栽后要立即浇一次透水，浇水时注意不能造成基质积水，浇水时水珠要求细而匀，要减小水压，避免水压过大将试管苗冲倒而影响成活。使用微喷灌浇水后对未浇的死角进行补浇。试管苗茎叶表面几乎没有防止水分散失的角质层，根系也不发达，移栽后很难保持水分平衡，必须提高小环境的空气相对湿度，减少试管苗叶面蒸腾作用。尤其在移栽后的前3d内，空气相对湿度应保持90%以上。春季移栽后的前三天如遇到晴天光照较强时，应适当遮阳。并用0.1%尿素液、磷酸二氢钾水溶液加少量葡萄糖叶面喷施或浇灌土壤。一般经过7~10d后试管苗就已通过缓苗期。茎的上部开始长出新叶，根部开始长出白色的须根，有的匍匐茎已开始伸长，此时根据气候情况适当通风，逐渐降低棚内湿度，防止病害发生。以后要定期进行浇水，浇水一般间隔3~7d。根据土壤、苗情及天气决定浇水，高温干燥天气间隔期宜短，连阴雨天少浇或不浇，间隔期

稍长些。苗期浇水放在下午，发棵期之后放在上午浇水。马铃薯整个生育期的需水量总体不宜过大，封行期以前需水量大，每次少而勤，后期逐渐减少，逐渐加强通风，降低各种病害的发生。

② 光照管理　试管苗移栽后进入缓苗期，此时要适当遮光，避免由于光照过强导致茎叶组织瞬间失水而枯萎，可适当用60%左右的遮阳网遮光防止日灼。待缓苗成活后逐步减少遮光，移栽苗逐步依靠自身的光合作用来维持生存和发展，需要一定的自然光照。在自然光线下生长的移栽苗不易徒长，而且矮化（较遮阴处理）健壮。在陕西南方地区，5月以前不需要用遮阳网遮光，到了5月中旬之后，遇到温度特别高的天气时，要用遮阳网适当遮阳，防止中午棚温过高影响植株正常生长和结薯。

③ 科学施肥　移栽前平整蛭石的同时，按每平方米施入有机肥（畜肥晒干后过筛）1kg，磷酸二铵5g。移栽后即可进行适当的喷水，并配合少量P、K肥等。移栽后10~12d，移栽苗就会通过缓苗期，此时开始进行少量的补肥，可以连同喷灌将肥料施入。也可以每平方米撒入尿素、磷酸二胺、硫酸钾各5g，施肥后要及时浇水，以后随着植株的生长，肥料的用量也会逐渐加大。施肥间隔10d左右。施肥量根据苗情长势而定，幼苗期匍匐茎就开始形成，此时施肥量要少，保证结薯和幼苗生长协同进行，不可只顾长苗而影响结薯，也不可过分控苗而形成老化苗。团棵期的目标是要快速建立起强大的光合系统，促进植株快速生长，可增施N、P肥。发棵期时逐渐减少N、P肥施用，逐渐增加K肥，马铃薯是喜K作物，此期乃至后期应通过叶面喷施来补充植株对钾肥的需求。

④ 病虫害防治　发现有蚜虫迁飞的，应及时对大棚内外喷杀虫剂及时防治。生产上可以在大棚内每隔一段挂黄板诱蚜，发现蚜虫迅速采取措施防治。原原种薯网室繁育过程中主要发生的病害是晚疫病，即使没有发病症状，也需要定期喷洒杀菌剂。从移栽苗封垄到采收前20d喷施3~4次杀菌剂即可对该病进行有效防控。汉中市农科所组培中心大棚管理防治经验认为，选择多菌灵、克露、代森锰锌、甲基托布津、甲霜灵、杀毒矾等药剂交替防治3~4次，基本上可以控制生长期主要的真菌性病害的为害。

⑤基础苗剪尖扦插繁殖技术　不仅扩繁试管苗的成本高，而且费工费时，尤其在规模化生产试管苗时对培养环境要求更严，稍不注意就会出现污染。通过试管苗移栽、缓苗、成活后，可剪段繁殖，不仅成活率高，而且省时省工，大大提高扩繁效率。具体方法是（以春季扦插为例）：3月1日前后，当日均地温高于8℃时（可在苗床上铺设加热设备），在大棚内的苗床上移栽脱毒试管苗，移栽密度为常规栽培的2倍，即5cm×5cm，移栽后覆盖塑料薄膜，如天气晴朗，大棚温度太高时，应拉遮阳网降温。待基础苗成活长出新叶后，可剪段扦插繁殖。剪苗时，用1 000倍液的高锰酸钾或75%酒精将剪刀消毒，剪去尖端3片叶作为一个茎段，用20mg/kg的生根剂浸泡20min，将茎段基部第一个节扦插到基质中，露出2叶进行光合作用，扦插完后立即浇透水一次，随即进行遮阳，避免叶片永久性失水萎蔫，3d后逐渐撤掉遮光设备。以后每隔2~3d喷0.1%的淡叶面肥，约20d，便从腋芽基部长出新植株。

（三）原原种采收、分级、包装、贮藏

1. 原原种采收　早中熟品种试管苗移栽后60~80d即可收获。采收期以植株开始褪

绿变黄，大于2g的微型薯占多数时即可收获。收获可以采取先拔秧苗后掏薯的方法，也可以采取直接过筛收薯的方法，这样既可以将残留在基质中的根系筛出，也可以将较小的微型薯一并筛出，避免品种混杂。汉中市农科所对"早大白"微型薯收获试验中，采用了两次或多次采收的方法，可以使原来每株生产微型薯的产量由原来的1.5个增加到2.5个以上，增产效果显著。方法是：收获前进行随机取样，如单株3g以上微型薯数量不低于一个时即可采用二次采收的办法。用手轻轻掏出较大（＞3g）的微型薯后，将植株继续栽回所掏之处，正常管理20d以后就可以再次采收，根据长势情况，可以反复采收。微型薯收获后在阴凉处摊晾1～2d，剔除烂薯、病薯、畸形薯、伤薯及杂物，分级贮藏。

2. 原原种分级　按种薯重量大小依次分为1g以下、1～2g、2～5g、5～10g、10g以上5个等级。

3. 包装　采用尼龙网袋包装，装袋不超过网袋体积的2/3，按等级和收获期分别装袋，作好标签，袋内袋外各放一个。标签的内容应注明品种、种薯级别、收获日期等信息。

4. 贮藏　根据当地气候及用种季节，将种薯置于常温或低温室（平摊或上架）内避光贮存，低温贮存2～3℃，相对湿度75%～90%，每2个月通风换气一次。

（四）原原种种薯质量控制

原原种种薯质量控制包括两个方面：室内试管苗质量控制和防虫网室生产过程中的质量控制。

1. 试管苗质量控制　目前，中国大多省区多采用三代种薯繁育体系。从国内外的经验和教训中可以看出，没有一个严格的质量控制体系，就不可能生产出高质量的种薯。而基础苗质量正是决定三代种薯体系的成败。中国现已建立了两个国家级的种薯质量检验检测中心，有的省（区）还建立了省级脱毒基础苗供应中心，各组培快繁中心只需从以上中心获得基础苗，无需检验就可以直接扩繁。

在没有建立脱毒苗供应的情况下，组培快繁中心在试管苗大量扩繁前一定要对基础苗进行病毒检测。具体做法如下：将所有准备扩繁的基础苗分品种按瓶编号，在超净工作台内将每瓶每株的中上部茎段转入新的培养瓶中，编号不变，同时再将剩下茬装入病毒检测的样品袋中，根据病毒检测结果，淘汰有阳性反应的试管苗。通常认为试管苗上半部分病毒积累较基部少，但也有人试验认为，上半部分较基部病毒积累多。为更加确切地反映植株带毒的情况，可以将待测样品的上下部分都进行病毒检测，用检验合格试管苗的茬进行留茬培养并扩繁。

2. 原原种薯生产质量控制　原原种薯的生产场所都是在温室或防虫网室内进行，而且远离大田，温室（网室）周边1 500m之内无高代马铃薯种植，以及无茄科、十字花科等易受蚜虫侵染的植物。在南北过渡带，4月正值蚜虫大量发生之时，第一随时做好虫害监测预报工作，提前对大棚周边的杂草进行统一割除清理。第二尽量不让无关人员进出温室（网室），减少带入蚜虫，不得用手直接接触田间植株传播病毒。第三要在温室

（网室）内修建一个消毒池，凡进入生产区的人员要采取防范措施，包括穿防护服、戴鞋套等。另外还可以在温室（网室）内挂置一定数量的诱蚜黄板，对蚜虫种类和数量进行随时监测。此外，土壤温湿度变化与块茎需求的不协调是造成原原种薯畸形的主要原因，要尽量避免土壤湿度忽高忽低。

六、原种繁殖技术

（一）选地

选择方圆 2 000m 内无茄科、十字花科及桃园的场所进行繁种。自然隔离条件良好，土质疏松、肥力中上、排灌方便、3 年内未种植过茄科和十字花科作物的向阳地块，最好是沙壤土。目的是利用空间隔离、有风、冷凉少蚜的自然条件，避免有翅蚜虫传播病毒。

（二）种薯准备

选用通过休眠、芽短壮的种薯。播种前对种薯催芽，30 ~ 50g 以内的小薯可整薯直播；切后单块重 50g 左右，每块带 1 ~ 2 个芽眼，切块时将 2 把刀具在 0.1% 高锰酸钾或 75% 的酒精溶液浸泡消毒后轮换使用。

（三）播种

1. 双行高厢垄作　垄距 85cm，垄内小行距 20cm，株距 25 ~ 30cm，5 500 株/亩。

2. 底肥　腐熟农家肥1 500 ~ 2 000kg/亩，尿素 5kg/亩，过磷酸钙 40kg/亩，硫酸钾 10kg/亩。

3. 播种时期　播种时期的安排主要是根据当地的气温、地温情况而定。一般情况地温稳定在 6℃ 以上时就可以播种，春播在 2 ~ 3 月，秋播在 8 ~ 9 月。

（四）田间管理

1. 追肥、中耕、培土　齐苗后 7 ~ 8 叶时第一次中耕，培土成低垄。现蕾开花期开始第二次中耕，培土成高垄。第二次培土前喷施磷酸二氢钾 150g/亩，间隔 10d 再喷一次。在进行培土、追肥、中耕的过程中，尽量减少田间的活动，以减少机械摩擦传染病毒。

2. 去杂去劣　现蕾至盛花期，两次拔除混杂植株，异常株，包括地下块茎。

（五）原种种薯质量控制

1. 种薯来源　用于原种种薯生产的微型薯来源必须可靠，即要通过检测部门严格检验，原种生产者可以清楚地了解种薯生产单位、生产日期、品种名称、种薯分级等级，从而合理安排生产。原原种薯每亩的播种量为6 000 ~ 8 000粒。

2. 原种生产环境选择　由于原种种薯生产是在开放条件下进行，所以必须对繁种场所的环境条件和土壤条件要有一定的要求。

（1）环境条件选择 生产原种种薯的场所，应当选择海拔高、气候冷凉、至少距离马铃薯生产田和其他茄科植物2km以上的地方。要求尽可能选择有灌溉条件的土地进行种薯生产，以提高种薯生产的经济效益。桃蚜是马铃薯病毒的主要传毒媒介，原种种薯要尽可能远离果园或其他易成为蚜虫栖息地的场所。

（2）土壤条件选择 为确保种薯质量，应选择最近3~5年内没有发生过癌肿病、青枯病、环腐病、疮痂病等土传病害的区域，并且种薯地的前茬作物不是马铃薯和其他茄科作物的田块。因此，要建立原种种薯繁育基地，最好选择现代农业园区或村庄，以利于作物轮作倒茬规划。

3. 种薯田间质量控制

（1）病毒病控制 在生产季节，一般要求2次田间检验。第一次田间检验应当在现蕾期至盛花期进行，第二次田间调查在收获前4~5周进行（马铃薯植株开始衰老时）。鉴于国内目前的条件，检验当以目测为主，对可疑的植株可采样进行ELISA分析。在第一次田间调查时，当病毒株率较小时（不超过1%），可通过人工去除病株的方法，将有病毒症状的植株连同块茎一起清理出种薯田。如果病毒株率超过1%，而低于5%时，除了拔除病毒株外，还要考虑将其降级。如果病毒株率超过10%时，可以考虑让其作为商品薯。如果出现降级或转为商品薯的情况，生产者需要确认是上一代种薯质量的问题还是生产管理中的问题，及时查找，分析原因进行善后处理。

（2）真菌性病害控制 由于一般种薯质量标准对种薯块茎是否带真菌性病原有一定的要求，因此在田间管理时，一定要防止晚疫病、早疫病、黑痣病、干腐病病害的发生。这些病害都会在叶片或植株上表现出一定的病症，容易识别。进行原种种薯生产的控制目标是：在田间看不到任何真菌性病害的症状，根据过渡带的气候特点，丘陵区真菌性病害一般发生在5月上中旬，应在此之前做好病害的防控工作。

（3）细菌性病害控制 在进行原种种薯生产时，要求选择近几年没有发生过癌肿病、青枯病、环腐病和疮痂病等土传细菌性病害的土壤。因此，对细菌性病害的防治主要是防止外来病源的进入，特别是要注意工具消毒，防止外来人员和参观者带入病源。种薯生产地，应当设有消毒池，让外来车辆进入经过消毒池。外来人员（包括田间检验人员）到田块参观或调查时，一定要穿一次性防护用品（过膝的塑料靴套和一次性手套等），并做好消毒处理。田间检验人员，每进入一个种薯繁育地必须更换一次工作服及防护用品。

（4）虫害控制 虽然种薯生产的场所一般气候冷凉，各种害虫较少，但还是要在播种前选择一些杀虫剂进行预防。苗期的某些阶段，可能某些虫害级数没有达到较高的水平，但也要定期及时喷杀虫剂进行防治。

4. 种薯收获后的质量控制 一般情况下，原种收获后，质量控制包括贮藏条件的选择和分级处理等方面。无论哪代种薯，在收获、搬运和贮藏过程中，都应当轻拿轻放，防止产生机械损伤，导致种薯腐烂或碰伤。

（1）原种种薯贮藏条件准备 贮藏原种种薯的贮藏库使用前应当消毒，特别是每年用来贮藏马铃薯种薯的库需要进行严格的消毒处理。常用生石灰、高锰酸钾、甲醛和硫磺等消毒剂喷洒或熏蒸消毒。如果贮藏库有可移动的木箱、支架、通风管道、木板等可拆卸和搬动的物品,最好放在室外干净的空地喷洒消毒剂后,在阳光下暴晒消毒。

(2) 种薯分级 为了减少原种一代种薯病虫害的传播,可以采取整薯播种。生产原种时,可采用控制密度和提早杀秧等措施,将块茎的大小控制在整薯播种的范围内。如果为了追求原种种薯的产量,块茎收获时会比较大。为了提高种薯的播种质量,方便生产管理,入库前进行分级处理,可将种薯分为小中大 3 个等级,小薯直接整薯播种,只对中等和较大的薯块进行切块后播种。

(3) 切忌使用任何类型的抑芽剂 种薯生产和贮藏过程中,任何品种、任何代数、任何级别的种薯都不能使用任何抑芽剂。

第七节 马铃薯贮藏技术

马铃薯富含高品质淀粉和人体极易吸收的蛋白质,它是集粮食、蔬菜、饲料和工业加工原料多用途的农产品。因其营养丰富,耐贮藏,增产潜力大,中国已成为全世界第一种植大国,年产马铃薯 8 000 万 t,而贮藏保管却一直存在问题,每年因贮藏而损失的马铃薯占总产量的 15% ~ 25%。因此,不但要高产,还要重视贮藏,提高效益。

一、马铃薯贮藏期间的生理生化反应与管理要点

马铃薯在蔬菜家族中是最好贮藏、最好运输的品种,因为它在收获后有一段很长的后熟休眠期。了解马铃薯这一阶段的生理特点,对于降低损失、防止发芽至关重要。

(一) 马铃薯后熟阶段生理特点与管理

收获后的马铃薯有 7 ~ 15d 的后熟过程,这一时期是马铃薯愈伤组织形成、恢复收获时因物理损伤薯块被破坏,形成木栓保护结构层的时间。薯块木栓化尚未形成,呼吸旺盛,含水量高,放热量多,湿度大,受损薯块伤口未愈合,易感染病菌。这一阶段也叫做预贮藏期或贮藏早期。把收获后的薯块就地或运回堆放,要求薯堆不要超过 1m,通风好,阴干,太阳不直晒,不雨淋。去净泥土,去掉有病、有伤薯块、轻装轻运等。温度 9 ~ 15℃,湿度 90% 以上,堆放处理 10 ~ 15d 即可。经过后熟处理的马铃薯,其表皮充分木栓化,伤口得以愈合,降温散湿后、块茎呼吸渐趋减弱,生理生化活性逐渐下降,可明显地降低贮藏中的腐烂和自然损耗。

(二) 马铃薯休眠阶段生理特点及管理

刚收获的种薯必须经过一段时间后才能发芽,这种生理现象称之为休眠,把经历的这段时间称为休眠期。和其他作物不同,马铃薯块茎有 60 ~ 120 d 的休眠期。合理利用这一特点、巧妙贮藏、淡季增值上市是保证马铃薯周年供应,调节市场盈缺的重要手段,

也是增加农民收入的有效途径。

马铃薯的休眠期因薯块大小、品种不同、块茎有无机械损伤和收获时成熟度差异而各有不同。一般情况下：温度相同时，早熟品种休眠期长，晚熟品种短；同一品种薯块大的休眠期长，小的相对较短；完整的薯块休眠期长，有机械损伤的薯块相对较短。提前采收成熟度不够的薯块休眠期长，成熟度好的薯块休眠期相对较短。

休眠期生理特点：薯块呼吸进一步增强，生理生化活性下降并渐趋至最低点。块茎物质损耗最少，淀粉开始向糖分转化，薯块中淀粉含量由多逐渐减少，糖分含量由少逐渐增多。低温可增强淀粉水解酶的活动，促进淀粉的水解，加速淀粉向糖分的转化速度；温度升高，糖化作用减弱，薯块中的糖又会向淀粉转化，所以，温度是影响同一品种马铃薯休眠期长短的重要因素，在湿度达到85%、温度2~5℃的条件下马铃薯最多可以保持11个月不发芽。

（三）马铃薯萌芽阶段生理特点及管理

休眠后期阶段，薯块内呼吸慢慢增强，各项生理生化活性逐渐复苏，块茎重量减轻，若给以10~15℃的适宜温度，芽就会萌动生长。

二、影响马铃薯贮藏的基本条件

西南和秦巴区域春季收获的马铃薯在贮藏中发芽、失水、腐烂都特别严重。所以控制发芽，减少水分流失和病害损失是这一区域马铃薯搞好贮藏、解决马铃薯生产瓶颈，引导区域马铃薯生产由自给型向商品型、由小农户向规模化、产业化健康发展的重要措施。控好温度，调好水分，巧用抑芽剂则是完成这些措施的根本保证。

（一）温度

温度调节和最佳温度控制是马铃薯贮藏期间管理的关键。温度过高会使薯堆发热，休眠期缩短，薯块内心变黑、烂薯；温度过低（0℃以下）又会导致薯块受冻、变黑变硬进而很快腐烂，如在-3~-1℃环境下，持续9h马铃薯块茎就已经受冻，-5℃环境下只需2h薯块就已冻坏。根据薯块用途不同和薯块贮藏期生理变化特点，后熟阶段最适宜温度为10~15℃；休眠期最适宜温度为：作种薯用2~5℃，作鲜食用3~7℃，做淀粉加工用7~9℃，出库前7~14d温度恢复到13~20℃。经过低温（1~3℃）处理的种薯，休眠期过后在15~20℃条件下7~10d便可发芽。温度的高低变化可促使淀粉和还原糖相互逆转。因此，贮藏期的窖温既要保持适宜的低温，又要尽可能保持适宜温度的稳定性，防止忽高忽低。

（二）湿度

贮藏马铃薯还要保持相对湿度的稳定。如果湿度过高，块茎上会出现小水滴，从而促使薯块长出白须根或发芽，过于潮湿还有利于病原菌和腐生菌的繁衍生长使块茎腐烂；湿度过大还会缩短马铃薯的休眠期。反之，如果湿度过低，虽然可以减少病害和发芽，但又会使块茎中的水分大量蒸发而皱缩，降低块茎的商品性和外观性。一般来说，马铃薯商品薯和种薯最适宜的贮藏湿度为 85%～90%。

（三）光照

一般来说，收获后贮藏商品马铃薯应避免太阳光直射。光可以促使薯块萌芽，同时还会使马铃薯内的龙葵素即茄碱苷含量增加，薯块表皮变绿。正常成熟的马铃薯块茎每100g 龙葵素含量 10～15mg，对人畜无害。在阳光照射下变绿或萌芽的马铃薯，每百克中龙葵素的含量可高达 500mg，人畜大量食用这种马铃薯后便会引起急性中毒。不过，有临床研究，患有十二指肠和肠道疾病的病人，在食用龙葵素含量 20～40mg 的马铃薯后，病情可以大大缓解。相关研究表明：茄碱苷含量 20mg 为人体食用后有无不适反应的临界值。另外，如果是作种用的薯块，经过光照变绿后，产生的茄碱苷可以杀死表皮病菌，保护种薯。表皮变绿的马铃薯经过暗光处理一段时间后，绿色会淡化或褪去。

（四）空气

马铃薯块茎在贮藏期间由于不断地进行呼吸和蒸发，所含的淀粉逐渐转化为糖，再分解为 CO_2 和水，并放出大量的热，使空气过分潮湿，温度升高。因此，在马铃薯贮藏期间，在保持合适的温度和湿度的前提下，必须经常注意贮藏窖的通风换气，及时排除 CO_2、水分和热气，通风次数可以多一些，但每次时间不宜过长。

总的来说，较低的温度对马铃薯贮藏是有利的。此外，贮藏马铃薯还要保持相对湿度的稳定和经常通风，在实际操作中安全贮藏马铃薯必须做到以下几点。

第一，根据贮藏期间生理变化和气候变化，应两头防热，中间防寒，控制贮藏窖的温湿度。

第二，准备贮藏的马铃薯收获前 10d 必须停止浇水，以减少含水量，促使薯皮老化，以利于及早进入休眠和减少病害。在运输和贮藏过程中，要尽量减少转运次数，避免机械损伤，以减少块茎损耗和腐烂。

第三，入窖前要严格挑选薯块，凡是损伤、受冻、虫蛀、感病的薯块不能入窖，以免感染病菌（干腐和湿腐病）导致烂薯。入选的薯块应先放在阴凉通风的地方摊晾几天，然后再入窖贮藏。

第四，贮藏窖要具备防水、防冻、通风等条件，以利安全贮藏。窖址应选择地势高燥，排水良好，地下水位低，向阳背风的地方。

第五，鲜食的薯块必须在无光条件下贮藏。

三、马铃薯常用的贮藏方法

中国是马铃薯生产大国，也是藏薯于民的国家。因南北气候差异较大，收获期不同，民间贮藏马铃薯的方式也有所不同。东北地区多以棚窖堆藏和沟藏为主；西北地区则习惯用窖藏，窖藏又分为井窖和平窖两种；秦巴和西南地区农户以堆藏和棚架袋藏、小型L 型窑窖方式为主，平川地区主要在第一层楼房内自然堆藏和棚架袋藏为主，丘陵山区主要以阁楼自然堆藏和小型窖窖藏为主。近年来，随着马铃薯产业的发展和价格的提高，大型人为可控的现代先进的马铃薯贮藏库在许多地区迅速应用，主要是低温低湿气调库和减压气调库。以下重点介绍几种民间实用、造价低、易管理的贮藏方法。

（一）窖藏法

在靠近土丘或山坡地，选择通风好，不积水的地方开挖成平窖或立窖。窑窖开挖时以水平方向向土崖挖成窑洞，洞高 2～3m、宽 1.5～2m、长 6～8m，窖顶呈拱圆形，底部倾斜，建成后消毒，然后将处理过的马铃薯堆放进去。井窖和窑窖利用窖口通风并调节温湿度，窖内贮藏不宜过满，薯堆高 1.2～1.5m 为宜，每窖可贮藏 3 000～5 000kg 马铃薯。气温低时，窖口需覆盖棉被或草帘防寒，贮藏期尽量保持薯温和湿度的相对稳定。

L 形窑窖则是对已选中的窖址，先竖直或斜向下开挖 3～5m 后，再平行开挖一个到多个存放薯块的平行窑洞。

（二）堆藏法

选择通风良好、场地干燥的空房，先用福尔马林和高锰酸钾混合熏蒸消毒后堆藏马铃薯。休眠期短、容易发芽的品种薯堆高度不宜超过 1m；休眠期长、耐贮藏的品种薯堆高度 1.5～2m 为宜。总体原则是贮藏量不超过全容积的 2/3。每间隔 2m 插 1～2 根芦苇或竹条通气筒，以利通风。薯堆上边用草帘或玉米秆盖好进行暗光贮藏。

（三）阁楼堆藏法

是秦巴丘岭区或高寒山区马铃薯种植户常用的贮藏方法。农户将 7～8 月收获的马铃薯，经过晾干后熟处理、去掉泥土和烂薯、大小分选以后直接堆放在阁楼房间内，薯堆高度 0.5～0.8m，12 月下旬至翌年 1 月温度低时可用稻草、树叶覆盖保温，这种贮藏方式薯块容易失去水分，表皮变皱。

（四）自然风冷通风库贮藏法

利用自然冷风或鼓风机吹入冷风贮藏马铃薯的自然风冷通风库，建设费用不高，管理简单，运行成本低，西北地区近年推广较快。一般做法是，将需要贮藏的马铃薯散堆或装筐装袋放在库内，散堆堆高 1.5～1.8m，袋装每袋 50kg，6～8 层为宜；筐装每筐 25～30kg，垛高以 4～6 筐为宜；薯堆中每隔 2～3m 垂直放一个直径 30cm 苇箔或竹片制成的通风筒，薯堆底部要设通风道，与通风筒连接，通风筒上端要伸出薯堆，以便于通风。薯堆与房顶之间和薯堆周围都要预留一定的空间，以利通风散热，刚入库的马铃薯、初冬时节或库内温度超标时，夜间打开通风系统，开启鼓风机交换冷热风。另外，马铃薯入库以后在整个贮藏期间要记录温湿度，勤检查，随时调整，保持温湿度的相对稳定。

（五）气调贮藏法

气调贮藏指的是在适宜低温条件下，改变贮藏环境气体成分，达到长期贮藏马铃薯或果蔬的一种贮藏方式。它包括人为可控气调贮藏和自发气调贮藏两种方式。常说的气调库是根据马铃薯用途不同人为可以设定和控制的低温低湿气调库，它由库容体、制冷设备、湿度调节系统、气体净化和循环系统、O_2 和 CO_2 及其他指标记录监测仪器 5 大部分组成，虽建设费用大，运行成本高，但贮藏效果好，在中国北方马铃薯种植发达地区和大型薯业加工企业，多采用这类方法贮藏商品马铃薯和种薯。

（六）化学贮藏法

当温度保持在 6℃ 条件下，马铃薯渡过休眠期以后就开始萌芽。较低的温度可以长时期使马铃薯被动休眠不发芽，但作为加工和食用的商品马铃薯，温度过低会使淀粉含量迅速降低，加工品质下降；保持库温在 7℃ 以上是贮藏加工用薯最理想的贮存温度，但又会使大量薯块发芽，尤其是在秦岭以南地区，马铃薯收获后正是 6～7 月高温季节，大型低温库少，贮藏马铃薯发芽严重。因此，为了解决温度过高贮藏马铃薯发芽的问题，可以使用抑芽剂抑制发芽。

目前，生产上应用的抑芽剂主要有两大类：一是收获前茎叶杀青抑芽，如青鲜素（MH）；二是贮藏期薯堆拌药抑芽，如氯苯胺灵、萘乙酸、乙烯利等。

使用方法和药量如下。

拌土：粉剂拌土撒在薯堆里，以含量 2.5% 的氯苯胺灵为例，要贮藏 1 000kg 马铃薯，称量 0.4～0.8kg 的氯苯胺灵粉剂，拌细土 25kg，分层均匀撒在薯堆中即可。一般药薯比为（0.4～0.8）∶1 000，薯块每堆放 30～40cm 厚度就需要撒一层药土。最佳用药时间为贮藏 10～15d 至出库前 21～28d。

杀青抑芽：即在适宜收获前 20～28d 用 30～40mg/kg 浓度的青鲜素（MH），均匀喷洒在马铃薯茎叶上面，可抑制马铃薯块茎发芽。

气雾剂施药贮藏法：多用于大型库且有通风道的贮藏库或窖内。具体做法是按药薯比例先配制好抑芽剂药液，装入热力气雾发生器中，然后启动机器，产生气雾，随通风管道吹入薯堆。

无论哪种方式，用药结束以后都必须封闭窖门和通风口 1～2d，经过抑芽剂处理过的薯块，抑芽效果可以达到 90%～95%，因此，抑芽剂切忌在种薯中使用，以免影响种薯的出苗率和整齐度，给马铃薯生产造成损失。

四、马铃薯贮藏期的病害防治

马铃薯贮藏期间主要的病害有晚疫病、干腐病、环腐病、软腐病、黑心病等，如果预防不当，会导致薯块零星腐烂或烂窖，损失可达 15%～50%。

（一）贮藏期间病害种类

1. 干腐病 为马铃薯贮藏后期病害，发病时薯块感病部位颜色发暗、变褐色，后期薯块内部呈深褐色同心环纹状皱缩，继而变硬空心。

2. 软腐病 发病初期薯块表面出现褐色病斑，颜色很快变深、变暗，病薯迅速变软腐烂，贮藏环境湿度过大容易造成此病发生。

3. 环腐病　感病薯块皮色稍暗，芽眼发黑，表皮有时会出现龟裂；切开发病薯块，薯肉呈乳黄色或黄褐色环状图形，用力挤压，会溢出乳黄色或黑褐色黏液；感病重的薯块用手搓压，薯皮与薯心分离。

4. 黑心病　感病薯块横切后，可见放射状黑褐色病斑。

（二）防治

马铃薯贮藏期病害，以预防为主，综合防治。从田间管理、收获入窖和贮藏等各个环节都要做好防病处理，防止病源侵入。一是选择综合抗病好的优良品种；二是加强田间病虫防治和肥水管理，增强薯块的抗病能力；三是收获前 2 周内大田不要浇水，收获后太阳不要暴晒，薯块表面阴干后入库（窖）贮藏。贮藏前期保持通风干燥，湿度不宜过大；四是药剂防治，入窖前用 300 倍高锰酸钾或甲基托布津药液进行库（窖）消毒；贮藏中对有发病症状的薯堆，用 25％甲霜灵 800 倍液或 64％噁霉锰锌 800 倍液喷洒薯块，也可用 1 000 万单位农用链霉素 500 倍液喷洒薯块。

参考文献

1. 白艳菊，李学湛，吕典秋等 . 应用 DAS-ELISA 法同时检测多种马铃薯病毒 . 中国马铃薯，2000，14（3）：143～144

2. 卞春松，金黎平，谢开云等 . 必速灭防治马铃薯疮痂病效果试验 . 中国马铃薯，2004，18（4）：211～213

3. 陈蓉，方子森 . 不同生态条件下马铃薯品质性状的差异性研究 . 安徽农业科学，2009，37（23）：10 937—10 938

4. 程天庆 . 马铃薯栽培技术 . 北京：金盾出版社，1996

5. 方贯娜，庞淑敏，杨永霞 . 无土栽培生产马铃薯微型薯研究进展 . 中国马铃薯，2006，20（1）：33～35

6. 付伟伟，肖萍 . 汉中市脱毒马铃薯种薯繁育 . 中国种业，2013（8）：94～95

7. 郝云凤，李可伟，张培红等 . 脱毒马铃薯快繁培养基的不同支持体 . 中国马铃薯，2005（1）：42～43

8. 何桂红，吕国华，贾晓鹰等 . 脱毒马铃薯试管苗扦插成活率的影响因素研究 . 华北农学报，2005，25（1）：105～107

9. 毛玮，王英，金建钧等 . 马铃薯茎尖脱毒技术体系的研究进展 . 安徽农业科学，2009，37（33）：16 257～16 260

10. 李广存，王秀丽，杨元军等 . 马铃薯病毒检测中 DAS-ELISA 的改进及注意问题 . 中国马铃薯，2001，15（5）：305～306

11. 梁霞，李群，胡晓军 . 微波灭菌及液体培养技术研究 . 中国马铃薯，2006，20（6）：349～351

12. 李学湛，吕典秋，何云霞等 . 聚丙烯酰胺凝胶电泳方法检测马铃薯类病毒技术改

进．中国马铃薯，2001，15（4）：213～214

13. 刘佳．植物组织培养中污染控制技术研究进展．牡丹江师范学院学报，2008（1）：27～28

14. 刘克礼，高聚林，张宝林．马铃薯匍匐茎与块茎建成规律的研究．中国马铃薯，2003，17（3）：151～157

15. 刘宣东，何孝卫．淮安市马铃薯产业发展现状及对策．现代农业科技，2007（14）：164～165.

16. 刘勇，刘铸德．汉中市脱毒马铃薯种薯繁育体系建设现状、面临问题及对策．陕西农业科学，2008（4）：132～133

17. 刘勇，陈钦．汉中市早熟菜用马铃薯栽培现状及发展对策．陕西农业科学，2008（6）：86～87

18. 马同富，牛峰等．阜阳市马铃薯生产现状、存在的问题及发展对策．中国马铃薯，2002（5）：315～316

19. 彭晓丽，王蒂，张金文等．激素诱导下不同培养方式对马铃薯微型薯的诱导效应．甘肃农业大学学报，2006，41（1）：16～19

20. 彭绍峰，刘忠玲，张春强等．脱毒马铃薯微型薯产量形成与移栽期关系研究．河北农业科学，2005，9（2）：44～46

21. 蒲正斌，郑敏，张百忍等．安康市马铃薯育种及相关产业发展现状及对策．陕西农业科学，2012（1）：137～139

22. 盛万民．中国马铃薯品质现状及改良对策．中国农学通报，2006（2）：166～170

23. 孙秀梅．马铃薯茎尖剥离脱毒效果的影响因素分析．中国马铃薯，2005，19（4）：226～227

24. 孙周平，郭志敏，王贺．根际通透性对马铃薯光和生理指标的影响．华北农学报，2008，23（3）：125～128

25. 汤晓莉，薛红芬，邓国宾等．水杨酸诱导马铃薯疮痂病抗性的生理机制研究．西南农业学报，2010，23（6）：1851～1853

26. 佟屏亚．中国马铃薯栽培史．中国科技史料，1990（1）：10～19

27. 王贵荣．马铃薯脱毒和试管微型薯诱导技术．福建农林大学学报，2003

28. 王连荣．园艺植物病理学．北京：中国农业出版社，2000

29. 王四清，赵开斌，杨伟．襄樊市马铃薯产业现状及发展对策．湖北农业科学，2010，49（11）：2935～2936

30. 吴家丽，艾勇，鲍菊等．微型薯粒重与密度对秋繁原种产量及性状的影响．贵州农业科学，2010，38（8）：35～36

31. 吴晓玲，任晓月，陈彦云等．贮藏温度对马铃薯营养物质含量及酶活性的影响．江苏农业科学，2012，40（5）：220～222

32. 夏更寿，郭志平．不同生育期追施钾肥对高淀粉马铃薯增产提质的效果．福建农林大学学报，2008（5）：449～452.

33. 谢开云，何卫．马铃薯三代种薯体系与种薯质量控制．北京：金盾出版社，2011

34. 谢兰光．界首市马铃薯生产现状和发展对策．长江蔬菜，2007（8）：65～66

35. 殷文，孙春明，马晓燕等．钾肥不同用量对马铃薯产量及品质的效应．土壤肥料，2005（4）：44～47

36. 赵伟全，刘大群，杨文香等．马铃薯疮痂病毒素及其致病性的研究．植物病理学报，2005，35（4）：317～321

37. 赵永秀，蒙美莲，郝文胜等．马铃薯镁吸收规律的初步研究．华北农学报，2010，25（1）：190～193

38. 张福墁．设施园艺学．北京：中国农业大学出版社，2010

39. 张静，蒙美莲，王颖慧等．氮磷钾施用量对马铃薯产量及品质的影响．作物杂志，2012（4）：124～127

40. 张雪云．南阳盆地麦薯棉一年三熟生产技术．甘肃农业科技，2006（7）：57～58

41. 张振洲，贾景丽，周芳等．B、Mn、Zn 对马铃薯产量和品质的影响．辽宁农业科学，2011（1）：7～10

42. 郑若良．氮钾肥比例对马铃薯生长发育、产量及品质的影响．江西农业学报，2004，16（4）：39～42

43. 中国疾病预防控制中心营养与食品安全所．中国食物成分表2002．北京：北京大学医学出版社，2002

第九章　逆境胁迫对策

第一节　主要病害及其防治

一、水稻病害及防治

（一）水稻恶苗病

水稻恶苗病又名徒长病，俗称公秧。在全国各稻区均有不同程度的发生，其病原为真菌子囊菌纲赤霉属。

1. 病原与症状　本病由稻恶苗病菌引起。病菌有性态为藤仓赤霉，无性态为串珠镰孢。本病主要是种子带菌，秧田和本田都能发生。带病菌的种子，播种之后有的不能发芽，有的发芽不久即萎蔫枯死，能继续生长的病苗，颜色变淡为黄绿色，株型纤细瘦弱，叶鞘和叶片均较健株狭窄；与健株比较，明显高出许多；根部发育不良，根毛数减少，分蘖少或不分蘖。移栽后，病株生长较快，分蘖少，节间显著伸长，节部弯曲，变淡褐色，在节上生出很多倒生须根；发病重的稻株，一般是在抽穗前枯死，叶鞘上产生白色到淡红色的霉状物，即病菌的分生孢子。轻病株虽能抽穗，但穗小粒少，或成白穗，一般比健株高，出穗早。穗粒受害变为褐色或在颖壳合缝上产生淡红色霉。

2. 发生规律与条件　水稻扬花时，从病株上飞散出来的病菌孢子，侵染花器后形成带病种子，以及收时与病株接触沾染病菌孢子和菌丝的种子，都是翌年初次侵染的病原。带病菌的稻草也可引起发病。稻草上病原物在干燥条件下可以越冬，但在潮湿的土壤中寿命很短。在旱秧或半旱秧中，如果用上年的稻草盖秧板，即使播种无病谷种，也常常发病严重。带病谷种播种后，幼苗就会受害。本田期病菌孢子借风雨传播，从植株伤口侵入引起再侵染。病菌发育的最适温度在 $25 \sim 30℃$。病菌侵入稻苗后，产生赤霉素等物质导致稻苗徒长，并抑制叶绿素的形成。

3. 防治措施

（1）种子处理　选用无病种子，坚持种子消毒；种子脱粒时避免机械损伤，不要从病田留种；用石灰水浸种，或用福尔马林闷种，其方法与防治稻瘟病的浸种、闷种方法相同。用35%恶苗灵，每瓶200g，使用前摇匀，加水50kg，浸种50kg，浸 $5 \sim 6d$。用近年推广的线菌清处理稻种，每亩用5g药浸种6kg对预防稻恶苗病有特效；在没有药剂的情况下，可在播种前用20%的盐水或30%的泥水选种，淘除病粒。

（2）农艺防治　病田收割后，病草集中烧毁或堆沤充分腐熟后使用，不用病草催芽或扎秧；病田尽早翻犁灌水耙沤，使残留稻草腐烂。

重病区不要旱育秧、干拔秧和拔隔夜秧，最好铲秧带土移栽。

（3）化学防治　若大田感病，可用8mg/kg放线酮喷雾防治。

（二）稻瘟病

稻瘟病又称稻热病。群众称为火凤、火烧瘟、吊颈瘟、炸线，是水稻的严重病害。病原为真菌半知菌梨孢属。水稻整个生育期都会发生，因受害时期和部位不同，分为苗瘟、叶瘟、节瘟、穗颈瘟和谷粒瘟。

1. 病原与病症　病原菌是半知菌梨孢属。病菌有致病分化变异，其生长最适温度为25~28℃。水稻受害症状因时期不同，分苗瘟、叶瘟、秆（节）瘟、穗瘟和谷粒瘟。

（1）苗瘟　由种子带菌引起。一般发生在三叶期以前，病苗基部变灰黑色，上部变淡红褐色，严重时成片枯死，远看像火烧过似的，群众称"火烧瘟"。

（2）叶瘟　秧田和本田都会发生，一般在分蘖盛期发生最多，病斑有4种类型。

①慢性型　这种病斑最常见。病斑形态像梭子，两端尖，中间灰白色，边缘红褐色，外围有黄色晕圈。天气潮湿时也能传病。

②急性型　病斑呈暗绿色，形状似横切的半粒绿豆，呈圆形或椭圆形，两端稍尖，病斑上产生灰绿色霉，这是病菌的分生孢子。这种病斑发展快，危险性大，是稻瘟病流行的预兆。

③白点型　病斑呈小圆白点或灰白点，近圆形或圆形，大小跨度2~4条叶脉，其可转变成急性斑，但较少见。

④褐点型　病斑呈褐色，很小，比针点略大，老叶上较多，一般不扩展，仅限两叶脉间，属抗病类病斑。

（3）秆（节）瘟　发生在稻节上，初期病斑为褐色小点，随后全部或一部分变为黑褐色大斑，病节变黑收缩，上面生绿霉，造成茎节弯曲或折断。常见于制种田或高感品种上。

（4）穗颈瘟　发生在穗颈或小枝梗上，初期病斑为黑褐色小点，后期变为褐灰色或灰黑色，湿度大时病部见灰绿色霉层。发病早造成白穗，很像螟虫为害的白穗，但拔不出来。病穗易折断，所以俗称"吊颈瘟"。

（5）谷粒瘟　谷粒上病斑呈椭圆形，不规则的褐色斑点，常使谷粒不饱满，严重时造成秕谷；护颖受害，变为褐色或灰黑色。

2. 发生规律与条件　稻瘟病菌在种子和稻草上越冬，是发病的来源。带菌种子播种后，即可引起苗稻瘟。天气转暖、降雨潮湿时，大量病菌从稻草上飞散出来，借风传播到水稻上，使稻株发病。在适宜条件下，在稻株上不断繁殖病菌（分生孢子），靠风雨等传播，继续为害水稻。

栽插感病品种，种子未消毒，带菌稻草未及时处理，是发病的基础。气温在24～28℃，相对湿度在95%以上，阴雨绵绵，日照不足的情况下，特别有利于发病。施用 N 肥过多，且时间集中，以致水稻柔嫩茂密；土壤酸性过大，长期冷浸水灌田等情况下易流行成灾。晚稻孕穗抽穗期，遇20℃以下的低温，有利于稻瘟的流行。在初发病时，一般为少数分散成团的发病中心，出现急性型病斑时病害蔓延最快。

3. 防治措施

（1）农艺防治　选种抗病耐病品种；处理带病稻草，进行种子消毒；科学施肥灌溉，加强壮苗培育。

（2）化学防治　防治苗瘟或叶瘟于始病期，防治穗瘟于破肚和齐穗期，各施药一次。每亩地用20%三环唑可湿性粉剂75～100g加水60kg喷雾。以水稻破口初期（当每蔸有一株破口）用药为好，施药一次即可。在常发地区预防叶瘟，用20%三环唑1∶750倍液浸秧把1min，取出堆闷0.5h，再插秧，其防效优于喷雾。

每亩地用40%富士一号乳剂100ml，加水60kg喷雾。防治苗瘟、叶瘟在发病初期，防穗颈瘟在破口期及齐穗期，各喷一次。

每亩地用40%稻瘟灵乳剂150～200ml，加水60 kg喷雾；或加水8～10kg低容量喷雾。

（三）水稻纹枯病

纹枯病俗称"花脚秆"、"烂脚瘟"、"麻秆子"。病原为真菌半知菌类丝核菌属，是水稻的主要病害之一。水稻受害后造成"暗伤"，损失较大。一般早中稻受害重，晚稻受害较轻。

1. 病原与病症　本病由稻纹枯病菌引起。病菌主要以菌核在土壤中越冬。一般从水稻的分蘖期开始发病，先为害叶鞘，再侵害叶片，茎秆拔节到抽穗期盛发。初发病时，在近水面的叶鞘上，产生暗绿色水渍状病斑，像开水烫了一样，以后逐渐扩大成椭圆形或云纹状病斑。病斑边缘褐色，中部淡褐色或灰白色。病斑多时，常连成一大块形状不规则的云纹状大斑。叶片上的病斑和叶鞘病斑相似，当病情急剧扩展时，叶片很快腐烂。除叶鞘叶片外，病鞘相应的茎部也一并受害，致使稻株折断倒伏。天气潮湿时，病斑处产生白色菌丝，后变成黑褐色菌核，大小不等，稍扁平。成熟后易脱落，掉入土中。

2. 发生规律与条件　菌核在土壤中越冬，翌年春耕灌水整田时，菌核随灌水漂浮在上面，栽秧后菌核即附在近水面的稻株上，长出菌丝，侵害叶鞘，几天后便出现病斑。以后病斑上再长出菌丝，一是向稻株上下垂直扩展，二是向邻近的稻株水平扩展，进行再次侵染，引起更大为害。潜伏在稻草和杂草上的菌丝，也能引起发病。这种病是一种喜中温高湿的病害，田间气候在25～32℃时，连续阴雨，病势发展特别快，一般在水稻分蘖期开始发病，孕穗前后为发病高峰期，乳熟期后病势下降。植株过密，过早封行，施 N 肥过多、过迟、灌水过深的稻田中、禾苗生长茂密、稻株倒伏、通风透光差、田间湿度大等，都易诱发此病。

3. 防治措施

（1）农艺防治　病田收割时，病草集中烧毁；灌水犁耙菌核上浮后，应打捞浮渣烧毁或深埋；水稻种植期间，施足基肥，及时追肥，配施 P、K 肥，不偏施 N 肥；开好排水沟，及时排水晒田。

（2）化学防治　稻株封行期普遍施药 1 次，必要时孕穗期再施药 1 次。

为了保证防治效果，避免产生药害，最好采用井冈霉素。用其他药时，要严格控制药量。喷药时，田间要保持浅水；泼浇时，桶内药液要经常搅动，以免因药粉沉淀而泼浇不均匀；撒毒土时，宜在早上露水干后进行。

每亩用 1% 井冈霉素 0.5kg，加水 60kg 喷雾；或用同样剂量，加水 400kg 泼浇，或每亩用井冈霉素粉剂 1 小包（30g）加水喷洒，喷雾以喷粗雾滴为好，可将常用喷雾器卸掉喷杆，一手打气，一手捏住皮管前端喷洒，既省工省力，又可以喷到基部，充分发挥药效。

每亩用 25% 多菌灵可湿性粉剂 0.2kg，加水 60kg 喷雾；或者每亩用药 300g，拌细土 25kg 撒施，也可以加水 400kg 泼浇。

每亩用 25% 禾穗宁 60g 于水稻发病初期，加水 60kg 喷雾；或每亩用药 125g，拌细土 25kg 撒施；或每亩用药 100g，加水 400kg 泼浇。

每亩用 25% 粉锈宁可湿性粉剂 50g，加水 60kg 喷雾。

（四）稻曲病

稻曲病多发生在水稻收成好的年份，俗称"丰收果"，但近年来发生比较普遍，为害也较重。

1. 病原与病症　病原为真菌半知菌类绿核菌属。本病只在穗部发生，为害单个谷粒。病菌在颖壳内，把谷粒变为黄绿色或丝绒状近球形的"稻曲"。起初稻曲很小，病菌在颖壳内生长，以后撑开内外颖自合缝处外露，将整个花器包裹起来，表面光滑，外层包有薄膜，逐渐向两侧膨大，呈扁平的球状物，"稻曲"代替了米粒。随着稻曲长大，外面的薄膜破裂，颜色由橙黄色转为黄绿色，最后转为墨绿色（病菌的厚垣孢子）。最外面覆盖一层墨绿色粉状物，带黏性，不易随风飞散。

2. 发生规律与条件　病菌可由落入土中的菌核或附在种子表面的厚垣孢子越冬。翌年菌核萌发产生子囊孢子，厚垣孢子萌发产生分生孢子，均为初次侵染来源。子囊孢子和分生孢子都可侵害花器及幼颖，病菌早期侵害水稻子房、花柱及柱头；后期可侵害成熟的谷粒，并将谷粒整个包围。据报道，稻曲病的发生和流行条件主要包括一定量的菌源，大面积种植感病品种，适宜的气候条件和较高的施肥水平等。后期田间湿度高，多雨，植株长势过于幼嫩，密度过大则更易发病。此外，栽种迟熟品种或插秧期过迟，都会增加感病的机会。

3. 防治措施

（1）农艺防治　选择抗病早熟品种，避免使用感病品种；种子处理可结合防治稻瘟病进行；加强栽培管理，掌握施肥适期，避免偏施和迟施 N 肥。

（2）药剂防治　用药适期在水稻孕穗后期（孕穗分化第七期，即水稻破口前5d左右）。如需防治两次，可在水稻破口期（稻株破口50%左右）施药。齐穗期防效较差。

每亩用3%井冈霉素水剂150g，或每亩用50%多菌灵可湿性粉剂100g，加水60kg喷雾。每亩用30%DT杀菌剂100～150g，在水稻孕穗后期喷洒一次，防效可达79.1%～96.4%，破口初期再喷一次，效果可达100%。

每亩每次用30%爱苗乳油15～20ml，加水45～60kg喷雾，最好使用背负式喷雾器喷施药液，防效更佳。

（五）水稻赤枯病

水稻赤枯病，又称铁锈病或缺钾症，俗称僵苗、坐棵。水稻发病后，叶片枯死呈赤褐色，远望似火烧状而得名。赤枯病是一种生理病害，从分蘖到抽穗都可发生，常因土壤条件不良、通透气不好或缺乏某种元素造成水稻生理功能失调而引发，是当前盐碱地、低洼冷凉地、土质黏重地水稻的主要病害之一。

1. 病原与病症　一般在水稻移栽后或分蘖期开始发生，受害水稻矮化，老叶黄化，心叶变窄，茎秆细小，分蘖少而小。初期上部叶片为深绿色或暗绿色，进而基部老叶尖端出现边缘不清的褐色小点或短条斑，后发展成为大小不等的不规则铁锈状斑点。以后病斑逐渐增多、扩大，叶片多由叶尖向基部逐渐变为赤褐色枯死，并由下叶向上叶蔓延，严重的全株只剩下少数新叶保持绿色，远望似火烧状。叶鞘与叶片症状相似，产生赤褐色至污褐色小斑点，以后枯死。

根据发病情况又可分为：缺锌型赤枯，缺钾型赤枯、缺磷型赤枯、中毒型赤枯和低温诱发型赤枯5种类型。

（1）缺锌型赤枯　一般在秧苗移栽后15～20d开始出现症状。先从新叶向外表现褪绿，逐渐变黄白。叶片中部出现小而密集的褐色斑点，严重时可扩展到叶鞘和茎。下部老叶下披，易折断。重者叶片窄小，茎节缩短，叶鞘重叠，不分蘖，生长缓慢，根系老化，新根少。

（2）缺钾型赤枯　一般在水稻分蘖期开始发病。发病期表现植株矮化，叶色暗绿呈青铜色，分蘖后中下部叶片尖端出现褐色斑点，组织坏死枯黄。老叶软弱下披，心叶挺直，茎易折断倒伏。重病株根系发育不良，呈褐色，有黑根甚至腐烂，叶片干枯。

（3）缺磷型赤枯　多发生于插秧后3～4周，能自行恢复，孕穗期又复发，初在下部叶片叶尖有褐色小斑，渐向内黄褐干枯，中肋黄化，根系黄褐色，混有黑根、烂根。

（4）中毒型赤枯　移栽后返青迟缓，株型矮小，分蘖很少。根系变黑或深褐色，新根极少，节上生根。叶片中肋初为黄白化，接着周边黄化，重者叶鞘也黄化，出现赤褐色斑点，叶片自下而上呈赤褐色枯死，严重时整株死亡。

（5）低温诱发型赤枯　该类型是因长期低温阴雨影响水稻发根及吸肥能力而发病。在低温条件下，植株上部嫩叶变为淡黄色，叶片上出现褐色针尖状，老叶初呈黄绿色或淡褐色，随后出现典型症状，稻根软绵，弹性差，白根少而细。该类型在水稻生长期多阴雨低温天气或梅雨季节发生。

此外，稻苗栽插过深、偏施 N 肥、稻田长期积水等，都会引起水稻赤枯病的发生。

2. 发生规律与条件　赤枯病属于营养失调引起，土壤中缺 K、缺 P 都可导致发病；土壤通气性差，大量施用未腐熟的肥料，容易产生有毒物质，使根部中毒变黑；长期积水的低湿田，土壤中氧气不足，还原性加强，产生较多的硫化氢和有机酸等有毒物质，使稻根中毒，降低吸收能力而诱发此病。此外，如果插秧后遭遇低温天气将严重影响秧苗的生根和分蘖，低温还将影响土壤的呼吸强度和土壤的电化学反应，易导致赤枯病发生。深水和长时间淹灌能抑制土壤的气体交换过程，使土壤的氧化还原电位长时间处在低水平运行，导致嫌气性微生物活动旺盛，而产生大量有毒物质引发根中毒。另外，在赤枯病的发病初期，稻根出现中毒受伤的情况下，已失去吸肥能力。如果再施入大量 N 肥，会加重土壤的缺氧状况，使氧化还原电位更低，嫌气微生物活动更加嚣张，加重稻根中毒症状从而诱发赤枯病。土壤严重缺 Zn、缺 K、缺 P 会导致缺素型赤枯病的发生。缺 Zn 发病初，叶中肋和叶边缘褪色白化，后变棕红色。缺 K 型赤枯病主要表现为下部老叶沿叶尖、叶缘焦枯，并扩散呈 "V" 字形，叶上出现棕褐色病斑。缺 P 型赤枯病表现为叶墨绿色，叶向中脉折叠，叶身厚硬，不分蘖。

3. 防治措施

（1）农艺防治　适当提早翻沤绿肥，施用充分腐熟的有机肥料作底肥。合理耕作。实行秋翻地，利用小坷垃构成土壤间隙，提高土壤的空气容量。减少水耙地的机械走动次数，避免把耕层全部搅成浆糊状，只要地表层有 1~2cm 软泥即可，使土壤耕层保持上糊下松状态，保持良好的通透性。

开沟排除锈水、冷水、改造冷浸田和烂泥田，改善土壤透气性；科学用水，做到浅水勤灌，适时晒田，促进稻株壮苗早发。

适时插栽，结合薅田追施速效性肥料；遇寒潮，注意灌水防寒。

加强田间管理，改进栽培措施。采用培育壮秧、稀插、浅水勤灌等栽培措施，提高田间排灌系统标准，减少水、肥渗漏，适时搁田和追肥。加强科学管水措施：井灌稻区，可利用简型农膜做水道，一头接在井口上，在阳光下每百米可增温 2~3℃；换水晾田，施肥前一天下午把水排干放露一夜，第二天 9 时灌水施肥；浅水分蘖，浅水有利于提高水温、地温，4cm 深水层比 5cm 深水层的温度提高 1~2℃。浅水不仅可以提高地温，而且可以提高土壤的呼吸强度，提高氧化还原电位，促进发根分蘖。

科学施肥。每公顷施优质农家肥 30t 以上，尿素 150~200kg，磷酸二铵 75~100kg，硫酸钾 75~100kg，农肥、P 肥全部作底肥，结合耙地一次施入；硫酸钾 50% 作基肥，50% 作穗肥（倒 3 叶期）；尿素 30% 作基肥，40% 作蘖肥（6 叶前、7 叶末至 8 叶初分两次等量施入），30% 作穗肥（倒 3 叶期、倒 1 叶期分两次等量施入）。增施农肥是改善土壤结构、培肥地力的有效途径。

缺 K 肥的田块施 K 和草木灰；缺 P 肥的田块施过磷酸钙，每亩 10~15kg；发生 "肥噎" 的田块，每亩撒石灰 15~25kg。

（2）化学防治　发病后及时用药。见病后立即喷施叶面肥，每亩用 100~125ml，加水 500 倍喷雾，降解有毒物质，增强根系活力，促进秧苗转化。缺 K 的每亩施氯化钾或硫酸钾 10kg，缺 Zn 的每亩施硫酸锌 1.5 ~ 2kg。

（六）条纹叶枯病

水稻条纹叶枯病（Rice Stripe Disease）是由水稻条纹病毒（Rice Stripe Virus，RSV）引起的一种危害严重的水稻病毒病。具有暴发性、间歇性、迁移性等特点，病毒一旦侵入就会立即在植株体内蔓延，常导致植株死亡，通过灰飞虱刺吸以持久性方式传播。汁液、土壤及种子均不传毒。

1. 病原与病症　条纹叶枯病毒感染后，水稻全生育期均能发病。以秧苗期和分蘖期发病较重，病毒在寄主内的潜育期短，而后期感染的植株，症状轻微。

苗期发病先在心叶基部出现褪绿黄白斑，后扩展成与叶脉平行的黄色条纹，条纹间仍保持绿色。不同品种表现不一，糯、粳稻和高秆籼稻心叶细长柔软并卷曲成纸捻状，弯曲下垂呈"假枯心"，这种症状在日本被称为"Ghost"。矮秆籼稻不呈枯心状，出现黄绿相间条纹，分蘖减少，病株提早枯死。病毒病引起的枯心苗与三化螟为害造成的枯心苗相似，但无蛀孔，无虫粪，不易拔起。分蘖期发病先在心叶下一叶基部出现褪绿黄斑，后扩展形成不规则黄白色条斑，老叶不显病。籼稻品种不枯心，粳稻和糯稻品种半数表现枯心。拔节后发病先在剑叶下部出现黄绿色条纹，各类型稻均不枯心，但病株常枯，孕穗或抽穗畸形，结实很少，形成"假白穗"。孕穗末期气温下降，田间又开始发病，抽穗后穗小、苍白色，主梗和小枝扭曲畸形，穗颈脆嫩、易断，均为瘪粒，但在水稻幼穗分化期后一般很难感染导致发病。

但实际上 RSV 侵染水稻后，所致外部症状可因毒源、接种的水稻品种和接种龄期而异，但基本可分为两个主要类型：卷叶型、展叶型。卷叶型症状为典型"假枯心"症状，即心叶褪绿，捻转，并弧圈状下垂，严重的心叶枯死，而展叶型的病叶不捻转下垂，不枯死。内部症状主要表现为：叶肉细胞和维管束鞘细胞叶绿体有不同程度降解和淀粉粒累积，数目减少，膜和片层不正常融合，一些细胞有不同程度的坏死；叶绿体中淀粉的过量积累可能引起了叶绿体的破坏，而后引起褪绿斑的形成。病叶细胞的细胞核增大，线粒体增多，细胞核和细胞质内有大量小颗粒，可能是病毒粒体，而叶肉细胞、维管束鞘细胞和伴胞的细胞质和液泡内有一些形状各异的不定形内含体，常认为可能是 RSV 侵染后所至的病害特异性蛋白。

2. 发生规律与条件　水稻条纹叶枯病主要是由灰飞虱（*Laodelphax striatellus* Fallen）持久性经卵传播水稻条纹叶枯病毒（RSV）引起的，灰飞虱一旦获毒便可终生传毒，雌雄个体成虫及若虫均可传毒，但雌虫传毒效率比雄虫要高。最短获毒时间为 10 ~ 15min，病毒在介体内的循回期为 3 ~ 30d。介体获毒后，传播能力不断下降，但那些再不能将病毒传到植株上的昆虫仍可以经卵传毒至后代。其他途径（种子、土壤和汁液等）不传病。所以，水稻条纹叶枯的发病情况直接与灰飞虱的分布、繁殖、迁移等相关。

灰飞虱属同翅目，飞虱科。分布遍及全国各地，但以长江流域及华北稻区发生较多。寄主较广泛，除水稻外，还有麦类以及看麦娘、游草、稗等禾本科杂草。以成、若虫刺吸汁液为害，并传播多种病毒病。灰飞虱食性较广、耐饥力和抗寒力强，在南方稻区，可以若虫、成虫或卵在麦田、绿肥田及田边杂草上过冬。灰飞虱耐寒但怕热，最适温度 23~25℃，超过 30℃ 成虫寿命短，若虫死亡率极高，为害传毒基本停滞。长翅型成虫有趋光、趋嫩绿和趋边行的习性。成虫和若虫常栖息于稻株下部。卵多产在寄主植物茎秆下部叶鞘内，水稻抽穗后，也可产于穗轴腔内。

灰飞虱在北方 1 年发生 4~5 代，南方 7~8 代，长江中下游地区包括江苏地区每年发生 5~6 代。在南北过渡带地区，灰飞虱为害水稻盛期在初夏 5~6 月，即第一、第二代。第一代一般在 3 月下旬 4 月上旬羽化成虫（大多是短翅型），以 3~4 龄若虫在麦田、田埂的禾本科杂草上，在原地繁殖一代，少数迁入早插稻田，在 5 月下旬至 6 月上旬麦黄草老时，一代成虫（大多是长翅型），随即迁飞到水稻秧田传毒为害。第二代在 6 月上中旬，若虫大量孵化，6 月下旬至 7 月上旬羽化为成虫，迁飞到移栽大田传毒为害。第三代在 7 月上旬若虫孵化，由于高温虫数减少，7 月下旬到 8 月上旬羽化成虫，部分迁入秧田为害。第四代 8 月上中旬若虫孵化，由于秋凉，虫数回升，在稻田化为成虫。第六代 10 月上中旬若虫孵化，然后以 3~4 龄若虫过冬。所以控制灰飞虱的传毒为害，主要是要抓住第一代和第二代成虫的迁飞高峰期。

水稻在三叶期至分蘖盛期期间不仅灰飞虱喜欢趋集，而且稻苗对病毒病的抵抗力很弱，易感染发病。三叶期到分蘖盛期的稻苗，经带毒虫吸食 12h 以上，一般过 10~15d，就会显示病症。灰飞虱直接为害较轻。因此，三叶期至分蘖初期是灰飞虱传毒为害的主要时期，也是药剂防治的关键时机。

3. 防治措施

根据病毒病的特性，掌握和熟练利用"抗、避、除、治"四字方针对病毒病的预测和防治十分重要。有效的化学防治和合理耕作制度对减轻病害的流行是十分必要的。适当推迟插秧期，以避开灰飞虱的发生高峰期和传毒高峰期。带毒虫的数量是病害流行的重要条件，适时使用杀虫剂也是非常有效的控制手段。加强田间管理，及时清除田间杂草和病株。主要措施如下。

（1）秧田位置 选择在离上年重病田较远处，虫源量少、周围环境清洁的田块作秧田。可考虑放在油菜田边或房前屋后，以达到避开灰飞虱大量侵入的目的。特别要注意避免在麦田田头一家一户孤立育秧，有条件的地区可将秧池集中连片或集中育秧或组织专业化基质育秧，便于统一管理和治虫，加强病害的控制效果。同时注意加强肥水管理，促进植株健壮生长，增强抗病能力。

（2）适期推迟播种 播种期不宜过早，以防止秧龄长、秧苗大，增加灰飞虱侵入传毒和感病的机会。可结合如抛栽、肥床旱育等轻型栽培措施，将播种期推迟，移栽时采用中苗移栽或小苗抛栽的方法，能有效避开第一代灰飞虱的迁飞传毒高峰期，降低感毒几率，达到避病防病的目的。另外，移栽时期尽可能一致，避免病害在不同田块流行为害。

（3）平衡施肥 注意 N、P、K 肥的比例协调和 Si 肥、微肥的施用，防止秧苗旺长导致植株抗病力下降而引起灰飞虱群居为害。

（4）种植抗病品种 压缩感病品种种植面积，选择抗病性较强的品种，可以有效地降低病害的为害。目前，沿黄淮稻区抗病性较强的品种有：H301、黄金秀、郑稻11号、白香粳、方欣一号等。对于重发区、多年种植粳稻的地区可改种抗病性较强的杂交稻；对于高度感病的豫粳6号等品种，要适当压缩种植面积。

（5）科学防治传毒介体 水稻条纹叶枯病是由灰飞虱传播的病害，通过控制灰飞虱来抑制病害的发生是一项简便可行的措施。

① 做好冬春防治 集中统一防治是提高灰飞虱防治效果的有效手段。由于秧田一代成虫扩散距离远，单家独户的秧田面积小，防治效果差。要在秧田防治时，以村队为单位进行集中统一防治，并对田埂、沟渠、路边杂草同时喷药，以提高防治效果。冬前或春后结合麦蚜的治理，每公顷用吡虫啉有效成分15～22.5g或5%锐劲特悬浮剂300～600ml防治，能有效降低秧田期灰飞虱的基数，尤其是冬前小麦出苗后防治效果更佳。防治小麦穗蚜时对灰飞虱进行兼治，效果也比较明显。早播地块和靠近晚稻病重的麦田，可在出苗后全面喷药1～2次。迟播麦田则在翻耕后进行田埂喷药，并在出苗后对麦田边喷药。经调查，若田间仍有一定数量的虫口密度，应再喷药1次，以压低越冬虫源。

② 加强监测与普查工作 对灰飞虱的监测可采用系统调查与普查相结合的方法，准确掌握灰飞虱的发生动态。春季一旦发现麦田灰飞虱的虫口密度增大，预测到灰飞虱及条纹叶枯病可能大发生时，则应在5月上中旬将第一代灰飞虱若虫消灭在麦田里，严防迁入早稻田为害。在麦田防治的基础上，再在秧田灰飞虱迁入高峰期防治1次，可有效控制秧田期条纹叶枯病的发生。

③ 秧田防虫 在水稻的整个生育期中，从发芽到分蘖停止前都是病害易感期，一般秧龄越小越易感病。因此，病害的防治关键时期是在秧田期。可用10%吡虫啉可湿性粉剂2 000倍液浸稻种24h，然后催芽播种，控制灰飞虱长达45d，控虫效果仍达85%以上。小麦收割始盛期（当地有30%左右的麦田收割）要进行喷雾防治，每公顷用10%吡虫啉可湿性粉剂300g，加水600L喷雾。在水稻移栽前3～5d，结合防治一代螟虫，再防治1次灰飞虱，每公顷用25%扑虱灵可湿性粉剂600g或吡虫啉300g加18%杀虫双水剂3 000ml复配，加水750L喷雾。

④ 大田防虫 对移栽较早的田块可选用吡虫啉防治1次本田灰飞虱，并注意在6月中下旬防治二代灰飞虱若虫。防治上最好集中连片防治，以提高防治效果。

（6）药剂防病 病毒病一旦发生，药剂防治难以取得理想的控制效果。因此，药剂防治仍然以预防为主。在发病初期钝化病毒，防止病毒的扩展、蔓延至关重要。实际生产中，可于秧田期、本田初期或植株发病初期喷施病毒A、病毒必克、宁南霉素、施特灵或消菌灵（50%氯嗅异氰尿酸可溶性粉剂），以达到阻止病毒扩展、蔓延的目的。另外，在喷药时，适当加入尿素或磷酸二氢钾可以缓解病害症状。

二、小麦病害及防治

（一）白粉病

小麦白粉病发生较普遍。病原是真菌子囊菌纲白粉属。

1. 病原与病症　　小麦从幼苗到成株均可被小麦白粉病菌侵染。病菌主要发生在麦叶上，有时也为害叶鞘、茎秆和穗部。受害初期，麦叶上先出现褪绿的黄色斑点，以后逐渐扩大为圆形或椭圆形斑点，上面生有由白色菌丝组成的白霉层。随后病斑不断扩大，连成一片，菌丝增多增厚，形成白色粉状物，这是病菌的分生孢子。后期白霉层变成灰褐色，在其中散生黑色小颗粒，这是病菌的闭囊壳。发病严重时，叶面以及整个穗部几乎都长满霉层，被害叶片逐渐枯死，植株萎缩不能抽穗。

2. 发生规律与条件　　小麦白粉病是专性寄生菌。病菌孢子随气流传播到感病麦株上后，遇到适宜的条件即可萌发长出芽管。芽管前端膨大形成附着孢，并产生较细的侵入丝，直接侵入表皮细胞，形成出生吸器，吸收寄主营养。白粉病菌的分生孢子很容易萌发，对湿、温度均极敏感，故在南方不能直接越夏，在北方亦难直接越冬。病菌只能以闭囊壳在病残体上越夏、越冬，翌年子囊孢子释放，随风传至麦株，从表皮侵入，引起发病。麦株感病后，白粉状的分生孢子又随风传播，引起再侵染。

白粉病在 $15 \sim 20℃$ 的条件下最易发病，湿度大时，有利病害扩展。麦株生长太密，通风透光性差，或施用 N 肥过多，麦苗倒伏，白粉病往往发生较重。病菌的分生孢子含水量高，有很强的保水能力，并且对湿度的适应能力强，在一般干旱年份，如果植株生长不好，抗病能力减退，病菌孢子照常萌发，仍可引起严重为害。

3. 防治措施　　采取以推广种植抗病品种为主，药剂防治和栽培措施为辅的综合防治技术。

（1）选用抗病品种和慢病品种　　根据各麦区的生态特点，选用适合当地种植的抗病和慢病小麦品种。华北地区：石麦 14、15、良星 99、保丰 104 等；黄淮麦区：偃展 4110、济麦 22 等；西南麦区：内麦 11、绵麦 41、川麦 41 等；长江中下游麦区：扬麦 13、18、南农 9918 等；西北麦区：兰天 17、陕垦 6 号等；东北麦区：沈免 2135、辽春 11 等。

（2）药剂拌种或种子包衣　　在小麦白粉病越夏区及其邻近地区，采用三唑类杀菌剂拌种或种子包衣可有效控制苗期病害发生，减少越冬菌量，并能兼治小麦锈病、散黑穗病等其他病害。选用 20% 三唑酮（粉锈宁）乳油、15% 三唑酮可湿性粉剂或 12.5% 烯唑醇可湿性粉剂等杀菌剂，按种重 0.03% 的剂量拌种，或用 2% 戊唑醇悬浮种衣剂 1∶14 稀释后按 1∶50 进行种子包衣，防病效果均较好。

（3）药剂防治　　施药适期掌握在孕穗末期至开花期。用药次数，根据药剂种类而定，如粉锈宁、多菌灵、硫磺胶悬剂等，在孕穗末期用一次即可；如用硫磺胶悬剂、石硫合剂等，一般从破口期施药。每隔 7 ~ 10d 用 1 次，共用 2 次；多菌灵、退菌特等药效不超过 5d，需施用 3 次以上。其用量如下：亩用 25% 粉锈宁可湿性粉剂 35g，或 50% 硫磺胶悬剂 0.25kg，或 40% 多菌灵胶悬剂 100g，或 50% 托布津 100g，任选一种，加水 75kg 喷雾。

（二）小麦赤霉病

小麦赤霉病俗称红头麦，是长江流域重要病害之一。无性世代为真菌半知菌亚门链孢霉属，有性世代为真菌子囊菌纲赤霉属。

赤霉病为害小麦，除了使产量降低之外，还有两种影响：一是使种子质量下降。被害严重的籽粒皱缩空秕，被害轻的籽粒发芽率低，影响出苗率和翌年产量。二是病麦含有赤霉酮等毒素，人吃了病麦以后，会引起头昏、发热、四肢无力、腹胀、腹泻和呕吐等中毒症状。家畜吃了病麦之后，也引起食欲减退、腹泻等。

1. 病原与病症　小麦赤霉病由多种镰刀菌引起。中国主要有 2 种，北部麦区以禾谷镰孢菌为主，南部麦区以亚细亚镰孢菌为主。赤霉病在小麦抽穗期为害最明显。麦穗发病初期，在小穗颖壳上先出现水浸状淡褐色病斑，逐渐扩大蔓延至全小穗，以后在颖壳的合缝处或小穗基部生出粉红色霉，这是病菌无性时期的分生孢子。到了成熟期，病部出现煤屑状黑色小颗粒，这是病菌有性时期的子囊壳。病轻时，只局部个别小穗；病重时，全穗或大部分小穗全部发病，使籽粒干秕、皱缩，并使受害部位以上小穗形成枯白穗。

2. 发生规律与条件　赤霉病菌是一种兼性寄生菌，病菌的寄主范围很广，除为害麦类外，还为害玉米、水稻等其他禾谷类作物。在稻麦两熟地区，主要在水田内的残株上越夏、稻桩上越冬。翌年春季，土壤湿度达饱和含水量 60% 以上，气温 10℃ 以上，产生子囊壳，放出大量子囊孢子，借风雨传播到麦穗上，从花药侵入，经过花丝进入小穗内部。感病小穗出现淡褐色病斑，高湿条件下产生粉红色霉，此为分生孢子。大量的分生孢子再经风雨传播，引起再侵染，加重病害程度。

赤霉病流行以开花期侵染为主，在温暖、潮湿的环境下最容易发生。小麦抽穗后的平均气温达到或超过 15℃ 时，抽穗后的 15 ~ 20d，阴雨天数超过一半以上，病害就可能流行。麦收后，感病湿麦上堆或已脱粒的小麦未及时晒干，赤霉病仍会再侵染，导致加重为害。此时气温高、湿度大，三五天以内能使已到手的小麦损失 1 ~ 3 成。

3. 防治措施

（1）播前选好抗病品种　赤霉病多发区应选种中等抗性以上的品种，不种高感品种。对赤霉病抗性较好的品种有：苏麦 3 号、宁麦 13、扬麦 13、14、淮麦 19、皖麦 43、镇麦 168、郑麦 9023、鄂麦 18、19、23、绵麦 26、川麦 16 等。

（2）前茬带病作物残体集中处理　利用机械处理等方式粉碎前茬作物残体，翻埋土下，使土壤表面无完整秸秆残留。

（3）田渠开沟排水　赤霉病的发生与土壤湿度以及空气湿度密切相关，麦田冬、春季应做好开沟排水，这样利于抑制病菌子囊壳的产生、发育和侵染。

（4）小麦抽穗扬花期做好喷药防治　在始花期喷洒 50% 多菌灵可湿性粉剂 800 倍液，或 60% 多菌灵盐酸盐（防霉宝）可湿性粉剂 1 000 倍液、505 甲基硫菌灵可湿性粉剂 1 000 倍液、50% 多霉威可湿性粉剂 800 ~ 1 000 倍液、605 甲霉灵可湿性粉剂 1 000 倍液，隔 5 ~ 7d 防治一次即可。也可用机动弥雾机喷药，以减少用水量，降低田间湿度。

（三）全蚀病

小麦全蚀病俗称黑脚病，又称小麦立枯病，是一种毁灭性较大的病害，被列为国内植物检疫对象。小麦感病后，分蘖减少，成穗率降低，千粒重下降，轻者减产 10% ～ 20%，重者减产 50% 以上，甚至绝收。

1. 病原与病症　小麦全蚀病是由禾顶囊壳菌侵染引起的小麦根基部病害。幼苗感病后表现为植株矮小，叶色变黄，初生根和根茎变黑褐色，严重时病斑连在一起，使整个根系变黑死亡。发病轻的麦苗表现为地上部叶色变黄，植株矮小，生长不良，类似于干旱缺肥状，病株易从根茎部拔断。分蘖期感病，地下部无明显症状，仅重病植株表现稍矮，基部黄叶多。拔出麦苗，用水冲洗麦根，可见种子根与地下茎均变为灰黑色。拔节期病株返青迟缓，黄叶多；拔节后期病株矮化、稀疏，叶片自下而上变黄，似干旱缺肥状，根部大部分变成黑色，基部和叶鞘内侧有明显的灰褐色菌丝层。抽穗后感病根系腐烂，病株早枯，形成白穗。发病后期在潮湿条件下，茎基部第一二节变成褐色至灰黑色，俗称"黑脚"。

小麦全蚀病菌侵染的部位只限于小麦根部和茎基部 1～2 节，地上部的症状（如枯白穗）主要是由于根及茎基部受害引起的。小麦整个生育期均可感病，而以成株期症状最为明显。各生育期主要症状如下。

（1）幼苗期　幼苗根和地中茎变成灰黑色，发病轻的麦苗叶色变黄，植株矮小，病株易从根茎部拔断，严重时造成麦苗连片枯死。

（2）返青拔节期　病株返青迟缓，分蘖少，根部大部分变黑，在茎基部及叶鞘内侧出现较明显灰黑色菌丝层，麦田出现矮化发病中心，生长高低不平。

（3）灌浆至成熟期　成簇或点片出现早枯、白穗，根部变黑，易于拔起；在茎基部表面及叶鞘内布满紧密交织的黑褐色菌丝层，呈"黑脚"状。近收获时，在潮湿的环境下，可以见到黑色点状凸起的子囊壳，这也是小麦全蚀病与其他根腐型病害的主要区别。

2. 发生规律与条件　小麦全蚀病的发生为害与栽培管理、土壤肥力、耕作方式、小麦播期、品种抗性等因素关系密切。连作病重，轮作病轻。小麦与玉米多年连作，增加了土壤中的病菌量，故病情加重，隔茬种麦或水旱轮作可控制病害发生。土壤肥力低病情则重。沙质土壤、偏碱性土壤发病重；有机质含量高和 N、P、K 充足的土壤发病轻，原因是这些地块有利于小麦生长，从而增强了植株抵抗病菌侵染的能力和受害后恢复生长的能力。相反，土壤瘠薄，N、P、K 比例失调，尤其是 P 肥缺乏，病情则重。感病品种的大面积种植易感病。深耕改土病轻。深耕可深活土层，有利于小麦生长，同时也可将表土层的病菌翻入底层，从而减轻病害的发生。早播麦田病害重，晚播麦田发病轻。全蚀病菌侵染小麦的适宜土温为 12～20℃，随着播种期的推迟，土壤温度逐日下降，缩短了有效侵染期，因而适期晚播病情减轻。与气候的关系，冬前雨水充足，越冬期气温偏高，春季温暖多雨有利于该病的发生发展。反之则轻。

3. 防治措施

（1）严格执行植物检疫制度，做好小麦种子的检验检疫　小麦全蚀病主要是通过混杂在小麦种子中的病残体远距离传播蔓延的。在旱麦区的小麦良种繁殖田，留种田要严格执行产地检疫制度，发生小麦全蚀病的田块，一律不准作种子用。坚持不从发病区调入调出种子，切断传播途径。对怀疑带病种子用 51～54℃ 温水浸种 10min 或用有效成分

0.1%托布津溶液浸种10min。

（2）农业措施　发病田单打单收。麦秆、麦糠不能作为肥料施用。在收割时，最好割成高茬，然后把病茬连根拔起、焚烧，尽量减少菌源。

轮作倒茬。可与棉花、甘薯、绿肥、大蒜、蔬菜等非寄主作物轮作。有条件的地方可实行水旱轮作，可明显降低发病。

选用抗病品种。

深翻倒土。小麦播种前，将土壤深翻40cm，减少表层土中病菌含量。增施有机肥和P、K肥料。

重发区提倡适期晚播。

（3）药剂防治

① 拌种方法及药剂　2%立克秀湿拌剂10～15ml、3%敌萎丹40～60ml、2.5%适乐时20ml加水100～150ml，混拌均匀后，可拌麦种10kg/亩。堆闷3h后即可播种。此方法不仅对小麦全蚀病有很好的防治效果，还对小麦黑穗病、根腐病、纹枯病及早期锈病、白粉病有普防作用。拌种时，可加入辛硫磷等杀虫剂防治小麦吸浆虫、蝼蛄、金针虫、蛴螬等地下害虫。

② 药剂用量　每亩用70%甲基托布津或50%多菌灵2～3kg，加水200～500kg，或掺细土20kg，于播前进行沟施，有一定防治效果，但不能根治。

③ 小麦三叶期和返青期灌根　小麦播种后20～30d，每亩使用12.5%禾果利（烯唑醇）30～50g、15%三唑酮（粉锈宁）可湿性粉剂150～200g，加水60L，顺垄喷洒，翌年小麦返青期再喷一次，可有效控制全蚀病为害，并可兼治根腐病、白粉病和锈病。灌根最好选择在晴天下午，灌根后1d内不能浇水。

（四）小麦锈病

小麦锈病俗称黄疸病、麦黄疸等，分为条锈病、叶锈病和秆锈病3种。以条锈病发生范围最大，为害最重，其主要发生在中国西北、西南、华北、淮北等地冬、春麦区。

1. 病原与病症　小麦锈病菌都是专性寄生菌，只能在寄主活组织上生长发育。病原为真菌担子菌纲柄锈菌属。3种锈病为害小麦后表现的症状不同，群众在实践中总结为"条锈成行叶锈乱，秆锈是块大红斑"。

2. 发生规律与条件　小麦锈病是一种高空远距离传播、大区域流行性病害，其流行程度决定于菌源和气候条件。小麦3种锈菌都是严格的专性寄生菌，在活的寄主植物上才能生存。同时具有明显的寄生专化性，同一种锈菌有较多的生理小种，一个特定的小种只能为害一些小麦品种，对另一种品种不为害。在小麦3种锈菌的生活史中可发生5个不同的孢子世代，依次为夏孢子、冬孢子、担孢子、性孢子和锈孢子。夏孢子和冬孢子主要发生在小麦上，属无性繁殖时代。冬孢子萌发产生担孢子可侵染转主寄主，在转主寄主植物上完成有性世代（性孢子和锈孢子时期）。

锈病菌主要以病菌夏孢子在小麦上越夏、越冬，传播蔓延。由于温度要求不同，越夏、越冬的地区也不同。条锈病发病最适温度为9～16℃，叶锈病为15～22℃，秆锈病为 18～25℃。因此，一般是条锈病发病较早，秆锈病最迟，叶锈病介于两者之间。3 种锈病对湿度的要求基本一致，即在多雨、降雾、结露或土壤湿度大的地方，都有利于锈病的发生；地势低洼，排水不良，麦地渍水，施肥过多，通风透光差，植株荫蔽度大的麦田，均有利于发病。

3. 防治措施

（1）推广种植抗锈良种　利用抗锈良种是防治锈病最经济、有效的措施。小麦品种对锈病的抗病性表现有不同类型，根据抗病性程度可划分为免疫、高抗、中抗、慢锈、中感和高感等不同等级。目前，各地都选育出了不少抗锈丰产品种，如对条锈病表现免疫或高抗的有中植系统、中梁系统、兰天系统等一些品种，可因地、因时制宜选择种植。在选种抗锈良种时，要注意品种的合理布局和轮换种植，防止大面积单一使用某一品种。

（2）药剂拌种　小麦播种时采用三唑酮等三唑类杀菌剂进行拌种或种子包衣，可有效控制条锈病、叶锈病和秆锈病的发生，还能兼治其他多种病害，具有一药多效，事半功倍的作用。

（3）药剂防治　早春及流行阶段，小麦拔节或孕穗期病叶普遍率达 2%～4%，严重程度达 1% 时，开始喷洒 20% 三唑酮乳油，或 12.5% 特谱唑（烯效唑、速保利）可湿性粉剂 1 000～2 000 倍液，25% 敌力脱（丙环唑）乳油 2 000 倍液，做到普治与挑治结合。

（五）小麦纹枯病

小麦纹枯病是中国小麦上常见的病害，在长江流域和黄淮平原均有不同程度的发生，特别是在湖北、河南、山东等地的一些高肥水地区发生较为普遍。

1. 病原与症状　该病病原为真菌半知菌类丝核菌属。小麦不同生育期均可受纹枯病菌的感染，分别造成烂芽、黄苗死苗、花秆烂茎、枯孕穗和枯白穗等不同为害症状。

烂芽：小麦发芽时，受纹枯病菌侵染，先是芽鞘变褐色，继而烂芽枯死。

黄苗：麦苗长至 3～4 片叶时，先是基部第一张叶鞘出现淡褐色小斑点，后扩大蔓延至全叶鞘，病斑中部呈灰色，边缘褐色；叶鞘发病后，该叶片自叶尖至全叶水渍状暗绿色，不久便失水枯黄，重病苗因抽不出心叶而死亡。

花秆烂茎：麦苗返青后，茎部叶鞘上出现褐色病斑，多数呈梭形，有的病斑纵裂，麦苗拔节后，叶鞘上出现椭圆形水渍状病斑，逐步发展成中部灰色，边缘呈褐色的云纹状病斑，当病斑扩大相连后造成"花秆"。在多雨高湿天气，病叶鞘内侧及花秆上可见到白色至黄白色的菌丝体，以后形成不规则的白色至褐色的小颗粒，即菌核。

由于花秆烂茎，使一些本来可以抽穗的主茎无法抽穗，成为枯孕穗；有的勉强抽穗，因得不到养分而成枯白穗。

2. 发生规律与条件　病菌以菌核在病残体和土壤中越夏、越冬，成为翌年的初侵染源。病菌产生的担孢子随风雨传播，再行侵染和为害。纹枯病发生轻重与品种、播期、气候、施肥、连作，以及杂草密度等有关。一般早播、密植、多肥、连作田及杂草多的麦田发病较重；冬春气温高，降雨持续期长，有利于病害流行。

据观察，小麦纹枯病田间发病可分为 4 个阶段。一是秋苗感病期：纹枯病菌在小麦出苗数天后即可侵染发病；二是早春病情上升期：2 月下旬麦苗拔节初期，当平均气温达 5 ~ 8℃时，病情迅速上升；三是病情加重期：3 月下旬至 4 月中旬气温升高，小麦处于孕穗扬花期，这时田间病株率也进入高峰，严重田块麦株可全部感病，田间可出现枯孕穗；四是病情稳定期：4 月下旬以后，小麦生长后期茎秆坚硬，病菌扩展受到抑制，病情趋向稳定。

3. 防治措施　以加强栽培管理和选用抗病品种为基础，在发病重的地块进行药剂防治。

（1）合理施肥　避免偏施 N 肥和施用未腐熟的粪肥。

（2）适期播种、合理密植　春性强的品种不宜播种过早，以免冬前过旺；根据土壤肥力，合理密植，避免群体过密。

（3）选种抗病品种　目前，中国已选育出的对纹枯病表现高抗或中抗的优良品种有：南农 04Y10、安农 8455、淮麦 0454、淮核 0308、郑麦 7698、徐麦 4060、济宁 18 等，在纹枯病发生流行区可因地制宜选种。

（4）药剂防治

① 药剂拌种　用 15%、25% 三唑酮可湿性粉剂按种子重量的 0.03%（有效成分）拌种，或用 2% 立克秀（戊唑醇）干拌种剂按种子重 0.1% 的药量，加水 2 ~ 3L 拌种，或用 3% 敌卫丹（苯醚甲环唑）悬浮种衣剂按种子重 0.3% 的药量包衣麦种，或用 50% 利克菌可湿性粉剂按种子重 0.3% 或 33% 纹霉净按种子重 0.2% 的药量拌种，防病效果均较好。

② 喷药防治　用 15%、25% 三唑酮可湿性粉剂和 20% 三唑酮乳油，亩用原药 15 ~ 20g（或 ml），或 5% 井冈霉素可湿性粉剂亩用 100 ~ 150g，加水 25 ~ 50L，或 50% 扑海因 300 倍液，在秋苗期和早春起身期各喷一次，可有效控制纹枯病的发生与为害。此外，防一次在拔节前，防两次以苗期和分蘖末期各一次。每亩用 5 万单位井冈霉素 200g，或 35% 广菌灵（5% 粉锈宁 + 70% 托布津复配剂）100g，加水 60kg 喷雾，均有较好药效。

三、玉米病害及防治

（一）玉米大斑病

玉米大斑病又名玉米条斑病、玉米叶枯病，主要侵害玉米的苞叶、叶鞘和叶片，以叶片受害最重。感病植株常常成片枯死，使玉米灌浆不饱和，一般年份减产 5%，感病品种减产 20% 以上。

1. 病原与病症　玉米大斑病病原菌为大斑病长蠕孢菌，属半知菌亚门。分生孢子梗多由病斑上的气孔抽出，单生或 2 ~ 6 枝束生，不分枝，榄褐色；分生孢子着生在分生孢子梗顶端，一个或几个，淡榄褐色，梭形，多数正直，少数向一边微弯。分生孢子再越冬期间能形成厚壁孢子。玉米整个生育期皆可发生大斑病，但在自然条件下，苗期很少发病，到玉米生长中后期，特别是抽穗以后发病较重。该病主要为害叶片，严重时也能为害苞叶和叶鞘。其最明显的特征是在叶片上形成大型的梭状病斑，病斑初期为灰绿色或水浸状的小斑点，几天后病斑沿叶脉迅速扩大。病斑的大小、形状、颜色及反应因品种抗病性不同而不同。在叶上的病斑类型因品种的抗性基因不同而分成2类，一般在具有 Ht 基因型的玉米品种上产生褪绿型病斑，在不具 Ht 基因型的玉米品种上产生萎蔫型病斑。植株感病后先从底部叶片表现症状，逐渐向上扩展蔓延，病斑呈青灰色梭形大斑，边缘界限不明显。病斑多时常相互连接成不规则形，长度可达 50 ~ 60cm。病害流行年份可使叶片迅速青枯，植株早死，导致玉米雌穗秃尖，籽粒发黑，千粒重下降，其产量和品质都会受到影响。

2. 发生规律与条件　玉米大斑病为真菌病害，病菌以菌丝体潜伏在病株残体上或以分生孢子附着在病株残体上越冬，翌年生长季节在病株残体上产生分生孢子，并随雨水飞溅或气流传播到叶片上进行侵染，引起发病。田间传播发病的初侵染菌源主要来自玉米秸秆上越冬病组织重新产生的分生孢子。一般温度 20 ~ 25℃、相对湿度 90% 以上有利于孢子萌发、侵染和形成。6 ~ 8 月气温多在 15 ~ 28℃，而且雨量和雨日也比较集中，这为玉米大斑病病菌孢子的形成、萌发和侵染提供了有利条件。因此，6 ~ 8 月是玉米大斑病发生、扩展为害季节，在种植感病品种的情况下，遇多雨年份常流行成灾，造成严重损失。

3. 防治措施

（1）选用抗病品种　加强预测预报，选择丰产性好、抗逆性强、抗病性强的玉米品种是预防大斑病的首要因素。并注意品种的合理搭配与轮换，避免品种单一化。根据发病期的湿度、雨量、雨日、田间病情以及历年有关资料、短期天气预报等做短期或中长期测报。

（2）减少菌源　避免玉米连作，实行与其他作物轮作或间套种；秋季深翻土壤，消除病残体，减少病残体组织上的大斑病菌。摘除底部病叶，清除田间病残体，并集中烧毁或深埋病源，以消灭侵染来源。玉米收获后，清洁田园，将秸秆集中处理，经高温发酵用作堆肥。

（3）加强田间管理　降低田间相对湿度，摘除底部 2 ~ 3 片叶，使植株健壮，做好中耕除草培土工作，实施宽窄行种植，改善通风透光条件。玉米从营养生长转到生殖生长的发育时期对营养吸收量大，特别对 N 素营养吸收量更大，此时若营养跟不上，易出现脱肥现象，导致大斑病的侵染。因此，根据地力和玉米的吸肥规律，施足底肥，适期、适量分期追肥，保证玉米生育全期的营养供应，提高玉米植株抗病性。

（4）化学防治　化学防治时，可选用 50% 多菌灵可湿性粉剂 500 倍液，或 10% 苯丙甲环唑水分散粒剂 1 000 倍液，或 80% 代森锰锌可湿性粉剂 500 倍液，或 25% 丙环唑乳油 1 000 倍液进行喷雾处理，每隔 7 ~ 10d 喷 1 次，连续防 2 ~ 3 次。

（二）玉米小斑病

玉米小斑病，又称玉米斑点病、玉米南方叶枯病。是中国玉米产区重要病害之一，在黄河和长江流域的温暖潮湿地区发生普遍而严重。大流行的年份可造成产量的重大损失，一般减产 15% ~ 20%，严重的达 50% 以上，甚至无收。

1. 病原与病症 玉米小斑病病原为 *Bipolaris maydis*（Nisikado et Miyake）Shoeml 称玉蜀黍平脐蠕孢，属半知菌亚门真菌，有性态为异旋孢腔菌。它是由半知菌亚门丝孢纲丝孢目长蠕孢菌侵染所引起的一种真菌病害，寄主是玉米。在玉米苗期到成熟期均可发生，以玉米抽雄后发病最重。主要为害叶片，但叶鞘、苞叶和果穗也能受害。叶片上病斑小，但病斑数量多。初为水浸状，以后变为黄褐色或红褐色，边缘颜色较深，椭圆形、圆形或长圆形，大小（5～10）mm×（3～4）mm，病斑密集时常互相连接成片，形成较大型枯斑。多雨潮湿天气，有时在病斑上可看到黑褐色霉层，但一般不易见到，可采用保湿法诱发产孢，具体方法与大斑病相同。多从植株下部叶片先发病，向上蔓延、扩展。叶片病斑形状，因品种抗性不同，有3种类型：① 不规则椭圆形病斑，或受叶脉限制表现为近长方形，有较明显的紫褐色或深褐色边缘。这是最常见的一种感病病斑型。② 椭圆形或纺锤形病斑，扩展不受叶脉限制，病斑较大，灰褐色或黄褐色，无明显、深色边缘，病斑上有时出现轮纹，也属感病病斑型。③ 黄褐色坏死小斑点，基本不扩大，周围有明显的黄绿色晕圈，此为抗性病斑。高温潮湿天气，前两种病斑周围或两端可出现暗绿色浸润区，幼苗上尤其明显，病叶萎蔫枯死快，叫"萎蔫性病斑"；后一种病斑，当数量多时也连接成片，使病叶变黄枯死，但不表现萎蔫状，叫"坏死性病斑"。T 型雄性不育系玉米被小斑病菌 T 小种侵染后，叶片、叶鞘、苞叶上均可受害，病斑较大，叶片上的病斑大小（10～20）mm×（5～10）mm，苞叶上为直径 2cm 的大型圆斑、黄褐色、边缘红褐色，周围有明显的中毒圈，病斑上霉层较明显。T 小种病菌可侵染果穗，引起穗腐，是与小斑病菌 O 小种的主要区别。

2. 发生规律与条件 病原菌以菌丝体或分生孢子在病残体上越冬或分生孢子在田间的病残体、含有未腐烂的病残体的粪肥及种子上越冬。越冬病菌的存活数量与越冬环境有关。除 T 小种可由种子传带外，一般种子带菌对病害传播不起作用。小斑病菌的分生孢子越冬前和在越冬过程中，细胞原生质逐渐浓缩，形成抗逆力很强的厚垣孢子，每个分生孢子可形成 1～6 个厚垣孢子。因此，越冬的厚垣孢子也是大斑病菌初侵染来源之一。越冬病组织里的菌丝在适宜的温、湿度条件下产生分生孢子，借风雨、气流传播到玉米的叶片上，在最适宜条件下可萌发，从表皮细胞直接侵入，少数从气孔侵入，叶片正反面均可侵入，整个侵入过程大斑病菌在 23～25℃、6～12h，小斑病菌 24h 即可完成，侵入后 5～7d 可形成典型的病斑。在湿润的情况下，病斑上产生大量的分生孢子，随风雨、气流传播进行再侵染。在玉米生长期可以发生多次再侵染。特别是在春夏玉米混作区，春玉米为夏玉米提供更多的菌源，再侵染的频率更为频繁，往往会加重病害流行程度。

玉米小斑病的发生与流行，除与发病的夏玉米品种有关外，病菌的越冬菌源及在玉米生育期间菌量积累的速度也是重要的因素。

（1）气候条件 小斑病发生轻重关键是受温度、湿度、降水量等气候因素的影响。尤其是 5～10 月，月均温都在 25℃以上，水湿条件充足时，小斑病常流行。该病喜高温高湿，在 15～20℃时发展很慢，20℃以上时逐渐加快，所以如 5 月气温比常年高，雨水多，雾浓露重，菌量有所积累，小斑病可能提早流行。如在 7～8 月，雨日、雨量、露日、露量多的年份和地区，小斑病发生重。

（2）栽培条件 低洼地、过于密植荫蔽地、连作田发病较重；玉米连作地病重，轮作地病轻；过密种植和单作病重，与矮秆作物间作套种病轻；夏玉米比春玉米发病重。合理间作套种，能改变田间小气候，利于通风透光，降低行间湿度，有利于玉米生长，增强抗病力，不利于病菌侵染。

3. 防治措施 玉米小斑病的防治应采取以种植抗病品种为主，科学布局品种，减少病菌来源，增施农家肥，适期早播，合理密植等综合防治技术措施。

（1）选种抗病品种 在查明当地致病小种组成的基础上，选用多种抗病、优质和高产的品种或杂交种和多类型的细胞质雄性不育系，有针对性地配置和轮换，切忌大面积单一化推广种植抗病品种。抗病自交系有：330、Mo17、E28、黄早、回丹等；杂交种有：H84、C103、凤白29、忌惮101等。在选育和利用抗病品种时应注意：重视品种对大斑病的水平抗性和一般抗性及小斑病的核基因抗性的利用，充分利用中国的抗大、小斑病的资源；密切注意大、小斑病生理小种的分布和变化动态，根据生理小种动态变化，合理布局抗病品种，对大斑病慎重利用单基因的抗病品种，小斑病慎重利用细胞质抗性；种植抗病品种时应结合优良栽培技术，才能充分发挥其潜在的抗病性能；不同抗病基因的品种要定期轮换，避免抗性遗传和细胞质单一化，防止高致病性的小种出现。

（2）加强栽培管理

① 清洁田园 田间病株残体上潜伏或附着的病菌是玉米小斑病的主要初侵染来源，因此，玉米收获后应彻底清除残株病叶，及时翻耕土地埋压病残体，是减少初侵染源的有效措施。

② 适期早播 适期早播可以缩短后期处于有利于发病的生育时期，对于玉米避病和增产有较明显的作用。

③ 增施基肥 N、P、K 合理配合施用，及时进行追肥，尤其是避免拔节和抽穗期脱肥，保证植株健壮生长，具有明显的防病增产作用。大、小斑病菌为弱寄生菌，玉米生长衰弱，抗病力下降，易被侵染发病。玉米拔节至开花期，正值植株旺盛生长和雌雄穗形成，对营养特别是 N 素营养的需求量很大，占整个生育期需 N 量的 60% ～70%。此时如果营养跟不上，造成后期脱肥，将使玉米抗病力明显下降。

④ 实施良种良法配套技术措施 提高植株抗病能力，可起到控制或减轻发病和提高产量的作用。

（3）药剂防治 玉米植株高大，田间作业困难，不易进行药剂防治，但适时药剂防治来保护价值较高的自交系或制种田玉米、高产试验田及特用玉米是病害综合防治不可缺少的重要环节。常用的药剂有：50% 多菌灵、75% 百菌清、25% 粉锈宁、70% 代森锰锌、10% 世高、50% 扑海因、40% 福星、50% 菌核净、12.5% 特普唑和 45% 大生等。从心叶末期到抽雄期，施药期间隔 7～10d，共喷 2～3 次，用量为 100kg/亩药液。

此外，在发病初期还可喷 50% 好速净 WP 1 000 倍液，或 80% 速克净 WP1 000 倍液，或 75% 百菌清 WP800 倍液，或 70% 甲基硫菌灵 WP600 倍液，或 25% 苯菌灵 EC800 倍液，或 50% 多菌灵 WP600 倍液。隔 7～10d 喷 1 次，连续 2～3 次，有较好的防治效果。

（4）利用植物源杀菌剂防治　在防治玉米小斑病时，可以采用植物源杀菌剂。植物源杀菌剂是利用植物中含有的某些抗菌物质或诱导产生的植物防卫素，杀死或有效地抑制病原菌的生长繁殖。当然，这些用于农作物的植物源杀菌剂必须对人体以及动物等都是没有危害的，即无毒，无害。植物体内的抗菌化合物是植物体产生的多种具有抗菌能力的次生代谢产物，其数量已超过 40 万种。在中国有着丰富的植物及中药资源，是植物源农药的理想来源。目前已有研究充分证明以中药作为防治植物病害是完全可行的，针对玉米小斑病的植物源杀菌剂还处于研发阶段，如有白头翁、黄花蒿、藿香、忍冬、知母、大黄等，这些植物的提取液都有一定程度的抑菌效果。

（三）丝黑穗病

玉米丝黑穗病又名乌米、黑疸，是玉米生产上重要病害之一。

1. 病原与病症　玉米丝黑穗病是土传病害，土壤带菌和混有病残组织的粪肥是其主要侵染源。种子表面带菌虽可传病，但侵染率极低，是远距离传播的侵染源。病原菌是丝轴黑粉菌 ［*Sporisorium relianum* 鉑 uhn.） Langdon& Fullerton］。病菌以冬孢子散落在土壤中、混入粪肥里或粘附在种子表面越冬，冬孢子在土壤中能存活 3 ~ 4 年。病菌冬孢子萌发不需经过生理后熟，但用金刚砂预处理菌粉，破坏冬孢子壁，能使萌发率和萌发速度明显提高。丝黑穗病菌侵染玉米的部位，国外报道为主要通过根茎和幼苗根部侵入玉米（A1-Sohaily，1980）。国内马秉元等（1978）报道，胚芽鞘侵染高于中胚轴。朱有钰等（1984）认为，侵染以胚芽为主，根为次要。

感染丝黑穗病的幼苗在第四叶和第五叶片上沿中脉出现褪绿斑点，呈圆形或长方形，直径 1 ~ 2mm，数目在 3 ~ 4 个至数百个。有的感病幼苗表现矮缩丛生、黄条形、顶叶扭曲等特异症状。成株期只在果穗和雄穗上表现典型症状。当雄穗的侵染只限于个别小穗时，表现为枝状；当整个雄穗被侵染时，表现为叶状。雄穗可形成病瘿，病瘿内充满孢子堆。有病瘿雄穗的植株会严重矮化，叶片上产生细条状孢子堆，受害植株不产生花粉。如果雌穗感染，则不吐花丝，除苞叶外整个果穗变成黑粉苞。在生育后期有些苞叶破裂散出黑粉孢子，黑粉黏结成块，不易飞散，内部夹杂丝状寄主维管束组织，这是丝黑穗病菌的典型特征。

2. 发生规律与条件　玉米丝黑穗病是幼苗系统侵染的土传病害，只有初侵染，无再侵染。病菌主要以冬孢子在土壤、粪肥或附在种子表面越冬，成为翌年的初侵染来源，牲畜取食的病菌冬孢子经消化道消化后仍具有侵染能力。病菌冬孢子在土壤中可存活 3 ~ 5 年，且侵染期较长。

冬孢子萌发产生的双核菌丝侵入寄主幼苗生长锥，完成侵染过程。以侵染胚芽为主，根部侵染次之。康绍兰等（1995）证明，冬孢子还可以从叶片侵入，引起局部黄斑症状，病菌在寄主的组织间或细胞内扩展，接种后 50d 就可以在寄主组织内形成冬孢子。冬孢子侵染玉米的适宜温度为 21 ~ 28℃，需较低或中等的土壤含水量，土壤缺 N 时易发病。冬孢子能否顺利完成侵染则取决于寄主植物的抗性、土壤中的孢子数量、侵染时期的温度和土壤湿度。玉米从种子萌发到 5 叶期都可以侵染发病，但最适宜的时期是从种子萌发到 1 叶期，到 8 叶或 9 叶期不易侵染发病。因此，玉米适期播种，使幼苗加快生长，就可避开侵染时期。

3. 防治措施

（1）选育抗病品种　选用抗病品种是防治玉米丝黑穗病的基础和关键。农民购买玉米种子时，一定要到经营手续齐全的种子商店购买，不要盲目听从虚假广告的宣传，最好多调查了解种子方面的情况，以免上当。

（2）种衣剂拌种　采用种衣剂处理种子对玉米丝黑穗病有很好的防效。可选用 17% 三唑醇拌种剂或 25% 三唑酮（粉锈宁）可湿性粉剂按种子量的 0.3% 拌种，或用 25% 多菌灵按种子重的 0.5% 拌种，也可用 12.5% 的烯唑醇可湿性粉剂（速保利）或用 2% 戊唑醇湿拌种剂（立克秀）按种子重量的 0.2% 拌种。15% 黑戈玉米种衣剂、16% 乌米净种衣剂、20% 克福中字牌爱米乐种衣剂等对玉米丝黑穗病都有很好的防治效果。

（3）加强栽培管理

① 合理轮作　避免连作是减少田间菌源、减轻发病的有效措施。从长远来看，应积极调整种植计划，做到合理布局和合理轮作。从理论上讲，轮作 3 年以上才能达到防病的需要，但轮作 1~2 年也可明显减少损失。对发病严重的地块必须进行轮作倒茬，可与大豆、高粱、薯类等实行轮作。

② 适期播种　要根据土壤温度和土壤墒情，适时播种。春季气温偏高，降水多，土壤墒情好，播种期可相对延迟。温度偏低，播种早，玉米粉籽严重，不能保证出苗率；或春季干旱，幼苗出土时间长，苗势差，病原菌与胚芽鞘接触时间长，都会导致玉米丝黑穗病的发生。

③ 拔除病苗和病株　根据玉米丝黑穗病苗期的典型症状，结合田间除草及时铲除病苗、怪苗、可疑苗。在玉米生育中后期，当病害形成黑粉瘤尚未破裂时，要及时摘掉病瘤或连株割除，带到田外深埋处理，减少病菌数量，降低发病率。

④ 施用腐熟厩肥　含有病残体的厩肥或堆肥，必须充分腐熟后才可施用，最好不要在玉米地施用，以防止病菌随粪肥传入田内。

（4）药剂防治　土传病害种子处理显得尤为重要。任金平等（1994）认为，采用种子包衣技术是防治种传、土传病害和苗期病害的最佳措施。防治效果为 85.1%~90.4%，增加保苗 10% 以上，对植株生长具有显著的促进作用。由于该病侵染期长，而且带菌土壤是其主要侵染来源，因此，药剂处理种子防效不是很稳定。三唑类杀菌剂的出现使玉米丝黑穗病的药剂防治取得了新进展，大面积防治防效可稳定在 60%~70%，有的甚至能达到 80%~90%，但三唑类杀菌剂在低温多雨等不良环境下容易产生药害，应慎重使用。

最初的三唑类杀菌剂单独干拌或湿拌发展成现在将三唑类杀菌剂与杀虫剂、其他杀菌剂、微肥等混在一起组配成种衣剂处理种子，可降低三唑类农药的使用量，同时可兼治丝黑穗病、地下害虫和缺素症等，起到兼防病虫及增产作用。

（四）粗缩病

玉米粗缩病（maize rough dwarf disease，简称 MRDD）是由灰飞虱传播的一种病毒病，为玉米生产上的重要病害之一。

1. 病原与病症 玉米粗缩病是由携带玉米粗缩病毒（MRDV）或水稻黑条矮缩病毒（RBSDV）的介体昆虫灰飞虱传播而引发。MRDV 和 RBSDV 均属植物呼肠孤病毒科斐济病毒属。

玉米感染粗缩病后，早期矮缩症状不明显，仅在幼叶中脉两侧的细脉间有透明虚线小点。随后透明小点逐渐增多，叶背面的叶脉上产生粗细不一的蜡白色凸起，手摸有明显的粗糙感。继续发展，叶片宽短僵直，叶色加深成浓绿色，病株生长受到抑制，节间明显缩短，严重矮化，仅为健株的 1/3 ~ 1/2。上部叶片密集丛生，整株或顶部簇生状如君子兰。根系少而短，容易从土中拔起。病情轻者植株稍有矮缩，雄花发育不良，可抽穗结实，但雌穗稍短，散粉少，粒少；重者雄穗不能抽出或虽能抽出但分枝极少、无花粉，雌穗畸形不实或籽粒很少，多提早枯死或无收成，严重影响玉米产量。

2. 发生规律与条件 可以引起玉米粗缩病的病原有 4 种：玉米粗缩病毒（MRDV）、马德里约柯托病毒（MRCV）、水稻黑条矮缩病毒（RBSDV）和新近报道的南方黑条矮缩病毒（SBSDV）。它们都属于呼肠孤病毒科（*Reoviridae*）斐济病毒属（*Fijivirus*），只能通过昆虫介体进行传播。经鉴定，引起中国玉米粗缩病的病原主要是 RBSDV。

RBSDV 主要由灰飞虱以持久性方式传播，玉米粗缩病的发生程度与当年灰飞虱的虫口密度和带毒虫率呈正相关。由于该病毒和其昆虫介体灰飞虱的寄主范围都非常广泛，包括小麦、水稻、玉米及看麦娘、狗尾草、马唐、稗草、画眉等多种禾本科杂草，病毒常年在各种寄主之间循环寄生，保证了病毒的来源。

虽然玉米是 RBSDV 最敏感的寄主，但不是灰飞虱的适生寄主，以玉米病株为毒源的回接试验往往不能成功。此外，仅感染 RBSDV 前期的玉米植株能作为侵染源，其人工饲毒的获毒率 <8.2%。在自然界玉米粗缩病病株作为病害流行侵染源的作用不大，但作为循环寄主作用不可忽视。在中国北方，感染 RBSDV 病毒的马唐、稗草和再生高粱是秋播小麦苗期感染的侵染源。翌年麦收前，灰飞虱由小麦迁徙至禾本科杂草、早播玉米等构成了 RBSDV 的侵染循环寄主。因此，在玉米粗缩病流行地区，因管理粗放而田间杂草多或麦/玉米种植模式是玉米粗缩病易暴发流行的主要原因之一。

3. 防治措施

（1）积极"避"病，调整茬口和播期 玉米的播种时期是影响粗缩病发生的主要因素。调整播期，使玉米对病害最为敏感的生育时期避开灰飞虱的迁飞高峰期可以明显降低发病率或减轻病害发生程度。春玉米应适当提早播种，在 4 月 15 ~ 20 日播种结束；蒜茬、蔬菜茬夏玉米应适当迟播，在 6 月 15 日后播种。改麦垄点种、带茬抢种为麦后毁茬直播，避免在 5 月底 6 月初灰飞虱的迁飞高峰期播种。

（2）提前"除"病，消灭毒源，防止蔓延 为了预防玉米粗缩病的暴发，应积极关注其他地区相关病害的发生情况，提前"除"病。在病害常发地区定点、定期调查小麦绿矮病、水稻黑条矮缩病和玉米粗缩病的病株率和严重度，同时调查灰飞虱发生密度和带毒率。根据灰飞虱越冬基数和带毒率、小麦和杂草的病株率，确定适合本地区的预测模型。及时发出预警信号，指导防治。同时，及时清除田间及沟渠路边的杂草，破坏灰飞虱的栖息场所。发现病株及时拔除，带出田外集中深埋或烧毁，减少毒源，抑制病害的扩散和蔓延。

（3）力求"抗"病，选用抗病品种 由于生产上对玉米粗缩病高抗或免疫的品种很少。在玉米粗缩病的高发地区，或虫口密度高、玉米播期不能避开灰飞虱迁飞高峰期的田块，应选用耐病性较强的品种，如农大108、先玉335、西玉3号、鲁单6018等，降低病害为害程度。同时，加强水肥管理，采取合适的栽培措施增强植物抗病性。

（4）适时"防"病，治虫防病 统防统治，抓住防治适期，采用化学药剂防治灰飞虱，可以在一定程度上控制病害的发生。玉米播种前，可采用5%蚜虱净乳油按种子质量的2%拌种，或用2%呋·甲种衣剂按种子质量的5%进行包衣。5月上中旬，在小麦田喷施吡蚜酮兼治灰飞虱和麦穗蚜，减少麦田迁出虫源量。在套种玉米或直播玉米三叶至五叶期，用吡虫啉、扑虱灵等药剂喷施，防治已迁入的灰飞虱。

由于此病为害大、暴发性强，传毒介体具有迁飞性，"统防统治"对于病害的控制非常重要。在病害重发区，最好能够统一协调、因地制宜地进行专业化应急防治，降低灰飞虱虫量，从而减轻玉米粗缩病为害。

（五）矮花叶病

玉米矮花叶病又称花叶条纹病，是由病毒引起的一种系统侵染病害，是当前玉米生产中分布广泛、为害严重的病毒病之一。

1. 病原与症状 目前，造成严重为害的玉米矮花叶病病原主要有两类，一类为1965年Willims确定的由玉米矮花叶病毒（Maize dwarf mosaic virus，MDMV）侵染所致的玉米矮花叶病，另一类是由甘蔗花叶病毒（Sugar cane mosaic virus，SCMV）侵染所致的玉米矮花叶病。研究证明，在美国，玉米矮花叶病主要由玉米矮花叶病毒（MDMV-A）引起。在欧洲，此病由甘蔗花叶病毒（SCMV）引起。中国学者曾认为，矮花叶病在中国由玉米矮花叶病毒MDMV-B株系引起，但目前已证实，SCMV是中国玉米矮花叶病的主要病原。

玉米矮花叶病毒在田间主要以带毒蚜虫的非持久性方式传播，也可以通过人工摩擦传染。植株感染矮花叶病后，在心叶基部出现椭圆形褪绿小点和斑驳，沿叶脉逐渐扩展至全叶，继而成条点花叶状，进一步发展成为黄绿色相间的条纹。发病后期，叶片变黄色或紫红色而干枯。发病早的病株严重矮化，不能抽穗；或虽能抽穗，但穗长变短、干粒质量下降。严重感病植株结实明显减少，甚至成为空秆。症状的产生及其类型受寄主抗病能力及其发病时间的影响。

2. 发生规律与条件 玉米矮花叶病是禾本科作物的重要病毒病害之一。该病由玉米矮花叶病毒（maize dwarf mosaic virus，MDMV）侵染所致。MDMV的寄主范围，主要有甘蔗、玉米、高粱等禾本科作物，其野生寄主仅限禾本科。在自然条件下，MDMV主要由机械传播或由蚜虫以非持久性方式传播，并且MDMV还可以种传。同时，该病的发生程度与植株上的蚜量关系密切。生产中，若大面积种植易感病玉米品种，在对蚜虫活动有利的气候条件下，即5月至7月凉爽、降雨不多，蚜虫将迁飞到玉米田吸食传毒，大量繁殖后辗转为害，从而造成该病流行。近年中国玉米矮花叶病北移现象发生明显，其原因除蚜虫和机械摩擦传播外，种子带毒传播也成为其中之一。玉米种子的带毒不仅为玉米矮花叶病提供初侵染源，而且为玉米矮花叶病毒的远距离传播创造了条件。从 20 世纪 80 年代开始，中国甘肃、河北、山东等玉米主产区先后出现种子带毒的现象，这对玉米产量带来巨大损失。但不同玉米品种，其种子带毒率存在差异，一般为 0.15% ~ 6.52%。马占鸿和王海光（2002）对河北承德制种基地发病严重的掖单 2 号杂交种研究发现，该品种种子带毒率高达 3.15%。玉米矮花叶病毒经由玉米种子传播过程中，主要是通过被侵染的种皮和胚乳来完成的，玉米花粉不能带毒传播。但 von Wechmar 等（1992）报道，锈菌（*Puccinia sorghi*）的夏孢子可带毒传播。关于玉米种子带毒的机理问题，已明确带毒种子的种表、种皮组织、胚乳均可携带 MDMV-B，但胚不携带 MDMV-B，种表携带的 MDMV-B 无侵染活性，种皮组织携带的侵染活性低，胚乳携带的侵染活性高。

影响玉米矮花叶病发生流行的因素较多。研究发现，90 年代以来，中国玉米矮花叶病流行的主导因素是品种（自交系）抗病性普遍较差，加上适宜的气象条件和较多的蚜虫数量成为该病流行成灾的重要原因。另外，由于种子带毒率高，田间初侵染源基数增大，在抗病品种尚缺乏情况下，遇玉米苗期气候适宜，介体蚜虫大量繁殖，该病即迅速传播，可流行成灾。郭满库等（1998）的实验发现，地膜覆盖种植可明显减少传播介体有翅蚜的迁入数量，降低带毒苗率 77.8%，降低田间发病率 98.5%。

此外，除玉米品种的抗病性、栽培管理水平、蚜量等因素外，自然气候条件、土壤和地形条件也会影响该病害发生。对 MDMV 的防治应采取以种植抗病品种为主，并辅以合理的栽培管理措施。美国从 60 年代起至今持久地进行玉米矮花叶病基础研究，利用高抗自交系 Pa405 和 B68 作为抗病亲本，通过系谱法和回交改良成功地将抗病基因导入甜玉米种质中，得到了一批高抗玉米矮花叶病的甜玉米材料，成功解决了美国甜玉米种质中严重缺乏抗矮花叶病基因的问题。因此，培育和种植抗病品种应是有效防治玉米矮花叶病的最佳途径。

田间观测玉米矮花叶病的发病适温为 20 ~ 30℃，超过 30℃病害隐症。25℃以上，30℃以下，温度越低潜育期越长，病症不太明显，发病率也低；温度越高潜育期越短，病症越明显，发病率也高。玉米矮花叶病的传毒介质为蚜虫，其田间虫口量大，迁徙频繁，均易造成感病期玉米植株染病，导致发病率明显增加。

3. 防治措施

（1）选用抗病的自交系和杂交种　要合理搭配种植品种，坚决压缩高感品种（如中单 2 号），扩大高抗耐病品种（如沈 10 号、豫玉 22），并进一步重视和加强高抗耐病品种的引进、筛选和推广。

（2）压低毒源　MDMV 可侵染 200 多种杂草，并可在多种杂草上越冬，如 MDMV-A 可在约翰逊草上越冬，SCMV-MDB 可在中国雀麦、大油芒、矛叶荩草上越冬并作为初侵染源，供蚜虫在玉米田传播而引起 MDMV 的流行。因此，及时清除田间地边杂草、拔除田间种子带毒苗，减少毒源，可控制玉米矮花叶病的流行。

（3）大力推广地膜化栽培　要引导群众在选用抗病品种的基础上，积极应用地膜栽培技术，减少露地直播玉米，优化田间生态环境，提高玉米的抗逆性，减少损失。

（4）适期播种　适期早播可以有效避开蚜虫发生传毒的高峰期。北方春玉米区一般年份应争取在 4 月上旬播种地膜玉米，4 月中旬播种露地玉米。并根据当年气候条件灵活调整，以最大限度地利用光热水资源，促使玉米幼苗早生快长，增强抗逆性，避开蚜虫为害期。

（5）治蚜防病　一是治蚜要及时。要在蚜虫发生初期，及时把蚜虫消灭，特别是要注意苗期防蚜。二是治蚜要彻底。如果不彻底，即使留下 10% 的蚜虫，也会继续传毒。三是治蚜要综合。不能只防治玉米田的蚜虫，还要防治小麦田、油菜田、果树等多种作物上的蚜虫，压低蚜虫群体数量，减少传毒介体。四是治蚜要防病。不能只喷杀虫剂，而不喷病毒抑制剂，应将两者混合喷雾，一次防治。五是治蚜要高效。经试验示范，选用 10% 吡虫啉可湿性粉剂 3 000 倍液或 3% 啶虫脒（莫比朗）加 10% 混合脂肪酸水剂（菌毒克、83 增抗性、扫病康、抑菌灵）100 倍液或 2% 氨基寡糖素水剂（好普）、3.85% 三氮唑核苷·铜·锌水乳剂（病毒毙克），也可加入 0.3% ~ 0.5% 的磷酸二氢钾，从蚜虫始发期开始，间隔 5 ~ 7d，连续喷雾 2 ~ 3 次，可有效消灭蚜虫，抑制病毒，增强抗性，恢复植株生长，保护健株。

（6）加强栽培管理　要合理密植，实行平衡配套施肥技术，培肥地力，培育壮苗，及时清除田间杂草等，以提高抗病性，减少或减轻病害的发生。在施以药剂防治保护的同时，对已经侵染导致矮化的病弱株应拔除烧毁。

（7）药剂防治　控制病害发展。在发病初期，可选用 1.5% 植病灵乳油 1 000 倍液、40% 抗毒素乳油 500 倍液或 83 增抗剂 100 倍液喷雾，间隔 10d 喷 1 次，连续喷施 2 ~ 3 次，可控制病害的发展蔓延。

（8）抗 MDMV 的基因工程　利用基因工程技术培育有别于传统育种方法的转基因抗病毒植株，这在国内外都有报道。采用外壳蛋白（coat protein-CP）介导的抗性策略培育成功的抗病毒转基因植物有烟草、番茄、苜蓿和马铃薯等。鉴于玉米矮花叶病毒源量大、传播途径多、品种抗病力低等特点，进行抗玉米矮花叶病毒的基因工程的研究，是控制玉米矮花叶病的有效途径，国外已有报道，国内应加强这方面的研究工作。

（六）瘤黑粉病

玉米瘤黑粉病是玉米生产中的重要病害，是由病菌侵染植株的茎秆、果穗、雄穗、叶片等幼嫩组织所形成的黑粉瘤。消耗大量的植株养分或导致植株空秆不结实，进而造成 30% ~ 80% 的产量损失，严重威胁玉米生产。

1. 病原与症状　玉米瘤黑粉菌（*Ustilago maydis*）为担子菌门黑粉菌属。冬孢子球形或椭圆形，暗褐色，壁厚，表面有细刺。玉米瘤黑粉菌有生理分化现象，存在多个生理小种。冬孢子无休眠期，在水中和相对湿度 98% ~ 100% 条件下均可萌发，萌发的适温为 26 ~ 30℃。担孢子和次生担孢子的萌发适温为 20 ~ 26℃，侵入适温为 26 ~ 35℃。分散的冬孢子不能长期存活，无论在地表或土内，集结成块的冬孢子存活期都较长。

玉米瘤黑粉病是局部侵染病害，被侵染的组织因病菌代谢物的刺激而形成瘤。其最显著的特征是所有地上部分都可以产生菌瘿，如植株的气生根、茎、叶、叶鞘、雄花及雌穗等幼嫩组织均可发病，而且幼株的分生组织也可以感染病菌使地下部分产生菌瘿。在幼苗株高达30cm左右发病，多在幼苗基部或根茎交界处产生菌瘿，造成幼苗扭曲矮缩，叶鞘及心叶破裂紊乱，严重的造成早枯。若植株在拔节前后感病，叶片或叶鞘上可出现菌瘿，叶片上的较小，多如豆粒大小，常从叶片基部向上成串密生。在茎或气生根上的菌瘿大小不等，一般如拳头大小。雄花主梗上产生菌瘿后，主梗向菌瘿的相反方向曲折，而雄花大部分或个别小花形成圆形的角状菌瘿。雌穗侵染后，多在果穗上半部或个别子粒上形成菌瘿，严重的全穗变成较大的肿瘤。菌瘿外包有由寄主表皮组织形成的薄膜，未成熟时呈白色发亮或淡红色，有光泽，内部含有白色松软组织，受轻压常有水流出，随着冬孢子的形成而呈现灰白色或黑色。病瘤直径一般在 3～15cm。当菌瘿成熟后，外膜破裂散出大量黑粉，即冬孢子（或称厚垣孢子）。若细胞迅速成熟，菌瘿的发育受阻而呈现小而硬的形态，不产生或只产生少量的冬孢子。一般同一植株上可多处生瘤，有的在同一位置有数个病瘤堆聚在一起。受害的植株茎秆多扭曲，变得矮小，果穗变小甚至空秆。

病株上着生的肿瘤，外生白色或灰色薄膜，幼嫩时内部白色肉质，柔软有汁，成熟时变成灰色、坚硬。但肿瘤形状和大小各异，直径从不足 1cm 至 20 cm 以上，单生、叠生或串生，形状有角形、近球形、棒形、椭球形、不规则形等多种形状。各部位均可生长，如叶鞘、气生根、果穗、茎叶。各部位表现症状如下：茎叶扭曲，矮缩不长，病瘤串生、小而多，常分布于基部中脉两侧、叶鞘上；茎秆组织增生，肿瘤常是由于腋芽被侵染后而形成，常突出叶鞘；雄穗聚集成堆产生长蛇状肿瘤，常生一侧；果穗形成形体较大的肿瘤，突破苞叶而外露，常在穗顶部形成。

玉米瘤黑粉病可侵染玉米不同部位，若胚珠被侵染会导致绝收；果穗以下茎部感病平均减产20%；果穗以上茎部感病减产40%；果穗上、下茎部都感病减产60%；果穗感病减产80%。通常只要发病就会导致植株矮小、籽粒小且不饱满，严重影响玉米的产量和品质，从而制约玉米生产。

2. 发生规律与条件　玉米瘤黑粉病菌主要以冬孢子在田间土壤、地表和病残体上以及混在粪肥中越冬。随气流、雨水和昆虫传播，这些带菌的土壤和病残体均可成为翌年的初侵染源。种子表面带菌对该病的远距离传播有一定作用。越冬的冬孢子在适宜的条件下萌发产生担孢子和次生担孢子，它们经风雨传播至玉米的幼嫩器官上，萌发并直接穿透寄主表皮或经由伤口侵入。在玉米的整个生育期可进行多次再侵染，在抽穗期前后一个月内为玉米瘤黑粉病的盛发期。除担孢子和次生担孢子萌发产生侵入丝侵入寄主外，冬孢子也可萌发产生芽管侵入寄主。

玉米整个生育期可多次再侵染，抽穗前后 1 个月为盛发期。除担孢子和次生担孢子侵染外，冬孢子也可萌发侵染寄主。潮湿的气候是侵染的必要条件，施用动物粪便可增加玉米瘤黑粉病的发病率，磷酸化肥可降低其发病率；单独增加 K 肥可增加发病率。品种间发病也存在较大的差异，一般马齿型品种较硬粒型品种抗病；早熟种较晚熟种发病轻；苞叶短小、包裹不严的易感病；甜玉米易感病；春播玉米比夏播玉米易感病；山区、丘陵地带比平原地区发病重、发病早、病瘤大；密度大、通风不良、连作年限长的田块发病较重。

3. 防治措施

（1）农业防治 一是减少菌源。秋季玉米收获后及时清除田间病残体，深翻改土，施用充分腐熟的堆肥、厩肥，防止病原菌冬孢子随粪肥传病。二是选用抗病品种。因地制宜地利用抗病品种，当前生产上较抗病的杂交种有掖单2号、掖单4号、中单2号、农大108、吉单342、沈单10号、郑单958、鲁玉16、掖单22、聊93-1、豫玉23、蠡玉6号、海禾1号等。三是加强栽培及田间管理。适期播种，合理密植，加强肥水管理，科学施肥，抽雄前后要保证水分供应充足，尽量减少耕作时的机械损伤。重病田实行2~3年轮作倒茬。在肿瘤未成熟破裂前，尽早摘除病瘤并进行深埋销毁，摘瘤应定期、持续进行。

（2）药剂防治 一是种子处理。用50%福美双可湿性粉剂，按种子重量0.2%的药量拌种，或用25%三唑酮可湿性粉剂，按种子重量0.3%的用药量拌种，或用2%戊唑醇湿拌种剂，按种子重量的0.29%~0.33%拌种。拌种前先将药剂用少量水调成糊状。二是土壤处理。在玉米未出土前用15%三唑酮可湿性粉剂750~1 000倍液，或用50%克菌丹可湿性粉剂200倍液进行土表喷雾，以减少初侵染菌源。三是生育期防治。幼苗期喷施波尔多液有较好的防效；在病瘤未出现前对植株喷施三唑酮、烯唑醇、福美双等杀菌剂；在玉米抽穗前喷50%福美双，防治1~2次，可有效减轻病害。

（七）玉米弯孢菌叶斑病

玉米弯孢菌叶斑病（Maize Curvularia leaf spot）又称黄斑病、拟眼斑病、黑霉病等，主要发生在热带和亚热带地区，是近年来中国玉米产区的一种新病害。在部分玉米产区曾造成较大灾害，已引起普遍重视。

1. 病原与症状 玉米弯孢菌叶斑病的病原菌为无性世代，属半知菌亚门，丝孢纲，丝孢目，暗色菌科，弯孢属真菌（*Curvularia*）；有性世代属旋孢腔菌属（*Cochlibolus*）真菌。

该病主要发生在叶片上。初期叶片上出现大量的水渍状斑点，暗绿色，以后逐渐形成病斑。成熟病斑为圆形或椭圆形，直径1~5mm，中央为乳白色，外围有褐色环带，最外围是半透明的褐绿色晕圈。严重时，叶片上的病斑可出现联合现象，导致全叶干枯，或与玉米小斑病混合发生，造成叶片枯死，影响玉米的正常生长。潮湿条件下，病斑正反两面均可产生灰黑色霉状物，即病原菌的分生孢子梗和分生孢子。感病品种叶片密布病斑，病斑连接后叶片枯死。田间观察，在高温、高湿气候条件下，病害发展迅速，5~7d即可蔓延全田。

2. 发生规律与条件 病菌以菌丝潜伏于病残体组织中越冬，也能以分生孢子状态越冬，遗落于田间的病叶和秸秆是主要的初侵染源。一般田间发病始于7月底至8月初，7~10d即可完成一次侵染循环。病菌可随风雨传播，短期内侵染源急剧增加，如遇高温高湿，则在田间形成病害流行（高峰期）。但由于受生态因子的影响，各地在病害发生的始发期、进入高峰期的时间以及发病严重程度上都有一定的差异。

影响玉米弯孢菌叶斑病流行的因素主要包括田间菌源积累量、气候因素、耕作制度和栽培技术等。玉米弯孢菌菌源量是病害发生的内因。秋翻地不及时，地里残留带病菌的植株、残叶，以及农民家翌年春播时还存有大量玉米秸秆，是翌年发病的初发菌源。气候因素影响发病的严重程度。玉米弯孢菌叶斑病的发生程度与 7~8 月的气候条件密切相关。高温高湿有利该病发生。

耕作制度和栽培技术对该病的发病程度也有严重影响。现在主栽的玉米品种绝大多数是感病和高感病，高抗品种很少，不存在抗病品种，这就对该病的大发生创造了条件。玉米大面积连作，造成田间病残体多，增加了菌源数量。栽培管理粗放也是造成玉米弯孢菌叶斑病发生流行的主要原因。有机肥施用量少，偏施化肥，N、P、K 及微量元素失调；播种量大，植株密度大，田间郁闭，通风透光条件差，湿度增加，光照不足，降低了玉米植株的抗病性，有利病害发生流行。

3. 防治措施

（1）选用抗病品种。

（2）清洁田园　玉米收获后及时清理病株和落叶，集中处理或深耕深埋，减少初侵染来源。

（3）田间发病率达 10% 时　用 25% 敌力脱乳油 2 000 倍液，或 75% 百菌清 600 倍液或 50% 多菌灵 500 倍液喷雾防治。

（八）玉米锈病

玉米锈病是玉米上常见的一种气传病害，主要发生在热带和亚热带。中国玉米锈病发生范围较广，遍及南北主要玉米产区。一般在发病中度的田块，可以减产 10%~20%，感病较重的可以达到 50% 上，部分田块可能绝收。锈病已经对中国部分玉米产区产生严重影响。

1. 病原与病症　玉米锈病根据病原菌的不同可分为 3 种：分别为由玉米柄锈菌（*Puccinia sorghi* Schw）引起的普通型锈病、由多堆柄锈菌（*Puccinia polysora* Unedrw）引起的南方型锈病和由玉米壳锈菌（*Physoplla zeae* ［mains］Cummins and Ramaxhar）引起的热带型锈病。普通型锈病和南方型锈病是中国主要发生的锈病类型，而热带锈病主要分布于美洲。

玉米锈菌主要为害叶片和叶鞘，有时甚至侵染苞叶，其中，以叶片受害最重。被害叶片最初出现针尖般大小的褪绿斑点，以后斑点渐呈疱疹状隆起形成夏孢子堆。夏孢子堆细密地散生于叶片的两面，通常以叶表居多，近圆形至卵圆形，直径 0.1~0.3mm，初期覆盖着一层灰白色的寄主表皮，表皮破裂后呈粉状，橙色到肉桂褐色。叶片上表面的夏孢子堆有时为锈寄生菌所寄生。玉米生长的末期，在叶片的背面，尤其是在靠近叶鞘或中脉及其附近，形成细小的冬孢子堆。冬孢子堆稍隆起，圆形或椭圆形，直径 0.1~0.5mm，棕褐色或近于黑色，长期埋生于寄主的表皮下。

2. 发生规律与条件　一般田间叶片染病后，病部产生的夏孢子可借气流传播，进行世代重复侵染及蔓延扩展（以普通型锈病为例）。在海南、广东、广西、云南等中国南方湿热地区，病原锈菌以夏孢子借气流传播侵染致病；由于冬季气温较高，夏孢子可以在当地越冬，并成为当地翌年的初侵染菌源。但在甘肃、陕西、河北、山东等中国北方省份，病原锈菌则以冬孢子越冬，冬孢子萌发产生的担孢子成为初侵染接种体，借气流传播侵染致病；发病后，病部产生的夏孢子作为再侵染接种体。除本地菌源外，北方玉米锈病的初侵染菌源还可以是来自南方通过高空远距离传播的夏孢子。

孢子发芽试验表明，无论是普通型锈孢子或南方型锈孢子，几乎在2h内就全部发芽。依温度而论，普通型锈病在12~28℃均发芽良好，但以12~16℃为最佳；而南方型锈病仅在24~28℃较优，这也说明了为何锈病多发生在热带和亚热带地区。夏孢子的存活试验表明，普通型锈孢子在-40~-5℃保存150d以后，仍有60%~70%的发芽率，28℃经一个月后才失去发芽力；但南方型锈孢子在-40~-20℃经过大约10d亦不发芽，只在28℃稍好一些，经过60d后发芽率亦降至14%。这表明普通型锈菌孢子的保存较为容易，而且在低温下更为理想，但南方型锈病菌的夏孢子保存则比较困难，同时也说明了南方型锈病比普通型锈病要求温度较高。

3. 防治措施　由于玉米锈病是一种气流传播的大区域发生及流行的病害，防治上必须采取以选育抗病品种为主、以农业防治和化学防治为辅的综合防治措施。玉米南方锈病的防治关键是掌握防治的最佳时期。在感病品种种植面积较大，而且多雨的情况下，一定要密切关注和观察南方锈病的发生情况，做到早防早治，力求在病害初期及时防治，以达到事半功倍的效果。

（1）抗病品种选育　美国和中国台湾等地通过种植抗玉米锈病品种，已取得明显成效。同时，中国的自交系齐319对玉米南方型锈病表现免疫，而经选育的杂交种鲁单981、鲁单50、蠡玉16、DH601、农大108、豫玉22等均对玉米锈病表现较好的抗性；中科4号、鑫玉16、德农8号、辽613等新品种亦具有较好的抗锈病性。因而，在种植玉米时应选择抗病、高产、优质的马齿型中早熟品种，如鲁单50、濮单4号、强盛1号、大京九6号等；也可选择丰产、抗病性均好的品种，如凉单1号、金穗2001、高油115、农大108等，在生产中推广种植。

（2）种子包衣　种子收获期淋雨或贮存期湿度大，均会导致种子带菌量大。若播种时不对其进行药剂处理，则有利于玉米苗期病害的发生。对玉米种子进行包衣，或用三唑酮、好力克等药剂对种子进行拌种，杀灭种子携带的病原菌，可减少玉米锈病的发生率和为害程度。

（3）化学防治　玉米锈病的化学防治主要是在玉米锈病发病初期施用化学药剂，可依据使用时的实际情况选择合适的药剂对玉米锈病进行防治。常用的化学药剂有40%多·硫悬浮剂（灭病威）、25%三唑酮可湿性粉剂（粉锈宁、百理通）、25%敌力脱乳油（丙环唑、必扑尔）及12.5%烯唑醇可湿性粉剂（速保利、特普唑）等。

40%多·硫悬浮剂（灭病威）复配剂，是由20%多菌灵和20%硫黄混配而成的广谱杀菌剂，具有一定的内吸性，兼具预防和治疗作用，并起保护作用，且有增效延缓病菌对多菌灵产生抗药性的作用。发病初期喷施 40% 的多·硫悬浮剂 600 倍液，隔 10d 喷 1 次，连续 2~3 次；在气温较高的季节，应早、晚施药，避开高温。安全间隔期为 7~10d。使用时应注意：① 对硫黄敏感的蔬菜，如黄瓜等使用时适当降低施药浓度，减少次数；② 不要与金属盐类农药混用，不可贮存于金属容器内；③ 在无公害果品生产中，稀释倍数应控制在 200~400 倍，每年最多使用 2 次，最后用药距采收的天数最少为 20d。

25% 三唑酮可湿性粉剂（粉锈宁、百理通）是高效、低毒、低残留、持效期长、内吸性强的三唑类杀菌剂。其作用机理是抑制菌体麦角甾醇的生物合成，干扰菌体附着胞及吸器的发育。对锈病和白粉病有预防、铲除、治疗、熏蒸等作用。纯品为无色结晶，对高等动物低毒，对皮肤和黏膜无刺激作用，对天敌和有益生物安全。对锈病有特效，不仅可有效控制病害的发生，对作物的千粒重及结果率的增加也有明显的促进作用。发病初期喷 25% 三唑酮可湿性粉剂 1 500~2 000 倍液，隔 10d 喷 1 次，连续 2~3 次。安全间隔期为 20d。使用时应注意：① 不能与强碱性药剂混用，可与酸性和微碱性药剂混用，以扩大防治效果；② 用于拌种，可能使种子延迟 1~2d 出苗，但不影响出苗率及后期生长；③ 使用浓度不能随意增大，以免发生药害。植株出现药害后常表现生长缓慢、叶片变小、颜色深绿或生长停滞等。遇到药害应立即停止用药，并加强肥水管理；④ 对鱼类毒性低，对蜜蜂和鸟类无害。

25% 敌力脱乳油（丙环唑、必扑尔）是三唑类杀菌剂，甾醇脱甲基化抑制剂，具有保护和治疗作用，是内吸性杀菌剂，可被茎叶吸收，并很快在植物体内向上传导，起到杀菌作用。发病初期喷 25% 敌力脱乳油 3 000 倍液，隔 10d 喷 1 次，连续 2~3 次，施药时应均匀、周到。安全间隔期 7d。使用时应注意：① 喷施该药时避免药剂接触皮肤或沾污眼睛，不要吸入药剂气体和雾滴；② 废药不可随便排放，污染水源。

12.5% 烯唑醇可湿性粉剂（速保利、特普唑）是杀菌谱广，具有保护、治疗、铲除和内吸向顶端传导作用的广谱杀菌剂，其作用机制系麦角甾醇生物合成抑制剂，在甾醇的生物合成过程中极强烈地抑制 2，4 -亚甲基二氢羊毛甾醇中碳 14 位的脱甲基作用。对锈病有特效，且药效持久，并可提升作物的品质，显著增产。发病初期喷 12.5% 烯唑醇可湿性粉剂 4 000~5 000 倍液，隔 10d 喷 1 次，连续 2~3 次。安全间隔期为 15d，在梨树上的安全间隔期为 21d。使用时应注意：① 不可与碱性农药混用；② 药品应存放于阴凉处；③ 大风天或预计 1h 内有雨时，请勿施药。

四、双低油菜病害及防治

（一）油菜菌核病

油菜菌核病俗称烂秆症、白秆，也称为油菜核盘菌，是一种世界性的腐生型病原真菌。除为害油菜外，该菌还为害豆类、马铃薯、莴笋、番茄、烟草、花生等多种作物。

1. 病原与病症 油菜菌核病，其病原为真菌子囊菌纲核盘菌属。核盘菌（*S. sclerotiorum*）在分类上属于子囊菌亚门，盘菌纲，核盘菌科，核盘菌属，是一种重要植物病原真菌。该病菌寄主范围非常广泛，可侵染 75 科 278 属 408 种及 42 个变种或亚种的植物。在中国，它的寄主也有 200 多种。常见的重要寄主除多种十字花科作物外，还有莴苣、向日葵、大豆、蚕豆和花生等。

油菜从苗期到成熟期都可发病，但主要发生在终花期以后。茎、叶、花瓣和角果均可受害，以茎受害最重，损失也最大。茎上初呈浅褐色水渍状病斑，后变为灰白色；湿度大时，病部软腐，表面生白色絮状菌丝，茎内变空，皮层纵裂，维管束外露呈纤维状，易折断，剖开病茎可见黑色菌核颗粒，形状像老鼠屎。叶片受害，出现青灰色烫伤状腐烂；湿度高时，病斑上长出白色棉花絮状菌丝。角果受害变成白色，内部可产生黑色小菌核。

苗期发病，近地面的根颈与叶柄上，形成红褐色斑点，后转为白色。病组织变软腐烂，长出大量白色棉絮状菌丝，后期长出黑色菌核。成株期，叶发病后，初为暗青色水浸状斑，后扩展为圆形或半圆形斑。潮湿时病斑迅速扩展，全叶腐烂。茎与分枝发病，初为淡褐色长椭圆形、长条形绕茎大斑，稍凹陷，水浸状。后变为灰白色，边缘深褐色。组织腐烂，髓部消解，维管束外露呈纤维状，病部长有白色菌丝，称"白秆"，后期转变为黑色菌核。花瓣感病产生水浸状暗褐色无光泽小点，后整个花瓣为暗黄色，水浸状。潮湿时可长出白色菌丝。角果发病，形成水浸状褐色斑，后变白色，边缘褐色。潮湿时全果变白腐烂，长有白色菌丝，后形成黑色菌核。种子发病，表面粗糙，无光泽，灰白色或变成不规则的秕粒。

2. 发生规律与条件　油菜收后，菌核大多落入土中，部分留于病茎内或混入种子中，这些菌核经过越夏、越冬，翌年 3~4 月发芽，产生子囊盘，释放出子囊孢子。孢子随风传播，发芽侵入茎基部的叶片、叶柄和花瓣。被害花瓣和叶片萎落，黏附在健叶和茎秆上，导致茎、叶相继发病。有病花瓣成为再侵染的主要来源，在病害蔓延中起着很大的传播作用。低温高湿有利于发病。长江流域地区，清明、谷雨之间时常阴雨连绵，此时正值油菜大量落花，所以，往往容易流行。油菜连作，地势低洼，排水不良，栽植过密，通风透光性差，施用 N 肥过多，油菜生长过旺，倒伏等均有利于菌核病的发生。油菜开花期与子囊盘形成期的吻合程度对病害轻重影响极大，两者吻合时间越长，发病越重；反之则轻。

3. 防治措施

（1）农业防治

① 培育和选用早熟、高产、抗病品种　使谢花期与病害流行时期尽量错开而达到防病目的，这是防治油菜菌核病的一条根本措施。如选用皖油 14、蓉油 4 号、华杂 4 号、皖油 18 较抗菌核病品种。

② 轮作换茬　水稻、油菜轮作的防病效果最好，避免连作，因菌核长期淹水容易腐烂，可减少菌源。

③ 打老叶　早期剥除基部老黄叶，特别是谢花期应及时把中、下部老叶剥尽，以减少发病媒介，改善株间通风透光降低田间湿度减少病菌繁殖。剥下的老叶要带出田间作饲料或沤肥。

④ 开深沟排水　做到雨停不积水，以降低地下水温和田间湿度。深耕深翻，深埋菌核，及时中耕松土，特别是 3 月下旬至 4 月上旬，以破坏子囊盘，减少菌源，并促进油

菜生长健壮，提高抗病力。

⑤ 处理残株　油菜脱粒后，把茎枝叶及角果皮等进行单独处理或放入水田沤制肥料。

⑥ 深耕灭菌　秋季深耕，春季中耕培土 1~2 次，可以破除、掩埋子囊盘。

⑦ 种子处理　通过筛选、风选、药剂拌种等方法消除菌核和杀灭种子表皮病菌，播种无病种子。

⑧ 合理施肥　重施基苗肥，早施蕾薹肥，避免薹花期过量施用 N 肥。注意各生长发育阶段的 N 肥施用比例，避免开花结荚期油菜贪青倒伏，或脱肥早衰。适当配合施用 P、K 肥及 B、Mn 等微量元素。N 肥作基肥、苗肥、腊肥、薹肥 4 次施用，各次施肥量占总施 N 量的 35%、20%、20%、25%；P 肥全部作基肥，一次性施完；B 肥 80% 作基肥，20% 于油菜薹期叶面追肥；K 肥分基肥、苗肥、腊肥、薹肥 4 次施完，各次施用量依次占钾肥总用量的 30%、15%、35%、20%。

⑨ 调整株行距，合理密植　这样不但能起到防病、增产作用，而且便于施药、施肥等栽培管理措施。

（2）化学防治　在实行农业防治的同时，及时采用化学药剂防治是控制和减轻菌核病为害的关键性技术措施。根据多年经验，为了确保防病效果，必须找准用药期，选准药剂，采取正确的用药方法。

① 适时开展药剂防治　据油菜分期用药试验结果，主茎开花株率 95%~100% 用药的防效最高。80% 多菌灵超微粉 1 125~1 500g/hm^2 的防效达 60% 以上，以后随着用药时间的推迟防效下降，但在油菜终花期用药仍 40% 的防效，说明整个花期都是防治菌核病的有效保护期。一般油菜品种的花期长达 35~40d，所以从理论上讲，采用常规药剂防治油菜菌核病，至少应防治 2 次。此外，用 40% 菌核净可湿性粉剂 1 000~1 500 倍液；50% 速克灵可湿性粉剂 2 000 倍液；50% 扑海因可湿性粉剂 1 000~1 500 倍液；30% 菌核利（农利灵）可湿性粉剂 1 000 倍液；70% 甲基托布津可湿性粉剂 1 000 倍液，或 50% 多菌灵可湿性粉剂 500 倍液等，每隔 10d 喷药一次，共 2~3 次。初花期至盛花期用药效果最好。

② 选择最佳防治药剂　目前，生产上用来防治的药剂很多，但主要是以多菌灵为主的复配剂。该类药剂存在着 2 个问题：一是多菌灵的效果普遍不足，单用多菌灵有效用量需 900g/hm^2，才能保证 1 次防效达 60%~70%；二是部分地区菌核病菌株对多菌灵已产生抗性，导致多菌灵及其复配剂的防效明显下降，所以选择药剂要因地制宜、区别对待。对仍用多菌灵及其复配剂的地区，要用足剂量，确保防治效果；对已产生抗性的地区，宜选用其他类型的药剂，如用 36% 速杀菌 1 500g/hm^2，或 50% 菌克 1 200g/hm^2，在油菜盛花期用药 1 次，病指防效均可达 90% 左右；也可用 40% 菌核净 1 000 倍液喷施或 3% 菌核净粉喷施；20% 施宝灵悬浮液 2 500~3 000 倍液或 70% 甲基托布津可湿性粉剂 10~30 倍液喷雾；50% 速克灵 WP1 125g/hm^2、40% 菌核净 WP1 500g/hm^2、50% 菌核福 WP1 500 g/hm^2 交替轮换使用可有效地防治油菜菌核病。目前防病较好的药剂还有 40% 核霉粉锈清 1.5kg/hm^2 或 36% 多咪鲜 600g/hm^2，加水 600kg/hm^2，常规喷雾，或加水 300~

375kg 机动弥雾机弥雾。

③ 用药注意事项　由于油菜最易感病的是开花期，即掌握在初花期用好第一次药非常重要，7 ~ 10d 后用好第二次药，每次药后若遇连续阴雨天，还应设法用好第三次药。为了保证防病效果，用药时一要坚持加足水量 50 ~ 60kg；二要坚持喷粗雾，从花到基部茎秆都要处处喷到，使植株外表形成药剂保护层。

（3）生物防治　油菜菌核病的生物防治以活体微生物或其代谢产物控制核盘菌的研究较多。已有的研究结果表明，许多土壤、叶围、根围及内生微生物甚至包括一些植物病原物对核盘菌均有一定程度的抑制作用。据报道，现在已知有 30 多种以上的真菌、细菌或其他微生物对核盘菌具有寄生或拮抗作用。对该病害生物防治的多数研究主要集中在木霉、粘帚霉、盾壳霉等属的一些真菌种类和芽孢杆菌细菌。也有利用植物内生细菌防治油菜菌核病的报道，冉国华等（2004）从柑橘内生细菌中筛选出 2 株在田间对油菜菌核病具有较好防效的菌株重橘 1 号和元石 45。对于油菜菌核病生物防治的研究报道很多，但是从研究现状来看依然存在一些问题。如在所报道的大量生防菌中，大部分研究内容仅限于皿内试验、活体生测及少量的小区防病试验，研究结果仍然停留在实验室阶段，很少有关于将其广泛应用于田间大面积病害防治的报道；对于利用生防细菌防治该病害的研究主要为筛选试验，对其防病机理缺乏深入研究。但从保护农业环境和提高食品安全性的内在需要来看，生物防治前景广阔。

（二）病毒病

油菜病毒病又名油菜花叶病，在油菜产区均有发生，白菜型、芥菜型、早熟甘蓝型油菜地和秋旱年份易发病。长江流域冬油菜产区一般发病率 10% ~ 30%，严重的达 70% 以上，病株可减产 65%，菜籽含油量可降低 7%。油菜发病愈早，损失愈重。若在苗期发病，油菜的生长发育会受到严重破坏，植株矮化、皱缩，不能开花结荚，严重影响油菜生产。

1. 病原与病症　油菜病毒病的病原有芜菁花叶病毒、黄瓜花叶病毒、烟草花叶病毒和油菜花叶病毒 4 种。其中，以芜菁花叶病毒为主，占 80% 以上。国外报道的甜菜西方黄化病毒（BWYV）、萝卜花叶病毒（RMV）等也可侵染油菜，引起油菜病毒病。在田间自然条件下，桃蚜、萝卜蚜和甘蓝蚜是主要传毒媒介。

油菜病毒病从苗期至角果期均可发病，但不同类型的油菜症状差异较大。

（1）白菜型及芥菜型油菜　苗期发病表现为花叶型。典型症状先从心叶的叶脉基部开始，沿叶脉两侧褪绿，呈半透明状，以后发展为花叶，并有皱缩现象，植株矮化。抽薹期发病，薹茎缩短、歪曲，花及荚果密集着生。病轻的往往提前成熟，或不能开花结实，或角果密集、畸形、缺籽瘪粒，油分降低；病重的可整株枯死。

（2）甘蓝型油菜　叶片症状表现为黄斑型、枯斑型和花叶型症状。

① 黄斑型病株　在苗期的叶片上，先散出近圆形黄色斑点，以后在黄斑中央出现褐色枯点；在抽薹期的新生叶片上产生密集退绿小点，斑点正面呈黄色或黄绿色，背面的黄色斑点中央出现细小褐点；在茎、角果上产生褐色条斑，角果扭曲，叶片提早枯黄

脱落。

② 枯斑型病株　在苗期的叶片上表现褐色枯斑，正反两面组织枯死明显。有的在叶脉、叶柄上产生褐色枯死条纹，病株容易枯死。抽薹后，茎、花梗和荚上也产生褐色条斑，发病较迟。

③ 花叶型病株　主要表现在新生叶上，与白菜型油菜症状相似。支脉表现明脉，叶片出现花叶和皱缩。茎秆上产生明显的黑褐色条斑，植株矮化、畸形、茎薹短缩、花果丛集、角果短小扭曲，有时似鸡脚爪状。角果上有细小的黑褐色斑点，结实不良或不能结实。重者整株枯死。

2. 发生规律与条件　油菜病毒病是由多种病毒侵染所致，其中，以芜菁花叶病毒为主，长江流域发病株中该病毒占80%左右；其次是黄瓜花叶病毒和烟草花叶病毒。病毒病不能经种子和土壤传染，但可由蚜虫和汁液摩擦传染。在田间自然条件下，桃蚜、萝卜蚜和甘蓝蚜是主要的传毒介体。蚜虫在病株上吸食5～20s、健株上吸食约1min即可传病。芜菁花叶病毒是非持久性病毒，蚜虫传染力的获得和消失都很快。

田间的有效传毒主要是依靠有翅蚜的迁飞来实现。在周年栽培十字花科蔬菜的地区，病毒病的毒源丰富，冬油菜区病毒在十字花科蔬菜上越夏，秋季先传播至早播的萝卜、大白菜、小白菜等十字花科蔬菜上，再传入油菜地。病毒也就能不断地从病株传到健株引起发病。冬季病毒在病株体内越冬，春季旬均温达到10℃以上时，感病植株逐渐显症。病害的发生轻重与气候条件、栽培管理、品种等有密切关系，油菜出苗后的子叶期到5叶期是易感染的时期。气温15～20℃，相对湿度70%以下，有利于蚜虫迁飞传毒、病毒增殖和病害显症。油菜苗期发病越重，成株期就可能流行。油菜苗期如遇高温干旱天气，影响油菜的正常生长，降低抗病能力，同时有利于蚜虫的大量发生和活动，则易引起病毒病的发生和流行；反之，降水量越大，病害越轻。一般早播田比迟播田发病重，施用N肥过多，田边杂草多，排水不良的田发病也重。甘蓝型油菜发病轻，白菜型油菜发病重。

3. 防治措施　防治关键是预防苗期感病。

（1）选用抗病品种　一般甘蓝型油菜比芥菜型、白菜型抗病性强，而且产量高。同类型油菜品种间抗性差异也很显著，应选用适应当地生产的抗性较强的品种。

（2）适时播种　冬油菜区油菜角果发育期病毒病发生率，会随播种期延迟而降低，主要由于月平均气温下降影响苗期传毒蚜虫数量，从而减轻发病危害程度。要根据当地气候、油菜品种特性及油菜蚜虫发生情况来确定播种期，既要避开蚜虫发生盛期，又要防止迟播减产。测报病害大流行年，应推迟播期10～15d。

（3）加强栽培管理　加强苗期管理，培育壮苗，增强抗性。做到苗肥施足、施早，避免偏施、迟施N肥；结合中耕除草、间苗、定苗时拔除弱苗、病苗。同时，苗床土壤干燥时，应注意及时灌溉，以控制蚜虫的为害。此外，油菜苗床的选择应远离毒源寄主较多的十字花科蔬菜地、桃树及杂草丛生地，避免蚜虫频繁迁飞吸毒传毒。苗床周围可种植高秆作物，以减少迁飞有翅蚜。

（4）防治蚜虫　控制病毒传播彻底治蚜是防治油菜病毒病的关键。播种前应对苗床周围的十字花科蔬菜及杂草上的蚜虫进行喷药防治，以减少病毒来源。油菜出苗前至5叶期，对病毒病都非常敏感，一旦发现即要开始喷药治蚜。用50%辟蚜雾或50%抗蚜威可湿性粉剂2 000倍液，或用10%吡虫啉可湿性粉剂1 500倍液，每隔10d喷雾1次，连续2～3次。特别在茄科、葫芦科等蔬菜收获后，若发现有翅蚜迁飞，立即喷施速效性杀虫剂，如4.5%高效氯氰菊酯乳油2 000～3 000倍液，迅速控制蚜虫。采用黄板诱杀有翅蚜，利用银灰色塑料薄膜悬挂或平铺在苗床四周，可以驱避阻止其向油菜幼苗上迁落。蚜虫天敌蚜茧蜂、草蛉、食蚜蝇及多种瓢虫治蚜，可切断传毒媒介。

（三）油菜霜霉病

油菜霜霉病，又称霜叶，是油菜和其他十字花科蔬菜上常见的病害。

1. 病原与病症　病原为鞭毛菌亚门卵菌纲霜霉目真菌，是由鞭毛菌亚门霜霉菌属十字花科霜霉菌 ［(*Peronospora parasitica* Pers.) Fr］ 侵染所致。该菌以卵孢子在遗落土中的病残体上越冬，卵孢子随流水或雨水传播，并飞溅到油菜上，萌发芽管侵入油菜组织内。油菜抽苔开花期低温阴雨或天气忽暖忽寒，最易发生霜霉病。

该病从油菜苗期到成株期都可发生，最主要特征是在发病部位产生像霜一样的霉层，这就是霜霉病菌。油菜茎、叶、花、花梗和角果等都会受其侵害。叶片受害，先在叶片正面出现淡绿色的小斑，以后扩大成黄色，因受叶脉限制而形成多角形或不规则形状的病斑。空气潮湿时，在病斑的背面长处一层霜霉为孢子囊和孢子囊梗。随着病斑的连接，部分或整片叶变褐枯死。茎和花序受害，先出现水浸状病斑，随着病斑的扩展和连接，形成不规则较大的黄褐色病斑，其上生长一层霜霉状物。花序受害，弯曲、变形、肿胖、花器变大呈龙头状，表面长出一层霜霉状物。受害严重的植株不能结实，整株长出一层霜霉状物，最后枯死。此病一般由底叶先发病，逐渐向上蔓延，严重时全株枯黄，最后枯萎脱落。花梗受害后变肥肿，形似"龙头拐杖"，表面光滑，并生有霜状霉层。

2. 发生规律与条件　油菜霜霉病病原为鞭毛菌亚门卵菌纲霜霉目真菌，有芸薹属、萝卜属和荠菜属3个变种。芸薹属的一个生理小种是油菜的专化型，侵染力强。它主要以卵孢子在土壤、病株体和粪肥等处越冬或越夏，也可以菌丝在种子和病叶中越冬或越夏。病原可随种子、流水、粪肥、生产用具等传播。秋播油菜幼苗易受发芽后的卵孢子侵染，后产生孢子囊，借风、雨等进行再传播和再侵染。适宜孢子囊萌发的温度8～12℃，相对空气湿度90%～98%。只要有适宜的水分，孢子囊在15℃下6h就可萌发，12h后形成附着孢并长出菌丝侵入寄主内，3～4d后，又可在寄主体内产生孢子囊。孢子囊抗逆力差，寿命短，在12℃、相对湿度50%～70%条件下，16～20h就会失去萌发能力；在30℃、相对湿度50%～70%条件下，10～12h将丧失萌发能力。

病菌以菌丝和卵孢子在土壤中和病残体上越冬、越夏。油菜生长期间，卵孢子随雨水溅落叶面，发芽后，从气孔或表皮直接侵入，以后病组织上产生大量孢子囊，又借风雨传播为害。发病最适宜的温度为16～20℃；高湿有利于病菌的生长和萌发。所以，阴天多雨，或地势低洼，土壤黏重，排水不良时，田间小气候处于高湿状态，发病往往较重。长江流域春季时寒时暖，阴雨日多，昼夜温差大，露水重，有利于病害流行。播种过早，气温偏高，不利于油菜生长发育，有利于病害发生。

冬季气温如在7℃以下，会影响病菌孢子囊的萌发和侵染。所以，冬季油菜发病轻。3~4月当气温上升到10~20℃时，如遇经常阴雨天气，该病会快速蔓延、扩展。至今没有发现哪个类型或哪个品种对霜霉病有高抗性，相对而言，甘蓝型油菜的耐（抗）病性比白菜型和芥菜型油菜好。秋季油菜播种越早，越易发病。连作、N肥施用过多、排水不良、土壤薄瘦和黏重、种植过密和油菜徒长等，都会加重病害的发生。

3. 防治措施

（1）农业措施

① 选用抗病品种　沪油3号、秦油2号、中双2号、新油9号、涂油4号、青油2号、西优586等品种相对抗（耐）病，可根据情况灵活选用。

② 轮作　尽量不连作，如能与水稻、玉米、高粱、麦类等实施2年以上的轮作，将大大降低霜霉病的发生与为害程度。特别是采用水、旱轮作，控病效果更明显。

③ 清园　油菜收获后，要及时清除田间植株、落叶、株茎等残（落）体，集中烧毁。

④ 选种　有病的油菜田（株）不得留作种用。留种的油菜必须无病、株型紧凑、角果多而整齐和种子充实、饱满。

⑤ 推迟播种　秋季适当推迟油菜的播种期，可减少发病。

⑥ 施肥　多施农家肥，严禁乱施、滥施、过量施用化肥（特别是N肥）。最好测土配方施肥，适当增加P、K、B肥的施用量。

⑦ 排水　雨水（雪）多时，特别是春、夏季，要做好油菜田的清沟排水工作。

⑧ 清除病叶　油菜生长的中后期，及时清除植株下部的黄叶、病叶，可改善田间的通透性，减少发病。

⑨ 盐水选种　播种前用1%盐水选种，除去不饱满和可能带菌的种子。

（2）化学防治

① 种子处理　用25%甲霜灵可湿性粉剂，按种子量的3%拌种，也可用35%瑞毒霉可湿性粉剂按种子量的1%拌种。

② 抽薹期防病　如田间病株率达20%以上，喷洒75%百菌清可湿性粉剂500倍液、40%霜疫灵可湿性粉剂150~200倍液，隔7~10d再喷一次药。

③ 初花期防病　若病株达10%以上，喷洒58%甲霜灵·锰锌可湿性粉剂500倍液、36%露克星悬浮剂600~700倍液、72%霜霸可湿性粉剂600~700倍液，隔7~10d再喷一次。

④ 药剂防治　对霜霉病、菌核病等多种真菌感染的油菜田，可喷40%霜疫灵可湿性粉剂400倍液+25%多菌灵可湿性粉剂400倍液或90%乙膦铝可湿性粉剂400倍液+70%代森锰锌可湿性粉剂500倍液，隔7~10d再喷一次。此外，还可用40%乙膦铝可湿性粉剂300倍液；75%百菌清可湿性粉剂600倍液；65%代森锌可湿性粉剂

500 倍液；58% 雷多米尔锰锌（甲霜灵锰锌）可湿性粉剂 500 倍液；72% 克露可湿性粉剂 800 倍液；75% 达科宁悬浮剂 600 ~ 700 倍液；47% 加瑞农可湿性粉剂 800 倍液；80% 喷克可湿性粉剂 600 倍液等。每隔 10d 左右喷药一次，共 2 ~ 3 次，均有较好的药效。

五、其他作物病害及防治

绿豆（*Vigna radiata* L.）属豆科草本植物，又名植豆，属豆科中蝶花亚科中的豇豆属。我国为原产地，种植历史悠久，已有 2 000 多年的栽培史，作为粮食作物在全国大部分地区均有生产，产量丰富，品种优良，是中国传统的农作物之一。在生产中有许多常见病害造成绿豆大面积减产，现将常见病症及防治措施介绍如下。

（一）绿豆锈病

1. 症状　锈病可为害绿豆叶片、茎秆和豆荚，以叶片受害为主。染病后，发病初期在叶片上产生黄白色突起小斑点，以后扩大并变成暗红褐色圆形疤斑。叶片上散生或聚生大量近圆形小斑点，叶背出现锈色细小隆起，后表皮破裂外翻，散出红褐色粉末，即病原菌的夏孢子；秋季可见黑色隆起点混生，表皮裂开后散出黑褐色粉末，即病菌冬孢子。病情严重时，叶片早期脱落，茎叶提早枯死，造成减产。

2. 发生规律与条件　在北方地区，该病主要以冬孢子在病残体上越冬，在翌年条件适宜时形成担子和担孢子。担孢子侵入寄主后形成锈子腔，而后产生锈孢子。锈孢子侵染绿豆并形成疱状夏孢子堆，夏孢子散出后进行再侵染，病害因此得以蔓延，深秋产生冬孢子堆及冬孢子越冬。在北方地区，该病主要发生在夏秋两季尤其是叶面结露期。夏孢子形成和入侵适温为 15 ~ 24℃，日平均温度为 25℃、相对湿度在 85% 时其潜育期约为 10d。绿豆进入开花结荚期后，如遇高湿、昼夜温差大或结露持续时间长等情况，则易发此病；秋播绿豆及连作地发病较重。

3. 防治措施　种植抗病品种；提倡施用充分腐熟的有机肥；春播宜早，必要时可采取育苗移栽的方法避开发病高峰期；清洁田园，实行轮作，合理密植，增施有机肥，加强田间管理；在发病初期，可选择喷施 15% 三唑酮可湿性粉剂 1 000 ~ 1 500 倍液、50% 萎锈灵乳油 800 倍液、25% 敌力脱乳油 3 000 倍液、70% 代森锰锌可湿性粉剂 1 000 倍液加 15% 三唑酮可湿性粉剂 2 000 倍液、12.5% 速保利可湿性粉剂 2 000 ~ 3 000 倍液等防治，隔 15d 左右喷一次，共喷 1 ~ 2 次。

（二）绿豆立枯病

1. 症状　绿豆立枯病又称根瘤病。发病初期，幼苗茎基部产生红褐色至褐色病斑，皮层裂开，呈溃烂状。严重时病斑扩展并环绕全茎，导致茎基部变褐、凹陷、缢缩、折倒，直至枯萎，植株死亡。发病较轻时，植株变黄，生长迟缓。病害从绿豆出苗后 10 ~ 20d 发生，可一直延续到花荚期。

2. 发生规律与条件 绿豆的立枯病是由半知菌亚门细丝核菌侵染引起的真菌性病害。能在土壤中存活 2~3 年。在适宜的环境条件下，从根部细胞或伤口侵入，进行侵染为害。发生的适宜温度为 22℃~30℃，以出苗后 4~8 d 的幼苗易被丝核菌侵染。

3. 防治措施 选用抗病品种；实行轮作，2~3 年轮作一次；增施无病粪肥，清除田间病株；发病初期用 75% 百菌清可湿性粉剂 600 倍液，或 50% 多菌灵可湿性粉剂 600 倍液喷洒。

（三）绿豆病毒病

1. 症状 绿豆病毒病又称花叶病、皱缩病。绿豆从苗期至成株期均可被害，以苗期发病较多。在田间表现症状为花叶、斑驳、皱缩花叶和皱缩小叶丛生花叶等。发病轻时，在幼苗期出现花叶和斑驳症状植株，叶片正常；发病重时，苗期出现皱缩的花叶和小叶丛生花叶植株，叶片畸形、皱缩，形成疤斑，植株矮化，发育迟缓，花荚减少，甚至颗粒无收。

2. 发病规律 为害绿豆的病毒主要有黄瓜花叶病毒。病毒在种子内越冬，播种带毒的种子后，幼苗即可发病，在田间扩展蔓延，形成系统性再侵染。

3. 防治措施 选用无病种子和抗病品种如中绿 1 号、中绿 2 号、明绿 245 等抗病毒品种；建立无病留种田；及时防治传毒昆虫，特别要及时防治有翅蚜的迁飞传毒，都能较好地控制病害的发生；发病初期开始喷洒抗毒丰（0.5% 菇类蛋白多糖水剂）250~300 倍液或 20% 病毒 A 可湿性粉剂 500 倍液，或 15% 病毒必克可湿性粉剂 500~700 倍液。

（四）绿豆叶斑病

1. 症状 叶斑病是绿豆的重要病害。发病初期在叶片上出现水浸斑，以后扩大成圆形或不规则形黄褐色至暗红褐色橘斑，病斑中心灰色，边缘红褐色。到后期几个病斑连接形成大的坏死斑，导致植株叶片穿孔脱落，早衰枯死。

2. 发病规律 绿豆叶斑病是由半知菌亚门尾孢真菌侵染所致。病菌随植株残体在土壤中越冬，翌年春条件适宜，随风和气流传播侵染。叶斑病的发生与温度密切相关，在相对湿度 85%~90%、温度 25~28℃ 条件下病原菌萌发最快，当温度达到 32℃ 时病情发展最快。

3. 防治措施 选用抗病优良品种，建立无病繁种基地；与禾本科作物轮作或间作；加强田间管理，合理密植，及时清除病残株；在绿豆现蕾期开始喷洒 50% 多菌灵或 50% 苯来特 1 000 倍液，或 80% 可湿性代森锌 400 倍液，每隔 7~10d 喷洒一次，连续喷 2~3 次，能有效地控制病害流行。

本节参考文献

1. 查国莉，伊淑丽. 油菜菌核病和病毒病的发生与防治. 安徽农业科学，2007，35

（12）：3 596，3 622

2. 产祝龙，丁克坚，檀根甲．水稻恶苗病的研究进展．安徽农业科学，2002，30（6）：880～883

3. 产祝龙，丁克坚，檀根甲等．水稻恶苗病发生规律的探讨．安徽农业大学学报，2004，31（2）：139～142

4. 陈金宏，邵耕耘，杨呈芹等．水稻赤枯病的发生与防控．现代农业科技，2009（24）：181，183

5. 陈夕军，卢国新，童蕴慧等．江苏水稻恶苗病病原菌研究．扬州大学学报（农业与生命科学版），2008，29（3）：88～90

6. 陈建军，李波，吴雯雯．玉米粗缩病研究进展．江西农业学报，2009，21（9）：83～85

7. 陈光飞．水稻恶苗病发生的原因及防治措施．温州农业科技，2003（2）：14，19

8. 陈万贤．小麦白粉病的识别与防治．农技服务，2007（1）：32，46

9. 陈晓东．水稻稻瘟病发病规律和病害症状的鉴别．农技服务，2007（1）：37～39

10. 成尚廉，王新妩．小麦白粉病大发生的气象条件分析．湖北植保，2001（1）：18～19

11. 代建波．油菜病毒病的综合防治措施．农技服务，2011，28（3）：291

12. 邸垫平，苗洪芹，路银贵等．玉米粗缩病发病叶龄与主要为害性状的相关性分析．河北农业科学，2008，12（1）：51～52，60

13. 刁毅，叶华智．玉米弯孢菌叶斑病田间发生动态研究．南方农业学报，2011，42（2）：161～163

14. 段志龙，赵大雷，刘小进等．绿豆常见病害的症状及主要防治措施．农业科技通讯，2009（6）：151～152，160

15. 董秋洪，张祥喜．壳聚糖对辣椒疫霉病菌和水稻恶苗病菌的抑制作用．江西农业学报，2003，15（2）：58～60

16. 鄂文弟，王振华，张立国等．玉米瘤黑粉病的研究进展．玉米科学，2006，14（1）：153～157

17. 高雪，唐凯健，王利华等．我国油菜菌核病综合治理研究进展．中国植保导刊，2009，29（6）：15～17

18. 葛化丽．玉米粗缩病的发生及防治．现代农业科技，2007（7）：49

19. 葛昌斌，秦素研，张兰等．小麦全蚀病药剂防治试验．山西农业科学，2012，40（12）：1 299～1 301

20. 龚猛．小麦全蚀病控害减灾技术．农业科技与信息，2004（8）：7

21. 谷维．油菜菌核病的发生原因及综合防治对策．黑龙江农业科学，2008（5）：75～77

22. 管凯义，哀德军，祝彦海等．水稻赤枯病类型及矫治技术．吉林农业，2012（10）：81

23. 郭秀珍，聂文艳，王德林等．玉米大斑病的发生与防治．吉林农业，2012（10）：68

24. 韩青梅，康振生，段双科．戊唑醇与叶菌唑对小麦赤霉病的防治效果．植物保护学报，2003，30（4）：439~440

25. 何祖传，钱屹松，周健．油菜菌核病的发生规律及防治措施．现代农业科技，2008（8）：87

26. 何英．油菜病毒病的发生与防治．农技服务，2008，25（8）：56，58

27. 贺字典，陈捷，高增贵等．玉米丝黑穗病及病菌生理分化研究进展．玉米科学，2005，13（4）：117~120，131

28. 江守国．预防油菜病毒病的关键在于阻截蚜虫．现代农业科技，2007（11）：75

29. 蒋军喜，李桂新，周雪平．玉米矮花叶病毒研究进展．微生物学通报，2002，29（5）：77~81

30. 孔繁彬，高扬帆，陈锡岭等．9种药剂对玉米小斑病菌的室内抑菌试验．广西农业科学，2006，37（2）：148~149

31. 孔令军，王兆民，马玉萍等．玉米粗缩病大发生原因及防治对策．安徽农业科学，2005，33（4）：736

32. 李彩萍，赵同芝，徐金兰．玉米丝黑穗病发生原因及有效控制技术措施．农业与技术，2004，24（3）：146，153

33. 李昌春，周子燕，石立等．克纹灵防治水稻纹枯病和稻曲病试验初报．安徽农学通报，2007，13（21）：88~89

34. 李刚，李启干，张波等．小麦全蚀病的鉴别与防治．安徽农业科学，2006，34（16）：3 932，3 946

35. 李海春，傅俊范，李金堂等．玉米大斑病病斑扩展LOGISTIC模型对比研究．江苏农业科学，2007（3）：64~65

36. 李明安．绿豆锈病的发生与防治．乡村科技，2012（8）：18

37. 李彦军，韩雪．绿豆病虫害防治技术．科技致富向导，2011（12）：148

38. 李振岐，曾士迈．中国小麦锈病．北京：中国农业出版社，2002

39. 李正辉，向晶晶，陈婧鸿等．小麦赤霉病拮抗菌的分离与鉴定．麦类作物学报，2007，27（1）：149~152

40. 李华．水稻条纹叶枯病的发生特点与综合防除对策．上海农业科技，2012（4）：118

41. 李新海，韩晓清，王振华等．玉米矮花叶病研究进展．玉米科学，2000，8（3）：67~72

42. 李红梅，单光展．玉米小斑病症状及防治技术．河北农业科学，2007，11（4）：63~64

43. 李海春，傅俊范，王新一等．玉米大斑病病情发展及病斑扩展时间动态模型的研究．南京农业大学学报，2005，28（4）：50~54

44. 李海春，傅俊范，李金堂等．玉米大斑病病斑扩展 LOG IST IC 模型对比研究．江苏农业科学，2007（3）：64～65

45. 李志强，于凤泉，邵凌云等．辽宁省水稻品种对条纹叶枯病的田间抗性评价．辽宁农业科学，2010（6）：16～18

46. 李晓丽，李凤岭，臧少先等．玉米瘤黑粉病药剂防治研究．河北职业技术师范学院学报，2002，16（2）：12～14

47. 林肯恕．玉米矮花叶病抗性鉴定的研究．中国农业科学，1989，22（1）：57～60

48. 刘章雄，王守才．玉米锈病研究进展．玉米科学，2003，11（4）：76～79

49. 刘亚飞，刘振东，郭瑞林．小麦全蚀病抗病性研究进展及其育种途径探讨．河南农业科学，2012，41（9）：6～9

50. 刘文国，孙志超，荆绍凌等．玉米丝黑穗病防治探讨．玉米科学，2008，16（3）：121～122，125

51. 刘冰，黄丽丽，康振生等．小麦内生细菌对全蚀病的防治作用及其机制．植物保护学报，2007，34（2）：221～222

52. 刘国胜，董金皋，邓福友等．中国玉米大斑病菌生理分化及新命名法的初步研究．植物病理学报，1996，26（4）：305～310

53. 刘荣权，丁海荣，吕永来等．玉米黑粉病重发生的原因及防治对策．内蒙古农业科技，2001（2）：13～14

54. 刘忠德，刘守柱，李敏等．玉米粗缩病发生程度与灰飞虱消长规律的关系．杂粮作物，2001，21（1）：38～39

55. 芦连勇，宋长江，刘智萍．玉米瘤黑粉病的发生规律及防治措施．玉米科学，2006，14（增刊）：128，130

56. 陆道训，秦华宝，赵立军等．70% 甲基硫菌灵 WP 防治小麦赤霉病的药效研究．安徽农业科学，2005，33（11）：2 014

57. 陆卫飞，周耀平，蔡良华等．土肥因素对油菜茬水稻赤枯病的影响初探．土壤肥料，2004（5）：50～51

58. 罗林钟，谢德辉．秋冬油菜病毒病的防治．植物医生，2005，18（5）：5～6

59. 马占鸿，王海光．我国玉米矮花叶病流行原因剖析．中国科学基金，2002（1）：44～46

60. 马桂珍，暴增海．玉米锈病的研究初报．河北农业技术师范学院学报，1994，8（3）：70～75

61. 穆常青，潘玮，陆庆光等．枯草芽孢杆菌对稻瘟病的防治效果评价及机制初探．中国生物防治，2006，22（2）：158～160

62. 齐永霞，陈方新，苏贤岩等．安徽省油菜菌核病菌对多菌灵的抗药性监测．中国农学通报，2006，22（9）：371～373

63. 乔宏萍，黄丽丽，王伟伟等．小麦全蚀病生防放线菌的分离与筛选．西北农林科技大学学报（自然科学版），2005，33（增刊）：1～4

64. 秦志清，辛建平，晋俊林．玉米丝黑穗病重发因素及防治对策浅析．山西农业科学，2008，36（2）：30~31

65. 冉国华，张志元．柑橘内生拮抗细菌的发酵液对油菜菌核病的田间防治效果．长沙大学学报，2004，18（4）：26~28

66. 任金平，王继春，郭晓莉等．不同氮肥水平及施药次数控制稻瘟病的研究．吉林农业科学，2005，30（3）：34~35

67. 任转滩，马毅，任真真等．南方玉米锈病的发生及防治对策．玉米科学，2005，13（4）：124~126

68. 任鄣胜，肖陪村，陈勇等．水稻稻瘟病病菌研究进展．现代农业科学，2008，15（1）：19~23

69. 宋世枝，方玲，段斌等．调整播期对豫南粳稻稻瘟病及纹枯病发病条件的影响．中国农学通报，2005，21（4）：276~277，288

70. 宋迎波，陈晖，王建林．小麦赤霉病产量损失预测方法研究．气象，2006，32（6）：116~120

71. 孙海潮，李会群．玉米矮花叶柄与玉米粗缩病的区别及防治措施．河南农业科学，2003（3）：20~21

72. 孙常刚．玉米小斑病的发生与防治．安徽农学通报，2012，18（1）：108~109

73. 孙化田，王俊章．河南省小麦病害发生概况及防治对策．河南农业科学，1991（9）：18~20

74. 孙毅民．金斧种衣剂防治绿豆根腐病的初步研究．作物杂志，2006（2）：68

75. 陶广文．水稻纵卷叶螟的发生与防治．现代农业科技，2008（4）：84

76. 檀尊社，游福欣，陈润玲等．夏玉米小斑病发生规律研究．河南科技大学学报（农学版），2003，23（2）：62~64

77. 王国槐．冬油菜霜霉病发生和防治的研究．农业科技译丛，1991，20（2）：18~20

78. 王林，赵刚，杨新军等．小麦赤霉病田间病情与病粒率关系探讨．植保技术与推广，2003，23（10）：9

79. 王向阳，黄咏沧，刘升等．小麦赤霉病流行的气象指标分析及在测报上的应用．安徽农业科学，2005，33（1）：35~36，38

80. 王学峰，张勇，高同春．三唑类杀菌剂防治小麦锈病的研究．安徽农业科学，2005，33（10）：1 804

81. 王春芝．油菜菌核病的发病规律与综合防治技术．农技服务，2008，25（6）：55~56

82. 王安乐，王娇娟，陈朝辉．玉米粗缩病发生规律和综合防治技术研究．玉米科学，2005，13（4）：114~116

83. 王振华，姜艳喜，王立丰等．玉米丝黑穗病的研究进展．玉米科学，2002，10（4）：61~64

84. 王春，陈立梅，郭晓勤等．玉米弯孢菌叶斑病发生和防治若干问题研究．玉米科

学，2006，14（2）：144～146，149

85. 汪彦欣，尉吉乾，岑铭松等．油菜霜霉病防治的药剂筛选试验．河北农业科学，2009，13（5）：20～21

86. 尉吉乾，徐文，吴耀等．油菜霜霉病新型防治药剂的防治效果．江苏农业科学，2010（5）：181～182

87. 吴维，毛倩卓，陈红燕等．应用免疫荧光技术研究水稻条纹病毒（RSV）侵染介体灰飞虱卵巢的过程．农业生物技术学报，2012，20（12）：1 457～1 462

88. 吴同彦，刘会，谢令琴等．小麦白粉病与主要农艺性状相关性的研究．中国农学通报，2008，24（5）：339～342

89. 谢佰承，郭海明，欧高财等．气象因素与早稻稻瘟病发生的条件分析．湖南农业科学，2007（6）：142～143

90. 谢关林，金扬秀，徐传雨等．我国水稻纹枯病拮抗细菌种类研究．中国生物防治，2003，19（4）：166～170

91. 夏宝远．油菜病毒病的发生及防治对策．河北农业科学，2009，13（3）：46～47，59

92. 邢光耀，杜学林．玉米对小斑病和弯孢霉叶斑病的抗性与降水量之间的关系．山东农业大学学报（自然科学版），2008，39（1）：26～30

93. 晏立英，周乐聪，谈宇俊等．油菜菌核病拮抗细菌的筛选和高效菌株的鉴定．中国油料作物学报，2005，27（2）：55～57，61

94. 杨红福，汪智渊，吴汉章等．不同育秧方式水稻恶苗病发生规律研究．安徽农业科学，2003，31（1）：119，124

95. 杨红福，汪智渊，吉沐祥．利用乙膦铝农药废液防治油菜霜霉病．江苏农业科学，2004（6）：89～90

96. 杨秀林．沿淮麦茬中稻僵苗的主要原因及对策．安徽农业科学，2005，33（8）：1373

97. 姚亮，孙雪梅，张夕林等．几种药剂对水稻恶苗病的防治效果．现代农药，2002（4）：38

98. 袁筱萍，魏兴华，余汉勇等．不同品种及有关外因对水稻纹枯病抗性的影响．作物学报，2004，30（8）：768～773

99. 张凤泉．玉米丝黑穗病发生原因及有效控制技术．现代农业科技，2008（6）：110

100. 张继余，宋朝玉，高峻岭等．玉米粗缩病的发生与综合防治措施．作物杂志，2007（5）：56～58

101. 张丽霞，潘兹亮，吕玉虎等．豫南地区小麦白粉病的发生规律与防治．现代农业科技，2006（10）：72

102. 张庆琛，王育林，马汉云等．豫南稻区水稻恶苗病的发生规律与防治．现代农业科技，2006（8）：73

103. 张穗, 郭永霞, 唐文华等. 井冈霉素 A 对水稻纹枯病菌的毒力和作用机理研究. 农药学学报, 2001, 3 (4): 31~37

104. 张旭, 邢锦城, 马鸿翔等. 江淮流域小麦赤霉病菌的遗传多样性. 江西农业大学学报, 2010, 32 (6): 1146~1151

105. 张源, 阮颖, 彭琦等. 油菜菌核病致病机理研究进展. 作物研究, 2006 (5): 549~551

106. 张建忠, 邵兴华, 肖红艳. 油菜菌核病的发生与防治研究进展. 南方农业学报, 2012, 43 (4): 467~471

107. 赵阳, 王德江, 吴庭友等. 水稻恶苗病重发原因及防治对策. 现代农业科技, 2013 (7): 143~144

108. 赵玲. 豫南稻区稻曲病的发生与防治. 中国农技推广, 2012 (8): 42~43

109. 赵文志, 续建国. 防治玉米丝黑穗病种衣剂的筛选试验. 山西农业科学, 2006, 34 (3): 69~70

110. 赵豫, 易亮, 马振升. 信阳冬小麦白粉病发生发展气象预报模型. 江西农业学报, 2008, 20 (9): 87~89

111. 曾玲玲, 刘峰, 崔秀辉等. 几种杀菌剂防治绿豆根腐病田间药效试验分析. 黑龙江农业科学, 2011 (9): 45~46

112. 钟承茂. 玉米小斑病发生规律与综合防治技术. 农技服务, 2008, 25 (2): 83~84

113. 钟承锁, 钱志恒. 小麦赤霉病的发生与防治. 现代农业科技, 2007 (3): 54

114. 钟旭华, 黄农荣, 彭少兵等. 水稻纹枯病发生与群体物质生产及产量形成的关系研究. 江西农业大学学报, 2010, 32 (5): 901~907

115. 周益军, 李硕, 程兆榜等. 中国水稻条纹叶枯病研究进展. 江苏农业学报, 2012, 28 (5): 1 007~1 015

116. 周福余, 孟爱中, 孙春来等. 水稻恶苗病发生与防治. 上海农业科技, 2003 (6): 28~29

117. 周雪梅. 绿豆病害综合防治. 河南农业, 2006 (7): 25

118. 周仕成. 油菜病毒病的发生规律与防治. 农技服务, 2011, 28 (5): 641

119. 朱小惠, 陈小龙. 油菜菌核病的致病机理和生物防治. 浙江农业科学, 2010 (5): 1 035~1 039

120. 朱小阳, 吴全安. 我国玉米小斑病菌的生理小种类型及其分布概况的研究. 作物学报, 1990, 16 (2): 186~189

121. 朱桂梅, 潘以楼, 杨敬辉. 水稻恶苗病的消长规律. 安徽农业科学, 2002, 30 (3): 394~395

122. 朱桂梅, 潘以楼, 杨敬辉. 水稻恶苗病产量损失率测定. 江苏农业科学, 2001 (5): 43~45

123. 左占民, 卢民生, 李亮琴等. 豫西地区小麦白粉病发生程度 Fuzzy 预测模型研究. 麦类作物学报, 2003, 23 (2): 80~82

第二节　主要虫害及其防治

一、水稻虫害及防治

(一) 稻纵卷叶螟

稻纵卷叶螟俗称小苞虫、卷叶虫、白叶虫，是一种发生很普遍的稻虫，在水稻生长期间或年度间有间歇性暴发的特点。除为害水稻外，还为害小麦、谷子等禾本科作物。

1. 形态识别　成虫体长 7 ~ 9mm，浅黄褐色；前翅有 3 条暗褐色横纹，中间的一条较短；后翅的两条同色横纹与前翅两条相接。前后翅外缘都有暗褐色宽边。卵椭圆形、扁平，长约 1mm，中央稍隆起，初产时乳白色，后变淡黄色，散产在稻叶正面或背面。幼虫头部褐色，胸、腹部初为绿色，后变黄绿色；老熟时带红色，前胸背面中央有黑点 4 个，外面 2 个点延长成弧形，中胸背后有黑点 8 个。蛹圆筒形，尾部尖，初为淡黄色，后变为红棕色，羽化前金黄色，有白色薄茧。

2. 为害症状　稻纵卷叶螟以幼虫为害稻叶。幼虫在分蘖、孕穗和抽穗期均可为害叶片。幼虫孵化后，先在心叶或心叶附近的嫩叶鞘里咬食叶肉，出现针头大小透明的小白点；幼虫长大以后将单片或多片稻叶纵卷成管苞，在苞叶内吃叶肉，剩下表皮，形成长短不一的白斑，粪便堆积在卷叶里，严重时全叶枯白，受害重的稻田，远望一片白叶。水稻受害后千粒重降低，空秕率增加，生育期推迟，一般减产 20% ~ 30%，重的达 50% 以上，大发生时稻叶一片枯白，甚至颗粒无收。

3. 发生规律　稻纵卷叶螟在全国各地发生代数，自北向南逐渐递增，长江中下游每年发生 4 ~ 5 代。成虫喜欢在嫩绿茂盛、湿度大的稻田产卵，白天隐伏，多停伏于叶背，一遇惊动，即飞舞活跃。晚上活动，具有趋光性。在施肥不匀、叶片下披、生长特旺的地方产卵多。成虫产卵和幼虫孵化的适宜温度为 22 ~ 28℃。在成虫盛发期间，经常阴雨有利于成虫产卵和卵的发育；在卵盛孵期间，天阴多雨有利于卵的孵化，容易造成为害。如果长期高温干燥，即使成虫发生数量较多，也不至造成严重为害。

4. 防治措施

(1) 农业防治

① 消灭越冬虫源　冬春结合积肥，铲除田边、沟边、塘边等处杂草。

② 科学施肥　做到施足底肥，巧施追肥，不过多、过迟施用 N 肥，避免水稻贪青徒长而诱导成虫集中产卵为害。

③ 苗期管理　控制水稻苗期猛发旺长、后期贪青，增强水稻的耐虫性，减少受害损失。

(2) 药剂防治　每亩用 20% 氯虫苯甲酰胺悬浮剂 10ml，或者 20% 杀螟松每亩 120ml 或 25% 杀虫双水剂 150ml，或 90% 杀虫单可溶性粉剂 40g，或用 42% 特杀螟可湿性粉剂加 10% 吡虫啉可湿性粉剂 20g，或 40% 乙酰甲胺磷乳剂 75ml，或 90% 晶体敌百虫 100g。以上药剂，任选一种，加水 60kg 喷雾；或加水 300～400kg 泼浇，或加水 5～7kg 低容量喷雾。

掌握在幼虫 2～3 龄盛期施药，用 90% 杀虫单粉剂 750g/hm² 或 95% 杀螟 2 000 可溶性粉剂 600～750g/hm²，加水 900kg 喷雾。

防治稻纵卷叶螟的主要药剂还有锐劲特、纵卷清、乙酰甲胺磷、杀虫双水剂等。按产品说明的剂量和方法施用，均有较好的防效。

（二）稻飞虱

稻飞虱俗名火蟓虫，以刺吸植株汁液为害水稻等作物。常见种类有褐飞虱（*Nilaparvata lugens*）、白背飞虱 *Sogatella furcifera*）和灰飞虱（*Laodelphax striatellus*），其中，以褐灰飞虱和白背飞虱为害最大，可远距离迁飞，具暴发性和突发性，是中国和亚洲其他国家水稻生产上最重要的害虫。

1. 形态识别　稻飞虱常见的种类有褐飞虱、白背飞虱和灰飞虱 3 种，其共同的形态特征为：体形小，触角短锥状，后足胫节末端有一可动的距。翅透明，常有长翅型和短翅型个体。

（1）褐飞虱　长翅型成虫体长 3.6～4.8mm，梭形，前翅超过体长；短翅型 2.5～4mm，成虫为黄褐色，形体像虱子，前翅短，达不到腹部末端，雌虫腹部特别膨大，雄虫体形细小。深色型头顶至前胸、中胸背板暗褐色，有 3 条纵隆起线；浅色型体黄褐色。老龄若虫体长 3.2mm，体灰白至黄褐色。卵呈香蕉状，卵块卵呈长椭圆形，稍弯曲，形状像茄子；初产时乳白色，后变淡黄色，并出现 1 对紫红色的眼点；卵粒排列成条，前端相互紧靠，但排列不整齐，每卵条 7～10 粒。

（2）白背飞虱　长翅型成虫体长 3.8～4.5mm，淡黄色或黄白色，头顶显著突出，中胸背面有一块黄白色的五角形斑纹；雄虫两侧黑色，前端相连，腹部黑褐色；雌虫两侧暗褐色，前端不相连，腹部淡褐色。短翅型体长 2.5～3.5mm，腹部肥大，翅长仅及腹部一半，头顶稍突出；前胸背板黄白色，中胸背板中央黄白色，两侧黑褐色。卵与褐飞虱相似，形像茄子，但顶端较尖，卵条前端相互紧靠，但排列不整齐。初龄若虫灰白色，橄榄形，头和尾较尖，3～5 龄体色灰黑色，有翅芽，第三、第四跗节背面各有一对乳白色的三角形斑纹，落水时左右后脚伸出呈一条直线。老龄若虫体长 2.9mm，淡灰褐色。

（3）灰飞虱　长翅型成虫体长 3.5～4.0mm，短翅型 2.3～2.5mm，头顶与前胸背板黄色，中胸背板雄虫黑色，雌虫中部淡黄色，两侧暗褐色。卵呈长椭圆形，稍弯曲。老龄若虫体长 2.7～3.0mm，深灰褐色。

2. 为害症状　稻飞虱成虫、若虫都能为害，喜欢群集在稻株基部叶鞘和茎的组织内，吸取稻株汁液，同时排出大量蜜露，使稻丛基部变黑色，叶片发黄色干枯。雌虫用产卵管刺裂稻茎的表皮组织，将卵产于组织内。稻株被刺伤处常呈褐色条斑，由于茎组织被破坏，养分不能上升，稻株基部茎秆腐烂，常造成大片水稻倒伏，稻株逐渐凋萎而枯死。水稻抽穗后的下部稻茎衰老，稻飞虱转移至上部吸嫩穗颈，使稻粒变成空壳或半饱粒，轻者减产 20%～30%，严重时可减产 50% 以上，甚至造成绝收。同时，灰飞虱还能传播水稻病毒病，引起一系列并发病。

3. 发生规律 稻飞虱长翅型成虫均能长距离迁飞，成虫和若虫均群集在稻丛下部茎秆上刺吸汁液，遇惊扰即跳落水面或逃离，趋光性强，且喜趋嫩绿；但灰飞虱的趋光性稍弱。在中国北方，长江流域以南各省（自治区）发生较多。朝鲜、南亚次大陆和东南亚均有发生，同时也见于日本。褐飞虱在中国北方各稻区均有分布；长江流域以南各省（自治区）发生较烈。白背飞虱分布范围大体相同，以长江流域发生较多。这两种飞虱还分布于日本、朝鲜、南亚次大陆和东南亚。灰飞虱以华北、华东和华中稻区发生较多，也见于日本、朝鲜。3 种稻飞虱都喜在水稻上取食、繁殖。褐飞虱能在野生稻上发生，多认为是专食性害虫。白背飞虱和灰飞虱则除水稻外，还取食小麦、高粱、玉米等其他作物。

稻飞虱的越冬虫态和越冬区域因种类而异。褐飞虱在广西和广东南部至福建龙溪以南地区，各虫态皆可越冬。冬暖年份，越冬的北限在北纬 23°～26°，凡冬季再生稻和落谷苗能存活的地区皆可安全越冬。在长江以南各省每年发生 4～11 代，部分地区世代重叠，其田间盛发期均值水稻穗期。白背飞虱在广西至福建德化以南地区以卵在自生苗和游草上越冬，越冬北限在北纬 26°左右。在中国每年发生 3～8 代，为害单季中晚稻和双季早稻较重。灰飞虱在华北以若虫在杂草丛、稻桩或落叶下越冬，在浙江以若虫在麦田杂草上越冬，在福建南部各虫态皆可越冬。华北地区每年发生 4～5 代，长江中下游 5～6 代，福建 7～8 代。田间为害期虽比白背飞虱迟，但仍以穗期为害最烈。

褐飞虱生长发育的适宜温度为 20～30℃，最适温度为 26～28℃，相对湿度 80% 以上。在长江中下游稻区，凡盛夏不热、晚秋不凉、夏秋多雨的年份，易酿成大发生。高肥密植稻田的小气候有利其生存。褐飞虱耐寒性弱，卵在 0℃ 下经 7d 即不能孵化，长翅型成虫经 4d 即死亡。耐饥力也差，老龄若虫经 3～5d、成虫经 3～6d 即饿死。在单、双季稻混栽或双、三季稻混栽条件下，易提供孕穗至扬花期适宜的营养条件，促使大量繁殖。水稻田间管理措施也与褐飞虱的发生有关。凡偏施 N 肥和长期浸水的稻田，较易暴发。白背飞虱对温度适应幅度较褐飞虱宽，能在 15～30℃ 下正常生存。要求相对湿度80%～90%。初夏多雨、盛夏长期干旱，易引起大发生。在华中稻区，迟熟早稻常易受害。灰飞虱为温带地区的害虫，适温为 25℃ 左右，耐低温能力较强，而夏季高温则对其发育不利，华北地区 7～8 月降雨少的年份有利于大发生。天敌类群与褐飞虱相似。

4. 防治措施

（1）农业防治 加强田间肥水管理，防止后期贪青徒长，培养壮苗壮秧，并适当烤田，降低田间湿度。

（2）生物防治 注意稻飞虱天敌的保护，并利用天敌来减少稻飞虱的为害。已知的褐飞虱天敌有 150 种以上，卵期主要有缨小蜂、褐腰赤眼蜂和黑肩绿盲蝽等，若虫和成虫期的捕食性天敌有草间小黑蛛、拟水狼蛛、拟环纹狼蛛、黑肩绿盲蝽、宽黾蝽、步行虫、隐翅虫和瓢虫等；寄生性天敌有稻飞螯蜂、线虫、稻虱虫生菌和白僵菌等。

（3）药剂防治 移栽前 4d，秧苗用锐劲特 1 950ml/hm² 加水喷雾，可同时控制本田稻飞虱的发生。在若虫孵化高峰至 2 ~ 3 龄若虫发生盛期及时施药防治，用 40% 甲基辛硫磷乳油 450 ~ 750ml/hm²，加水 1 125 ~ 1 500L 均匀喷雾。

在虫量达 1 500 头/百丛以上时，施药防治。喷药时应注意先从田的四周开始，由外向内，实行围歼。喷药要均匀周到，注意把药液喷在稻株中下部。使用扑虱灵可湿性粉剂 300 ~ 375g/hm²，或 25% 优乐得可湿性粉剂 300 ~ 375 g/hm²，或 20% 叶蝉散乳油 2 250ml/hm²，任选 1 种，加水 1 125 ~ 1 500kg 常规喷雾，或加水 75.0 ~ 112.5kg 低量喷雾。

防治稻飞虱的主要药剂有大功臣可湿性粉剂、扑虱灵可湿性粉剂、吡虫啉可湿性粉剂等。后期可用叶蝉乳油。按产品说明的剂量和方法施用。

（三）稻螟蛉

稻螟蛉也叫稻螟虫，俗称水稻钻心虫，属鳞翅目，螟蛾科。稻螟蛉主要有二化螟、三化螟、大螟、褐边螟、台湾稻螟，除大螟属夜蛾科外，其余都属螟蛾科。前三者在中国稻田为害较重，后两者为害较轻，在中国南方各省发生普遍。

1. 形态识别　三化螟成虫是小蛾子，体长 9 ~ 12mm，前翅长三角形，翅中有一点黑点。雌蛾黄白色，前翅淡黄色，中部有一个明显的小黑点，后翅白色，腹部粗大，尾部有一撮棕色绒毛。雄蛾体较小，全身灰白色，前翅淡灰褐色，中央的小黑点较模糊，沿外缘有 7 ~ 9 个小黑点，后翅灰白色，腹部瘦小，尾部较尖。卵块椭圆形，表面盖有黄褐色绒毛，似半粒霉黄豆。幼虫乳白色到淡黄色，背部中央有一条半透明的纵线；初孵幼虫称为蚁螟，体灰黑色，蛹长 14mm，圆筒形，黄绿色，后足超过翅芽。

二化螟成虫体长 12 ~ 16mm，前翅近长方形，外缘有 7 个小黑点；雌蛾体形稍大，前翅浅黄色，后翅白色，腹部纺锤形；雄娥体形稍小，前翅黄褐色或褐色，中央有一个黑斑，下面有 3 个不明显的小黑斑，腹部细瘦，圆筒形。卵块长条形，卵粒呈鳞状排列，扁平椭圆形，初产时为乳白色，将要孵化时变为灰黑色。初孵幼虫淡褐色，末龄幼虫体长 20 ~ 30mm，背面有 5 条褐色纵线。蛹棕褐色，长约 12mm，圆筒形，初为米黄色，腹部背面有 5 条棕色纵线。

大螟成虫灰黄色，体长 12 ~ 15mm，前翅近长方形，从翅基到外缘一条灰褐色纵带；卵半球形，初产时为乳白色，后变褐色；卵块散产，常排成 2 ~ 3 行，上无覆盖物。幼虫体较粗大，长 20 ~ 30mm，头赤褐色，胸腹部淡褐色，背面紫黄色。蛹黄色，体长 13 ~ 18mm，头胸部有白粉。

2. 为害症状　三化螟只为害水稻。幼虫在秧田期和分蘖期为害，咬断心叶基部，使心叶失水纵卷，太阳一晒就发黄干枯，形成枯心苗，俗称"抽心死"；孕穗期受害，造成死孕穗；抽穗期受害，造成白穗。由于一个卵块孵出的幼虫都附着在水稻上为害，所以造成的枯心苗和白穗形成团发生，小团块有帽子大，大团块有浴盆大，故成为"枯心团"。为害严重时，往往连接成片。

二化螟以幼虫为害水稻。分蘖期受害，虫子先吃叶鞘，造成枯鞘，俗称"剥壳死"；后咬断心叶，造成枯心苗；孕穗、抽穗期受害，造成死孕穗和白穗；灌浆、乳熟期受害，造成半枯穗和虫伤株。低龄幼虫早期为害的稻株，叶尖焦黄，稻穗变枯白色，叶鞘上有水渍状虫斑；高龄幼虫转株为害，在灌浆期蛀入茎秆，吃掉肉质层剩一层皮，遇风吹折，造成倒伏或形成半枯穗。

大螟以幼虫为害水稻。分蘖期为害，造成枯鞘和枯心；孕穗期和抽穗期为害，造成枯孕穗和白穗；抽穗后为害，造成半枯穗和虫伤株。大螟的为害与二化螟不同，由于虫体大，蛀孔也较大，孔缘粗糙，茎秆很柔，茎内外蛀屑、虫粪很多，新鲜虫粪黄褐色，稀烂如糖浆。

3. 发生规律 三化螟遍布中国中南部稻区，每年发生的世代数，从南向北逐渐减少，长江流域每年发生 3~4 代。以幼虫在稻桩内越冬，翌年 4~5 月化蛹。一般第一代为害早稻或早栽中稻，形成枯心苗；第二代为害营养发育阶段的中晚稻，形成枯心苗，为害迟熟早稻，形成白穗；第三代为害孕穗的中稻，形成白穗；第四代为害迟熟二季晚稻，形成白穗。其中，以第三代数量最大，为害最重。各代螟蛾发蛾盛期为：第一代 5 月中旬，第二代 6 月下旬，第三代 7 月底至 8 月上旬，第四代 9 月上中旬。

三化螟成虫喜欢选择生长茂盛，叶色嫩绿的稻田产卵。一般同一生育期的水稻，在多肥的稻田产卵多于一般稻田。在同一稻区内，分蘖的稻田产卵多于秧田或圆秆拔节期的稻田，孕穗期的稻田产卵多于已抽穗的稻田。卵块产在叶片上，正反面都有。蚁螟孵出后爬行或吐丝漂移分散至邻近稻株，侵入为害。水稻分蘖期，蚁螟先侵入叶鞘，形成像葱状的"假枯心"，最后咬断心叶，形成枯心苗；孕穗破口侵入的蚁螟，咬断穗颈，形成白穗，幼虫老熟后，在稻茎内基部化蛹。

影响三化螟发生数量和为害程度的主要因素是气候条件，其次是耕作制度及人为防治因素等。冬季低温和春季多雨，使其大量死亡，减少有效虫源；夏季高温干旱，有利于其繁殖为害；冬种夏收面积大，增加越冬后的有效虫源；早、中、晚稻混栽，发生为害加重。

二化螟在中国一年发生 1~5 代，从北向南逐渐增多，长江流域稻区，一年发生 2~4 代。以第一、第二代为害较重。第一代为害早插早稻或早插中稻，第二代主要为害中稻。各代发蛾盛期是：第一代 4 月上旬至 5 月上旬，第二代 7 月中旬，第三代 8 月中旬。

二化螟以幼虫在稻兜或杂草内越冬，翌年气温达 11℃ 开始化蛹。螟蛾白天静伏在稻丛中，傍晚开始活动，有趋光性和趋绿性。雌蛾喜欢选择生长嫩绿、高大、粗壮的稻苗产卵。在水稻苗期，卵块多产在稻尖 3.3~6.7cm 以上的叶鞘上。蚁螟孵化后，在水稻分蘖期分散蛀入叶鞘，为害后形成枯鞘，7~10d 后蛀入心叶造成枯心。圆秆后，常 10 余头至百余头幼虫集中在叶鞘内取食叶肉，使叶鞘枯黄，形成集中受害株，两三天后分散蛀入稻茎造成枯心苗、虫伤株、白穗。幼虫对低温有很强的抵抗力，但对高温的抵抗力较弱。在 35℃ 以上，幼虫发育不良，而中温多雨年份，发生为害较重。

大螟成虫有在田边稻株产卵的习性，一般产在近田埂 1.5~2m 内的水稻上，虫口密度特别高。在玉米上，卵大多产在生长嫩绿、高大的植株基部第二、第三片叶鞘内侧。初孵幼虫群聚于叶鞘内测为害，到 2~3 龄，分散蛀入稻茎。卵孵化后的 2~4d 是枯鞘高峰期，13~15d 是枯心高峰期。大螟食量大，常转株为害，造成大量枯心苗、死孕穗和白穗。幼虫越冬场所复杂，在玉米、高粱秆中、稻桩内和杂草根部均可越冬。冬季如果气温较高，幼虫可以活动取食；开春后气温回升，未老熟幼虫开始为害麦类，造成枯心、白穗；气温上升到10℃以上开始化蛹。发生代别，依地理纬度不同，一年发生3~7代。

4. 防治措施

（1）三化螟防治 减少越冬虫源。三化螟幼虫是在稻根里过冬。晚稻收割后有不少螟虫遗留在稻根里，这是翌年的主要虫源。预防方法一是在收割时齐泥低割；二是冬种作物应安排在无虫的水田种植；三是春耕灌水的适期掌握在惊蛰前后，此时是幼虫萌动期，灌水淹没稻根保持7~10d，以便闷死虫子。

做好选种工作，提高种子纯度，使水稻生长整齐，抽穗期集中，缩短螟虫为害的时期，可减轻螟害。

剥卵块。在螟蛾盛发期，每天上午或下午朝着阳光方向采摘螟块，特别注意苗青嫩绿的稻田，剥下的卵块带出田外销毁。

根据虫情和苗情，确定防治适期，做到合理用药。常用药剂和每亩用药量为5%锐劲特悬浮剂50g，30%甲维毒死蜱70mg，25%杀虫双水剂250g，50%杀螟松乳剂150 g，或用25%杀虫双水剂加Bt乳剂各100ml。以上药剂均匀加水60kg喷雾。

（2）二化螟防治 不论是二代或三代区，都要狠抓第一代防治。第一代治得彻底，就可以起到"压前（代）控后（代）"的作用。

① 灌水杀虫 在第一代二化螟化蛹期灌深水10~15cm，保持3~5d，杀蛹；在第二代低龄幼虫集群叶鞘期，灌深水2~3d，淹没叶鞘、杀死幼虫。

② 拔除早期被害株 在早稻田，从蚁螟孵化到幼虫转株前（一般是在蚁螟盛孵期后3~6d），齐根拔除早期枯孕穗、白穗和中心虫伤株。

③ 药剂防治 防枯心苗，在水稻分蘖期，每10m^{2}有2个枯鞘团开始用药。防治白穗、虫伤株和枯孕穗，每10m^{2}有2块卵的田，定位防治对象田，其中，有一块螟卵孵化时用药，第一次施药后10d，每10m^{2}仍有一块卵未孵化的田，再施第二次药。

用药有以下几种方法。

喷粉：25%敌百虫粉，在分蘖期每亩喷1.5~2kg，孕穗期喷2~2.5kg。

泼浇：每亩用90%晶体敌百虫150g，或25%杀虫双200g，分别加水300~400kg，进行分厢小桶泼浇。

喷雾：每亩用20%氯虫苯甲酰胺悬浮剂10ml，或施用50%杀螟松乳剂；分蘖期每亩50g，孕穗期100g，或30%甲维、毒死蜱80ml或5%锐劲特悬浮液50g，25%杀虫灭水剂10ml各加水60kg喷雾。

撒毒土：用上述泼浇或喷雾所用药剂和药量，加细土15kg拌匀，撒到稻株中下部茎秆上即可。

（3）大螟防治 处理稻根及残株中越冬虫、蛹，结合防三化螟、二化螟越冬虫源，将稻根集中烧毁处理。

拔除稗草，铲除田边杂草。拔稗草时期，应掌握在大螟产卵高峰以后到幼虫2龄之前，即尚未转移到稻株上以前。在这一时期内，结合积肥，及时铲除稻田边或玉米田边的杂草，也可防止一部分转移为害。

拔除田间初期被害株。掌握在大螟幼虫大量转株为害之前，及早剪除水稻枯鞘株和楛穗苞，连续几次，对防止转移扩散有显著作用。

药剂防治。大螟的用药适期是孵化高峰期到幼虫 1 ~ 2 龄盛期，即在分散转株为害之前。如果盛孵期长，隔一星期在用药一次。每亩用 50% 杀螟松乳油 150g，或 Bt 乳剂 200ml 加 25% 杀虫双水剂 100ml。施药时要均匀周到。穗期施药集中到上部两个叶鞘；苗期施药时，田间保持 3cm 左右浅水。

（四）稻蓟马

水稻蓟马是为害水稻的蓟马的总称。在中国，为害水稻的蓟马主要有稻蓟马、稻管蓟马、禾蓟马等。稻蓟马主要分布于长江流域及华南诸省；稻管蓟马的分布则遍及东北、华北、西北、长江流域及华南诸省；禾蓟马在贵州、湖北、湖南、江苏等局部地区；其中，以稻蓟马和稻管蓟马发生最为普遍，为害也最严重。

1. 形态识别　稻蓟马成虫体长 1.1 ~ 1.3mm，黑褐色，头近似正方形，触角 7 节，翅淡褐色。雌虫略大于雄虫，初羽化时体为褐色，1 ~ 2d 后为深褐色至黑褐色。卵肾形，长约 0.2mm。腹末雌虫锥形，产卵器锯齿状，雄虫较圆钝。若虫同成虫体形相似，无翅，共 4 龄。稻管蓟马体长 1.5 ~ 1.8mm，赤褐色到棕褐色。

2. 为害症状　水稻蓟马以成虫和若虫用尖锐的口针锉伤水稻叶片、颖花等幼嫩的部位，然后吸食稻株流出来的汁液。被害叶片上出现黄白色小斑点，随后叶尖逐渐纵卷、枯黄，严重时可使成片秧苗发黄、发红，如同火烧过一样。稻苗严重受害时，影响稻株返青和分蘖生长受阻，稻苗坐蔸。由于它们体形太小，往往被人忽视，直到整个田块里的叶尖都卷曲，才能被发现。尤其是在苗期，如果把秧苗叶尖纵卷误认为是水肥管理不当，或者发生了病害，往往就会贻误防治时机，对秧苗造成很大的伤害，从而降低了秧苗的质量。在水稻扬花期，颖花受害以后，长出的稻穗往往干瘪不实，千粒重减轻，影响水稻产量和品质。

3. 发生规律　稻蓟马主要为害水稻，以水稻秧苗和分蘖期受害最重，并且能为害小麦、玉米，以及游草、稗草、看麦娘等禾本科杂草，在稻蓟马越冬和早春的生存方面起着重要作用。

蓟马成虫和若虫都比较怕光，晴天的时候大多都躲藏在心叶或卷叶里，傍晚或阴天才爬行至水稻叶面上活动。成虫将卵散在叶片正面叶脉间的表皮组织内，对着光查看的时候，能够看到针孔大小的边缘光滑的半透明卵粒。1 头雌虫一生可产卵 100 粒左右，而水稻蓟马生活周期又短，一年能够发生十几代。在田间，秧苗自 2 叶期开始见卵，以 4 ~ 5 叶期秧苗上卵量最多，秧苗带卵量大时，能造成本田初期的严重为害。

初孵若虫先隐藏于心叶卷缝间、叶腋和卷缩的叶尖等幼嫩隐蔽处取食，随后分散到嫩叶上为害，被害叶初期出现白色至黄褐色的小斑痕，继而出现叶尖纵卷枯萎的现象。生长嫩绿的水稻，容易招引蓟马集中为害，受害往往较重。到水稻圆秆拔节期后，虫口显著下降；以后稻叶组织硬化，除少部分留存于无效分蘖和稻穗上为害以外，大都转移到晚季秧苗和田边游草上为害。

到 10 月中旬后，水稻处于生长中后期，稻蓟马很少在水稻上继续为害，都转移到田边幼嫩的杂草，特别是游草上取食、存活，或在早播的麦苗上为害。并最终在游草和其他禾本科杂草心叶内越冬。稻管蓟马在水稻生长期内均有出现，但在水稻生长前期，发生数量比稻蓟马少。稻管蓟马多发生在水稻扬花期，病在颖花内取食、产卵繁殖，被害稻穗出现不实粒。

据报道，稻蓟马在江苏 1 年发生 9~11 代，安徽年发生 11 代，浙江年发生 10~12 代，福建中部年发生约 15 代，广东中南部年发生 15 代以上。其生长发育和繁殖的适宜温度在 10~28℃，最适温度为 15~25℃。冬季气候温暖，有利于稻蓟马的越冬和提早繁殖。江淮地区一般于 4 月中旬起虫口数量呈直线上升，5~6 月达最高虫口密度；在 6 月初到 7 月上旬，凡阴雨日多，气温维持在 22~23℃ 的天数多，稻蓟马就会大发生；7 月中旬高温少雨，虫数剧降；秋季又稍有回升，数量较少。秧苗 3 叶期以后，本田自返青至分蘖期是稻蓟马的严重为害期。此时，每单株有若虫或蛹 1~2 头，可以造成叶尖初卷；有虫 5 头，卷叶 3~5cm，有时达全叶的 1/2；有虫 10 头以上，叶片大部纵卷，甚至全叶枯死。水稻分蘖末期，苗大叶健，即使虫量较多，也不会使叶片纵卷，对水稻生长无明显影响。如稻后种植绿肥和油菜，将为稻蓟马提供充足的食源和越冬场所。

4. 生活习性　成虫白天多隐藏在纵卷的叶尖或心叶内，有的潜伏于叶鞘内。早晨、黄昏或阴天多在叶上活动，爬行迅速，受震动后常展翅飞去，有一定迁飞能力，能随气流扩散。雄成虫寿命短，只有几天；雌成虫寿命长，为害季节中多在 20d 以上。雌成虫有明显趋嫩绿秧苗产卵的习性。在秧田中，一般在 2~3 叶期以上的秧苗上产卵。若虫活泼，1~2 龄若虫是取食为害的主要阶段，多聚集在叶耳、叶舌处，特别是在卷针状的心叶内隐匿取食；3 龄若虫行动呆滞，取食变缓，此时多集中在叶尖部分，使秧叶自尖起纵卷变黄色。大量叶尖纵卷变黄色，预兆着 3~4 龄若虫激增，成虫将盛发。

5. 生活史　稻蓟马生活周期短，发生代数多，田间世代重叠严重。中国各稻区每年发生 10~14 代。在华南稻区一年发生多达 20 代，能终年繁殖为害水稻。在其他稻区以成虫在麦类、游草、看麦娘、草芦、巴根草、狗尾草、蟋蟀草、蒿草、芦竹、稗草、锁芬草、地毯草和茅草等杂草中越冬，而以沟边、河边、塘边等处禾本科杂草上数量多。当翌年气温达 12.5℃ 时，或游草开始萌发，越冬成虫开始取食、产卵。在田间秧苗露青时，大量成虫迁入秧田，以后在各类秧田、本田转移为害。晚秋水稻收割后，转移到越冬寄主上繁殖，越冬。

6. 防治措施

（1）农业防治

①除草防虫　游草等禾本科杂草是水稻蓟马的越冬场所和重要食物来源。因此，冬春期清除杂草，特别是铲除田边、沟边、塘边杂草，清除田埂地旁的枯枝落叶，秧田附近的游草，是解决稻蓟马初侵虫源的有效措施。使用药剂防治水稻蓟马时，也要喷稻田附近的杂草。

② 水稻品种合理布局　水稻蓟马发生时间长。因此，如果水稻品种布局不合理，不同品种类型、不同熟期的水稻插花种植，水稻蓟马就可以在各个稻田之间辗转为害。所以，应使同一类型、同一品种的稻田集中栽插。

③ 科学管理　早插秧，培育壮秧。并进行科学的水肥管理，控制无效分蘖，增强水稻抗逆耐害能力。

（2）生物防治　水稻田中除了害虫，还有很多天敌，如蜘蛛、花蝽、瓢虫等，能够捕食蓟马，对蓟马发生数量有一定的抑制作用。喷药防治水稻害虫时，应尽量避免使用广谱性的杀虫剂，以保护天敌，充分发挥天敌对害虫的控制作用。

（3）药剂防治　药剂防治的策略是狠抓秧田，巧抓大田，主防若虫，兼防成虫。当秧田秧苗卷叶率达 10% ~ 15%，百株虫数达到 100 ~ 200 头，本田卷株率 20% ~ 30%，百株虫数达 200 ~ 300 头时，应及时进行药剂防治。在选用药剂时，最好选用长效农药。

① 药剂拌种　每 100 kg 杂交稻种子拌 5% 氟虫腈 1.5 kg；100 kg 常规稻拌药 400g。每 100kg 水稻干种拌 70% 吡虫啉可湿性粉剂 100 ~ 200 g。有效期可达 30d 以上。

秧畦施药播种前每亩用低毒高效农药拌细土，均匀地撒施在湿润的秧畦上，然后播种，防治蓟马有效期可达 1 个月以上。

② 药剂喷杀　秧田和本田每亩用 40% 毒死蜱乳油 60ml，或 50% 杀螟松乳油 60ml，或 25% 杀虫双水剂 200ml，或 20% 三唑磷乳油 100ml，或 5% 氟虫腈悬浮荆 30ml，或 10% 吡虫啉可湿性粉剂 20g，加水 50 ~ 60L 喷雾或 10 ~ 20L 喷雾。

用 10% 烯啶虫胺水剂 1 000 倍液，或 1% 甲氨基阿维菌素苯甲酸盐乳油 1 000 倍液，或 10% 吡虫啉可湿性粉剂 1 000 倍液。此外，水稻受害后，长势衰弱，可根据实际情况，进行适当补肥。

（五）稻水象甲

稻水象甲，别名稻水象、美洲稻象甲，属检疫性害虫。其活动性大，迁飞性强，具有对恶劣环境适应能力强、寄主范围广、栖息环境复杂、繁殖力强且具孤雌生殖等特点，一旦传入便能迅速定居并扩散，不易防治。

1. 形态识别　稻水象甲成虫体形为椭圆形，长 2.5 ~ 3.0mm，宽 1.2 ~ 1.5mm；雌虫略比雄虫大；体壁褐色或淡绿色；喙为圆筒状，端部不膨大，密被鳞片；触角红褐色，由基部到端部依次分为柄节、梗节和鞭节，梗节短粗呈念珠状；前胸背板宽略大于长，前端明显收缩，正中有 1 条深褐色纵宽纹；中胸小盾片白色、圆形；鞘翅奇数行间较偶数行间宽而凸，且散布不规则小疣，上被弯曲的鳞片状毛；鞘翅前行间 1 ~ 3 条具不规则深褐色纵纹；足腿节棒形，无齿；胫节细长，弯曲；中足胫节两侧各有 1 排长的游泳毛，跗节 3 不呈二叶状，爪分离。

卵珍珠白，圆柱形，稍向内弯曲，两端头为圆形，长径约 0.8mm，短径约 0.2mm，长为宽的 3 ~ 4 倍，肉眼几乎看不见。

幼虫白色，无足，头部褐色。腹节 2 ~ 7 背面有成对朝前伸的钩状气门，幼虫被水淹时得以从植物的根内和根周围获得空气。活虫时可见体内的气管分支。

老熟幼虫在附着在根部的土制茧中化蛹。土茧形似绿豆，长径 4～5mm，短径 3～4mm，颜色不深。蛹白色，大小、形状近似成虫。

稻水象甲成虫主要鉴定特征：前胸背板自端部到基部具 1 黑色鳞片组成的广口瓶状的暗斑；触角棒节 1 光滑，棒节 2、3 密生细毛；中足胫节两侧各有 1 排长的游泳毛；雌虫后足胫节有前锐突和 1 个不分叉的钩状突起。

2. 为害症状　稻水象甲原产自北美洲，为新大陆特有的种，以野生禾本科、莎草科等潮湿地带生长的植物为食，是中国为害较大的外来入侵物种之一。随稻秧、稻谷、稻草及其制品、其他寄主植物、交通工具等传播。寄主种类多，为害面积广。成虫蚕食叶片，幼虫为害水稻根部。为害秧苗时，可将稻秧根部吃光。稻水象甲发生田块，一般减产 20%，受灾严重田块减产 50%。美国水稻遭受该虫为害，估计损失一般为 28.8%，严重的 37.9%；日本 15%～22%；韩国 4%～22%。

3. 发生规律　稻水象甲一年发生不完全两代。具有迁飞、趋光、群居、潜泳、钻土、趋嫩、假死等习性。抗逆性和繁殖能力强，具有较强的飞行扩散能力，可随风、水等迁移。以成虫越冬，稻水象甲的越冬场所比较复杂，常以成虫在稻田附近的山丘，树林的树叶下，草丛田埂下表层土，路旁荒草地丛表层土及稻茬下越冬。

稻水象甲一般每年发生 1 代，以成虫越冬。中国各地成虫的生活史随各地气候条件差异，出现和发病时间略有不同。现以安徽省桐城市为例来表述稻水象甲的发生规律。桐城市稻水象甲的越冬代成虫初见期在 3 月下旬，但早春温度高，初见期就早；早稻秧苗揭膜前为害田边禾本科杂草，秧苗揭膜后即开始为害秧苗，秧田集中为害后随着早稻移栽向大田扩散；早稻大田前期普查，距田边 2～5m 成虫量大，距田边 50～60m 成虫量小，呈递减分布。5 月中旬是早稻大田成虫盛发期，田间高峰期可维持 20d 左右，5 月底 6 月初仍散见成虫，一般 6 月上旬终见；1 代幼虫 5 月底初见，6 月上旬大量转株为害，6 月中旬后期陆续化蛹。1 代成虫始见 7 月中旬，先集中到双晚秧田为害，秧苗可见明显为害状；随着双晚移栽，分散在大田为害；8 月中下旬田间终见。1 代成虫发生量明显低于越冬代。

4. 生活史　稻水象甲要经过 4 个发育期：卵、幼虫、蛹和成虫。其中，卵、幼虫、蛹期的发育要在水中完成，成虫具半水生习性。稻水象甲是以成虫在水田四周和林带禾本科杂草的根基部、落叶下、稻草、稻桩，以及住宅附近的草地内越冬。成虫一般在水淹后开始产卵。稻水象甲成虫喜在水下面 4～7cm 的叶鞘内产卵。卵期约 7d，第一代幼虫 30d 左右，蛹期 5～14d。越冬代成虫每头平均产卵 54 粒，每日产卵 1～2 粒，主要在白天产卵。

5. 生活习性　稻水象甲以成虫及幼虫为害水稻，尤以幼虫为害最烈。成虫沿水稻叶脉啃食叶肉或幼苗叶鞘，被取食的叶片仅存透明的表皮，在叶片上形成宽 0.38～0.8mm，通常为 0.5mm，长不超过 30mm，两端钝圆的白色长条斑；稻水象甲为害水稻叶片则形成一横排小孔。低龄幼虫在稻根内蛀食，高龄幼虫在稻根外咬食。

稻水象甲具有较强的迁飞习性，一次飞行距离可达 4～6km；越冬成虫如遇适宜气温 20～27℃，3～4 级顺风情况下，远程传播可达 100km 以上。该虫亦具有趋光性、趋嫩性、群聚性、抱团性与假死性。

6. 防治措施

稻水象甲目前被认为是仅次于稻飞虱的水稻第二大害虫。稻水象甲是中国规定的重要植物检疫害虫。中国大陆针对稻水象甲的防治进了大量的工作，对稻水象甲的防治提倡综合管理，采取检疫措施、生物防治、化学防治、物理防治相结合，以"治成虫、控幼虫、治早稻、保晚稻"，全年以防治越冬代成虫最为关键的控制策略进行防控。

（1）严格进行检疫　稻水象甲成虫、幼虫、卵 3 种虫态可以随水稻秧苗传播，成虫可以随稻草、稻谷、稻种、稻壳及交通工具传播，传播途径十分广泛。为防止稻水象甲的传播和蔓延，凡是稻水象甲疫区调出的稻草、稻种、包装材料和交通工具等实行严格的检疫。

（2）物理防治　物理防治主要是利用第一代稻水象甲成虫的强趋光性的特性，在稻田附近架设诱集灯，然后集而杀之，达到压低成虫越冬基数的目的。

（3）农业防治

① 选育抗虫品种　目前，美国进行了大量的筛选实验，除在美国已培养成强抗虫性品种 wc‐1403 外，尚有毛稻陆羽 20 号等。日本也将 wc‐1403 与当地水稻品种进行杂交，试图培养出适合日本的强抗虫品种。已知菲律宾和日本型水稻品种比美国及朝鲜品种更具抗性。中国目前尚未见有关抗稻水象甲水稻品种的报道。

② 加强灌溉管理　稻水象甲与水的关系十分密切，因而加强灌溉管理显得十分重要。排出水源来改变幼虫生长所需的生境是一种有效的策略，有可能代替杀虫剂控制稻水象甲。美国南方稻区一直在重点研究以适时排水或推迟灌水等田间水管理措施来控制幼虫的为害。

（4）生物防治　美国用线虫对稻水象甲幼虫的防治效果接近 40%。在日本 1981—1990 年使用白僵菌和绿僵菌控制越冬稻水象甲具有一定的效果，但由于施用时间或虫口密度不同而存在差异。张玉江等（1997）以自制的白僵菌剂进行了 7 次田间试验，4d 后始见稻水象甲成虫染病死亡，喷洒白僵菌孢子 $1.5 \times 10^{13}/hm^2$，染病死虫率为 39.6% ~ 90.4%；若与常量 1/4 的杀虫剂混用，防效明显增加。陈祝安等（2000）报道，在稻水象甲成虫怀卵期，田间用绿僵菌（1014 孢子/hm^2）喷雾防治，13d 后对成虫的防治效果达 92.5%。

（5）化学防治　到目前为止，发生稻水象甲为害的各国仍以化学防治作为控制稻水象甲为害的主要手段。美国自 20 世纪 70 年代末以来一直使用呋喃丹颗粒剂作为稻水象甲防治的主要措旅，但该药 1995 年后被禁止使用。虽然已筛选出了几种有一定效果的药剂，但尚无能替代呋喃丹的杀虫剂。日本、韩国和中国台湾主要以撒施颗粒剂和育秧箱施药防治稻水象甲，新的农药剂型（如包衣剂、漂浮剂）和新的施药方法也正在试验之中。

自 1988 年以来，中国各地进行了防治稻水象甲的药剂筛选工作。辽宁省制定了稻水象甲的综合防治措施。一般在本田插秧 5 ~ 10d 后，以功夫、来福灵、速灭杀丁、敌杀死、氯杀威、菊杀乳油、灭扫利等药剂，采用常规剂量喷雾防效为 96.4% ~ 100%。也可在移栽后 15d 进行、稻乐丰、锐劲特、多来宝等喷雾。其他疫区也制定了相应的防治措施。

① 药剂拌种　在稻水象甲常年发生区域，在浸种后 1kg 稻种，用 70% 噻虫嗪拌种剂 49 拌种，可有效预防秧田期和大田初期的稻水象甲为害。

② 狠治早稻田的越冬代成虫　抓住 5 月上中旬成虫的迁飞高峰期，在早稻秧田揭膜后和大田前期，选用阿维菌素等集中用药 1~2 次，均有较好防效。

③ 挑治一代幼虫　一代幼虫是能对早稻造成直接损失的主要为害虫态。田间刚发现幼虫为害状时，用毒死蜱拌土撒施。幼虫一般主要分布在田边，田边应作为重点施药区。每次防治时对田边杂草要同时用药。

（6）其他防治措施　在重发区改双季稻为一季稻，或改早稻为种植大豆、早玉米。早稻田种西瓜，实行水旱轮作恶化稻水象甲生存环境。夏天中午高温下晒 10min 收获的稻谷可杀死藏在谷内的成虫。

二、小麦虫害及防治

（一）小麦吸浆虫

小麦吸浆虫俗称麦蛆，又叫小红虫。其虫体小，发生和为害隐蔽，发生量大，为害严重，是小麦生产上一种毁灭性害虫。

1. 形态识别　小麦吸浆虫属双翅目（Diptera）瘿蚊科（Cecidomyiidae）害虫。麦田中吸浆虫主要有两种：麦红吸浆虫（Sitodiploiss mosellana Gehin）和麦黄吸浆虫（Contarinia tritici Kirby）。红吸浆虫主要发生在平原地带，黄吸浆虫多发生在高原和山区盆地。中国主要发生的为麦红吸浆虫。吸浆虫的成虫形状和蚊子很相似，只是比蚊子还要小一半左右，颜色和蚊子完全不同。背上有一对膜质的翅，呈紫色，有光泽。3 对足细长。

红吸浆虫：体色橘红色，雌成虫体长 2.5mm，翅展 5mm，产卵管比身体短；雄成虫体长 2mm，翅展约 4mm。卵长圆形，淡红色。幼虫是橘红色小蛆，老熟时体长 3mm 左右。蛹黄褐色，头部 1 对短毛比呼吸管短。

黄吸浆虫：体色姜黄色，雌成虫体长 2mm，翅展 4.5mm，产卵管比身体长；雄成虫体长 1.5mm，翅展约 3.2mm。卵细小，长圆形，略弯曲。幼虫体色姜黄色，老熟幼虫体长 2.5mm。蛹黄褐色，头部 1 对短毛比呼吸管长。

2. 为害症状　幼虫在小麦穗期侵入小麦壳，吸食正在灌浆的麦粒浆汁，使麦粒不饱满甚至空秕，麦株先贪青，后早枯。对光看麦壳，可看到多条幼虫。大发生年份造成严重减产。

3. 发生规律　两种小麦吸浆虫均一年发生一代，以幼虫在 7~10cm 深的土中结茧越夏、越冬。若遇不良环境，幼虫有多年休眠习性，故也有多年完成 1 代的。越冬虫茧翌年春天 3 月上中旬，小麦拔节期间，幼虫破茧上升到土表；4 月中下旬大量化蛹，抽穗前后羽化，蛹羽化盛期在 4 月下旬至 5 月上旬；成虫出现后，正值小麦抽穗扬花期，随之大量在麦穗上产卵；幼虫孵化后侵入麦颖内为害。

红吸浆虫多将卵产在已抽穗尚未扬花的麦穗颖间和小穗间，3~5粒/处。黄吸浆虫多产于正在抽穗麦株的内外颖里面及其侧片上，产5~6粒/处。经约5d，卵孵化为幼虫，幼虫钻入正在扬花的小麦颖壳内，吸食小麦浆液，致使麦粒空秕，严重减产。老熟幼虫为害后，爬至颖壳及麦芒上，随雨水或自动弹落在土表，钻入土中作圆茧越冬；翌年遇适宜的条件，再次为害小麦。

雨水是虫害发生较重的一个重要条件。在成虫活动和孵化阶段，气候干燥，对其繁殖不利，虫害发生较轻；当麦穗内的幼虫进入老熟时，如果天旱无雨，幼虫不能入土，在这种情况下，麦株上的幼虫数量虽大，但翌年也不可能发生。虫害发生轻重还与小麦品种的关系很密切。凡小穗稀疏、壳薄、合得不紧，抽穗、齐穗期正遇到成虫盛发期，这类品种受害较重。

4. 生活习性　小麦吸浆虫畏光，多在早晚活动，中午多潜伏在麦株下部丛间。卵产在内外颖、穗轴与小穗柄等处。初孵幼虫从内外颖缝隙处钻入麦壳中，附在子房或刚灌浆的麦粒上为害15~20d，经2次蜕皮，幼虫短缩变硬，开始在麦壳里蛰伏，抵御干热天气，这时小麦已进入蜡熟期。遇有湿度大或雨露时，苏醒后再蜕一层皮爬出颖外，弹落在地上，从土缝中钻入土中结茧越夏或越冬。该虫主要天敌有宽腹姬小蜂、光腹黑蜂、蚂蚁和蜘蛛等。

5. 防治措施　小麦吸浆虫综合防治措施是控制小麦吸浆虫，应准确监测虫情，充分利用以抗虫品种和轮作换茬为主的农业措施，结合重点药剂防治，保护天敌，控制吸浆虫数量增长，将吸浆虫控制在成灾水平以下。

（1）选用抗病品种　不同小麦品种，小麦吸浆虫的为害程度不同。一般芒长多刺，口紧小穗密集，扬花期短而整齐，果皮厚的品种，对吸浆虫成虫的产卵、幼虫入侵和为害均不利。应选用颖壳紧密、籽粒灌浆快、种皮较厚的抗虫品种；也可选用早熟品种，避开小麦吸浆虫产卵期与小麦扬花期的吻合，减轻小麦吸浆虫的为害。

（2）实行轮作倒茬　耕翻暴晒或深耕，控制春后灌水、追肥。调整作物布局改善农田环境，推广小麦、大豆或小麦、棉花等种植模式。

（3）化学防治

① 虫茧期防治　虫茧期防治在麦播整地时进行。药剂土壤处理，每亩用50%辛硫磷乳油200ml，加水5kg，喷在20kg干土上，拌匀制成毒土撒施地面，随耕翻入土中，或于耕后撒垡头，随耙地混入土中。药剂拌种用50%辛硫磷100ml，加清水稀释拌100kg种子，种子拌匀，堆闷2~3h后播种。

② 蛹期防治　在小麦拔节至孕穗期间，根据对小麦吸浆虫发育进度调查，重点抓好蛹期防治。凡10cm×10cm×20cm有虫5头以上的田块要进行蛹期防治。可用2.5%拌撒宁绿色颗粒或3%辛硫磷颗粒剂每亩3~4kg；也可用50%辛硫磷乳油每亩200~250ml加水2.5kg，拌细干土（或细干沙）30~35kg掺匀，顺麦垄撒施地面，可杀死上升地表的幼虫和蛹。

③ 成虫期防治　如果错过蛹期防治的有利时机，可在小麦抽穗期间对成虫防治。可用4.5%氯氰菊酯乳油每亩40ml或2.5%辉丰菊酯25ml，加水40kg喷雾；也可用50%辛

硫磷乳油、36%克螨蝇乳油1 000~1 500倍液或2.5%溴氰菊酯乳油、20%杀灭菊酯乳油4 000倍液喷雾进行防治。

（二）麦蜘蛛

小麦红蜘蛛又名麦蜘蛛、火龙、红旱、麦虱子等。食性杂、繁殖传播速度快，是为害小麦的重要害虫之一。小麦红蜘蛛在中国不同麦区均有发生，为害趋势逐年加重，若防治不当将严重影响小麦的产量和品质。一般情况，小麦红蜘蛛能导致小麦减产达15%~20%，严重地块减产达50%~70%。

1. 形态识别 麦蜘蛛是很小的红色蜘蛛，属蛛形纲、蜱螨目。麦蜘蛛一生中经过卵、若蜱和成蜱3个时期。一龄若蜱称为幼株，只有3对足；2龄以后称为若蜱，它和成蜱一样有足4对。为害小麦的红蜘蛛可分为麦圆蜘蛛和麦长腿蜘蛛两种。麦圆蜘蛛体长0.6~0.7mm，红褐色到黑褐色，椭圆形，4对足差不多一般长；麦长腿蜘蛛体长在5mm以内，红色到黑褐色，菱形或长圆形，两端稍尖，1对、4对足特别长，2对、3对足较短。

2. 为害症状 小麦红蜘蛛主要以成虫或若虫吸食小麦茎叶汁液为主。麦蜘蛛的成蜱、若蜱密集在麦苗上吸食汁液，被害叶片先出现白色小点，逐渐变黄色，轻者造成植株矮小、发育不良；受害严重时，全叶枯黄，甚至大片麦苗枯黄致死，小麦不能抽穗，严重影响小麦光合作用，最终导致大幅度减产。

3. 发生规律 麦长腿蜘蛛1年发生3~4代，以成虫和卵越冬，翌年3月越冬成虫开始活动，卵也陆续孵化，4~5月进入繁殖及为害盛期，5月中下旬成虫大量产卵越夏，10月上中旬越夏卵陆续孵化为害麦苗，完成1个世代需24~26d。麦圆蜘蛛1年发生2~3代，以成虫、若螨在麦株及杂草上越冬，3月中下旬至4月上旬虫量大、为害重，4月下旬虫口密度降低，越夏卵10月开始孵化为害秋苗，每头雌螨平均可产卵20余粒，完成1代需46~80d。

麦长腿蜘蛛喜温暖、干燥，最适温度为15~20℃，最适湿度50%以下。因此，多分布在平原、丘陵、山区麦田，一般春旱少雨年份活动猖獗。每天日出后上升至叶片为害，以9~16时较多，其中，又以15~16时数量最大，20时以后即退至麦株基部潜伏。对大气湿度较为敏感，遇小雨或露水大时即停止活动。

麦圆蜘蛛喜阴湿，怕高温、干燥，最适温度为8~15℃，适宜湿度为80%以上，多分布在水浇地或低洼、潮湿、阴凉的麦地，春季阴凉多雨时发生严重。在一天内的活动时间与麦长腿蜘蛛相反，主要在温度较低和湿度较高的早晚活动为害；以6~8时和18~22时为活动高峰；中午阳光充足，高温干燥，移至植株基部潜伏；气温低于8℃时很少活动。

麦长腿蜘蛛和麦圆蜘蛛都进行孤雌生殖，有群集性和假死性，均靠爬行和风力扩大蔓延为害。所以，在田间常呈现出从田边或田中央先点片发生、再蔓延到全田发生的特点。成虫、若虫均可为害小麦，以刺吸式口器吸食叶汁。首先为害小麦下部叶片，而后逐渐向中上部蔓延。受害叶上最初出现黄白色斑点，以后随红蜘蛛增多，叶片出现红色斑块，受害叶片局部甚至全部卷缩，变黄色或红褐色，麦株生育不良，植株矮小，穗小粒轻，结实率降低、产量下降，严重时整株干枯。麦圆蜘蛛比麦长腿蜘蛛出现早。两种蜘蛛大多在夜间产卵，离麦根愈近，产卵愈多。冬季雨雪少，翌年 3 ~ 4 月温度适宜，阴雨多，麦圆蜘蛛发生时间长，为害重。3 ~ 4 月天气干旱，温度适宜，麦长腿蜘蛛发生重。

4. 生活习性　麦长腿蜘蛛每年发生 3 ~ 4 代，完成 1 个世代需 24 ~ 46d，平均 32d。麦圆蜘蛛每年发生 2 ~ 3 代，完成 1 个世代需 46 ~ 80d，平均 57.8d。两者都是以成虫和卵在植株根际和土缝中越冬，翌年 2 月中旬成虫开始活动，越冬卵孵化。3 月中下旬虫口密度迅速增大，为害加重。5 月中下旬麦株黄熟后，成虫数量急剧下降，以卵越夏。10 月上中旬，越夏卵陆续孵化，在小麦幼苗上繁殖为害。12 月以后若虫减少，越冬卵增多，以卵或成虫越冬。

5. 防治措施　加强农业防治，重视田间虫情监测，及时发现，及早防治，将麦蜘蛛消灭于点片发生时期。

（1）农业防治

① 灌水灭虫　在红蜘蛛潜伏期灌水，可使虫体被泥水粘于地表而死。灌水前先扫动麦株，使红蜘蛛假死落地，随即放水，收效更好。

② 精细整地　早春中耕，能杀死大量虫体；麦收后浅耕灭茬，秋收后及早深耕；因地制宜进行轮作倒茬，可有效消灭越夏卵及成虫，减少虫源。

③ 加强田间管理　一要施足底肥，保证苗齐苗壮，并要增加 P、K 肥的施入量，保证后期不脱肥，增强小麦自身抗病虫害能力。二要及时进行田间除草，对化学除草效果不好的地块，要及时采取人工除草办法，将杂草铲除干净，以有效减轻其为害。实践证明，一般田间不干旱、杂草少、小麦长势良好的麦田，小麦红蜘蛛很难发生。

④ 选用优良品种　增强小麦抗逆性，提高秧苗素质，减轻红蜘蛛的发生与为害。暖冬导致部分播种早的麦田发生旺长，春季小麦返青后遇倒春寒，冬性弱的品种抗寒能力差，冻害严重，加剧了红蜘蛛的为害。

⑤ 及时调查　春季农户应注意收听植保部门发布的预测预报，并在管理时注意观察，若春季气温回升快、天气干旱，红蜘蛛繁殖迅速；密切关注其发生动态，做到早调查、勤调查，当每33cm 单行麦垄有虫 200 头以上时或者上部叶片 10% 以上有被害斑点时应及时防治。

（2）化学防治　小麦红蜘蛛虫体小、发生早且繁殖快，易被忽视，因此应加强虫情调查。从小麦返青后开始每 5d 调查 1 次，当麦垄单行 33cm 有虫 200 头或每株有虫 6 头，大部分叶片密布白斑时，即可施药防治。

检查时注意不可翻动需观测的麦苗，防止虫体受惊跌落。防治方法以挑治为主，即哪里有虫防治哪里、重点地块重点防治，这样不但可以减少农药使用量，降低防治成本，还可提高防治效果。

小麦起身拔节期于中午喷药，小麦抽穗后气温较高，10 时以前和 16 时以后喷药效果最好。可用人工背负式喷雾器加水 50～75kg，药剂喷雾要求均匀周到、匀速进行。如用拖拉机带车载式喷雾器作业，要用二挡匀速进行喷雾，以保证叶背面及正面都能喷到药剂。

通过多年田间应用试验，防治红蜘蛛最佳药剂为 1.8% 虫螨克 5 000～6 000 倍液，防治效果可达 90% 以上；其次是 15% 哒螨灵乳油 2 000～3 000 倍液、1.8% 阿维菌素 3 000 倍液、20% 扫螨净可湿性粉剂 3 000～4 000 倍液、20% 绿保素（螨虫素+辛硫磷）乳油 3 000～4 000 倍液，防治效果达 80% 以上。

（三）小麦蚜虫

小麦蚜虫俗称油虫、腻虫、蜜虫，是小麦的主要害虫之一。可对小麦进行刺吸为害，影响小麦光合作用及营养吸收、传导。如果防治不及时，造成千粒重严重下降，一般减产 10%～30%。

1. 形态识别　麦蚜虫属同翅目、蚜科，是中国小麦的重要害虫之一。其种类主要包括麦长管蚜（*Macrosiphum avenae* Fabricius）、麦二叉蚜（*Schizaphis grarainam* Rondani）、禾谷缢管蚜（*Rhopalosiphum padi* Linnaeus）3 种。麦蚜个体小，繁殖快，在小麦整个生育期都可发生，为害叶片、茎秆和嫩穗。尤其是小麦抽穗后，温度升高，蚜虫繁殖速度加快。蚜虫不仅造成直接为害，还传播小麦病毒病。

（1）麦长管蚜　无翅孤雌蚜体长 3.1mm，宽 1.4mm，长卵形，草绿色至橙红色，有时头部带红色或褐色，腹部两侧有不明显的灰绿至灰黑色斑。触角黑色，第 3 节有 8～12 个感觉圈排成一行。腹部第 6～8 节及腹面具横网纹，无缘瘤。喙粗大，黑色，长度超过中足基节。腹管长圆筒形，黑色，长为体长的 1/4，在端部有十几行网纹。有翅孤雌蚜体长 3.0mm，椭圆形，绿色。喙不达中足基节。腹管长圆筒形，黑色，端部具 15～16 行横行网纹，尾片长圆锥状，有 8～9 根毛。若蚜体绿色，有时粉红色，复眼红色，一般体较短。

（2）麦二叉蚜　体卵圆形，长 2.0mm，宽 1.0mm。淡绿色，背中线深绿色。触角 6 节，黑色，但第 3 节基半部及第 1、第 2 节淡色，长度达体长的 2/3。喙淡色，但第 3 节及端节灰黑色，长度超过中足基节，端节粗短。腹管长圆筒形，淡绿色，顶端黑色。中额瘤稍隆起，额瘤较中额瘤高。中胸腹岔具短柄。有翅孤雌蚜：体长卵形，长 1.8mm，宽 0.73mm。头、胸黑色，腹部色浅。触角黑色共 6 节，全长超过其体长的 1/2。触角第 3 节具 4～10 个小圆形次生感觉圈，排成一列。前翅中脉二叉状。其他特征与无翅型相似。

（3）禾谷缢管蚜　无翅孤雌蚜体宽，卵圆形，长 1.9mm，宽 11mm，橄榄绿至黑绿色，嵌有黄绿色纹，体外常被薄蜡粉。触角 6 节，黑色，但第 1、第 2 节及第 3 节基部淡色，长度超过体长的 1/2。中胸腹岔无柄。中额瘤隆起。喙粗壮，较中足基节长，长是宽的 2 倍。腹管灰黑色，顶端黑色，长圆筒形，缘突明显。腹管基部周围常有淡褐色或铁锈色斑纹。尾片及尾板灰褐色。有翅孤雌蚜长卵形，体长 2.1mm，宽 11mm。头、胸黑色，腹部深绿色，具黑色斑纹。触角第 3 节具圆形次生感觉圈 19～28 个，第 4 节 2～7

个。腹部第 2~4 节有大型绿斑,腹管后斑大,围绕腹管向前延伸。第 7、第 8 节腹背具中横带,腹管黑色。其他特征与无翅型相似。若蚜体淡紫色,被有白粉,复眼褐色,触角及足色淡。

2. 为害症状

(1)吸取营养　蚜虫多以成、若虫聚集在麦苗根部越冬。小麦起身拔节后,随着气温升高,种群数量缓慢上升,如若不能及时采取有效措施,蚜虫迅速繁殖,大面积发生。小麦蚜虫以成虫和若虫刺吸麦株茎叶和嫩穗的汁液为害小麦。麦苗前期受害可造成叶片发黄,影响生长,甚至枯黄而死;拔节至孕穗期受害影响抽穗;后期为害被害部分出现黄色小斑点,麦叶逐渐发黄,麦粒不饱满,严重时麦穗枯白,不能结实,甚至整株枯死,直接影响小麦产量。一般可减产 10% ~ 30%。

(2)影响光合作用　小麦蚜虫大量发生时,蚜虫排出的蜜露,涂抹在小麦叶片及嫩穗上,严重地影响光合作用,造成小麦减产。

(3)传毒　小麦蚜虫还能够传播小麦黄矮病,使小麦叶片变黄色,植株矮小,影响产量,造成比吸食营养更大的损失。

3. 发生规律　麦蚜 1 年可发生 10~30 余代。麦长管蚜在黄河以南地区以无翅胎生成蚜和若蚜,在寄主根际周围或土块下越冬;在长江以南则无明显休眠现象,-10℃以下的地方冬季不能越冬。每年春季随气温的回升,越冬长管蚜产生大量有翅蚜,随气流迁入北方冬麦区进行繁殖为害。

麦二叉蚜在北方以卵在麦苗枯叶、土缝及杂草上或土块下越冬,在淮河以南则以成蚜和若蚜在麦苗和土缝内越冬,无明显休眠现象,天暖时仍能爬到叶面活动取食。

禾谷缢管蚜在长江以北,均以卵在苹果、桃等的树皮缝、芽腋等处越冬。5 月中上旬严重为害小麦。小麦收割后,大批迁至玉米、高粱上为害。

麦长管蚜随植株生长向上部叶片扩散为害,最喜在嫩穗上吸食,故也称"穗蚜"。麦二叉蚜分布在下部,在叶片背面为害,乳熟后期禾谷缢管蚜数量明显上升。禾谷缢管蚜喜阴湿的环境,多在小麦叶背为害,甚至在小麦茎秆基部的叶鞘上为害。

麦蚜的发生与温湿度关系十分密切。当气温低于 6℃ 或高于 28℃ 时,麦长管蚜虫口显著下降;当湿度低于 40% 时,也显著抑制麦长管蚜的发生。但麦二叉蚜最喜干旱,适宜的相对湿度为 35% ~ 75%。因此,在北方干旱的旱播冬麦区,常严重成灾。一般无灌溉条件,如再遇到秋旱、暖冬以及春旱的气候条件,就容易导致麦二叉蚜的大发生。

4. 防治措施

(1)农业防治　合理调整作物布局,如春麦区不种冬麦,冬麦区减少高粱种植面积。调整播种时间,避开穗期蚜虫发生高峰期,使小麦抽穗成熟期相应提前或推后,以减轻蚜害。选用早熟品种,早熟品种由于生长发育较早,当麦蚜适温来临前,小麦生育期已临后期,可避过或减轻蚜虫为害。麦收后及时浅耕灭茬,结合深耕,可消灭麦地自生的麦苗和各种禾本科杂草,控制越夏蚜量。有条件的地方可实行冬灌和早春耙耱镇压。

(2)生物防治　保护利用天敌。蚜虫的天敌很多,其中,对麦蚜控制作用较强的捕食天敌有各种瓢虫、草蛉、食蚜蝇和花蝽等；寄生性天敌有多种蚜茧蜂。这些天敌在麦田数量较多，当天敌数量与蚜虫数量比达1∶150以上时，天敌可将麦蚜控制在防治指标以下，不必用药防治。因此，麦田要注意科学用药，选用对天敌安全的选择性药剂。

（3）化学防治 春季是蚜虫适宜生长和为害的季节，且以麦长管蚜为主。温湿度对麦蚜发生消长起着主导作用。一般而言，温度在15～25℃，相对湿度40%～80%，为麦蚜大发生的条件。从小麦生长发育期来看，抽穗前蚜量增长缓慢，抽穗后蚜量急剧上升，灌浆期至乳熟期蚜量达最高峰，灌浆期间蚜害对小麦产量损失最严重。因此，应抓住小麦扬花末期和灌浆初期及时防治麦蚜。药剂可选用10%吡虫啉可湿性粉剂2 000倍液、25%快杀灵乳油1 000倍液、3%啶虫脒乳油1 500倍液、2.5%保得乳油2 500倍液、5%高效大功臣可湿性粉剂1 000倍液和50%抗蚜威可湿性粉剂4 000倍液等。长期单一用药容易使麦蚜产生抗药性。因此，要合理安排、轮换用药。

（四）黑斑潜叶蝇

麦黑斑潜叶蝇（*Cerodonta denticornis* Panler），属双翅目，潜蝇科。

1. 形态识别 成虫体长2～2.5mm，黑色小蝇类。头部半球形，间额黄褐色，单眼三角区黑色，前端向前显著突出。复眼红褐色，触角1～3节黑褐色，触角芒不具毛。胸腹部灰褐色，前翅及平衡棒白色，足腿节末端及胫节基部淡褐色，符节暗褐色。卵长圆形，长0.5mm左右，初产时淡黄白色，后转为乳黄色。幼虫蛆形，长3～4.5mm，老熟幼虫淡黄色至黄色，前气门1对，黑色；后气门1对黑褐色，各具1短柄，分开向后凸出。腹部端节下方具1对肉质凸起，腹部各节间散布细密的微刺。蛹圆柱形，长约2.5mm，褐色至紫褐色，体扁，前后气门可见。

2. 为害症状 幼虫从叶尖或叶缘潜入，取食叶肉，留下上下表皮，呈空袋状，为害状主要表现截形、条形、不规则形虫道，其内可见虫粪。受害麦叶初始为灰绿色斑块，逐渐变为枯白色或灰褐色。幼虫一般为害到整个叶片的1/3～1/2，个别为害到整个叶片的3/4。

幼虫为害叶片，大多数是一叶一头虫，个别有一叶两头虫或三头虫。春季发生为害较重。小麦返青后，一般3月上旬幼虫开始为害，为害盛期在3月中下旬至4月上中旬。4月中旬调查，发病较重的田块，虫株率45.45%，被害叶率14.14%。4月25～26日调查，虫田率62.4%，虫点率83.3%，虫株率32.0%，被害叶率11.8%。

3. 发生规律 为害盛期分两个时期，即秋季小麦出苗后至越冬前和春季小麦拔节期。夏季没发现禾本科作物和杂草有受害症状，由此推断小麦潜叶蝇1年发生2代。

秋季早播小麦受害明显重于适期迟播麦。春季偏施N肥、返青越早、长势越好的田块，成虫产卵为害越重。

返青后，小麦1～4片叶被害最重，每叶被害孔数在15～30，孵出幼虫0～2头，幼虫约10d成熟，入土化蛹。

4. 生活习性 发生代数不详，可能以蛹越冬。4月上中旬成虫开始在麦田活动，把卵产在麦叶上，幼虫孵化后潜入叶肉为害，造成麦叶部分干枯。幼虫老熟后，由虫道爬出，附着在叶表化蛹和羽化。4月下旬在春麦苗上发生普遍，9月间发生在自生麦上。

5. 防治措施

（1）农业措施　避免过早播种，适期晚播。适量施用N肥，重施P、K肥等可减轻为害。

（2）成虫防治　于成虫盛发期（小麦3~5叶期和返青期），每亩用80%敌敌畏乳油100g，加水200~300g，与20kg细土掺合拌匀，制成毒土撒施防治。

（3）幼虫防治　田间受害株率达5%时，每亩用40%毒死蜱乳油50ml或4%阿维菌素·啶虫脒50ml，加水45kg均匀喷雾，同时可兼治麦田其他虫害。对于弱苗、黄苗，每亩可同时加混60ml庄福星（含N、P、K等大量元素及氨基酸、螯合态微量元素），有利于形成壮苗，提高小麦的抗寒抗逆能力。

根据该虫的生活习性，结合生产实际，制定切实可行的防治方法，即4月上中旬用2.5%辉丰菊酯乳油450~600ml，对水450~750kg喷雾，或用0.9%虫螨克乳油1 500~2 000倍喷雾，防治效果可达80%，可在生产上推广应用。

（五）小麦黏虫

黏虫俗称五色虫、花虫、行军虫。全国大部分麦区都有发生。除为害小麦外，也为害水稻、玉米和谷子，是一种暴食性害虫。

1. 形态识别　成虫是一种淡黄褐色或淡灰褐色的中型蛾子，体长16~20mm，前翅中央有淡黄色圆斑2个及小白点1个，翅顶角有一黑色斜纹。卵呈馒头状，直径0.5mm，初产白色，渐变黄色，孵化时黑色。幼虫体背多条纹，老熟时体长约30mm，体色变化很大，从淡绿到浓黑，头淡褐色，沿蜕裂线有2条长黑褐色条纹，像"八"字。蛹红褐色，有光泽，长17~20mm，在腹部5~7节背面的前缘，各有一列明显的黑褐色刻点。

2. 为害症状　黏虫以幼虫为害麦叶及麦穗。初孵幼虫先在心叶里咬食叶肉，吃成白色斑点或小孔，农民称"麻布眼"；三龄后向麦株上部移动，蚕食麦叶，形成缺刻；5~6龄进入暴食期，受害严重的麦田，麦叶全部被吃光，仅留麦穗，造成光秆，甚至咬断麦穗。当一块田麦叶吃光后，就群迁到另一块麦田为害。

3. 发生规律　成虫产卵繁殖和幼虫取食活动都喜欢温暖、潮湿的环境。产卵的适温在19~20℃，相对湿度在95%最为适宜；高于25℃和低于15℃，产卵均逐渐减少。幼虫生长发育也喜欢高湿环境。初孵幼虫在高湿环境下成活率高，因而黏虫大发生年份，往往降雨频繁；高温、干旱不利于幼虫和成虫的生存繁殖。

凡靠近蜜源植物（如桃、李树、油菜、紫云英等）的麦地，黏虫发生量特多；种植太密、多肥、灌溉条件较好，生长茂盛的麦地，小气候温度偏低，相对湿度则较高，有利于黏虫的发生，受害往往较重。

黏虫一年发生5代，以第一代幼虫为害小麦，此后各代大多迁往外地，残留虫量为害不大。第一代幼虫的发生量，取决于外地迁入的蛾量。若当年3~4月降雨次数多，雨量适中，田间卵量大，孵化率高，幼虫成活率高，为害就严重；反之则轻。

4. 防治措施

（1）草把诱卵　盛蛾期用10根左右的好稻草，对折扎成小把，将口朝下捆在高于麦株的木棍上，每亩插10把左右，诱蛾产卵。隔7～10d换把一次，换下的草把立即烧掉。或用糖醋液诱杀成虫，糖醋液配法：酒：水：糖：醋 ＝ 1：2：3：4，加适量的敌百虫。

（2）药剂防治　小麦抽穗期，达到防治标准的田块，选用下列方法用药：亩用8～10g或25%灭幼脲3号20～30g，加水80～100kg喷雾，防治效果均在90%以上，持效期长达20d。对瓢虫、食蚜蝇、蚜茧蜂和草蛉等多种天敌均无明显杀伤作用。

三、玉米虫害及防治

（一）玉米螟

玉米螟又称玉米钻心虫，是一种食性很杂、分布很广的害虫。除为害玉米外，还为害高粱、棉花和麻类等多种作物。玉米螟可为害玉米植株地上的各个部位，使受害部分丧失功能，降低籽粒产量。

1. 形态识别　成虫黄褐色，前翅有锯齿状条纹，雄蛾较雌蛾小，颜色较深。雄蛾长10mm左右，翅展20～26mm；雌蛾长12mm左右，翅展25～34mm。卵扁椭圆形，长约1mm，初产时乳白色，逐渐变黄白色，鱼鳞状，排列成不规则的卵块。幼虫初孵时淡黄白色，后变为灰褐色，成熟后体长20～30mm，身体各节有4个横排的深褐色突起。蛹黄褐色，体长16～19mm，纺锤形，尾部末端有小钩刺5～8个。

2. 为害症状　以幼虫为害玉米茎、叶及穗部，玉米植株幼嫩部分受害最重。心叶受害，造成花叶和虫孔。在虫孔周围有时还附带着一些虫粪，抽雄后钻蛀茎内，影响雌穗分化与养分输送，使植株易遭风折。打苞时蛀食雄穗，常使雄穗分枝折断，影响授粉。穗期为害雌穗轴、花柱及籽粒，影响产量及品质。

3. 发生规律　玉米螟在多种玉米等作物秸秆中越冬。翌年春，当玉米出苗到喇叭口之间，蛾子产卵，卵块多产在叶背主脉两侧。影响玉米螟发生量的重要因素之一是越冬幼虫的多少。越冬虫量大，冬春气候条件适宜，第一代发生重。幼虫在幼嫩的植株上迁移频繁。心叶期后，迁移减少；打苞以后，大部分群集到穗内为害；雄穗露出时，开始向下转移；抽穗一半时，大量转移；全部抽穗后，大部分蛀入茎节或刚抽出的雌穗内为害。1～3龄幼虫多在茎穗外部活动，4龄以后开始蛀入茎内。

玉米螟的发生、为害与气候条件关系密切。温度对其影响不大。在北方，越冬幼虫在零下30℃的低温下短时间可以不死；而在南方夏秋季生活的幼虫，在35℃左右的高温下亦能正常活动。但对湿度则比较敏感，多雨高湿常是虫害大发生的条件；湿度愈低，对玉米螟的发生愈不利，受害愈轻。

4. 防治措施：

（1）农业防治　消灭越冬虫源。越冬幼虫羽化之前，因地制宜采用各种方法，处理越冬虫源。如将玉米秆铡碎沤肥，或把有虫的茎秆烧掉，或者在春玉米收割后，用石磙滚压秸秆，压死幼虫和蛹。

在玉米心叶末期进行喇叭口施药

（2）生物防治 用青虫菌粉 0.5kg，均匀拌细土 100kg，配制成菌土 3kg 左右，点施于心叶；或用杀螟杆菌粉 0.5kg（含菌量 120 亿左右），加细土 100kg 拌匀，撒在心叶内，每千克菌土可撒施 700 株左右。

（3）农药防治 Bt 乳剂 150g 加颗粒载体（沙或细土）5kg；或者每亩用 25% 西维因可湿性粉 200g，加颗粒载体 5kg，制成颗粒剂，撒施于玉米心叶中；或在大喇叭口期，用甲氨基阿维菌素乳油 140ml，拌毒土 10kg，或 50% 辛硫磷乳油 1 000 ~ 1 500 倍液、20% 速灭杀丁乳油 4 000 剂，或 40% 多菌灵可湿性粉剂 200g/亩制成药土点心，可防治病菌侵染叶鞘和茎秆。吐丝期，用 65% 的可湿性代森锰锌 400 ~ 500 倍液喷果穗，以预防病菌侵入果穗。

（二）玉米黏虫

黏虫又称剃枝虫、行军虫，是一种以为害粮食作物和牧草的多食性、迁移性、暴发性大害虫。取食各种植物的叶片，大发生时可把作物叶片食光；而在暴发年份，幼虫成群结队迁移时，可以将所有绿色植物叶片全部吃光，造成大面积减产或绝收。

1. 形态识别 玉米黏虫（*Mythimna seperata* Walker）属鳞翅目夜蛾科。可为害玉米、麦类、高粱、谷子、水稻等作物和牧草等 10 多种植物。以幼虫为害玉米等作物。幼虫一般 6 龄，头黄褐色，有两条"八"字形纹，体色变化大，因食料、环境和虫口密度不同而有变化。老熟幼虫体长 38mm 左右，头部淡黄褐色，沿褪裂线有褐色纵纹，呈八字形。成虫淡黄褐色，触角丝状，前翅中央有两个近圆形淡黄斑，一个小白点，其两侧各有一小黑点，后翅基部灰白，端部黑褐色。

2. 为害症状 1 ~ 2 龄幼虫为害叶片造成孔洞；3 龄以上幼虫为害玉米叶片后，被害叶片呈现不规则的缺刻，暴食期时，可吃光叶片。大发生时可以将所有绿色作物叶片全部吃光，造成严重的生产损失。

3. 发生规律 黏虫在中国南北方均有发生。从北到南一年可发生 2 ~ 8 代。成虫对糖醋液和黑光灯趋性强，有假死性，群体有迁飞特性。昼伏夜出，夜间取食、交配、产卵。在玉米苗期，卵多产在叶片尖端；成株期，卵多产在穗部苞叶或果穗的花柱等部位。边产卵边分泌胶质，将卵粒粘连成行或重叠排列粘在叶上，形成卵块。幼虫主要为害玉米等禾本科作物和杂草。幼虫孵化后，群集在裹叶内。1 ~ 2 龄幼虫取食叶肉，留下表皮，3 龄后吃叶成缺刻，5 ~ 6 龄达暴食期，蚕食叶片，啃食穗轴。幼虫老熟后，钻入寄主根旁的松土内作土室化蛹。

黏虫喜好潮湿而怕高温干旱，相对湿度 75% 以上，温度 23 ~ 30℃ 利于成虫产卵和幼虫存活。但雨量过多，特别是遇暴风雨后，黏虫数量又明显下降。

4. 生活习性 成虫对黑光灯有趋性，对糖醋液趋性更强。卵产在枯叶或绿叶尖端的皱缝处。幼虫为杂食性，食量随龄期而增加，6 龄期食量最大，最喜食禾本科植物。多群集迁移，有"行军虫"之称。

5. 防治措施

（1）物理防治 诱杀成虫可在蛾子数量开始上升时起，用糖醋液（糖 3 份、醋 4 份、白酒 1 份、水 2 份）或其他发酵有甜酸味的食物配成诱杀剂。诱杀剂再加入 90% 敌百虫拌匀，放在盆里深 3.3mm 左右，盆要高出玉米 30mm，傍晚摆放田间。每 0.3 ～ 0.7hm² 一盆，第二天清晨把死蛾取出，盖好盖子，傍晚再放置地里。诱集产卵可从产卵初期开始直到盛末期止。

（2）保护和利用天敌　黏虫的天敌种类很多，如鸟类、蛙类、蝙蝠、蜘蛛、线虫、蠕类、捕食性昆虫、寄生性昆虫、寄生菌和微生物等。其中，步甲可捕食大量黏虫幼虫；黏虫寄蝇对一代黏虫寄生率较高；麻雀、蝙蝠可捕食大量黏虫成虫；瓢虫、食蚜虻和草蛉等可捕食低龄幼虫。保护天敌生活环境，增加天敌数量，能够有效地防治黏虫。

（3）化学防治　在玉米苗期，黏虫幼虫数量达到每百株 20 ～ 30 头，或者玉米生长中后期每百株幼虫 50 ～ 100 头时，在幼虫 3 龄前，及时喷施杀虫剂。每公顷用灭幼脲 1 号 15 ～ 30g，或灭幼脲 3 号 5 ～ 10g，加水后常量喷雾或超低容量喷雾，田间持效期可达 20d。

（三）玉米蚜虫

玉米蚜虫俗名腻虫、蚁虫；属同翅目，蚜科。广泛分布于全国各地的玉米产区，可为害玉米、小麦、高粱、水稻及多种禾本科杂草。

1. 形态识别　有翅胎生雌蚜体长 1.5 ～ 2.5mm，头胸部黑色，腹部灰绿色，腹管前各节有暗色侧斑。触角 6 节，触角、喙、足、腹节间、腹管及尾片黑色。无翅孤雌蚜体长卵形，活虫深绿色，被薄白粉，附肢黑色，复眼红褐色。头、胸黑色发亮，腹部黄红色至深绿色。触角 6 节比身体短，其他特征与无翅型相似。卵椭圆形。

2. 为害症状　玉米苗期以成蚜、若蚜群集在心叶中为害。抽穗后为害穗部，吸收汁液，妨碍生长，还能传播多种禾本科谷类病毒。成、若蚜刺吸植物组织汁液，导致叶片变黄或发红，影响生长发育，严重时植株枯死。玉米蚜多群集在心叶，为害叶片时分泌蜜露，产生黑色霉状物，别于高粱蚜。在紧凑型玉米上主要为害雄花和上层 1 ～ 5 叶，下部叶受害轻，刺吸玉米的汁液，致叶片变黄色枯死，常使叶面生霉变黑色，影响光合作用，降低粒重，并传播病毒病造成减产。

3. 发生规律　从北到南一年发生 10 ～ 20 余代，一般以无翅胎生雌蚜在小麦苗及禾本科杂草的心叶里越冬。4 月底 5 月初向春玉米、高粱迁移。玉米抽雄前，一直群集于心叶里繁殖为害，抽雄后扩散至雄穗、雌穗上繁殖为害。扬花期是玉米蚜繁殖为害的最有利时期，故防治适期应在玉米抽雄前。一般在 7 月中下旬为第一为害高峰期，8 月下旬至 9 月上中旬玉米熟颗时出现第二次高峰，每 10 株蚜量可达 4 000 ～ 6 000 头。适温高湿，即旬平均气温 23℃ 左右，相对湿度 85% 以上，玉米正值抽雄扬花期时，最适于玉米蚜的增殖为害，而暴风雨对玉米蚜有较大控制作用。杂草较重发生的田块，玉米蚜也偏重发生。

4. 防治措施

（1）农业措施　选用中早熟玉米品种适时套种，可使抽雄期提前，减轻蚜虫为害。增施有机肥，科学施用化肥，注意 N、P 配合，促进植株健壮，可以减轻蚜害。清除田间杂草，可减少虫源和滋生基地。

（2）提倡生物防治　利用食蚜蝇、瓢虫等天敌，以虫治虫；注意当玉米苗期草间小黑蛛、瓢虫、食蚜蝇、草蛉数量较多情况下，尽量避免药剂防治或选用对天敌无害的农药防治。

（3）药物防治　在玉米心叶期有蚜株率达50%，百株蚜量达2 000头以上时，可用50%抗蚜威3 000倍液，或2.5%敌杀死3 000倍液均匀喷雾，也可用上述药液灌心。

在蚜虫盛发前期，用50%抗蚜可湿性粉剂3 000~5 000倍液，根区施药。

在孕穗期前后，选用10%吡虫啉可湿性粉剂50~100g、10%大功臣可湿性粉剂20~30g加水40~50kg喷雾。

（四）玉米地老虎

地老虎又叫地蚕、土蚕、切根虫；属昆虫纲，鳞翅目，夜蛾科。是一种较为常见的地下害虫。

1. 形态识别　地老虎成虫为暗褐色，体长16~23mm，肾形斑外有1个尖端向外的楔形黑斑，亚缘线内侧有2个尖端向内的楔形斑，3个斑尖端相对，触角雌丝状，雄羽毛状；幼虫体长37~50mm，黑褐色或黄褐色，臀板有两条深褐色纵带，基部及刚毛间排列有小黑点。

2. 为害症状　地老虎属多食性害虫，主要以幼虫为害幼苗。幼虫将幼苗近地面的茎部咬断，使整株死亡，造成缺苗断垄。

3. 发生规律　地老虎由北向南1年可发生2~7个世代。小地老虎以幼虫和蛹在土中越冬；黄地老虎以幼虫在麦地、菜地及杂草地的土中越冬。两种地老虎虽然1年发生多代，但均以第一代数量最多，为害也最重，其他世代发生数量很少，没有显著为害。

成虫有远距离迁飞习性。3月下旬至4月上旬为发蛾盛期，1年发生3~4代。幼虫6龄，1~2龄在作物幼苗顶心嫩叶处咬食叶肉成透明小孔，昼夜为害；3龄前食量较小，4龄后食量剧增，在田间取食幼苗，造成缺苗断垄。

秋季多雨是两种地老虎大发生的预兆。因秋季多雨，土壤湿润，杂草滋生，地老虎在适宜的温度条件下，又有充足的食物，适于越冬前的末代繁殖，所以越冬基数大，成为翌年大发生的基础。早春2~3月多雨，4月少雨，此时幼虫刚孵化或处于1龄，2龄时，对地老虎发生有利，第一代幼虫可能为害严重。相反，4月中旬至5月上旬中雨以上的雨日多，雨量大，造成1龄，2龄幼虫大量死亡，第一代幼虫为害的可能性就轻。

4. 生活习性　地老虎的一生分为卵、幼虫、蛹和成虫（蛾子）4个阶段。成虫体翅暗褐色。地老虎一般以第一代幼虫为害严重，各龄幼虫的生活和为害习性不同。1龄，2龄幼虫昼夜活动，啃食心叶或嫩叶；3龄后白天躲在土壤中，夜出活动为害，咬断幼苗基部嫩茎，造成却苗；4龄后幼虫抗药性大大增加。因此，药剂防治应把幼虫消灭在3龄以前。地老虎成虫日伏夜出，具有很强的趋光性和趋化性，特别对短波光的黑光灯趋性最强，对发酵而有酸甜气味的物质和枯萎的杨树枝有很强的趋性。这就是黑光灯和糖醋液能诱杀害虫的原因。

5. 防治措施

（1）诱杀成虫　　诱杀成虫是防治地老虎的上策，可大大减少第一代幼虫的数量。方法是利用黑光灯和糖醋液诱杀。

（2）铲除杂草　　杂草是成虫产卵的主要场所，也是幼虫转移到玉米幼苗上的重要途径。在玉米出苗前彻底铲除杂草，并及时移除田外作饲料或沤肥，勿乱放乱扔。铲除杂草将有效地压低虫口基数。

（3）药剂防治　　药剂防治仍是目前消灭地老虎的重要措施。播种时可用药剂拌种，出苗后经定点调查，平均每平方米有虫 0.5 个时为用药适期。

① 药剂拌种　　用 50% 辛硫磷乳剂 0.5kg 加水 30 ~ 50L，拌种子 350 ~ 500kg。

② 毒饵诱杀　　对 4 龄以上的幼虫用毒饵诱杀效果较好。将 0.5kg90% 敌百虫用热水化开，加清水 5L 左右，喷在炒香的油渣上搅拌均匀即成。每公顷用毒饵 60 ~ 75kg，于傍晚撒施。

③ 喷药防治　　用 90% 敌百虫晶体 1 000 ~ 2 000 倍液或 50 % 辛硫磷乳油 1 000 ~ 1 500 倍液，在幼虫 1 ~ 2 龄时田间喷雾 2 ~ 3 次，间隔 7 ~ 10d。

（五）金龟子（蛴螬）

蛴螬是金龟甲的幼虫，别名白土蚕、核桃虫；成虫通称为金龟甲或金龟子。

1. 形态识别　　蛴螬体肥大，体形弯曲呈 C 形，多为白色，少数为黄白色。头部褐色，上颚显著，腹部肿胀。体壁较柔软多皱，体表疏生细毛。头大而圆，多为黄褐色，生有左右对称的刚毛，刚毛数量的多少常为分种的特征。如华北大黑鳃金龟的幼虫为 3 对，黄褐丽金龟幼虫为 5 对。蛴螬具胸足 3 对，一般后足较长。腹部 10 节，第 10 节称为臀节，臀节上生有刺毛，其数目的多少和排列方式也是分种的重要特征。

成虫椭圆或圆筒形，体色有黑、棕、黄、绿、蓝、赤色等，多具光泽，触角鳃叶状，足 3 对；幼虫长 30 ~ 40 mm，乳白色、肥胖，常弯曲成马蹄形，头部大而坚硬、红褐或黄褐色，体表多皱纹和细毛，胸足 3 对，尾部灰白色、光滑。

2. 为害症状　　幼虫咬食玉米细嫩的根部及叶鞘，造成缺苗断垄。

3. 发生规律　　完成 1 代需 1 ~ 2 年到 3 ~ 6 年，除成虫有部分时间出土外，其他虫态均在地下生活，以幼虫或成虫越冬。成虫有夜出型和日出型之分，夜出型有趋光性，夜晚取食为害；日出型白昼活动。

成虫交配后 10 ~ 15d 产卵，产在松软湿润的土壤内，以水浇地最多，每头雌虫可产卵 100 粒左右。蛴螬年生代数因种、因地而异。这是一类生活史较长的昆虫，一般 1 年 1 代，或 2 ~ 3 年 1 代，长者 5 ~ 6 年 1 代。如大黑鳃金龟两年 1 代，暗黑鳃金龟、铜绿丽金龟 1 年 1 代，小云斑鳃金龟在青海 4 年 1 代，大栗鳃金龟在四川甘孜地区则需 5 ~ 6 年 1 代。蛴螬共 3 龄。1 龄、2 龄较短，第 3 龄期最长。

4. 生活习性　　蛴螬一年到两年 1 代，幼虫和成虫在土中越冬。成虫即金龟子，白天藏在土中，20~21 时进行取食等活动。蛴螬有假死和负趋光性，并对未腐熟的粪肥有趋性。成虫交配后 10~15d 产卵，产在松软湿润的土壤内，以水浇地最多，幼虫蛴螬始终在地下活动，与土壤温湿度关系密切。当 10 cm 土温达 5℃时开始上升到土表，13~18℃时活动最盛，23℃以上则往深土中移动，至秋季土温下降到其活动适宜范围时，再移向土壤上层。

5. 防治措施 蛴螬种类多，在同一地区同一地块，常有几种蛴螬混合发生，世代重叠，发生和为害时期很不一致。因此，只有在普遍掌握虫情的基础上，根据蛴螬和成虫种类、密度、作物播种方式等，因地因时采取相应的综合防治措施，才能收到良好的防治效果。

（1）做好预测预报工作 调查和掌握成虫发生盛期，采取措施，及时防治。

（2）农业防治 实行水、旱轮作；在玉米生长期间适时灌水；不施未腐熟的有机肥料；精耕细作，及时镇压土壤，清除田间杂草；大面积春、秋耕，并耕犁拾虫等。发生严重的地区，秋冬翻地可把越冬幼虫翻到地表使其风干、冻死或被天敌捕食，机械杀伤，防效明显；同时，应防止使用未腐熟的有机肥料，以防止招引成虫来产卵。

（3）药剂处理土壤 用 50% 辛硫磷乳油每亩 200~250g，加水 10 倍喷于 25~30kg 细土上拌匀制成毒土，顺垄条施，随即浅锄。或将该毒土撒于种沟或地面，随即耕翻或混入厩肥中施用；用 5% 辛硫磷颗粒剂或 5% 地亚农颗粒剂，每亩 2.5~3kg 处理土壤。

（4）药剂拌种 用 50% 辛硫磷、50% 对硫磷与水和种子按 1:30:（400~500）的比例拌种；用 25% 辛硫磷胶囊剂或 25% 对硫磷胶囊剂等有机磷药剂或用种子重量 2% 的 35% 克百威种衣剂包衣，还可兼治其他地下害虫。

（5）毒饵诱杀 每亩地用辛硫磷胶囊剂 150~200 g 拌谷子等饵料 5kg，50% 辛硫磷乳油 50~100g 拌饵料 3~4kg，撒于种沟中，亦可收到良好防治效果。

（6）物理方法 有条件地区，可设置黑光灯诱杀成虫，减少蛴螬的发生数量。

（7）生物防治 可利用茶色食虫虻、金龟子黑土蜂、白僵菌等。

四、油菜虫害及防治

（一）油菜小菜蛾

别名小菜蛾、方块蛾、小青虫、两头尖；其主要为害油菜，现已成为油菜的主要害虫。

1. 形态识别 小菜蛾属鳞翅目，菜蛾科。椭圆形卵，稍扁平，长约 0.5mm，宽约 0.3mm。初产时淡黄色，有光泽，卵壳表面光滑。初孵幼虫深褐色，后变为绿色。末龄幼虫体长 10~12mm，纺锤形，体上生稀疏长而黑的刚毛。头部黄褐色，前胸背板上有淡褐色无毛的小点组成两个"U"字形纹。臀足向后伸超过腹部末端，腹足趾钩单序缺环。成虫体长 6~7mm，前翅长约 7mm，头较长，颜面及头顶老者覆灰白色微黄的长条形鳞片；复眼的后缘棕褐色，触角丝状，腹面基部黄白色，翅的前部约 2/3 灰褐色，布有黑褐色鳞片，后部约 1/3 由翅基至外缘有一条向内呈三曲凸的黄白色带，两翅合拢时呈 3 个接连的菱形斑，前翅缘毛长并翘起如鸡尾。

2. 为害症状　小菜蛾以幼虫为害油菜叶片、嫩茎、花蕾、花、种类及籽粒，初龄幼虫剥食油菜叶片，二龄后啃食叶肉残留一层表皮，成为透明薄膜状，三龄至四龄幼虫将油菜叶啃食成孔洞，严重时叶片成网状。在现蕾抽薹期除取食叶片外，主要取食花蕾，造成油菜不能开花或仅剩花柄。在油菜花期则取食花蕊造成油菜不能结荚。油菜结荚后剥食嫩荚，使之呈透明状。后期为害油菜籽粒，取食油菜籽粒，造成油菜绝收。为害严重时，远看油菜地不见绿色。为害蔬菜时喜食菜心，并在其中吐丝结网，形成无心菜，并可传播软腐病。

3. 发生规律　小菜蛾在高温、干旱、少雨年份一年发生 4～5 代，在多雨年份发生 3～4 代，世代重叠现象十分严重，在 6 月可同时见到不同世代的各种虫态。小菜蛾主要以蛹越冬，积雪厚的年份也有少数以老熟幼虫越冬。成虫除越冬代外寿命 10～25d，成虫昼伏夜出，白天仅在受惊时活动，在株间作短距离飞行。成虫产卵期约 10d，视营养情况。平均每雌产卵 110～270 粒，最多可产 567 粒，卵散产或数粒在一起，多产于叶背脉间凹陷处，卵期 5～10d。幼虫很活跃，遇惊扰即扭动、倒退或翻滚落下，有吐丝下垂习性。幼虫 4 龄抗寒力特强，在田间可度过 –19℃ 的低温。各龄幼虫脱皮前吐丝结茧，龄期越高，吐丝越多。一般幼虫期为 10～29d，老熟幼虫化蛹部位大多在原来取食的油菜叶反面、茎、叶柄、种荚及枯草上，预蛹期 1d，蛹期 7～16d。小菜蛾在干旱、长势不良的油菜地发生严重。

干旱少雨年份，小菜蛾的盛发期约在 5 月下旬，形成第一个为害高峰。在 6 月中下旬，形成第二个为害高峰。小菜蛾的部分卵及初龄幼虫在春夏季常因暴雨冲刷被击落而死亡。特别是在 5 月中下旬下 1～2 次暴雨的年份，菜蛾不会大发生。故雨多的年份小菜蛾为害轻。夏季干旱少雨高温，油菜种植面积大的年份，为害严重。小菜蛾在正常年份一般每四年形成一个为害高峰年。

4. 生活习性　小菜蛾有趋光性，对黑光灯趋性强；老熟幼虫一般在被害部位及杂草上吐丝做薄茧化蛹。降雨 50mm 对小菜蛾生育有影响，80mm 以上受抑制。

5. 防治措施

（1）农业防治　合理安排茬口，避免十字花科作物连作。蔬菜收获后，清除田间残株落叶，并随即翻耕，消灭越冬虫口和沟渠田边等处的杂草，减少成虫产卵场所和幼虫食料。

合理布局作物。由于大面积种植油菜，增加其食源，是造成小菜蛾暴发的主要因素之一。故应压缩油菜面积，增加油葵等作物面积，减少其食源，这是控制小菜蛾暴发的关键措施。

（2）生物防治　可选用 1.8% 阿维菌素 2 000 倍液喷雾；保护油菜田中异色瓢虫、龟纹瓢虫、黑带食蚜蝇、菜蛾赤小蜂、菜蛾绒茧蜂等天敌种群，发挥天敌控制作用，控制抗药性害虫的猖獗发生。

（3）化学防治　以菊酯类农药防效最好。可用双效菌酯，氧乐氢菌 750 ~ 1 200g/hm²，功夫 450 ~ 600g/hm²，敌杀死 300 ~ 450g/hm² 混合对水均匀喷雾。

选用高效、低毒、低残留的农药。小菜蛾卵孵化盛期至 2 龄幼虫发生期作为防治适期，重点抓好时背面和心叶的喷雾处理。可用 5% 氟虫腈（锐劲特）悬浮剂 2 500 倍液；25% 灭幼脲乳油 2 000 ~ 2 500 倍液喷洒；1.8% 虫螨克乳油每亩用 5ml，稀释 3 000 倍；或 2.5% 三氟氯氰菊酯（功夫）乳油 3 000 倍液。药液配比要准确，不可随意提高浓度，7d 左右喷 1 次，几种农药交替使用。

（4）其他防治方法　小菜蛾对黑光灯趋性强，可采用黑光灯诱杀。亦可利用性诱剂诱杀。如有可能，也可在 5 月中下旬人工影响天气，形成暴雨杀死初龄幼虫和卵。

（二）油菜蚜虫

蚜虫俗称蜜虫、腻虫、油虫等，是长江流域油菜主产区的主要害虫。冬春干旱虫害尤其严重，防治不及时或防治不当将增加蚜虫防治成本，并影响商品油菜籽的产量和品质。

1. 形态识别　油菜蚜虫属于同翅目蚜虫科（*Homoptera*），种类繁多。包括球蚜总科（*Adelgoidea*）和蚜总科（*Aphidoidea*）。主要分布在北半球温带地区和亚热带地区，热带地区分布很少。油菜蚜虫主要有桃蚜（*Myzus persicae*）、萝卜蚜（又称菜缢管蚜 *Lipaphis erysimi*）和甘蓝蚜（*Brevicoryne brassicae*）3 种。

甘蓝蚜的有翅胎生雌蚜体长约 2mm，具翅 2 对、足 3 对、触角 1 对、浅黄绿色，被蜡粉，背面有几条暗绿横纹，两侧各具 5 个黑点，腹管短黑，尾片圆锥形，两侧各有毛两根。无翅胎生雌蚜体长约 2.5mm，无翅，具有 3 对足、1 对触角、体呈椭圆形、体色暗绿，少被蜡粉，腹管短黑，尾片圆锥形，两侧各有毛 2 根。

萝卜蚜的有翅胎生雌蚜体长约 1.6mm，具翅 2 对、足 3 对、触角 1 对、体呈长椭圆形，头胸部黑色，腹部黄绿色，薄被蜡粉，两侧具黑斑，背部有黑色横纹，腹管淡黑色、圆筒形、尾片圆锥形，两侧各有长毛 2 ~ 3 根。无翅胎生雌蚜体长约 1.8mm，黄绿色、无翅，具足 3 对、触角 1 对，躯体薄被蜡粉，腹管淡黑色，圆筒形，尾片圆锥形，两侧各有长毛 2 ~ 3 根。

桃蚜的有翅胎生雌蚜体长约 2mm，头胸部黑色、腹部绿、黄绿、褐、赤褐色，背面有黑斑纹；腹管细长，圆柱形，端部黑色；尾片圆锥形，两侧各有 3 根毛。无翅胎生雌蚜体长约 2mm，体全绿、黄绿、枯黄、赤褐色并带光泽，无翅，具足 3 对、触角 1 对，腹管和尾片同于有翅胎生雌蚜。

2. 为害症状　蚜虫是以成蚜或若蚜群体集聚在叶背及心叶、嫩茎、花蕾和花朵上，用针状刺吸口器直接吸取植物汁液、使细胞受到破坏，生长失去平衡，并分泌蜜露引起霉菌滋生，从而影响植物的光合作用。受害的菜叶发黄色、卷缩、生长不良。嫩茎和花梗受害，多呈畸形，影响抽薹、开花和结实。

菜蚜也是病毒病的传播者，使产量损失更严重。

3. 发生规律　油菜蚜虫适于温暖，较干旱的气候。春秋两季气候温暖，最适于它们的生长繁殖，所以，一般春末夏初和秋季为害严重。蚜虫的繁殖力很强，1 年能繁殖 10~30 个世代，世代重叠现象突出不易区分。当 5d 的平均气温稳定上升到 12℃ 以上时，便开始繁殖。一只雌蚜能产 70~80 只小蚜虫，最多能产 100 只以上。在气温较低的早春和晚秋，完成 1 个世代需 10d；在夏季温暖条件下，只需 4~5d。气温为 16~22℃ 时最适宜蚜虫繁育。特别是在干旱的条件下，能引起大发生。

油菜出苗后，有翅成蚜迁飞进入油菜田，胎生无翅蚜建立蚜群为害。当营养或环境不适时，又胎生有翅蚜迁出油菜田。冬油菜区一般有两次为害期，一次在苗期，另一次在开花结果期。长江流域及其以南、以北地区主要为害在苗期，干旱地区或开花结果期也可能大发生。云、贵高原区主要为害期在开花结果期。北方春油菜自苗期开始发生，至开花结果期为害达到高峰。油菜蚜虫的发生和为害主要决定于气温和降雨，适温 14~26℃。在温度适宜条件下，无雨或少雨，天气干燥，极适于蚜虫繁殖、为害；如秋季和春季天气干旱，往往能引起蚜虫大发生；反之，阴湿天气多，蚜虫的繁殖则受到抑制，发生为害则较轻。

4. 生活习性 蚜虫以成蚜或若蚜群集于油菜叶背面、嫩茎、花蕾和花朵上，用针状刺吸口器吸食植株的汁液，使细胞受到破坏，生长失去平衡，叶片向背面卷曲皱缩，心叶生长受阻，严重时植株停止生长，甚至全株萎蔫枯死。蚜虫为害时排出大量水分和蜜露，滴落在下部叶片上，引起霉菌病发生，使叶片生理机能受到障碍，减少干物质的积累。由于迁飞扩散寻找寄主植物时要反复转移尝食，所以可以传播许多种植物病毒病，造成更大的为害。

5. 防治措施

（1）农业防治 根据蚜虫在高温干旱时节容易发生的特点，注意搞好喷水抗旱；在油菜地及周围作好冬季除草，清洁田园，压低蚜虫虫口基数，减少春季发生量。

用银灰色、乳白色、黑色地膜覆盖地面 50% 左右。有驱蚜防病毒病作用。

（2）物理防治 油菜生育期间，清除田间及附近杂草缺断蚜虫食料，结合间苗定苗或移栽，除去有蚜株，防止有翅蚜的迁飞和传播繁殖为害。播种后用药土覆盖，移栽前喷施一次除虫剂；及时中耕培土，培育壮苗；合理密植，增加田间通风透光度。

（3）生物防治 注意保护蚜茧蜂、草青蛉、食蚜蝇以及各种瓢虫等蚜虫的重要天敌。

黄色板诱杀蚜虫。油菜苗期，在地边设置黄色板，方法是用 0.33m² 的塑料薄膜，涂成金黄色，再涂 1 层凡士林或机油，张架在高出地面 0.5m 处，可以大量诱杀有翅蚜。

（4）化学防治 在苗期有蚜株率达 10%，虫口密度为每株 1 头至 2 头，抽薹开花期 10% 的茎枝花序有蚜虫，每枝有蚜虫 3 头至 5 头时开始喷药。每亩用 20% 灭蚜松 1 000~1 400 倍液，50% 马拉硫磷 1 000~2 000 倍液，25% 蚜螨清乳油 2 000 倍液，10% 二嗪农乳油 1 000 倍液，50% 辟蚜雾可湿粉 3 000 倍液，或 2.5% 敌杀死乳剂 3 000 倍液，10% 歼灭（氯氰菊脂）乳油 2 500~4 000 倍液，25% 快杀灵（辛氰）乳油 1 250 倍液，5% 锐劲特乳油 2 000 ~ 2 500 倍液，吡虫啉 10% 可湿性粉剂 30 克加百虫灵 0.45% 可湿性粉剂 30g，或每亩用吡虫啉 5% 乳油 80 ~ 100ml，加水 40 ~ 50kg。

种子处理。用 20% 灭蚜松可湿粉 1kg 拌种 100kg，可防苗期蚜虫。

（三）菜粉蝶

菜粉蝶（*Pievisrapae linnaeus*）别名菜白蝶、白粉蝶，幼虫称菜青虫，全国各地均有分布。

1. 形态识别　菜粉蝶属于鳞翅目，粉蝶科。成虫体长 12 ~ 20mm，翅展 45 ~ 55mm，体灰褐色。前翅白色，近基部灰黑色，顶角有近三角形黑斑，中室外侧下方有 2 个黑圆斑。后翅白色，前缘有二个黑斑。卵如瓶状，初产时淡黄色。幼虫 5 龄，体青绿色，腹面淡绿色，体表密布褐色瘤状小突起，其上生细毛，背中线黄色，沿气门线有 1 列黄斑。蛹纺锤形，绿黄色或棕褐色，体背有 3 个角状凸起，头部前端中央有 1 个短而直的管状凸起。

2. 为害症状　幼虫为害油菜等十字花科植物叶片，造成缺刻和空洞；严重时吃光全叶，仅剩叶脉。

3. 发病规律　各地发生代数、历期不同。内蒙古、辽宁、河北年发生 4 ~ 5 代，上海 5 ~ 6 代，南京 7 代，武汉、杭州 8 代，长沙 8 ~ 9 代，在河南 1 年发生 4 ~ 5 代。以蛹在枯叶、墙壁、树缝及其他物体上越冬。翌年 3 月中下旬出现成虫。成虫夜晚栖息在植株上，白天活动，以晴天无风的中午最活跃。成虫产卵时对含有芥子油的甘蓝型油菜有很强的趋性，卵散产于叶背面。幼龄幼虫受惊后有吐丝下垂的习性，大龄幼虫受惊后有卷曲落地的习性。4 ~ 6 月和 8 ~ 9 月为幼虫发生盛期，发育适温为 20 ~ 25℃。

4. 生活习性　各地均以蛹多在菜地附近的墙壁屋檐下或篱笆、树干、杂草残株等处越冬，一般选在背阳的一面。翌春 4 月初开始陆续羽化，边吸食花蜜边产卵，以晴暖的中午活动最盛。卵散产，多产于叶背，平均每雌产卵 120 粒左右。卵的发育起点温度 8.4℃，有效积温 56.4℃，发育历期 4 ~ 8d；幼虫的发育起点温度 6℃，有效积温 217℃，发育历期 11 ~ 22d；蛹的发育起点温度 7℃，有效积温 150.1℃，发育历期（越冬蛹除外）5 ~ 16d；成虫寿命 5d 左右。

菜青虫发育的最适温度 20 ~ 25℃，相对湿度 76% 左右，与甘蓝类作物发育所需温湿度接近。因此，在北方春（4 ~ 6 月）、秋（8 ~ 10 月）两茬甘蓝大面积栽培期间，菜青虫的发生亦形成春、秋两个高峰。夏季由于高温干燥及甘蓝类栽培面积的大量减少，菜青虫的发生也呈现一个低潮。已知天敌在 70 种以上。

主要的寄生性天敌，卵期有广赤眼蜂；幼虫期有微红绒茧蜂、菜粉蝶绒茧蜂（又名黄绒茧蜂）及颗粒体病毒等；蛹期有凤蝶金小蜂等。

5. 防治措施

①清除田间残枝落叶　及时深翻耙地，减少虫源。

②用 Bt 乳剂　或青虫菌 6 号液剂（每克含芽孢 100 亿个）500g 加水 50kg，于幼虫 3

龄以前均匀喷雾。

③未进行生物防治的田块　可用20%灭扫利乳油2 500倍液，或5%来福灵乳油3 000倍液，或2.5%灭幼脲胶悬剂1 000倍液，均匀喷雾。

（四）菜蝽

菜蝽（*Eurydema pulchra* Westwood）主要为害油菜、白菜等十字花科作物。分布于南北方油菜和十字花科蔬菜栽培区，吉林、河北居多。

1. 形态识别　成虫体长6~9mm，宽3.2~5mm，椭圆形，橙黄色或橙红色，全体密布刻点；头黑色，侧缘上卷。前胸背板有6块黑斑，2个在前，4个在后；小盾板具橙黄色或橙红色丫形纹，交会处缢缩。翅革片具橙黄或橙红色曲纹，在翅外缘成2黑斑，膜片黑色，具白边；足黄、黑相间；腹部腹面黄白色，具4纵列黑斑。卵桶状，近孵化时粉红色。末龄若虫头、触角、胸部黑色，头部具三角形黄斑，胸背具3个橘红色斑。

2. 为害症状　若虫和成虫在叶背取食为害，被害叶片产生淡绿至白色斑点，严重时萎蔫枯死。

3. 发病规律　华北地区1年发生2~3代，南方可达5~6代。各地均以成虫在草丛中、枯枝下或石缝间越冬。翌春3月下旬开始活动，4月下旬开始交配产卵，5月上旬可见各龄若虫及成虫。越冬成虫历期很长，可延续到8月中旬，产卵末期延至8月上旬者，只能发育完成一代。早期产的卵至6月中下旬发育为第一代成虫，7月下旬前后出现第二代成虫，大部分为越冬个体；少数可发育至第三代，但难以越冬。5~9月为成虫、若虫的主要为害期。卵多于夜间产在叶背，个别产在茎上，一般每雌虫产卵100多粒，单层成块。若虫共5龄，初孵若虫群集在卵壳四周，1~3龄有假死性。若虫、成虫喜在叶背面，早、晚或阴天，成虫有时爬到叶面。若虫期30~45d，成虫寿命可达300d左右。秋季油菜苗期及春、夏季开花结果期为主要为害期。

4. 防治措施

冬耕并清洁田园，可消灭部分越冬成虫。

在若虫3龄前，每亩用25%氧乐氰40ml，加水50kg均匀喷雾；2.5%溴氰菊酯乳油200倍液；或杀螟硫磷乳油1 000倍液等药剂喷雾2~3次，间隔7~10d。

五、豆类虫害及防治

（一）豆荚螟

豆荚螟又称豆荚斑螟、大豆荚螟、豆蛀虫等。各地普遍发生，主要为害大豆，还可为害豌豆、豇豆、菜豆和豆科绿肥。

1. 形态识别　成虫体长10~12mm，翅展20~24mm，体灰褐色或暗黄褐色。前翅狭长，沿前缘有条白色纵带，近翅基1/3处有一条金黄色宽横带。后翅黄白色，沿外缘褐色。卵椭圆形，长约0.5mm，表面密布不明显的网纹，初产时乳白色，渐变红色，孵化前呈浅菊黄色。幼虫共 5 龄，老熟幼虫体长 14～18mm，初孵幼虫为淡黄色。以后为灰绿直至紫红色。4～5 龄幼虫前胸背板近前缘中央有"人"字形黑斑，两侧各有 1 个黑斑，后缘中央有 2 个小黑斑。蛹体长 9～10mm，黄褐色，臀刺 6 根，蛹外包有白色丝质的椭圆形茧。

2. 为害症状 以幼虫蛀荚为害。幼虫孵化后在豆荚上结一白色薄丝茧，从茧下蛀入荚内取食豆粒，造成瘪荚、空壳；也可为害叶柄、花蕾和嫩茎；轻则不能食用，重则豆粒全被食空，影响豆子的产量和品质。

3. 发生规律 豆荚螟每年发生代数随不同地区而异，广东、广西 7～8 代，山东、陕西 2～3 代。各地主要以老熟幼虫在寄主植物附近土表下 5～6cm 深处结茧越冬。翌春，越冬代成虫在豌豆、绿豆或冬种豆科绿肥作物上产卵发育为害，一般以第二代幼虫为害春大豆最重。成虫昼伏夜出，趋光性弱，飞翔力也不强。每头雌蛾可产卵 80～90 粒，卵主要产在豆荚上。初孵幼虫先在荚面爬行 1～3h，再在荚面结一白茧（丝囊）躲在其中，经 6～8h，咬穿荚面蛀入荚内，幼虫进荚内后，即蛀入豆粒内为害。2～3 龄幼虫有转荚为害习性。3 龄后转移到豆粒间取食。4～5 龄后食量增加，每天可取食 1/3～1/2 粒豆，1 头幼虫平均可吃豆 3～5 粒。在一荚内食料不足或环境不适，可以转荚为害，每一幼虫可转荚为害 1～3 次。豆荚螟为害先在植株上部，渐至下部，一般以上部幼虫分布最多。幼虫在豆荚籽粒开始膨大到荚壳变黄绿色前侵入时，存活显著减少。幼虫除为害豆荚外，还能蛀入豆茎内为害。老熟的幼虫，咬破荚壳，入土做茧化蛹，茧外粘有土粒，称土茧。成虫羽化后当日即能交尾，隔天就可产卵。每荚一般只产 1 粒卵，少数 2 粒以上。其产卵部位大多在荚上的细毛间和萼片下面，少数可产在叶柄等处。在大豆上尤其喜产在有毛的豆荚上；在绿肥和豌豆上产卵时多产花苞和残留的雄蕊内部而不产在荚面。

4. 生活习性 成虫昼伏夜出，白天多躲在豆株叶背、茎上或杂草上，傍晚开始活动，趋光性不强。豇荚螟喜干燥，在适温条件下，湿度对其发生的轻重有很大影响，雨量多湿度大则虫口少，雨量少湿度低则虫口大；地势高的豆田，土壤湿度低的地块比地势低湿度大的地块为害重。结荚期长的品种较结荚期短的品种受害重，荚毛多的品种较荚毛少的品种受害重，豆科植物连作田受害重。豆荚螟的天敌有豆荚螟甲腹茧蜂、小茧蜂、豆荚螟白点姬蜂、赤眼蜂等，以及一些寄生性微生物。

5. 防治措施

（1）农业防治

① 合理轮作 避免豆科植物连作，可采用大豆与水稻等轮作，或玉米与大豆间作的方式，减轻豆荚螟的为害。

② 灌溉灭虫 在水源方便的地区，可在秋、冬灌水数次，提高越冬幼虫的死亡率；在夏大豆开花结荚期，灌水 1～2 次，可增加入土幼虫的死亡率，增加大豆产量。

③ 选种抗虫品种 种植大豆时，选早熟丰产，结荚期短，豆荚毛少或无毛品种种植，可减少豆荚螟的产卵。

④ 豆科绿肥在结荚前翻耕沤肥 种子绿肥及时收割，尽早运出本田，减少本田越冬

幼虫的量。

（2）生物防治　于产卵始盛期释放赤眼蜂，对豆荚螟的防治效果可达80%以上；老熟幼虫入土前，田间湿度高时，可施用白僵菌粉剂，减少化蛹幼虫的数量。

（3）药剂防治

① 地面施药　老熟幼虫脱荚期，毒杀入土幼虫，以粉剂为佳，主要有2%杀螟松粉剂，90%晶体敌百虫700～1 000倍液，或50%杀螟松乳油1 000倍液，或2.5%溴氰菊酯4 000倍液，也有较佳效果。

② 晒场处理　在大豆堆垛地及周围1～2m范围内，撒施上述药剂、低浓度粉剂或含药毒土，可使脱荚幼虫死亡90%以上。

（二）豌豆潜叶蝇

豌豆潜叶蝇又名油菜潜叶蝇、豌豆植潜蝇、刮叶虫、夹叶虫、叶蛆，俗称串皮虫。豌豆潜叶蝇分布广，食性杂。国外主要分布于非洲、北美洲、澳洲、欧洲和亚洲的日本。国内除西藏、新疆、青海未见报道外，其他各省（自治区）都有分布。

1. 形态识别　豌豆潜叶蝇属双翅目潜蝇科。成虫为小形蝇，体长1.8～2.7mm，翅展5～7mm。全体呈暗灰色，疏生黑色刚毛。头部黄褐色，复眼红褐色。触角短小，黑色。胸腹部灰褐色，胸部发达、隆起，背部生有4对粗大的背中鬃。小盾片三角形，其后缘有小盾鬃4根，排列成半圆形。翅一对，半透明，白色有紫色闪光。平衡棒黄色或橙黄色。足黑色，但腿节与胫节连接处为黄褐色。雌虫腹部较肥大，末端有漆黑色产卵器；雄虫腹部较瘦小，末端有一对明显的抱握器。卵长椭圆形，灰白色，长约0.3mm。幼虫蛆状，圆筒形，老熟时体长2.9～3.5mm。初孵幼虫乳白色，后变黄白色，头小，前端可见黑色能伸缩的口钩。前气门呈叉状，向前方伸出；后气门位于腹部末端背面，为一对极明显的小凸起，末端褐色。蛹属围蛹，蛹壳坚硬，长约2.5mm，长扁椭圆形，初为黄色，后变为黑褐色，前后气门均长于凸起上。体13节，第13节背面中央有黑褐色纵沟。

2. 为害症状　豌豆潜叶蝇主要以幼虫潜入寄主叶片表皮下，蛀食绿色叶肉组织，曲折穿行，被害处仅留上下表皮，叶面上形成许多不规则灰白色迂回曲折的蛇形蛀道，蛀道内有该虫排出的很细小的黑色颗粒状虫粪。蛀道端部可见椭圆形、淡黄白色的蛹。严重时，一张叶片常寄生几头至几十头幼虫，叶肉全被吃光，仅剩上下表皮，叶片提早枯黄、脱落。幼虫还能潜食嫩荚和花枝。此外，成虫还吸食植物汁液，被吸处呈小白斑点。

3. 发生规律　豌豆潜叶蝇一年发生多代，田间世代重叠现象严重。淮河以北以蛹越冬。江苏一年发生8～10代，主要以蛹在油菜、豌豆、苦荬菜等植株叶片组织中越冬，也可以少量幼虫或成虫越冬。

据观察，成虫白天活动很活跃，出没在各寄主植物间，吸食粮蜜和叶片汁液作补充营养，然后交配、产卵。夜间静伏于枝叶等隐蔽处，但在气温达15～20℃的晴天晚上或微雨之后，仍可爬行或飞翔。灯下也可诱到成虫，成虫羽化后经36～48h即交尾，交尾后 1d 就可开始产卵。产卵时先以产卵器刺破叶背边缘的表皮，然后插入组织内，将卵产在嫩叶背面边缘的叶肉组织中，产卵处叶面呈灰白色的小斑痕。卵散产，每处 1 粒。由于雌虫刺破组织不一定都产卵，所以，叶上的产卵斑比实际产卵数多。成虫喜欢在高大茂密的植株上产卵，一头雌虫可产卵 45 ~ 98 粒。成虫对甜汁有趋性，成虫寿命一般 7 ~ 22d，气温高时 4 ~ 10h。在日平均温度 15.6 ~ 22.7℃时，卵期 5 ~ 11d。幼虫从卵孵化后，即由叶缘开始向内潜食叶肉，留下上下表皮，形成灰白色弯曲隧道。随虫体增大，隧道盘旋伸展，逐渐加宽，越来越大。幼虫共 3 龄，幼虫期 5 ~ 14d。将近化蛹时，幼虫在隧道末端钻破表皮，通过这小孔，使蛹的前气门与外相通。到成虫羽化时，这小孔又是成虫的羽化孔。蛹期 8 ~ 12d。

4. 生活习性 豌豆潜叶蝇的发生代数由北向南逐渐增加（一年发生 4 ~ 8 代不等）。在内蒙古、辽宁、河北、山西、天津、北京等地，1 年发生 4 ~ 5 代，以蛹在枯叶或杂草里越冬。在南方温度适宜，可终年繁殖为害，4 ~ 5 月和 8 ~ 9 月是为害盛期。而在北方，从早春起虫口数量逐渐增加（因成虫羽化 3d 后即可产卵）。第一代幼虫为害阳畦菜苗、留种十字花科蔬菜、油菜、豌豆，5 ~ 6 月（即春末夏初）形成为害猖獗期。夏季由于此虫不耐高温，则死亡率增加，虫口数量减少，几乎不见为害。秋季以后逐渐转移到萝卜、莴苣、白菜幼苗上为害，但虫量不大，只造成轻度为害。成虫产卵时选择幼嫩绿叶，产卵于叶背边缘的叶肉里，尤以近叶尖处为多。幼虫孵化后即蛀食叶肉，隧道随虫龄增大而加宽。老熟后，即在隧道末端化蛹，并在化蛹处穿破表皮而羽化。

5. 防治对策

（1）保护和利用天敌 豌豆潜叶蝇的天敌已发现有 1 种小茧蜂和 4 种小蜂。在福建 4 月上旬因小蜂寄生的寄生率占 48.4%，在江苏 5 月下旬幼虫死亡率极高。除高温外，天敌寄生也是一个重要因素，应充分重视天敌的保护和利用。

（2）园艺技术措施 早春及时清除田间、田边杂草和栽培作物的老叶、脚叶，减少虫源；蔬菜收获后及时处理残株叶片，烧毁或沤肥，消除越冬虫蛹，减少下一代发生数量，压低越冬基数。

（3）药剂防治 大量发生为害时，进行合理的药剂防治。

① 诱杀成虫 利用成虫性喜甜食的习性，在越冬蛹羽化为成虫的盛期，点喷诱杀剂（诱杀剂配方：用 3% 红糖液或甘薯或胡萝卜煮液为诱饵，加 0.05% 敌百虫为毒剂）。每 11m² 内点喷植株 10 ~ 20 株，据天气情况，每隔 3 ~ 5d 点喷一次，共喷 5 ~ 6 次。

② 加强田间预测预报 在成虫发生高峰期及时用灭蝇灵等熏杀成虫，减少田间落卵量，每亩用熏烟剂大棚 200g、露地 300g，连续熏杀 2 ~ 3 次。在初见小蛀道为害早期喷药防治，以 8 ~ 11 时用药为宜，顺着植株从上往下喷，以防成虫逃跑，尤其要注意将药液喷到叶片正面。在为害高峰期应每隔 5d 左右，连喷 2 ~ 3 次；药剂可用 40.7% 乐斯本乳油 600ml/hm² 或 1.8% 爱福丁乳油 300 ~ 400ml/hm² 或 10% 氯氰菊酯乳油 450 600ml/hm²，10% 灭蝇胺悬浮剂 600 ~ 800 600ml/hm²。防治可用 50% 丰丙磷颗粒剂 37.5 ~ 60kg/hm²，于定苗时撒施在植株附近，再中耕覆盖药粒，效果

较好。

③ 适期用药   在始见幼虫潜蛀时，是第一次用药适期，头两次连续喷，以后可隔7～10d 再喷一次，共防治2～3次。药剂可选用90%敌百虫原粉800～1 000倍液、40%二嗪农乳油1 500倍液、75%灭蝇胺可湿性粉剂4 000～6 000倍液、48%乐斯本乳油1 000倍液、1.8%阿维菌素乳油3 000倍液、52.5%农地乐乳油1 000倍液、2.5%溴氰菊酯（敌杀死）乳油3 000倍液等药剂。注意交替使用药剂，各类农药使用严格按照规定的安全间隔期进行。

（三）美洲斑潜蝇

美洲斑潜蝇俗称蔬菜斑潜蝇、蛇形斑潜蝇、甘蓝斑潜蝇等。为害作物广泛，多达170多种，尤其嗜食瓜类、豆类和茄果类蔬菜。如黄瓜、南瓜、西瓜、甜瓜、菜豆、芥菜、番茄、辣椒、茄子、马铃薯等。

1. 形态识别   成虫为小型蝇类，淡灰黑色，类似家蝇，体长1.3～2.3mm，翅展1.3～2.3mm，浅灰黑色，体背面灰黑色，腹面黄色。在其两翅基部中间，有一较为显著的黄色点，这是该虫的重要特征。卵圆形，米色，略透明，产在叶片内。大小为（0.2～0.3）mm×（0.1～0.15）mm。幼虫蛆形，分3龄。1龄幼虫体较透明，1.0mm 以下；2龄幼虫鲜黄色或橙色1.0～2.2mm；3龄幼虫橙色，体长3mm左右。伪蛹椭圆形，黄色，椭圆形，幼虫化蛹后数天，渐变为黄褐色或深黄色，羽化前呈黑色。

2. 为害症状   以幼虫潜食为害。为害叶片，蛀食叶肉，留下上下表皮，造成叶面弯弯曲曲隧道，使光合作用面积大为减少，影响生长，损害作物特别是观赏植物的外观，降低经济价值。为害茎秆，轻则影响生长，重则造成植株黄化甚至枯死。

3. 发生规律   美洲斑潜蝇繁殖速度快，有明显的世代重叠现象。它的发育起点温度为14.7℃，完成1个世代所需的积温为172.5℃。美洲斑潜蝇发育时间随温度升高而缩短，在15～26℃时完成1个世代需16～20d，在25～32℃时完成1个世代只需12～14d。

4. 生活习性   幼虫孵化后立即潜食叶肉组织，形成由细渐粗的弯曲状蛇形蛀道。随着虫龄增加，蛀道末端略膨大，沿虫道两侧有断线点状排列的黑色虫粪。老熟幼虫咬破虫道上表皮爬出叶面，在叶面上或落入地表化蛹。由于植物叶面被幼虫潜食，破坏了叶绿素，致使叶片早衰脱落，造成农作物产量和品质下降。美洲斑潜蝇的幼虫主要为害植物中上部，成虫对植物的为害相对较小，主要是刺食叶面叶肉，在叶片上形成近圆形凹陷状刻点。一般夜伏昼出，8～14时活动，中午最为活跃，主要集中在寄主作物向光面上部叶区活动，取食交尾，产卵。成虫在无营养条件下一般可存活1～3d，对黄色物体具有显著的趋向性。通过对不同色板趋性研究的结果表明，在四季豆大田，浅黄、中黄、橘黄色3种色板均能诱集大量成虫。以浅黄、中黄色诱蝇最佳，分别占总诱蝇量的38.8%、33.8%，而红色、白色诱蝇量仅占总诱蝇量的0.64%和0.79%。说明成虫对白色和红色几乎无趋性。美洲斑潜蝇成虫飞翔能力较弱。通过光板诱蝇试验，离寄主植物50m外即诱不到成虫。因此，美洲斑潜蝇主要以蛹，随盆栽植物、土壤或以卵、幼虫随蔬菜调运进行远距离传播。

5. 防治措施　美洲斑潜蝇的防治应采取综合治理的措施。应实施"对春季保护地蔬菜上应用药剂控制，压低春发露地蔬菜的虫基数；在重发区，使用药剂和防虫网防治为主，辅以农业防治；在轻发生区，以农业防治为主，结合其他害虫防治兼治美洲斑潜蝇"的防治策略，通过采取轮作换茬、调节播期、蛹高峰期耕翻土壤、灌水灭蛹、清洁田园、防虫网防虫、化学灭虫、加强检疫等措施，有效地控制美洲斑潜蝇的为害。

（1）检疫措施　在全面开展疫情调查、摸清美洲斑潜蝇的分布范围基础上，各地检疫机构在美洲斑潜蝇发生期，积极开展蔬菜产地检疫，每年产地检疫面积50多万亩次；同时加强调运检疫，禁止从疫区调入叶菜类蔬菜；调出的瓜、豆类种子、果实及其包装和填充材料都必须经过检疫，不得带有寄主植物的叶、茎和蔓等植物残体，检疫合格后方可调运，保证了无疫情蔬菜种子、产品的调运。

（2）农业防治　在美洲斑潜蝇每年的发生为害高峰期，结合种植业结构调整，通过宣传教育，引导菜农通过改变蔬菜品种布局，推广间作套种美洲斑潜蝇非寄主植物或不太感虫的苦瓜、葱、蒜等，避免瓜、豆、叶菜类蔬菜高度"插花"种植，来减轻美洲斑潜蝇的为害。同时清洁田园，及时清理残枝落叶，摘除受害叶，拔除严重受害的植株，清除田边杂草，并及时深埋或烧毁，恶化害虫生存条件，也能减少或消灭虫源。

（3）化学防治　选用52.25%农地乐、48%乐斯本、4.5%高效氯氰菊酯、1.8%虫螨克等药剂对美洲斑潜蝇有较好的防治效果，防效均在80%以上。利用复配制剂（2%阿·吡乳油、2%的功·阿乳油、25%高氯辛乳油等），防治美洲斑潜蝇的效果好，对蚜虫、红蜘蛛也有兼治作用。

在药种上尽量选渗透吸附性强或昆虫生长调节的药剂。5%卡死克乳油1 000倍液，或10%吡虫啉可湿粉1 000倍液，或20%吡虫啉（康福多）可溶剂2 000倍液，或10.8%凯撒乳油6 000倍液，或40.7%乐斯本乳油1 000～1 500倍液，或20%好年冬乳油1 000倍液，或98%巴丹可溶性粉2 000倍液，或100%灭蝇胺悬浮剂1 500倍液，或40%七星宝乳油600～800倍液，或21%灭杀毙乳油6 000倍液，或10%溴马乳油、菊马乳油1 500～2 000倍液。

（4）生物防治　据调查，美洲斑潜蝇的天敌有十几种之多，其中，寄生性天敌3种。在防治美洲斑潜蝇时，尽量采用高效、低毒、安全的农药，加强对天敌的保护和利用，来控制美洲斑潜蝇为害。结果表明，当天敌的种群数量高时，对美洲斑潜蝇的控害效果明显。

（5）物理防治　根据美洲斑潜蝇成虫的趋黄性，在田间插黄板进行诱杀，是防治美洲斑潜蝇比较有效的辅助手段，能起到一定的控制作用。南京、无锡等地在豇豆等作物上推广使用20～25目的防虫网进行防虫，防虫效果达90%以上，同时，也可以有效控制其他害虫。由于物理防治具有不污染环境、防治效果稳定等优点，因此，产生了很好的生态效益。

本节参考文献

1. 蔡昭雄.广西桂北稻飞虱发生规律及其防治.广西农业科学,2007,38(5):536~538

2. 柴一秋,陈祝安,冯惠英等.金龟子绿僵菌对稻水象甲的致病性.中国生物防治,2000,16(1):22~25

3. 陈祝安,冯慧英,施立聪等.田间施放绿僵菌防治稻水象甲效果评价.中国生物防治,2000,16(2):53~55

4. 陈信火.稻纵卷叶螟的发生与防治.现代农业科技,2011(2):200,202

5. 陈元生.我国玉米螟防治技术研究概况.杂粮作物,2001,21(4):36~38

6. 陈伟,胡洪海,李芒等.应用Bt制剂综合防治超甜玉米害虫.湖北农业科学,2002(5):85~86

7. 成卫宁,李修炼,李建军等.杀虫剂对麦蚜、天敌及后茬玉米田主要害虫与天敌的影响.西北农林科技大学学报(自然科学版),2003,31(5):87~90,95

8. 高有华,叶永梅等.玉米常见害虫的防治方法.种子科技,2012(12):35~36

9. 耿大伟,耿蔷,田家波等.玉米田金龟子的发生及防治.现代农业科技,2012(15):107,114

10. 郭冰亮,张春玲,刘辉峰等.小麦吸浆虫防治技术研究及效果评价.山西农业科学,2013(2):105~106,142

11. 郭线茹,张建设,孙淑君等.麦黑斑潜叶蝇幼虫和蛹在麦田的空间分布特性.华北农学报,2005,20(1):86~88

12. 韩高勇.黄淮冬麦区小麦虫害种类及生物防治策略.现代农业科技,2011(7):176

13. 侯会存.浅谈小麦蚜虫的综合防治新技术.农技服务,2010,27(6):722

14. 胡本进,张海珊,李昌春等.油菜田害虫调查及蚜虫防治药剂筛选.昆虫知识,2010(4):779~782

15. 黄德超,曾玲,梁广文等.不同耕种稻田害虫及天敌的种群动态.应用生态学报,2005,16(11):2 122~2 125

16. 贾彦华,陈秀双,路子云等.3种生物防治技术对夏玉米害虫的防治效果.河北农业科学,2010,14(8):121~123

17. 江俊起,缪勇,李桂亭等.江淮地区中稻田害虫和天敌群落动态研究.江西农业大学学报,2006,28(3):354~358

18. 蒋山.小麦蚜虫发生规律与防治技术初探.安徽农学通报,2011,17(12):186,245

19. 李吉有.民和县豆类作物虫害发生特点及防治措施.现代农业科技,2011(18):216

20. 李德友,何永福,陆德清等.油菜蚜虫发生为害规律及防控技术.西南农业学

报，2010，23（5）：1 757～1 759

21. 李建军，李修炼，成卫宁. 小麦吸浆虫研究现状与展望. 1999，19（3）：51～55

22. 李莲，杨红梅. 50% 咪鲜胺可湿性粉剂对稻曲病控病效果初探. 中国稻米，2013，19（1）：69，73

23. 李云瑞. 农业昆虫学. 北京：高等教育出版社，2005

24. 刘庆民，姜永征，杨士玲等. 小麦吸浆虫防治技术研究. 山东气象，2009，29（1）：34～36

25. 刘爱芝，李世功，茹桃勤. 七星瓢虫对两种麦蚜控制作用的模拟研究. 昆虫天敌，2000，22（3）：106～110

26. 刘爱芝，李素娟，武予清等. 三种杀虫剂对麦田蚜虫和捕食性天敌群落的影响. 植物保护学报，2002，29（1）：83～87

27. 刘成江，刘廷府. 农业措施在水稻害虫防治中的作用. 现代农业科技，2007，（20）：98

28. 刘宏伟，鲁新，李丽娟. 我国亚洲玉米螟的防治现状及展望. 玉米科学，2005，13（增刊）：142～143，147

29. 廖世纯，韦桥现，黄所生等. 16 种杀虫剂对稻飞虱的田间防治效果. 中国农学通报，2008，24（9）：345～347

30. 鲁喜荣，杨 富. 6 种药剂对油菜小菜蛾的防效试验初报. 甘肃农业科技，2006（2）：25

31. 罗守进. 稻飞虱的研究. 农业灾害研究，2011，1（1）：1～13

32. 吕文彦，崔建新，娄国强. 麦田昆虫群落的多样性与时间生态位研究. 湖北农业科学，2009，48（10）：2 432～2 436，2 475

33. 吕文彦，秦雪峰，杜开书. 麦田害虫与天敌群落动态变化研究. 中国生态农业学报，2010，18（1）：111～116

34. 吕雅琴，杨秀林. 玉米田常见虫害的防治. 现代农业，2011（10）：26～27

35. 马玉萍，惠康波，惠淼等. 不同药剂防治小麦红蜘蛛试验. 青海农林科技，2007（3）：61～63

36. 茆邦根，翟承勋. 水稻常见病虫害科学防治技术. 现代农业科技，2007（13）：77～78

37. 缪康，束兆林，吉沐祥等. 25% 甲维·毒死蜱水乳剂对小麦蚜虫的防治效果. 江苏农业科学，2010：199～200

38. 牟少敏，杨勤民，许永玉等. 麦田昆虫群落结构和变动的研究. 华东昆虫学报，2001，10（1）：61～65

39. 钱省，韩方胜，张明法等. 小麦红蜘蛛的发生规律及防治措施. 上海蔬菜，2010（1）：59～60

40. 邱明生，张孝羲，王进军等. 玉米田节肢动物群落特征的时序动态. 西南农业学报，2001，14（1）：70～73

41. 沈斌斌，邹一平，徐宇斌．稻田主要天敌对害虫的捕食作用．华东昆虫学报，2006，15（1）：45～49

42. 孙志远．玉米螟综合防治技术研究进展．现代农业科技，2012（8）：190～191

43. 田坤发，刘卫民．小麦田害虫自然控制讨论．湖北植保，2000（1）：17～18

44. 汪谨桂，丁邦元．油菜病虫害发生特点及防治对策．现代农业科技，2007（2）：54

45. 王智．稻田蜘蛛的保护与利用．现代化农业，2003（1）：6

46. 王智，宋大祥，朱明生．稻田蜘蛛和害虫的生态位研究．华南农业大学学报，2005，26（2）：47～51

47. 王汉芳，季书琴，李向东等．10.4%吡虫啉·烯唑醇悬浮种衣剂对小麦蚜虫和纹枯病的防治效果．麦类作物学报，2012，32（4）：99～104

48. 肖兴中，孙迷平，张利等．玉米主要虫害防治技术．现代农业科技，2012（16）：138～139

49. 杨剑峰．水稻虫害的综合防治．农技服务，2010，27（11）：1 417～1 418

50. 叶太平．油菜常见虫害识别与合理用药技术．农技服务，2009，26（5）：88～91

51. 叶建人，黄贤夫，冯永斌．常用杀虫剂对稻田迁飞性害虫的控制作用及其对天敌的安全性评价．浙江农业学报，2007，19（5）：373～377

52. 张辉，吴国星，马沙等．近年稻飞虱暴发成因及其治理对策．江西农业学报，2012，24（2）：88～90

53. 张华超．水稻虫害的发生及防治．现代农业科技，2010（23）：187

54. 张顾旭，王春，陆爽等．47%春雷霉素·王铜可湿性粉剂防治稻曲病田间药效试验简报．上海农业科技，2013（1）：119～120

55. 张先华．豫南优质水稻主要病虫发生特点及综合防治技术．2004（4）：73～74

56. 钟决龙，南天竹．我国水稻主要虫害发生、防治的现状及其发展趋势．农药研究与应用，2008，12（6）：1～4，19

57 张玉江，张汉友，孙仲祥．白僵菌防治稻水象甲田间试验．河北农垦科技，1997（4）：30，25

58. 周宜贵，周福才，孙万庭等．水稻不同栽插方式对稻田主要害虫种群的影响．安徽农业科学，2007，35（18）：5 475～5 476

第三节　杂草防除

一、稻田杂草及防除

（一）稻田杂草种类

"稻田杂草"一般是指生长在稻田间的各种草类植物。在实际田间生产中，人们所指的稻田杂草还包括水稻生长的周围环境，如田埂、沟渠、湿地等上生长的杂草。因为田埂上生长的杂草有时也会对稻苗生长起到相当大的为害作用，沟渠中的流水有时会将某些杂草运送到田间繁衍、生长，从而造成为害，湿地上的杂草则会通过多种途径蔓延至稻田为害。稻田杂草种类很多。据笔者调查统计，共涉及 3 个植物门 40 多科 200 多种，其中，能对水稻生长造成明显影响的约有 50 多种，内含 10 多种恶性杂草。目前，属恶性杂草的有：稗、千金子、狗牙根、牛毛毡、泽泻、节节菜、眼子菜、空心莲子草、香附子、鸭舌草、四叶萍、矮慈姑、双穗雀稗、荆三棱、扁秆藨草等。当然，不同专家对上述看法不尽相同，仅供参考。

稻田杂草同水稻争夺空间、阳光、水、肥、气、热等资源，减弱稻株的光合作用，致使水稻生长不良，影响产量和品质。同时，很多杂草又是水稻病、虫的中间寄主或越冬寄主，可诱发或加重水稻病虫为害的程度。因此，笔者将稻田杂草分类情况及为害方式、程度等进行简单介绍，供大家在清除稻田杂草时作为参考。

稻田常见杂草如下。

1. 稗草 [**Echinochloa crusgalli（L.）Beauv.**]

又叫水稗草。禾本科。

（1）形态特征　秆直立或斜生。高 50～130cm，叶片条形，宽 5～10mm，灰绿色，披垂，中脉白色，无叶舌。圆锥花序直立或下垂，呈不规则的塔形，分枝可再有小分枝，小穗排列于穗轴分枝的一侧，长约 5mm，有硬疣毛，绿色或带紫。颖果白色或棕色，长 2.5～3mm，椭圆形，坚硬。

（2）发生规律和生物学特性　一年生杂草，种子繁殖。发芽温度在 10～35℃，以 20～30℃ 为最适宜。发芽的土层深度在 1～5cm，以 1～2cm 出芽率最高，深层未发芽种子可存活 10 年以上，经猪、牛消化道排出仍有部分能发芽。稗草的适应性很强，喜水湿、耐干旱、耐盐碱、喜温暖，却能抗寒；繁殖力极强，每株分蘖 10～100 多枝，每穗结籽 600～1 000 粒。泡田整地时草籽开始发芽出苗，5 月末至 6 月初为发芽盛期。花果期 8～9 月，比水稻成熟早，边熟边落，借风、水或动物传播。生于沼泽、水湿处。本种变化很大，稻田中的稗草常有旱稗（水田稗、稻稗 var. *hispidula* 鈈 etz. Ktiag）、无芒稗（落地稗 var. *mitis* 鈈 ursh. Petem.）、长芒稗（var. *caudate* 鈈 oshev. Kitag）和西来稗（var. *zelayenisis* 鈤.B. K. Hitch）4 个变种。

稗草是世界和中国的恶性杂草，是稻田最严重的杂草之一。稻田中除自生稗草外，还有来自秧田的稗草，它们随稻苗插入本田，俗称"夹心稗"。由于与水稻同穴同大小，对产量影响颇大。稗草也是胡麻斑病、稻飞虱、稻椿象、黏虫等病虫害的寄主。

2. 千金子 [**L. chinensis（L.）Nees**]

禾本科，千金子属。

（1）形态特征　直立、簇生草本；小穗极小，有 2 至多数小花，两侧压扁，无柄或具短柄，紧贴或散生于纤细的总轴之一侧，排成延长的圆锥花序；颖不等或近相等，无芒；外稃 3 脉，脉上有时被毛。

（2）发生规律和生物学特性　千金子属禾本科千金子属一年生杂草。20 世纪 90 年代之前，主要发生在滨湖地区直播稻田边，移栽田、抛秧田很少发生。21 世纪开始，随着耕作制度的变化以及对防除稗草农药抗性的增加，原来的劣势草种逐渐变成了优势种。发生面积越来越大，发生田块类型不仅在直播田，而且移栽田、抛秧田均随处可见。发生地块也不仅局限于田边，而且田中也逐渐多了起来。

3. 早熟禾（Poa）

禾本科，早熟禾属。

（1）形态特征 秆丛生纤细，直立或基部倾斜，高 5～30cm，具 2～3 节。叶鞘质软，中部以上闭合，短于节间，平滑无毛；叶舌膜质，长 1～2mm，顶端钝圆；叶片扁平，长 2～12cm，宽 2～3mm。圆锥花序开展，呈金字塔形，长 3～7cm，宽 3～5cm，每节具 1～2 分枝，分枝平滑；小穗绿色，长 4～5mm，具 3～5 小花；颖质薄，顶端钝，具宽膜质边缘，第一颖具 1 脉，长 1.5～2mm，第二颖具 3 脉，长 2～3mm；外稃椭圆形，长 2.5～3.5mm，顶端钝，边缘及顶端宽膜质，具明的 5 脉，脊的下部 1/2～2/3 以下具柔毛，边缘下部 1/2 具柔毛，间脉无毛，基盘无绵毛；内稃与外稃近等长或稍短，脊上具长丝状毛；花药淡黄色，长 0.7～0.9mm。颖果黄褐色，长约 1.5mm。

（2）发生规律和生物学特性 一年生禾草，花果期 7～9 月。在西北地区 3～4 月返青，11 月上旬枯黄；在北京地区 3 月开始返青，12 月中下旬枯黄。在 -30℃ 的寒冷地区也能安全越冬。

4. 白茅 [Imperata cylindrica（Linn.）Beauv.]

又称茅。禾本科，白茅属。

（1）形态特征 株高 25～80cm，宽 2～7mm。圆锥花序圆柱状，长 9～12（20）cm，分枝缩短而密集；小穗披针形或矩圆形，孪生，1 具长柄，1 具短柄，长 4～4.5mm，含 2 小花，仅第二小花结实，基部具长柔毛，长为小穗的 3～4 倍；颖被丝状长柔毛；第一外稃卵形，长 1.5～2mm，具丝状纤毛，内稃缺；第二外稃长 1.2～1.5mm，内稃与外稃等长。

（2）发生规律和生物学特性 多年生草本，适应性强，耐阴、耐瘠薄和干旱，喜湿润疏松土壤。在适宜的条件下，根状茎可长达 2～3m 以上，能穿透树根，断节再生能力强。花果期 7～9 月。

5. 芦苇（phragmites communis Trin）

俗名苇子。禾本科，芦苇属。

（1）形态特征 具粗壮根状茎。株高 100～300cm，节下常有白粉。叶片带状披针形，长 15～50cm，宽 1～3.5cm，叶舌极短，顶端被毛。圆锥状花序顶生，长 10～40cm，微垂头，有多数纤细分枝，下部分枝的腋间具白柔毛。小穗两侧压扁，长 16～22mm，通常 4～7 小花；第一小花为雄性；颖及外稃均有 3 条脉；外稃无毛，孕性外稃的基盘具长 6～12mm 的柔毛。

（2）发生规律和生物学特性 多年生挺水杂草。根茎和种子繁殖。根茎粗壮，横走地下，在沙质地可达 10m 左右。4～5 月长苗，8～9 月开花。生于湿地、浅滩、湖边，常以大片形成所谓的芦苇荡，但干旱沙丘也能生长。

6. 异型莎草（**Cyperus difformis L.**）

俗名球穗碱草、红头草。莎草科。

（1）形态特征 秆高 10 ~ 60cm，丛生，直立，扁三棱形，黄绿色，质地柔软。叶基生，略短于秆，条形，宽 2 ~ 6mm，叶鞘红褐色。苞片 2 ~ 3 枚，叶状，长于花序；长侧枝聚伞花序，有 3 ~ 8 条不等长的辐射枝，顶端单生由多数微细小穗组成的头状花序，有的辐射枝短缩，形成如单生的头状花序，淡褐色至黑褐色。小坚果倒卵形成椭圆形，有三棱，长 0.5 ~ 1mm，淡黄色，有极小的凸起。

（2）发生规律和生物学特性 一年生杂草，种子繁殖。发芽的最适温度为 30 ~ 40℃的变温，发芽土层深度 2 ~ 3cm。5 ~ 6 月出苗，6 月中下旬高峰，花果期 7 ~ 10 月。8 月起种子逐渐成熟落地，或由风、水传播。生于水田或水边湿地。

7. 牛毛毡（**Eleocharis yokoscensis 銇 ranch. et Sav. Tanget Wang**）

别名牛毛草。莎草科。

（1）形态特征 具极纤细的匍匐状根茎。秆纤细如毛发状，密丛生如牛毛毡，高 2 ~ 12cm。叶鳞片状，具微红色的膜质管状叶鞘。小穗单一顶生，卵形，长 3mm，宽约 2mm，淡紫色。鳞片全部有花，膜质，下部鳞片近二列，基部的一枚鳞片矩圆形，顶端钝，背部有 3 条脉，中间淡绿，两侧微紫色，抱小穗基部一周，其余鳞片卵形，顶端急尖，长 3.5mm，宽 2.5mm，有 1 条脉，中间绿色，两侧紫色；下位刚毛 1 ~ 4 条，长为种子的 2 倍，有倒刺。种子狭矩圆形，无棱，长 1.8mm，表面细胞呈横矩形的隆起网纹。

（2）发生规律和生物学特性 多年生杂草，根茎和种子繁殖。喜生水湿地，覆盖度高，降低水湿；吸肥力强，防除不易，为害极大。生于水田边，池塘边或湿黏土中。

8. 扁秆藨草（**Scirpus planiculmis Fr. Schmidt**）

俗名三棱草、地梨子。莎草科。

（1）形态特征 具匍匐根状茎和块茎。秆高 60 ~ 100cm，三棱柱形，平滑。叶基生和秆生，条形，扁平，宽 2 ~ 5mm，基部具长叶鞘。叶状苞穗卵形或矩圆卵形，长 10 ~ 16mm，褐锈色，具多数花；鳞片矩圆形，长 6 ~ 8mm，膜质，螺旋状排列，有 1 脉，顶端具撕裂状缺刻，有芒。种子倒卵形或宽倒卵形，扁平，长 3 ~ 3.5mm，深褐色至褐色，平滑而有小点。

（2）发生规律和生物学特性 多年生杂草，块茎和种子繁殖。种子发芽温度 10 ~ 40℃，最适 20 ~ 30℃；发芽土层 0 ~ 20cm，最适 5 ~ 10cm。休眠的种子寿命 5 ~ 6 年。从块茎发育的主株，6 月间开花、结籽，每株结籽 70 ~ 150 粒。随风、流水或混于种、肥中传播；连作稻田实生苗为 2%，而 98% 由块茎形成的再生苗为害。生长于稻田、低湿盐碱地或浅水中。

9. 眼子菜（**Potamogeton distinctus A. Benn.**）

俗名水上漂。眼子菜科。

（1）形态特征 根状茎匍匐，茎细，长约 50cm。浮水叶互生，黄绿色，阔披针形或卵状椭圆形，全缘，有平行的侧脉 7~9 对。花序下的叶对生，宽披针形至卵状椭圆形，长 5~10cm，宽 2~4cm，柄长 6~15cm；沉水叶互生，披针形或条状披针形，柄比浮水叶的短；托叶薄膜质，长 3~4cm，早落。穗状花序生于浮水叶的叶腋；花序梗长 4~7cm，比茎粗；穗长 4~5cm，密生黄绿色小花。果实宽卵形，长 3~3.5mm，腹面近于直，背部有 3 脊，侧面两条较钝，基部通常有 2 凸起；花柱短。

（2）发生规律和生物学特性　多年生浮水杂草，根茎和种子繁殖。地下越冬根茎常 2~4 条连成鸡爪状，每条长 2~4cm，姜黄色，似小笋，外被草质鳞片，是营养繁殖的主要器官。5~6 月当 10cm 地温超过 20℃时，开始萌发出苗，种子可在 0~15cm 的土层内发芽。由越冬的地下根茎发出的幼苗幼叶呈紫绿色，幼叶常卷成筒状，待伸出水面后展开，有柄，沉水叶条形；由种子萌发的实生苗，初生叶条形，先端渐尖，叶鞘膜质。营养生长期间地下不断长出白色的根状茎，节上分枝向上长叶，向下生根，繁殖蔓延极快，人工不易除净。6~7 月是眼子菜大量繁殖为害水稻最为严重的时期；8~9 月花果期，种子陆续成熟，掉落，随水传播或沉于水底；气温下降时，地下茎停止生长，在其顶端形成越冬的鳞芽。

10. 菹草（Potamogeton crispus）

又叫虾藻、虾草、麦黄草。眼子菜科，眼子菜属。

（1）形态特征　具近圆柱形的根茎。茎稍扁，多分枝，近基部常匍匐地面，于节处生出疏或稍密的须根。叶条形，无柄，长 3~8cm，宽 3~10mm，先端钝圆，基部约 1mm 与托叶合生，但不形成叶鞘，叶缘多少呈浅波状，具疏或稍密的细锯齿。穗状花序顶生，具花 2~4 轮。

（2）发生规律和生物学特性　菹草为多年生沉水草本植物，生于池塘、湖泊、溪流中，静水池塘或沟渠较多，水体多呈微酸性至中性。菹草生命周期与多数水生植物不同，它在秋季发芽，冬春生长，4~5 月开花结果，夏季 6 月后逐渐衰退腐烂，同时形成鳞枝（冬芽）以度过不适环境。冬芽坚硬，边缘具有齿，形如松果，在水温适宜时开始萌发生长。多分布与我国南北各省，为世界广布种。可做鱼的饲料或绿肥。

11. 泽泻（Alismataceae）

泽泻科。

（1）形态特征　泽泻株高 50~100cm。地下有块茎，球形，直径可达 4.5cm，外皮褐色，密生多数须根。叶根生；叶柄长达 50cm，基部扩延成中鞘状，宽 5~20mm；叶片宽椭圆形至卵形，长 5~18cm，宽 2~10cm，先端急尖或短尖，基部广楔形、圆形或稍心形，全缘，两面光滑；叶脉 5~7 条。花茎由叶丛中抽出，长 10~100cm，花序通常有 3~5 轮分枝，分枝下有披针形或线形苞片，轮生的分枝常再分枝，组成圆锥状复伞形花序，小花梗长短不等；小苞片披针形至线形，尖锐；萼片 3，广卵形，绿色或稍带紫色，长 2~3mm，宿存；花瓣倒卵形，膜质，较萼片小，白色，脱落；雄蕊 6；雌蕊多数，离生；子房倒卵形，侧扁，花柱侧生。瘦果多数，扁平，倒卵形，长 1.5~2mm，宽约 1mm，背部有两浅沟，褐色，花柱宿存。种子的突出特点是泽泻为单子叶植物却没有胚乳。

（2）发生规律和生物学特性　泽泻为多年生沼生植物，生长期约180d，其中，苗期约30d，成株期约150d。在气温30℃时，经一昼即可发芽；气温在28℃以上时，种子发芽至第一片真叶长出只需5～7d。秋季地上植株和地下块茎生长迅速，冬季生长极为缓慢。在广西每年3月份抽薹，4～6月为花期，5～7月为果期。泽泻以种子随水流扩散和球茎发芽蔓延而成为稻田恶性杂草。

12. 野慈姑（*Sagittaria trifolia* L.）

泽泻科。

（1）形态特征　地下根状茎横走，先端膨大成球茎。茎极短生有多数互生叶，叶柄长20～50cm，基部扩大。叶形变化很大，通常为三角箭形，长达20cm，先端钝或急尖，主脉5～7条，自近中部外延为两片披针形长裂片，外展呈燕尾状，裂片先端细长尾尖，花葶高15～50cm；总状花序，3～5朵轮生轴上，单性，下部为雌花，具短梗，上部为雄花，具细长花梗；外轮花被片，萼片状，卵形，顶端钝；内轮花被片3片，花瓣状，白色，基部常有紫斑，早落。瘦果斜倒卵形，扁平，不对称，背、腹面均有翅。

（2）发生规律和生物学特性　多年生水生草本植物。苗期4～6月，花期夏秋季，果期秋季。块茎或种子繁殖。

13. 节节菜（*Rotala indica* 鈤 ild.）

千屈菜科。

（1）形态特征　株高5～15cm，有分枝。茎略呈四棱形，光滑，略带紫红色，基部着生不定根。叶对生，无柄；叶片倒卵形、椭圆形或近匙状长圆形，长5～10mm，宽3～5mm，叶缘有软骨质狭边。花成腋生的穗状花序，小苞片2，狭披针形；花萼钟状，膜质透明，4齿裂，宿存；花瓣4枚，淡红色，极小，短于萼齿；雄蕊4枚，与萼管等长。蒴果椭圆形，表面具横条纹，2瓣裂。种子极细小，狭卵形，褐色。

（2）发生规律和生物学特性　一年生矮小草本。苗期5～8月，花果期8～11月。种子繁殖。

14. 丁香蓼（*Ludwigia prostrate* Roxb.）

又名小石榴树、小石榴叶、小疗药。柳叶菜科。

（1）形态特征　株高20～50cm。茎近直立或下部斜升，有棱角，多分枝，枝带四方形，暗紫红色，无毛或有短毛。单叶互生，披针形，长2～5cm，宽0.6～1.5cm，近无毛，顶端渐尖，基部渐狭，全缘。叶柄短。花1～2朵，生于叶腋，无柄，基部有2小苞片，萼筒与子房合生，裂片4～5，长约2mm。花瓣与萼裂同数，黄色，稍短于花萼裂片，早落。

（2）发生规律和生物学特性　一年生草本。蒴果圆柱状四方形，长1.5～2cm，直立或微弯，稍带紫色，成熟后室背成不规则破裂，有多数细小的棕黄色的种子。花期7～8月。各地普遍野生，生于田间水旁，或沼泽地。

15. 空心莲子菜（*Alternanthera phiolxeroides* 鉕 art. Griseb.）

又名水花生、革命草、水雍菜、空心苋。苋科。

（1）形态特征　株高50～150cm。茎基部匍匐，节处生根，上部斜生，中空，具不明显四棱。叶对生，矩圆形或倒披针形，先端急尖或圆钝，基部渐狭，全缘，两面无毛或上面有伏毛，边缘有睫毛。头状花序单生于叶腋，具总花梗。苞片和小苞片干膜质，宿存；花被5片，披针形，白色，雄蕊5枚，柱头头状。胞果扁平，边缘具翅，略增厚，透镜状。

（2）发生规律和生物学特性　多年生草本。以根茎进行营养繁殖，3～4月根茎开始萌芽出土；匍匐茎发达，并于节处生根，茎的节段亦可萌生成株，借以蔓延及扩散。茎段可随水流及人和动物的活动传播，并迅速在异地着土定根。花期5～10月，通常开花而不结实。

16. 鸭舌草（*Monochoria vaginalis* 鉈 urm. f. Presl ex Kunth）

又名鸭仔草、猪耳草、鸭嘴菜、马皮瓜。雨久花科。

（1）形态特征　株高10～30cm，全株光滑无毛。叶纸质，上表面光亮，形状和大小多变异，有条形、披针形、矩圆状卵形、卵形至宽卵形，顶端渐尖，基部圆形、截形或浅心形，全缘，弧状脉；叶柄长可达20cm，基部具鞘。总状花序于叶鞘中抽出，有花3～8朵，花梗长3～8mm，整个花序不超出叶的高度；花被片6，披针形或卵形，蓝色并略带红色。蒴果卵形，长约1cm。种子长圆形，长约1mm，表面具纵棱。

（2）发生规律和生物学特性　一年生草本。苗期5～6月，花期7月，果期8～9月。

（二）稻田杂草群落演替

稻田杂草群落是稻田生态系统的重要组成部分，由于人为的干预，杂草群落的演替与自然条件下植物群落的演替有所不同，其受到土壤演替和人为因素为主动力的影响，具有明显的方向性。水稻的种植方式以及田间施用的除草剂均可引起杂草群落的变化，杂草群落的改变程度和演替方向取决于所用栽培方式和除草剂品种及其杀草谱的选择性，农业措施亦对群落的演替有较大影响。

南京农业大学的强胜教授（2009）对江苏省中部地区不同水稻种植模式下的稻田杂草演替进行了研究，其中，涉及了抛秧、水直播、旱直播、机插秧、麦套稻、传统手工插秧6种水稻栽培模式。这些模式在调查区皆有多年历史，稻田形成了各具特色、相对稳定的杂草群落。调查在江苏省中部地区进行，由西向东在扬州、泰州、南通3个行政区所辖，农田选择轻型栽培稻田样点14个。结果发现：在轻型栽培稻田中，共发现杂草36种，隶属于18个科33个属。其中，杂草种类较多的科依次为禾本科、莎草科、菊科、玄参科、泽泻科、千屈菜科等。在3个地区皆表现出较高的优势度和发生频率的杂草有4种：稗、水苋菜、鳢肠和千金子，其发生频率都达到或接近100%。然而，地区间草害水平存在差异，扬州地区的杂草为害最重，泰州地区次之，南通地区相对最轻。不同的稻作模式皆对应着不同的优势杂草。机插秧模式中优势度值与发生频率皆较高的杂草为鸭舌草、水苋菜；麦套稻模式中，主要的优势杂草包括水苋菜、马唐、鸭舌草，半边莲等；抛秧稻田中为稗、鸭舌草、水苋菜等；水直播稻作模式下是稗、水苋菜、鸭舌草等；旱直播模式中为稗、水苋菜、千金子等。与传统的手工插秧相比，轻型栽培稻作模式下的杂草群落中，不仅物种丰富度高，而且优势度也高。6种稻作模式杂草为害程度由低到高的顺序为：传统手工插秧＜机插秧＜抛秧＜水直播＜旱直播＜麦套稻。

浙江大学的何翠娟等（2001）对上海地区的稻田杂草群落演替进行了研究，并将结果与20世纪80年代初上海市第一次农田杂草普查结果相比较，得出了稻田杂草种类有较大幅度下降的结论。研究结果显示，稻田杂草共有28种、分属13科（80年代初为80种、分属27科）。其中，禾本科5种占17.86%；莎草科8种，占28.57%；阔叶类杂草15种，占53.57%。对水稻产量影响较大的有12种，即稗草、千金子、水莎草、异型莎草、扁秆藨草、萤蔺、鸭舌草、节节菜、水苋菜、陌上菜、鳢肠、眼子菜。通过几年单一除草剂的使用，稻田杂草的优势种发生了相应变化。经相对频率参量指标分析显示，优势种杂草依次为矮慈姑、鸭舌草、陌上菜、稗草、鳢肠、水苋菜、节节菜、异型莎草、空心莲子草、千金子；稻田杂草的群落也发生了根本变化，从依次为"禾本科杂草＋莎草科杂草＋阔叶类杂草"的草相演变为以"阔叶类杂草＋莎草科杂草＋禾本科杂草"为主的格局；一年生易除杂草为主的群落正逐渐演替为多年生恶性杂草为主。通过化学防除后，稻田杂草的为害处于低水平状态下，为害程度在2级以下。他们认为，除草剂的不合理使用、耕作制度的改变、栽培方式的不合理是引起群落恶性演替的主要原因；提出了除草剂使用的适宜时间、剂量、次数和优化组合，以减少除草剂的盲目使用所造成的杂草群落演替和生态环境恶化；提倡辅以一些传统农业、机械防除措施来控制稻田多年生恶性杂草的进一步蔓延。

（三）稻田杂草发生规律

稻田杂草的发生规律与水稻的种植方式密切相关。阙建萍等（2005）对水稻直播田中杂草发生规律进行了研究。发现：水直播稻田杂草发生种类多、密度大、发生期长、为害重。不同杂草种类中以稗草、千金子尤为严重，防除难。水直播稻田杂草第一萌发高峰出现在播后7~10d，以稗草、千金子为主。播后15~20d形成第二萌发高峰，以莎草科杂草和部分阔叶杂草为主，如鸭舌草、丁香蓼、眼子菜、碎米莎草、异型莎草等。播后35d出现第三萌发高峰，以阔叶杂草、水生杂草和多年生莎草科杂草为主，如水莎草等。

傅民杰等（2005）对北方地区的稻田杂草群落以及北方地区旱直播稻杂草发生规律进行了对比研究，其认为：北方稻田杂草群落的演替呈单峰的S形曲线，而旱直播稻田杂草群落的演替呈双峰曲线；第一个高峰期出现在6月10日前后，第二个高峰期出现在6月30日前后。第二个高峰期出现的时期与移栽田的杂草高峰期相似。2次高峰期的出现，主要是由于旱直播田从播种到秧苗生长至4叶期这一段时间里，只进行1次灌水（催苗水）。灌水后第二天，稻田水层消失，以后稻田土壤一直处于半湿润状态，有利于旱生型和中生型杂草种子的萌发和生长。另外，由于杂草种子对外界环境的要求不如水稻严格，因此，杂草发生的时间早于水稻出苗，但在秧苗4叶期以后的灌水导致旱生型及中生型杂草数量锐减。同时，水生型及湿生型杂草相继增多，因此，出现2个相对独立的高峰期。旱直播田杂草第二高峰期出现的杂草与移栽田杂草种类相似，均为水生型及湿生型杂草。

　　黄开红等（1999）对轻型栽培稻田杂草发生规律进行了研究，表明：稻田杂草出草持续期、出草高峰期、总出草数与水稻种植方式有关；其趋势是出草持续期、高峰期以麦田套稻最长（d），其次为水直稻，再次为旱育抛秧与盘育抛秧、人工移栽最短。麦田套稻、水直播、旱育抛秧与盘育抛秧、人工移栽稻田的出草高峰期分别是播（栽）后 $10 \sim 25d$、$10 \sim 20d$、$10 \sim 20d$、$5 \sim 15d$。高峰期出草数占总出草数的比率分别为 58.4%，73.5%，84.5%，90.3%。麦田套稻、水直播、旱育抛秧与盘育抛秧、人工移栽稻田的总出草数分别为 130.6，107.4，97.3，99.2，49.2 株/m^2。其原因是麦田套稻，稻田实行免耕，土壤耕作层种子库量大、并且在小麦与水稻共生期间生态环境有利于杂草萌发。小麦收割后，水稻秧苗竞争能力弱，有利于杂草萌发和生长；水直播田水稻出苗期气温较高，土壤保持干干湿湿，抛秧田在水稻抛栽后 3d 内保持无水层均有利于杂草的萌发；移栽稻田由于移栽后保持水层，抑制了杂草的萌发。

（四）稻田杂草的生态特点和为害性

　　稻田杂草根据水稻的栽培方式不同，其生态特点也有所差异。调查发现，旱直播稻田的杂草种类一般要多于移栽稻田。除水生杂草外，还有一些旱田杂草。直播田杂草一般早于水稻种子萌发，与水稻同期生长，且因水稻播种量少，前期生长势弱，容易造成草害。

　　直播稻田杂草出草时间长，有两个萌发高峰。第一峰为主峰，在播后 $10 \sim 20d$ 大量出草，占总草量的 60% 左右。这批杂草分蘖（枝）多、群体大，是形成草害的主体。第二峰在播后 $25 \sim 40d$，占总草量的 30% ~ 40%。两峰前后出草相隔 $15 \sim 20d$。从各类杂草出草数量看，禾本科杂草和莎草科杂草主要集中在播后 $10 \sim 25d$；其中，播后 20d，禾本科和莎草科杂草萌发数量分别占总草量的 72.5% 和 87.5%，呈单峰型发生；阔叶杂草萌发表现为明显的双峰变化，第一峰在播后 $10 \sim 20d$，占总草量的 41.2%；第二峰在播后 $35 \sim 45d$，占总草量的 43.1%。

　　故而，直播稻田的草害比移栽秧田的草害重。因为直播稻田杂草种类多，水旱草并发，发生期较长，中期杂草为害重。杂草在干干湿湿的生态条件下有多个发生高峰，发生期比移栽稻田拉长 50d 以上。水稻播种后 $3 \sim 4d$ 杂草开始出苗，至播后 $1 \sim 3$ 周杂草出苗出现第一高峰，以后杂草出苗减少。播后 $6 \sim 8$ 周杂草出苗又有增加，出现第二个高峰。杂草发生的高峰在播后 10d 及建水层后的 20d 左右。不同杂草的出苗期亦不同，禾本科杂草发生较早，集中在播种到秧苗 $3 \sim 5$ 叶期的旱长期内，且喜温喜湿的千金子等杂草严重。阔叶杂草则是在中后期大量萌发，此时与前期发生的杂草一道，对水稻的为害严重。

　　移栽秧田的草害则与直播稻田不同，其杂草发生高峰晚，搁田期杂草为害重。移栽秧田杂草以水生杂草为主，湿生杂草为辅。由于大部分移栽稻田采用 30d 以上秧龄的大苗移栽，对杂草的竞争力相对较强，加上采取大水活棵的管理措施，前期的杂草受到水层的抑制，因而在杂草发生较轻较晚的田块，基本不为害水稻。在杂草发生中等偏晚的田块，对水稻的为害相对较轻。在杂草发生严重或发生中等但发生较早的田块，杂草对水稻的为害相对较重。前期保水较好的移栽稻田，杂草发生的高峰集中在水稻拔节期的第一次搁田期后的 7~14d，此后陆续有发生。此间发生杂草虽然对水稻的为害不大，但由于复水及追肥的作用其生长扩展的速度较快，对水稻后期的生长有一定的影响。前期保水不好的移栽田，杂草发生的高峰相对较早，一般在缺水后 1~2 周，此间发生的杂草对水稻为害较大。

（五）稻田杂草防除技术

水稻栽培方式的不同，其杂草群落有一定的差异。因此，要根据水稻栽培方式和杂草种群因地制宜地选择适当的除草剂品种进行单用或混用，以最佳施药剂量、施药时期、施药方法和管理措施，安全合理使用，达到灭草增产的目的。

1. 肥床旱育秧田　目前生产上推广应用的除草剂以丁、苄、丙等复配剂为主。其使用技术为：播种覆土窨水浸泡 1h 后，放干田水（或浇透水后）施药，亩用 40% 苄丙可湿型粉剂 70g，加水 40 kg 喷雾。喷药后覆盖薄膜、盖草，保湿保温，保证出苗。

2. 移栽大田　目前生产上推广应用的除草剂品种有丁草胺颗粒剂、苄嘧磺隆等单剂及乙·苄、苄·丙等复配剂。其使用技术为：在插秧后 3~7d，杂草处于萌动至 1 叶 1 心期施药，亩用 5% 丁草胺颗粒 1.5~2.0kg 加 10% 苄嘧磺隆可湿性粉剂 20g，拌细土 20kg（或尿素）撒施，施药时田间有 3~5 cm 水层，保水 5~7d。

3. 直播稻田　其他除草技术为：在播后苗前或水稻秧苗 1 叶期，亩用 40% 丁·噁乳油 130ml 加水 40 kg 喷雾。在秧苗 3 叶期，稗草 2 叶 1 心期，亩用 36% 二氯·苄可湿性粉剂 50g 喷雾。施药前排干田水，使杂草茎叶露出水面，施药后灌浅水保持 5~7d。

4. 复配除草剂

（1）水稻移栽田除草剂配方

① 防治稗草、阔叶杂草和某些莎草科杂草（亩用量）

96% 禾大壮 +10% 农得时：170~200 +13~17ml（g），水稻移栽后 10~15d 施药。

96% 禾大壮 +10% 草克星：170~200 +10 ml（g），水稻移栽后 10~15 d 施药。

96% 禾大壮 +10% 金秋：170~200 +13~17ml（g），水稻移栽后 10~15 d 施药。

96% 禾大壮 +15% 太阳星：170~200 +10~15ml（%），水稻移栽后 10~15d 施药。

96% 禾大壮 +48% 灭草松：200~267 +167~200ml（g），水稻移栽后稗草 4 叶期前施药。

50% 快杀稗 +48% 灭草松：33~53 +167~200ml（g），水稻移栽后稗草 3~8 叶期施药。

50% 快杀稗 +10% 农得时：33~53 +13~17ml（g），水稻移栽后稗草 3 叶期施药。

50% 快杀稗 +10% 金秋：33~53 +10ml，水稻移栽后稗草 3 叶期施药。

50% 快杀稗 +10% 金秋：33~53 +13~17ml（g），水稻移栽后稗草 3 叶期施药。

50% 快杀稗 +15% 太阳星：33~53 +10~15ml（g），水稻移栽后稗草 3~8 叶期施药。

禾大壮防治 4 叶期前稗草，快杀稗防治 3~8 叶期稗草。

② 防治稗草、阔叶杂草（亩用量）

30% 阿罗津 60ml（g），水稻插前 5~7 d 施药。

30%阿罗津+10%农得时：50+13~17ml（g），水稻插前15~20 d 施药。

30%阿罗津+10%草克星：50+10ml（g），水稻插前15~20d 施药。

30%阿罗津+10%金秋：50+13~17ml（g），水稻插前15~20d 施药。

30%阿罗津+15%太阳星：50+10~15ml（g），水稻插前15~20d 施药。

50%拜田净+10%草克星：13~15+10ml（g），水稻插后1~7d 施药。

50%拜田净+30%农得时：13~15+10ml（g），水稻插后1~7d 施药。

50%拜田净+10%金秋：13~15+13~17ml（g），水稻插后1~7 d 施药。

50%拜田净+15%太阳星：13~15+10~15ml（g），水稻插后1~7d 施药。

50%拜田净+20%莎多伏：13~15+10ml（g），水稻插后1~7d 施药。

③ 防治稗草、阔叶杂草，对多年生莎草科杂草有抑制作用（亩用量）

50%瑞飞特：60~70ml（g），水稻插前5~7 d 施药。

50%瑞飞特+10%草克星：50~60+10ml（g），水稻插后15~20d 施药。

50%瑞飞特+10%农得时：50~60+13~15ml（g），水稻插后15~20d 施药。

50%瑞飞特+20%金秋：50~60+13~17ml（g），水稻插后15~20d 施药。

50%瑞飞特+15%太阳星：50~60+10~15ml（g），水稻插后15~20 d 施药。

50%苯噻草胺70ml。水稻插前5~7d 施药。

50%苯噻草胺+10%农得时：60+13~17ml，水稻插后15~20d 施药。

50%苯噻草胺+10%草克星：60+13~17ml，水稻插后15~20d 施药。

50%苯噻草胺+10%金秋：60+13~17ml，水稻插后15~20d 施药。

④ 防治稗草（亩用量）

50%拜田净17~20ml，水稻插前1~7d 施药。

96%禾大壮200~267ml，稗草4叶期以前施药。

30%阿罗津50~60ml，水稻插前5~7d 施药；40~50ml（g），插后15~20d 施药。

⑤ 防治稗草和一年生阔叶杂草（亩用量）

20%农思它200ml，插前2~5d 整地后趁水浑浊施药。

⑥ 防治扁秆藨草、日本藨草和阔叶杂草（亩用量）

10%草克星10ml，水稻插前3~5d 插后10~15d 或插后5~7d 间隔10~15 d 两次施药（扁秆藨草、日本藨草株高7cm 以下）。

7.5%草灭星15ml，水稻插前3~5d 插后10~15d 或插后5~7d 间隔10~15d 两次施药（扁秆藨草、日本藨草株高7cm 以下）。

30%农威10ml，水稻插前3~5d 插后10~15d 或插后5~7d 间隔10~15d 两次施药（扁秆藨草、日本藨草株高7cm 以下）。

48%排草丹200ml（g），水稻插后15~20d 施药。

15%太阳星10ml（g），水稻插后15~20d 施药。

46%沙阔丹100~140ml（g），水稻分蘖末期到拔节期施药。

（2）水稻旱育秧田除草剂配方（亩用量）

50%杀草丹300~400ml（g），播种覆土后施药，防治稗草。

50%杀草丹+20%敌稗：200+300~500ml（g），稗草 1.5~2 叶期施药，防治稗草。

96%禾大壮+20%敌稗：100+300~500ml（g），水稻苗后，稗草 2~3 叶期施药，防治稗草。

96%禾大壮+48%灭草松：150+100~150ml（g），水稻苗后，稗草 3 叶期前施药，防治稗草、阔叶杂草及莎草科杂草。

10%千金 40~60ml，稗草 2~3 叶期施药，防治稗草。

10%千金+48%排草丹：40~60+150ml（g），水稻苗后，稗草 2~3 叶期施药，防治稗草、阔叶杂草及莎草科杂草。

50%禾阔净 250~300ml（g），秧苗 2 叶期前施药，防治稗草及阔叶草。

二、麦田和玉米田杂草及防除

麦田和玉米田杂草是指在麦田和玉米田中与麦类和玉米作物自然共栖的野生植物的统称。田中杂草在作物生长过程中与植株争水、争肥、传播病虫，影响作物生长与产量；杂草种子混于籽粒中，还影响粮食品质。麦田和玉米田杂草约有几十种，为害比较严重的近 20 种。

（一）麦田杂草种类

1. 野燕麦 禾本科，燕麦属一年生草本植物。株高 100cm 左右；圆锥花序，直立而疏散，呈塔形；穗长 20cm 左右，形似燕麦。在欧洲、美洲、亚洲寒温带有分布，是重要的世界性农田杂草。在中国，主要分布在西北地区和西藏、内蒙古、黑龙江等省（自治区），其中，以西北地区为害最为严重。野燕麦主要分布在人少地多地区，苗期形态酷似麦苗，较难区别，为人工防除带来一定困难。由于生活力强，繁殖率高，传播迅速，常可造成严重为害。化学防除可选用燕麦畏、燕麦敌 1 号、燕麦敌 2 号作土壤处理，或选用绿麦隆、异丙隆、野燕枯等作苗期茎叶处理。

2. 看麦娘 禾本科，一年生或越年生植物。株高 30cm 左右；叶片直立，叶鞘常短于节间；花序细长圆柱形，长 5cm 左右。在中国有广泛分布，喜潮湿环境。

3. 升马唐 禾本科，一年生植物。株高 30~100cm；茎基常倾斜或横卧，着土节易生根；花序排列于茎端，3~8 个细长的穗集成指状排列。在中国分布广泛，喜潮湿环境。

4. 狗尾草 又名谷莠子。禾本科，一年生植物。株高 20~100cm；茎直立或基部膝曲；圆锥花序紧密，呈圆柱形，长 2~15cm，刺毛长 4~12cm，绿色或变紫色。在中国有广泛分布，适应性强。

防除看麦娘、升马唐、狗尾草可选用绿麦隆、异丙隆、扑草净，于幼苗期喷施或出芽前土壤处理。

5. 毒麦 禾本科，一年生植物。株高 60cm 左右；穗状花序，复穗长 10~15cm，穗形狭长，小排列稀疏，有小穗 8~19 个，以稃片背面对向穗轴。由于籽实含有毒麦碱，可引起人和牲畜中毒。在有毒麦生长地区应重视麦种精选工作，拔除田间毒麦植株，建立无毒麦留种田，加强检疫，防止传播蔓延，播种前用 60%硝酸铵选种。

6. 荞麦蔓 又名卷茎蓼、野荞麦秧。蓼科，一年生植物。茎细弱，缠绕；叶片卵形，基部宽心形，顶端渐尖；花淡绿色，排列成稀疏的穗状花序，腋生；果卵形，黑色，有三棱。在中国主要分布于北方，长江流域也常见。

7. 萹蓄 又名扁竹、狗芽菜。蓼科，一年生植物。株高一般50cm以下；茎自基部分枝，匍匐或斜展；叶互生，具短柄或近无柄；叶片狭椭圆形或线状披针形，全缘，两面均无毛，叶基具关节，上部叶的托叶鞘膜质，透明，灰白色；花1～5朵簇生于叶腋；花梗短，顶部具关节；花被5裂，暗绿色，边缘带白色或淡红色；瘦果卵状三棱形，长2～3mm，宽约1.5mm，表面暗褐色或黑色，具不明显的细纹状小点，无光泽，稍露出宿存的花被外。中国有广泛分布，东北、华北地区更为普遍。轻度为害麦田。

8. 酸膜叶蓼 蓼科，一年生草本。株高30～120cm；茎直立有分枝，无毛；叶互生，具柄，柄上有短刺毛；叶片披针形或宽披针形，叶面绿色，全缘；托叶鞘筒状，膜质，无毛；茎和叶上常有新月形黑褐色斑点；数个花穗构成圆锥状花序；苞片膜质；花被4深裂，淡绿色或粉红色；瘦果卵圆形，扁平，两面微凹，红褐色至黑褐色，有光泽，包于宿存的花被内。遍布全国，轻度为害麦田。

9. 卷茎蓼 蓼科，一年生草本。茎缠绕，细弱，有不明显条棱，粗糙或疏生柔毛。叶有柄，叶片卵形，先端渐尖，基部宽心形，托叶鞘短，先端尖或圆钝。花序穗状，腋生；苞片卵形，花排列稀疏，淡绿色；花被5深裂，裂片在果时稍增大。瘦果卵形，有三棱，黑色，密生小点，无光泽。东北、西北、华北及秦岭淮河以北地区有分布。轻度为害麦田。

10. 田旋花 又名小喇叭花。旋花科，多年生植物。蔓生，枝条长2～3m，常缠绕作物引起倒伏。叶互生，戟形，通常叶长为宽的3倍以上，卵状椭圆形，狭三角形或披针形长椭圆形，微尖或近圆，有小凸尖；叶柄长1～2cm；叶柄较叶身短3倍以上。花冠漏斗状，粉红色，地下茎及种子都可繁殖。花序腋生，有1～3朵花，苞片2片，线形，与萼远离；萼片5片，卵圆形，边缘膜质；花冠漏斗状，粉红色，顶端5浅裂。蒴果，卵圆形，光滑。种子卵圆形，黑褐色。分布于东北、华北、西北、四川、西藏等地，为麦田难除杂草。

11. 打碗花 旋花科，多年生草本。茎缠绕或匍匐；叶互生，无毛，长叶柄，基部叶全缘，近椭圆形，上部叶三角状戟形；花单生叶腋；苞片2片，卵圆形，包围花萼，萼片5片，矩圆形，稍短于苞片；花淡粉色；蒴果，卵圆形，光滑；种子卵圆形，黑褐色。广布全国，为麦田难除杂草。

12. 小藜 常混称为灰灰菜、灰条。藜科，一年生植物。小藜的株高通常在50cm以下。叶长卵形或矩圆形，基部叶有两个较大裂片，适生盐碱沙质土壤。这种杂草在中国分布广泛。

13. 藜 藜科，一年生草本。株高60～120cm。茎粗壮，有棱及条纹，多分枝。叶有长柄，叶片近三角形、菱状卵形至披针形，边缘具不整齐锯齿，叶背面被粉粒。数朵花集成一团伞花簇，多数花簇排成圆锥状花序；花被片5片，宽卵形；雄蕊5个；柱头2个。胞果，完全包于花被内，或顶端稍露。种子横生，双凸状，黑色具光泽。除西藏外，全国各地均有分布。重度为害麦田。

14. 苣荬菜　又名曲麻菜、野苦菜。菊科，多年生草本植物。株高 50 ~ 100cm，植株具白色乳汁。基生叶长圆状披针形，缘具稀疏的缺刻或浅羽裂，先端圆钝，基部渐狭成柄；茎生叶无柄，基部苞茎，中脉明显。头状花序排成伞房状；总苞钟状，苞片多层，外层苞处椭圆形，内层苞片披针形；舌状花黄色。瘦果，长椭圆形，有纵条纹，冠毛白色。地下具横走茎，且横走茎和种子都可繁殖。其适应性强，繁殖快，吸肥力强。多分布于东北、华北、西北、华东、华中及西南地区，为麦田难除杂草。

15. 刺儿菜　又名小蓟、蓟菜。菊科，多年生草本植物。茎直立，株高 20 ~ 50cm。叶互生，无柄，椭圆形或长椭圆状披针形，边缘有刺。头状花序单生于顶端，花紫色；瘦果具羽冠毛。根状茎繁殖。中国有广泛分布，以北方地区较多。麦类生长后期为害，为麦田难除杂草。

16. 繁缕　又名鹅肠草。石竹科，一年生植物。株高常在 30cm 以下。茎基部分枝多，下部节上生根。叶卵形，上部叶无柄，下部叶有柄，柄上有毛；茎上有一行短柔毛；花单生叶腋或疏散的顶生聚伞花序；萼片 5 片，披针形，先端钝，边缘膜质，背部具毛；花瓣 5 片，白色，短于萼片，2 深裂至近基部；蒴果，卵形，顶端 6 瓣裂；种子黑褐色，圆形，密生小凸起。中国分布广泛，中部及长江以南地更为普遍。中度为害麦田。

17. 麦瓶草　石竹科，一年生、二年生草本。株高 25 ~ 60cm。茎直立，单生或叉状分枝。基生叶匙形，茎生叶矩圆形或披针形，长 5 ~ 8cm，宽 5 ~ 10mm。萼筒圆锥形，长 2 ~ 3cm，结果时基部膨大。花瓣 5 片，倒卵形，粉红色。蒴果，卵形，6 齿裂，有光泽，萼宿存。种子多数，螺卷状，有成行的疣状凸起。黄淮海地区、湖北、云南、西藏有分布。重度为害冬小麦田。

18. 播娘蒿　十字花科，一年生、二年生草本。株高 30 ~ 70cm。茎多分枝。叶轮廓狭卵形，2 ~ 3 回羽状深裂，下部叶有柄，上部叶无柄。花淡黄色，直径约 2mm；萼片 4 片，早落；花瓣 4 片，长匙形。长角果，窄条形，长 2 ~ 3cm，宽约 1mm；种子一行，矩圆形至卵形，长约 1mm，褐色。分布于华北、东北、西北、华东、四川等地。重度为害冬小麦田。

19. 荠菜　十字花科，一年生、二年生草本。株高 10 ~ 50cm。茎有分枝。基生叶莲座状，大头羽状分裂，有长柄；茎生叶狭披针形，抱茎，边缘有缺刻或锯齿。花白色，直径约 2mm。短角果，倒三角形，长 5 ~ 8mm，宽 4 ~ 7mm，扁平，先端微凹。种子 2 行，长椭圆形，长 1mm，淡褐色。分布几遍全国，重度为害冬小麦田。

20. 野苋　又名绿苋、皱果苋。苋科，一年生草本植物。株高 40 ~ 80cm，茎直立，分枝少，叶卵形至卵状矩圆形。花小，绿色。穗状花序生于叶腋或再集成大型顶生圆锥花序。广泛分布于中国各地。

21. 葎草　又名拉拉藤。桑科，一年生或多年生缠绕草本。茎长可达 5m 左右。茎枝、叶柄上密生倒刺。叶对生，掌状深裂，裂片 5 ~ 7 片，边缘有粗锯齿，雌雄异株。常可缠绕麦苗引起成片倒状。在中国分布较广泛，局部地区为害严重。

22. 猪秧秧　茜草科，一年生植物。蔓生或攀缘。茎四棱，棱上和叶背中脉及叶缘均有倒生细刺,触之粗糙。叶 4 ~ 8 片轮生,叶片条状倒披针形,顶端有刺尖,表面疏生细刺毛。聚伞花序腋生、顶生,有花 3 ~ 10 朵;花小,花萼细小,上有沟刺毛;花瓣黄绿色,4 裂,辐状,裂片长圆形。果实球形,表面褐色,密生沟状刺毛,沟刺基部显瘤状。在中国有广泛分布,辽宁至广东均有分布。重度为害麦田。

23. 问荆 又名节骨草、节节草。本贼科,多年生草本植物。地上茎有营养茎与孢子茎之分,皆直立。孢子茎早春先出土,紫黑色,不分枝,孢子穗顶生,长 2 ~ 2.5cm;营养茎于孢子茎枯萎后长出,高 15 ~ 60cm,枝轮生,单一或再分枝,有棱脊;叶退化,下部联合成锯齿短鞘,鞘齿披针形。中国有广泛分布,可用 2,4 - D 类防除,或翻耕捡除。

24. 麦家公 紫草科,一年生、二年生草本。株高 20 ~ 35cm,全体被糙伏毛,有分枝。叶无柄,狭披针形或条状倒披针形,长 1.5 ~ 4cm,宽 3 ~ 7mm,叶两面被短糙伏毛。花在上部叶腋单生;花萼 5 裂,花冠白色,5 裂;小坚果 4 个,卵形,长约 3 mm,淡褐色,无柄,有瘤状突起。分布于华北、东北、西北、华东、四川、云南等地。重度为害部分麦田。

25. 阿拉伯婆婆纳 玄参科,一年生草本。全体被有柔毛。茎下部伏生地面,基部多分枝。基部叶对生,上部叶互生,卵圆形或肾状圆形,缘具钝状齿,基部圆形。花单生于叶状苞片内,有 1.5 ~ 2.5cm 长的柄。花萼 4 深裂,裂片狭卵形,宿存花冠深蓝色,有放射状深蓝色条纹。分布于长江沿岸及以南的西南地区。重度为害麦田。

26. 大巢菜 豆科,一年生、二年生蔓生草本。茎上具纵棱。偶数羽状复叶,具小叶 4 ~ 8 对,椭圆形或倒卵形,先端截形,凹入,有细尖,基部楔形,两面疏生黄色柔毛;叶顶端变成卷须。花 1 ~ 2 朵腋生,花梗具黄色疏短毛;萼钟状,萼齿 5,披针形,渐尖;花冠紫红色或红色。荚果条形,略扁,成熟时荚果棕色,二瓣裂呈卷曲状,含种子 4 ~ 8 粒。种子近球形,棕色或黑褐色,表面平滑,无光泽。几布全国,尤以长江以南及秦岭以北发生严重。重度为害麦田。

(二) 玉米田杂草

玉米田杂草种群组合复杂,种类繁多,大约有 130 多种。春播玉米田以多年生杂草、越年生杂草和早春性杂草为主,如田旋花、打碗花、苣荬菜、荠菜、泥胡菜、藜、葎草等。夏玉米田以一年生禾本科杂草和晚春性杂草为主,如稗草、马唐、狗尾草、反枝苋、马齿苋、龙葵和异型莎草等。夏玉米生长期由于气温高、降水量大、有利于杂草萌发与旺盛生长,因此,更容易形成草荒。根据杂草的优势度、出现频度,可以将玉米田杂草划分为 3 种类型,即优势杂草、常见杂草和一般杂草。以下针对各种类型,列举几种主要杂草。

1. 优势杂草 优势杂草的发生优势度和频度都较高,对玉米生长发育及产量影响严重,防除较为困难。

(1) 马齿苋 一年生肉质草本植物。别名马齿菜、酱板菜、猪赞头等,广布全国。主要为害棉花、蔬菜、豆类、薯类、甜菜等农作物。生态特点:寄生在肥沃且湿润的农田、地边、路旁等处，是夏季杂草。发芽适温20~30℃，耐干旱，繁殖力强。一株可产生种子数万粒，折断的茎入土仍可成活。在上海4月底至5月初出苗。

（2）马唐 一年生草本植物。秆基部常倾斜，着土后易生根，高40~100cm。叶鞘常疏生有疣基的软毛，稀无毛；叶舌长1~3mm；叶片线状披针形，长8~17cm，宽5~15mm，两面疏被软毛或无毛，边缘变厚而粗糙。总状花序细弱，3~10枚，长5~15cm，通常成指状排列于秆顶；穗轴宽约1mm，中肋白色，约占宽度的1/3；小穗长3~3.5mm，披针形，双生穗轴各节，一有长柄，一有极短的柄或几无柄；第1颖钝三角形，长约0.2mm，无脉；第2颖长为小穗的1/2~3/4，狭窄，有很不明显的3脉，脉间及边缘大多具短纤毛；第1外稃与小穗等长，有5~7脉，中央3脉明显，脉间距离较宽而无毛，侧膜甚接近，有时不明显，无毛或于脉间贴生柔毛；第2外稃近革质，灰绿色，等长于第1外稃；花药长约1mm。花果期6~9月。

马唐在低于20℃时，发芽慢，25~40℃发芽最快；种子萌发最适相对湿度63%~92%；最适深度1~5cm。喜湿喜光，潮湿多肥的地块生长茂盛。4月下旬至6月下旬发生量大，8~10月结籽，种子边成熟边脱落，生活力强。成熟种子有休眠习性。止血马唐多生于河岸、田边或荒野湿润地块，是晚春重要杂草之一。

（3）反枝苋 一年生草本植物。株高20~80cm，有分枝，有时达1.3m。茎直立，粗壮，淡绿色，有时具带紫色条纹，稍具钝棱，密生短柔毛。叶互生有长柄，叶片菱状卵形或椭圆状卵形，长5~12cm，宽2~5cm，先端锐尖或尖凹，有小凸尖，基部楔形，有柔毛。圆锥花序顶生及腋生，直立，直径2~4cm，由多数穗状花序形成，顶生花穗较侧生者长；苞片及小苞片钻形，长4~6mm，白色，先端具芒尖；5被片，花被片白色，有1淡绿色细中脉，先端急尖或尖凹，具小凸尖。胞果扁卵形，环状横裂，包裹在宿存花被片内。种子近球形，直径1mm，棕色或黑色。

（4）狗尾草 一年生草本植物。秆直立或基部膝曲，高10~100cm，基部径达3~7mm。叶鞘松弛，边缘具较径的密绵毛状纤毛；叶舌极短，边缘有纤毛；叶片扁平，长三角状狭披针形或线状披针形，先端长渐尖，基部钝圆形，几成窄状或渐窄，长4~30cm，宽2~18mm，通常无毛或疏具疣毛，边缘粗糙。圆锥花序紧密呈圆柱状或基部稍疏离，直立或稍弯垂，主轴被较长柔毛，长2~15cm，宽4~13mm（除刚毛外），刚毛长4~12mm，粗糙，直或稍扭曲，通常绿色或褐黄到紫红色或紫色。小穗2~5个簇生于主轴上或更多的小穗着生在短小枝上，椭圆形，先端钝，长2~2.5mm，铅绿色；第1颖卵形，长约为小穗的1/3，具3脉，第2颖几与小穗等长，椭圆形，具5~7脉；第1外稃与小穗等长，具5~7脉，先端钝，其内稃短小狭窄；第2外稃椭圆形，具细点状皱纹，边缘内卷，狭窄；鳞被楔形，先端微凹；花柱基分离。颖果灰白色。花果期5~10月。全国各地均有分布。为常见主要杂草，发生极为普遍。主要为害麦类、谷子、玉米、棉花、豆类、花生、薯类、蔬菜、甜菜、马铃薯、苗圃、果树等旱作物。发生严重时可形成优势种群密被田间，争夺肥水力强，造成作物减产。狗尾巴草是叶蝉、蓟马、蚜虫、小地老虎等诸多害虫的寄主，生命力顽强。

2. 常见杂草 常见杂草虽然在大部分玉米区都有发生，但优势度和频度都不大，对玉米产量造成的影响较小。

（1）牛筋草 一年生草本植物。株高15～90cm。须根细而密。秆丛生，直立或基部膝曲。叶片扁平或卷折，长达15cm，宽3～5mm，无毛或表面具疣状柔毛；叶鞘压扁，具脊，无毛或疏生疣毛，口部有时具柔毛；叶舌长约1mm。穗状花序，长3～10cm，宽3～5mm，常为数个呈指状排列（罕为2个）于茎顶端；小穗有花3～6朵，长4～7mm，宽2～3mm；颖披针形，第1颖长1.5～2mm，第2颖长2～3mm；第1外稃长3～3.5mm，脊上具狭翼；种子矩圆形，近三角形，长约1.5mm，有明显的波状皱纹。靠种子繁殖。花果期6～10月。

（2）龙葵 一年生草本植物。别名野葡萄、天宝豆等。分布在全国各地。主要为害棉花、豆类、薯类、瓜类、蔬菜等。生态特点：生于农田或荒地。龙葵喜欢生在肥沃的微酸性至中性土壤中，5～6月出苗，7～8月开花，8～10月果实成熟，种子埋在土中，遇雨后长出新的幼苗。

（3）鸭跖草 一年生披散草本。茎匍匐生根，多分枝，长可达1m，下部无毛，上部被短毛。叶披针形至卵状披针形，长3～9cm，宽1.5～2cm。总苞片佛焰苞状，有1.5～4cm的柄，与叶对生，折叠状，展开后为心形，顶端短急尖，基部心形，长1.2～2.5cm，边缘常有硬毛。聚伞花序，下面一枝仅有花1朵，具长8mm的梗，不孕；上面一枝具花3～4朵，具短梗，几乎不伸出佛焰苞。花梗花期长仅3mm，果期弯曲，长不过6mm；萼片膜质，长约5mm，内面2枚常靠近或合生；花瓣深蓝色；内面2枚具爪，长近1cm。蒴果椭圆形，长5～7mm。种子长2～3mm，棕黄色，一端平截、腹面平，有不规则窝孔。

3. 一般杂草 一般杂草仅在田的局部发生，优势度和频度较小，对玉米的生长影响极微。

（1）牻牛儿苗 多年生草本。株高通常15～50cm。根为直根，较粗壮，少分枝。茎多数，仰卧或蔓生，具节，被柔毛。叶对生；托叶三角状披针形，分离，被疏柔毛，边缘具缘毛；基生叶和茎下部叶具长柄，柄长为叶片的1.5～2倍，被开展的长柔毛和倒向短柔毛；叶片轮廓卵形或三角状卵形，基部心形，长5～10cm，宽3～5cm，二回羽状深裂，小裂片卵状条形，全缘或具疏齿，表面被疏伏毛，背面被疏柔毛，沿脉被毛较密。伞形花序腋生，明显长于叶，总花梗被开展长柔毛和倒向短柔毛，每梗具2～5花；苞片狭披针形，分离；花梗与总花梗相似，等于或稍长于花，花期直立，果期开展，上部向上弯曲；萼片矩圆状卵形，长6～8mm，宽2～3mm，先端具长芒，被长糙毛，花瓣紫红色，倒卵形，等于或稍长于萼片，先端圆形或微凹；雄蕊稍长于萼片，花丝紫色，中部以下扩展，被柔毛；雌蕊被糙毛，花柱紫红色。蒴果长约4cm，密被短糙毛。种子褐色，具斑点。花期6～8月，果期8～9月。

（2）苦苣菜 一二年生草本。有纺锤状根。茎中空，直立高50～100cm，下部无毛，中上部及顶端有稀疏腺毛。叶片柔软无毛，长椭圆状广倒披针形，长15～20cm，宽3～8cm，深羽裂或提琴状羽裂，裂片边缘有不整齐的短刺状齿至小尖齿；茎生叶片基部常为尖耳廓状抱茎，基生叶片基部下延成翼柄。头状花序直径约2cm，花序梗常有腺毛或初期有蛛丝状毛；总苞钟形或圆筒形，长 1.2~1.5cm；舌状花黄色，长约 1.3cm，舌片长约 0.5cm。瘦果倒卵状椭圆形，成熟后红褐色；每面有 3 纵肋，肋间有粗糙细横纹，有长约 6mm 的白色细软冠毛。花果期 5~12 月。

4. 玉米田杂草的出现规律

（1）轮作田块　水稻—小麦—玉米轮作的田块，以稻草、旱稗、狗尾草为主；棉花（大豆）—小麦（蚕豆）—玉米轮作的田块，以马唐、狗尾草和卷耳、鳢肠、婆婆纳等阔叶杂草为主。

（2）出草规律　玉米田间杂草出草规律是呈现两个出草高峰。直播玉米田单、双子叶杂草出草规律基本一致，都有两个明显的出草高峰。一般在玉米播后 5~7d 进入出草盛期，9~12d 出现第一个发草高峰，这次高峰出草量最大，平均 $1m^2$ 有杂草 123.5 株，占 41.32%，对玉米为害最严重；第二出草高峰为播后 20~25d。

此外，由于近年来，随着农业生产的发展和耕作制度的变化，麦田和玉米田杂草的发生也出现了很多变化。

张朝贤等（2013）用倒置"W"9 点取样法对江汉平原麦棉套作农田杂草调查，结果表明，该地区麦田杂草有 14 科 23 种。禾本科有野燕麦、狗牙根、棒头草、早熟禾、长芒棒头草、马唐；菊科有刺儿菜、艾蒿、蒲公英；十字花科有荠菜、小花糖芥；玄参科有婆婆纳、通泉草；茜草科有猪殃殃；还有天南星科半夏；石竹科卷耳；大戟科铁苋菜；莎草科香附子；苋科空心莲子草；木贼科问荆；紫草科附地菜；藜科一年蓬和豆科大巢菜。其中，禾本科杂草占 27%，阔叶杂草占 69%，莎草科占 4%。相对多度达 10 以上的麦田杂草依次有猪殃殃、婆婆纳、野燕麦、半夏、通泉草、狗牙根、卷耳 7 种，其中，猪殃殃、婆婆纳两种双子叶杂草的相对多度达 50 和 40，为当地麦田优势种群。

李茹等（2007）对淮北地区夏玉米田里的杂草防除进行了研究。发现淮北地区夏玉米田禾本科优势种杂草为马唐、牛筋草及狗尾草，其发生频度系数分别为 0.87、0.84 和 0.57。双子叶杂草优势种为马齿苋和铁苋菜，发生频度系数为 0.51 和 0.41。其他杂草有狗牙根、画眉草、鳢肠、小藜、小蓟、刺儿菜、香附子、小旋花、萹蓄、反枝苋、凹头苋、刺苋、地锦、苘麻、苍耳等。大田调查结果表明，夏玉米田杂草平均密度为 406.8 株/m^2，其中，单子叶杂草占 70% 左右。杂草发生规律为：玉米播种 2d 后杂草陆续出土，单子叶杂草在播后 15d 左右达出草高峰，双子叶杂草在播后 18d 左右达出草高峰，播后 40d 杂草基本停止出土。单、双子叶杂草基本同步消长。

黄春艳等（2010）对黑龙江地区玉米田杂草调查后发现，黑龙江省玉米田发生普遍为害严重的一年生禾本科杂草主要有稗草、野黍、狗尾草、金狗尾草、马唐等；阔叶杂草主要有藜、本氏蓼、反枝苋、苍耳、龙葵、苘麻、铁苋菜、水棘针、香薷、鼬瓣花、酸模叶蓼、卷茎蓼、野生大豆等；多年生杂草主要有苣荬菜、刺儿菜、问荆等，另外还有鸭跖草和芦苇。玉米田杂草为害一般使玉米减产达 20%~30%，严重的高达 40% 以上，已成为影响玉米优质高产的主要障碍。

（三）麦田杂草防除

麦田和玉米田杂草的防除应把传统的农业措施与化学除草方法结合起来。要精选麦种和玉米种，清除草籽，调种时加强检疫，防止杂草传播；农家肥料应充分腐熟，使草籽失去生活力再使用。合理的轮作换茬与耕作制度有利于杂草的防除，加强田间管理，做好田边、沟渠的除草，以防杂草向田间蔓延。

1. 麦田常见阔叶杂草的防除 大田常见的阔叶杂草有猪秧秧、马齿苋、荠菜、小蓟（刺儿菜）、米瓦罐、苣荬菜、拉拉秧、苍耳、播娘蒿、酸模、蓼、田旋花、反枝苋、凹头苋等。用于麦田防除阔叶杂草的除草剂有二甲四氯钠盐、2，4-D丁酯、苯达松、溴草腈、巨星、甲磺隆、绿磺隆、碘苯腈、使它隆（治锈灵）、西草净等。

（1）二甲四氯钠盐 对麦类作物较为安全。一般分蘖末期以前喷药为适期。每亩用70%二甲四氯钠盐55～85g，或用20%二甲四氯水剂200～300ml，加水30～50kg均匀喷雾，在无风晴天喷药效果好。

（2）2，4-D丁酯 在小麦4叶至分蘖末期施药较为安全，若施药过晚，易产生药害，致麦穗畸形而减产。用72%的2，4-D丁酯乳油，每亩60～90ml，加水均匀喷雾。注意在气温达18℃以上的晴天喷药，除草效果较好。

（3）巨星 在小麦2叶期至拔节期均可施药。以杂草生长旺盛期（3～4叶期）施药防治效果最好。每亩用75%巨星干悬剂0.9～1.4g，加水30～50kg，于无风天均匀喷雾。

（4）苯达松（排草丹） 在小麦生长任何时期均可使用。每亩用48%苯达松水剂130～180ml，加水30kg均匀喷雾。气温较高和土壤湿度大时施药效果好。

（5）哒草特（阔叶枯） 在小麦田于11月中下旬分蘖初期、杂草2～4叶期施药，也可在翌春3月中旬前后小麦拔节前施药。每亩用45%哒草特可湿粉剂130～200g，加水30～50kg，茎叶喷雾。该药施药时期不宜过晚或过早，过早施药杂草尚未出齐，过晚杂草超过5叶期耐药性增强，防效会降低。施药后1h内无雨，可保证除草效果。此药不宜与酸性农药混用，以免分解失效。

2. 常见禾本科杂草的防除 大田常见的禾本科杂草有野燕麦、看麦娘、稗草、狗尾草、硬草、马唐、牛筋草等。近年来，节节麦有发展趋势，亦应引起重视。常用麦田防除禾本科杂草的除草剂有骠马、禾草灵、新燕灵、燕麦畏、杀草丹、禾大壮、燕麦敌、青燕灵、野燕枯等。

（1）骠马 在小麦上使用安全的选择性内吸型除草剂。在小麦生长期间喷药防治禾本科杂草。每亩用6.9%骠马乳剂50ml，或10%骠马乳油40ml，加水30kg均匀喷雾，可有效控制禾本科杂草为害。

（2）禾草灵 在麦田每亩用36%禾草灵乳油150～180ml，加水30kg均匀喷雾，可有效地防治禾本科杂草。

（3）杀草丹 可在小麦播种后出苗前，每亩用50%杀草丹乳油100～150ml，加25%绿麦隆120～200g，或用50%杀草丹乳油和48%拉索乳油各100ml，混合后加水30kg，均匀喷洒地面。

（4）新燕灵 主要用于防除野燕麦。在野燕麦分蘖至第一节出现期。每亩用20%新燕灵乳油300ml，加水30kg，均匀喷雾防治。

3. 阔叶杂草和禾本科杂草混生的防除 甲磺隆、绿麦隆、利谷隆、绿磺隆、异丙隆等农药，对多数阔叶杂草和部分禾本科杂草有较好的防治效果。麦田中两类杂草混生时可选用这些除草剂。

（1）甲磺隆　在小麦播种后到2叶期，每亩用10%甲磺隆4～6g，加水32kg均匀喷雾，可控制杂草，但该药能残留，种植甜菜的地区用药时要谨慎。

（2）绿麦隆　在小麦播种后出苗前，每亩用25%绿麦隆250g，加水30kg地表喷雾或拌土撒施。麦田若以硬草和棒头草为主，播后苗前每亩用25%绿麦隆150g，加48%氟乐灵50g，均匀地面喷雾，可有效控制。

（3）利谷隆　在小麦播种后出苗前，每亩用50%利谷隆110～130g，加水30kg均匀喷雾，并浅耙混土，提高除草效果。

（4）绿磺隆　在小麦播种前、出苗前和幼苗期均可使用，以幼苗早期施药效果佳。绿磺隆在土壤中持效期达1年左右，对麦类作物安全，但对后茬作物玉米、棉花、大豆、花生、甜菜等产生药害，用药应考虑到后茬作物。麦田施药要严格按规定时期、药量用药，均匀喷雾，并且在无风天气进行。防治药液飘移到效期较长，对后茬作物甜菜有影响的其他作物上。

（四）玉米田杂草防除

1. 播前土壤处理　玉米田播前主要采用乙草胺分别同2，4－D丁酯、阿特拉津、嗪草酮等混用控草。

2. 玉米播后苗前除草　田间没有杂草地块，可采用封闭土壤处理。常用药剂：42%异丙草·莠、乙莠、丁·莠等250～300g/亩，也可选择玉龙、玉双铲、择锄、66%锄达等。

小麦收割后，田间杂草较多地块，实行"一封一杀"：异丙草·莠250～300克＋4%烟嘧磺隆80～100g或＋20%百草枯150～200g/亩。另外，可选择封杀风驰、封杀峰极、双效峰极等。

3. 玉米苗后早期除草　玉米1～3叶期杂草出土前到杂草1～2叶期，常用药剂：42%异丙草·莠、乙莠、丁·莠等250～300 g/亩。另外，还有玉龙、玉双铲、择锄、66%锄达180～250 g/亩等。

玉米3～5叶期若不及时防除杂草，将直接影响生长及产量。当玉米3～5叶期、杂草2～5叶期。可选择除草剂：4%烟嘧磺隆悬浮剂80～110ml/亩；封杀峰极（4%烟嘧磺隆＋唑酮草·异丙莠）100～120g；42%双效峰极悬浮剂180～250ml/亩；56%峰极附子清（二甲四氯＋烟嘧莠去津）100g/亩。

玉米3～5叶期，恶性杂草发生较多时的防治：① 田间香附子较多的地块。常用药剂：56%峰极附子清（二甲四氯＋烟嘧莠去津）100g/亩；封杀峰极（4%烟嘧磺隆＋唑酮草·异丙莠）100～120g；48%灭草松150～200ml/亩；② 香附子、田旋花、马齿苋、小蓟、灰菜等发生较多的地块。常用药剂：4%烟嘧磺隆或烟莠配方90～120ml/亩＋56%刹阔灵60g。

玉米5～8叶期杂草较多地块，可以选择以上药剂避开玉米心叶，顺垄定向喷雾。

对于甜玉米、糯玉米、爆裂玉米等耐药性较差的玉米品种：苗前可以选用42%玉龙、玉双铲、择锄等；苗后玉米杂草出来后可以及时选用进口的55%耕杰，或者国产的40%速效峰极（磺草莠去津）180～300ml/亩。

4. 玉米封垄前行间定向除草　玉米生长前期化学除草用药不理想的田块，可以在玉米8叶期后、株高超过60cm、茎基部老化发紫后，用20%风驰百草枯150～200g/亩，或25%恶草风驰百草枯100～150g/亩，加水定向喷施。

三、油菜田杂草及防除

（一）杂草种类和群落特征

油菜田的主要杂草有看麦娘、野燕麦、稗草、棒头草、罔草、早熟禾、雀舌草等禾本科杂草和繁缕、牛繁缕、碎米荠、通泉草、水苦荬、稻槎菜、猪殃殃、婆婆纳、大巢菜、毛茛、波斯婆婆纳、野老鹳草、泥胡菜、一年蓬、小飞蓬、荠菜等阔叶杂草。由于生态条件、耕作栽培制度的不同，杂草种类和群落组成差别很大。

一般来说，油菜田杂草的发生规律有两个高峰期，各地出现的时间有一定的差异。以安徽为例，储全元等（2006）对安徽潜山县当地的油菜田杂草进行了调查研究，发现当地油菜田杂草暴发的2个高峰期分别出现在9月下旬至11月中旬以及翌年2月上旬至3月初。第一峰（秋冬季）为主峰，出草量占全季出草总量的70%～80%；第二峰（春季）出草量占全季出草总量的20%～30%。若遇秋冬干旱，则第一峰推迟，出草量相对较小，而春季则为出现草量相对较大的第二个出草峰。栽培方式对杂草的发生规律存在影响。一般直播油菜在播后7～20d达到第一个出草高峰，而移栽油菜在栽后10～25d达到第一个出草高峰，免耕地出草早且发生量大。

20世纪80年代以前，油菜田单优势群落比例较大，看麦娘单优势群落占30%左右（以田块统计）。随着盖草能、精喹禾灵等选择性禾本科杂草除草剂的大面积推广和多年连续使用，油菜田杂草相发生了明显变化，主要表现在以下方面。

①看麦娘　虽仍为主要优势种，但其发生频度、多度都有所下降。

②繁缕、猪殃殃、小飞蓬、雀舌草等阔叶杂草　种群上升迅速，在田间大多与看麦娘形成双优势种群或多优势种群。

③早熟禾、稻槎菜、硬草等恶性杂草　种群数量不断上升。常见的双优势群落结构有看麦娘＋牛繁缕，看麦娘＋稻槎菜，看麦娘＋猪殃殃，看麦娘＋大巢菜，猪殃殃＋雀舌草，早熟禾＋牛繁缕，早熟禾＋稻槎菜等；常见的多优势群落结构有看麦娘＋牛繁缕＋小飞蓬，看麦娘＋猪殃殃＋婆婆纳，早熟禾＋牛繁缕＋稻槎菜，猪殃殃＋婆婆纳＋荠菜等。

（二）防除技术

1. 农艺防除

（1）建立草情监测制度　由于除草剂应用日益广泛、种植业结构调整及油菜种植方式变革的影响，油菜田杂草群落受人为因素的干扰越来越大，杂草群落结构也以前所未有的速度演变着。为及时掌握草情变化，实现油菜田草害的可持续治理，必须建立草情系统监测制度。

（2）加强杂草抗药性的监测和治理工作　油菜田中一些常见除草剂的防除效果已明显下降，所以，应尽快组织有关单位开展主要杂草的抗药性监测和治理工作。

（3）加快引进新型除草剂　针对呈上升趋势的恶性杂草和新形成的优势种杂草，应在广泛试验示范的基础上，引进新型除草剂以迅速抑制这种趋势的发展。

（4）大力推广免耕化除技术　免耕化除是一项新兴的耕作技术，具有省工、省力、节本、高效等优点。目前，草甘膦、百草枯灭茬免耕技术已较成熟。该技术配合使用适当的油菜田除草剂，实行全免耕栽培，能明显降低生产成本，提高生产效率。

2. 化学防除　冬前杂草占油菜整个生育期杂草总量的 70%～80%，对油菜的生长和产量影响极大，是杂草防除的关键。此时，可根据各块油菜田的杂草种群和特点，选用相应的除草剂，在恰当的时间进行防除，力争对整个冬前杂草防效达到 90% 以上。采用化学除草，必须严格按照各类除草剂的使用剂量施用，不能随意增加或减少。除草剂按施药时间可分为油菜播前、播后苗前和苗后处理 3 种。

（1）油菜播后苗前或移栽前土壤处理

① 乙草胺（禾耐斯）　用于防除油菜田看麦娘等禾本科杂草，对部分阔叶杂草也有兼治作用。使用方法：用 50% 乙草胺乳油 1 050～1 500ml/hm² 或 90% 禾耐斯乳油 675ml/hm²，加水 450～600kg/hm²。在油菜播种盖土后发芽前喷施，翻耕移栽田在移栽前喷施。要防止药液与油菜种子直接接触，施药后，田间要避免积水，土壤含水量也不宜过高，否则易造成药害，移栽田也应防止积水，这是使用乙草胺应注意的一个关键性技术问题。

② 异丙·异噁草乳油　对油菜田单、双子叶杂草均有理想的封杀作用。使用方法：用 40% 异丙·异噁草乳油 750～1 050ml/hm²，加水 450～600kg/hm²，于油菜移栽前 4～7d 喷施。该药剂只推荐在移栽甘蓝型油菜田移栽前使用，严禁药液与油菜直接接触，施药后避免田间积水。

③ 乙·异噁草　乙·异噁草的防除对象与异丙·异噁草大致相同。含有异噁草松配方的土壤处理剂，药后 15～50d 出现少量（5% 以下）白化苗属正常现象，轻症白化株在春后会自行恢复正常。

④ 圣农施乳油　用 90% 圣农施乳油 750～1 200ml/hm²，加水 500kg，80d 后对油菜田牛繁缕、罔草和水苦荬的密度防效分别为 93.14%～97.19%、85.11%～93.18% 和 100%，显著高于对照药剂 50% 乙草胺乳油 1 500ml/hm² 的防效，且对作物安全。

⑤ 异丙草胺（旱乐宝）　对油菜田许多杂草均有理想的封杀作用，对油菜无药害，是一种安全、高效的油菜田除草剂。使用方法：用 72% 异丙草胺 1 500～3 000ml/hm²，加水 600kg，70d 后对油菜田看麦娘、牛繁缕、罔草和水苦荬的密度防效分别为 91.43%～100%、91.51%～96.26%、88.74%～93.08% 和 100%。

⑥ 高渗异丙隆 WP　用 50% 的高渗异丙隆 WP 1 500～1 875ml/hm²，加水 750kg，30d 后对油菜田牛繁缕和粹米荠的密度防效分别为 99.37%～99.72%、99.32%～100%。

⑦ 防除禾本科杂草和阔叶杂草复配剂　用 36% 恶草酮·乙草胺乳油 1 875 ~ 3 000ml/hm²，加水 750kg，100d 后对油菜田牛繁缕、罔草和水苦荬的密度防效分别为 92.34% ~ 96.98%、97.17% ~ 100%、100%；52% 油草清（丁草胺·扑草净）SC 3 000 ~ 6 000ml/hm²，加水 750kg，60d 后对油菜田早熟禾、牛繁缕、罔草和水苦荬的密度防效分别为 81.5l% ~ 92.25%、93.33% ~ 96.28%、94.49% ~ 96.09% 和 100%。

（2）苗后茎叶处理

① 防除看麦娘等禾本科杂草　药剂主要有高效盖草能、精喹禾灵、精稳杀得、快捕净等。其中，快捕净对早熟禾有良好的防除效果。一般在杂草 2 ~ 4 叶期，用 10.8% 高效盖草能乳油 450ml/hm² 或 5% 精喹禾灵乳油 750 ~ 900ml/hm² 或 15% 精稳杀得乳油 450 ~ 750ml/hm² 或 10% 快捕净乳油 300 ~ 450ml/hm²，加水 450 ~ 600kg/hm²，均匀喷雾。精喹禾灵类药剂（商品名有精禾草克、施点发、精克草能等）应在出草高峰出现后尽早用药，气温低于 5℃ 时药效受到影响。

② 防除阔叶杂草　目前，应用较多的是草除灵（高特克、阔草克）、龙拳等。一般用 50% 草除灵悬浮剂 450ml/hm²，加水 600kg/hm² 喷雾，对牛繁缕、繁缕、雀舌草等有特效。草除灵只能在甘蓝型油菜（杂交油菜）大壮苗（6 叶以上）使用，并应严格控制剂量，否则极易造成药害。75% 龙拳水溶液是一种防治油菜田稻搓菜等菊科杂草的高效药剂，同时对大巢菜等阔叶杂草也有较好的防效，使用剂量为 100 ~ 200ml/hm²，加水 600Kg 喷雾，90d 后对稻搓菜、大巢菜的防效分别为 95.59% ~ 100% 和 91.61% ~ 95.87%。

③ 防除禾本科杂草和阔叶杂草复配剂　目前，应用较多的复配剂是精喹禾灵与草除灵。如草除·精喹禾灵、快刀、双锄、丰山阙禾净等。由于各厂家的配方不同，所以单位面积用量的差异也很大，使用时应以标签说明为准，它们对油菜田禾本科杂草和阔叶杂草的综合防效均达到 90% 以上。另外，还有些复配剂如 41% 二氯·草·胺 WP，使用剂量为 450 ~ 1 500ml/hm²；14.5% 精氟·胺苯·草除灵 WP，使用剂量为 750 ~ 900ml/hm²；12% 烯草酮·草除灵 EC，使用剂量为 2 250 ~ 3 750 ml/hm²。这 3 个茎叶处理剂的施药时期分别为看麦娘为 1.5 ~ 3.5 叶期，牛繁缕为 2.5 叶至分蘖期，60d 后对油菜田禾本科杂草和阔叶杂草的综合防效分别为 93.02% ~ 99.70%、86.53% ~ 92.24% 和 94.49% ~ 99.49%。

（3）免耕油菜田除草剂

① 百草枯　对油菜田看麦娘、罔草、石龙芮、飞蓬、粹米荠和牛繁缕等杂草均有理想的封杀作用，是一种高效、广谱的灭生性除草剂，且对油菜安全，适宜在免耕油菜田使用。使用方法：20% 百草枯水剂 2 250 ~ 3 000ml/hm²，加水 750kg 喷雾，80d 后对油菜田禾本科杂草和阔叶杂草的综合密度防效为 93.85% ~ 98.93%，但对通泉草的防效较差。

② 克利多　15% 克利多水剂防除油菜田禾本科杂草和飞蓬、牛繁缕等杂草效果很好，且对油菜无药害，是一种用于免耕油菜田的高效除草剂。推荐剂量为 2 000 ~ 5 000ml/hm²，加水 600kg，90d 后对油菜田禾本科杂草和阔叶杂草的综合密度防效达到 95.53% ~ 98.49%。

（4）"一杀一封"除草法　该方法可有效防除主要单、双子叶杂草。使用方法：前茬收获后油菜移栽前，用 20% 克芜踪水剂 2 250 ml/hm²，或 41% 农达水剂 1 200 ~ 1 500ml/hm²，或 10% 草甘膦水剂 6 000 ~ 7 500ml/hm²，加水 450 ~ 600kg/hm² 喷雾，可杀灭已出土的杂草或残茬。油菜栽前，喷施 90% 禾耐斯乳油 675ml/hm² 或 50% 乙草胺乳油 1 125 ~ 1 500ml/hm²，进行土壤封闭，以防除未出土杂草；也可以与"杀封"同时进行，即在油菜移栽前，选用上述除草剂，按规定剂量直接桶混，现配现用。"一杀一封"或"杀封"后 3 ~ 5d，移栽油菜。

四、豆田杂草及防除

（一）杂草群落划分

大豆杂草是大豆作物的一大灾害，它直接影响大豆的产量和品质。由于杂草在大豆田发生的种类多，繁殖力大（如 1 株马齿苋杂草可繁殖 20 万粒种子），抗逆性强（如车前草种子在土壤中 10 年仍有发芽力），夺取水分、养分、日光的能力强（是大豆的数倍），在栽培管理中稍疏忽就容易造成草荒，减产 1 ~ 4 成。下面对几种常见的豆田杂草种类和消长规律进行简单的介绍。

1. 杂草种类

（1）禾本科（Gramineae）

蟋蟀草（*Eleusineindca* 鈺．）Gaertn、看麦娘 *Alopecurus aequalis* Sobol、早熟禾 *Poa annua* L.、稗（*Echinochloa crusgalli* 鈺．）Beaur、狗芽根（*Cynodon dactylon* 鈺．）pers、狗尾草（*Setaria viridis* 鈺．）Beauv、马唐（*Digitaria sanguinalis* 鈺．）Scop、千金子（*Leptochlop chinensis* 鈺．）Ness。

（2）百合科（Liliaceae）

小根蒜（*Allium macrostemon* Bunge）。

（3）酢浆草科（Oxalidaceae）

酢浆草（*Oxalis comiculata* L.）。

（4）菊科（Compositae）

小飞蓬（*Conyza canadensis* 鈺．）Crona、裸柱菊 *Soliva anthemifolia* R. Br、野艾蒿 *Artemisia lavandulaefolia* DC、鳢肠 *Ecliota prostrate* L.。

（5）鸭跖草科（Commelinaceae）

鸭跖草 *Commelina communis* L.。

（6）车前科（Plantaginaceae）

毛车前 *Piantago lurtella* B. P. H。

（7）十字花科（Cruciferae）

荠菜（*Capsella bursa pastoris* 鈺．）Medic。

（8）锦葵科（Malvaceae）

苘麻科 *Abutilon theophrasti* Medic。

（9）玄参科（Scrophulariaceae）

通泉草（*Mazus japonicus* 鉚 hunb.）D. Kuntz。

（10）天南星科（Araceae）

半夏 *Pinellia temate* 鉚 hunb）Breit。

（11）莎草科（Cyperaceae）

香附子 *Cyperus rotundus* L. 、碎米莎草 *Cyperus iria* L. 。

（12）蓼科（Polygonaceae）

酸模叶蓼 *Polygonum lapathifolium* L. 。

（13）马齿苋科（Portulacaceae）

马齿苋 *Portulaca oleracea* Linn。

2. 杂草种类的分布与消长规律　大豆田为害性较强的杂草种类较多。早大豆田主要有狗芽根、香附子、鸭跖草、碎米莎草、看麦娘、白茅、鼠麹草；晚大豆田主要有稗草、狗尾草、马唐、千金子、马齿苋、蟋蟀草、鳢肠、香附子等。大豆田杂草在早大豆播种后 10d 左右进入生长始盛期，播后 50d 达到高峰期；晚大豆在播种后 12～15d 进入始盛期，60d 达到生长高峰期。在叶草胺连续多年使用的田块，阔叶杂草和莎草等逐渐成为优势种群。

（二）防除技术

1. 苗前除草　用 50% 乙草胺乳油1 500～2 250g/hm²，加水 450～675L/hm²喷雾，或用 48% 氟乐灵乳油1 500～1 875mL/hm²，加水 600L/hm²地表喷雾，并立即混土。主要防治一年生禾本科杂草和若干阔叶杂草，如稗草、狗芽根、马唐、鸭跖草等，对莎草效果差。

2. 苗后除草　用 48% 苯达松水剂1 995～2 250g/hm²，加水 450～600L/hm²，在杂草 2～4 叶时喷雾。主要防除阔叶杂草和莎草，如香附子、马齿苋、蒿、苋、牛繁缕等，对禾本科杂草基本无效。当大豆田禾本科杂草较多时，可用 24% 盖草能乳油750～1 500ml/hm²，加水 450～675L/hm²，在杂草 4～5 叶时喷雾，如大豆田阔叶杂草和禾本科杂草都很多时，可采用苯达松与盖草能混合使用。

3. 其他除草剂及其使用　25% 氟磺胺草醚 80ml＋5% 精喹禾灵 60ml、25% 氟磺胺草醚 80ml＋10.8% 高效盖草能乳油 20ml 和 5% 咪草烟水剂 80ml＋48% 异恶草酮乳油 100ml 等 3 个处理对禾本科草和阔叶草都有比较好的防效，在禾本科草和阔叶草混发、杂草基数比较大的豆田 3 个处理可交替使用；25% 氟磺胺草醚 100ml 处理对阔叶草防效较好，可用于以阔叶草为主的豆田除草；5% 精喹禾灵 70ml 处理对禾本科草防效较好，可用于以禾本科草为主的豆田除草；48% 异恶草酮乳油 150ml 处理对禾本科草和阔叶草都有一定的防效，在禾本科草和阔叶草混发、杂草基数不大的豆田可单独使用。一次施药基本可控制整个生育期杂草。

本节参考文献

1. 曹晶晶，王一鸣，毛文华等. 基于纹理和位置特征的麦田杂草识别方法. 农业机械学报，2007，38（4）：17～110

2. 曹端荣, 廖冬如, 王修慧等. 鄱阳湖区稻田杂草演替及防控中存在问题与防范对策. 江西农业学报, 2011, 23 (4): 81~82

3. 常向前, 褚世海, 李儒海等. 8 种除草剂防除冬油菜田杂草的效果比较. 湖北农业科学, 2007, 46 (6): 939~941

4. 常向前, 李儒海, 褚世海等. 湖北省水稻主产区稻田杂草种类及群落特点. 中国生态农业学报, 2009, 17 (3): 533~536

5. 褚世海, 常向前, 李儒海等. 7 种除草剂防除冬小麦田杂草的效果比较. 湖北农业科学, 2008, 47 (12): 1 458~1 460

6. 储全元, 余龙生, 肖满开等. 油菜田杂草发生规律与化学防除技术. 安徽农业科学, 2006, 34 (16): 4 025, 4 076

7. 樊翠芹, 王贵启, 李秉华等. 不同耕作方式对玉米田杂草发生规律及产量的影响. 中国农学通报, 2009, 25 (10): 207~211

8. 房锋, 纪春涛, 张鹏等. 10% 甲基磺草酮悬浮剂防除夏玉米田杂草田间药效试验. 农药科学与管理, 2007, 28 (8): 42~44

9. 傅民杰, 吴明根, 蔡春鹏. 旱直播稻田杂草群落演替规律及化学除草的研究. 延边大学农学学报, 2005, 27 (4): 238~243

10. 高宗军, 李美, 高兴祥等. 不同耕作方式对冬小麦田杂草群落的影响. 草业科学, 2011, 20 (1): 15~21

11. 黄世文, 余柳青, 罗宽. 稻田杂草生物防治研究现状、问题及展望. 植物保护, 2004, 30 (5): 5~11

12. 黄开红, 李永丰, 李宜慰等. 轻型栽培稻田杂草发生及其危害性研究. 江西农业大学学报, 1999, 21 (1): 47~49

13. 黄春艳, 王宇, 黄元炬等. 不同耕作模式对玉米田杂草发生规律的影响. 玉米科学, 2010, 18 (4): 103~107, 111

14. 何翠娟, 顾保根, 钱德明等. 上海市稻田杂草发生为害现状. 上海农业学报, 2001, 17 (4): 82~87

15. 金周浩, 姚士桐, 陆志杰等. 机插单季晚稻田杂草发生规律及防治药剂. 浙江农业科学, 2011 (5): 1 097~1 099

16. 雷清泉, 程亚樵. 几种麦田除草剂及其混用的除草效果评价. 河南农业科学, 2004 (9): 47~48

17. 李鹤鹏, 付亚书, 姜士波等. 几种常用除草剂在大豆田的防效评价. 黑龙江农业科学, 2013 (1): 43~49

18. 李淑顺, 张连举, 强胜. 江苏中部轻型栽培稻田杂草群落特征及草害综合评价. 中国水稻科学, 2009, 23 (2): 207~214

19. 李良应, 陈水生, 杨淮南等. 稻田杂草种类调查. 安徽农业科学, 2004, 32 (5): 917~918

20. 李贵, 吴竞仑, 王一专等. 水稻化感品种结合使用除草剂及深水层管理对稻田

杂草的抑制作用．江苏农业学报，2009，25（6）：1 292～1 296

21．李洪杰，于洪洲，魏凤英等．豆田杂草化学防除技术研究．中国农学通报，2001，17（5）：99～100

22．李俊周，王晓飞，张静等．旱稻田杂草的发生及除草剂的筛选研究．河南农业科学，2010（12）：71～76

23．李茹，赵桂东，周玉梅等．豇豆田杂草的危害损失及其防除技术．杂草科学，2004（2）：25～26

24．李茹，赵桂东，汪立新等．旱直播稻田杂草发生规律及防除技术研究．杂草科学，2007（4）：31～32，37

25．李茹，赵桂东，熊战之等．夏玉米田杂草发生规律及防除技术．江苏农业科学，2007（3）：84～85

26．李儒海，强胜，邱多生等．长期不同施肥方式对稻油轮作制水稻田杂草群落的影响．生态学报，2008，28（7）：3 236～3 242

27．李粉华，蒋林忠，孙国俊等．水直播稻田杂草发生与防除技术探讨．杂草科学，2003（2）：20～21

28．李良应，陈水生，杨淮南等．稻田杂草种类调查．安徽农业科学，2004，32（5）：917～918

29．陆晓峰，张红玲，张维根．油菜田杂草发生与防除技术研究．上海农业科技，2006（1）：125～126

30．罗耐英，胡铭，钱月霞等．大豆田杂草种类调查及防除方法．现代农业科技，2009（2）：120

31．聂淑艳，崔东俊，李颖楠．北安市域豆田杂草种类分布为害及防治．农业与技术，2005，2（1）：135，137

32．钱荣，唐孝明．麦田常见杂草的识别技术．农技服务，2007，24（11）：45～46

33．强胜，曹学章．外来杂草在我国的危害性及其管理对策．生物多样性，2001，9（2）：188～195

34．阚建萍，堵墨，王兴昌等．水直播稻田杂草发生规律及治理．杂草科学，2005（2）：30～31

35．沈旦军，潘云枫，张小虎等．稻田杂草群落演替规律、成因和农业防治．上海农业科技，2002（1）：34～35

36．苏昌龙，钱晓刚，季祥彪等．直播稻田杂草的药剂防除试验．贵州农业科学，2012，40（8）：132～134

37．王鸿升，朱新岭，孙华等．河南省麦田杂草多样性的研究与应用．河南科技学院学报（自然科学版），2005，33（2）：61～64

38．王鑫，原向阳，郭平毅等．除草剂对红小豆杂草防效的研究．山西农业大学学报：自然科学版，2006（3）：267～269

39．王秀琴，李玉民，燕桂英等．绿豆田杂草群落划分确定及化学防除．内蒙古农业

科技，2006（6）：44

40. 王亚红，刘万锋，曹颖等．冬小麦田阔叶杂草化学防除技术研究．陕西农业科学，2007（4）：10～12，15

41. 王莉，王玉全．大豆田苗后除草技术试验．辽宁农业科学，2004（6）：52

42. 王开金，强胜．江苏南部麦田杂草群落发生分布规律的数量分析．生物数学学报，2005，20（1）：107～114

43. 王开金，强胜．江苏省长江以北地区麦田杂草群落的定量分析．江苏农业学报，2002，18（3）：147～153

44. 魏守辉，张朝贤，翟国英等．河北省玉米田杂草组成及群落特征．植物保护学报，2006，33（2）：212～218

45. 吴爱民．直播稻田杂草综合防除策略及除草剂安全性评析．杂草科学，2006（2）：1～3

46. 吴余良，沈睿，吴常军等．直播稻田杂草的生态特点和控制技术研究．上海农业科技，2004（3）：30～32

47. 吴竞仑，李永丰．水层深度对稻田杂草化除效果及水稻生长的影响．江苏农业学报，2004，20（3）：173～179

48. 吴万昌，施永军，朱白平．蚕豆田杂草发生特点及综合治理技术．杂草科学，2005（1）：29～30

49. 吴竞仑，李永丰，王一专等．不同除草剂对稻田杂草群落演替的影响．植物保护学报，2006，33（2）：202～206

50. 席敦芹，巨荣峰，任术琦等．五种除草剂防除玉米田杂草试验研究．现代农业科技，2007（2）：38～39

51. 解晓林，陆玉权．稻田杂草稻发生规律及其防除技术初探．上海农业科技，2008（1）：105

52. 熊战之，陈香华，郭小山等．淮安地区旱直播稻田杂草发生规律及其防除．上海农业科技，2008（4）：123

53. 许艳丽，李兆林，李春杰．小麦连作、迎茬和轮作对麦田杂草群落的影响．植物保护，2004，30（3）：26～29

54. 姚万生，雷树武，薛少平．关中地区麦田杂草为害状况及防除对策．干旱地区农业研究，2008，26（4）：121～124，162

55. 于新民，薛良鹏，刘春祥．江苏沿海地区麦田杂草群落演替及控制措施．杂草科学，2007（3）：29～30

56. 余佑成．免耕稻田杂草发生特点和化除措施．安徽农学通报，2008，14（11）：194，206

57. 禹盛苗，金千瑜，欧阳由男等．稻鸭共育对稻田杂草和病虫害的生物防治效应．中国生物防治，2004，20（2）：99～102

58. 张明海．夏玉米田应用除草剂防除杂草试验研究．现代农业科技，2008（11）：

143 ~ 144

59. 张开龙，郭吉山，刘天龙．南京地区直播稻田杂草发生规律及其危害研究．杂草科学，2003（3）：15 ~ 17，26

60. 张人君，何锦豪，郑晋元等．浙江省麦田和油菜田杂草发生种类及危害．浙江农业学报，2000，12（6）：308 ~ 316

61. 张宏军，朱文达，喻大昭等．烯草酮·草除灵防除油菜田杂草的效果．湖北农业科学，2008，47（4）：424 ~ 426

62. 张凤海，梁家荣．几种药剂防除稻田杂草的效果及对产量的影响研究．安徽农业科学，2008，36（33）：14 647 ~ 14 648

63. 张峥，戴伟民，章超斌等．江苏沿江地区杂草稻的生物学特性及危害调查．中国农业科学，2012，45（14）：2 856 ~ 2 866

64. 张志铭，黄绍敏，叶永忠等．长期不同施肥方式对麦田杂草群落结构及生物多样性的影响．河南农业科学，2010（6）：67 ~ 70

65. 赵欣，林超文，徐明桥等．水稻覆膜处理对稻田杂草多样性的影响．生物多样性，2009，17（2）：195 ~ 200

66. 朱文达，张朝贤，魏守辉．农作措施对油菜田杂草的生态控制作用．华中农业大学学报，2005，24（2）：125 ~ 128

67. 朱文达，魏守辉，刘学等．油菜田杂草发生规律及化学防除技术．湖北农业科学，2007，46（6）：936 ~ 938

68. 朱文达，魏守辉，张朝贤．湖北省油菜田杂草种类组成及群落特征．中国油料作物学报，2008，30（1）：100 ~ 105

69. 左亚群，程勤海．免耕直播稻田杂草发生规律及化学防除技术．杂草科学，2011，29（4）：44 ~ 45，49

70. 赵开兵，许家春，沈维良．广灭灵 CS 及其混剂对豆田杂草防除效果及对后茬作物的影响．中国生态农业学报，2007，15（1）：113 ~ 116

71. 赵延存，娄远来，刘凤权等．21% 油壮胶悬剂防除稻茬移栽油菜田杂草研究．江苏农业科学，2006（2）：66 ~ 69

72. 周群芳，张启勇．安徽省油菜田化学除草技术研究进展．植保技术与推广，2002，22（11）：27 ~ 28

73. 朱文达，倪汉文．绿豆田杂草化学防除技术研究．杂草科学，1991（2）：34 ~ 35

74. 朱文达，张朝贤，魏守辉．农作措施对油菜田杂草的生态控制作用．华中农业大学学报，2005，24（2）：125 ~ 128

75. 朱文达，魏守辉，张朝贤．湖北省油菜田杂草种类组成及群落特征．中国油料作物学报，2008，30（1）：100 ~ 105

76. 朱凤生，陈海新，谢加飞等．麦茬套播和直播稻田杂草稻的发生与防治．江苏农业科学，2009（5）：153 ~ 154

第四节　灾害性天气防御

一、中国南北过渡带农业灾害性天气种类

（一）常见种类

随着全球气候变化，极端气候事件出现的频率和强度都明显的增加。寒潮、霜冻、大风、干热风、暴雨、渍涝、冰雹等气象灾害发生的频率也陡然增加，这对农田作物的生长发育和田间管理造成了不利影响，增加了作物高产优产的难度，也造成作物单产和品质年际间波动大。因此，需要科学地评估气象灾害对农作物的危害，积极研究应变抗逆栽培管理措施，充分利用气候资源，通过合理栽培、科学管理来避免或减轻气象灾害所造成的损失。

1. 寒潮　寒潮是冬季的一种灾害性天气，群众习惯把寒潮称为寒流。所谓寒潮，就是北方的冷空气大规模地向南侵袭，造成大范围急剧降温和偏北大风的天气过程。寒潮一般多发生在秋末、冬季、初春时节。中国气象部门规定：冷空气侵入造成的降温，一天内达到10℃以上，而且最低气温在5℃以下，则称此冷空气暴发过程为一次寒潮过程。可见，并不是每一次冷空气南下都称为寒潮。

寒潮主要引起冻害灾害，对农业威胁很大。如中国的冬小麦和柑橘生产常因冻害而遭受巨大损失。寒潮冻害不仅取决于寒潮路径和强度，而且与农作物种类和地理位置有密切关系。中国受冻害影响最大的是北方冬麦区，冻害发生最多的区域是北方和长江中下游地区。长江以北冬麦区因降雪少，秋旱，冷空气活动频繁，山川河谷容易积聚冷空气，常出现冻害；长江流域及其以南地区，因丘陵山地多，冷空气南下受山脉阻滞，停留堆积，导致洞庭湖盆地和浙、闽丘陵地区出现的冻害持续时间长、温度低，并常伴有降雪、冻雨天气，部分江河湖泊封冻，使麦类、油菜、蚕豆、豌豆和柑橘类经济林木遭受严重冻害。

2. 霜冻　作物生长发育需要最适宜的温度，过高过低对作物生长均不利。温度过低造成的伤害可以分为冷害和冻害。冷害是指连续几天气温低于某种作物生育期中某一阶段的下限温度而使作物遭致减产的危害，是农业生产上的主要气象灾害之一。冻害是指0℃以下的低温使作物体内结冰，对作物造成的伤害。霜冻则属于冻害的一种，是指空气温度突然下降，地表温度骤降到0℃以下，使农作物受到损害，甚至死亡的一种灾害气象。

霜冻在秋、冬、春三季都会出现。它与霜不同，霜是近地面空气中的水汽达到饱和，并且地面温度低于0℃，在物体上直接凝华而成的白色冰晶，有霜冻时并不一定是霜。每年秋季第一次出现的霜冻叫初霜冻，翌年春季最后一次出现的霜冻叫终霜冻，初终霜冻对农作物的影响都较大。

3. 干热风 干热风亦称"干旱风"、"热干风",习称"火南风"或"火风"。它是一种高温、低湿并伴有一定风力的农业灾害性天气之一,是出现在温暖季节导致小麦乳熟期受害、秕粒的一种干而热的风。干热风时,日最高温度大于30℃,相对湿度低于30%,风速大于3m/s以上,常使植株蒸腾加剧,根系吸水不及,往往导致小麦灌浆不足、青枯逼熟、秕粒严重甚至枯萎死亡,造成减产。中国华北、西北和黄淮地区春末夏初期间都有出现干热风。一般分为高温低湿和雨后热枯两种类型,均以高温危害为主。

干热风在北方主要危害小麦,是北方麦产区的主要农业气象灾害之一。在长江中下游地区,也会使水稻、棉花受到损害。它使植株蒸腾加剧,体内水分平衡失调,叶片光合作用降低;高温又使植株体内物质输送受到破坏及原生蛋白质分解。北方小麦在乳熟中后期遇干热风,将受严重影响,使粒重减轻产量下降。南方长江中下游水稻在抽穗扬花期遇干热风,会使柱头变干、影响授粉;在灌浆成熟期则导致籽粒逼熟;棉花会导致蕾铃大量脱落。

4. 暴雨 暴雨是降水强度很大的雨,一般指每小时降水量16mm以上,或连续12h降水量30mm以上,或连续24h降水量50mm以上的降水。

5. 渍涝 渍涝灾害往往是由连续性的较大降水造成的。从成灾的时间尺度来讲,它要比一次天气过程的影响时间长。渍涝主要是由于地下水位(包括上层滞水)过高而对农田产生危害,对旱田为土壤过湿之害,使之黏朽化、沼泽化、盐碱化;对水田为烂泥、冷浆、潜育,均难于机械化作业。渍涝在三江平原的洼地、平地、坡地、岗地均可发生,是影响该地区农业生产的主要矛盾。

6. 冰雹 冰雹灾害是由强对流天气系统引起的一种剧烈的气象灾害,它出现的范围虽然较小,时间也比较短促,但来势猛、强度大,并常常伴随着狂风、强降水、急剧降温等阵发性灾害性天气过程。中国是冰雹灾害频繁发生的国家。一场冰雹袭击,轻者减产,重者绝收。因此,冰雹每年都给农业带来了巨大的损失。据有关资料统计,中国每年因冰雹所造成的经济损失达几亿元甚至几十亿元。

(二) 农业气象灾害区域分布和发生频率

农业气象灾害是指农业生产过程中所遇到的致使农作物生长发育受阻,产量下降的不利气候条件的总称,包括水灾、旱灾、干热风、台风、低温冷害、冰雹与连阴雨等。中国农业气象灾害基本特征:一是农业气象灾害影响地域广且具有明显区域性差异;二是水旱灾害是影响中国农业的主要气象灾害,且发生频率逐渐变大,灾情严重并愈演愈烈;三是灾害多发、重发地区与人口、经济重心叠合。中国东部地区是主要农业气象灾害发生区域,同时又是中国人口、经济重心,水旱等灾害在东部区域造成的农业损失占灾害总损失1/2以上。

单就农业气象灾害区域分布来看,目前,中国实有耕地面积约133亿hm²,其中,水分得到控制的灌溉耕地面积仅约0.48亿hm²,约0.53亿hm²耕地无灌溉保证,极易受水旱等各种灾害侵扰,后备耕地资源面积约0.34亿hm²,其中,97%以上受水旱等各种灾害的限制和影响。中国地域广阔,区域自然环境差异和致灾因子分布不均,各种气象灾害分布呈明显区域性差异，其中，水灾多发重发区为长江中下游平原和黄淮海平原；旱灾多发重发区为东北地区、黄淮海平原、华南地区和西南地区；干热风多发重发区为黄土高原、四川盆地、太行山区和江南丘陵区；台风多发重发区为华南地区；低温冷害多发重发区为东北平原、三江平原和青藏高原。

中国各地区农业气象灾害越来越频繁，涉及范围和受灾面积不断扩大，年际间变化趋于减少，呈明显稳步上升趋势。从历史上看，自公元 206 年至 1949 年的 2 155 年中，发生干旱 1 056 次，发生频率达 49%；1949—1989 年的 40 年中，发生 4 次严重旱灾，达 10%。涝灾在公元 206 年至 1949 年，发生 1 029 次，发生频率达 48%；1949—1981 年在南方有 20%～50% 年份发生，东北和华北平原有 7%～30% 的年份发生。其他如冷害、冻害、干热风害等发生频率也较高、危害重。农业气象灾害是中国农业生产不稳的主要影响因素。1951—1980 年，中国粮食单产的实际波动平均为 5.1%，而气候波动引起的粮食波动占主要地位，气象灾害造成农业损失占农业损失的 90%，而旱灾造成的损失占农业损失的 50%。

农业灾害有增加趋势，从 20 世纪 50 年代至 80 年代，灾害对农业的危害在增加。50 年代农业生产受灾面积平均每年为 2 192 万 hm^2，成灾面积平均为 910.8 万 hm^2；60 年代受灾面积平均为 3 446.4 万 hm^2，成灾面积平均为 1 714 万 hm^2；70 年代受灾面积平均为 3 791 万 hm^2，成灾面积平均为 1 190.6 万 hm^2；80 年代受灾面积平均为 4 154.7 万 hm^2，成灾面积平均为 1 920.8 万 hm^2；90 年代受灾面积 4 081.9 万 hm^2，成灾面积 2 079.8 万 hm^2。这表明，农业气象灾害对中国农业的危害有明显增加的趋势，其中，70 年代成灾面积经过 30 年的治理而减少，而 80 年代由于放松治理又有增加。灾害增加趋势还表现在干旱发生频率在增加，自 1932 年以来的 50 年中，在半干旱、半湿润地区，降水量有较明显的减少趋势。自 19 世纪后半期以来，干旱频率明显增加，干旱发生的间隔期缩短，19 世纪前半期相对潮湿，干旱频率仅为 16%，而 20 世纪以来的 100 年中，干旱频率增加到 35% 以上。近 200 年与前 200 年相比，干旱频率增加 20% 左右。

（三）气候性灾害的人为成因

我国气候灾害的类型较多，主要有湿害、旱害、冻害和高（低）温危害等，具有一年多灾和灾害频繁的特点，这些类型的灾害总要 2～3 年重复一次，甚至连续重复，总之是年年有灾，即使在丰产年里，也会出现上述灾害中的某一类。正是这些气候灾害，导致了中国粮食产量的上下波动。但是，就农业气象学角度讲，有灾并不一定成灾。究其成灾原因，除气候因子的大幅异常变化外，生产上不适当的农艺操作也是成灾的重要原因。主要表现在品种布局不合理和栽培管理不当等方面。

二、几种灾害性天气防御

（一）寒潮

1. 寒潮对作物的影响　寒潮是中国冬半年最主要的气象灾害。寒潮天气常造成剧烈降温和大风，有时还伴有雨雪、冰冻，对农业、交通和人民生活造成很大影响。

寒潮是一种严重的灾害性天气过程，对农业生产尤其是早稻生产带来为害。早稻育秧期间遇到春季寒潮，普遍发生青枯、发黄、烂秧、死苗现象，给早稻生产带来不利，其危害程度与秧田管理水平、品种特性、育秧方式、秧苗素质、秧龄等有关。在选用抗寒品种、选择适宜育秧方式及播种期，采用壮秧营养剂培育壮秧的基础上，加强秧田和大田的管理，能有效地防御和减轻强寒潮危害。

油菜在4℃以下即停止生长，而0℃以下的低温就有可能形成冻害。其冻害随降温幅度、极端低温值的降低和连续低温时间的延长而逐渐加剧。油菜苗期发生冻害后，地上部分首先叶片上发生水渍状变色，然后萎蔫逐渐失绿干枯。发展次序，就一张叶片而言，先由叶片外缘发生，然后向叶片中间蔓延，直至叶柄，此时叶片脱落；就一株植株而言，先由外围叶片发生，然后向内围叶直至心叶，如心叶枯死则植株被冻死。除叶片受冻外，有些植株受冻症状还表现在油菜根茎部，先是水渍状变色，然后变成环状深褐色，再增粗膨大，中间变空。此时植株生长受阻，重者再发展形成根茎部纵向开裂造成植株死亡。

冬前和早春时期的寒潮带来的低温会导致小麦在越冬期和拔节期受到冻害和倒春寒的迫害，表现为小麦叶片冻枯50%或全枯，严重的会导致主茎或大分蘖冻死。在小麦生长后期如遇寒潮，则会导致小麦整穗不结实或部分不结实，严重影响了小麦产量的提高。

2. 应对措施 控制N肥用量，增施P、K肥。叶片受冻，在苗期最易发生。N肥施用过多，油菜冬前长势过旺，叶片组织柔嫩，叶片冻害严重，尤其是在冬季少雨情况下，更容易造成干型冻害。

油菜、绿肥及低洼地段的柑橘园等应注意清沟排渍，防积水、结冰加重冻害；叶菜类蔬菜可用稻草覆盖，减轻冰冻危害。

蔬菜或花卉大棚加盖草垫、双层薄膜等保温材料，提高棚内温度。

（二）霜冻

1. 霜冻的成因和等级

（1）霜冻的成因

① 天气条件 晴天、微风或无风的天气条件，有利地面辐射冷却，易形成霜冻。冷空气强，夜间晴朗无风，促使辐射降温，则霜冻严重。

② 土壤状况 干燥疏松的土壤热容量和导热率小，升、降温剧烈，易形成霜冻，潮湿的土壤热容量、导热率大，不易形成霜冻。如果土壤水分条件相近，一般沙土地霜冻害重，黏土地轻。

③ 地形条件 洼地、谷地、盆地，冷空气易堆积，易形成霜冻。脊地、凸地、山地一般风速大，冷空气不易形成堆积，霜冻轻。同一山地、山坡的背风部位受害轻，迎风部位受害重。

（2）作物霜冻害等级的划分 根据日最低气温下降的幅度、低温强度及植物遭到霜冻害后受害和减产的程度，植物霜冻害为3级。即轻霜冻害、中霜冻害和重霜冻害。

2. 南北过渡带霜冻发生的区域 中国南北过渡带包括了几个主要的粮食产区，如江汉平原、江淮平原以及黄淮平原等，这些都是传统的粮食主产区，包括湖北、安徽、河南、江苏等省。寒潮灾害近年来在这些地区频繁发生，严重影响了当地的农业生产，也给农业经济造成了巨大的损失。以安徽省为例，王胜等（2011）研究了安徽近50年来寒潮气候特征对越冬作物的影响。结果显示：安徽省寒潮发生频次山区多于平原、北部多于南部的特征明显；每年10月至翌年4月是寒潮活动期，以3月和11月发生频次最高；寒潮频次年际波动大，总体呈线性减少趋势，特别是2001年来频次明显减少。强寒潮以冬季居多，其频次占总数的20%，年际变化呈减少趋势。安徽省寒潮天气造成的农作物受灾面积约占各类气象灾害的10%，仅次于暴雨洪涝和干旱；寒潮以对冬小麦和油菜冻害为主。其中，春季寒潮强降温危害最为严重，在气候变暖背景下寒潮冻害风险加大。

3. 作物受冻的形态表现和生理反应

（1）霜冻的致害机理　植物内部都是由许许多多的细胞组成的，植物内部细胞与细胞之间的水分，当温度降到0℃以下时就开始结冰。结冰包括细胞间隙结冰和细胞内结冰两种情况。前者对植物的影响是可逆的。在后一种情况下，则结冰一方面对原生质胶体结构产生机械破坏作用；另一方面使细胞本身脱水，使细胞因干旱而受害。如果细胞胶体束缚水丧失，则植物组织因干旱而死亡，其影响是不可逆的。

（2）作物霜冻害症状　植物不同部位霜冻害症状如下：叶片受冻后细胞失水，叶片呈水浸状，叶子凋萎，先变白再变褐色，而后干枯。茎秆呈水浸状、软化；茎和枝叶变黑色；上部枝叶干枯。穗、花凋萎，变褐色，脱落。未成熟果实、棉铃变黑色或呈水泡状；玉米苞叶失去绿色并变干，籽粒失去弹性；小麦籽粒不变黄色、干秕、有皱纹；果树花、叶萎蔫或落花落果。特别严重的霜冻灾害发生时，整个植株死亡。植物遭受霜冻害的受害症状往往滞后于降温过程，受冻一两天后症状表现明显。

4. 应对措施

（1）农田林网化　农田林网化是指在农田四周种植林带对农田起到保护的作用。这是为改善农田小气候和保证农作物丰产、稳产而营造的防护林。由于呈带状，又称农田防护林带；林带相互衔接组成网状，也称农田林网。在林带影响下，其周围一定范围内形成特殊的小气候环境，能降低风速，调节温度，增加大气湿度和土壤湿度，拦截地表径流，调节地下水位。

农田防护林带不仅可以防止晚霜对小麦的危害，还能改善农田小气候，减轻灾害。在农田林网建设中，主林带应采用较宽的林带，林带间距不宜过大，一般最好150m左右，最大不超过200m，以提高防霜冻效果，同时还有改善农作物生长的生态环境的好处。采用林粮间作也是一种较好的形式，也可以兼得促进农作物增产的综合生态效果。

（2）保温措施　霜冻后应及时清理霜渣或积雪，加固设施大棚，调控温度湿度，增强设施保温抗寒能力。利用一切条件提高近地面层温度，如布设烟堆、安装鼓风机等，打乱逆温层，对近地层有显著的增温效果，其中，熏烟一般能提高近地层温度1~2℃。另外，密闭大棚，采取覆盖草帘、无纺布、遮阳网或多层覆盖等保温措施，但要在中午温度较高时适当揭除覆盖物见光，以促进作物的光合作用。有条件的地方还要采用电热线加温，瓜菜类的苗床还要进行人工补光增温，以培育壮苗，防止徒长和冻害发生。

（3）施肥模式　在寒潮来临前早施有机肥，特别是用半腐熟的有机肥作基肥，可改善土壤结构，增强其吸热保暖的性能。也可利用半腐熟的有机肥在继续腐熟的过程中散发出热量，提高土温。入冬后可用暖性肥料壅培林木植物，有明显的防冻效果。暖性肥料常用的有厩肥、堆肥和草木灰等。这种方法简单易行，但要掌握好本地的气候规律，应在霜冻来临前 3～4d 施用。入冬后，可用石灰水将树木、果树的树干刷白，以减少散热。

（三）干热风

1. 发生规律　干热风是小麦开花至灌浆成熟期间时常出现的一种高温、低湿并伴有一定风力的农业气象灾害。它是一种持续时间较短（一般 3d 左右）、对农业危害较大的特殊天气现象。由于各地自然特点不同，干热风成因也不同。干热风的形成多数是由于北方冷空气南下时从高空到地面都是下沉气流，由于遇热增温的影响，使近地面空气逐渐变干变热。这种冷高压在东移南下过程中，就变性而成干热的大陆性气团。当黄、淮地区高空为西北偏西气流，而地面气压场为南高北低形势时，近地面干而热的西南气流向东北盛吹，形成了干热风。干热风对当地小麦、棉花、瓜果可造成不同程度危害。

2. 对作物生长发育和产量的影响　干热风是出现在温暖季节导致小麦乳熟期灌浆不足、青枯逼熟、秕粒严重的一种干而热的风。小麦受干热风危害主要体现在两个方面：一是热害。高温破坏了小麦植株进行正常的光合作用，光合产物制造和积累减少；二是干害。出现高温低湿的不良天气条件，小麦植株蒸腾强度增大，田间耗水量增加，当根系吸水无法满足植物蒸腾时，就形成水分平衡失调现象，往往导致小麦灌浆不足，秕粒严重，呈现干尖或叶片萎蔫变黄等症状，甚至枯萎死亡。小麦遇到轻干热风的年份，可减产 5%～10%；重的年份，可减产 10%～20%，有时可达 30% 以上，而且影响小麦的品质，降低出粉率。

3. 应对措施　干热风对小麦的危害是热与干的综合作用。防御措施一是在麦田降温增湿，二是增强小麦抗干热风能力。大量试验研究表明，干热风对小麦的伤害是在干热风持续数小时或 1d 以上时才会产生，而不是以秒或分计的"热冲击"伤害性质，这就给人们防御干热风提供了机会。

（1）生物措施　林地能降温、增湿、减小风速。一般情况下，林内温度可降低 1～2℃，湿度提高 8% 左右，风速减小 1～3m/s；干热风严重时效果更佳，增产在 10% 以上。营造防风林，实行林粮间作，改善田间小气候，在较大范围内改变生态气候，能有效地防御或减轻干热风危害。

（2）农业技术措施

①选用抗干热风的品种　根据干热风出现的规律，培育和选用抗干热风的优良品种，增强抗御干热风的能力。

②适时合理灌溉　通过灌溉保持适宜的土壤水分，增加空气湿度，可预防或减轻干热风危害。小麦开花后适时浇足灌浆水，若小麦生长前期天气干旱少雨，则应早浇灌浆

水。灌浆至蜡熟期适时适量浇灌"麦黄水",抑制麦田温度上升,延长灌浆期,增加小麦千粒重,达到防避干热风的目的。

③ 改革耕作、栽培技术 通过改变作物布局、调整播种期,改进耕作和栽培技术,也能取得防避干热风的效果。

(3)喷施微肥

① 喷洒磷酸二氢钾 为了提高麦秆内 P、K 含量,增强抗御干热风的能力,可在小麦孕穗、抽穗和扬花期,各喷 1 次 0.2% ~ 0.4% 磷酸二氢钾溶液。每次喷 750 ~ 1 125kg/hm²。但要注意,该溶液不能与碱性化学药剂混合使用。

② 喷施硼、锌肥 为加速小麦后期发育,增强其抗逆性和结实,可在 50 ~ 60kg 水中加入 100g 硼砂,在小麦扬花期喷施;或在小麦灌浆时,喷施 750 ~ 1 125kg/hm² 的 0.2% 硫酸锌溶液,可明显增强小麦的抗逆性,提高灌浆速度和籽粒饱满度。

(4)化学防控 在小麦开花期和灌浆期,喷施 20mg/kg 浓度的萘乙酸或喷施浓度为 0.1% 的氯化钙溶液,用液量为 750 ~ 1 125kg/hm²,可增强小麦抗干热风能力。在孕穗和灌浆初期各喷洒 1 次食醋或醋酸溶液。用食醋 4 500g 或醋酸 750g,加水 600 ~ 750kg,喷洒 1hm² 小麦。喷农用生化制剂维他灵 750mL/hm²,可增强根系活力,促进根系吸水力,提高叶绿素含量,增强光合作用,平衡营养生长和生殖生长,克服干热风天气对小麦带来的危害;石油助长剂(环烷酸钠)1 500g/hm² 加水 1 200kg 喷施,可使叶片含水量增加 10%,细胞束缚水增加 20%。用 10% 浓度的氯化钙溶液闷种,即 50g 氯化钙加水 5kg,可闷种 50kg,闷种时间 4 ~ 6h 即可,可使小麦植株细胞钙离子浓度增加,叶片细胞的渗透压和吸水力提高,增强叶片保水和根系吸水能力;另外,还可以喷腐植酸、草木灰等一些药剂来防御热风,也有一定效果。

(四)渍涝

渍涝分为渍害和涝害。渍害是指在地表长期滞水或地下水位长期偏高的区域,由于土壤长时间处于水分过饱和状态而引起的土壤中水、热、气及养分状况失调,致使土壤理化特征灾变、肥力下降,从而影响作物生长,甚至危及作物存活的一种灾害现象。涝害是指因降水过多,地面被水淹,土壤含水量过大,使作物生长受到损害的现象。一般土壤湿度超过最大持水量 90% 以上时即会发生危害。渍涝对植物的危害并不是由于水分过多而引起的直接伤害,其实质是由其引起的次生伤害。Levitt(1981)将其归纳为下图。

1. 对作物生理活动的影响 渍涝对作物生长的影响是多方面的,地面积水和地下水位过高导致作物根系区水分过多,土壤供氧不足,作物会发生一系列的生理反应。Bange 等(2004)和 Olugn 等(2008)对棉花和小麦进行涝渍试验后发现,涝渍条件下,作物的根系生长受到抑制,供给植物上部的养分和水分不足,光合产物减少,活力下降,干物质重量降低,产量减少。朱建强等(2007)和 Board 等(2008)通过试验认为,作物在营养生长与生殖生长的关键时期对水分胁迫更为敏感,减产更为严重。Kubo 等(2007)、Solaiman 等(2007)以及 Real 等(2008)分别对小麦、食用豆类作物、莲类作

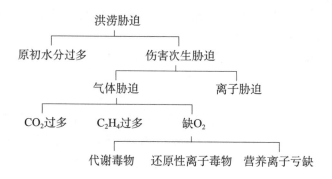

图　渍涝对植物危害的类型

物的不同品种进行了涝渍试验，结果表明，同类作物不同的品种有不同的耐涝渍特性，耐涝渍能力强的作物都依靠旺盛发达的通气组织、不定根、表面根和茎分裂来增强 O_2 的传输性。张根峰等（2010）研究了在不同生育时期渍涝对不同基因型芝麻生理指标和产量性状的影响。研究结果表明，在渍水条件下，芝麻的生长速率明显减慢，叶比重下降；在盛花期淹水后相对受害率最大；叶绿素含量均下降；受渍涝伤害的芝麻根系 TTC 还原强度急剧下降；渍水条件下的单株结蒴数、每蒴粒数、单株千粒重、单株产量均较对照有不同程度的降低，单株秕粒率较对照升高。

2. 应对措施　中国的渍涝灾害比较普遍，人们印象比较深刻的有 1991 年长江中下游地区的特大洪涝灾害、1998 年的长江洪灾等引起的渍涝灾害。防御渍涝灾害最为有效的措施当属兴修水利，及时让天降之水排出去，不至于土壤持水量处于较高水平。因而，从安全气象的角度来看，难度挺大，只能一步一步地来。

治理渍涝的配套技术主要包括：以"沟、管、洞、缝"为主体的"闸站干、支、斗、农，毛槽井管洞缝"系统配套体系；以排残积水为主要对象，以缝隙排水为新机理，以治理低洼水线为重点，地上地下工程结合；推广以深挖沟为关键的"深挖沟、精理管、密打洞、多造缝"为治理模式。通过上述治理，地表残积水一日排除，地下水（包括上层滞水）雨后三日从地表降至 $40\sim60cm$（水田 $30\sim50cm$），雨后 7d 满足履带机械耕作，半个月满足轮式机械作业。渍涝对于三江平原及中国类似地区的洼地、平地、坡地、岗地均可发生，治涝对水田、旱地、草地、果园均为必要。全国有 3 亿亩以上渍涝低产田，推广治涝技术具有深远的意义。

（五）其他灾害的减灾措施

1. 风灾　大风是指平均风力达 6 级或以上（即风速 10.8m/s 以上），瞬时风力达 8 级或以上（风速大于 17.8m/s），以及对生活、生产产生严重影响的风称为大风。大风除有时会造成少量人口伤亡、失踪外，主要破坏房屋、车辆、树木、农作物等，由此造成的灾害为风灾。

风灾的种类较多，可分为：热带气旋（包括台风、飓风和热带风暴）、龙卷风、沙尘暴和暴风雪等。风灾对农作物的生产和栽培均有严重的影响。小麦中后期遇到大风，尤其同时出现强降水天气过程时常导致小麦倒伏的发生，特别是高产田块，足穗大穗，植株上重下轻更易倒伏。小麦倒伏后，功能叶相互重叠，有效光合面积下降，灌浆时间缩短，主要影响了小花的发育和千粒重的形成。倒伏常造成10%～30%及以上的减产，而且倒伏时期越早，对产量的影响越大。

预防风灾对作物引起的倒伏为害，应该选择抗倒伏的矮秆品种，采用合理田间管理措施，如冬前或冬季麦苗发生旺长、有倒伏风险的田块，即可采取多次镇压和中耕松土等措施。

合理使用生长调节剂可以显著地改善作物茎秆的强度，增强抗倒伏的能力。近年来推广的矮苗壮、壮丰胺、矮壮丰等产品，对小麦防倒效果好、花工少、成本低。还可用多效唑加水喷施，但要注意严格控制剂量，每亩用15%多效唑可湿性粉剂不超过70g，并均匀喷洒，防止控制过头而导致减产。

淮安市农业科学院根据小麦生长发育规律及其倒伏因素主次关系，突破传统控制小麦倒伏的技术框架，改抑制基部节间长度为降低穗下节间长度，达到降低株高，使重心下移的目的，研制出了新型无公害稻麦增产抗倒营养剂—劲丰，其在小麦剑叶完全抽出至始穗期使用，能达到抗倒增产的双重目的。

2. 冰雹　冰雹灾害是由强对流天气系统引起的一种剧烈的气象灾害。它出现的范围虽然较小，时间也比较短促，但来势猛、强度大，并常常伴随着狂风、强降水、急剧降温等阵发性灾害性天气过程。

冰雹的为害主要有3个方面：一是砸伤。冰雹从几千米的高空砸向小麦，轻者造成落粒伤叶，重者砸断茎叶和麦穗。二是冻伤。由于雹块积压作物田造成作物冻伤。三是地面板结。由于冰雹的重力打击，造成地面严重板结，土壤不透气造成间接为害。此外，冰雹的出现还伴有暴风，对小麦、水稻等的穗部造成挫甩，导致落粒。

冰雹的防御措施。

（1）依据冰雹规律，合理布局作物　冰雹有较强的地理分布和时间分布规律。依据这些规律，采取调整作物布局，改良品种，调节播期，适时抢收等措施，争取在冰雹降临前将作物收获，可以减轻灾害。

（2）加强栽培管理，追施肥料、中耕松土　由于作物，如小麦，其再生萌发能力强，因此，像春后冻害一样，雹灾后的麦田要及时追肥，能有很好的增产效果。雹灾后田地十分坚硬，通过中耕划锄，达到疏松土壤、提高地温、改善通气性的目的，能促进作物根系生长，从而提高产量。

3. 暴雨　暴雨是指24h降水量为50mm或以上的强降雨。特大暴雨是一种灾害性天气，往往造成洪涝灾害和严重的水土流失，导致农作物被淹等重大的经济损失。暴雨对农田及其农田基本设施能造成直接的破坏，不仅直接冲毁大量农田及其田间沟、渠、路等农田基本设施，而且还导致许多农田因耕作层损毁严重而无法垦复，直接冲毁田间栽植的各种农作物，对田间各种当季农作物造成毁灭性损失。

（1）暴雨对农作物的损害主要有三个方面

一是对农作物幼嫩组织的直接伤害。暴雨对农作物组织的伤害主要表现在两个方面。

一方面，暴雨天气下，猛烈的暴雨及其伴随的狂风，对农作物叶片及茎秆组织产生强烈的机械冲击和破坏，直接损伤幼嫩的农作物组织；另一方面，如果暴雨出现在5~7月的夏季时节，暴雨转晴后常常紧随着日出暴晒天气，雨后炽热的初夏阳光极易烫伤田间幼嫩的农作物叶、茎和花器组织，造成大量伤口。大量伤口的存在进而极易引发田间农作物各种病害的发生流行，从而导致更大的产量损失。

二是暴雨涝害造成田间农作物根系缺氧。暴雨常常造成田间严重涝害，农作物严重受淹，土壤中水分多空气少，导致作物根系缺氧。作物根系缺氧时，呼吸作用受抑制，大大降低了吸收养分的能力，造成农作物有肥不能吸收。许多受涝作物因"生理饥饿"而表现黄叶、丛枝（如稻株的高位分蘖）或是赤枯等畸形现象，其危害程度因浸水时间、浸水深度和淹水时的温度高低而不同。温度高时因作物呼吸旺盛，需氧多而受害更重。

三是暴雨涝害直接毒害农作物根部。土壤在长时间淹水缺氧的条件下，土壤中嫌气微生物活跃，不仅会发生反硝化作用，将硝酸盐还原为游离 N 而逸失，还会产生一系列还原产物，如硫化氢、氧化亚铁，以及醋酸和乳酸等有机酸，直接毒害作物根部。

（2）暴雨天气灾害的防御措施

① 加强田间水系的治理　农作物产区因地制宜，治理水系，兴修水库，拦蓄洪水。暴雨季节来临前加强巡查，巩固堤防，疏通河道以利排水，同时提倡造林绿化，涵养水土。

② 建立、健全田间给排水系统　平原田间遵照统筹兼顾、蓄排兼施的原则进行总体规划。在新建、扩建和改建农田排水工程中，严格按照《农田排水工程技术规范》要求，合理规划。丘陵山地应根据山势地形、坡面径流等情况，采取冲顶建塘、环山撇洪、山脚截流、田间排水和田内泉水导排等措施，同时与水土保持、山丘区综合开发和治理规划紧密结合。梯田区视里坎部位的溃害情况，采取适宜的截流排水措施。

③ 农作物田间合理布局　按照水旱作物分植等原则，水稻田等水田和蔬菜田等旱地尽量分片种植，防止插花种植导致水田周围的旱作田间水位上升，湿度过大。蔬菜作物种植提倡深沟高畦，狭畦短畦栽培，使雨后田间积水能迅速排出。平原田需挖深沟与田外排水沟配套，有条件时可挖暗沟排水，降低地下水位。同时多施有机肥改良土壤，防止土壤板结，提高渗水能力。排水不良的低洼易涝土地上，宜安排种植水生作物，如水稻、莲藕、茭白等作物。在提高农田防洪抗涝能力的同时，对蔬菜作物，特别是瓜类，宜大力推广营养基质育苗，以缩短大田栽培时间，避开雨季危害。水稻要注意将秧田安排在不易被淹的地方育秧，保证秧苗不受损失。

④ 注意天气预报　播种期注意当地近期和中长期天气预报，将农作物暴雨危害敏感期与当地暴雨天气错开，暴雨来临前加强田间防范，尽量减轻暴雨天气对农作物的伤害。

（3）暴雨灾害发生后的田间治理对策　大部分农作物，特别是蔬菜作物不耐涝，水生蔬菜及水稻虽耐涝，但水淹过顶也不能生存。所以，灾后受淹农田应尽快排除田间积水和耕层滞水，减少淹涝时间，然后区别灾情，分类管理。田间农作物植株经过水淹和风吹，根系受到损伤，容易倒伏，排水后必须及时扶正、培直，并洗去表面的淤泥，以利进行光合作用，促进植株生长。灾后对受害轻的田块，及时中耕松土。排水后土壤板结，通气不良，水、气、热状况严重失调，必须及早中耕，以破除板结，散墒通气，防止沤根，同时进行培土，防止倒伏。蔬菜作物如芋头及冬瓜、南瓜、丝瓜、瓠瓜等瓜类蔬菜，可去除基部黄叶和老叶，适当中耕、培土、压蔓，促进根系发育，恢复生长；豆类、叶菜类可用清水及时冲洗附集在叶片的泥沙细泥，确保叶片正常光合作用功能。对受淹严重，受害作物已枯萎腐烂的田块要及时清理整地，重播或改种。

本节参考文献

1. 陈继珍，王咏青等．河南省小麦干热风气候特征及其对小麦产量的影响．安徽农业科学，2012，40（12）：7 152～7 154

2. 陈桥生，张道荣，杨伟．鄂北麦区小麦气候性灾害的人为成因及防御对策．现代农业科技，2007（3）：93，96

3. 陈凤华，陈春，周风明等．淮安地区气候条件对小麦产量的影响．安徽农业科学，2000，2（86）：711～712

4. 陈劲锋，杨红．我国各地区农业气象灾害演变趋势分析．生态农业研究，2000，8（2）：15～19

5. 董赛丽．文成县寒潮影响特征及防御对策．现代农业科技，2009（13）：284～286

6. 冯明，陈正洪，刘可群等．湖北省主要农业气象灾害变化分析．中国农业气象，2006，27（4）：343～348

7. 付宗刚，张雪玲，李官民．小麦冻害原因分析与预防补救．陕西农业科学，2009（2）：195～196，199

8. 葛均筑，展茗，赵明等．渍涝胁迫对玉米生理生化的影响研究进展．中国农学通报，2012，28（21）：7～11

9. 顾大路，朱云林，杨文飞等．劲丰与多效唑对小麦抗倒性及产量的影响．江西农业学报，2012，24（9）：124～126

10. 顾万龙，姬兴杰，朱业玉．河南省冬小麦晚霜冻害风险区划．灾害学，2012，27（3）：34～44

11. 刘玲，沙奕卓，白月明．中国主要农业气象灾害区域分布与减灾对策．自然灾害学报，2003，12（2）：92～97

12. 刘引菊，王立德．农田林网对小麦晚霜冻害防护作用的研究．河北林果研究，2002，17（1）：7～10

13. 刘文志，尹效辉，隋文志．三江平原地区农田渍涝灾害的主要防治措施及展望．现代化农业，2012（2）：28～30

14. 刘凯文，付佳，朱建强．涝渍胁迫对旱作物生长发育及农田养分流失的影响．湖北农业科学，2011，50（1）：49～52

15. 卢丽萍，程丛兰，刘伟东等．30年来我国农业气象灾害对农业生产的影响及其空

间分布特征.生态环境学报,2009,18(4):1 573~1 578

16. 孟国玲,余海忠,龚信文.涝渍地稻田蜘蛛种类及其生态位分化.湖北农学院学报,2002,22(5):390~393

17. 莫春华.涝渍胁迫下的作物水分生产函数.南水北调与水利科技,2012,10(6):27~30,92

18. 戚尚恩,杨太明,孙有丰等.淮北地区小麦干热风发生规律及防御对策.安徽农业科学,2012,40(1):401~404

19. 邱赠东,张治洋,吴荣娟.闽西寒潮的气候特征及农业灾害防御.闽西职业技术学院学报,2007,9(2):12~14

20. 乔文军,程伦国,刘德福等.农田排水技术的发展趋势.湖北农学院学报,2004,24(2):138~141

21. 沈荣开,王修贵,张瑜芳.涝渍兼治农田排水标准的研究.水利学报.2001(12):36~39,47

22. 石纪成.强寒潮对早稻秧苗影响的调查分析.作物研究,2007(1):1~4

23. 田涛.安徽省农业气象灾害风险管理现状与对策.阜阳师范学院学报(自然科学版),2012,29(2):86~90,102

24. 王记芳,朱业玉,刘和平.近28a河南主要农业气象灾害及其影响.气象与环境科学,2007,30(增刊):9~11

25. 王胜,田红,谢五三.近50a安徽省冬半年寒潮气候特征及其对越冬作物的影响.暴雨灾害,2011,30(2);188~192

26. 王振权,汤新海,汤景华等.小麦越冬冻害成因分析及防御措施.现代农业科技,2007(23):159~160

27. 王慧娟,徐凤梅.干热风对商丘地区小麦生产的影响与对策.现代农业科技,2011(10):304,306

28. 王朝亮,史素英.灾害性天气对小麦产量的影响.中国种业,2012(2):61~62

29. 王宏青.小麦冻害发生的原因与应对策略.种业导刊,2010(10):11~12

30. 魏凤珍,李金才,屈会娟等.施氮模式对冬小麦越冬期冻害和茎秆抗倒伏性能的影响.江苏农业学报,2010,26(4):696~699

31. 徐精文,杨文钰,任万君等.川中丘陵区主要农业气象灾害及其防御措施.中国农业气象,2002,23(3):49~52

32. 徐克林,费国良.直播油菜苗期冻害的发生与防治对策.上海农业科技,2003(3):84

33. 许晓彤,王友贞,李金冰.平原区农田控制排水对水资源的调控效果研究.中国农村水利水电,2008(1):66~68

34. 杨文飞,高定如,吴传万等.劲丰对水稻植株性状的影响和增产效果.广西农学报,2011,26(1):8~9,24

35. 俞光明.江汉平原渍害田生态特征的研究.生态学报,1993,13(3):252~260

36. 袁学所，周礼清．安徽省小麦干热风灾害预评估流程．安徽农学通报，2006，12（7）：197～198

37. 袁冬贞．干热风对小麦的危害及预防措施．陕西农业科学，2011（6）：171～172

38. 赵翠媛，张月辰，王志才等．冻害和干热风对河北省小麦生产的影响及防御对策．贵州农业科学，2011，39（4）：80～82

39. 张根峰，张翼．渍涝胁迫对芝麻生理指标及产量性状的影响．作物杂志，2010（1）：84～86

40. 张平平，马鸿翔，姚金保等．生理调节剂劲丰对小麦抗倒性和产量结构的影响．麦类作物学报，2011，31（2）：337～341

41. 朱建强，李方敏，张文英等．旱作物涝渍排水研究动态分析．灌溉排水，2001，20（1）：39～42

42. 朱云林，顾大路，杨文飞．苏北地区干热风的危害与防治．江西农业学报，2007，19（3）：116，118

43. 朱云凤，刘杰，解晓虹等．小麦越冬期低温寒潮天气分析及其影响．安徽农业科学，2009，37（34）：16 822～16 823，16 848

44. 朱建强，李靖．江汉平原水灾害综合防治研究．长江大学学报（自科版），2005，2（8）：8～11，15

45. 朱建强，刘会宁．多次涝渍胁迫间歇作用对棉花产量的影响．灌溉排水学报，2007，26（1）：22～25

46. 朱晓华．我国农业气象灾害减灾研究．中国生态农业学报，2003，11（2）：139～140

47. Bange MP, Milroy SP. Thongbai, P. Growth and Yield of Cotton in Response to Waterlogging. Field Crops Research, 2004, 88 (2-3): 129～142

48. Board, JE. Waterlogging Effects on Plant Nutrient Concentrations in Soybean. Journal of Plant Nutrition, 2008, 31 (5): 828～838

49. Kubo K, Shimazaki Y, Kobayashi H, et al. Specific Variation in Shoot Growth and Root Traits Under Waterlogging Conditions of the Seedlings of Tribe Triticeae Including Mizutakamoji (Agropyron humidum). Plant Production Science, 2007, 10 (1): 91～98

50. Levitt J. Responses of plants to environmental stresses. Volume Ⅱ. Water, radiation, salt, and other stresses. Endeavour, 1981, 5 (3): 134

51. Olgun M, Metin Kumlay A, Cemal Adiguzel M, et al. The Effect of Waterlogging in Wheat (T. Aestivum L.). Acta Agriculturae Scandinavica Section B: Soil and Plant Science, 2008, 58 (3): 193～198

52. Real D, Warden J, Sandral GA, et al. Waterlogging Tolerance and Recovery of 10 Lotus Species. Australian Journal of Experimental Agriculture, 2008, 48 (4): 480～487

53. Solaiman Z, Colmer TD, Loss SP, et al. Growth Responses of Cool_ season Grain Legumes to Transient Waterlogging. Australian Journal of Agricultural Research, 2007, 58 (5): 406～412